普通高等教育系列教材

JewelCAD首饰设计高级技法

徐禹 著

这是一本JewelCAD建模技巧与生产工艺相互交织的综合性教材

中国轻工业出版社

图书在版编目（CIP）数据

JewelCAD首饰设计高级技法 / 徐禹著. —北京：中国轻工业出版社，2022.7

普通高等教育“十三五”规划教材

ISBN 978-7-5184-1028-6

Ⅰ. ①J… Ⅱ. ①徐… Ⅲ. ①首饰－计算机辅助设计－应用软件－高等学校－教材 Ⅳ. ①TS934.3-39

中国版本图书馆CIP数据核字（2016）第250931号

责任编辑：李建华　杜宇芳　　责任终审：劳国强　　整体设计：锋尚设计

策划编辑：李建华　　责任校对：晋　洁　　责任监印：张京华

出版发行：中国轻工业出版社（北京东长安街6号，邮编：100740）

印　　刷：艺堂印刷（天津）有限公司

经　　销：各地新华书店

版　　次：2022年7月第1版第3次印刷

开　　本：787×1092　1/16　印张：24.25

字　　数：520千字

书　　号：ISBN 978-7-5184-1028-6　定价：100.00元

邮购电话：010-65241695

发行电话：010-85119835　传真：85113293

网　　址：http://www.chlip.com.cn

Email：club@chlip.com.cn

如发现图书残缺请与我社邮购联系调换

220840J1C103ZBW

前言

PREFACE

这是一本面向具有一定 JewelCAD 软件操作基础读者的教材。很多读者在掌握了软件基本命令后，在实际首饰建模时，就直面如何建出符合生产工艺要求的模型问题。要解决这个问题，就要求读者具备一定的首饰生产工艺知识。而这些知识的积累，是需要时间与经验的。

正基于此，作者凭借在珠宝首饰专业十余年的教学经验，以及多年在珠宝首饰公司的开发与生产经验，在本人已出版的《JewelCAD 首饰设计》（北京工艺美术出版社）基础之上，向读者全新推出了此书。这是一本既讲建模技巧，又讲首饰结构，更注重后期制作工艺的 JewelCAD 教材。在案例讲解过程中，穿插融入了后期生产工艺对建模的各项要求，帮助读者在学习建模技巧的同时兼顾工艺，达到一体化建模的目的。

全书共九章。

第一章至第八章依据生产工艺要求，有针对性地选择教学案例，涵盖了首饰主要款型——吊坠、戒指、耳饰、手镯、手链、胸针（动物造型）；所有案例均从款式结构制作着手进行详细讲解——介绍真反、假反、较位、鸭利、鸭利箱、掏底、掏底厚度检查、封片、编织、纹理、等各种制作技巧；再在此基础上，介绍最重要的镶嵌制作技术，包括钉镶、蜡钉镶、方钉微镶、阁镶、爪镶、虎爪镶、蜡虎爪镶、包镶、八方钻包镶、逼镶（桶位、担位）、珍珠镶、金镶玉等。

第九章重点讲解建模后期需要注意的生产工艺知识——字印、缩水与放量、树脂支撑、测重及 3D 打印等。帮助读者了解在建模完成后、输出打印前，针对模型需要考虑的一些具体生产要求，使得模型真正能用、好用。

附录中，提供了建模涉及的各项数据：手寸、腕寸、石重及多种镶嵌石位数据表，涵盖了全书涉及的镶嵌石位参数——包镶、抹镶、爪镶、钉镶（金镶、蜡镶）、虎爪镶（金镶、蜡镶）、逼镶（金镶、蜡镶）、压镶（6围1）等各单项数据；多种贵金属材质首饰加工单耗标准表，则明确了在生产加工中的损耗要求。

点击进入 ftp://kejian@chlip.com.cn/jcsssj.rar 或进入中国轻工业出版社网站（www.chlip.com.cn），在页面顶部的搜索框中输入书名关键词进行搜索，在搜索结果页中点击进入图书信息宣传页，进入后点击书名下的“课件下载”文字链接即可下载图书中的案例源文件。文件中原始导轨曲线均设置为隐藏状态，读者可自行展示查看，并可结合案例步骤拆解模型，逆向思考建模过程。模型仅供学习研究之用，版权所有，侵权必究。

本书适用于本科院校、高职高专类院校及首饰专业人士与珠宝首饰设计爱好者。仅愿此书能做好读者求学之路上的一块铺路石。

2016 年 8 月 19 日于羊城

目录

CONTENTS

现在，就是未来

工具的制作与使用是推动人类进化的主要动力之一。从远古时期先祖们敲打出的石斧，到如今各种高、精、尖的仪器设备，人类的制造水平在不断提升，但方法却一直没有太大改变——多属于减材成型的生产技术范畴。以机械加工为例：加工一个所需的金属零部件，首先采用锻造或是铸造成型方式——金属材料在强大的机械压力下改变形状来获得所需的零件毛坯；或是采取铸造、粉末冶金等方法，利用“赋形+固化”的成型原理，先通过模具赋予液态或粉末状的金属材料以形状，再通过冷却凝固或高温烧结的方法使材料固化，以此获得具有所需形状和强度的金属零件毛坯。之后，通过不断减少材料——通常是车削、锉磨等方法来获得所需要的零件形状。

20世纪80年代，诞生了一项划时代的新技术——“快速原型制造”技术。1988年，美国3D System 公司推出的SLA-250液态光敏树脂选择性固化成型机，标志着快速原型技术的诞生。它采用一种立体光刻工艺，基于液态光敏树脂的光聚合原理工作，通过紫外激光束扫描照射液态树脂材料使之固化，并逐层扫描累积得到一个三维实体模型。这一技术采用了一种全新的无模具自由成型原理来制造三维实体，这种新型的增材成型技术改变了传统的制造技术路线，人类生产方式的发展，又一次站在了历史的转折点上。

随着增材制造技术的开发与应用，打印材料已不仅仅局限于树脂、聚氯乙烯（PVC）、蜡等材料，金属、陶瓷，甚至是食品、细胞都已加入到可供打印的材质行列。在不久的将来，当贵金属打印技术成本降低，渐入商业应用与实际生产后，将会给首饰业注入新的活力，从新的技术角度带来新的审美视角。它不仅会使得首饰设计不被现有的工艺技术束缚，设计师的灵感将会插上全新的翅膀助力其展翅高飞；同时，新技术也会极大地简化首饰生产流程，甚至淘汰掉诸如喷蜡打印、铸造、注蜡复制等高能耗、高损耗的生产环节。这种新的生产形态，迎着曙光，正在起跑线上起跑。现在，就是未来的起点。努力，就是未来的方向。

增材制造技术与3D打印设备在首饰业内的应用，也早在20世纪90年代开始起步。经过多年的应用发展，已在很大程度上替代了手工雕蜡起版与起银版技术，成为各个企业版部的首选起版技术。相应的三维建模软件的开发也随市场的需求不断开发。目前，业内使用的珠宝首饰三维建模软件主要有JewelCAD、Rhino & Matrix、3Design、ZBrush等。其中JewelCAD是唯一由中国人开发的珠宝设计专业软件，于20世纪90年代，由香港电脑珠宝科技有限公司开发。该套软件是专业应用于珠宝首饰设计/制造的CAD/CAM软件。经过十几年的推广应用，JewelCAD凭借其简单易学上手快、建模方便易修改的优点，逐步成为国内珠宝首饰企业的主流设计软件。

JewelCAD的简单易学体现在简洁直观的软件界面，功能命令易于理解。方便的曲线、曲面建模功能和便捷灵活的修改方式，轻松应对复杂多变的首饰设计。专业化的设计资料库，拥有宝石资料、首饰部件资料、常用首饰款型、各类宝石镶口、用户资料库，加强了设计的灵活性。软件内部自备的CNC加工数据及STL数据输出模块，解决了电脑设计人员对后期输入快速成型设备数据的制作问题，起到了对后续模型制作环节的专业化对接。

很多读者觉得JewelCAD软件建出的模型不仅渲染不够漂亮，而且显得厚重不精致。这主要是因软件开发思路导致的，毕竟这是一款基于生产实用的CAD软件——注重模型的实用性，因而弱化了渲染能力。正因为如此，读者在学习建模技术的同时，还必须懂得首饰生产制作工艺。在建模的同时，就必须考虑到后期生产中蜡模的缩水、镶石的尺寸数据、执模、执版位等各项生产工艺要求，方能建出满足后期批量生产的准确模型——不仅是造型符合设计要求——更重要的是模型能够吻合生产工艺、便于后期生产、降低生产成本。

所以，在当下这个时代，作为一名设计师仅仅只会画效果图是远远不够的，只有把纸、笔与鼠标用到得心应手，方能充分表达自己的设计创意，才能够成长为一名真正意义上的全能型首饰设计师。

在此，与诸位共勉。

Chapter 1 第一章 真反篇

第一节　真反原理

真反，是丝带款的主要造型手法。通过丝带自身的穿插或是多条丝带的相互缠绕，形成自由形态的曲线首饰造型，其悠扬而多姿，灵动而飘逸，是广受消费者喜爱的首饰款型之一，如图1-1-1。

真反造型，一般由两条导轨曲线高低错落形成前后层次关系。曲线在空间形成由前部向后部“真”的“反”转过去的效果，之后通过“导轨曲面”命令，选用制作好的闭合切面，生成丝带实体。

初次接触丝带“真反”时，如果在视图空间中不易理解丝带的前后关系与走向，建议直接剪取相应长宽的纸片，扭转穿插出造型后，仔细观察纸片两条边缘线（即导轨曲线）的穿插与走向，以此来推断视图中导轨曲线在各个视图内的前后关系。

“真反”制作时，最需要注意调整的就是前后转折变化位置上的问题。

1. 两条曲线相交位置的宽度问题

绘制曲线时，尽量在上视图进行。两条曲线在“真反”时，就是在空间内的前后转折变换处——也就是在上视图中的相交处，会形成一个“×”形的交叉位。这个位置，在上视图绘制时，如无设计造型变化上的特别要求，建议“×”形两边的宽度保持一致——右侧视图中此处位置，两条曲线需要拖出前后时，也尽量保持宽度一致，如图1-1-2。

2. 两条曲线相交位置的厚度问题

上文提及“×”形两端，无论在正视图还是侧视图，均应保持宽度一致。而两条曲线“真反”处的前后距离需要留够，如图1-1-3，其距离主要与丝带厚度有关。若“真反”处曲线距离不足，导轨曲面成型后，会出现丝带被挤扁的错误造型。这个距离，一般在在侧视图及透视图中进行调整。

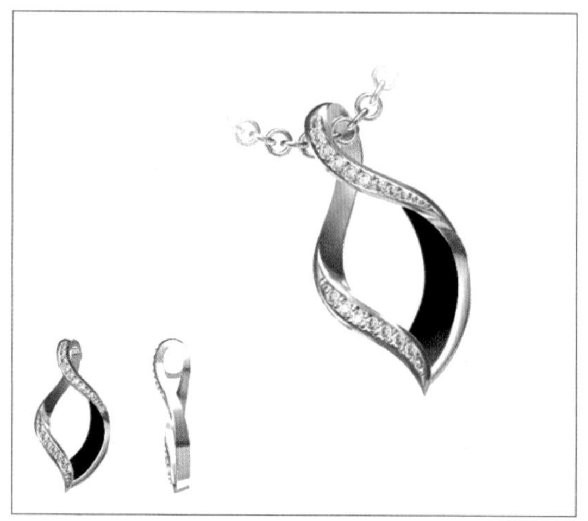

（a）

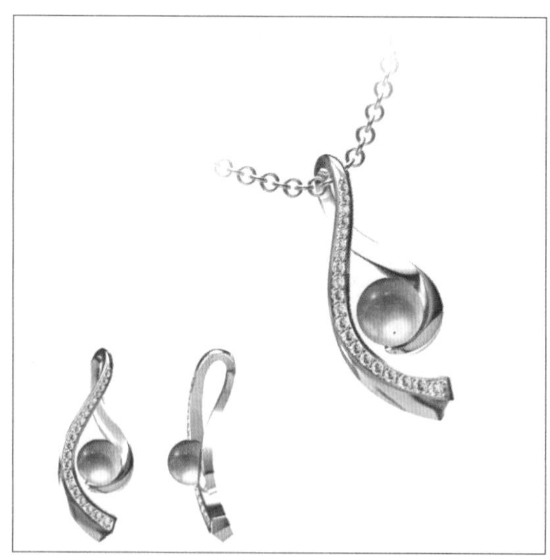

（b）

图1-1-1

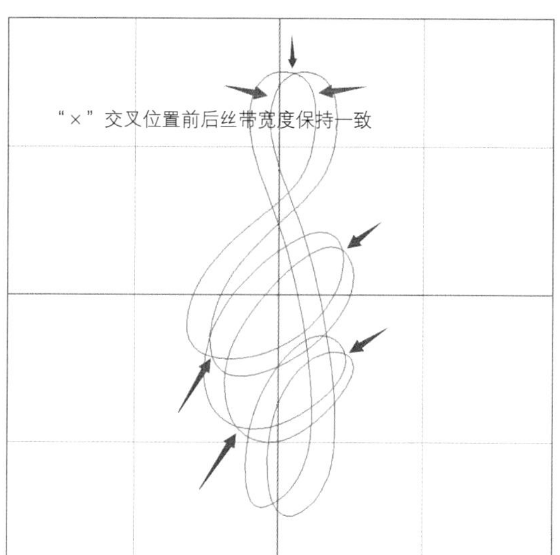

图1-1-2

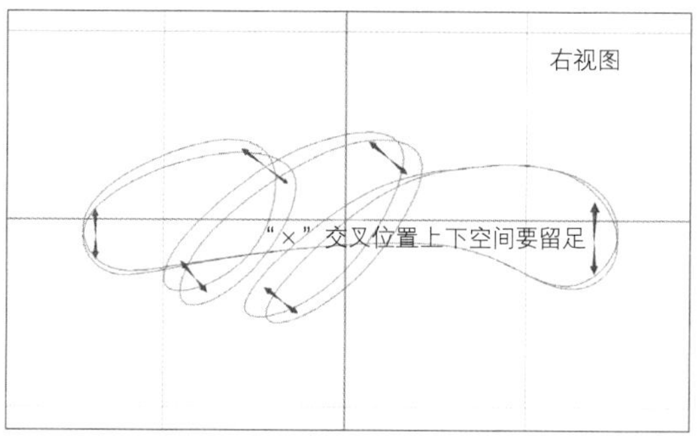

图1-1-3

第二节　音符吊坠

本案例主要讲解真反调线，贴石排线。

制作步骤如下：

（1）上视图，生成直径30mm的辅助圆，绘制曲线（宽度为11.5mm）并闭合，如图1-2-1。

（2）右视图，在曲线两端分别放置直径4.0、5.5mm的辅助圆，控制造型厚度，如图1-2-2调整出曲线高低位。调整技巧：首先判断并选取处于高位的CV点（如1～5号、9～11号、15～17号CV点），在右视图中垂直拉高；再判断并选 取处于低位的CV点（如6～8号、12～14号、19～23号CV点），在右视图中垂直拉低；初步将造型的侧面大体高低位置调整出来，自后再逐一通过各视 图将各CV点与线条调整顺畅。

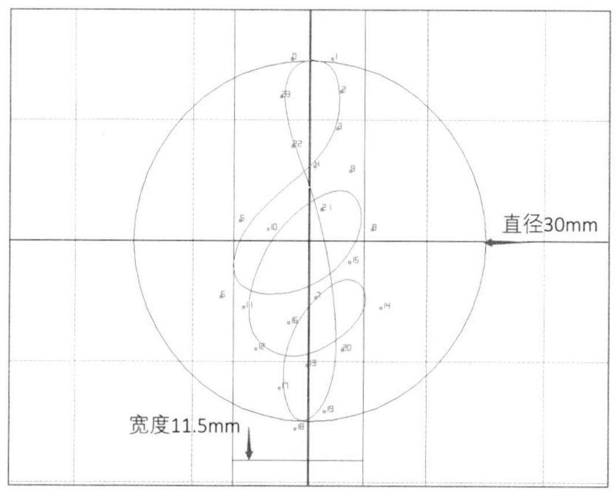

图1-2-1

调整CV点方法：①若是双导轨曲线，需同时选中导轨线上2个同号CV点；②同号CV点同时移动调整后，部分细节调整可单独选点移动；③在透视图中调整CV点位置，必须使用移动工具+Shift键限制CV点只能在空间中垂直、水平移动；④移动后要检查上视图造型曲线是否发生改变，若出现与原造型曲线不符合的情况，需要及时调整回来。

（3）上视图，复制该曲线，复制并向右移动2.4mm，选中该曲线相交位置即丝带反转位

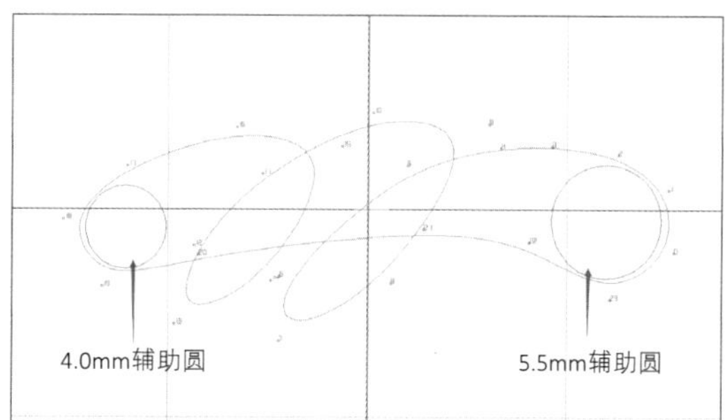

图1-2-2

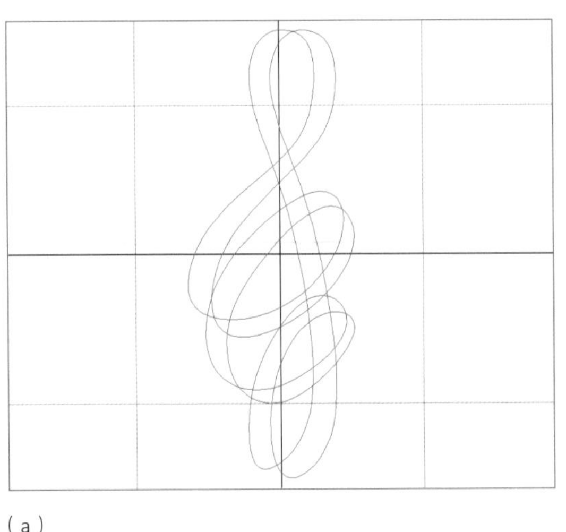

（a）

（b）

图1-2-3

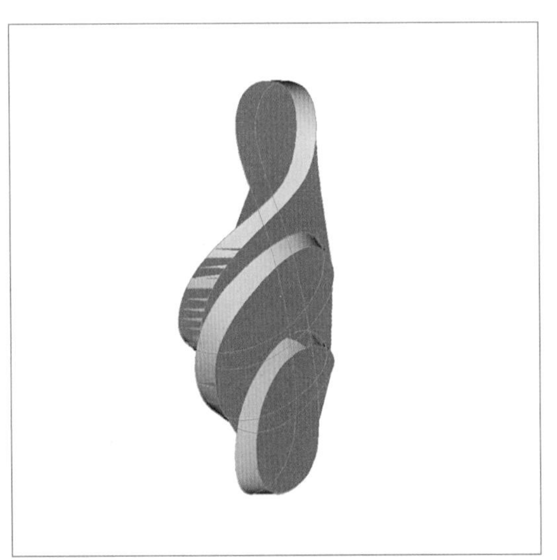

图1-2-4

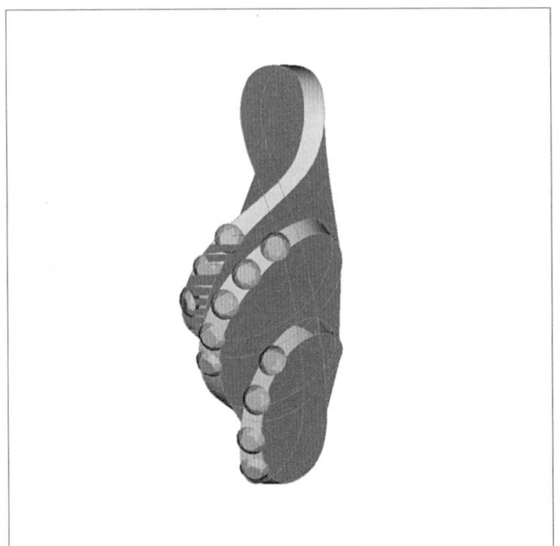

图1-2-5

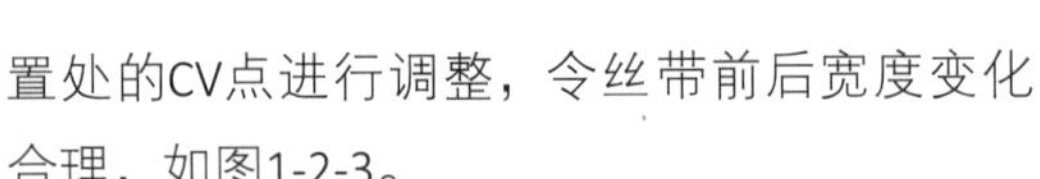

置处的CV点进行调整，令丝带前后宽度变化合理，如图1-2-3。

（4）原地复制两条曲线，使用“线面连接曲面”工具，点选两条曲线生成破面实体，如图1-2-4。

（5）生成直径2.4mm圆石，彩色图模式中剪贴于需排石的位置上，如图1-2-5。

（6）展示破面实体与曲线的CV点，进行拖动调整，使得面宽等于石宽，如图1-2-6。

（7）删除破面实体与石头，将曲线进行多角度观察与调整，使得线条顺畅美观。

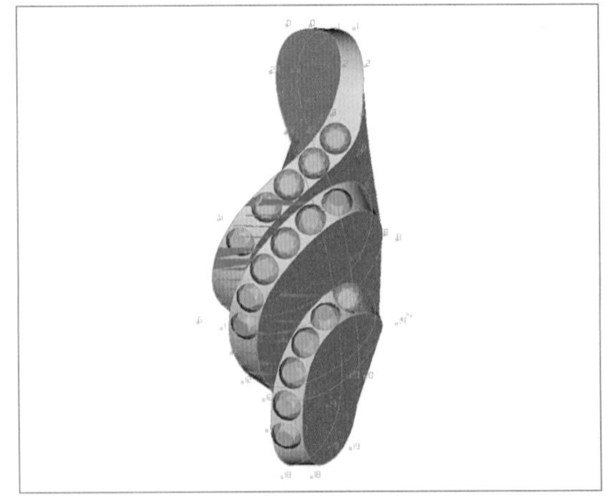

图1-2-6

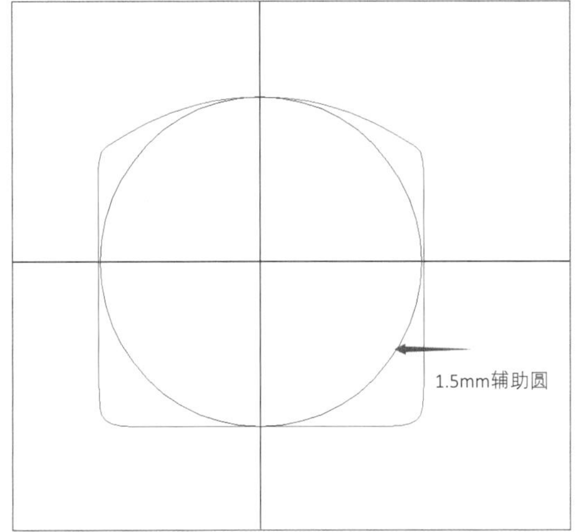

图1-2-7

图1-2-8

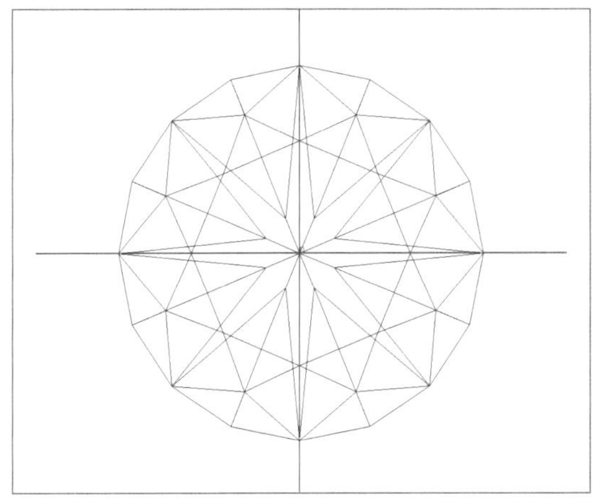
图1-2-9

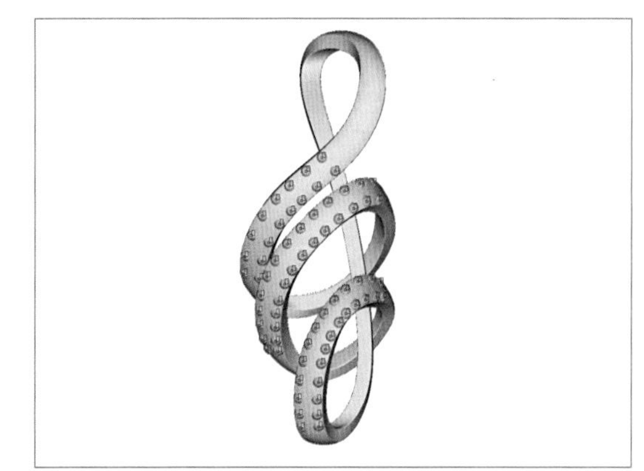
图1-2-10

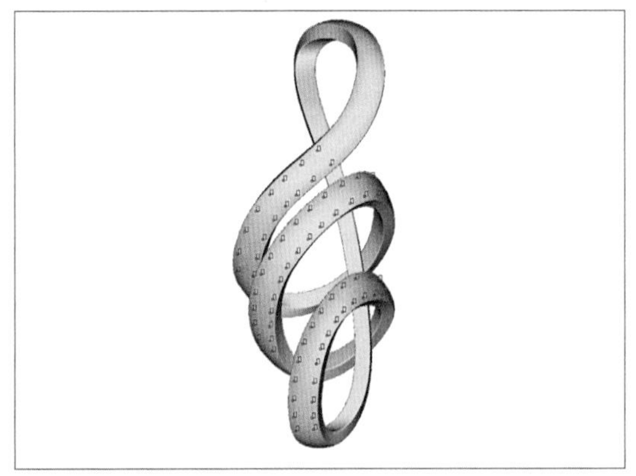
图1-2-11

（8）原地复制两条调整后的曲线，制作一个高1.5mm的切面，之后导轨成体，切面量度为居中，如图1-2-7、图1-2-8。

（9）上视图，生成直径1.0mm圆石，使用“曲线”工具，在视图原点放置一个CV点，将圆石与CV点剪贴于丝带上需排石边缘处，如图1-2-9、图1-2-10。

（10）删除所有石头，使用“连接曲线”命令将CV点逐一相连成线，如图1-2-11 、图1-2-12。

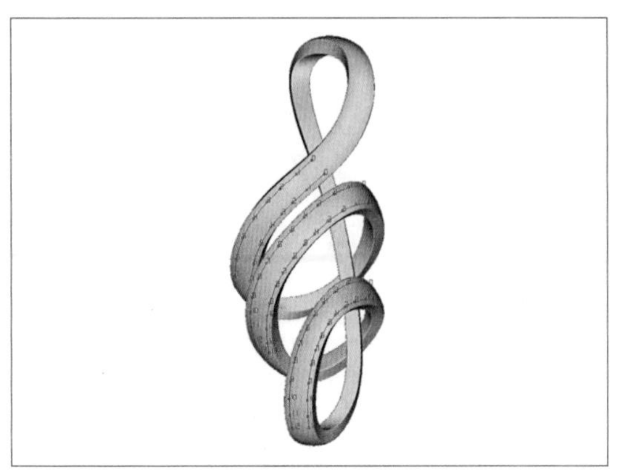

图1-2-12

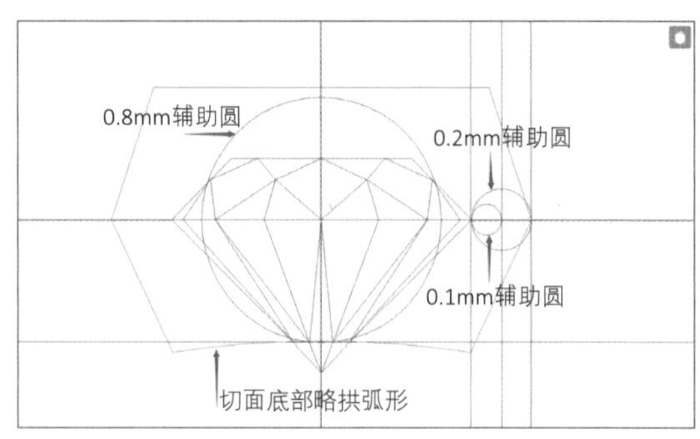

图1-2-13

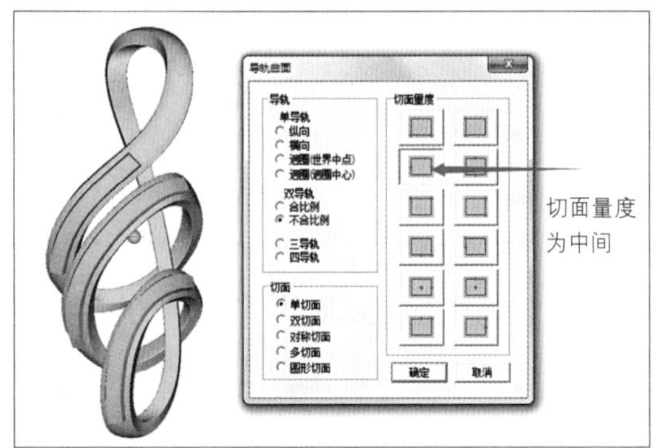

图1-2-14

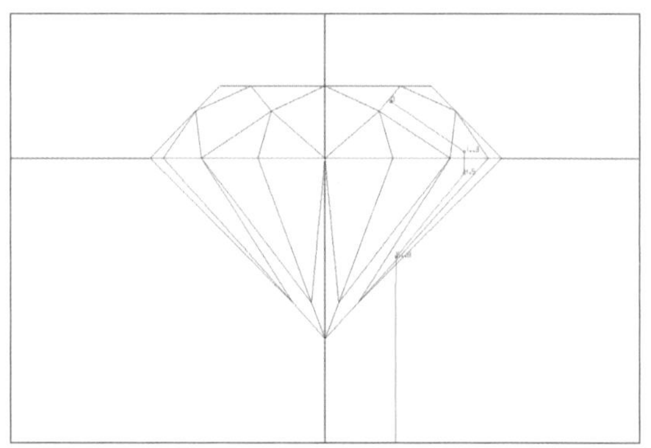

图1-2-15

图1-2-16

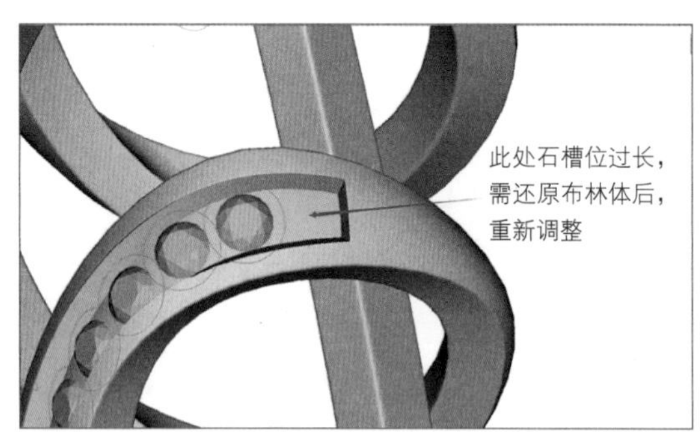

图1-2-17

（11）生成直径1.0mm圆石，制作如图1-2-13切面。

（12）打开导轨曲面对话框，选择双导轨中的不合比例、单切面，切面量度为中间，逐一生成3件开槽物件，更换其材料颜色后，减去丝带，如图1-2-14。

（13）如图1-2-15，制作开石孔切面，旋转成体后减去石头。

（14）上视图，制作直径1.4mm圆曲线后，原地复制石头与圆曲线，进行剪贴排石，如图1-2-16。

（15）排石中若出现石槽位过长或过短的情况，可以还原布林体，将其定义为超减物件，将原来开石槽石头端口处的CV点调整到恰当位置，重新减缺即可。各端口如法炮制进行调整，如图1-2-17至图1-2-19。

（16）选中所有宝石，使用“还原布林体”命令，还原出所有开石孔物件，并减缺丝带，如图1-2-20。

（17）制作直径0.45mm钉并剪贴到位，如图1-2-21。

（18）多方位仔细检查丝带造型，调整至顺滑美观，完成造型。经过后期制作，完成吊坠，如图1-2-22。

图1-2-18

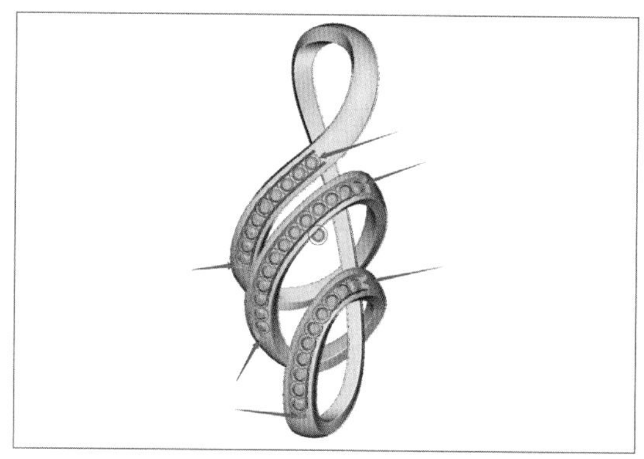

图1-2-19

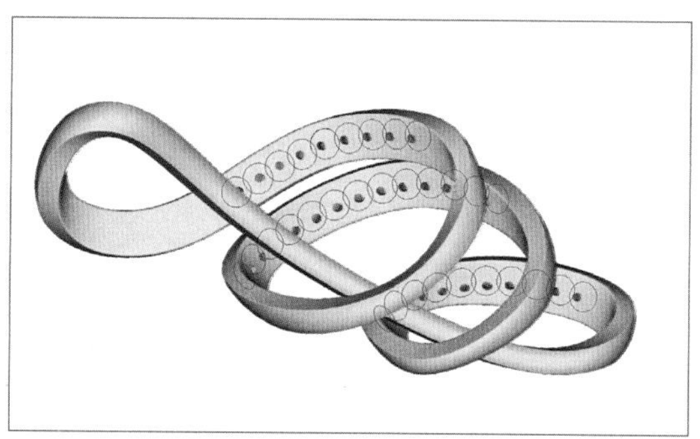

图1-2-20

图1-2-21

图1-2-22

Chapter 2 第二章 假反篇

第一节　假反原理

假反，是指首饰上方表面出现一侧凹陷一侧拱起的造型效果，多应用于丝带类造型表面，尤以丝带拐弯处居多，如图2-1-1。

假反，究其本质是在移动成型的过程中，切面左右端点位置相对移动而形成的实体表面起伏效果。

下面通过案例制作讲解假反的成型原理。

（一）双导轨、单切面假反制作

（1）上视图，首先制作两条S形曲线，一个屋形切面。使用“导轨曲线”命令，选择双导轨中的不合比例、单切面（0.1号CV点位于顶端），切面度量为中间，生成实体。注意导轨曲线CV点的增序方向，由此选择正确的左导轨曲线，如图2-1-2、图2-1-3。

（2）自上而下，首先选择第1切面上方的0.1号CV点向左边缘水平移动。从普通线图模式观看到屋形切面变成斜梯形切面，如图2-1-4、图2-1-5 。

（3）第2、3切面0.1号CV点继续向左边缘移动，从普通线图模式观看，切面应该处于水平状态，即从上向下查看，切面线保持直线状态，如图2-1-6至图2-1-9。

（4）第4切面0.1号CV点保持不动，将第5、6、7切面上方的0.1号CV点分别向右边缘移动，如图2-1-10。

由此，得到了一个假反实体。通过普通线图分析可以发现，这个假反实体的产生，实际是由于0.1号CV点的位置移动而形成的。0.1号CV点从实体最左侧向最右侧走出了一条S形曲

图2-1-1　假反丝带

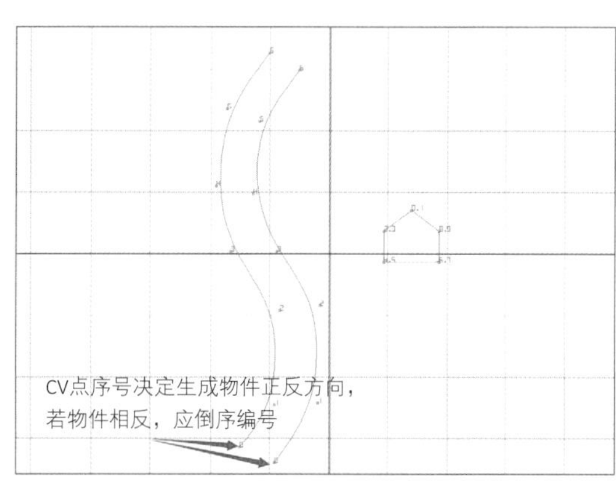

图2-1-2

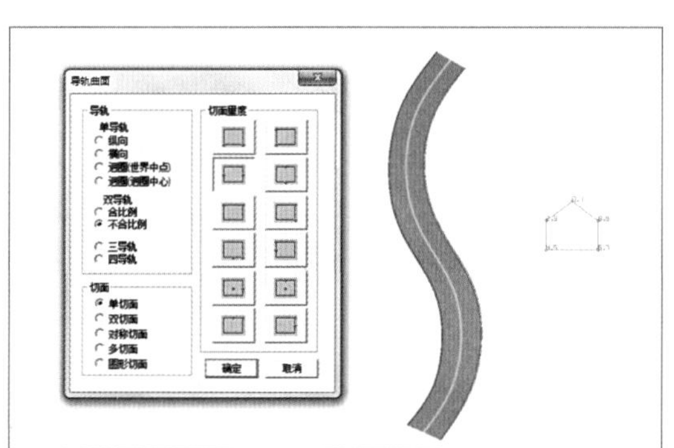

图2-1-3

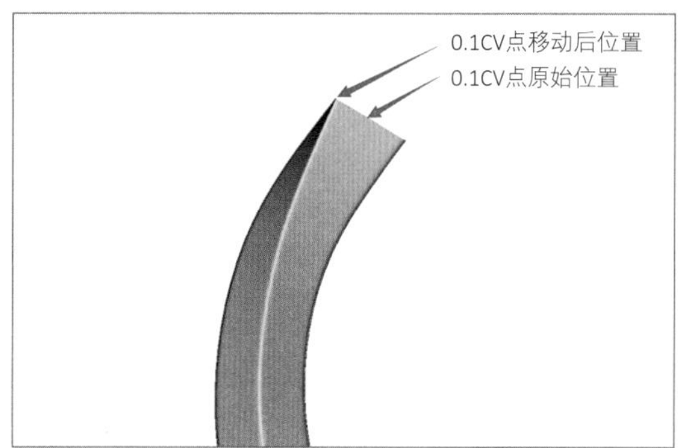

图2-1-4

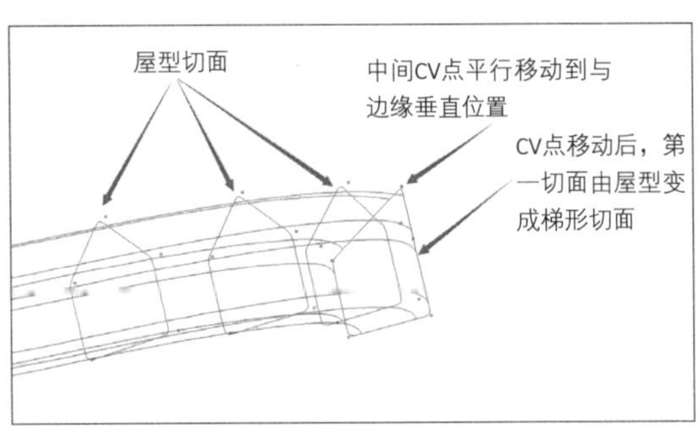

图2-1-5

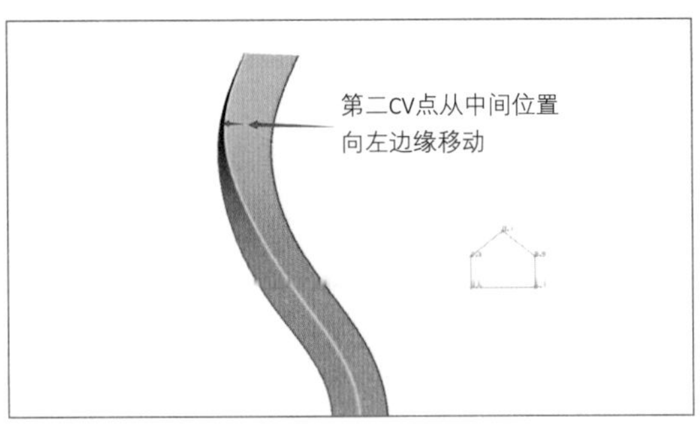

图2-1-6

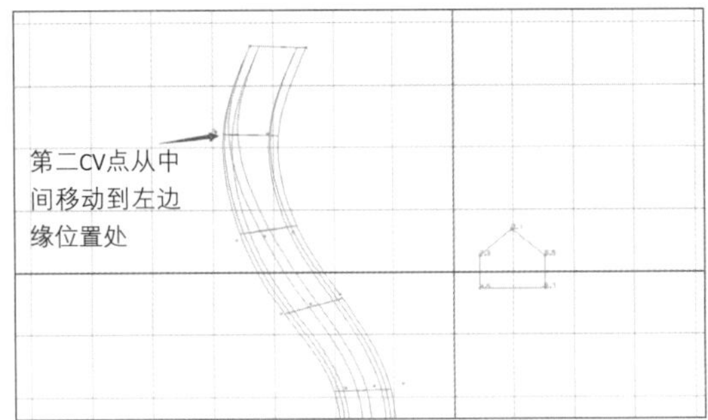

图2-1-7

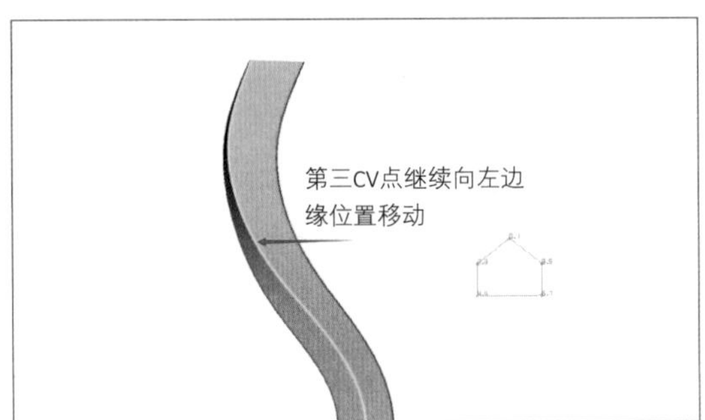

图2-1-8

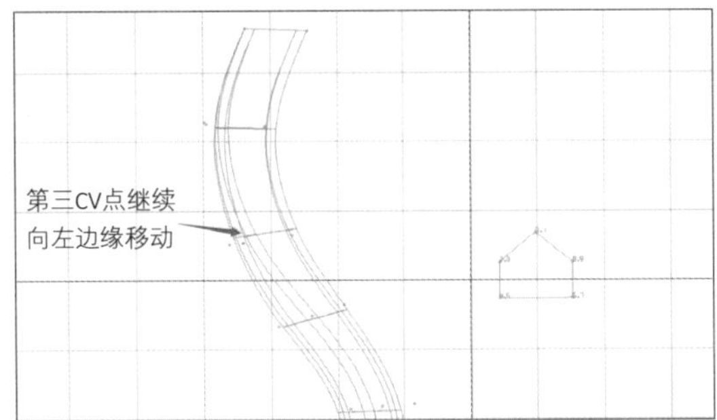

图2-1-9

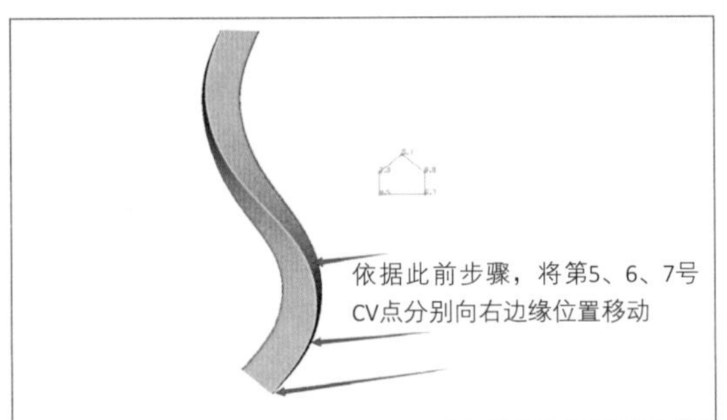

图2-1-10

线，而这个S形曲线也拉动了实体左右两侧面的改变，最终形成了假反的效果。由此可以推论，假反效果是由于顶端CV点的移动轨迹而形成的造型效果，如图2-1-11。

（二）双导轨、双切面假反制作

该案例为首饰设计中常用的丝带底部平底，上部表面是进行假反变化的造型。

1. 第1部分：切面与方向

CAD软件系统中，默认“导轨曲面”命令首先选择的曲线是左导轨*，切面左边缘是沿左导轨运动而形成实体的。当选择不同曲线作为左导轨时（这是因为上文中提及的测试实体方向造成的），应该选用左右边缘相互对调位置的切面，方可生成正确的实体造型。具体操作步骤如下：

*判断左导轨的方法：由0号CV点起曲线CV点的增序方向，其左边曲线即为左导轨。

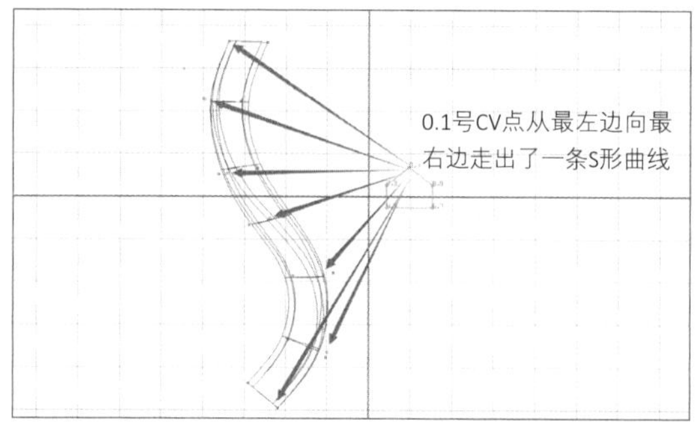

图2-1-11

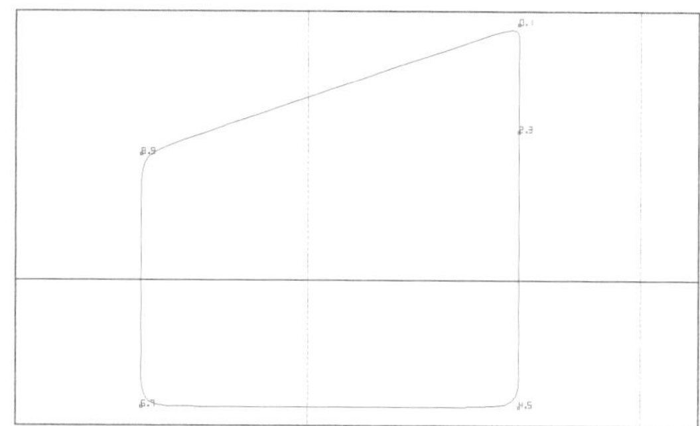

图2-1-12

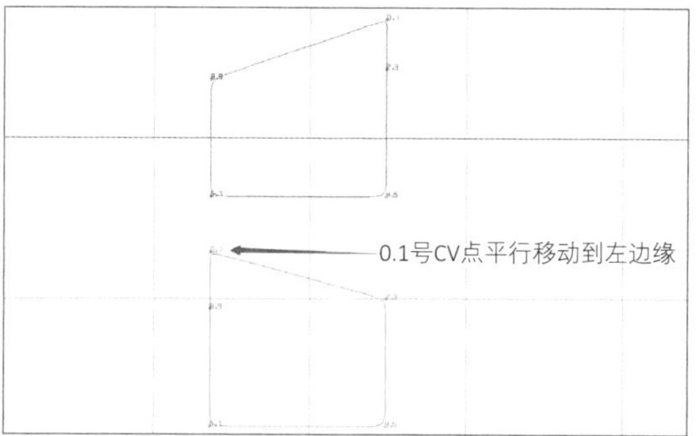

图2-1-13

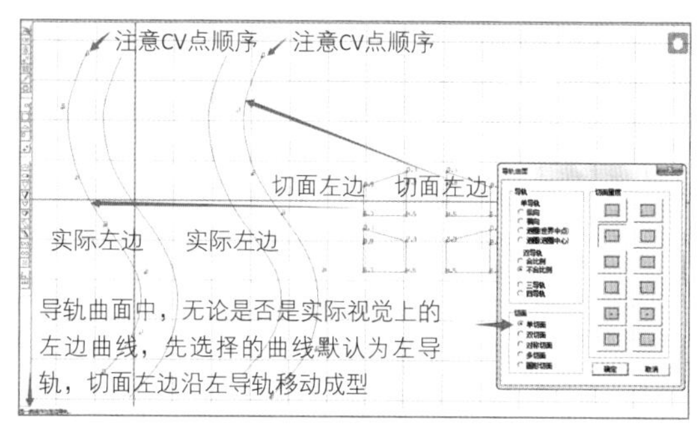

图2-1-14

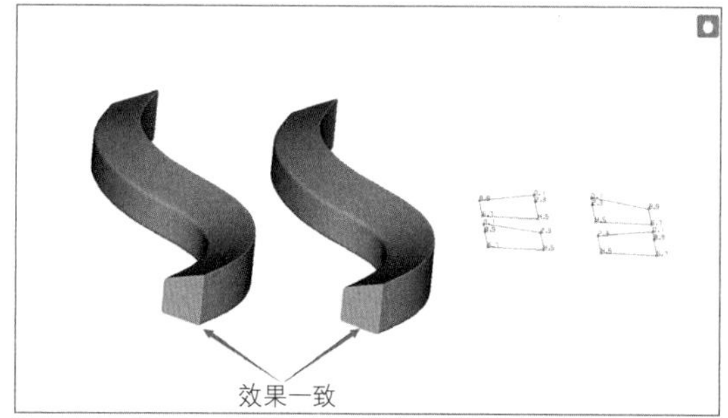

图2-1-15

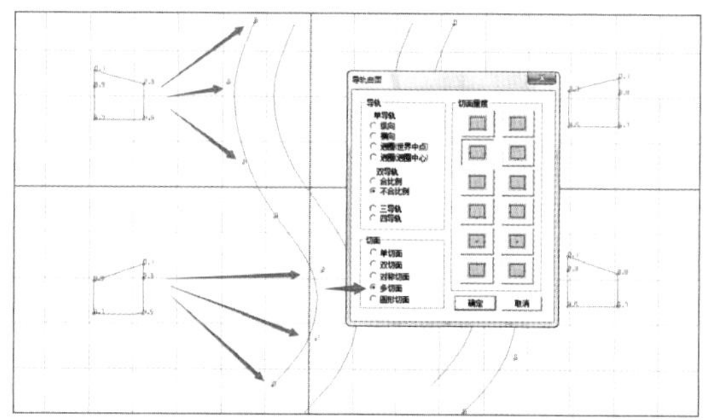

图2-1-16

（1）上视图，如图2-1-12，制作第1个切面。

（2）使用“直线延伸”工具，垂直向下拖动复制该切面，将复制出的切面0.1号CV点平行移动到左边缘。再将该组切面左右复制出新的一组，如图2-1-13。

（3）制作两条S形曲线，复制这组曲线并倒序编号，分别显示两组曲线的左、右边曲线CV点，如图2-1-14。

（4）使用导轨曲面命令，分别对应选择左导轨与左切面，得到一致效果，如图2-1-15。

通过这个案例，读者可以分析清楚左导轨对应左切面的成型情况，在实际制作中，要学会如何对应使用相应切面。

2. 第2部分：假反制作

（1）沿用以上案例所用切面及S曲线。

（2）如图2-1-16至图2-1-19，设置切面相对应的CV点，其中3号CV点作为过渡阶段不用设置切面，完成两个假反实体的造型，并请读者仔细思考左右切面与左边缘线的对应关系。

3. 自旋转体假反制作

该案例为首饰设计中丝带自身扭转，同时表面进行假反变化。

（1）上视图，如图2-1-20，制作切面。

（2）使用“直线延伸”工具垂直向下复制该切面后，调整各个CV点的位置，生成新切面，如图2-1-21。

（3）使用“导轨曲面”命令，设置如图2-1-22。

（4）完成假反，如图2-1-23、图2-1-24。

4. 一次假反制作原理

假反在实际使用中会有一次反位、二次反位及多次反位，其原理均是由同一起始切面的左右端点1次、2次或是多次联系位置移动形成。归根结底，无论是1次、2次及多次反位，都需要在设定好相应切面数量以及切面中相应的CV点数量。下面通过一次假反与二次假反案例，进行讲解。由于3次以上的反位在日常设计中较为少见，若有此需求一并参照一次、二次假反的切面设计原则进行。

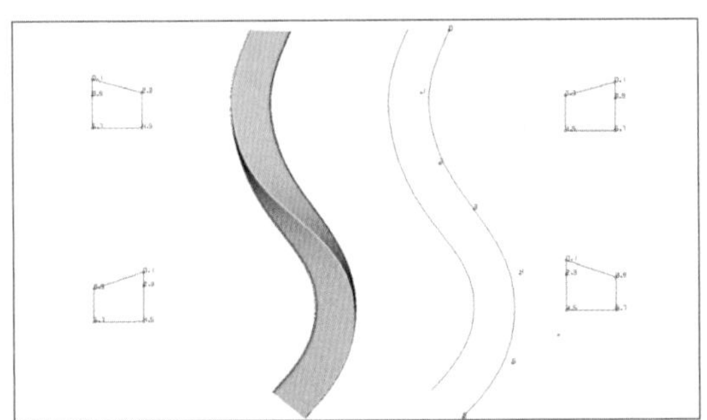

图2-1-17

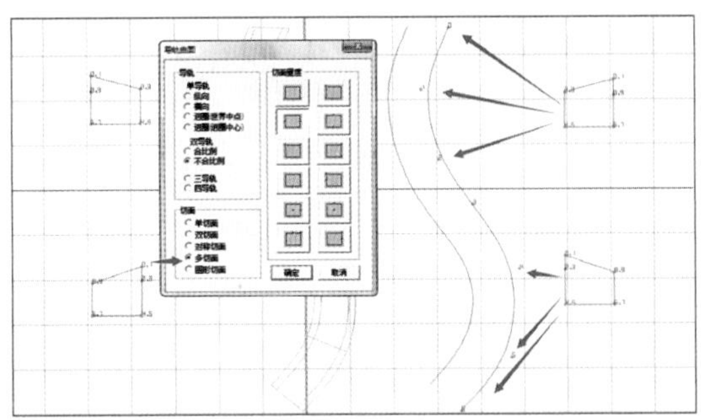

图2-1-18

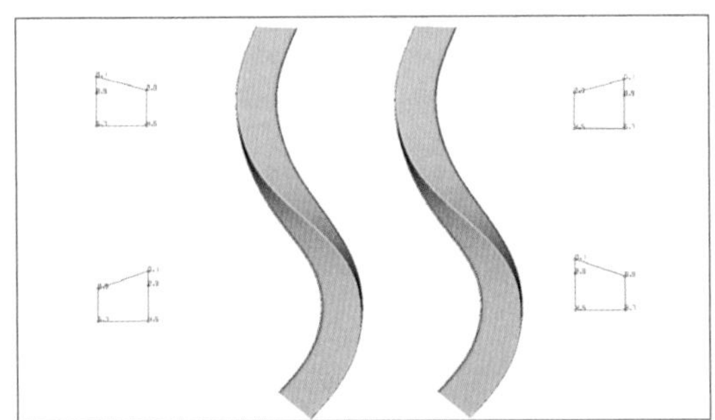

图2-1-19

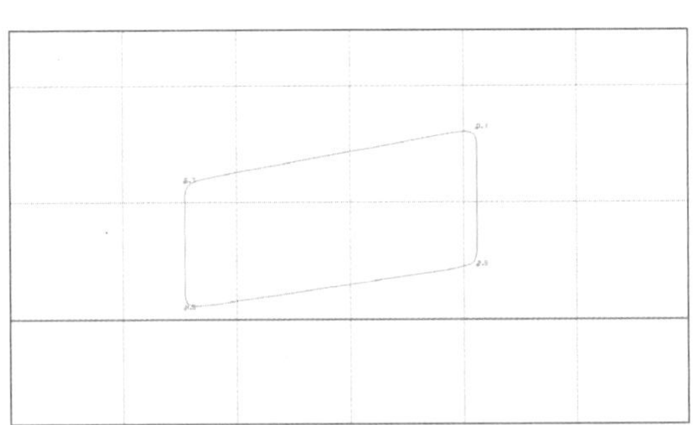

图2-1-20

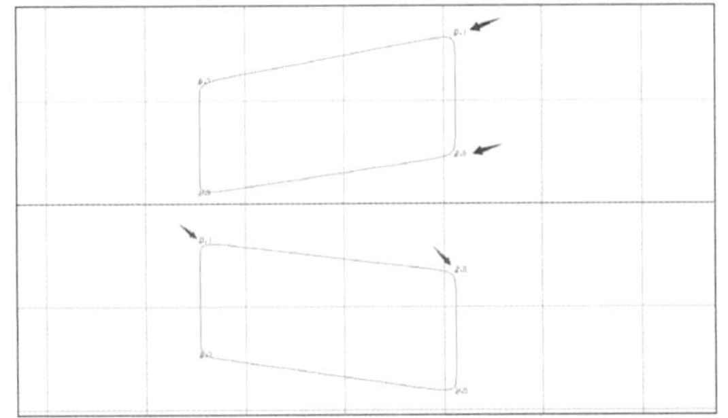

图2-1-21

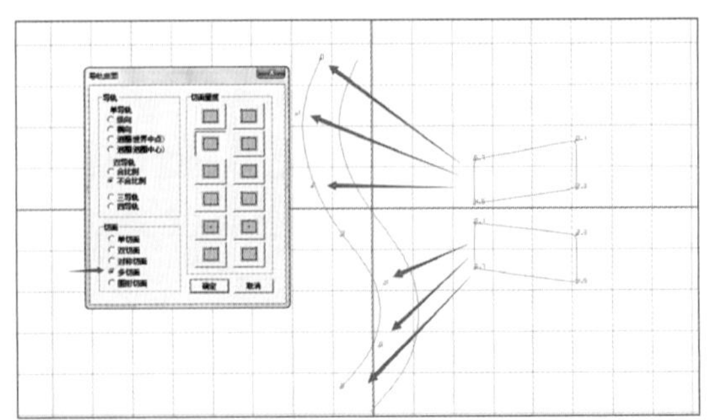

图2-1-22

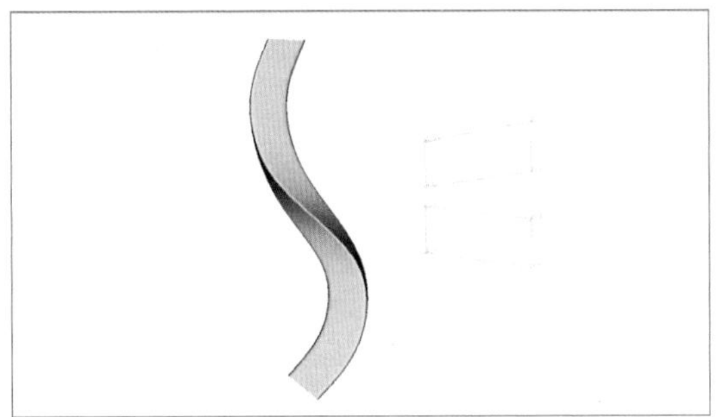

图2-1-23

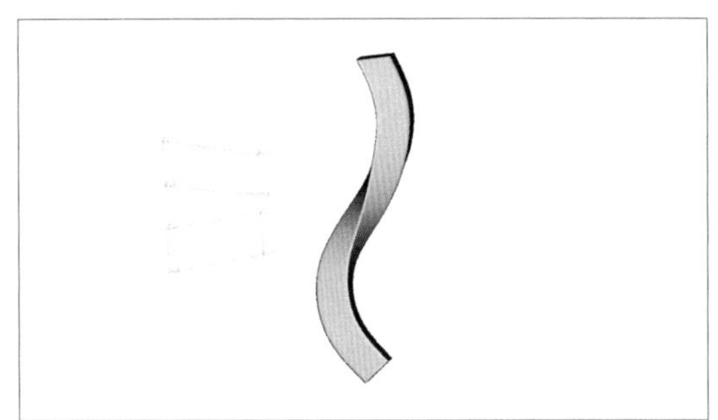

图2-1-24

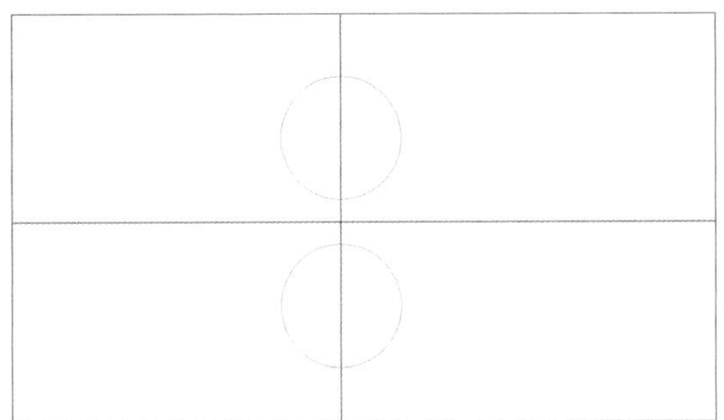

图2-1-25

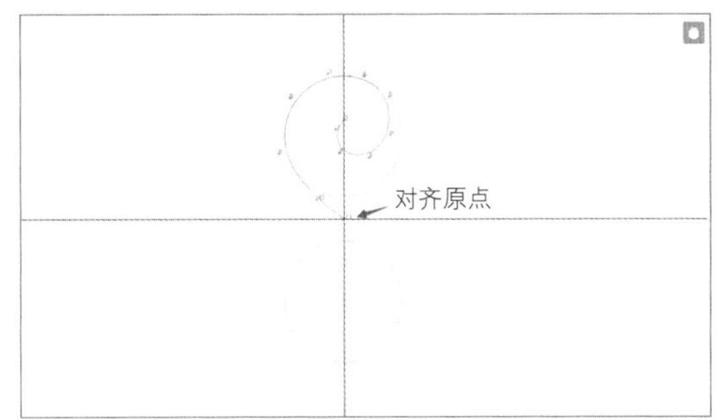

图2-1-26

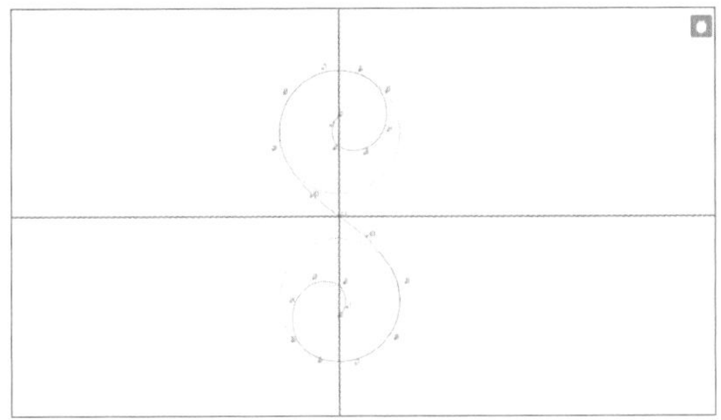

图2-1-27

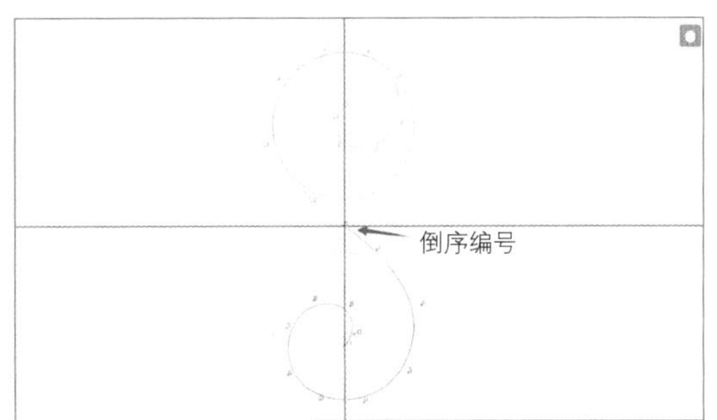

图2-1-28

一次假反一般需要用到3或4个切面，本节一次假反原理案例中，采用切面左右顶端CV点移动互置的方式，使用4个切面完成假反制作。主要目的是为了帮助初次接触假反制作的读者，从原理上了解假反，在下节案例中，会采用3个切面的方式更加概括地完成假反制作。

一次假反制作步骤——首先绘制出导轨曲线，再开始切面制作。

（1）导轨曲线的绘制

①上视图，制作直径3mm的圆，向上移动后，对称复制，如图2-1-25。

②绘制曲线，注意尾端CV点应对齐原点，如图2-1-26。

③180°旋转复制后，倒序该复制曲线的CV点编号，如图2-1-27、图2-1-28。

④用“连接曲线”命令将两条曲线合并（“连接曲线”命令操作原则是：尾头相连，即一条曲线的尾端CV点连接另一条曲线的0号CV点），并删除原点附近合并处任意一个CV点，如图2-1-29。

⑤偏移该曲线0.7mm，之后调整偏移曲

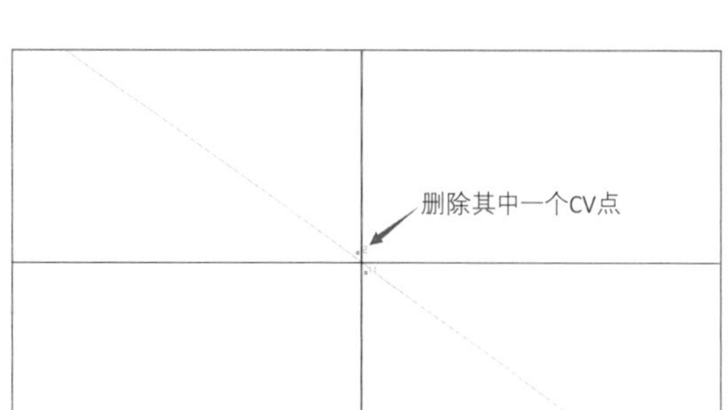

图2-1-29

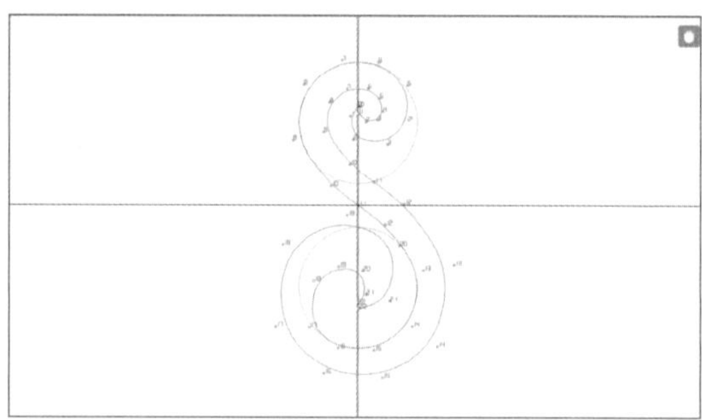

图2-1-30

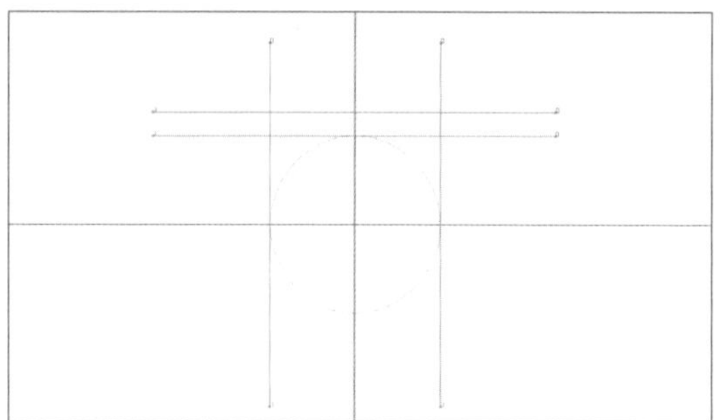

图2-1-31

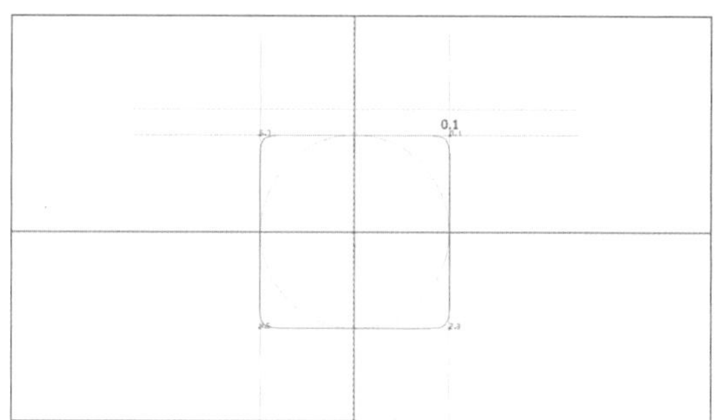

图2-1-32

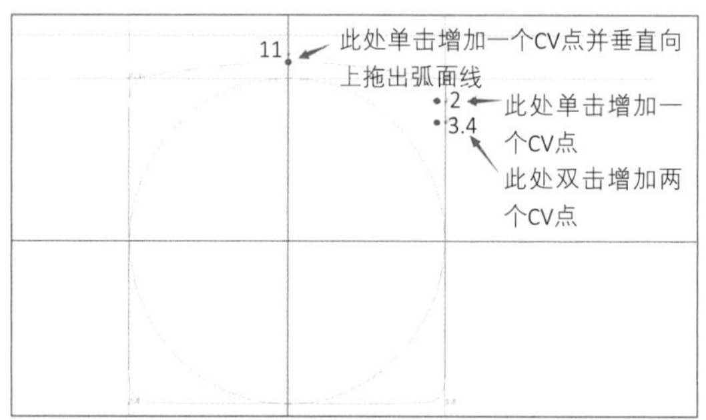

图2-1-33

线，如图2-1-30。

（2）制作切面

①第1切面制作步骤：

a. 绘制直径0.7mm辅助圆，切圆右边制作一条上下对称辅助线，并对称复制。切圆上边缘制作一条左右对称辅助线，再使用“直线复制”工具向上0.2mm复制另一条辅助线，如图2-1-31。

b. 使用“上下左右对称线”工具，制作一个边长1.5mm的正方形。该正方形右顶端为0.1号CV点，如图2-1-32。

c. 使用任意曲线在正方形上边中间处单击生成一个8号CV点，将该CV点向上移动0.1mm，拖出一个弧面线。

d. 使用任意曲线在矩形右边曲线上首先单击生成2号CV点，再在2号点下方双击生成3.4号CV点，完成第一个切面的制作，如图2-1-33。

以上左右两边CV点选取后应采取投影至垂直辅助线的方式和垂直辅助线保持一致，在余下的切面制作中，均采用此方法保持各矩形宽度，下文不再赘述。

②第2切面制作步骤：

a. 选择第1切面及各辅助线条，原地复制后，向下垂直移动生成第2切面。

b. 选择各CV点进行调整，如图2-1-34。

③第3切面制作步骤：

a. 选择第2切面及各辅助线条，原地复制后，向下垂直移动生成第3切面，如图2-1-35。

b. 选择各CV点进行调整，如图2-1-36。

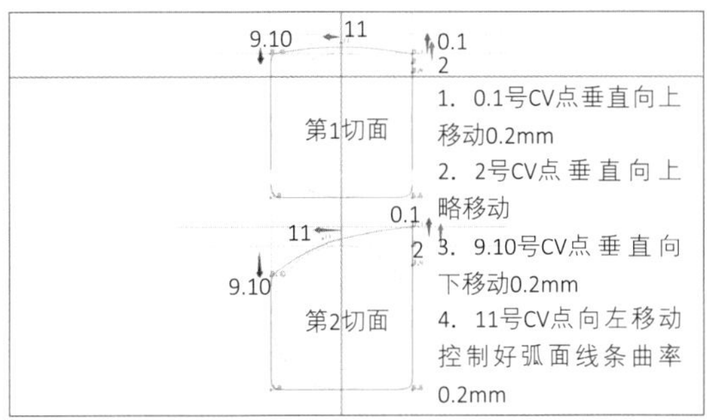

图2-1-34

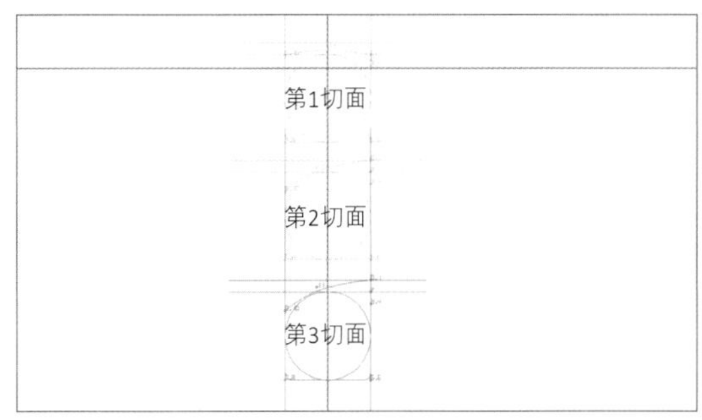

图2-1-35

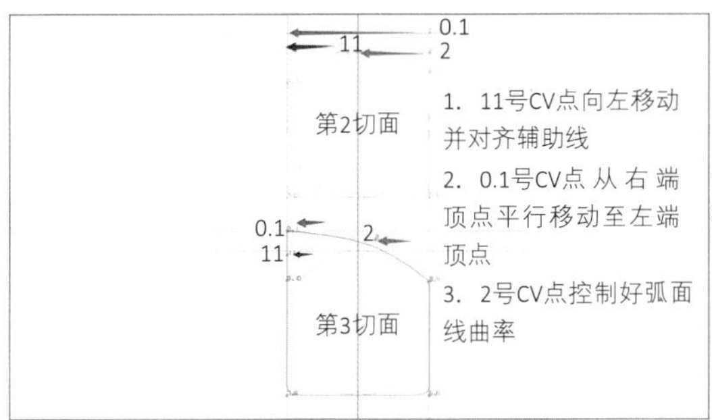

图2-1-36

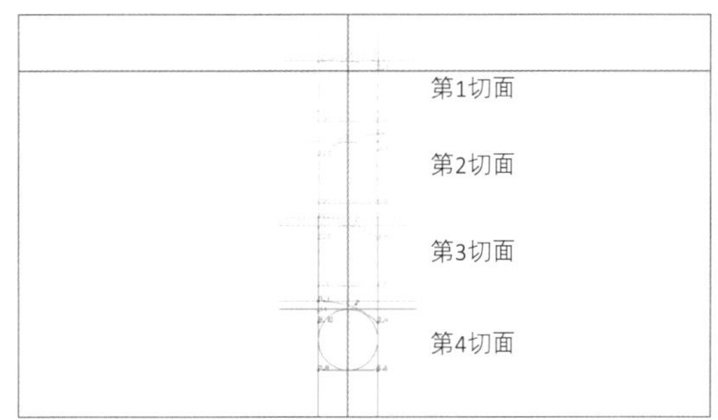

图2-1-37

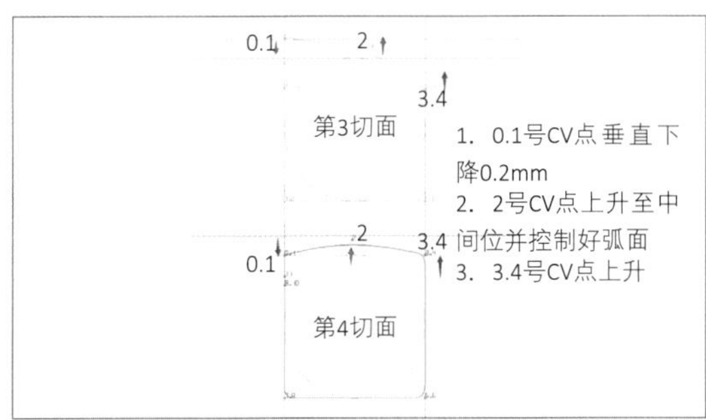

图2-1-38

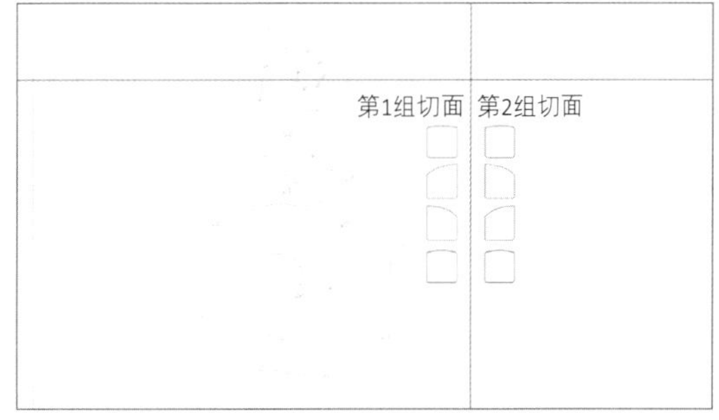

图2-1-39

④第4切面制作步骤：

a. 选择第3切面及各辅助线条，原地复制后，向下垂直移动生成第4切面，如图2-1-37。

b. 选择各CV点进行调整，如图2-1-38。

（3）一次假反实体制作

①将4个切面左右对称复制，如图2-1-39。

②使用“导轨曲面”命令，选用复制出的右边第2组切面，如图2-1-40。

③生成实体后，可调整假反位置不顺畅处的顶端CV点，将其调顺，如图2-1-41。

请读者朋友自行选用第1组切面进行导轨曲面的绘制，观察其假反是否正确，再次结合上文左右导轨线与切面左边缘相对应的思路，仔细体会导轨与两组切面的生成关系。同时，可以改变切面造型，如图2-1-42至图2-1-44各种变化假反切面，尝试制作不同变化的假反模型进行练习。

5. 二次假反制作原理

二次假反一般需要用到5个或者7个切面，本节一次假反原理案例中沿用上文思路，依然采取切面左右顶端CV点移动互置方式，使用7

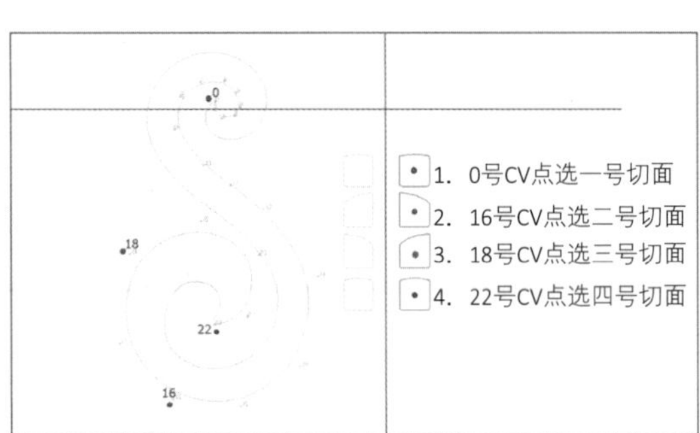

图2-1-40

图2-1-41

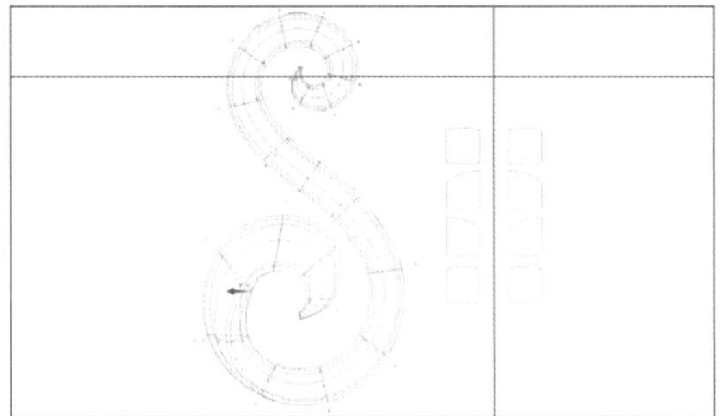

图2-1-42

图2-1-43

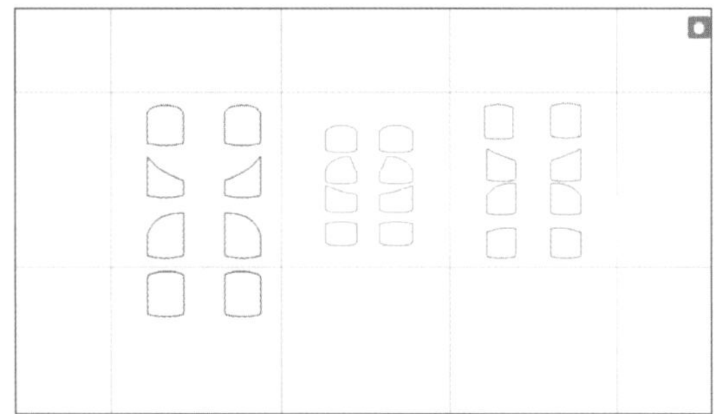

图2-1-44

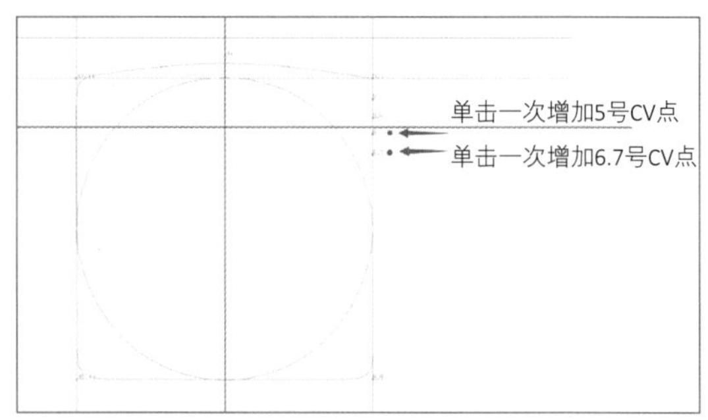

图2-1-45

个切面完成假反制作。在下章节案例中，再采用5个切面的方式更加概括地完成假反制作。

本案例中，导轨线条用回上文一次假反用的曲线即可（曲线还原命令：Restore removed curves）。

（1）切面制作

①第1切面制作步骤：

制作上文一次假反中第1切面，在3.4号CV点下方，继续增加5、6.7号CV点，如图2-1-45。

②第2切面制作步骤：

a. 选择第1切面及各辅助线条，原地复制后，向下垂直移动生成第2切面；

b. 选择各CV点进行调整，如图2-1-46。

③第3切面制作步骤：

a. 选择第2切面及各辅助线条，原地复制后，向下垂直移动生成第3切面；

b. 选择各CV点进行调整，如图2-1-47。

④第4切面制作步骤：

a. 选择第3切面及各辅助线条，原地复制后，向下垂直移动生成第4切面；

b. 选择各CV点进行调整，如图2-1-48。

⑤第5切面制作步骤：

a. 选择第4切面及各辅助线条，原地复制后，向下垂直移动生成第5切面；

b. 选择各CV点进行调整，如图2-1-49。

⑥第6切面制作步骤：

a. 选择第5切面及各辅助线条，原地复制后，向下垂直移动生成第6切面；

b. 选择各CV点进行调整，如图2-1-50。

⑦第7切面制作步骤：

a.选择第6切面及各辅助线条，原地复制后，向下垂直移动生成第7切面；

b.选择各CV点进行调整，如图2-1-51。

（2）二次假反实体制作

①将7个切面左右对称复制，如图2-1-52。

②使用导轨曲面命令，选用复制出的右边第2组切面，如图2-1-53。

③生成二次假反实体后，可调整假反位置不流畅处的顶端CV点将其调顺，如图2-1-54。

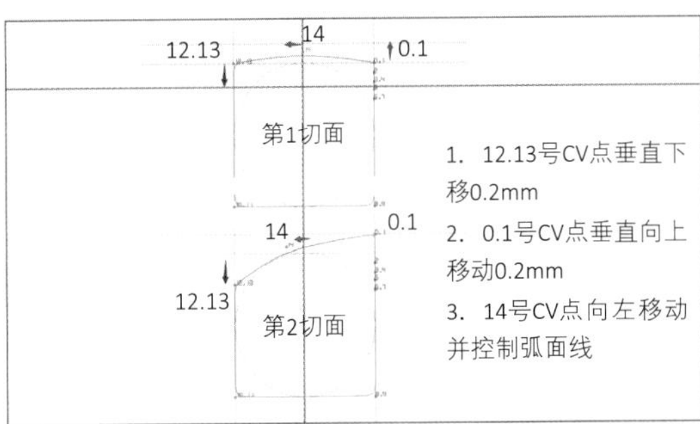

图2-1-46

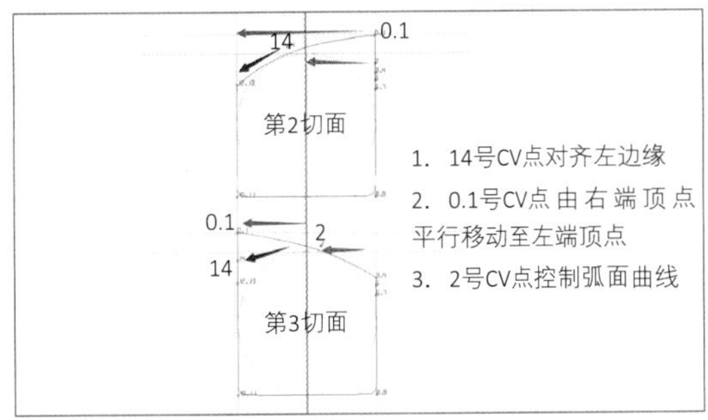

图2-1-47

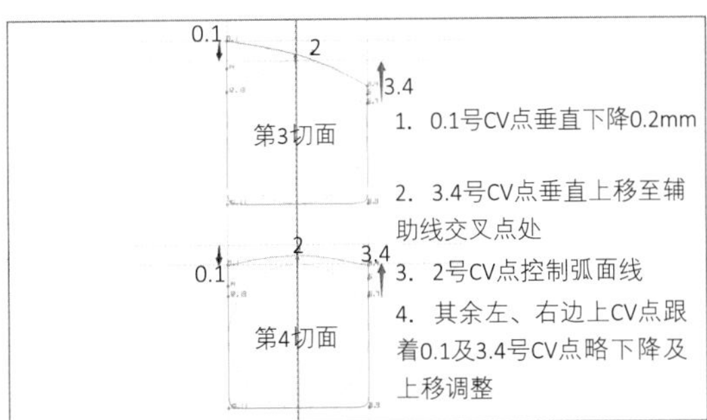

图2-1-48

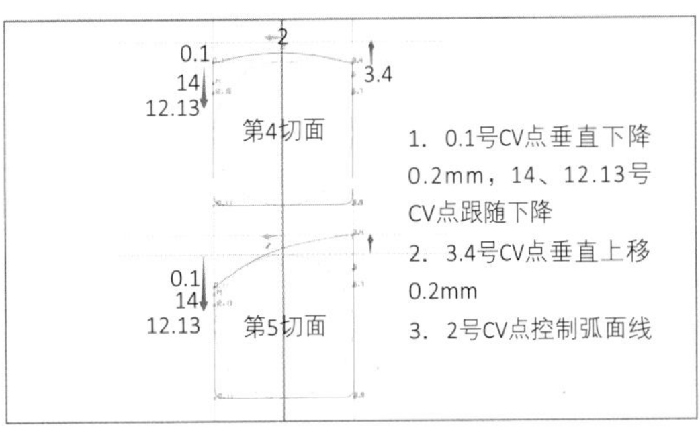

图2-1-49

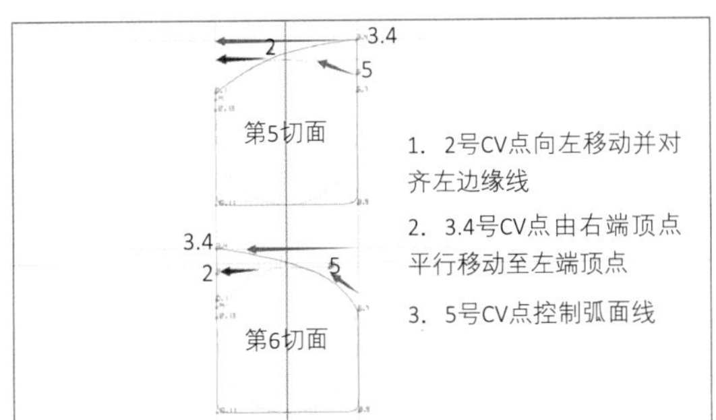

图2-1-50

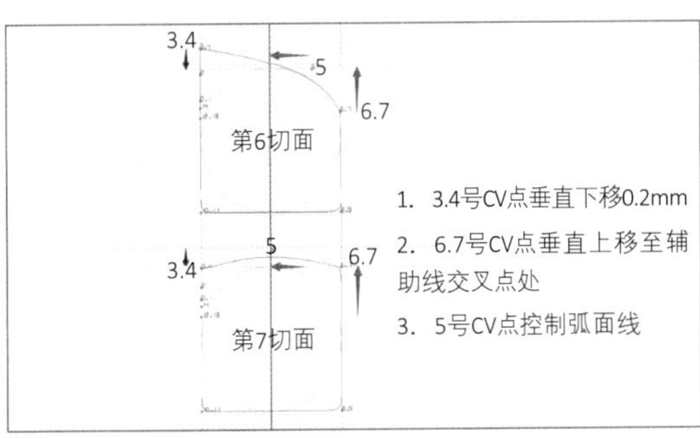

图2-1-51

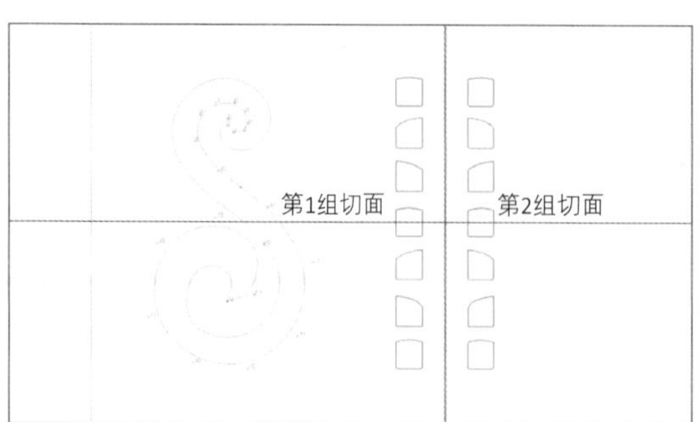

图2-1-52

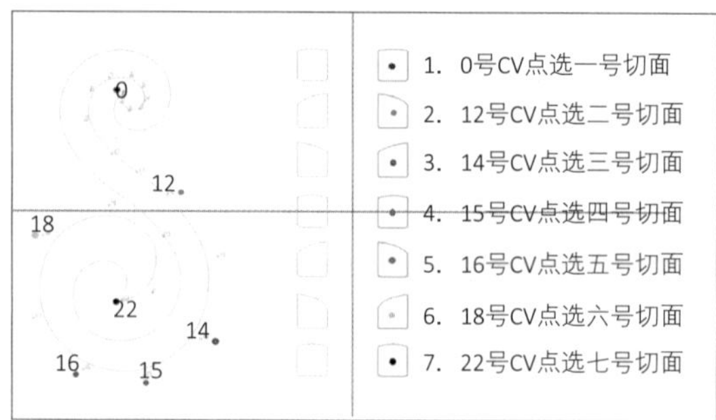

图2-1-53

图2-1-54

请读者自行选用第1组切面进行导轨曲面，观察其假反是否正确，再次结合上文左右导轨线与切面左边缘相对应的思路，仔细体会导轨与两组切面的生成关系。

本节中，主要讲授了假反的制作原理与制作方法，在后续的实例制作中，会有不同的切面制作方法，不过万变不离其宗，无论假反如何复杂多变，均源自于本节中的基本原理，愿读者仔细推敲本节内容，多加练习，对假反变化原理烂熟于胸，在以后的设计中方可以不变应万变。

第二节 “字符”假反吊坠

本案例主要讲解“文字”命令在姓名定制设计中的应用；二次假反起始位置分析；二次假反制作。

案例制作步骤：

（1）上视图，制作直径为4.5、22.5、30mm的辅助圆，贴合其边缘，使用“左右对称辅助线”“上下对称辅助线”命令，设定吊坠长宽距离及字母高度，如图2-2-1。

（2）使“杂项—文字”命令输入“unyi”，选择适合的字形。调整“y”字大小，将各个字母放到适合的位置，如图2-2-2。

（3）展示各字母的CV点，将曲线边缘调整顺滑美观，并依据需要删除或增加相应位置的CV点。字母与字母连接处需要略相交0.1mm。制作直径0.6mm辅助圆控制各个字母宽度，尤其是字母最窄宽度控制在0.6mm以上，如图2-2-3、图2-2-4。

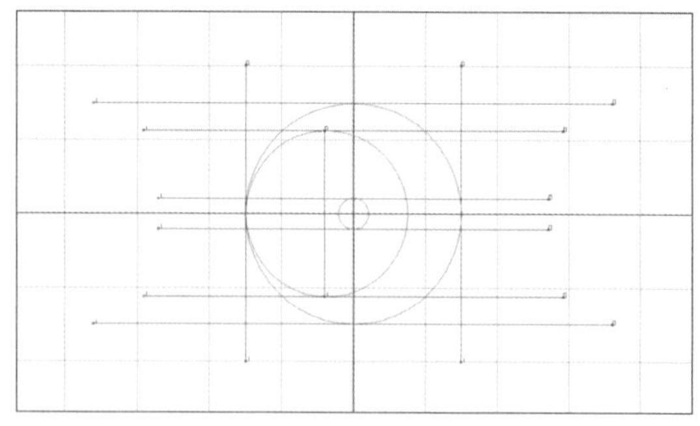

图2-2-1

文字

unyi

制作立体文字 设定字型 确定 取消

图2-2-2

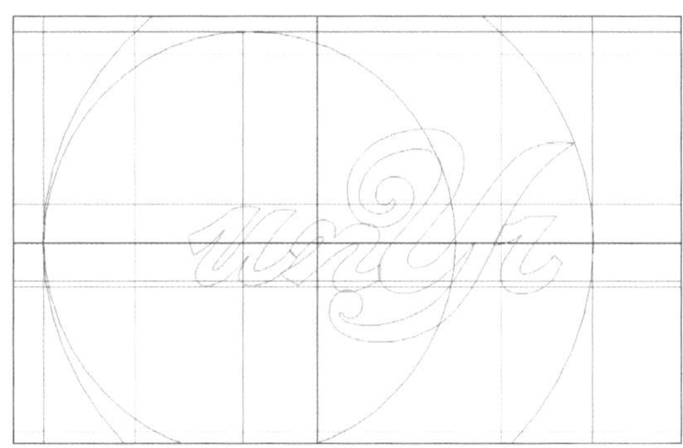

图2-2-3

图2-2-4

（4）上视图，如图2-2-5，绘制凤凰S曲线，所有线条均为非闭合单一曲线。

（5）协调各字母曲线间的高低位置关系，如图2-2-6。

（6）右视图，使用“直线延伸曲面”命令，将“unyi”字母曲线向上延伸0.65mm，生成文字实体，如图2-2-7。

（7）多角度观察，拖动“y”字CV点，拉出高低位及层次感，使得“y”自身形成局部略微高低错落的层次感，如图2-2-8。

（8）上视图，仅展示S形躯干部分曲线，使用“中间曲线”命令，生成中间曲线，如图2-2-9。

（9）右视图，左右对称曲线绘制一条弧线，弧线高度为1.3mm，将中间曲线投影贴合上去，如图2-2-10、图2-2-11。

（10）确定假反开始与结束点，并绘制假反起始示意曲线，如图2-2-12。

（11）绘制或者插入假反切面（可使用上一节假反切面，切面高度为0.7mm）。

（12）使用“导轨曲面”“三导轨”“多切面”命令，选中左边曲线，其次选中右边曲线，再选中间曲线，如图2-2-13、图2-2-14。

（13）导轨第2个假反丝带，该丝带仅一次假反，仅需要使用到1～4号切面即可。具体制作方法依据步骤（7）～（12）。生成实体后，调整其空间位置，压缩调整端口，使得两个假

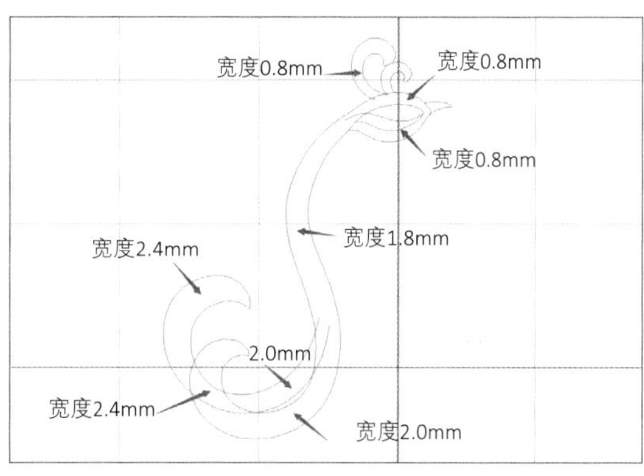

（a）

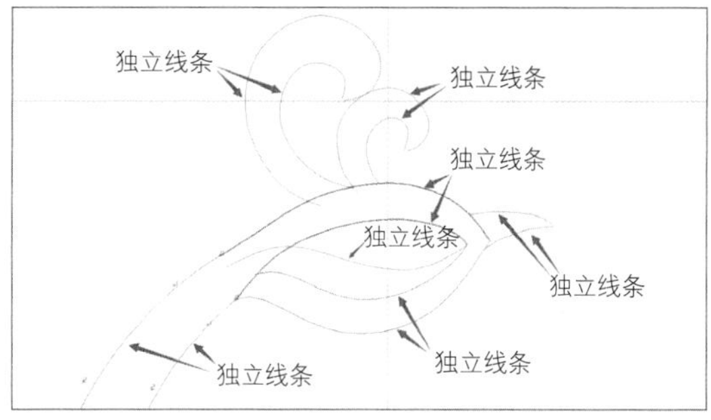

（b）

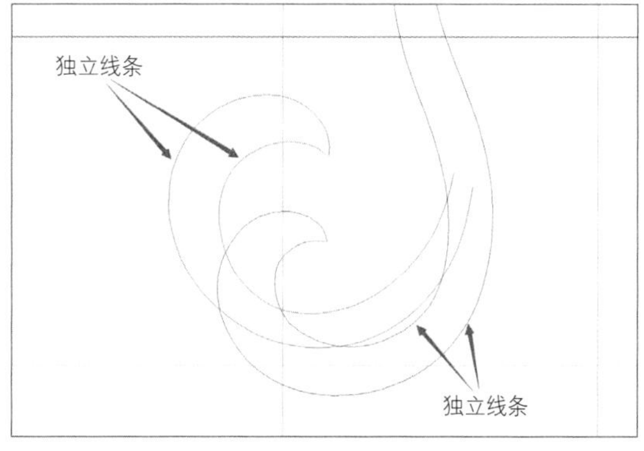

（c）

图2-2-5

图2-2-6

图2-2-7

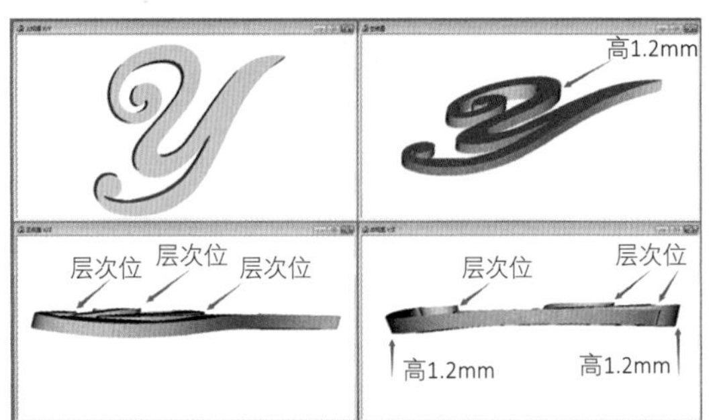

图2-2-8

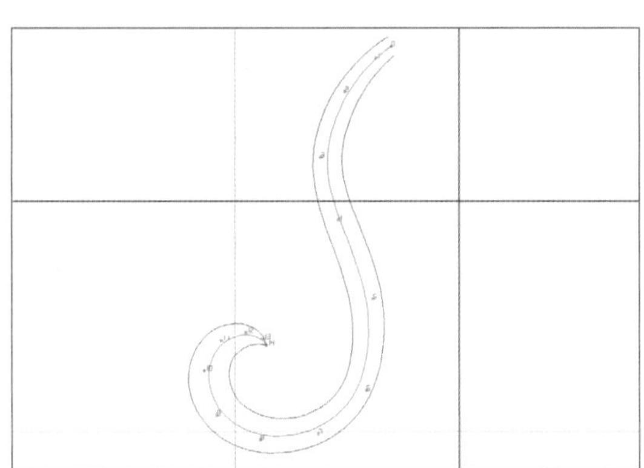

图2-2-9

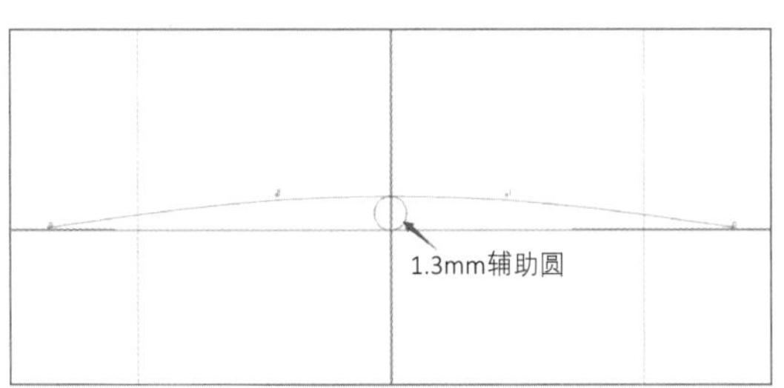

图2-2-10

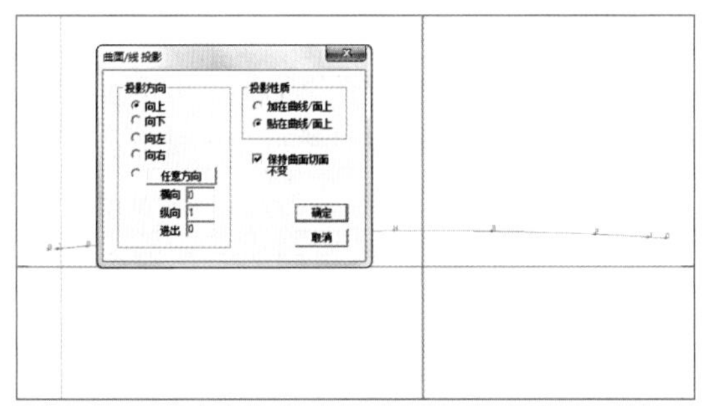

图2-2-11

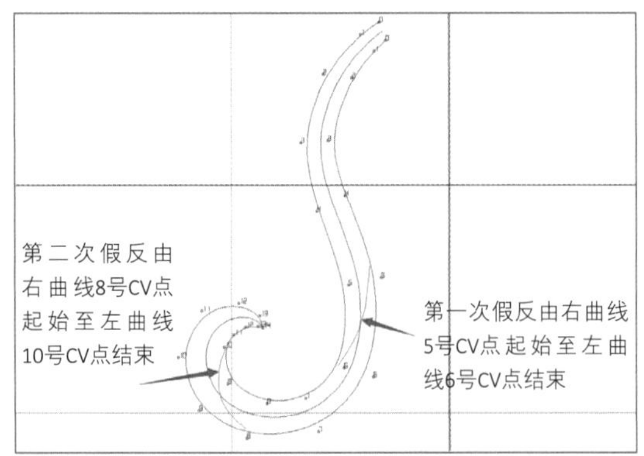

图2-2-12

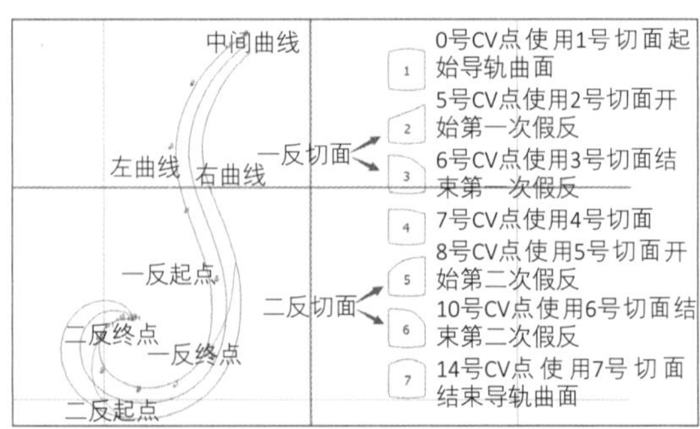

图2-2-13

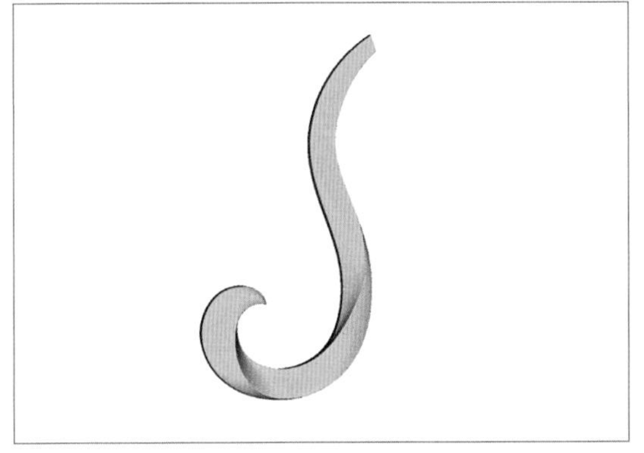

图2-2-14

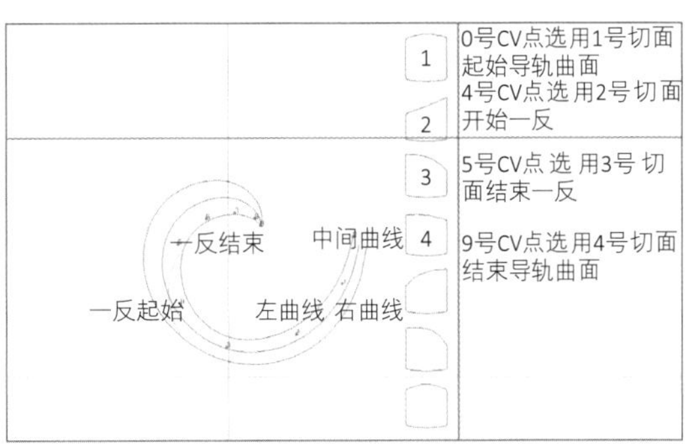

图2-2-15

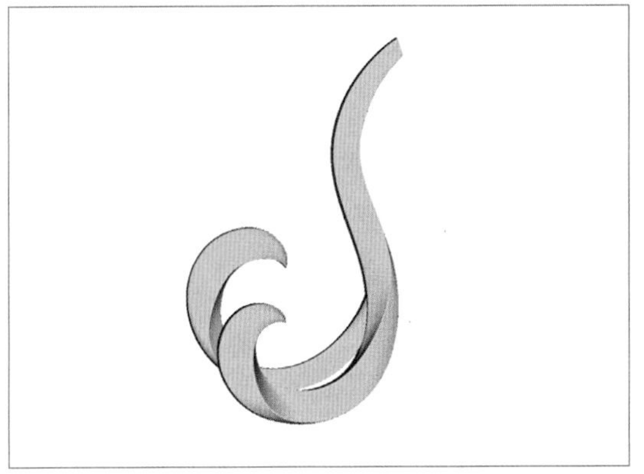

图2-2-16

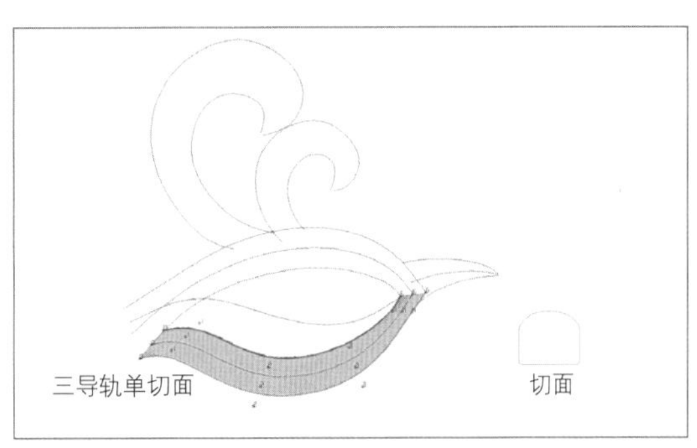

图2-2-17

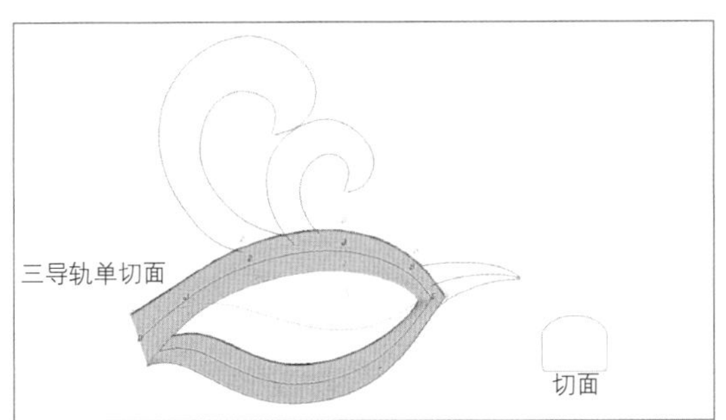

图2-2-18

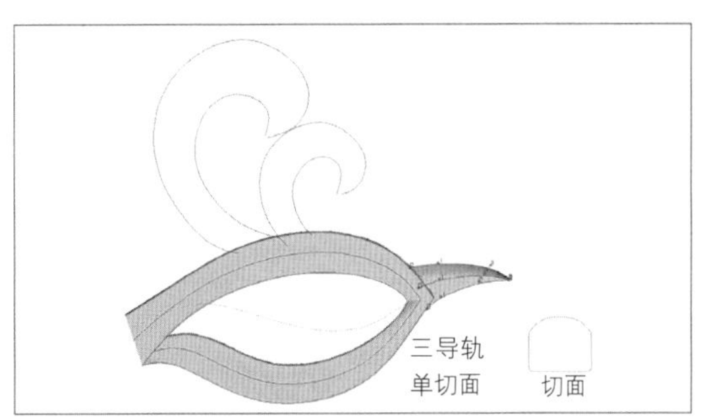

图2-2-19

反体相互吃入，如图2-2-15、图2-2-16。

（14）上视图，使用“中间曲线”命令生成头部各丝带的中间曲线，右视图将中间曲线上移0.7mm，使用“导轨曲面”工具，三导轨单切面生成头冠部各部件，如图2-2-17至图2-2-19。

（15）制作直径0.4、0.7mm的辅助圆，选中眼内线条，使用“管状曲面”工具，双切面，分别点击直径0.4、0.7mm圆，生成渐变圆管，如图2-2-20。

（16）继续完成凤冠部位制作，如图2-2-21。

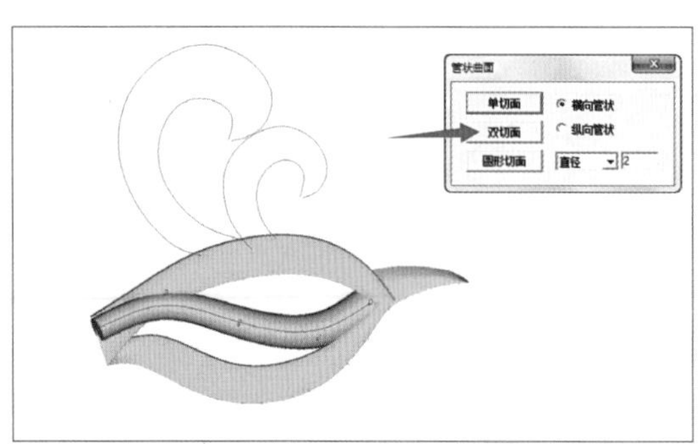

图2-2-20

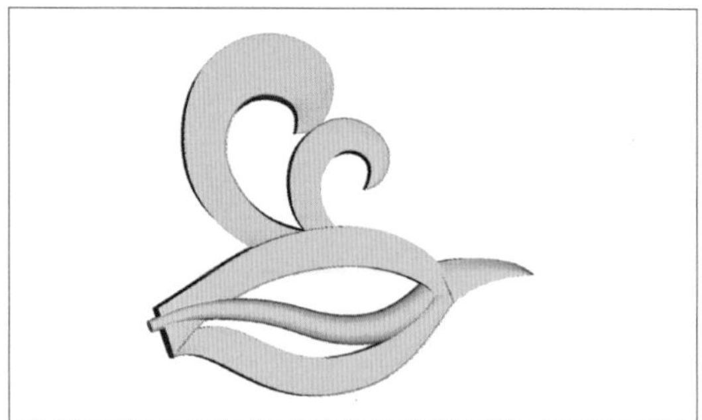

图2-2-21

图2-2-22

图2-2-23

（17）完成吊坠主体部分制作，如图2-2-22。

（18）分别制作3mm×5mm水滴形宝石及直径2mm圆形宝石镶口。圆形镶口放置于字母“i”头部，注意镶口与周围实体保持相交。水滴形宝石镶口制作完成后置于适合位置即可。实际生产中，链条均为配件，电脑模型中所有的链条仅起展示作用，无须打印。

（19）制作连接链条的圈环，CAD建模制作此类圈环，圈内径最少要1.5mm，圈实体直径最少0.8mm。故生成2mm圆曲线，使用“管状曲面”工具，圆形切面直径为0.8mm。确定后生成圈环并复制，将两者水平分置于吊坠左右两端。

（20）完成吊坠制作，如图2-2-23。

第三节　真假反套装

本小节选用一对套装（吊坠、戒指），结合真反篇与假反篇的真、假反制作技巧，进行模型设计与制作。帮助读者进一步学习掌握真、假反的制作技法，并灵活应用到实际的首饰设计制作中。

（一）真假反吊坠

本案例主要讲解真、假反两种反位共存；假反切面控制点居中成型；实体投影衔接技法；钉镶（金镶）梅花钉造型。

1. 丝带造型曲线设计

（1）上视图，如图2-3-1，绘制出两组造型曲线，后期需镶嵌直径1.0mm圆石，镶嵌位置可放入2.4mm辅助圆以控制距离，参见源文件“源2.3.1.1平面线稿”。

（2）上视图，绘制假反起始示意线条。右视图，使用“移动”工具拖动CV点，拉出两组曲线的高低位置及穿插关系（调整CV点的方法：a.选中导轨线上两个同号CV点；b.在右（左）视图中使用“移动”工具同时垂直移动；c.在透视图中使用“移动”工具＋Shift键移动；d.部分细节调整可单独选点移动；e.移动后要检查上视图造型曲线是否发生改变，若出现与原造型曲线不符合的情况，需要及时调整回来）。如图2-3-2、图2-3-3，参见源文件“源2.3.1.2立体线稿”。

（3）绘制高1.4mm切面，原地复制此两组造型曲线后，使用“导轨曲面”命令：双导轨、不合比例、单切面、切面量度居中，生成实体，以此初步检查造型是否到位，如图2-3-4、图2-3-5。

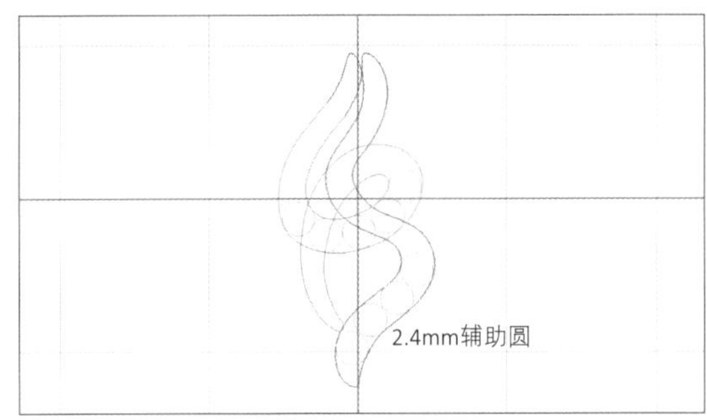

图2-3-1

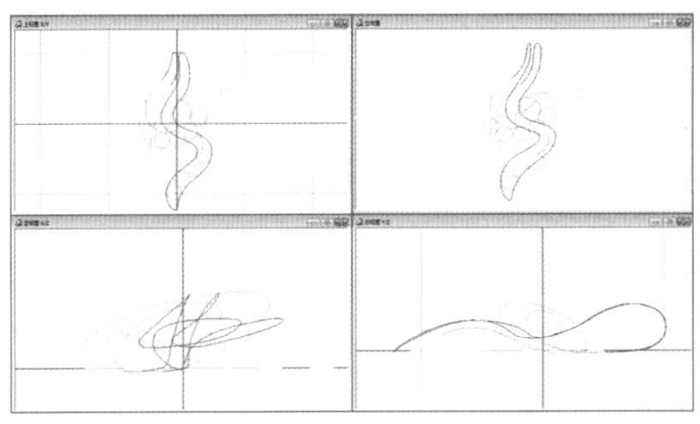

图2-3-2

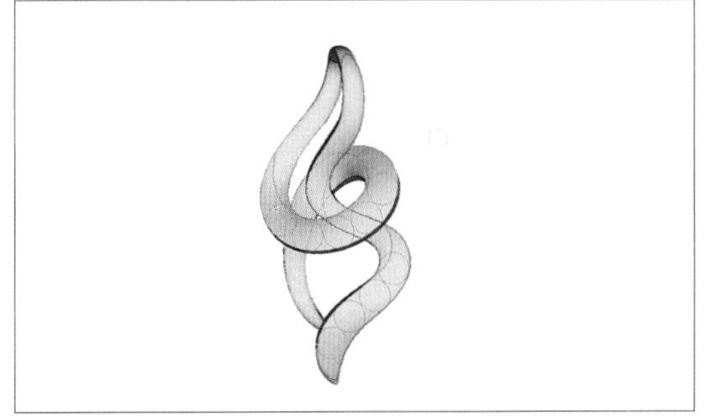

图2-3-4

（4）细节处重点需要检查两条丝带是否有局部相交处，若没有，则需要调整使其局部相交（具体调整方法为：展示丝带实体及曲线CV点，进行局部拖动调整。这种调整方法十分直观，且同步完成了对曲线的调整），如图2-3-6。其目的在于使得成型后，丝带间互有支撑点，并且形成较为稳定的三角支撑状态，在后期的制作及佩戴时不容易出现变形情况。这种具有全局观的设计建模思维是每位设计建模人员需要掌握的。

2. 丝带切面分析

根据设计造型要求，两组丝带上分别都进行了两次假反，由于两组丝带的假反方式并不一致，所以导致所需的切面也不相同。

（1）丝带所需切面分析　丝带1是由1个假反控制点两次假反生成。即假反控制点从右到左，再从左到右（左右方向的判断来自于对导轨曲线的判断，下同），在切面顶端来回移动

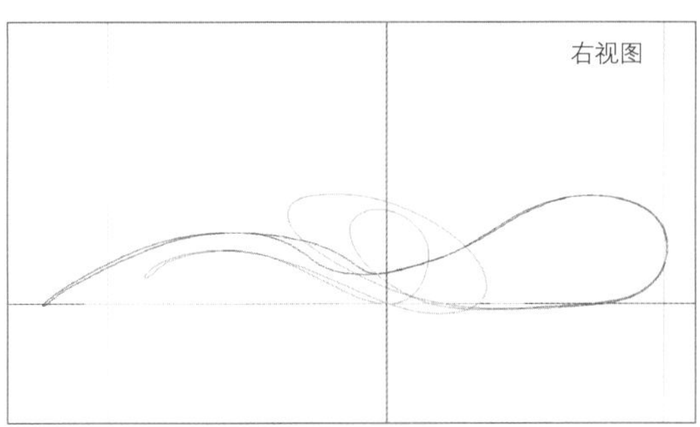

图2-3-3

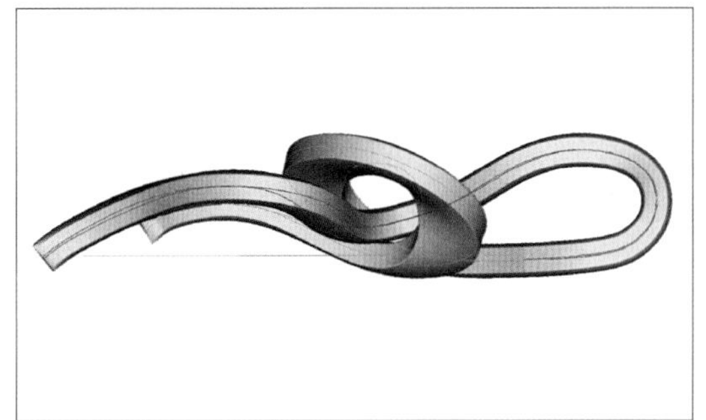

图2-3-5

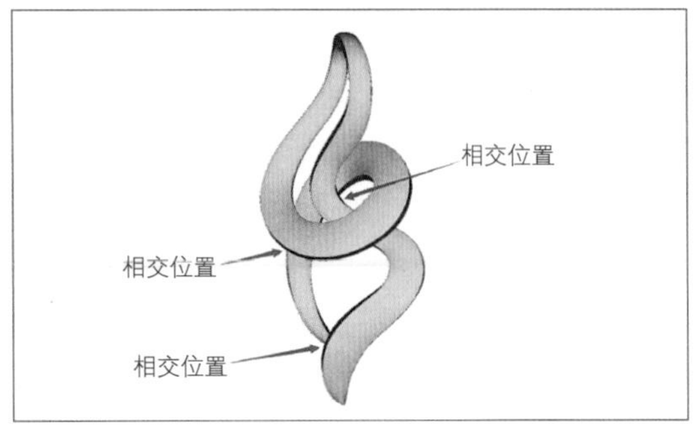

（a）

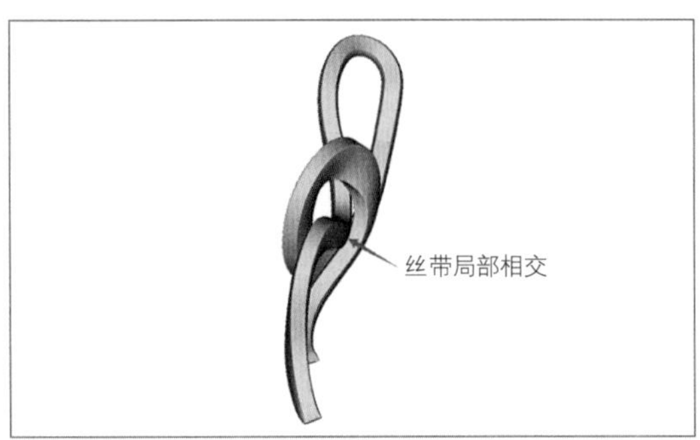

（b）

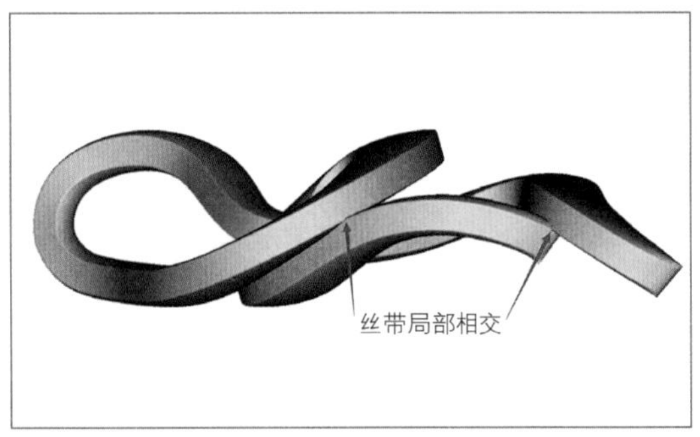

（c）

图2-3-6

图2-3-7

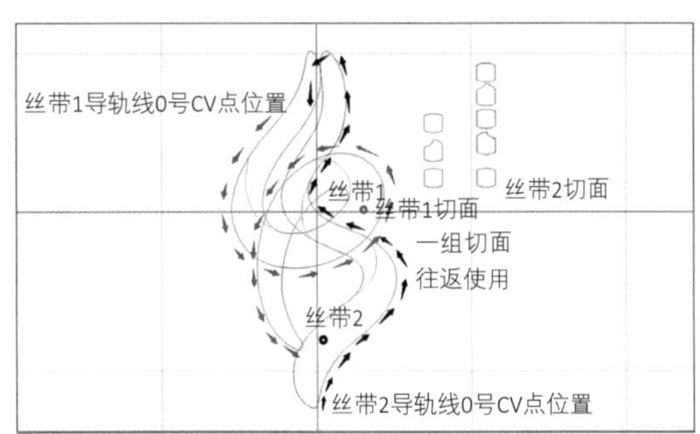

图2-3-8

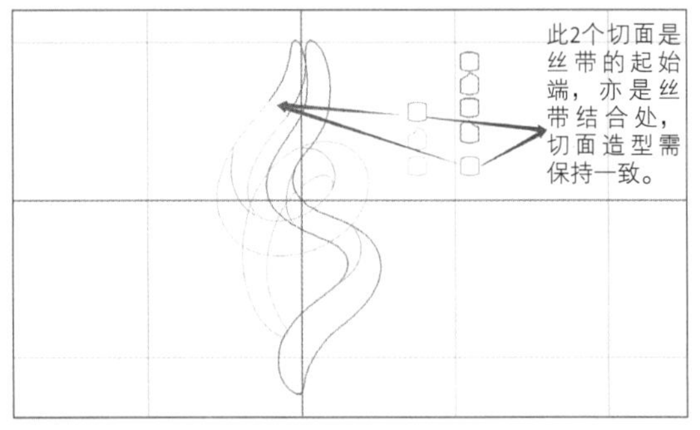

图2-3-9

（丝带结合处为起点），故而只需要一组3个切面往返使用即足够满足本丝带的两次假反变化；丝带2是两个假反控制点两次假反生成。即两个假反控制点依次从左到右在切面顶端移动（丝带底部尖端为起点），需要1组5个切面满足本丝带的两次假反变化，如图2-3-7（假反分析）、图2-3-8（假反切面分析）。

（2）结合处切面分析　两组丝带在结合处造型一致，故而两组丝带的起始与终结端切面曲线造型应该调整到尽量保持一致，如图2-3-9。

3. 丝带1切面制作

（1）上视图，绘制直径1.4mm辅助圆，控制丝带1厚度。如图2-3-10，使用“上下左右对称线”曲线工具绘制矩形。

（2）使用“上下对称线”工具切辅助圆右边绘制一条辅助线，并左右对称复制。使用“曲线”工具，在矩形右上侧增加3、4、5.6号3个CV点。将矩形右侧所有CV点贴齐至右侧辅助线。增加的假反控制点在切面右侧是因为上文分析了该丝带假反从右到左、再从左到右的进行，同时，通过分析丝带1的曲线顺序可以判断出哪条才是正确的左导轨线，故而相对应把假反控制点安排在切面右侧，图2-3-11。

（3）根据假反的生成原理，我们知道，这个切面中1.2号CV点就是假反控制点，其左右两侧的0、15及3、4号CV点是用于控制反位处的弧面拱弧高低，如图2-3-12。

（4）使用“直线复制”工具，将该切面向上直线复制。作为切面1待用，如图2-3-13。

（5）继续编辑原点处切面，制作直径0.3mm辅助圆垂直上移至1.4mm辅助圆顶端。选中1.2号CV点将其移动至0.3mm辅助圆顶端，再分别移动其左右两侧的0、15及3、4号CV点，调整出两侧的下凹与拱弧线条，如图2-3-14。

（6）参见步骤（4），将该切面向上复制。作为切面2待用。

（7）继续编辑原点处切面，将1.2号CV点及0、15号CV点移动并贴齐左辅助线。3、4号CV点控制切面顶部弧度，完成切面3的制作，如图2-3-15。

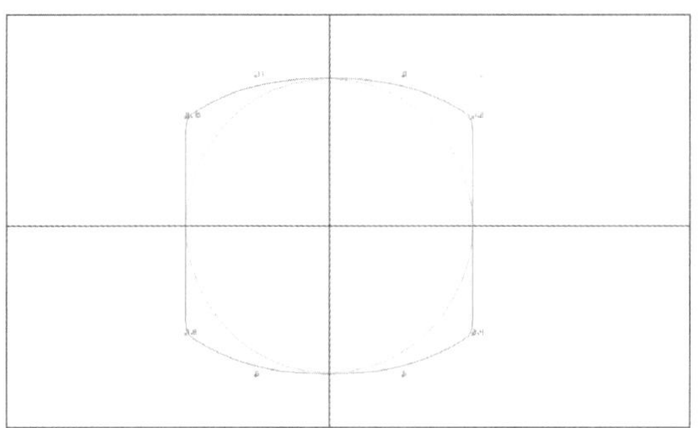

图2-3-10

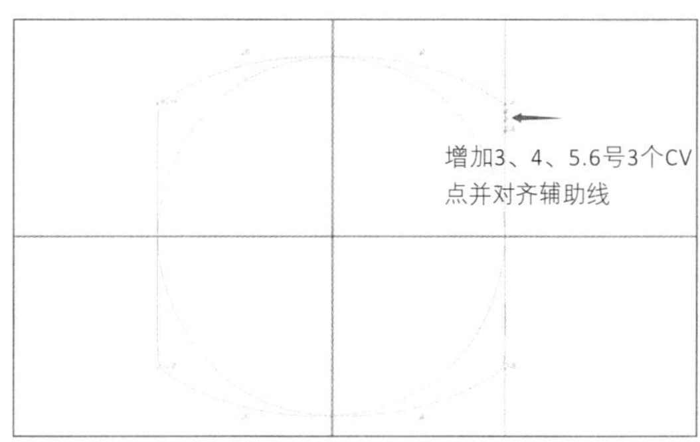

图2-3-11

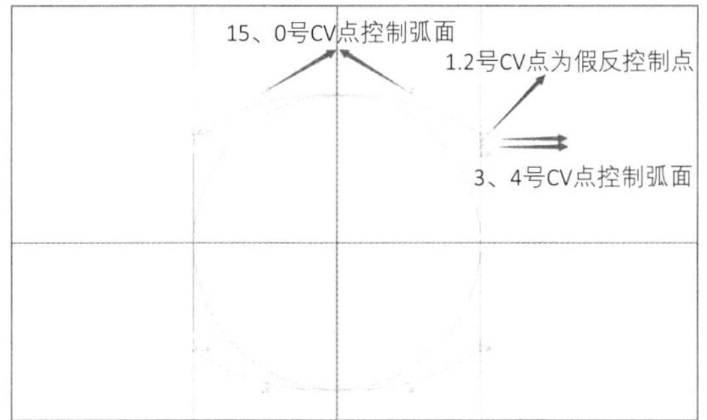

图2-3-12

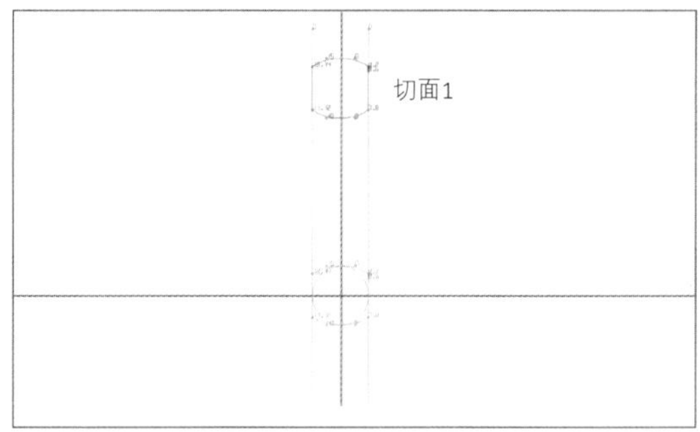

图2-3-13

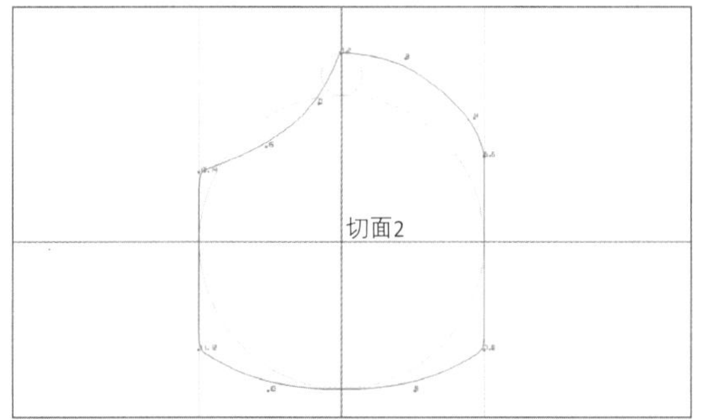

图2-3-14

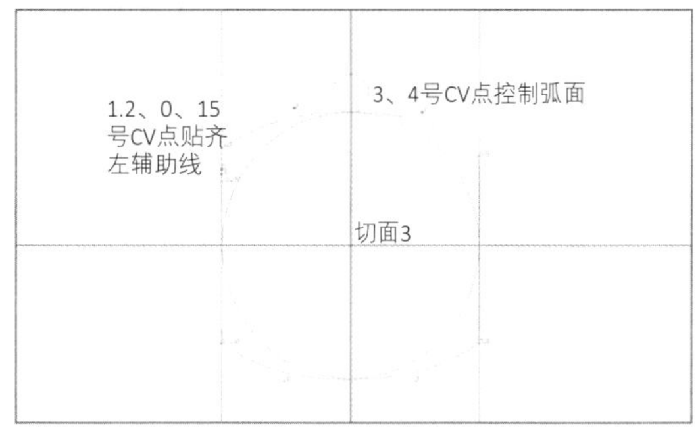

图2-3-15

（8）选中该组3个切面，多重变形命令将其向左平移5mm。

4. 丝带2切面制作

（1）上视图，参照上述步骤制作丝带2切面，其厚度也是1.4mm。

（2）矩形曲线左上侧增加16、15、13.14、12、11、9.10号6个CV点。将矩形左侧所有CV点贴齐至左侧辅助线，如图2-3-16。

（3）将该切面向上复制，作为切面1待用。

（4）继续编辑该切面，假反控制点17.18移动到中间位置，19、0号CV点拱起，15、16号CV点凹下，如图2-3-17。

（5）将该切面向上复制，作为切面2待用。

（6）继续编辑该切面，17.18、19、0、1.2号CV点贴齐右辅助线；13.14、11、9.10号CV点贴齐左辅助线；15、16号CV点控制切面顶部弧线，如图2-3-18。

（7）将该切面向上复制，作为切面3待用。

（8）继续编辑该切面，假反控制点13.14移动到中间位置，15、16号CV点凹下、11、12号CV点拱起，如图2-3-19。

（9）将该切面向上复制，作为切面4待用。

（10）继续编辑该切面，13.14、15、16、17.18、19、0、1.2号CV点贴齐右辅助线；11、12号CV点拱起，完成切面5制作，如图2-3-20。

上文分析过，两组丝带在结合处造型一致，故而两组丝带的起始与终结端切面曲线造型应该调整到尽量保持一致，如图2-3-11。又由于丝带2的结束段，是经过了一次真反，也就是丝带2切面5的上部到了结束段反到丝带下部，故而丝带1切面1与丝带2切面5的造型调整应该是丝带1切面1的上部与丝带2切面5下部相互对应，如图2-3-21。

（11）原点处制作直径1.4mm辅助圆及两侧垂直辅助线。

（12）将丝带1第1切面更换一个图层颜色

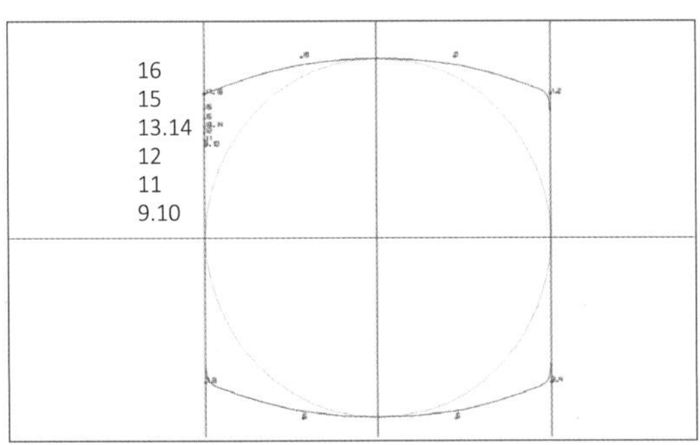

图2-3-16

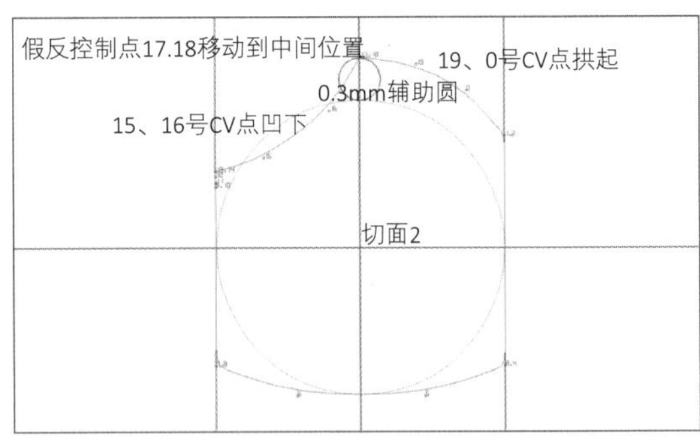

图2-3-17

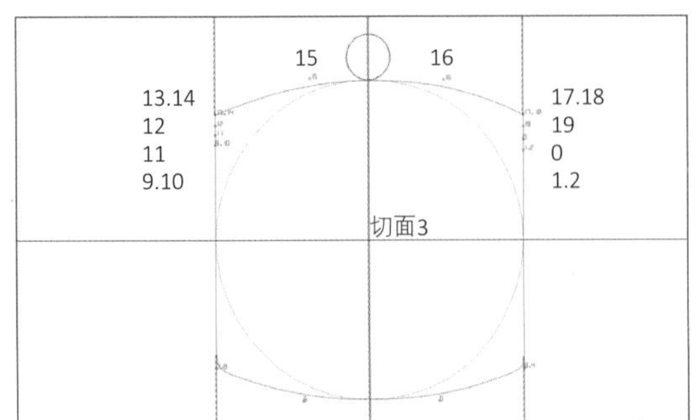

图2-3-18

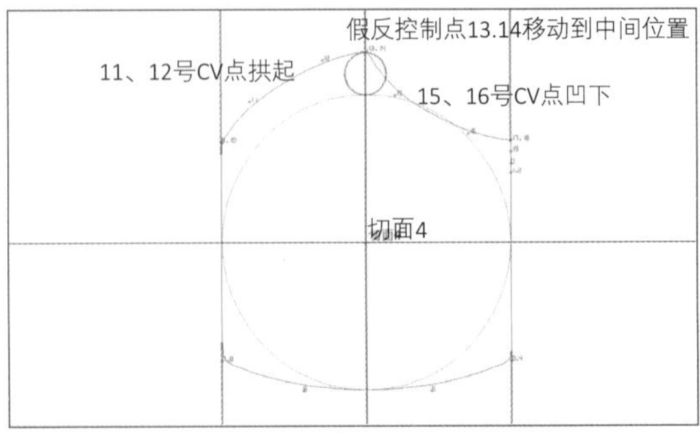

图2-3-19

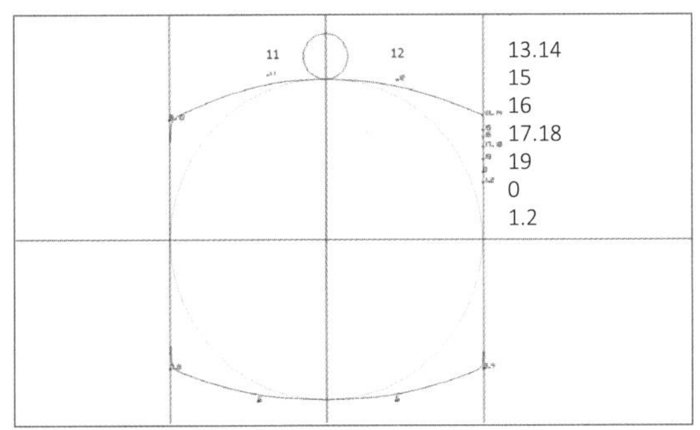

图2-3-20

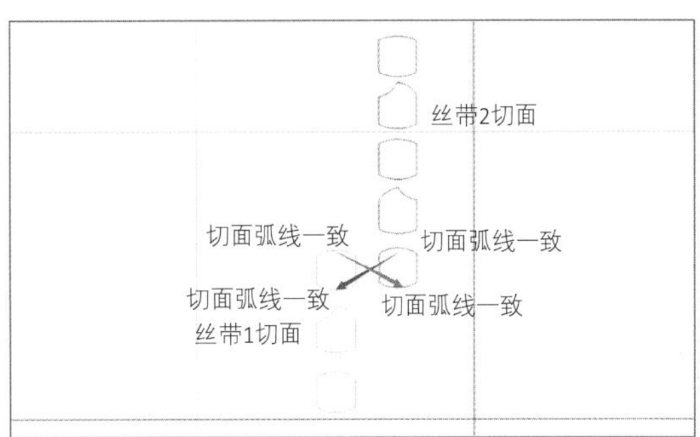

图2-3-21

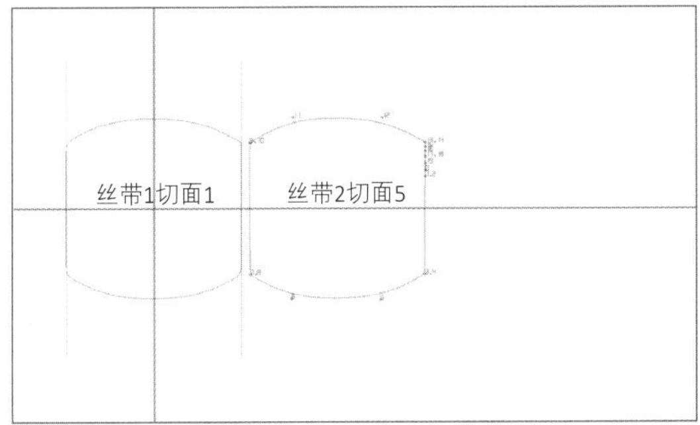

图2-3-22

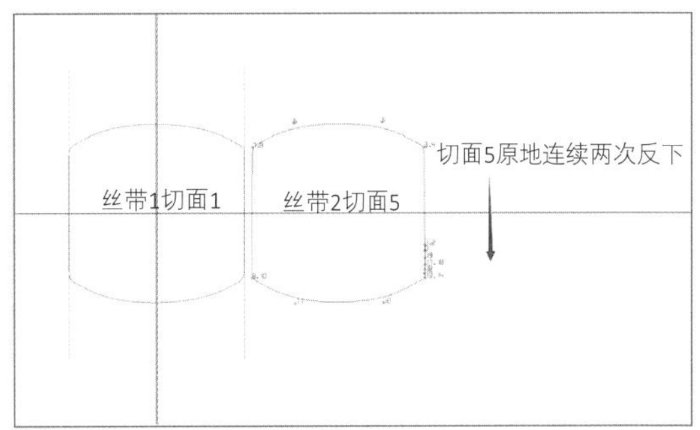

图2-3-23

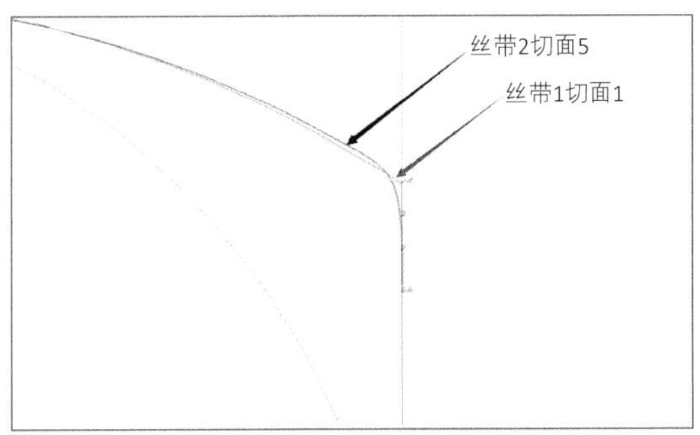

图2-3-24

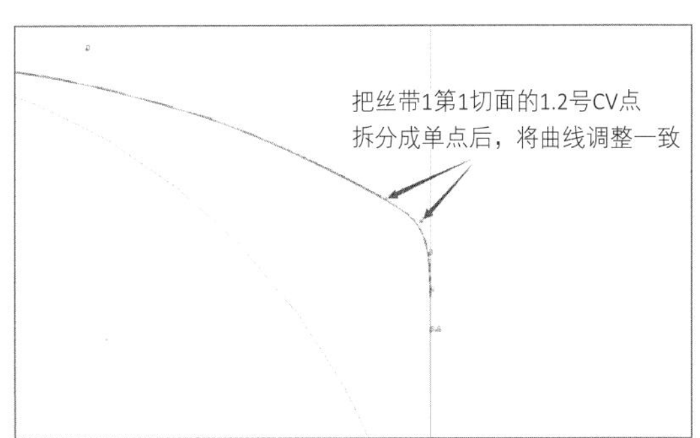

图2-3-25

后，移动到原点处。

（13）丝带2第5切面连续两次反下后，移动到原点处，如图2-3-22、图2-3-23。

（14）展示两个切面CV点后，分别将左、右侧CV点贴齐左、右辅助线。

（15）切面各个角的曲线并不一致，需逐个调整，图2-3-24为右上角两条曲线重叠后的情况。具体调整操作可以将原合并的点，如1.2号CV点，首先右键单击取消2号CV点，然后在曲线上增加回2号CV点，再行调整使得两条曲线在顶角处造型一致，如图2-3-25。其他顶角位置可参考该方法处理，如图2-3-26、图2-3-27。

（16）将丝带2第5切面连续2次反上恢复原始状态，如图2-3-28。

（17）完成两组丝带切面制作，如图2-3-29。

5. 丝带实体制作

（1）丝带1实体制作

①上视图，选择“导轨曲面”命令：双导

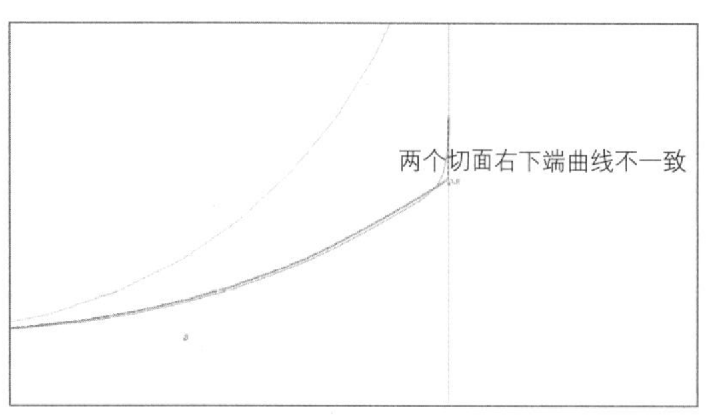

图2-3-26

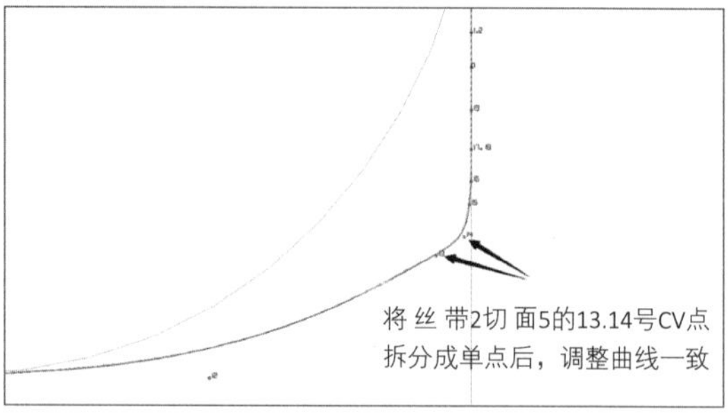

将丝带2切面5的13.14号CV点
拆分成单点后，调整曲线一致

图2-3-27

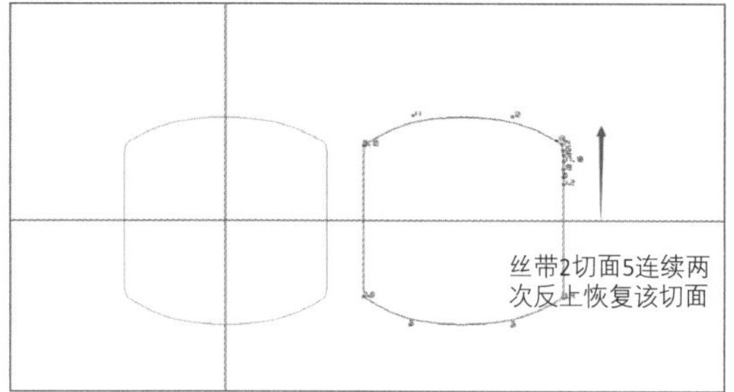

图2-3-28

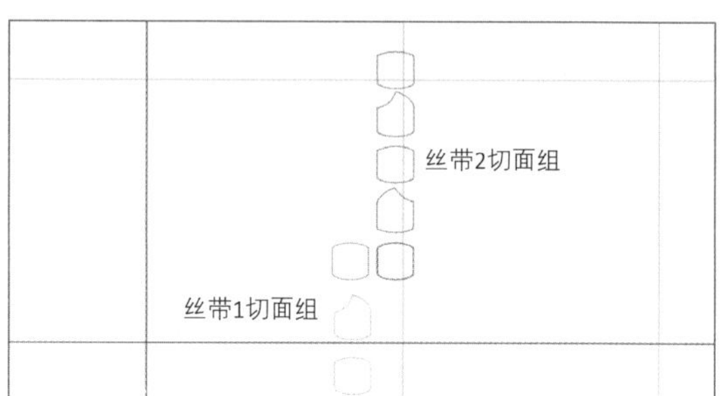

图2-3-29

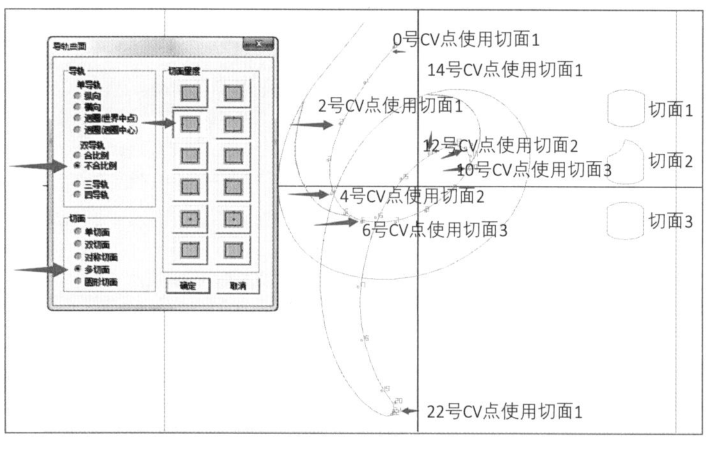

图2-3-30

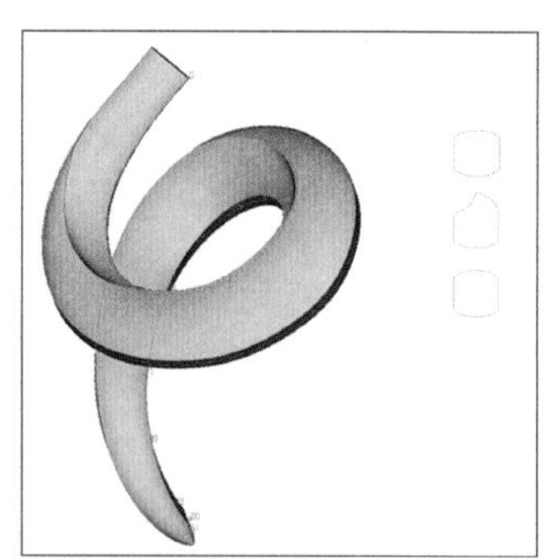

图2-3-31

轨、多切面、切面量度居中。

在左导轨线上：全部CV点依次点击完毕，命令自动执行，生成丝带1实体，如图2-3-30、图2-3-31。仔细观察图2-3-32，发现丝带尾端造型不佳，需要调整。

②透视图中选中实体最尾端上所有CV点（即原导轨线22号CV点），如图2-3-33。

③上视图，使用“尺寸”工具，将所有选中的CV点左键向原点位置移动，压缩它们到

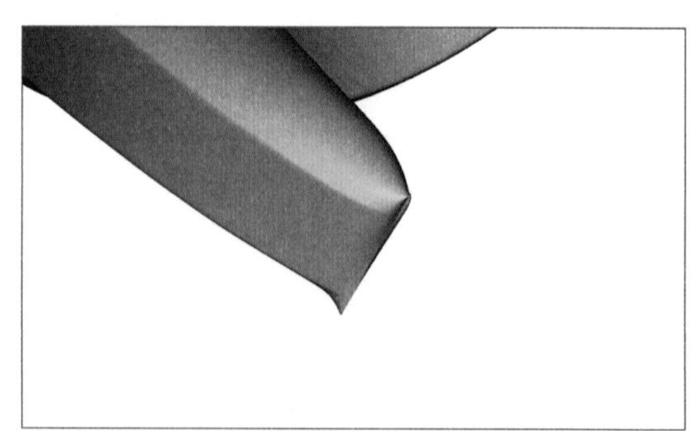

图2-3-32

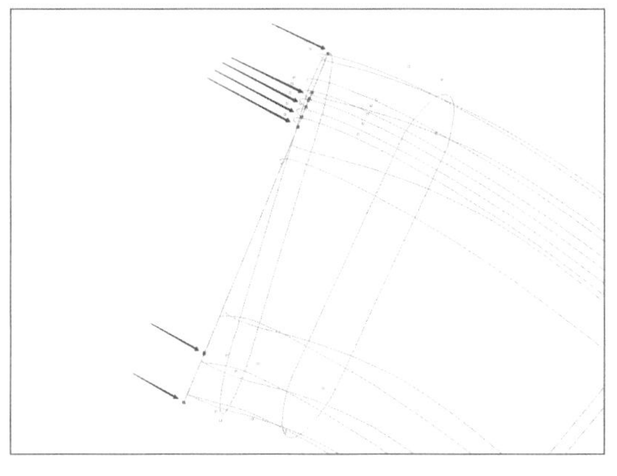
图2-3-33

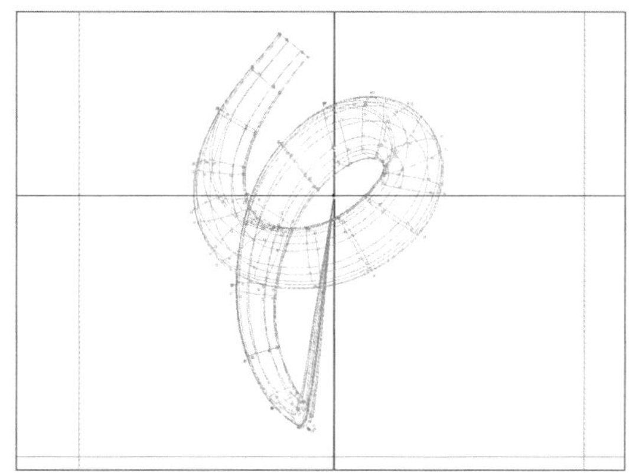
图2-3-34

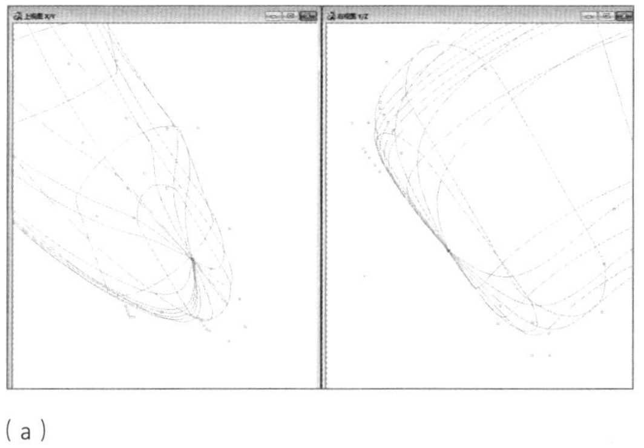
（a）

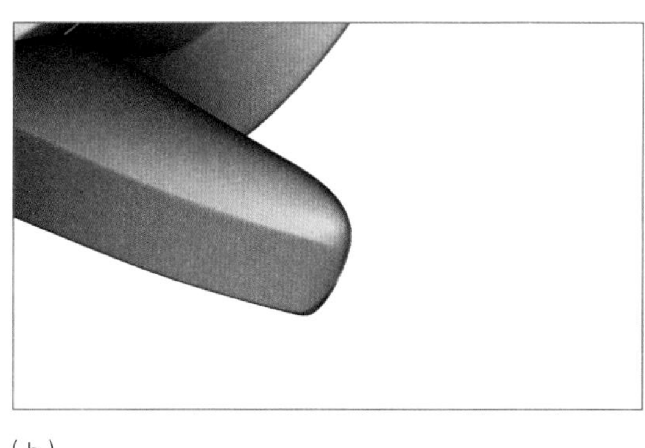
（b）

图2-3-35

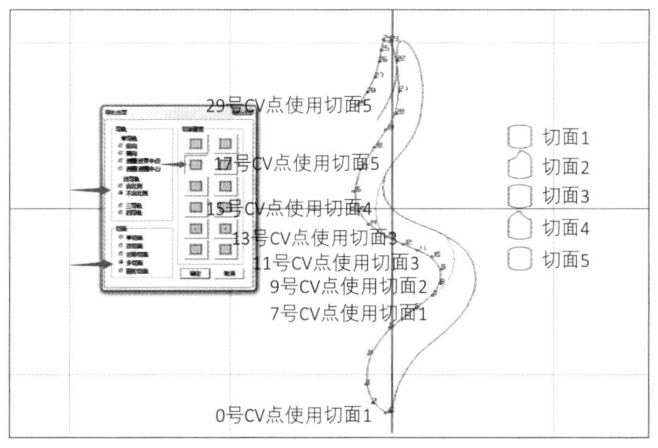

图2-3-36

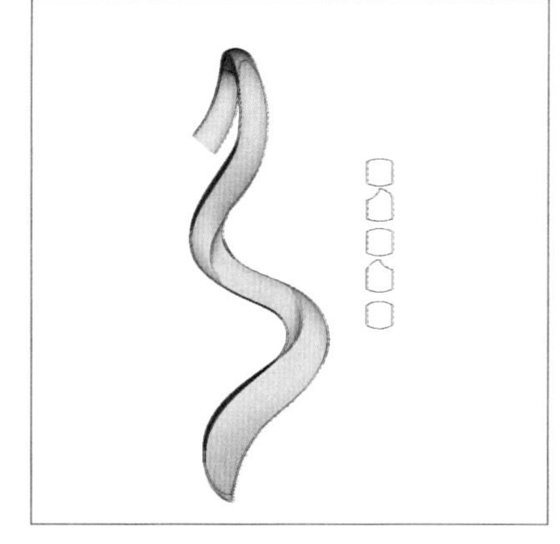
图2-3-37

原点位置，令所有CV点收缩到一个点上，如图2-3-34。

④上视图，将CV点移动回原位置，并在右视图中调整，如图2-3-35。

（2）丝带2实体制作

①选择“导轨曲面”命令：双导轨、多切面、切面量度居中。

在左导轨线上，完成丝带1实体制作，如图2-3-36、图2-3-37。

②参考丝带1实体尾端调整方法，调整该

丝带尾端。

③局部调整假反位置使之过渡顺滑，局部调整丝带，使之整体线条顺畅，如图2-3-38。

（3）丝带部位衔接处理

①通过观察两条丝带衔接部位，衔接位置虽然切面大体保持一致，但是形成实体后，多少还是有一定问题，接下来要让它们衔接得更加合理，如图2-3-39。

②上视图，在衔接处画一条直线，如图2-3-40。

③展示丝带1的CV点，选中衔接处所有CV点，使用投影命令：贴在曲线/面上，保持曲面切面不变，使用任意方向。之后，右键拖出标示线，将其垂直贴合于辅助直线，后确定，令所有CV点投影至该辅助直线上，如图2-3-41。

④参照上步骤，将丝带2的衔接处CV点也投影至辅助直线上，如图2-3-42。

⑤略微调整衔接处CV点，使得衔接处曲线顺畅，如图2-3-43。

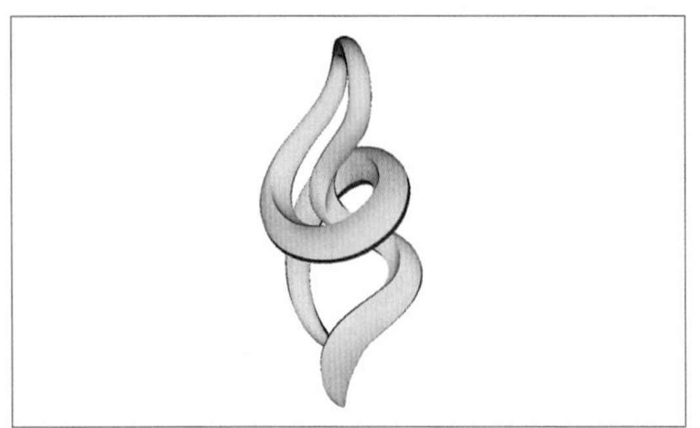
图2-3-38

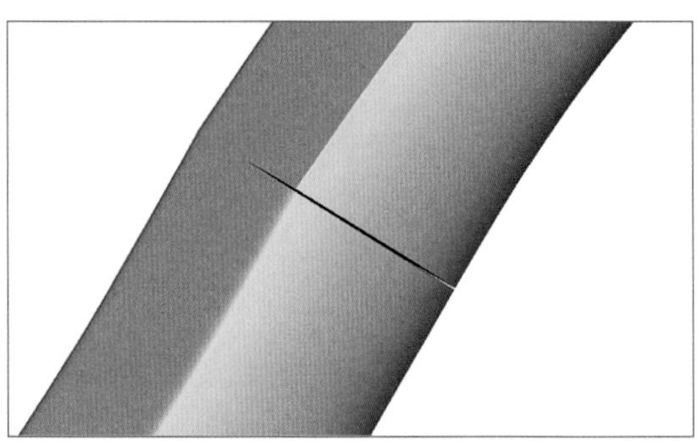
图2-3-39

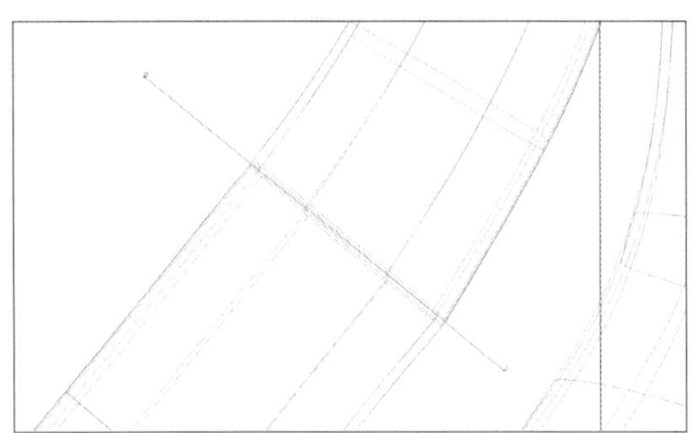
图2-3-40

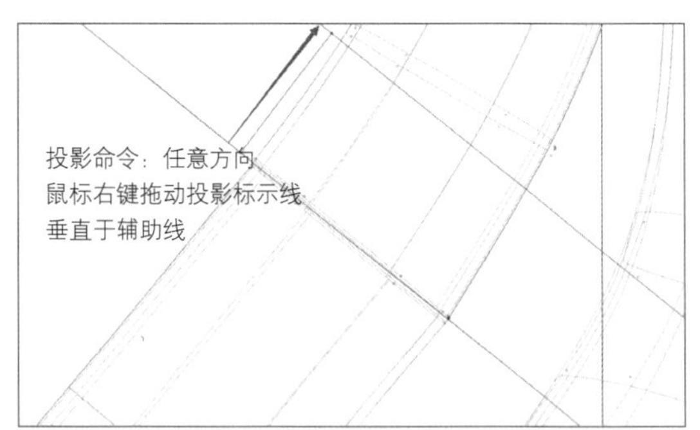

图2-3-41

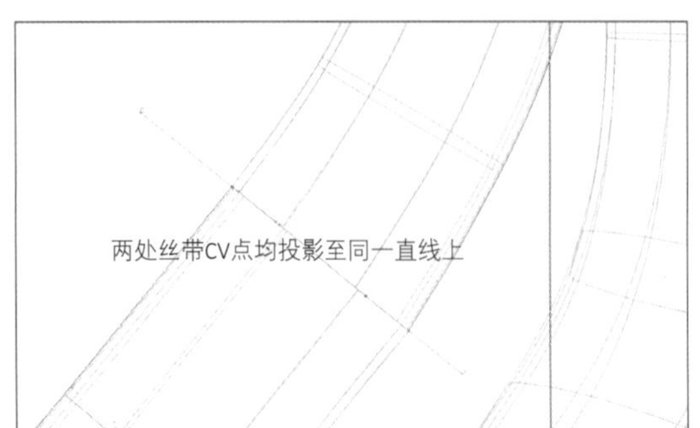

图2-3-42

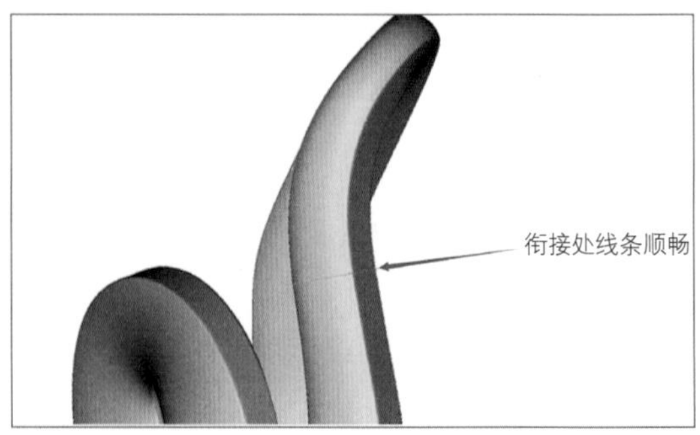

图2-3-43

6. 镶石制作

(1)开槽位

①上视图，仅展示丝带1，沿丝带1边缘绘制曲线，如图2-3-44。

②分别将2条曲线向内偏移0.5mm，之后调整偏移曲线，如图2-3-45。

③正视图，将2条曲线投影到丝带1表面，如图2-3-46。

④上视图，生成直径0.7mm辅助圆，再绘制如图辅助线，如图2-3-47。

⑤原地复制导轨曲线后，使用“导轨曲面”命令：双导轨、不合比例、单切面、切面量度为中间。生成实体后，更换材料颜色并定义为“超减物件”，如图2-3-48。

⑥剪贴0.5mm辅助圆石于丝带边缘，如图2-3-49。

⑦透视图，展示超减物件的CV点，在彩色视图模式下，逐一选中其左、右上角CV

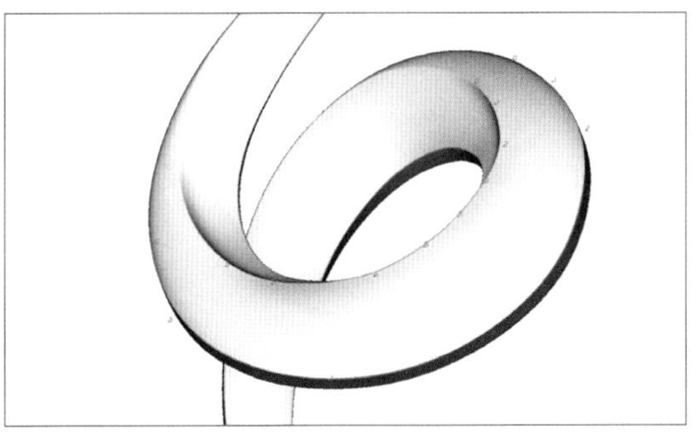

图2-3-44

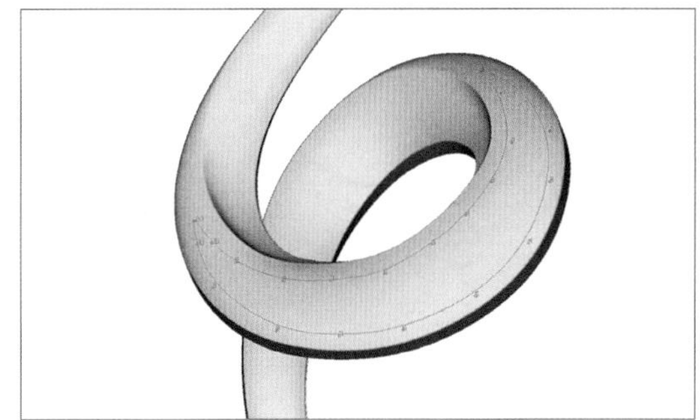

图2-3-45

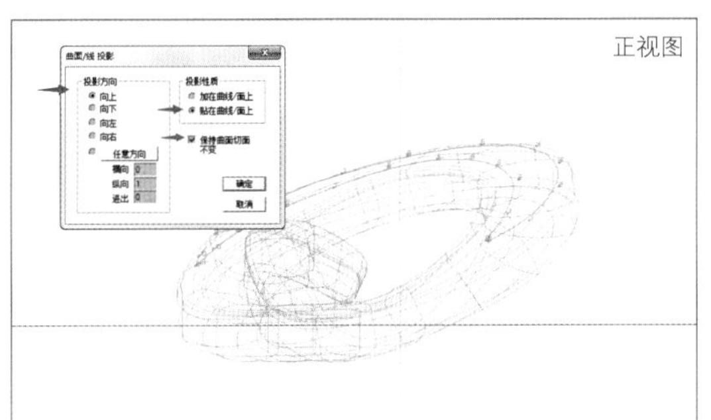

图2-3-46

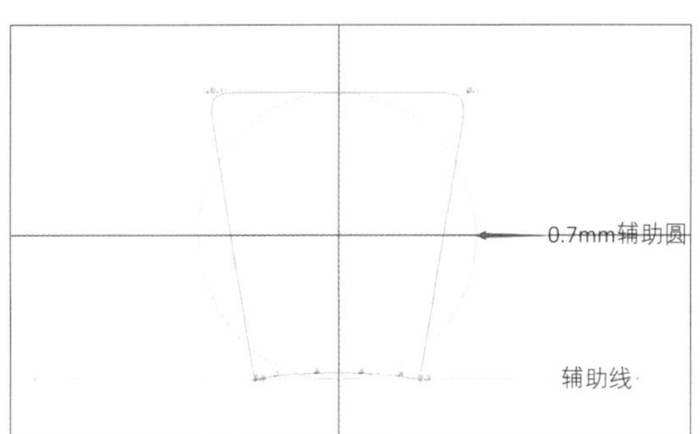

图2-3-47

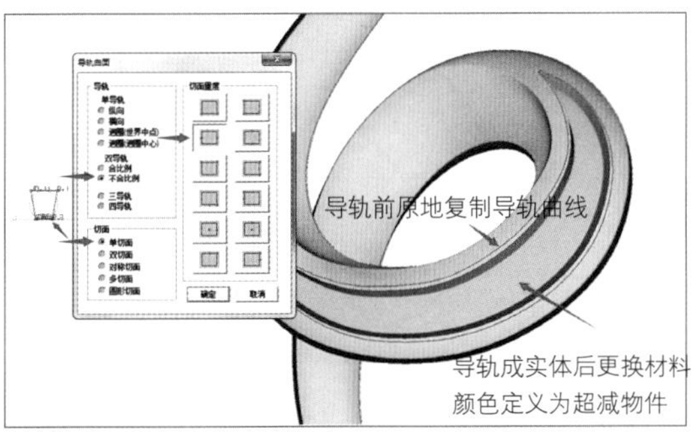

图2-3-48

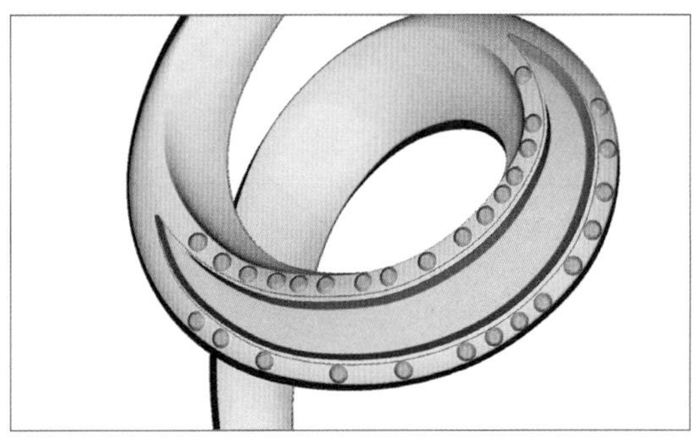

图2-3-49

点，逐一拖动CV点，使得减缺面向辅助圆石边缘贴近，如图2-3-50，完成后减去丝带。

（2）排石与排钉

①使用1.0mm圆石从石槽内足够石距的位置逐一排布，到尾端石距不足时可更换1～2颗0.9mm圆石，如图2-3-51。再间隔删除多余宝石，如图2-3-52。

②制作直径0.4mm、高0.5mm圆钉并剪贴排钉，如图2-3-53。

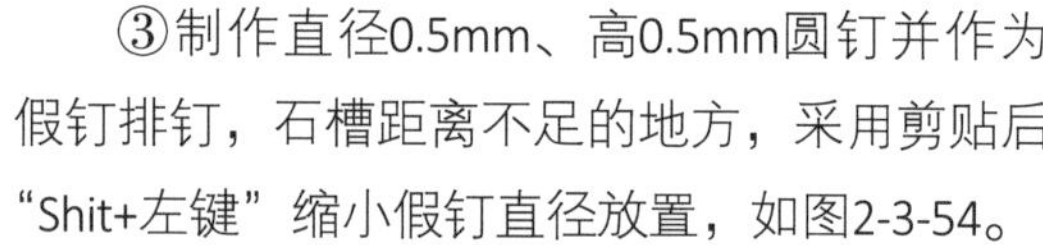

③制作直径0.5mm、高0.5mm圆钉并作为假钉排钉，石槽距离不足的地方，采用剪贴后“Shit+左键”缩小假钉直径放置，如图2-3-54。

④参考以上步骤将丝带2排石，如图2-3-55。

⑤为方便后期镶嵌定位，可将所有宝石减去相应丝带，如图2-3-56。

组合全部物件，完成吊坠整体造型，如图2-3-57。

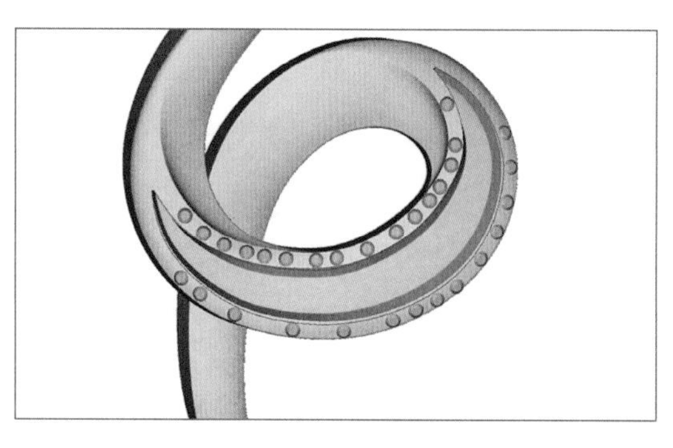

（a）

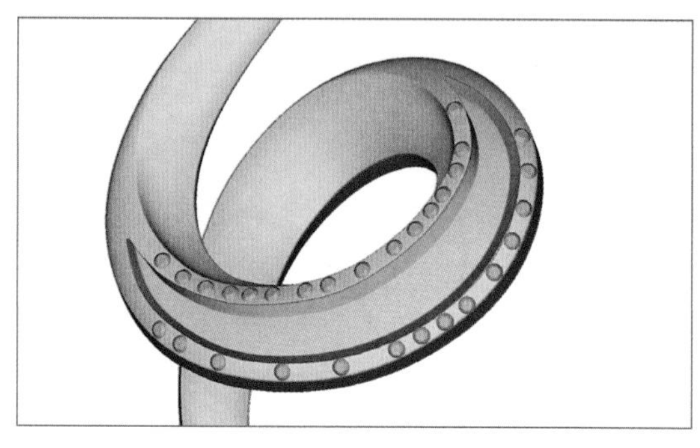

（b）

图2-3-50

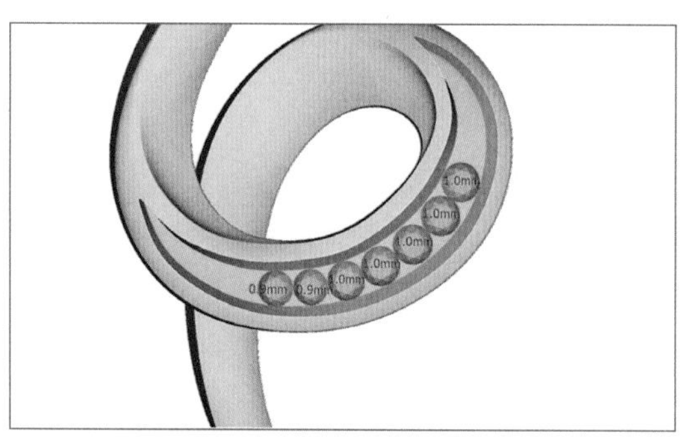

图2-3-51

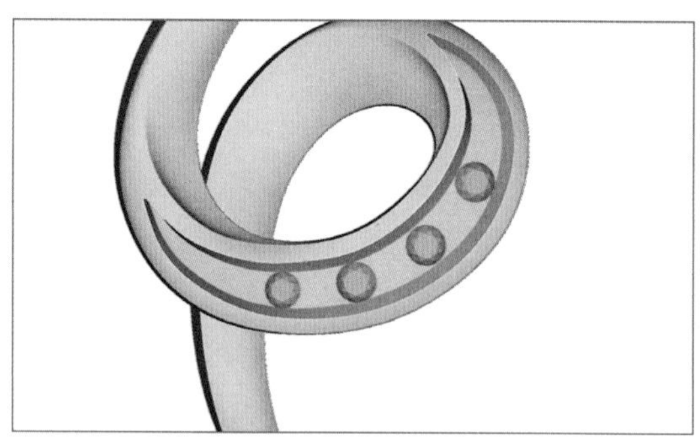

图2-3-52

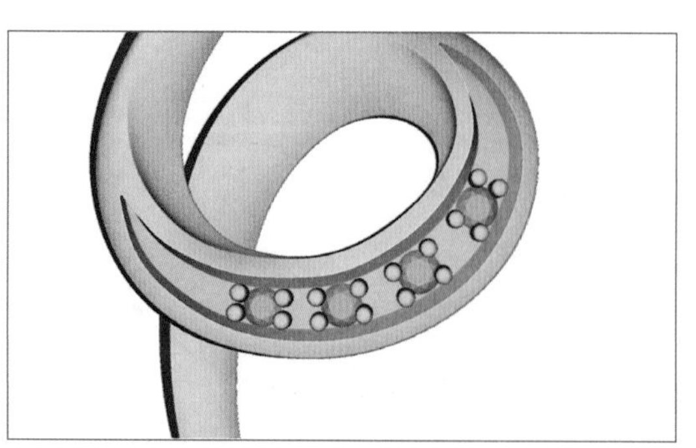

图2-3-53

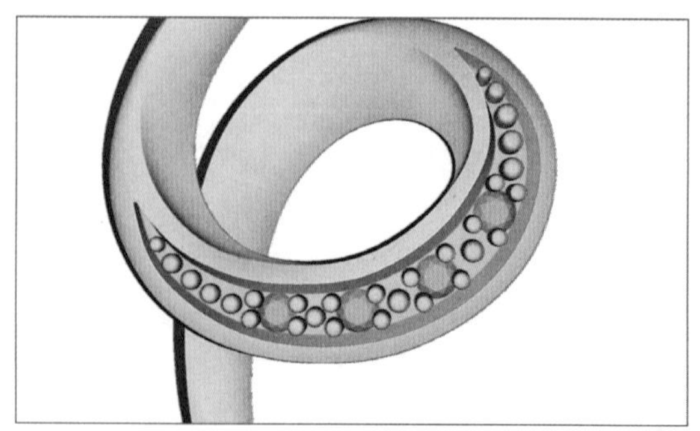

图2-3-54

（二）真假反戒指

本案例主要讲解：假反在戒指造型上的应用；戒指上、下臂的近似切面与拼接制作。

客户手寸经测量为港度16号，查对手寸表，16号手寸对应内圈直径为17.65mm。

1. 戒指上半部分制作

（1）正视图，生成直径17.7mm、16个CV点的圆，并向外偏移1.5mm。使用“左右对称线”工具调整外圆CV点，使得造型圆顺，戒圈顶部厚2.3mm，戒圈底部厚1.65mm，如图2-3-58。

（2）使用“左右对称线”工具贴合横轴设置横轴辅助直线。贴合戒外圈上半部，使用“左右对称线”绘制一条曲线，如图2-3-59。

（3）使用“曲线长度”命令测量该曲线长度。本例中，曲线长度为34.415mm。以此数据生成直径34.415mm的圆。贴合该圆右边缘，使用“上下对称线”工具绘制一条直线辅助线，左右对称复制后一并反上，如图2-3-60。

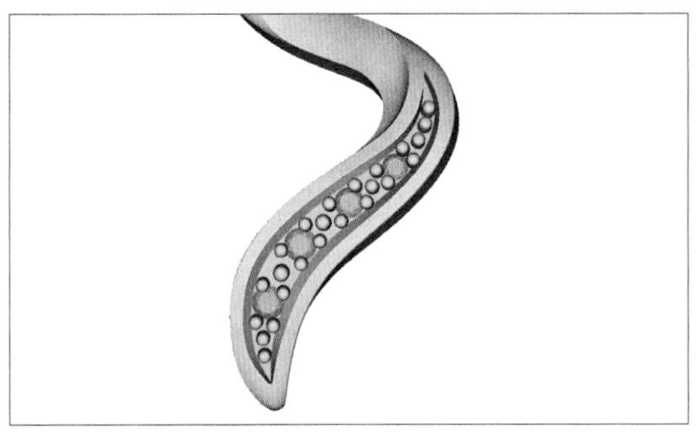

图2-3-55

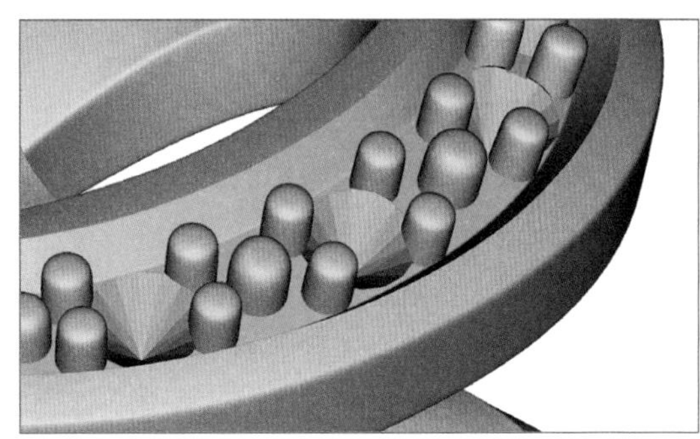

图2-3-56

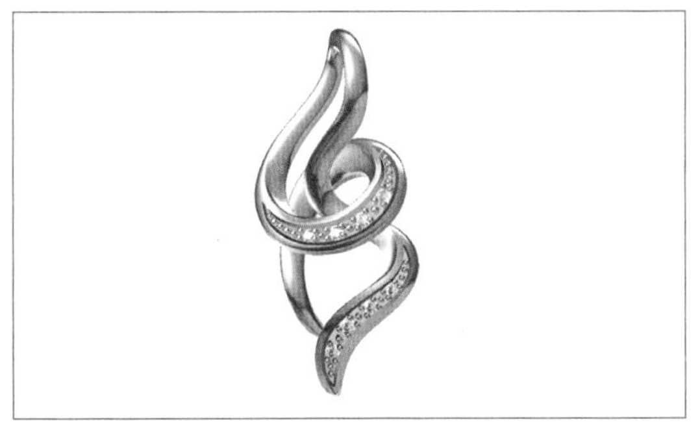

图2-3-57

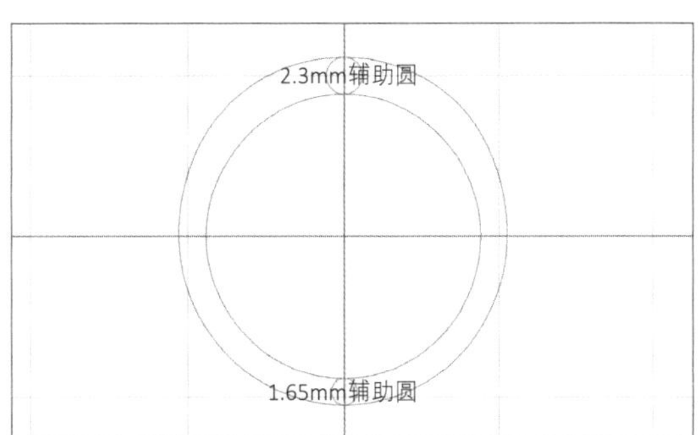

图2-3-58

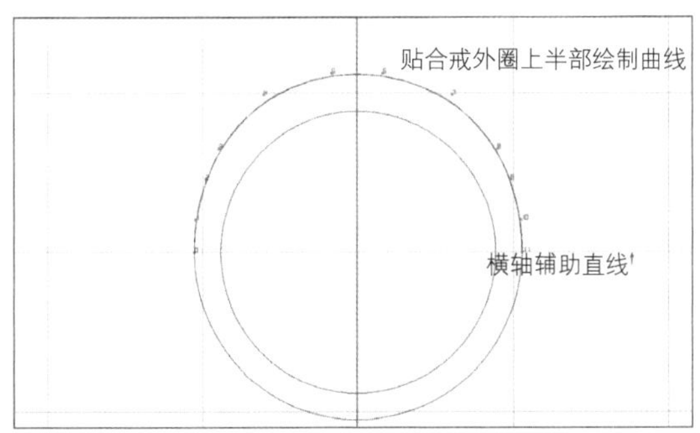

图2-3-59

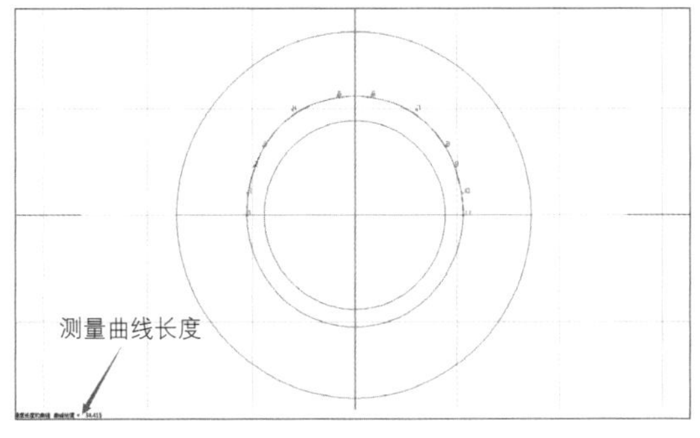

图2-3-60

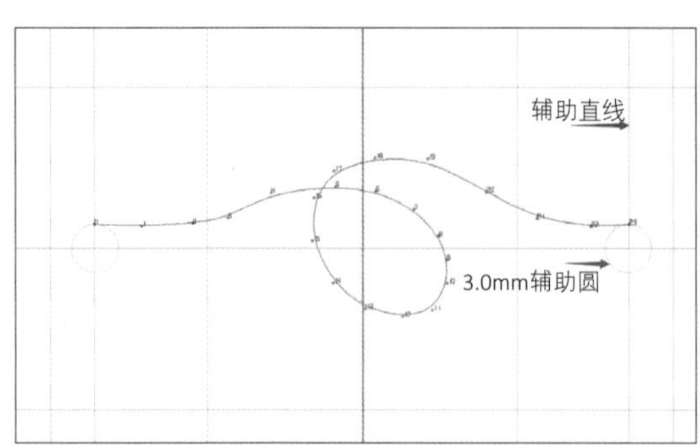

图2-3-61

（4）上视图，生成直径3.0mm辅助圆。右移至辅助圆中轴处，并左右对称复制。使用“任意曲线”工具绘制造型曲线，如图2-3-61。

（5）将该曲线向内偏移1.5mm后，使用任意曲线工具重新编辑调整曲线造型至顺滑（需镶1.0mm圆石处曲线间应距2.4mm），如图2-3-62。

（6）同样方法绘制余下两条造型曲线，完成后将0号CV点、尾端CV点分别投影（“投影方向”向左、“投影性质”贴在曲线/面上）贴合到辅助直线上，如图2-3-63。

（7）正视图，选中4条造型曲线，使用“映射”命令，将其映射到步骤（2）绘制出的曲线上。其中点击“映射方向与范围”命令后，出现的蓝色选框，是以中轴为起点的，将其仅向右拖动，尽量贴近包围曲线右方。右击鼠标后，在弹出的对话框内，把右方数值复制。在左方数值框内输入“–”号后粘贴右方数值。点击确定按键后，单击步骤（2）中的曲线，进行映射，如图2-3-64。

（8）多视图，将曲线调整至如图2-3-65状态，参见源文件“源2.3.1.3立体线稿与切面”。调整技巧：制作一个1.7mm高矩形切面，原地复制两条导轨曲线后，使用“导轨曲面”命令：双导轨、不合比例、单切面、切面量度向下，生成初步丝带实体。展示丝带与导轨线CV点，在各视图内观察，并同时选中实体CV点与导轨线同号CV进行拖动调整，直至满意，如图2-3-66。

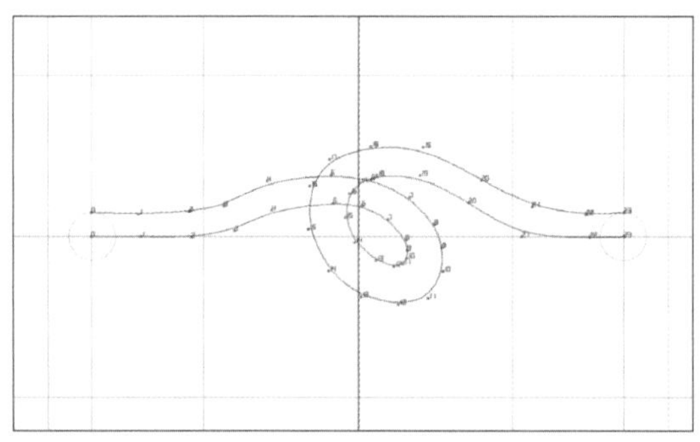

图2-3-62

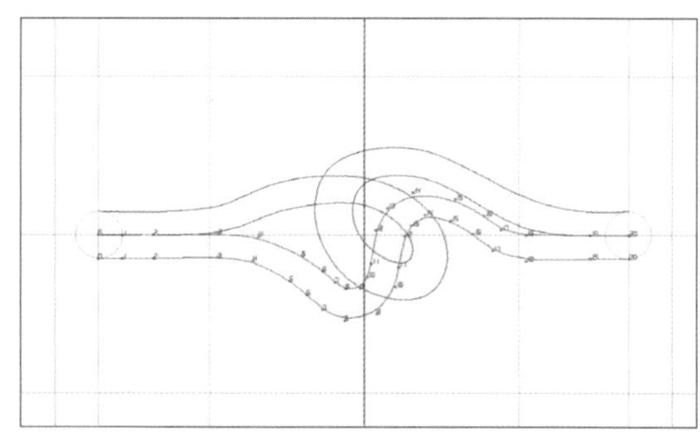

图2-3-63

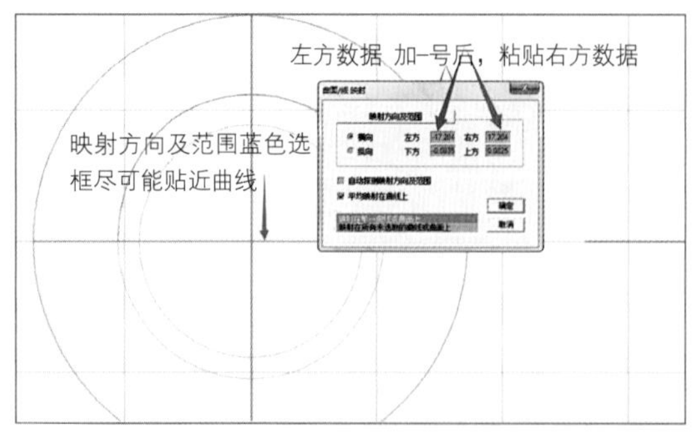

（a）

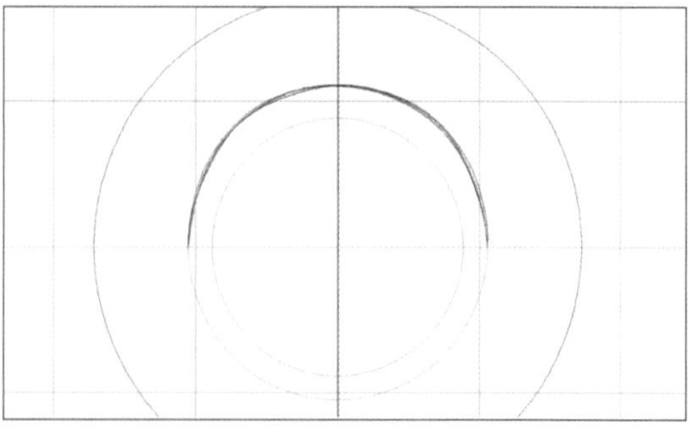

（b）

图2-3-64

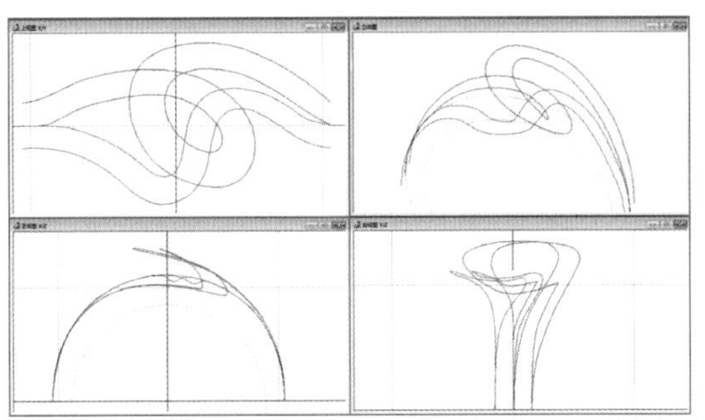

图2-3-65

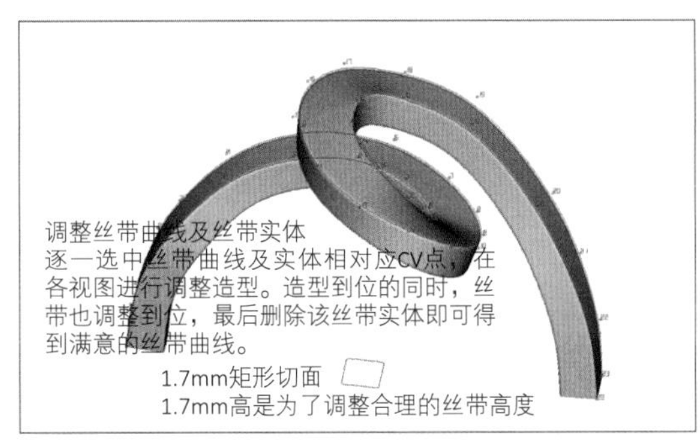

图2-3-66

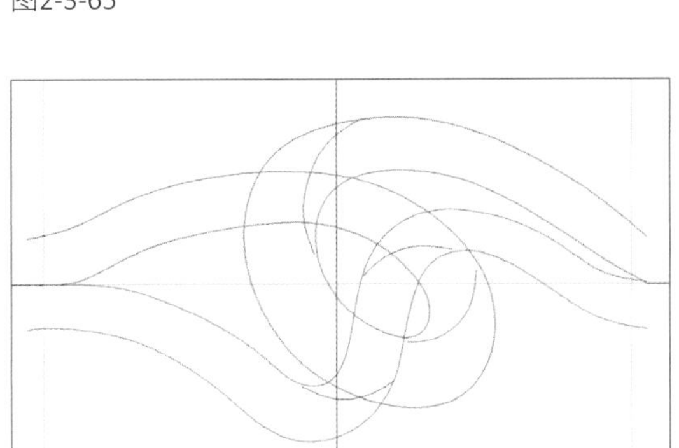

（a）

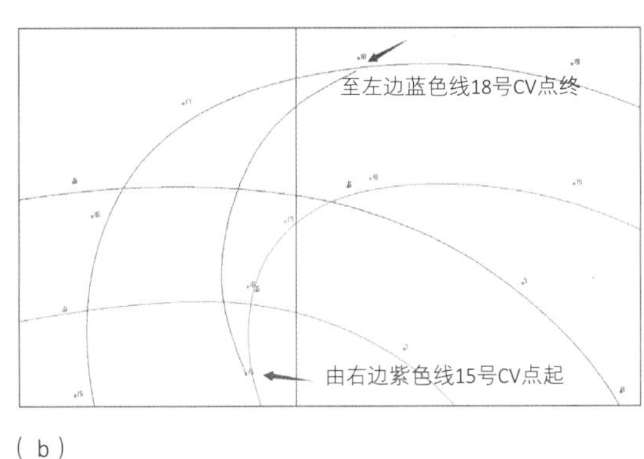

（b）

图2-3-67

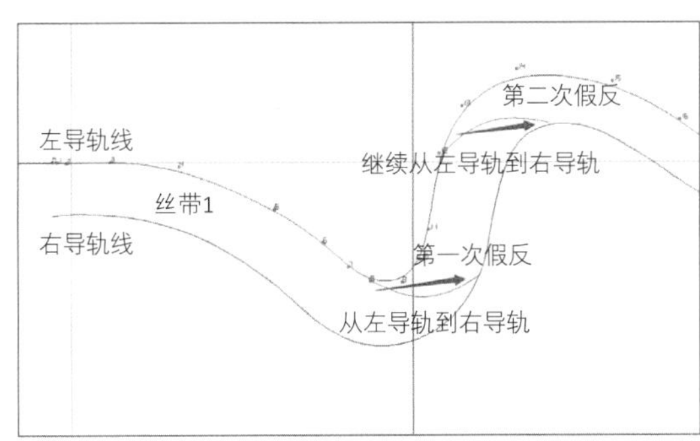

图2-3-68

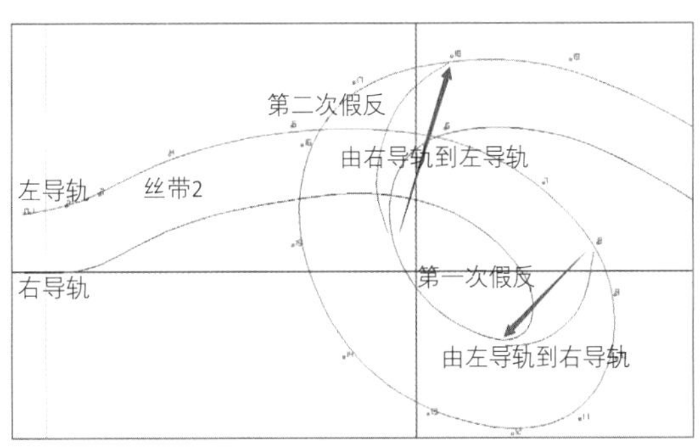

图2-3-69

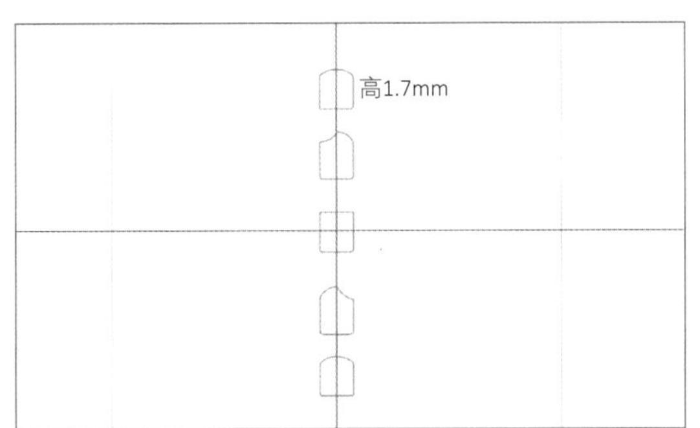

图2-3-70

调整完毕后，删除丝带实体。

（9）上视图，绘制反位标示线，标示线的起点应该由点到点，如图2-3-67。

（10）通过分析反位，发现两条丝带的假反规律均由二次假反构成：丝带1反位是由左到右再由左到右完成，如图2-3-68；丝带2是由左到右再由右到左完成，如图2-3-69。

（11）参照套装吊坠假反切面制作步骤，制作丝带1所需假反切面，如图2-3-70。

（12）根据分析，丝带2所需假反切面，采用丝带1前3个切面即可。可复制出来，再行调整使用，如图2-3-71、图2-3-72。

（13）原地复制丝带1导轨线；执行“导轨曲面”命令：双导轨、不合比例、多切面、切面量度向下；开始点击曲线CV点，点击完毕后，自动生成丝带1实体，如图2-3-73。

（14）原地复制丝带2导轨线；执行导轨曲面命令：双导轨、不合比例、多切面、切面量度向下；开始点击曲线CV点，点击完毕后，自动生成丝带2实体，如图2-3-74。

展示丝带1、2的CV点，将起、尾端CV点投影到横轴辅助线上，如图2-3-75。

（15）初步完成戒指上部制作，如图2-3-76。

2. 戒指下半部分制作

（1）正视图，沿纵轴放置一条辅助直线，将丝带1切面1左右对称复制，如图2-3-77。

（2）使用“左右对称线”及“任意曲线”工具，在其上，制作一个与下面两切面尽量一

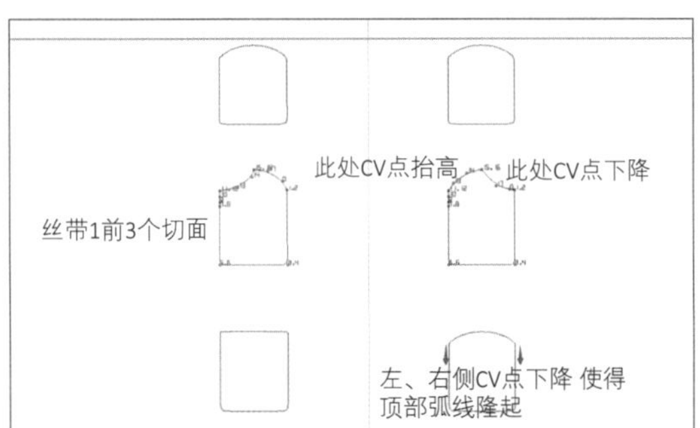

图2-3-71

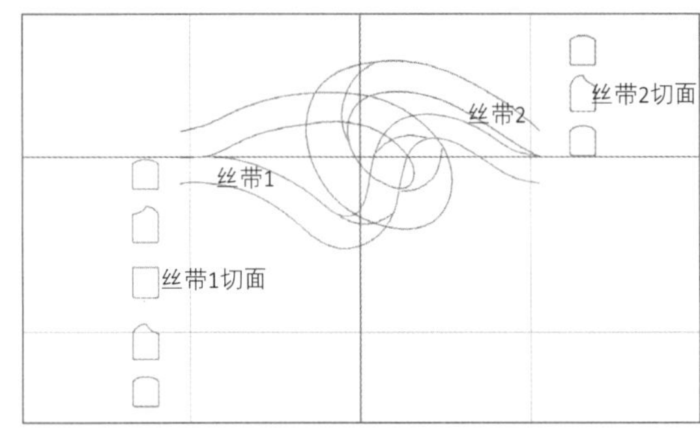

图2-3-72

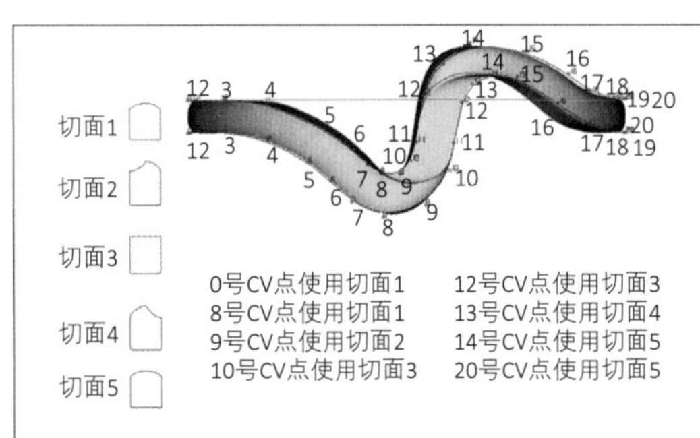

图2-3-73

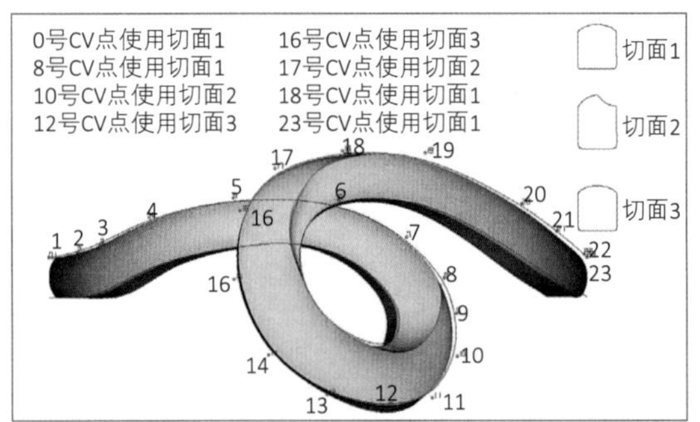

图2-3-74

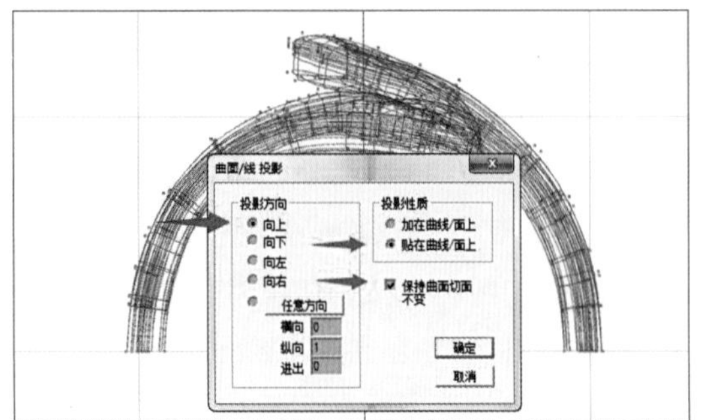

图2-3-75

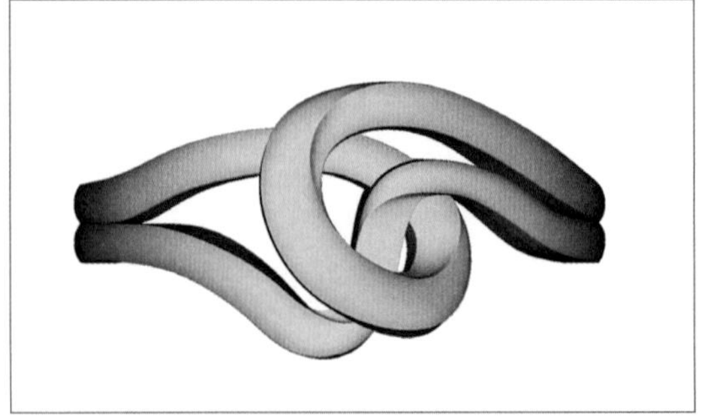

图2-3-76

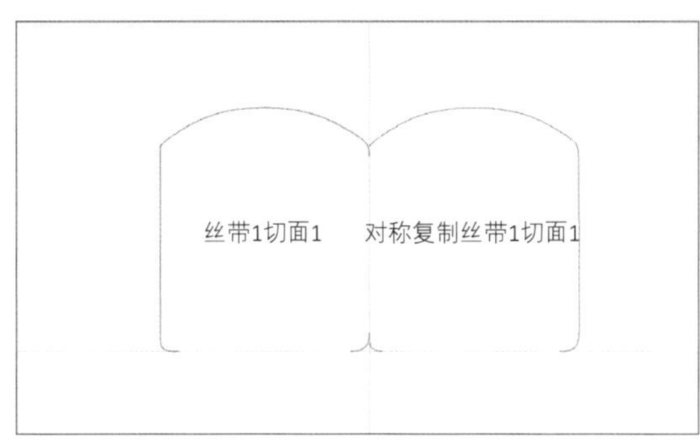

图2-3-77

致的切面，如图2-3-78。

（3）直线向下延伸复制该切面，并将复制出的切面上部中间CV点上移，使得顶部弧线顺滑，如图2-3-79。

（4）沿戒内、外圈绘制下半部导轨曲线，如图2-3-80。

（5）使用“导轨曲面”命令：双导轨、不合比例、多切面、切面量度上下中间，生成戒圈下部实体，将其起、尾端CV点投影贴合到横、纵轴辅助线上，如图2-3-81。

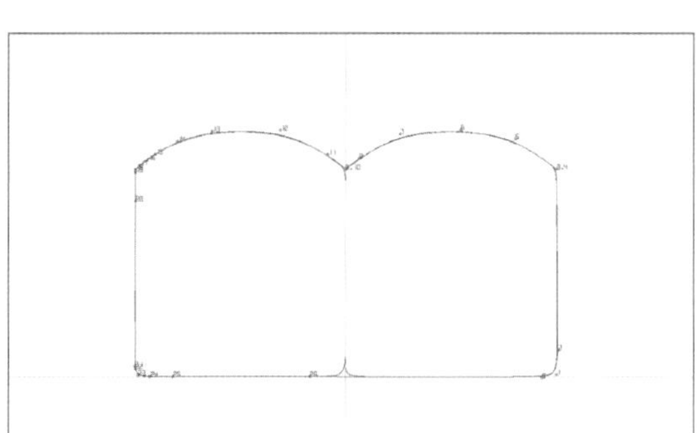

（a）

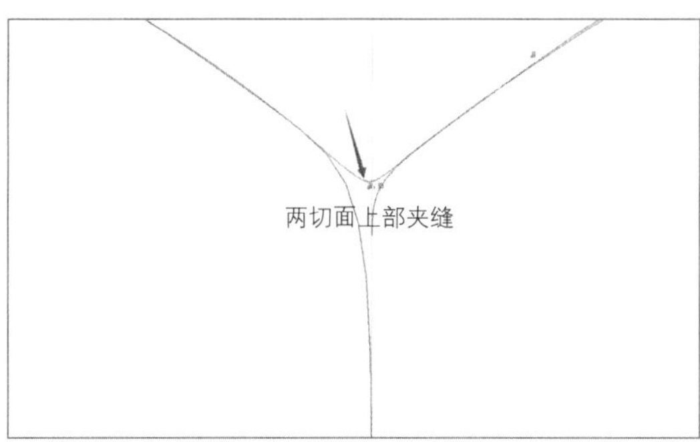

（b）

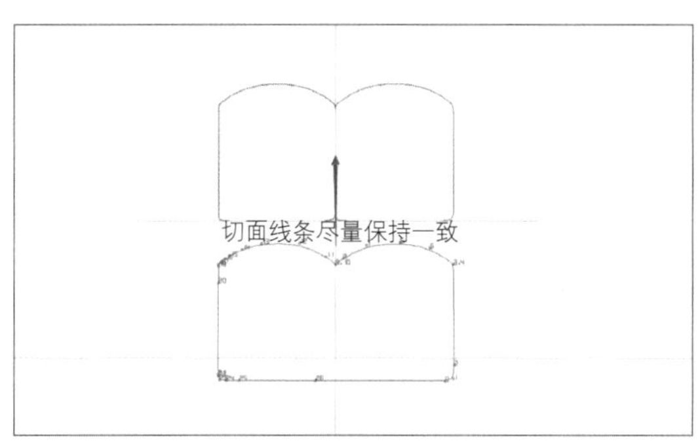

（c）

图2-3-78

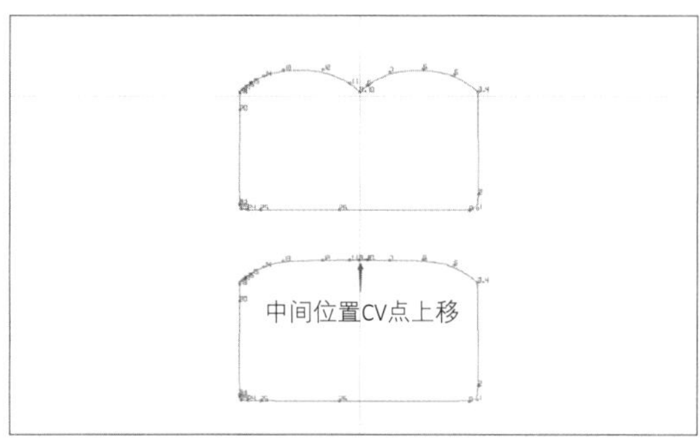

图2-3-79

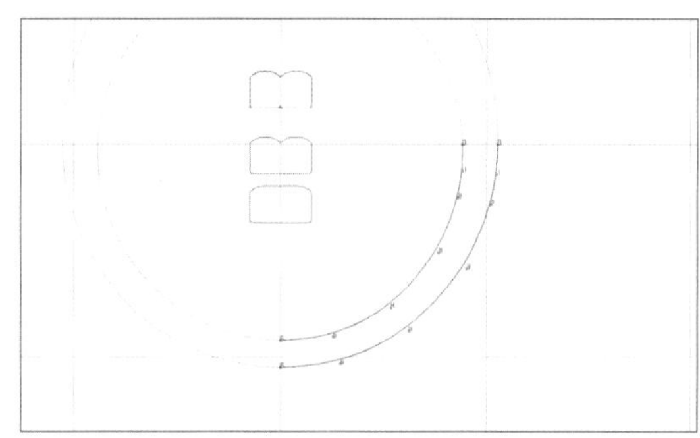

图2-3-80

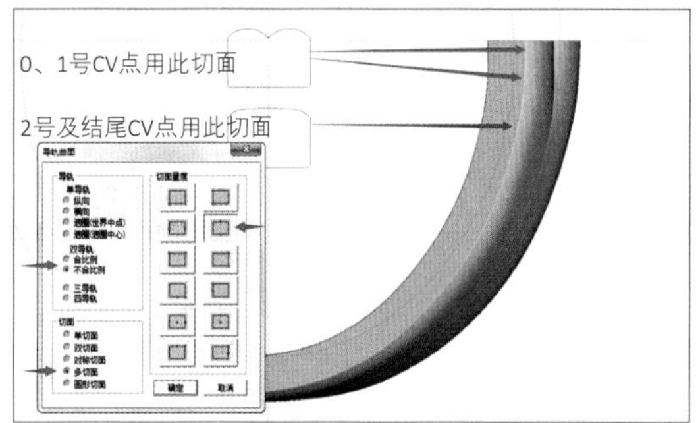

图2-3-81

（6）各视图，将结合处上、下物件CV点尽量调节一致，如图2-3-82。

（7）左右对称复制戒圈下部后，微调纵轴结合处CV点，使得两实体相互对称贴合。

（8）正视图，仅展示丝带1物件及步骤2曲线，将丝带1底部CV点投影贴合到曲线上（“投影方向”向上、“投影性质”贴到曲线/面上、勾选“保持曲面切面不变”），如图2-3-83。

（9）背视图，仅展示丝带2物件及步骤（2）中的曲线，将丝带2底部靠近结合部CV点拖动贴合到曲线上，其余CV点逐一调整顺畅，如图2-3-84。

将上、下部分戒圈联集，初步完成戒指主体制作，如图2-3-85。

3. 镶石制作

（1）开槽位

①上视图，在需镶石部位的外侧，贴合丝带边缘及假反边缘绘制曲线，如图2-3-86。

②将两条曲线分别向内偏移0.7mm——两侧应各留出0.6mm的光金位置，再各加上0.1mm执摸位，故需向内偏移0.7mm，如图2-3-87。

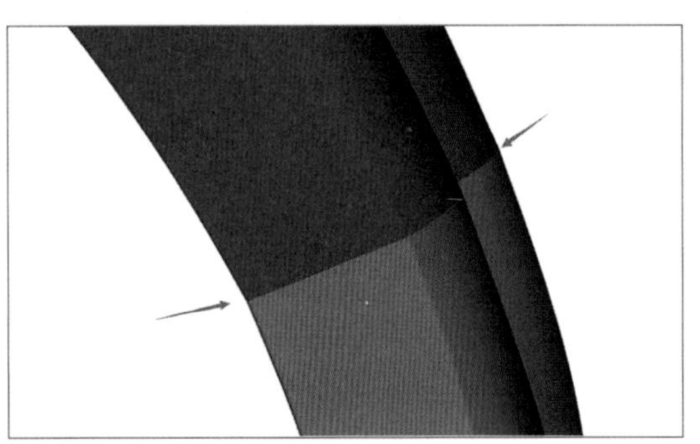

图2-3-82

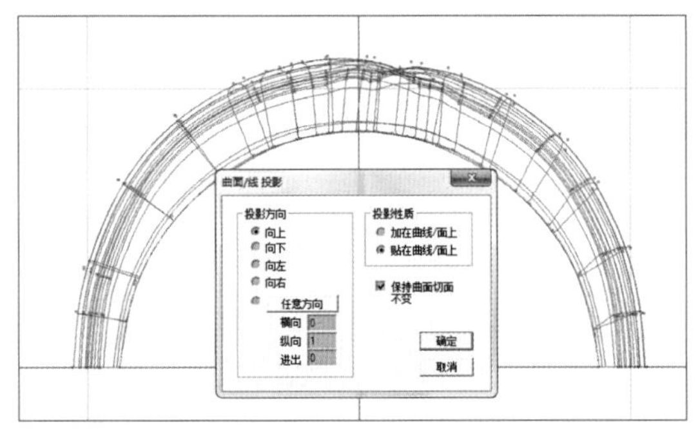

图2-3-83

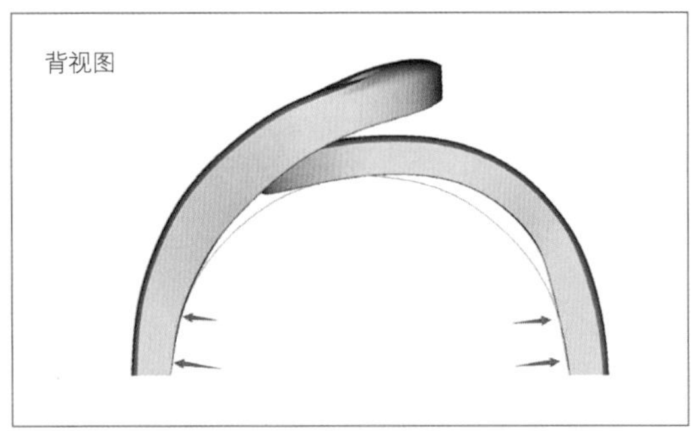

图2-3-84

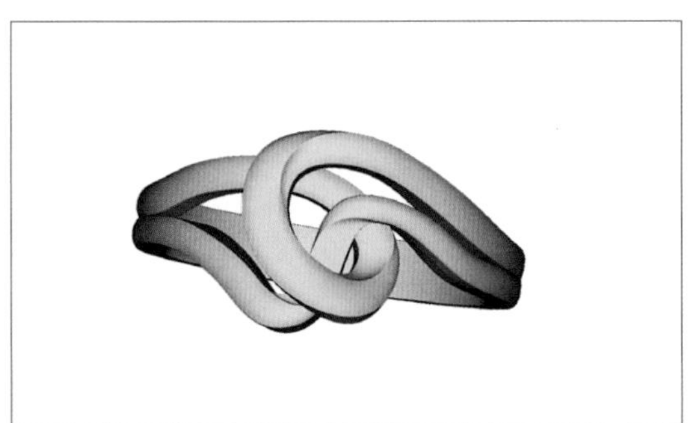

图2-3-85

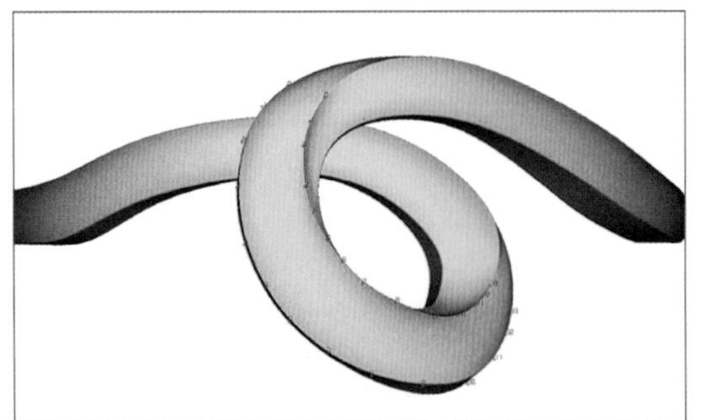

图2-3-86

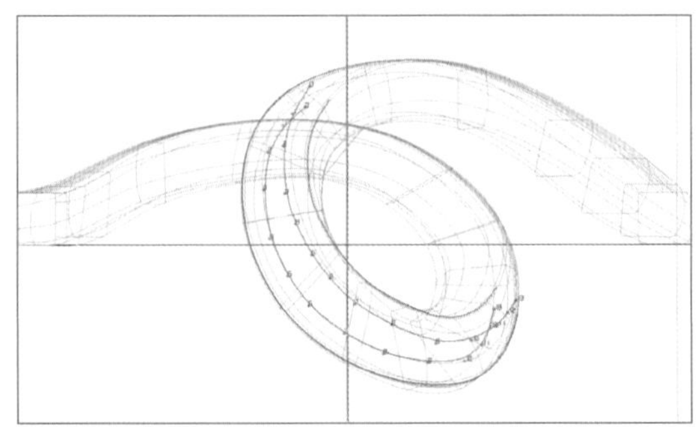

图2-3-87

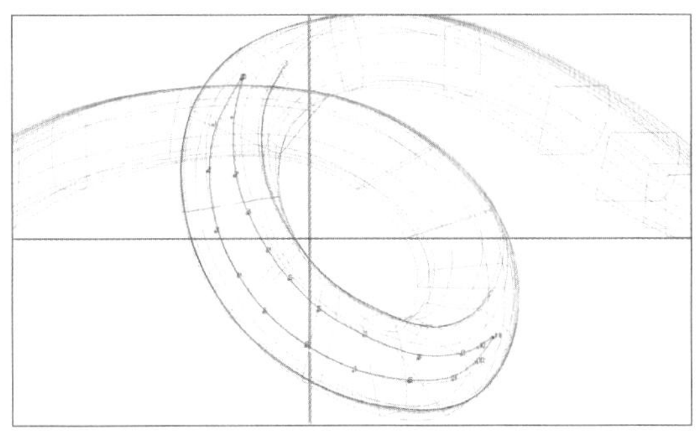
图2-3-88

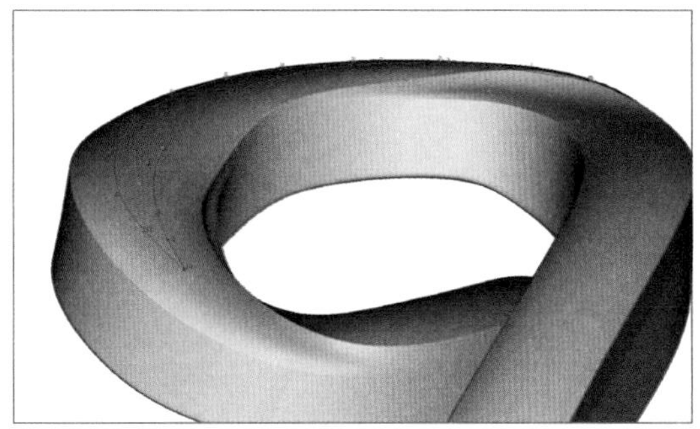
图2-3-89

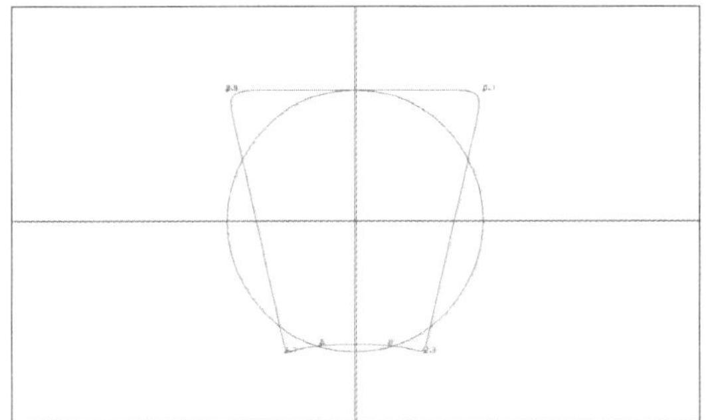
图2-3-90

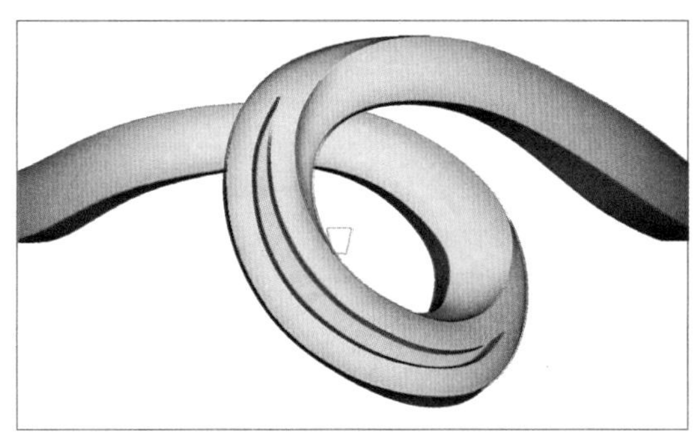
图2-3-91

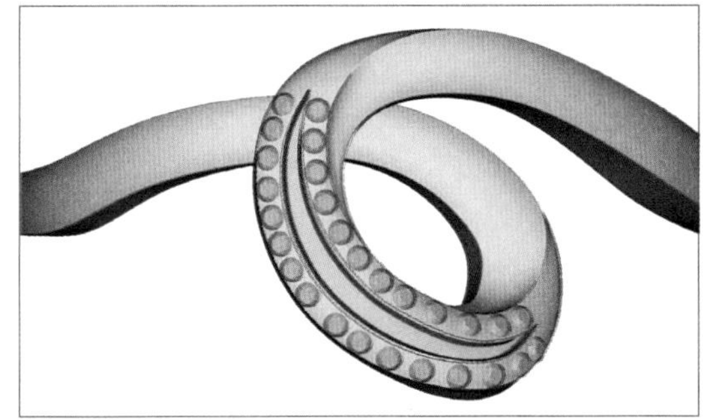
图2-3-92

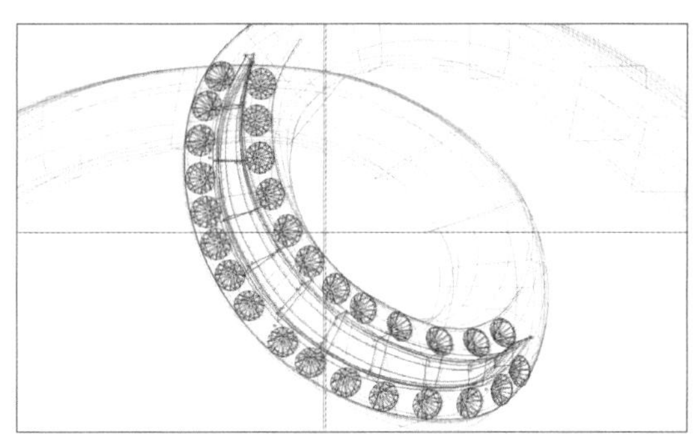
图2-3-93

③调整两条曲线，使得起始端曲线相互接触，并且整条曲线顺畅，如图2-3-88。

④右视图，将其投影贴合到曲面上，“投影方向”向上，“投影性质”贴合曲线/面，如图2-3-89。

⑤制作直径0.7mm辅助圆，绘制如图2-3-90切面。

⑥选择“导轨曲面”命令：双导轨、单切面、不合比例、切面量度为左右居中，使用图2-3-89中的投影曲线。生成开槽实体后，更换该开槽物件颜色并定义为“超减物件”，如图2-3-91。

⑦沿丝带外侧剪贴放置0.7mm圆石作为参考，如图2-3-92。

⑧展示开槽物件CV点，分别拖动相应CV点，扩大槽距，如图2-3-93、图2-3-94。

（2）排石与排钉

①紧邻剪贴0.9mm圆石入槽，删除多余圆石，如图2-3-95、图2-3-96。

②制作开孔物件，开孔物件直径等于圆石

直径的1/2即可，如图2-3-97。

③制作0.35mm圆钉，钉高于宝石台面约0.1mm，如图2-3-98。

④删除步骤①圆石后，在原石位置分别剪贴宝石与开孔物。将开孔物减去丝带。

⑤排钉，钉吃入石0.1mm。

⑥将该圆钉作为假钉继续排钉。在石槽距离较空的地方，采用剪贴后“Shfit+左键”略增大假钉直径0.05～0.10mm，进行放置，形成梅花钉效果，图2-3-99。

联集除宝石外的全体物件，完成女戒制作，如图2-3-100。

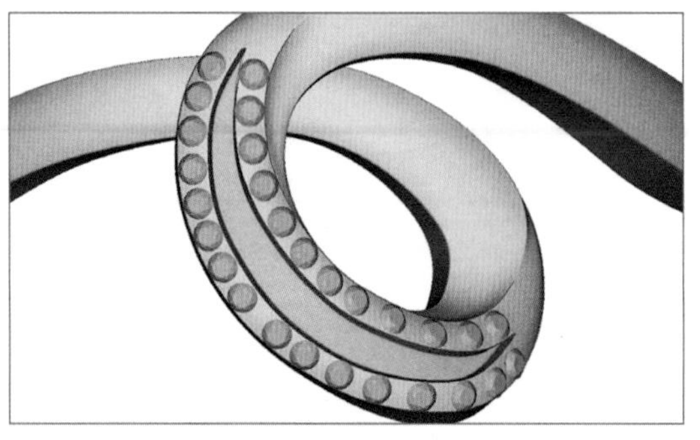

图2-3-94

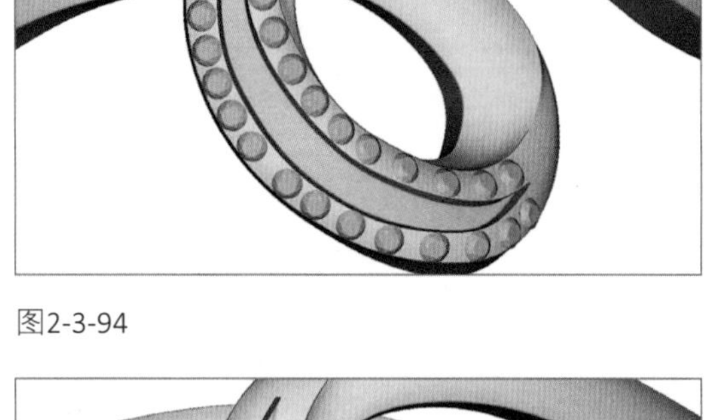

图2-3-95

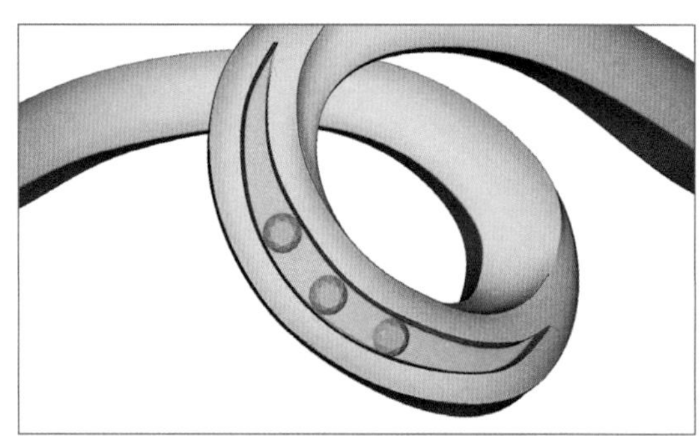

图2-3-96

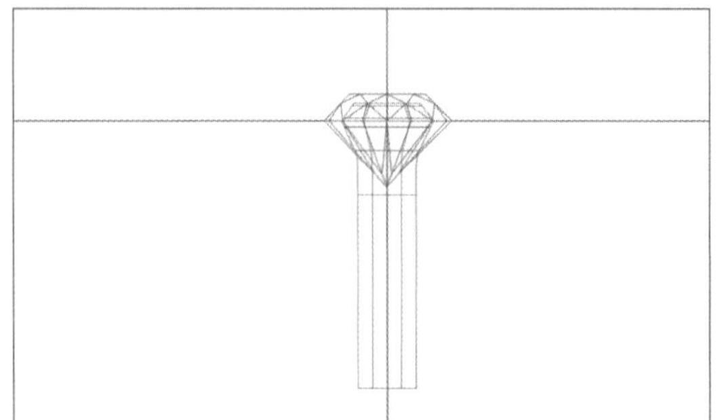

图2-3-97

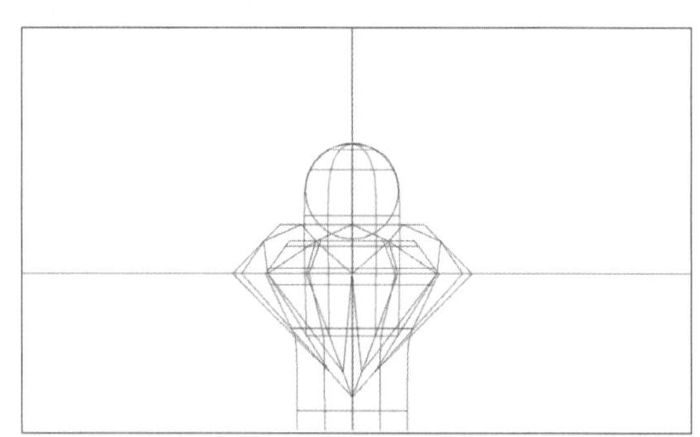

图2-3-98

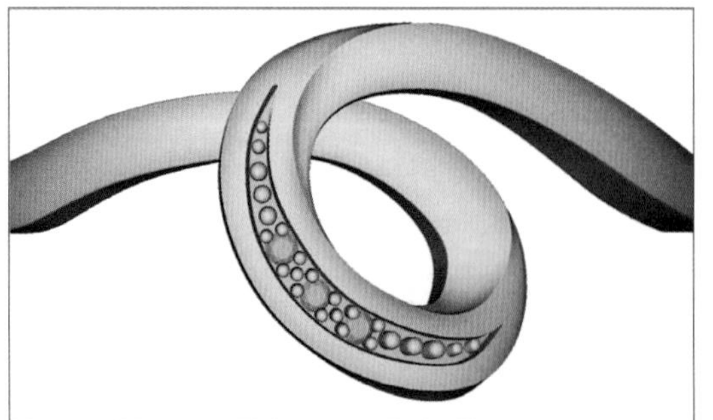

图2-3-99

图2-3-100

Chapter 3 第三章 戒指篇

戒指，一般由戒顶部花头与戒圈（全闭合定口戒圈或是半闭合活口戒圈）组合构成。其常用的正视形态如图3-0-1。

（1）A造型是光金戒与浑身戒的主要造型。此类造型，主要应用于满镶宝石的浑身戒，或是光金、图案肌理为主的素面戒。

（2）B造型是戒指设计的主要形态。其戒圈由下及上厚度逐渐加大，形成较好的视觉效果。

（3）C、C1造型是制作插头戒指的形态，中间的空位留给分件制作的插头镶口。

（4）D造型是戒圈连接顶部花头造型形态。一般要求花头底部需保持戒内圈的圆造型。

（5）E造型是男款戒的主要形态。

（6）F、F1属于戒指台面较宽的形态，一般此类形态需要将台面下部的戒臂内敛，使得形态优美。

（7）G、G1戒指底部两边有个角位，处于手指根部的间隙，是一种较为别致的设计造型。

本节以戒指为重点讲解对象，各种主石、珍珠应用在戒面上，通过多种镶嵌手法的造型烘托，使得读者能充分掌握戒指结构造型及相应的制作技法；通过爪镶、包镶、逼镶等镶嵌制作，理解副石与造型的相互关系；通过金属编织、网底、纹理等的款型制作，有针对性地掌握建模技巧。

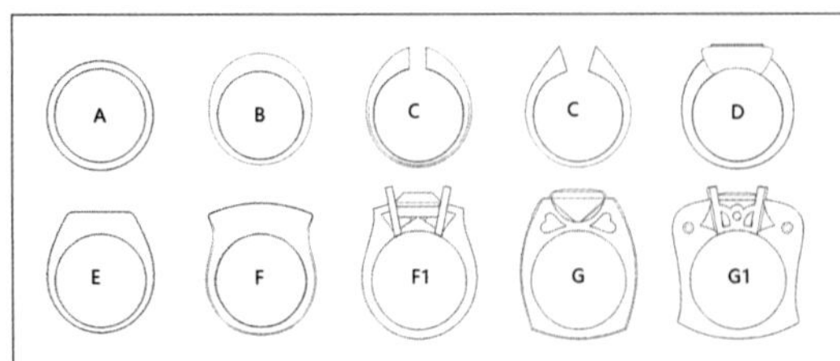

图3-0-1

第一节　主石女戒

本案例主要讲解：椭圆形刻面宝石生成与爪镶镶口制作；实体映射技法在戒臂制作中的应用；夹层与通花制作技法。

客户提供一粒椭圆形刻面蓝宝石，长12mm、宽8mm、高7mm。客户手寸为港度17号。

1. 宝石及镶口制作

（1）在上视图生成一颗直径1mm圆石。

（2）椭圆形宝石琢型依据的长宽高的比例关系为：一般彩色宝石，高=$\frac{长\times宽}{2}\times0.7$；钻石，高=$\frac{长\times宽}{2}\times0.6$。

使用“多重变形”命令，将其变成长12mm、宽8mm、高7mm的椭圆形宝石。在比例栏中，分别输入横向8、纵向12、进出10，确定后变成椭圆形宝石，如图3-1-1。［注：其中进出10，原因在于系统默认生成的1mm圆石高度为0.7mm，依据椭圆形宝石高度计算公式推算出的本圆石高度为7mm，是0.7mm的10倍，故而应该在进出方向上（即宝石高度）将数据设置为10倍；进出数据也可以采用以下公式参考：进出数据=（长+宽）/2］

（3）生成直径1mm圆，采用“多重变形命令”将其变成长11.9mm、宽7.9mm的椭圆线；再使用“偏移曲线命令”将该椭圆线向内

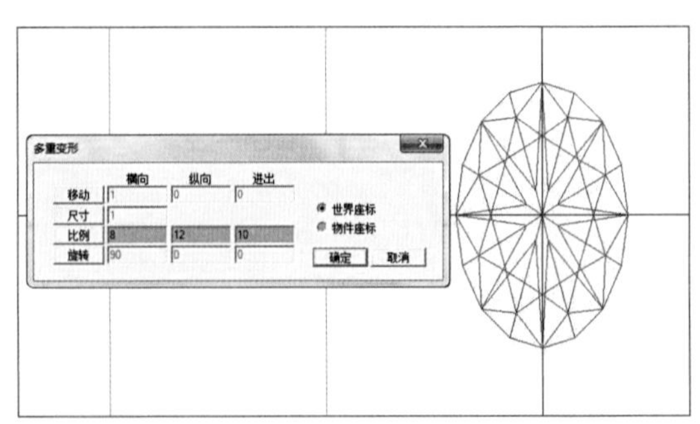

图3-1-1

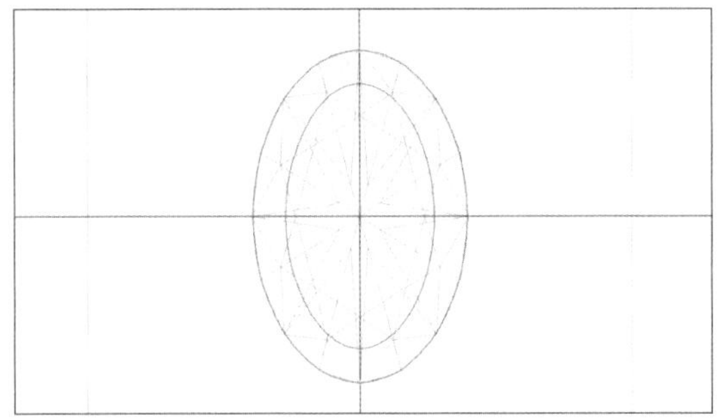

图3-1-2

偏移1.2mm，如图3-1-2。

（4）使用“上下左右曲线”工具，制作边长1.2mm矩形，之后使用“任意曲线”工具，在左上、左方双击各增加一个控制节点，并使用鼠标右键双击取消原左上方CV点，如图3-1-3。

（5）使用“导轨曲面”命令：不合比例、单切面、切面量度向下，生成镶口实体，如图3-1-4、图3-1-5。

（6）展示镶口CV点后，选中中间一行控制镶口内斜边的CV点，垂直向上移动，使得镶口内斜边与宝石腰斜边平行，如图3-1-6、图3-1-7。

（7）生成直径1.2、1.3mm的辅助圆，使用“任意曲线”工具绘制曲线，并左右对称复制，如图3-1-8。

（8）原地复制右（左右均可）边曲线，使用“尺寸”工具，右键向左拖动，将曲线压缩贴合至纵轴线，如图3-1-9。

（9）右视图，选中该曲线除0号CV点外的

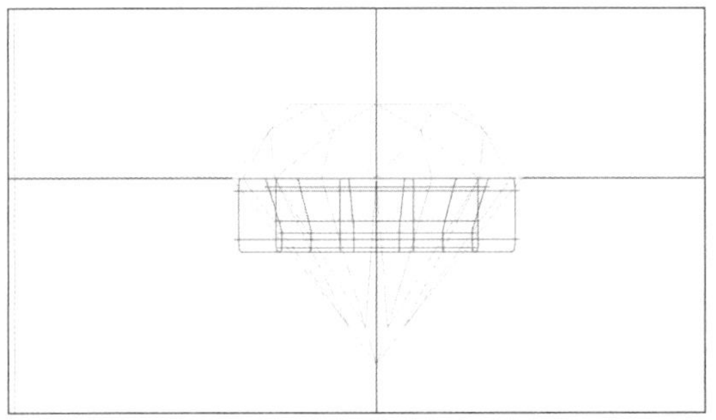

图3-1-5

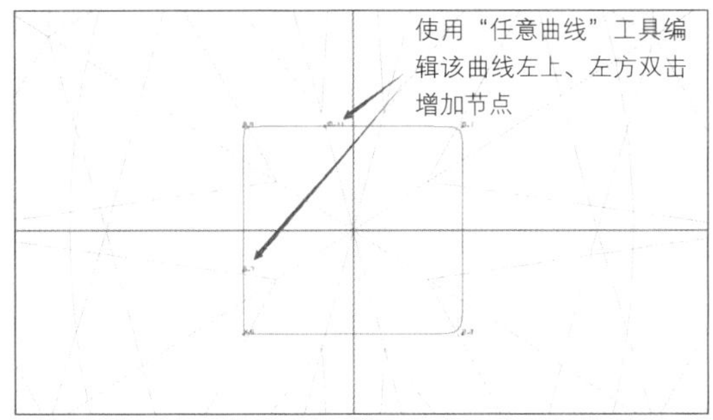

（a）

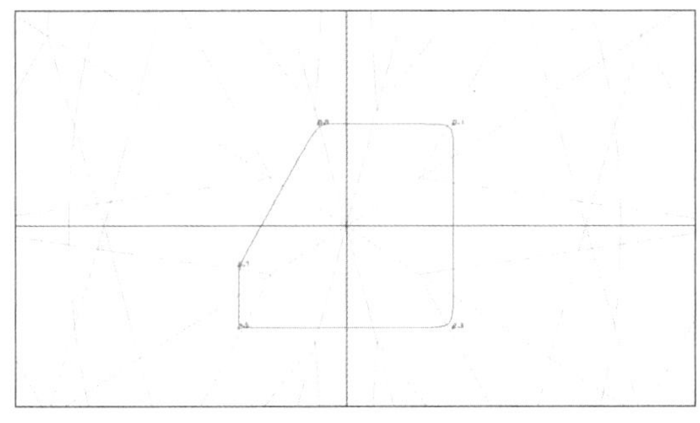

（b）

图3-1-3

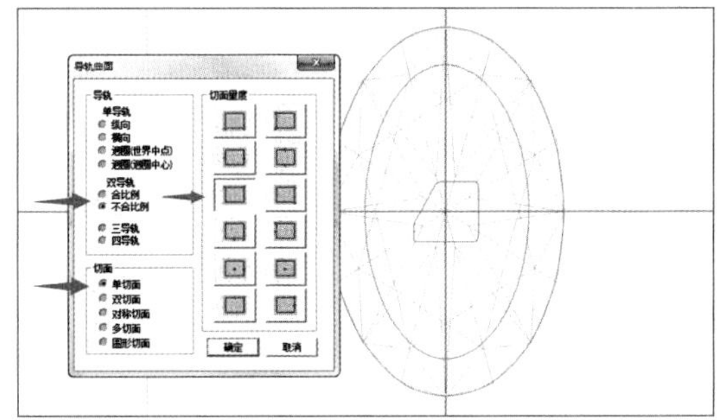

图3-1-4

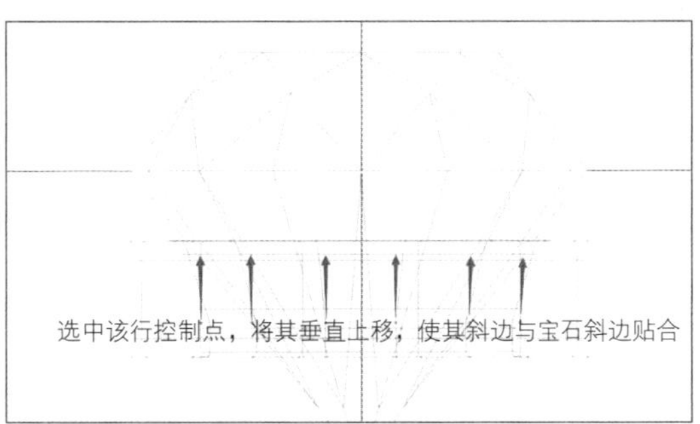

图3-1-6

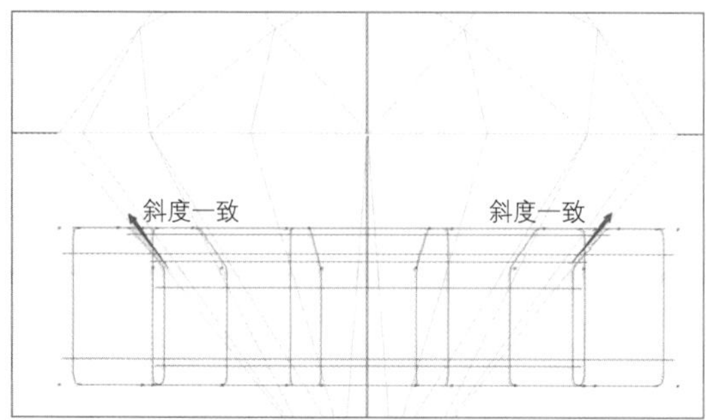

图3-1-7

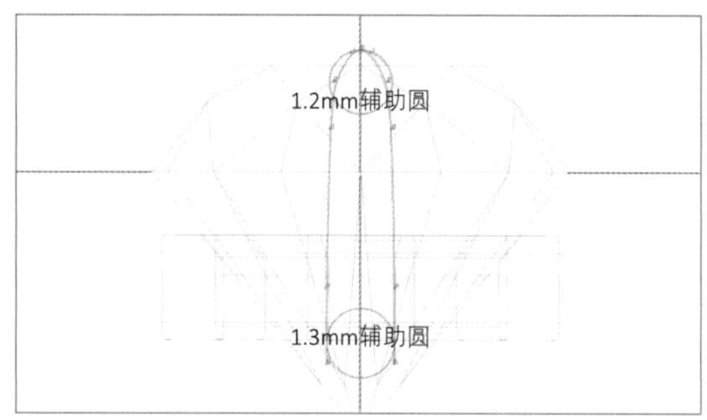

图3-1-8

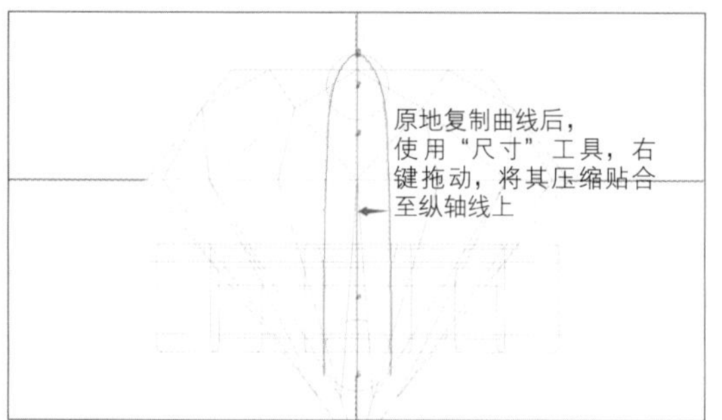

图3-1-9

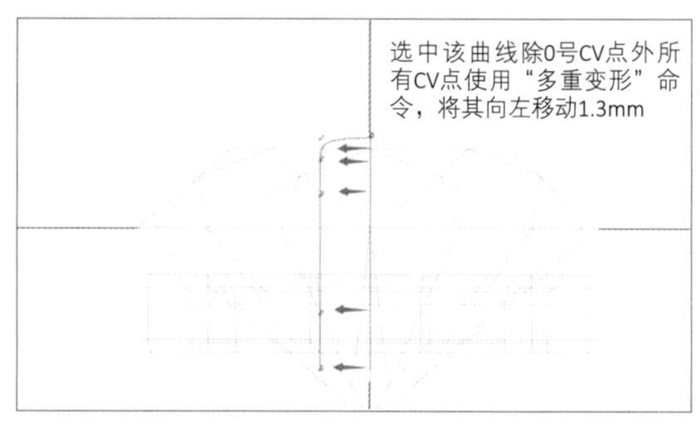

图3-1-10

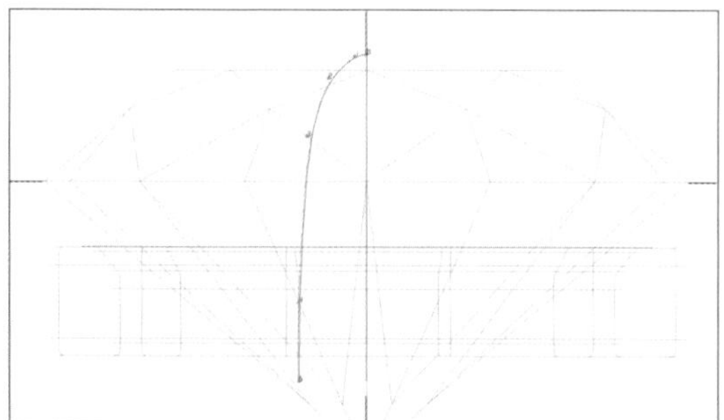
图3-1-11

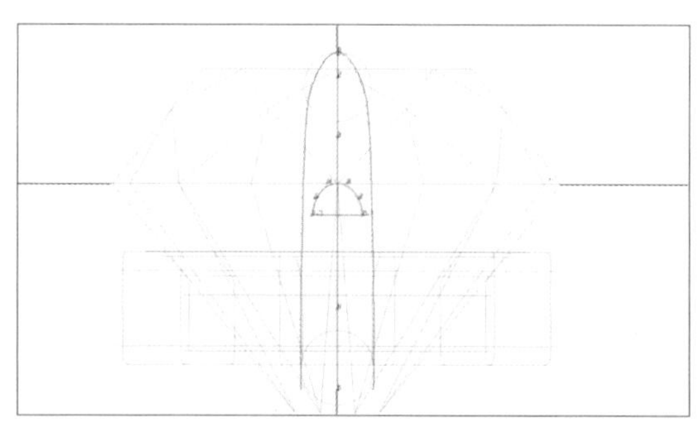
图3-1-12

所有CV点，使用“多重变形”工具将CV点向左横向移动1.3mm，如图3-1-10；之后，分别选中各CV点使用“移动”工具调整该曲线，如图3-1-11。

（10）绘制如图3-1-12切面曲线，使用“导轨曲面”工具：三导轨、单切面、切面量度向上，生成爪实体，如图3-1-13、图3-1-14。

（11）将各视图内移动、旋转、反转调

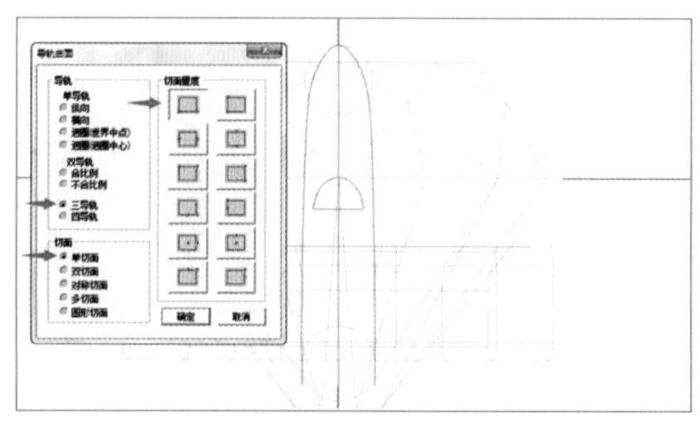
图3-1-13

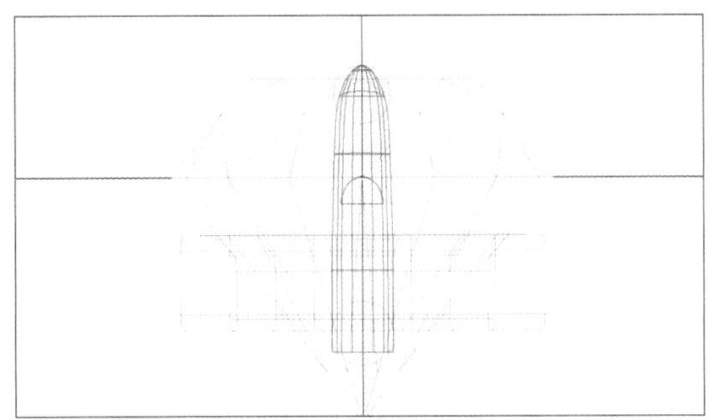

图3-1-14

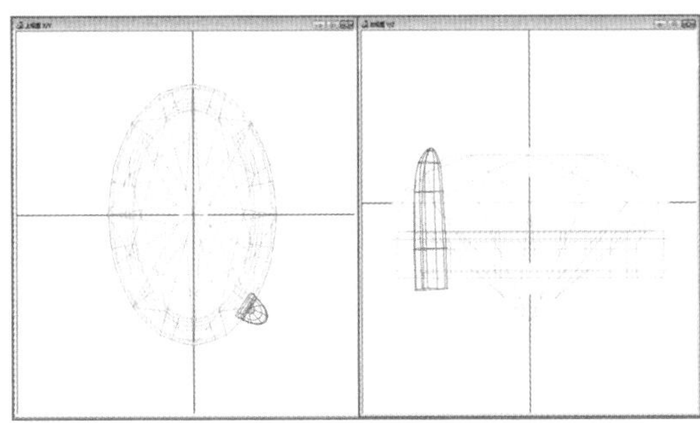

图3-1-15

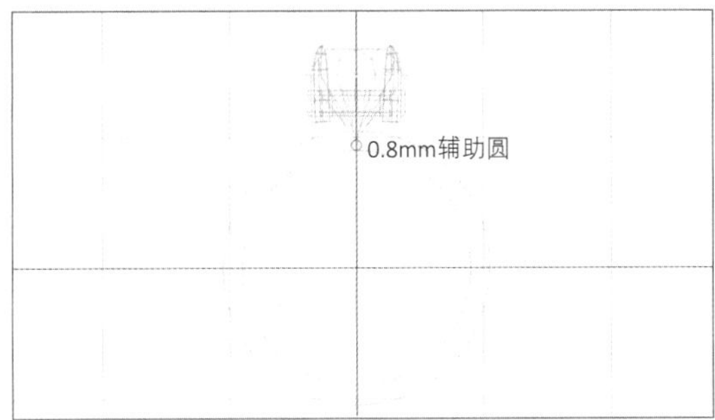

图3-1-16

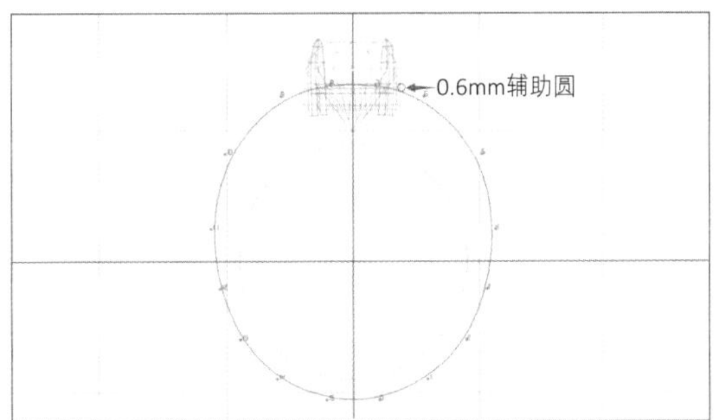

图3-1-17

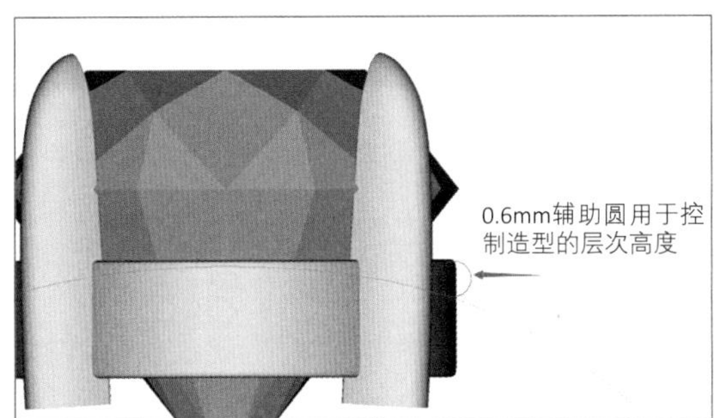

图3-1-18

整，将爪移动到适合位置，控制爪吃入石0.2mm，如图3-1-15。

2. 戒臂制作

（1）正视图，生成直径18mm直径圆，CV点设置为16个。之后向外偏移1.5mm。

（2）选中宝石及镶口，垂直向上移动，宝石尖底距内圆0.8mm，如图3-1-16。

（3）使用“左右对称线”工具，如图3-1-17，编辑调整外围圆曲线。如图3-1-18，此处放置的直径0.6mm辅助圆是用于控制物件相互间层次高度的。一般物件两两相叠的时候，其层次有0.5mm的高度差即可，由于此处是主石下方，层次可以略大一点，控制在0.5～1.0mm都是可以接受的。

（4）使用“左右对称线”工具，在横轴上方绘制一条左右对称线，之后增加控制点并调整该曲线贴合外围圆。该曲线在横轴上方是因为戒指镶石部位一般安排于戒指臂上部，低于戒指横轴的镶石在佩戴时，处于手指侧下方，失去了镶石的意义，故而一般从横轴偏上部位安排镶石位置，除非特别设计的款式，如镶满整个戒圈的浑身戒等除外，如图3-1-19、图3-1-20。

（5）测量该曲线长度，此例中该曲线长度为33.79mm，并依据测量数据制作一个等大直径圆。使用“上下对称线”工具，绘制一条垂直线贴合大辅助圆，对称复制后，将两条复制直线“反上”处理，如图3-1-21、图3-1-22。

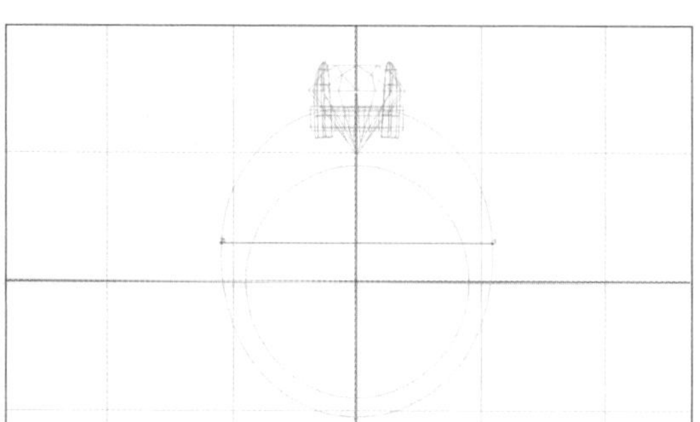

图3-1-19

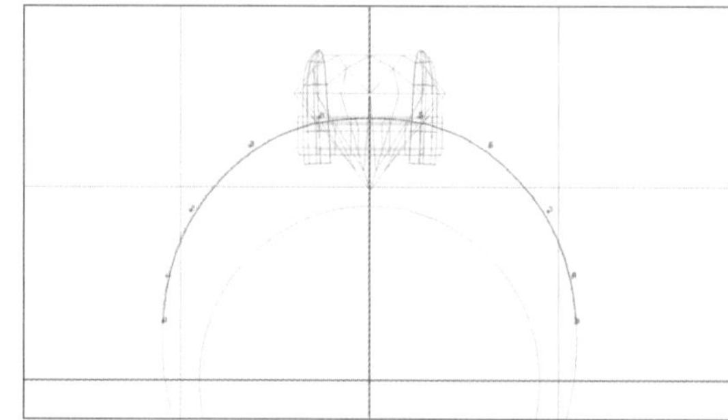

图3-1-20

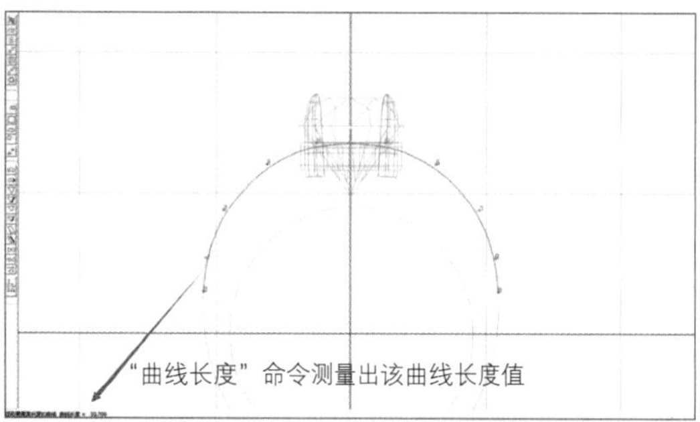

图3-1-21

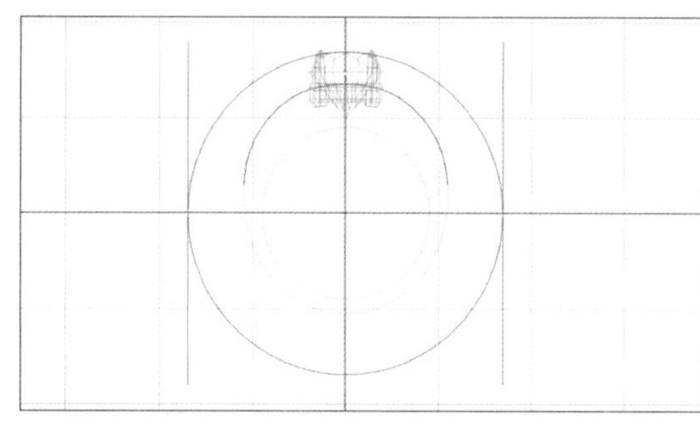

图3-1-22

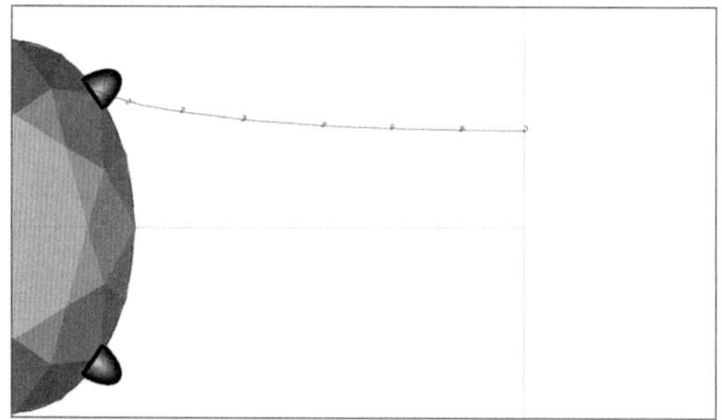

图3-1-23

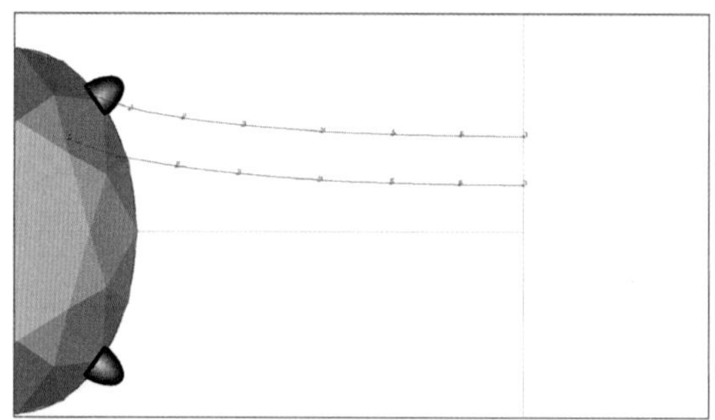

图3-1-24

（6）上视图，如图3-1-23，绘制一条曲线，之后将其向内偏移1.6mm，如图3-1-24，此两条曲线即是戒指外圈导轨线，并且后期将在此处镶嵌1.3mm圆石，由于此处实体，内侧执摸量较小留0.1mm的光金边，外侧执摸量留0.2mm。累加后，此处的导轨线应宽1.6mm为宜。

（7）绘制如图3-1-25的两条曲线，其中长曲线需要与上方曲线重叠。

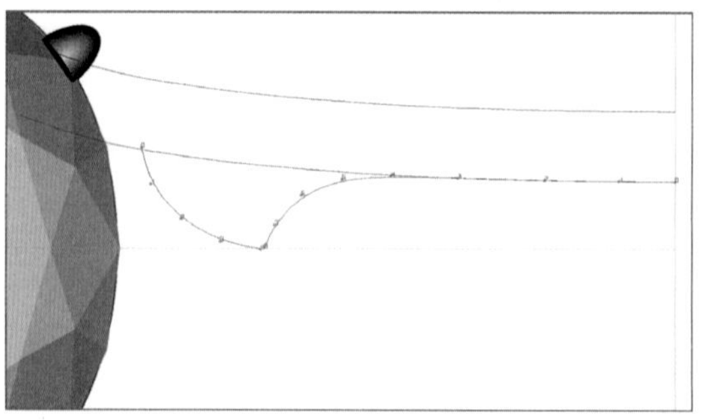

图3-1-25

（8）将其中长曲线向内偏移0.8mm。此处导轨后造型为光金面，故而留出0.8mm宽度较为适宜。调整尾部CV点，贴合至横轴线上，如图3-1-26。

（9）选中短曲线，将其两方偏移0.6mm，此处生成实体后需要镶嵌1.0mm圆石，由于此处执摸量较小，两边各留出0.1mm，镶嵌位宽度1.2mm为宜，故此处曲线向两方各偏移0.6mm即可，如图3-1-27。

（10）删除中间曲线后，如图3-1-28，另行制作一条曲线。

（11）如图3-1-29，调整所有曲线，可以采用对称复制的方法检查曲线是否调整到位，主要是各个曲线是否相交并略有深入，以保障后期实体后不会外露。

（12）展示曲线CV点，选中尾端CV点，使用投影工具："投影方向"向左、"投影性质"贴在曲线/面上，将其投影贴合到辅助线上，如图3-1-30。

（13）隐藏宝石及镶口、辅助圆及各辅助线；制作一个直角矩形切面。

（14）如图3-1-31，分别将需镶嵌实体的

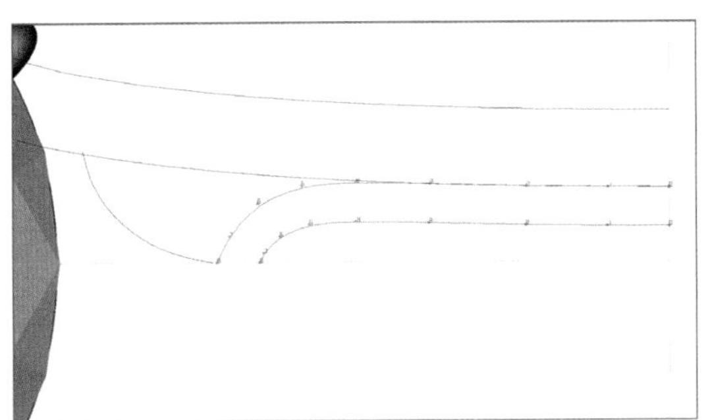

图3-1-26

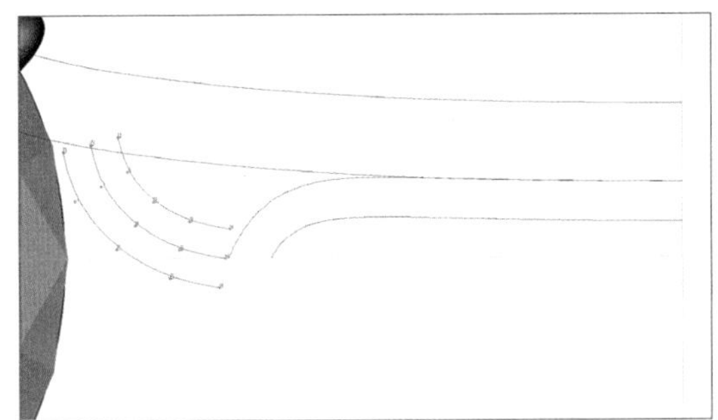

图3-1-27

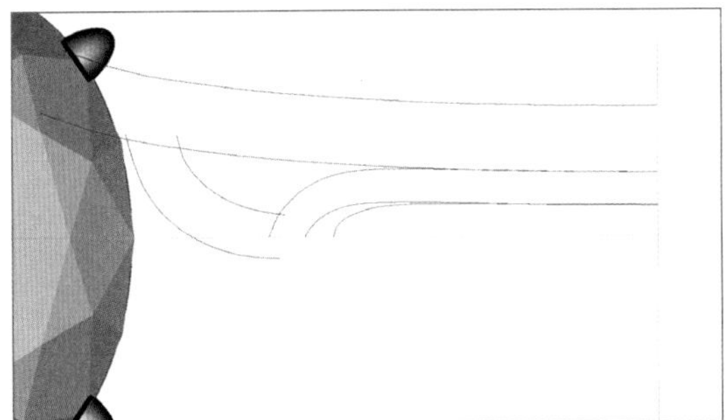

图3-1-28

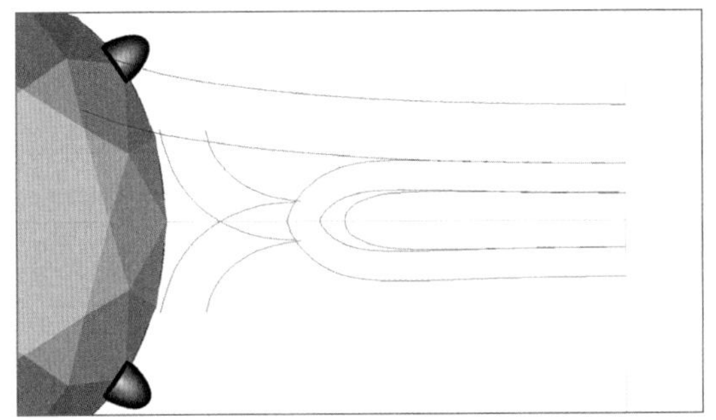

图3-1-29

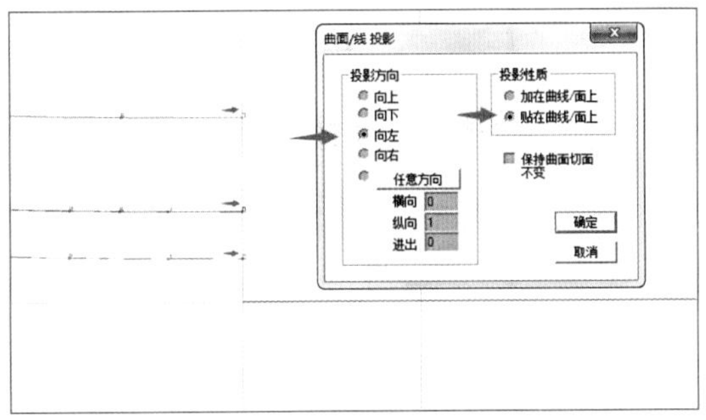

图3-1-30

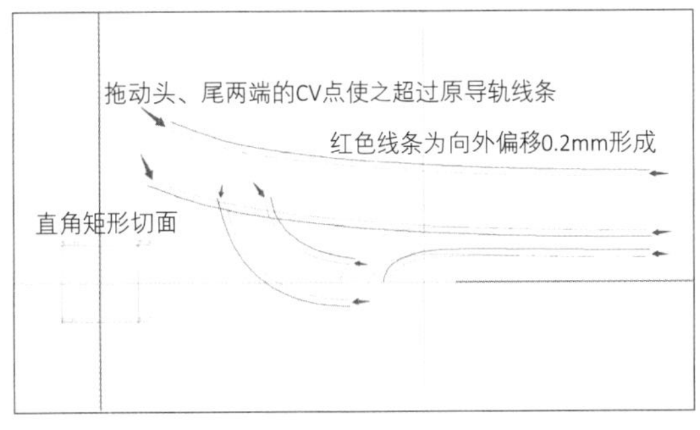

图3-1-31

导轨曲线向外偏移0.2mm。拖动头、尾两端的CV点使之略长于原导轨线条。

（15）制作直角矩形切面，使用导轨曲面命令，将原导轨线条进行导轨成体，选择双导轨、不合比例、单切面、切面量度向下，生成各实体。执行导轨曲面命令前，原地复制所有导轨线条并隐藏，留待后面步骤使用，如图3-1-32、图3-1-33。

（16）制作直径0.8mm辅助圆，再制作矩形切面，如图3-1-34。

（17）逐对选中偏移出的导轨曲线，使用导轨曲面命令：双导轨、不合比例、单切面、切面量度中间，生成各实体，如图3-1-35、图3-1-36。

（18）使用“材料”命令赋予这批实体不同材质颜色，再选择“超减物件”命令将其定义为超减物件，如图3-1-37。

（19）使用“左右对称线”工具将步骤（16）的矩形切面变成拱形切面，并保持0.8mm高度，如图3-1-38。

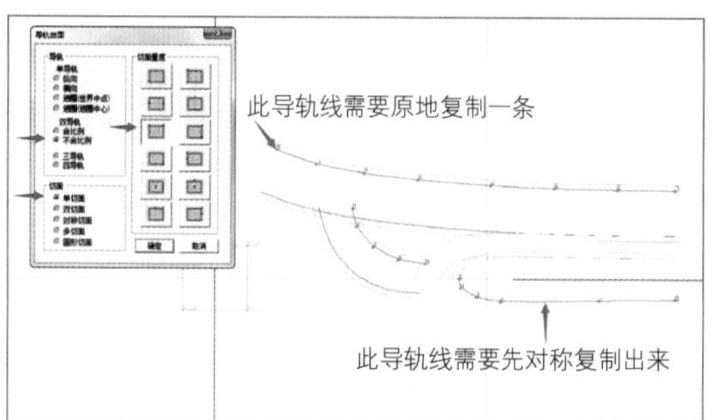

图3-1-32

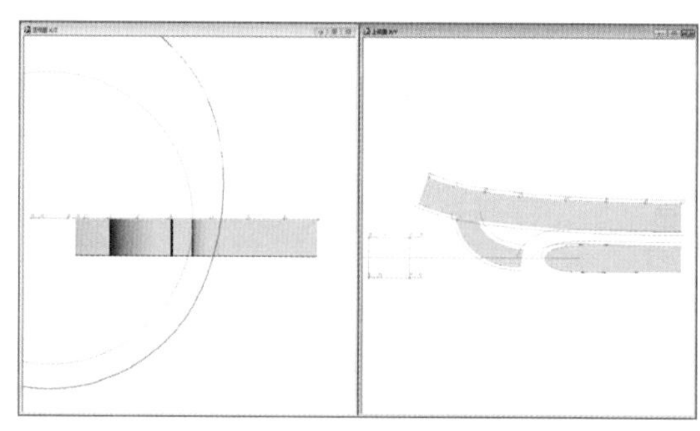
图3-1-33

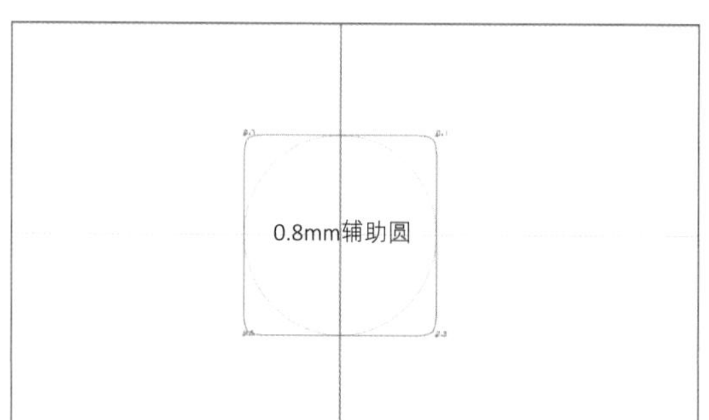

图3-1-34

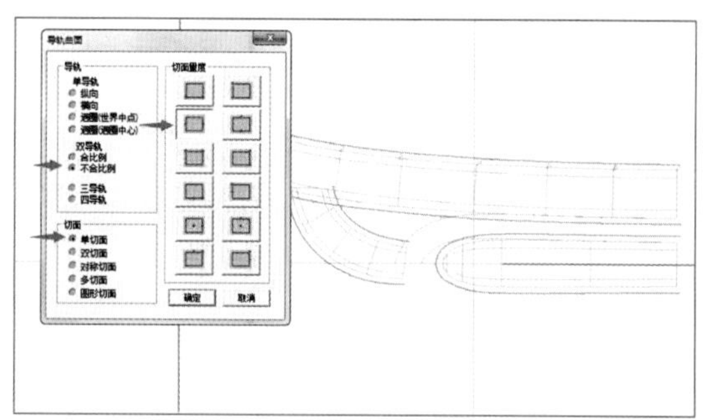
图3-1-35

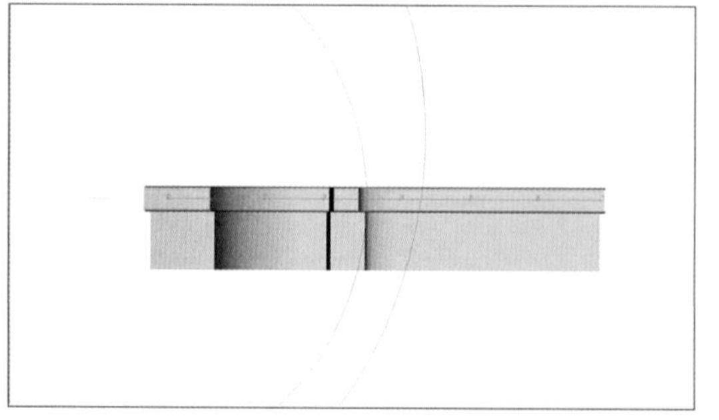
图3-1-36

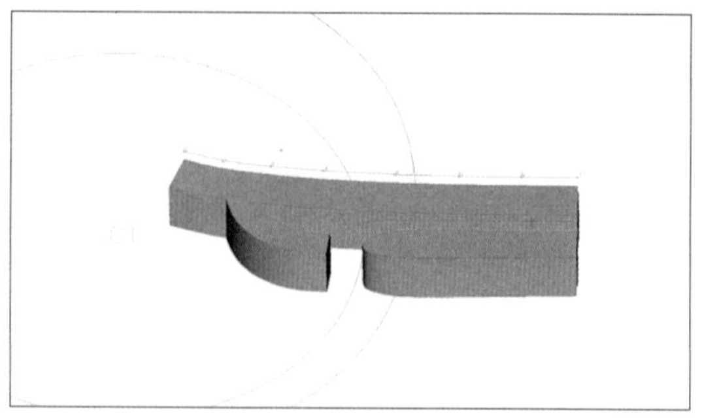
图3-1-37

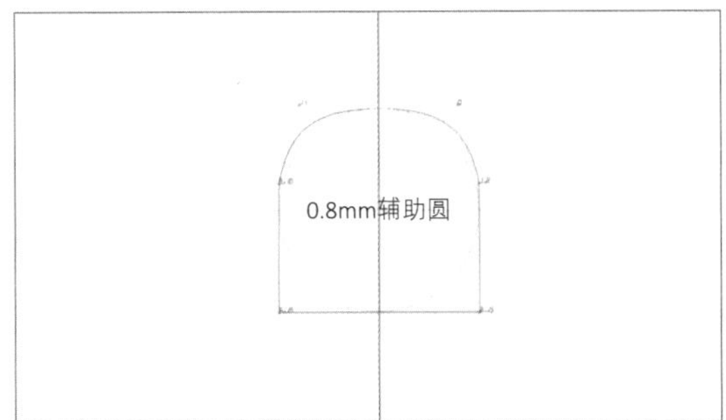

图3-1-38

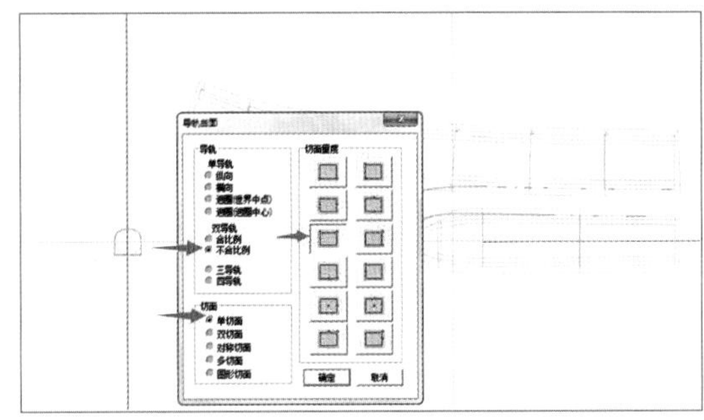

图3-1-39

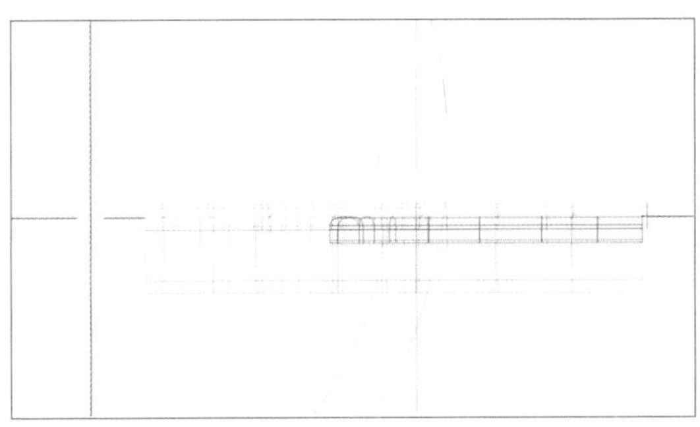

图3-1-40

（20）使用“导轨曲面”命令：双导轨、不合比例、单切面、切面量度向下，生成实体，如图3-1-39、图3-1-40。

（21）正视图，彩色模式。使用“左右对称线”工具沿超减后的实体顶部放置一条辅助线，使用“多重变形”命令将其垂直下移1.0mm，如图3-1-41。

（22）如图3-1-42，选择展示该两条实体CV点。正视图，选中需镶石实体底部一行CV点，将其投影贴合到辅助曲线上，如图3-1-43。

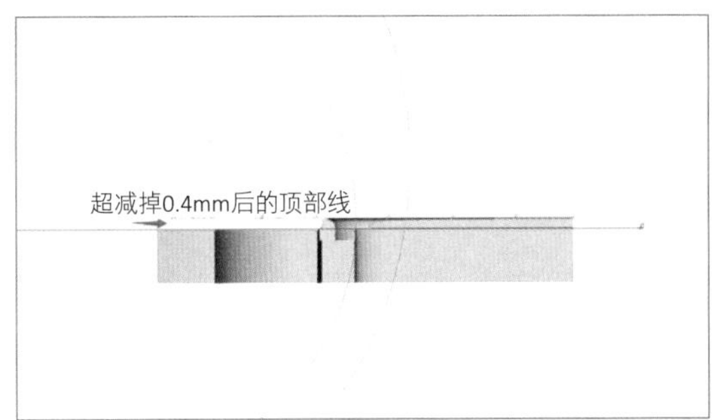

（a）

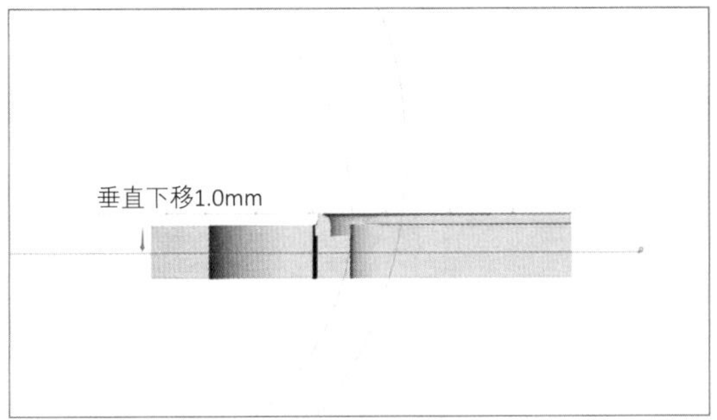

（b）

图3-1-41

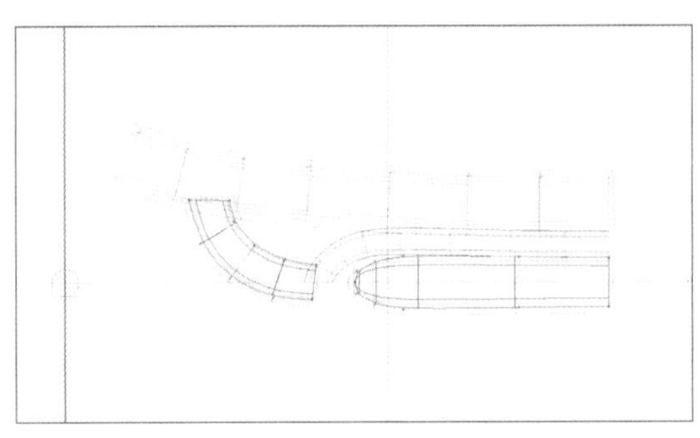

图3-1-42

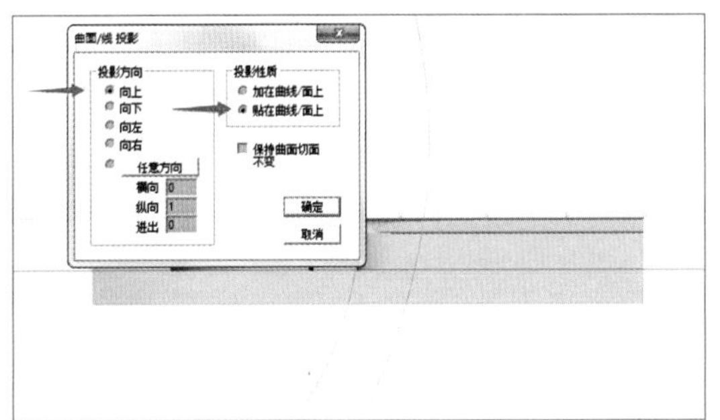

图3-1-43

（23）如图3-1-44，展示并选中该实体及超减物件头端部位CV点。正视图，将CV点垂直向下移动0.5mm。

（24）逐一成组向下拖动调整余下CV点，使得实体过渡平顺，如图3-1-45。

（25）正视图，使用“直线延伸曲面”工具测量戒圈顶部数据，及按下“<”按键后，以步骤（15）中曲线尾端为起点，垂直于戒指内圈，测量此处戒指厚度数值。本例中，顶部厚度为4.5mm，戒臂厚度为2.35mm，如图3-1-46、图3-1-47。

（26）上视图，展示步骤（25）中预先复制隐藏的曲线，向内偏移0.85mm（外侧留出的执模距离）+0.2mm+0.65mm（1.3mm圆石的半径），如图3-1-48。正视图，再将其垂直向下偏移0.4mm。

（27）生成直径4.1mm辅助圆，制作一个等大直角矩形切面（戒指顶部厚度为4.5mm，其中需要减少0.4mm的宝石镶嵌槽高度，故而生成的实体高度应为4.1mm）。使用“导轨曲面”命令：双导轨、不合比例、单切面、切面量度向下，生成实体，如图3-1-49。

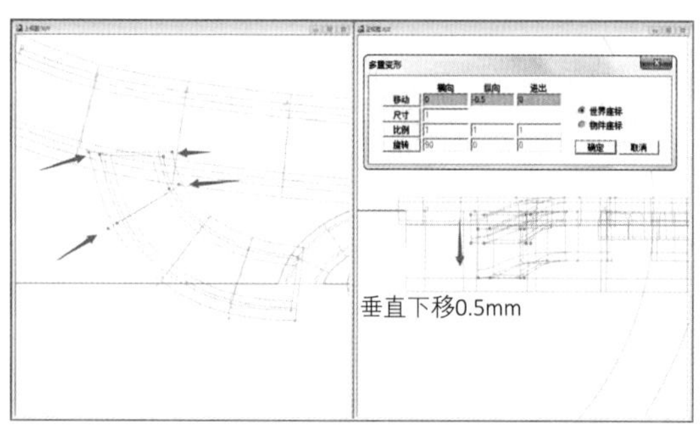

图3-1-44

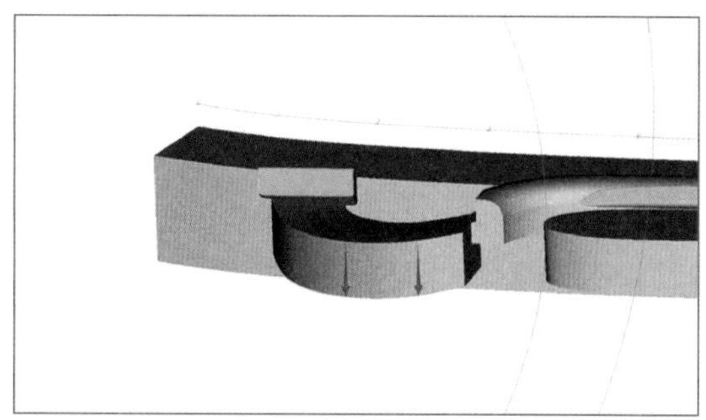

图3-1-45

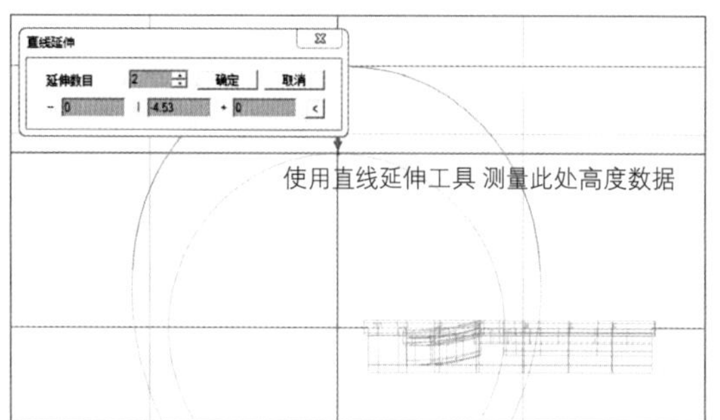

图3-1-46

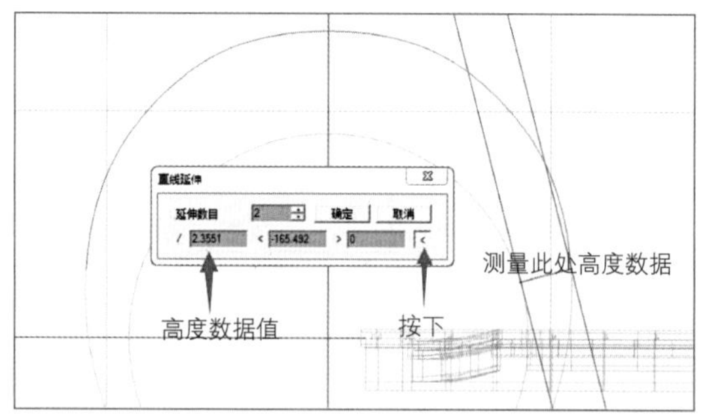

图3-1-47

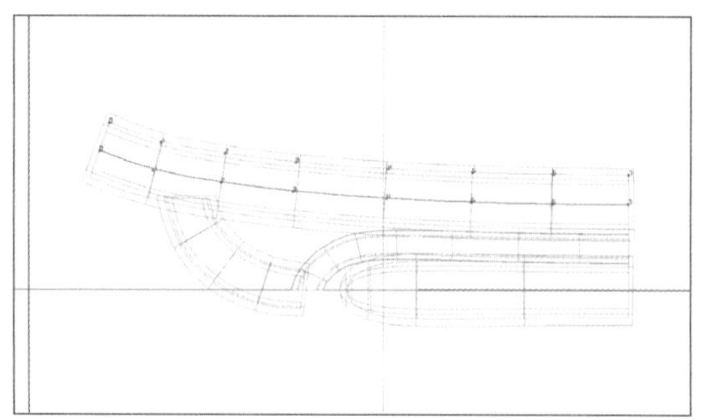

图3-1-48

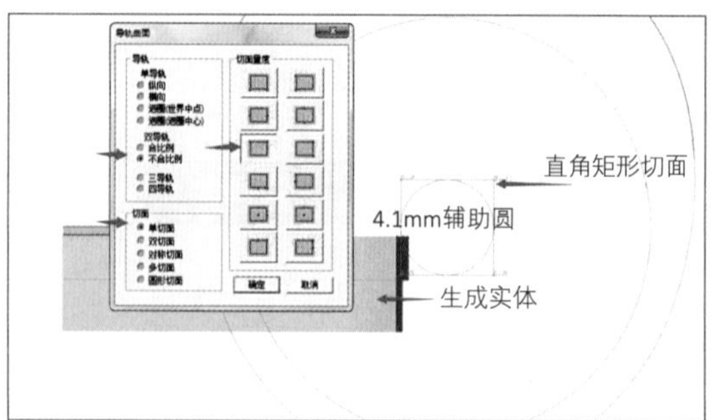

图3-1-49

（28）恢复显示步骤（24）各辅助线，并将原“反上”辅助直线“反下”处理。

（29）生成直径2.35mm辅助圆。移动放置与实体尾端，如图3-1-50。

（30）使用“左右对称线”工具，拖出一条左右对称曲线，控制其与实体最左下端及辅助圆下端相交，如图3-1-51。

（31）选中实体底部一行全部CV点，使用“投影”工具：投影方向向左、投影性质贴在曲线/面上、勾选保持曲面切面不变，将其投影贴合到辅助线上，如图3-1-52、图3-1-53。

（32）右视图，使用“左右对称线”工具绘制一条弧线，如图3-1-54。

（33）上视图，使用“直线延伸复制”工具复制这条一条弧线，新生弧线略超过实体范围，如图3-1-55。

（34）使用“尺寸”工具右键压缩该曲线，注意两条曲线的0号CV点均应该超过实体，如图3-1-56。

（35）右视图，调整压缩后的曲线弧度，

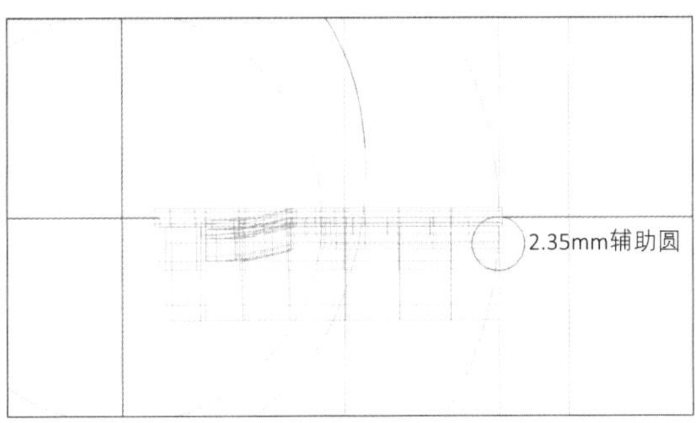

图3-1-50

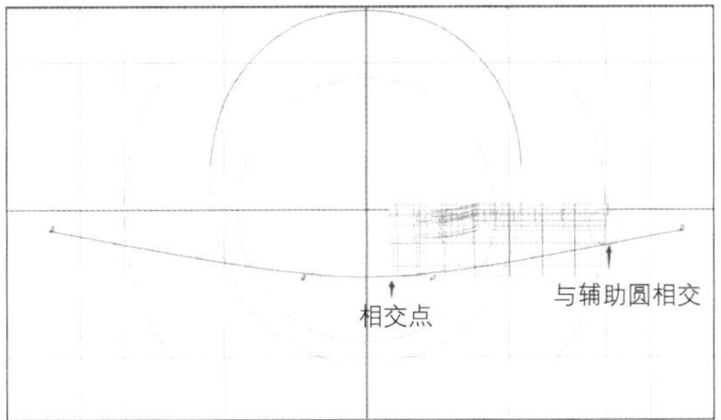

图3-1-51

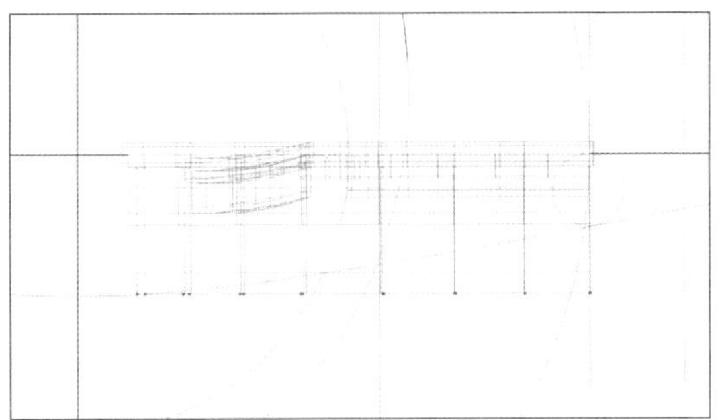
图3-1-52

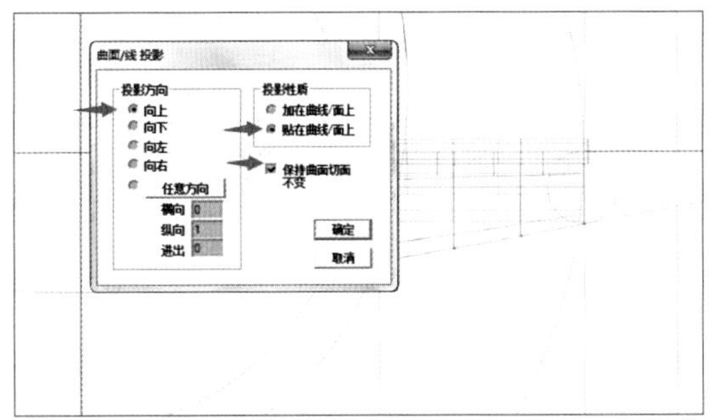

图3-1-53

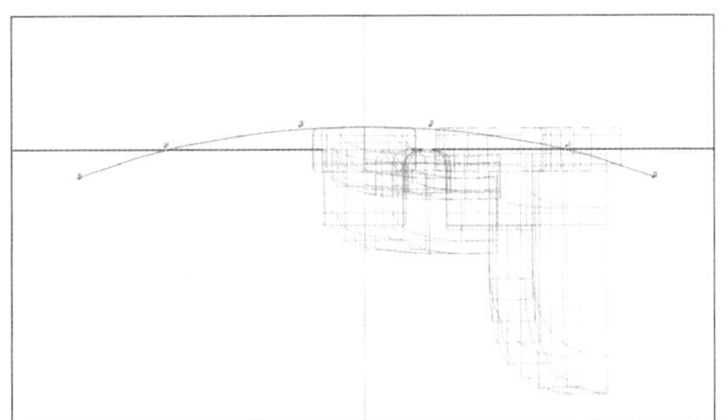
图3-1-54

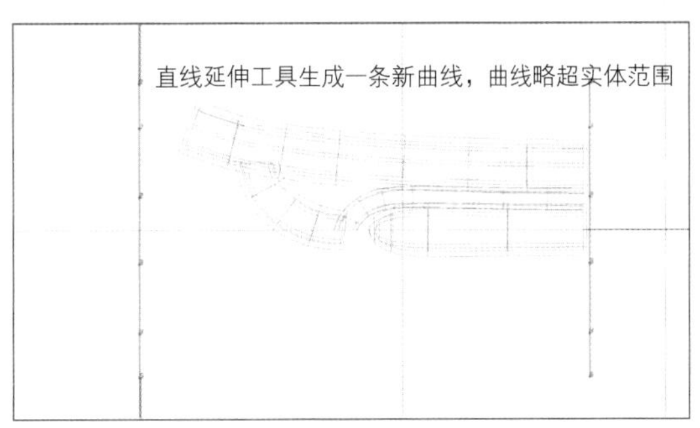

图3-1-55

使之与第一条弧线弧度相仿，如图3-1-57。

（36）上视图，使用“线面连接曲面”工具，将两条曲线相连成面。由于软件显示不出面，可以通过透视图旋转观察到，如图3-1-58。

（37）使用“曲面—增加控制点”命令，增加该面的控制点：U方向增加4倍，如图3-1-59。

（38）逐一选中每列CV点，使用“尺寸”工具进行单轴压缩。注意，面边缘保持与实体边缘平行且面积大于实体，如图3-1-60。

（39）右视图，将所有实体执行投影命令，将其投影到面上。投影方向向上、投影性质加在曲线/面上，勾选保持曲面切面不变，如图3-1-61。

（40）上视图，隐藏曲面片，将超减物件分别对应减去实体。投影过后，一些实体间会出现细小的间隙，可略微拖动调节这些不平顺的CV点，使之结合平顺。

（41）正视图，选中所有实体，垂直下移，使其最高点与横轴贴齐，如图3-1-62。使用映射命令：点击“映射方向及范围”按键后，将出现的蓝色框拖动并贴合包围物件，如图3-1-63；之后单击右键，在弹出的对话框

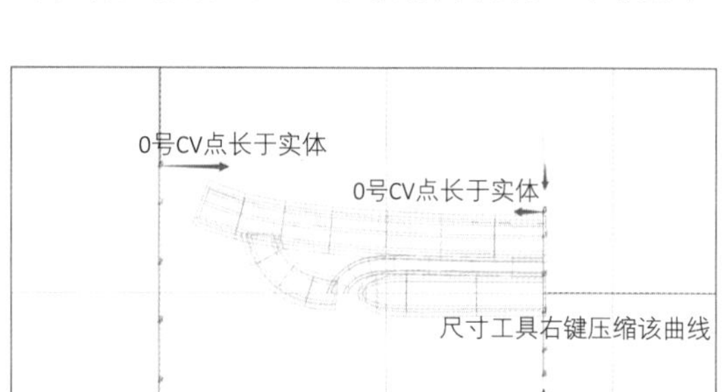

图3-1-56

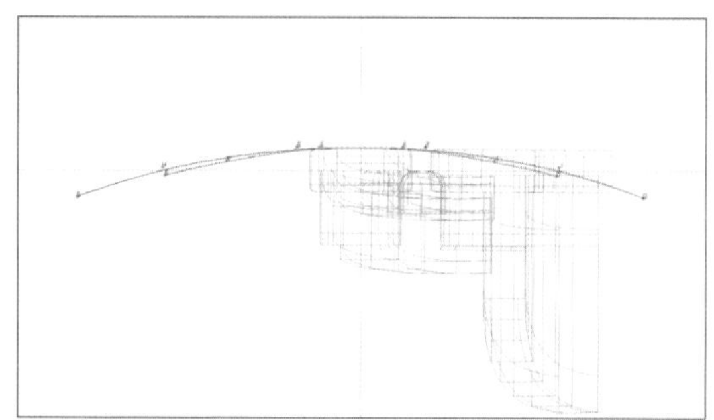
图3-1-57

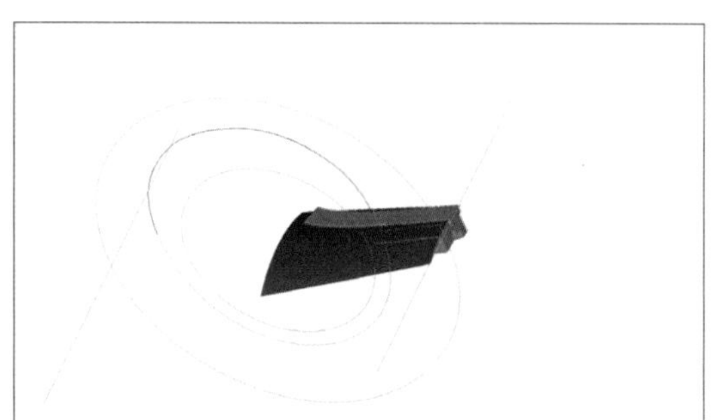
图3-1-58

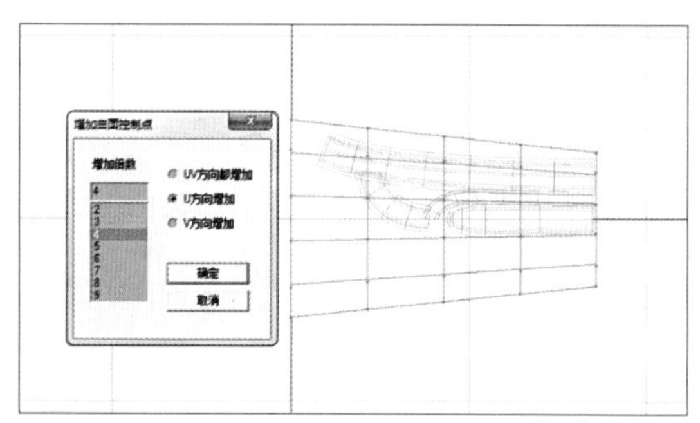
图3-1-59

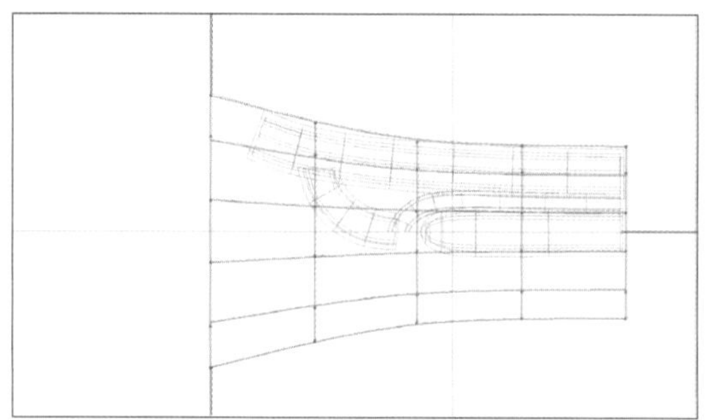
图3-1-60

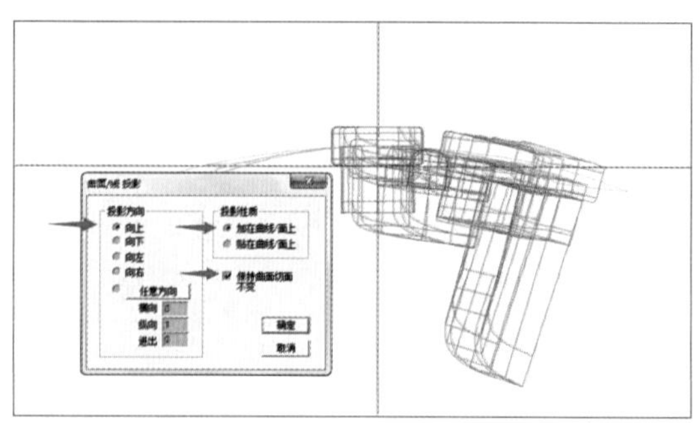
图3-1-61

内，复制右方内数据，在左方内键入“–”号再粘贴入数值，如图3-1-64；之后，点击“确认”按键，再点击曲线，将所有物件映射上去（若此步骤映射上去物件反过来了，可将该曲线编号倒序之后再次映射），如图3-1-65。

（42）戒圈底部不贴合戒指内圆曲线的部位，可以逐一拖动底部CV点，向戒圈内曲线贴齐处理，如图3-1-66。至此，完成戒指上臂制作。

3. 戒圈下部分制作

（1）使用“任意曲线”工具，贴合戒指外圈绘制戒指下半部曲线，起于实体底端，终于纵轴，如图3-1-67。

（2）原地复制此曲线后，使用“尺寸”工具将其向内压缩，之后调整其CV点使之贴合于戒指内圈，如图3-1-68。

（3）上视图，彩色图模式，如图3-1-69，使用“上下对称线”工具，绘制一条弧线，之后将其“反左”。

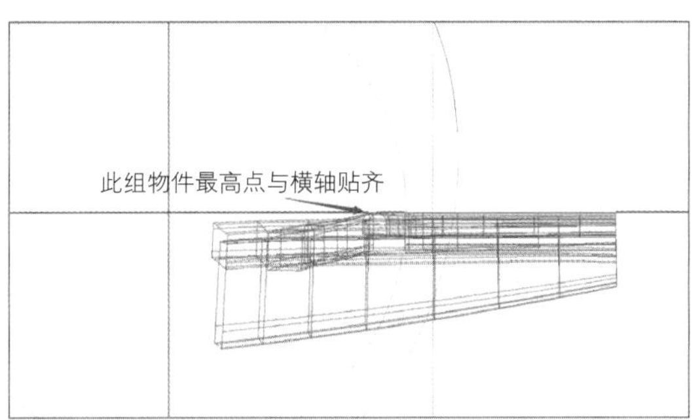

图3-1-62

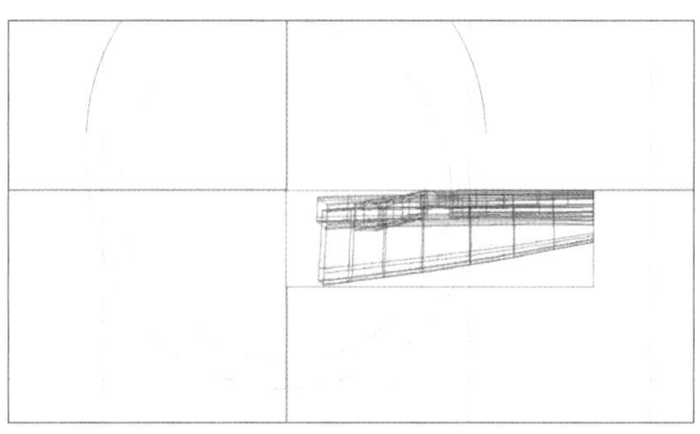

图3-1-63

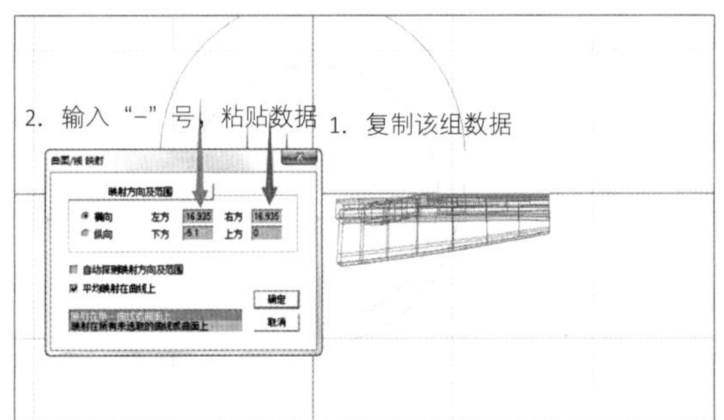

图3-1-64

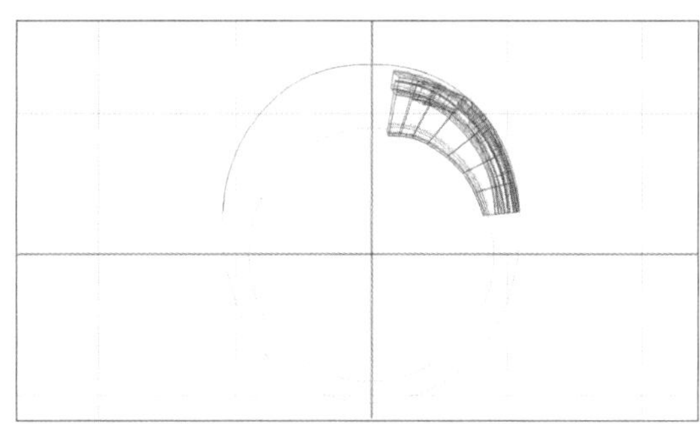

图3-1-65

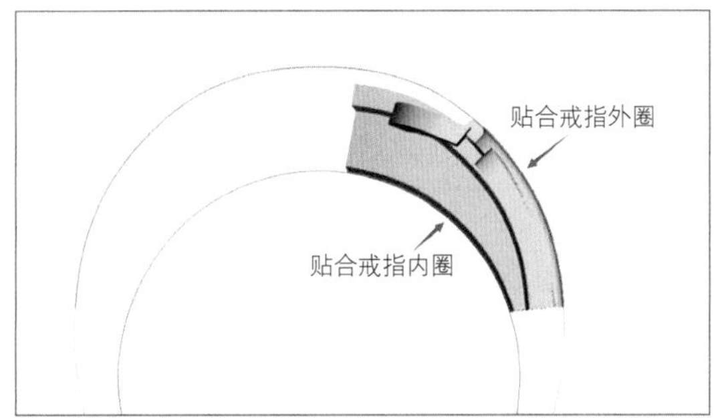

图3-1-66

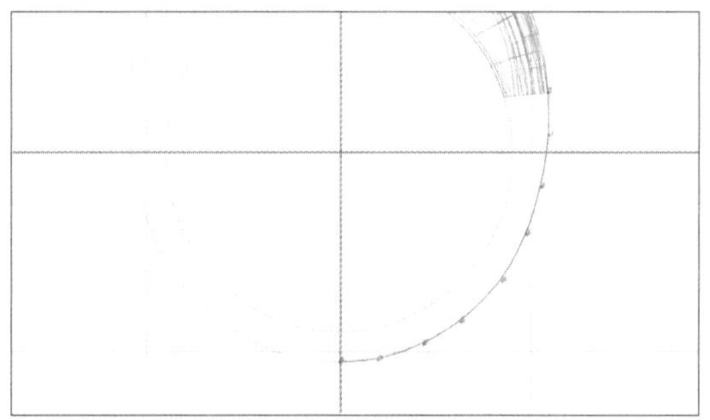

图3-1-67

（4）正视图，将该曲线继续“反左”，之后使用“左右对称线”工具，双击0号CV点后，继续编辑该曲线成为一个底部直角切面，如图3-1-70。

（5）制作一个直角矩形切面后，使用“导轨曲面”工具，选择双导轨、单切面、切面量度设置为中间，导轨成戒指下半部实体，图3-1-71。切换到右视图，尺寸工具将其单轴横向缩小，使得两物件平齐，如图3-1-72。

（6）左视图，贴齐戒指下部物件外侧放置一条辅助直线。展示上部物件CV点，选中外边缘处所有CV点，将其投影到辅助直线上，如图3-1-73。

（7）左视图，逐一调整最底部物件CV点，逐一向外侧略拖动调整，使得实体间平齐，如图3-1-74。

（8）正视图，在戒指上下部位结合处放置一条辅助直线，如图3-1-75。

（9）显示上部所有物件CV点，使用“投影”工具，投影方向为任意方向，投影性质为贴在曲线/面上，勾选保持曲面切面不变，点击任意方向键后，在辅助直线上，右键拖出测

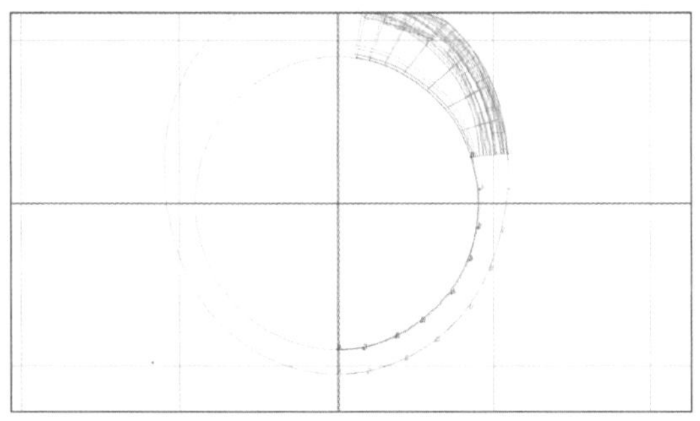

图3-1-68

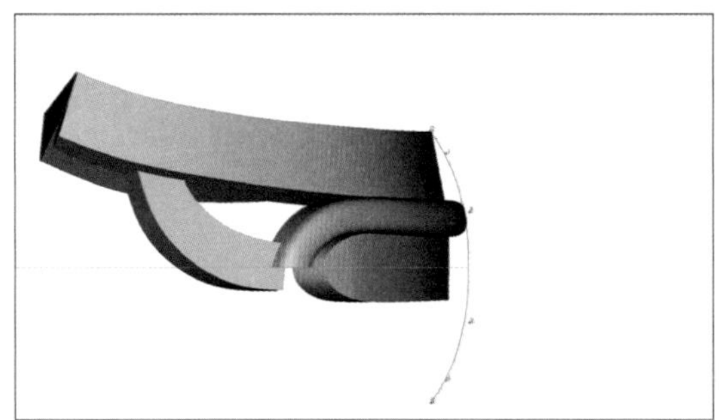

图3-1-69

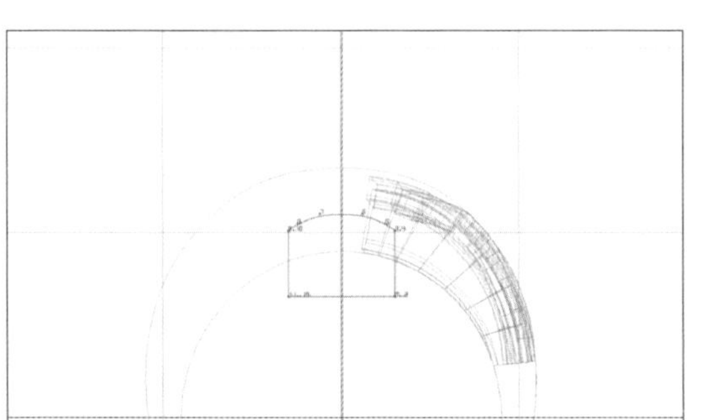

图3-1-70

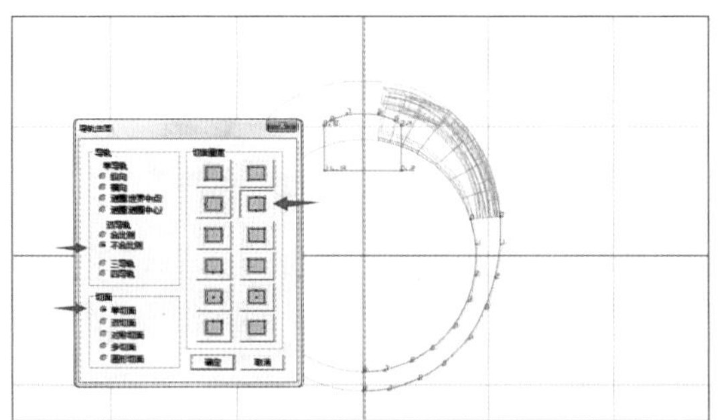

图3-1-71

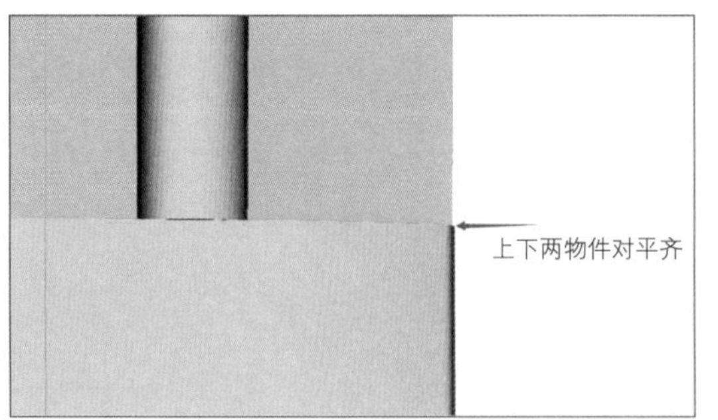

图3-1-72

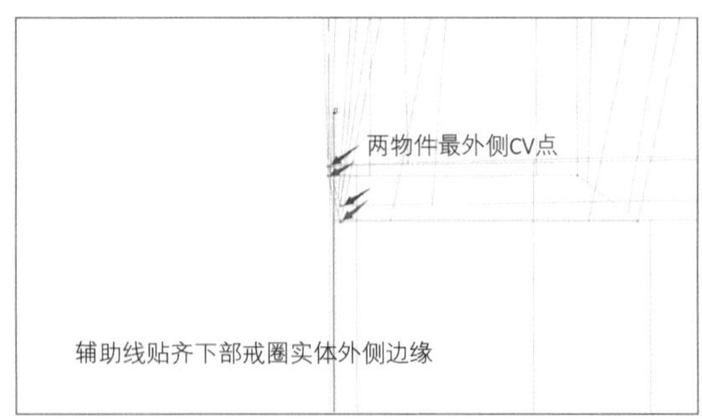

图3-1-73

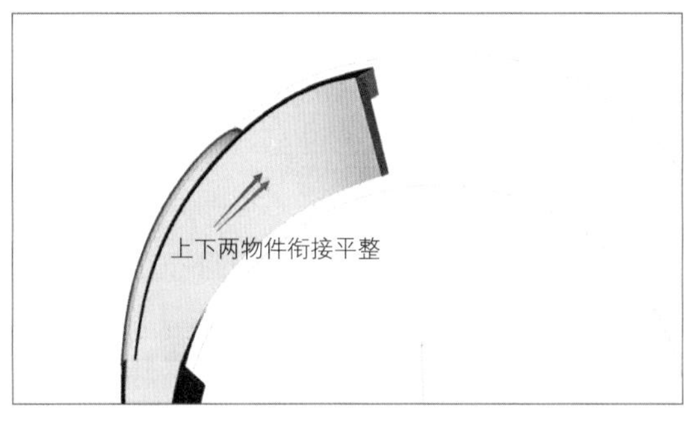

图3-1-74

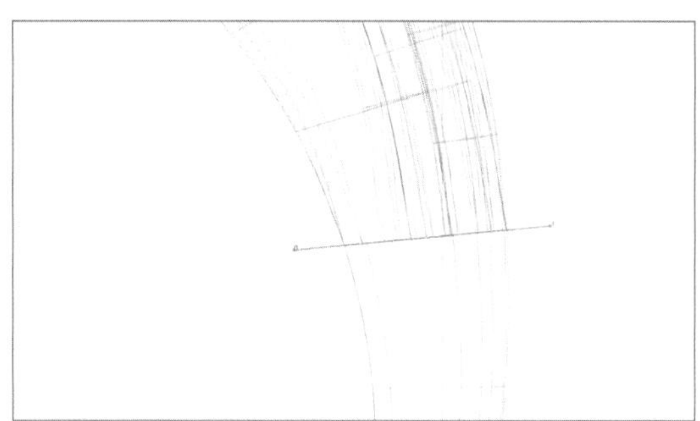

图3-1-75

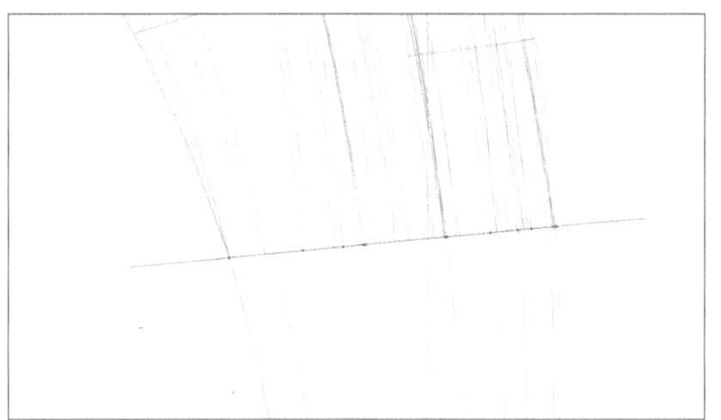

图3-1-76

量线，另测量线贴合辅助线，并垂直于辅助线上，之后点击确定按键，再点击辅助线，让CV点贴合到辅助线上。同理完成下部物件的CV点贴合工作，如图3-1-76。

（10）通过透视图多角度观察，一些局部细节不合理的位置，通过调整物件CV点进行解决，如图3-1-77。

（11）正视图，贴近戒指下部物件边缘处，向内放置几个直径0.8mm辅助圆，如图3-1-78。

（12）原地复制戒指下部物件，更换材料颜色并定义为“超减物件”；使用“尺寸”工具将其向内收缩，边缘与辅助圆平齐。拖动上端CV点使其超过原戒圈顶部，如图3-1-79。

（13）左视图，将物件向内收缩，在戒圈边缘剪贴0.8mm辅助圆石，另超减物件边缘与其平齐，如图3-1-80。

（14）正视图，选中超减物下部CV点压缩并向上移动至适当位置处。确定后减去戒

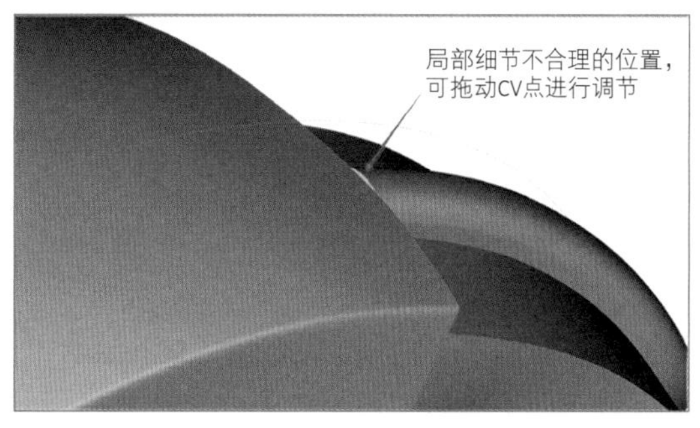

（a）

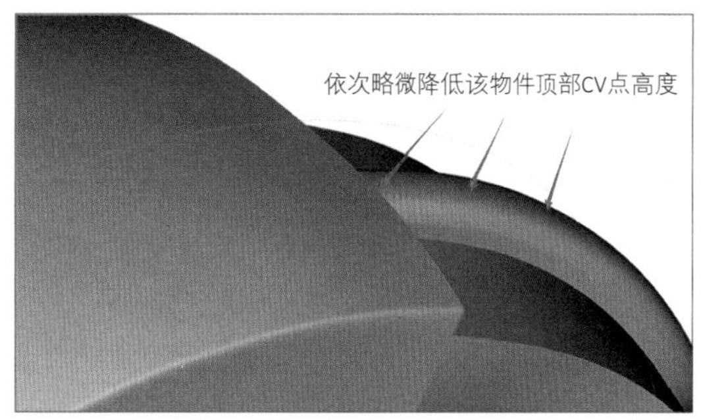

（b）

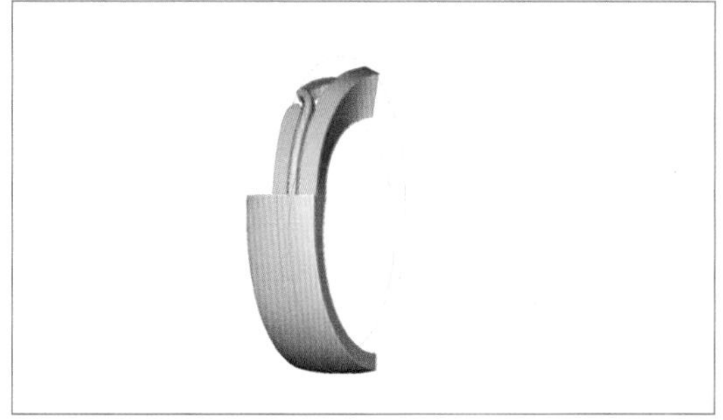

（c）

图3-1-77

圈，如图3-1-81。

（15）正视图，展示镶口，在戒指内圈绘制一条左右对称弧线，如图3-1-82。

（16）展示镶口CV点，选中爪底部、托环底部CV点，投影贴合到弧线上，如图3-1-83。投影方向为向上，投影性质为贴合曲线/面，勾选保持曲面切面不变。

（17）上视图，镶口内有多余物件需要减去，如图3-1-84，绘制一条椭圆形曲线。

（18）正视图，使用“直线延伸曲面”工具，将该椭圆直线延伸成实体，原地复制后，分别减去多余部位的相应物件，如图3-1-85。

4. 戒臂镶石

（1）正视图，生成1.3mm圆石，并制作开孔物件（开孔物件直径约等于宝石直径的2/3），如图3-1-86，之后用开孔物件减去宝石。生成直径1.7mm辅助圆并“反上”处理。

（2）原地复制宝石物件组，剪贴命令将宝石剪贴到镶嵌位置。剪贴时注意，由于在之

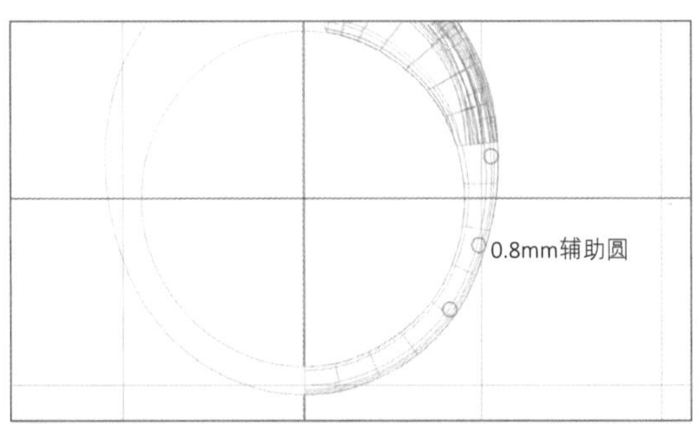

图3-1-78

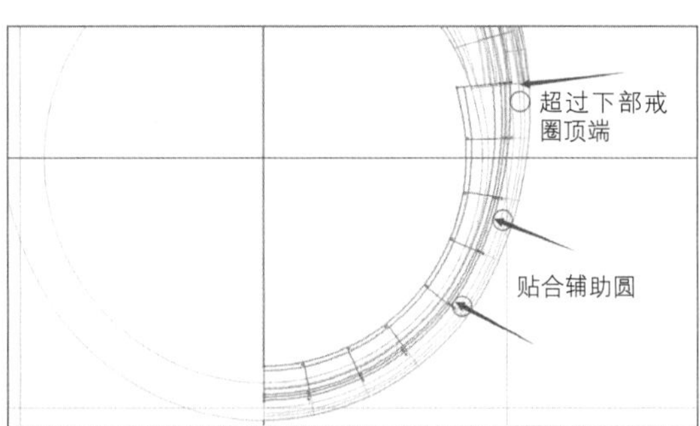

图3-1-79

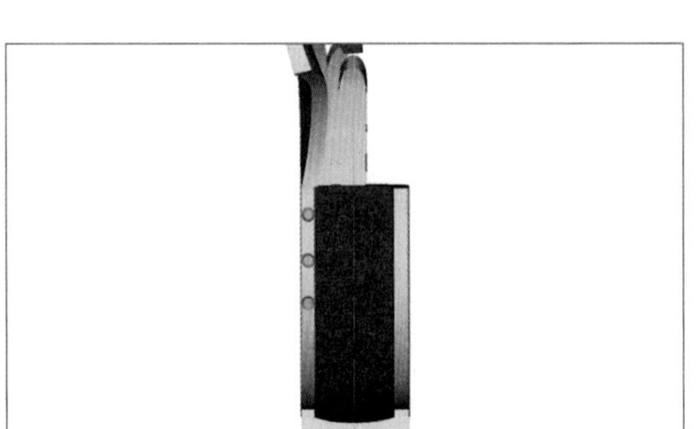
图3-1-80

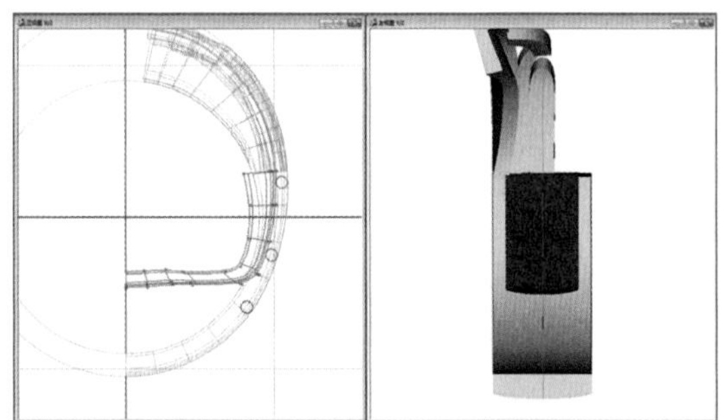
图3-1-81

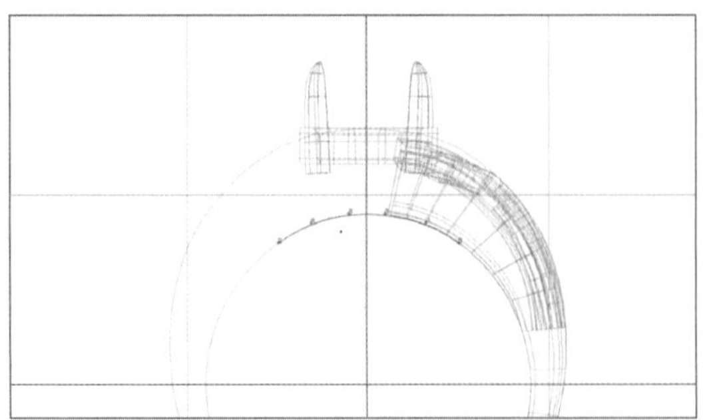
图3-1-82

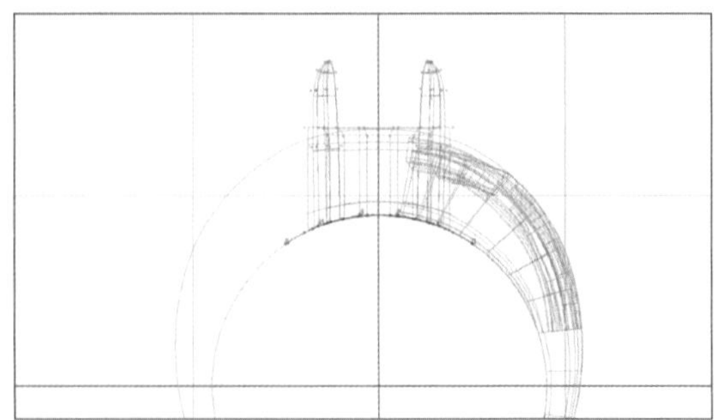
图3-1-83

前的戒臂宽度设定时已经增加了执模余量（图3-1-24），在此步骤已将外侧留出0.2mm光金边的余量问题。故而，贴石时，要外围辅助圆贴齐镶嵌位外缘，留出0.2mm的余量，如图3-1-87至图3-1-89。

（3）上视图，上下复制中间镶石物件，如图3-1-90。

（4）参照步骤（1）制作一粒1.0mm宝石物件组后剪贴到相宜位置，如图3-1-91。

（5）1.3mm圆石组剪贴到两物件相交位置，如图3-1-92。

（6）删除所有辅助圆，制作直径0.5mm的钉（钉下端深入横轴>0.2mm；钉顶端与光金面平齐，即高于横轴0.4mm），剪贴到镶石的起、尾端石头处。剪贴石后，使用“Shift+左键拖动”方式将钉直径放大到0.55～0.60mm。因为排石起、尾两端后期镶嵌时的镶嵌推力最大，所以一般在排石起、尾两端优先排钉，且钉都应该比中间钉稍大；排钉时，若在排石布钉完成后，仍有空隙位置不足以排石，一般可

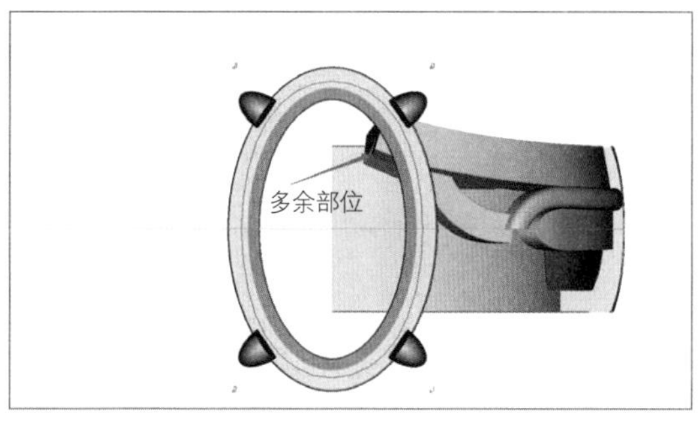

图3-1-84

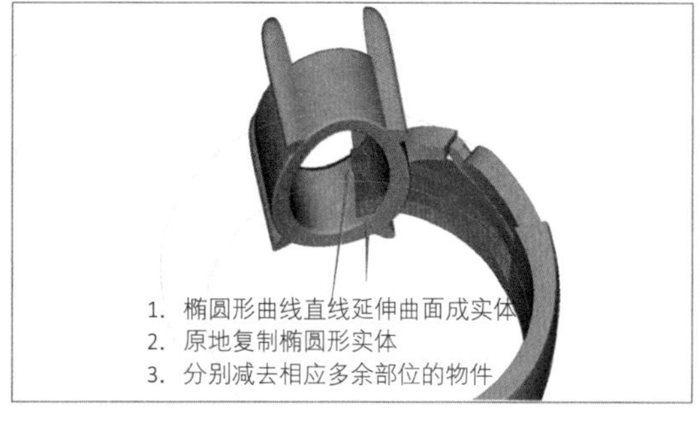

图3-1-85

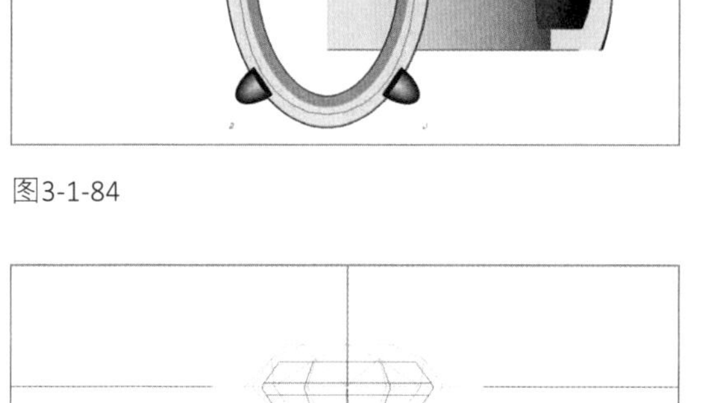

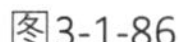
图3-1-86

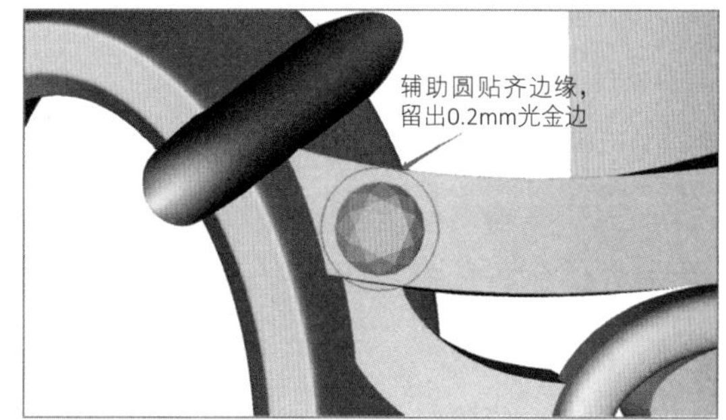

图3-1-87

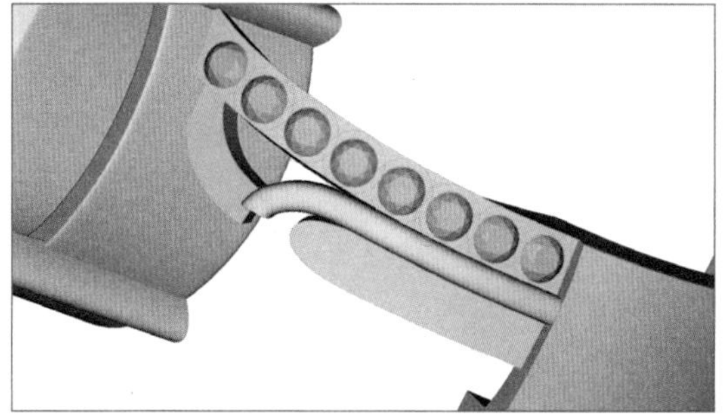

图3-1-88

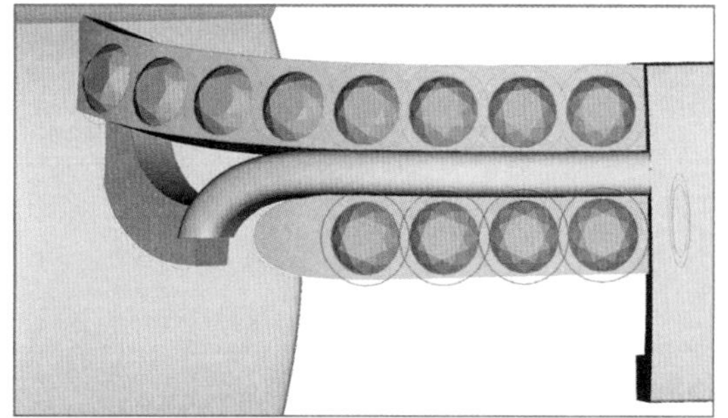

图3-1-89

布几颗钉作为假钉填满空隙，抛光后会使得镶石位整体光亮度更强，如图3-1-93、图3-1-94。

（7）删除所有辅助圆，选取所有宝石，执行“还原布林体”命令，将开孔物件还原，更改其图层颜色与材料颜色后减去相应物件，如图3-1-95、图3-1-96。

（8）仅展示减缺有问题的物件，如图3-1-97。

（9）正视图，对开孔物件进行逐一调整：

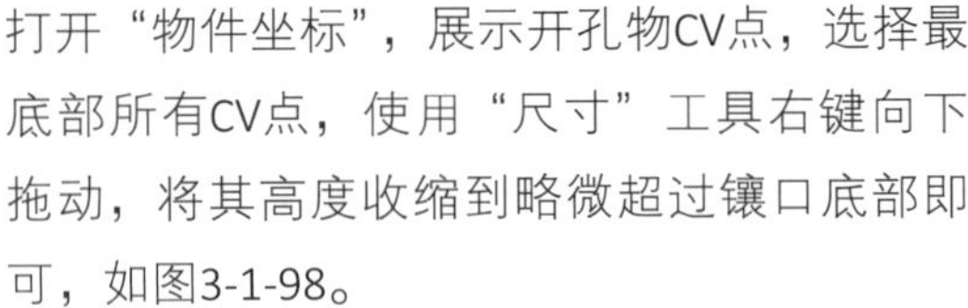

打开“物件坐标”，展示开孔物CV点，选择最底部所有CV点，使用“尺寸”工具右键向下拖动，将其高度收缩到略微超过镶口底部即可，如图3-1-98。

（10）将该组开孔物件原地复制一组，两组开孔物件分别减去镶口及减去戒指外部实体，如图3-1-99。

（11）分别将各组物件结合，进行对称复制，如图3-1-100。

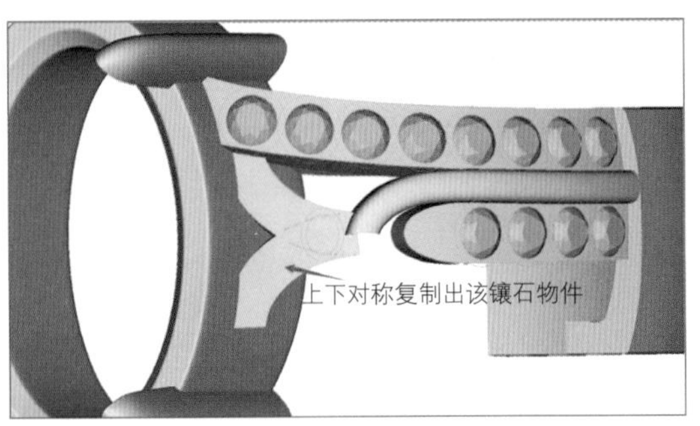

图3-1-90

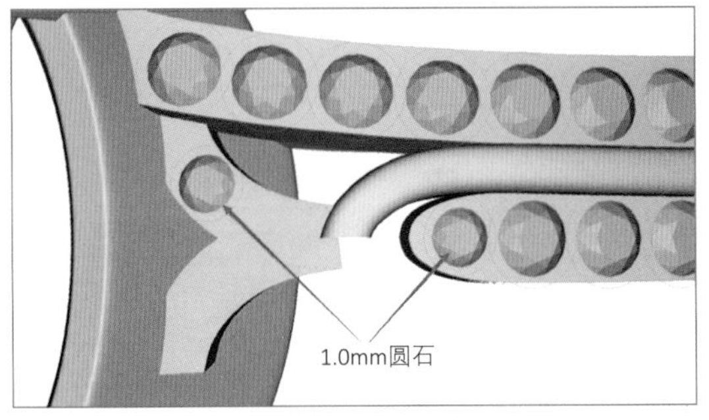

图3-1-91

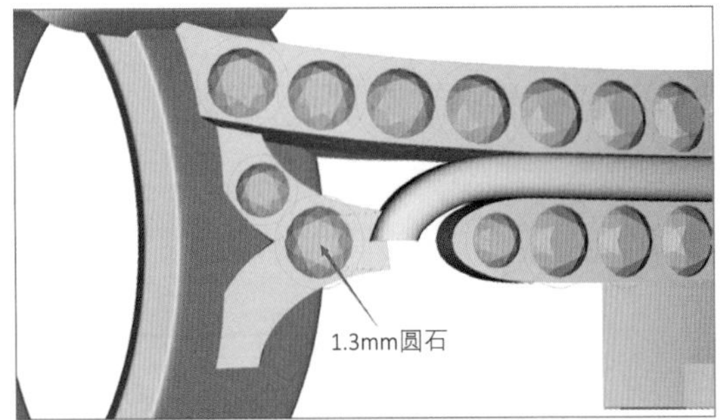

图3-1-92

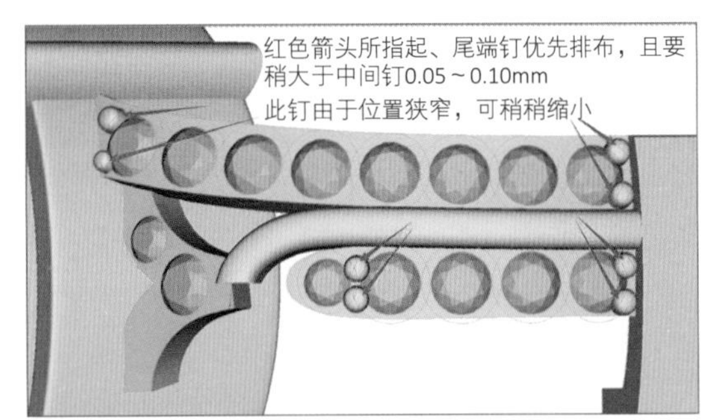

图3-1-93

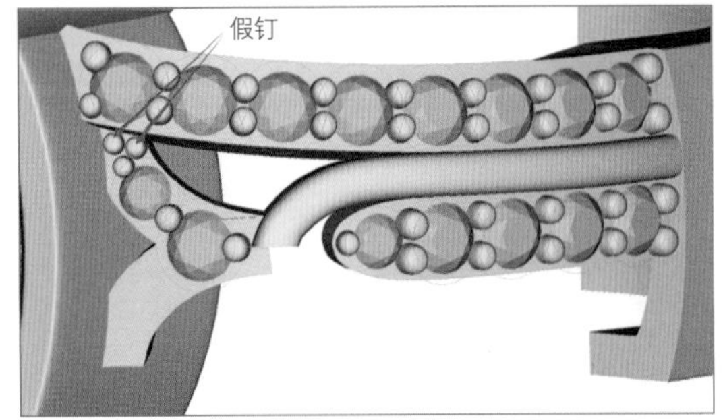

图3-1-94

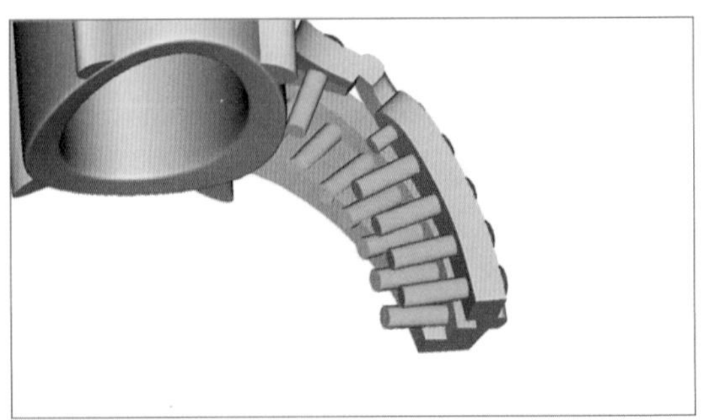

图3-1-95

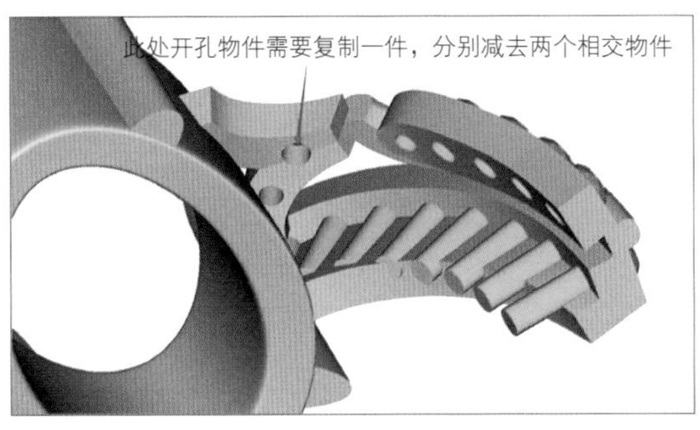

图3-1-96

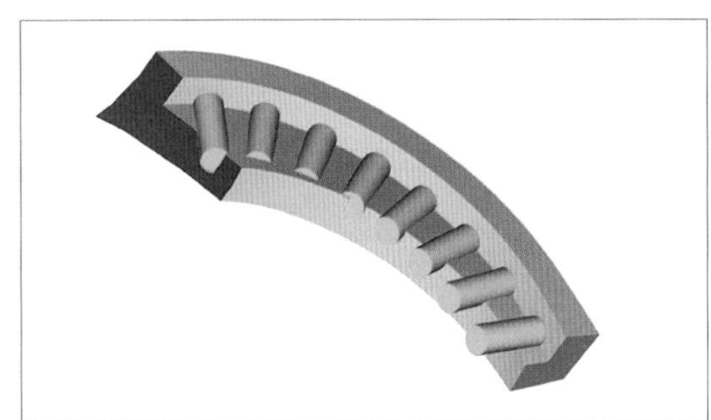

图3-1-97

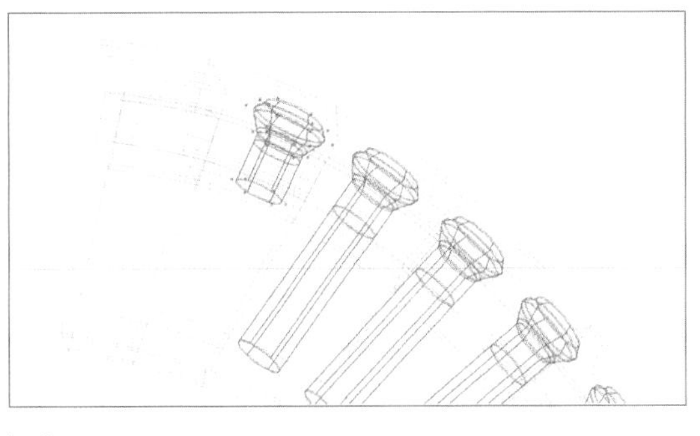

（a）

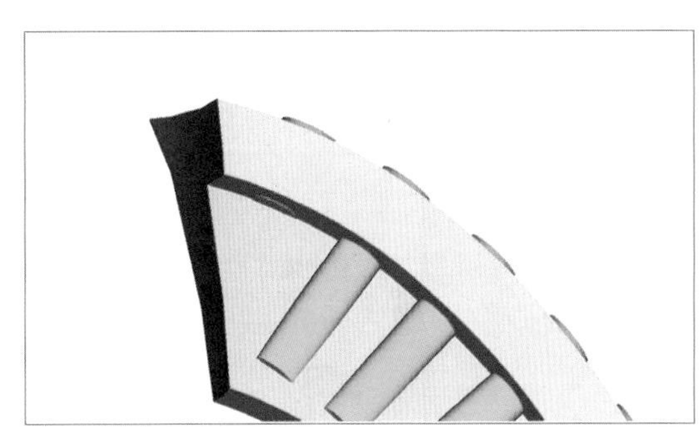

（b）

图3-1-98

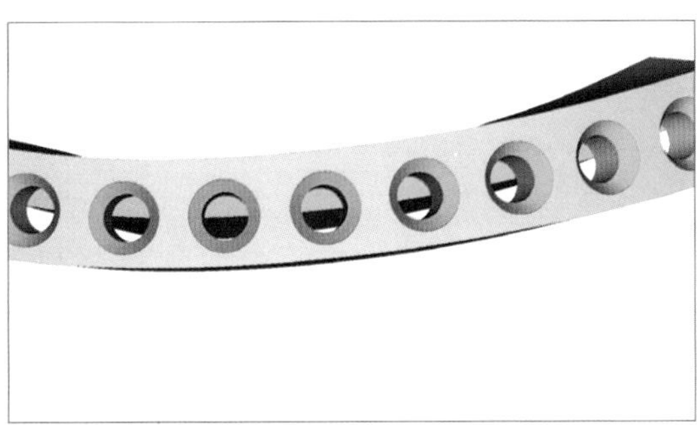

图3-1-99

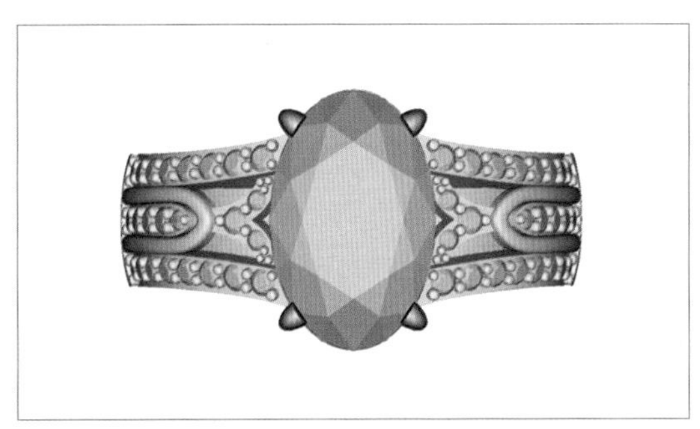

图3-1-100

5. 开镶口夹层

（1）右视图，仅展示戒臂与镶口，选中镶口底部CV点，尺寸工具将其向内移动0.3～0.4mm，收出斜边，如图3-1-101。

（2）正视图，选中镶口上部所有CV点垂直下移，使得镶口与戒臂保持0.7～1.0mm的高度层次，如图3-1-102。

（3）贴合镶口顶部、底部分别绘制辅助

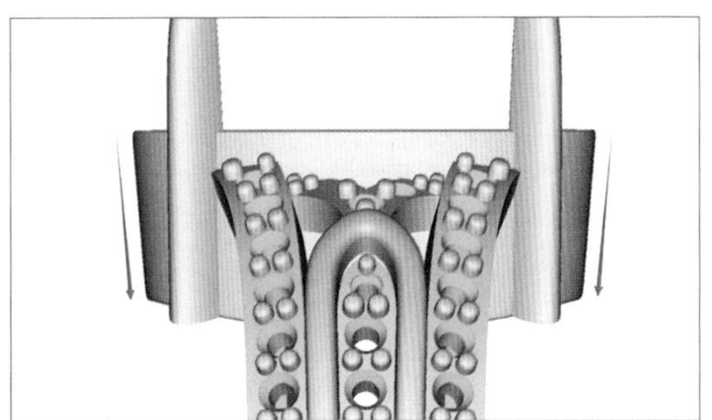

图3-1-101

线，上部辅助线向下偏移1.2mm，底部辅助线向上偏移0.8mm，如图3-1-103。

（4）在辅助线范围内，绘制如图3-1-104切面。

（5）上视图，使用“直线延伸曲面”工具将切面延伸成型并穿过镶口，如图3-1-105。

（6）选中该实体处于镶口内部端口CV点，使用“尺寸”工具向内收缩，将实体收斜。更换材质色彩，如图3-1-106、图3-1-107。

（7）正视图，绘制如图3-1-108切面。切面顶部、底部均应超过夹层范围。

（8）上视图，将切面延伸曲面成型，如图3-1-109。

（9）上视图，将该组切面减去图3-1-107中的实体，再将实体上下对称复制，之后将两个实体减去镶口，得到夹层与通花造型，如图3-1-110、图3-1-111。

（10）右视图，贴合镶口底部弧度，绘制一条左右对称线；沿戒臂底部，放置一条辅助直线，如图3-1-112。

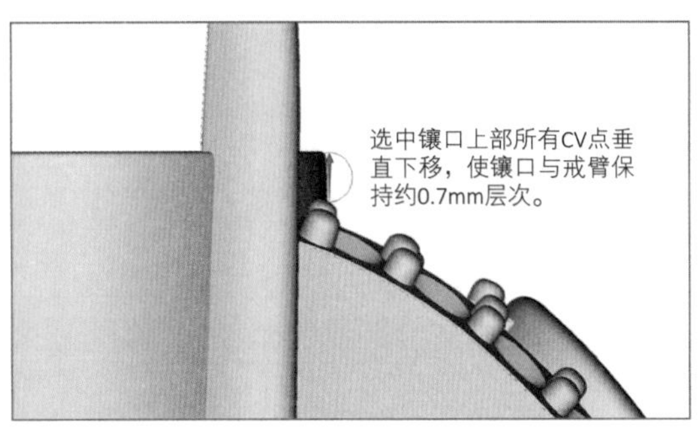

图3-1-102

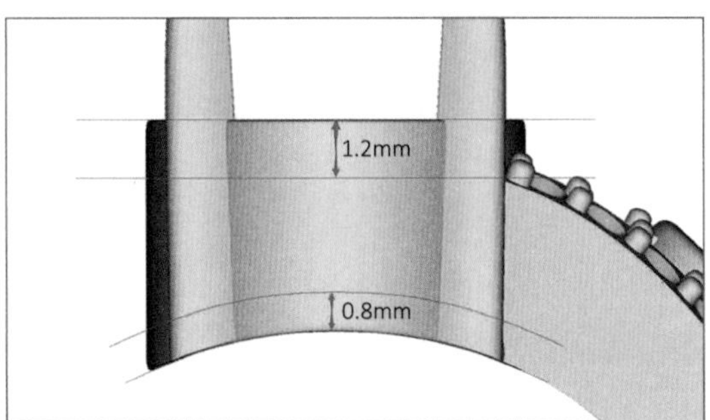

图3-1-103

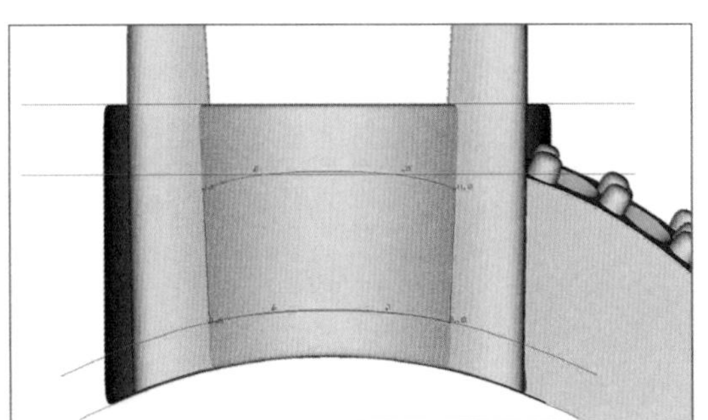
图3-1-104

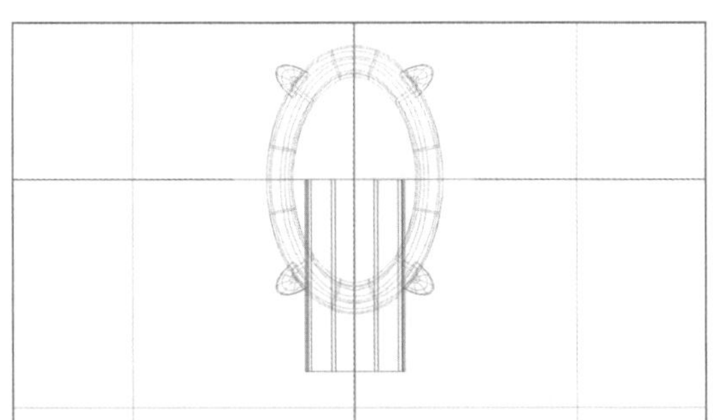
图3-1-105

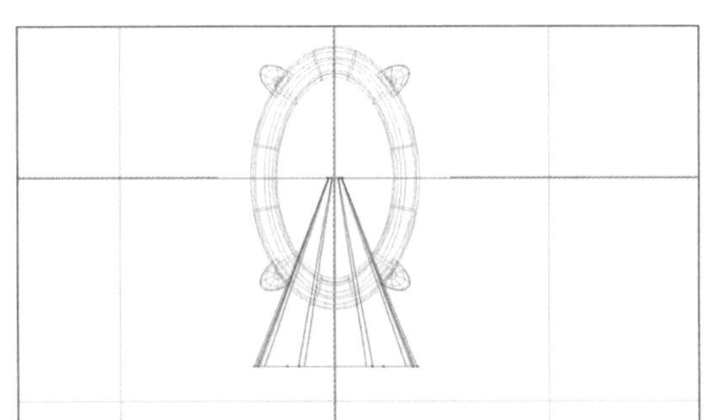
图3-1-106

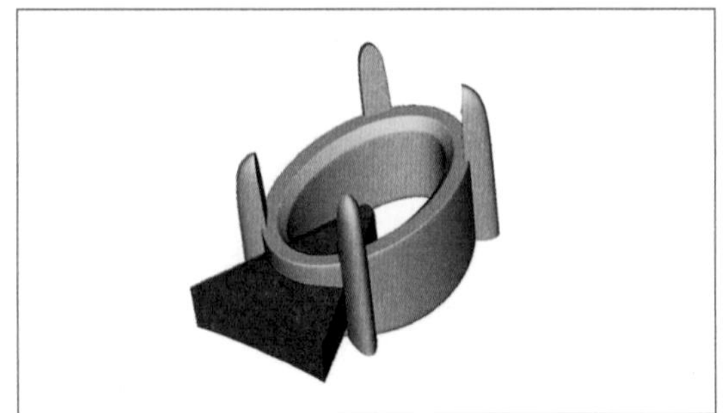
图3-1-107

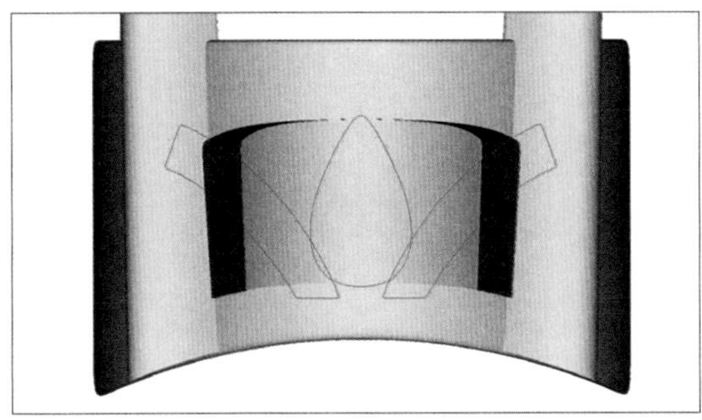
图3-1-108

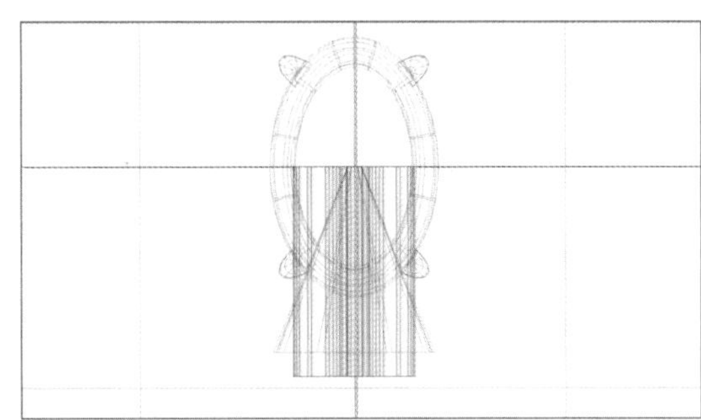
图3-1-109

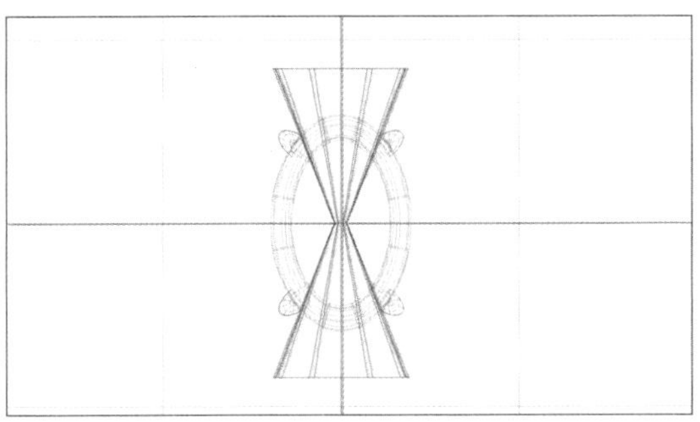
图3-1-110

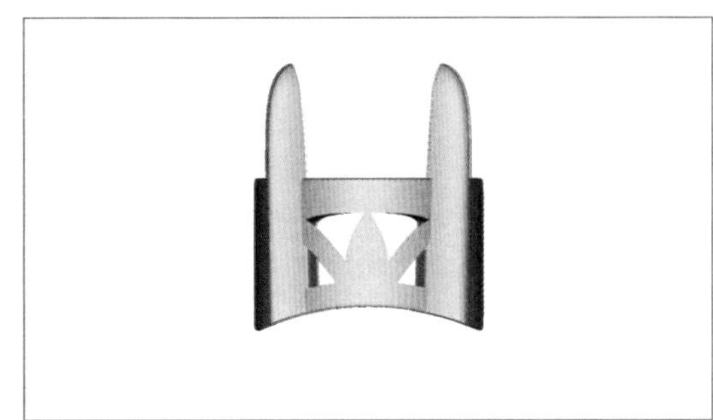
图3-1-111

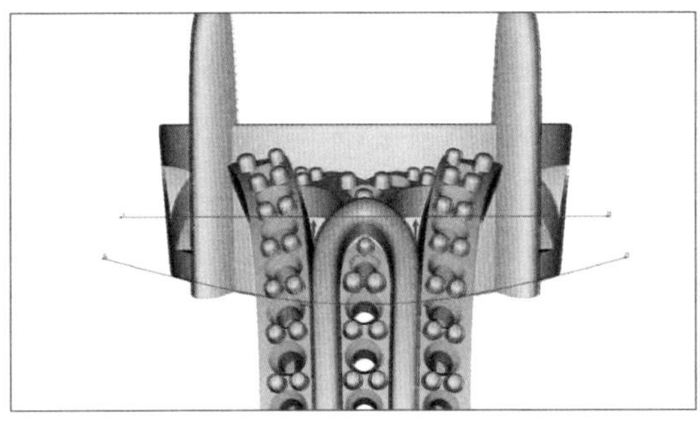
图3-1-112

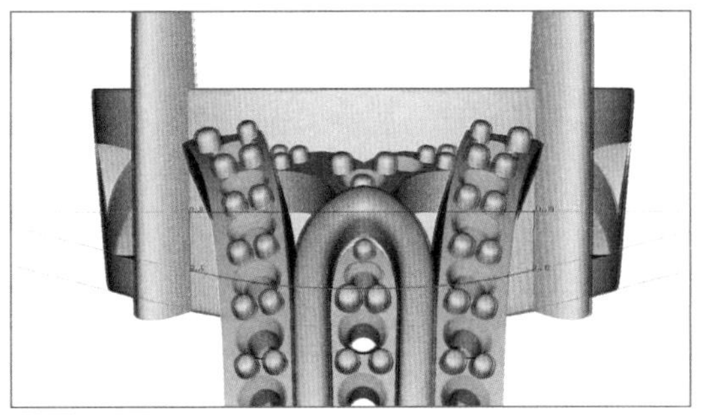
图3-1-113

（11）在辅助线范围内绘制如图3-1-113切面。

（12）将切面直线延伸曲面成型后，收斜实体，如图3-1-114。

（13）通过透视图观察，收斜实体的斜度应将镶口夹层中的支撑体的宽度保持在0.8～1mm。可以采用剪贴一粒0.8mm圆石置于支撑体上来辅助控制收斜实体的斜度大

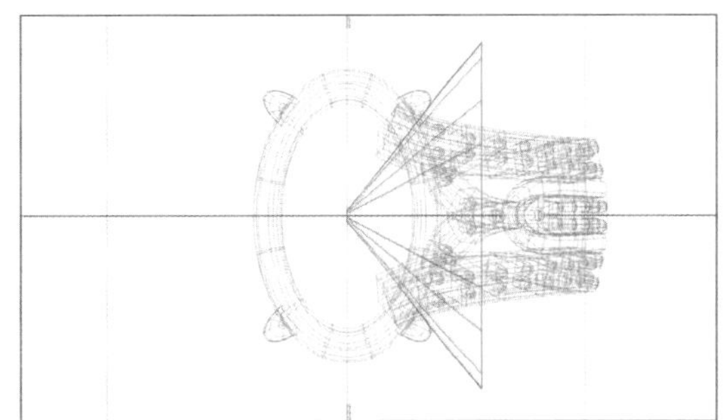
图3-1-114

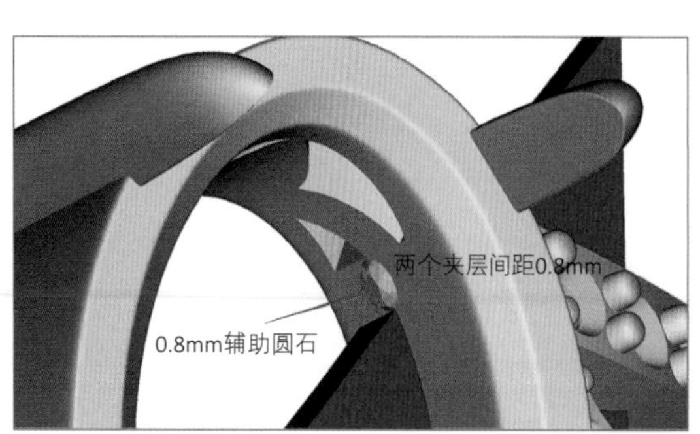

图3-1-115

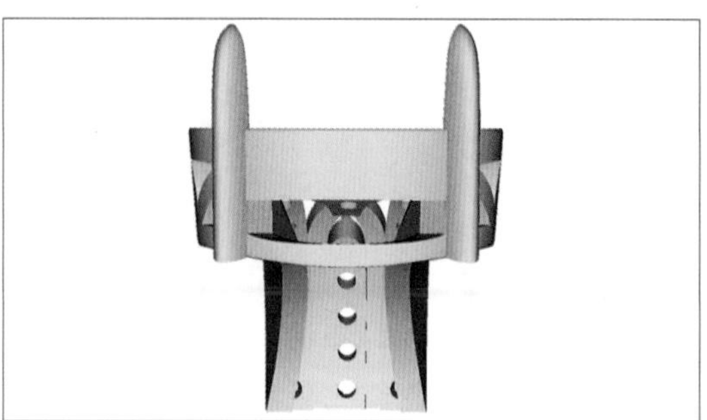

图3-1-116

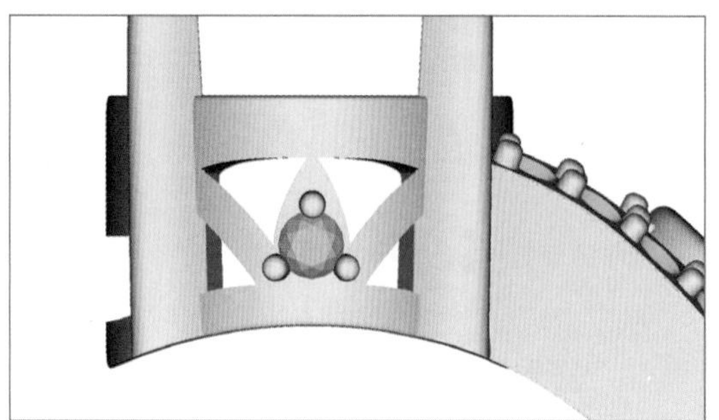

图3-1-117

图3-1-118

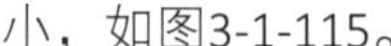

小，如图3-1-115。

（14）上视图，将实体左右对称复制后减去镶口，开出镶口侧面夹层，如图3-1-116。

（15）正视图，在夹层通花造型处，剪贴一粒1.3mm圆石及开孔物件。

（16）上视图，开孔物件上下对称复制后，减去镶口。

（17）制作0.5mm钉，剪贴排钉。上视图，左右对称复制，完成通花位置的“面种爪”镶石制作，如图3-1-117。

（18）联集除石头外的戒指各部件，完成椭圆形主石戒指制作，如图3-1-118。

第二节　珍珠女戒

珍珠，有机宝石类，在首饰镶嵌中多采取胶水黏结处理。其操作方法是将珍珠底部钻孔至半径位置，插入到已上胶的珍珠托插针中，待干。此类球形、异形宝石都可采取这种插镶的方式处理。

本案例主要讲解：珍珠镶嵌制作；逼镶镶嵌制作；戒指掏底制作；戒指夹层与通花制作。

制作步骤如下：

客户提供直径10mm大溪地黑珍珠一粒，3.1mm足反圆钻6粒，手寸为港度17号。

（1）正视图，生成直径18mm（港度17号）、CV点数量24的圆，并将其向外偏移1.5mm，如图3-2-1。

（2）使用“曲面菜单—球体曲面”工具，生成默认直径2mm的圆球；使用“多重变形”命令，尺寸栏目中输入5，将该圆球直径变成10mm；将其上移至与内圆垂直距离0.8mm，如图3-2-2。

（3）使用“左右对称线”工具，调整外圆曲线，如图3-2-3。

（4）生成直径0.25、1.20mm辅助圆，并将0.25mm辅助圆右移至大圆边缘，如图3-2-4。

（5）将辅助圆移动至戒指外圈线上，并贴近圆球，如图3-2-5。

（6）生成3.1mm圆石，移动旋转至如图3-2-6位置，石吃入0.25mm。

（7）继续排布辅助圆及圆石，如图3-2-7。

（8）生成0.8mm辅助圆石，置于3.1mm圆石尖部以下，如图3-2-8。

（9）沿内圆及圆球外侧放置直径0.8mm辅助圆，如图3-2-9。

（10）以辅助圆及辅助圆石为边界，绘制如图3-2-10闭合曲线。

（11）以闭合曲线为范围，绘制如图3-2-11曲线。

（12）正视图，隐藏所有辅助物件。原地复制戒指外围线，使用“尺寸”工具将其向内收缩贴齐内圆；展示其CV点，使用“左右对称线”工具将CV点贴合到内圆曲线上，且外

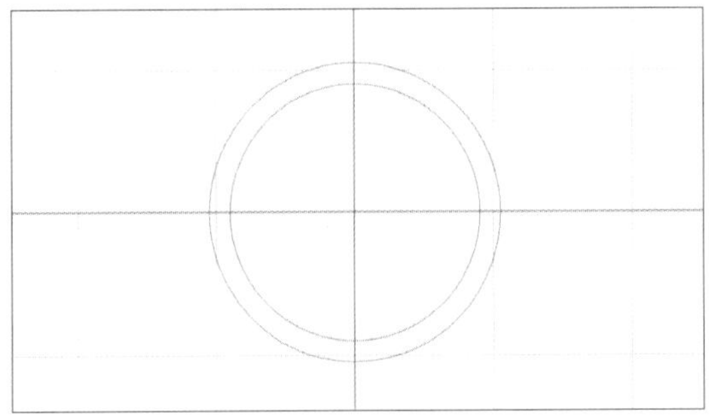

图3-2-1

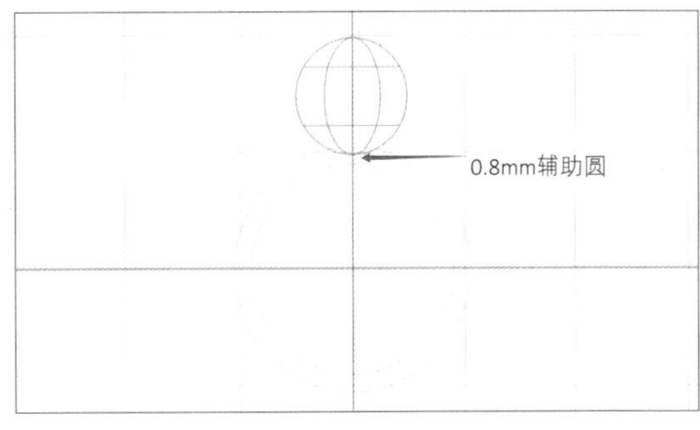

图3-2-2

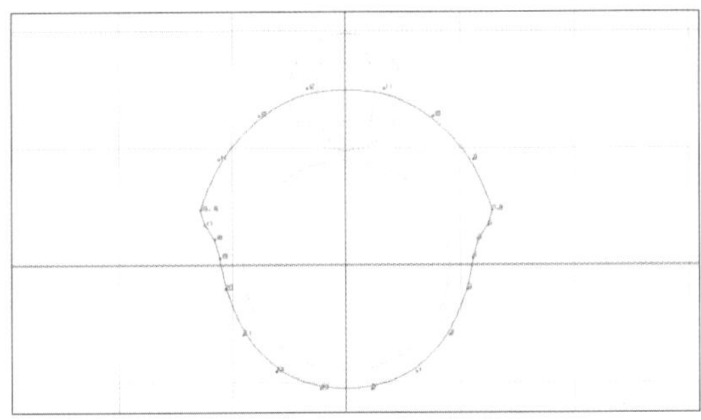

图3-2-3

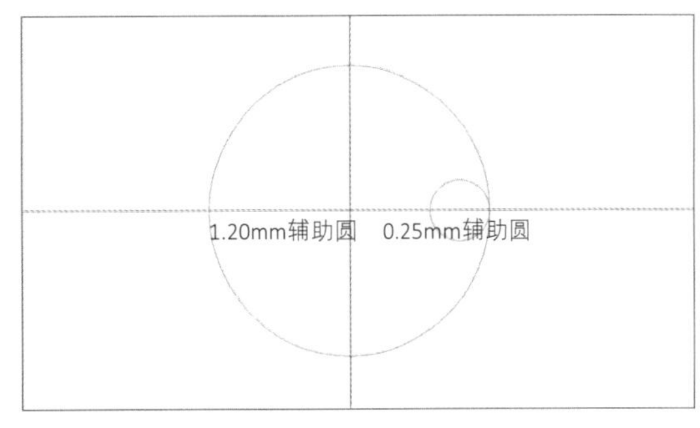

图3-2-4

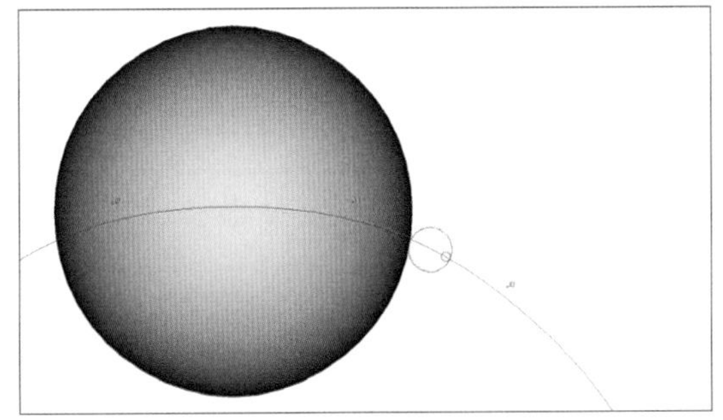

图3-2-5

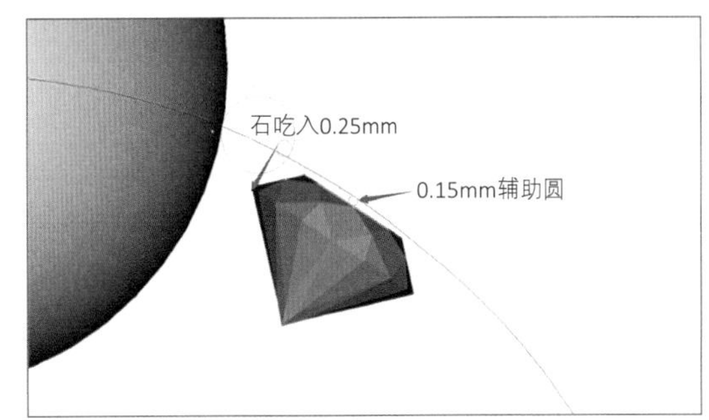

图3-2-6

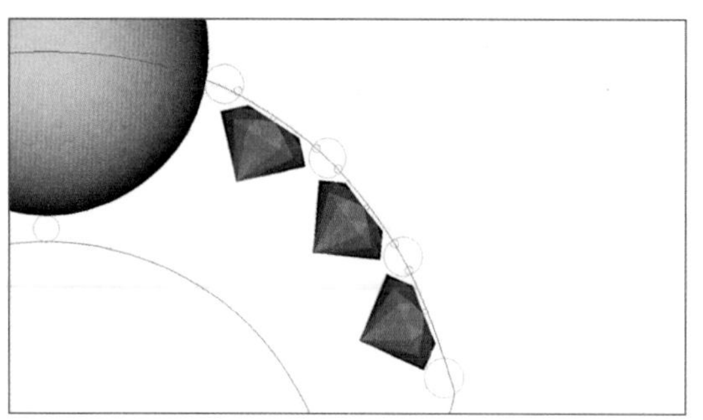
图3-2-7

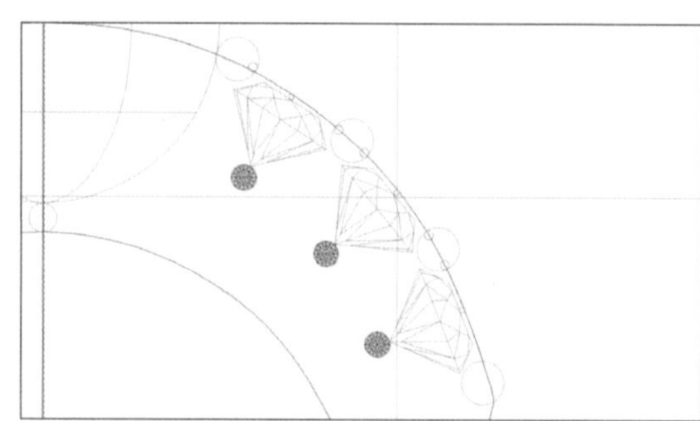
图3-2-8

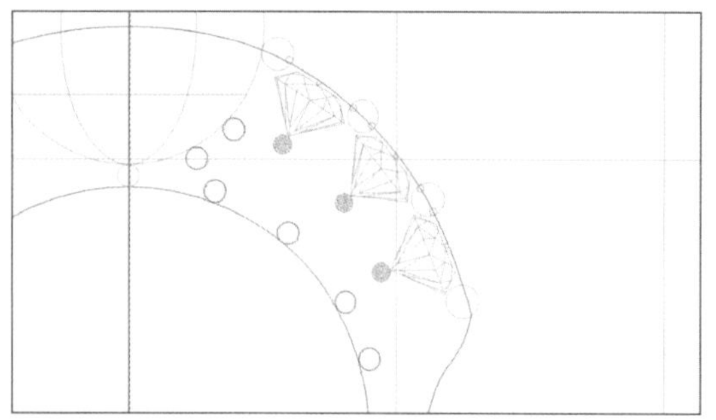
图3-2-9

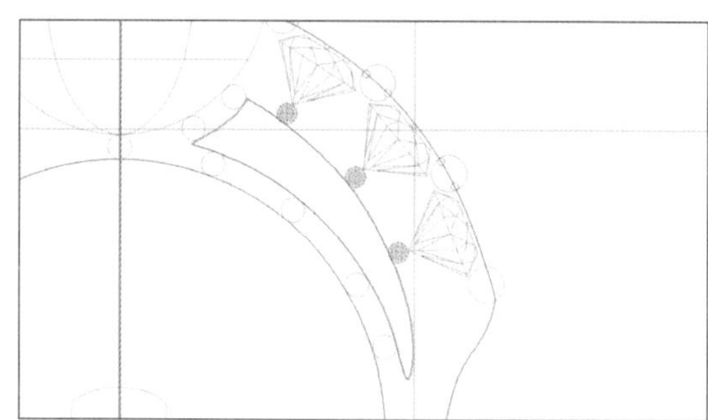
图3-2-10

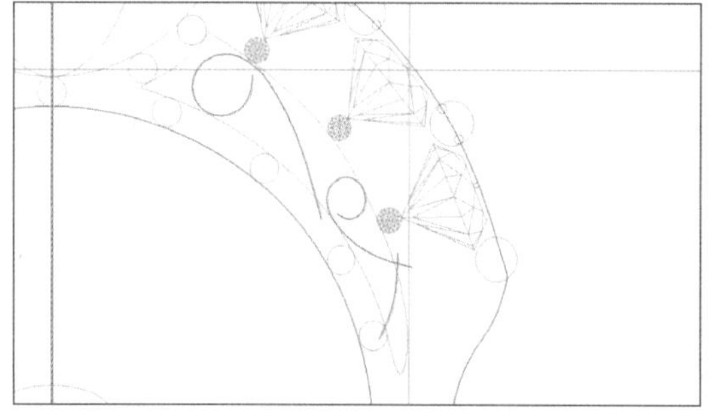
图3-2-11

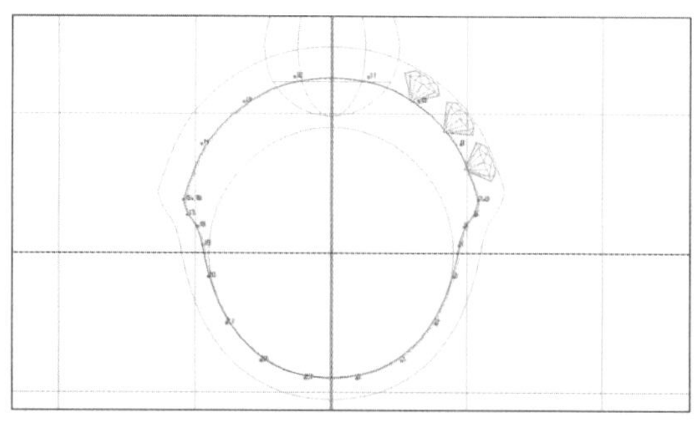
图3-2-12

曲线与内圆曲线CV点位置一一对应；删除原内圆曲线，如图3-2-12、图3-2-13。

（13）右视图，将戒指外圈向左移动1.5mm，之后使用“旋转”工具将其略向内侧旋转，旋转后线条宽于最下方圆石约0.2mm，然后左右对称复制，如图3-2-14。

（14）制作一个上弧矩形切面，如图3-2-15。

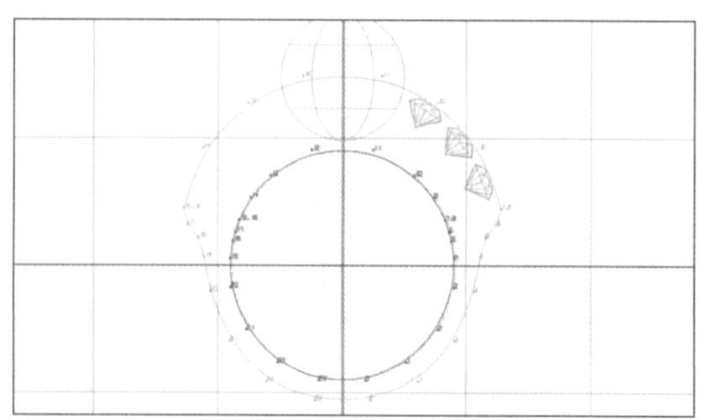
图3-2-13

（15）透视图，原地复制戒指外圈线后，使用“导轨曲面”命令：三导轨、单切面、切面量度向下，生成戒指实体，如图3-2-16。

（16）正视图，原地复制戒指实体，生成掏底戒并改变其图层颜色及材料颜色。使用“尺寸”工具将其向内收缩；生成1.2mm及0.8mm辅助圆石，“反下”后，移动到戒指边缘，如图3-2-17。

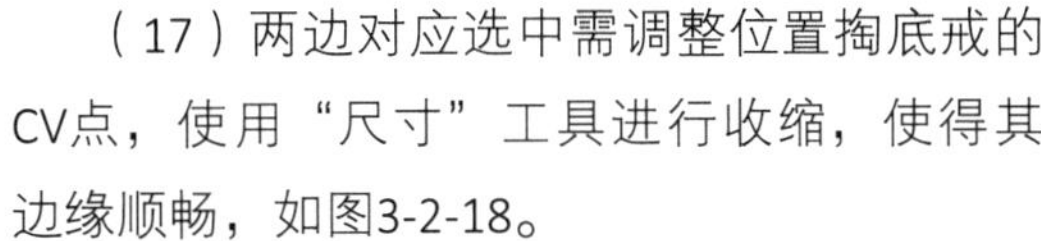

（17）两边对应选中需调整位置掏底戒的CV点，使用“尺寸”工具进行收缩，使得其边缘顺畅，如图3-2-18。

（18）选中掏底戒底部CV点，使用“尺寸”工具向上移动，使得其收缩。相应的收缩调整横轴处的两边CV点，使之顺畅，如图3-2-19、图3-2-20。

（19）左视图，上下左右对称线绘制一个

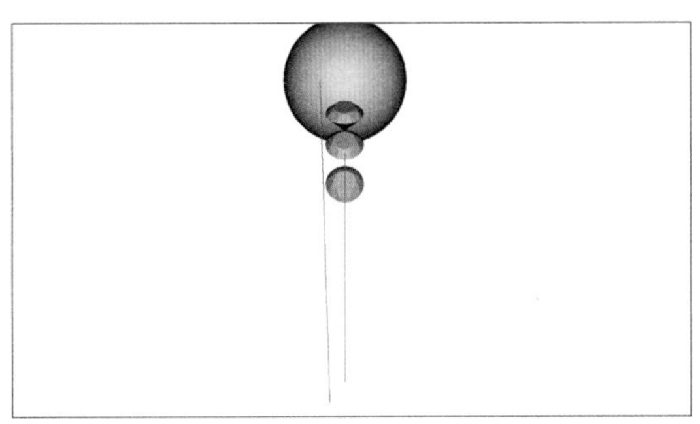

图3-2-14

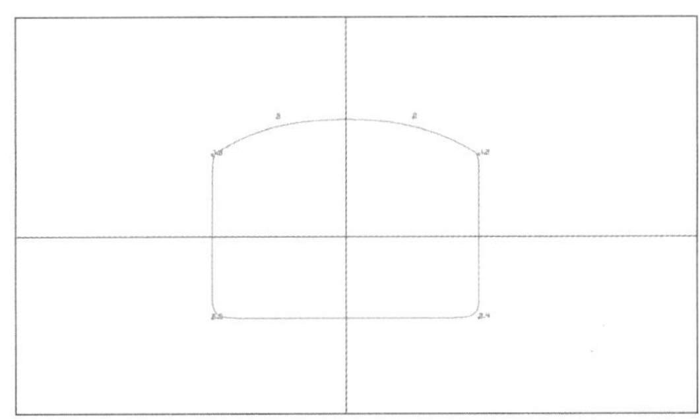

图3-2-15

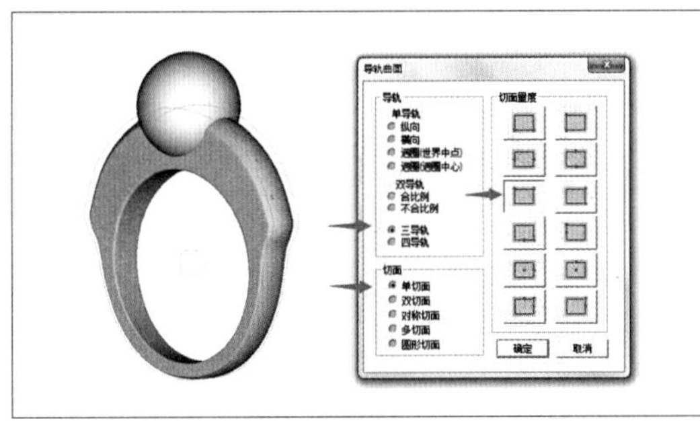

图3-2-16

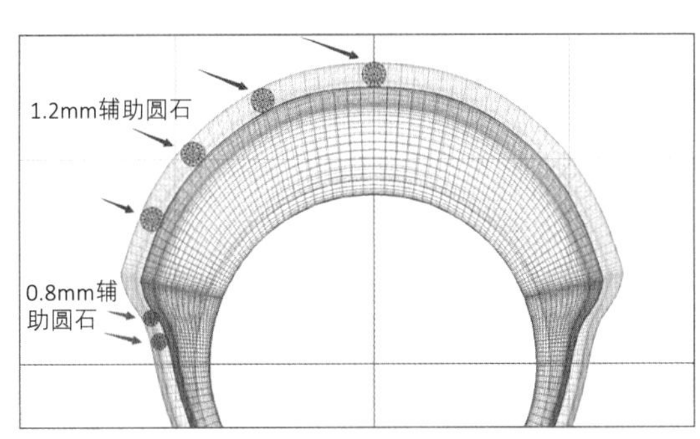

图3-2-17

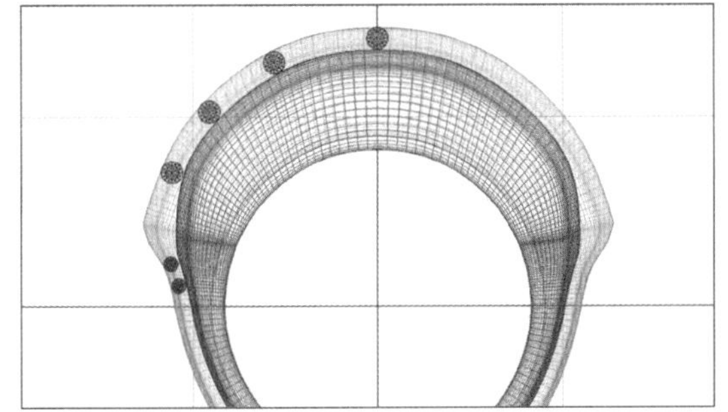

图3-2-18

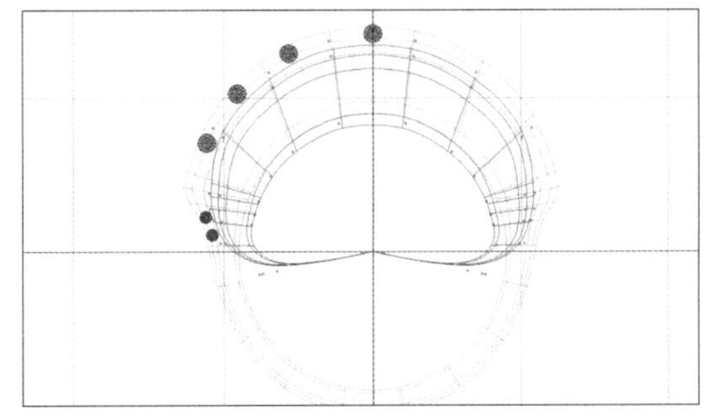

图3-2-19

大于戒指的矩形，如图3-2-21。

（20）正视图，使用“直线延伸曲面”工具将其向左延伸出大于戒指实体，并将其定义为超减物件，如图3-2-22。

（21）使用“尺寸”工具将掏底戒横向向内收缩；生成0.8mm复制圆石，剪贴到戒指边缘；继续调整掏底戒宽度，使其贴合辅助圆石边缘，如图3-2-23。

（22）掏底戒减去戒指，完成掏底，删除多余辅助圆石。

（23）展示夹层及通花线条，如图3-2-24。

（24）右视图，直线延伸曲面该夹层线条，并移回戒圈中心，如图3-2-25。

（25）正视图，制作一个0.7mm正方形切面。选中通花线条后，点击“管状曲面”工具，使用“单切面”命令，点击“正方形切面”生成通花物件，如图3-2-26。

（26）右视图，使用“尺寸”工具将通花物件横向放大，使其横向长度超过夹层物件，如图3-2-27。

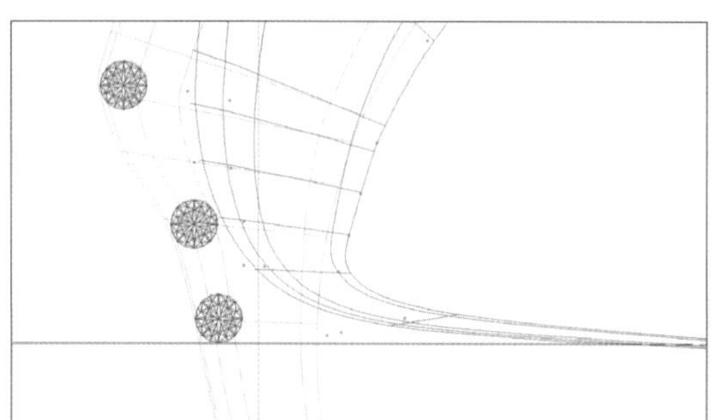

图3-2-20

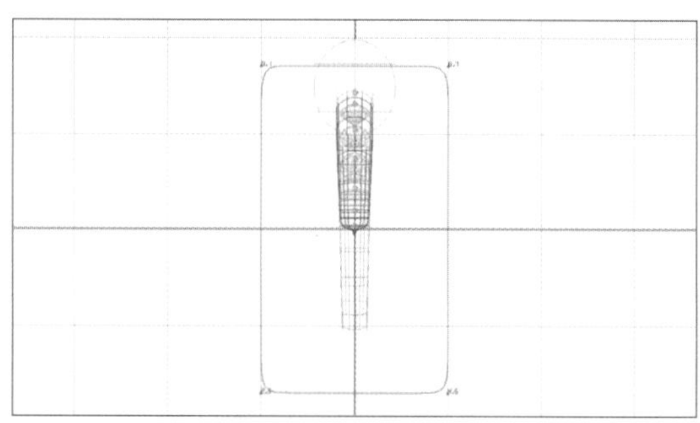

图3-2-21

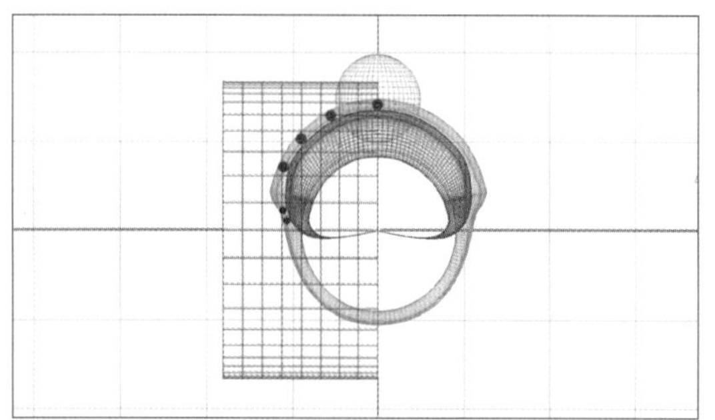

图3-2-22

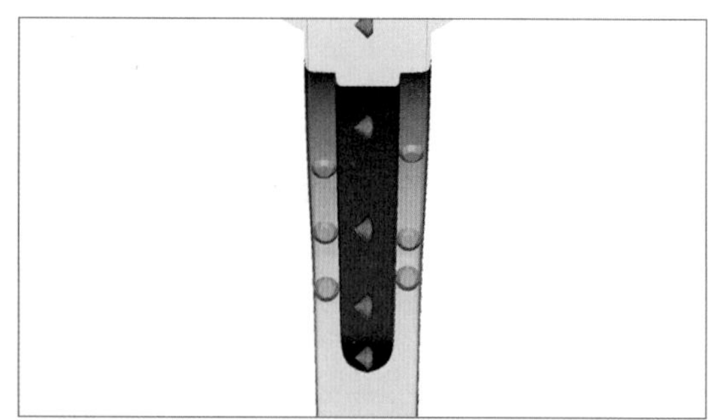

图3-2-23

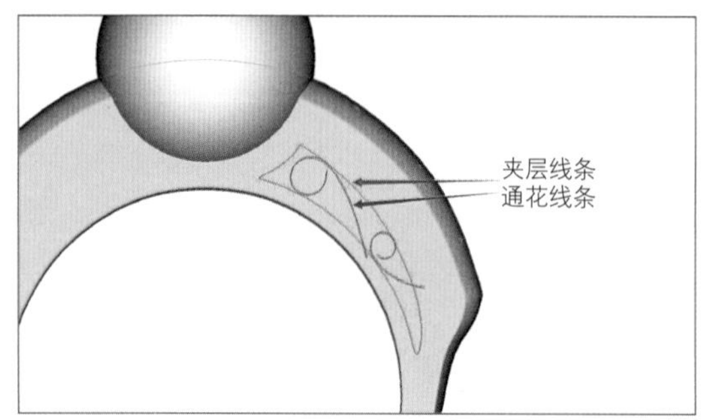

图3-2-24

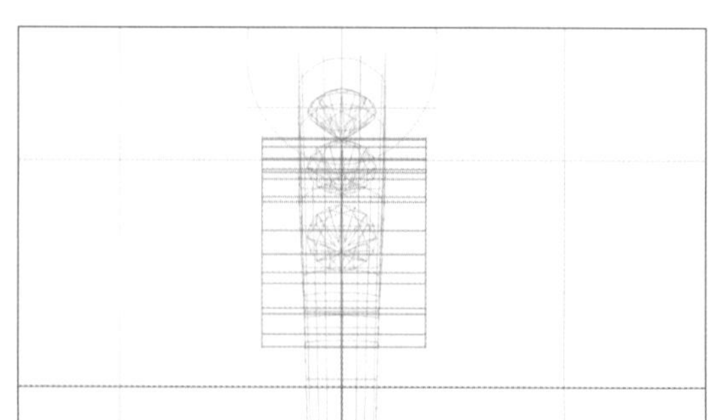

图3-2-25

（27）选中通花物件，减去夹层物件。

（28）正视图，左右对称复制夹层物件后，减去戒指，如图3-2-28。

（29）沿珍珠圆球外缘绘制贴合曲线，并将其向外偏移0.1mm，如图3-2-29。

（30）使用“左右对称线”命令继续编辑该偏移曲线，并将其闭合，如图3-2-30。

（31）右视图，将曲线直线延伸曲面，其宽度超过戒指宽度即可；之后减去戒指，如图3-2-31、图3-2-32。

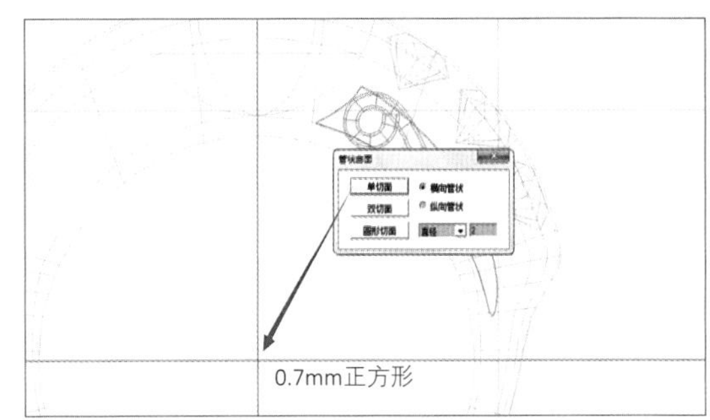

图3-2-26

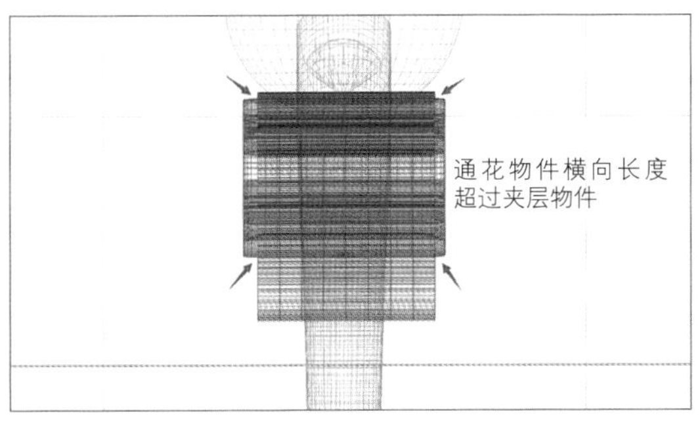

图3-2-27

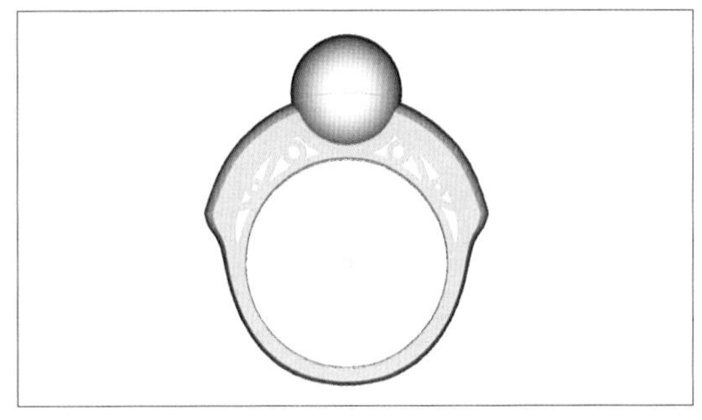
图3-2-28

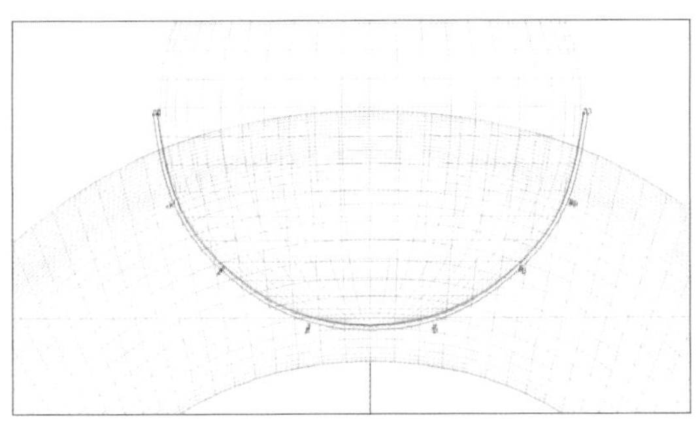
图3-2-29

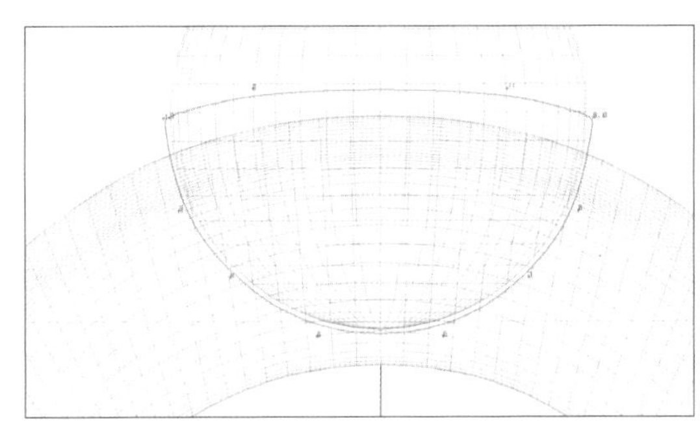
图3-2-30

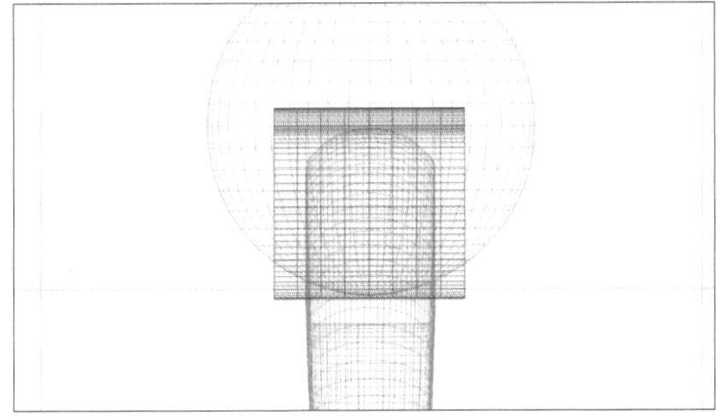
图3-2-31

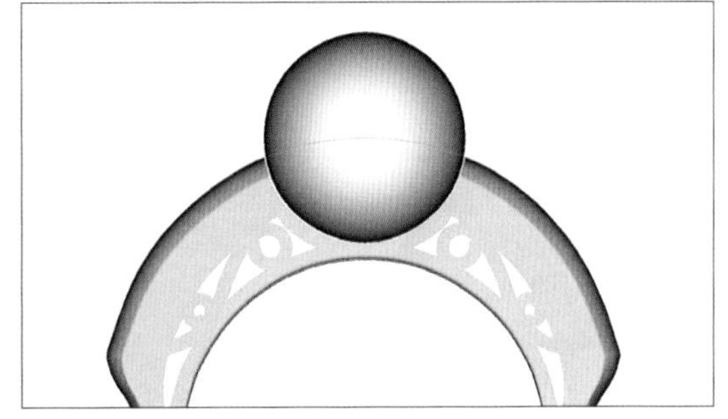
图3-2-32

（32）正视图，生成3.1mm圆石；如图3-2-33，绘制闭合曲线。

（33）右视图，将曲线直线延伸曲面生成开槽物件，如图3-2-34。

（34）上视图，隐藏珍珠圆球，使用“中间曲线”命令，生成步骤（16）的两条戒指外曲线的中间曲线，如图3-2-35。

（35）透视图，生成1.2mm圆石，并剪贴至如图3-2-36位置。

（36）将3.1mm圆石及开槽物件原地后进行剪贴，如图3-2-37。

（37）完成余下两颗圆石剪贴，如图3-2-38至图3-2-40。

（38）正视图，左右对称复制圆石及开槽物件，之后使用开槽物件减去戒指，如图3-2-41、图3-2-42。

（39）仅展示珍珠球体。使用“任意曲线”工具沿外缘绘制曲线约至球体1/3处，之后将该曲线向外偏移0.7mm，如图3-2-43。

（40）使用“倒序编号”命令，倒序偏移

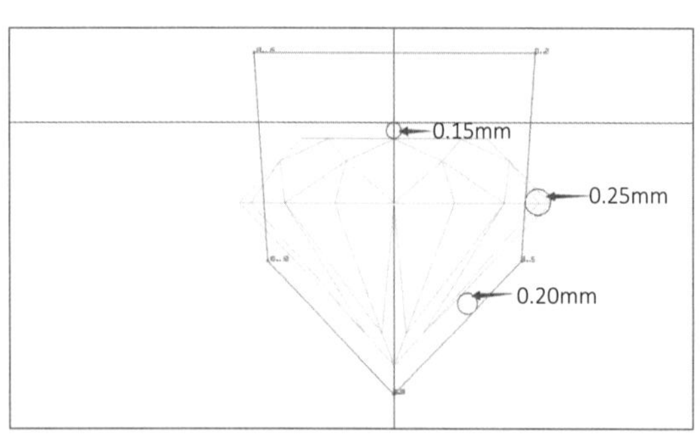

图3-2-33

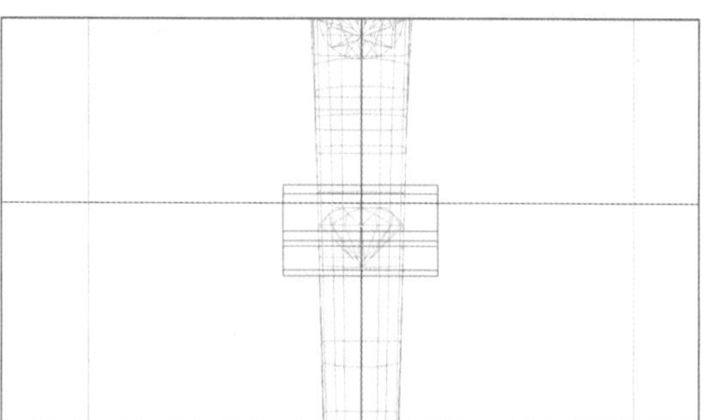

图3-2-34

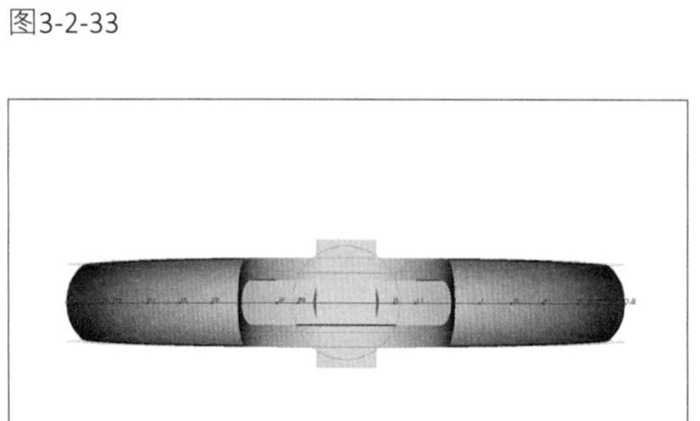

图3-2-35

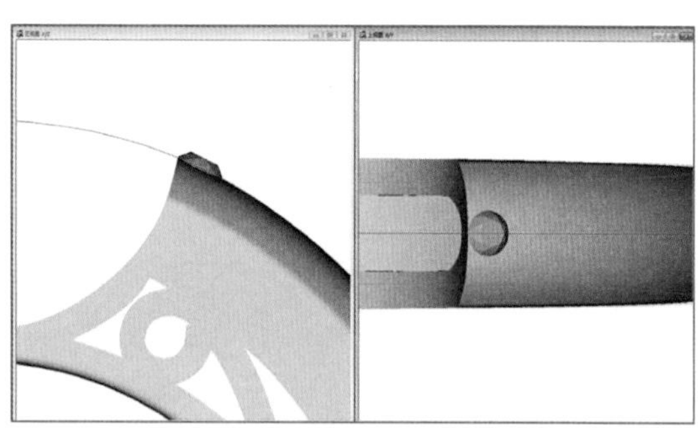

图3-2-36

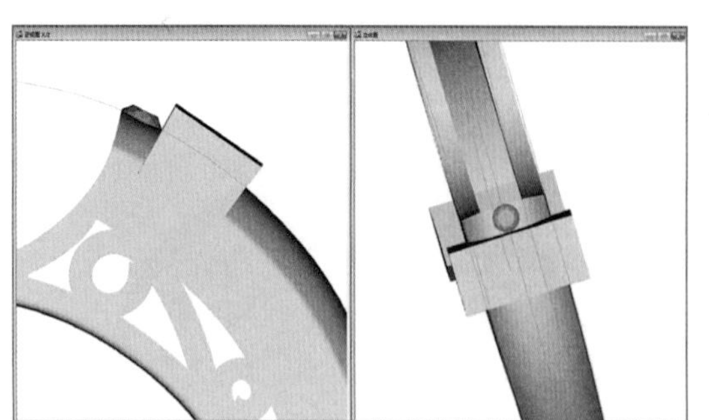

图3-2-37

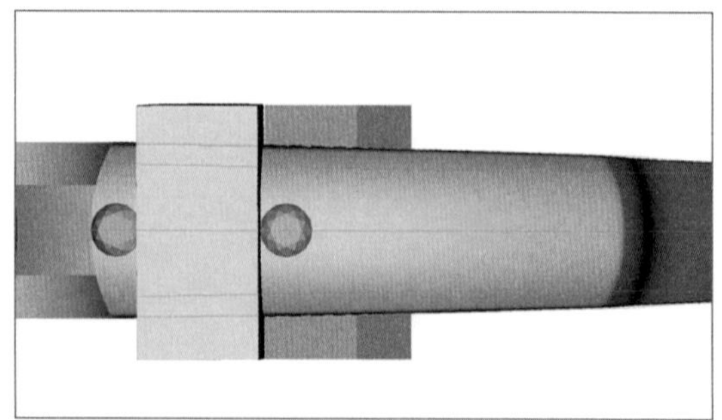

图3-2-38

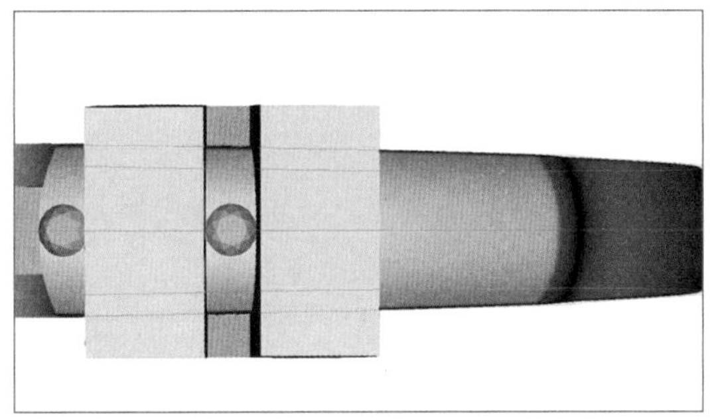
图3-2-39

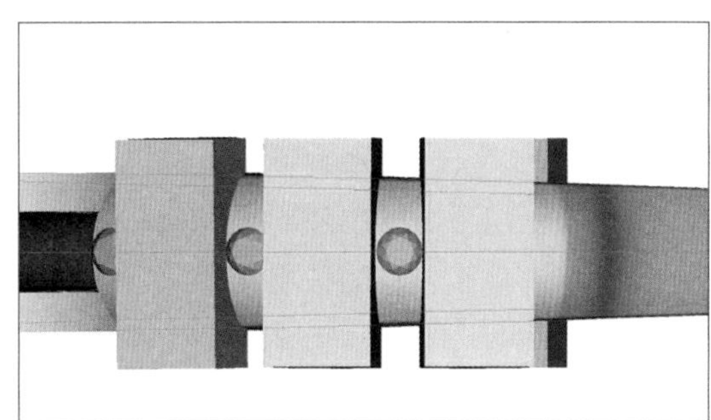
图3-2-40

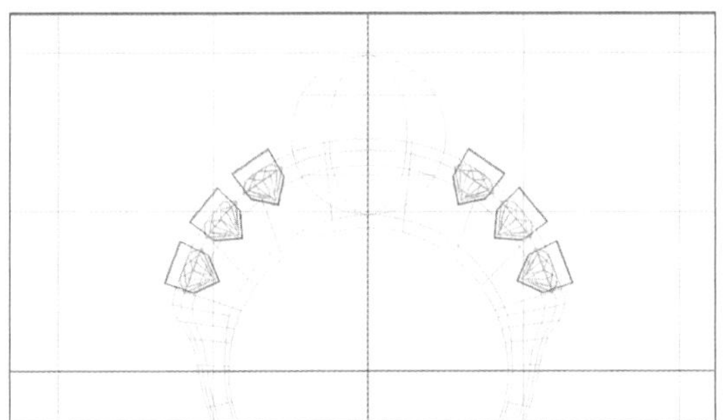
图3-2-41

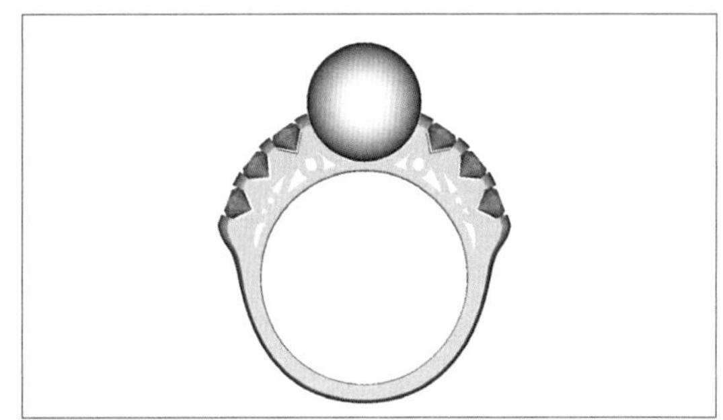
图3-2-42

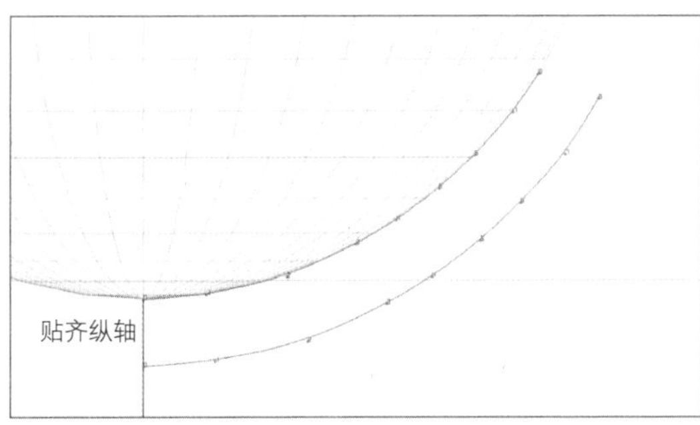

图3-2-43

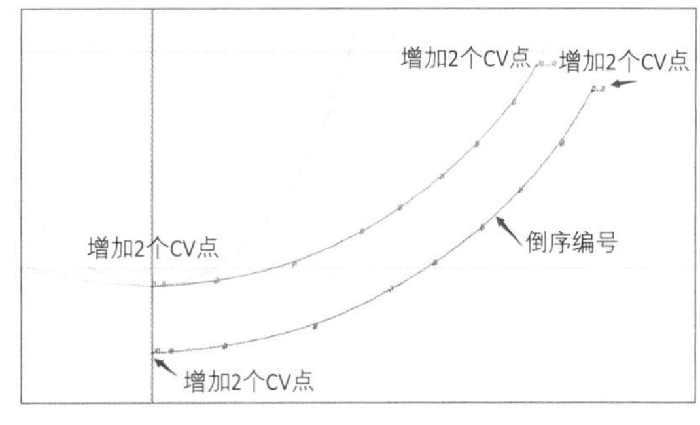

图3-2-44

出曲线序号；分别在两条曲线起、尾端CV点增加两个CV点，如图3-2-44。

（41）使用“连接曲线”命令，将两条曲线连接，之后使用“闭合曲线”工具将曲线闭合，如图3-2-45。

（42）使用“任意曲线”工具在顶部增加一个CV点，拉出弧面，如图3-2-46。

（43）使用“纵向环形对称曲面”工具，

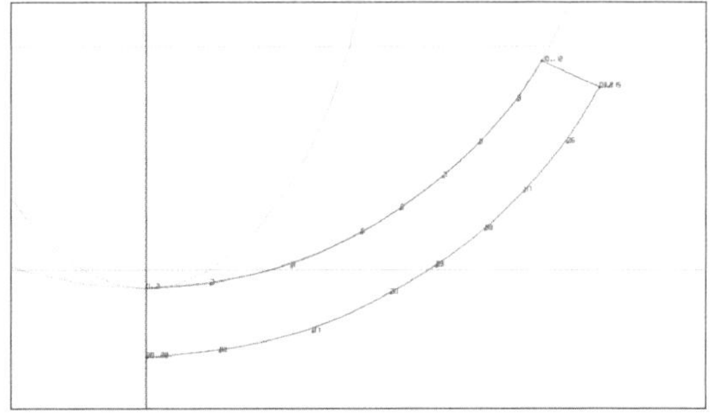
图3-2-45

将曲线旋转成型，如图3-2-47。

（44）上视图，左右对称曲线绘制一个水滴形曲线并闭合，如图3-2-48。

（45）正视图，将其延伸曲面成体。

（46）右视图，移动该物件到适合位置，如图3-2-49。

（47）上视图，使用“环形复制”命令，复制出7个物件并减去圆曲面，如图3-2-50。

（48）正视图，使用“螺旋曲线”命令，各项设置参数如图3-2-51。

（49）使用“管状曲面”工具：圆形切面，直径 0.7mm，生成螺旋体，如图3-2-52。

（50）螺旋体“反上”后，移动到圆曲面中心位置，如图3-2-53。

（51）此时的模型，可供蜡镶使用。若需金镶，则需要将逼镶镶口厚度增加0.2mm作为后期金镶时的敲打余量。可于正视图，生成直径0.2mm辅助圆，置于各逼镶口光金边上，如图3-2-54。

（52）选择戒指上部外圈CV点，使用“尺寸”工具将外圈扩大至辅助圆顶处即可，如图3-2-55、图3-2-56。

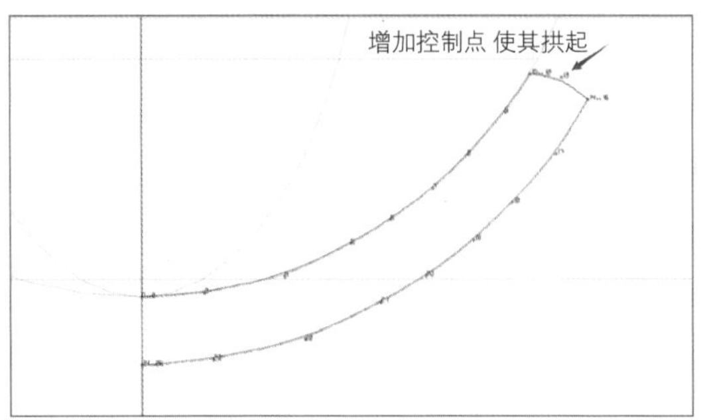

图3-2-46

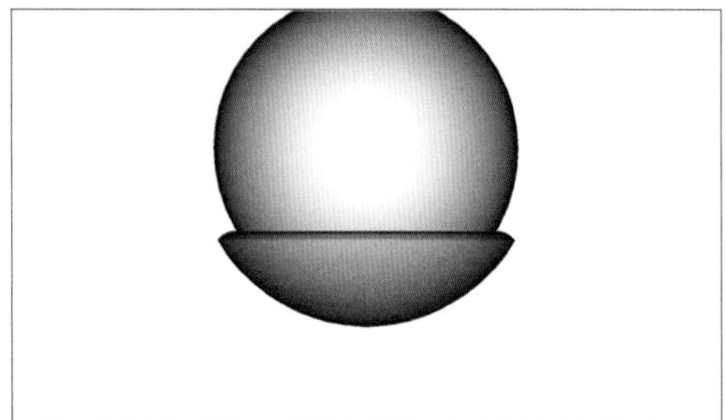
图3-2-47

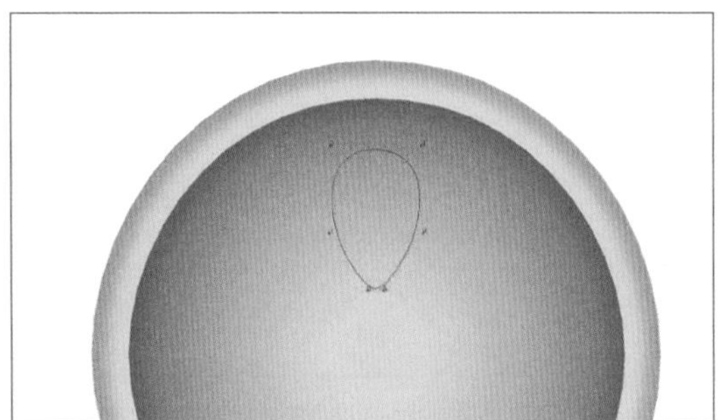
图3-2-48

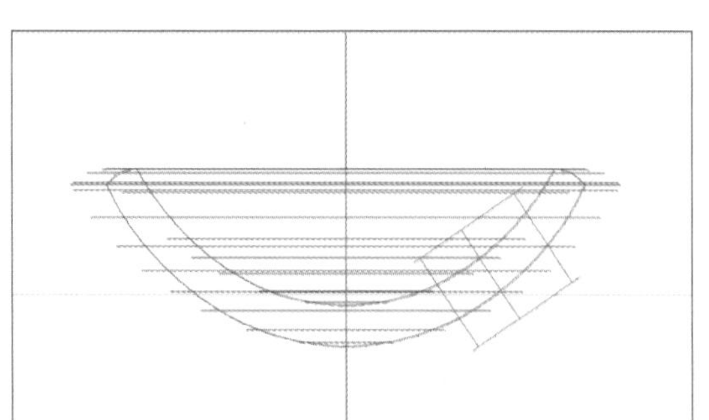
图3-2-49

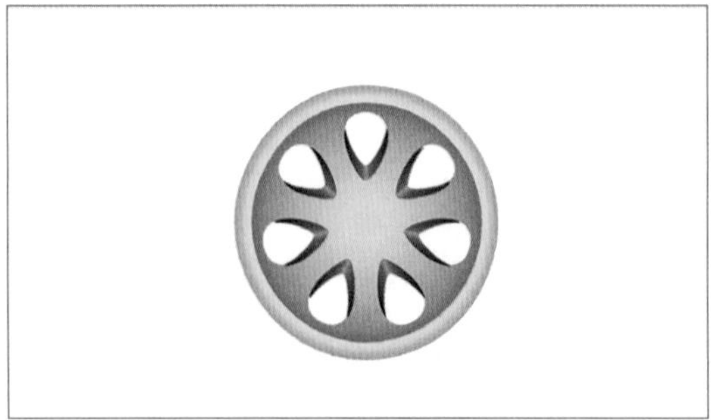
图3-2-50

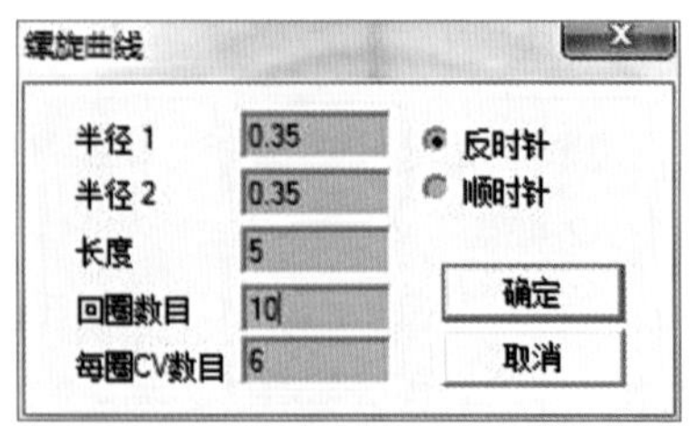

图3-2-51

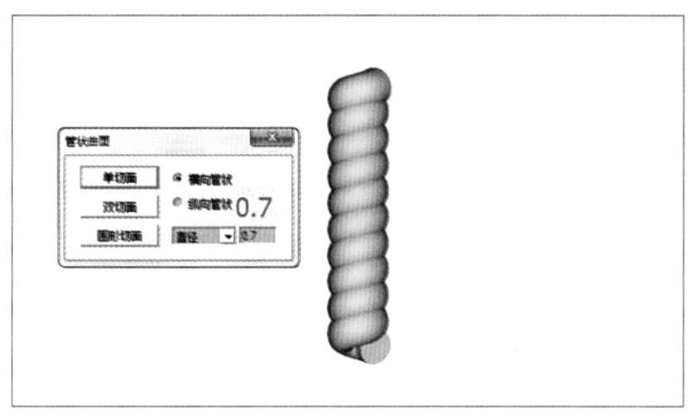

图3-2-52

图3-2-53

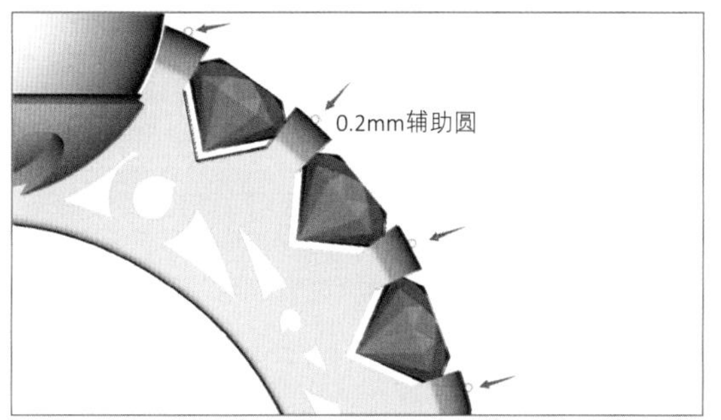

图3-2-54

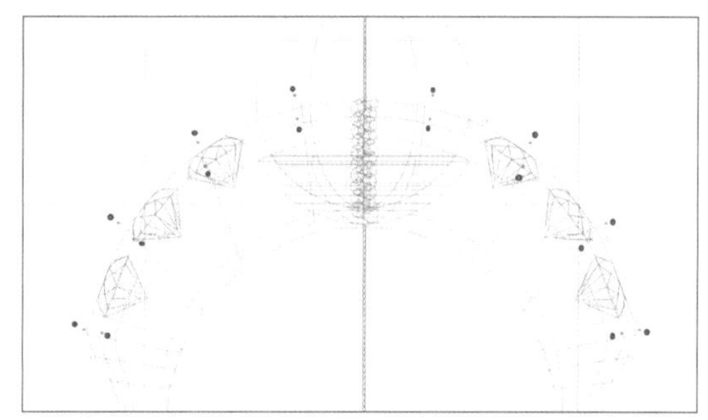

图3-2-55

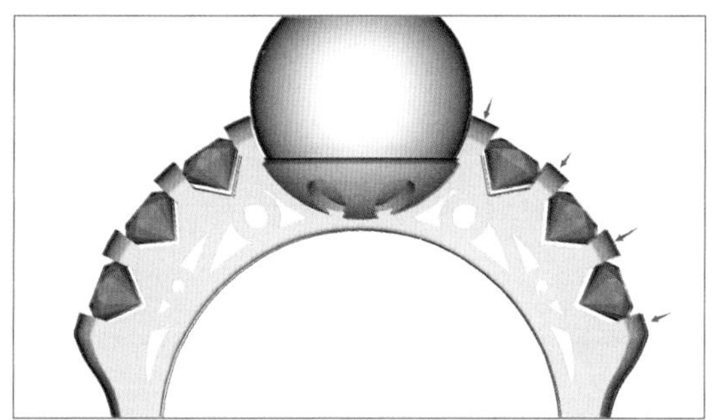

图3-2-56

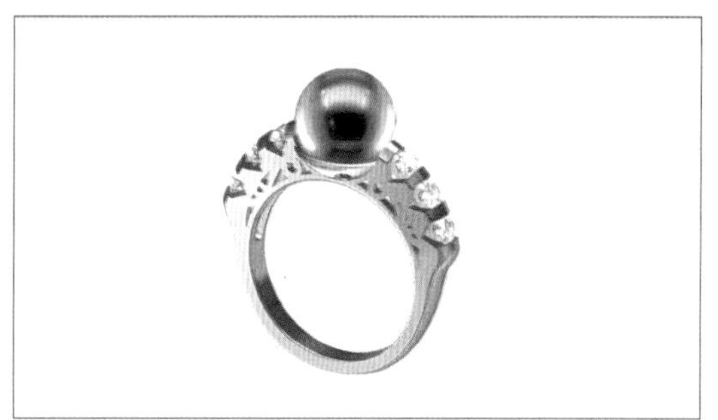

图3-2-57

（53）完成珍珠逼镶女戒制作，如图3-2-57。

第三节　主石编织女戒

该案例为一款订制G18k（白）女戒设计。客户提供一粒长8mm、宽4mm、高2.25mm的马眼形刻面蓝宝石。手寸号为港度16～17号，字印为“LinJing520”。

本案例主要讲解：马眼形石包镶制作；金属线编织制作技法。

制作步骤如下：

（1）上视图，生成马眼形宝石，其默认值为长、宽均为1mm，高0.7mm。使用“多重变形”命令，比例栏输入：横向4、纵向8、进出3.2（2.25÷0.7＝3.2），生成一粒长8mm、宽4mm、高2.25mm的主石，如图3-3-1。

（2）生成CV点数量为12、直径1mm的圆；使用“多重变形”命令，比例栏输入：横向4、纵向8、进出0，得到椭圆形曲线；使用“上下左右对称线”工具进行编辑，使之贴合宝石边缘，如图3-3-2。

（3）该曲线向内偏移0.2mm，向外偏移1.2mm，如图3-3-3。

（4）右视图，使用“上下左右对称线”及“任意曲线”工具，制作一个切面。将两条椭圆形曲线垂直向上移动0.25mm，如图3-3-4。

（5）使用“导轨曲面”命令：双导轨、不合比例、单切面、切面量度向下，生成镶口，如图3-3-5。

（6）右视图，选中镶口底部一行所有CV点；上视图，使用“尺寸”工具左键向内整体收缩0.4mm，如图3-3-6。

（7）依据客户的佩戴舒适感，其手寸为港度16号略大，设定手寸直径为17.7mm。正视图，生成CV点数量为12，直径17.7mm的圆，将其向外偏移1.5mm；顶端置入直径2.4mm的辅助圆，如图3-3-7，调整外圆曲线。

（8）抬高宝石与镶口，与外圆距离约0.65mm；贴合内圆绘制一条对称曲线，将镶口底端的CV点全部投影贴在该曲线上。投影命令向上，贴合曲线/面，保持曲面切面不

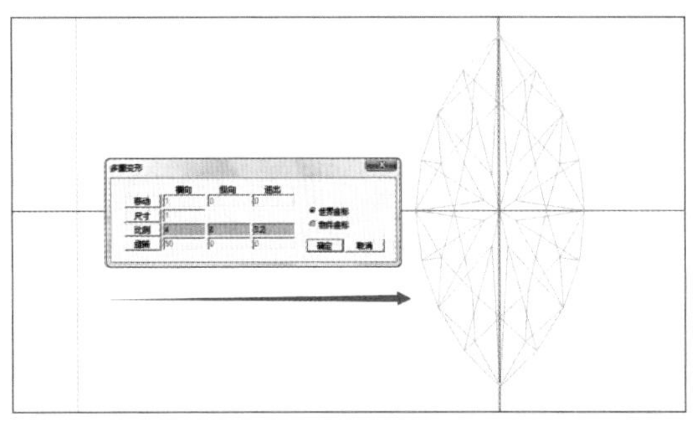

图3-3-1

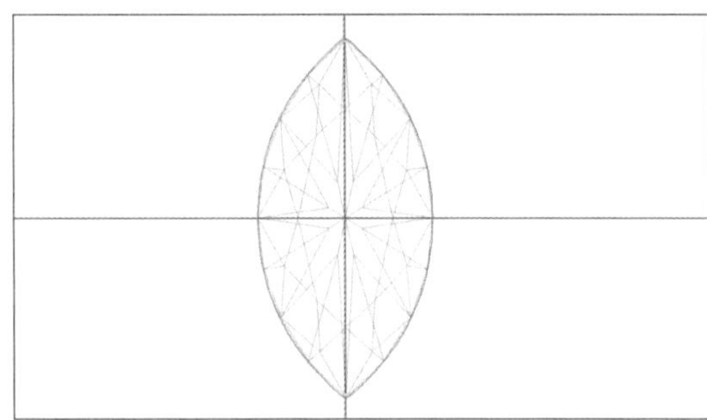

图3-3-2

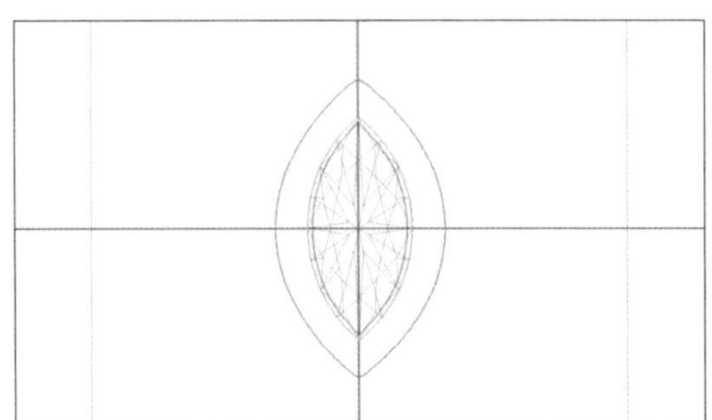

图3-3-3

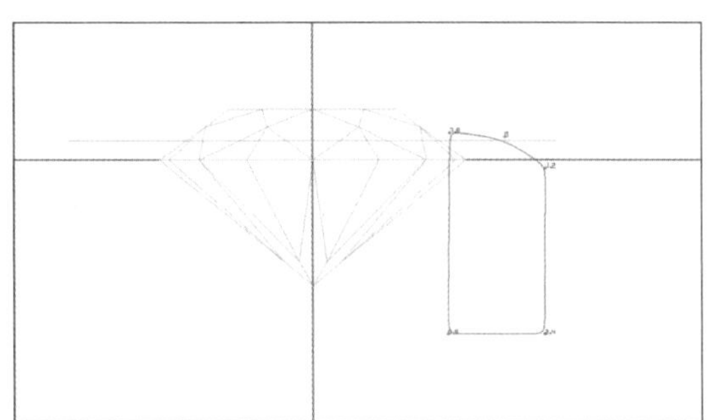

图3-3-4

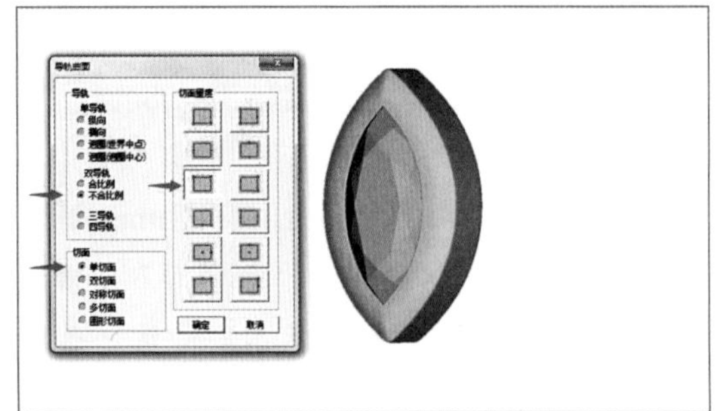

图3-3-5

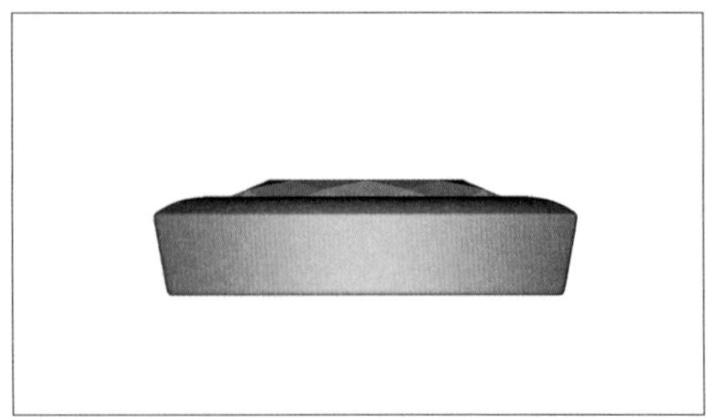

图3-3-6

变，如图3-3-8。

（9）上视图，制作2.55mm的辅助圆，移动到镶口顶端；右视图，向上移动到距离镶口0.6mm，并深入镶口0.1mm，如图3-3-9。

（10）正视图，贴合外辅助圆最外缘，制作两条直线辅助曲线，并反上。沿横、纵轴绘制各一条辅助线；生成直径3.25mm的辅助圆，垂直于最右辅助直线，如图3-3-10。

（11）正视图，如图3-3-11，贴合外圆绘制曲线。

（12）上视图，使用“移动”工具，分别将曲线的CV点移动调整顺滑，如图3-3-12。

（13）将曲线原地复制后，使用“多重变形”命令向下移动2.55mm；选择两条曲线的0号点及最后一个CV点，使用“投影”工具（投影命令：向左、贴在曲线/面上）分别贴到纵轴及右侧辅助线上，如图3-3-13。

（14）正视图，从横轴起，贴合戒圈外围曲线绘制曲线，至纵轴结束，如图3-3-14。

（15）原地复制该曲线，使用“尺寸”工

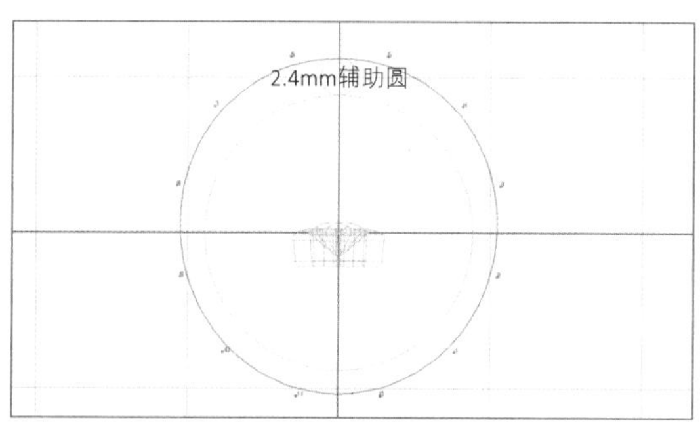

图3-3-7

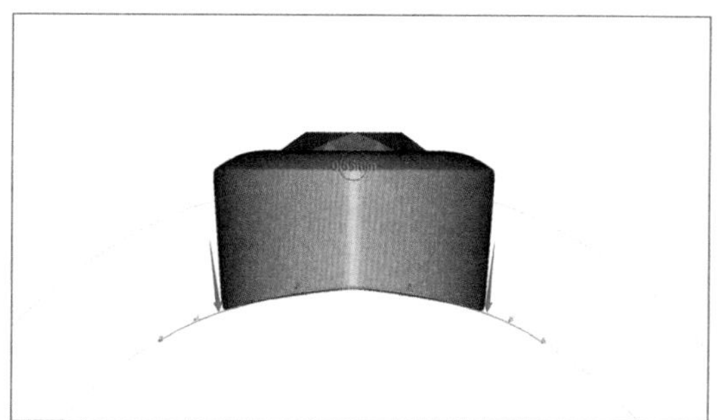
图3-3-8

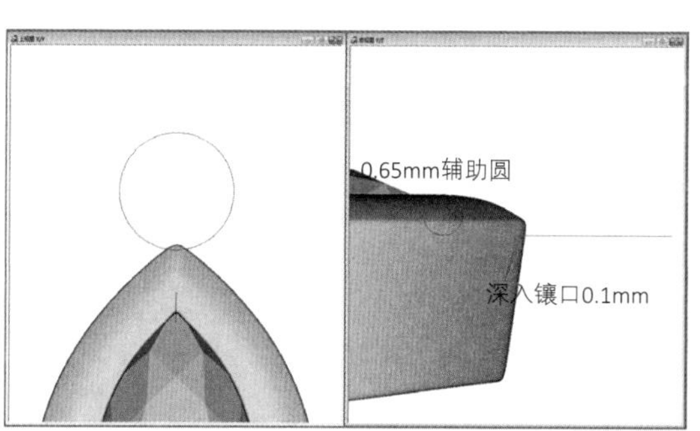

图3-3-9

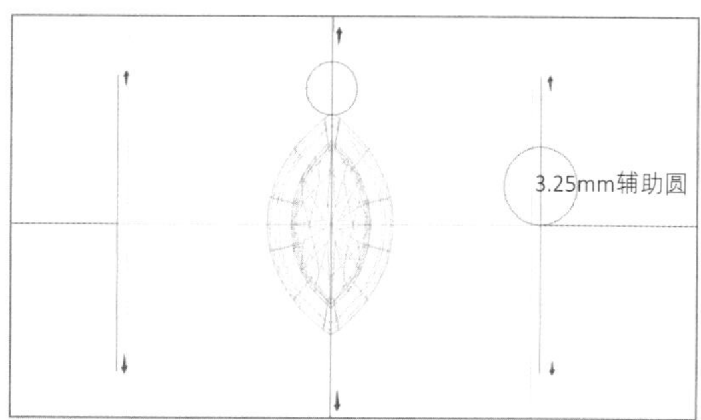

图3-3-10

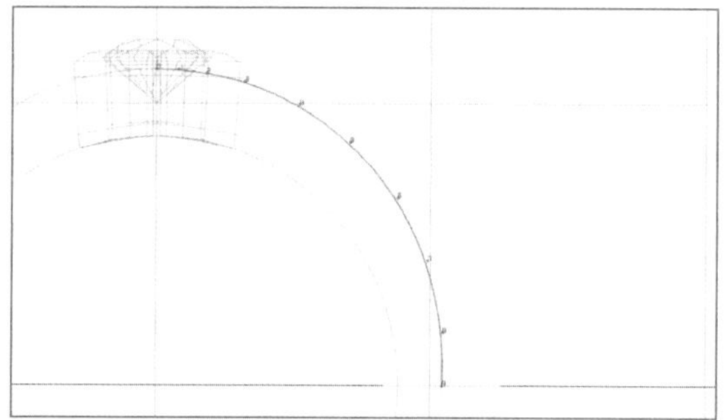
图3-3-11

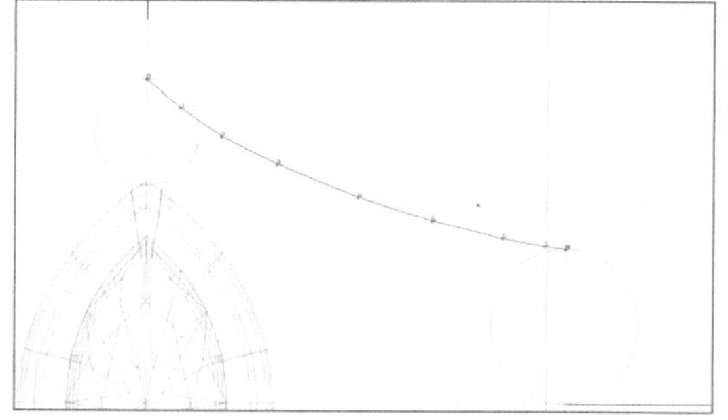
图3-3-12

具将其向内收缩，调整CV点贴合内圈；将两条曲线的起、尾端CV点分别贴合到横、纵轴辅助线上，如图3-3-15。

（16）正视图，戒圈顶部厚度为2.4mm〔参见步骤（7）〕；本例中，测量戒圈中部厚度为1.6mm。

（17）正视图，制作直径0.3（控制戒圈内、外弧线高度）、2.4（控制高度）、2.5mm（控制宽度）的辅助圆及贴合0.3mm圆辅助的直线；使用“上下左右对称线”工具绘制切面，如图3-3-16。

（18）将该切面向上直线复制一个；删除2.4mm辅助圆，新建1.6mm辅助圆；下移0.3mm辅助圆及直线贴合1.6mm辅助圆顶端；将切面上、下CV点分别下移、上移贴合1.6mm辅助圆，如图3-3-17、图3-3-18。

（19）原地复制导轨曲线后隐藏；使用“导轨曲面”命令：双导轨、不合比例、双切面、切面量度向下；生成戒臂实体，如图3-3-19；正视图，拖动底部CV点调整直至贴合内圈

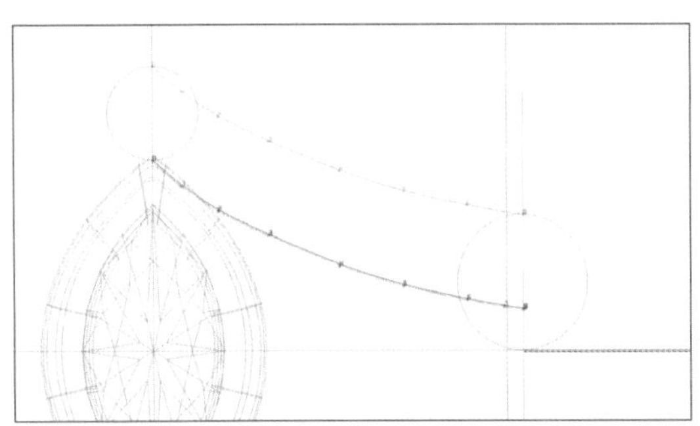

图3-3-13

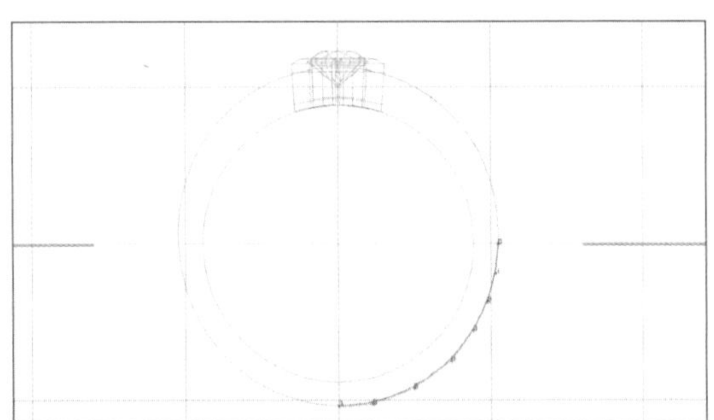

图3-3-14

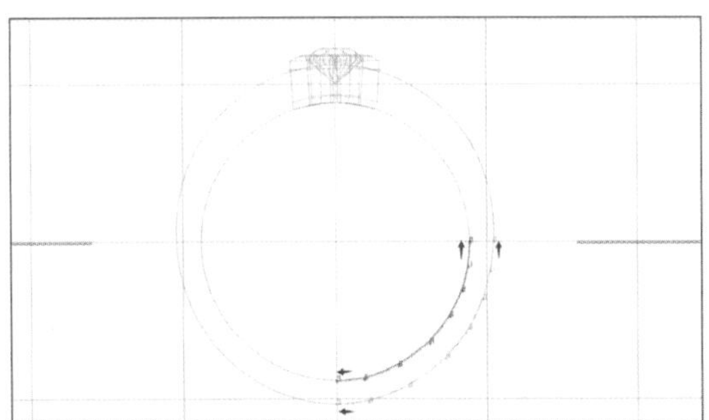

图3-3-15

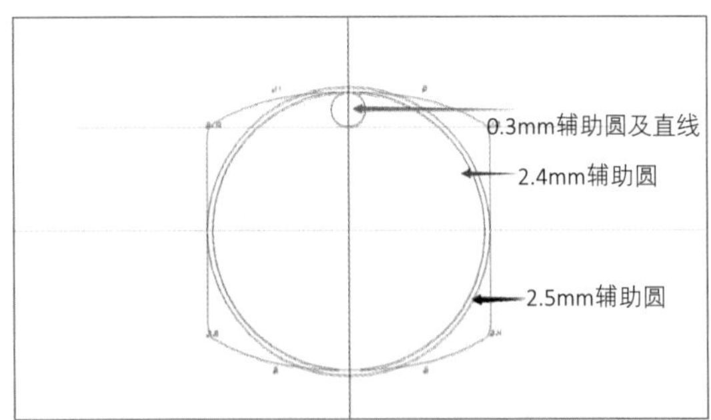

图3-3-16

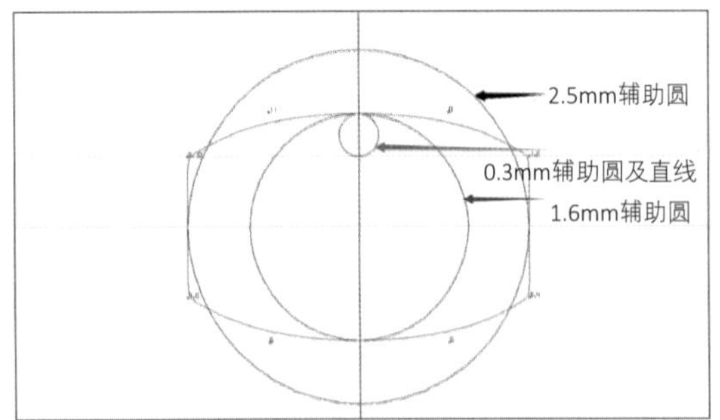

图3-3-17

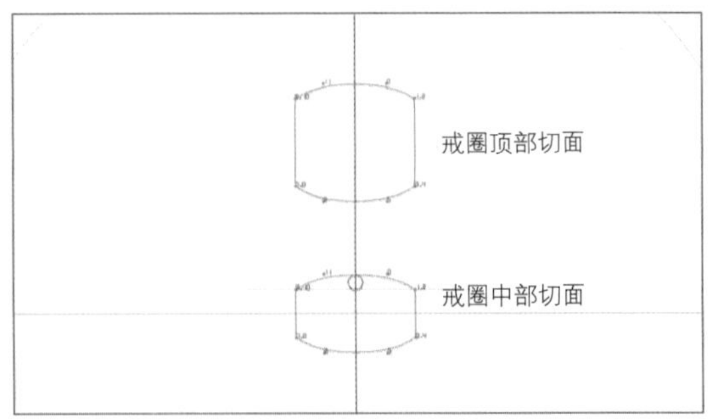

图3-3-18

曲线；横、纵轴端的CV点需要投影并贴合，如图3-3-20、图3-3-21。

（20）右视图，左右复制实体。使用“直线延伸曲面”工具测量此处戒圈宽度为7.4mm，如图3-3-22。

（21）正视图，生成直径7.4mm的辅助圆，展示戒圈中部切面；原地复制切面后，移动贴合到7.4mm辅助圆，如图3-3-23。

（22）使用“上下左右对称线”工具，绘制如图3-3-24的切面。切面要尽量贴合下方切面曲率。

（23）生成直径5.0mm的辅助圆，上下复制步骤（22）切面后，横向单轴缩放贴合，如图3-3-25。

（24）选择“导轨曲面”命令：双导轨、不合比例、单切面、切面量度中间，生成戒圈下部分。成实体后，将实体起、尾端的CV点需要投影并贴合横、纵轴处辅助线，如图3-3-26。

（25）右视图微调上、下戒圈实体CV点，使之侧面曲线过渡顺滑，如图3-3-27。

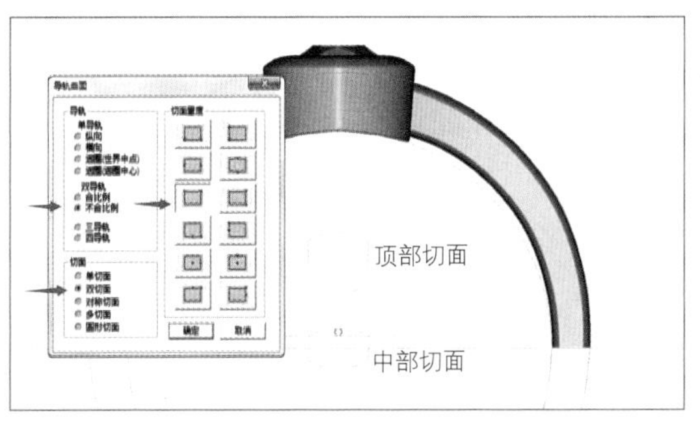

图3-3-19

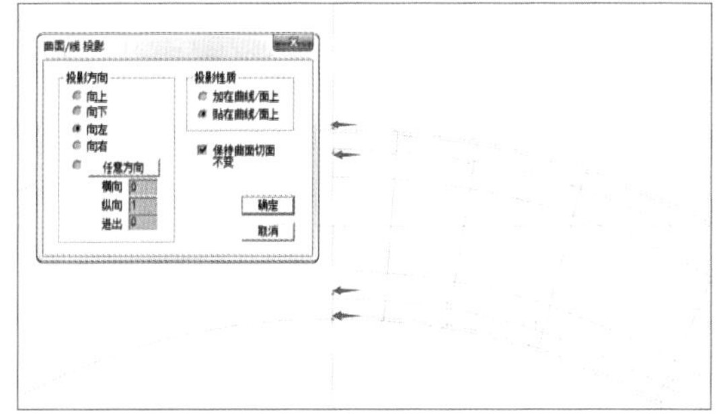

图3-3-20

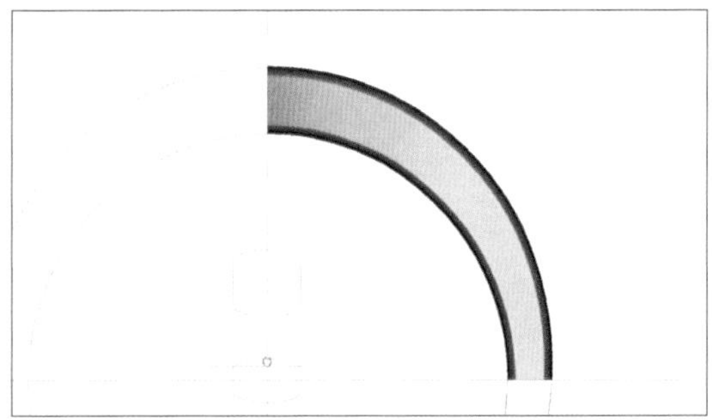

图3-3-21

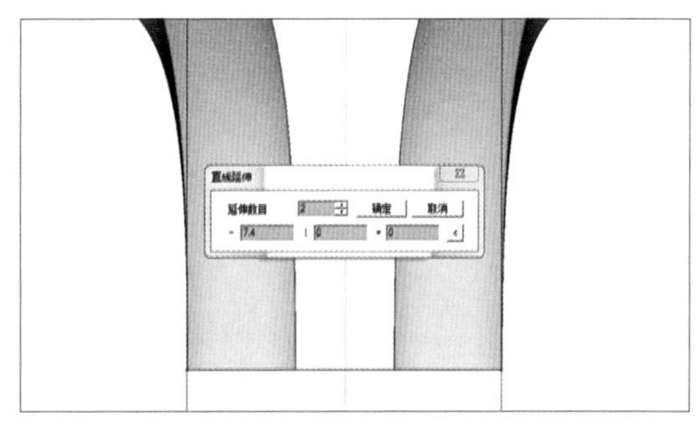

图3-3-22

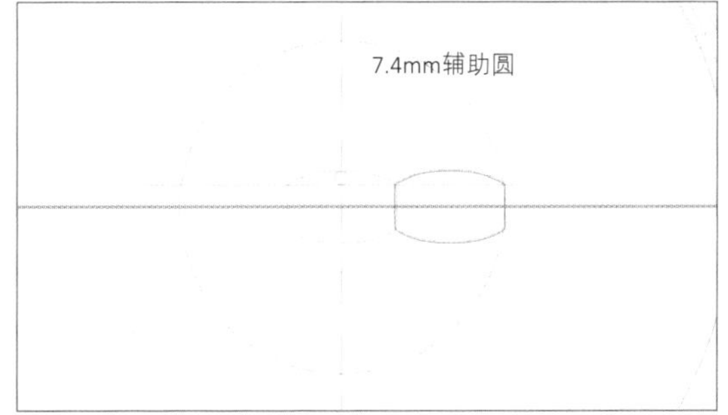

图3-3-23

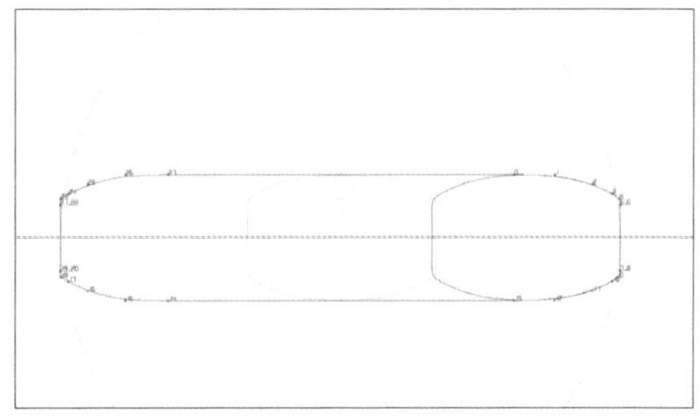

图3-3-24

（26）展示步骤（17）制作的戒圈上部切面，及步骤（19）的复制隐藏的导轨曲线并展示戒圈上部实体，如图3-3-28。

（27）沿切面两侧放置垂直辅助线，使用“直线复制”工具分别将其延伸，间距0.15mm及0.2mm（以下步骤中辅助线复制均采用“直线复制”工具，不再赘述），如图3-3-29。

（28）将复制出的直线继续分别按间距0.4mm复制，如图3-3-30。

（29）再次按间距0.2mm复制直线，如图3-3-31。

（30）左右对称线水平放置于切面顶端后，分别按间距0.4mm复制，如图3-3-32。

（31）放置直径1.0mm的辅助圆，使用“任意曲线”工具绘制切面，如图3-3-33。

（32）选择“导轨曲面”命令：双导轨、不合比例、单切面、切面量度居中，生成开槽物件。之后更改材料颜色并定义为超减物件，如图3-3-34。

（33）上视图，剪贴1.0mm圆石后，若出

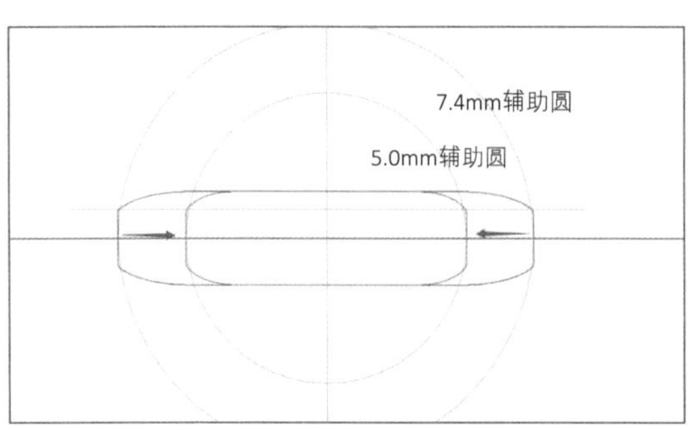

图3-3-25

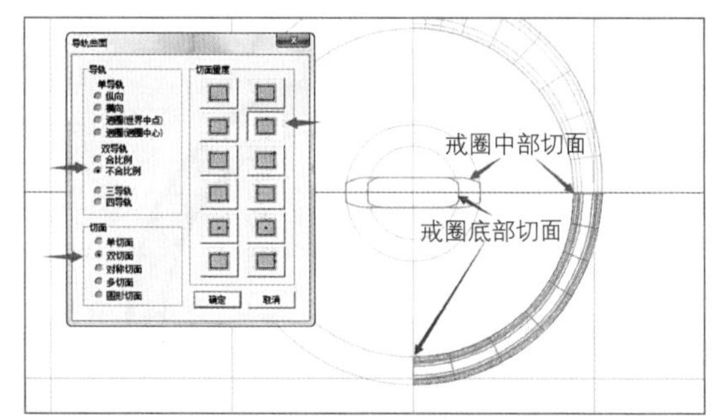

图3-3-26

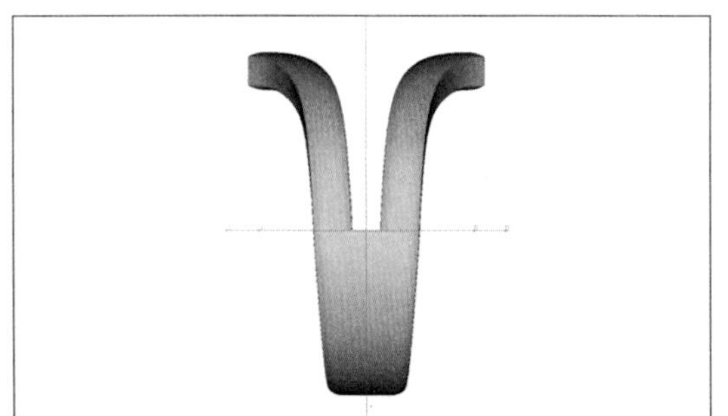

图3-3-27

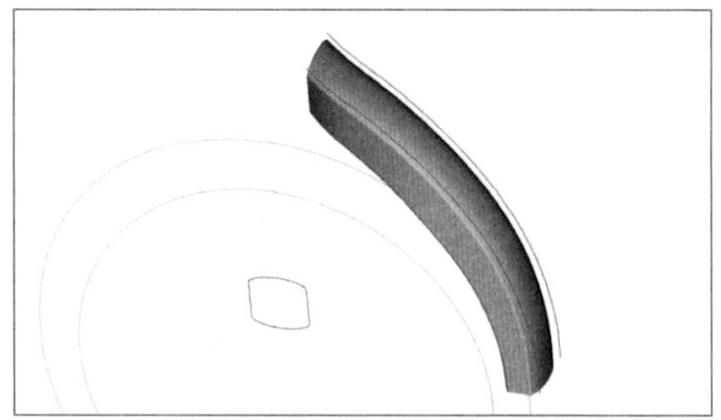

图3-3-28

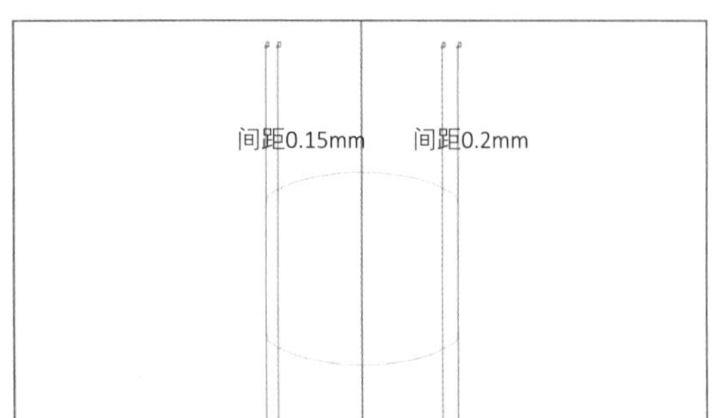

图3-3-29

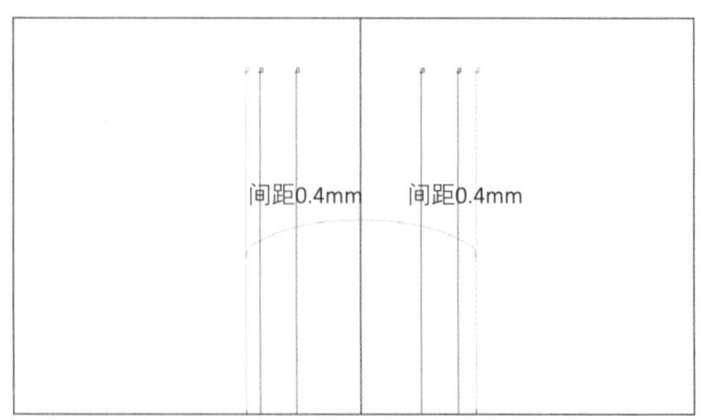

图3-3-30

图3-3-31

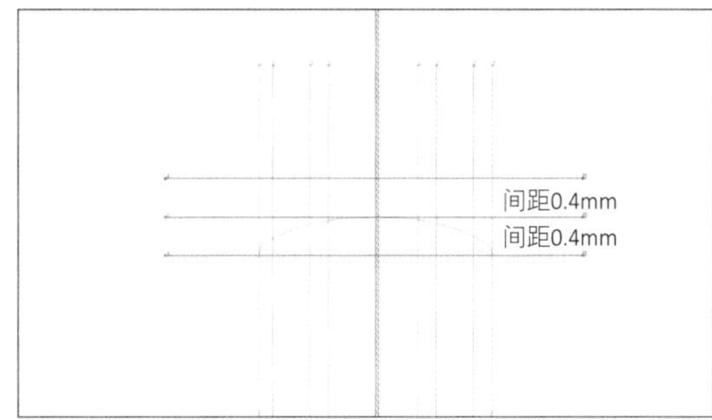

图3-3-32

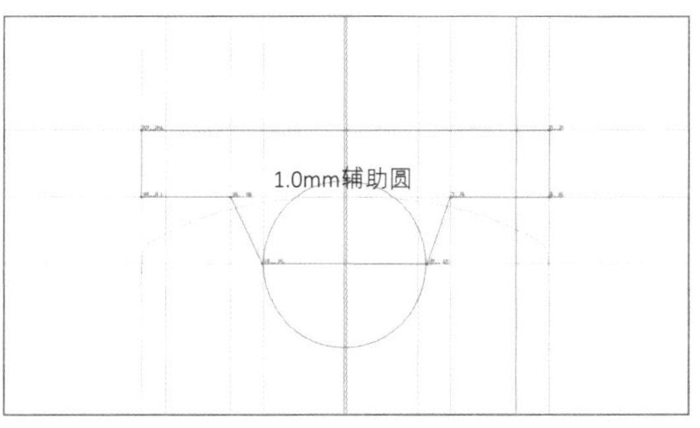

图3-3-33

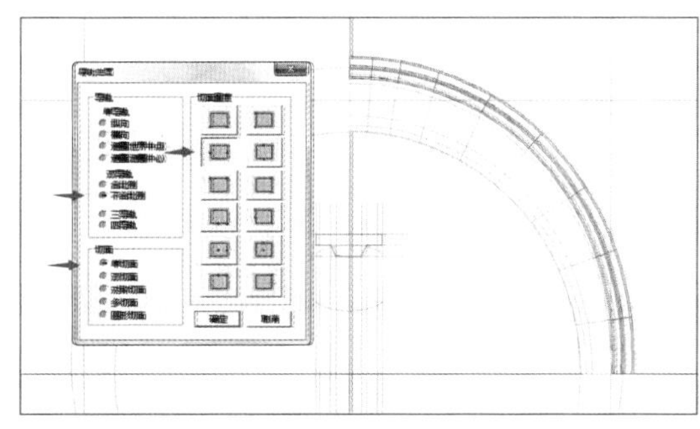

图3-3-34

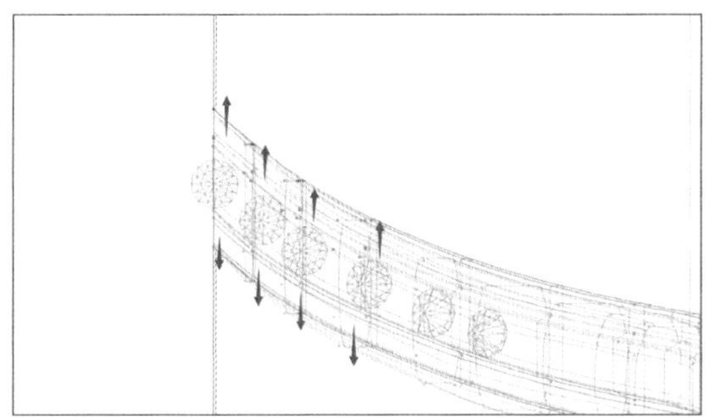

图3-3-35

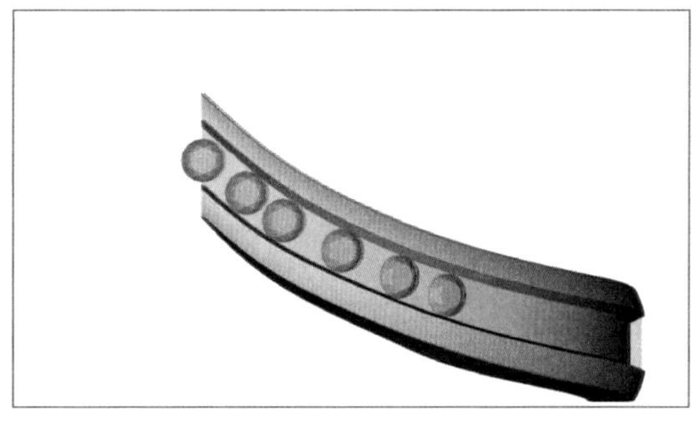

图3-3-36

现部分位置宽度不足的情况，可展示戒圈及超减物CV点，统一拖动调整，如图3-3-35、图3-3-36。

（34）确认无误后，拖动超减物两端CV点超过横、纵轴线，减去戒圈，如图3-3-37。

（35）对称复制戒圈上臂，展示戒圈下部实体。

（36）制作1.0mm圆石，直径1.0、1.3mm

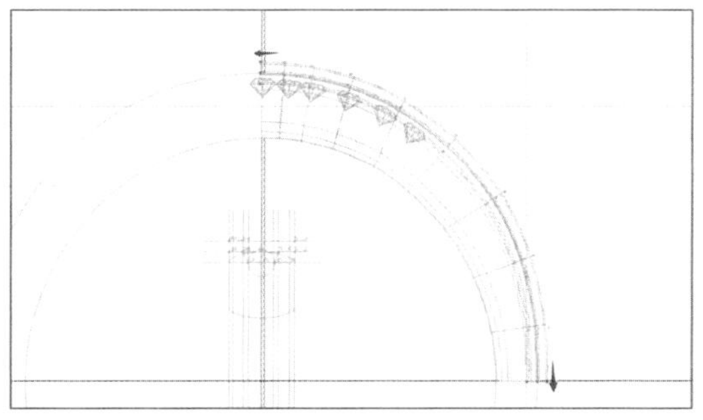

图3-3-37

的辅助圆及开孔物件组。

（37）剪贴排石，如图3-3-38。

（38）尾端排石距离不足（或空余太多），是排石中的常见情况，如图3-3-39。若出现这种情况，可将前几颗删除掉，如图3-3-40。

（39）重新调整石距，控制石距不得小于0.1mm（或者稍微调远距离），重新挤进若干石头，使得排石布满，如图3-3-41。

（40）在制作时若出现开孔物件，尽量使开孔物件做得较长，以便于打穿镶嵌位置。若出现开孔物件实际剪贴后，高度少于被镶嵌位置厚度的情况下，可分别展示并选中开孔物件最底部CV点，打开物件坐标，使用尺寸工具右键进行缩放，如图3-3-42。

（41）保留顶端开孔物件后，其他开孔物件减去戒圈，如图3-3-43。

（42）制作0.4mm钉并剪贴排钉，完成后将钉联集，如图3-3-44。

（43）左右对称复制戒圈上部，原地复制开孔物件，分别减去左、右戒圈，完成中间石

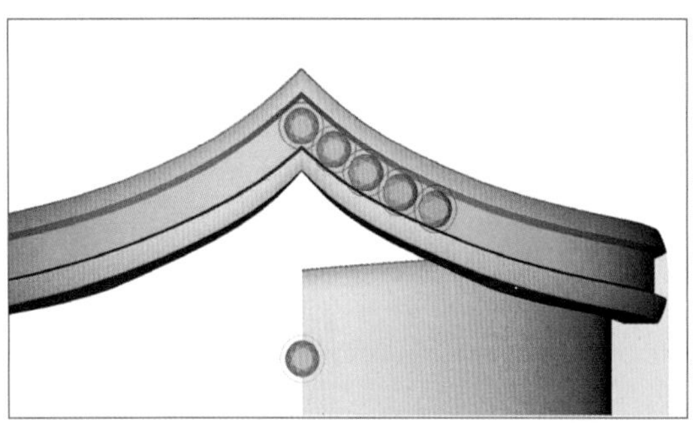

图3-3-38

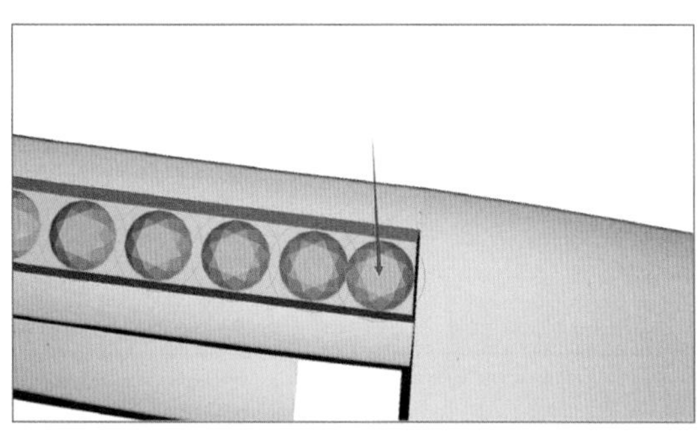

图3-3-39

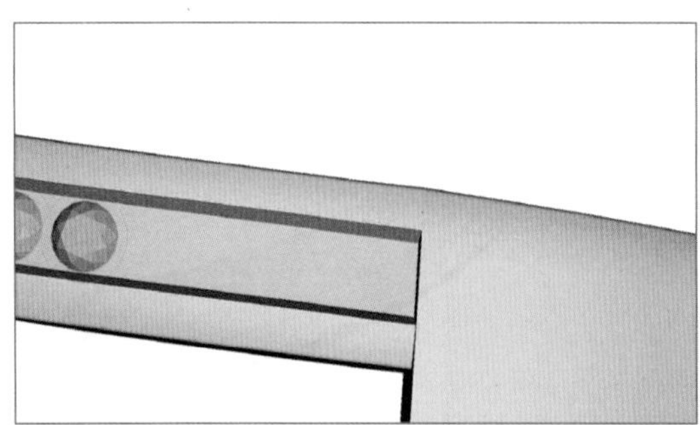

图3-3-40

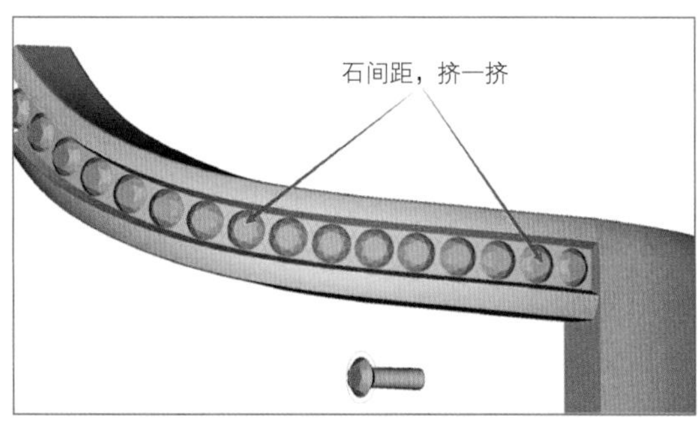

图3-3-41

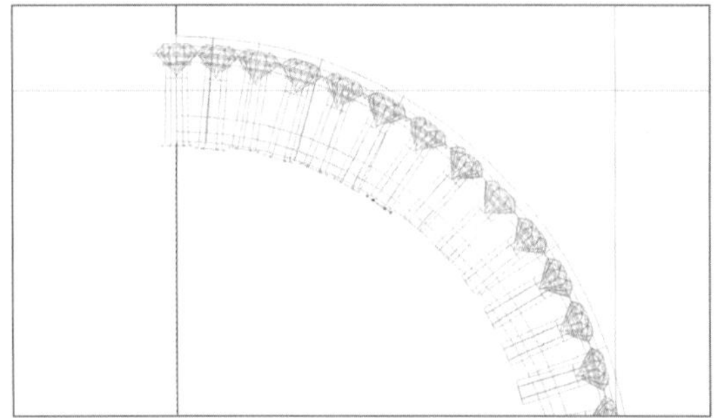

图3-3-42

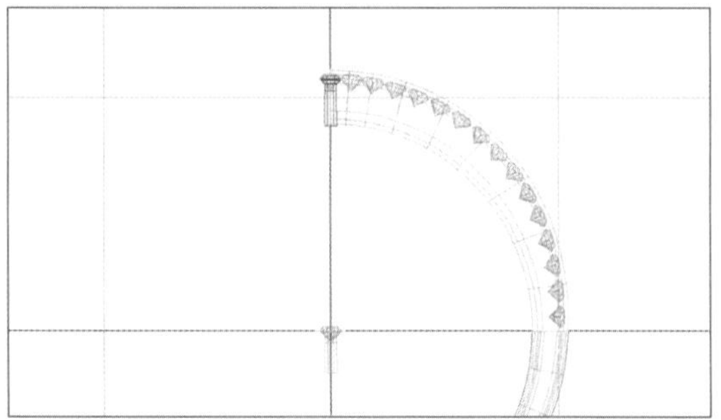

图3-3-43

位开孔；对中间石排钉，如图3-3-45。

（44）上视图，分别将钉、左右戒圈联集，上下对称复制，戒指下圈左右对称复制完成戒指初步造型，如图3-3-46。

（45）正视图，仅展示镶口、戒指上部右侧戒圈及下部戒圈，沿上部戒圈弧面边缘绘制曲线，如图3-3-47。

（46）测量该曲线长度，本例中为16mm，生成直径16mm的辅助圆。沿辅助圆左右边缘放置辅助直线并“反上”处理，如图3-3-48。

（47）上视图，沿戒圈内侧中间位置绘制曲线，并上下对称复制，如图3-3-49。

（48）仅展示辅助曲线，如图3-3-50。

（49）正视图，使用“曲线”菜单中的“直线”命令，选择“90”，如图3-3-51。使用“直线复制”命令将该直线向左0.75mm复制出一条新直线，并将新复制出的直线左右对称复制。

（50）曲线旋转180°，绘制曲线，如图3-3-52。

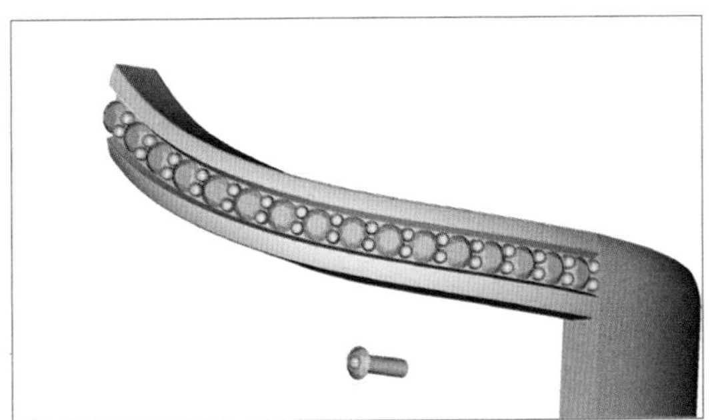

图3-3-44

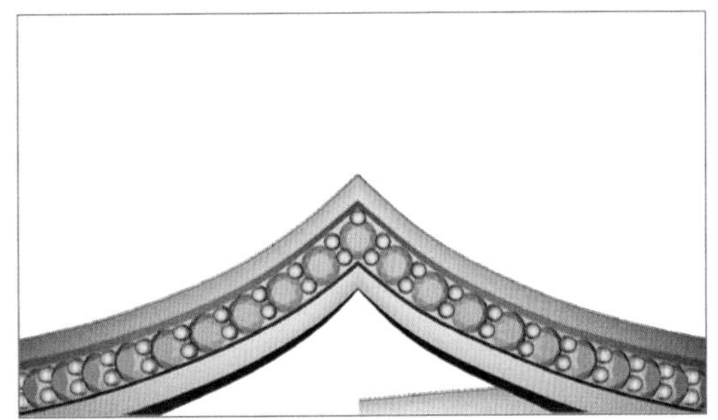

图3-3-45

图3-3-46

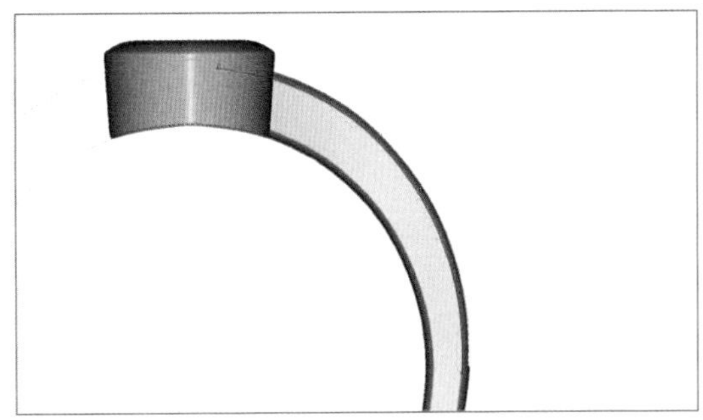

图3-3-47

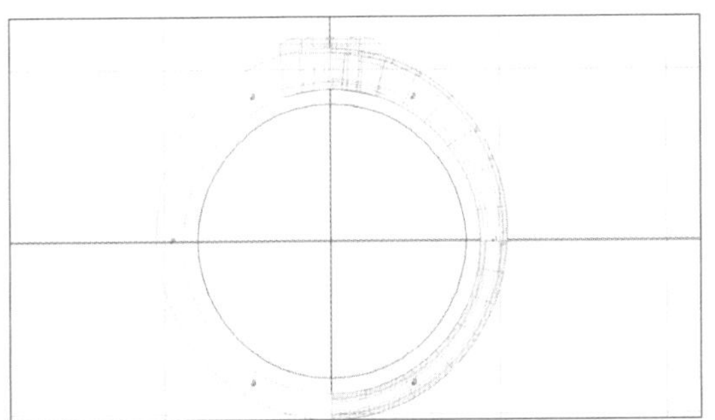

图3-3-48

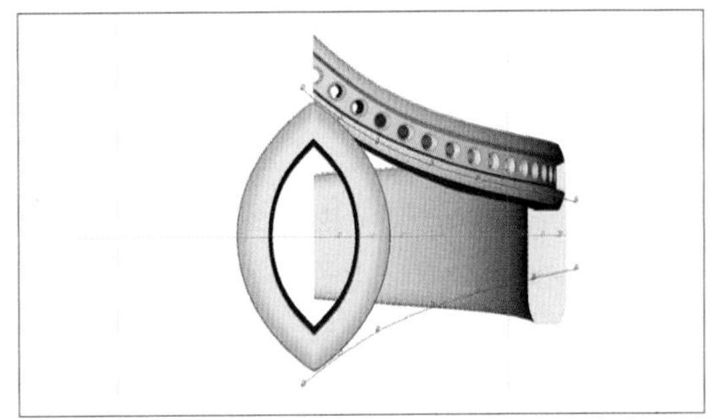

图3-3-49

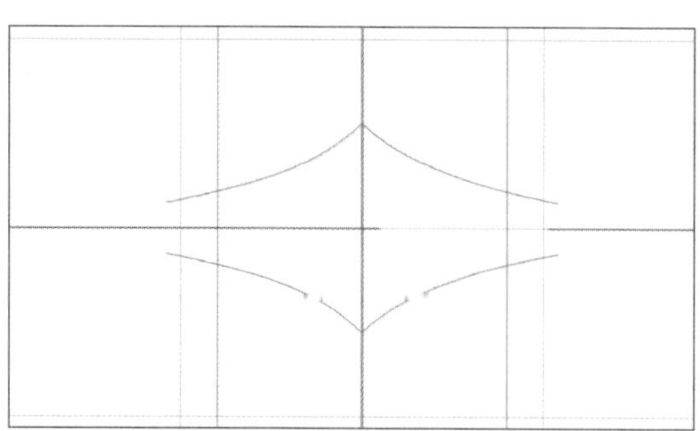
图3-3-50

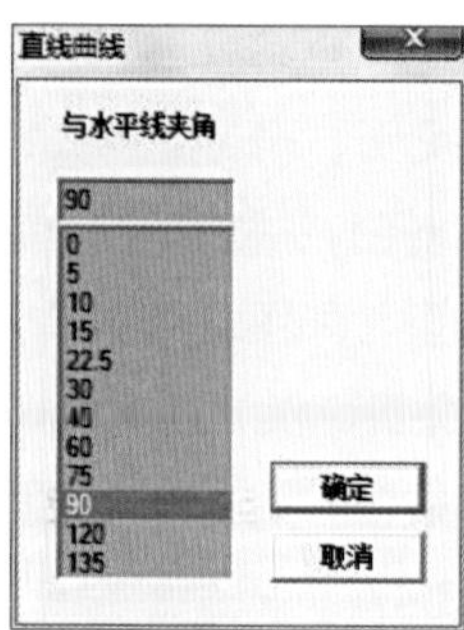

图3-3-51

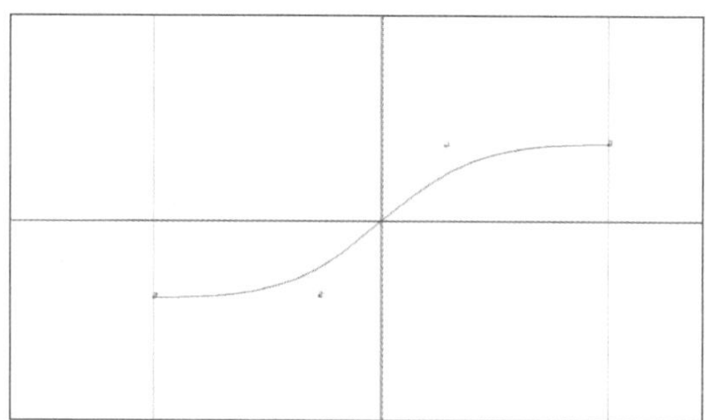
图3-3-52

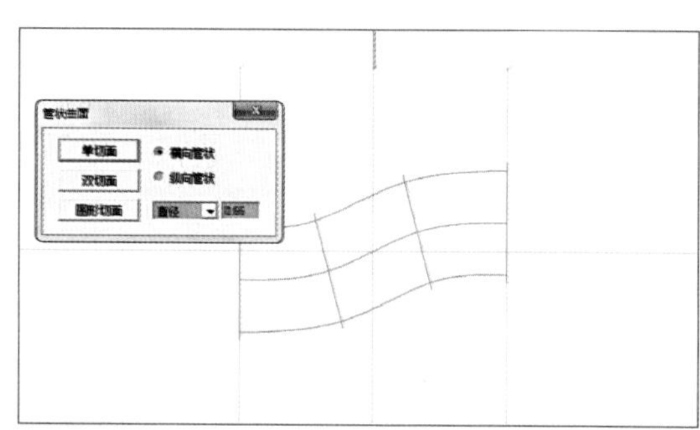
图3-3-53

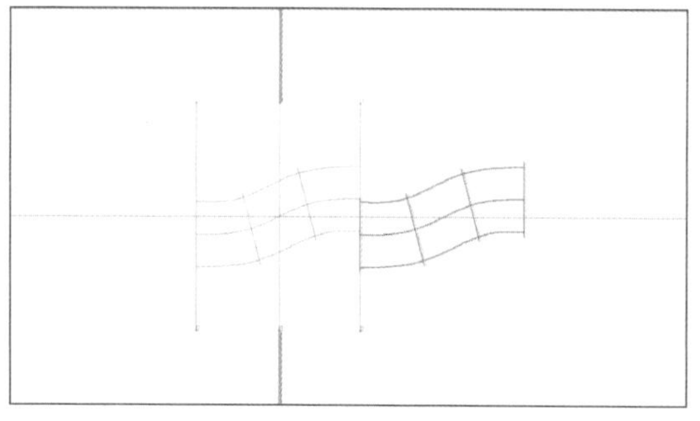
图3-3-54

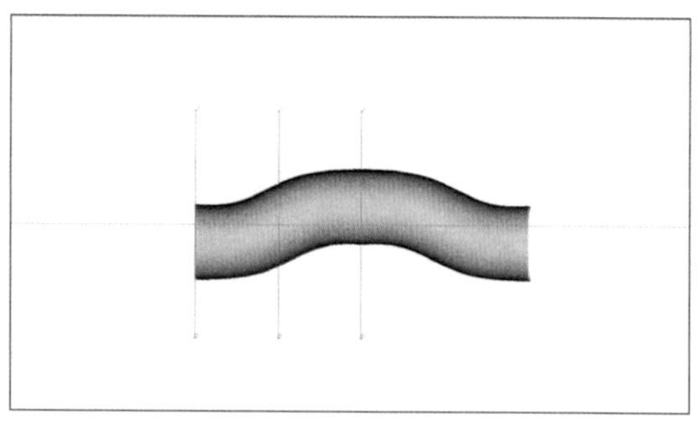
图3-3-55

（51）使用“管状曲面”工具，圆形切面直径为0.66mm，如图3-3-53。

（52）使用“直线复制”命令将该管状曲面向右1.5mm复制一个，如图3-3-54。

（53）将两个管状曲面执行“反上”再执行“反上”命令，如图3-3-55。

（54）上视图，将该组管状曲面使用“直线复制”命令向右3mm复制6组，如图3-3-56。

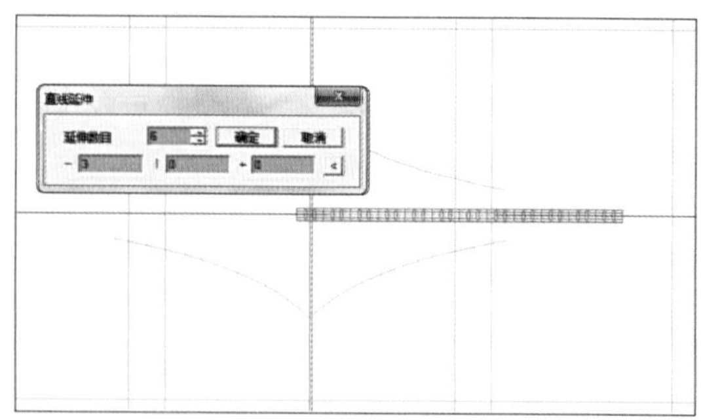
图3-3-56

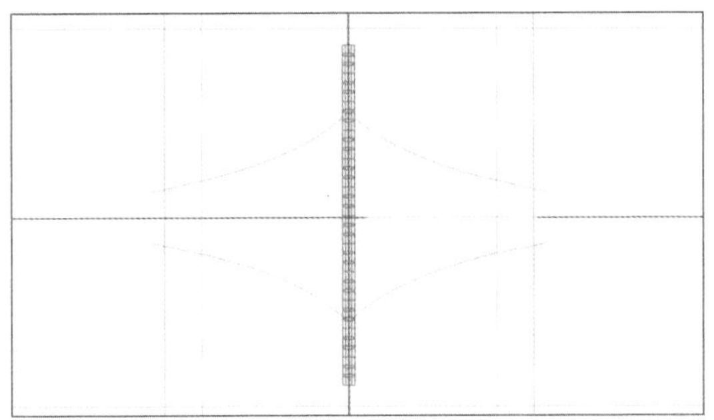
图3-3-57

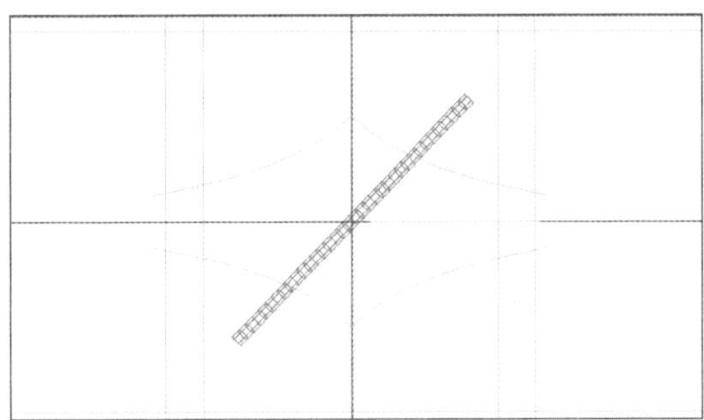
图3-3-58

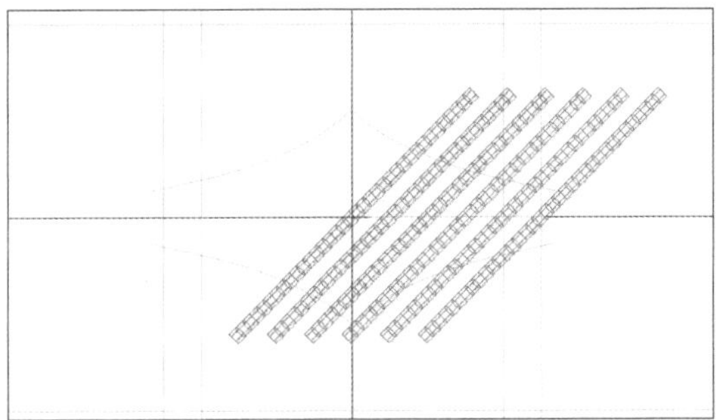
图3-3-59

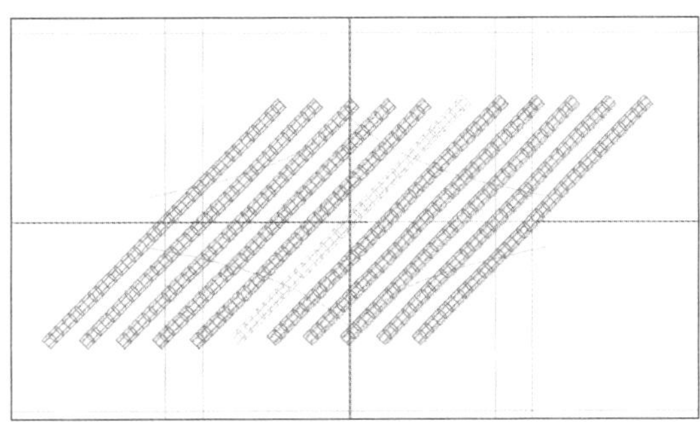
图3-3-60

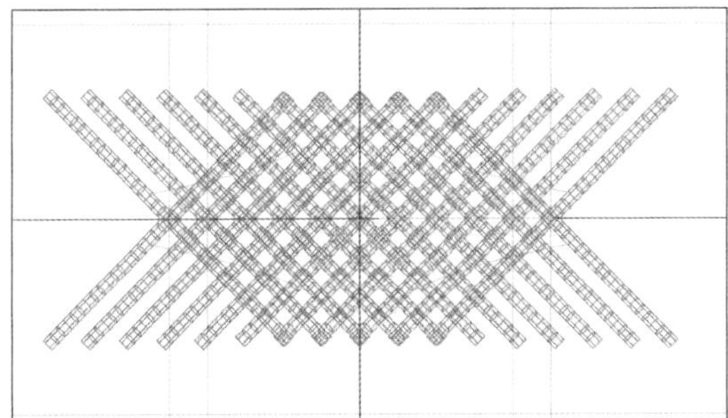
图3-3-61

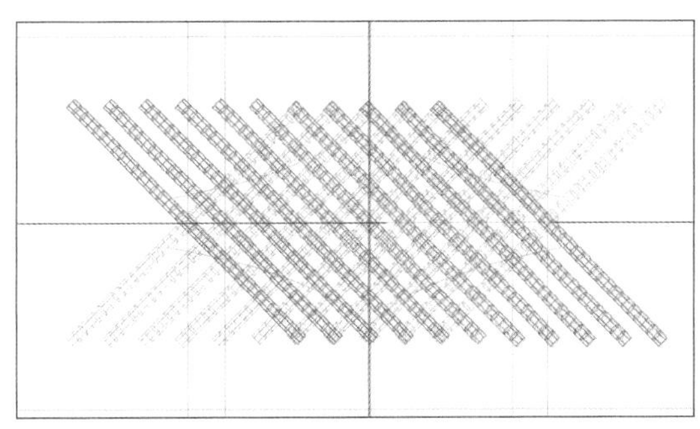
图3-3-62

（55）将该组曲面联集后，多重变形旋转90°，之后再次多重变形旋转−45°，如图3-3-57、图3-3-58。

（56）使用“直线复制”命令向右2mm复制6组曲面，如图3-3-59。

（57）除中间原始曲面不选，对称复制，如图3-3-60。

（58）联集后，旋转180°复制，如图3-3-61。

（59）仅选中新复制出的管状曲面群组，如图3-3-62。

（60）正视图，上下对称复制该群组，如图3-3-63；之后删除下方曲面群组，如图3-3-64。

（61）全体解散联集后，逐一删除超出辅助线范围的管状曲面，如图3-3-65、图3-3-66。

（62）映射该群管状曲面到步骤（45）绘制的曲线上，如图3-3-67、图3-3-68。

（63）删除多余管状曲面，局部可采用拖动CV点进行收缩处理，如图3-3-69、图3-3-70。

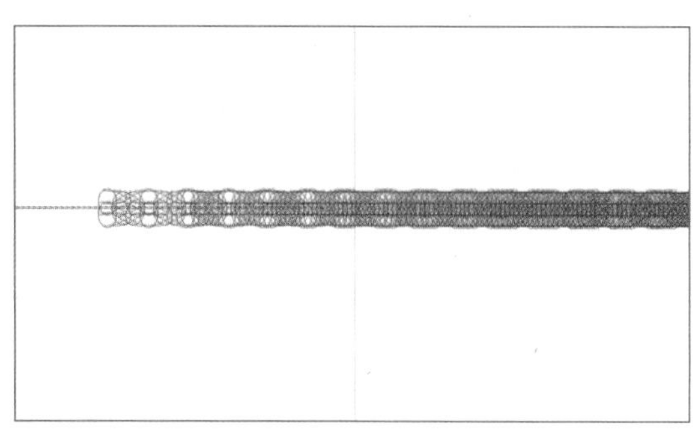
图3-3-63

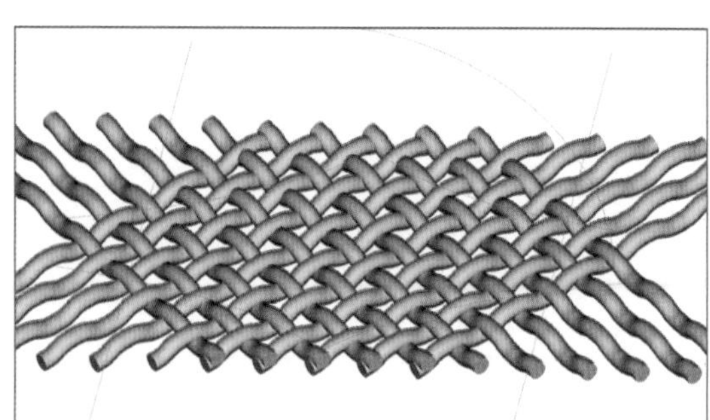
图3-3-64

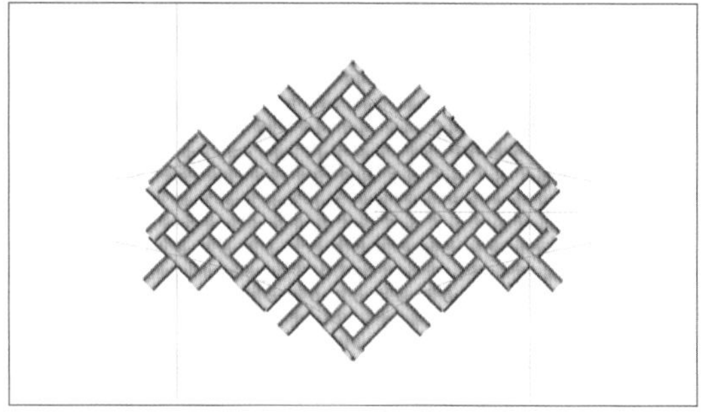
图3-3-65

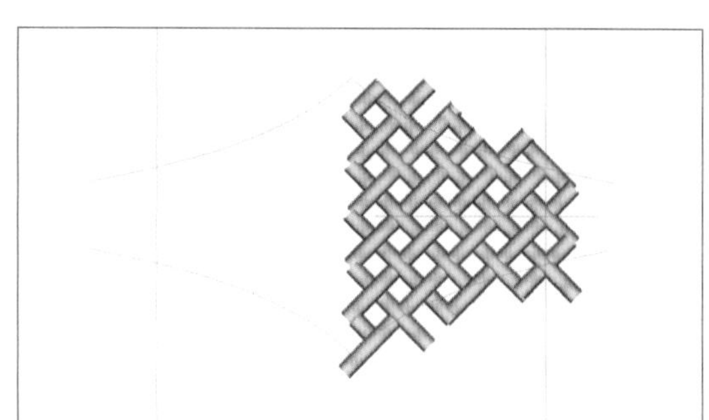
图3-3-66

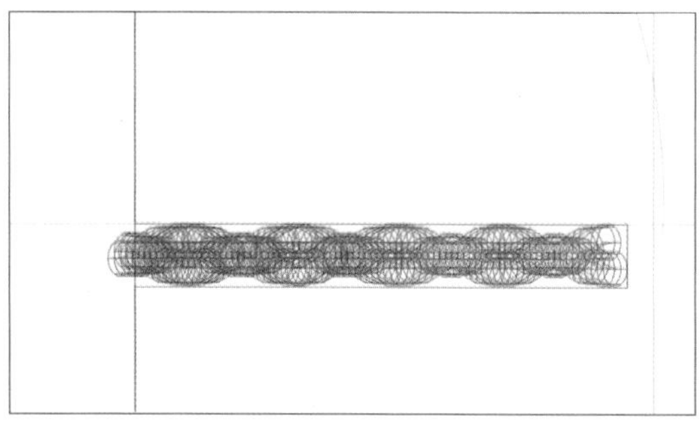
图3-3-67

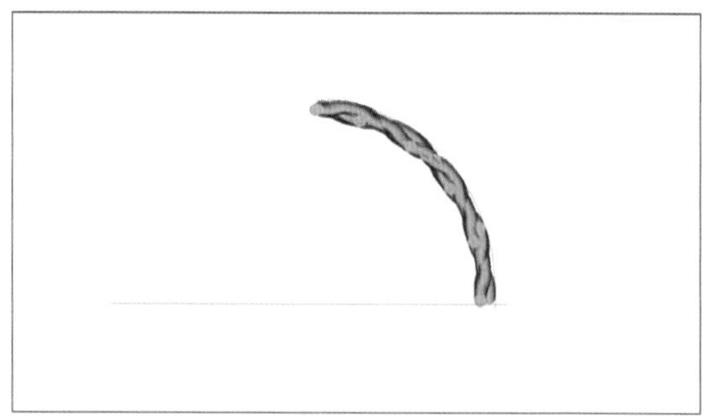
图3-3-68

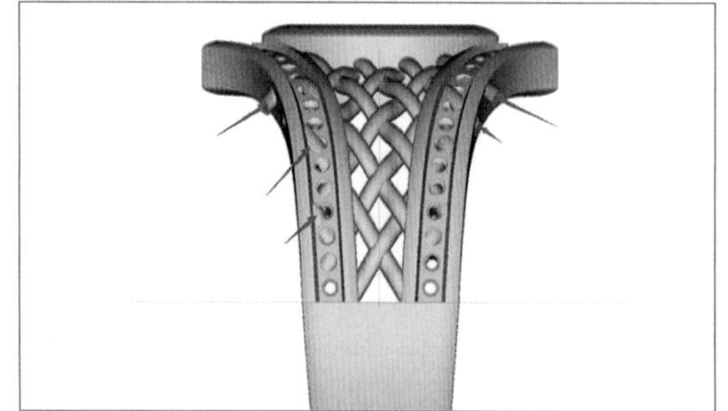
图3-3-69

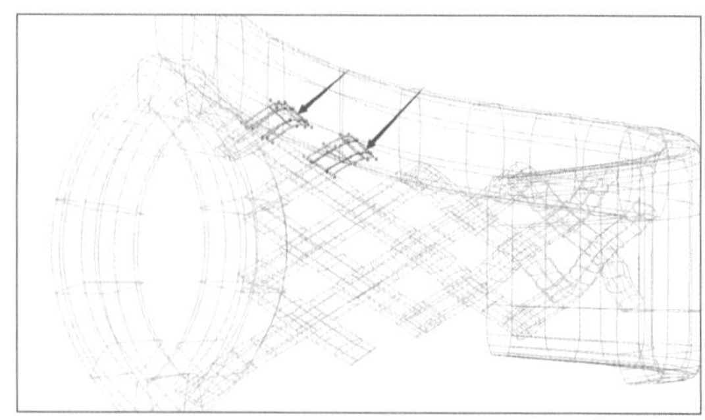
图3-3-70

图3-3-71

（64）对称复制所有物件，完成戒指造型，如图3-3-71。

（65）制作后期，抛光完毕后，对金属编织部位进行分色电镀G18K（黄），要求为厚金；戒指底部，按要求激光打标“LinJing520”，通过QC即可交付客户。

第四节　豪华女戒

本案例主要讲解：复杂花头设计与制作；镶口交叉错落层次调整制作；圆石桶位逼镶；梯方石担位逼镶；抹镶制作。

客户体态轻盈，纤纤细手，手寸偏小，为港度11号。应客户要求，定制一枚视觉效果较为华丽的戒指。

制作步骤如下：

（1）正视图，生成直径16mm、CV点数量为12的圆及3mm圆石，如图3-4-1。

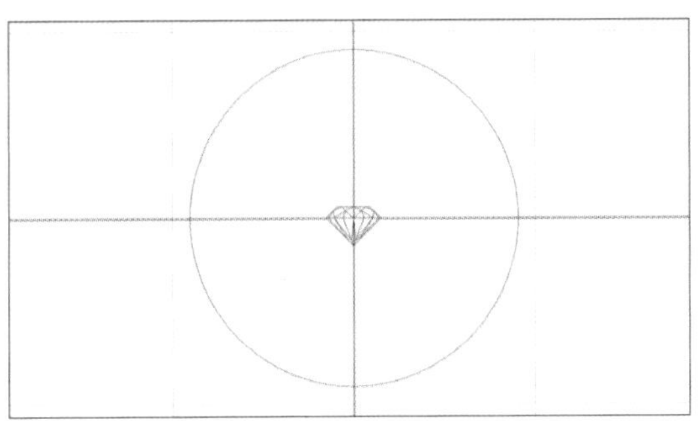
图3-4-1

（2）生成直径为1.55、0.725、0.40、0.225mm的辅助圆，分别控制包镶切面高度、宽度及吃入石距离等。依据辅助圆，制作适合3mm圆石的切面曲线。使用“纵向环形对称曲面”命令，将切面旋转成型，如图3-4-2。

（3）上视图，生成与镶口直径相等外围圆曲线，如图3-4-3。

（4）该圆向内偏移0.1mm，如图3-4-4。

（5）将向内偏移的圆向外偏移0.6mm，如图3-4-5。

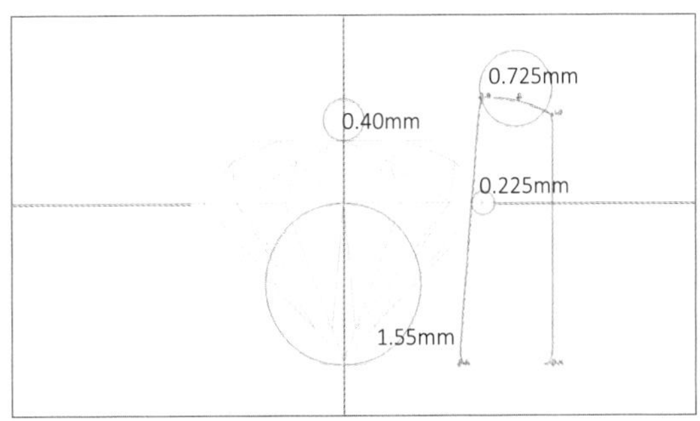

图3-4-2

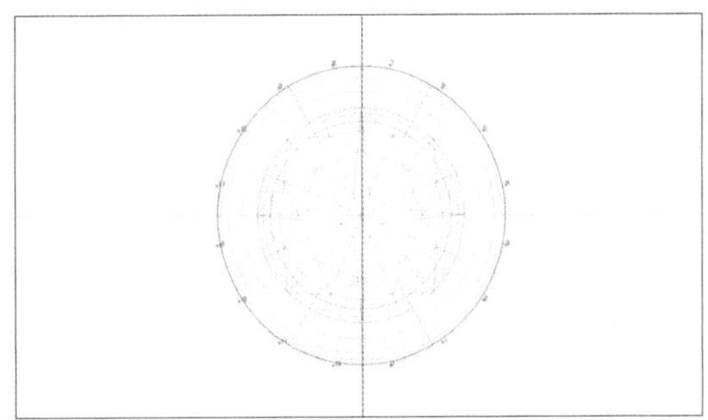
图3-4-3

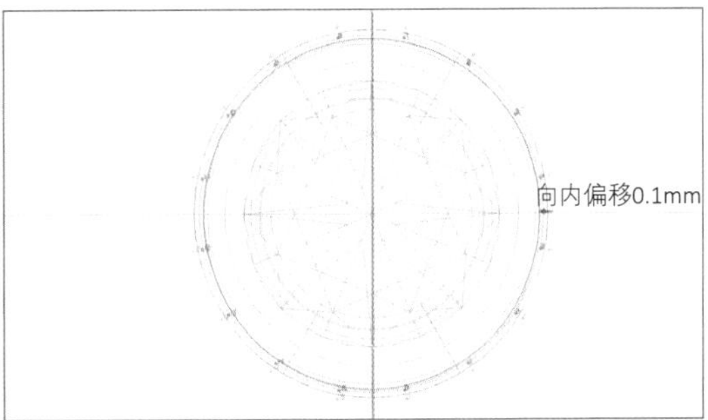

图3-4-4

（6）继续将圆曲线向外偏移1.5mm，如图3-4-6。

（7）使用“任意曲线”工具，沿横轴绘制直线，起点为内圆边缘并双击生成2个CV点，终点为外圆边缘也生成2个CV点；在中间圆曲线位置处双击生成2个CV点，如图3-4-7。

（8）正视图，生成直径0.8mm的辅助圆，继续编辑曲线并将其闭合，如图3-4-8、图3-4-9；使用“纵向环形对称曲面”命令，将切面旋转成型，如图3-4-10。

（9）上视图，使用“中间曲线”命令，生成步骤（4）、（5）中圆曲线的中间曲线，如图3-4-11。

（10）使用“曲线长度”命令，测量该曲线长度。本例中为14.547mm，如图3-4-12。

（11）正视图，生成直径14.547mm的圆，如图3-4-13。

（12）选择菜单“曲面—球体曲面”，系统默认生成直径2mm球体。使用菜单“变形—多重变形”命令，双击尺寸按键，确保仅尺寸栏

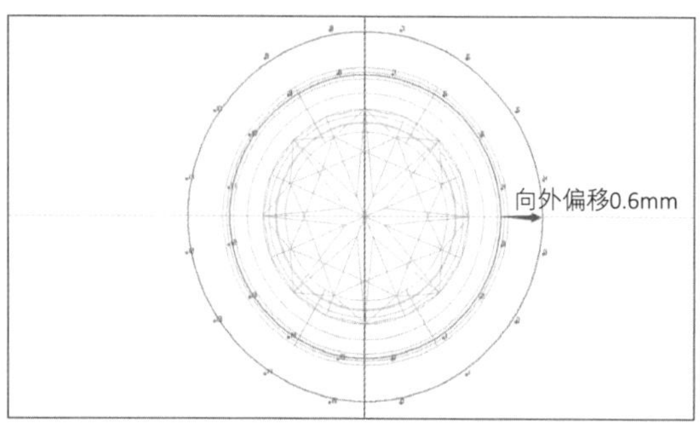

图3-4-5

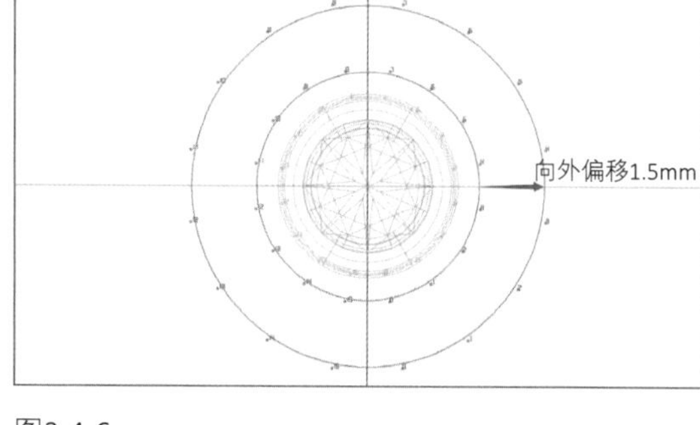

图3-4-6

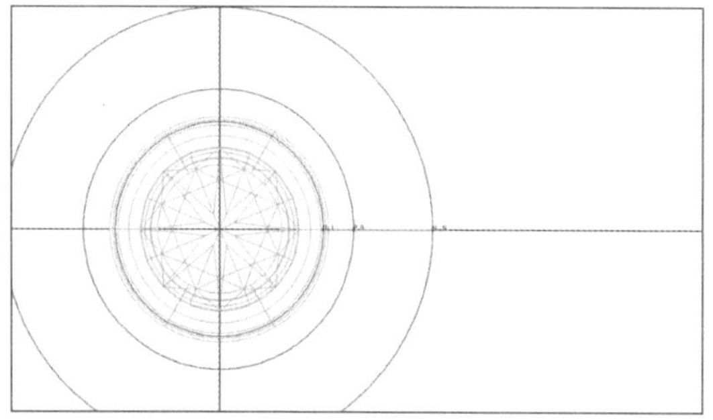
图3-4-7

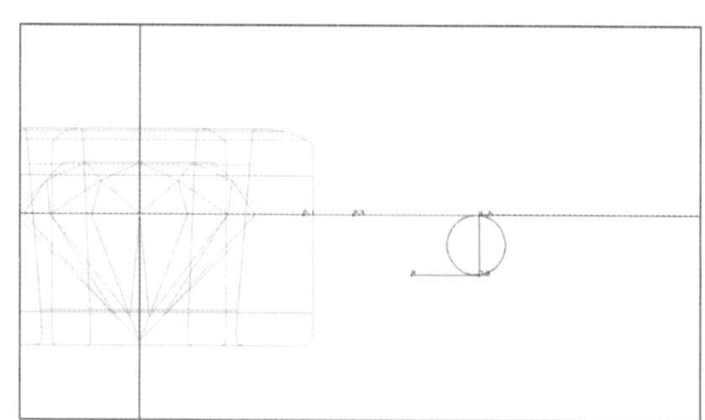
图3-4-8

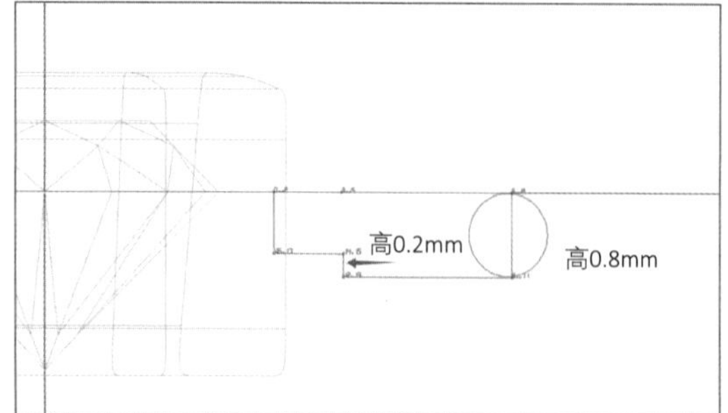

图3-4-9

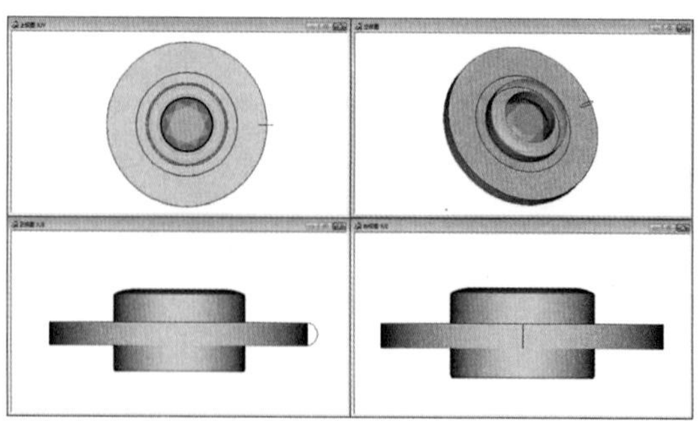
图3-4-10

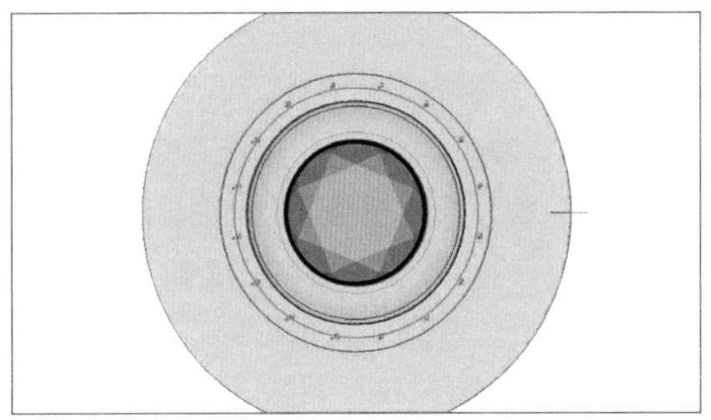

图3-4-11

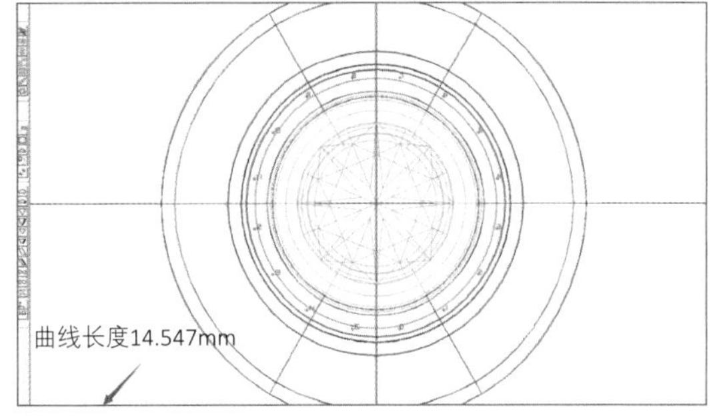

图3-4-12

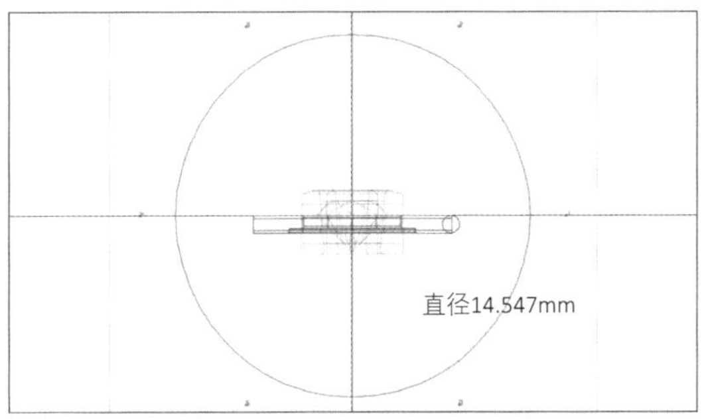

图3-4-13

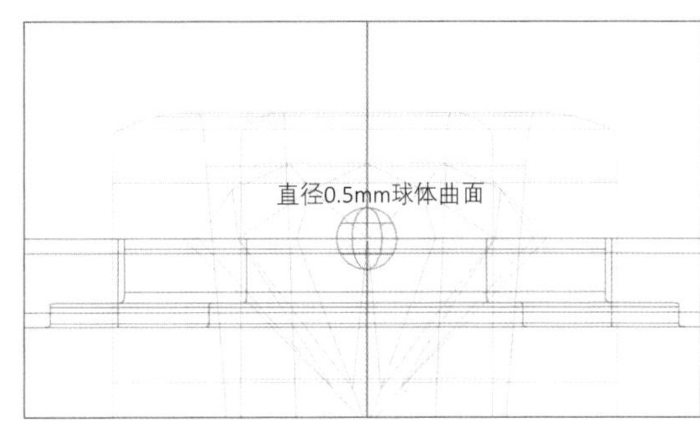

图3-4-14

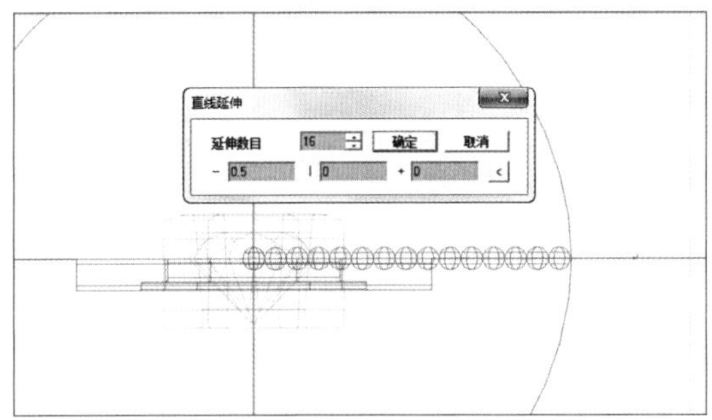

图3-4-15

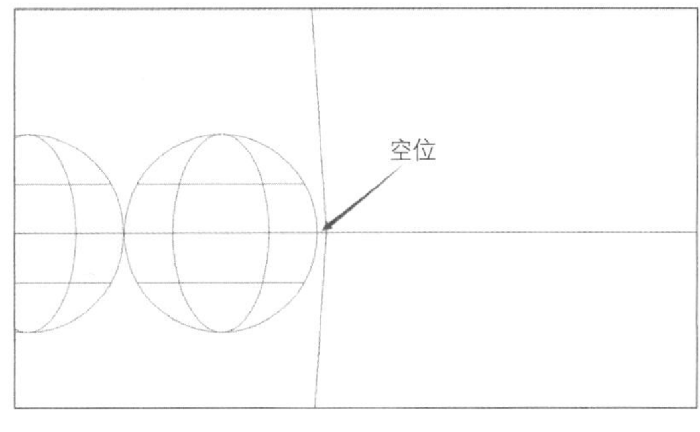

图3-4-16

为白色可输入状态，输入0.25。确定后，球体直径按比例收缩为0.5mm，如图3-4-14。

（13）使用“直线复制”命令进行复制，横向间距为0.5mm，延伸数目为16，如图3-4-15。

（14）放大画面进行观察。球体距离辅助圆还略微有微小差距，可选中除原球体外的所有复制出的球体，使用“尺寸”工具，按右键将其横向压缩，直至贴齐辅助圆，如图3-4-16、图3-4-17。

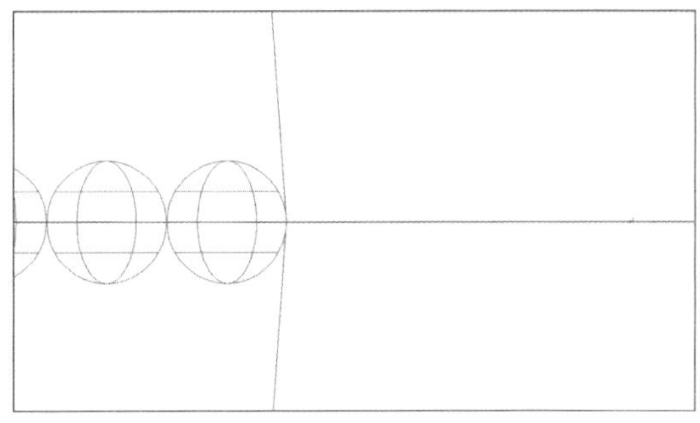

图3-4-17

（15）上视图，将全体球体定义为“不可变形”，使用“映射”命令将球体映射到中间曲线上，如图3-4-18。以下类似环节中，待映射物件均先定义为“不可变形”后，再行映射。

（16）继续生成步骤（5）、（6）圆曲线的中间曲线，如图3-4-19。

（17）同样测量该曲线长度并生成同数据辅助圆，如图3-4-20。

（18）生成1.3mm圆石，并制作相应适合数据的开孔物件，如图3-4-21。

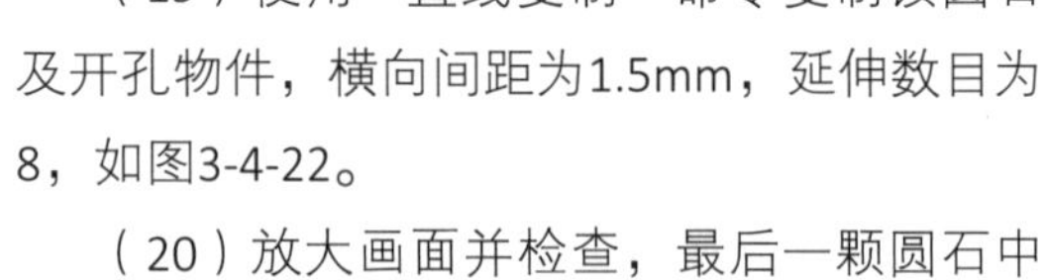

（19）使用“直线复制”命令复制该圆石及开孔物件，横向间距为1.5mm，延伸数目为8，如图3-4-22。

（20）放大画面并检查，最后一颗圆石中心并未对齐辅助圆边缘，如图3-4-23。

（21）可采取删除所有复制出的物件，重新直线延伸的方式进行调整。横向间距改为1.49mm，延伸数目为8，通过略微缩小石距的方式来排布下适合的圆石数量；该方法需要多次调整数值进行编排，请读者在遇到此类情况

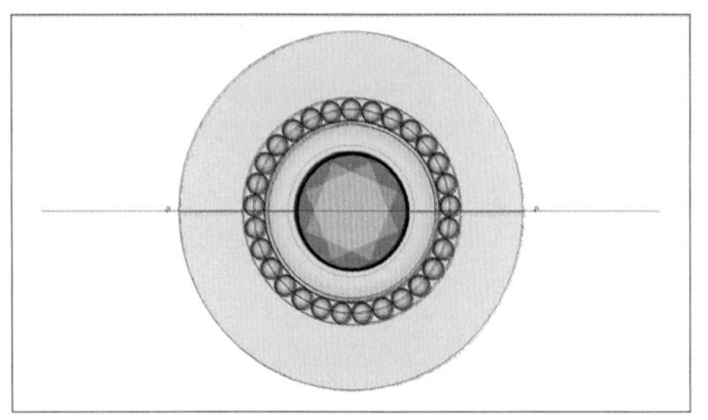

图3-4-18

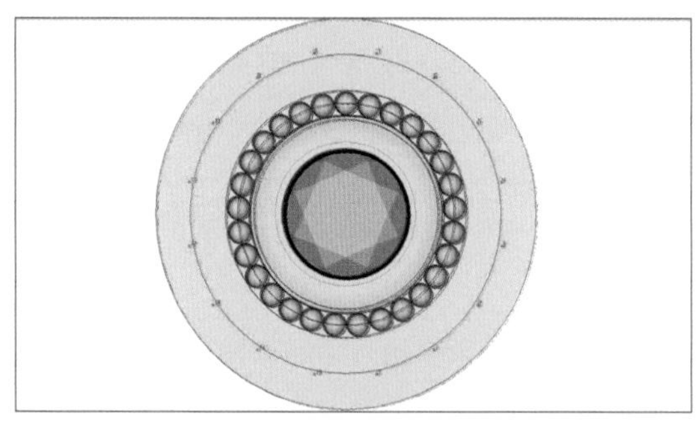

图3-4-19

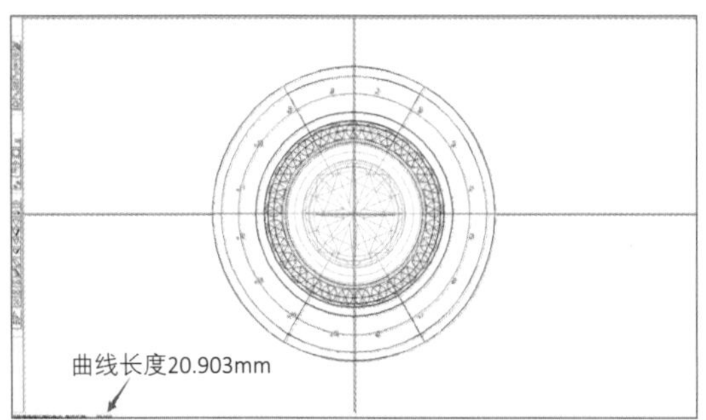

图3-4-20

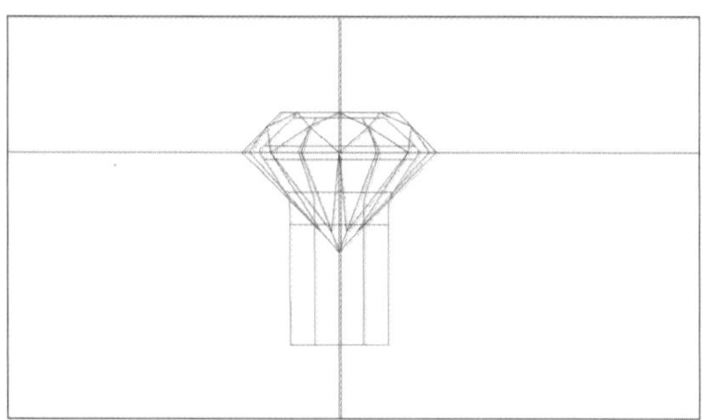

图3-4-21

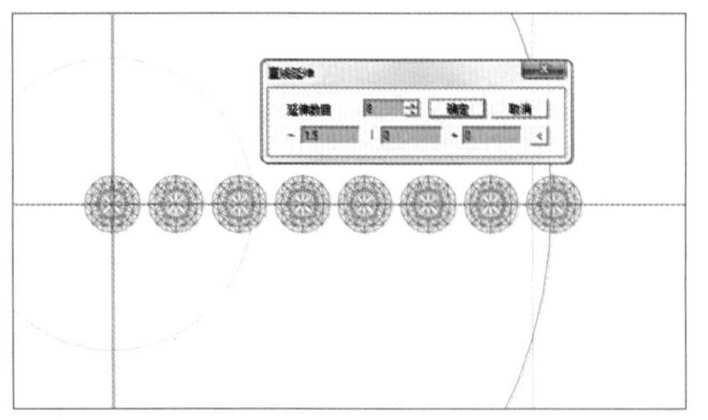

图3-4-22

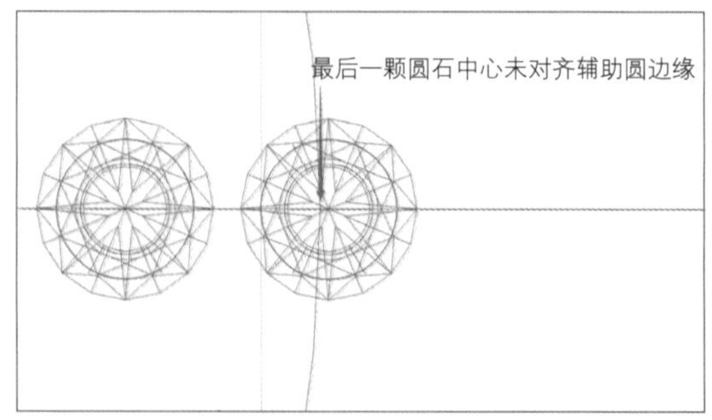

图3-4-23

时，多次调试数据，以取得合适效果，如图3-4-24。

（22）正视图，制作大小高低均适合圆石的直径0.5mm的圆钉，在上视图中上下对称布置于两石之间，吃入石0.15mm，如图3-4-25。

（23）上视图，将其直线复制7组，如图3-4-26。

（24）除去原石及开孔物件外，所有复制出的物件左右对称复制，如图3-4-27。

（25）反选左边第一组爪与宝石以及右边第一组爪，映射到步骤（17）中间曲线上。使得映射距离等于完整石位，保持映射后的排石完整，而不会出现宝石重叠现象，如图3-4-28至图3-4-30。

（26）完成中心部造型及排石，如图3-4-31。

（27）将步骤（6）曲线向内偏移0.1mm，以保证后期造型与此物件相交，如图3-4-32。

（28）继续将偏移出的曲线向外偏移2.9mm。2.9mm=0.6mm内光金边+1.3mm圆石+0.7mm外光金边（0.6mm光金边+0.1mm外部

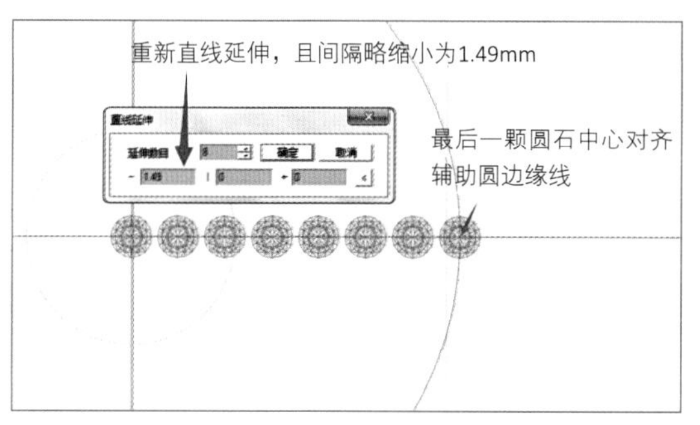

图3-4-24

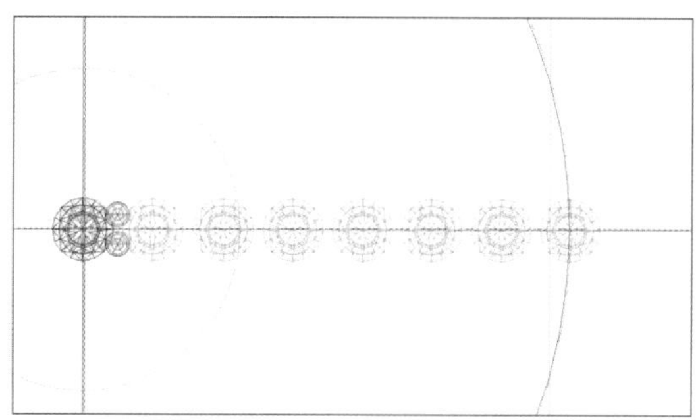
图3-4-25

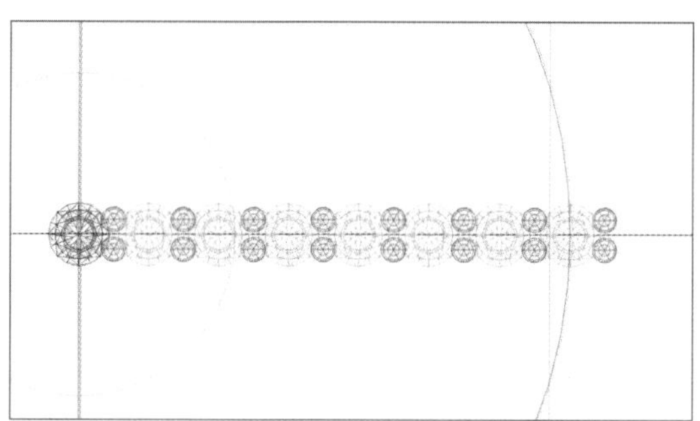
图3-4-26

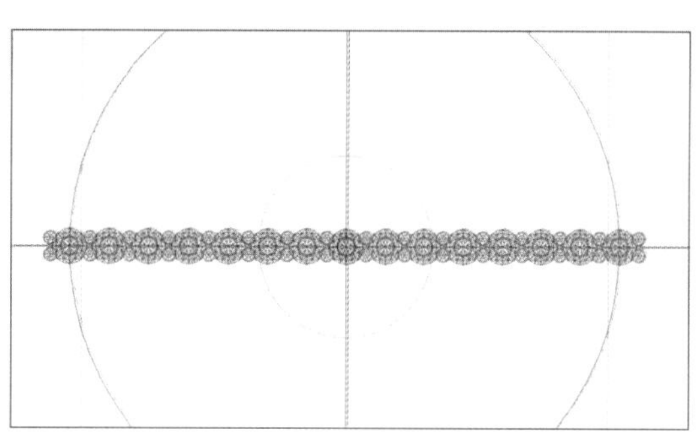
图3-4-27

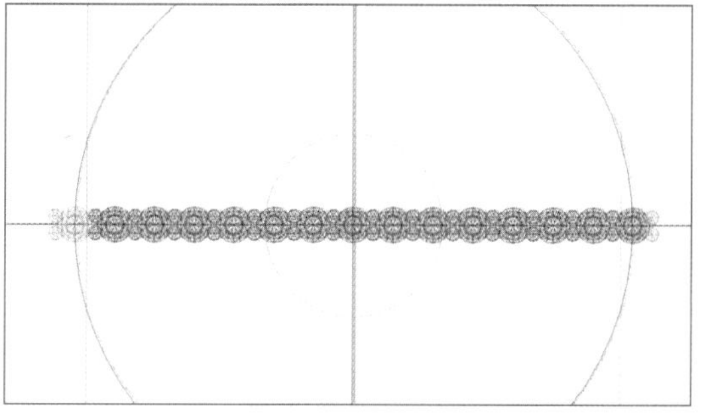
图3-4-28

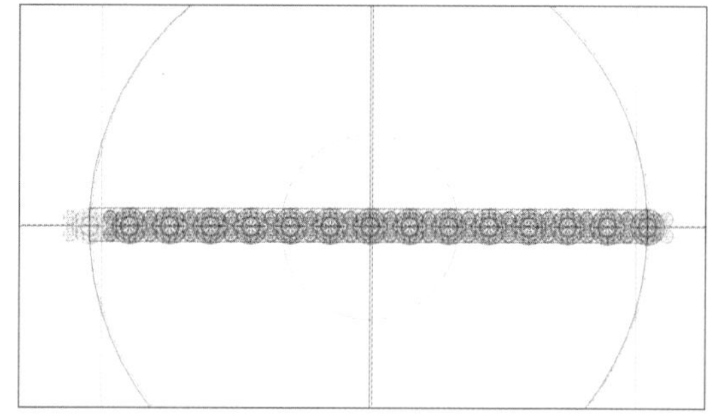
图3-4-29

执模），如图3-4-33。

（29）上视图，生成直径26mm的辅助圆，用于控制戒指整体长度，如图3-4-34，绘制曲线。曲线稍进入圆盘，确保后期成体后两两相交。曲线收尾处弯位放入一粒1.3mm圆石用于控制弯弧位置大小，确保后期该位置能够放置下1.3mm圆石镶口。

（30）如图3-4-35，绘制外曲线，可放入直径2.5mm的辅助圆用于控制间距。

（31）左右对称复制曲线后，在曲线相交处放置1.3mm圆石并绘制左右对称曲线。该曲线吃入石0.15mm（后期该出镶嵌方式为爪逼镶，石应吃入光金0.15mm），且圆石距离曲线0.15mm，如图3-4-36。

（32）曲线向外偏移2.3mm，放入直径2.1mm的辅助圆用于调整曲线整体距离与造型，如图3-4-37。

（33）上下对称复制曲线与辅助圆石，如图3-4-38。

（34）正视图，生成直径2.9mm与1.0mm

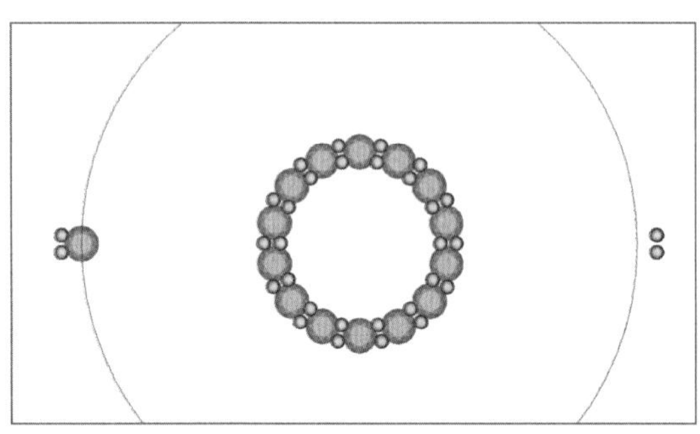
图3-4-30

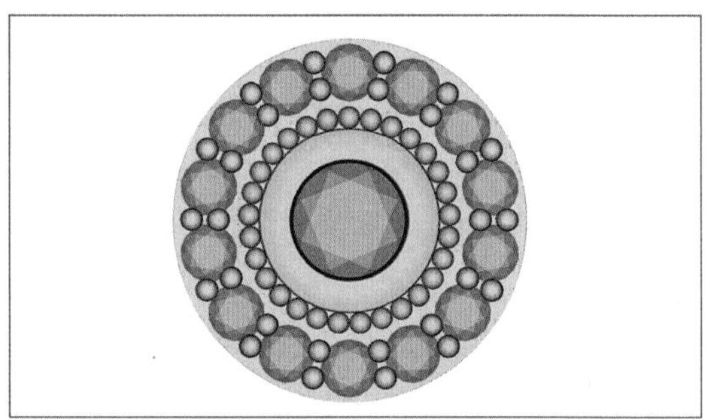
图3-4-31

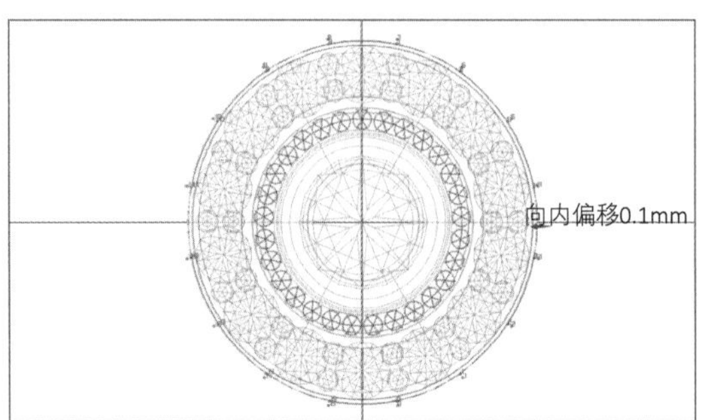

图3-4-32

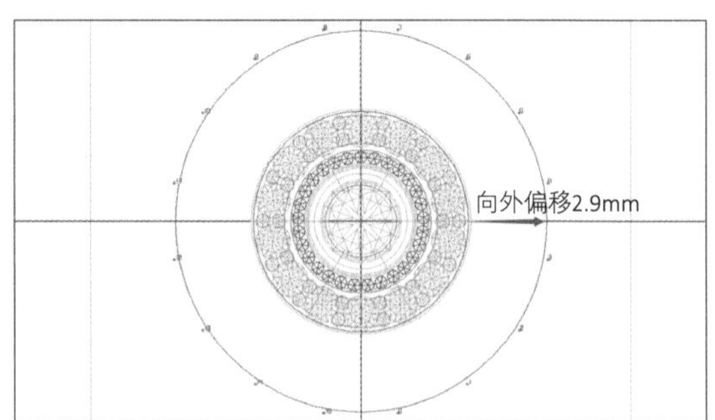

图3-4-33

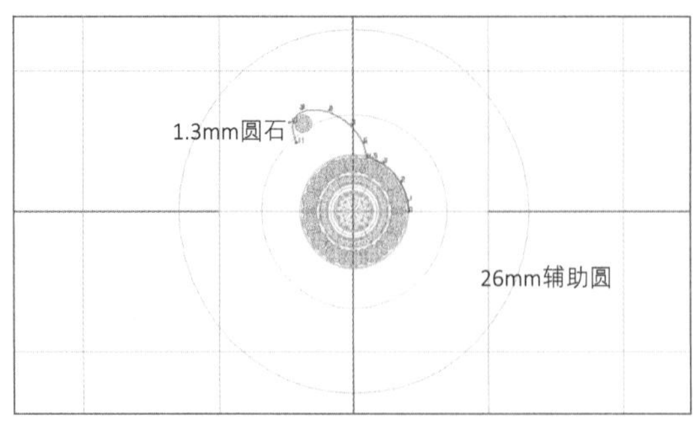

图3-4-34

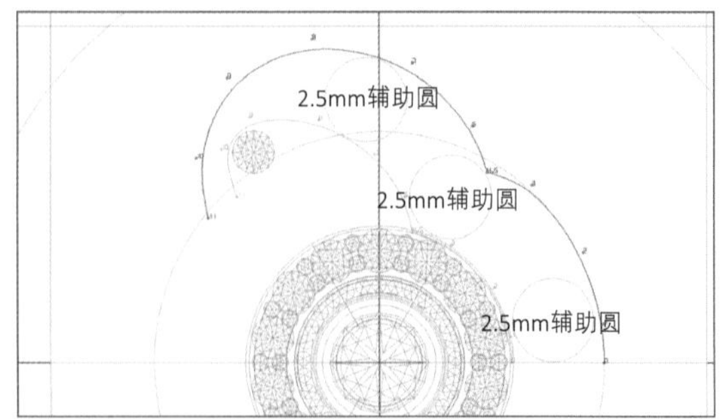

图3-4-35

的辅助圆，绘制如图3-4-39的切面。

（35）原地复制该切面，拖动其CV点，拉成矩形切面，如图3-4-40。

（36）判断步骤（30）、（31）左曲线，相应调整切面朝向，使用导轨曲面命令：双导轨、不合比例、多切面，切面量度向下；0～8号CV点使用“L”形切面，9号及以上CV点使用矩形切面，如图3-4-41、图3-4-42。本

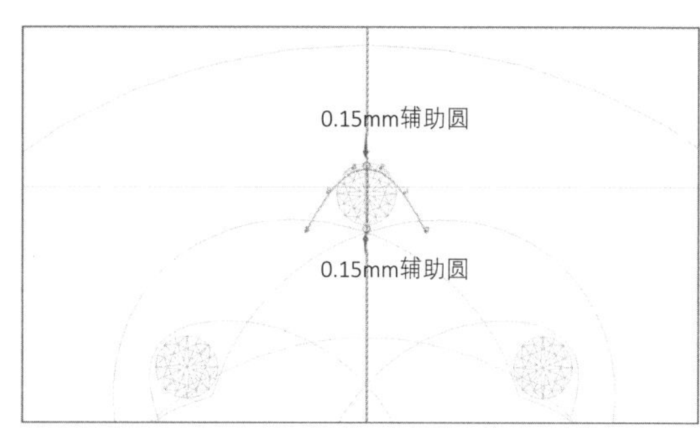

图3-4-36

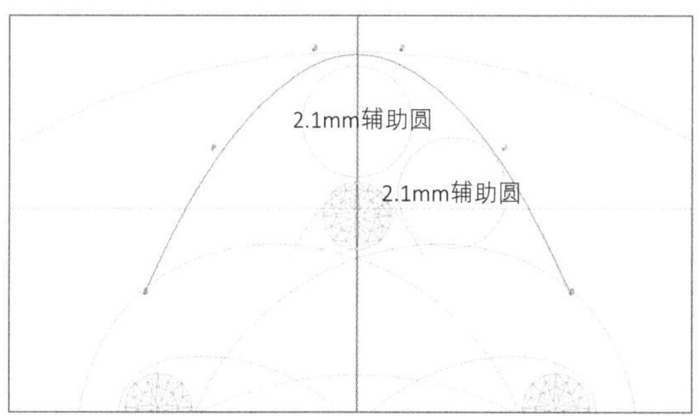

图3-4-37

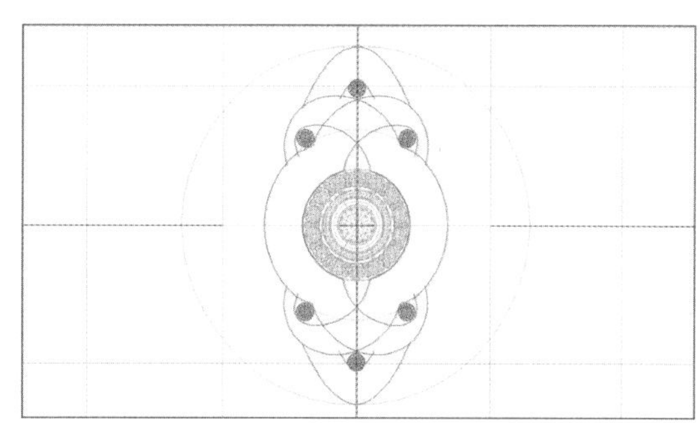
图3-4-38

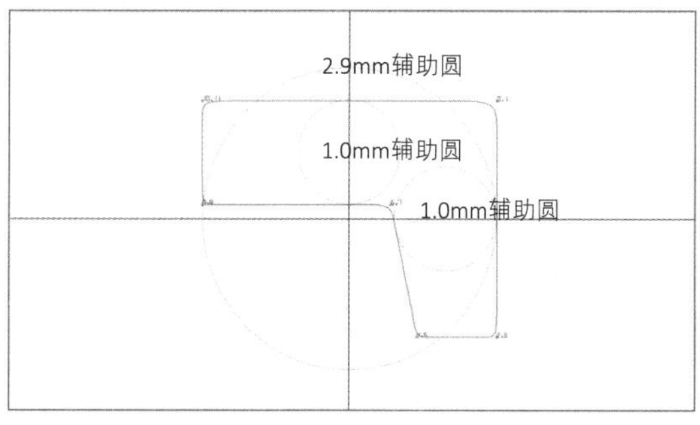

图3-4-39

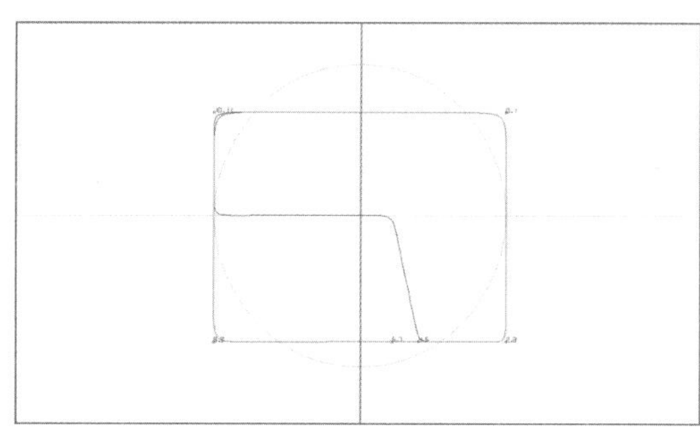
图3-4-40

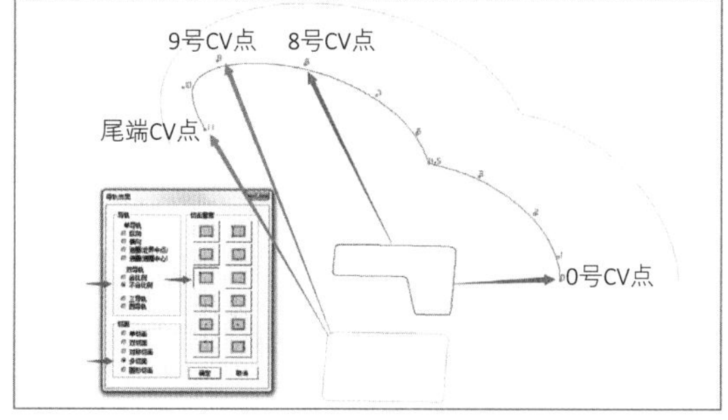

图3-4-41

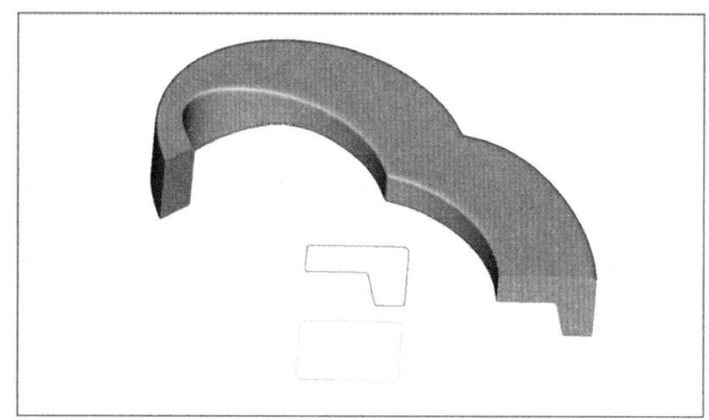
图3-4-42

环节所有导轨曲面成型前，均应复制隐藏其导轨线，留待后面步骤使用。

（37）上视图，左右对称复制，如图3-4-43。

（38）展示其中一条丝带实体CV点，选中其相交部分的上部CV点，向上拖动0.5mm的高度差，并调顺附近的上部CV点，如图3-4-44。

（39）右视图、正视图，将丝带两端CV点逐一垂直下移，使得丝带呈现高低位变化，如图3-4-45。

（40）如图3-4-46，选中两条丝带的上部外侧全体CV点。右视图，使用“多重变形”工具将其向下移动0.3mm，拉出丝带斜位，使得丝带造型不扁平化，有高低斜位，如图3-4-47。

（41）使用“旋转180°复制”工具复制丝带，如图3-4-48。

（42）参照步骤（35），绘制如图3-4-49的切面。

（43）生成戒指顶部实体，如图3-4-50。

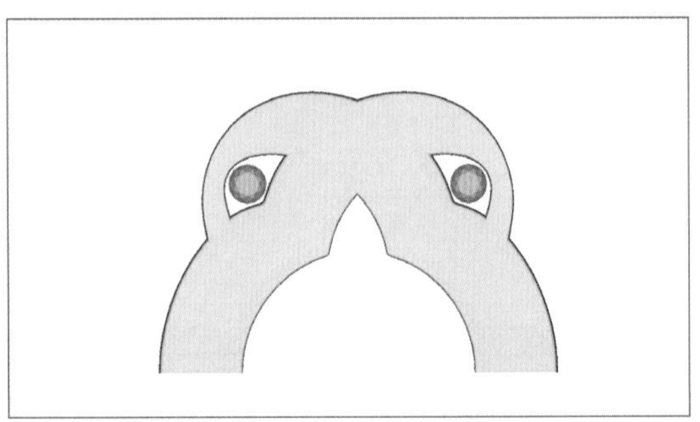

图3-4-43

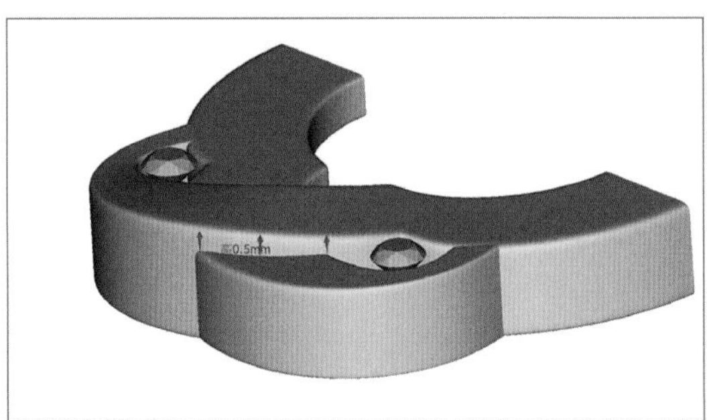

图3-4-44

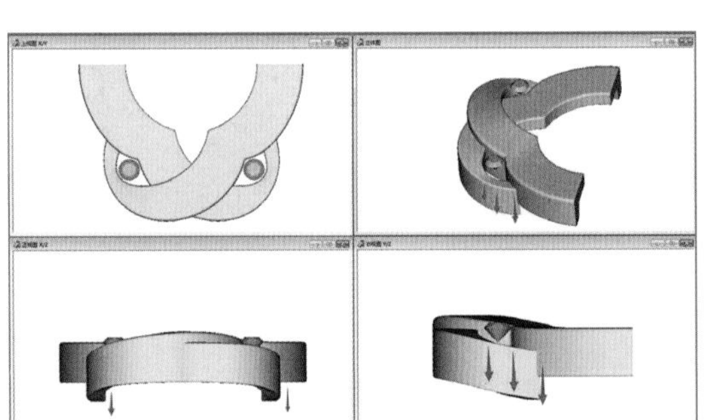

图3-4-45

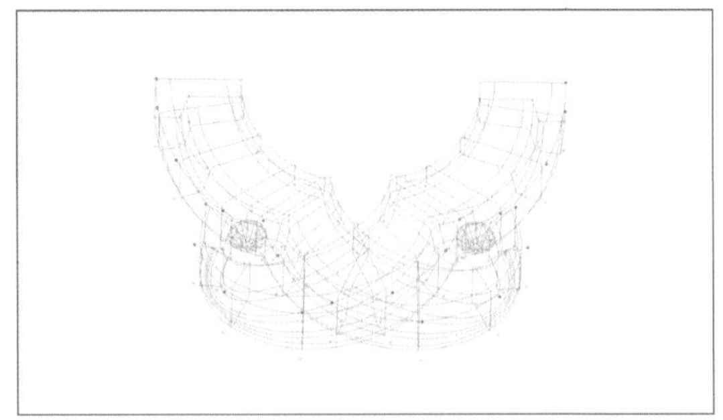

图3-4-46

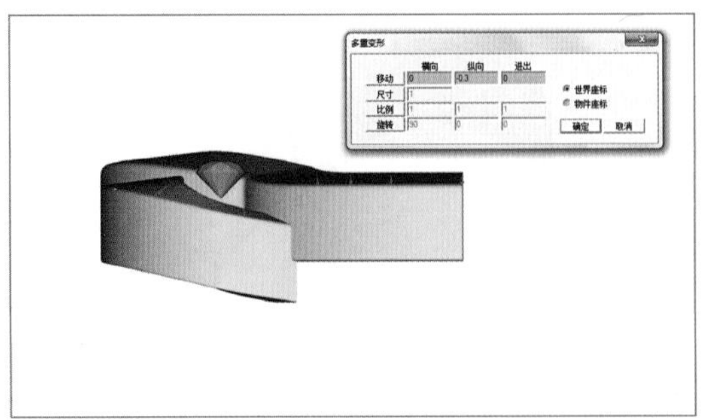

图3-4-47

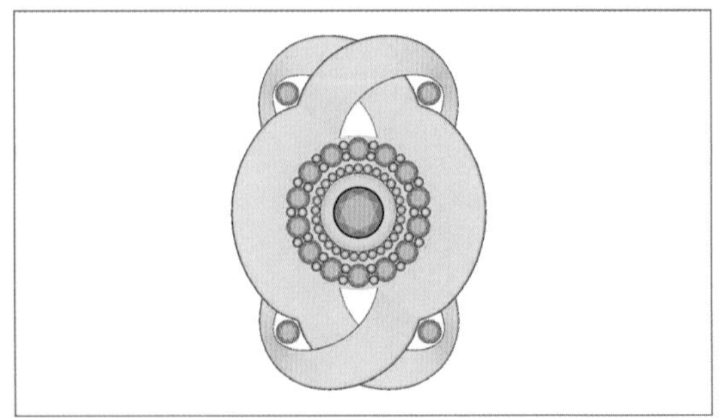

图3-4-48

（44）正视图，将内圆曲线向外偏移1.7mm，并调整成圆顺型外圈。其底部距离可收小到1.5mm，如图3-4-51。

（45）绘制半臂曲线，如图3-4-52。

（46）上视图，生成2mm圆石，移动至戒臂处，将曲线垂直上移1.5mm并上下对称复制，如图3-4-53。

（47）曲线各自向外偏移出0.1mm作为执模留出的余量，如图3-4-54。

（48）右视图，复制曲线并移动至吃入石0.2mm位置，如图3-4-55。

（49）生成步骤（48）、（49）中间曲线，如图3-4-56。

（50）正视图，将该中间曲线调整至贴合内圈，如图3-4-57。

（51）使用“导轨曲面”命令：三导轨、单切面、切面量度向下，生成实体，如图3-4-58。

（52）正视图，贴合实体边缘绘制曲线，

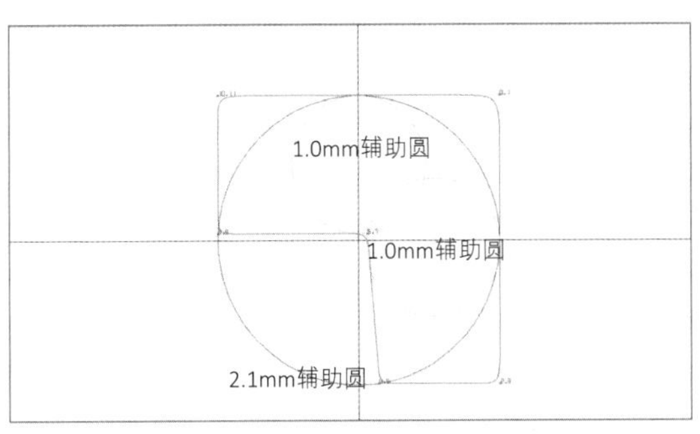

图3-4-49

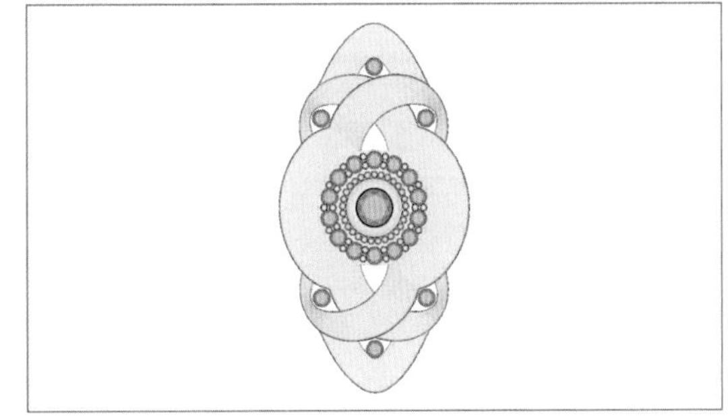
图3-4-50

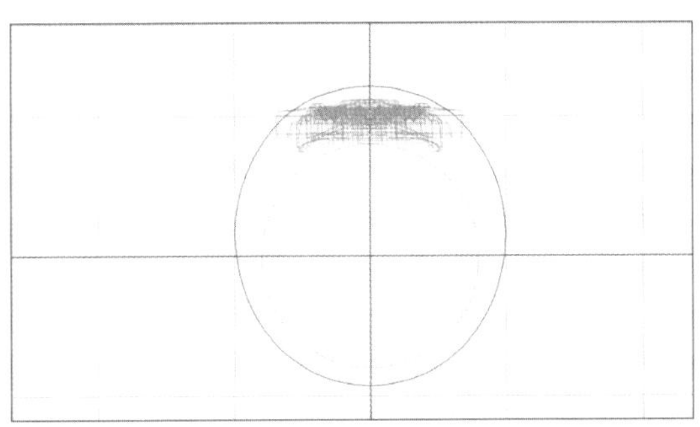
图3-4-51

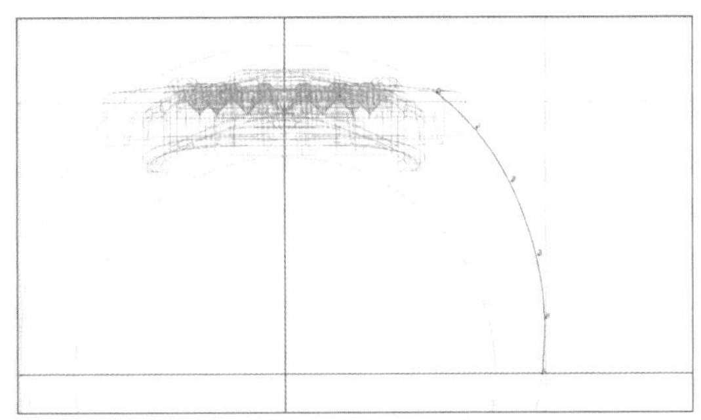
图3-4-52

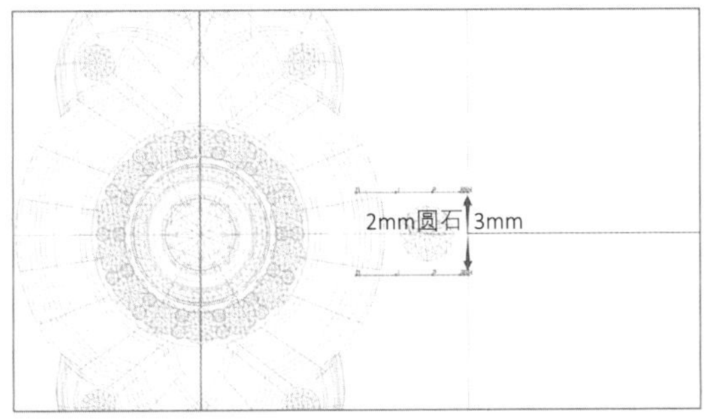

图3-4-53

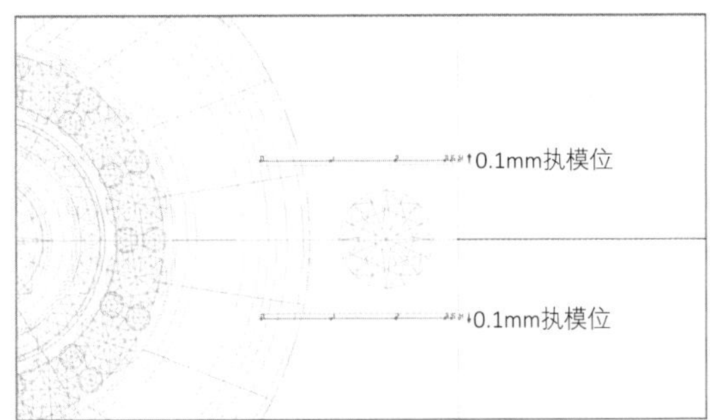

图3-4-54

注意曲线头尾与长度，曲线头部应不进入戒指花头与戒臂相交范围，曲线尾部可与戒臂中部保持一定距离，如图3-4-59。

（53）上视图，使用“尺寸”工具将曲线单向压缩贴合到横轴线上。计算其长度并在正视图生成相应辅助圆，如图3-4-60。

（54）正视图，在1.9mm距离内绘制0.75mm高、0.65mm宽的矩形切面，并将其旋转成型，如图3-4-61。

（55）生成2mm圆石，将镶口下移0.5mm，如图3-4-62。

（56）宝石与镶口整体下移0.15mm，如图3-4-63。

（57）直线复制出4组，如图3-4-64。

（58）将其移回辅助圆范围内，并保持对称，如图3-4-65。

（59）将宝石及镶口映射到线条上，如图3-4-66。

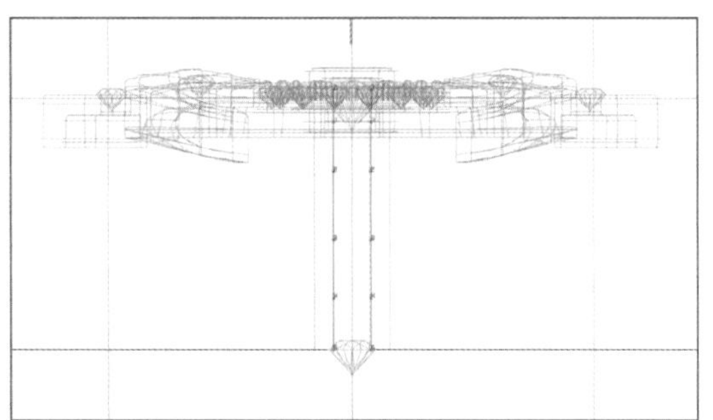

图3-4-55

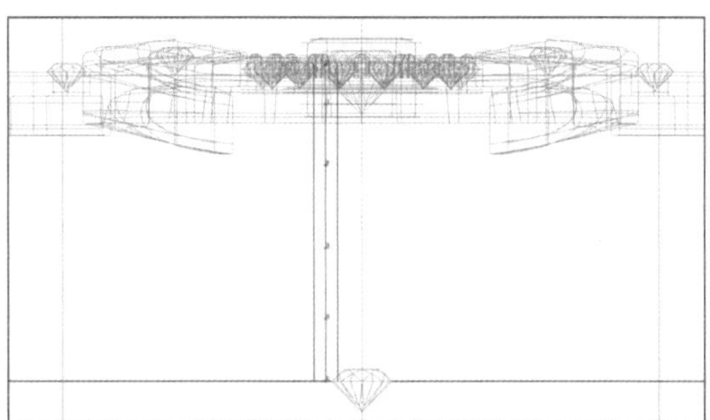

图3-4-56

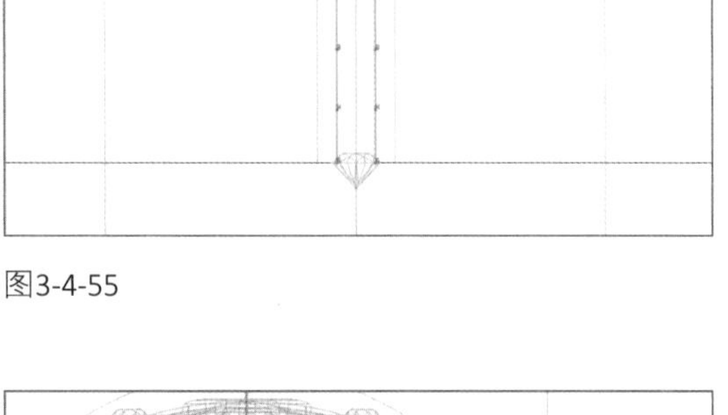

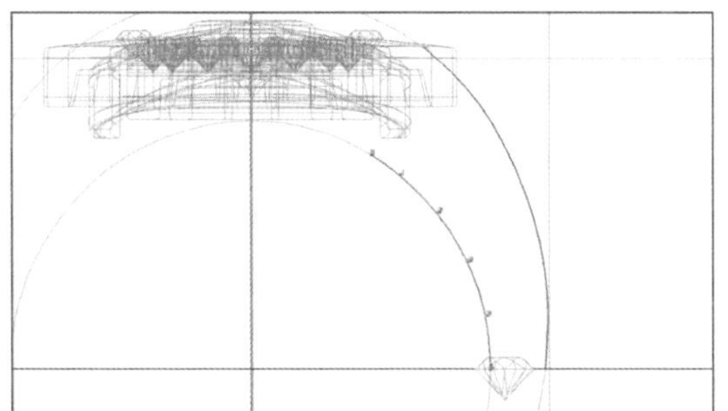

图3-4-57

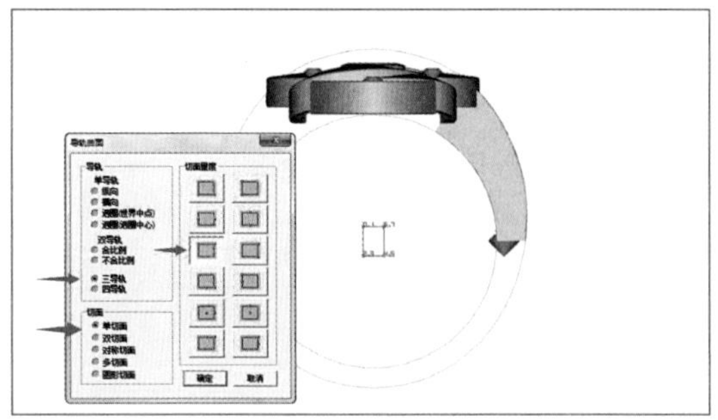

图3-4-58

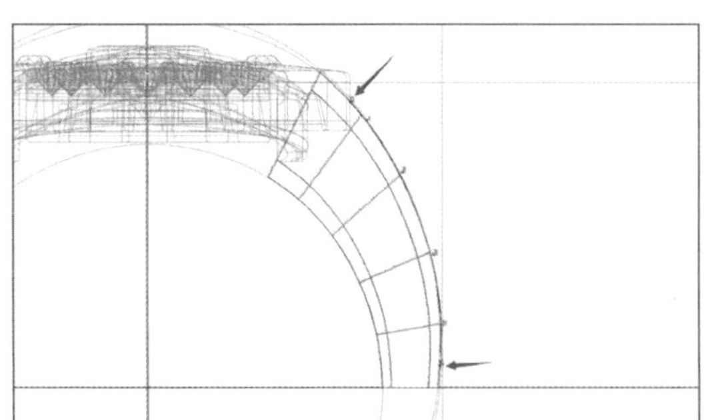

图3-4-59

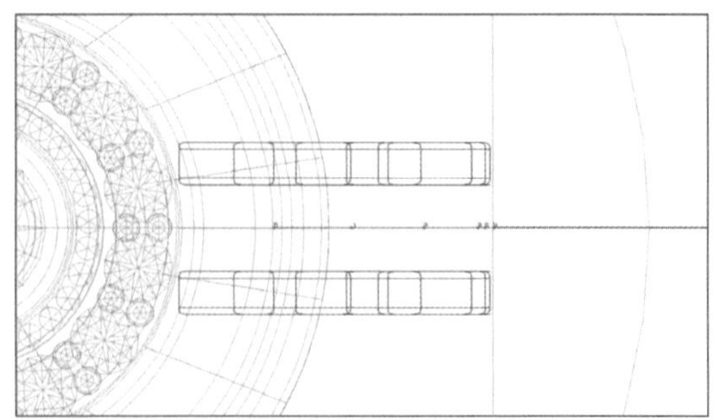

图3-4-60

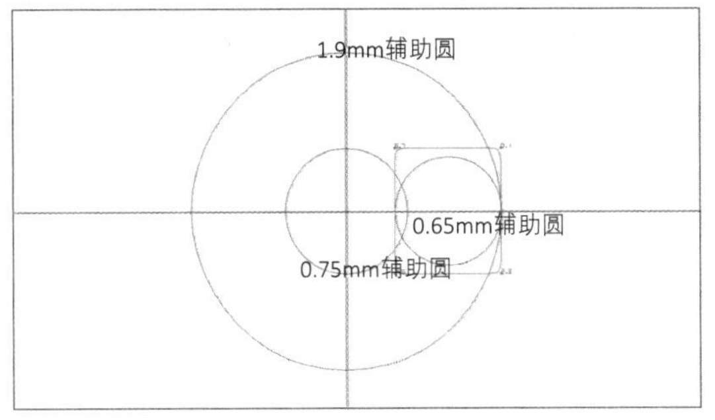

图3-4-61

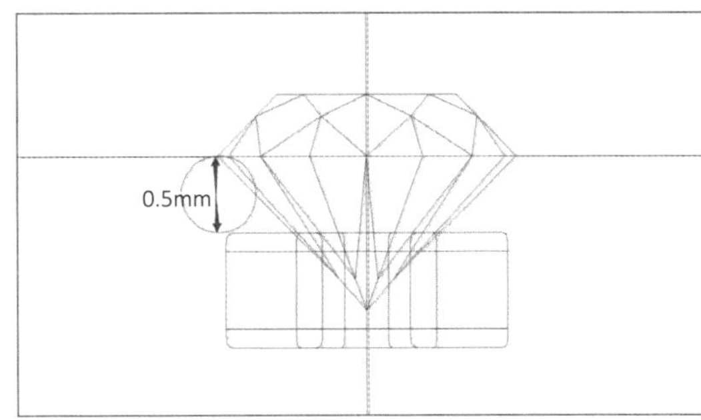

图3-4-62

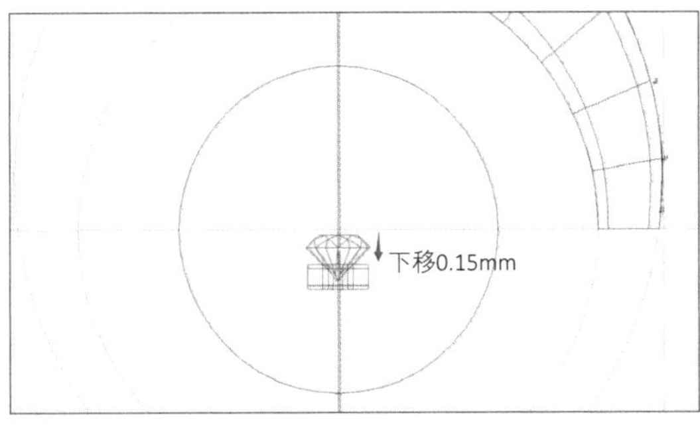

图3-4-63

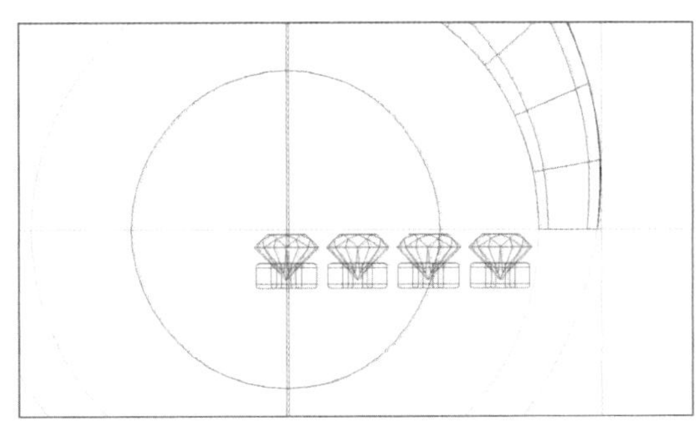
图3-4-64

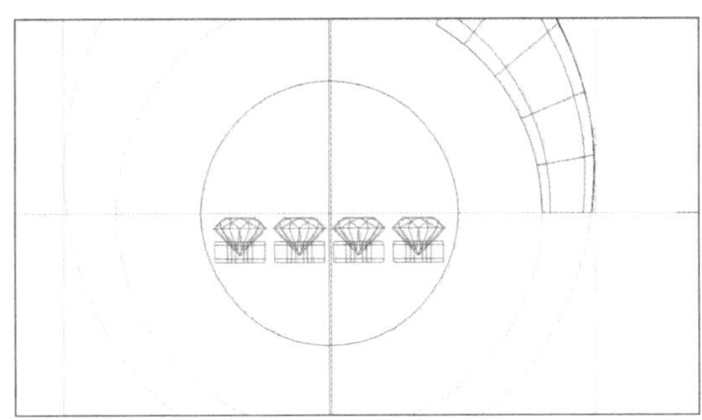
图3-4-65

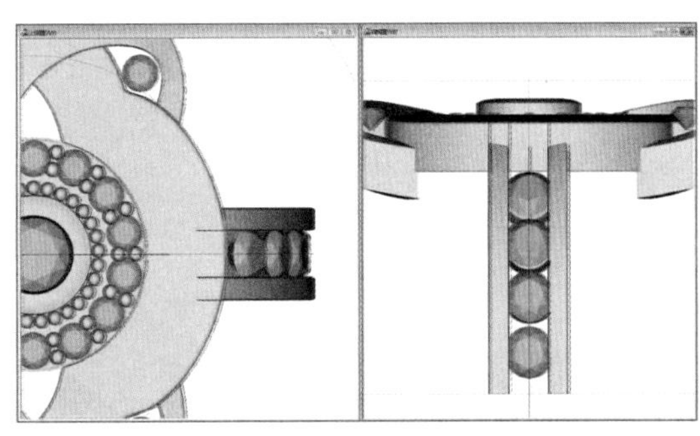
图3-4-66

（60）展示步骤（47）、（48）预先复制的导轨曲线，制作0.2mm的矩形切面，导轨命令生成厚0.2mm的金属边，以便于后期镶嵌师在金属上进行敲击迫镶时使用，所有逼镶款，若后期是采取手镶的方式，都应该在逼镶位置留出约0.2mm的敲打边；若后期是采用蜡镶的方式，则无须增加，如图3-4-67、图3-4-68。

（61）以上步骤（52）～（60），是采取逼镶2mm圆石的桶位制作方法。

注：桶位制作法，是在每个逼镶石头底下放一个镶口，即桶位，其作用一是起到加固两侧金属边的横梁作用；二是准确定位石头，使得后期镶石师能够准确地把石头放在固定位置上。

接下来的环节，更改为担位逼镶制作，与以上的桶位制作所不同，直接使用横梁（担）加固两侧金属边的方法。这些加入的横担，根据两侧金属边的厚、薄度不同，稍有大小及距离石的关系变化，需要读者参照数据表自行调整。

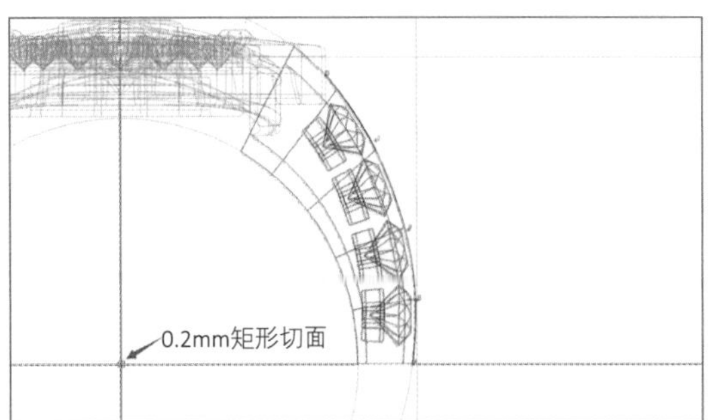

图3-4-67

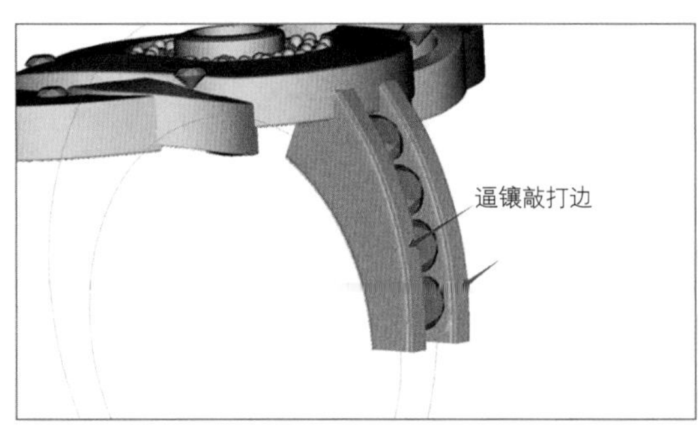

图3-4-68

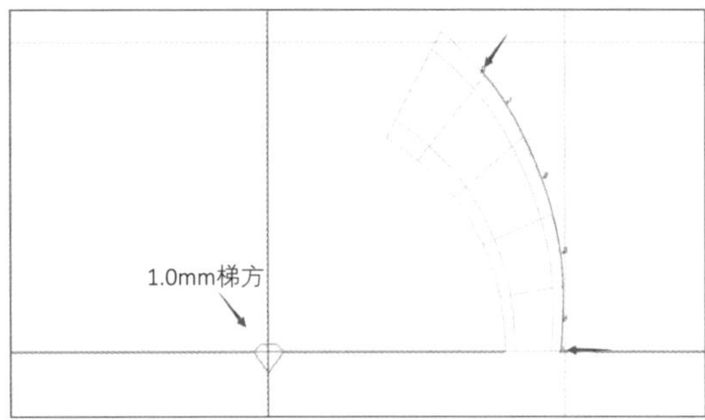

图3-4-69

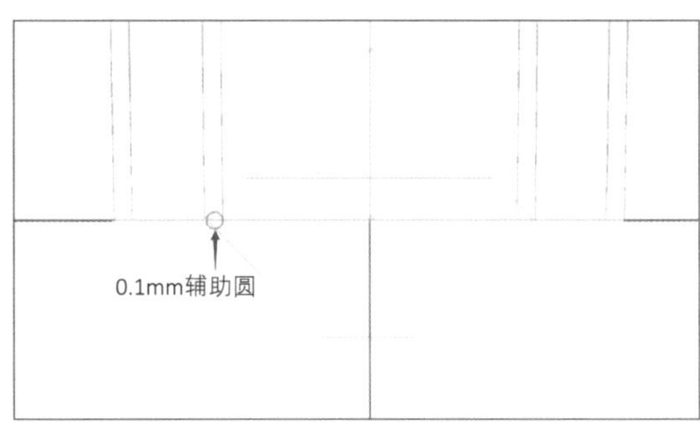

图3-4-70

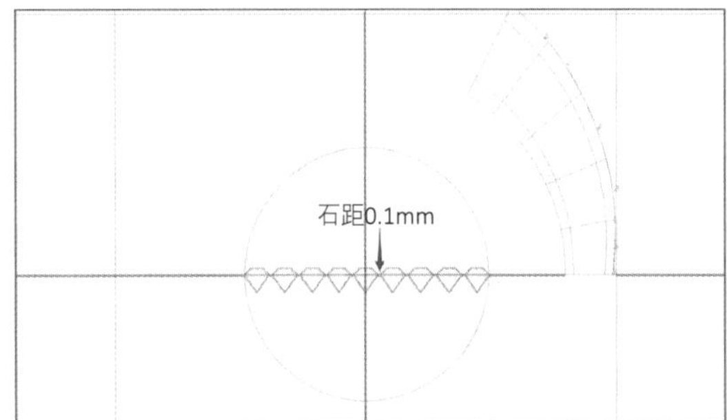

图3-4-71

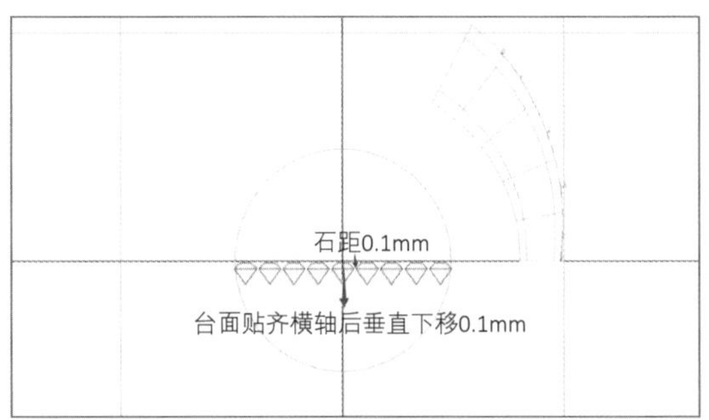

图3-4-72

（62）正视图，生成梯形钻石，系统默认梯形钻石大小为2mm×1mm。

（63）参照步骤（52）、（53）绘制戒臂中间曲线，如图3-4-69。

（64）右视图，展示左侧逼镶物件CV点，选中其右侧所有CV点向右平移0.1mm。并同样调整右侧逼镶物件，如图3-4-70。

（65）正视图，测量曲线长度，生成辅助圆。直线复制梯形钻石，石距为0.1mm，如图3-4-71。

（66）全部梯石台面贴齐横轴后垂直下移0.1mm，如图3-4-72。

（67）将梯石映射到曲线上，如图3-4-73。

（68）选中逼镶边底部内侧CV点，分别向内移动约0.3mm，形成斜边，起到托石的作用，如图3-4-74。

（69）绘制如图3-4-75的梯形担位切面。上边宽0.55mm，下边宽0.65mm，高0.65mm；此梯形切面数据均采取最小值，在实际制作过程中，可依据实际空间大小，自行调大处理。

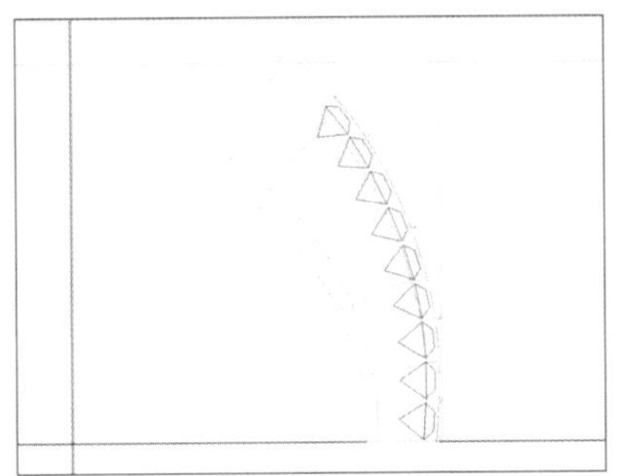

图3-4-73

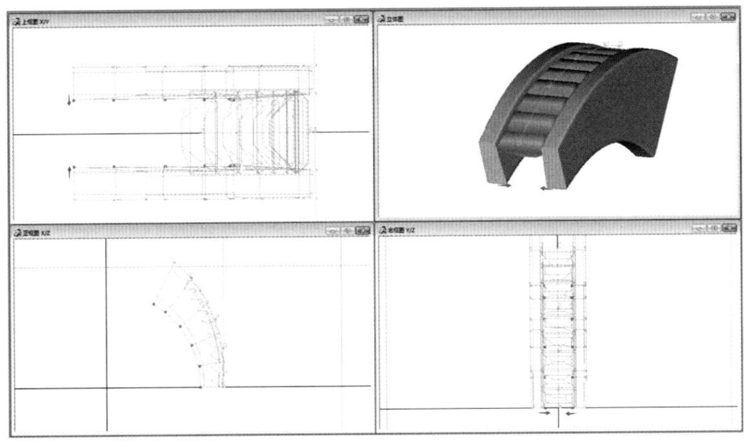

图3-4-74

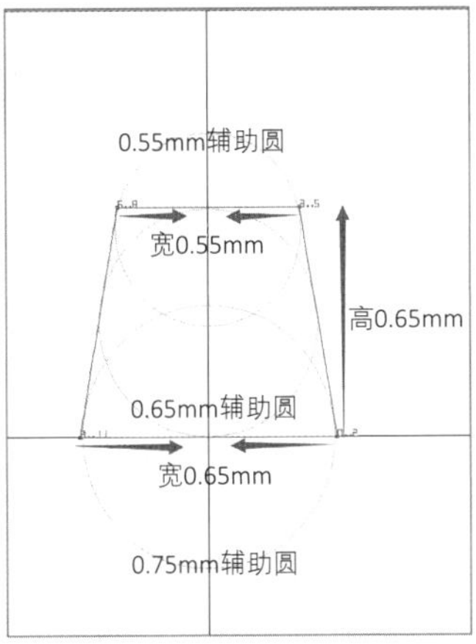

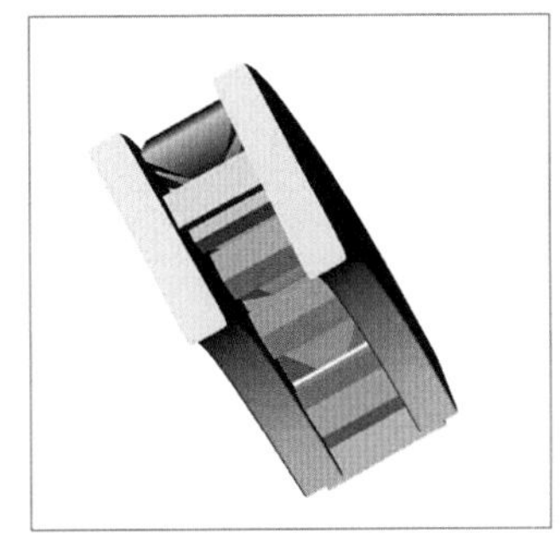

图3-4-75

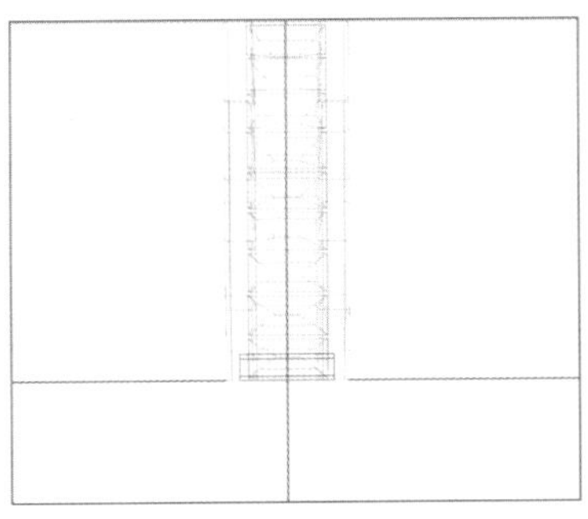

图3-4-76

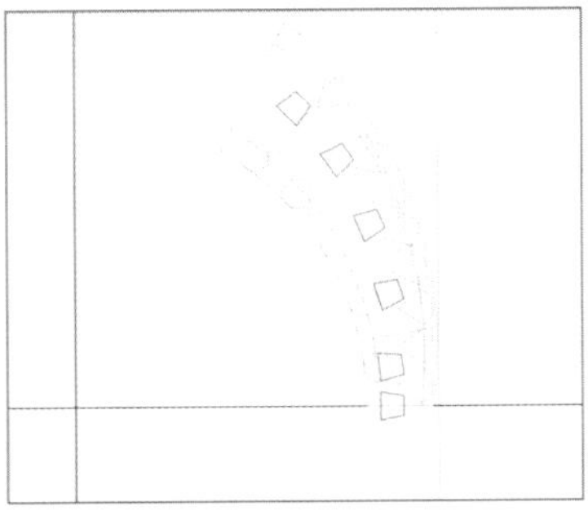

图3-4-77

图3-4-78

（70）直线延伸曲面，将梯形切面延伸成体。两端吃入逼镶边即可，如图3-4-76。

（71）将横担物件不断原地复制并移动进行排布。横担距石最小间距为0.1mm，如图3-4-77、图3-4-78。

（72）同样依据逼镶边宽增加两条0.2mm厚度敲打边，如图3-4-79。

（73）正视图，绘制如图3-4-80曲线。

图3-4-79

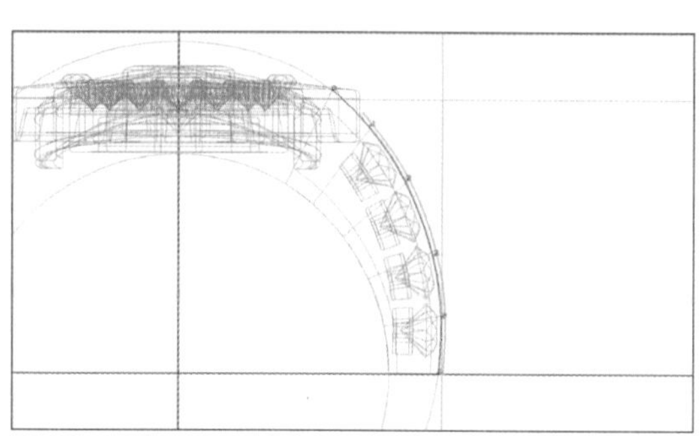
图3-4-80

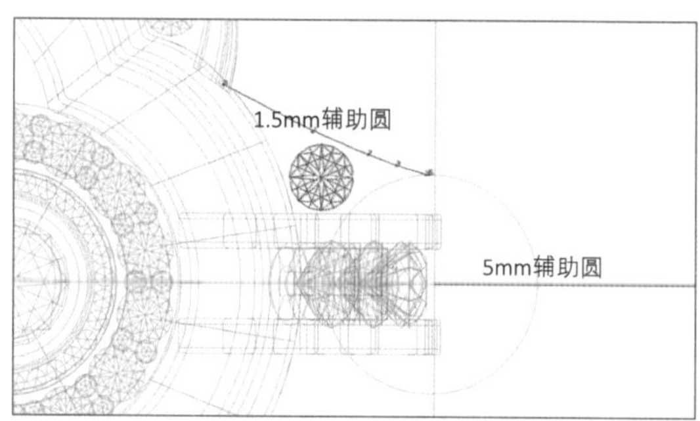

图3-4-81

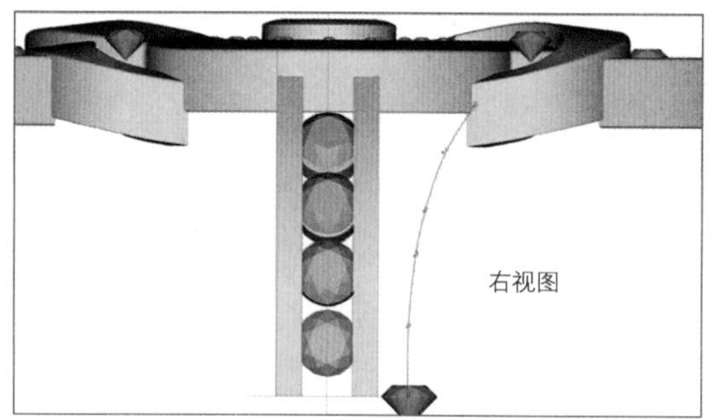

图3-4-82

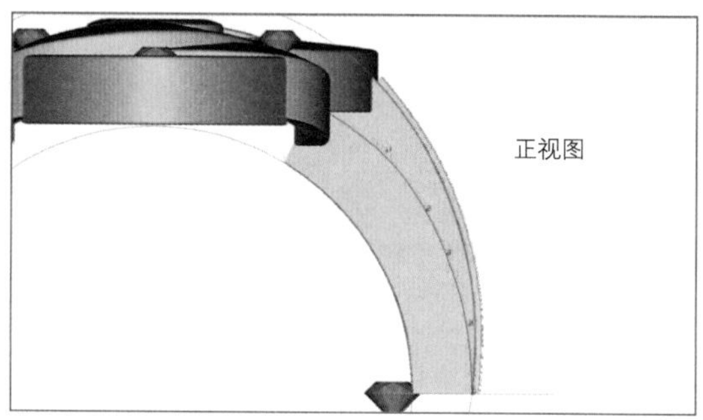

图3-4-83

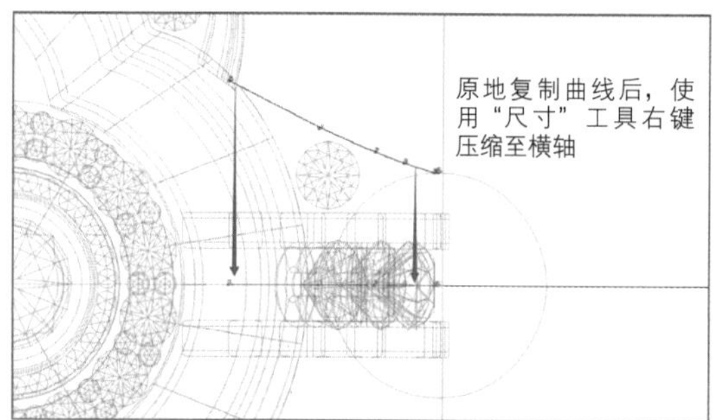

图3-4-84

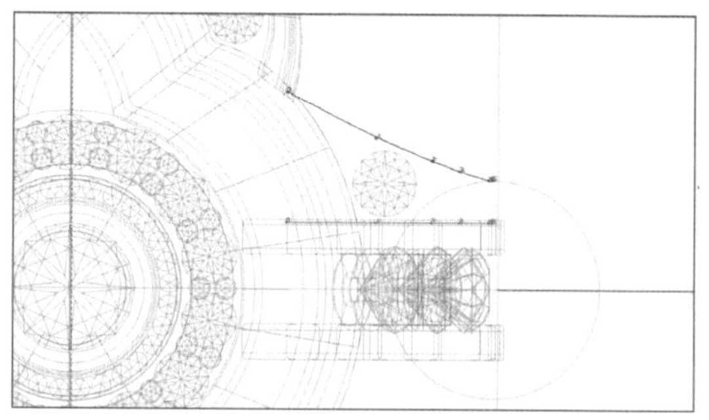
图3-4-85

（74）生成直径1.5mm的辅助圆石及直径5mm的辅助圆控制戒指宽度。将曲线CV点进行移动，如图3-4-81。

（75）右视图，调整该曲线弧度，如图3-4-82。

（76）正视图，将曲线下压调整，如图3-4-83。

（77）上视图，原地复制曲线后，使用“尺寸”工具右键压缩至横轴，如图3-4-84。

（78）将压缩线移动到逼镶边缘处，保持吃入该物件0.1mm距离，如图3-4-85。

（79）正视图，原地复制该曲线，调整贴合戒指内圈，如图3-4-86。

（80）如图3-4-87，绘制切面。

（81）选择“导轨曲面”命令：三导轨、单切面、切面量度向下，生成戒臂，如图3-4-88、图3-4-89。

（82）右视图，选中全体戒指花头底部CV点，如图3-4-90。

（83）正视图，投影贴合至戒指内圈上。

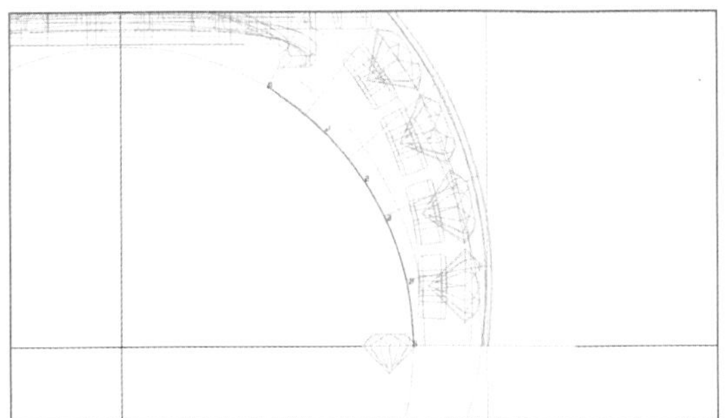
图3-4-86

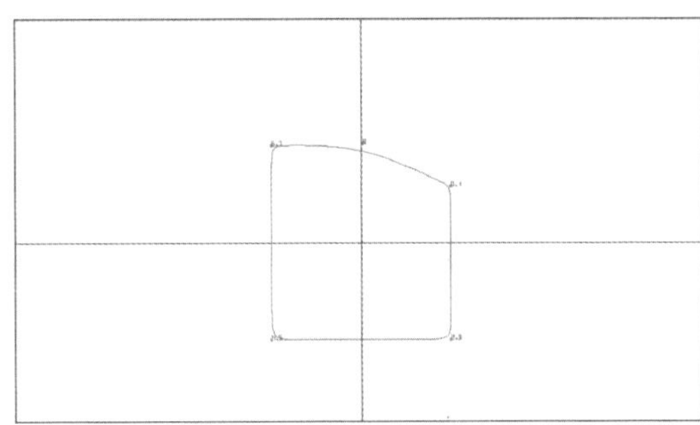
图3-4-87

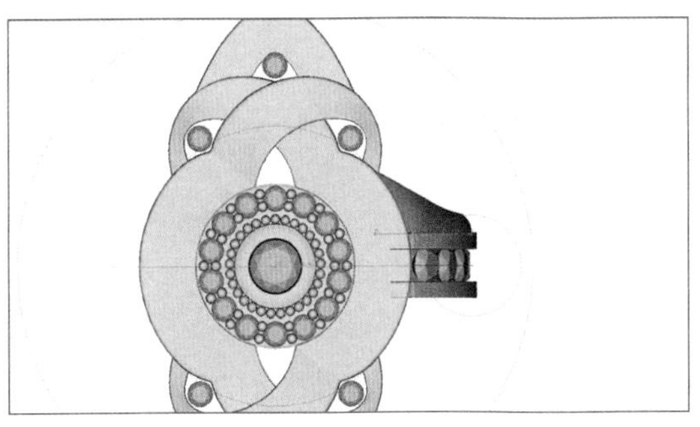
图3-4-88

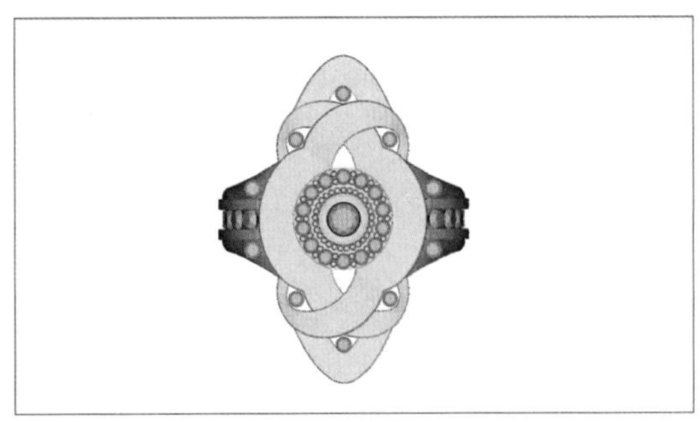
图3-4-89

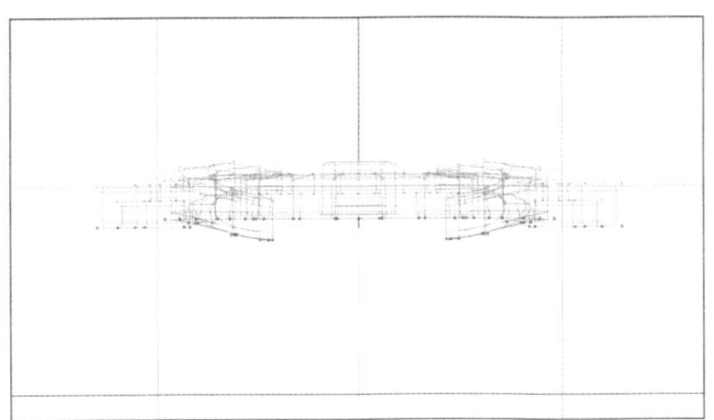
图3-4-90

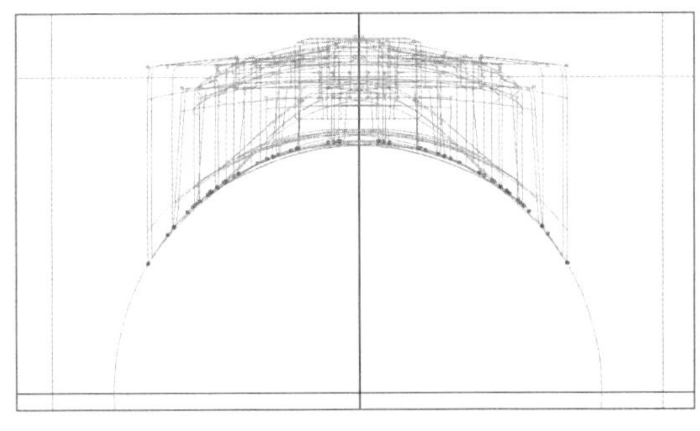
图3-4-91

投影方向向上，投影性质为贴在曲线/面上，勾选保持曲面切面不变，如图3-4-91。

（84）右视图，绘制如图3-4-92的曲线。曲线距离顶、底部光金面均留出1.0mm距离。

（85）将其中一条曲线倒序编号，如图3-4-93。

（86）分别增加两条曲线头尾CV点，如图3-4-94。

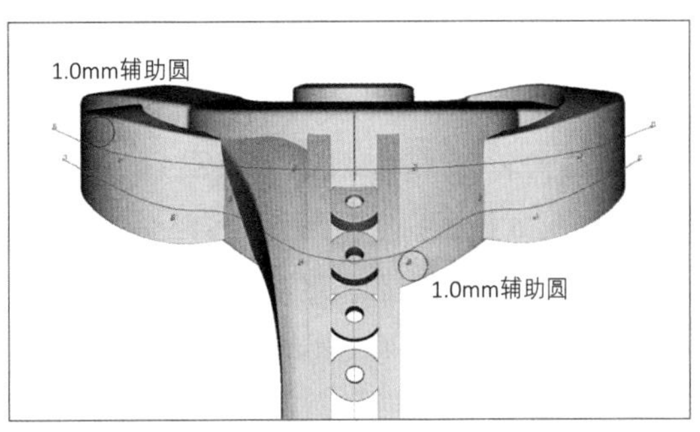

图3-4-92

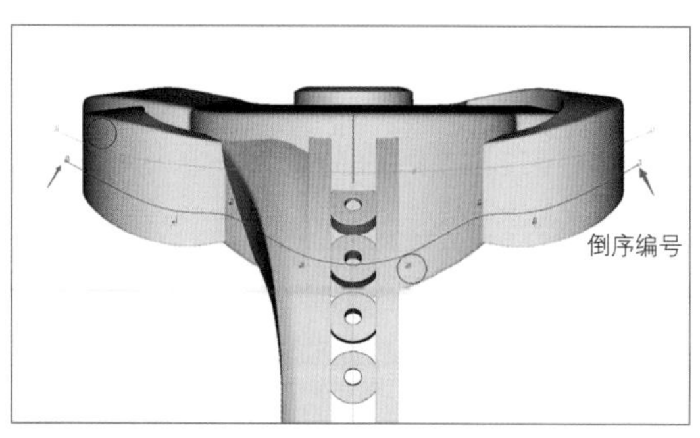

图3-4-93

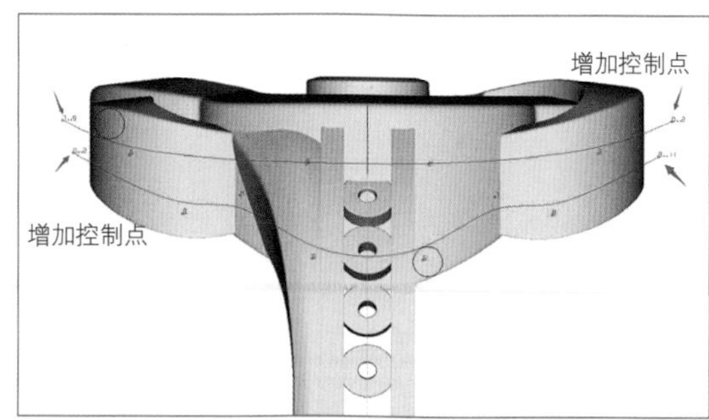

图3-4-94

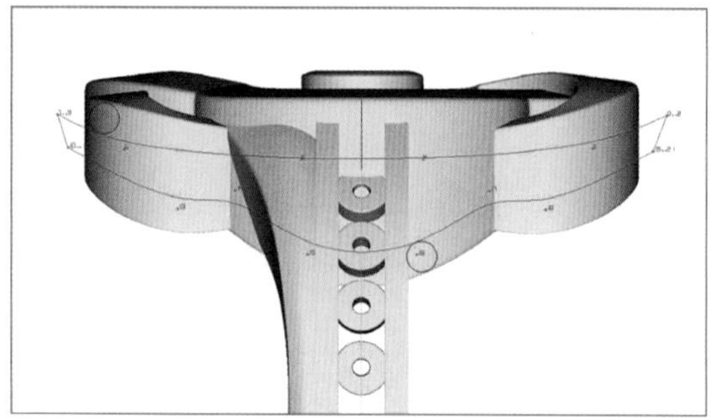

图3-4-95

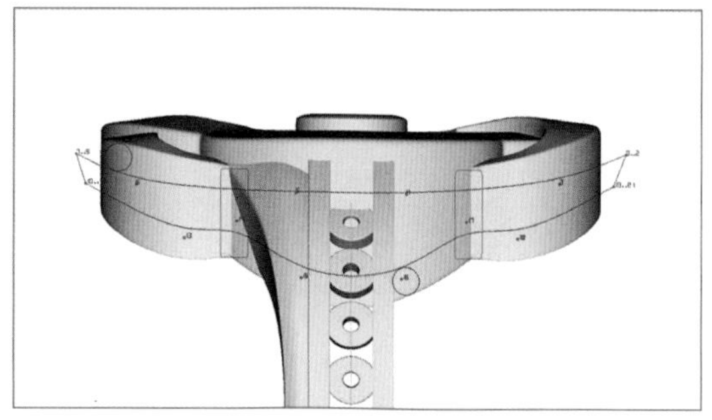

图3-4-96

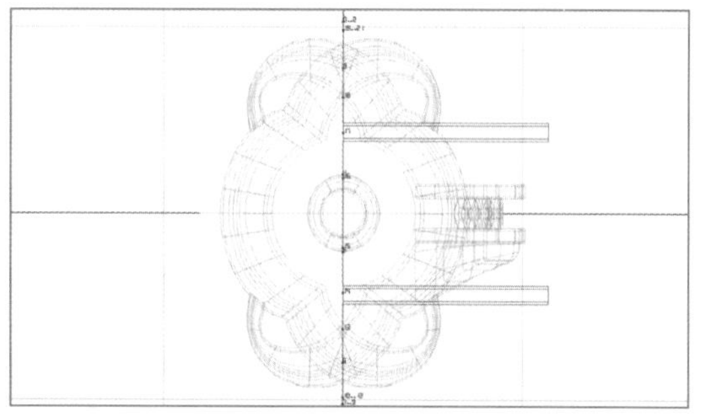

图3-4-97

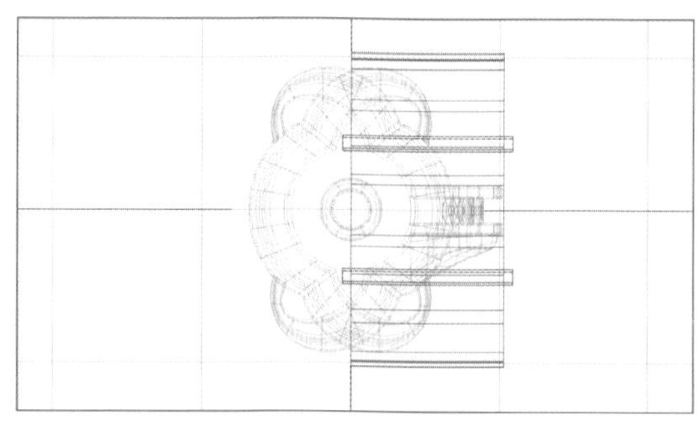

图3-4-98

（87）连接并闭合两条曲线，成为一个切面，如图3-4-95。

（88）绘制两个矩形切面，对称布置在物件结合位置。切面宽约1mm，如图3-4-96。

（89）上视图，直线延伸曲面，将矩形切面直线延伸成实体，如图3-4-97。

（90）直线延伸大切面成实体，如图3-4-98。

（91）将矩形实体减去大切面实体；再将

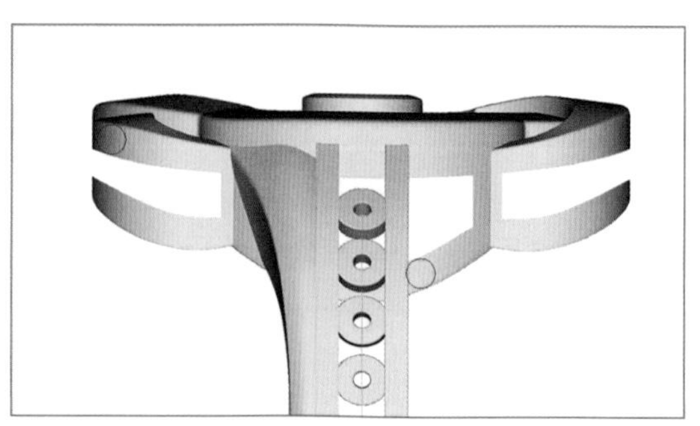

图3-4-99

大切面实体减去花头实体，如图3-4-99。

（92）右视图，在花头顶部实体位置绘制如图3-4-100的切面线。

（93）切换到普通线图后，观察该切面是否会减缺到实体底部，导致后期镶石位置厚度不足，若有不足情况，需要调小该切面，如图3-4-101。

（94）上视图，该切面直线延伸曲面成型，如图3-4-102。

（95）左右对称复制物件后，拖动CV点将造型略收缩，使得最顶部夹层支柱大小合适，如图3-4-103。

（96）上视图，沿戒臂下端，使用“上下对称曲线”工具绘制曲线，如图3-4-104。

（97）使用“多重变形”命令，将该曲线沿进出方向旋转90°。切换到正视图，再采用“反下”命令将其在正视图中摆正，如图3-4-105。

（98）使用“左右对称曲线”工具，双击曲线端头增加控制点并继续编辑该切面，如图3-4-106。

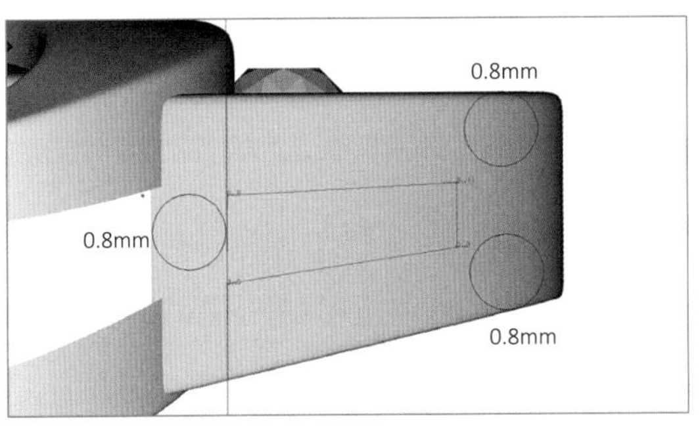

图3-4-100

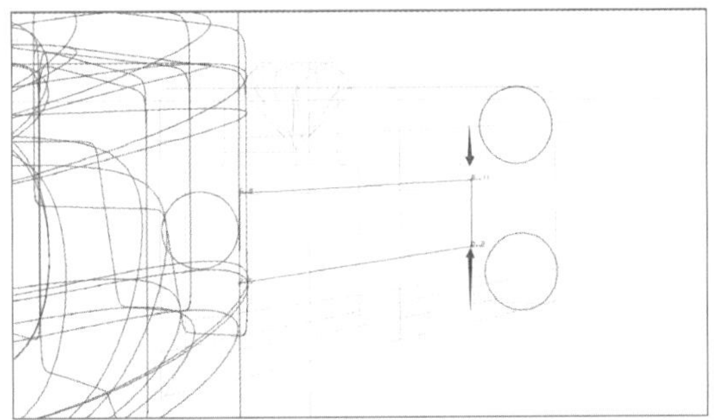
图3-4-101

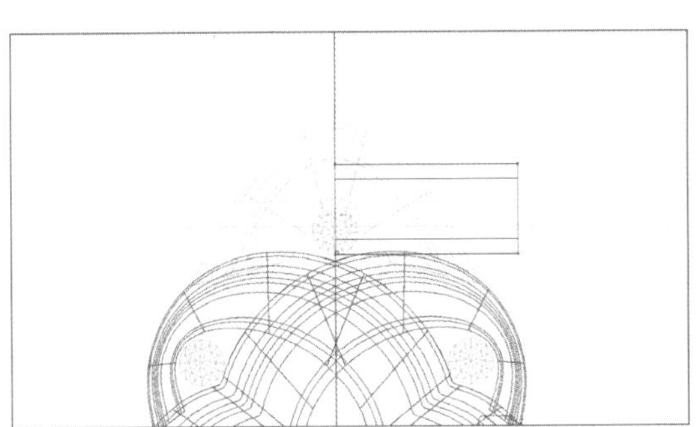
图3-4-102

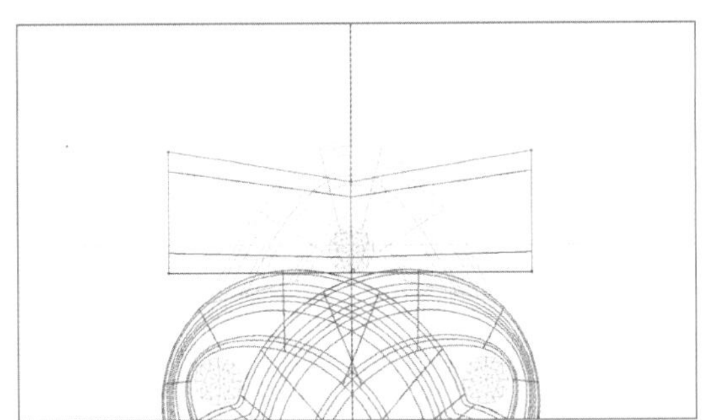
图3-4-103

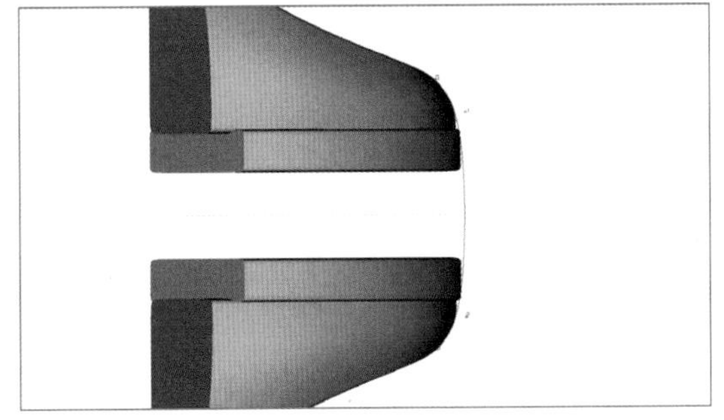
图3-4-104

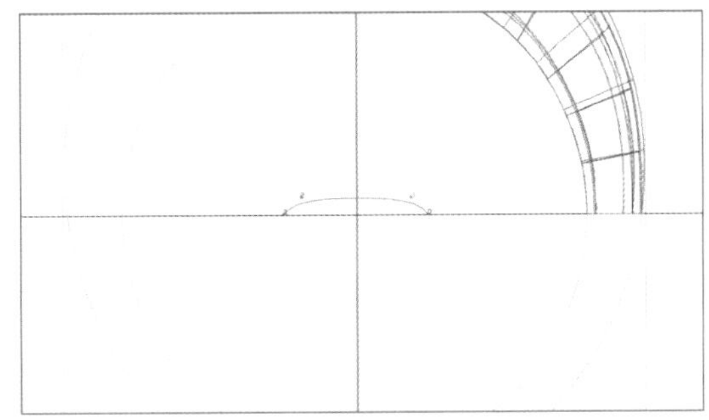
图3-4-105

（99）正视图，沿戒指下部内、外缘绘制贴合曲线，如图3-4-107、图3-4-108。

（100）原地复制切面，并向内两边各缩进0.5mm，如图3-4-109。

（101）选择“导轨曲面”命令：双导轨、不合比例、双切面、切面量度为上下中间位置。生成戒指下部实体，如图3-4-110。

（102）正视图，沿横轴布置一条辅助直线。将上、下戒圈实体头尾端CV点分别贴合在此辅助线上，将戒指上下部实体对齐，如图3-4-111。

（103）调整花头各部件高低层次：①上视图，选中丝带内侧“L”形切面上部CV点，如图3-4-112；②右视图，将CV点向上移动0.3mm，如图3-4-113。

（104）右视图，分别抬高主石包镶镶口及环绕圆石部件。一般每个层次高度差约为0.5mm，如图3-4-114。

（105）上视图，展示原丝带导轨曲线，如图3-4-115。

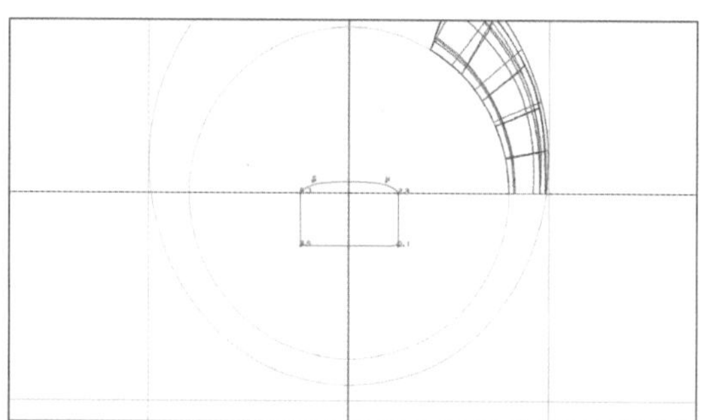
图3-4-106

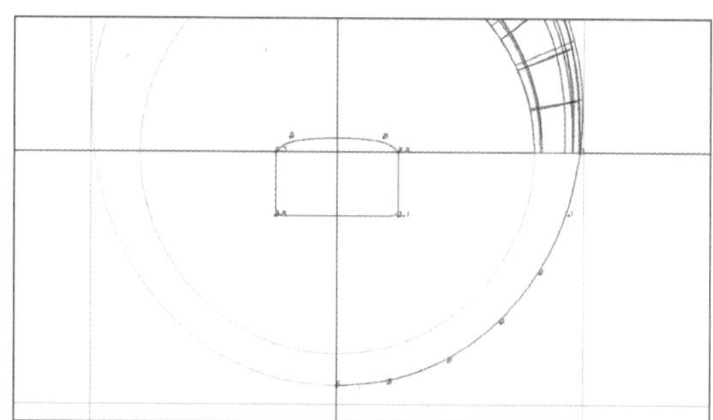
图3-4-107

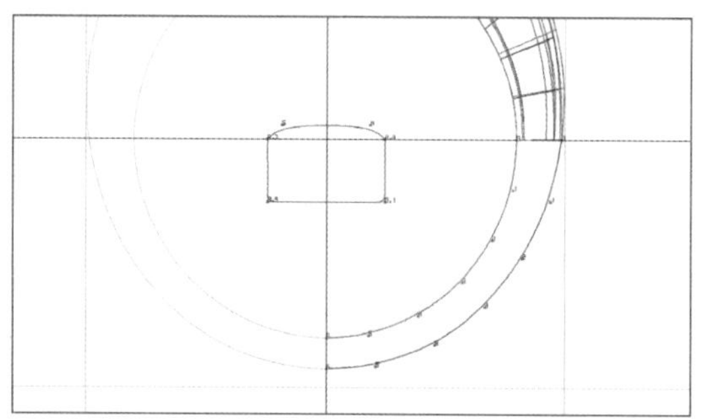
图3-4-108

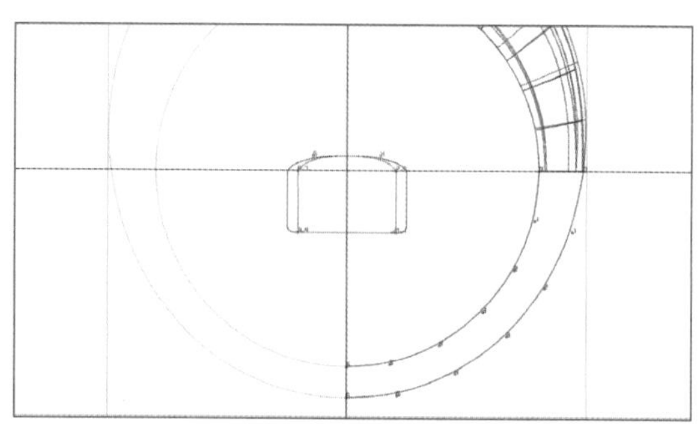
图3-4-109

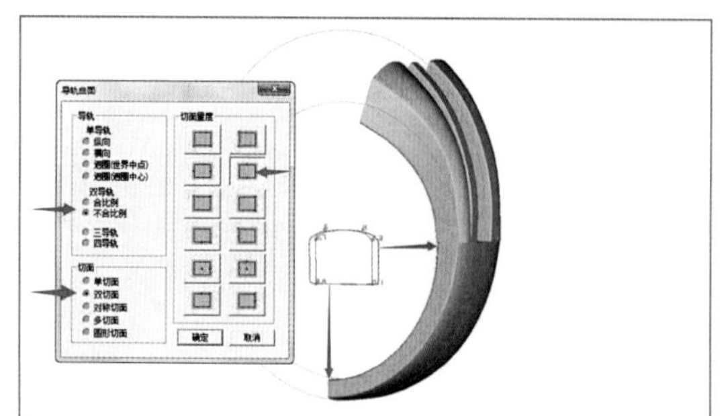
图3-4-110

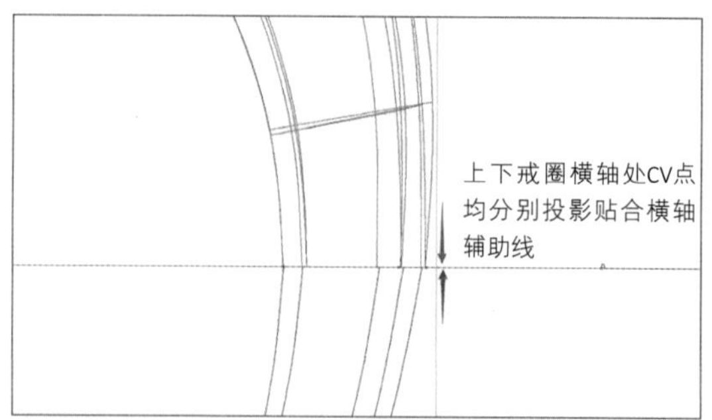

图3-4-111

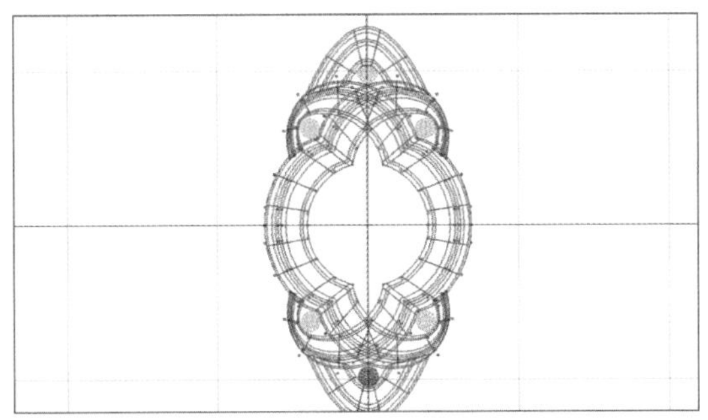

图3-4-112

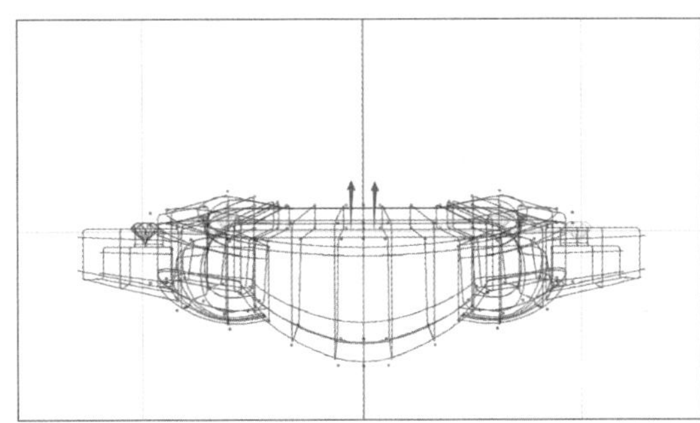

图3-4-113

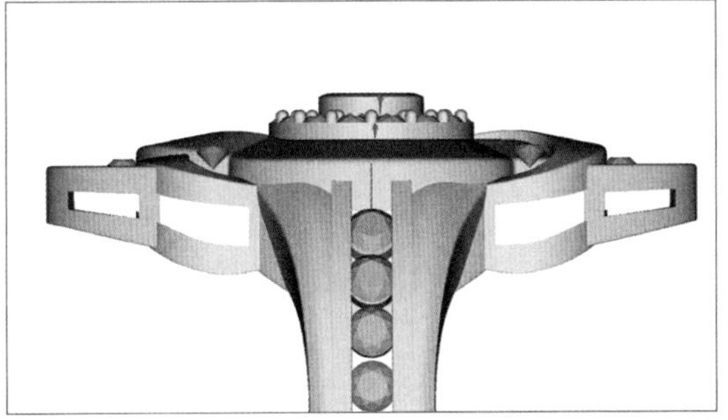

图3-4-114

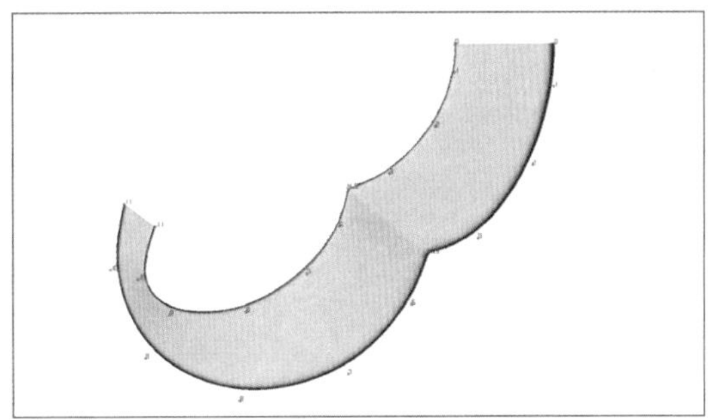

图3-4-115

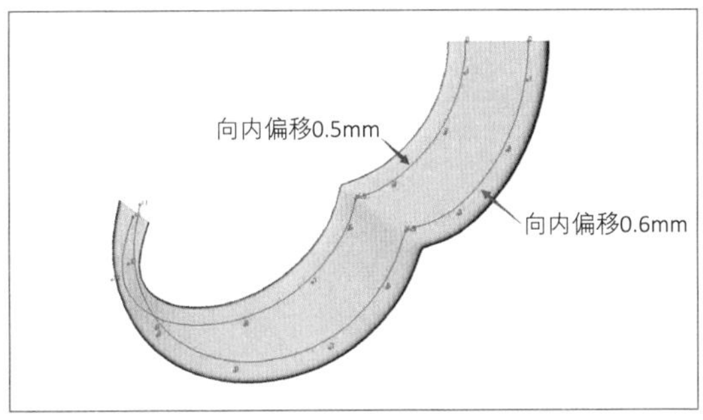

图3-4-116

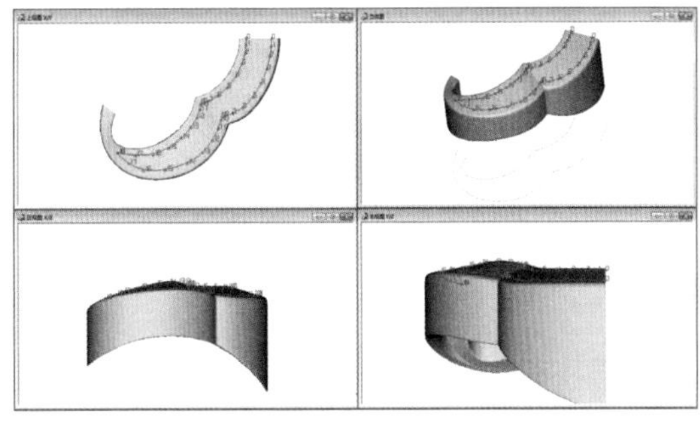

图3-4-117

（106）内侧曲线向内偏移0.5mm，外侧曲线向内偏移0.6mm（比内侧曲线多留出的0.1mm执模量），如图3-4-116。

（107）增加控制点后，投影到丝带上，如图3-4-117。

（108）生成偏移曲线的中间曲线，并在右视图中向下移动0.5mm，如图3-4-118。

（109）右视图，偏移曲线则向上略移动。

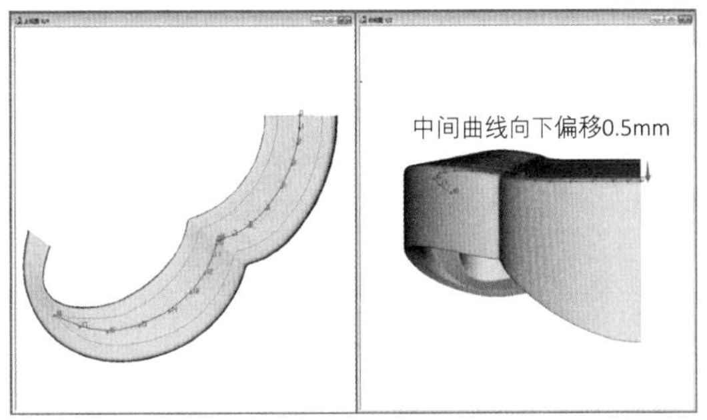

图3-4-118

本例中移动量为0.05mm，目的是便于后期减缺，如图3-4-119。

（110）正视图，绘制如图3-4-120的切面。

（111）选择“导轨曲面”命令、三导轨、单切面、切面量度向下，生成实体。更改其材料颜色并定义为“超减物件”，如图3-4-121。

（112）同理，偏移下方丝带导轨曲线并生成开槽物件，如图3-4-122、图3-4-123。

（113）继续使用原始丝带导轨曲线，向内偏移0.3mm，使得偏移出的曲线成为光金位的中间线，如图3-4-124。

（114）减少该曲线尾端长度，如图3-4-125。

（115）增加控制点后，投影至丝带光金位置上，如图3-4-126。

（116）参考步骤（10）～（11），测量曲线长度，生成0.5mm球体并映射，如图3-4-127、图3-4-128。

（117）同理制作另一条光金位置球体，如图3-4-129。

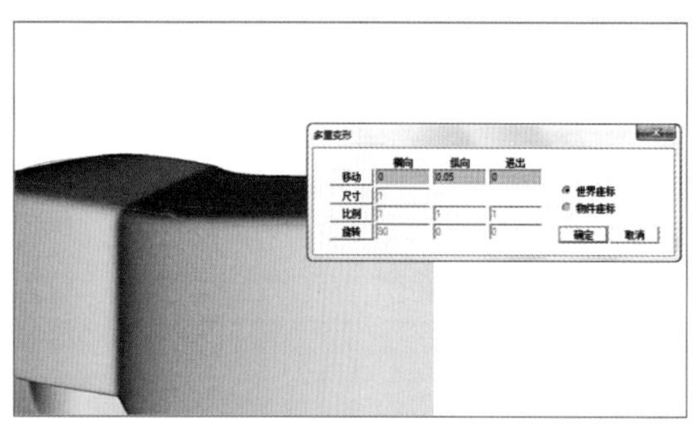

图3-4-119

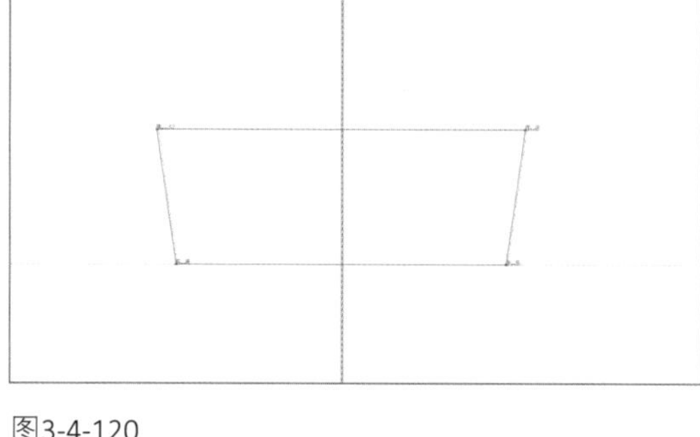

图3-4-120

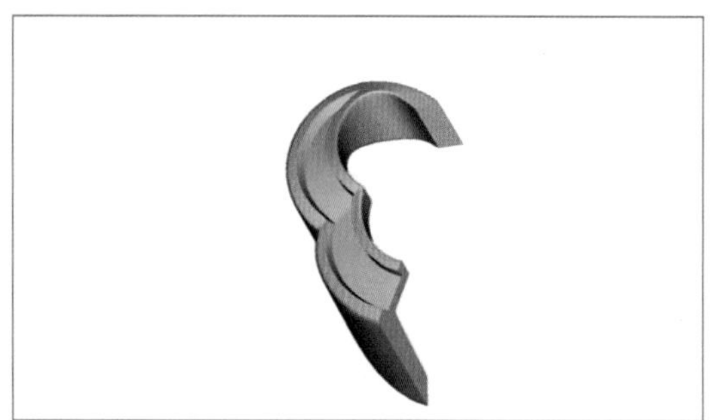

图3-4-121

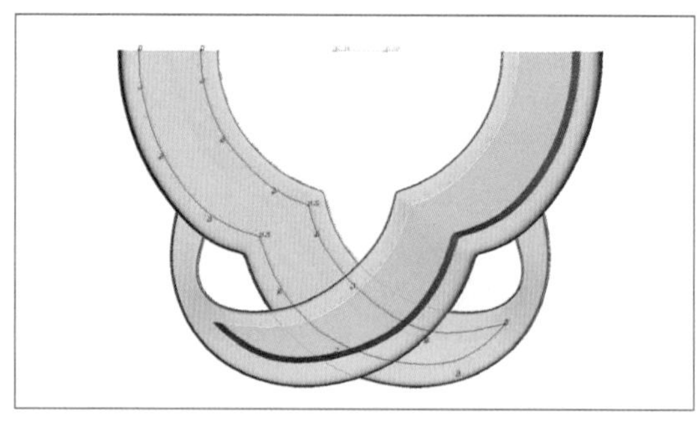

图3-4-122

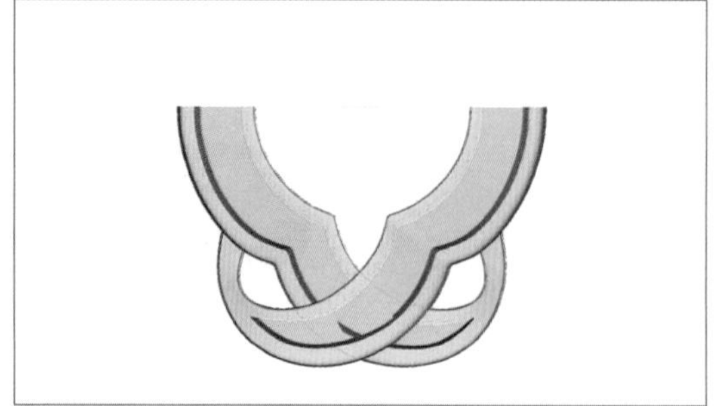

图3-4-123

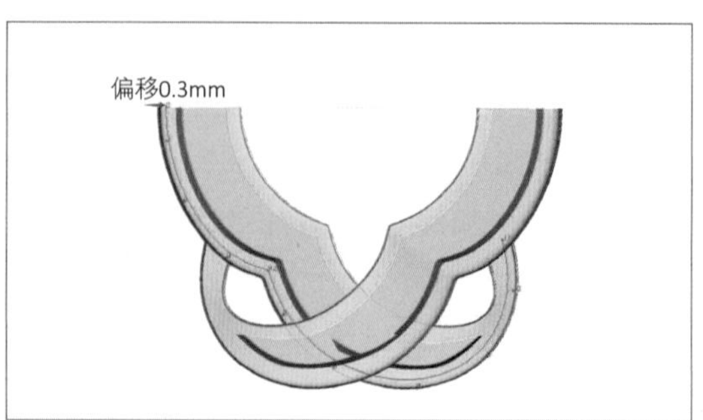

图3-4-124

（118）制作0.6mm球体，剪贴在丝带尾端表面，如图3-4-130。

（119）同理，将下部丝带光金位置球体制作完毕；上部开槽超减物件原地复制后分别减去两个丝带。下部丝带开槽超减物件也减去下部丝带实体完成开槽，如图3-4-131、图3-4-132。

（120）继续完成戒指花头余下丝带球体制作及开槽，如图3-4-133。

（121）上视图，展示戒臂，其与花头相交

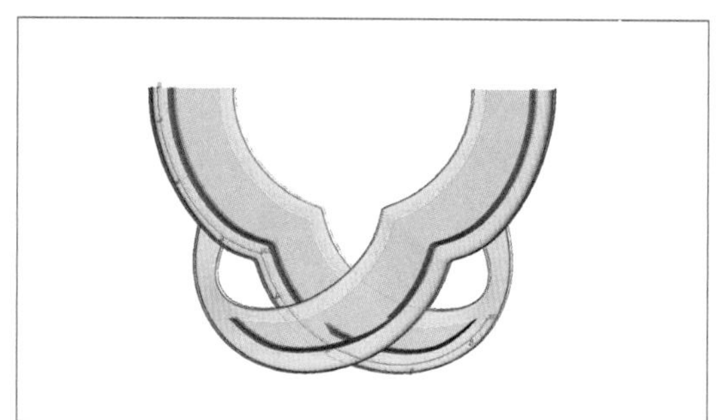

图3-4-125

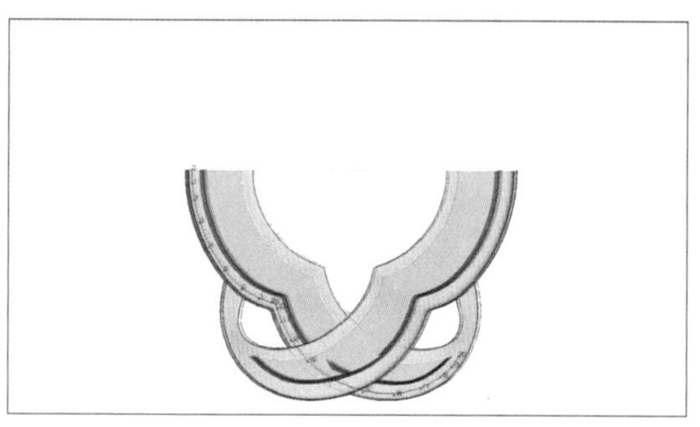

图3-4-126

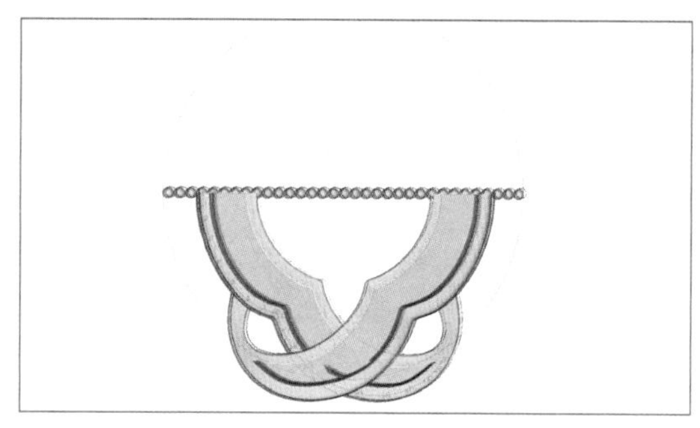

图3-4-127

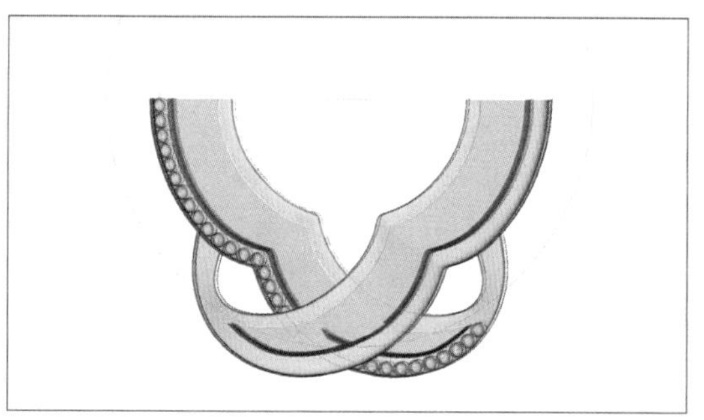

图3-4-128

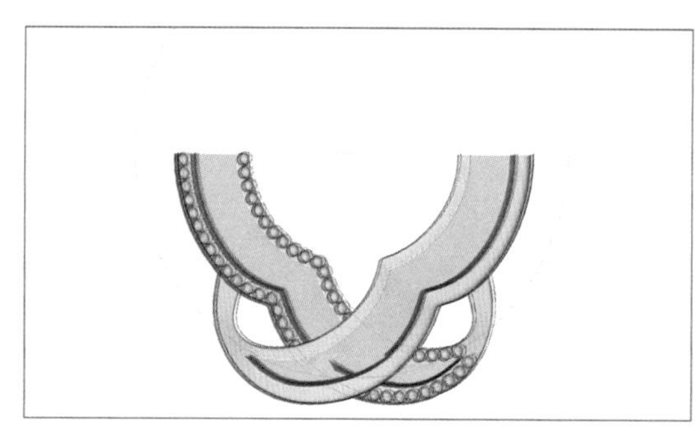

图3-4-129

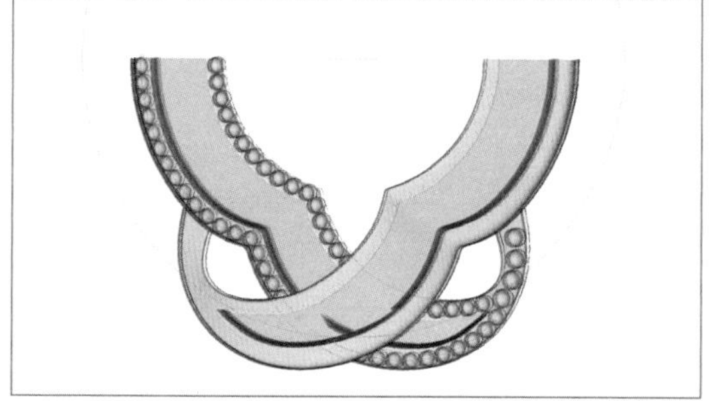

图3-4-130

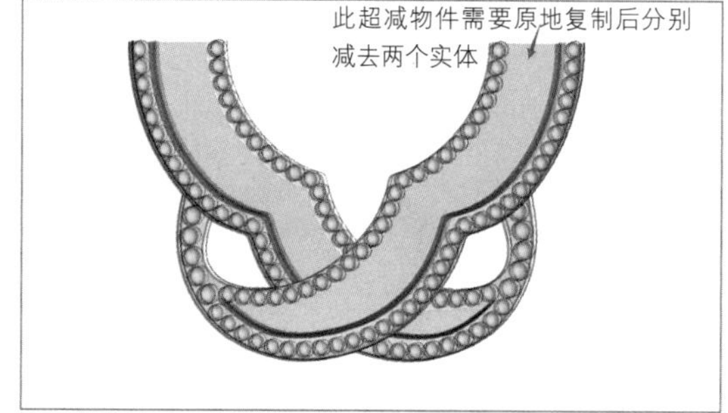

图3-4-131

处有多余的戒臂体，如图3-4-134。

（122）还原花头减缺物件，如图3-4-135。

（123）选中丝带开槽物件，原地复制后使用“多重变形”命令，将其横向移动50mm［由于上部丝带开槽物件不仅减去上部丝带，同时还复制减去下部丝带，故而此处还原开槽物件后，横向移动保留该开槽物件以备后面调回使用。参见步骤（119）］，原地开槽物件继续减去戒臂，如图3-4-136、图3-4-137。

（124）重新将还原出的减缺物件分别对应一一减缺回原状态，如图3-4-138。

（125）排石入丝带，如图3-4-139。

（126）底视图，绘制如图3-4-140的曲线，将多余结构框在曲线内。正视图，将该切面直线延伸曲面后，减去花头（花头应联集以便于一次性减缺）。

（127）正视图，生成1.3mm圆石并绘制0.45mm宽度镶口切面，如图3-4-141。

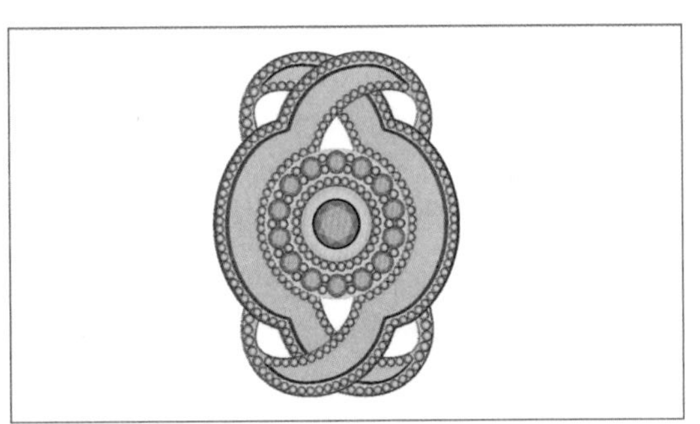

图3-4-132

图3-4-133

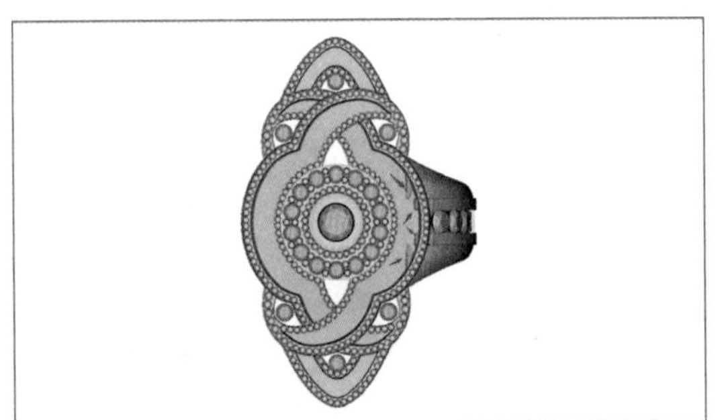

图3-4-134

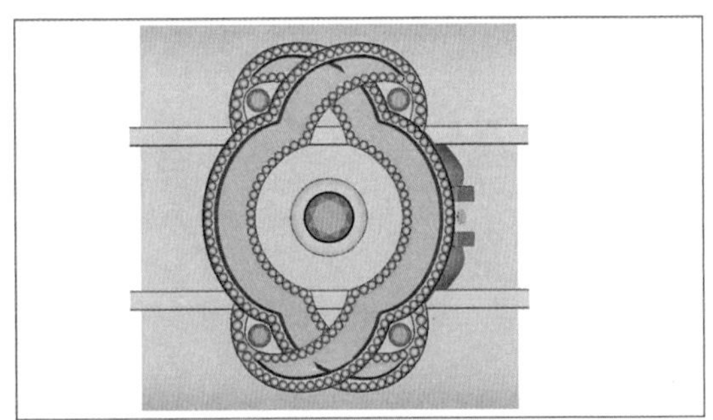

图3-4-135

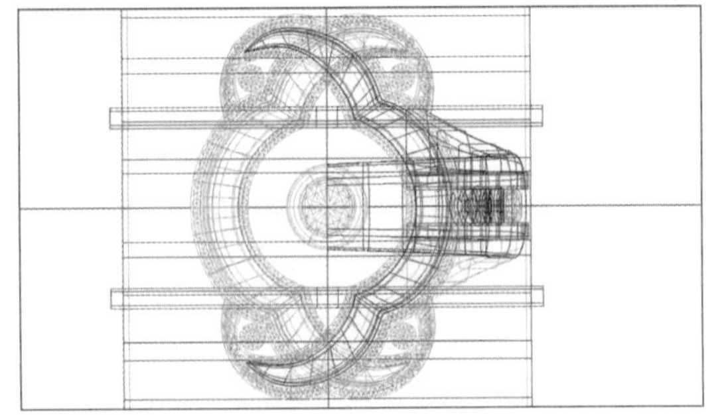

图3-4-136

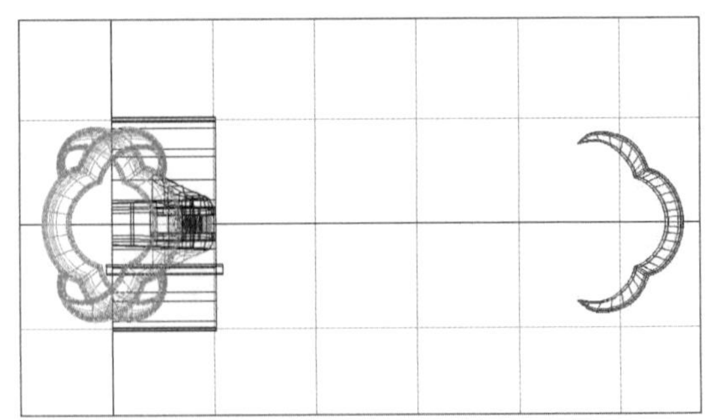

图3-4-137

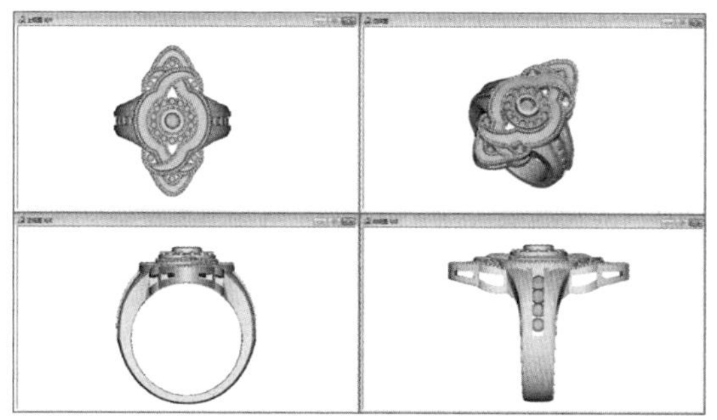
图3-4-138

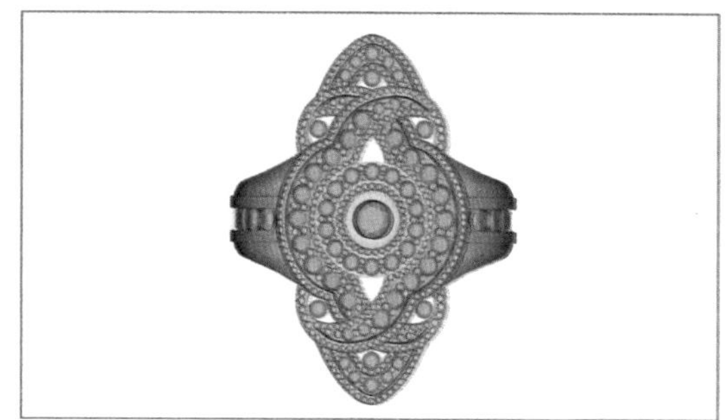
图3-4-139

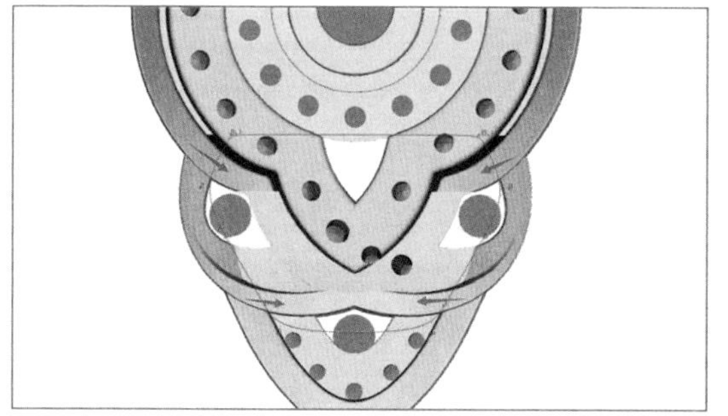
图3-4-140

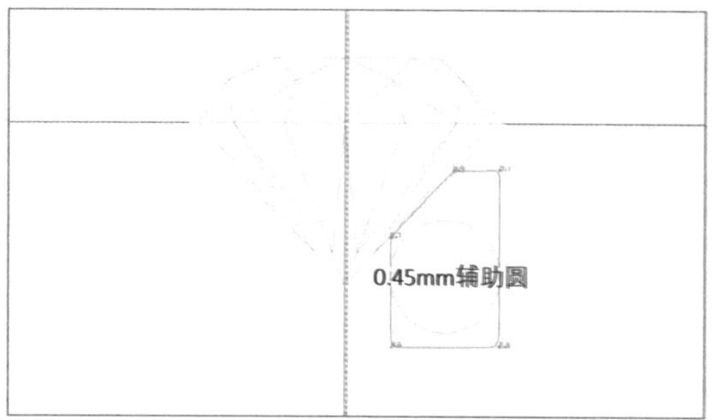

图3-4-141

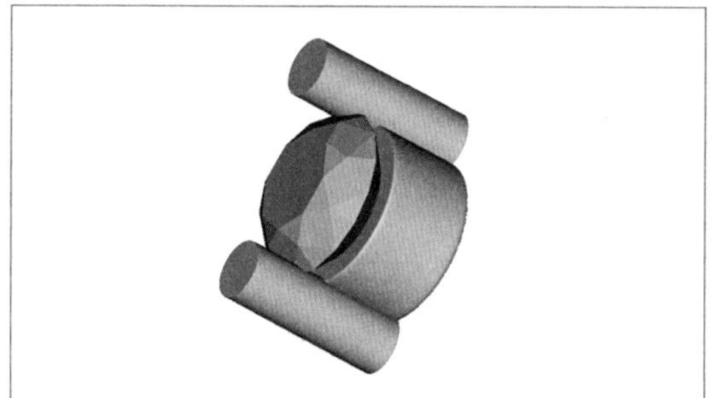
图3-4-142

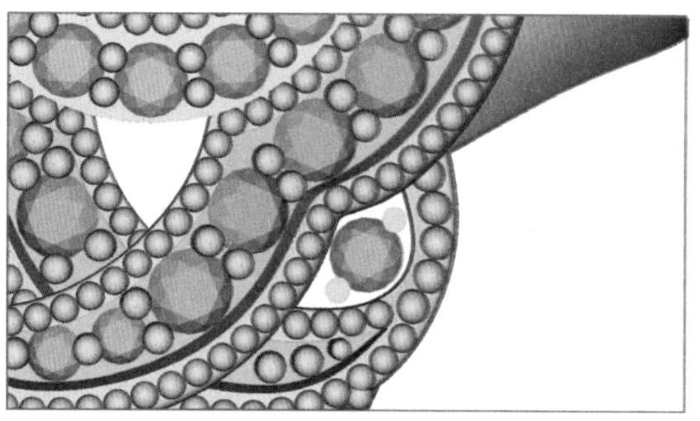
图3-4-143

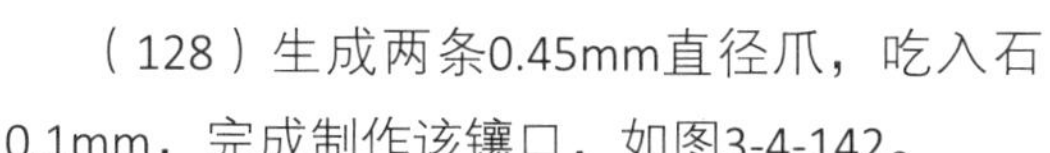

（128）生成两条0.45mm直径爪，吃入石0.1mm，完成制作该镶口，如图3-4-142。

（129）上视图，将镶口物件移动到适合位置，镶口距离丝带间的空隙可采用小球体进行连接处理，如图3-4-143、图3-4-144。

（130）正视图，生成2.0mm圆石，绘制如图3-4-145的曲线并旋转成型，如图3-4-146。

（131）宝石台面贴齐横轴后整体向下移动0.3mm，如图3-4-147。

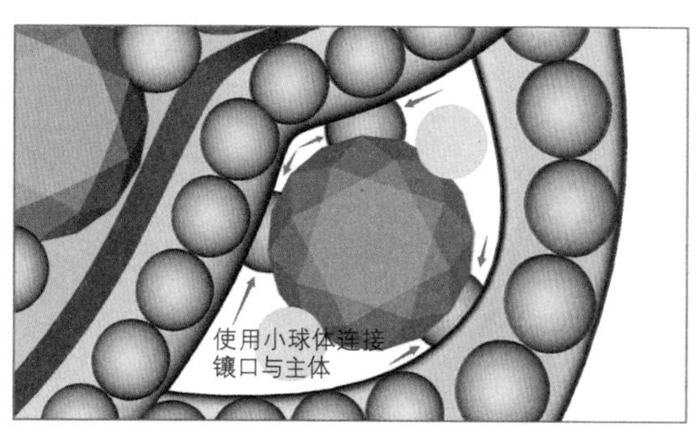

图3-4-144

（132）调整开孔物件高度应超过横轴，如图3-4-148。

（133）将宝石及开孔物剪贴至戒臂处，并上下左右复制。将开孔物件分别对应减去戒臂，完成抹镶嵌制作，如图3-4-149。

（134）底视图，绘制如图3-4-150的曲线。正视图，直线延伸曲面后减去戒臂，清除多余的戒臂部位。

（135）正视图，沿戒指内壁绘制曲线，其起点为上步骤减去多余部件的位置，终点为横轴，如图3-4-151。

（136）上视图，生成直径5.5、2.0mm的辅助圆，分别控制封底片长度与宽度，如图3-4-152。

（137）使用“旋转180°曲线”工具，绘制如图3-4-153曲线。

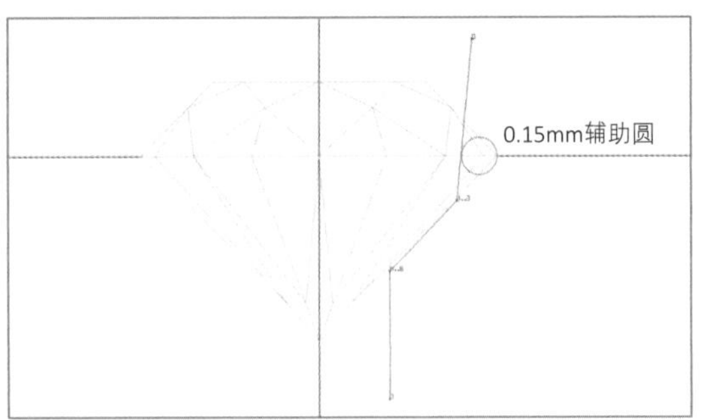

图3-4-145

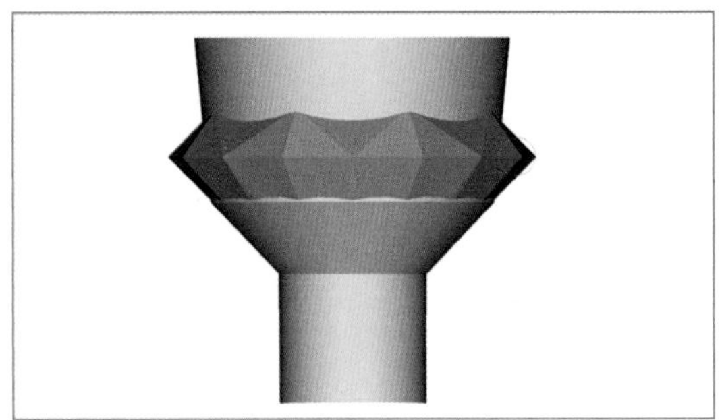

图3-4-146

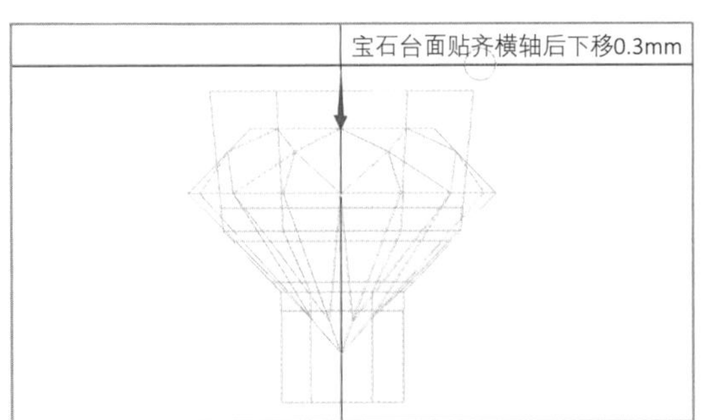

图3-4-147

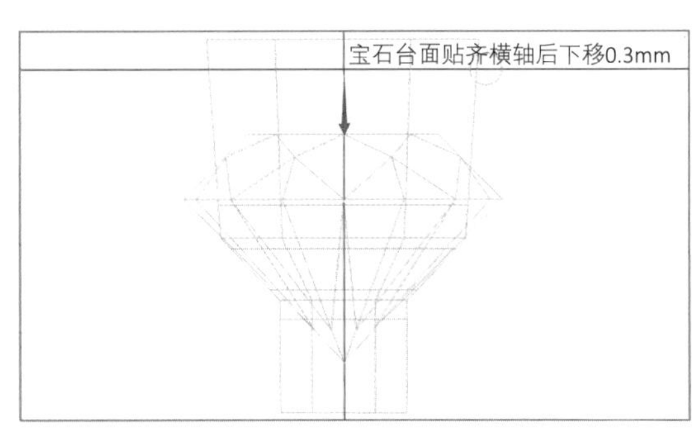

图3-4-148

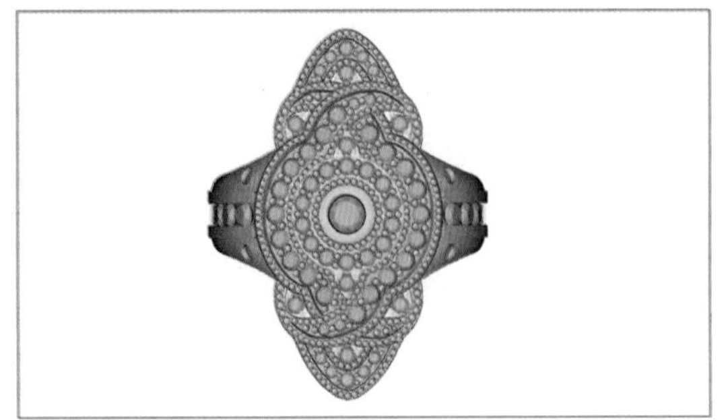

图3-4-149

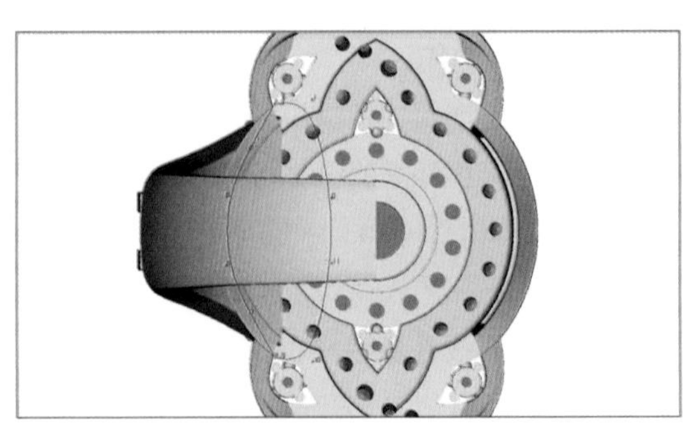

图3-4-150

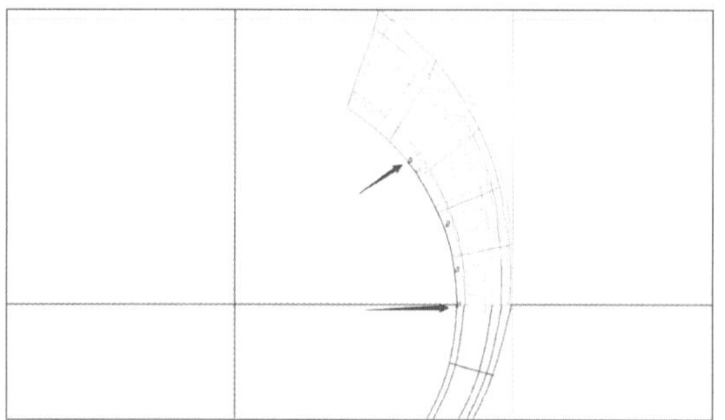

图3-4-151

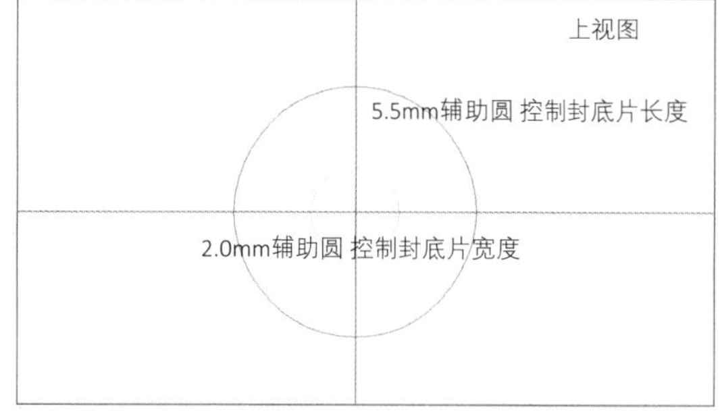

图3-4-152

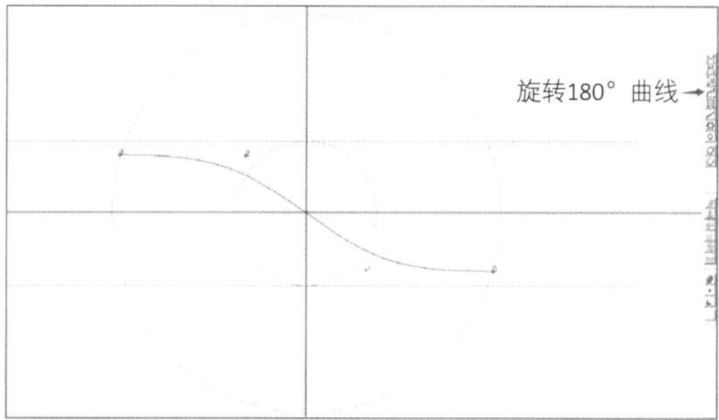

图3-4-153

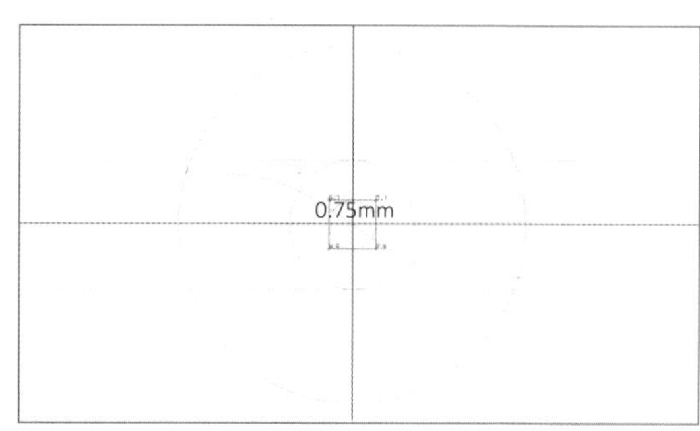

图3-4-154

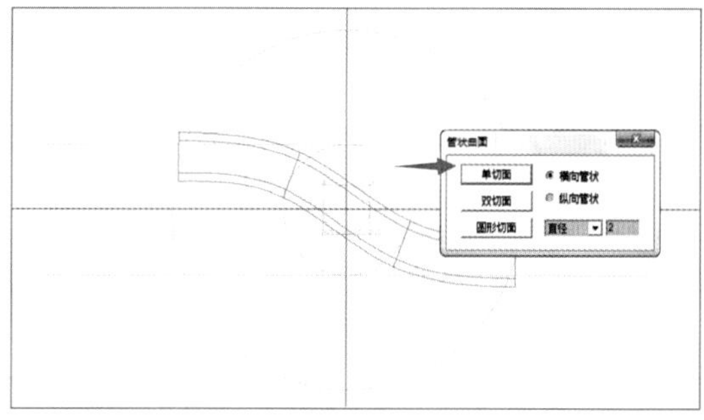

图3-4-155

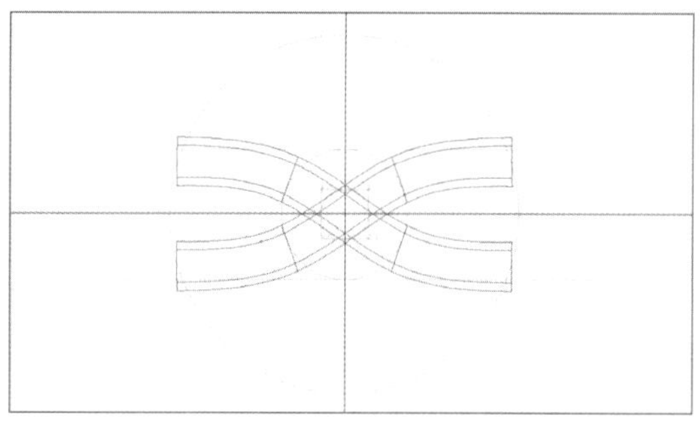

图3-4-156

（138）制作0.75mm边长的正方形切面，如图3-4-154。

（139）选中曲线后，使用“管状曲面”工具，单切面生成实体并上下对称复制，如图3-4-155、图3-4-156。

（140）将两个物件垂直上移至底部与横轴贴齐，UV方向均增加4倍控制点，如图3-4-157。

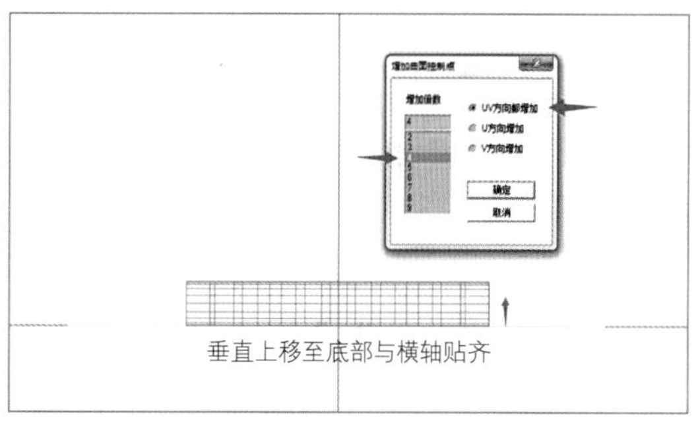

图3-4-157

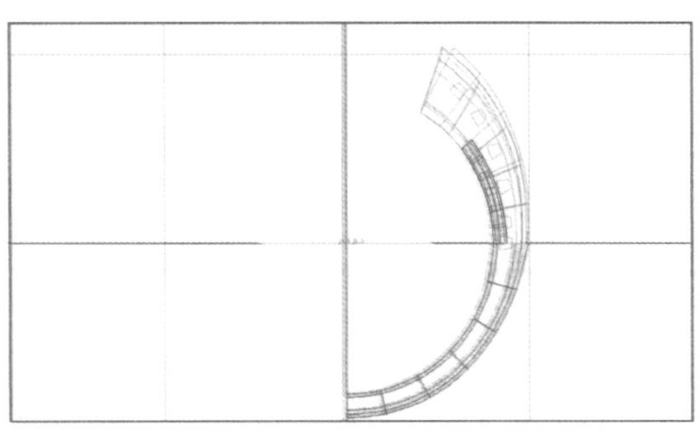
图3-4-158

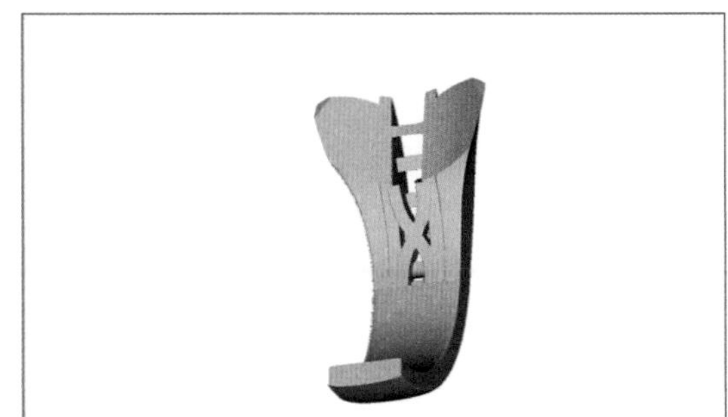
图3-4-159

图3-4-160

图3-4-161

（141）将其映射至曲线上，如图3-4-158、图3-4-159。

（142）完成戒指制作，如图3-4-160的圆石逼镶版、图3-4-161的梯方逼镶版。

第五节　纹理素金男戒

本案例主要讲解：纹理的减缺制作；上、下戒臂渐变制作；戒指底部减重制作。

制作步骤如下：

（1）正视图，客户手寸为港度23号，对应手寸数据表，生成直径20.1mm的圆，如图3-5-1。

（2）使用“偏移曲线”命令该圆向外偏移1.5mm，如图3-5-2。

（3）该圆继续向外偏移1.75mm，如图3-5-3。

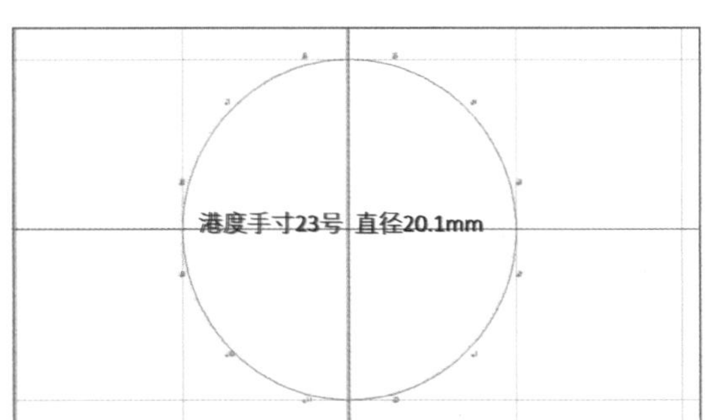

图3-5-1

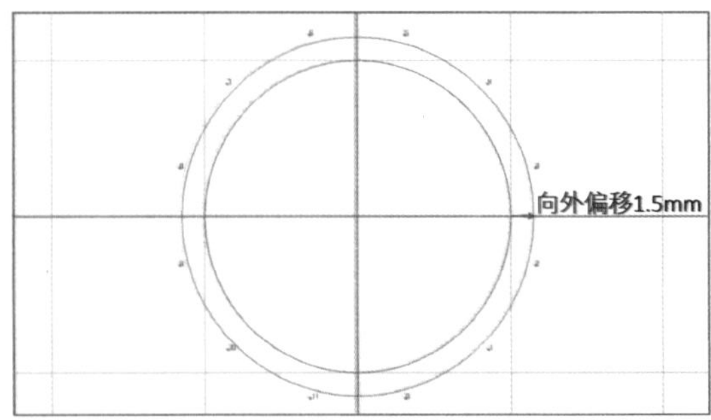

图3-5-2

（4）将步骤（3）偏移出的圆进行造型调整，如图3-5-4。

（5）右视图，生成直径4.5、9.0mm的辅助圆，控制戒指底部与顶部宽度；绘制一条曲线用于控制戒指侧面形态，并对称复制，如图3-5-5。

（6）将曲线各向内偏移1.6mm，如图3-5-6。

（7）正视图，使用“左右对称线”工具贴合外圆绘制弧线，起始点与横轴平齐，如图3-5-7。

（8）右视图，将该弧线投影（“投影方向”向左、“投影性质”贴在曲线/面上）贴合至内控制线上，之后对称复制，如图3-5-8。

（9）原地复制一条贴合曲线，使用“尺寸”工具，按右键将其压缩贴齐至纵轴线上，如图3-5-9、图3-5-10。

（10）如图3-5-11制作切面。

（11）原地复制三条导轨线。使用导轨曲面命令：三导轨、单切面、切面量度向下，生成实体，如图3-5-12。

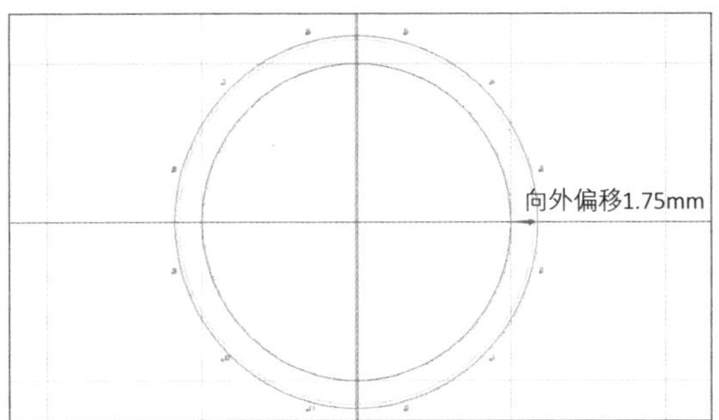

图3-5-3

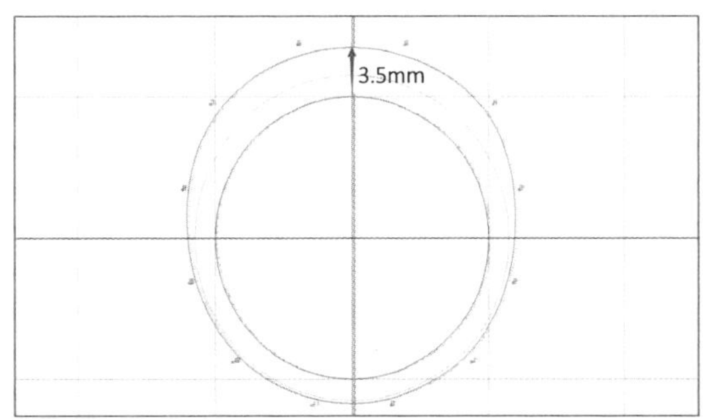

图3-5-4

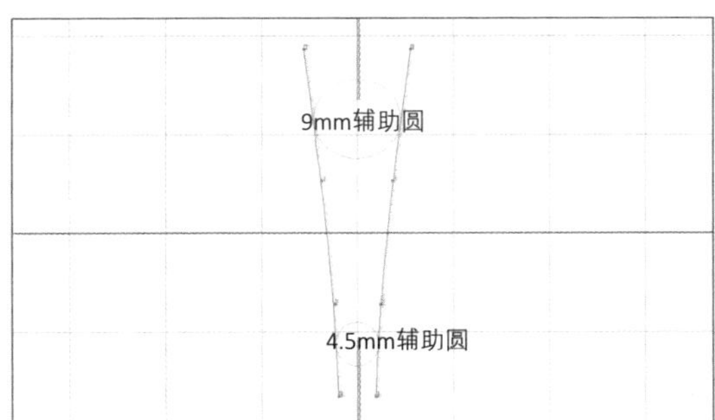

图3-5-5

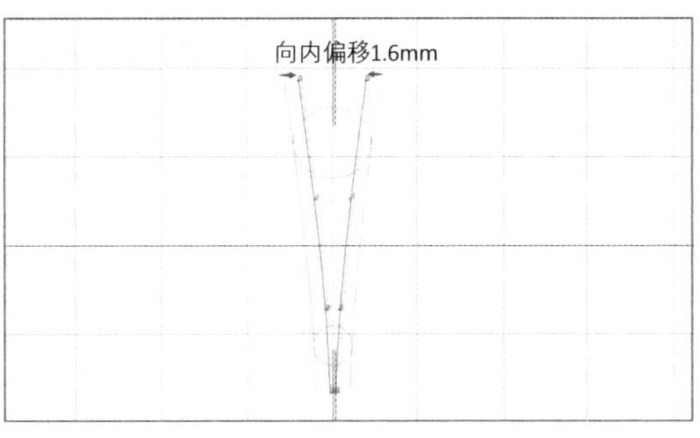

图3-5-6

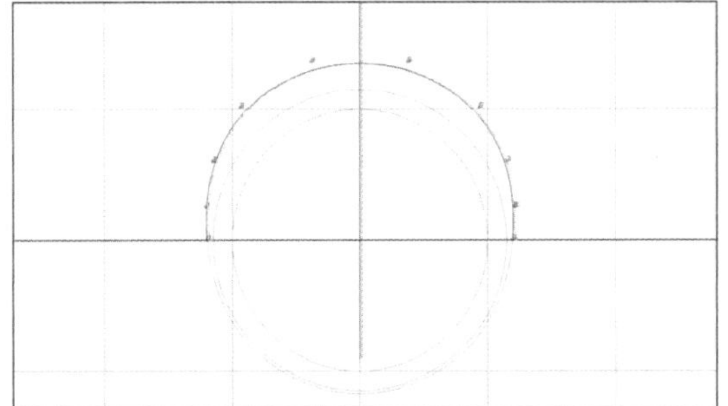
图3-5-7

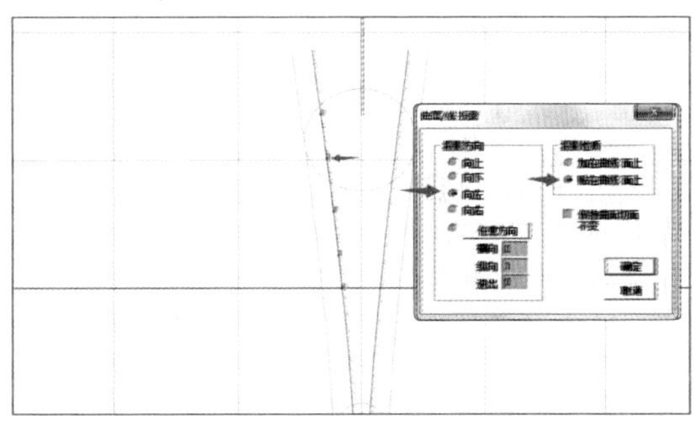
图3-5-8

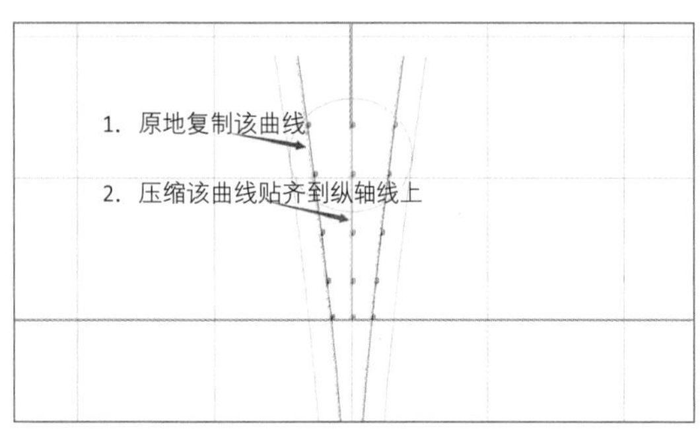

图3-5-9

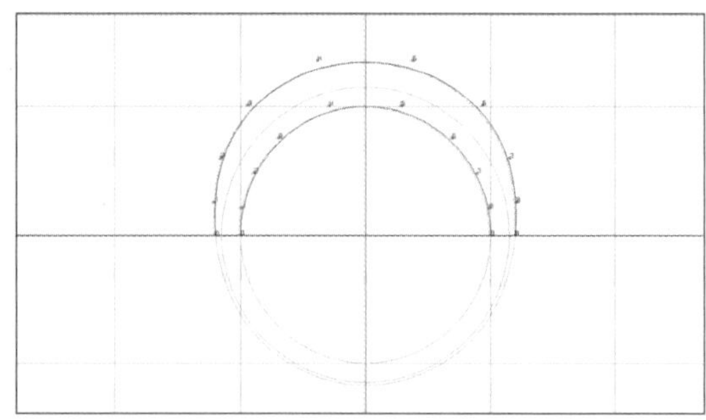
图3-5-10

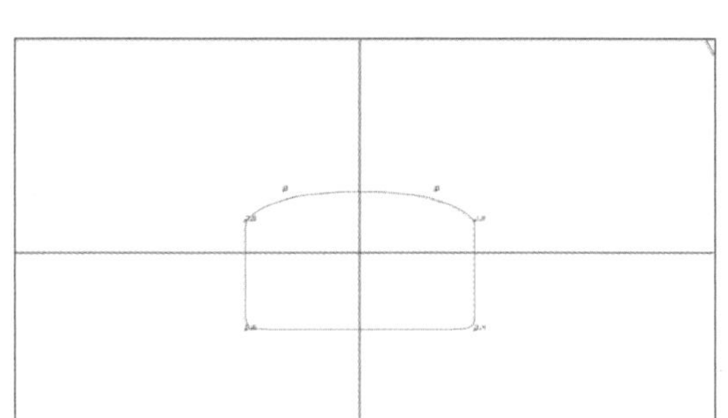
图3-5-11

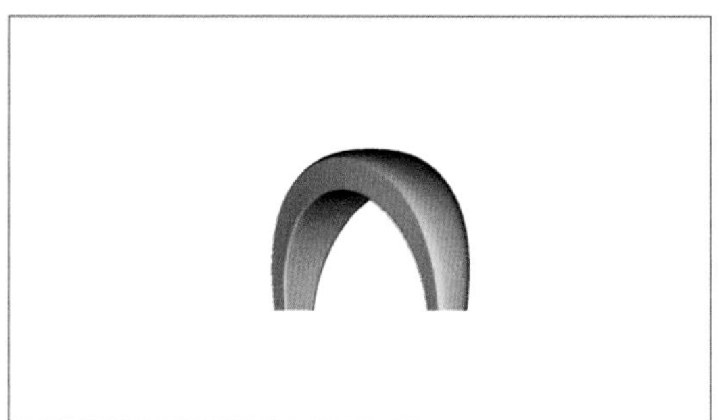
图3-5-12

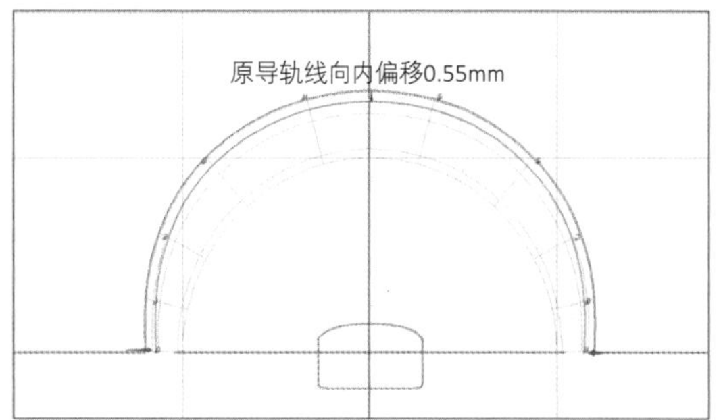

图3-5-13

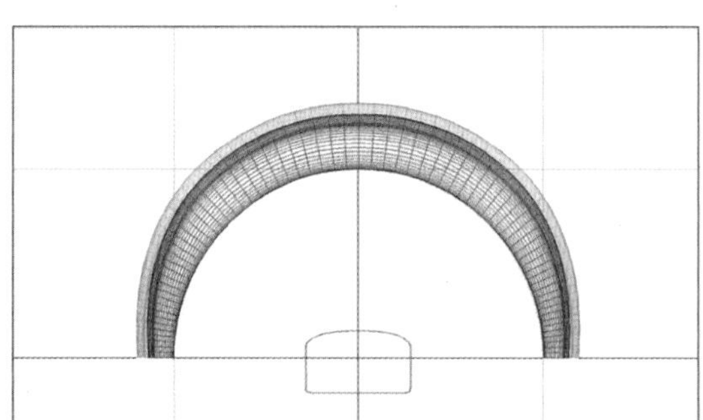
图3-5-14

（12）正视图，原上部两条导轨线向内偏移0.55mm，如图3-5-13。

（13）使用新偏移出的曲线及原底部曲线，使用“导轨曲面”命令生成实体，如图3-5-14。

（14）上视图，使用“上下左右对称线”工具制作宽度为0.32mm的矩形，如图3-5-15。

（15）多重变形命令，将该矩形沿进出方向旋转35°，如图3-5-16。

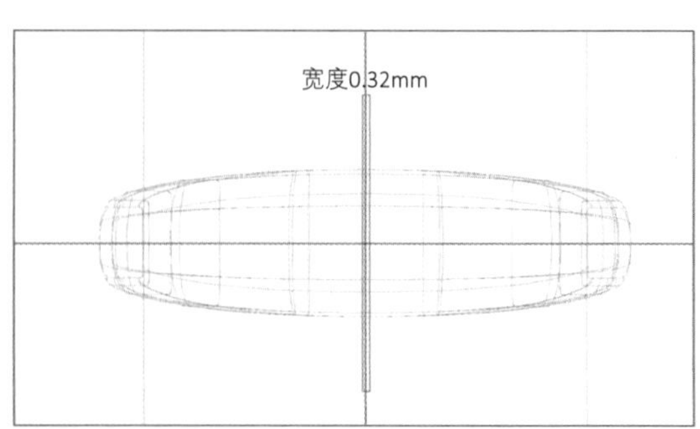

图3-5-15

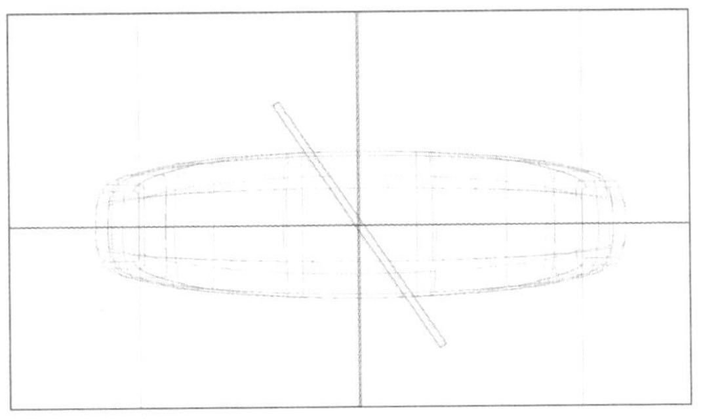

图3-5-16

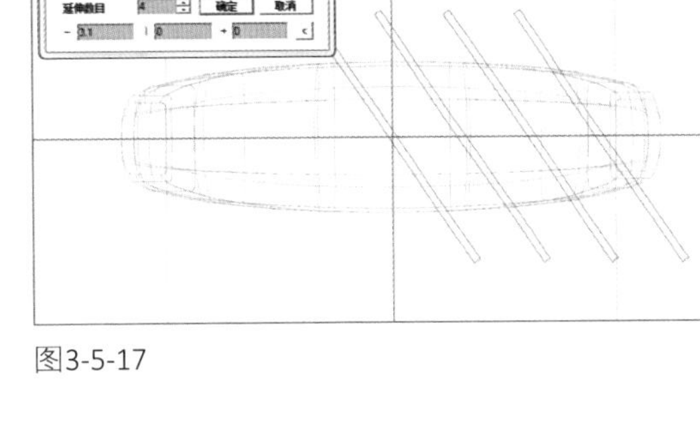

图3-5-17

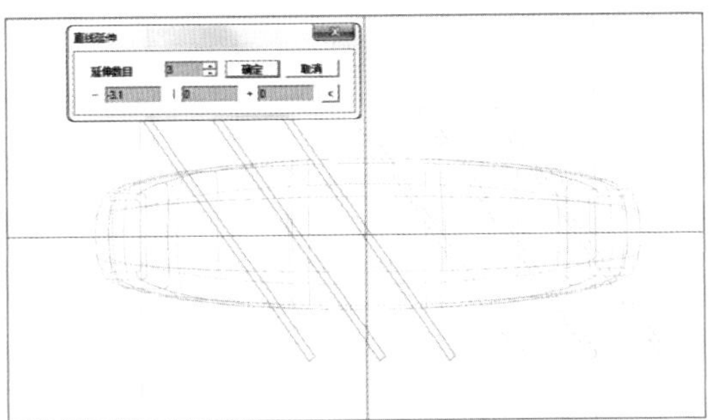

图3-5-18

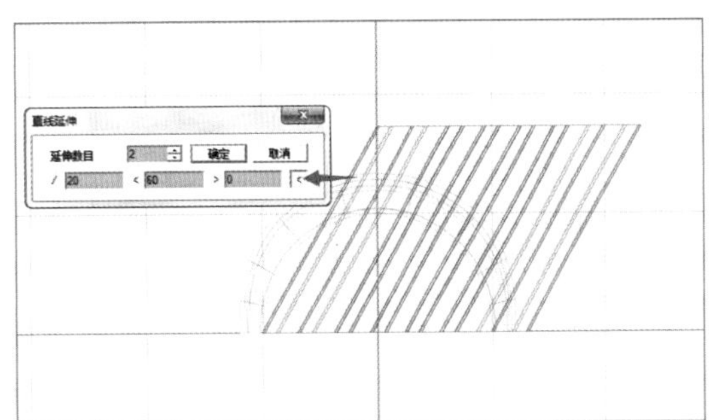

图3-5-19

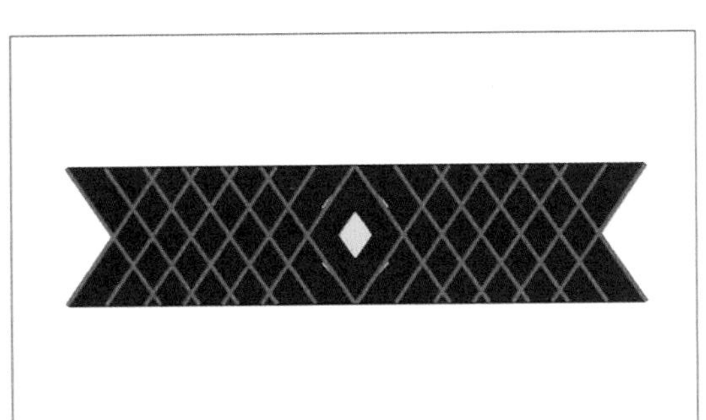

图3-5-20

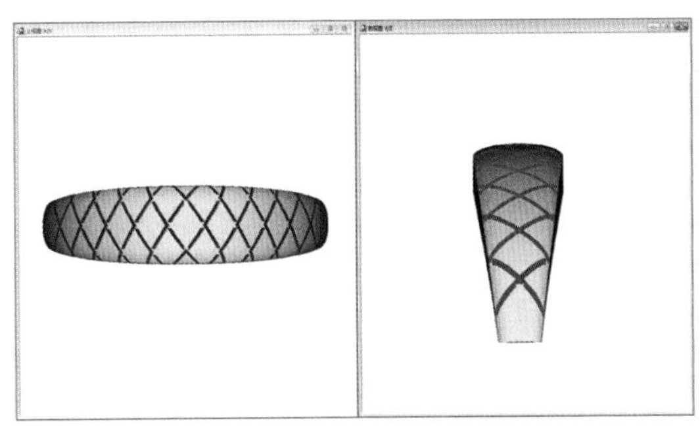

图3-5-21

（16）使用“直线延伸复制”工具，向右复制出4个间距为3.1mm的矩形，如图3-5-17。

（17）再次使用“直线延伸复制”工具，将原矩形再次向左复制出3个间距为3.1mm的矩形，如图3-5-18。

（18）正视图，使用“直线延伸曲面”工具，按下“<”号按钮后，“/”输入20，“<”输入60，“>”输入0；生成斜化后的矩形面，如图3-5-19。

（19）将所有矩形面上下左右复制并更换材质颜色，如图3-5-20。

（20）将全体矩形面减去顶部戒指实体，如图3-5-21。

（21）正视图，参考步骤（2）偏移曲线，绘制一条曲线；贴合戒指内圈绘制一条曲线，如图3-5-22。

（22）右视图，将曲线投影到戒指外侧控制辅助线上，并对称复制，如图3-5-23。

（23）正视图，绘制如图3-5-24的切面。

（24）原地复制三条导轨曲线后使用“导轨曲面”命令：三导轨、单切面、切面量度向下，生成实体，如图3-5-25。

（25）右视图，将上部复制出的导轨线向内直线延伸复制一条，间距为0.3mm，如图3-5-26。

（26）选中上步骤两条曲线，继续向内直线延伸复制两组，间距0.6mm，如图3-5-27。

（27）正视图。使用“尺寸”工具将全体曲线向内微微收缩约0.1mm，如图3-5-28。

（28）制作高0.5mm的矩形切面，如图3-5-29。

（29）使用“导轨曲面”命令：双导轨、不合比例、单切面、切面量度向上，生成装饰条，如图3-5-30。

（30）正视图，分别展示装饰条的CV点，逐一调整使得装饰条有高低过渡效果，如图

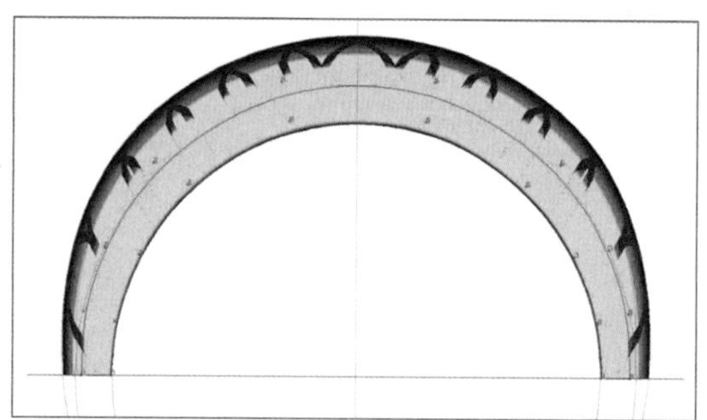
图3-5-22

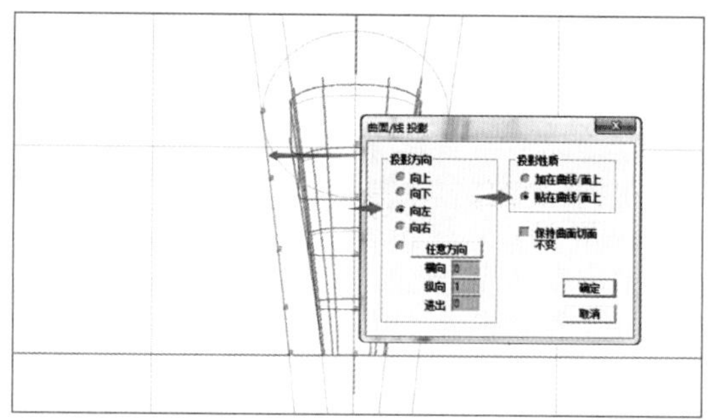
图3-5-23

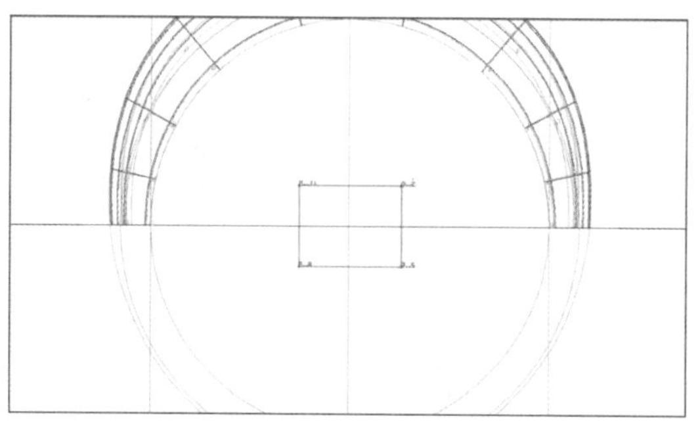
图3-5-24

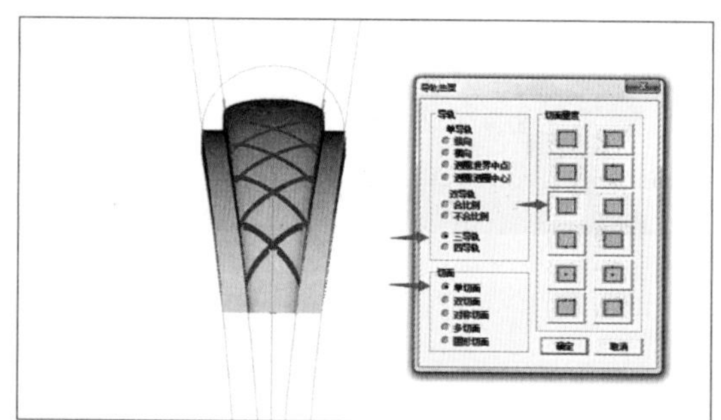
图3-5-25

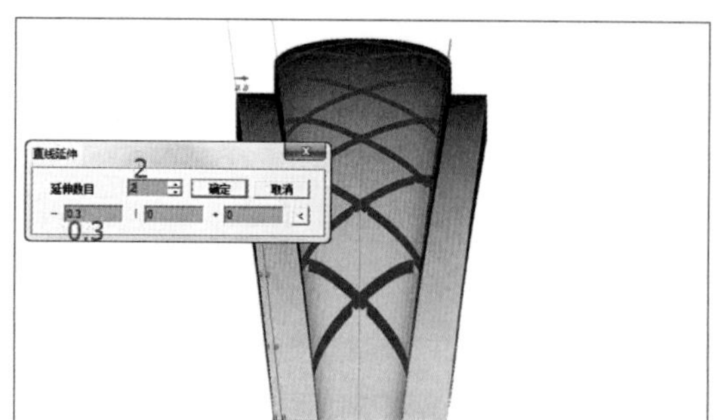

图3-5-26

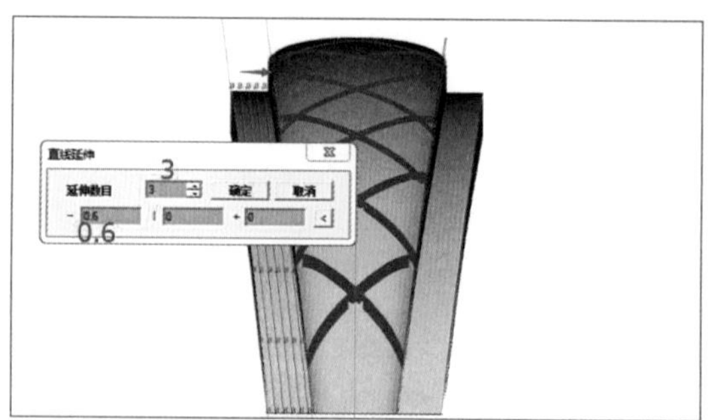

图3-5-27

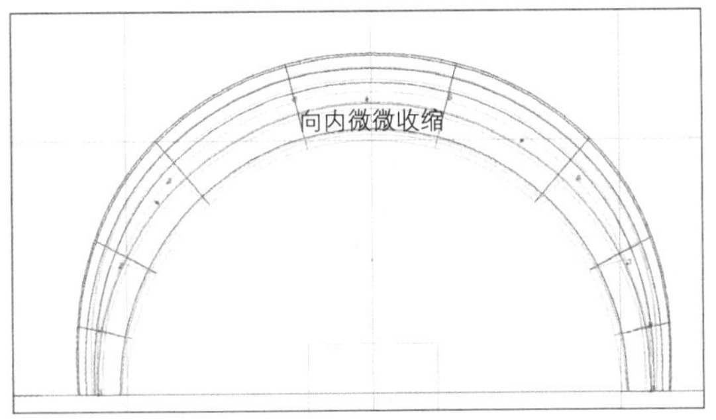

图3-5-28

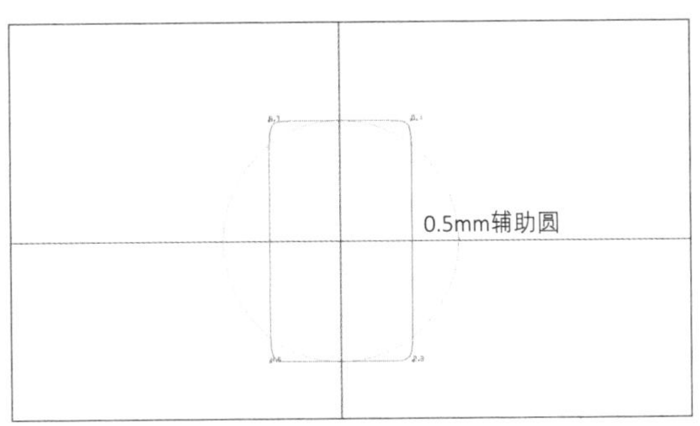

图3-5-29

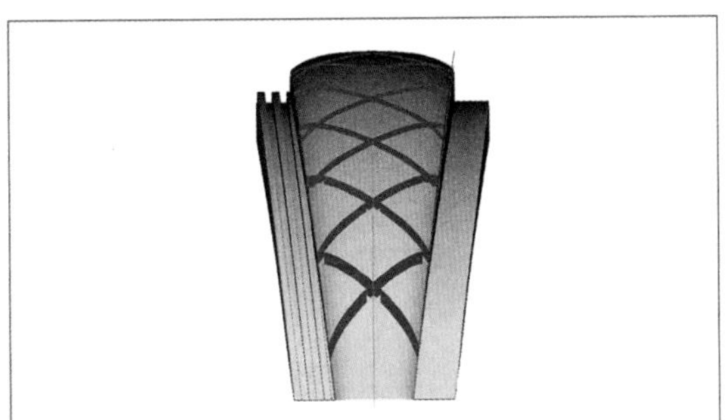

图3-5-30

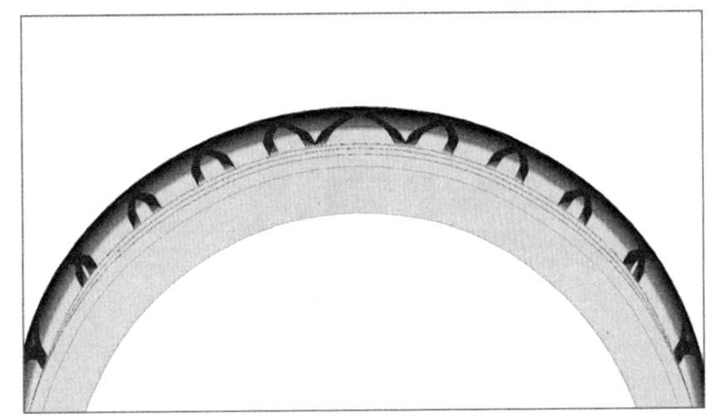

图3-5-31

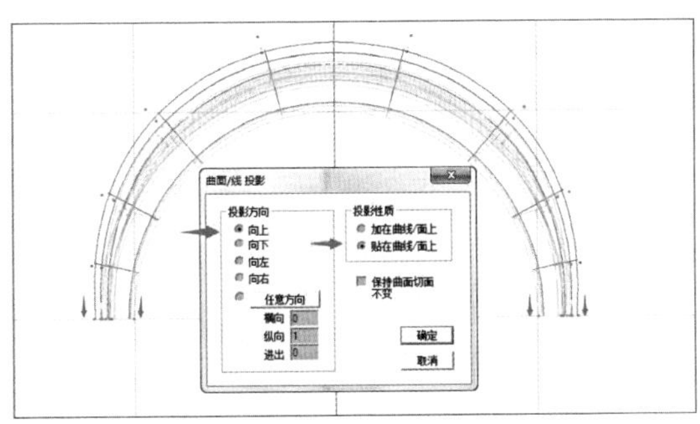

图3-5-32

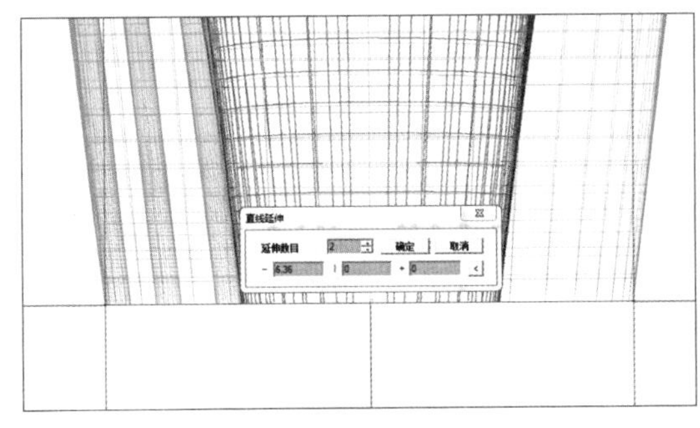

图3-5-33

3-5-31。

（31）使用“左右对称线”工具制作一条贴合横轴的辅助直线；选中全体物件最底部CV点，投影贴合横轴线，如图3-5-32。

（32）右视图，使用“直线延伸曲面”工具对戒指上部横轴位的宽度进行测量。本例中宽度为6.36mm，如图3-5-33。

（33）下视图，使用“直线延伸曲面”工具对戒指肌理部横轴位的宽度进行测量。本例中宽度为3.09mm，如图3-5-34。

（34）继续使用“直线延伸曲面”工具对戒指肌理部横轴位的高度进行测量。本例中宽度为0.745mm，如图3-5-35。

（35）继续使用“直线延伸曲面”工具对戒指光金部横轴位的高度进行测量。本例中宽度为1.225mm，如图3-5-36。

（36）正视图，搜集齐相应数据后，分别生成相应辅助圆，如图3-5-37绘制切面。

（37）在切面顶部放置一条直线辅助线，如图3-5-38。

（38）原地复制步骤（36）切面，将新复制出的切面线相应CV点投影贴齐辅助线，如图3-5-39。

（39）正视图，贴合戒指内、外圈绘制曲线，起始端贴合横轴，如图3-5-40。

（40）使用“导轨曲面”命令：双导轨，不合比例，多切面，切面量度上下居中；横轴

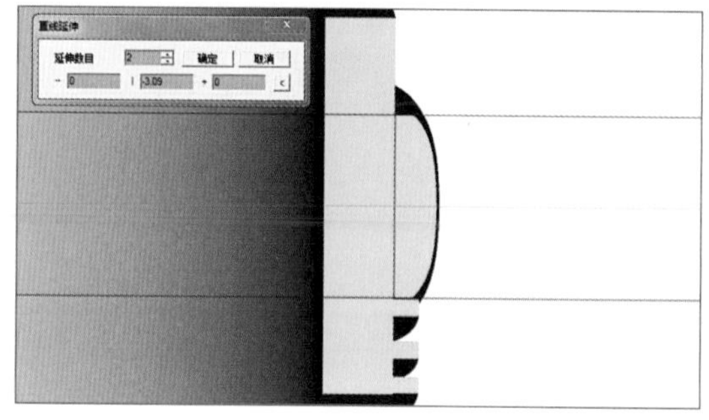

图3-5-34

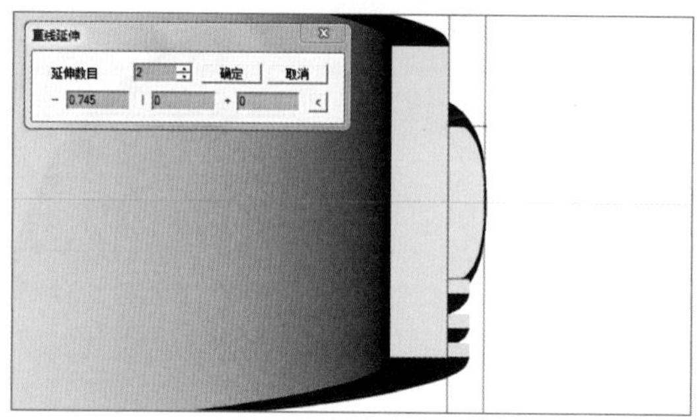

图3-5-35

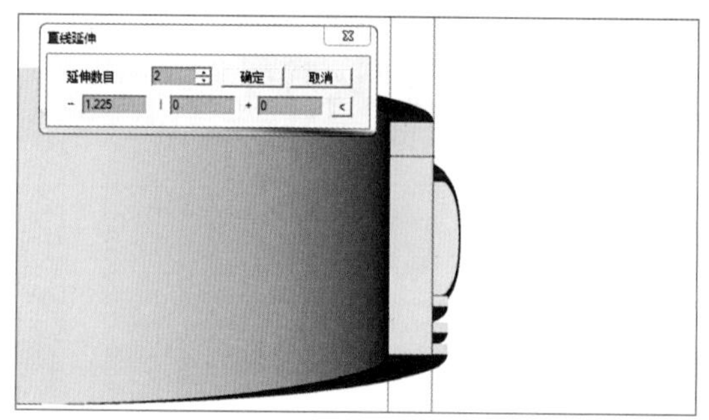

图3-5-36

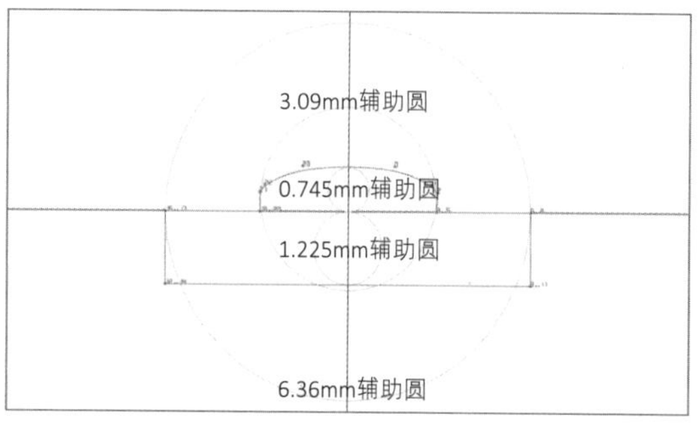

图3-5-37

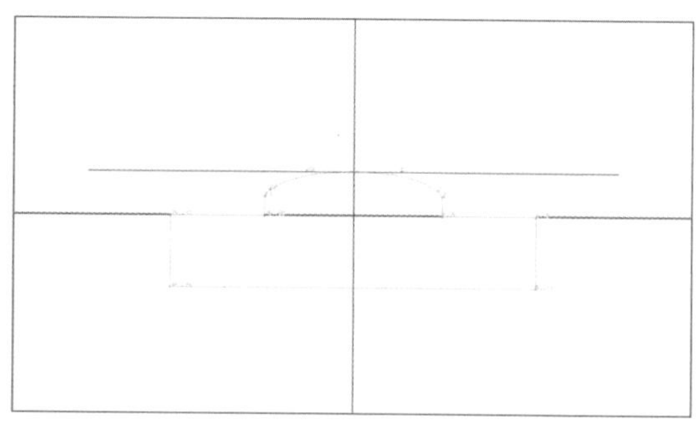

图3-5-38

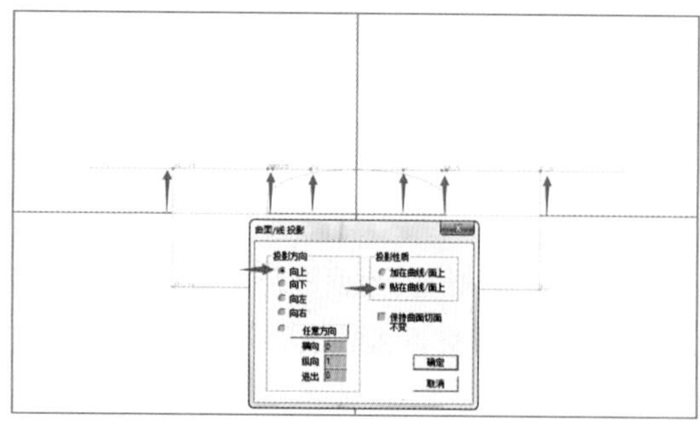

图3-5-39

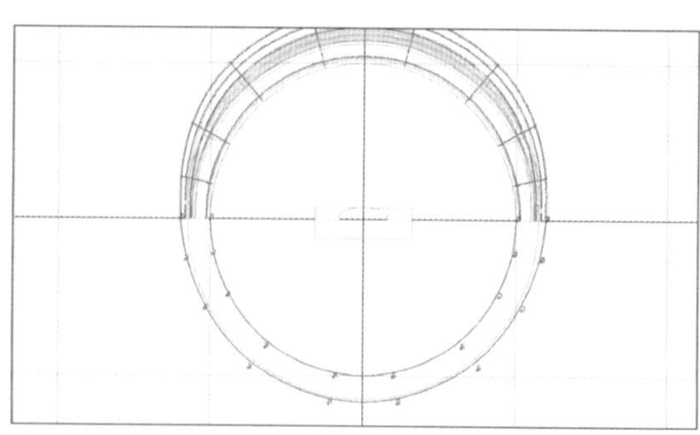

图3-5-40

起始处选用“凸”型切面，戒指底部两端选用“口”型切面，如图3-5-41。

（41）正视图，展示所有装饰条CV点，选中横轴处CV点，使用“尺寸”工具，向内单向压缩，使得装饰条出现渐消效果，如图3-5-42、图3-5-43。

（42）右视图，展示戒指下部CV点，选中左右最外侧所有CV点，将其投影贴合到辅助线上，控制戒指侧面形态，如图3-5-44。

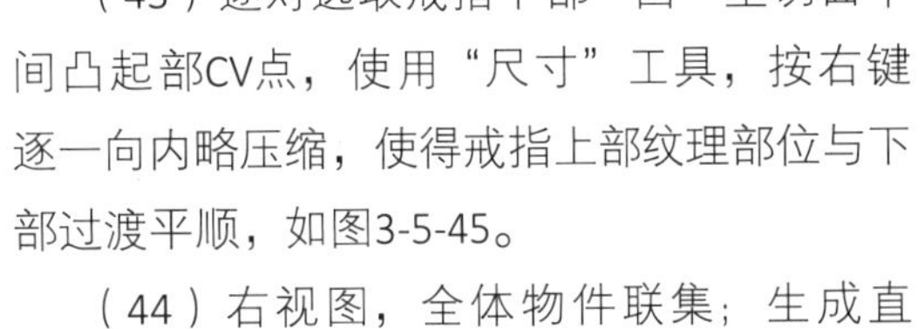

（43）逐对选取戒指下部“凸”型切面中间凸起部CV点，使用“尺寸”工具，按右键逐一向内略压缩，使得戒指上部纹理部位与下部过渡平顺，如图3-5-45。

（44）右视图，全体物件联集；生成直径为20.1mm的减缺件，确保戒指内圈直径准确，如图3-5-46。

（45）正视图。贴合戒指内圈底部绘制曲线，如图3-5-47。

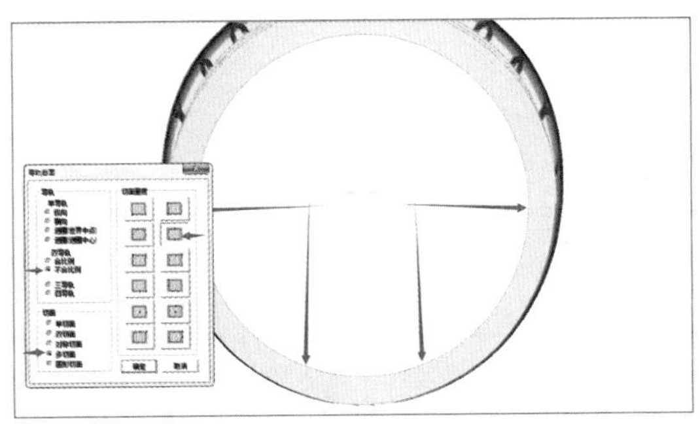

图3-5-41

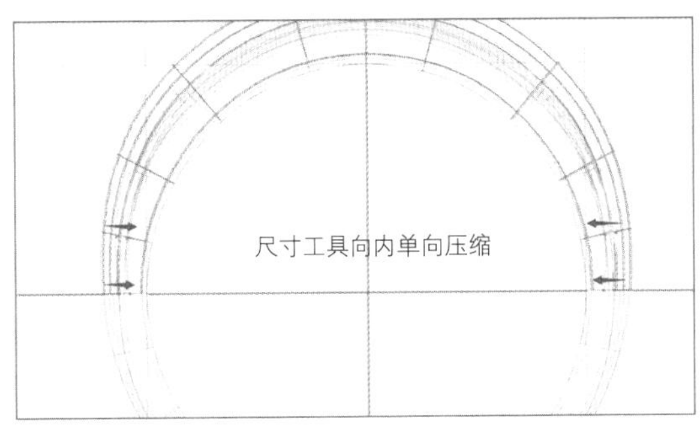

图3-5-42

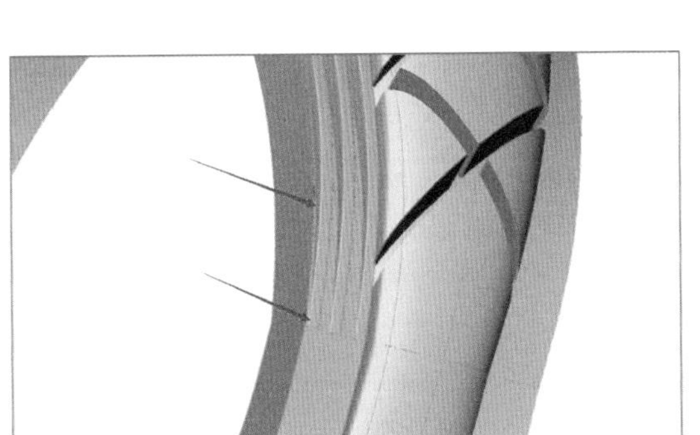

图3-5-43

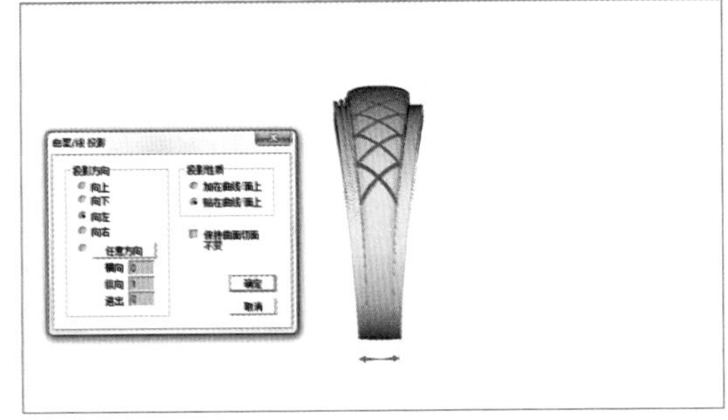

图3-5-44

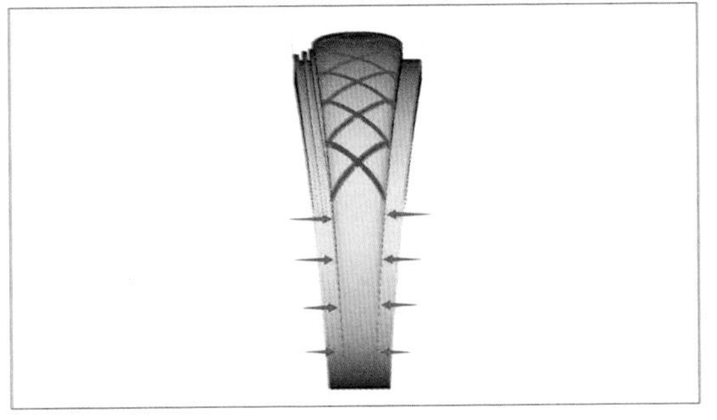

图3-5-45

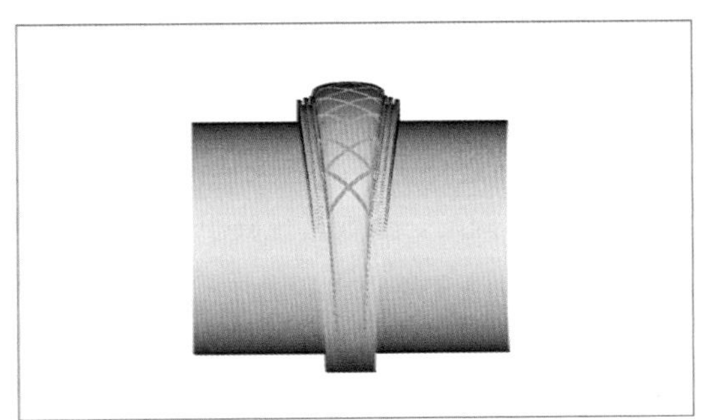

图3-5-46

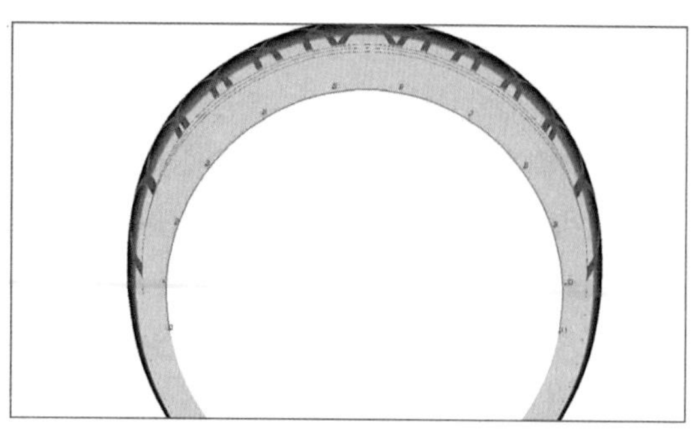
图3-5-47

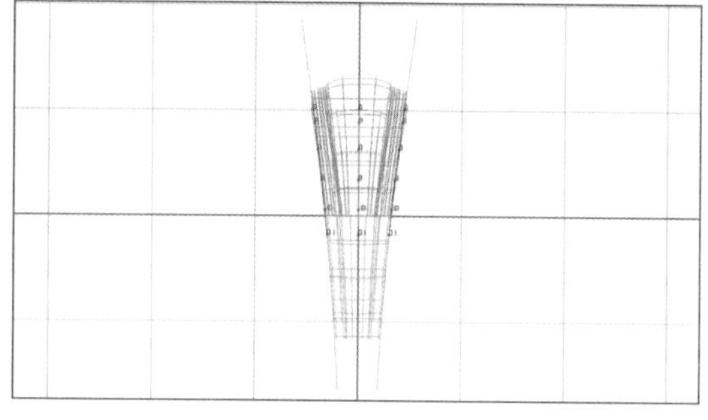
图3-5-48

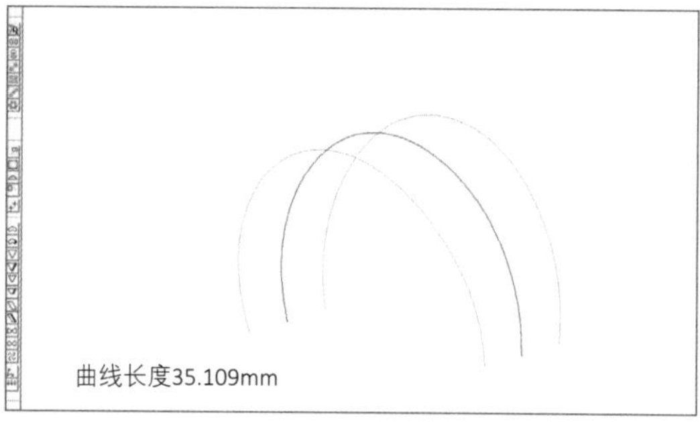

图3-5-49

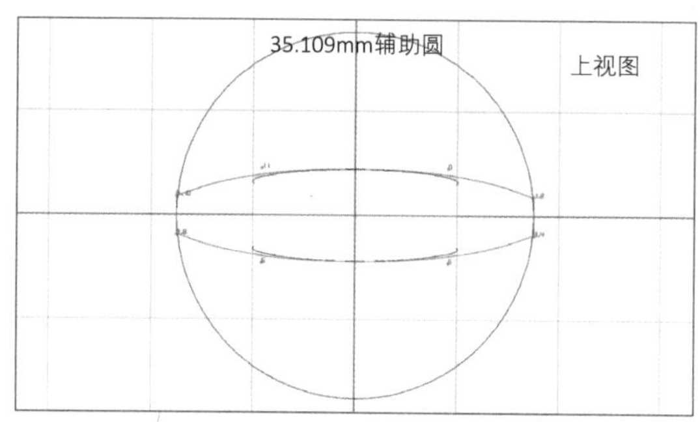

图3-5-50

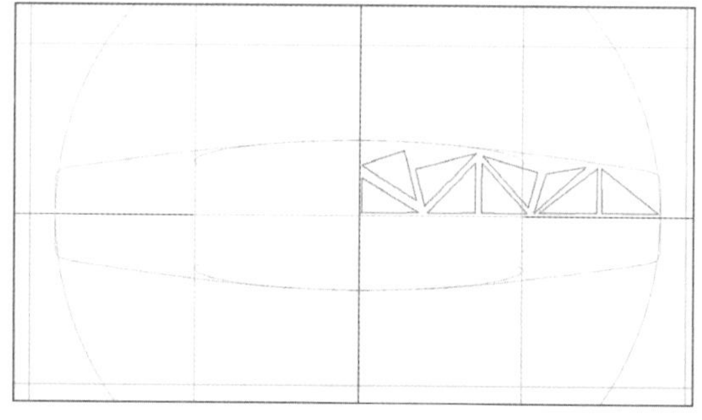
图3-5-51

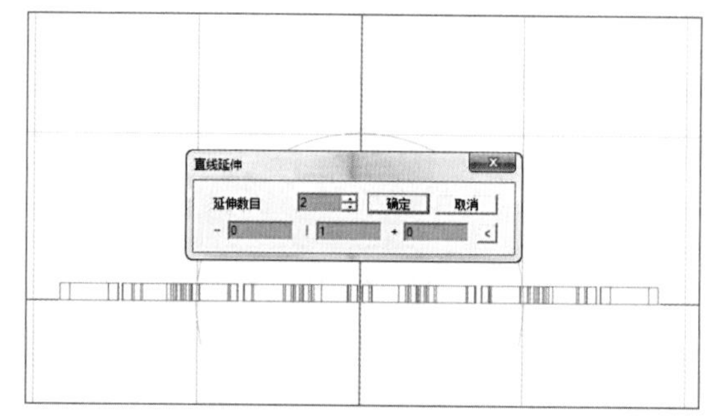

图3-5-52

（46）右视图，原地复制后，投影到控制辅助线上，并对称复制，如图3-5-48。

（47）测量中间曲线长度。本例中为35.109mm，如图3-5-49。

（48）上视图，生成直径35.109mm的辅助圆，依据现有3条辅助线，使用“上下左右对称线”工具绘制如图3-5-50的辅助线框，该线框即是掏底物件的范围框。

（49）绘制如图3-5-51的闭合曲线，并上下左右复制。

（50）正视图，将全体曲线向上直线延伸1mm，如图3-5-52。

（51）将全体延伸曲面向下移动0.2mm，如图3-5-53。

（52）将其映射到中间曲线上并进行减缺减重，如图3-5-54。

（53）使用“测量”命令，质量，材料选择为黄金24K，测得本戒指采用足金制作的预

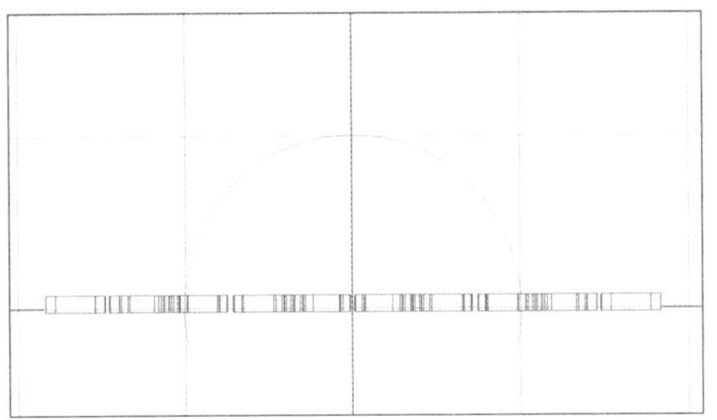
图3-5-53

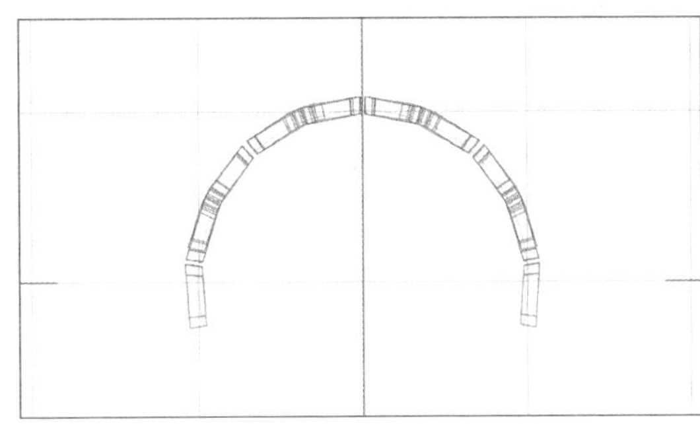
图3-5-54

（a）

（b）

图3-5-55

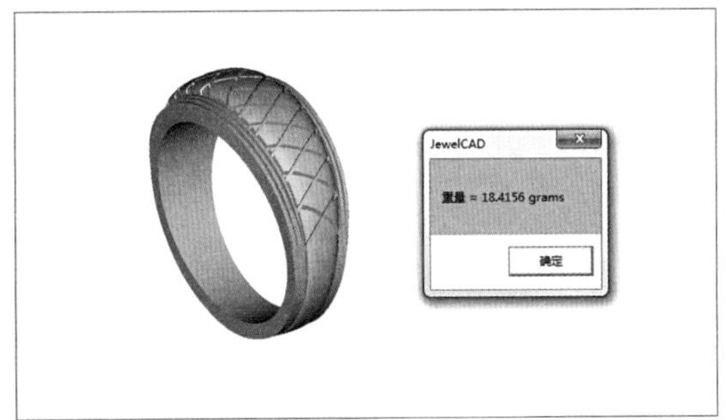

图3-5-56

图3-5-57

估质量约为16.3g，如图3-5-55。

（54）还原掏底物件后，测得质量约为18.4 g——掏底减轻了约2.1 g用金量。控制金重，就意味着控制成本，在确保结构准确、生产牢固、镶口数据可行的基本前提下，前期建模中，造型设计各个部位都尽量收小收薄各项数值，才是最主要的减重方式，如图3-5-56。

（55）完成男戒制作，如图3-5-57、图3-5-58。

图3-5-58

第六节　主石男戒

本案例主要讲解：线面连接曲面工具在实际制作中的应用；男戒结构；八方钻石包镶与包镶台面制作；男戒掏底制作；男戒封底片制作。

制作步骤如下：

（1）正视图，使用“圆形曲面”工具，直径为18.5mm，控制点数为18，如图3-6-1。

（2）将生产的圆向外偏移1.75mm，如图3-6-2。

（3）使用“左右对称线”工具对外围曲线进行重新编辑，删除曲线上的原8、9号CV点，如图3-6-3。

（4）两次双击7、8号CV点，增加此两处的控制节点，如图3-6-4。

（5）将顶部CV点上移，使得外围平台线段高于戒指内圈2.6mm，如图3-6-5。

（6）删除戒指内圈。重新生成直径为18.5mm、控制点数为20的戒指内圈，如图3-6-6。

（7）选中戒指外圈隐藏其CV点；“复制反下”该曲线，之后展示其CV点，如图3-6-7。

（8）将曲线“反上”，如图3-6-8。

（9）使用“尺寸”工具右键，将曲线上CV点逐对单向向内收缩，如图3-6-9。

（10）得到三条戒指轮廓曲线（为方便读者区分，进行了编号处理），如图3-6-10。

（11）使用“宝石”命令，选择八方钻石，如图3-6-11。

（12）使用“多重变形”命令，修改系统默认大小为：比例栏目横、纵，进出均为6，如图3-6-12。

（13）上视图，将AB线条向下移动2mm，

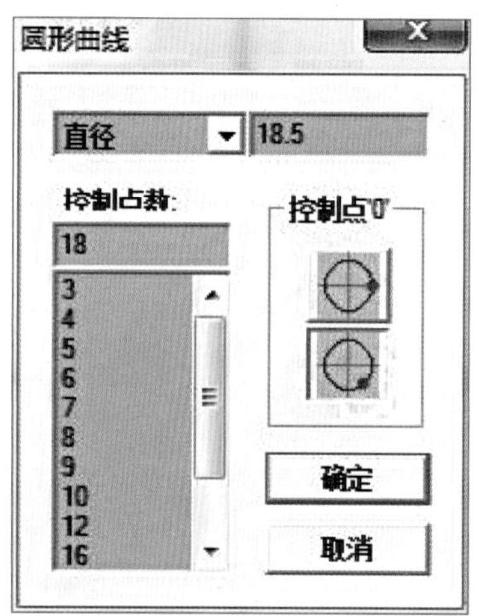

图3-6-1

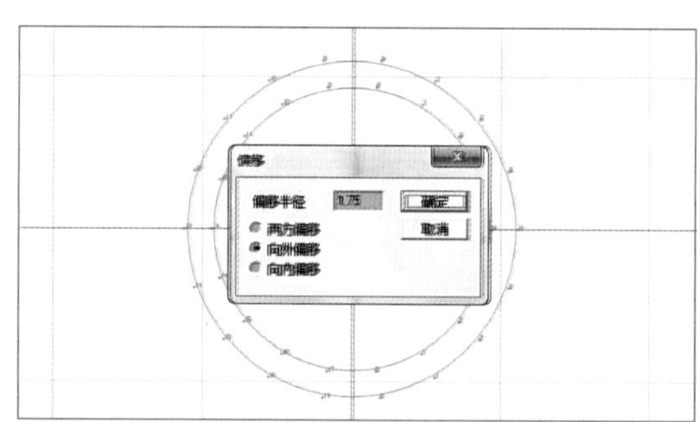

图3-6-2

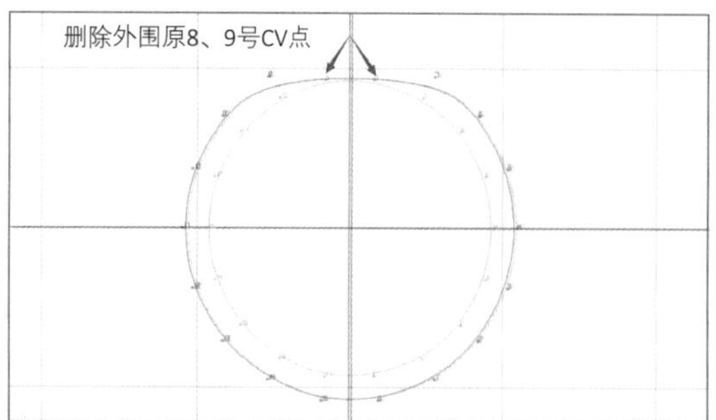

图3-6-3

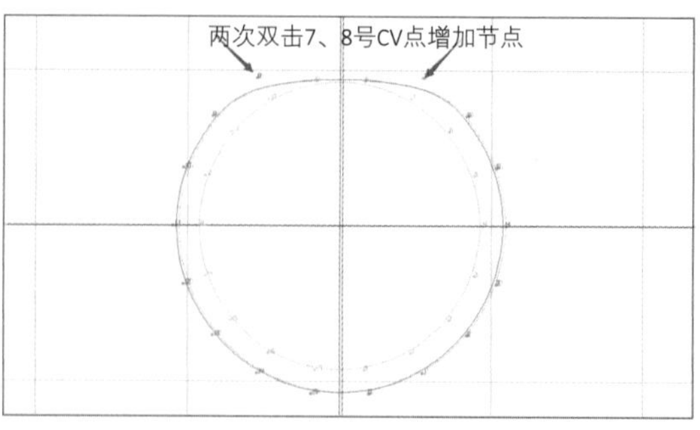

图3-6-4

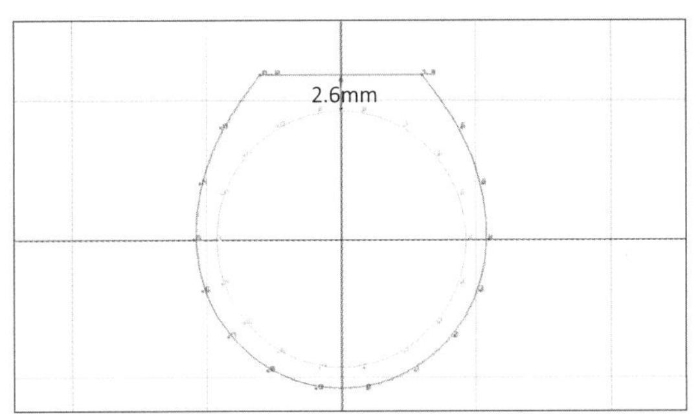

图3-6-5

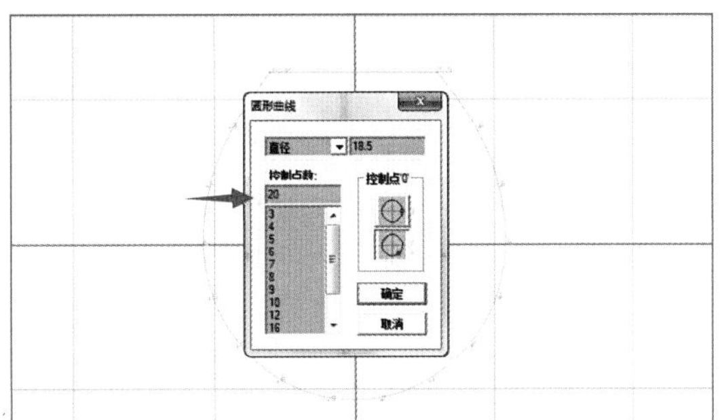

图3-6-6

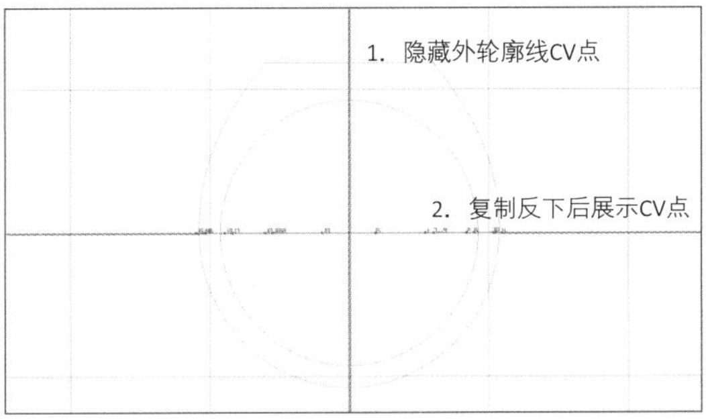

1. 隐藏外轮廓线CV点

2. 复制反下后展示CV点

图3-6-7

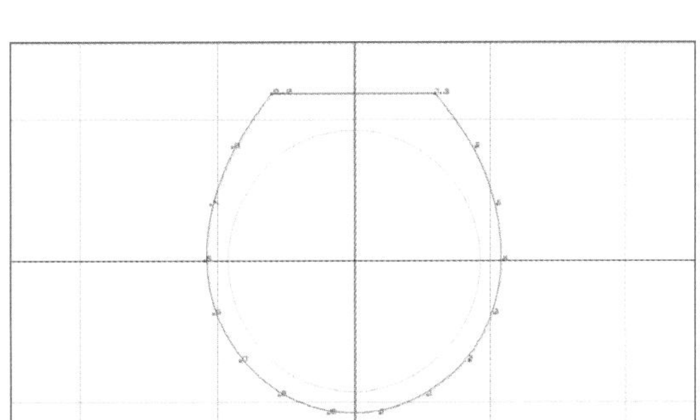

图3-6-8

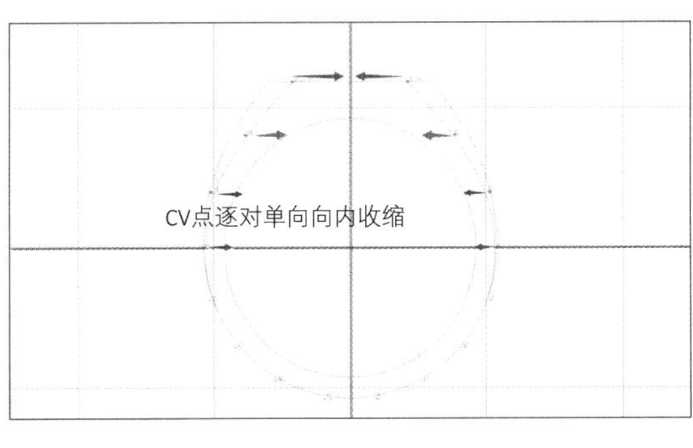

图3-6-9

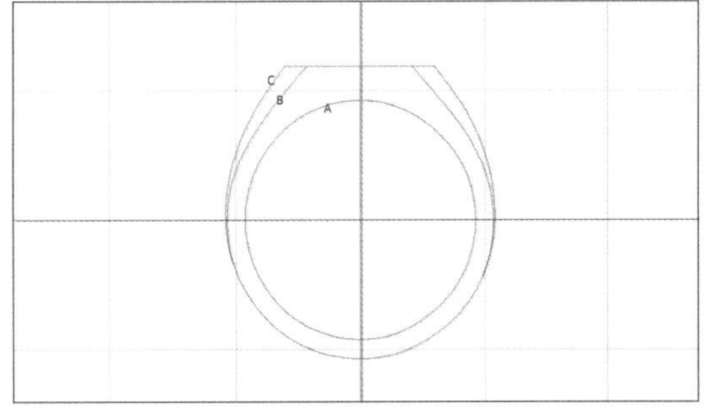

图3-6-10

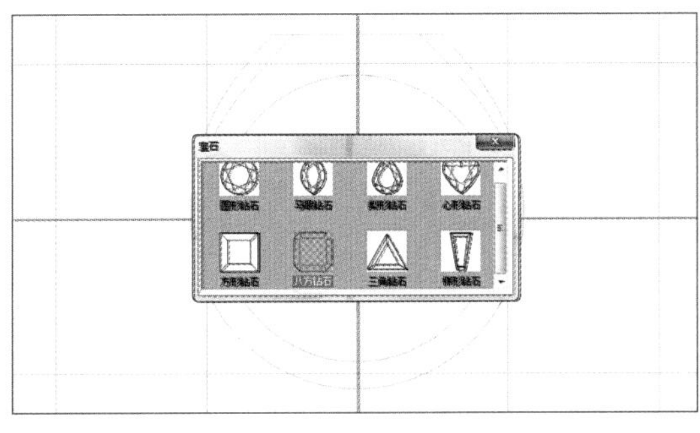

图3-6-11

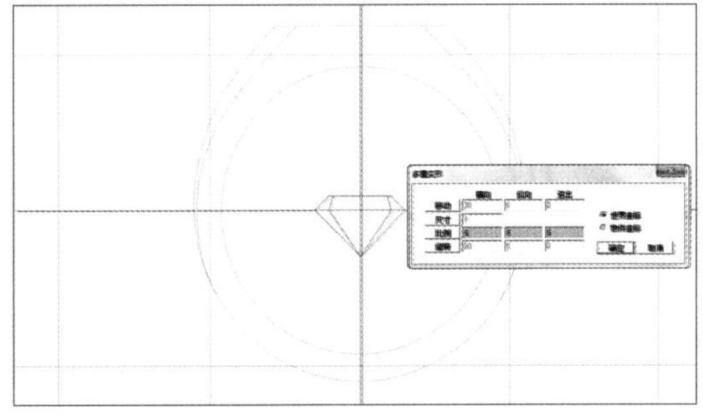

图3-6-12

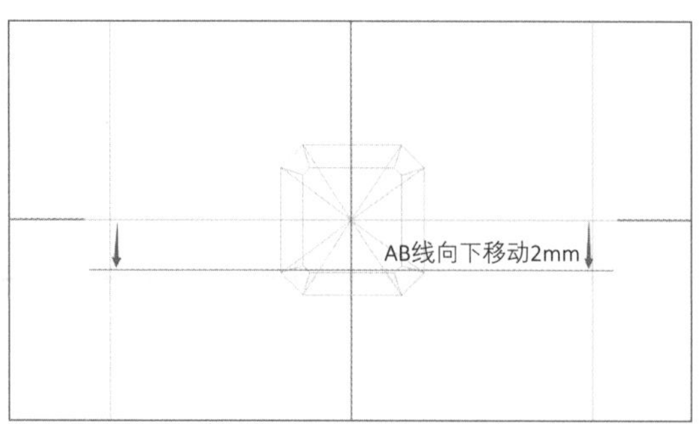

图3-6-13

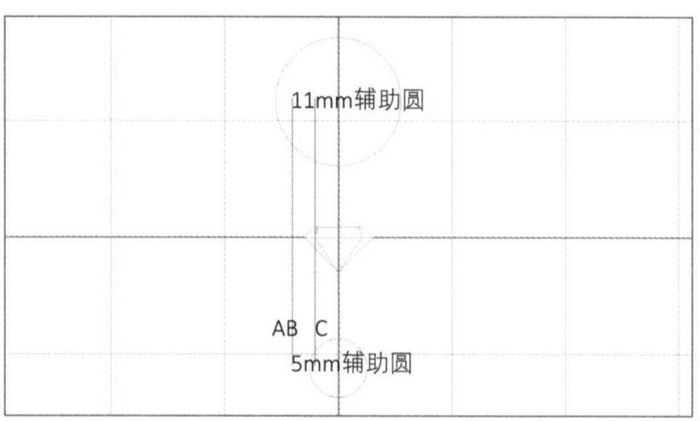

图3-6-14

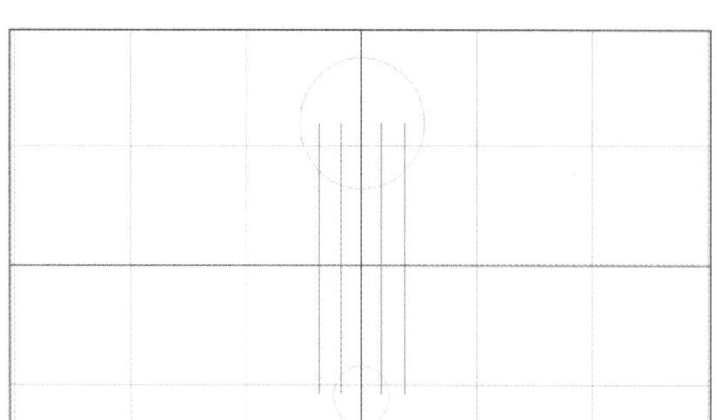

图3-6-15

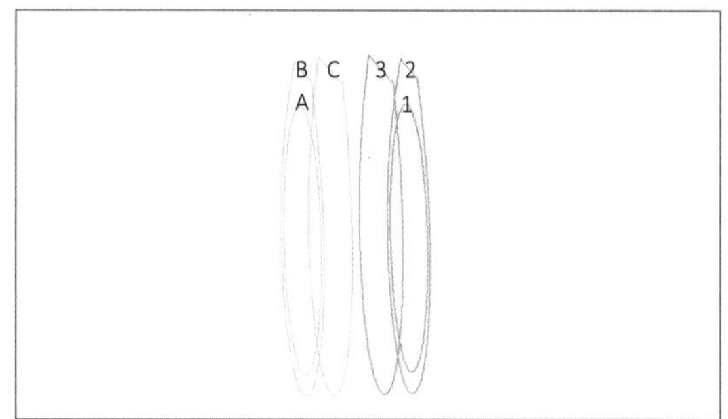

图3-6-16

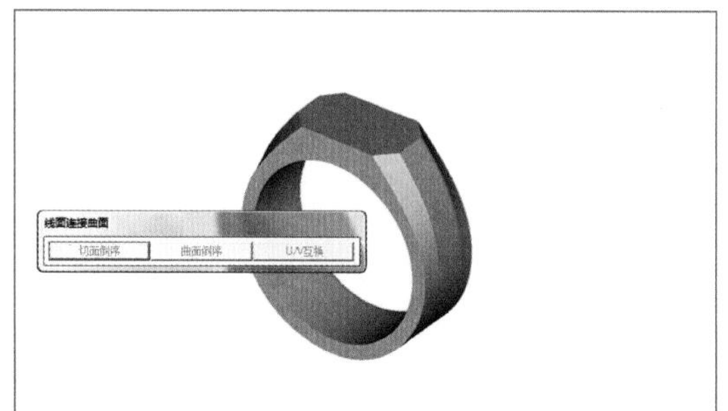

图3-6-17

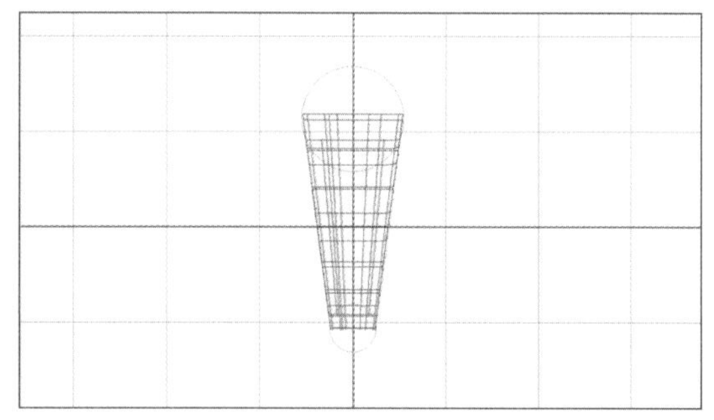

图3-6-18

如图3-6-13。

（14）右视图，生成直径11、5mm的辅助圆，辅助控制戒指顶、底部宽度。A、B、C三条线条向左移动，如图3-6-14。

（15）左右对称复制，如图3-6-15。

（16）为方便读者区分，进行了编号处理，如图3-6-16。

（17）透视图，使用“线面连接曲面”工具，按顺时针或逆时针顺序对线条进行依序逐一连接（A—B—C—3—2—1），连接时，请在各线条上均单击3次（会得到直角面，男戒要求各角度均保持造型锐利），点击完成后，使用“封口曲面”命令，自动闭合成体，如图3-6-17。

（18）右视图，使用“梯形化”工具，将戒圈收斜，如图3-6-18。

（19）完成戒圈制作，如图3-6-19。

（20）正视图，将宝石上移至尖部贴合内圈，如图3-6-20。

（21）将宝石上移1.2mm，如图3-6-21。

（22）上视图，使用“上下左右对称线”工具绘制如图曲线，该曲线吃入石0.2mm，如图3-6-22。

（23）将曲线向外偏移1.2mm，如图3-6-23。

（24）将曲线向内偏移0.3mm，如图3-6-24。

（25）将步骤（23）偏移出的曲线再次向外偏移0.6mm，如图3-6-25。

（26）为方便读者区分，进行了编号处理，如图3-6-26。

（27）正视图，所有曲线移动至贴合戒指平台边缘；其中将3、4号曲线向上移动至高于宝石腰部0.3mm处，如图3-6-27。

图3-6-19

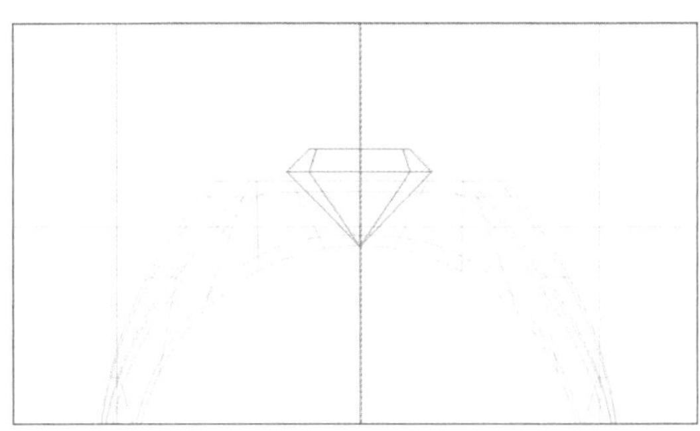

图3-6-20

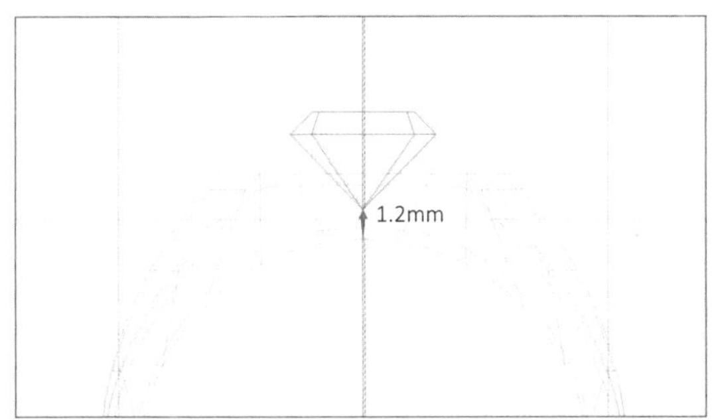

图3-6-21

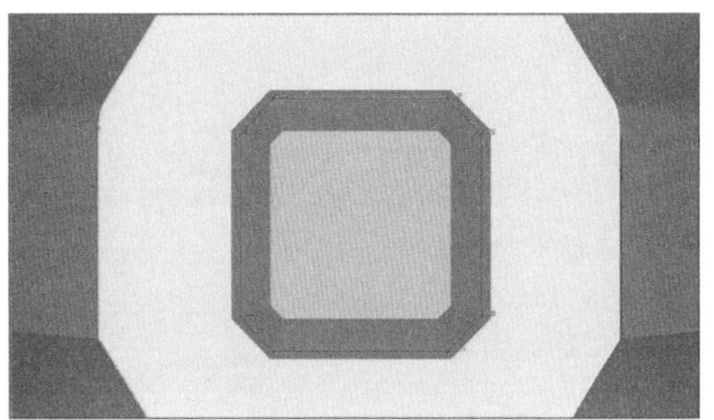

图3-6-22

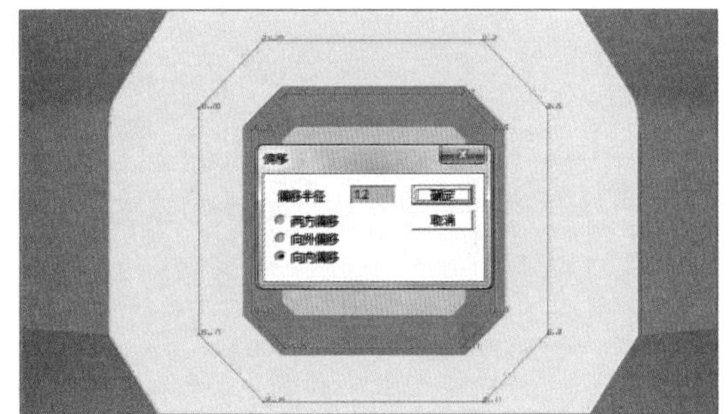

图3-6-23

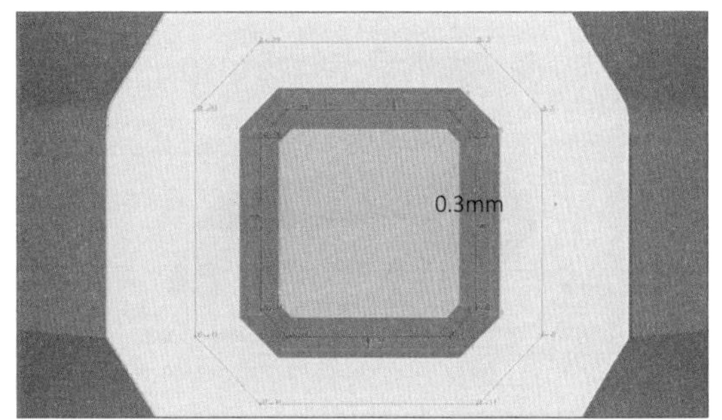

图3-6-24

（28）4号线下降0.2mm，如图3-6-28。

（29）为方便读者区分，进行了编号处理，各编号线条移动效果可参看透视图3-6-29。

（30）参见步骤（17），完成宝石镶口制作（执行线面连接曲面前，请复制并隐藏1号曲线），如图3-6-30。

（31）初步完成戒指基本造型，如图3-6-31。

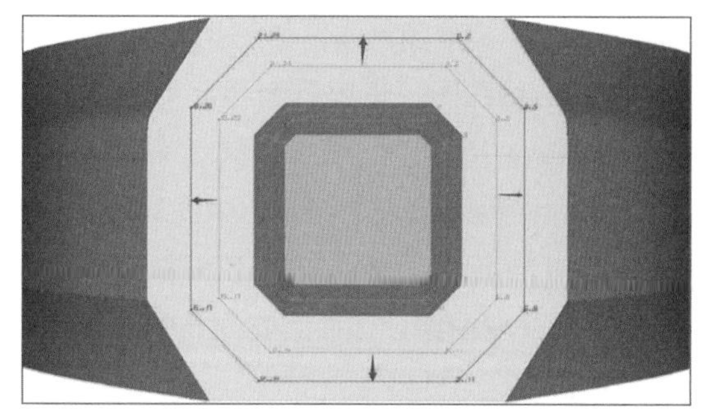

图3-6-25

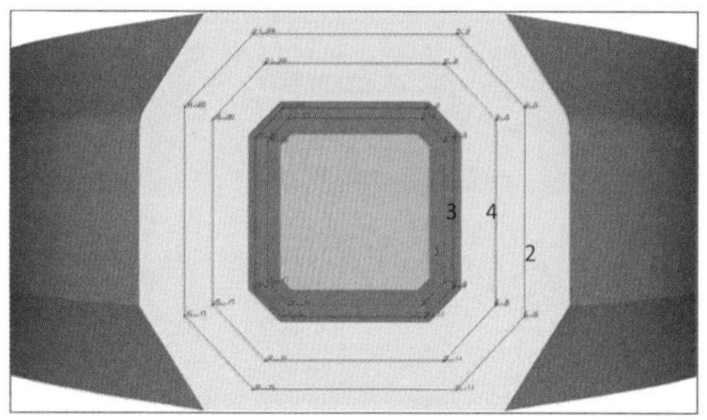

图3-6-26

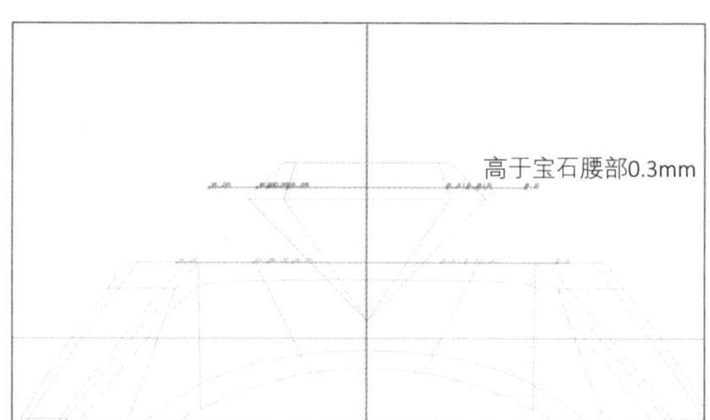

图3-6-27

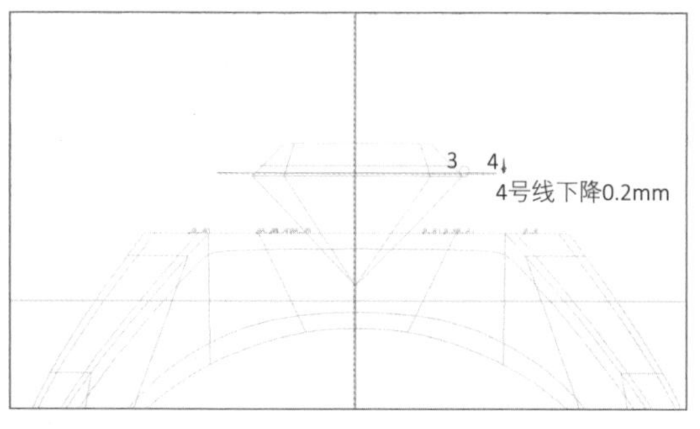

图3-6-28

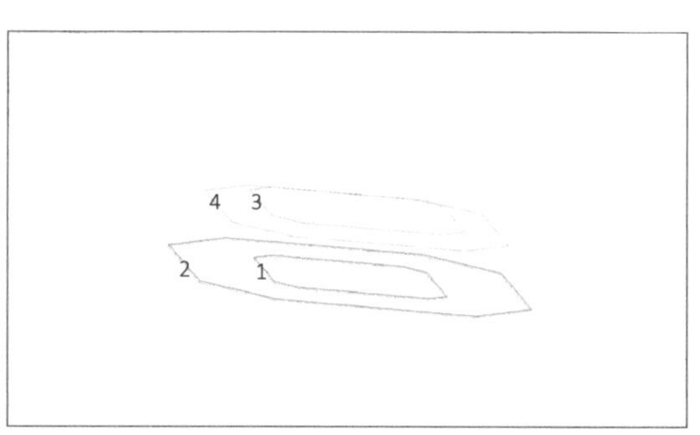

图3-6-29

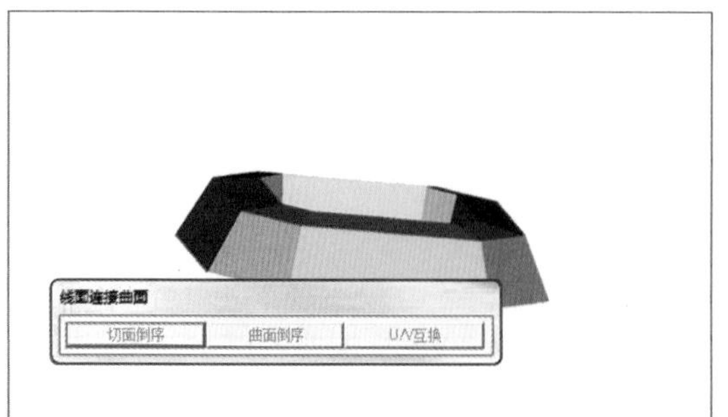

图3-6-30

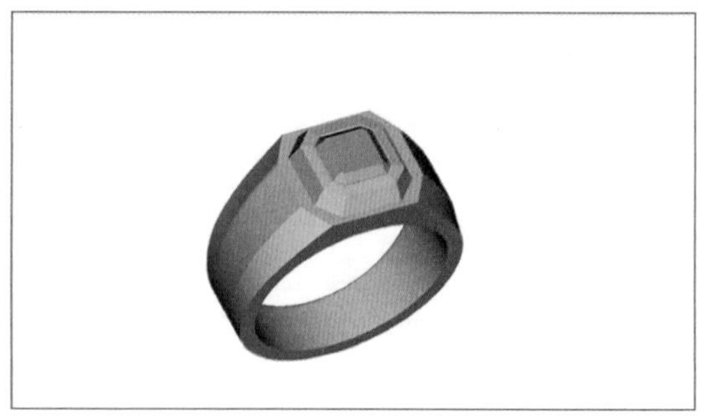

图3-6-31

（32）正视图，绘制如图3-6-32曲线。

（33）将原地复制曲线后，使用“尺寸”工具将其向内收缩，进入戒指内部，如图3-6-33。

（34）绘制一个1.0mm矩形切面后使用导轨曲面工具：双导轨、不合比例、单切面、切面量度居中，生成装饰条物件，如图3-6-34。

（35）右视图，复制出其他两个装饰条并排布整齐，如图3-6-35。

（36）初步完成戒指整体制作，如图3-6-36。

（37）正视图，原地复制戒圈后，使用“尺寸”工具整体缩小，更换其材料颜色并将其定义为“用作宝石”，得到掏底物件，如图3-6-37。

（38）使用“上下左右对称线”工具绘制切面，如图3-6-38。

（39）右视图，将切面向左直线延伸曲面

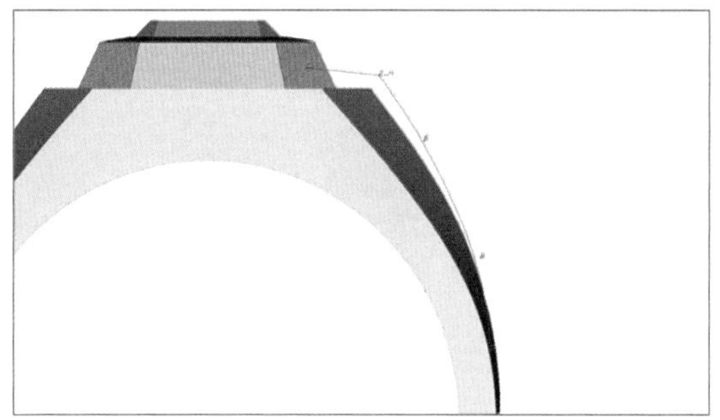

图3-6-32

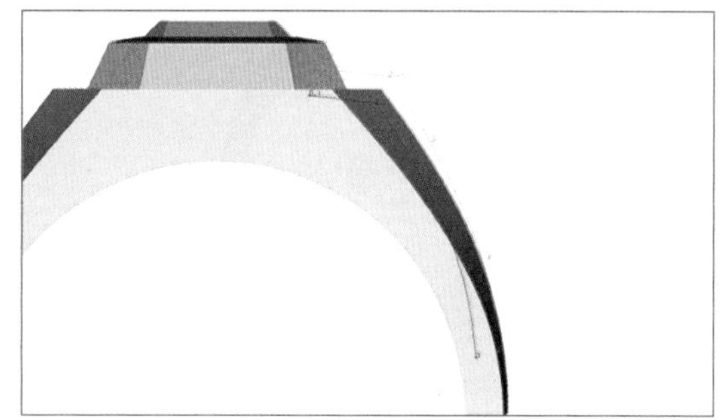

图3-6-33

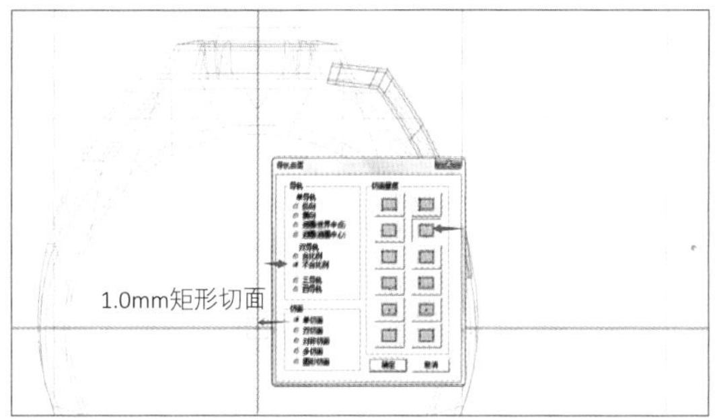

图3-6-34

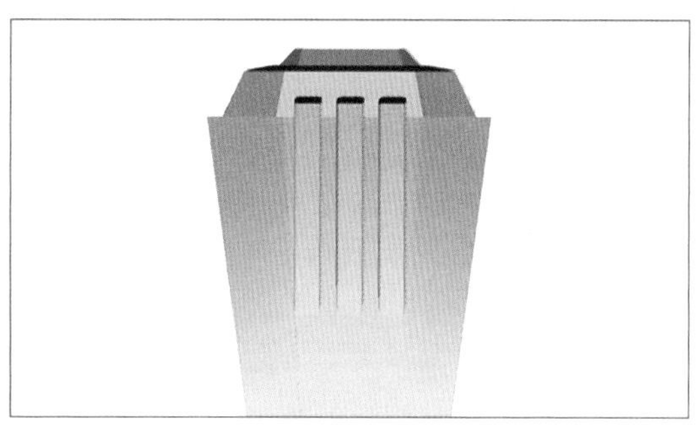

图3-6-35

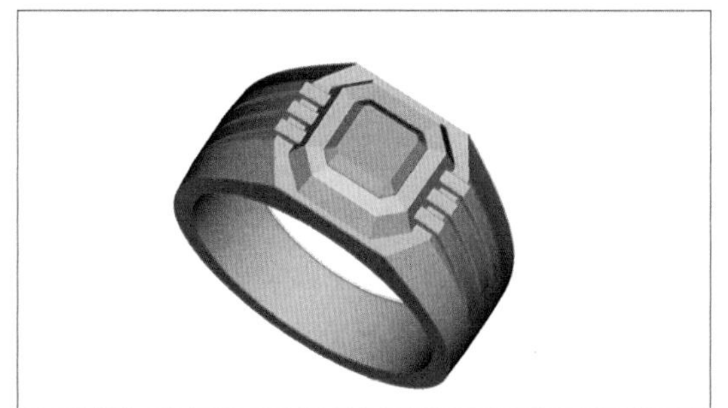

图3-6-36

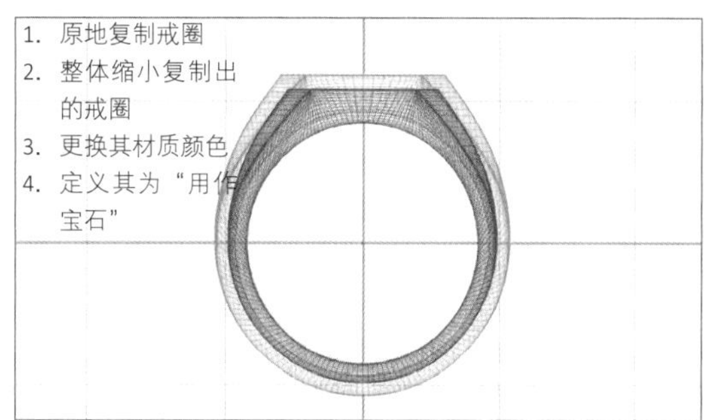

图3-6-37

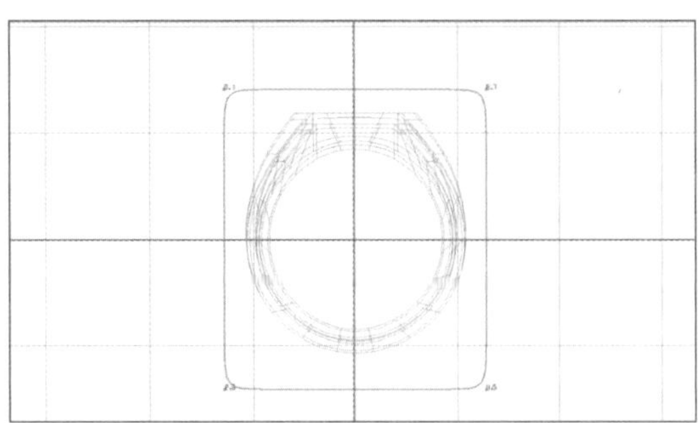

图3-6-38

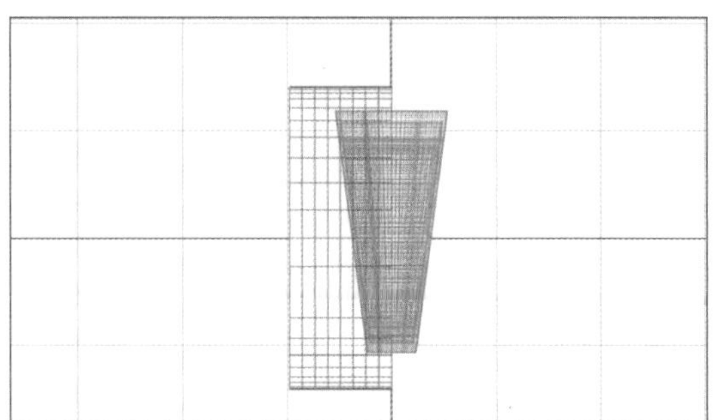

图3-6-39

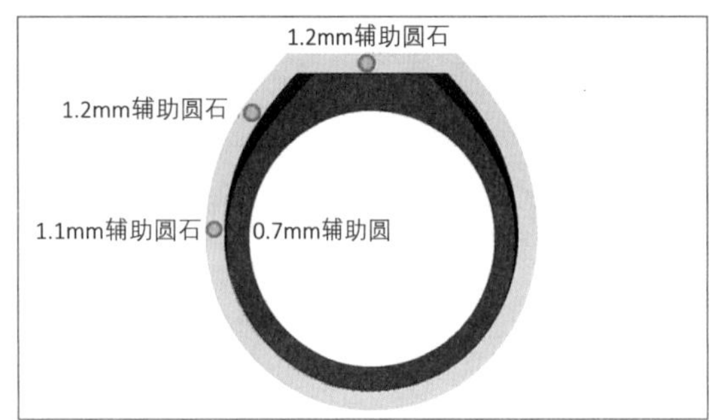

图3-6-40

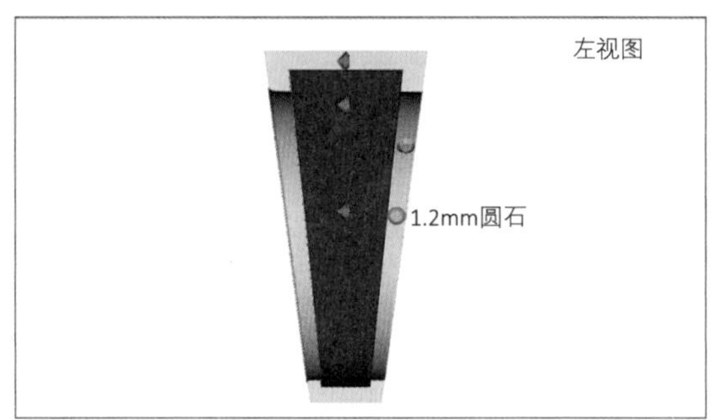

图3-6-41

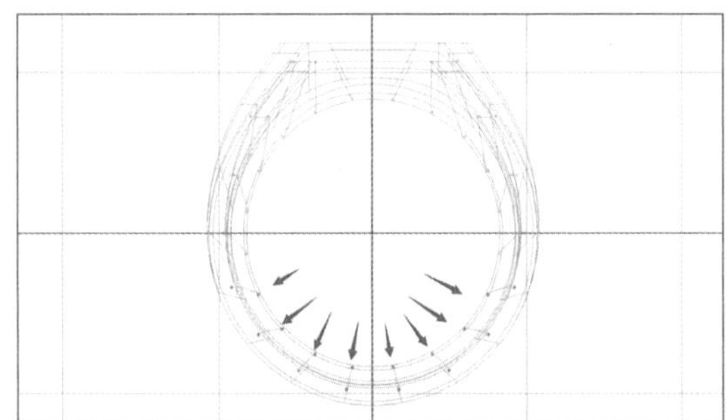

图3-6-42

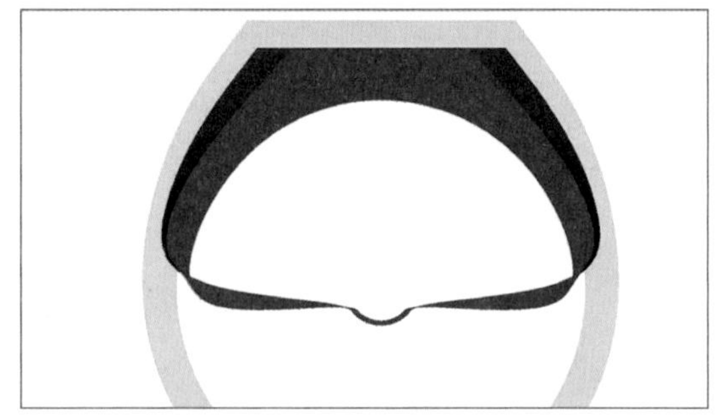

图3-6-43

成型，并定义其为“超减物件”，如图3-6-39。

（40）正视图，剪贴1.1、1.2mm的辅助圆石于戒圈面上；其中的直径0.7mm辅助圆是用于控制此处掏底深度的，因为后期的底片厚度为0.7mm。要留够空间以待后面的底片安装，如图3-6-40。

（41）右视图，将“超减物件”反右；使用“尺寸”工具单轴横向收窄掏底物件。剪贴1.2mm圆石控制留出的光金边距离，如图3-6-41。

（42）正视图，选中掏底物件底部CV点，如图3-6-42。

（43）使用“尺寸”工具将其向上压缩，注意直径0.7mm辅助圆处的掏底深度控制，如图3-6-43。

（44）掏底物件原地复制一个并隐藏，掏底物件减去戒圈，如图3-6-44。

（45）正视图，生成矩形超减物件体，平齐掏底边缘，如图3-6-45、图3-6-46。

（46）贴合内圈顶部绘制曲线，如图

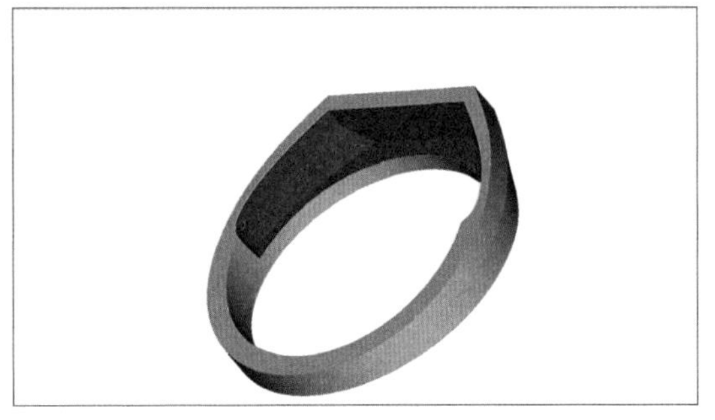
图3-6-44

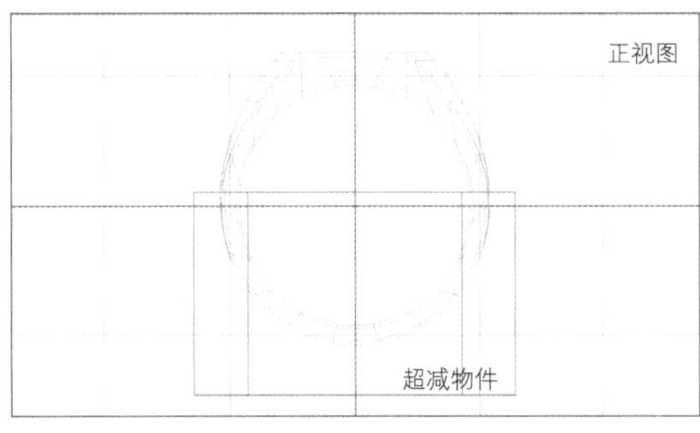

图3-6-45

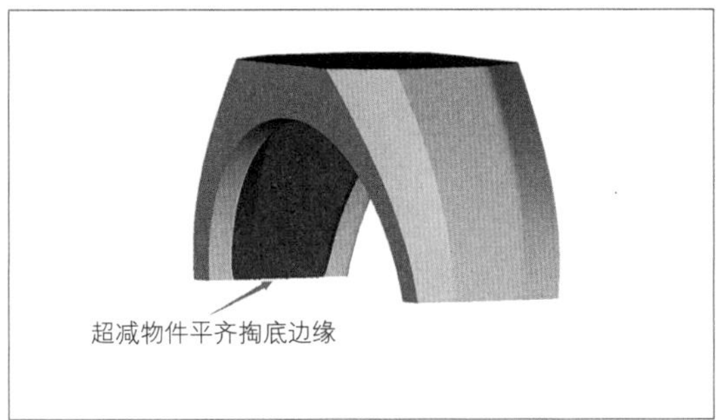

图3-6-46

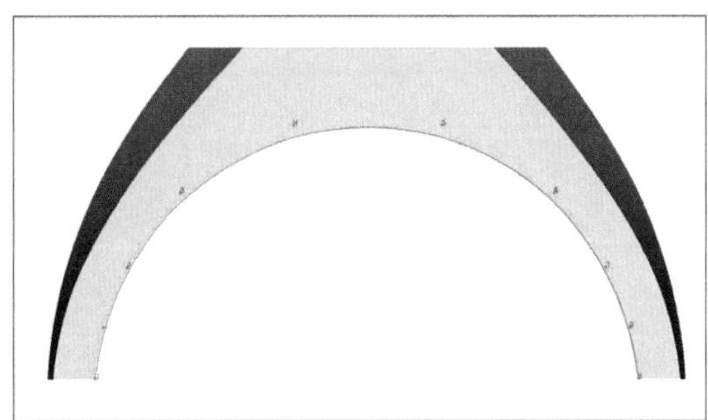
图3-6-47

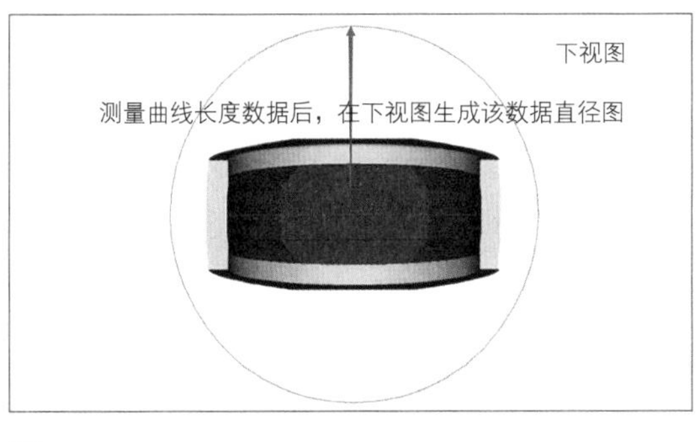

图3-6-48

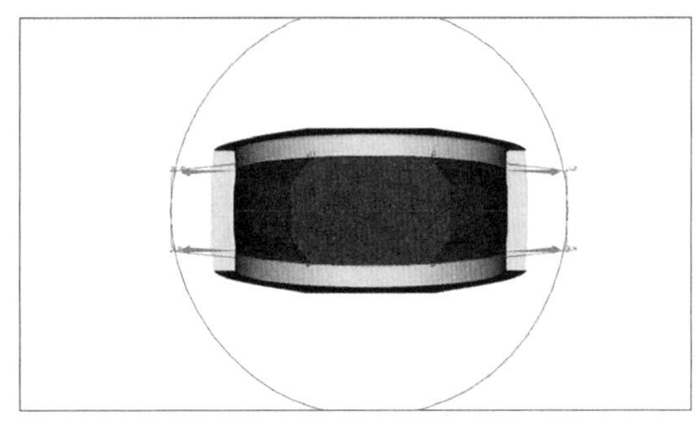
图3-6-49

3-6-47。

（47）下视图，测量该曲线长度，使用数据生成辅助圆，如图3-6-48。

（48）使用“上下左右对称线”工具，贴合掏底边缘绘制矩形线。其中注意：矩形宽度与掏底结束处宽度保持一致，如图3-6-49。

（49）在矩形线内绘制网底装饰曲线，如图3-6-50。

（50）绘制0.7mm矩形切面，使用“管状曲面”工具，生成实体，如图3-6-51。

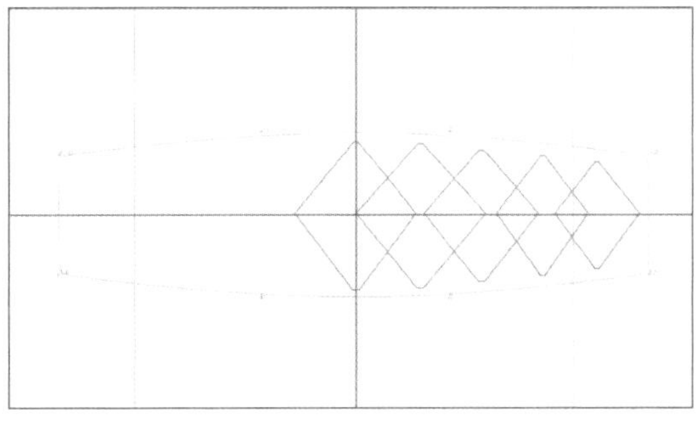
图3-6-50

（51）将矩形曲线向内偏移0.7mm，如图3-6-52。

（52）使用“导轨曲面”命令将其生成实体，如图3-6-53。

（53）将所有底片实体均在UV方向增加两倍控制点，如图3-6-54。

（54）正视图，将全体底片实体下移，使其顶部贴合横轴，如图3-6-55。

（55）正视图，使用映射命令将全体底片实体映射到步骤（46）的曲线上，得到戒指封底片，如图3-6-56。

（56）由于步骤（53）在封片实体上增加了大量的控制点，若读者电脑配置尚可，运行与显示应不受太大影响。若配置较一般，建议采取以下步骤可减轻电脑运算负担。

（57）正视图，重回步骤（46），将曲线向外偏移0.7mm，如图3-6-57。

（58）绘制一个矩形切面，选择“导轨曲

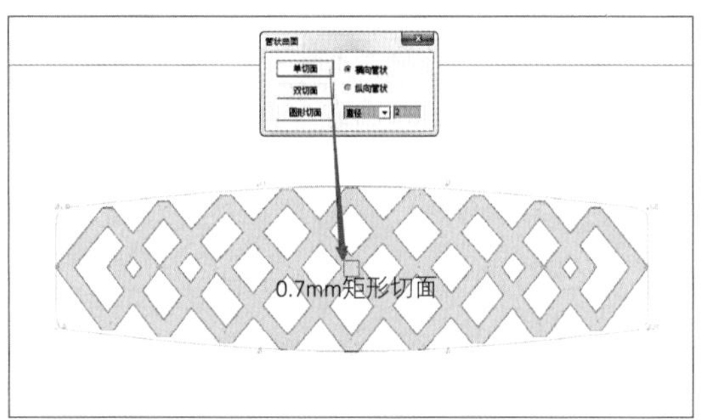

图3-6-51

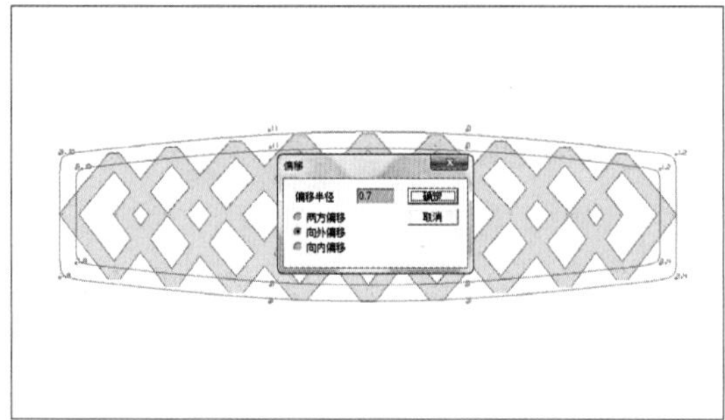

图3-6-52

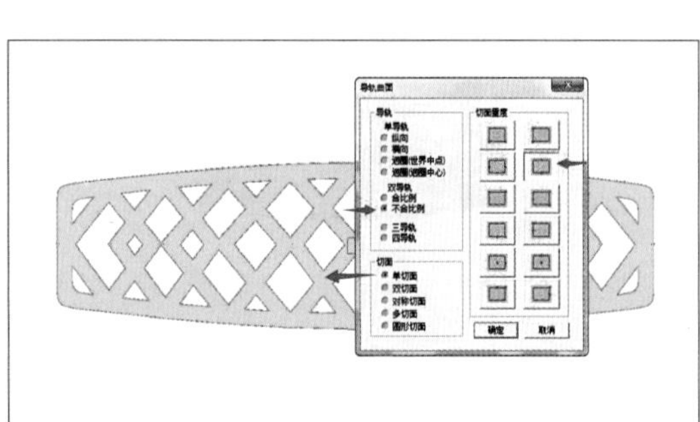

图3-6-53

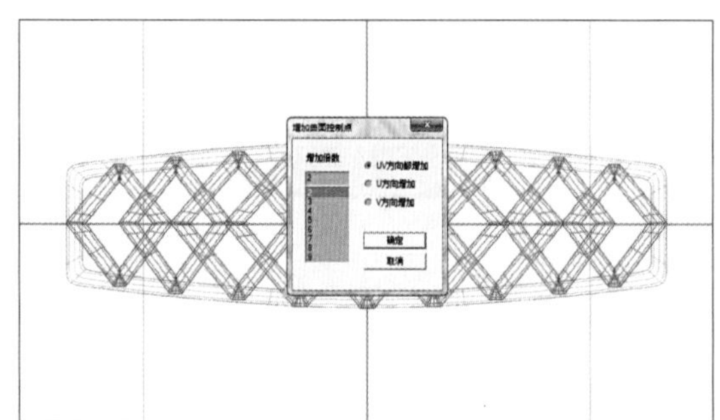

图3-6-54

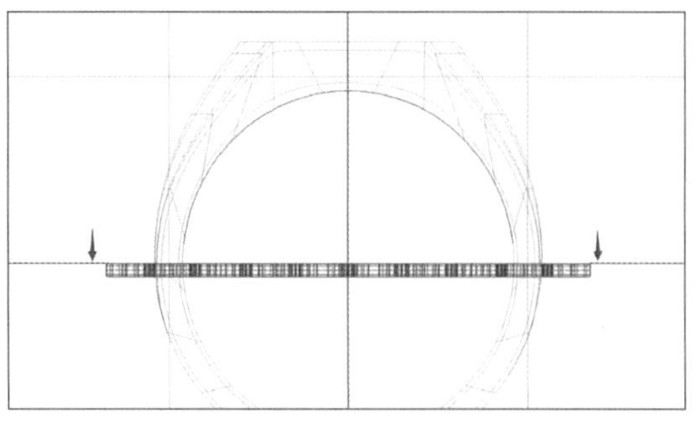

图3-6-55

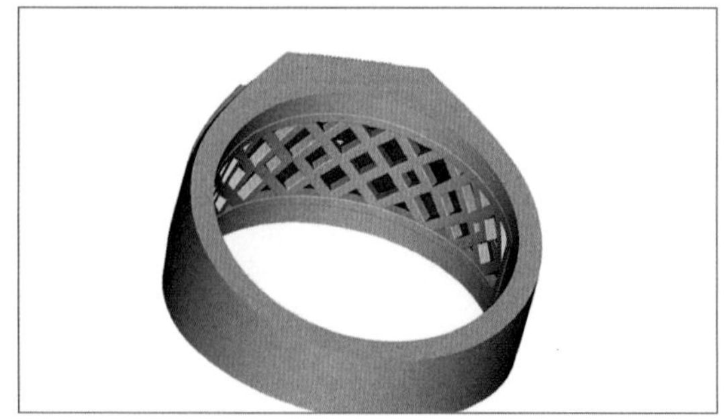

图3-6-56

面”命令：双导轨、不合比例、单切面、切面量度居中，生成底片物件，如图3-6-58。

（59）右视图，单向收窄（扩长）并使用“梯形化”工具收斜底片，如图3-6-59。

（60）展示步骤（44）隐藏的掏底物件，如图3-6-60。

（61）正视图绘制一个矩形切面（切面大于底片及掏底物件范围），右视图将其直线延伸曲面成体；对掏底物件、底片与包裹体编号，如图3-6-61。

（62）两次相减后得到底片，第一次相减：B减去C；第二次相减：C减去A，如图3-6-62。

（63）重复步骤（49）~（52），使用“尺寸”工具将产生的网纹物件纵向加大并增加两倍控制点，如图3-6-63。

（64）将其映射到步骤（46）的曲线上，如图3-6-64。

（65）参照步骤（61）、（62），制作包裹

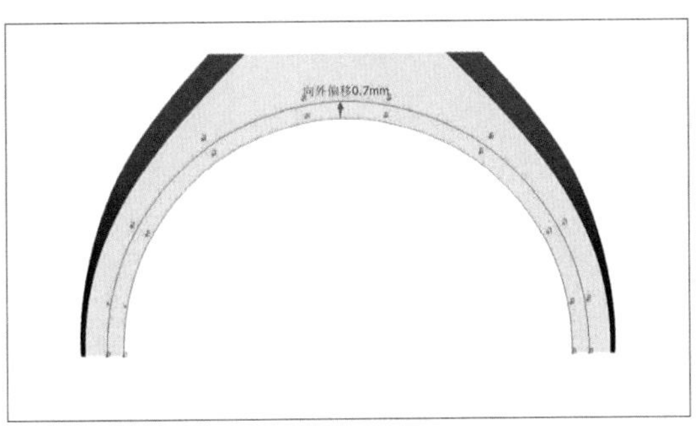

图3-6-57

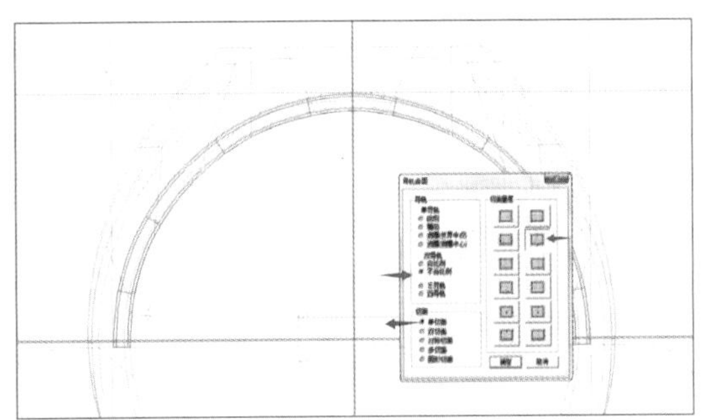
图3-6-58

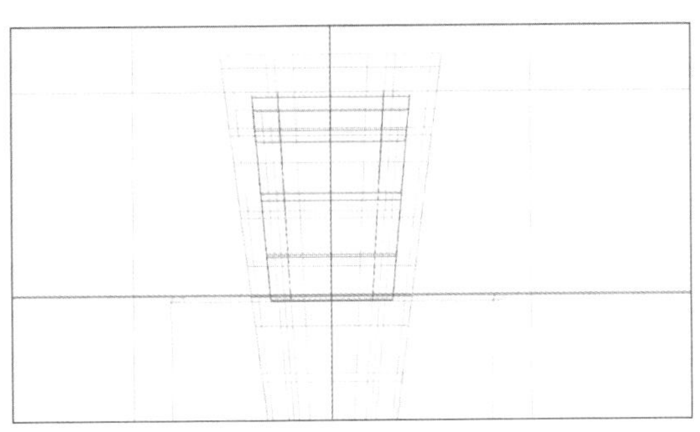
图3-6-59

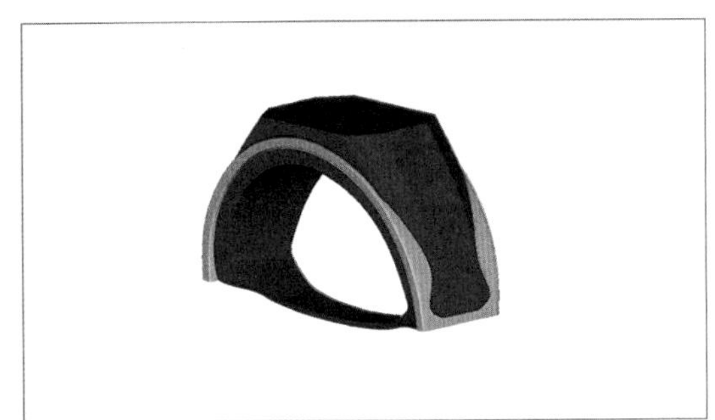
图3-6-60

（a）

（b）

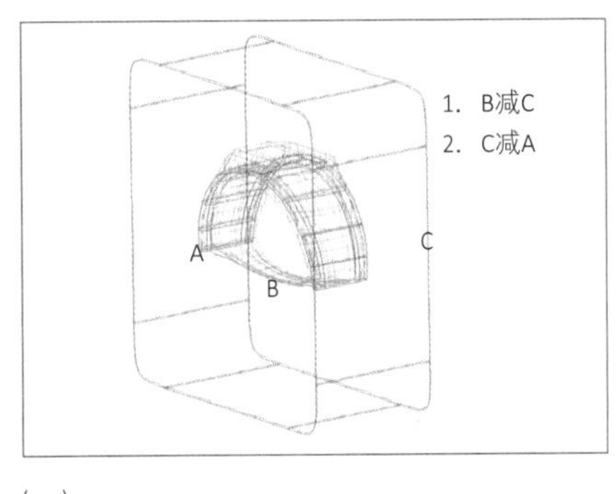

（c）

图3-6-61

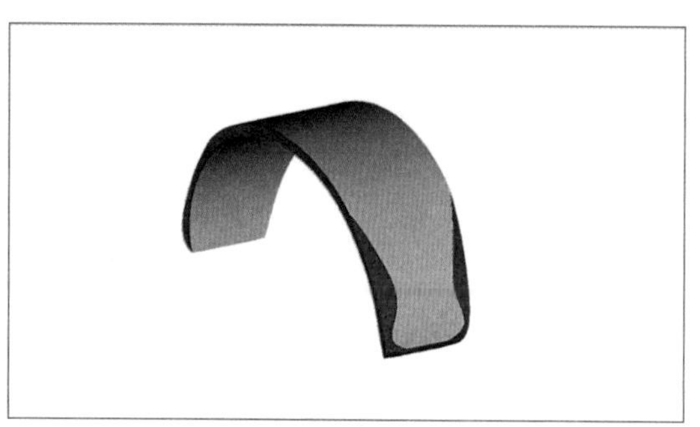

图3-6-62

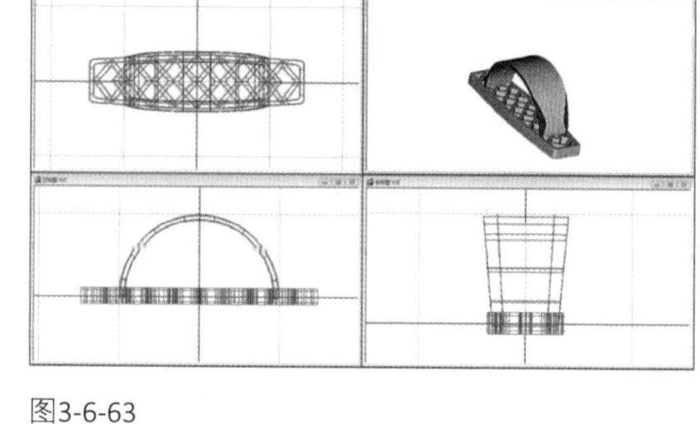

图3-6-63

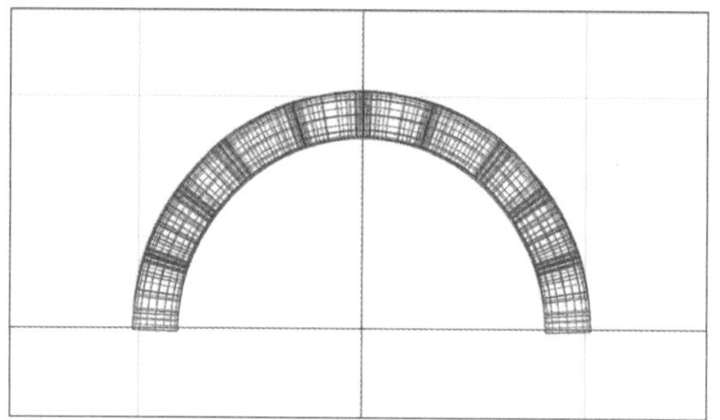

图3-6-64

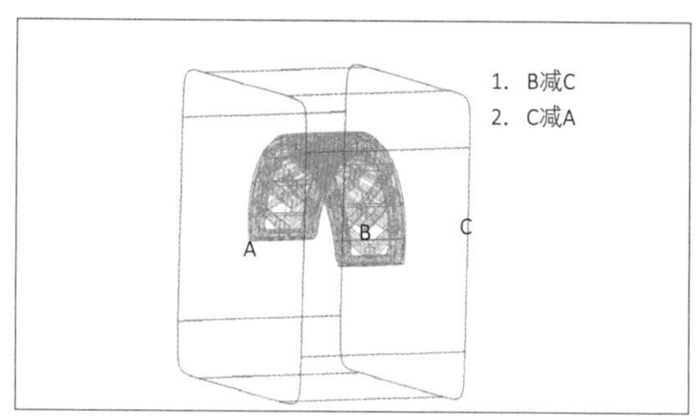

图3-6-65

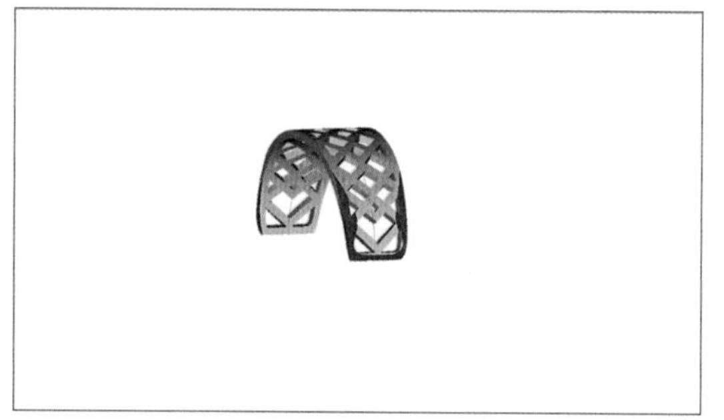

图3-6-66

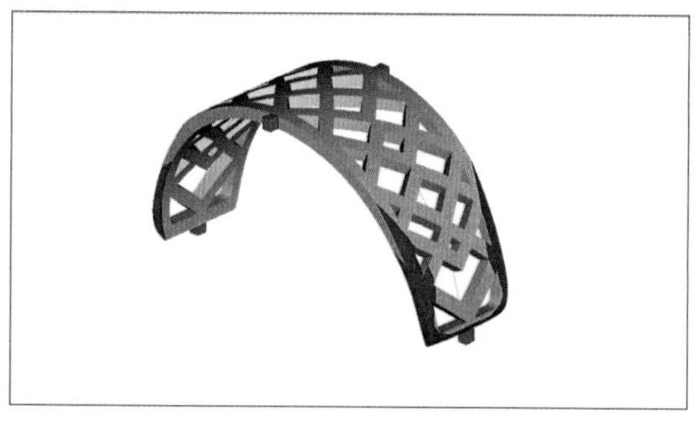

图3-6-67

体，如图3-6-65。

（66）参照步骤（62）得到底片，如图3-6-66。

（67）制作0.7mm×0.7mm×0.7mm矩形体并放置在底片中部两侧及头、尾处，如图3-6-67。

（68）复制该组矩形体。拖动CV点，使得超出戒圈范围，减去戒圈，如图3-6-68。

（69）展示步骤（30）隐藏的1号曲线。将其直线延伸曲面成体，如图3-6-69。

（70）将该物件向上拖动高于戒指台面后，减去戒圈，如图3-6-70。

（71）完成男戒制作，如图3-6-71。

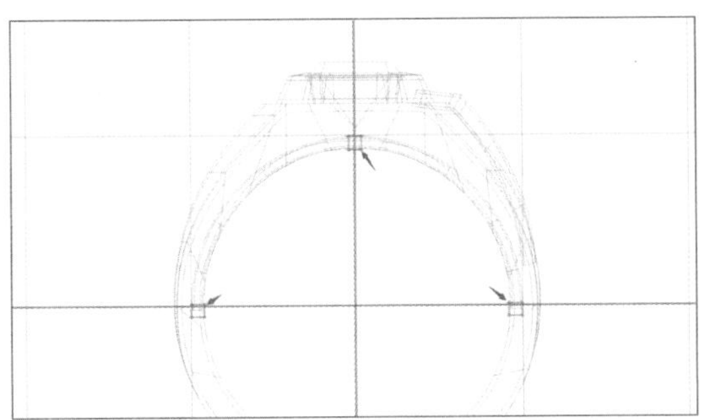

图3-6-68

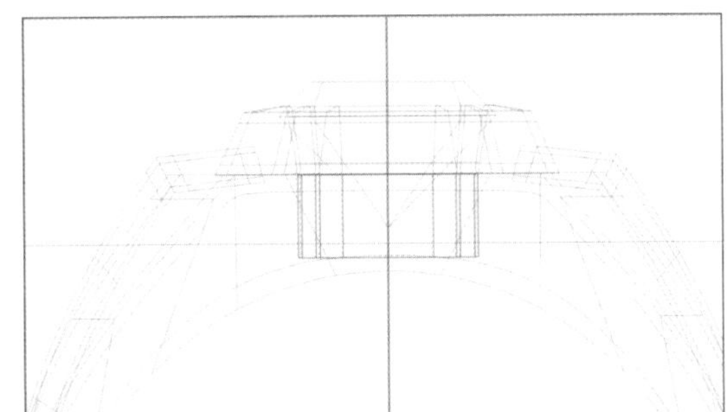

图3-6-69

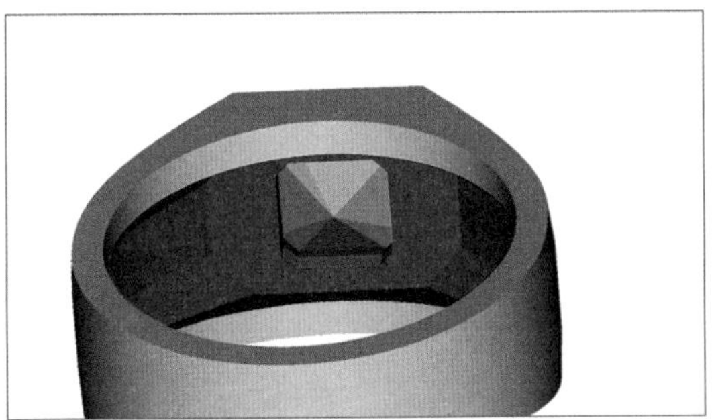

图3-6-70

图3-6-71

Chapter 4 第四章 吊坠篇

吊坠，如按佩戴方式来划分，主要有瓜子扣悬挂式、夹层悬挂式、自由悬挂式3种类型，如图4-0-1。

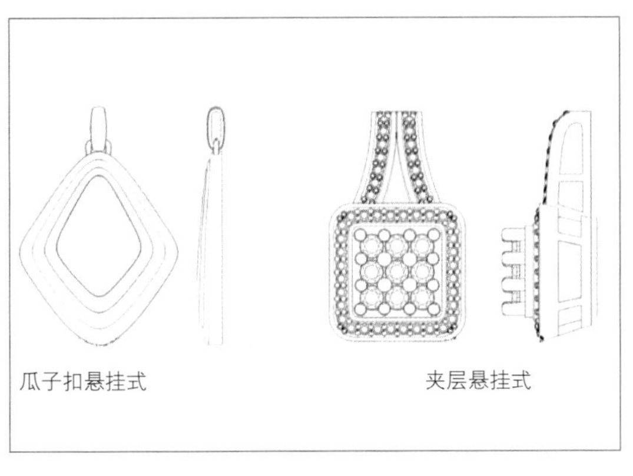

（a）

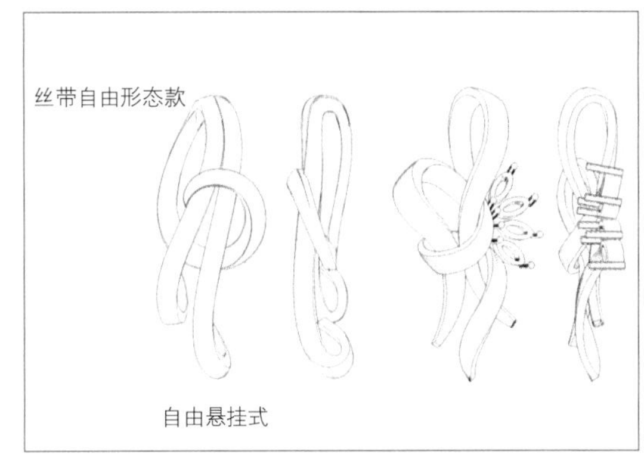

（b）

图4-0-1

瓜子扣悬挂式吊坠，要求扣住瓜子扣的圈，其内径最小为1.5mm，圈直径最小为0.8mm。瓜子扣的穿链空间最小保持为1.5mm×3.5mm。一般情况直径2mm或2mm×4mm即可；夹层悬挂式吊坠夹层间距，参考以上数据即可。瓜子扣形态如图4-0-2。

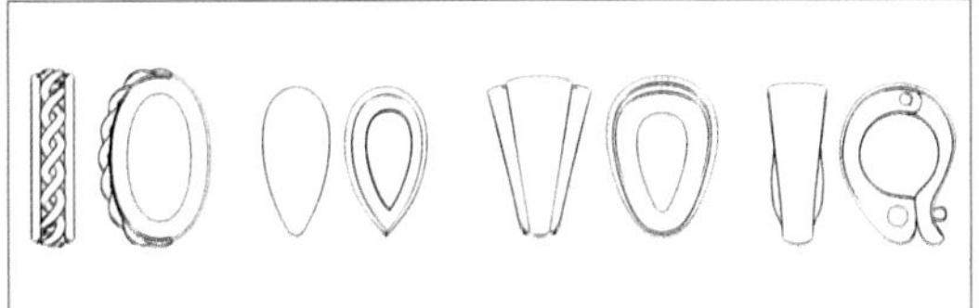

图4-0-2 瓜子扣形态

吊坠造型繁多，是首饰饰品中的大类。教材无法一一列举制作，本节吊坠篇重点关注讲解3大悬挂款型的制作及瓜子扣的制作方法，通过夹层吊坠、灯笼底吊坠、金镶玉吊坠、动物造型吊坠这4个案例涵盖吊坠常见款型大类，并将引入常用的钉镶、虎爪（金镶、蜡镶）、阁镶、爪镶，方便读者一体掌握吊坠造型方法与吊坠结构。

第一节 “心”吊坠

本案例主要讲解：夹层吊坠结构；虎爪镶（金镶）制作；弧形曲面石位槽制作；制版留位。

1. 心型部件制作

（1）确定吊坠各部位比例，上视图中画出直径分别为10、12、30mm的辅助圆，如图4-1-1。

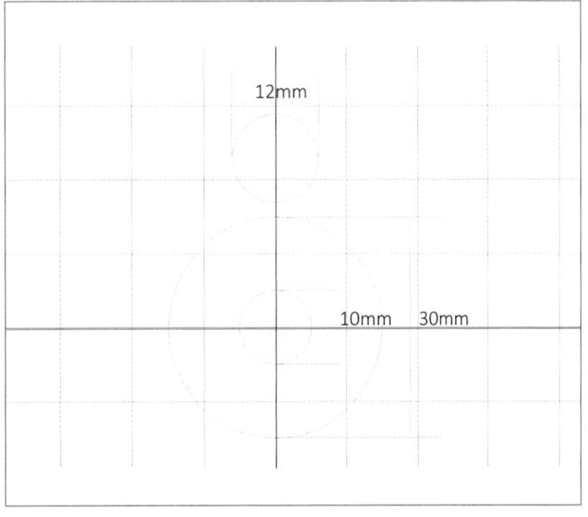

图4-1-1

（2）使用“左右对称线”工具，绘出心形，并封口该曲线，如图4-1-2。

（3）隐藏辅助圆，生成直径2mm的辅助圆，控制心形高度，绘制如图4-1-3的切面线（无须闭合）。

（4）将心形曲线原地复制一条（菜单复制：反转复制—反下，菜单变形：反转—反上），使用“导轨曲面”命令：迴圈（迴圈中心），单切面，切面量度居中，生成心形实体，如图4-1-4、图4-1-5。

（5）将心形曲线向内偏移0.4mm，并原地多复制一条，如图4-1-6。

（6）以纵轴为中心，绘制如图4-1-7的切面线。

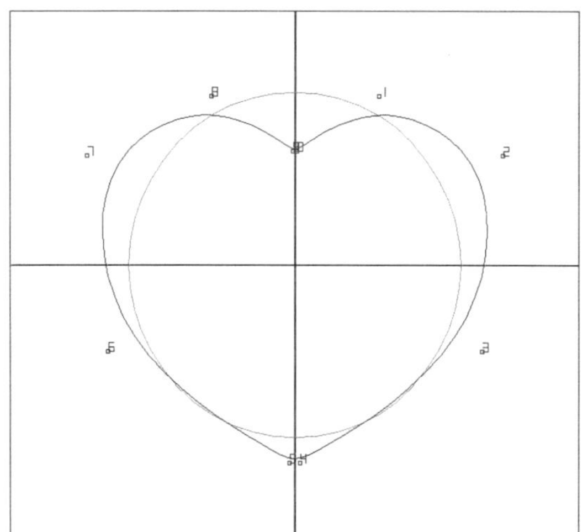

图4-1-2

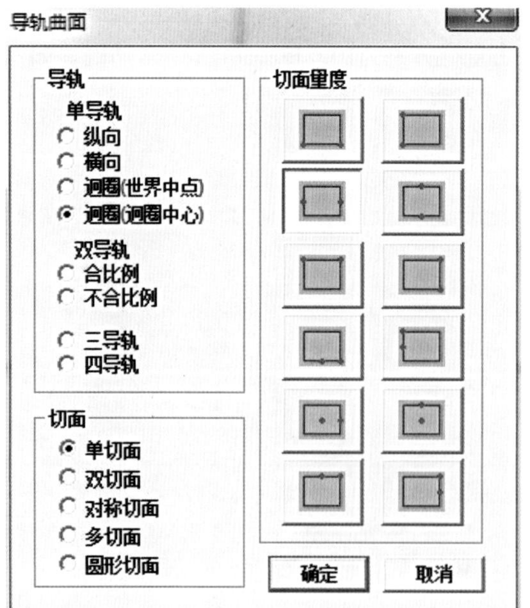

图4-1-4

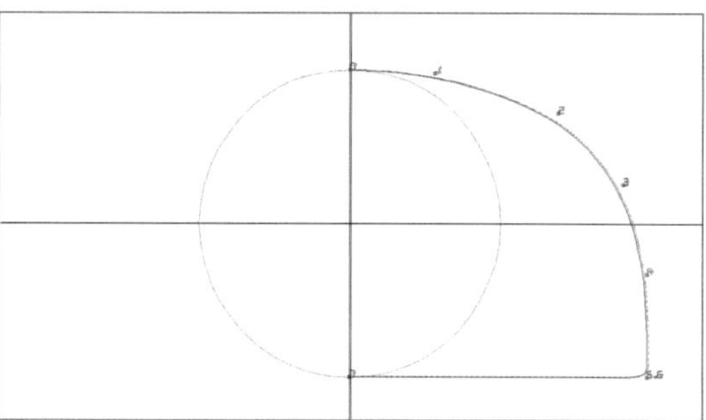

图4-1-3

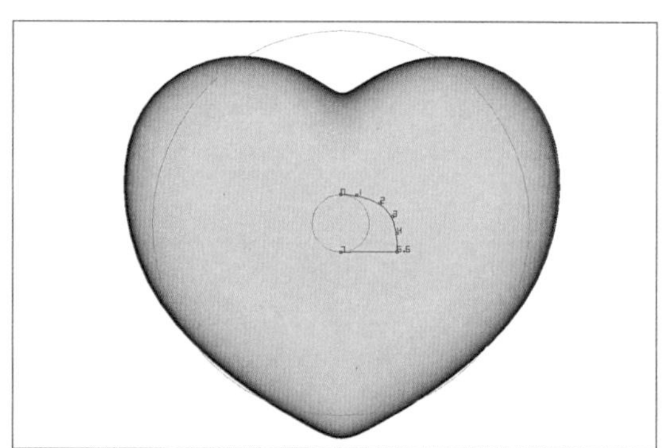

图4-1-5

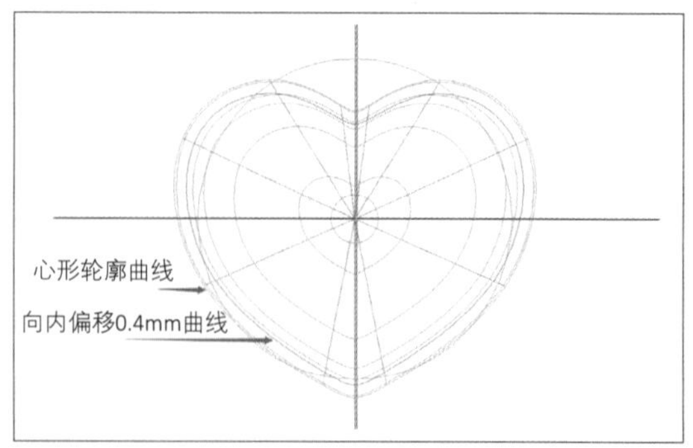

图4-1-6

（7）在切面线底部增加CV点，如图4-1-8。

（8）在切面线底下放置一条水平辅助线，选中底部全体CV点，使用投影工具：投影方向向上、贴到曲线/面上，将全部CV点投影贴合到辅助线上对齐，如图4-1-9。

（9）选中心形曲线作为导轨线，使用“导轨曲面”命令：迴圈（迴圈世界）、单切面、切面量度向上，生成实体。

（10）正视图，将该实体作为开槽物件移动到心形上方，如图4-1-10。

（11）使用“直线延伸复制”工具，将心形体向下0.4mm直线复制出另外一个心形实体，如图4-1-11。

（12）展示开槽物件CV点，选中底部全部CV点，投影到复制出心形实体上。若此处有CV点由于大于心形范围而没有投影到，手动拖动该CV点到位即可，如图4-1-12至图4-1-14。

（13）将上部实体换为其他颜色材料，并

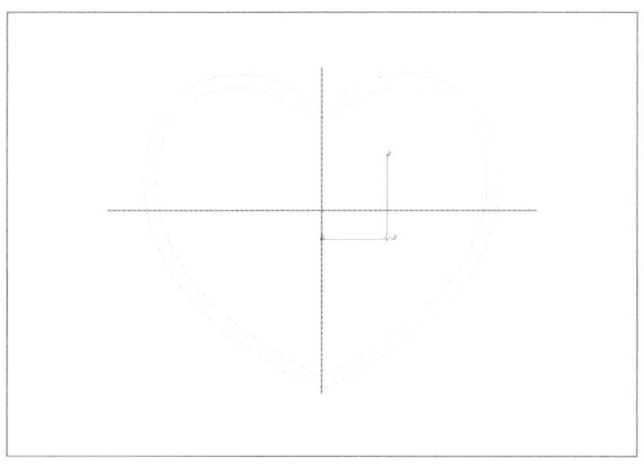

图4-1-7

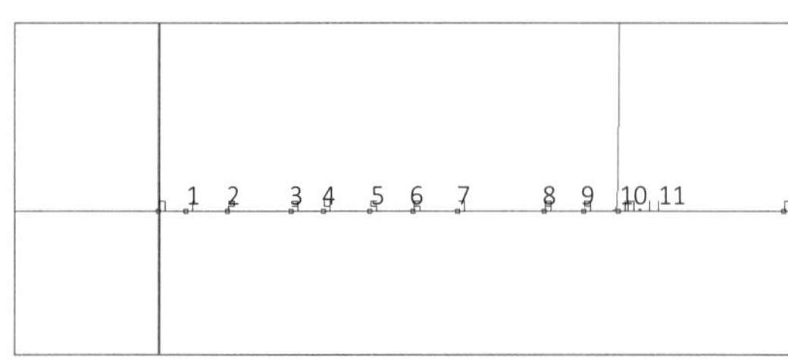

图4-1-9

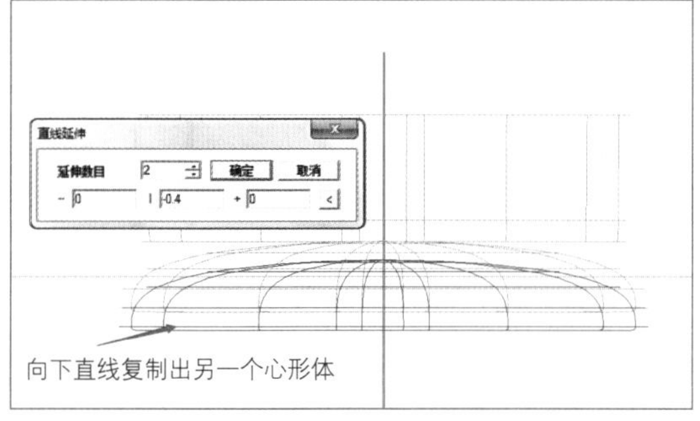

图4-1-11

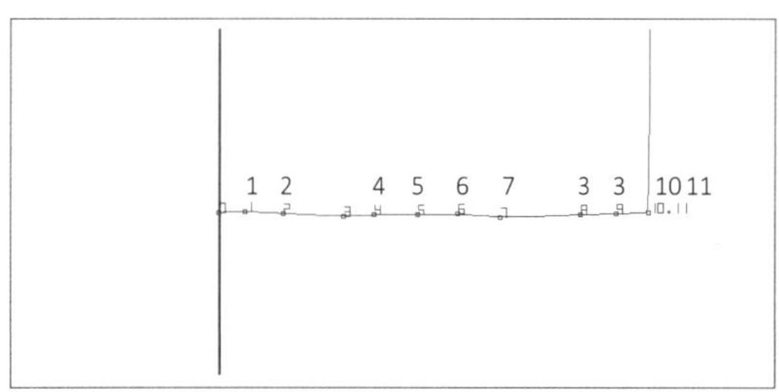

图4-1-8

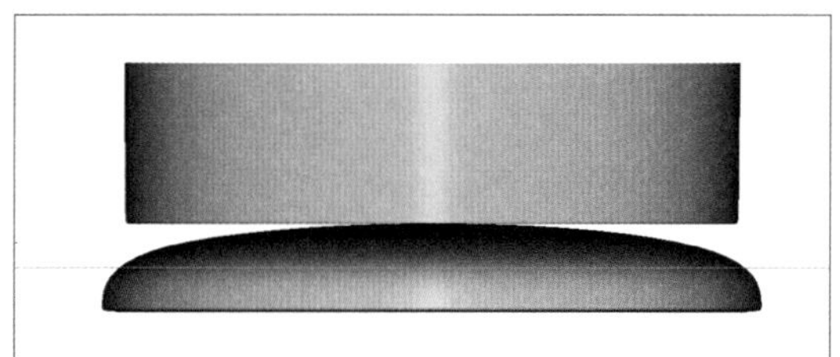

图4-1-10

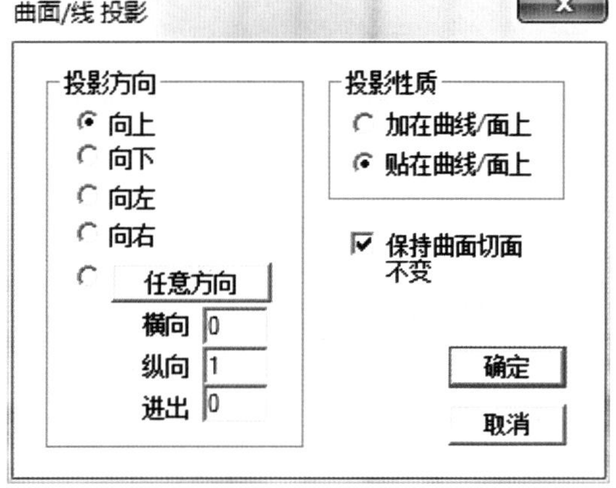

图4-1-12

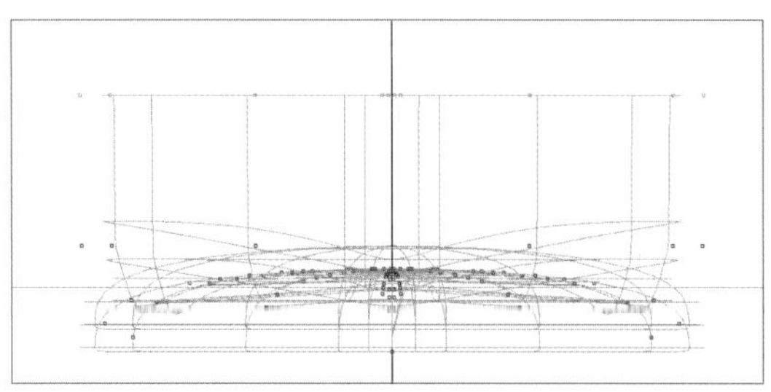

图4-1-13

设定为超减物件，如图4-1-15。

（14）正视图，选中该实体上部CV点。上视图，使用“尺寸”工具将其放大，使得其轮廓与心形曲线相当，如图4-1-16。

（15）使用“多重变形”命令，将步骤（11）投影用的心形实体继续向下移动0.7mm，将其更换材质颜色并设定为超减物件，如图4-1-17、图4-1-18。

图4-1-15

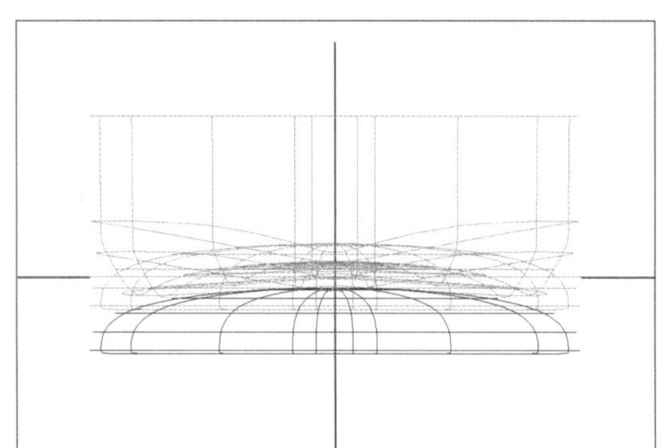

图4-1-18

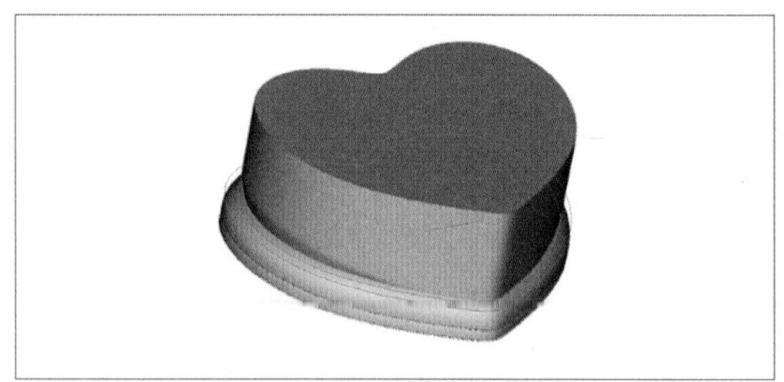

图4-1-14

（16）下视图，使用“宝石”命令生成一颗0.8mm的圆石，并将其剪贴到边缘，作为辅助控制边缘宽度之用。

（17）显示超减心型实体的CV点，拖动相应的CV点，调整其边缘与辅助钻石相当，如图4-1-19。

（18）检查无误后，将两个超减物件正式减去心形，形成石位槽及掏底。

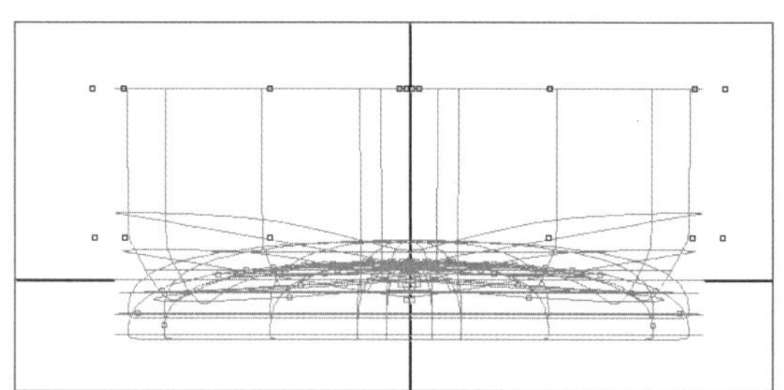

图4-1-16

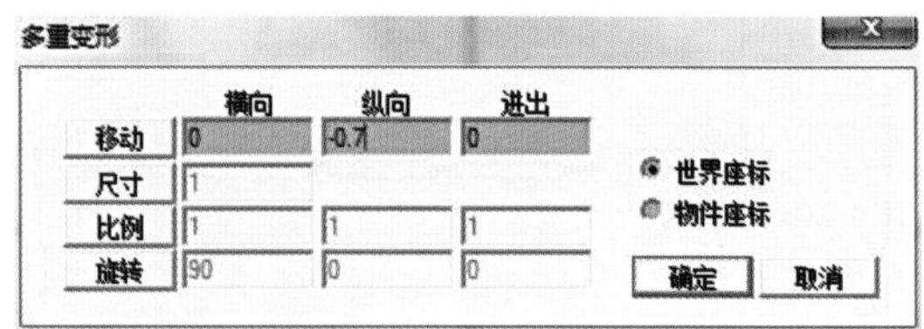

图4-1-17

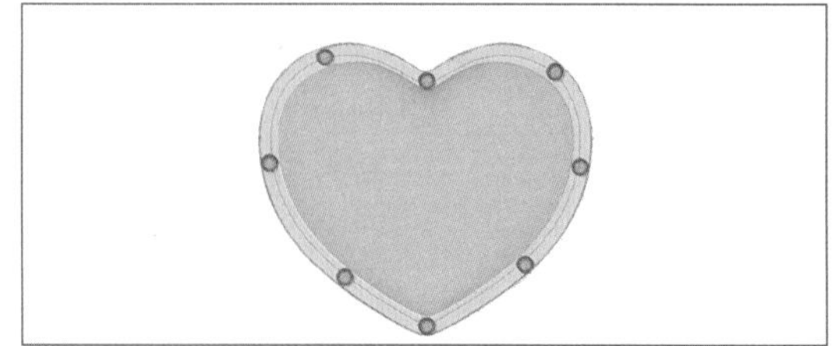

图4-1-19

2. 虎爪镶口丝带制作

（1）上视图，展示出第一节步骤（3）的隐藏辅助圆，使用“曲线”工具参照进行丝带曲线绘制，如图4-1-20。

（2）此丝带采用虎爪法镶嵌1.3mm圆石。虎爪镶口宽度＝外侧执模（版）留边距离+圆石直径+内侧执模（版）留边距离。一般而言，虎爪外侧能执到版的位置要预留0.2～0.3mm的执版位，内侧执不到版的位置留0.05～0.1mm。据此计算，该造型丝带内外侧均能执到版，故其所需基本宽度为：两边各留0.3mm执摸余量，故该丝带应该做到1.9mm（0.3mm+石直径1.3mm+0.3mm）宽度，将该曲线向内偏移1.9mm，如图4-1-21。

（3）参考第一节步骤（4）方法，制作出32mm的弧面实体，如图4-1-22。

（4）正视图，选中丝带曲线，向上投影贴到弧型体表面，如图4-1-23。

（5）透视图，按住“shift”键逐一拖动CV点，将该曲线调整得更加顺畅，如图4-1-24。

（6）正视图，制作直径1.5mm的辅助圆，使用“上下左右对称线”工具，如图4-1-25，制作丝带切面。

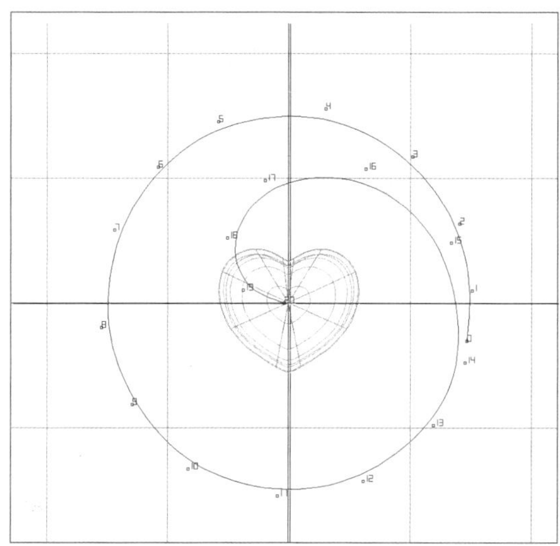

图4-1-20

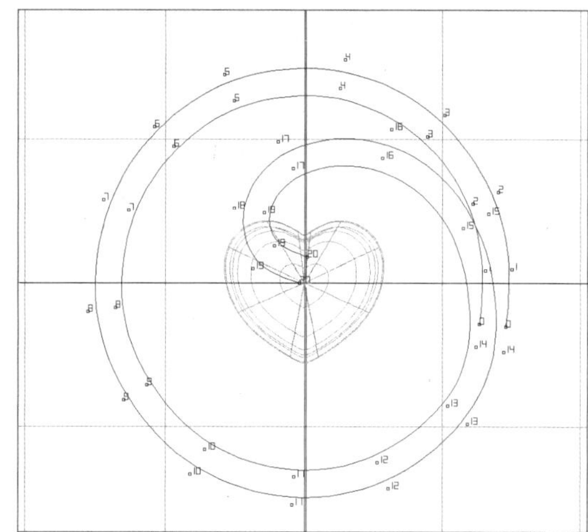

图4-1-21

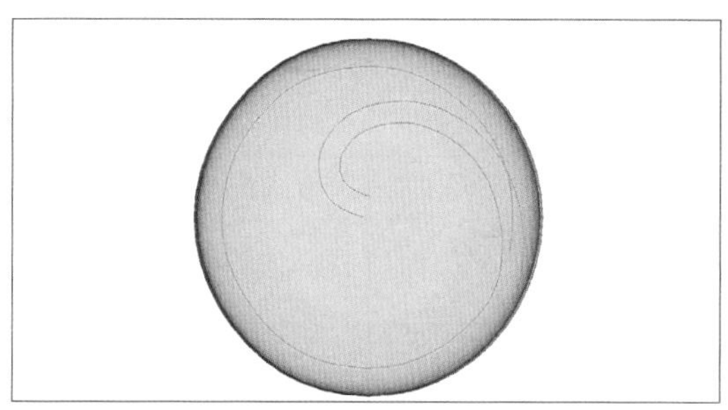

图4-1-22

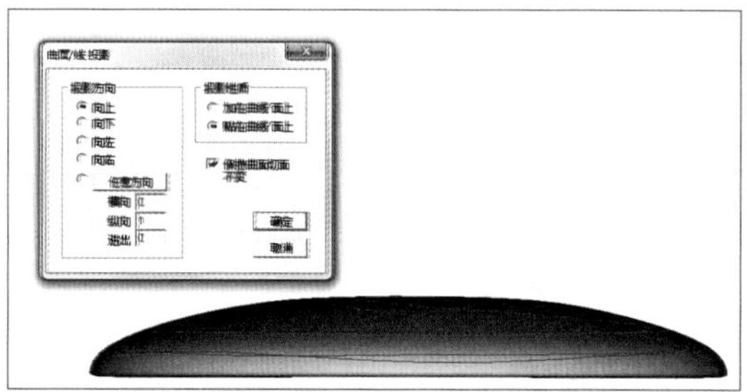

图4-1-23

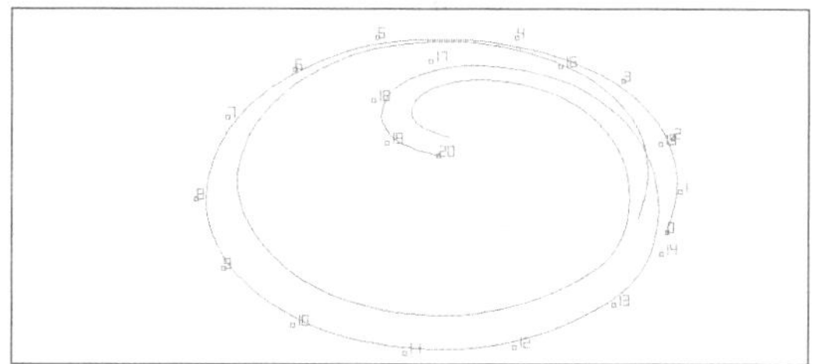

图4-1-24

（7）原地复制丝带曲线并隐藏，选择“导轨曲面”命令：双导轨、不合比例、单切面、切面量度向下，形成丝带实体，如图4-1-26、图4-1-27。

（8）展示其CV点，将右侧端口收小并吃入丝带，如图4-1-28至图4-1-30。

（9）正视图，生成1.3mm圆石，将其垂直向下移动，使宝石台面平行低于横轴0.1mm。

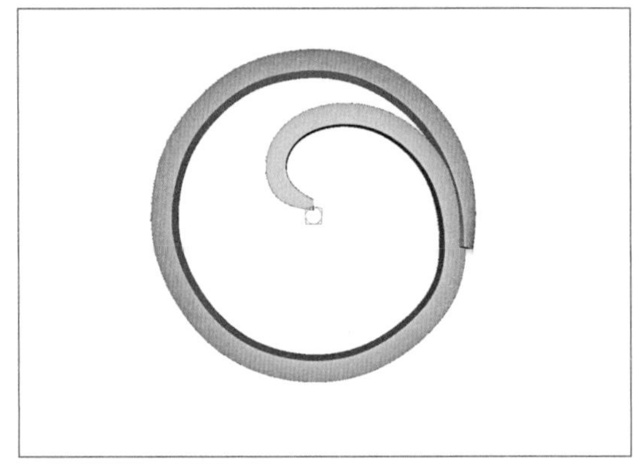

图4-1-27

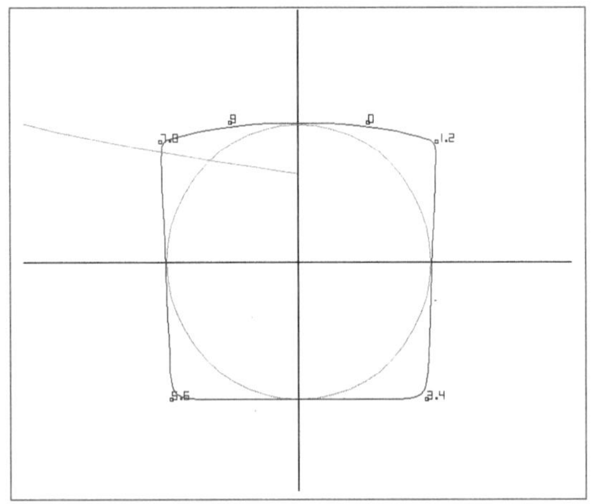

图4-1-25

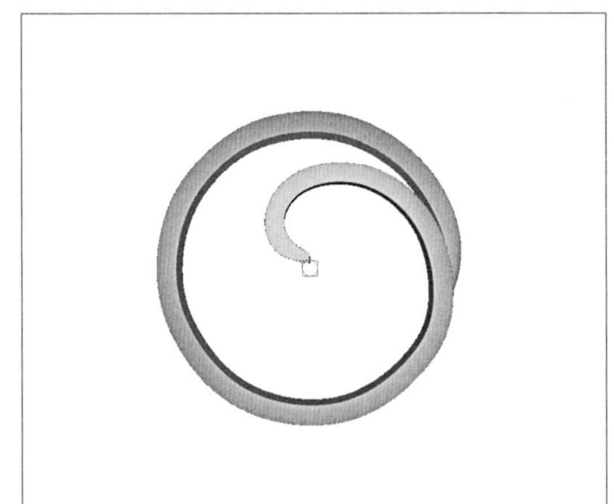

图4-1-28

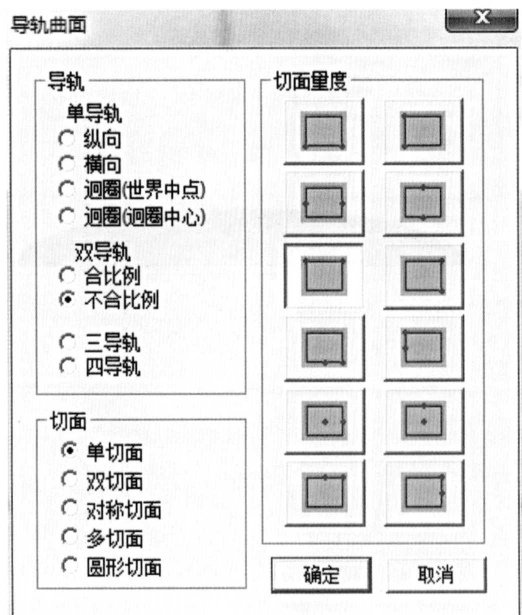

图4-1-26

图4-1-29

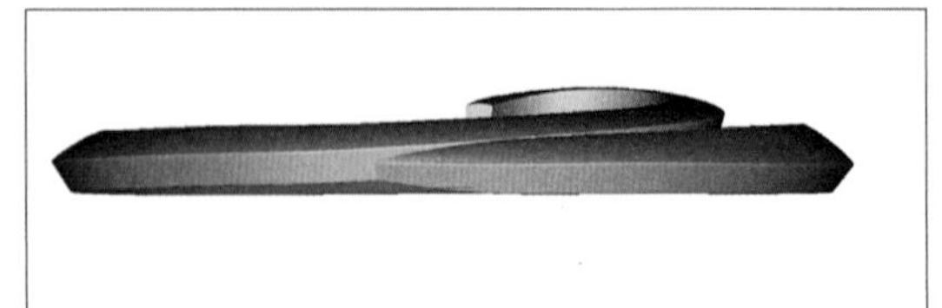

图4-1-30

（10）在正视图及右视图分别绘出两个直径约0.7mm的U形闭合曲线，如图4-1-31。

（11）上视图，并将水平轴上的U形线，向右纵向直线延伸曲面3mm，生成实体，再使用多重变形命令，将生成的U形体向左移回1.5mm，如图4-1-32。

（12）正视图，绘出一个开石洞曲线，并将其旋转成型，其直径为圆石1/2即可。虎爪镶中，石孔可以打穿镶位也可以不打穿，如图4-1-33。

（13）上视图，生成1.3mm的辅助圆，其向外偏移0.35mm。

（14）展示步骤（7）丝带曲线，使用“中间线”命令生成中间曲线，可将该中间曲线更改一个鲜艳颜色以便于观察。将圆石、U形体、U形线、开孔物及辅助圆原地复制后，使用剪贴命令在丝带上排石，如图4-1-34。

（15）排石时，每粘贴一组物件后，需要进行方向调整：按住shit键、鼠标右键旋转该石头，使得石头内部的U形曲线及开槽物件均应垂直于丝带，注意所有的旋转应该以顺时针或逆时针保持一致，如图4-1-35至图4-1-37。

（16）使用“线面连接曲面”命令，将石头内部的U形曲线逐一连接并成型，如图4-1-38、图4-1-39。

（17）调整丝带相交处的U形开槽实体CV点，避免出现跨界减缺，如图4-1-40、图4-1-41。

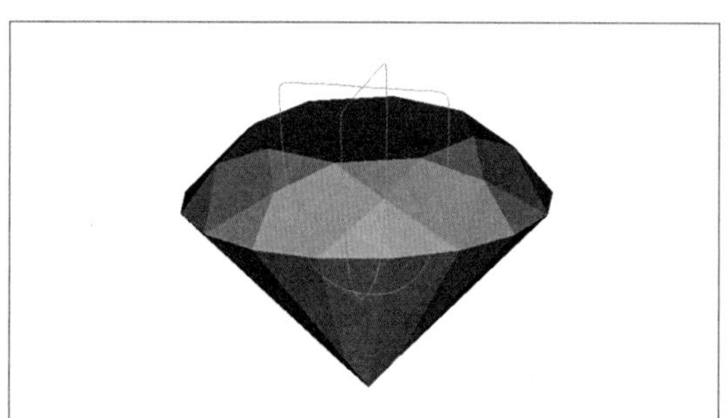

图4-1-31

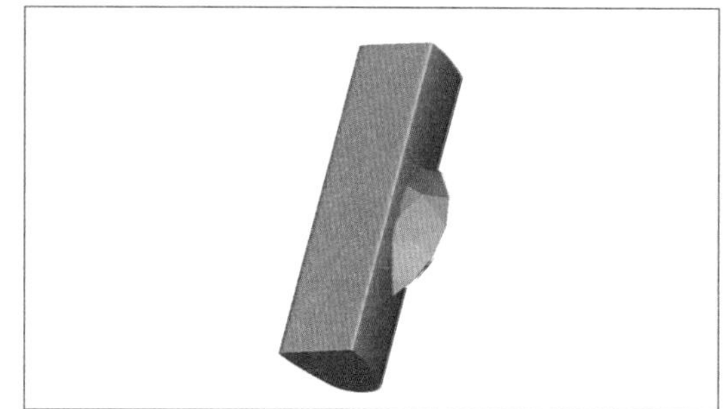

图4-1-32

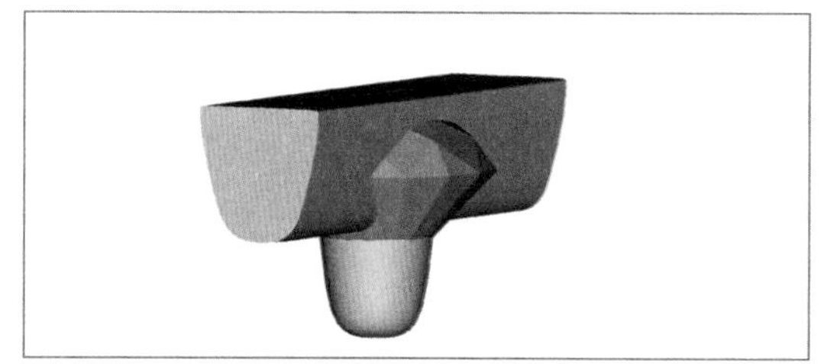

图4-1-33

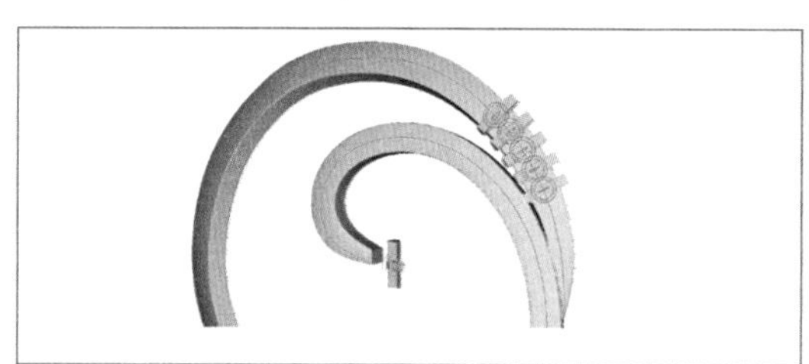

图4-1-34

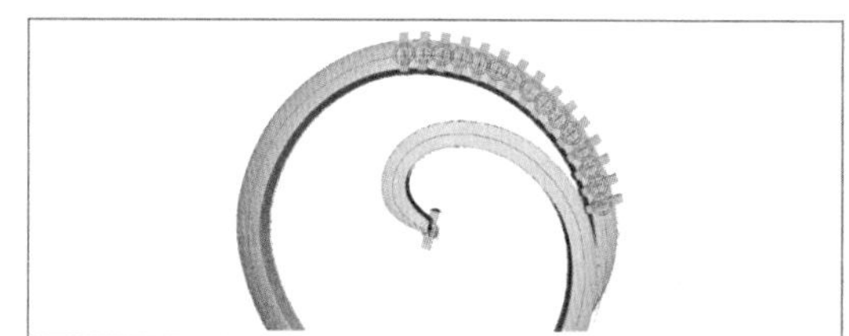

图4-1-35

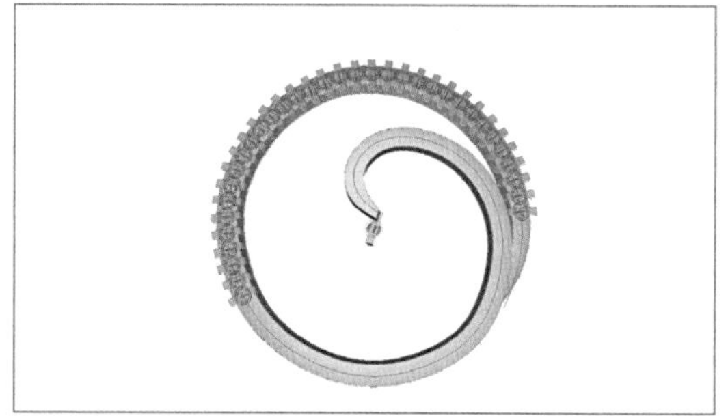

图4-1-36

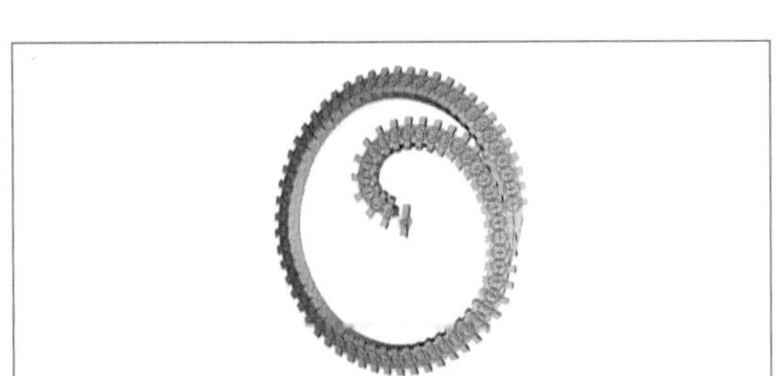

图4-1-37

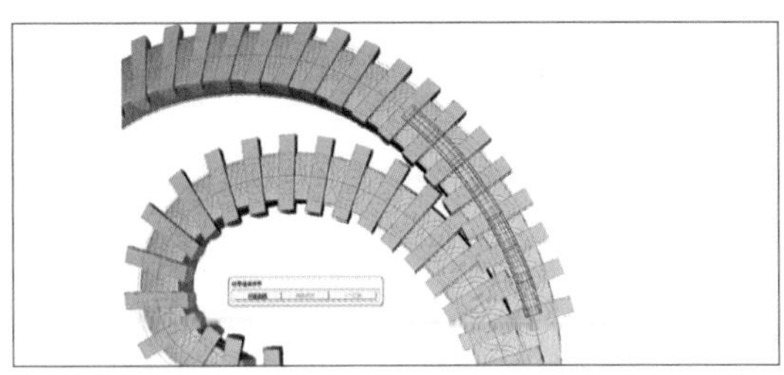

图4-1-38

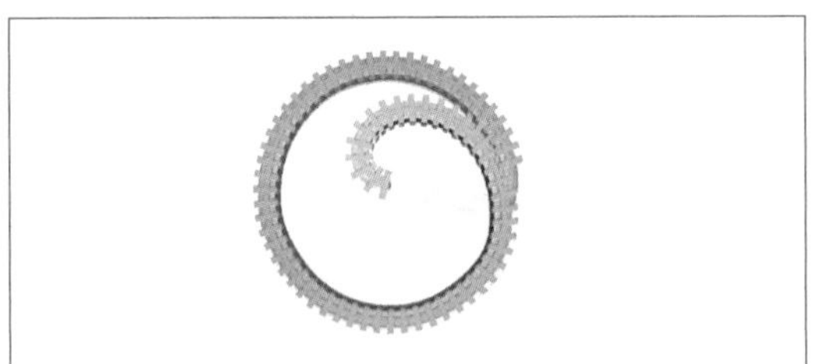

图4-1-39

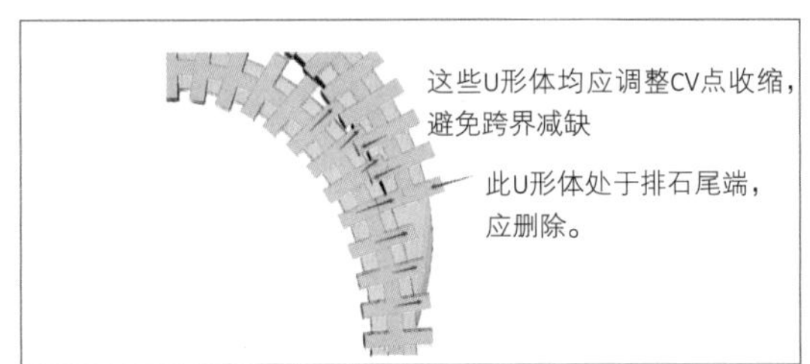

图4-1-40

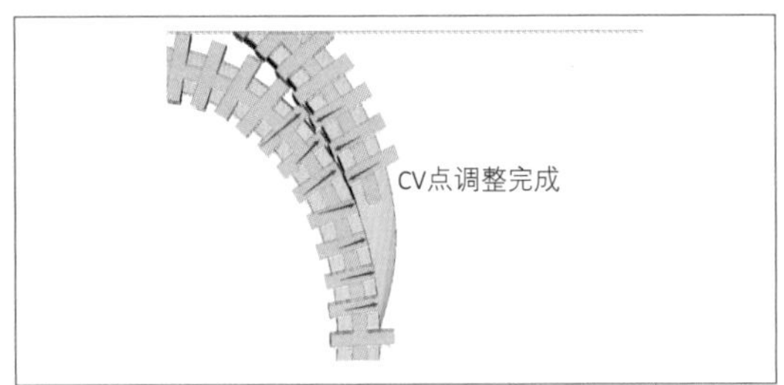

图4-1-41

（18）收缩、回调步骤（16）的U形实体两端，控制开槽长度，如图4-1-42至图4-1-44。

（19）虎爪镶头、尾两端起始处应该做如图4-1-45处理，故需在起始两端槽位尽头处各保留一条U形体，如图4-1-46。

（20）将所有减缺物件减去丝带，完成虎

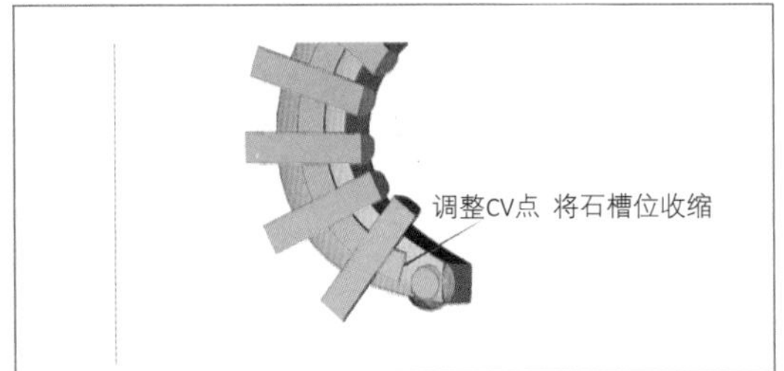

图4-1-42

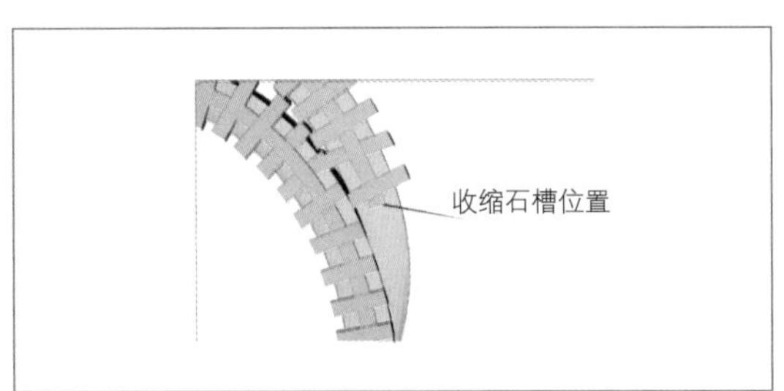

图4-1-43

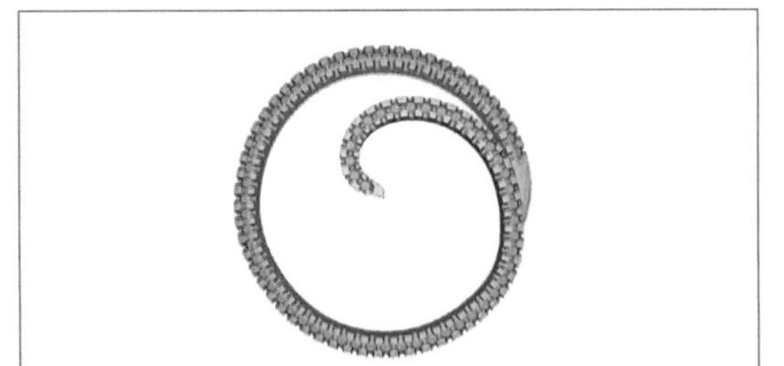

图4-1-44

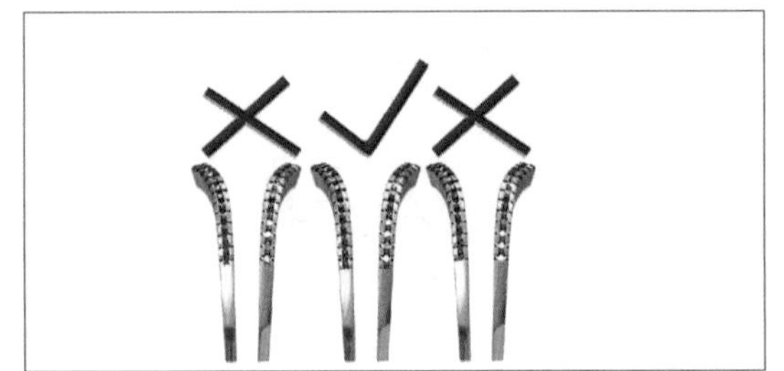

图4-1-45 开虎爪尾位要求

爪开槽，如图4-1-47。

（21）上视图，显示心形体，贴合横、纵轴各放置一条直线辅助线。

（22）生成1.5mm圆石，制作出直径为0.8mm的减石孔物件及1.9mm的石距辅助圆，进行贴石，如图4-1-48。

（23）生成直径0.55mm的钉，进行贴钉，空余空间可以贴入钉作为假钉，如图4-1-49。

（24）所有开孔物件减去心形实体，完成开石位。

（25）上视图，将心形物件组旋转并移动到适合位置。在丝带尾端超过心形的多余处，绘制闭合曲线。正视图，向上直线延伸曲面后，减去多余丝带，如图4-1-50至图4-1-52。

（26）完成主体造型与虎爪镶口制作，如图4-1-53。

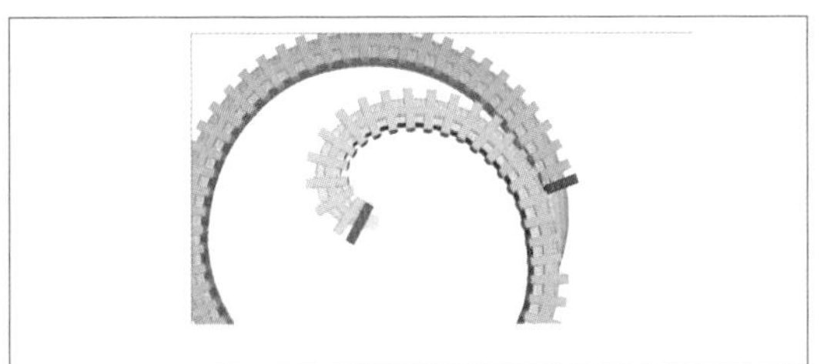

图4-1-46

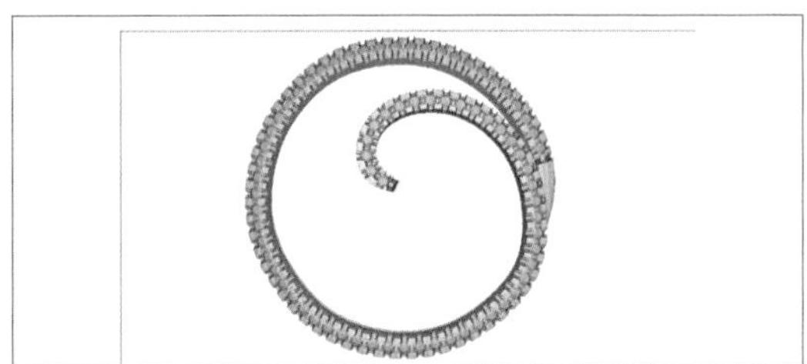

图4-1-47

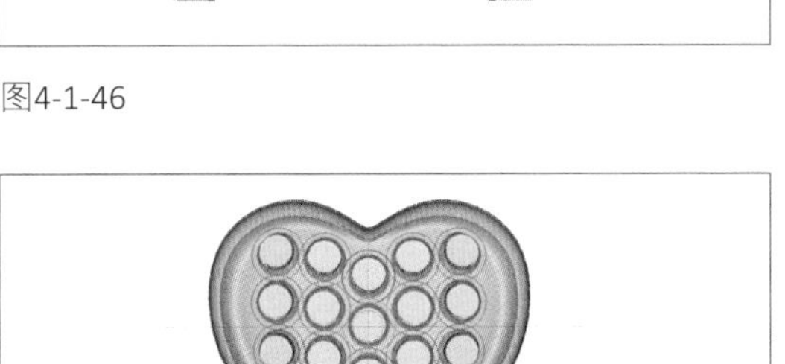

图4-1-48

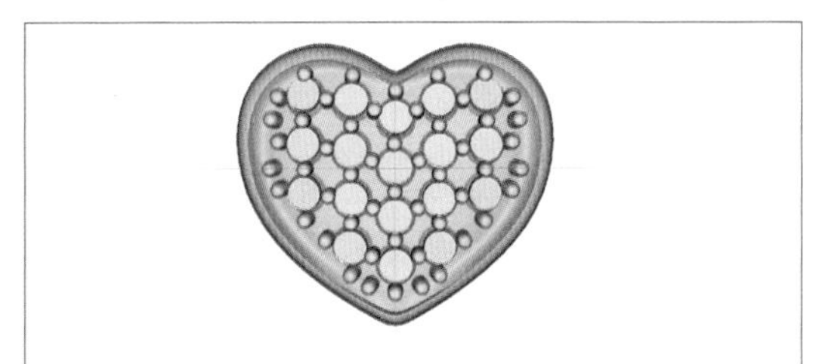

图4-1-49

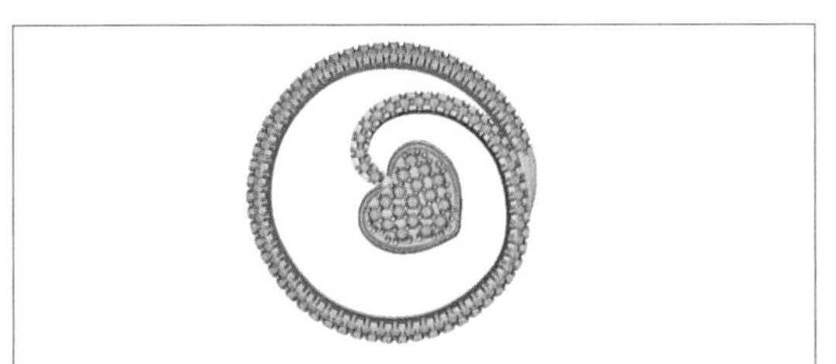

图4-1-50

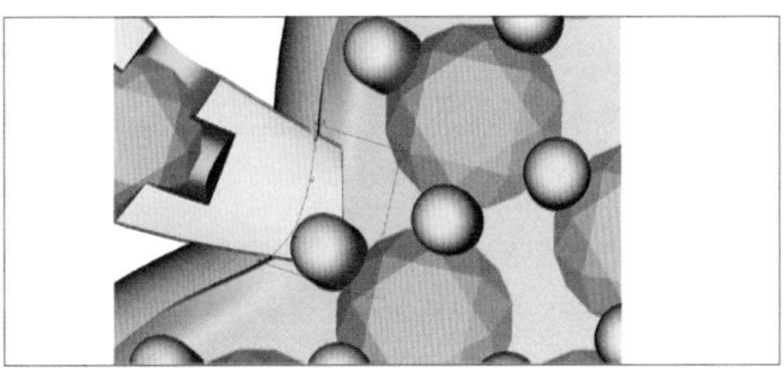

图4-1-51

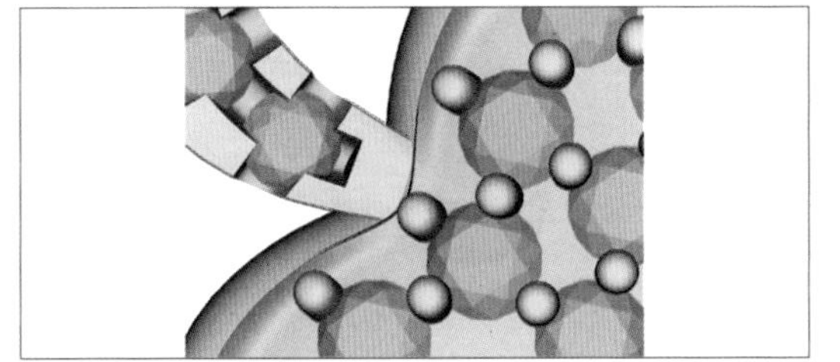

图4-1-52

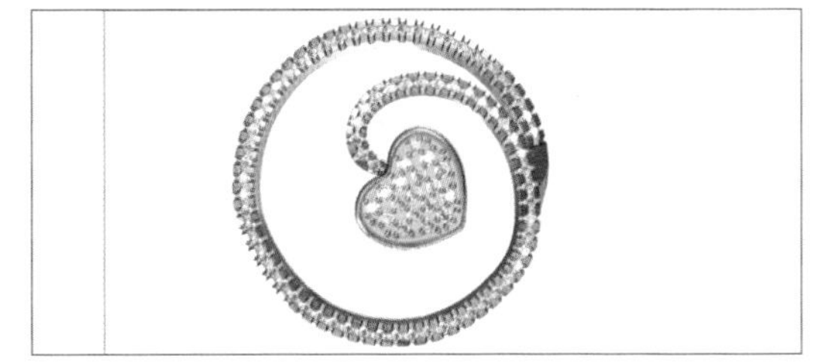

图4-1-53

3. 瓜子扣制作

（1）展示第一节步骤（3）吊坠比例辅助圆。依据上方瓜子扣圆形曲线绘制瓜子扣曲线，如图4-1-54。

（2）此丝带亦采用虎爪法镶嵌1.0mm圆石，将该曲线向内偏移1.6mm，具体计算方法参见第二节步骤（2）。

（3）参照第二节步骤（3）~（5），制作一个稍大于瓜子扣曲线的弧面实体，将曲线投影上去，并调整平顺，如图4-1-55。

（4）投影完成后，制作两条直线，高低分置于两条曲线下方，如图4-1-56。

（5）分别将曲线底部的CV点投影到对应的高、低直线上，拉起曲线的底部CV点。之后再分别调整曲线使其顺畅，且底部平直，如图4-1-57。

（6）调整好丝带端口位置，制作一个1.3mm的矩形切面，生成丝带实体（导轨曲面前，原地复制该丝带曲线）。之后，调整该丝带实体端口的CV点，使得衔接处顺畅自然，如图4-1-58。

（7）参照第二节步骤（9）~（20），排

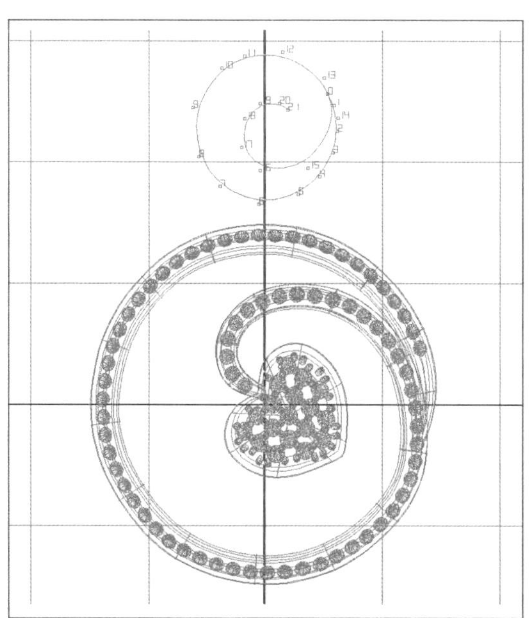

图4-1-54

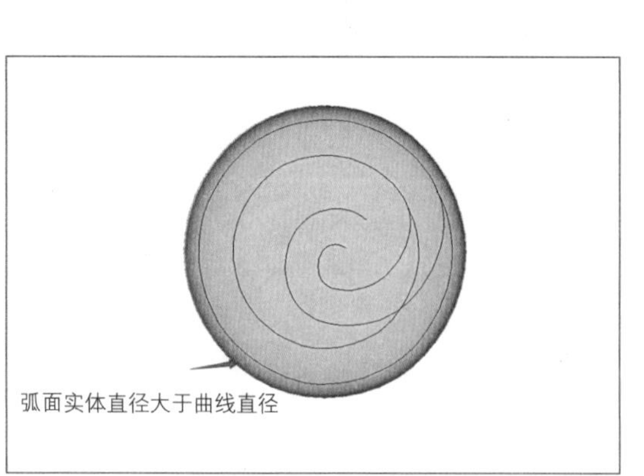

图4-1-55

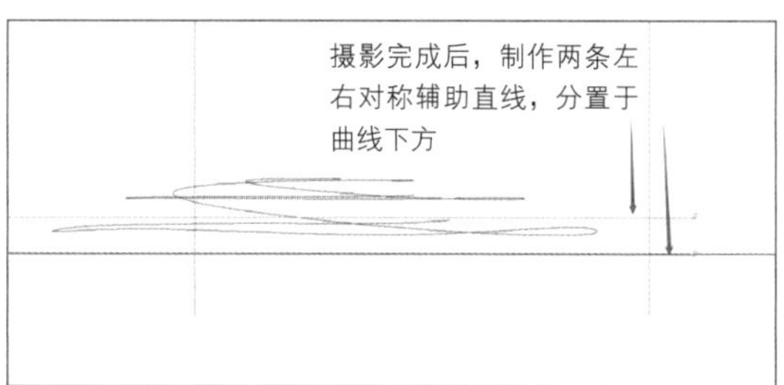

图4-1-56

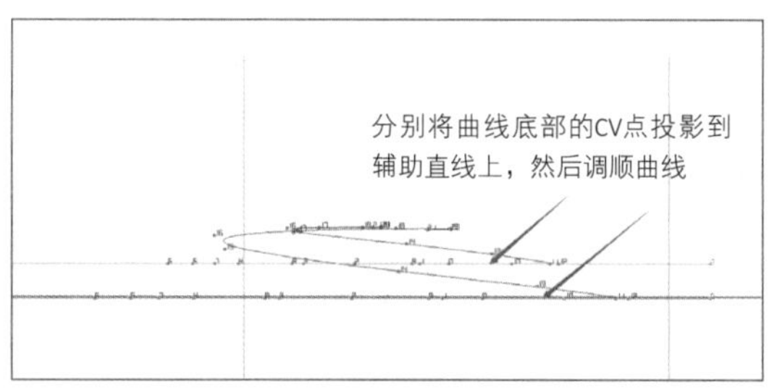

图4-1-57

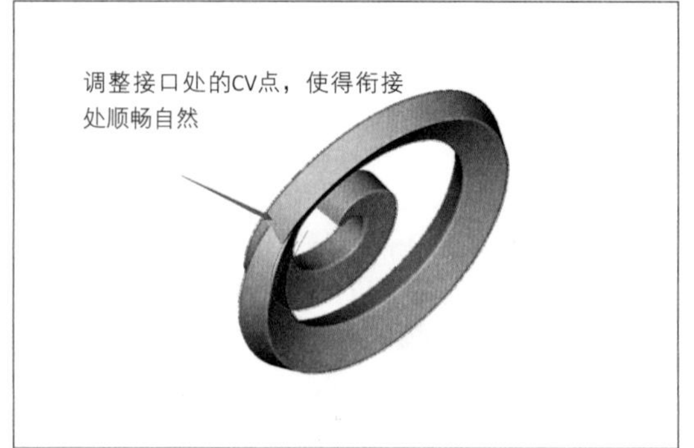

图4-1-58

好1.0mm圆石，完成瓜子扣上部虎爪镶口丝带造型，如图4-1-59。

（8）右视图，贴合瓜子扣底部放置直线辅助线，之后将其向下移动2.5mm，如图4-1-60。

（9）选中瓜子扣底部全部CV点，投影贴合到直线辅助线上，如图4-1-61。

（10）将接头处CV点收进；将转折处的CV点逐一调整，使得造型顺畅，如图4-1-62。

（11）右视图。如图4-1-63，制作并垂直放置1.2、0.8mm直径辅助圆，并依1.2mm辅助圆制作高1.2mm矩形，矩形切面长度需超过整体造型。

（12）上视图，直线延伸曲面，如图4-1-64。

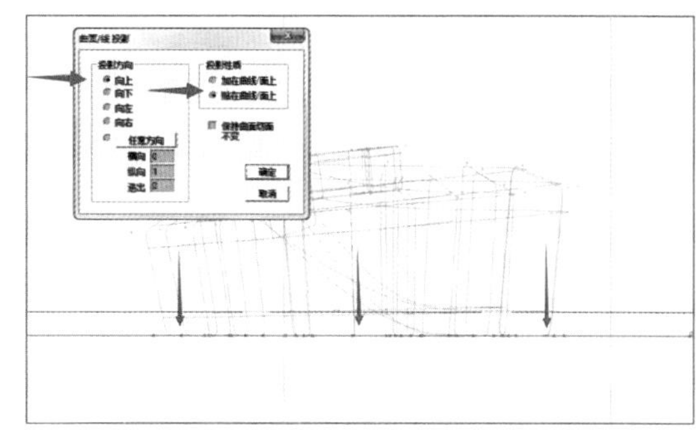

图4-1-61

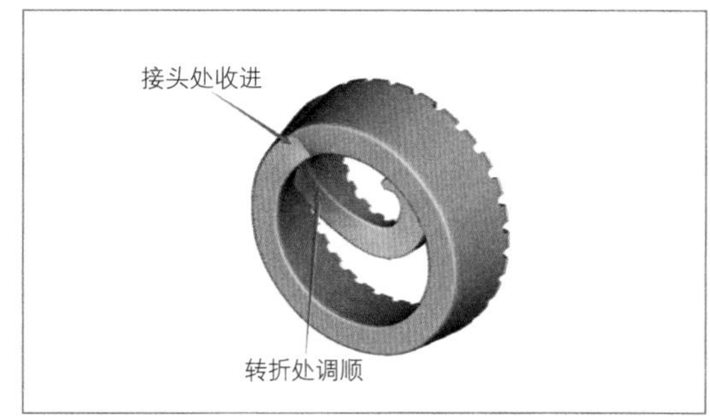

图4-1-62

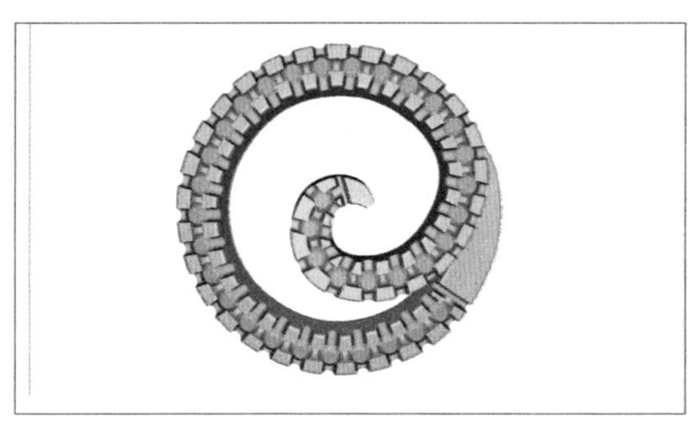

图4-1-59

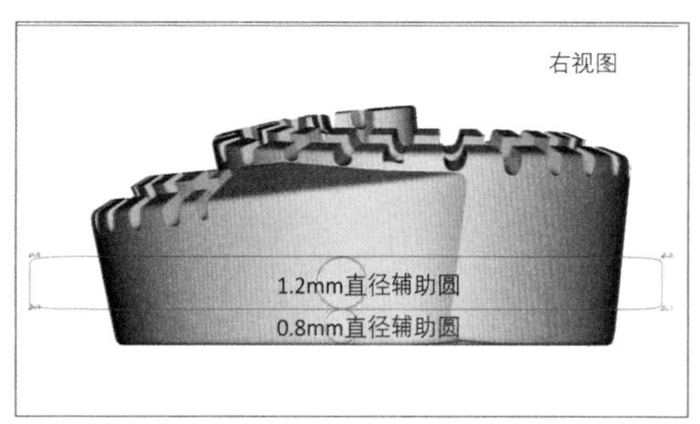

图4-1-63

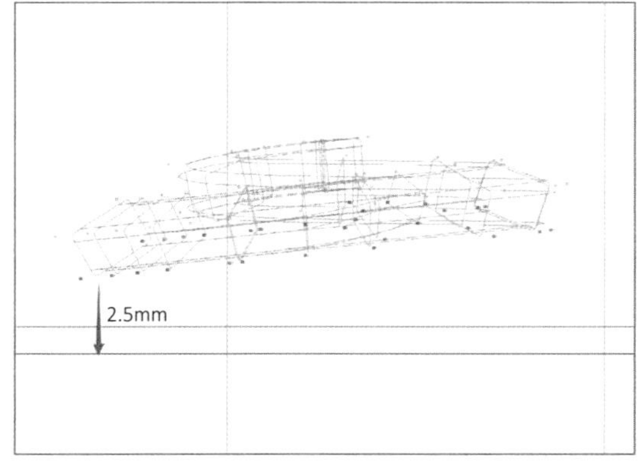

图4-1-60

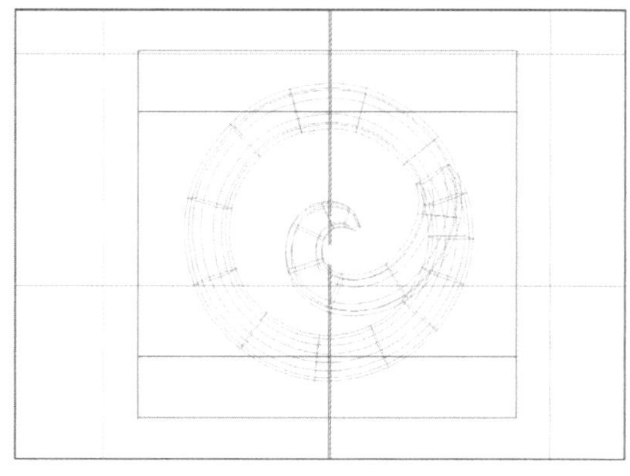

图4-1-64

（13）制作1.2mm的宽矩形切面，置于爪子扣底部边缘，如图4-1-65。

（14）右视图，向上直线延伸曲面，使其整体与步骤（12）直线延伸出的物件相交，如图4-1-66。

（15）上视图，对称放置，如图4-1-67。

（16）将此6个物件减去步骤（12）物件，如图4-1-68。

（17）再将步骤（16）物件减去瓜子扣，完成夹层及支撑制作，如图4-1-69。

（18）上视图，生成直径3.5mm的圆，使用“管状曲面”工具，圆形切面输入0.8，生成圆管，放置在适合位置。该圆管无须打印制作，仅作为后期展示效果使用。实际生产中，一般在后期执版时，另行焊接金属配件处理，如图4-1-70。

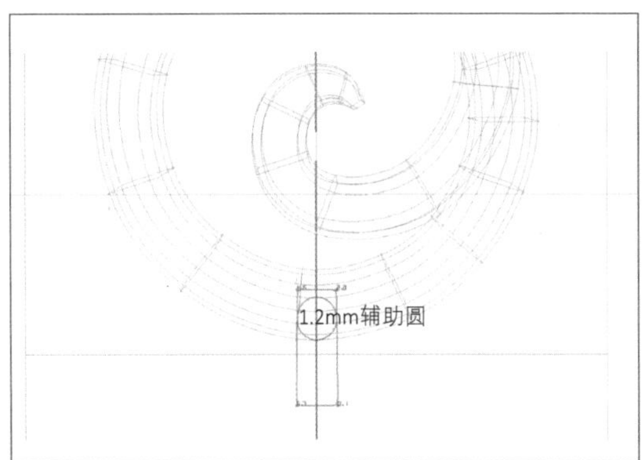

图4-1-65

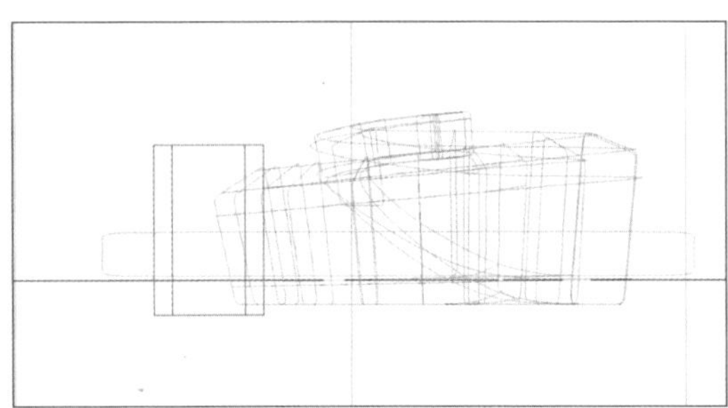

图4-1-66

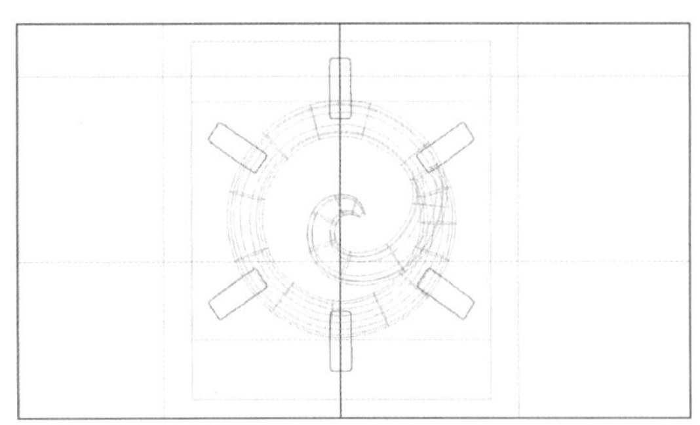

图4-1-67

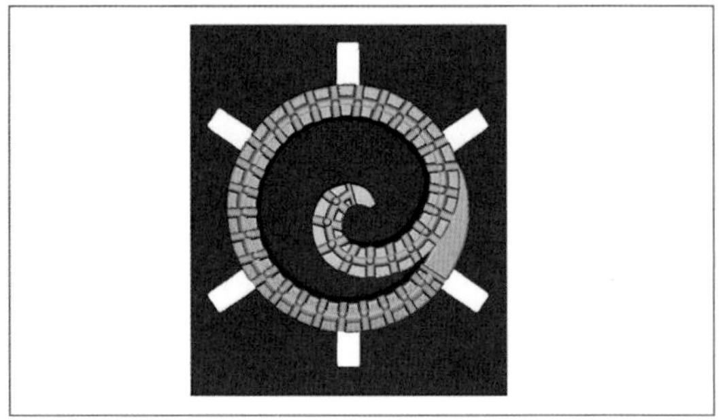

图4-1-68

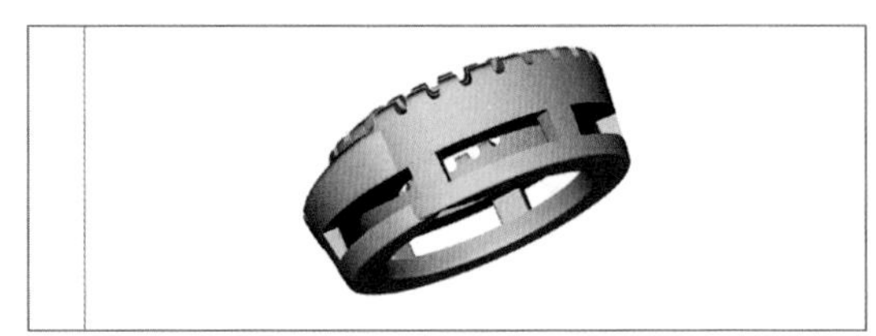

图4-1-69

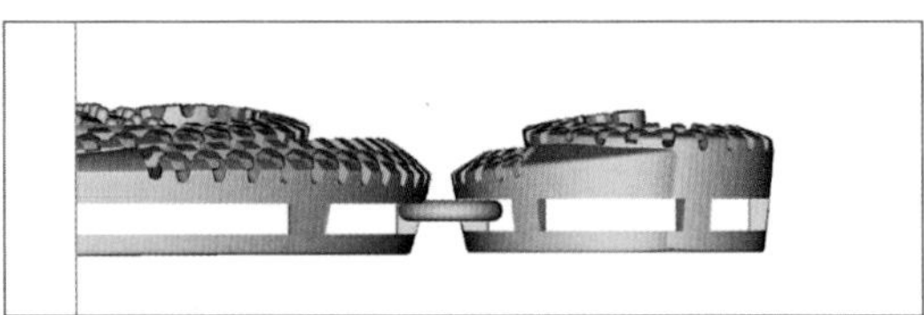

图4-1-70

4. 分钉

（1）联集除石头外的全体实体，完成吊坠造型，如图4-1-71。

（2）根据后期虎爪镶工艺的生成要求，虎爪镶时，使用铲刀在虎爪台面上直接插入金属，将虎爪一分为二，左右压石，再行修整分开后的虎爪。各公司的镶嵌生产技术要

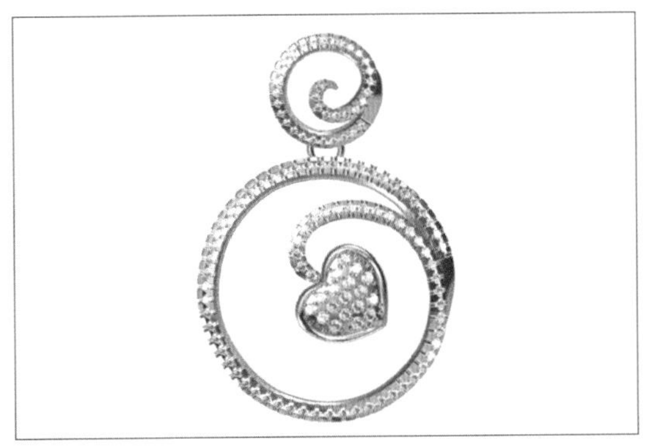
图4-1-71

求不一，若有在模型上开出分钉槽的要求，便于后期镶嵌的快速定位。在建模时，可在虎爪台面上开出“V”形分钉槽（不能开成“U”形），分钉槽宽度一般为0.05mm及0.1mm，深度为0.2mm及0.3mm（具体参见石位数据表相应数据）。

（3）正视图，制作“V”形闭合曲线，宽度为0.05mm，高度为0.2mm，顶部略高于横轴即可，如图4-1-72。

（4）上视图，使用“直线延伸曲面”工具将其延伸，长度需超过丝带宽度，如图4-1-73。

（5）将其逐一剪贴（旋转调整）在虎爪台面中间位置，并减去丝带即可，如图4-1-74。

5. 制版放样

完整整体造型后，此模型需按5%制版比率放缩水。

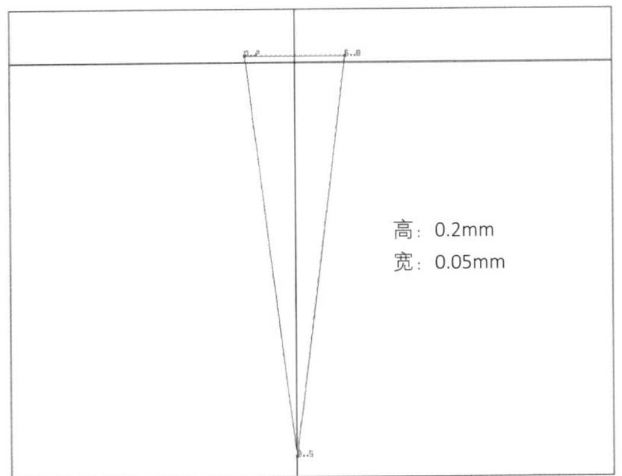

图4-1-72

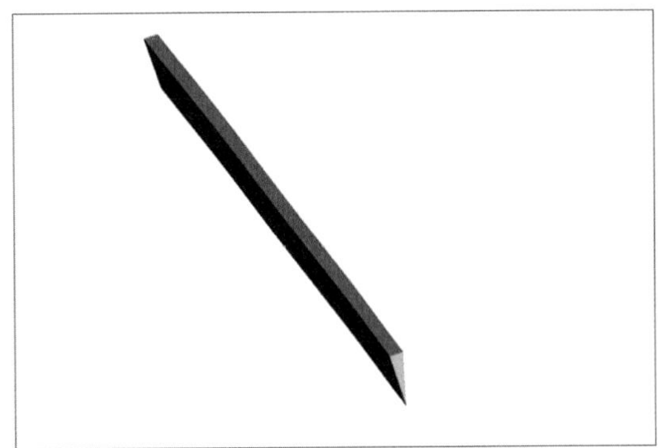
图4-1-73

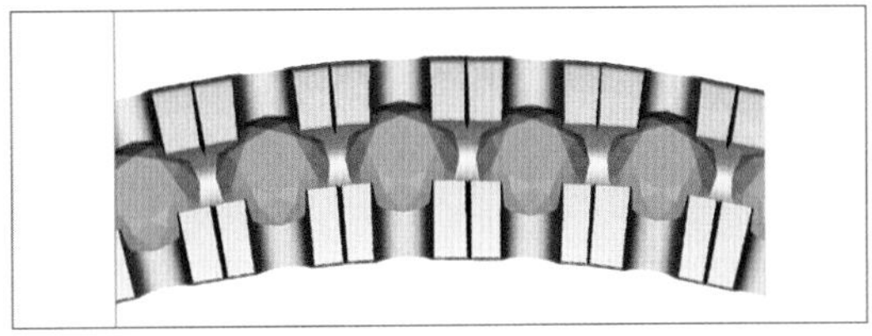
图4-1-74

（1）将宝石对应减去镶口，并将全体物件联集，如图4-1-75。

（2）“多重变形”命令：尺寸栏目输入1.05，将造型整体放大5%，如图4-1-76。

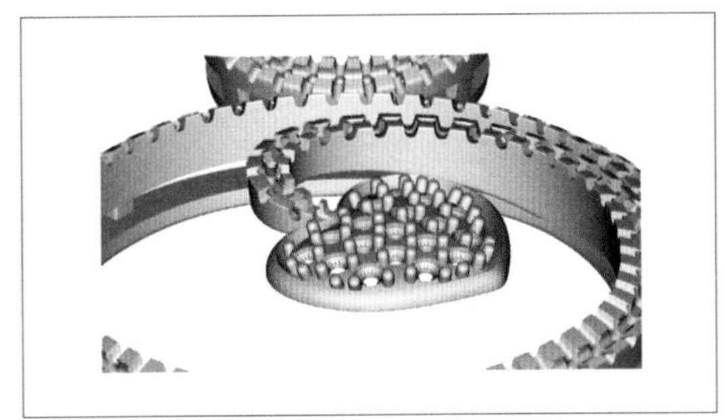
图4-1-75

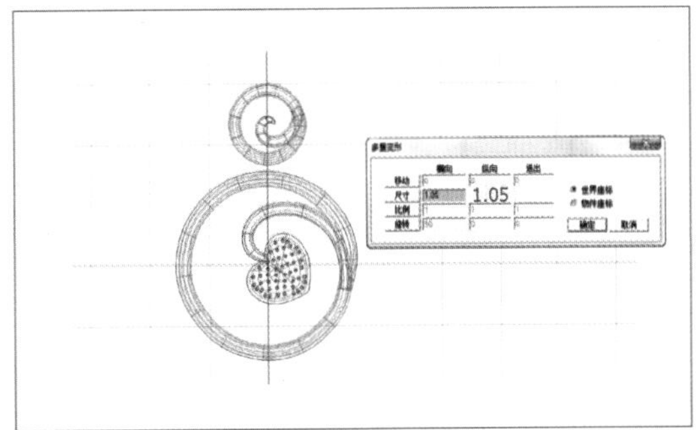

图4-1-76

第二节　灯笼底吊坠

本案例主要讲解：平底单面石爪镶镶口制作；副石镶口制作；单灯笼底制作；人字形灯笼底制作；爪子扣制作；阁镶制作。

制作步骤如下：

（1）上视图，生成直径17、25mm的辅助圆，如图4-2-1。

（2）使用“上下左右对称线”工具，贴合辅助圆制作椭圆形，如图4-2-2。

（3）生成直径7mm的辅助圆，制作如图4-2-3的切面线（无须闭合）。

（4）原地复制椭圆形后，使用“导轨曲面”命令：迴圈（世界中心）、单切面、切面量度向上，生成平底蛋面宝石，如图4-2-4。

（5）将复制出的椭圆形再次原地复制并隐藏，之后向内偏移1.2mm，制作1.2mm的正方形切面，使用“导轨曲面”命令：双导轨、不合比例、单切面、切面量度向下，生成宝石底托，如图4-2-5、图4-2-6。

（6）生成直径8、1.5mm的辅助圆，绘制爪曲线并左右对称复制，如图4-2-7、图4-2-8。

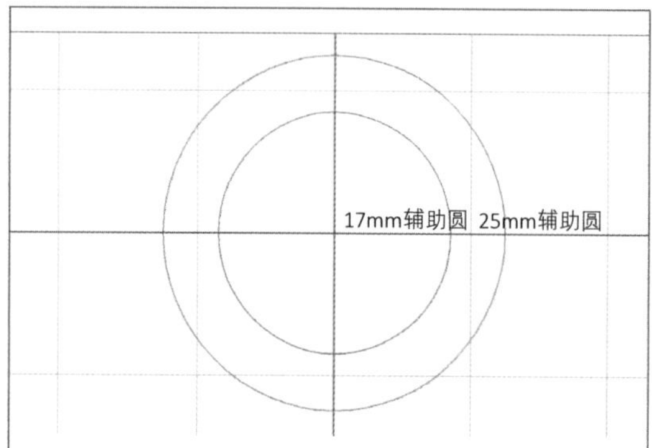

图4-2-1

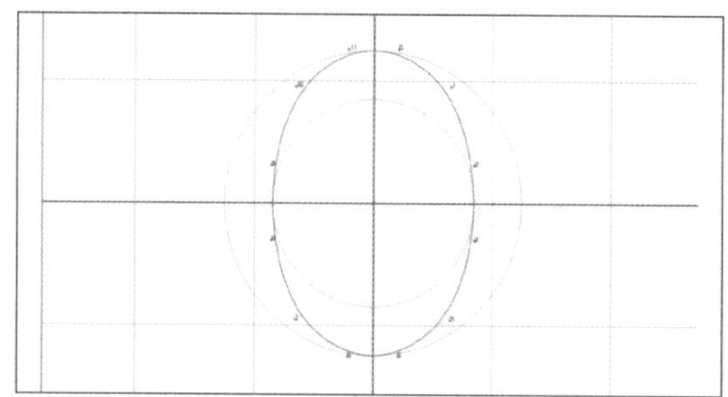

图4-2-2

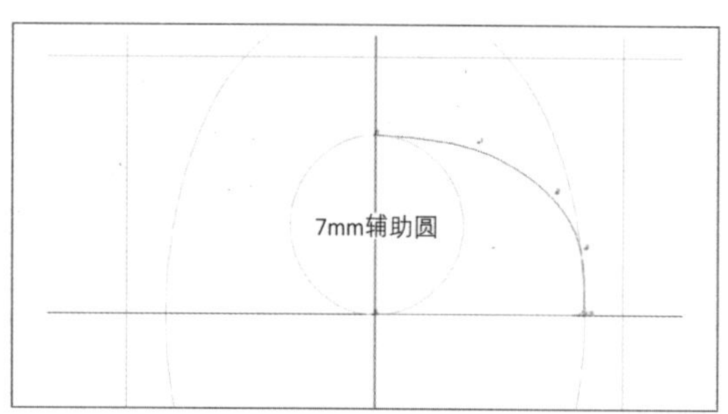

图4-2-3

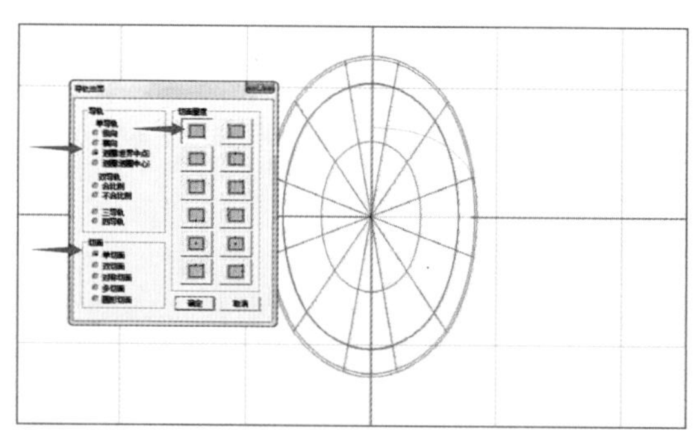

图4-2-4

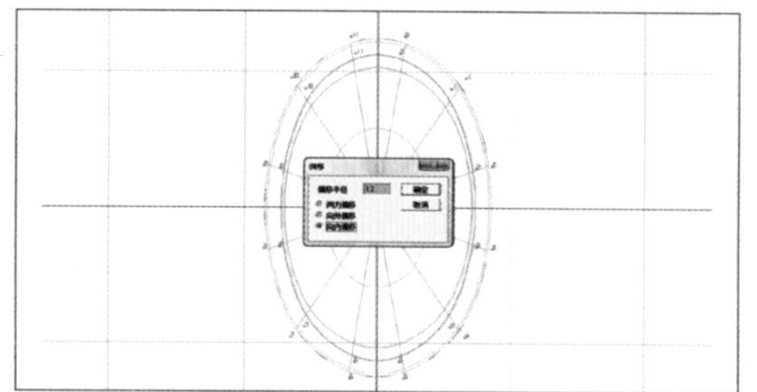

图4-2-5

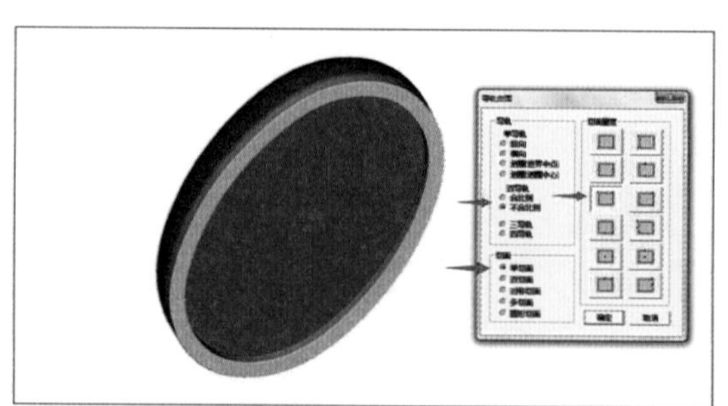

图4-2-6

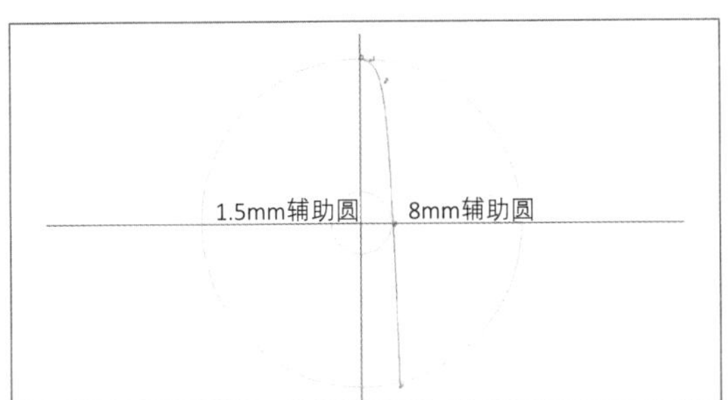

图4-2-7

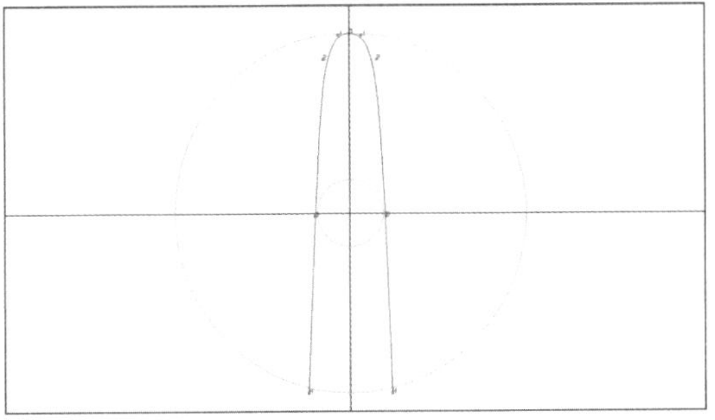

图4-2-8

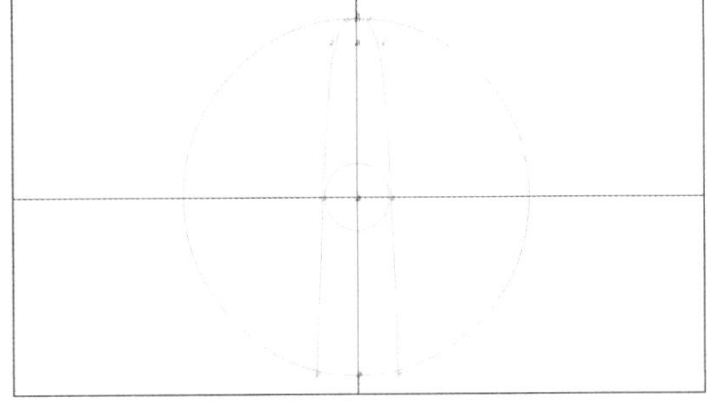

图4-2-9

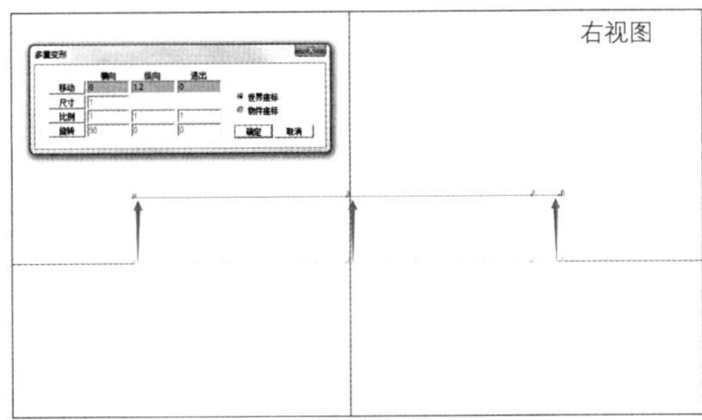

图4-2-10

（7）生成中间曲线，如图4-2-9。

（8）右视图，使用“多重变形”命令，将中间曲线上移1.2mm，如图4-2-10。

（9）调整中间曲线，使其前端尖锐，如图4-2-11。

（10）上视图，绘制如图4-2-12的切面。

（11）使用“导轨曲面”命令：三导轨、单切面、切面量度向上，生成爪，如图4-2-13。

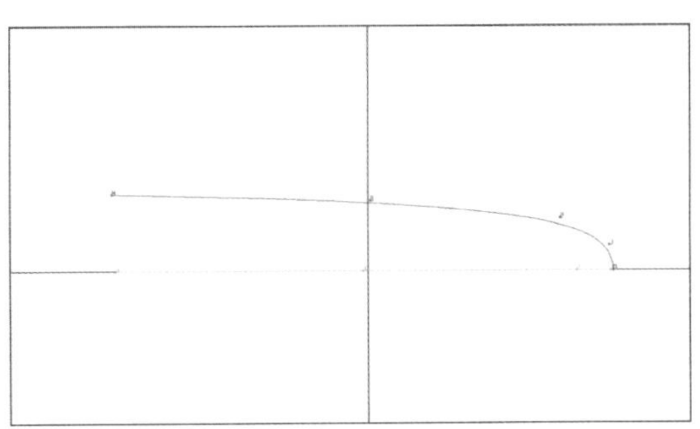

图4-2-11

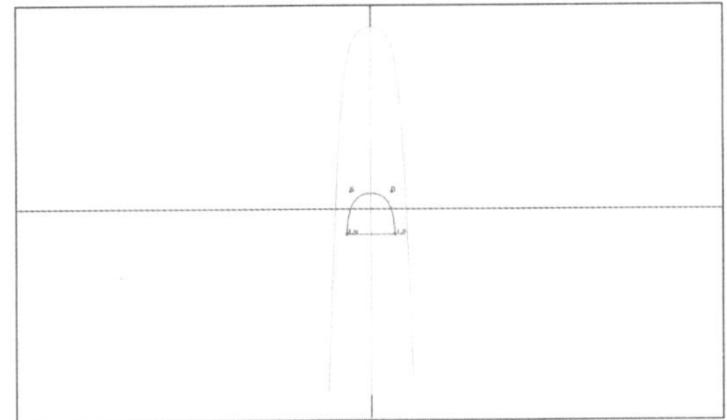

图4-2-12

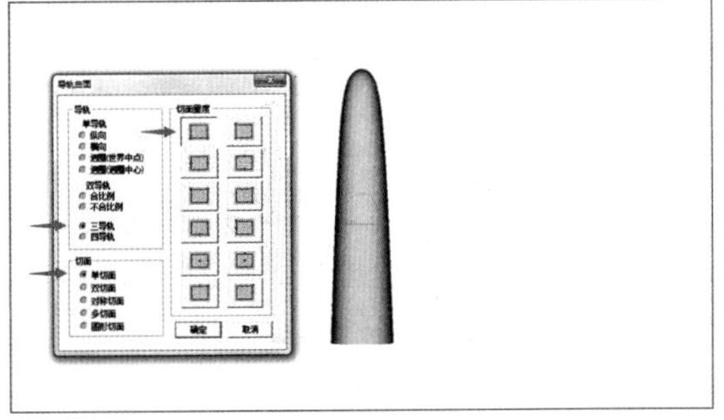

图4-2-13

（12）上视图，向左移爪，并左右对称复制、联集，如图4-2-14、图4-2-15。

（13）旋转并移动该组爪到适合位置，之后上下左右复制。这样完成的主石爪，造型底扁上圆，刚好贴在镶口边缘，不会吃入镶口，这样制作的镶口，既能镶素面石，也能镶刻面石头，一款两用，在后期生产中更换主石而无须改动镶口，节约成本，如图4-2-16、图4-2-17。

（14）完成蛋面石及镶口制作，如图4-2-18。

（15）上视图，将步骤（5）隐藏的曲线展示出来并向外偏移0.8mm，如图4-2-19。

（16）右视图，将曲线向下移动0.8mm——带有主石的首饰款，一般尽量拉高主石，以凸显主石为佳，如图4-2-20。

（17）上视图，再次将曲线向外偏移1.55mm，此处作为镶石位，需采用虎爪蜡微镶法蜡镶1.3mm圆石，由于此处位置居中，其内、外均执摸不到，故仅需留0.05～0.1mm的执摸位，本例中按1.55mm的距离计算镶口丝带宽度即可，如图4-2-21。

（18）制作1.5mm的矩形切面；原地复制

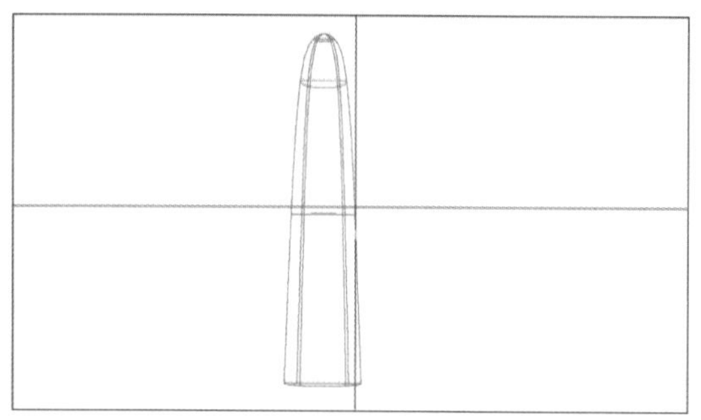

图4-2-14

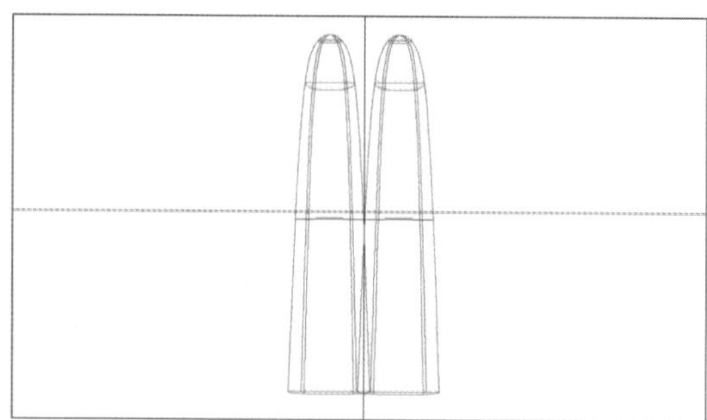

图4-2-15

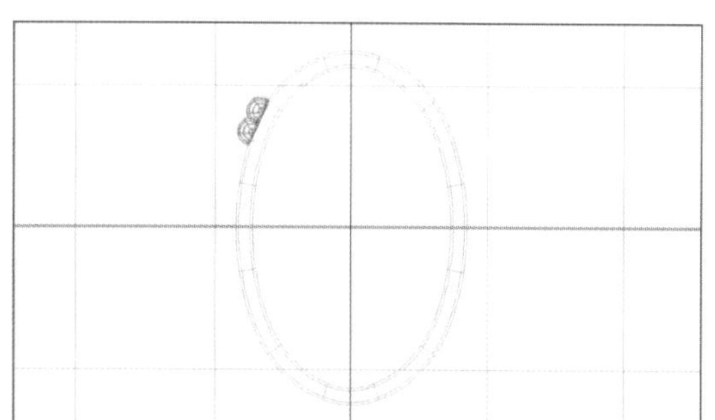

图4-2-16

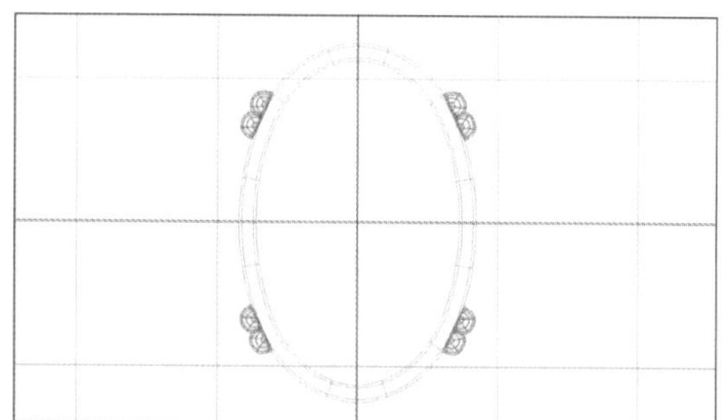

图4-2-17

图4-2-18

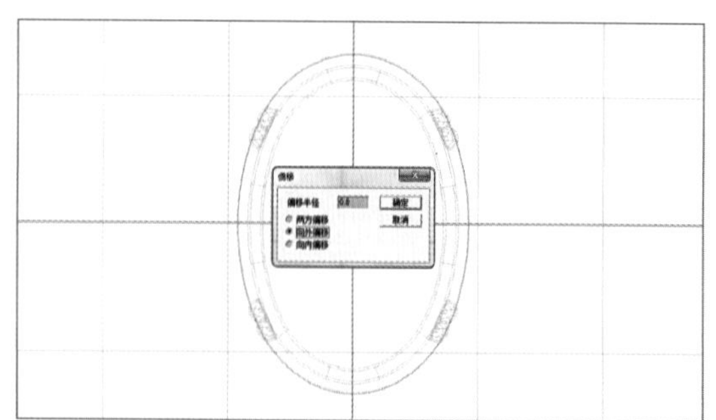

图4-2-19

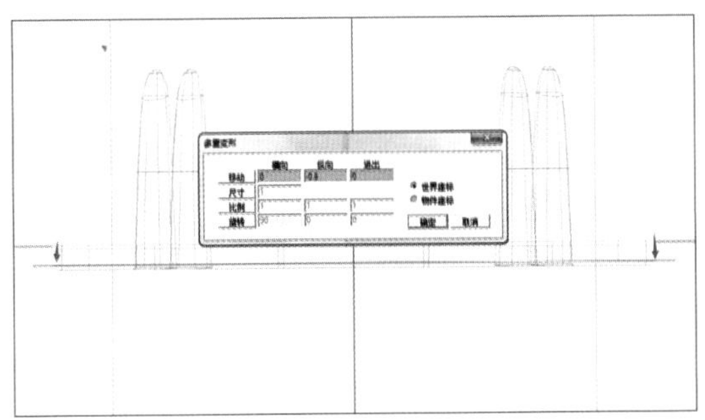

图4-2-20

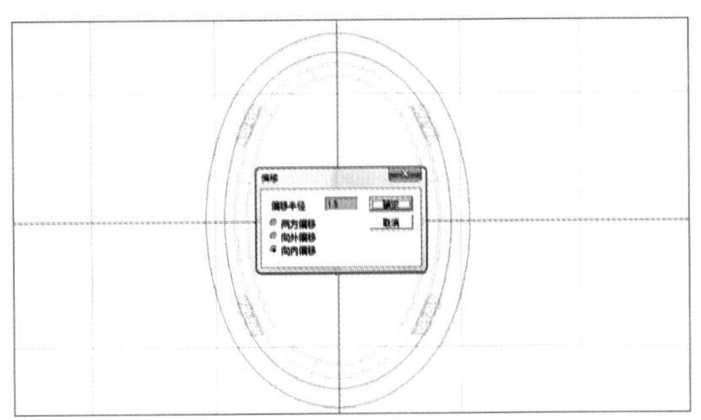

图4-2-21

步骤（16）、（17）导轨曲线并隐藏；使用“导轨曲面”命令：双导轨、不合比例、单切面、切面量度向下。生成虎爪镶口，如图4-2-22。

（19）上视图，生成1.3mm的圆石，将直径0.1mm的辅助圆置于圆石边缘，如图4-2-23。

（20）正视图，制作“U”形切面，如图4-2-24。

（21）上视图，原地复制该切面后，直线延伸曲面，生成U形体，如图4-2-25。

（22）选中U形体及U形切面，使用“尺寸”工具，横向单轴扩大至贴合直径0.1mm的辅助圆，如图4-2-26。

（23）原地复制U形体及U形切面。使用“多重变形”命令，进出方向旋转90°，如图4-2-27。

（24）参照步骤（22），单向收缩至直径0.1mm的辅助圆，如图4-2-28。

（25）右视图，保留步骤（23）中的U形切面并隐藏，删除U形体，如图4-2-29。

（26）制作开孔圆柱，如图4-2-30。

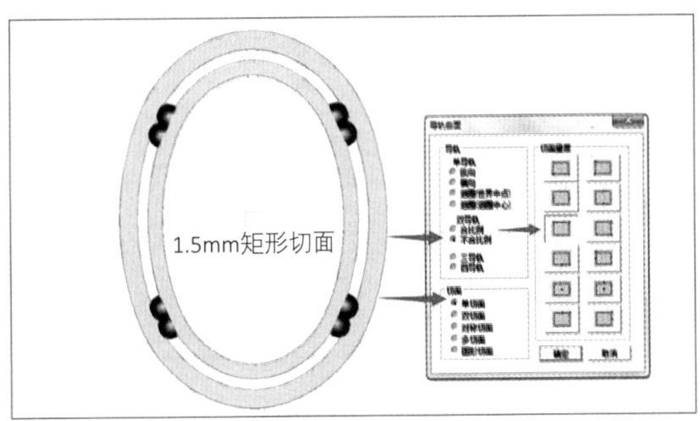

图4-2-22

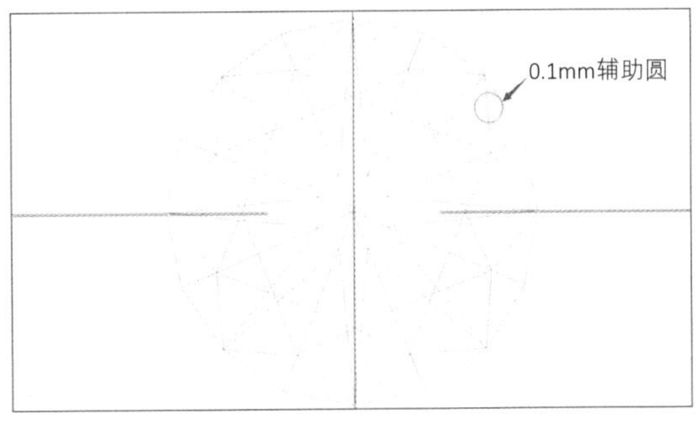

图4-2-23

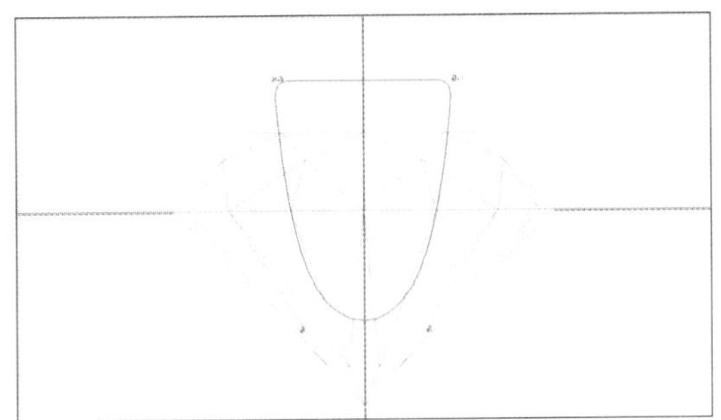

图4-2-24

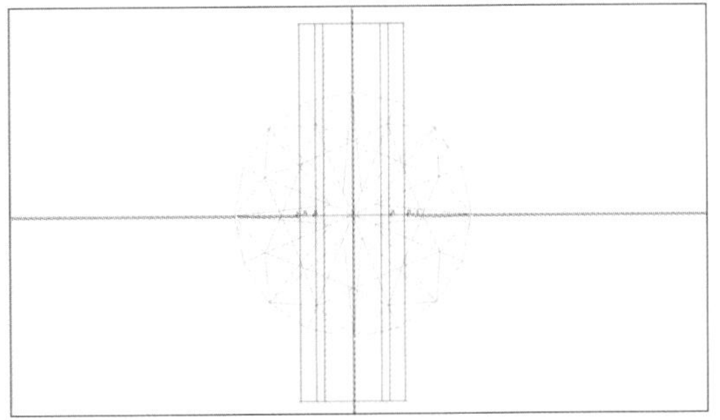

图4-2-25

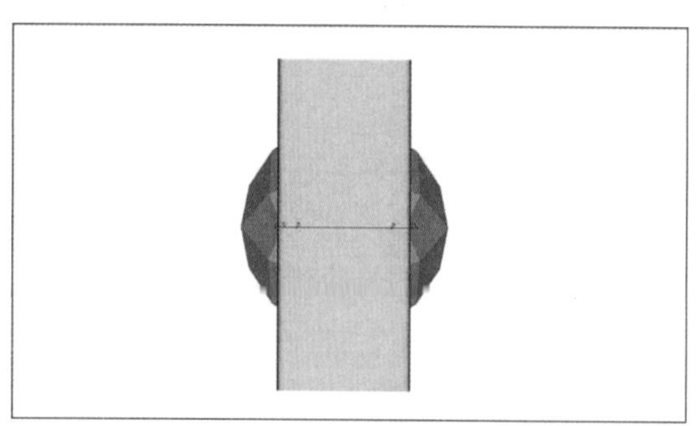

图4-2-26

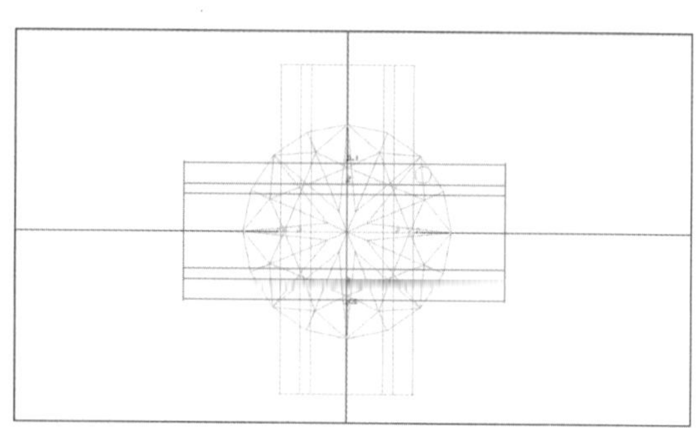

图4-2-27

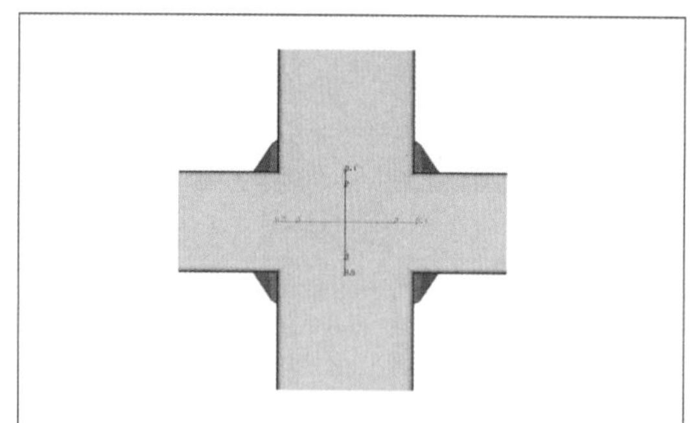

图4-2-28

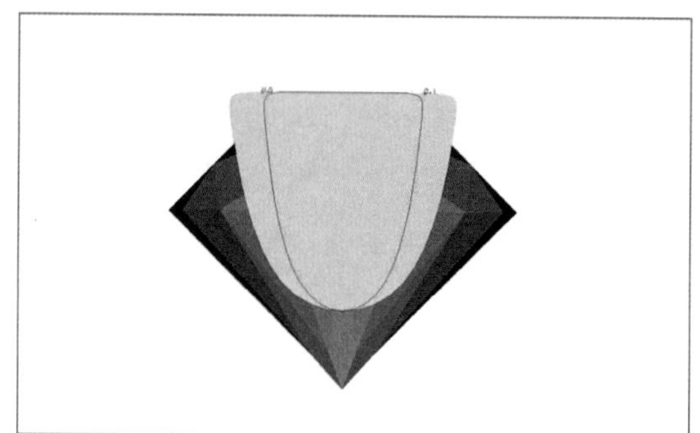

图4-2-29

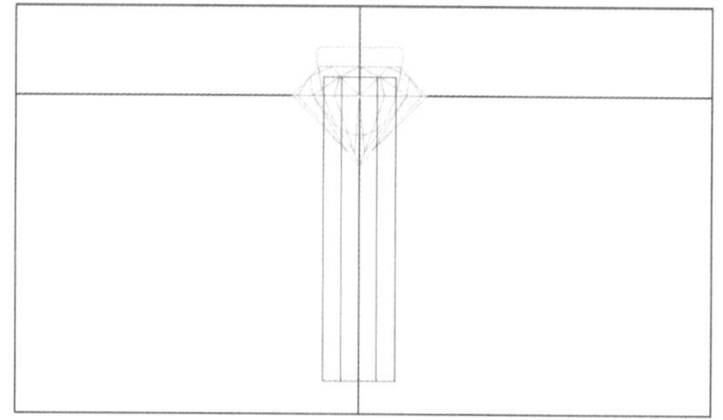

图4-2-30

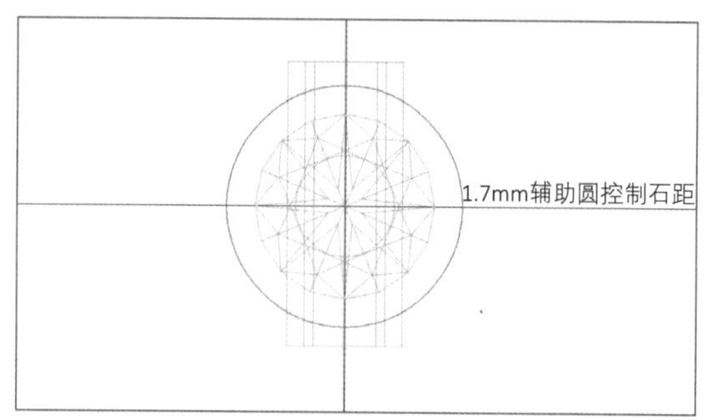

图4-2-31

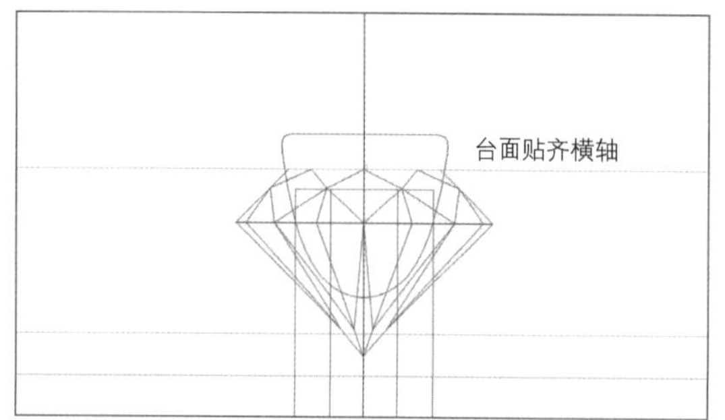

图4-2-32

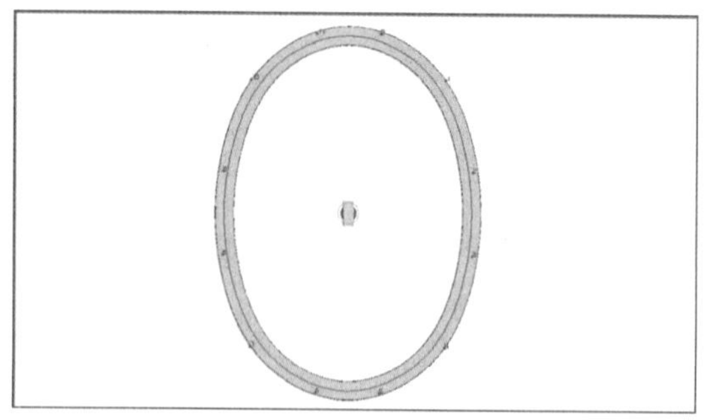

图4-2-33

（27）上视图，生成直径1.7mm的辅助圆用于控制石距，如图4-2-31。

（28）将全体物件下移，石台面贴齐横轴即可，如图4-2-32。

（29）展示步骤（18）隐藏的两条曲线，生成其中间曲线并闭合，如图4-2-33。

（30）沿横、纵轴放置辅助直线，如图4-2-34。

（31）从纵轴起，贴合中间曲线进行剪贴，如图4-2-35。

（32）剪贴至横轴，发现距离不足，如图4-2-36。

（33）删除之前剪贴的几组物件，重新略放大石距进行剪贴，如图4-2-37、图4-2-38。

（34）右视图，展示步骤（25）的U形切面，生成直径1.0mm的辅助圆，如图4-2-39。

（35）将U形切面调整至与辅助圆等高，如图4-2-40。

（36）上视图，选中步骤（29）中间曲线，

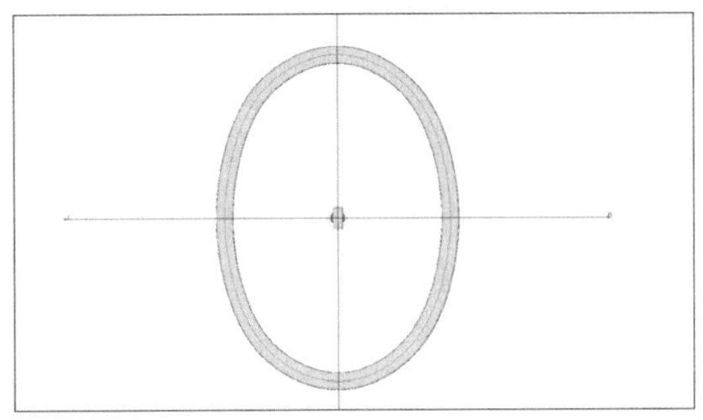

图4-2-34

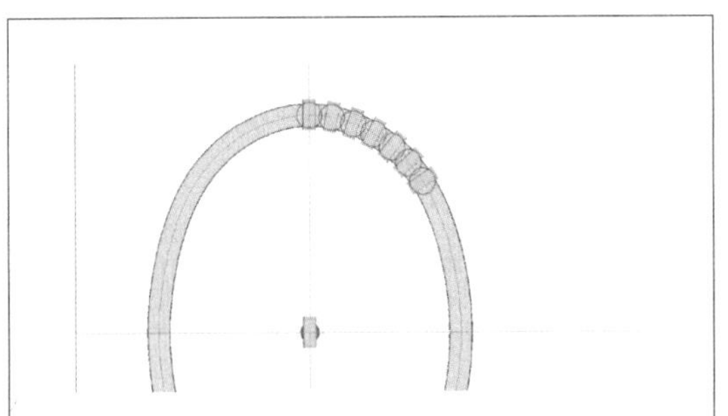

图4-2-35

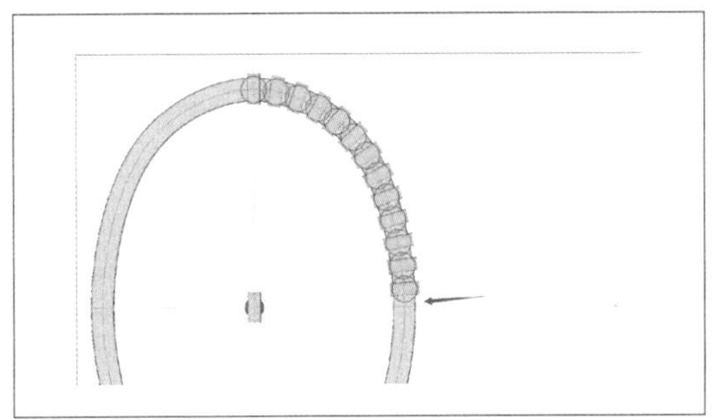

图4-2-36

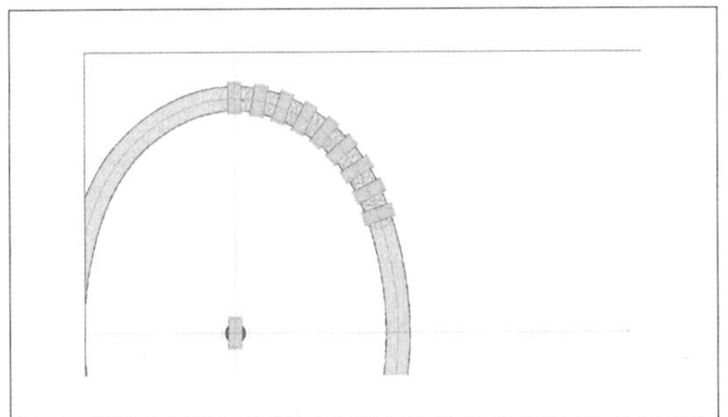

图4-2-37

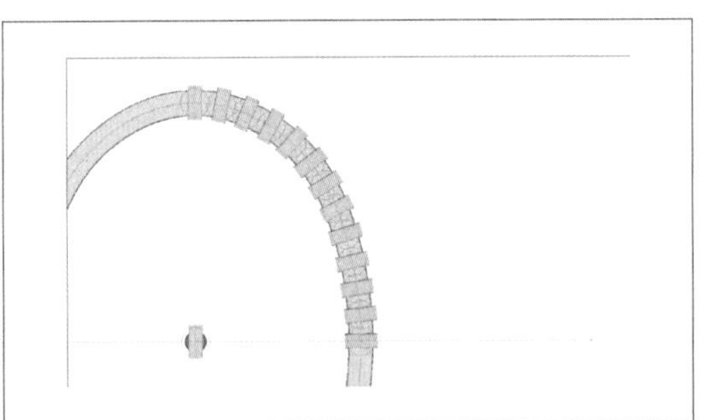

图4-2-38

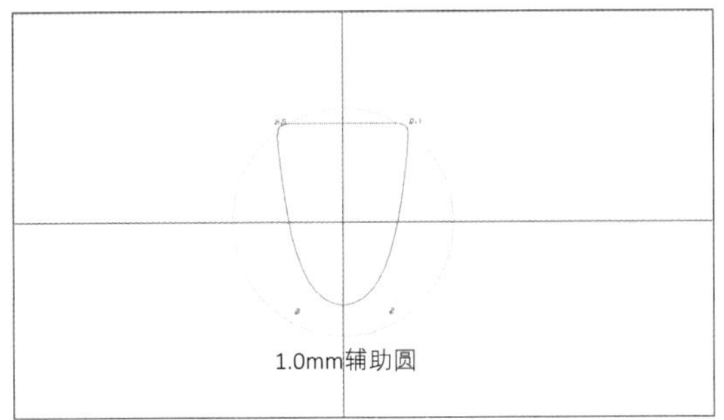

图4-2-39

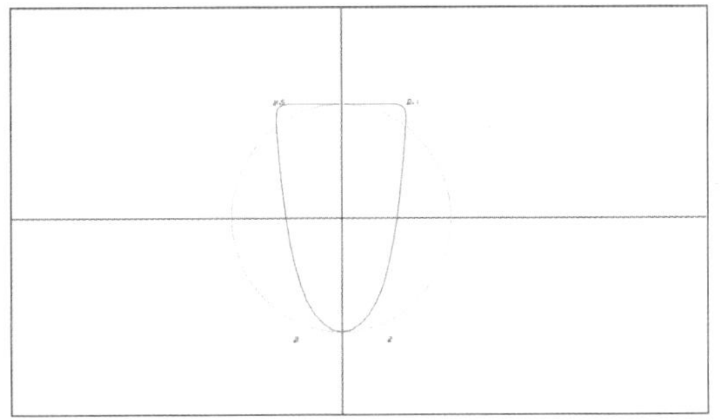

图4-2-40

使用“管状曲面”工具，纵向管状，单切面，生成U形管，如图4-2-41、图4-2-42。

（37）U形管减去虎爪镶口，完成开槽，如图4-2-43。

（38）完成虎爪镶制作，如图4-2-44。

（39）正视图，开始蜡微镶虎爪制作，生成直径0.35mm的辅助圆，绘制钉切面线，并旋转成体，如图4-2-45。

（40）将钉倾斜少许，并对称复制，之后将底部拉平并联集，如图4-2-46至图4-2-48。

（41）将该组钉剪贴到虎爪光金面上，剪贴时采取“shift+右键”拖动的方式，旋转调

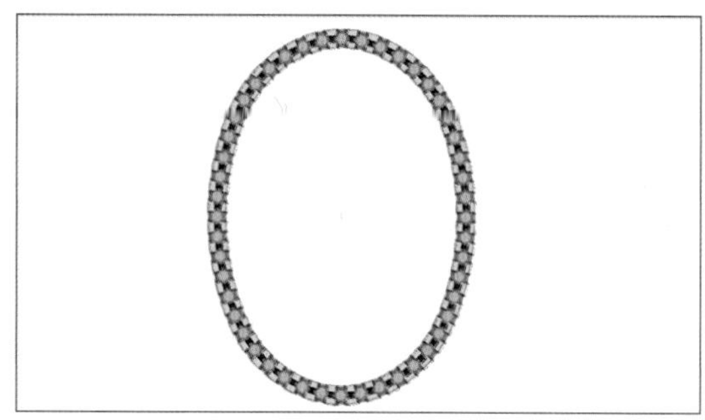

图4-2-44

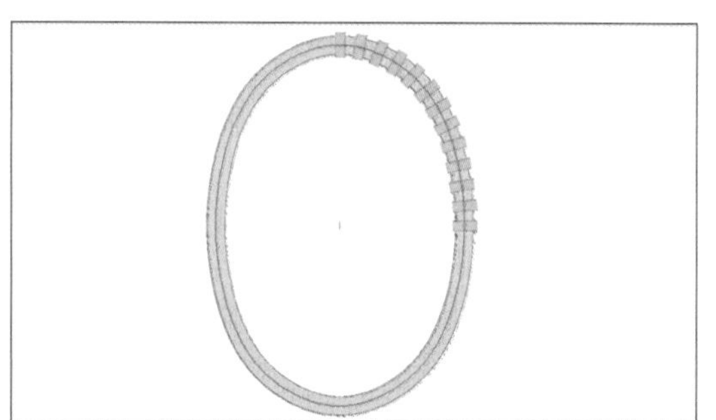

图4-2-41

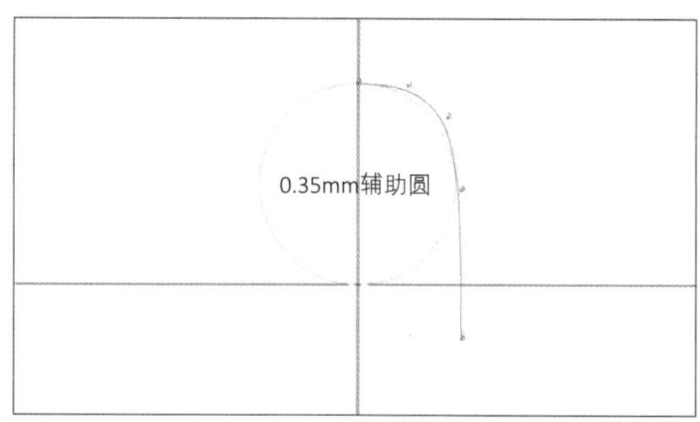

图4-2-45

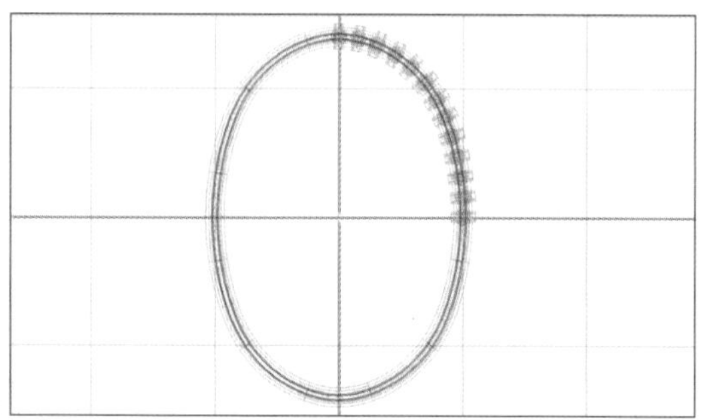

图4-2-42

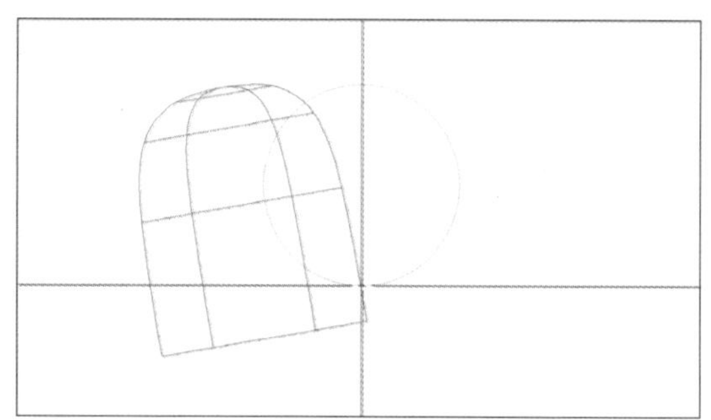

图4-2-46

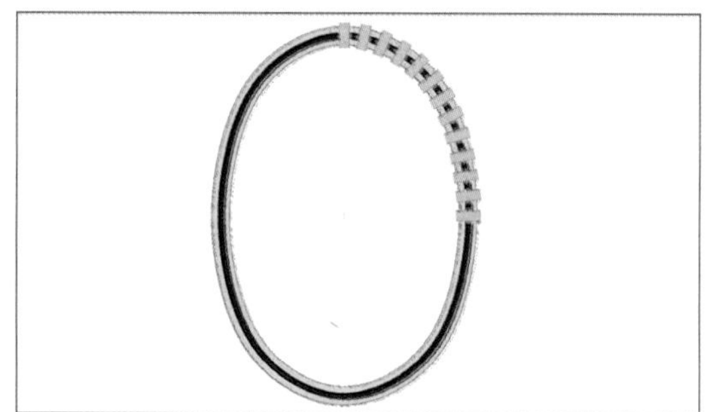

图4-2-43

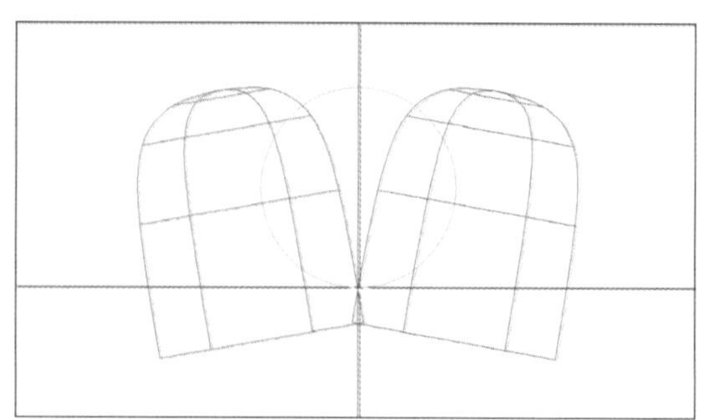

图4-2-47

整钉的方向，如图4-2-49。

（42）剪贴1/4钉，之后上下左右复制，如图4-2-50、图4-2-51。

（43）右视图，生成3mm的圆石，如图4-2-52。

（44）生成直径0.75、0.6mm的辅助圆，绘制镶口切面，镶口比圆石略大0.1mm；将切面旋转成体，生成镶口，如图4-2-53、图4-2-54。

（45）制作直径0.9mm的圆爪，如图4-2-55。

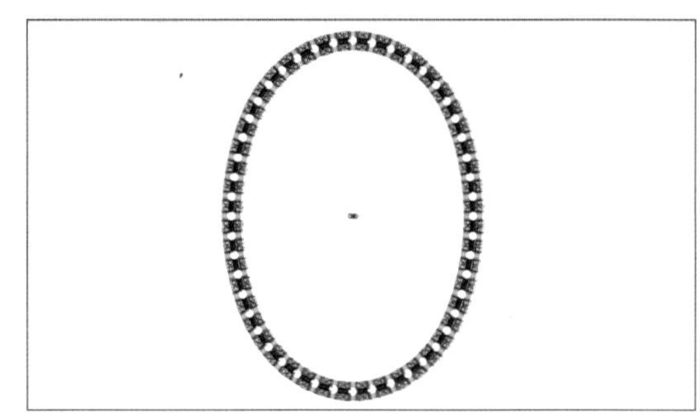
图4-2-51

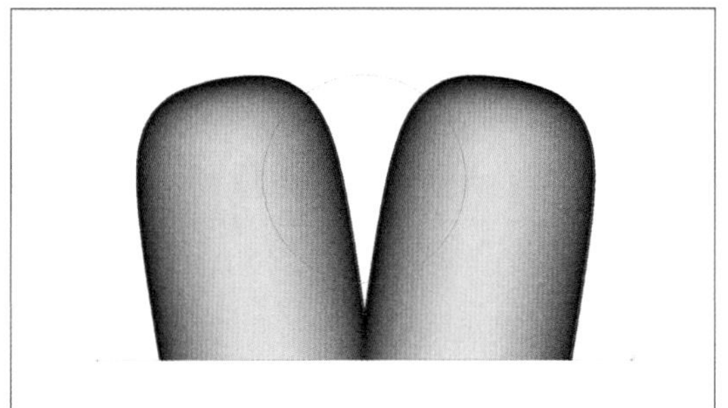
图4-2-48

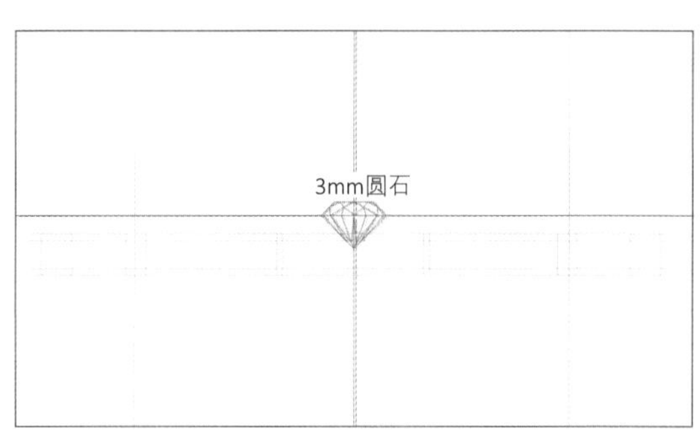

图4-2-52

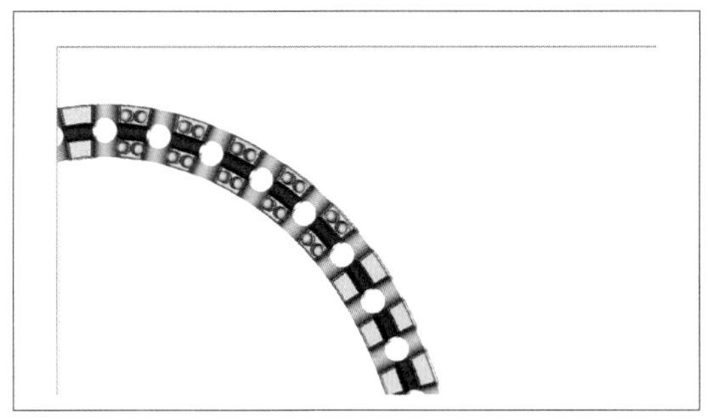
图4-2-49

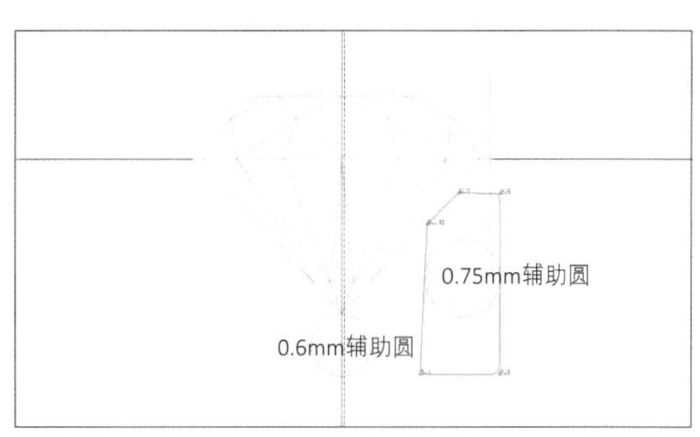

图4-2-53

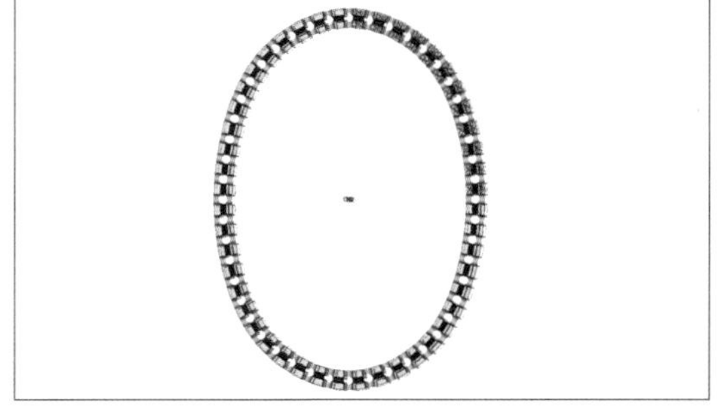
图4-2-50

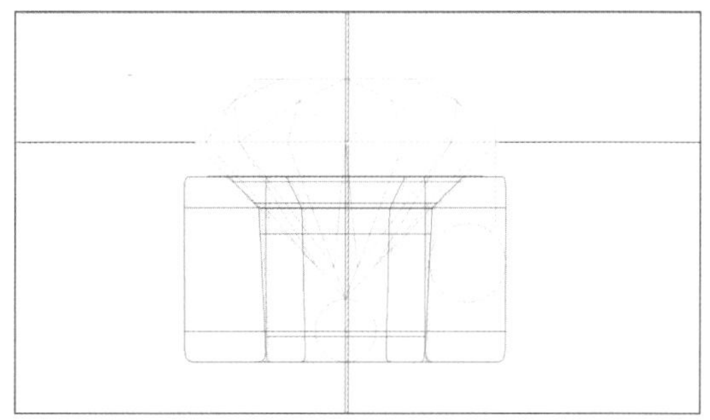
图4-2-54

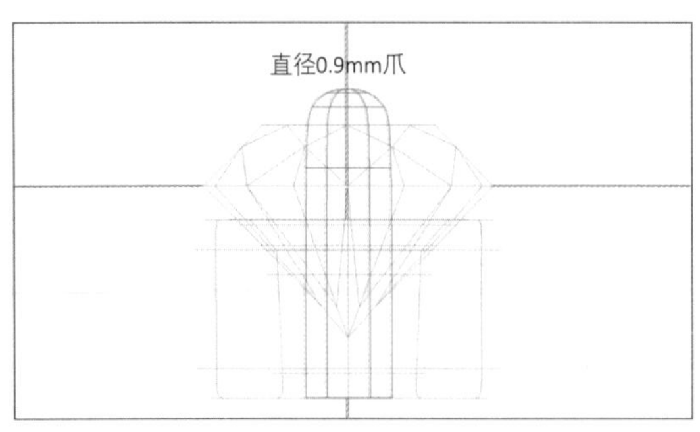

图4-2-55

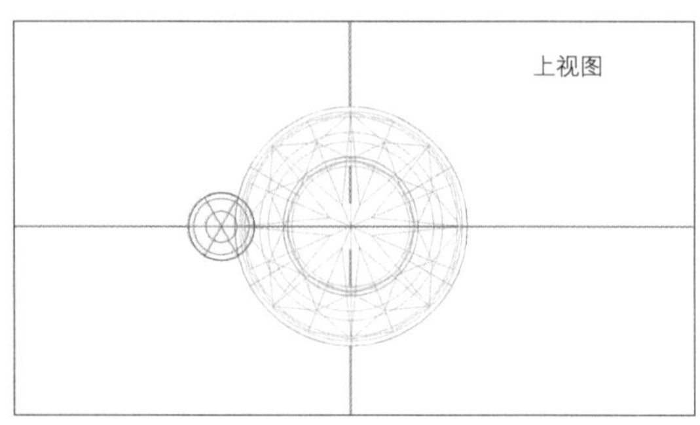

图4-2-56

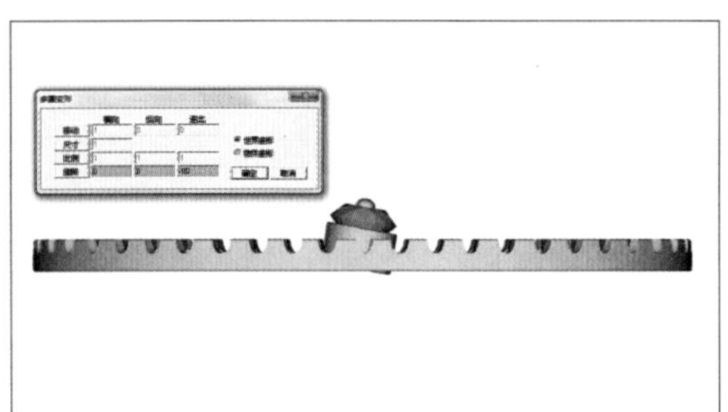

图4-2-57

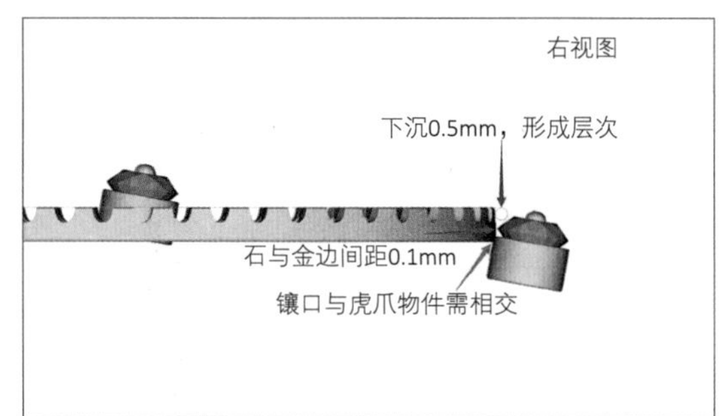

图4-2-58

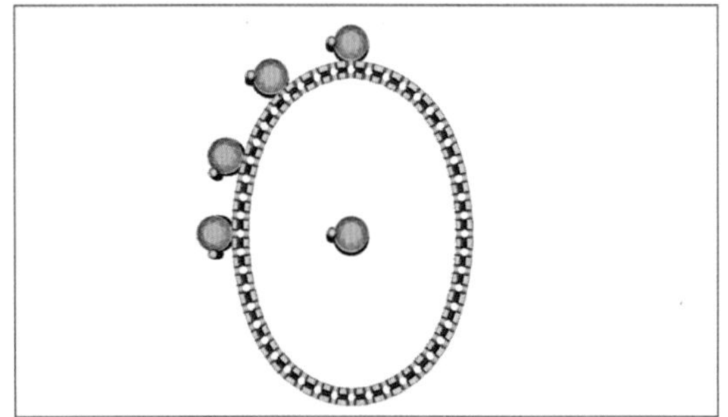

图4-2-59

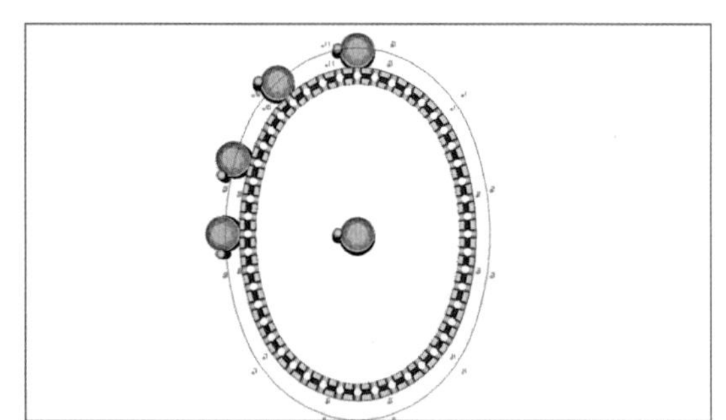

图4-2-60

（46）上视图，左移爪，吃入石0.15mm，如图4-2-56。

（47）右视图，使用“多重变形”命令，进出方向旋转-10°，如图4-2-57。

（48）原地复制该组物件，移动到虎爪镶口边缘：宝石台面距虎爪平面下沉0.5mm，形成层次感；镶口与镶口需相交；石与虎爪镶口间距0.1mm，如图4-2-58。

（49）上视图，依据步骤（48）的要求，复制4组物件并移动环绕虎爪镶口，如图4-2-59。

（50）展示步骤（17）中的虎爪外导轨曲线，使用“尺寸”工具将其整体放大，如图4-2-60。

（51）放大观察，使用“上下左右对称线”工具调整曲线必须经过圆石原点，如图4-2-61、图4-2-62。

（52）原地复制该曲线后，向内收缩，如图4-2-63。

（53）右视图，下移该曲线至适当位置，该曲线起到确定灯笼底部位置的作用，如图

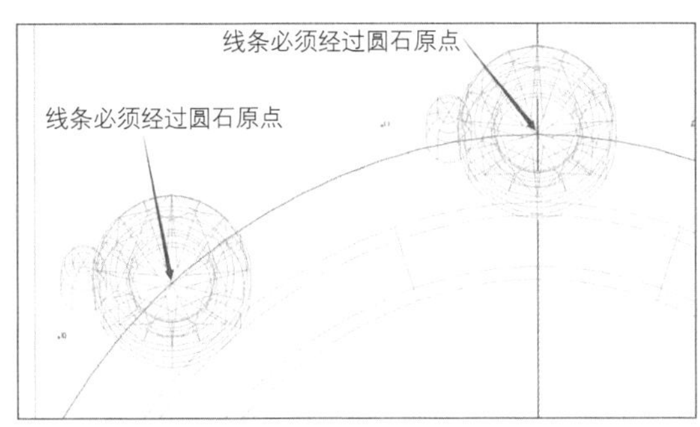

图4-2-61

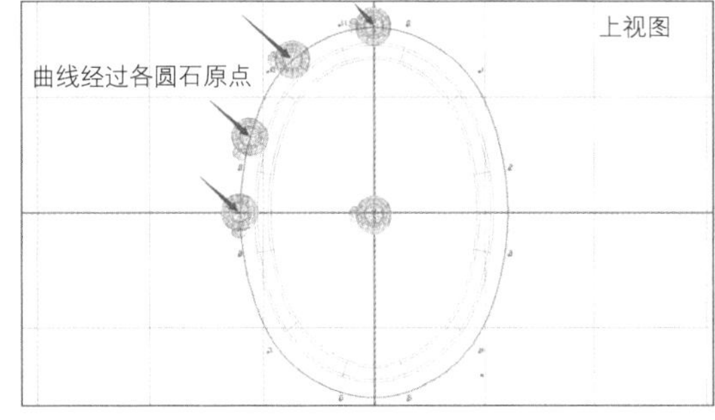

图4-2-62

4-2-64。

（54）右视图，制作直径1.1mm的辅助圆，移动到步骤（48）圆石处，辅助圆吃入石0.1mm，绘制曲线，0号点略高于台面，尾端点收至灯笼底部，将灯笼底曲线隐藏，如图4-2-65。

（55）右视图，将步骤（51）曲线上移贴合虎爪镶口光金面，如图4-2-66、图4-2-67。

（56）使用“直线延伸曲面”工具测量

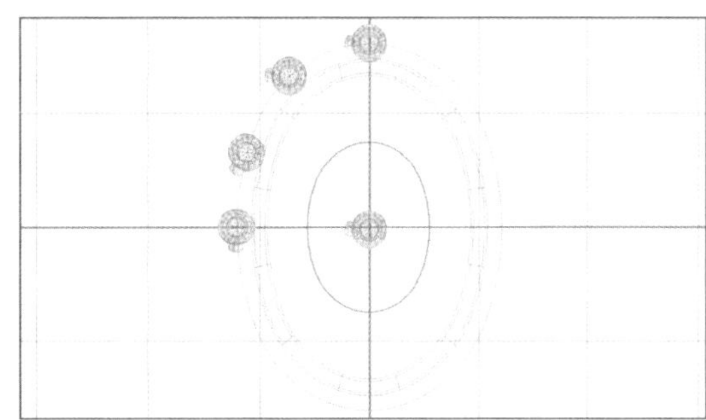

图4-2-63

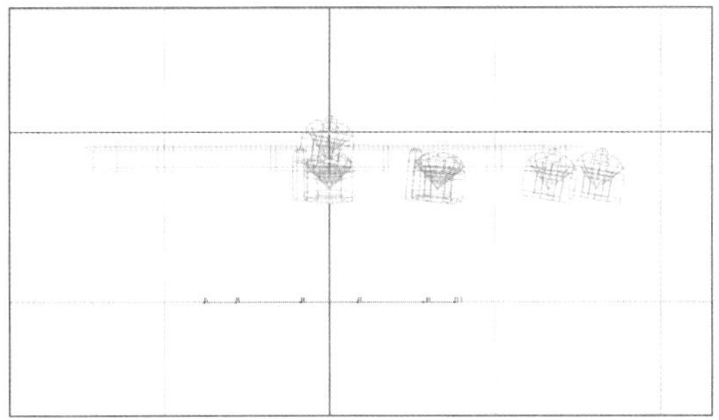

图4-2-64

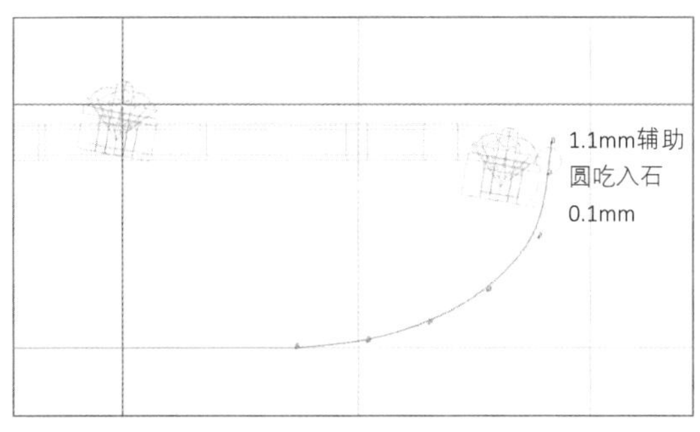

图4-2-65

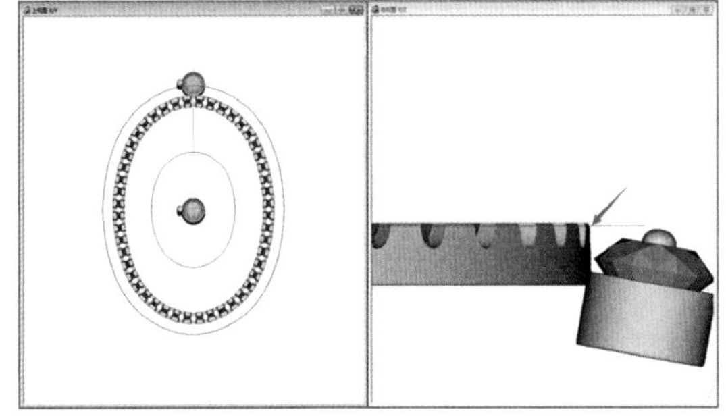

图4-2-66

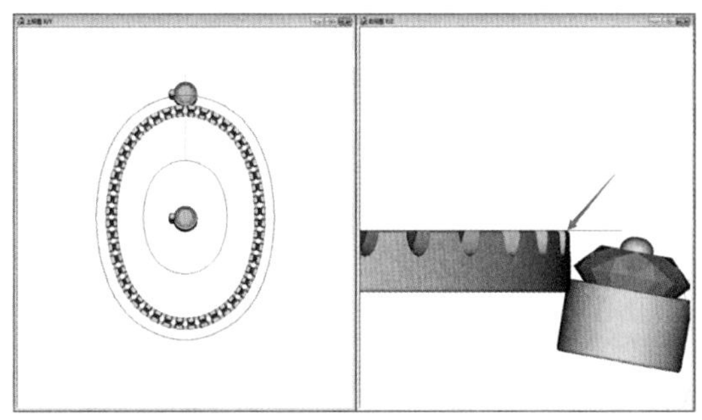

图4-2-67

圆石中心至步骤（51）线的距离，本案例为1.11mm，如图4-2-68。

（57）将原点处物件整体下移，移动距离为步骤（56）的测量数据1.11mm，如图4-2-69、图4-2-70。

（58）选中步骤（54）辅助圆及曲线，原地复制后移动到原点物件处，如图4-2-71、图4-2-72。

（59）上视图，映射曲线经过圆石原点，依据“映射”命令的特性，视物件与映射曲线的距离为距横轴距离，视物件距离映射曲线高度为距纵轴距离。而原点处的圆石物件组由于倾斜了10°，圆石原点未能对齐“世界原点”，故需要进行上移对齐，如图4-2-73、图4-2-74。

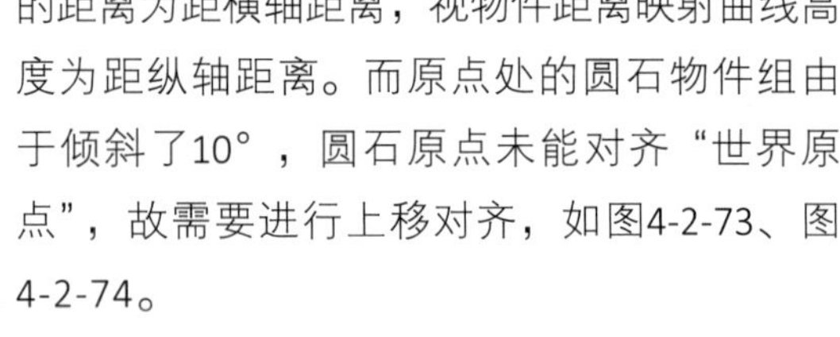

（60）制作直径1.1mm的圆球体，移动到原点曲线上，如图4-2-75。

（61）测量映射曲线长度后，生成等直径辅助圆，如图4-2-76。

（62）预先直线复制出一组物件，观察石距

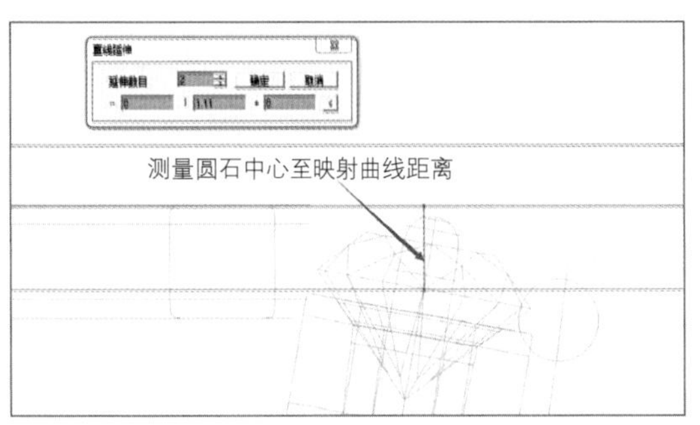

图4-2-68

图4-2-69

图4-2-70

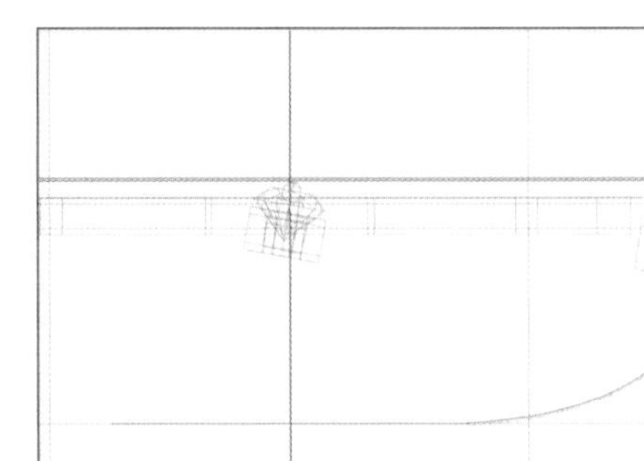

图4-2-71

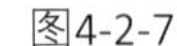

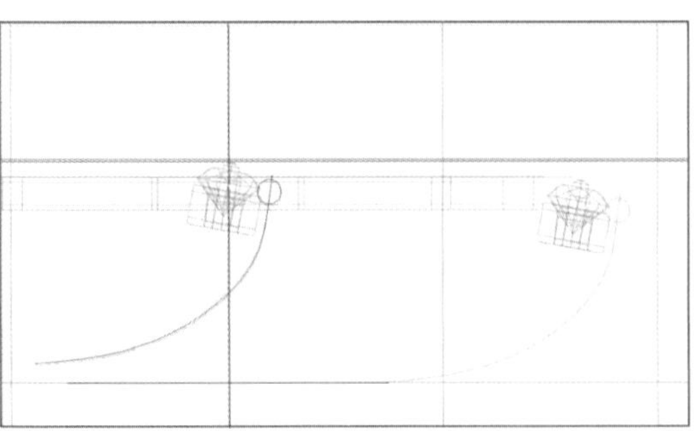

图4-2-72

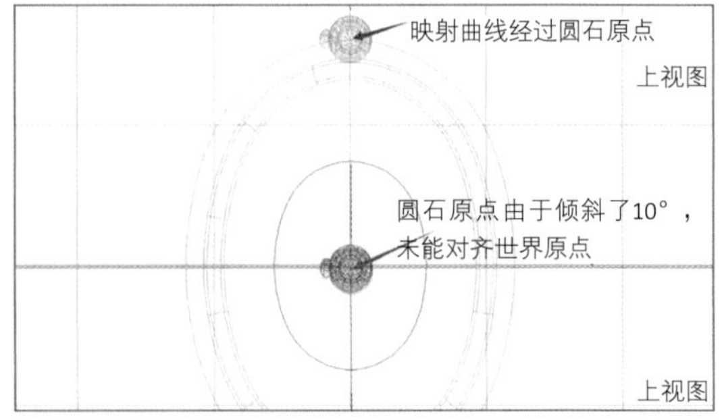

图4-2-73

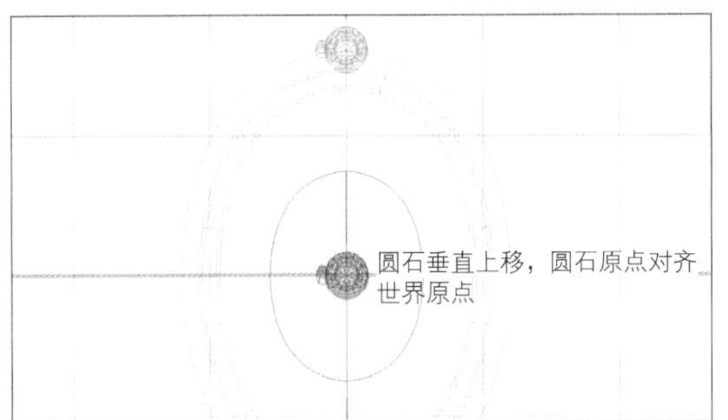

图4-2-74

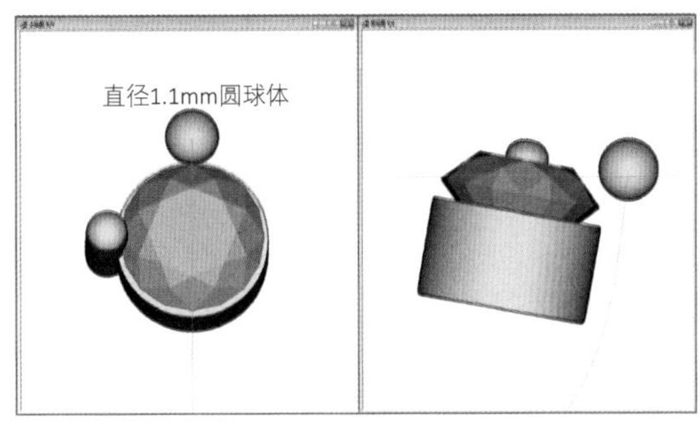

图4-2-75

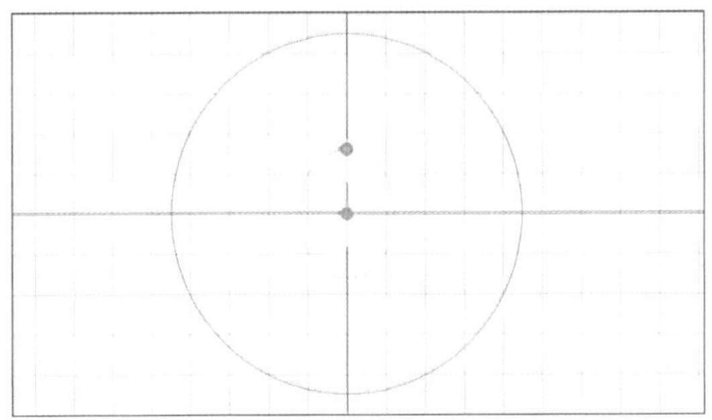

图4-2-76

是否恰当，调整直至适合的距离，如图4-2-77。

（63）进行直线复制，最右侧的圆石原点未能对齐辅助圆，如图4-2-78。

（64）可以采取两种方式进行调节：①缩小直线复制的间距数值；②调整原始状态时的爪吃入石的距离。此步骤往往需要多次反复，直至调整适合，如图4-2-79。

（65）退选中心物件，如图4-2-80。

（66）左右对称复制，如图4-2-81。

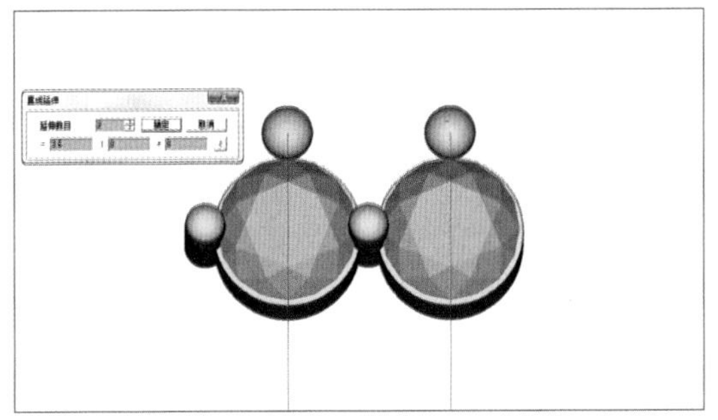

图4-2-77

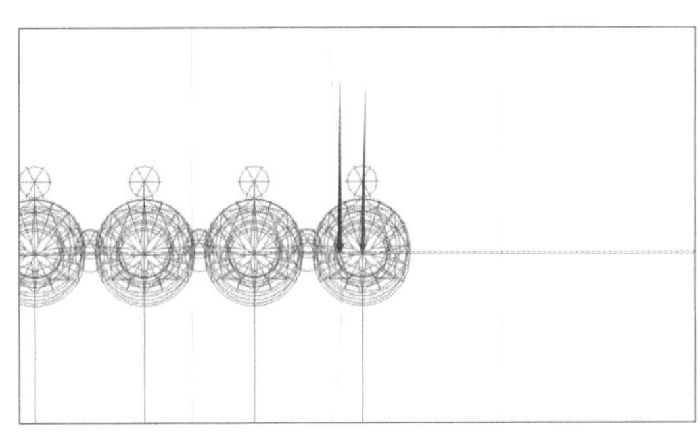

图4-2-78

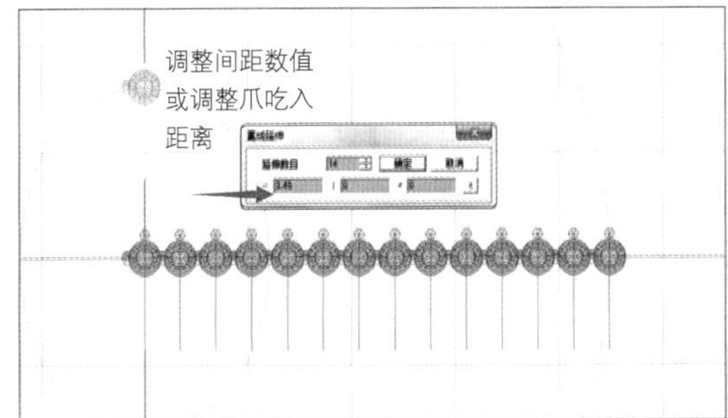

图4-2-79

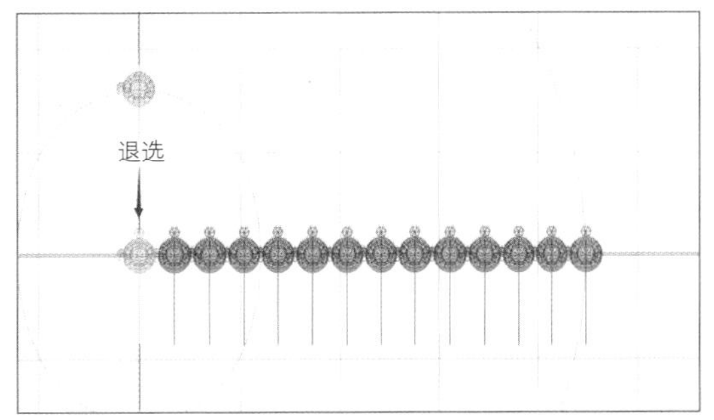

图4-2-80

（67）删除最左侧物件组，如图4-2-82。

（68）全体物件定义为“不可变形”，之后执行映射命令，如图4-2-83。

（69）展示步骤（54）隐藏的灯笼底底部曲线，如图4-2-84。

（70）仅保留1/4曲线，曲线长于底部曲线，如图4-2-85。

（71）逐一拖动CV点，将曲线收回，如图4-2-86。

（72）制作直径0.88、1.10mm的辅助圆，如图4-2-87。

（73）使用“管状曲面”工具，双切面，生成圆管，如图4-2-88。

（74）制作0.88mm的正方形切面，底部曲线也使用“管状曲面”工具，单切面，生成收底物件，如图4-2-89。

（75）上下左右对称复制圆管，并与镶口、收底物件联集，如图4-2-90。

（76）完成吊坠主体制作，如图4-2-91。

（77）瓜子扣制作，隐藏全部物件。

（78）右视图，生成直径9.7、3.5mm的辅助圆及范围框架线，如图4-2-92。

（79）绘制如图4-2-93的切面，一般情况下瓜子扣穿链位空间最少要求2.5mm间距。

（80）上视图，使用“多重变形”命令，

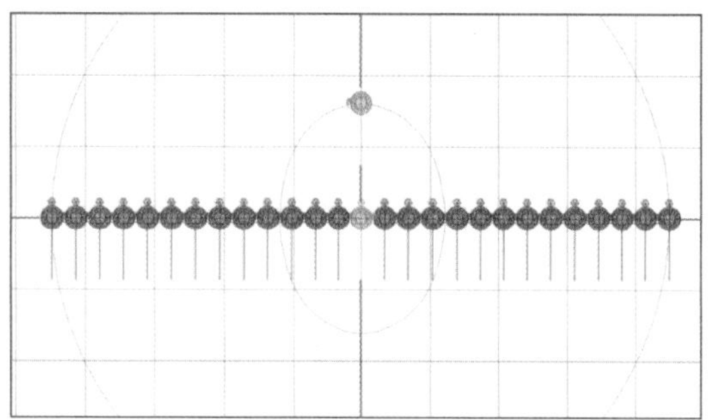

图4-2-81

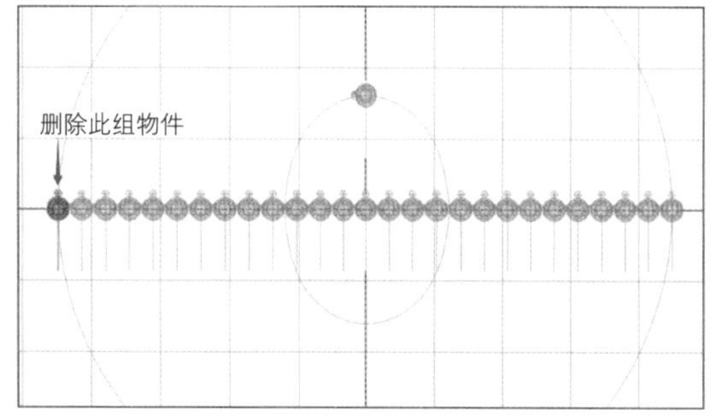

图4-2-82

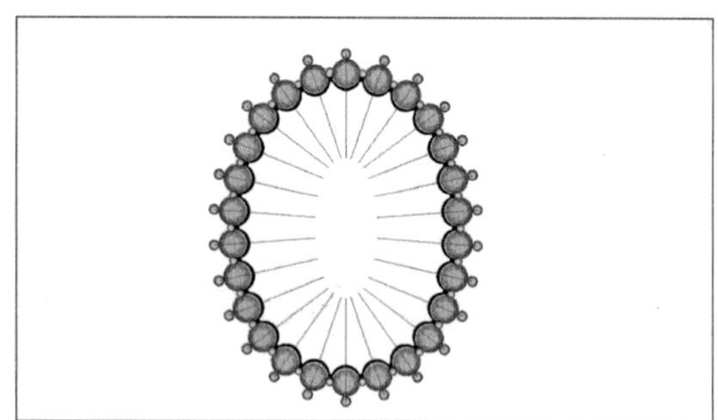

图4-2-83

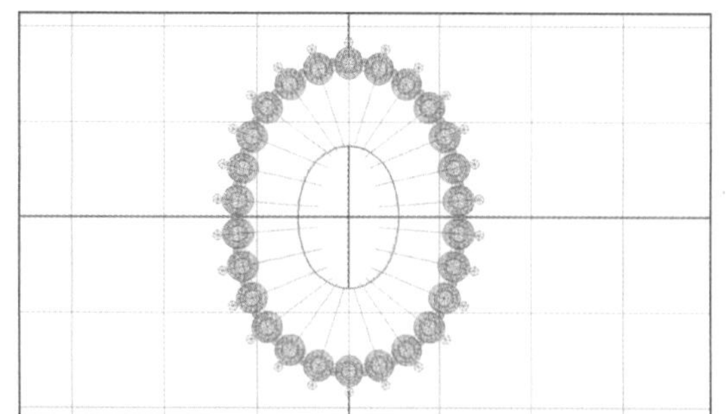

图4-2-84

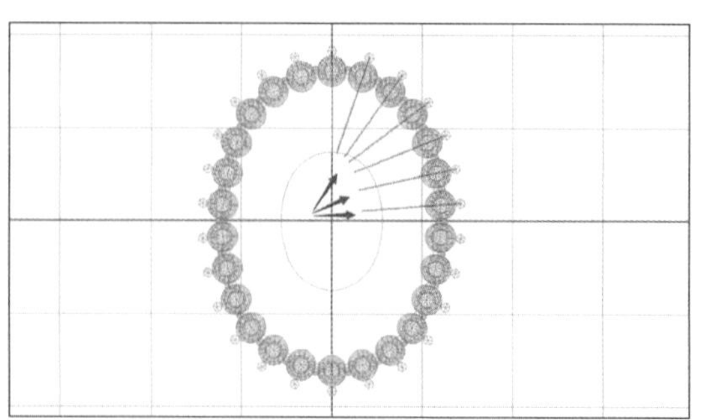

图4-2-85

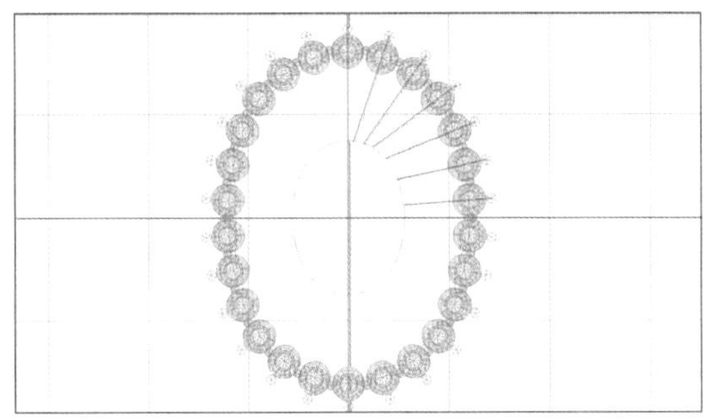
图4-2-86

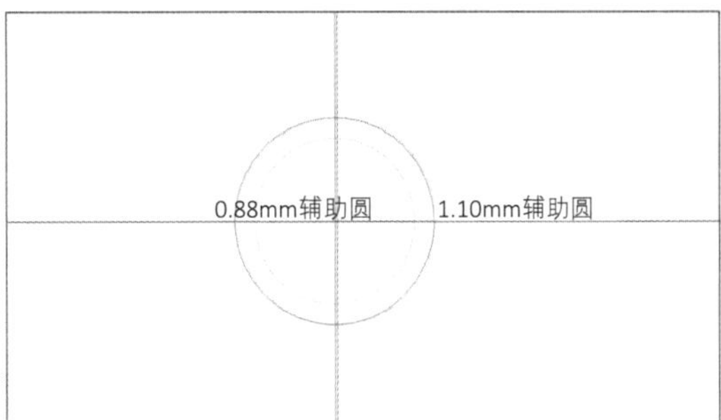

图4-2-87

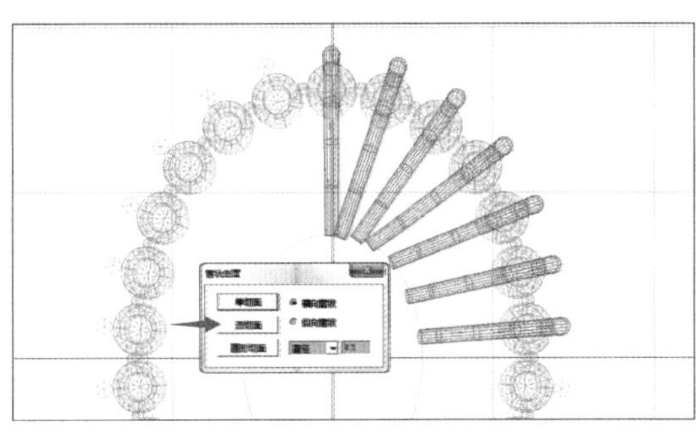
图4-2-88

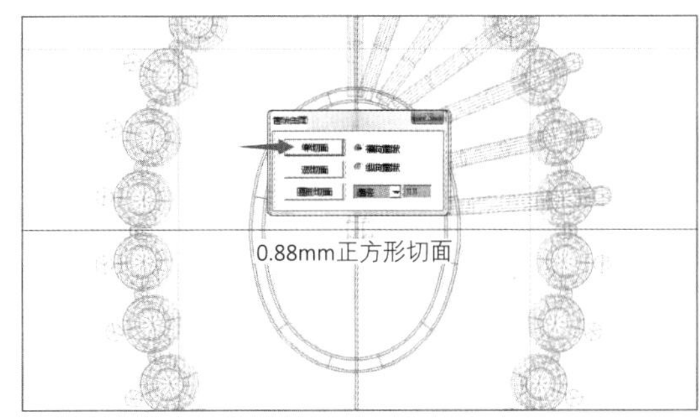

图4-2-89

图4-2-90

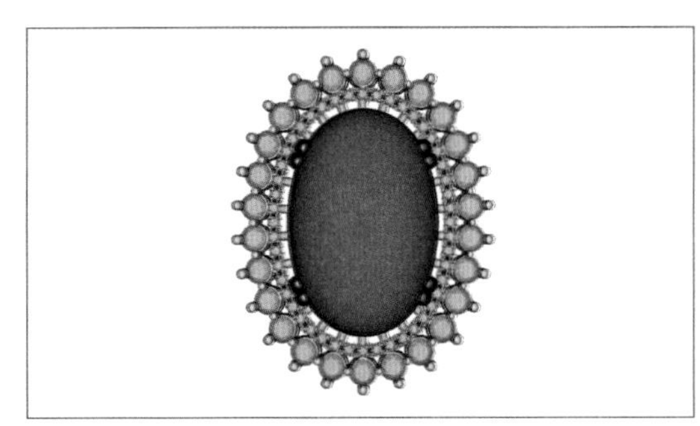
图4-2-91

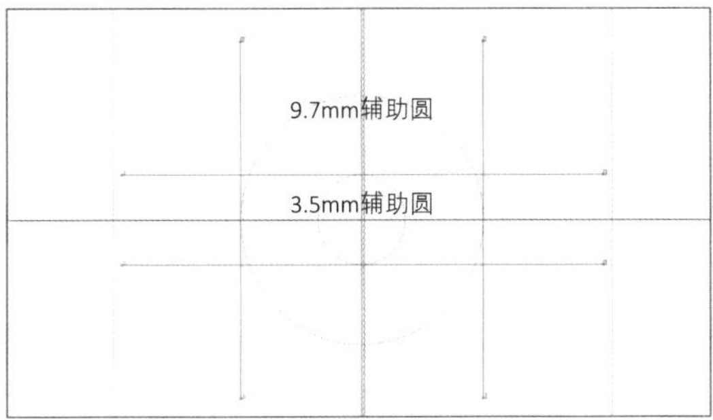

图4-2-92

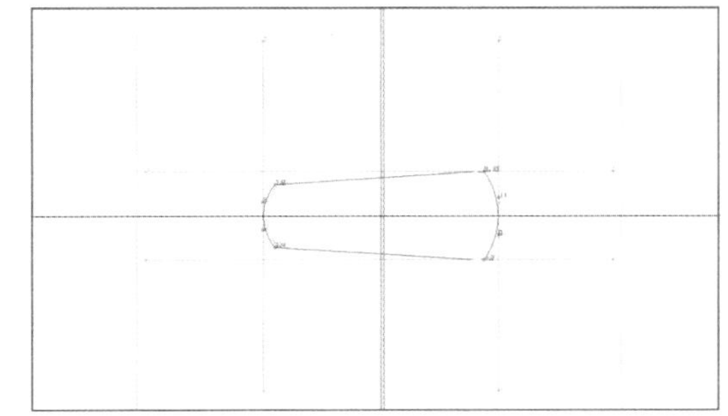
图4-2-93

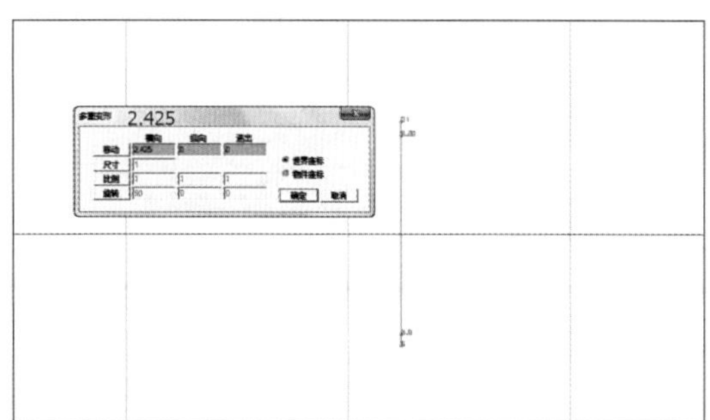

图4-2-94

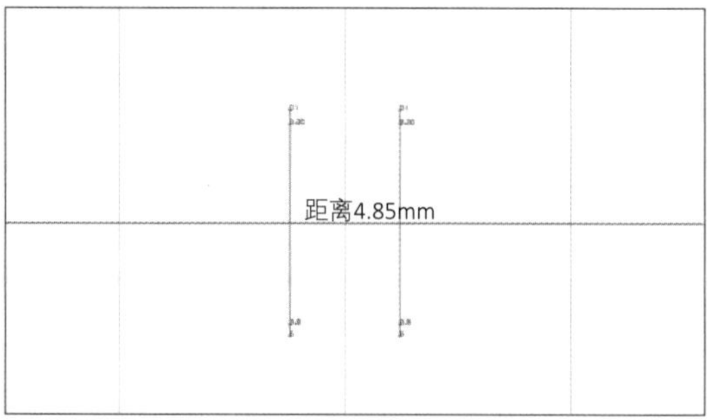

图4-2-95

图4-2-96

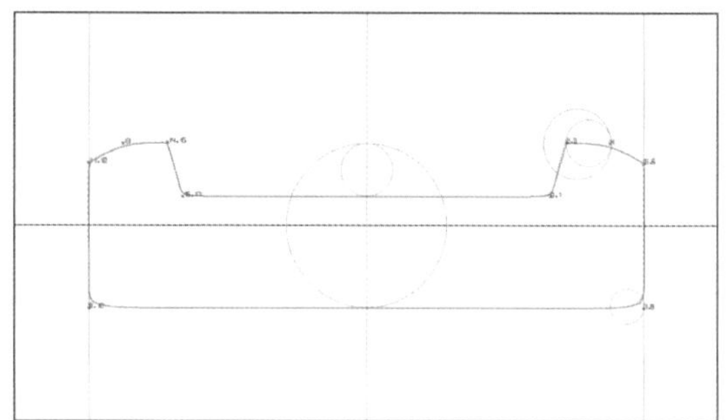

图4-2-97

切面右移2.425mm，如图4-2-94，左右对称复制，切面间距为4.85mm。这个距离是由下列数据构成：0.3mm的执版及执模留量+0.4mm的光金位+0.2mm的槽斜位+0.35mm钉直径+1mm圆石+0.35mm钉直径+1mm圆石+0.35mm钉直径+0.2mm的槽斜位+0.4mm的光金位+0.3mm的执版及执模留量构成，如图4-2-95。

（81）正视图，使用“上下左右对称线”工具制作矩形切面，之后生成1.4mm的辅助圆（控制整体厚度）、0.45mm的辅助圆（控制槽深度）、0.6mm的辅助圆（0.4mm光金距离+0.2mm斜位距离）、0.4mm的辅助圆（光金距离）、0.3mm的辅助圆（执版执模留量）并放入其自己所在的位置，如图4-2-96。

（82）使用“左右对称线”工具进行编辑矩形切面，如图4-2-97。

（83）放置1粒1mm圆石贴合槽底线，生成直径0.2mm的辅助圆及水平辅助线。此辅助圆用于控制光金位置高度，因蜡微镶边应高于钉0.2mm，故放入2个直径0.2mm的辅助圆进行调整，如图4-2-98、图4-2-99。

（84）原地复制该切面并调整使其上弧如图4-2-100，压缩该切面上部CV点，使得切面整体高度为1.2mm，如图4-2-101。

（85）选择“导轨曲面”命令：双导轨、不合比例、多切面、切面量度向上。自动生成实体，如图4-2-102。

（86）生成瓜子扣造型，如图4-2-103。

（87）正视图，生成1mm的圆石及开孔物件——虎爪石位若后期蜡镶制作可以无须开出石孔，钉镶石位、蜡镶则必须开出石孔且一定要可穿，石孔直径最低要求需大于直径的1/2，最大甚至可以仅小于石直径0.2mm如图

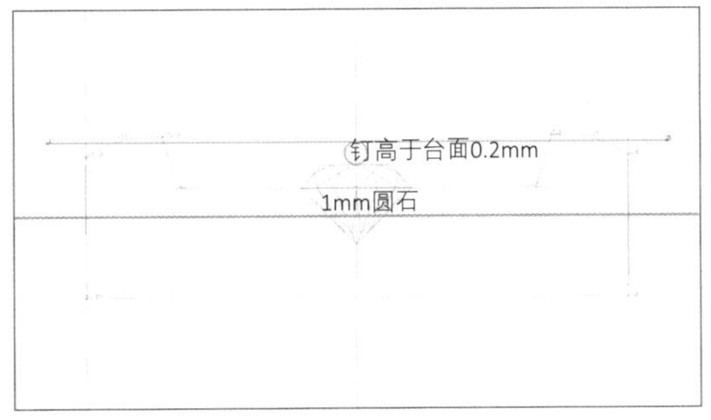

图4-2-98

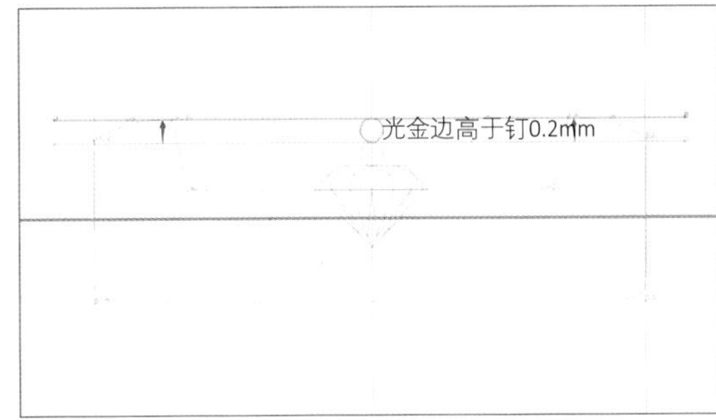

图4-2-99

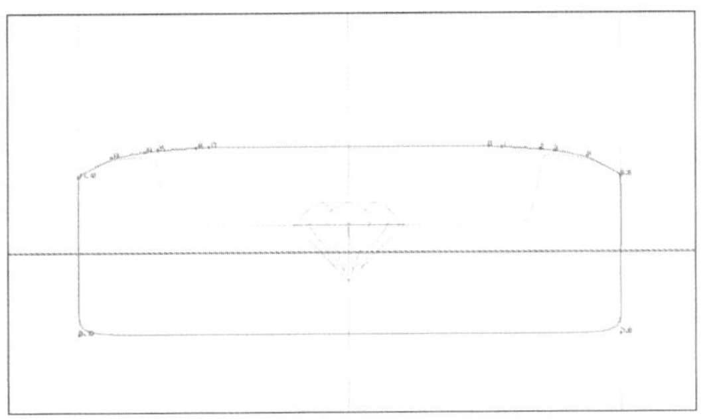

图4-2-100

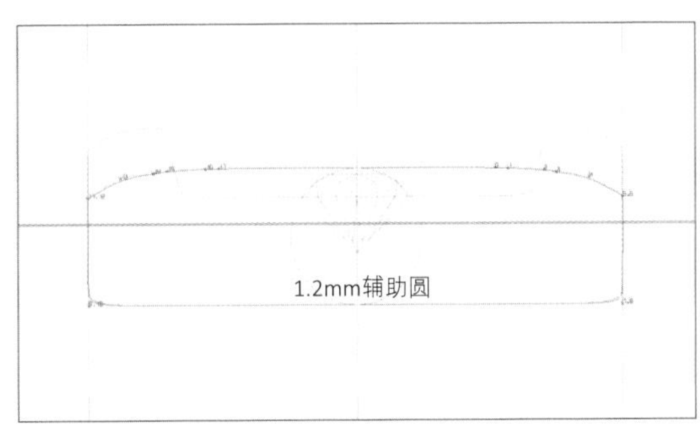

图4-2-101

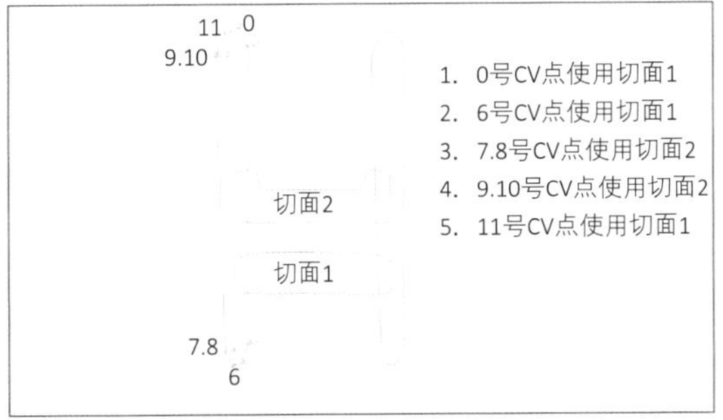

图4-2-102

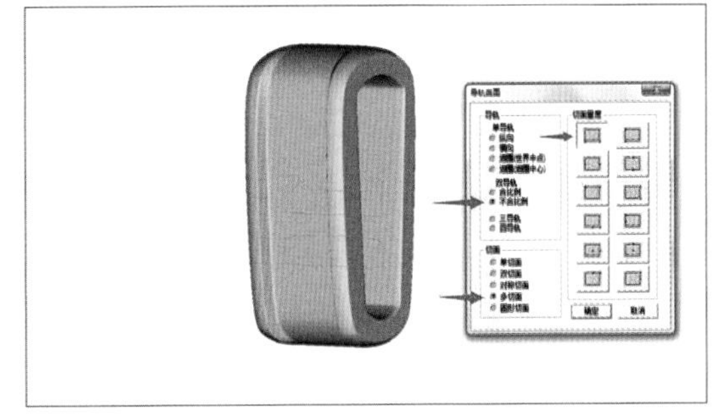

图4-2-103

4-2-104。

（88）上视图，生成直径1.0mm的辅助圆，分别将其向内偏移0.05mm、向外偏移0.125mm，之后删除1.0mm的辅助圆，如图4-2-105。

（89）将镶石物件组剪贴到瓜子扣左侧，如图4-2-106。

（90）正视图，制作直径为0.35mm的圆

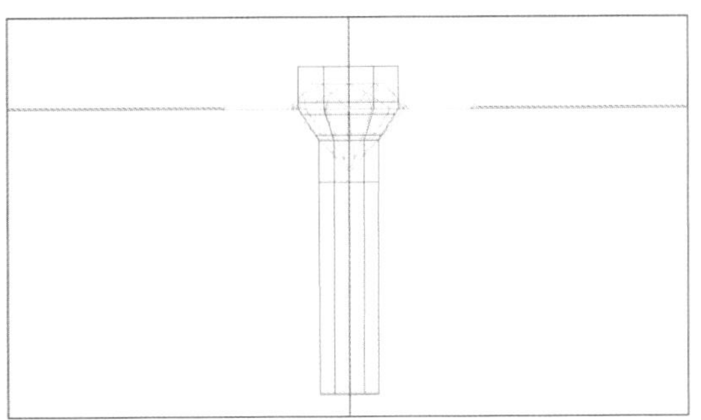

图4-2-104

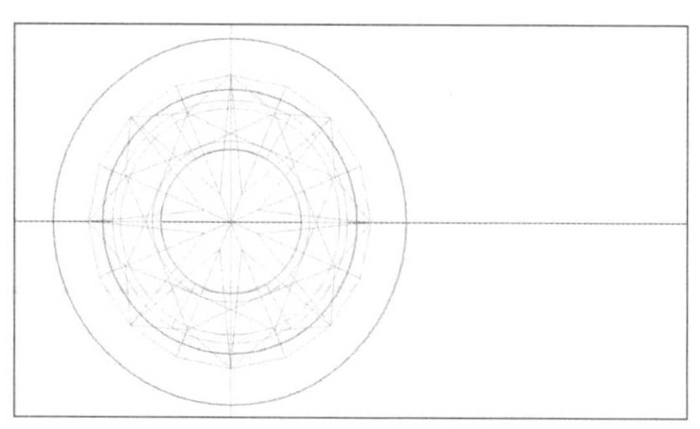

图4-2-105

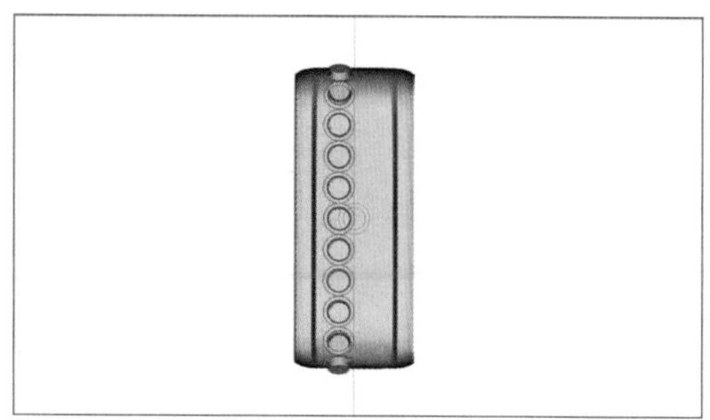

图4-2-106

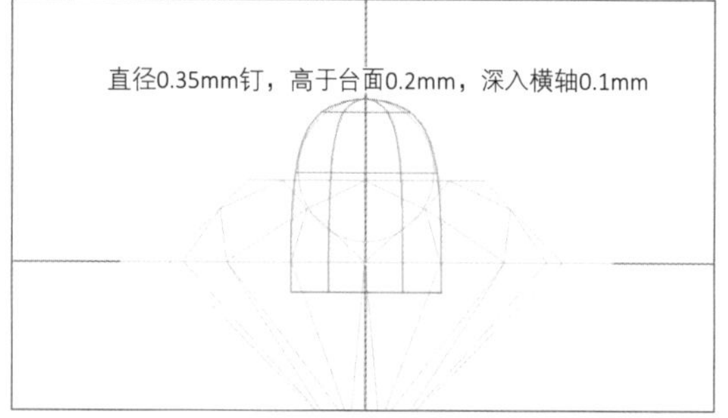

图4-2-107

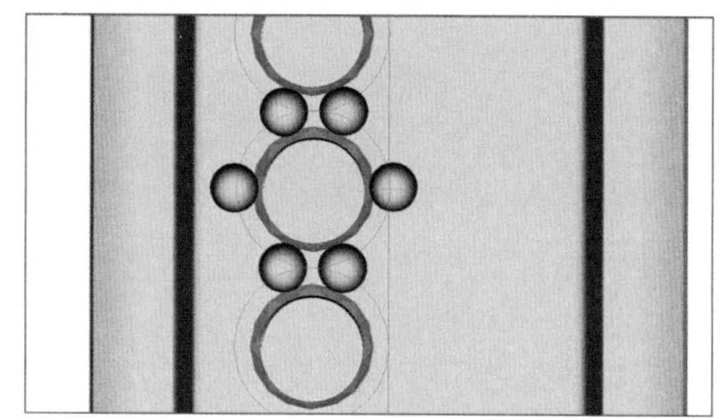

图4-2-108

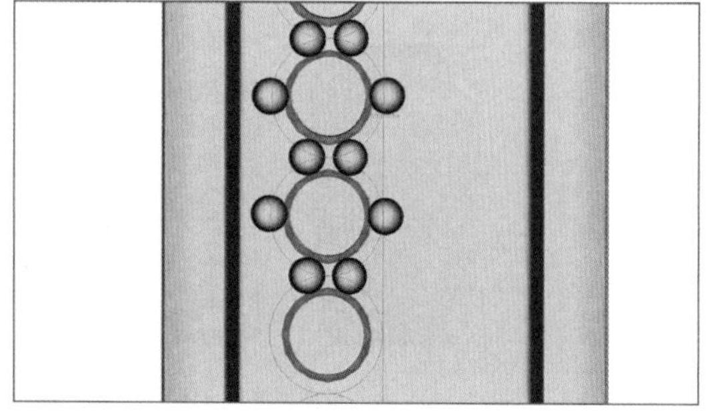

图4-2-109

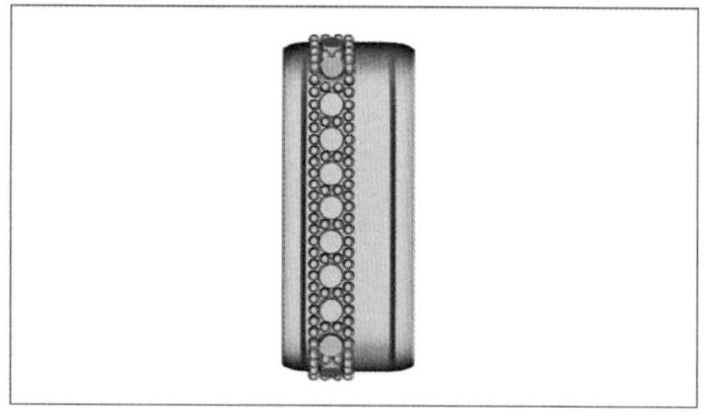

图4-2-110

钉，钉高于台面0.2mm，深入横轴0.1mm。原地复制后进行剪贴，如图4-2-107。

（91）围绕每一粒石，剪贴6粒钉，如图4-2-108至图4-2-110。

（92）剪贴完成后，对称复制及开孔，完成阁镶，如图4-2-111。

（93）展示吊坠及瓜子扣，如图4-2-112。

（94）正视图，生成4mm的圆石，依据石位数据要求并制作包镶口，如图4-2-113。

（95）生成直径2.3mm的圆，使用“管状曲面”工具，圆形切面输入0.8。一般情况下，链接瓜子扣的圈内径最少要1.5mm，圈粗最少0.8mm，如图4-2-114、图4-2-115。

（96）复制圈，并竖直放置在包镶边上，如图4-2-116、图4-2-117。

（97）制作两个直径为2.8mm、厚为0.8mm

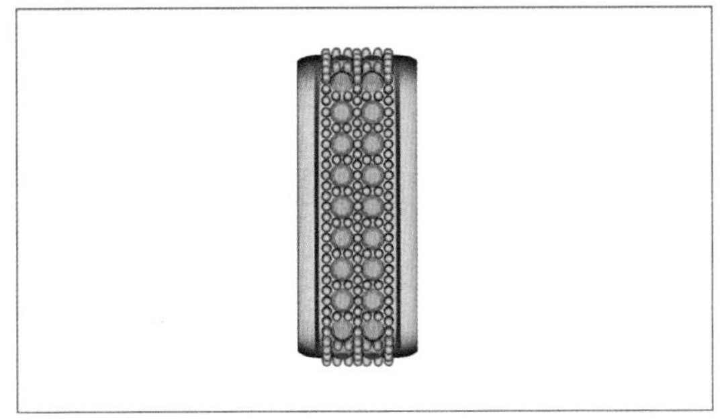

图4-2-111

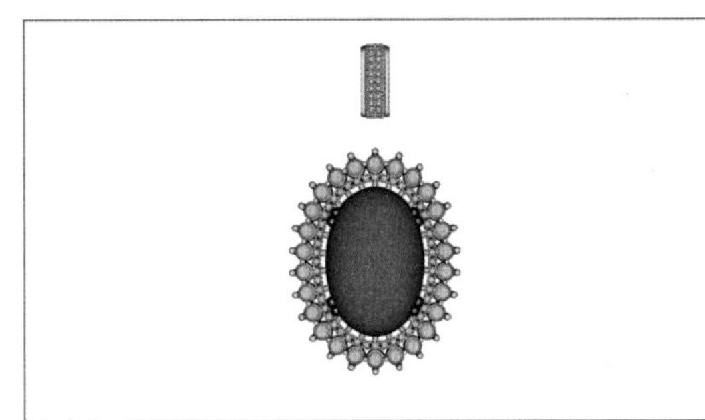

图4-2-112

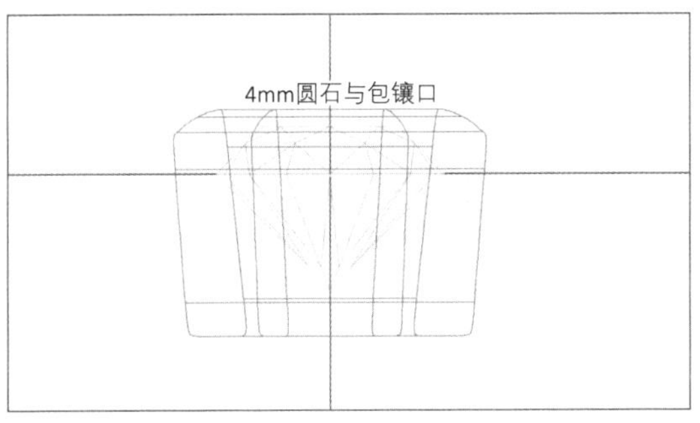

图4-2-113

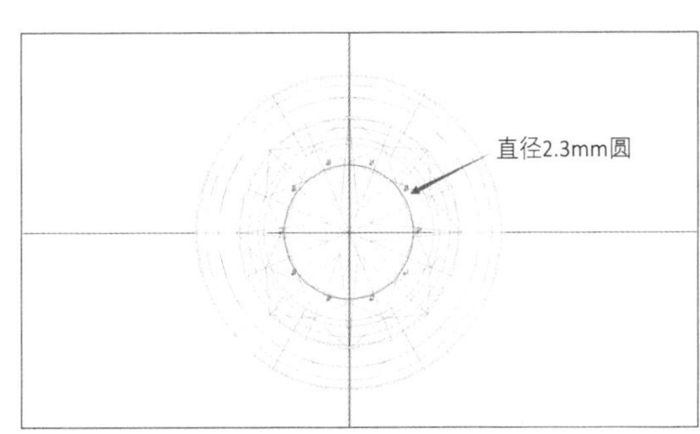

图4-2-114

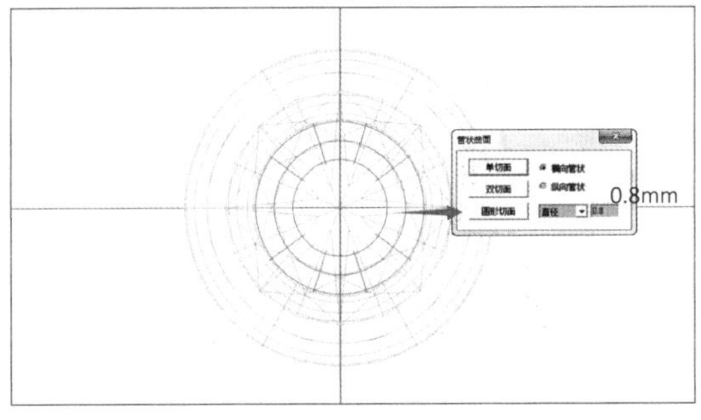

图4-2-115

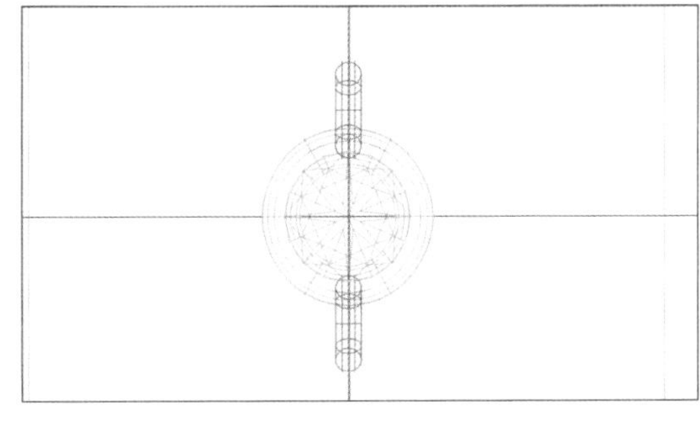

图4-2-116

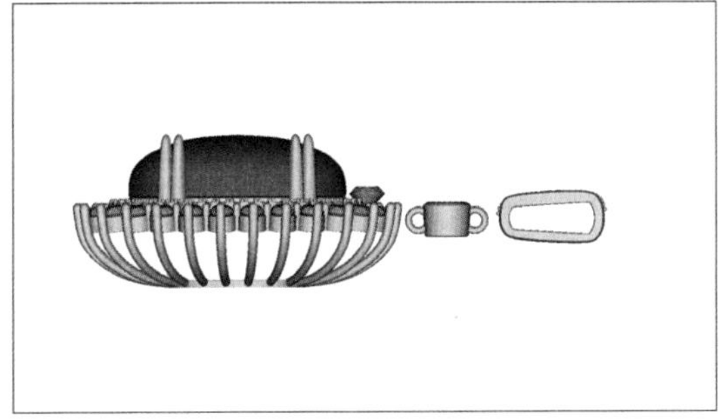

图4-2-117

的圆管，分置于吊坠及瓜子扣处（根据实际情况，连接吊坠主体的圆管可略加大加厚），如图4-2-118。

（98）上视图，制作宽0.1mm的矩形体，移动到吊坠顶端圆管连接处，进行减缺，如图4-2-119、图4-2-120。

（99）同样减缺瓜子扣处圆管，减缺的目

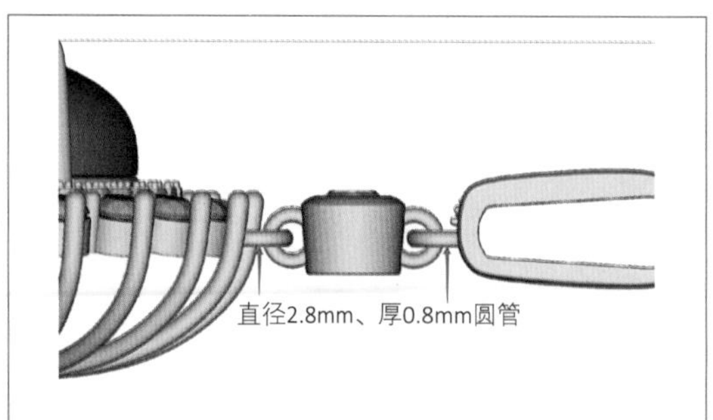

图4-2-118

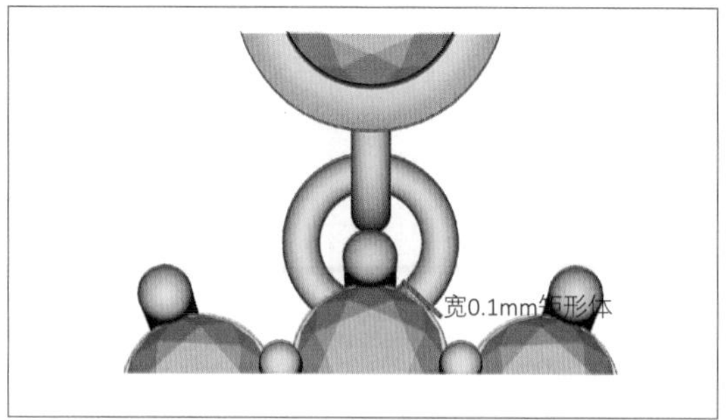

图4-2-119

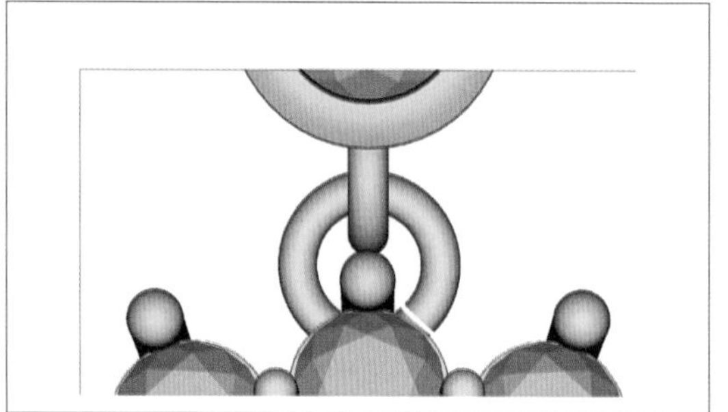

图4-2-120

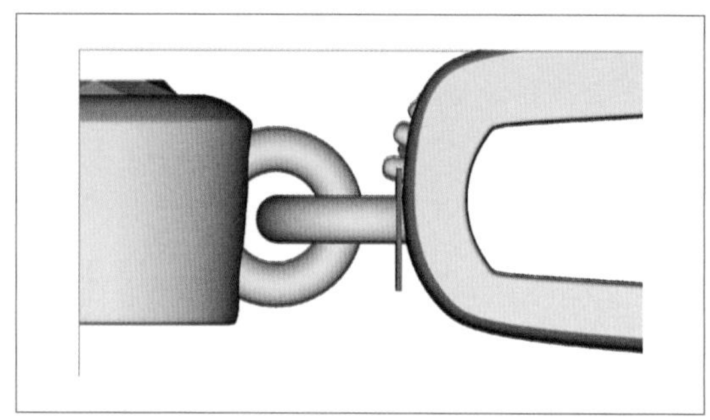

图4-2-121

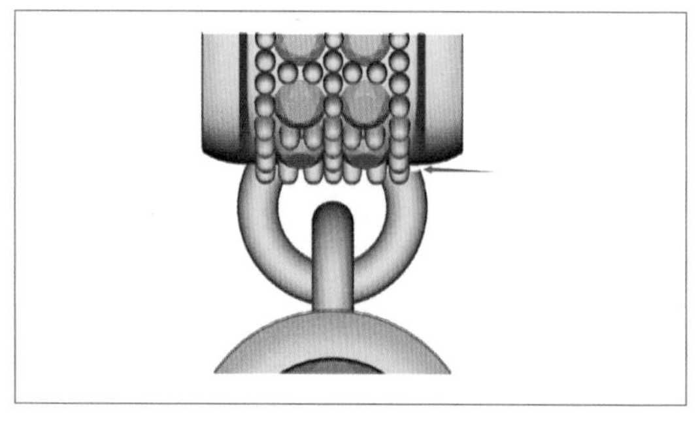

（a）

（b）

图4-2-122

的在于后期生产中无须人工锯断，链接时，直接相扣焊接即可，提高后期生成效率，如图4-2-121、图4-2-122。

（100）虎爪镶口处的全体1.3mm宝石联集后原地复制，分别减去虎爪镶口及主石爪。完成制作后，检查石位无误后，所有石头要可以减位，方便后期执版中提高校对石位的效率，如图4-2-123。

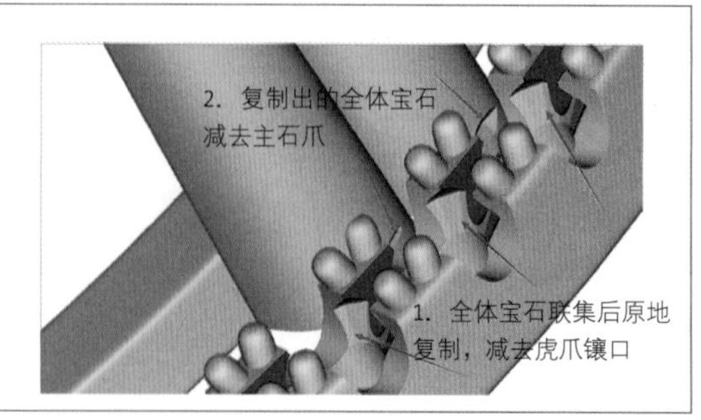

图4-2-123

（101）完成灯笼底主石吊坠制作，如图4-2-124、图4-2-125。

（102）人字形灯笼底制作，返回到步骤（60）。调整曲线起始处0号CV点向左移动，并逐一移动余下CV点，尾部CV点保持不动，调整出弧度。圆球保持与0号CV点同步移动。调整完成后，多角度检查曲线与圆石的距离，确保生产爪后能吃入石。完成后，左右对称复制，如图4-2-126。

（103）直线延伸多复制一组，检查镶口间距及曲线弧度是否到位，如图4-2-127。

（104）调整曲线弧度及镶口间距直至符合要求，如图4-2-128。

（105）使用“管状曲面”工具，圆形切面输入1.2，生成爪，并检查吃石情况，如图4-2-129。

图4-2-124

图4-2-125

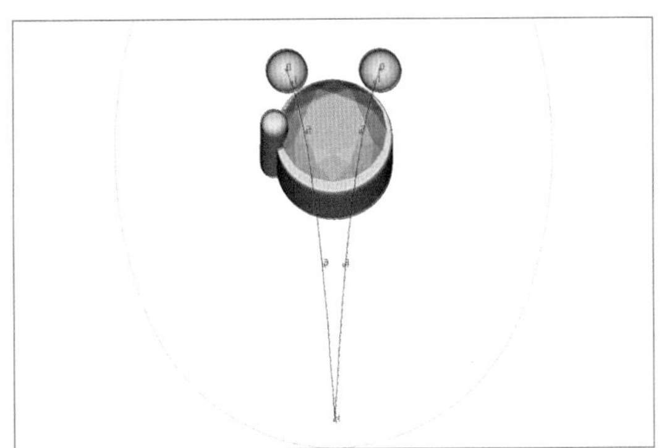

图4-2-126

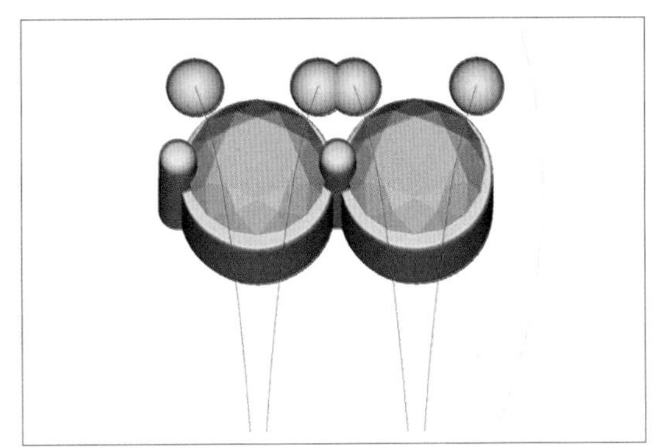

图4-2-127

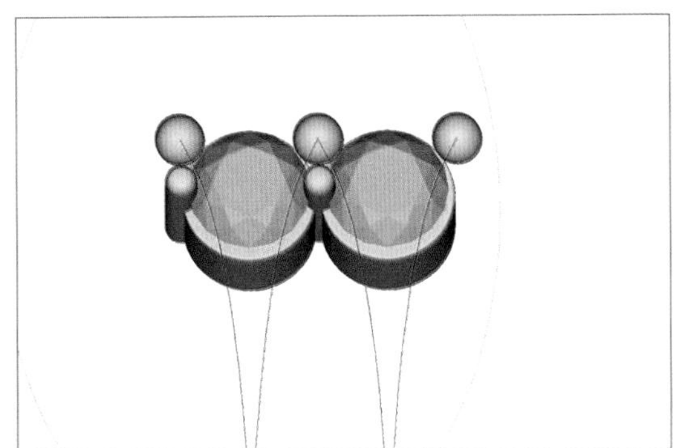

图4-2-128

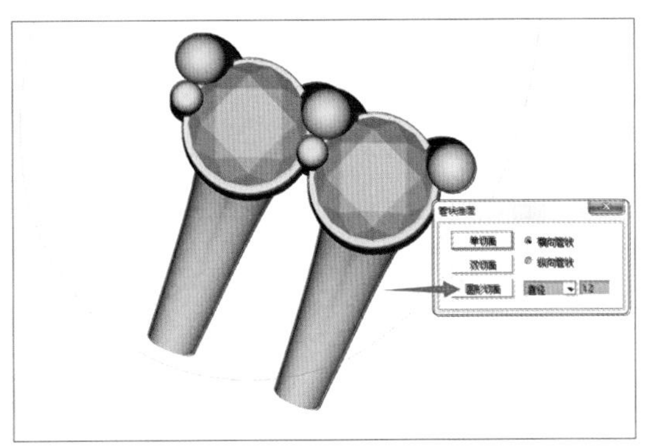

图4-2-129

（106）删除左侧圆球，进行直线复制，如图4-2-130至图4-2-132。

（107）全体物件定义为“不可变形”，之后执行映射命令，如图4-2-133。

（108）删除多余曲线，仅保留1/4曲线，进行调整。调整时注意，由于是人字形灯笼底，与之前的单底不同，此处有一个共用圆球的接触面，而映射时，由于内外弧度长度并不一致，全体曲线的0号CV点均由不同程度的分离，需要调整取齐指向圆球中心，如图4-2-134至图4-2-136。

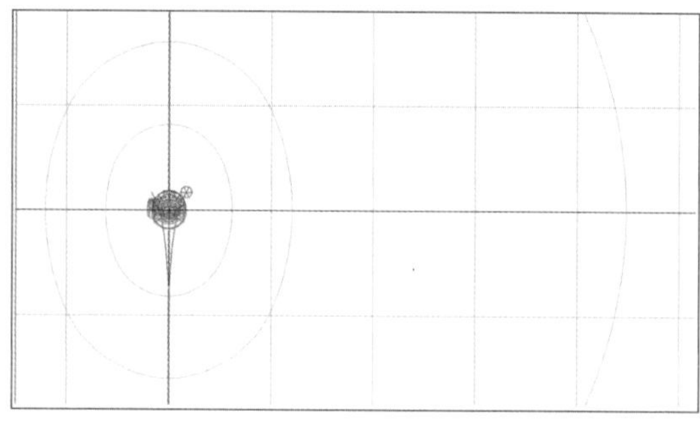

图4-2-130

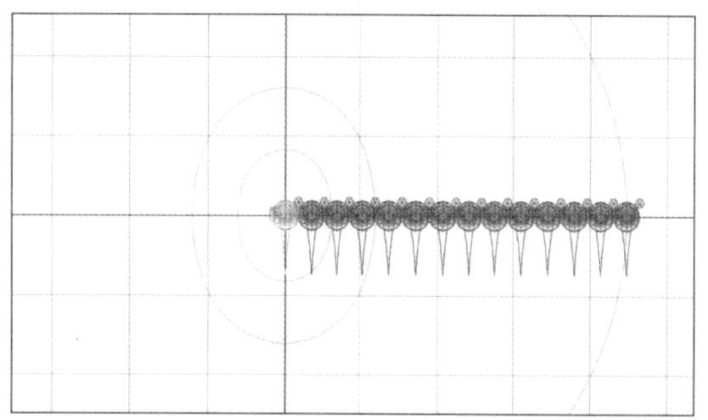

图4-2-131

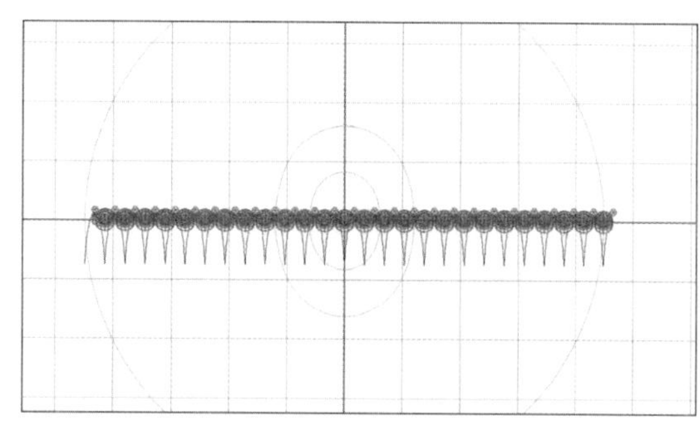

图4-2-132

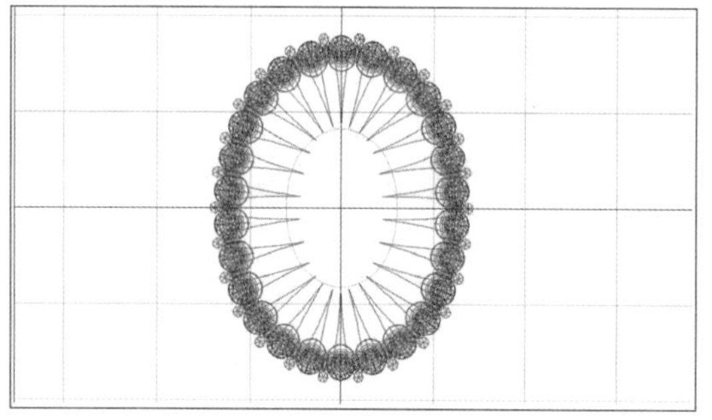

图4-2-133

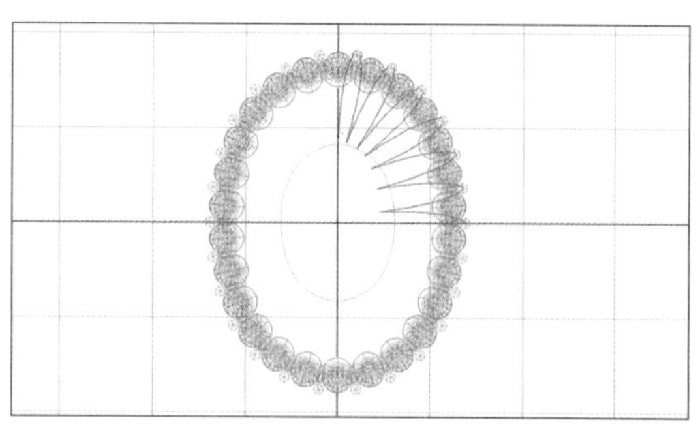

图4-2-134

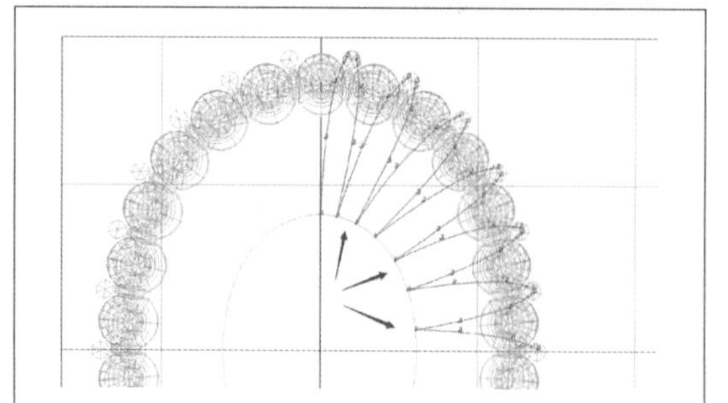

图4-2-135

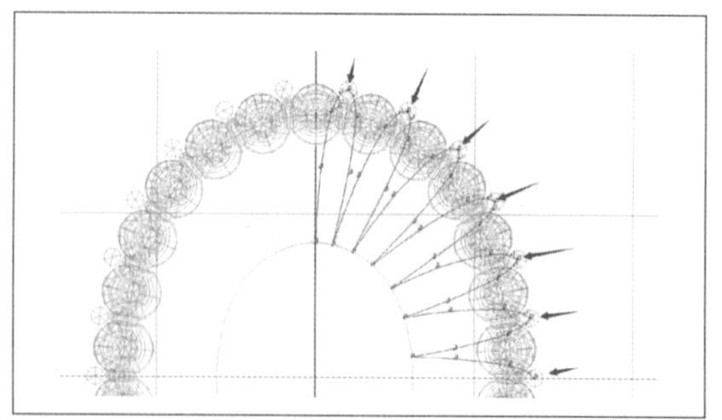

图4-2-136

（109）生成直径0.8、1.2mm的圆，全体曲线执行“管状曲面”命令，生成上宽下窄圆管，如图4-2-137。

（110）上下左右对称复制，并联集，如图4-2-138、图4-2-139。

（111）完成人字型灯笼底吊坠制作，如图4-2-140。

（112）企业生产时，为了提高后期生产效率，对建模提出一些技巧性的结构要求。本案例中的瓜子扣，圈环是与瓜子扣一体完成的，从模型与制作角度均是符合设计造型要求的。但在其他的造型设计中，瓜子扣往往是在后期使用金属圈扣配件相连的。若依然采用本案例的瓜子扣，则需要一个很大直径的金属圈，才能将吊坠与瓜子扣相连，显得造型臃肿难看。在这种情况下，可以技巧性地调整瓜子扣的结构，在瓜子扣底部减缺开位，使之既便于后期小直径的金属圈扣入，又不会因为金属圈过大影响造型的美观，如图4-2-141瓜子扣底部开位。

（113）右视图，生成直径1.2mm的辅助圆，制作高为1.2mm、长度超过瓜子扣厚度的矩形切面，如图4-2-142。

（114）移动矩形切面到瓜子扣底部中间位置，如图4-2-143。

（115）正视图，将矩形切面向右横向移动1.1mm，如图4-2-144。

（116）向右方向直线延伸曲面成实体，如图4-2-145。

（117）左右对称复制后，减去瓜子扣，开出圈扣位，如图4-2-146。

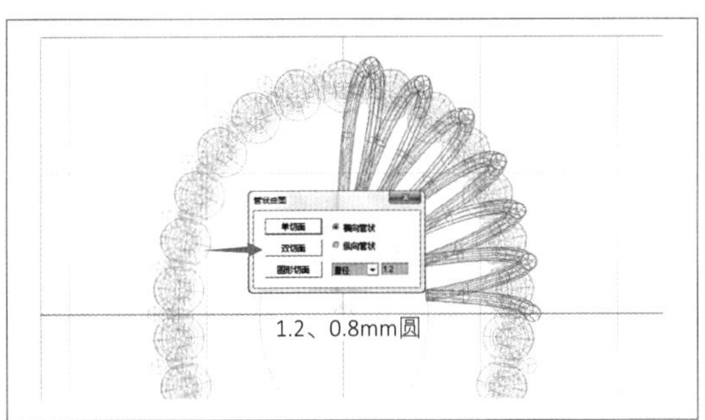

图4-2-137

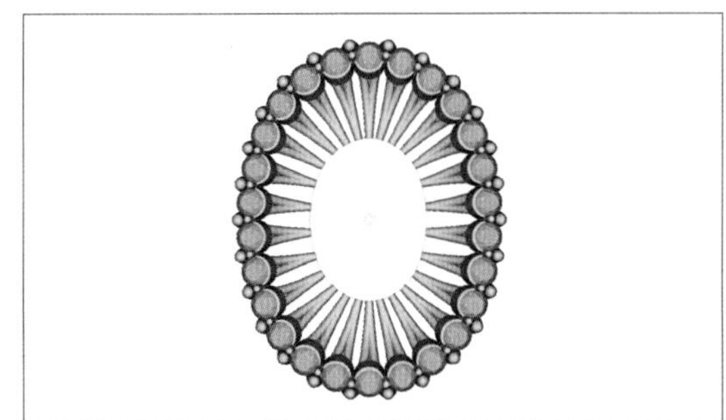
图4-2-138

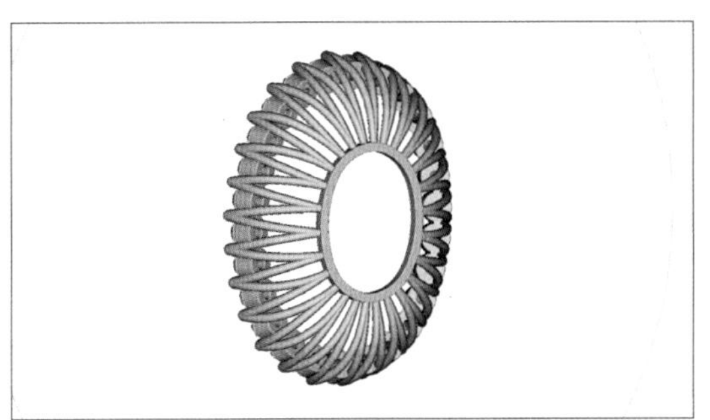
图4-2-139

图4-2-140

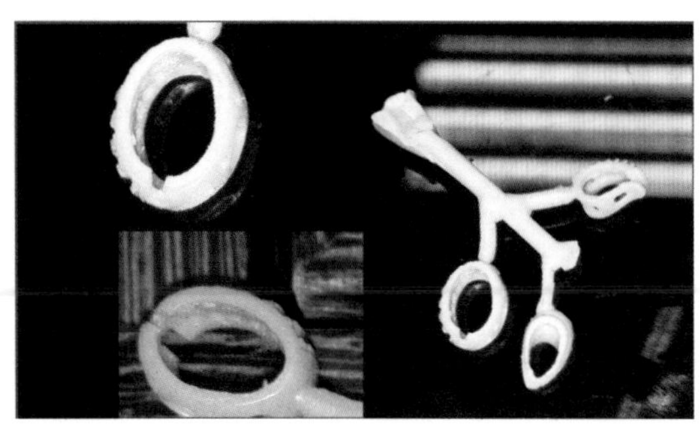
图4-2-141

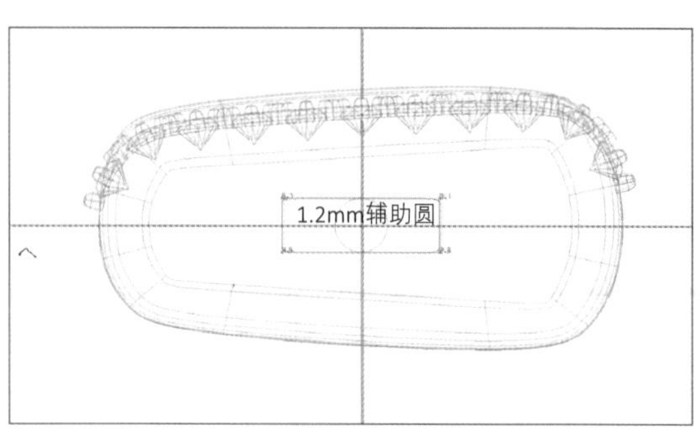

图4-2-142

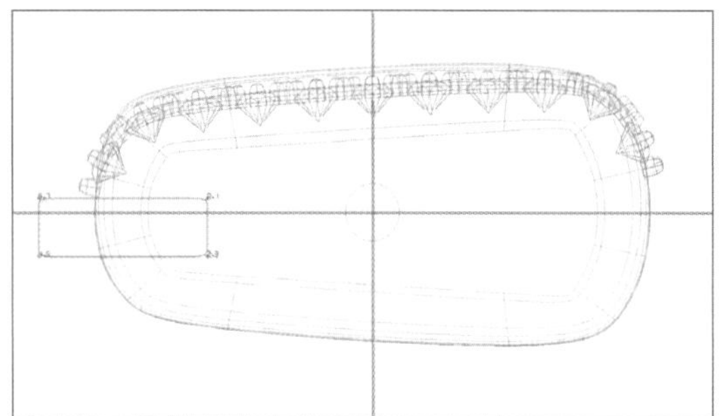
图4-2-143

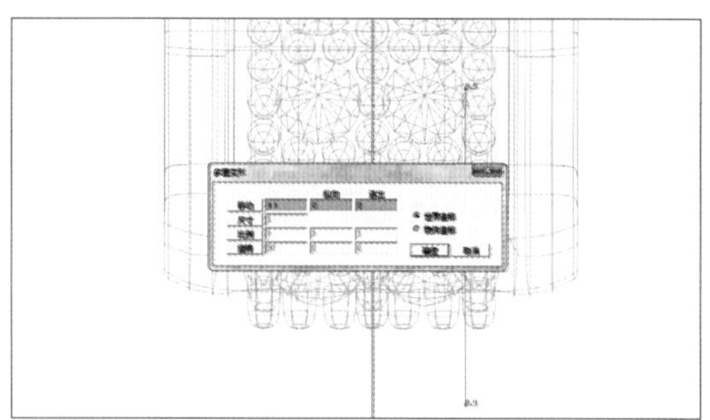
图4-2-144

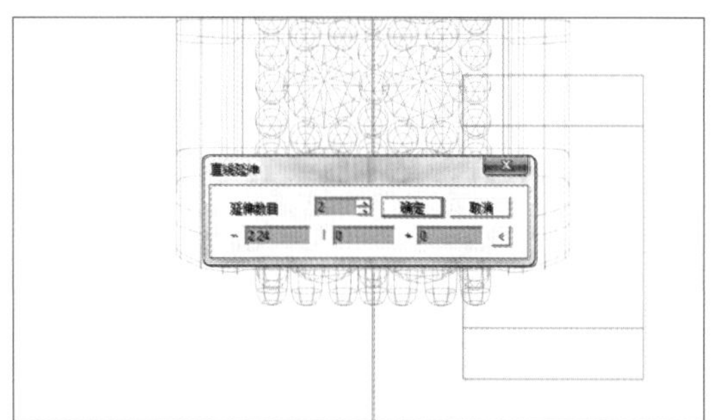
图4-2-145

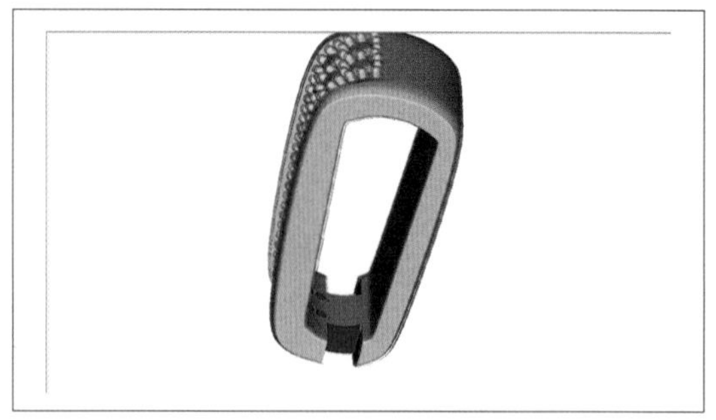
图4-2-146

第三节 "如意"金镶玉吊坠

本案例是单件玉石镶嵌的定制款，是客户为其母亲60大寿定制的礼物，属于建模喷蜡单件出货。客户对材质的要求为18K玫瑰金并轻金，副石镶嵌钻石与蓝宝石，对设计要求为要标明60字样。

金镶玉的制作思路万变不离其宗，主要是对玉石造型进行镶口设计，再加上外围的装饰造型对主石进行烘托。

本案例主要讲解：玉石类不规则石头镶口制作；文字体制作；夹层与纹饰制作的方法；起钉镶镶位制作；起钉镶丝带留边位控制技巧。

制作步骤如下：

（1）游标卡尺测量"如意"玉石长、宽数据。测得其长度为17.2mm，宽度为9.55mm。

（2）上视图，生成直径9.55、17.2mm的辅助圆，再用对称线绘出玉石范围，如图4-3-1、图4-3-2。

（3）使用“检视—背景”命令，浏览选择设计图（由于软件开发限制，软件输入的背景图片仅能够是bmp格式。所以请使用第三方格式转换软件将背景图片格式提前转换，方可使用），使用锁定于视图上。确定后，图片作为背景显示在上视图中。此处玉石图一般情况应该直接使用扫描图或是照片，由于本案例该玉石造型在设计图上绘制得基本准确，故直接采用设计图作为宝石图片使用，如图4-3-3。

（4）使用“对称线”工具贴齐玉石上、下、左、右边缘放置，如图4-3-4。

（5）使用“中间曲线”命令，分别点击上、下、左、右辅助线，生成两条中间曲线，如图4-3-5。

（6）再次使用“背景”命令，点击“图像中心”，背景图像框消失，出现一个“+”字瞄准器，将该瞄准器对准中间曲线交点处按下，背景图像框再次出现，并且在“图像中心”栏目中自动计算出了中心相对位置数据，可直接点击确定完成。删除步骤（4）、（5）多余辅助线，如图4-3-6至图4-3-9。

（7）再次使用“背景”命令，在背景图像框内的图像比例栏目进行重新输入，此步骤需要多次输入数据进行尝试比对，本例中由默认25上调到了42。确定后，完成玉石背景与步骤（2）玉石范围的对齐，如图4-3-10、图4-3-11。

（8）贴合玉石边缘进行曲线描边并闭合，

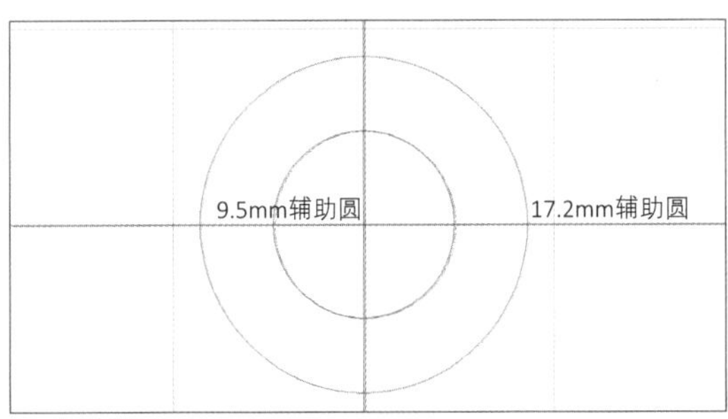

图4-3-1

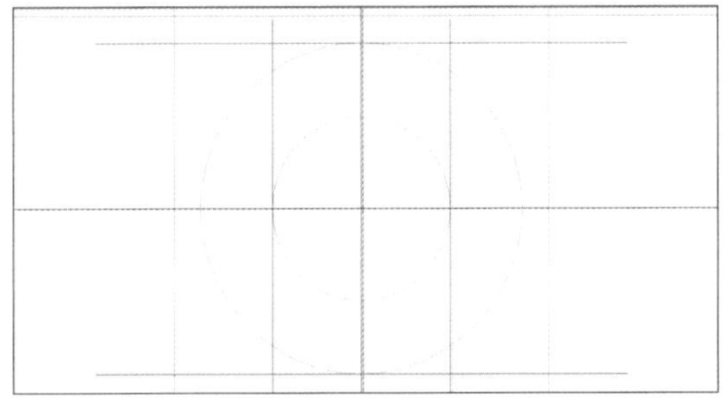

图4-3-2

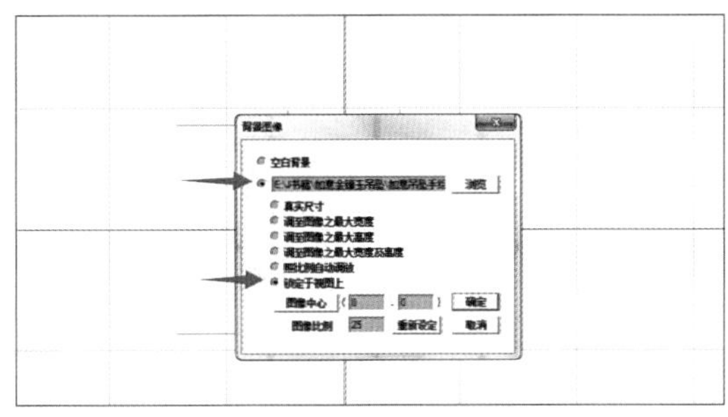

图4-3-3

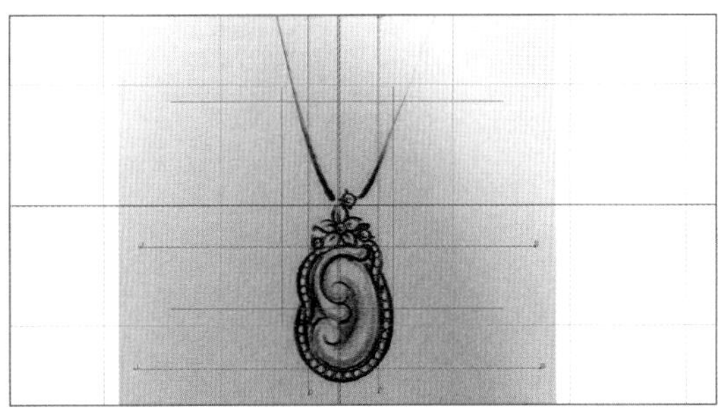

图4-3-4

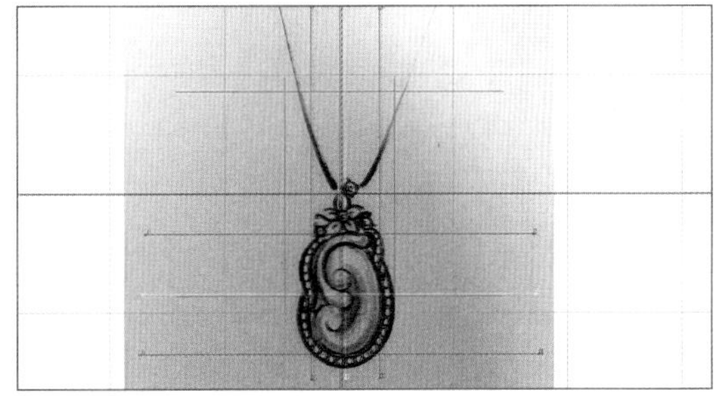

图4-3-5

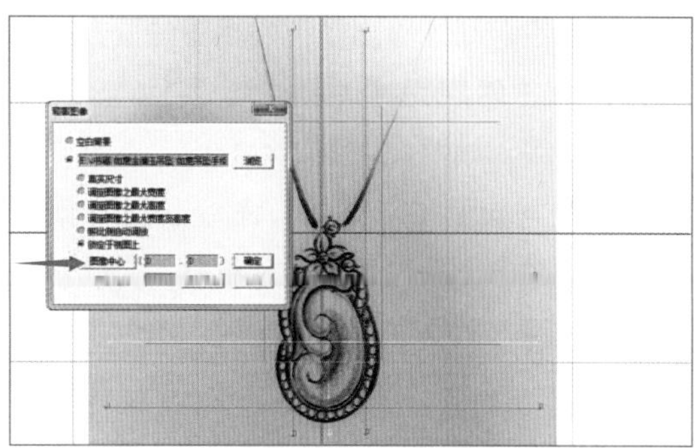

图4-3-6

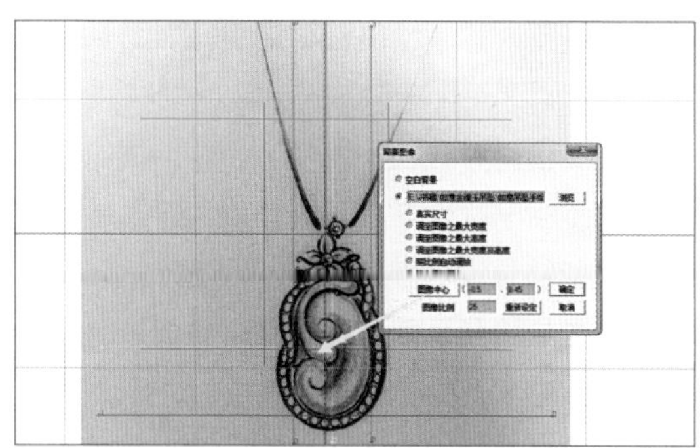

图4-3-7

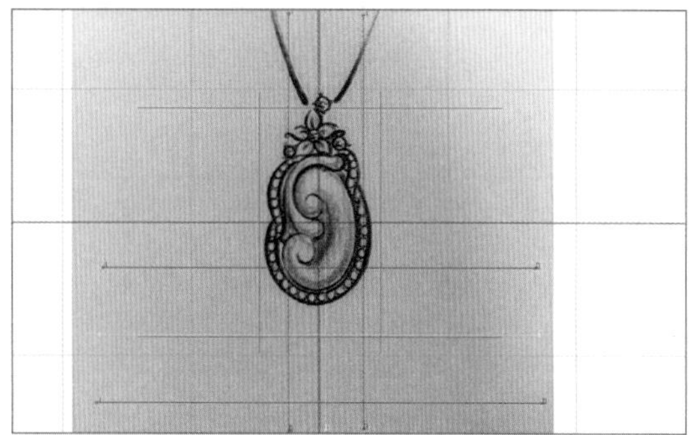

图4-3-8

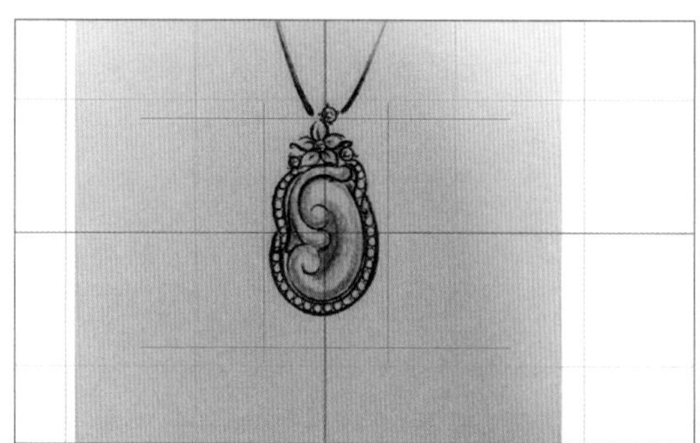

图4-3-9

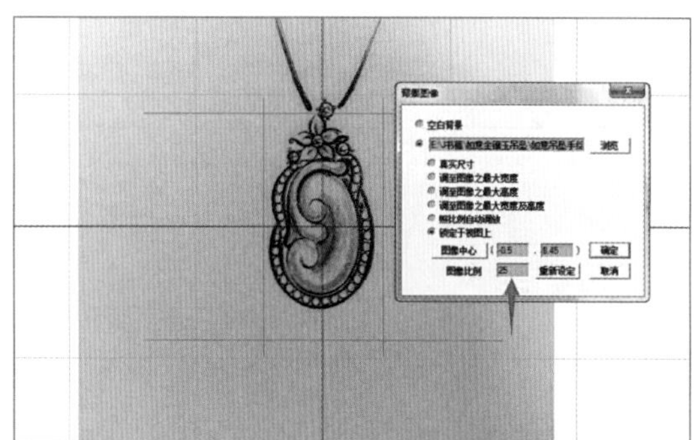

图4-3-10

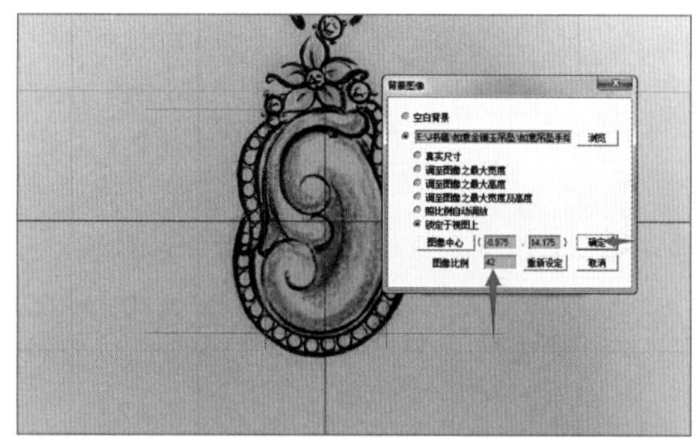

图4-3-11

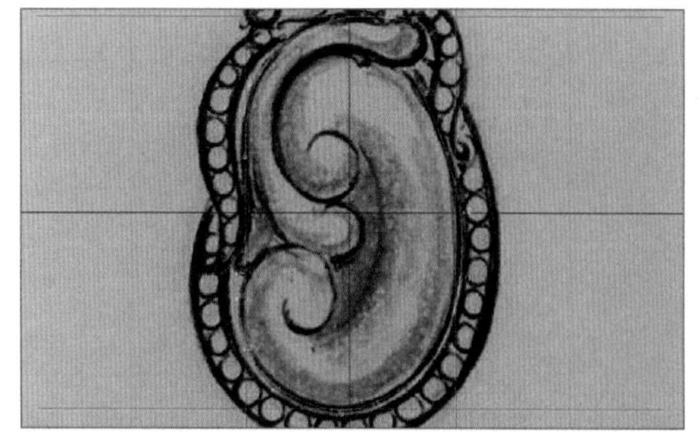

图4-3-12

如图4-3-12。

（9）玉石边缘线向内偏移0.6mm，如图4-3-13。

（10）生成直径0.60、1.37mm的辅助圆，绘制如图4-3-14的切面。

（11）使用“导轨曲面”命令生成镶口，如图4-3-15。

（12）生成直径1.2、3.3mm的辅助圆，绘制爪导轨线，如图4-3-16。

（13）对称导轨线后，使用“左右对称曲线”工具绘制0.7mm的高切面，如图4-3-17。

（14）使用“导轨曲面”命令生成爪，如图4-3-18。

（15）选中顶端全体CV点，使用“尺寸”工具将其压缩回原点，在移动回原处，如图4-3-19、图4-3-20。

（16）上视图，将爪旋转、移动到镶口适合位置，如图4-3-21。

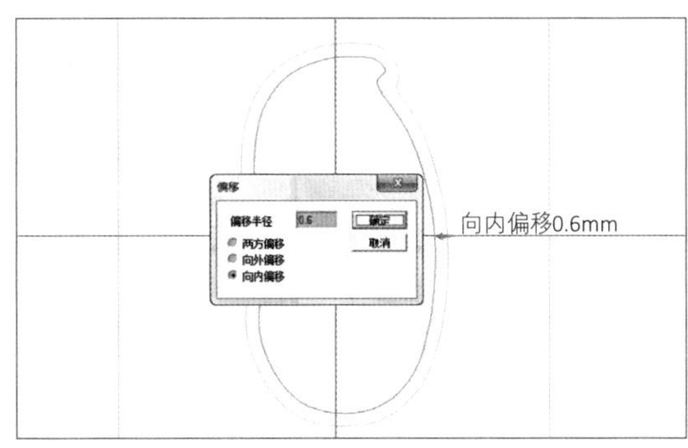

图4-3-13

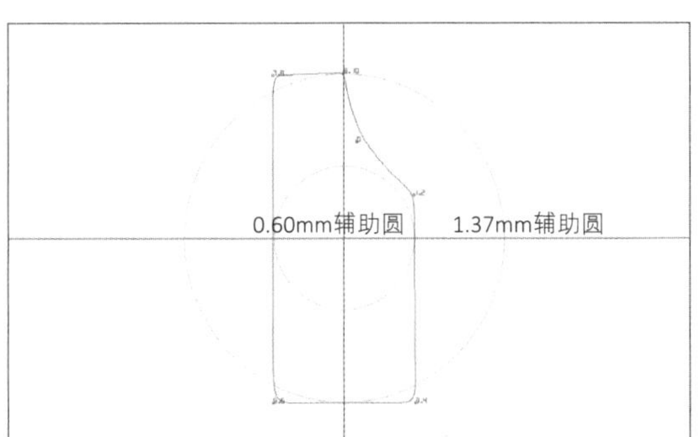

图4-3-14

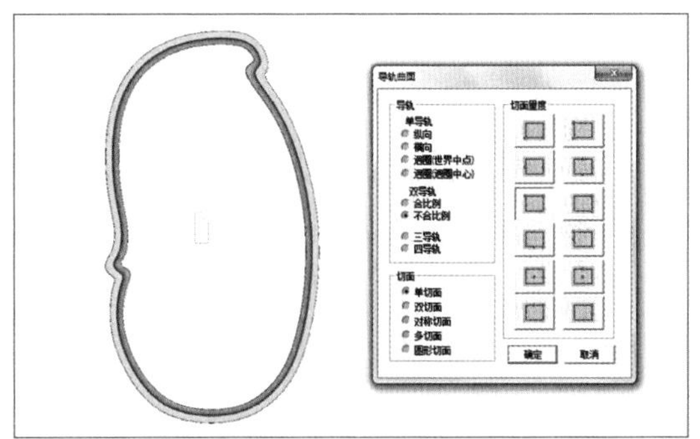

图4-3-15

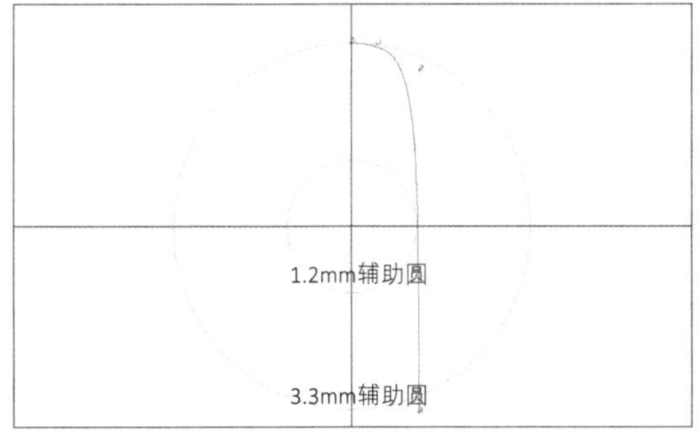

图4-3-16

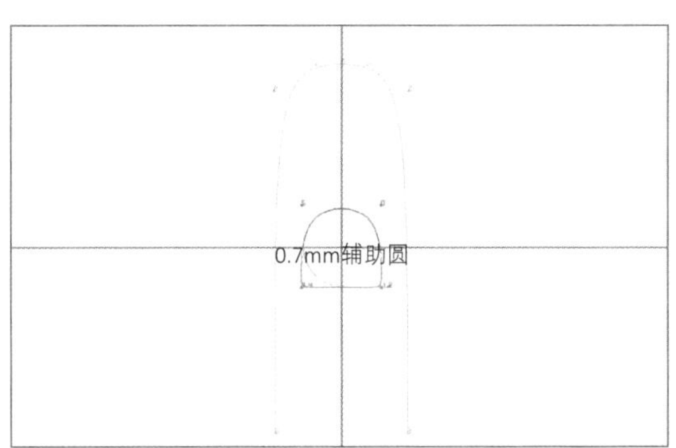

图4-3-17

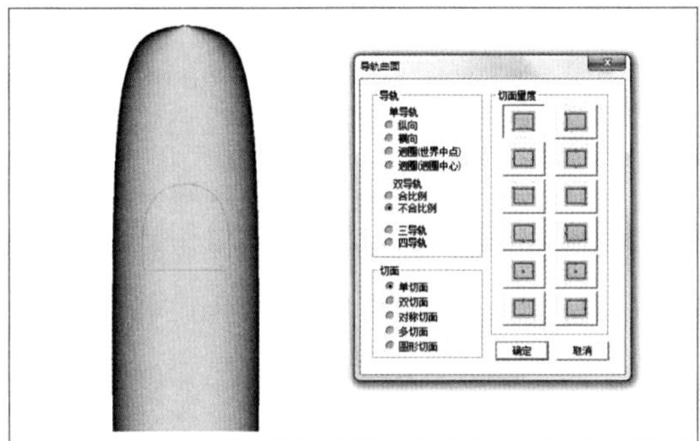

图4-3-18

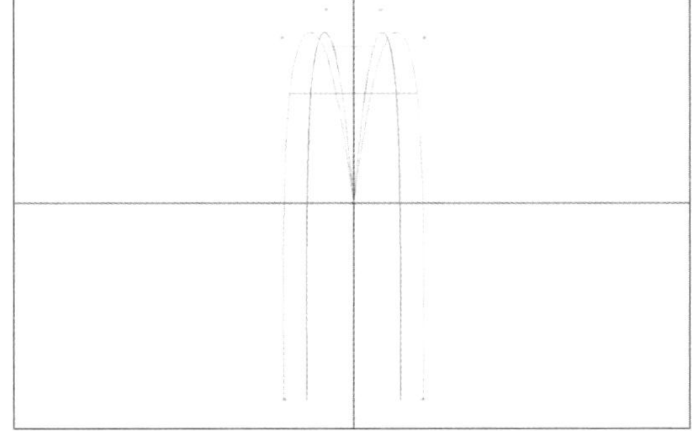

图4-3-19

（17）绘制造型曲线，曲线间距1.3mm（镶1mm圆石+外侧0.2mm执摸留位+内侧0.1mm），如图4-3-22至图4-3-24。

（18）调整造型曲线高低位，如图4-3-25至图4-3-28。

（19）制作0.8mm的正方形切面，使用“导轨曲面”命令逐一生成外围造型实体，如图4-3-29。

（20）确保外围丝带吃入镶口，镶口下部两爪与丝带也应有相交（若不相交需调整），这样镶口拥有4个固定点，不会出现变形情况，如图4-3-30。

（21）上视图，生成直径7.7mm的辅助圆，如图4-3-31。

（22）在辅助圆内绘制花瓣造型曲线，如图4-3-32、图4-3-33。

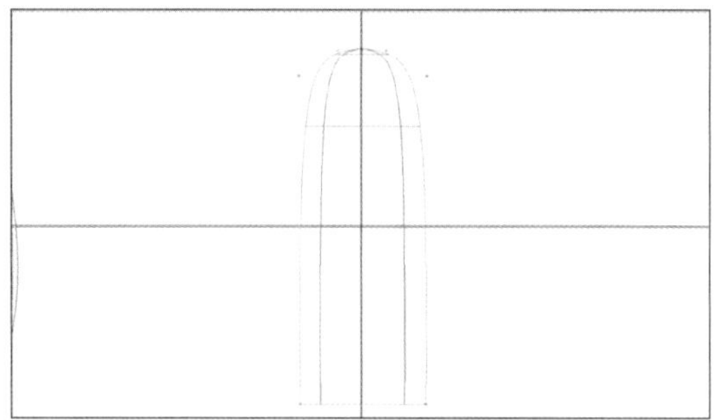

图4-3-20

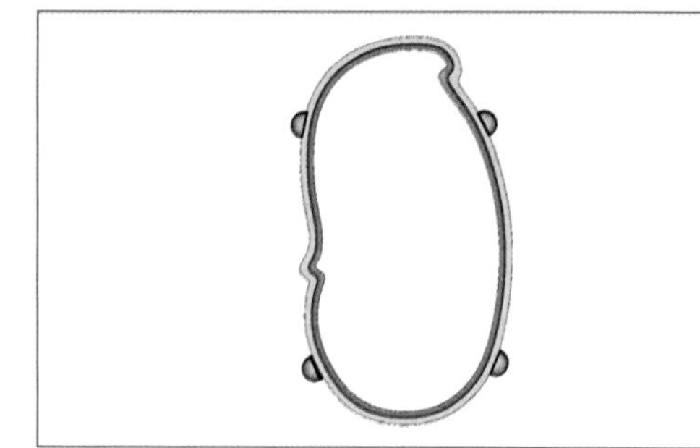

图4-3-21

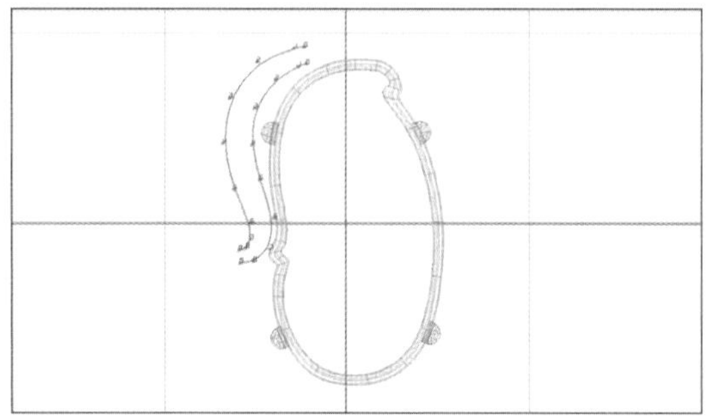

图4-3-22

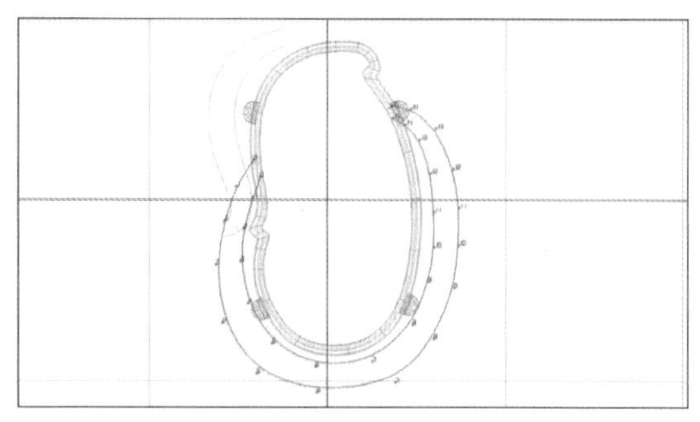

图4-3-23

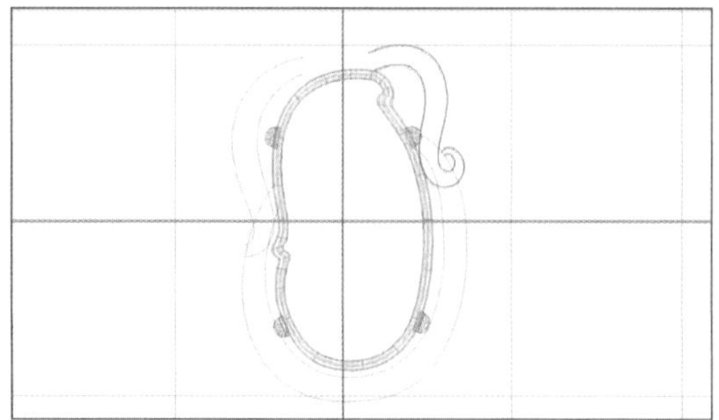

图4-3-24

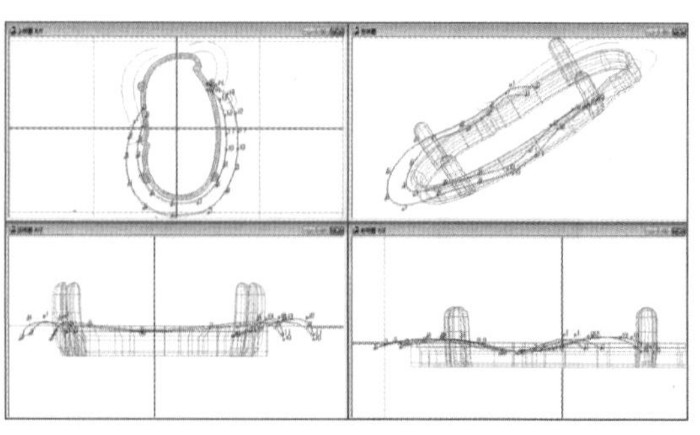

图4-3-25

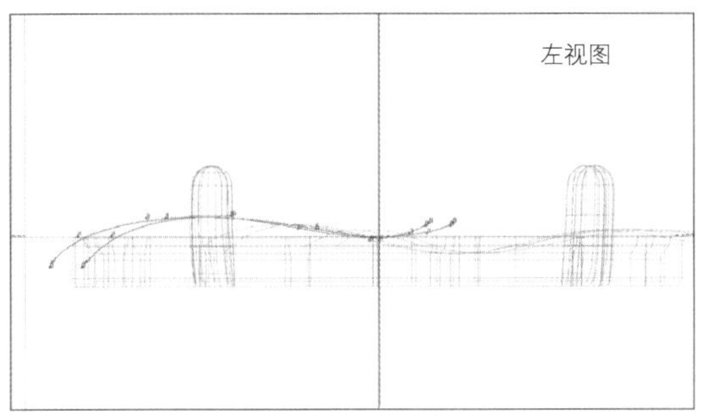

图4-3-26

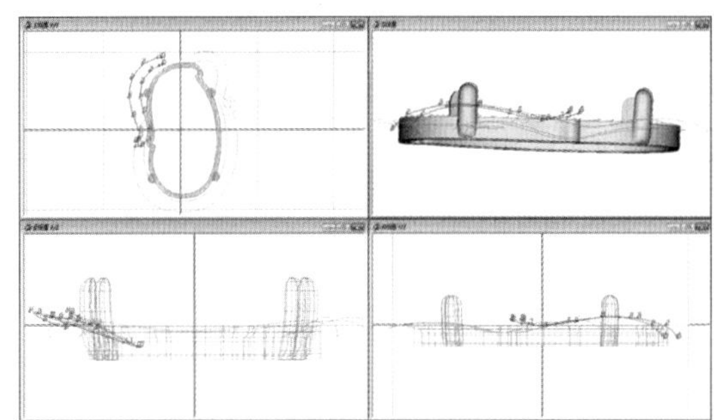

图4-3-27

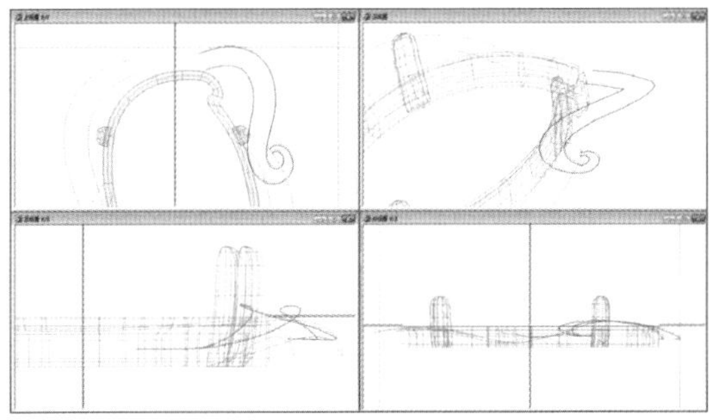

图4-3-28

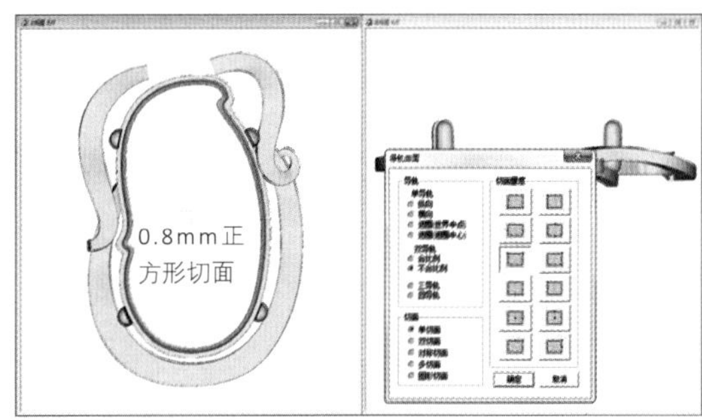

图4-3-29

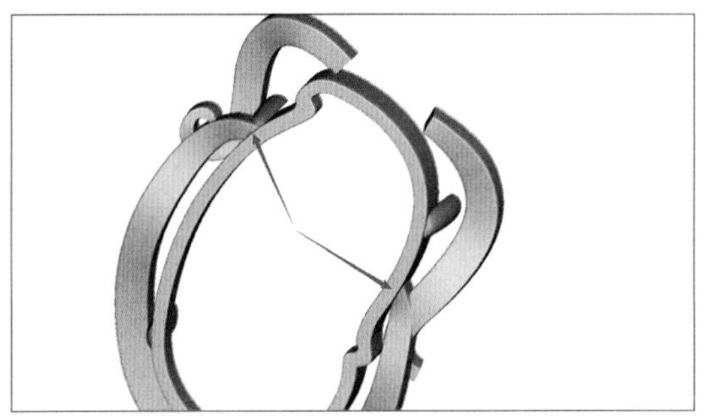

图4-3-30

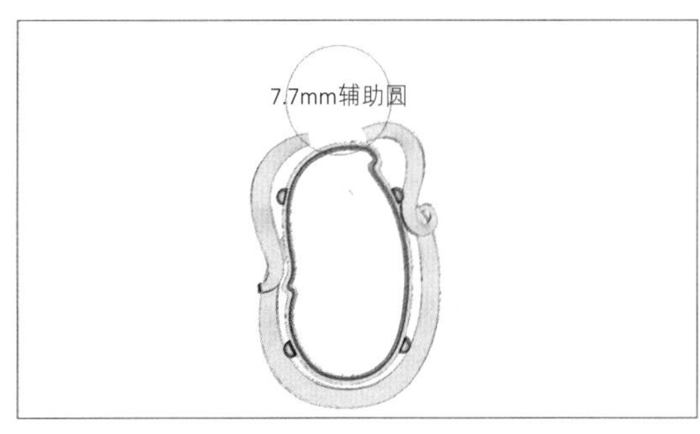

图4-3-31

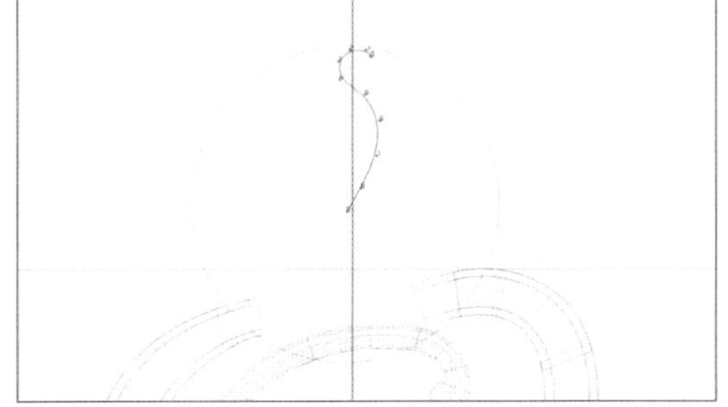

图4-3-32

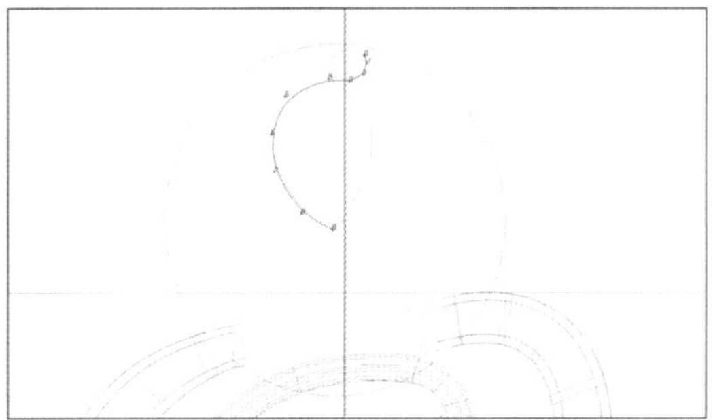

图4-3-33

（23）右视图，逐一拖动左、右曲线CV点，调整出高低层次，如图4-3-34、图4-3-35。

（24）上视图，使用“左右对称线”工具绘制如图4-3-36的切面，切面平均高度为0.6mm。

（25）使用“左右对称线”工具绘制如图4-3-37的切面，此切面CV点数量、位置、长、高、宽均应以上切面为准。

（26）选择“导轨曲面”命令：双导轨、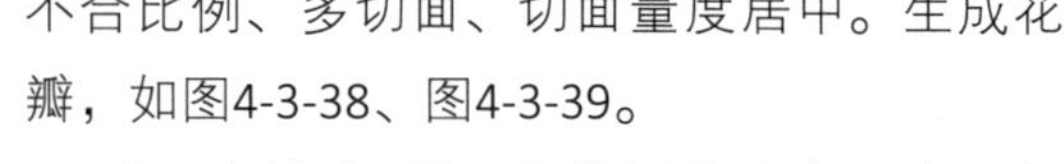不合比例、多切面、切面量度居中。生成花瓣，如图4-3-38、图4-3-39。

（27）选中0号CV点位置和全部CV点，如图4-3-40。

（28）使用“尺寸”工具将CV点压缩回原点，之后移回原处，如图4-3-41、图4-3-42。

（29）沿花瓣凹位绘制一条曲线，如图4-3-43。

（30）右视图，使用“投影”工具将曲线

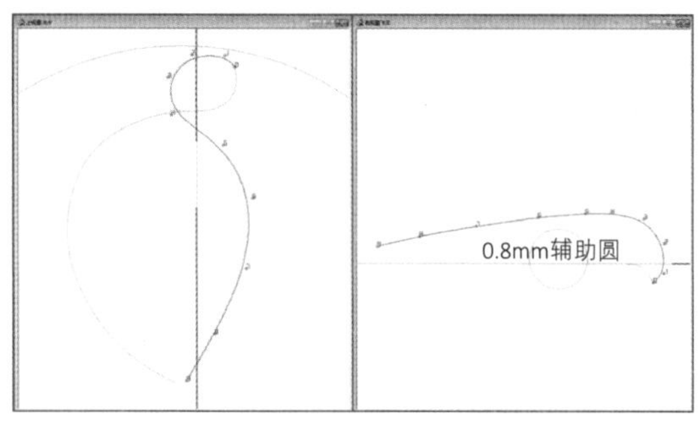

图4-3-34

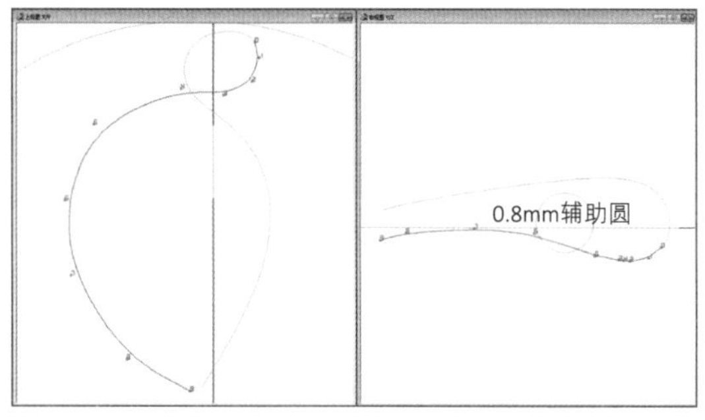

图4-3-35

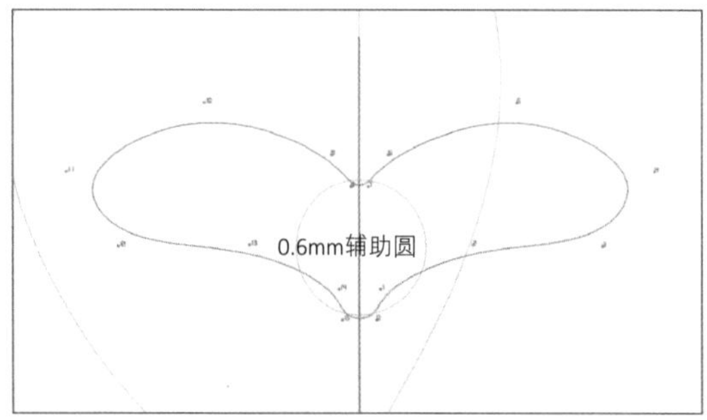

图4-3-36

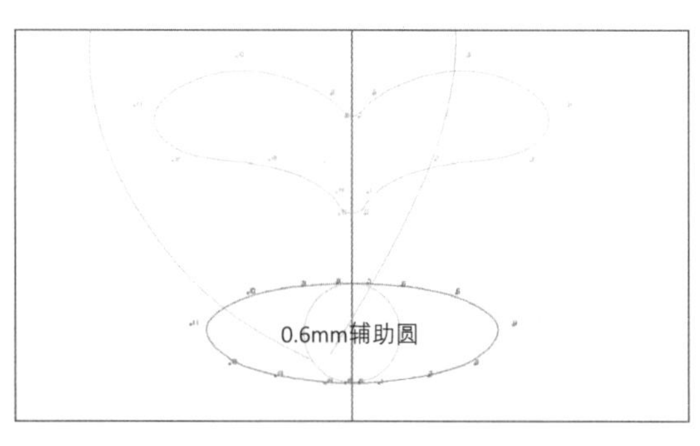

图4-3-37

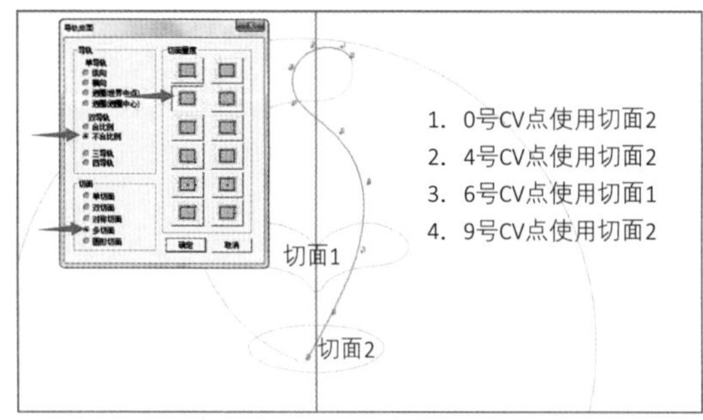

图4-3-38

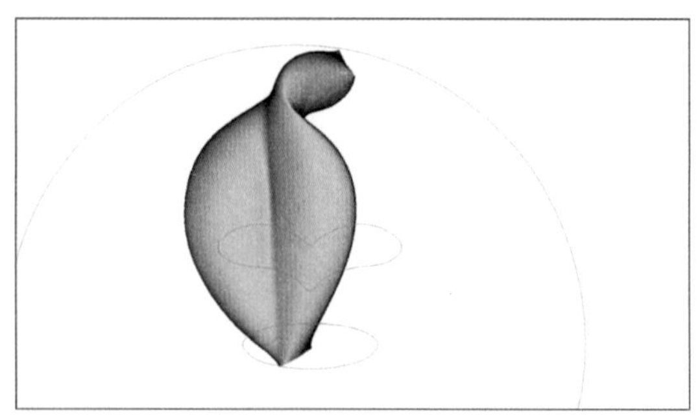
图4-3-39

向上贴到花瓣表面，如图4-3-44。

（31）使用“管状曲面”工具，圆形切面，直径为0.3mm，生成圆管，如图4-3-45。

（32）调整圆管弧度与花瓣走向一致；圆管头、尾端需向下拖动，使之产生渐消效果，如图4-3-46、图4-3-47。

（33）上视图，复制、旋转并移动组合出5瓣，如图4-3-48。

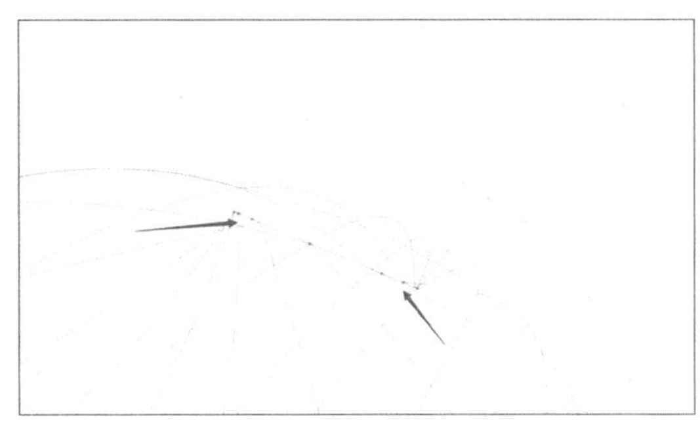

图4-3-40

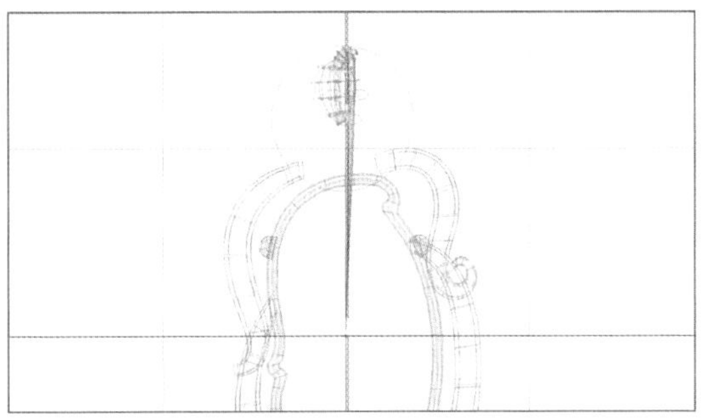

图4-3-41

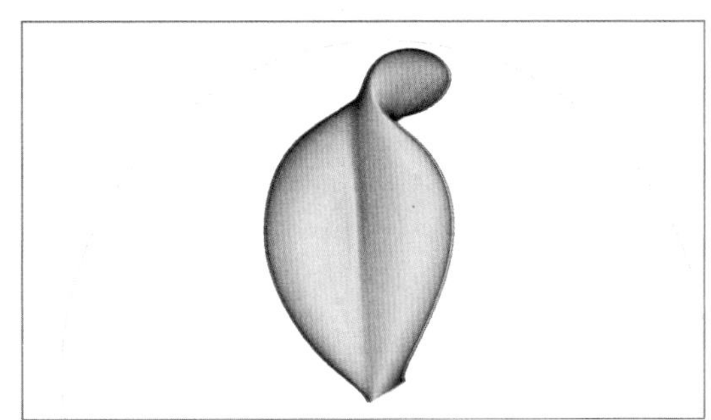

图4-3-42

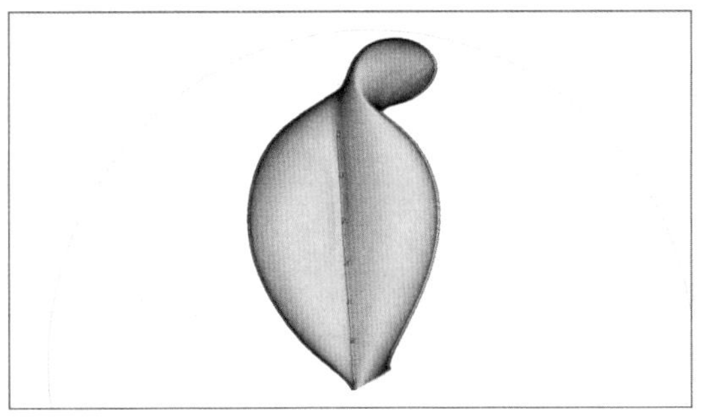

图4-3-43

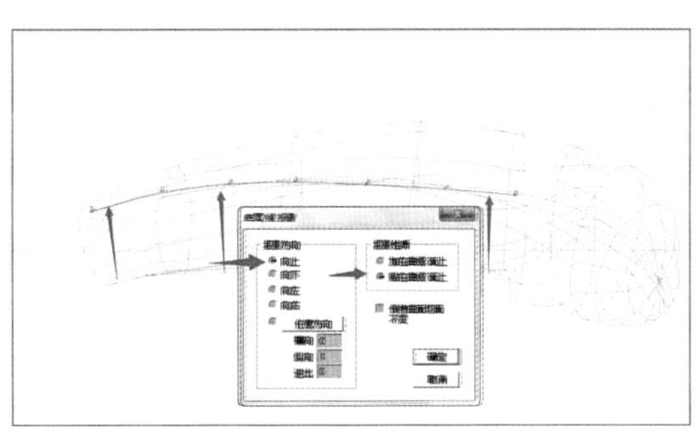

图4-3-44

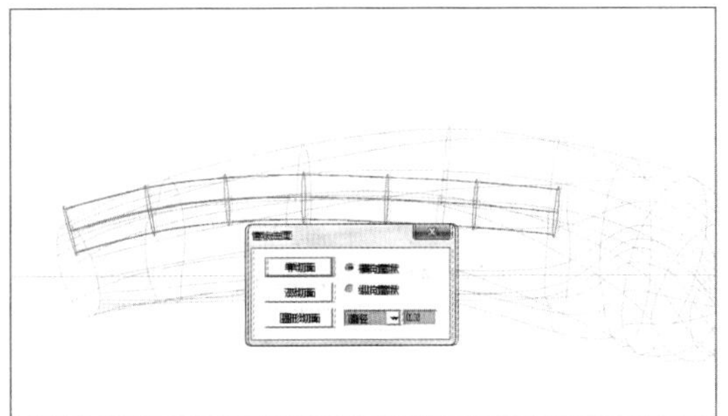

图4-3-45

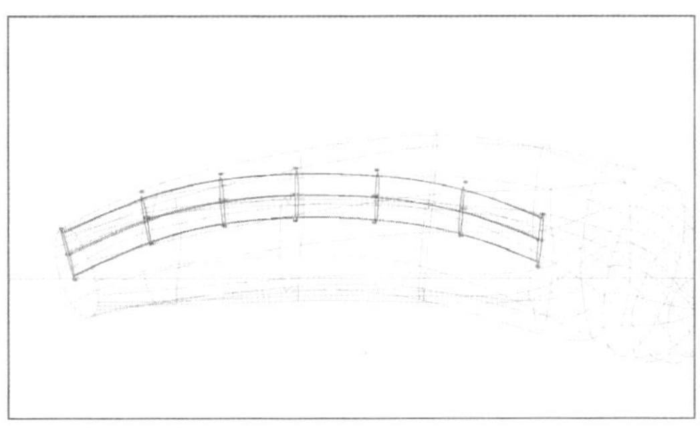

图4-3-46

（34）分别在左、右、上视图中，将花瓣逐一略反转处理，使得花瓣稍稍侧向左侧，造型生动而不呆板，如图4-3-49、图4-3-50。

（35）生成2.0mm的圆石，制作镶口及直径为0.8mm的爪，如图4-3-51。

（36）制作开孔圆柱，打穿花瓣体，如图4-3-52。

（37）调整并移动花瓣体，和丝带体两端相交，如图4-3-53、图4-3-54。

（38）上视图，沿丝带外缘绘制闭合曲线，如图4-3-55。

（39）向内偏移0.2mm，删除原曲线，如图4-3-56。

（40）再次向内偏移0.8mm，如图4-3-57。

（41）制作0.8mm高的矩形，使用“导轨曲面”命令生成底片，如图4-3-58。

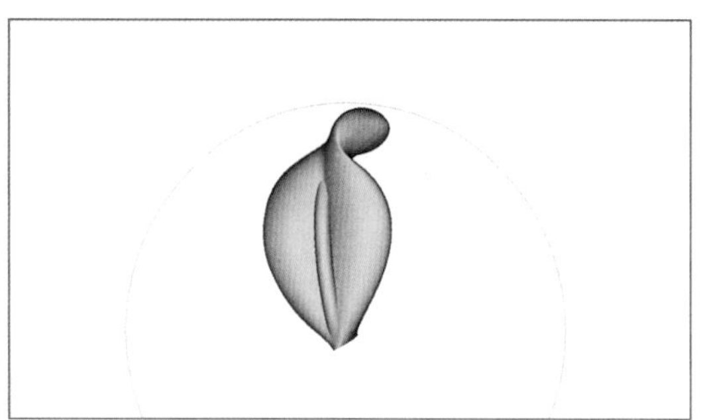

图4-3-47

图4-3-48

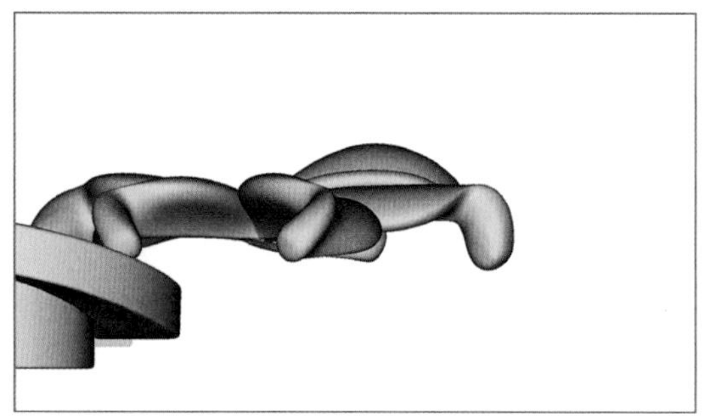

图4-3-49

图4-3-50

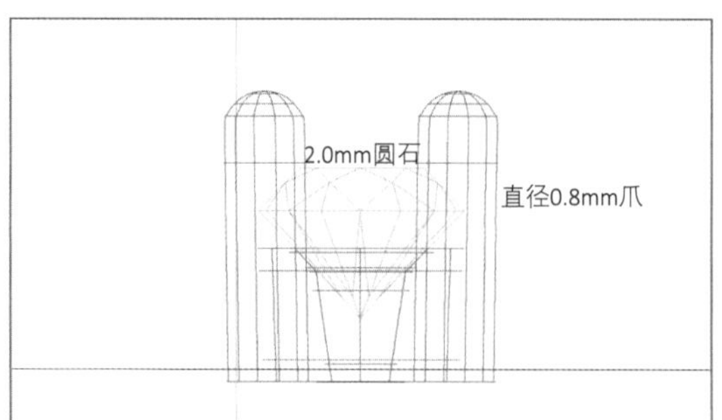

图4-3-51

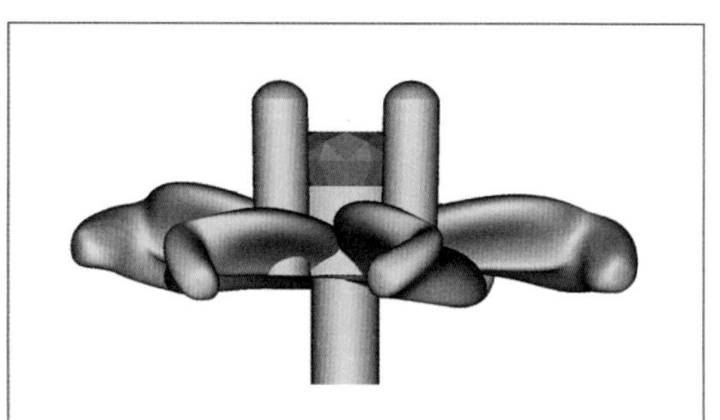

图4-3-52

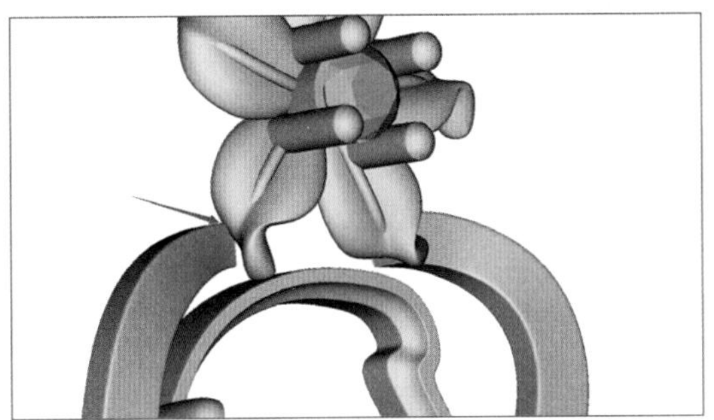

图4-3-53

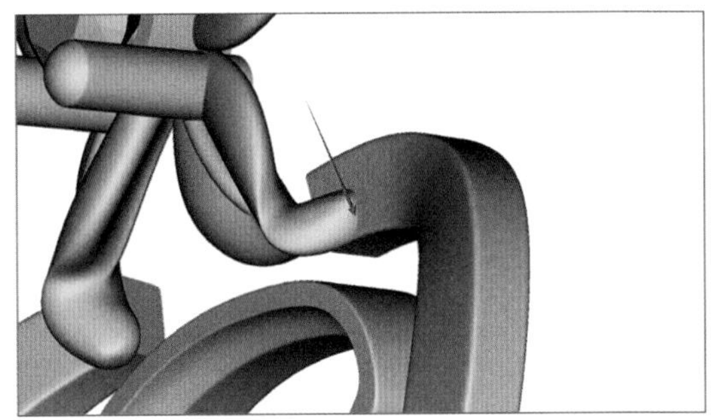

图4-3-54

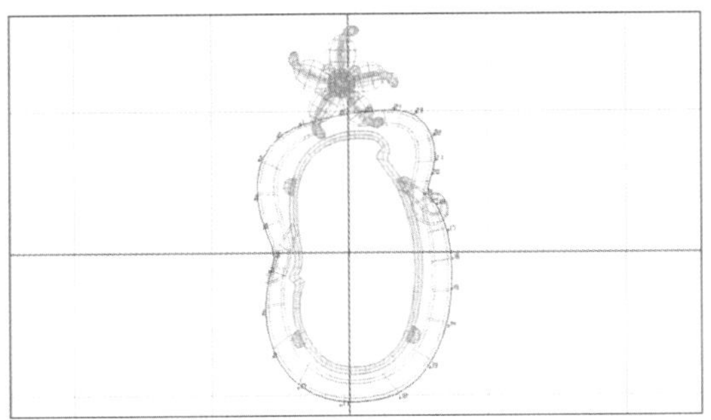

图4-3-55

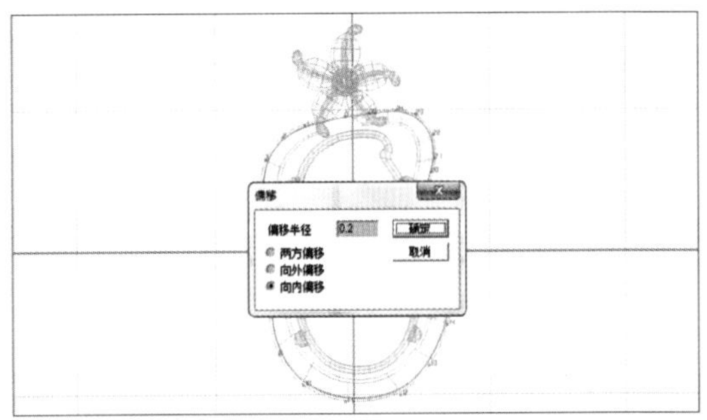

图4-3-56

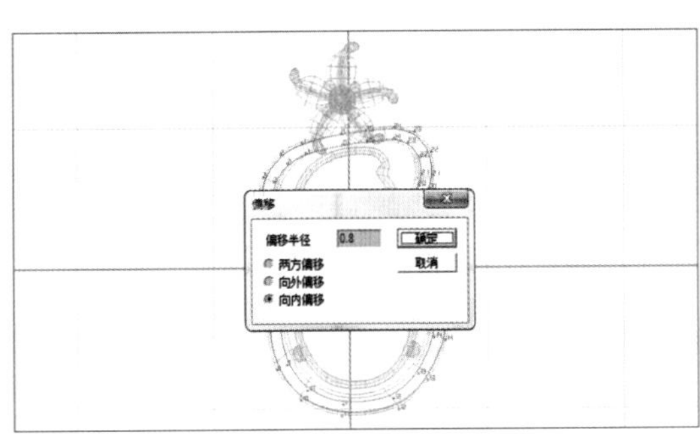
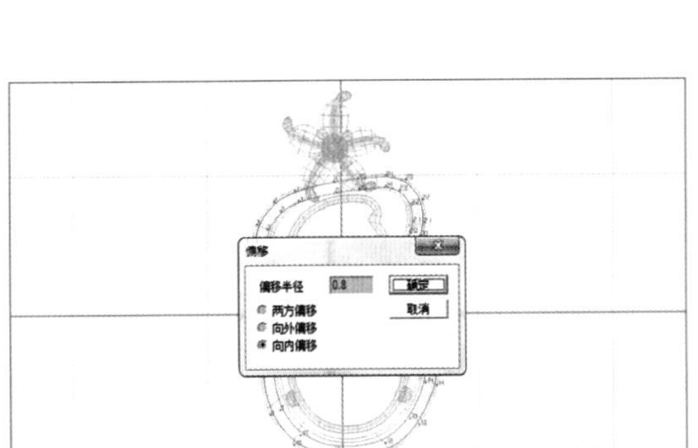

图4-3-57

（42）使用“杂项—文字”命令，生成“60”字体，如图4-3-59。

（43）首饰上进行文字或图案标记，首选后期激光标记处理，具体参见第三章第三节第九章第一节。

（44）制作高0.6mm的矩形切面，使用“导轨曲面”命令生成“6”的字体，如图4-3-60、图4-3-61。

图4-3-58

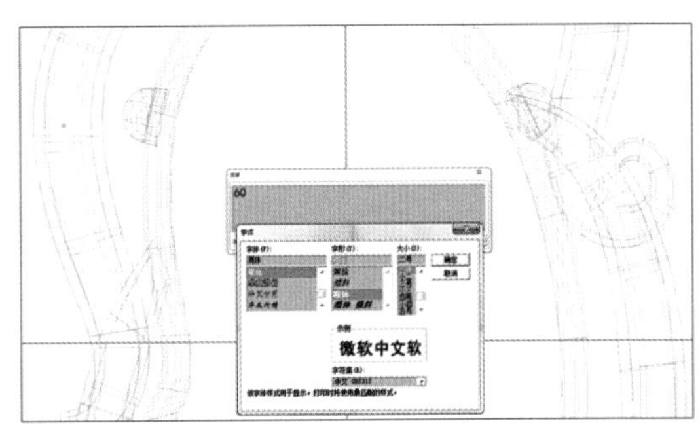

图4-3-59

（45）使用“上下左右对称线”工具制作与6字体等高椭圆形，如图4-3-62。

（46）增加曲线控制点两倍，如图4-3-63。

（47）向内偏移0.6mm，如图4-3-64。

（48）使用高0.6mm的矩形切面，使用“导轨曲面”命令生成“0”字体，如图4-3-65。

（49）完成“60”字体制作，如图4-3-66。

（50）正视图，移动“60”到丝带底部，由此确定底片位置，如图4-3-67。

（51）右视图，原地复制底片，将复制出的底片CV点上移，拉高底片。隐藏除字体外的全部物件，如图4-3-68、图4-3-69。

（52）上视图，将字体下移近高底片，如图4-3-70。

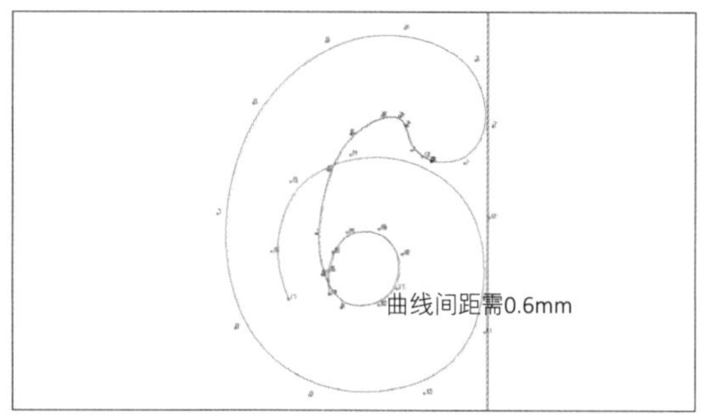

图4-3-60

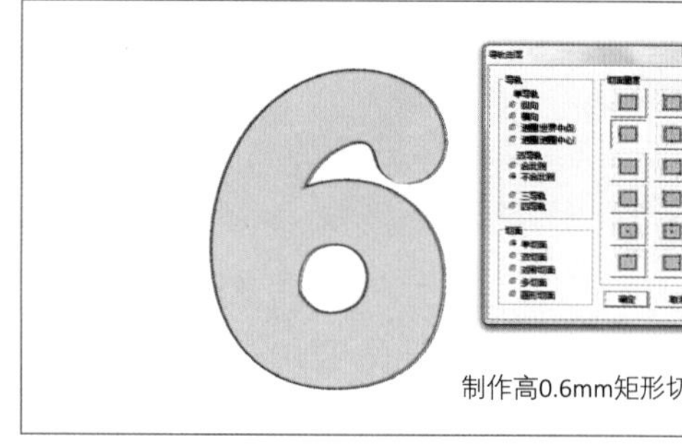

图4-3-61

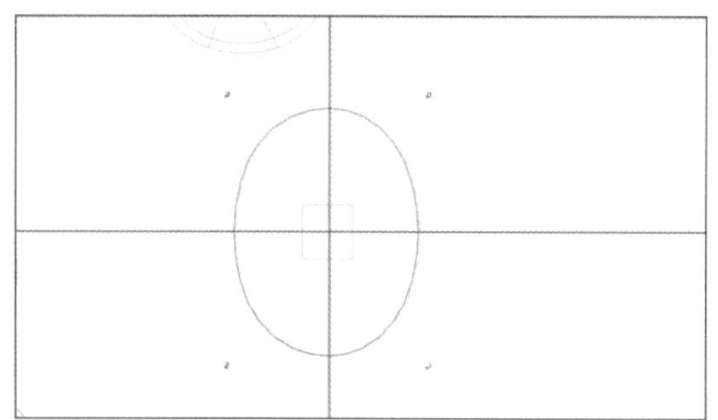

图4-3-62

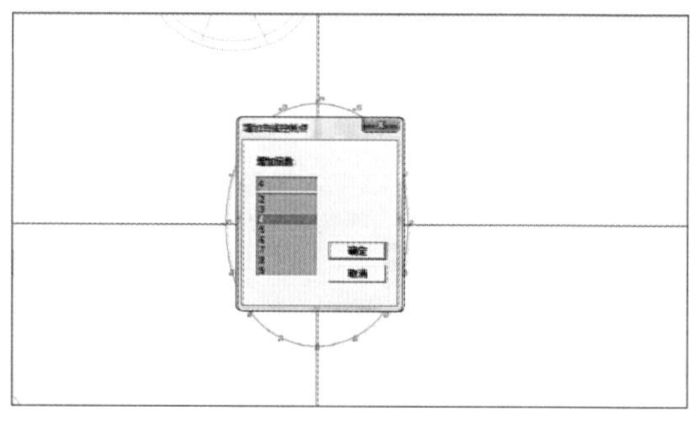

图4-3-63

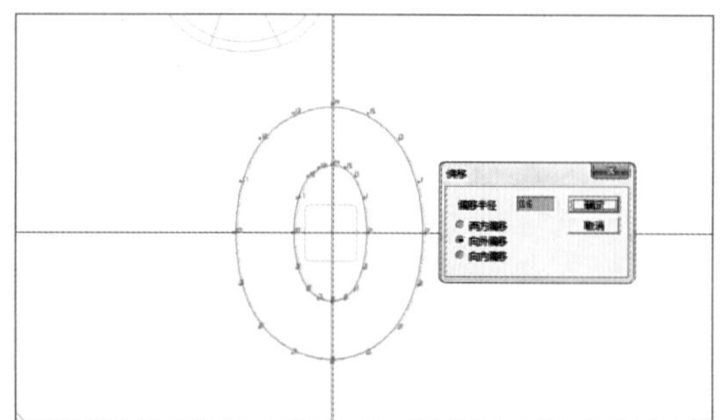

图4-3-64

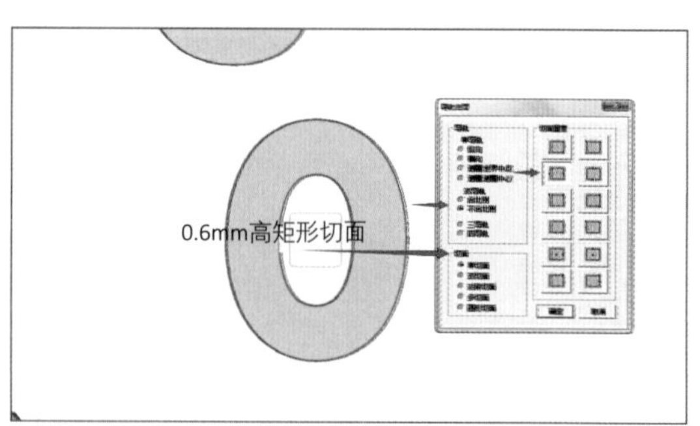

图4-3-65

图4-3-66

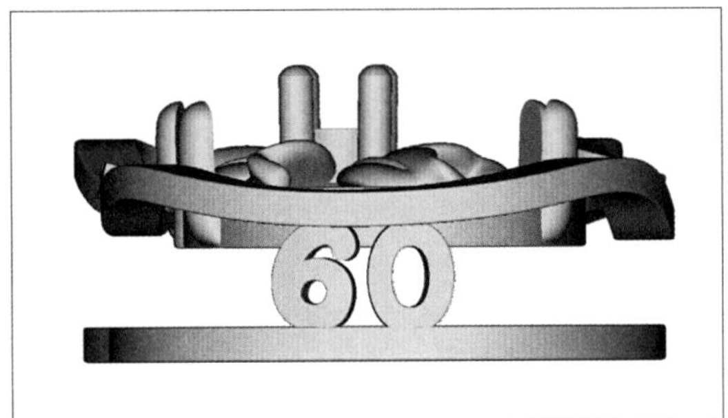

图4-3-67

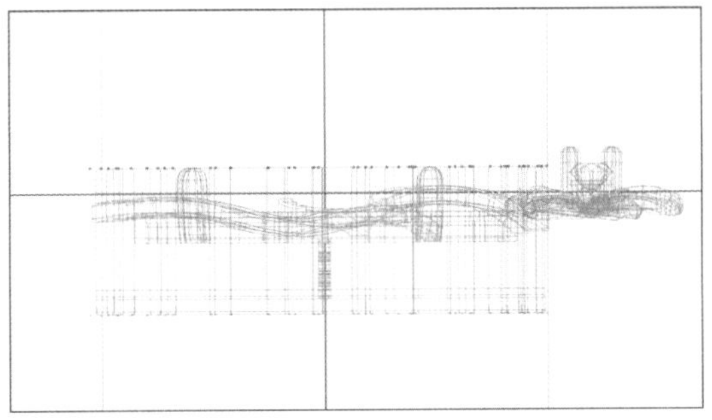

图4-3-68

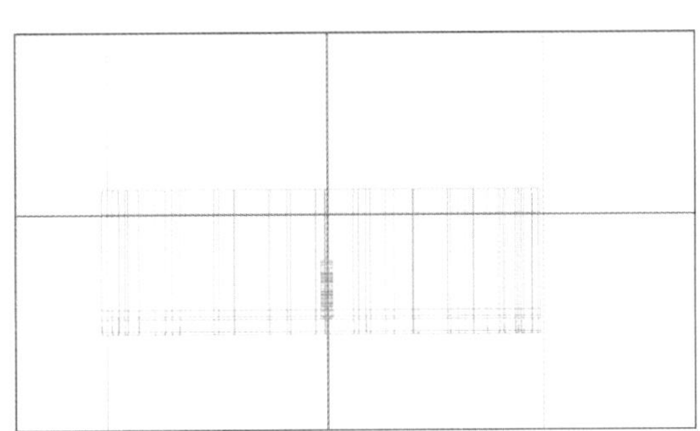

图4-3-69

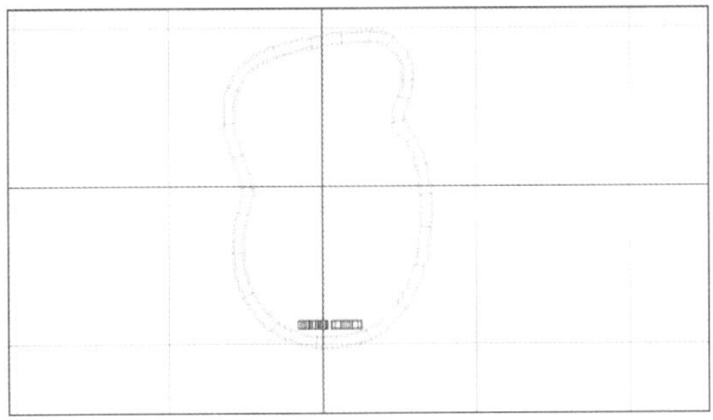

图4-3-70

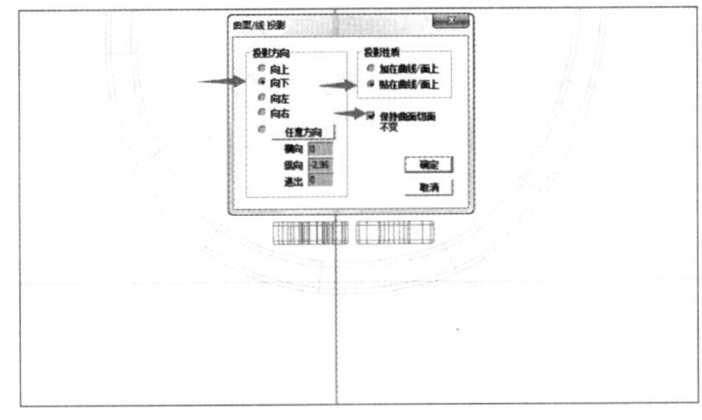

图4-3-71

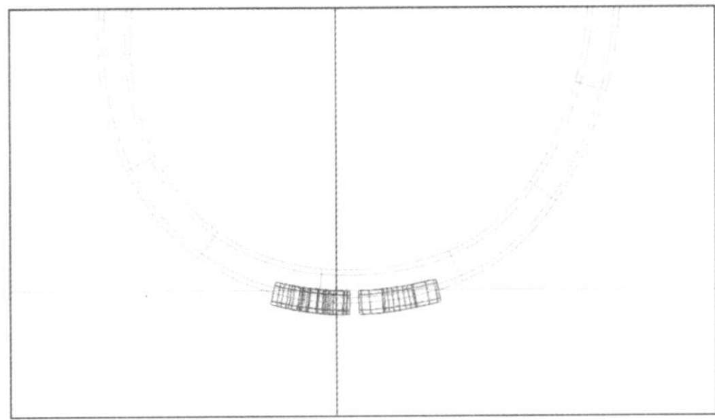

图4-3-72

（53）“投影”命令：“投影方向”向下、“投影性质”贴在曲线/面上，勾选“保持曲面切面不变”，将字体投影到高底片表面，如图4-3-71、图4-3-72。

（54）移进字体，使两者外缘贴合，如图4-3-73。

（55）上视图，生成直径2.5mm的辅助圆绘制卷曲曲线，如图4-3-74。

（56）使用“管状曲面”工具，使用0.6mm矩形切面，生成纹饰单体，如图4-3-75、图4-3-76。

（57）原地复制纹饰单体，将其旋转、移动到如图位置，如图4-3-77。

（58）使用“投影”命令，投影方向这次选为“任意方向”。单击“任意方向”按钮后，对话框消失，使用鼠标右键拖出方向线条，保持线条贴齐物件表面，松开右键，在重新出现的对话框内点击确定，将其投影到高底片上，并移回，如图4-3-78至图4-3-81。

（59）右视图，调整其高度位置与字体保持一致，如图4-3-82。

（60）上视图，对称复制纹饰体，如图

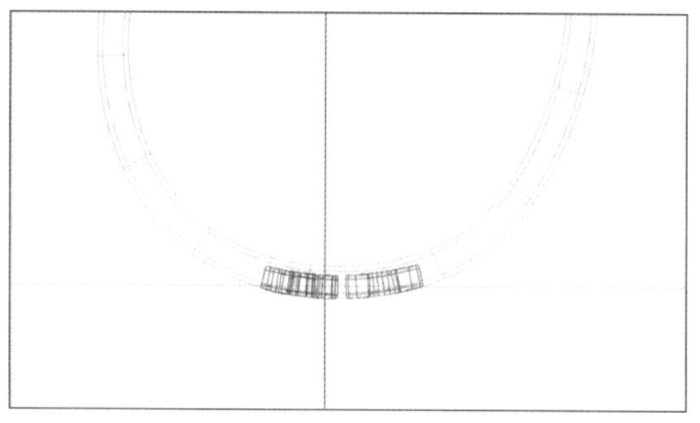

图4-3-73

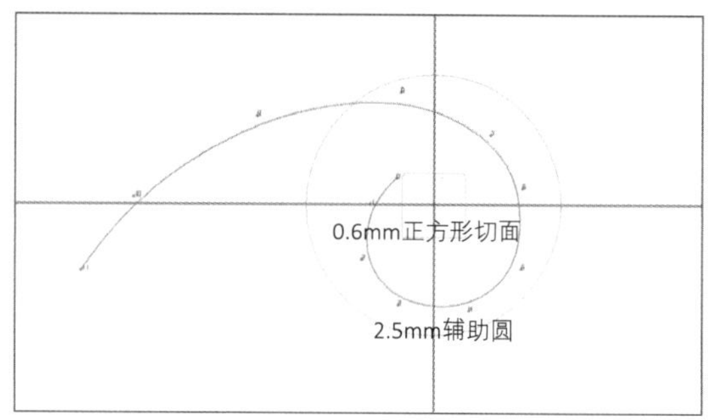

图4-3-74

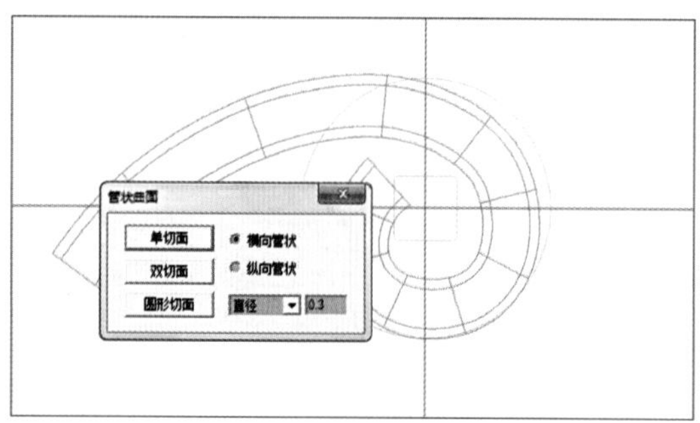

图4-3-75

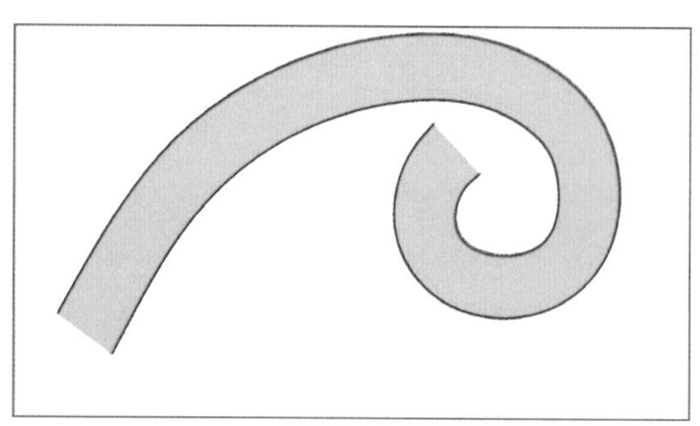

图4-3-76

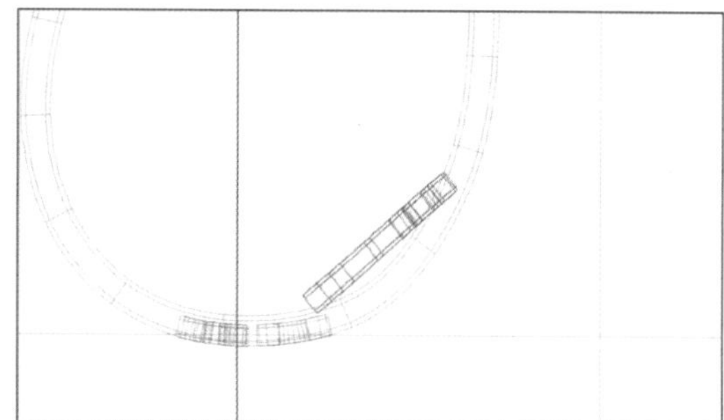

图4-3-77

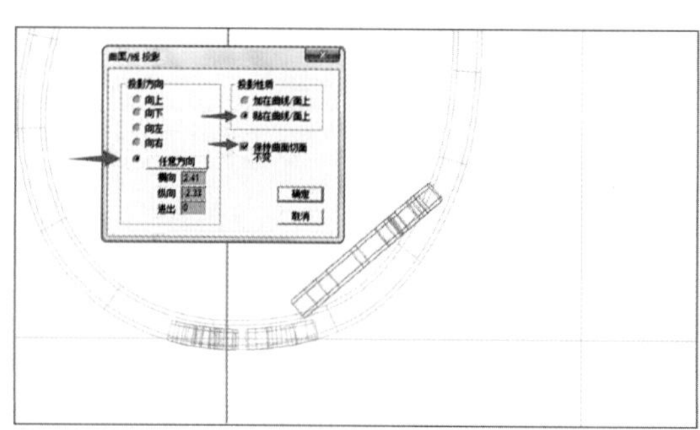

图4-3-78

4-3-83。

（61）参照步骤（57）~（59），依次完成剩余纹饰的投影。其中处于转折位置的纹饰体，投影前应增加曲面控制点，再进行投影，如图4-3-84至图4-3-90。

（62）展示出丝带体。由于丝带体有高低起伏变化，纹饰体则是统一高度。故需分别在

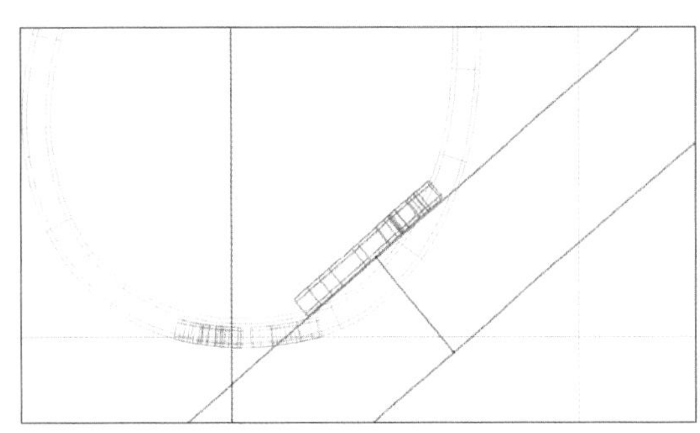

图4-3-79

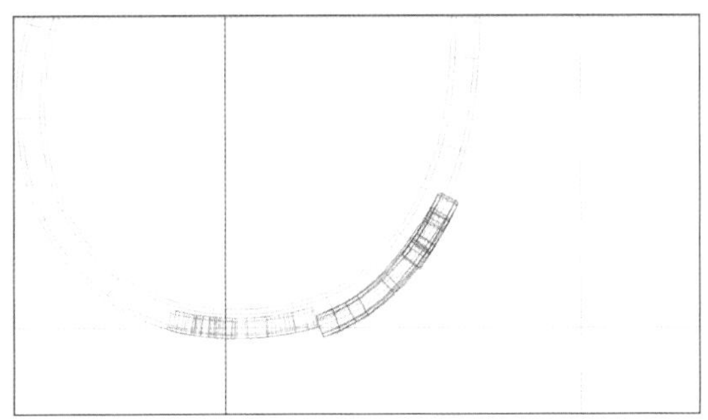

图4-3-80

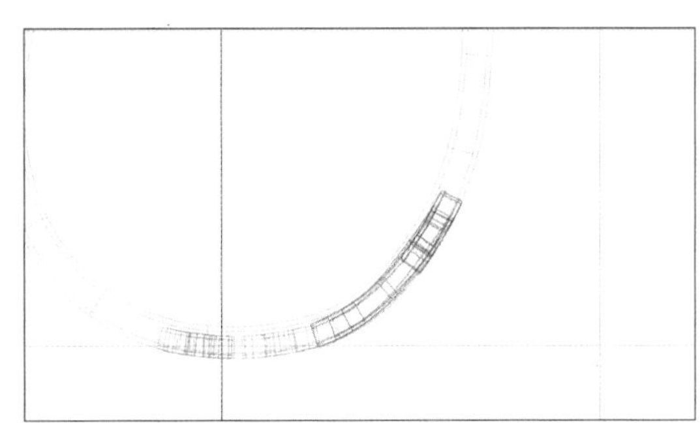

图4-3-81

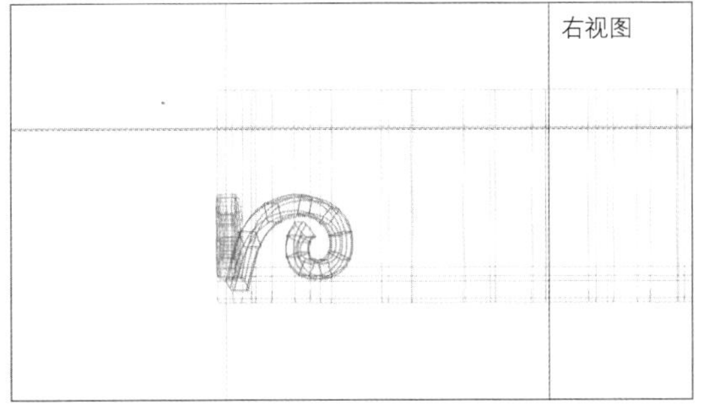

图4-3-82

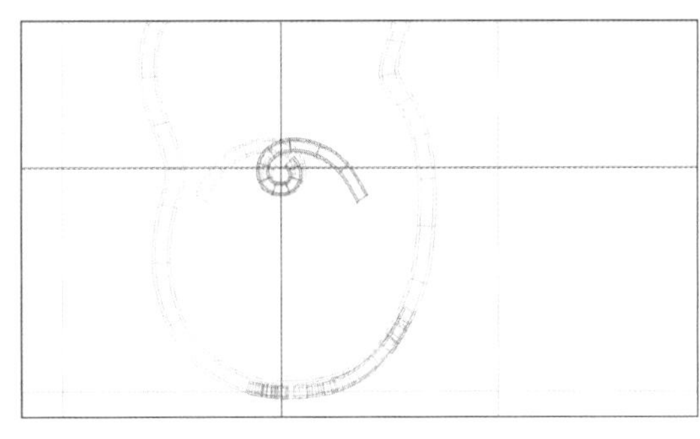

图4-3-83

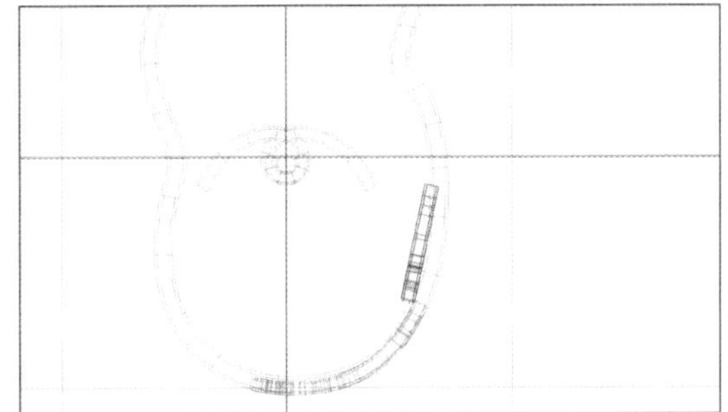

图4-3-84

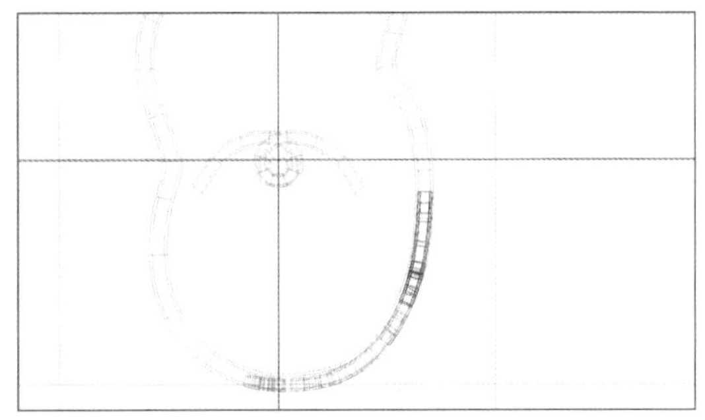

图4-3-85

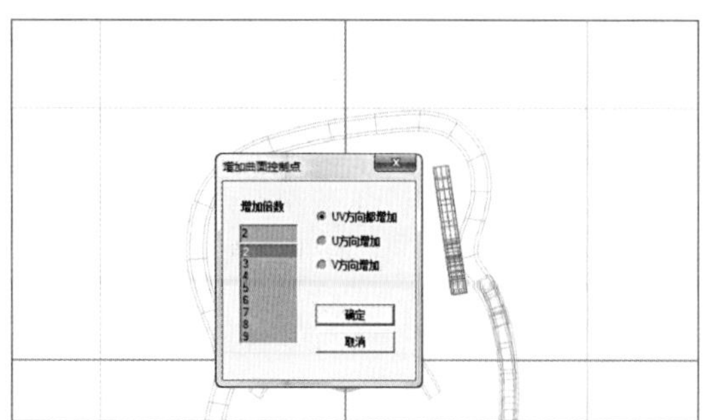
图4-3-86

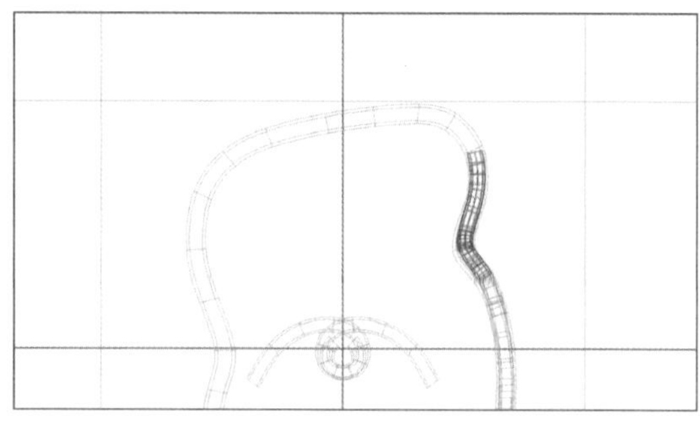
图4-3-87

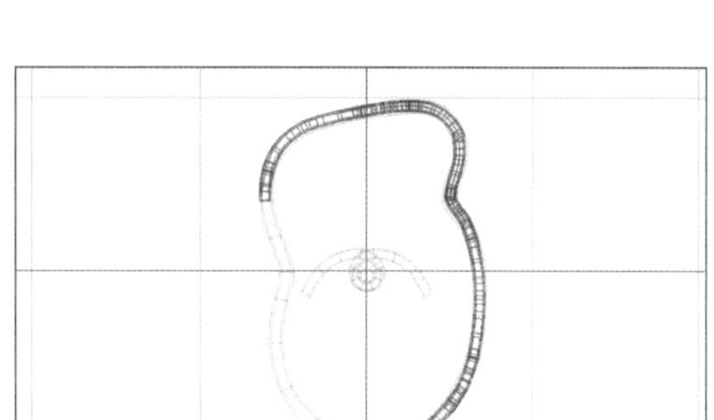
图4-3-88

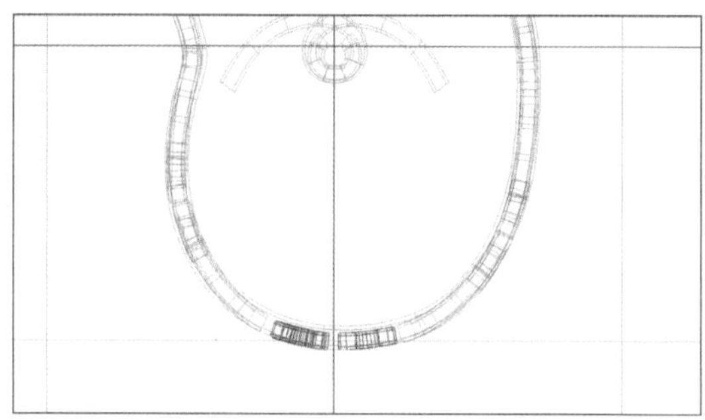
图4-3-89

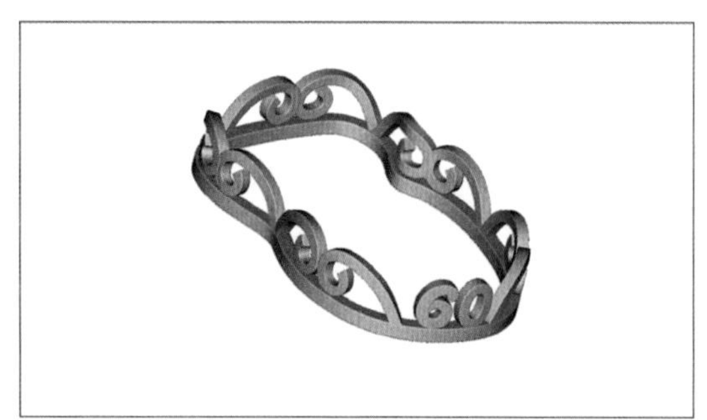
图4-3-90

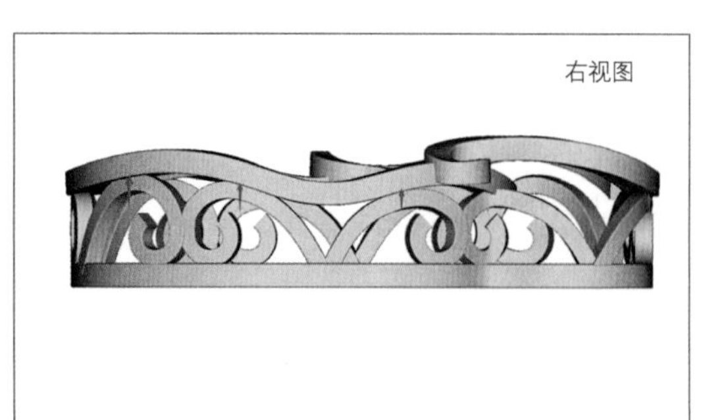

图4-3-91

右视图、左视图内调整、拉高纹饰体（降低丝带体）进行纹饰与丝带体的相互调整，使得两者相互贴合，如图4-3-91。

（63）如图4-3-92，若出现调高以至于变形太大也无法相交的情况，可采取增加局部支撑进行处理，如图4-3-93。

（64）初步完成造型制作，如图4-3-94。

（65）右视图，绘制曲线，制作穿链位，如图4-3-95。

（66）使用“管状曲面”工具，使用0.8mm正方形切面，生成挂链体，如图4-3-96。

（67）收小顶部端口，吃入花瓣，如图4-3-97。

（68）正视图，生成1.0mm的圆石、直径0.5mm的辅助圆，绘制开孔曲线，并旋转成体，如图4-3-98、图4-3-99。

（69）上视图，生成直径1.4mm的辅助圆控制石距，生成直径0.1mm的辅助圆控制内侧

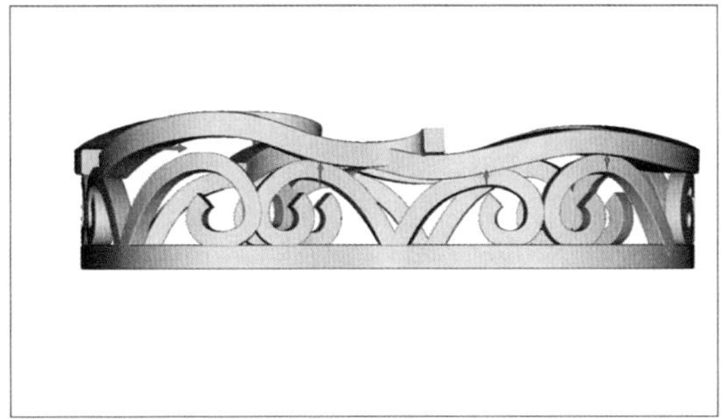

图4-3-92

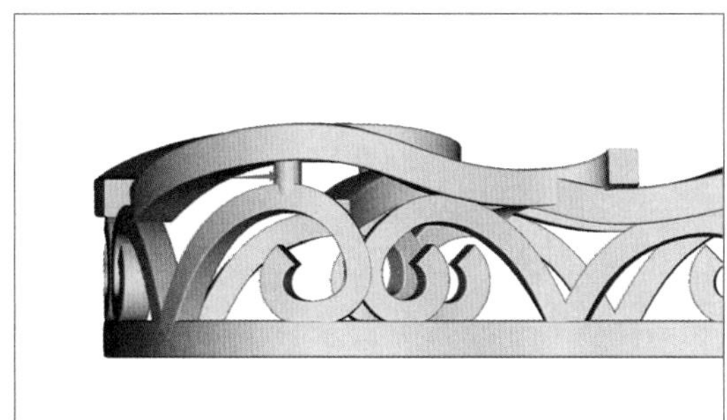

图4-3-93

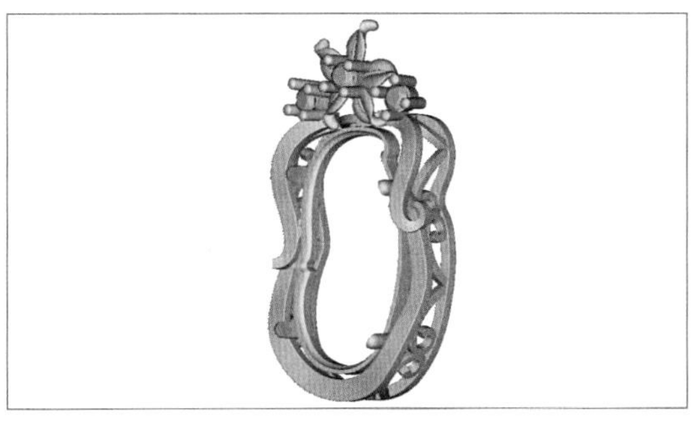

图4-3-94

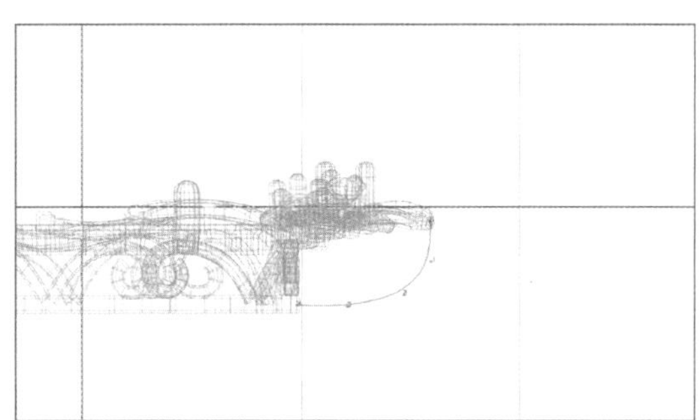

图4-3-95

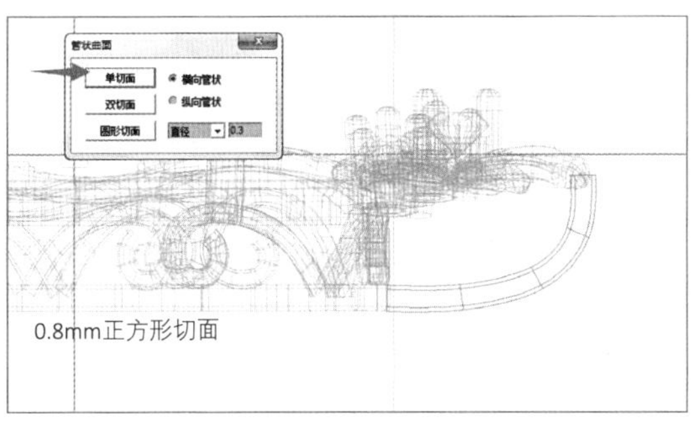

图4-3-96

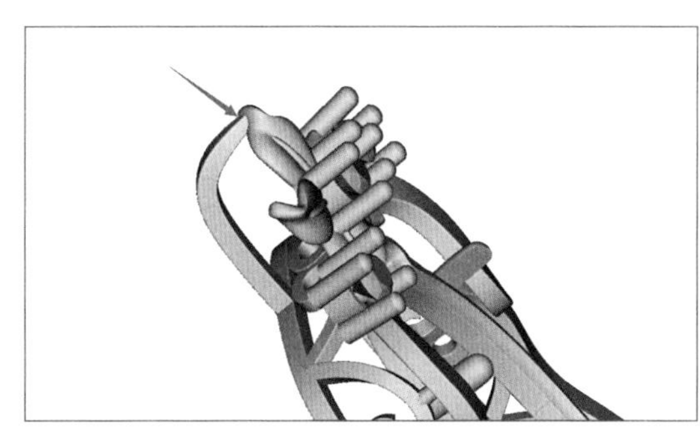

图4-3-97

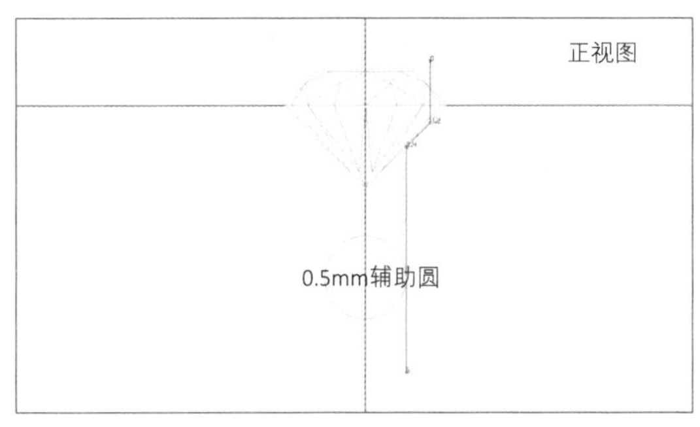

图4-3-98

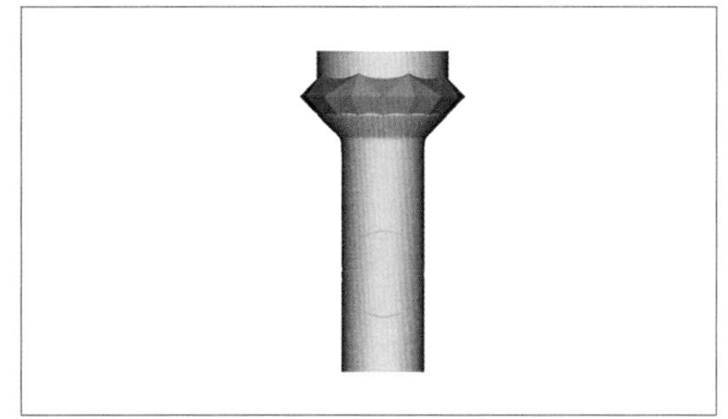

图4-3-99

留边距离［参见步骤（17）］，如图4-3-100。

（70）该组物件原地复制后开始剪贴排石，如图4-3-101、图4-3-102。

（71）完成后删除全部辅助曲线，开孔物件减去丝带实体，如图4-3-103。

（72）复制步骤（35）爪镶口，分置花头两侧。

（73）完成金镶玉吊坠制作，如图4-3-104。

（74）如意金镶玉吊坠成品，如图4-3-105。

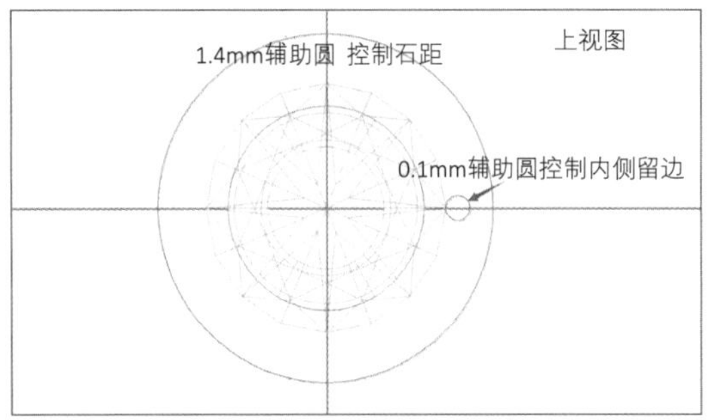

图4-3-100

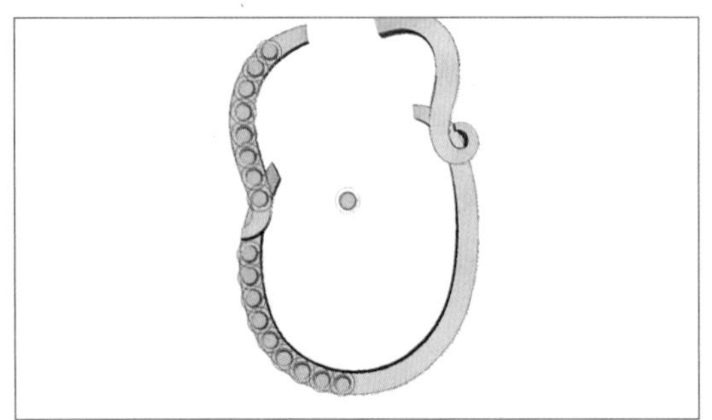

图4-3-101

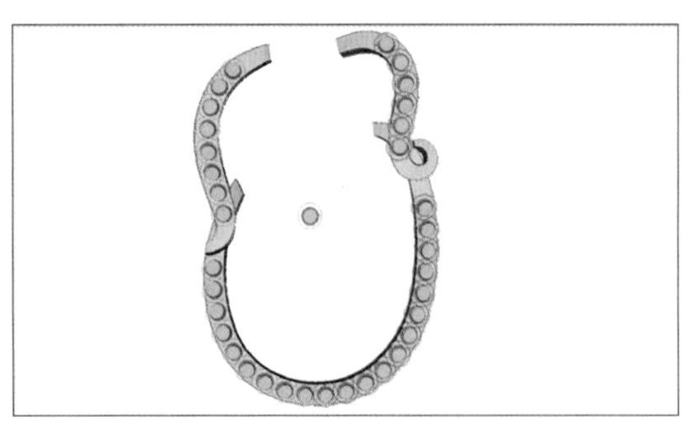

图4-3-102

图4-3-103

图4-3-104

图4-3-105

第四节 猫头鹰吊坠

本案例主要讲解：动物造型组合制作；蜡钉镶制作。

制作步骤如下：

（1）上视图，生成直径24mm的辅助圆；使用“任意曲线”工具绘制造型曲线，如图4-4-1。

（2）使用“左右对称复制”命令复制该曲线，如图4-4-2。

（3）使用“中间曲线”命令生成中间曲线，如图4-4-3。

（4）右视图，调整中间曲线起伏造型，如图4-4-4。

（5）使用“上下左右对称线”工具绘制切面，如图4-4-5。

（6）原地复制三条导轨线并隐藏，选择“导轨曲面”命令：三导轨、单切面、切面量度向上，生成猫头鹰躯干，如图4-4-6。

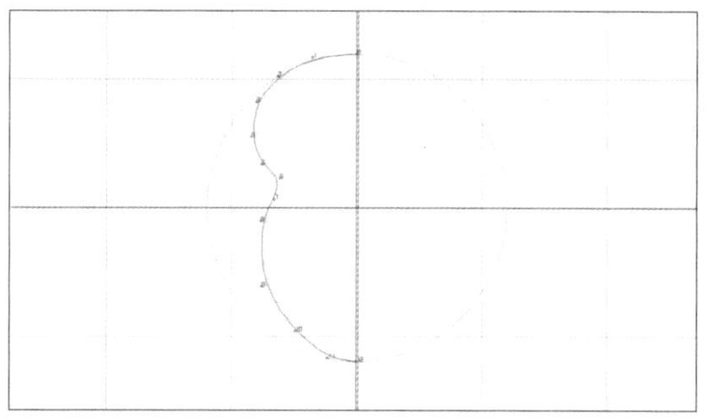

图4-4-1

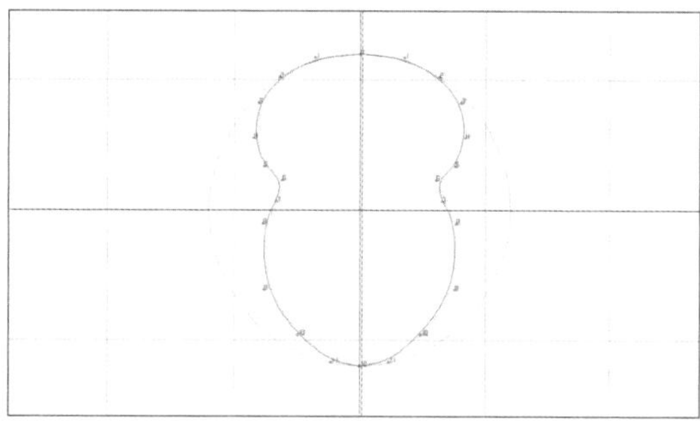

图4-4-2

图4-4-3

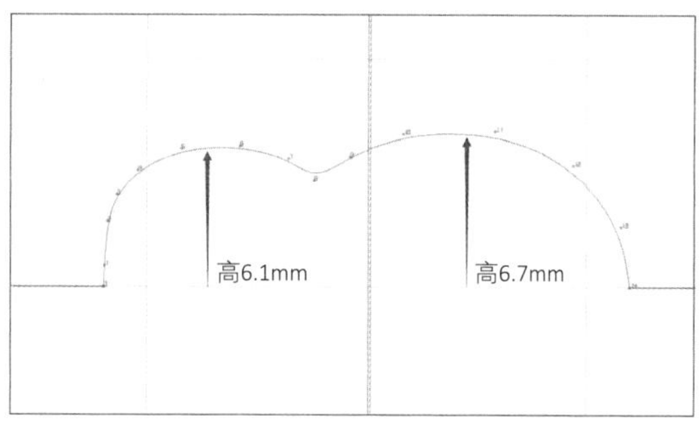

图4-4-4

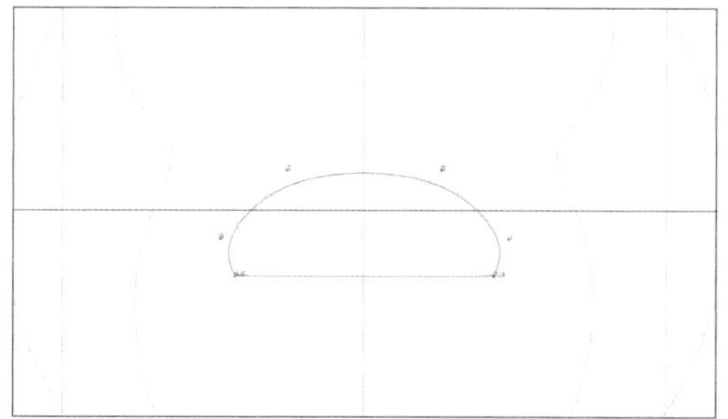

图4-4-5

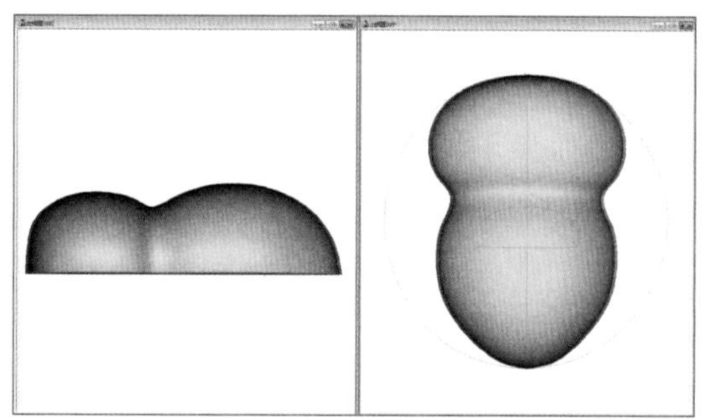

图4-4-6

（7）正视图，绘制两条曲线，如图4-4-7。

（8）右视图，将上视图中左边曲线向上移动到距离躯干0.8mm的位置上，并调整曲线造型，如图4-4-8。

（9）调整右边曲线造型，如图4-4-9（参见源文件“猫头鹰吊坠线稿”）。

（10）正视图，使用“上下对称线”工具绘制如图4-4-10切面。

（11）原地复制切面后，调整如图4-4-11，作为起始切面。

（12）原地复制图4-4-10切面后，使用“尺寸”工具右键横向压缩出尾部切面曲线，如图4-4-12。

（13）选择“导轨曲面”命令：双导轨、合比例、多切面，切面量度向左；其中，0号CV点使用起始切面，中部CV点（8号）使用中间切面，结尾CV点使用结尾切面，完成实体

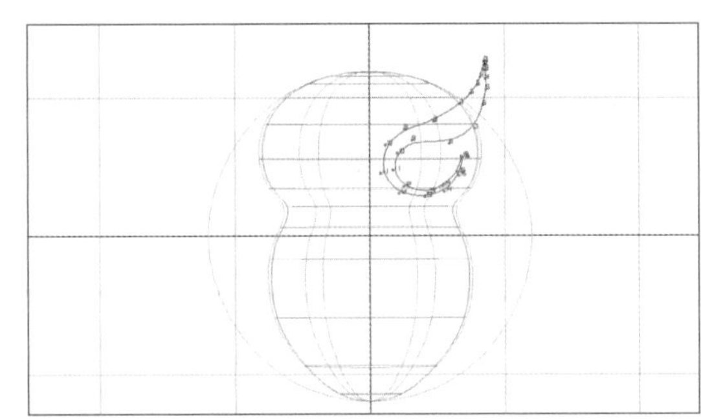

图4-4-7

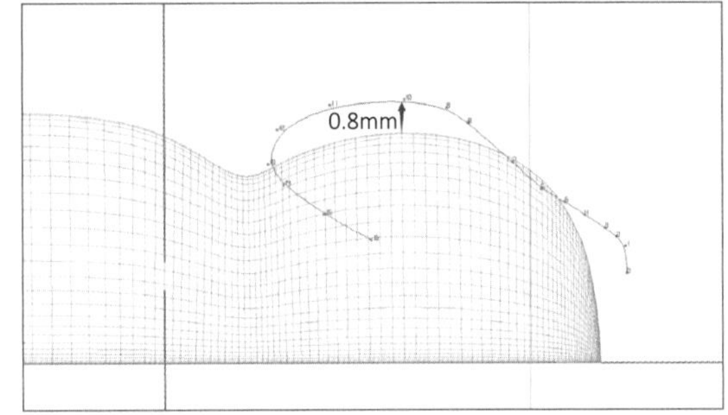

图4-4-8

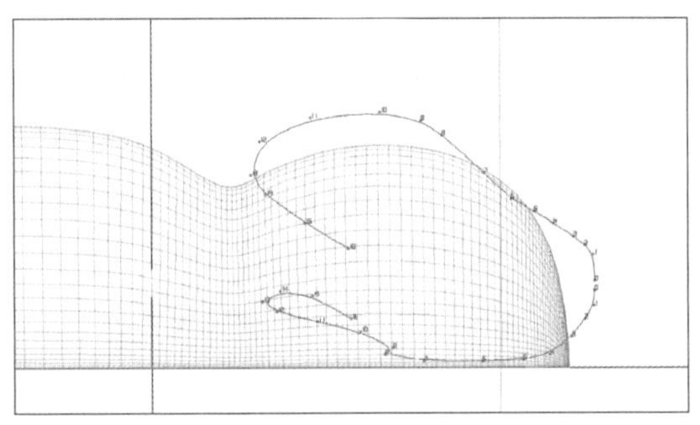

图4-4-9

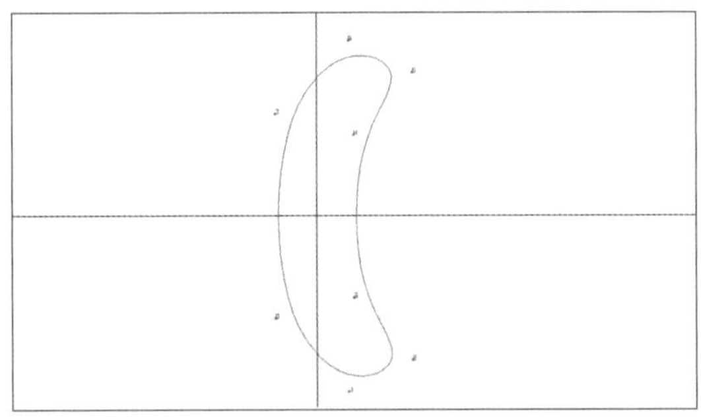

图4-4-10

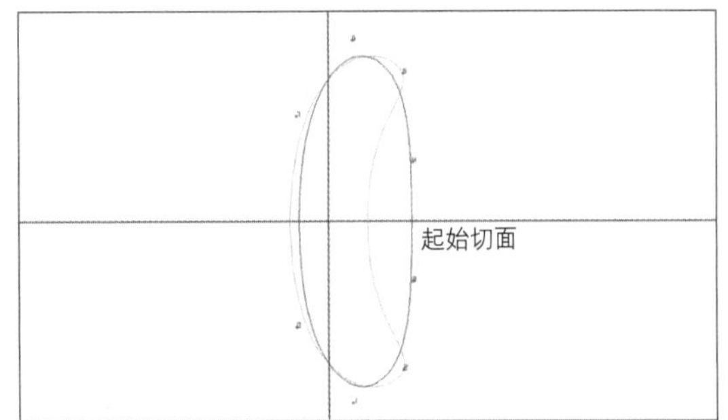

图4-4-11

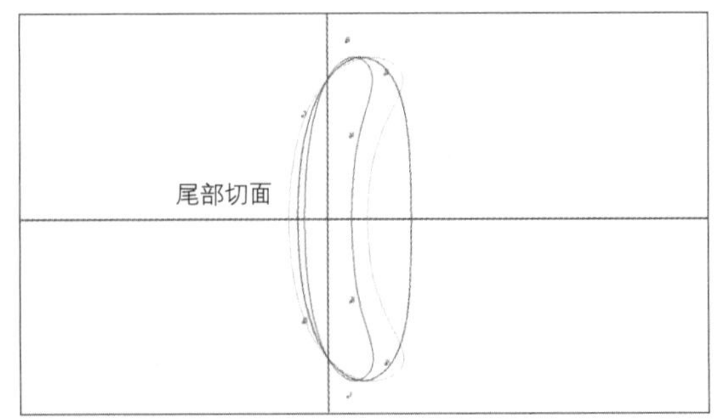

图4-4-12

成型，如图4-4-13。

（14）展示物件CV点，选中0号切面所有CV点，如图4-4-14。

（15）使用“尺寸”工具将其压缩回“世界中心”，如图4-4-15。

（16）使用“移动”工具将其移回原位，如图4-4-16。

（17）选中头部及中间切面上部CV点，向上拖动调整至造型平顺，如图4-4-17。

（18）选中切面下部CV点移动调整造型，如图4-4-18（参见源文件“源4.4.2猫头鹰实体”）。

（19）调整后造型如图4-4-19。

（20）正视图，生成3.1mm的圆石。制作直径4.6、2.9、1.55、0.4、0.225、0.225mm的辅助圆，分别对应放置。其中4.6mm是包镶整

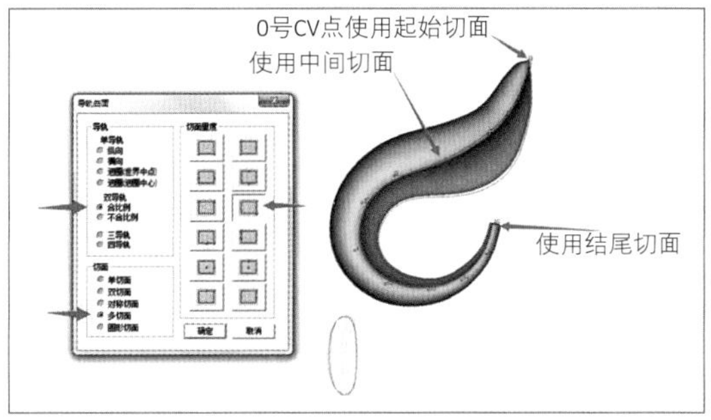

图4-4-13

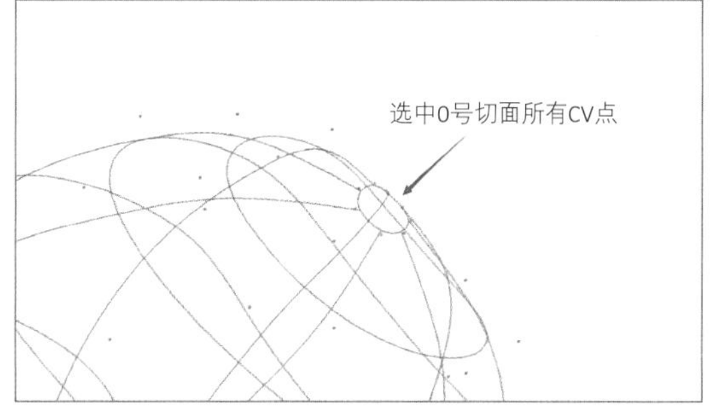

图4-4-14

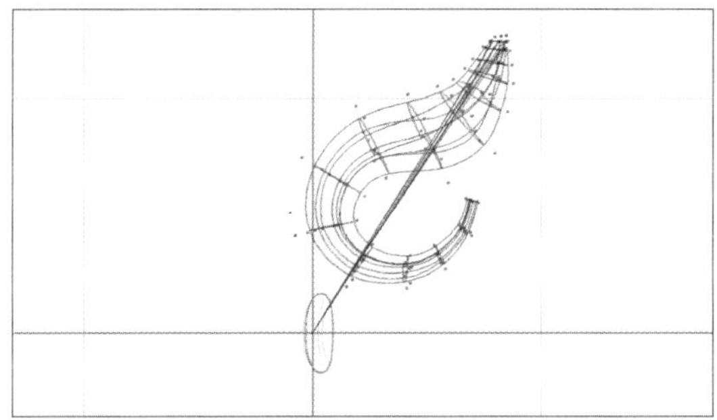

图4-4-15

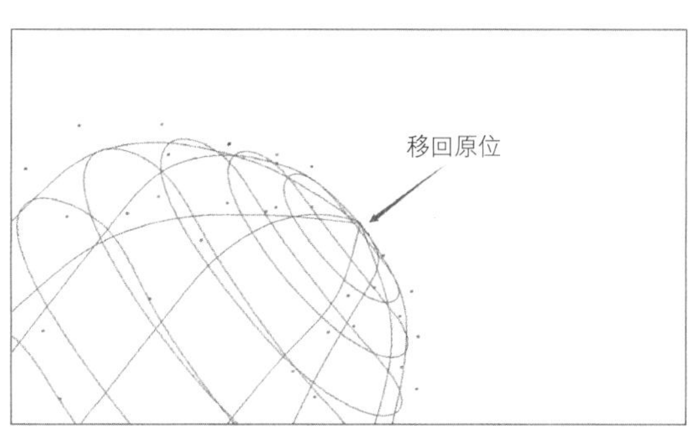

图4-4-16

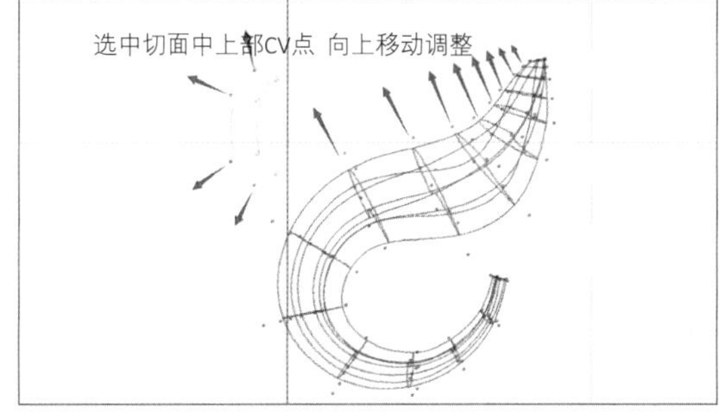

图4-4-17

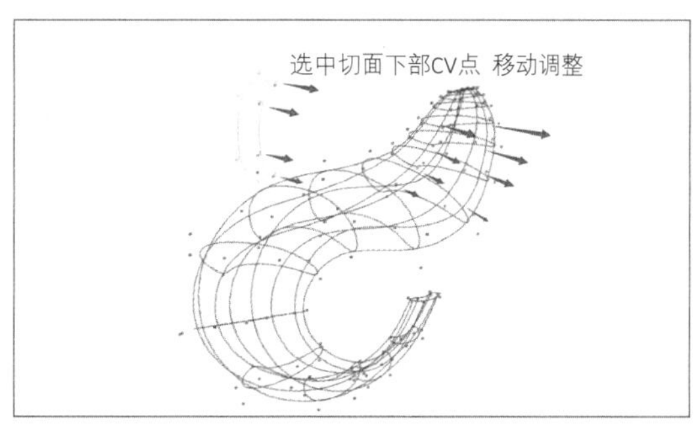

图4-4-18

体宽度；2.9mm是包镶口宽度；1.55mm是包镶底部最小高度值，可略放大该数值；0.4mm是石台面距包镶顶部高度；0.225mm分别对应石吃入包镶距离及包镶顶部斜边高度差；依据以上辅助圆制作包镶切面，并纵向旋转成型，如图4-4-20。

（21）上视图，生成直径3mm的圆；正视图，直线延伸曲面成开槽实体，如图4-4-21。

（22）上视图，彩色模式，将其剪贴到适合位置处并左右对称复制，如图4-4-22。

（23）生成直径6.0mm、CV点数量为32的圆；移动到眼眶处，如图4-4-23、图4-4-24。

（24）同法制作直径3.8mm的圆并放置在包镶范围内，如图4-4-25。

（25）右视图，将两个圆投影贴在头部实体上，如图4-4-26。

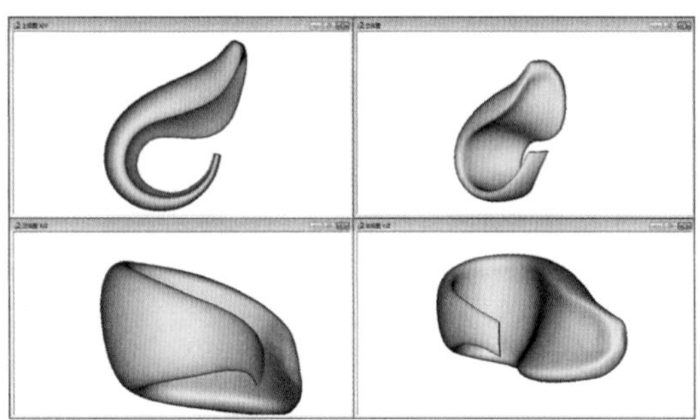
图4-4-19

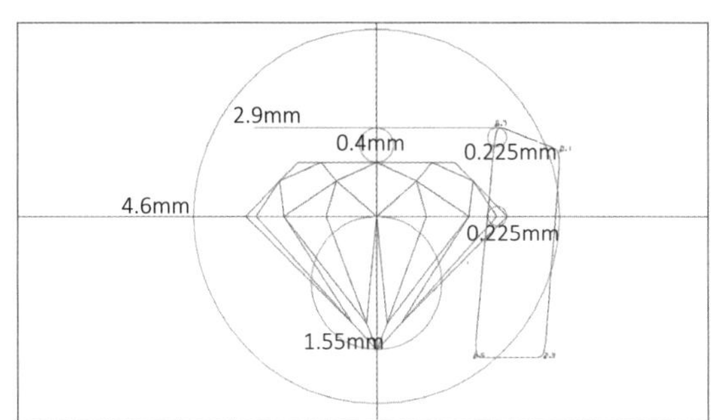

图4-4-20

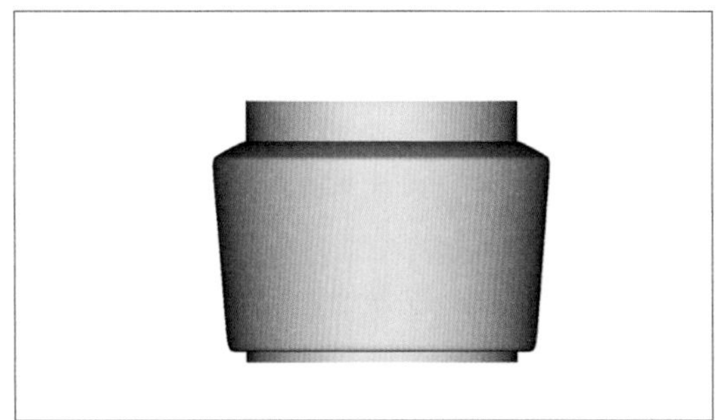
图4-4-21

图4-4-22

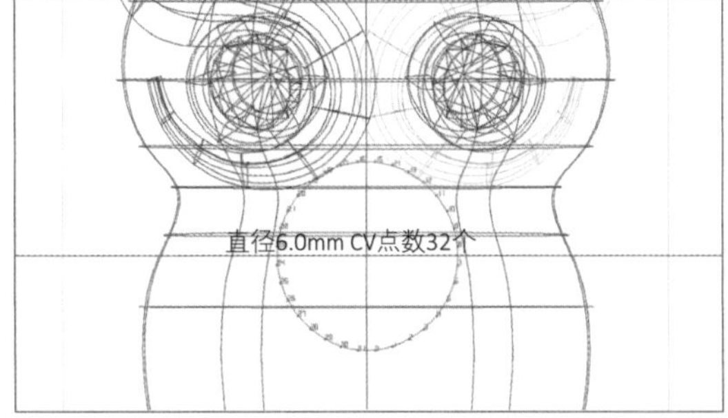

图4-4-23

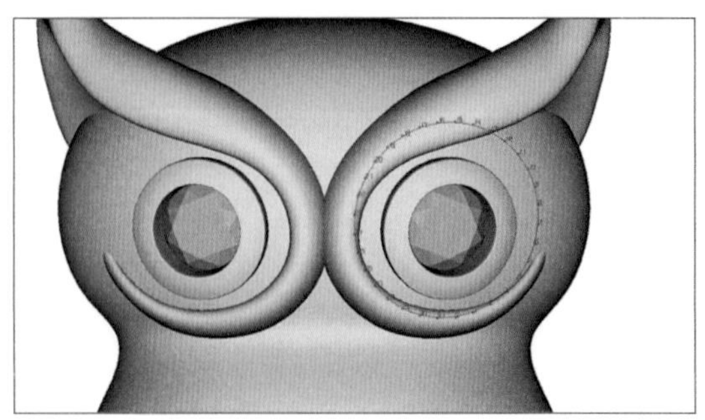
图4-4-24

（26）正视图，生成直径1.0mm的辅助圆。制作边长1.0mm的矩形并旋转45°，如图4-4-27。

（27）选择“导轨曲面”命令：双导轨、不合比例、单切面、切面量度中间。使用两条曲线作为导轨线生成实体，如图4-4-28。

（28）更改该实体材料颜色并减去头部实体。

（29）上视图，绘制嘴部曲线，如图4-4-29。

（30）右视图，调整嘴部曲线起伏，如图4-4-30。

（31）上视图，绘制嘴部切面，如图4-4-31。

（32）选择“导轨曲面”命令：双导轨、单切面、切面量度向上，生成嘴部实体，如图4-4-32。

（33）右视图，展示嘴部CV点，选中嘴尖

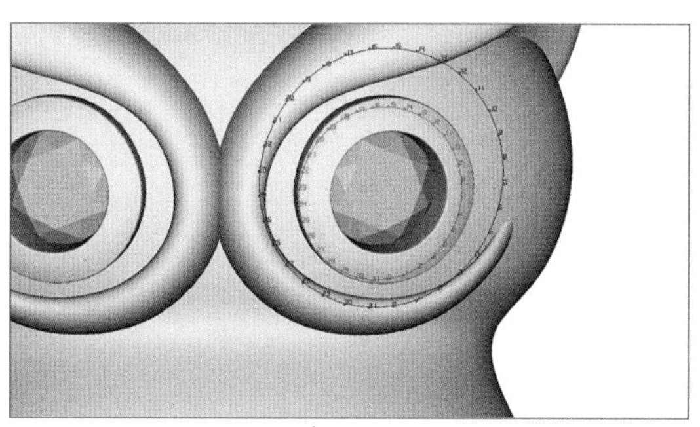

图4-4-25

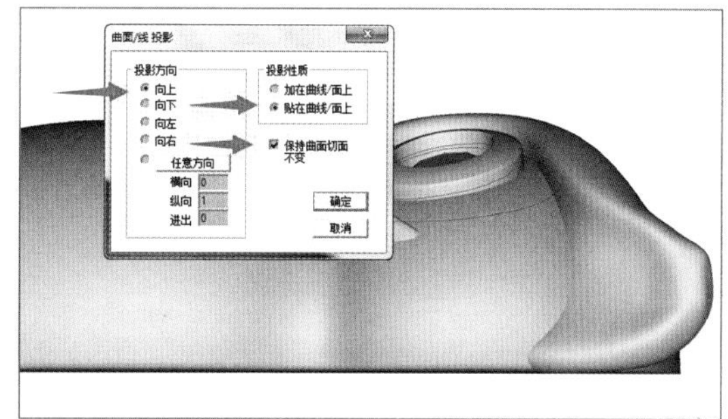

图4-4-26

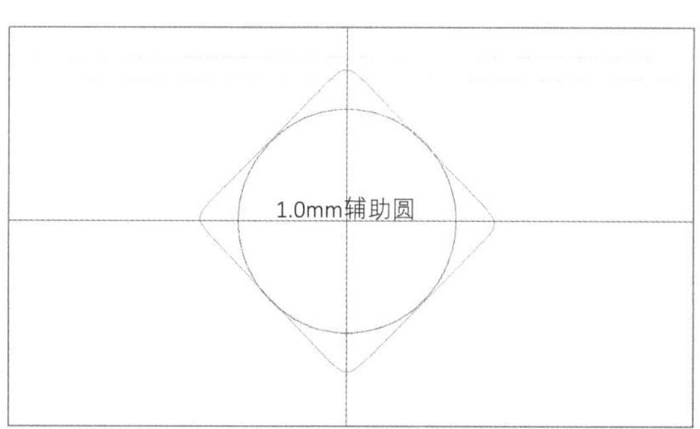

图4-4-27

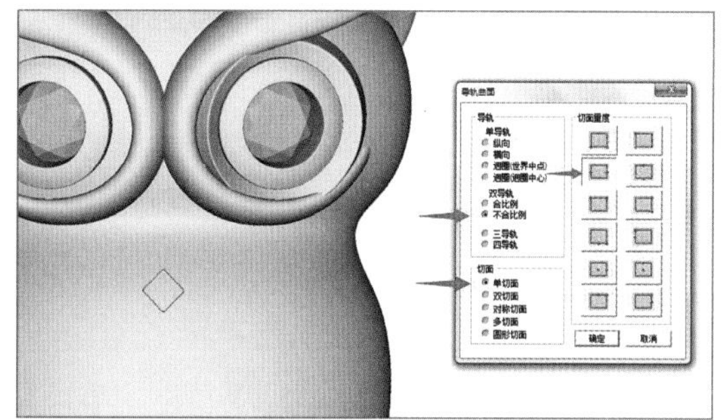

图4-4-28

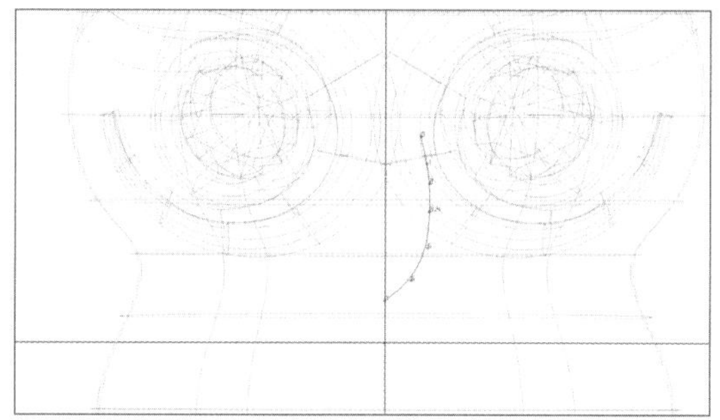

图4-4-29

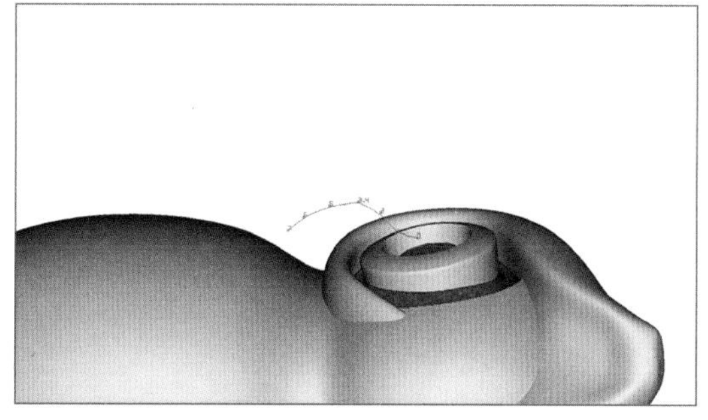

图4-4-30

部上方CV点向下拖动调整造型，如图4-4-33至图4-4-35。

（34）右视图，仅展示躯干，使用“偏移曲面”命令将其向内偏移0.5mm，如图4-4-36。

（35）展示偏移曲面CV点后选中最左边扭曲状态的CV点，图4-4-37、图4-4-38。

（36）上视图，使用“尺寸”工具将其向“世界中心”压缩，如图4-4-39。

（37）使用“移动”工具将其移回原处，如图4-4-40、图4-4-41。

（38）同法处理右边扭曲状态CV点，如图4-4-42。

（39）上视图，使用“左右对称线”工具绘制曲线造型并闭合，如图4-4-43。

（40）使用“切开曲线”命令，在0号CV点处切开该曲线，如图4-4-44。

（41）在顶端位置继续切开该曲线，如图4-4-45。

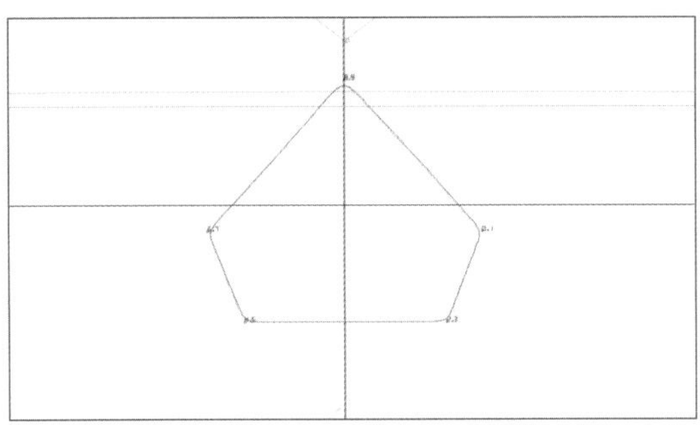

图4-4-31

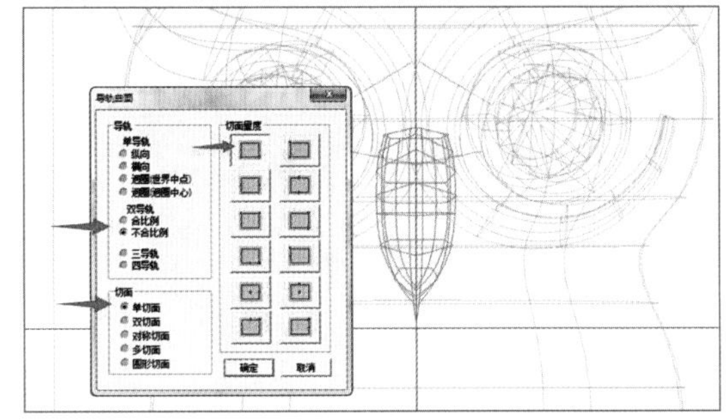

图4-4-32

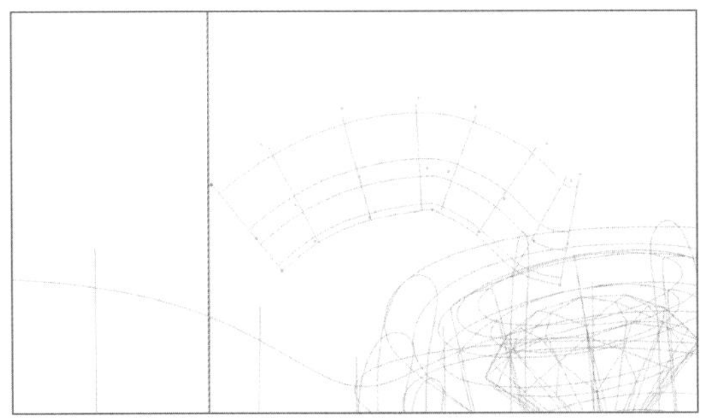

图4-4-33

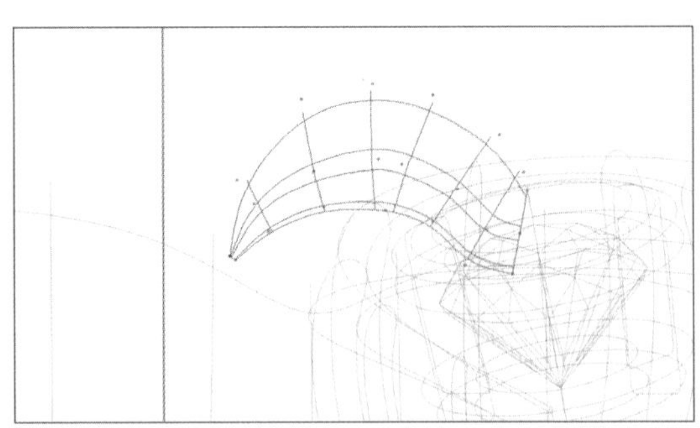

图4-4-34

图4-4-35

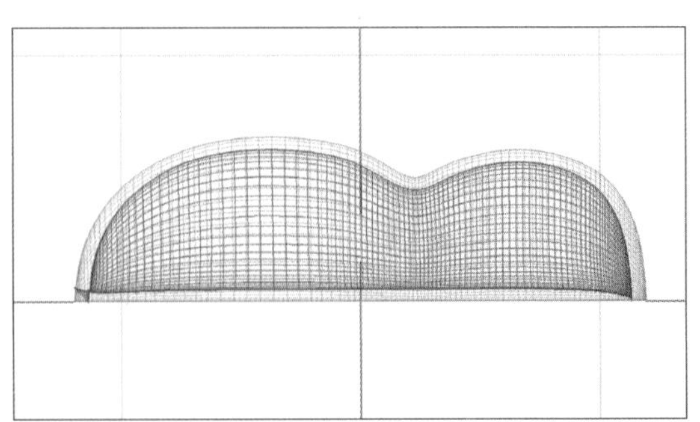

图4-4-36

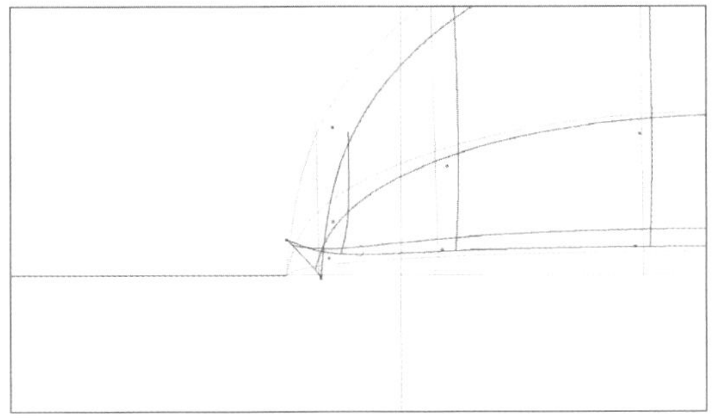

图4-4-37

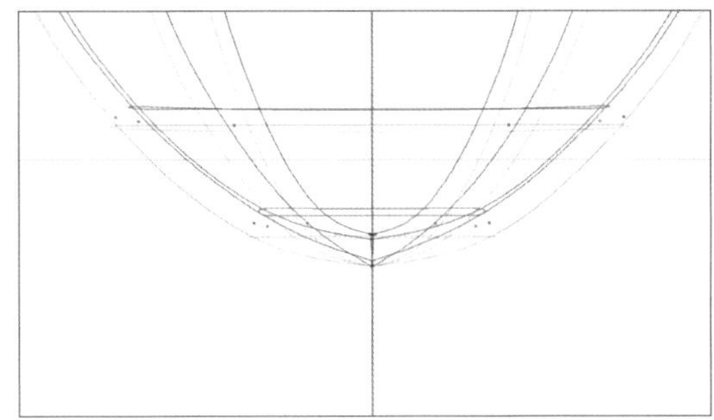

图4-4-38

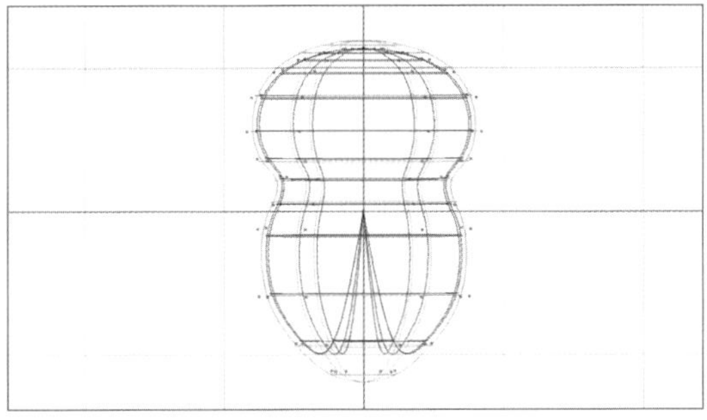

图4-4-39

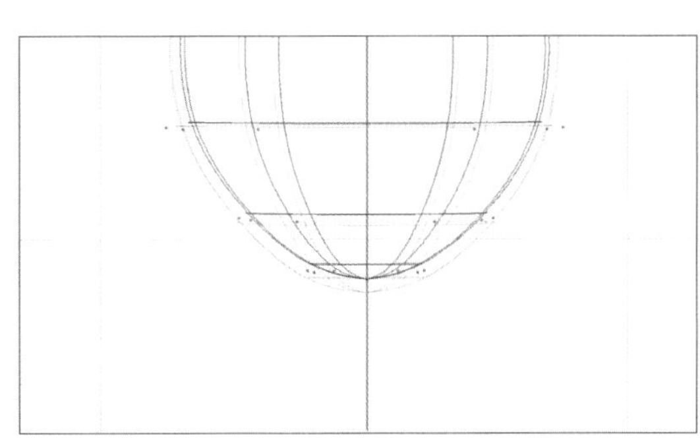

图4-4-40

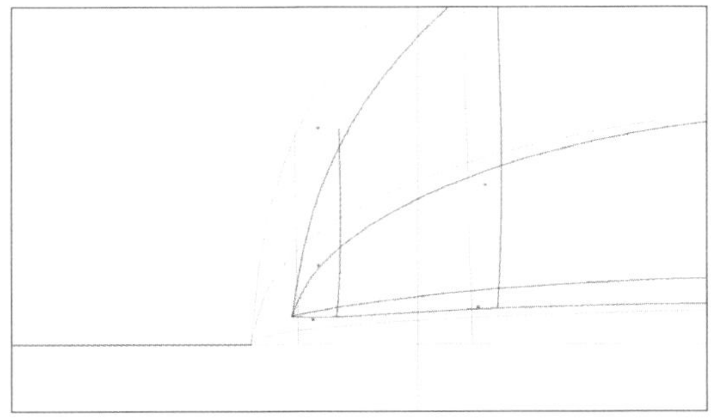

图4-4-41

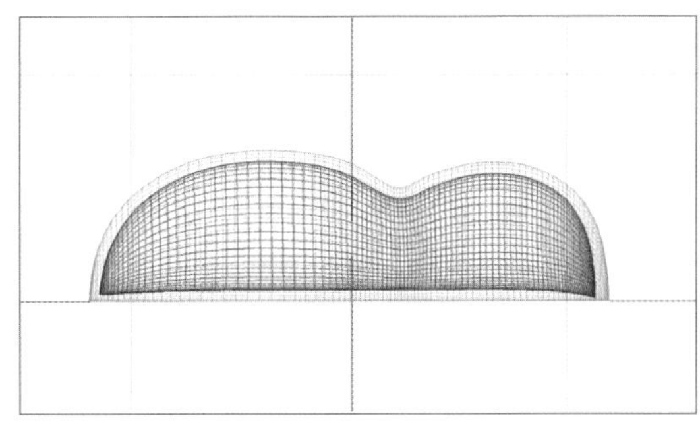

图4-4-42

图4-4-43

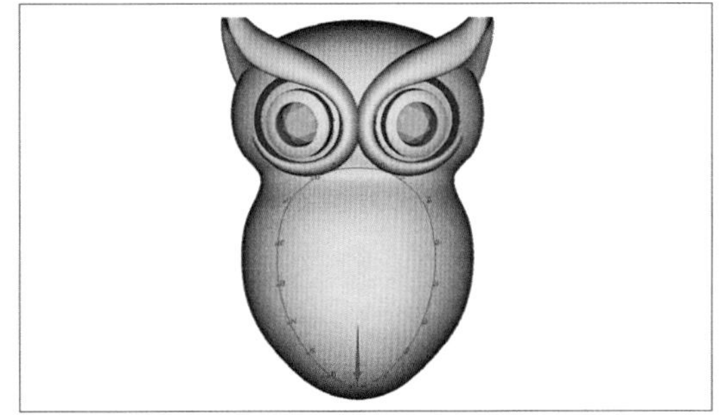

图4-4-44

（42）调整该曲线头尾贴合纵轴，并对称复制，如图4-4-46。

（43）正视图，使用“上下左右对称线”工具绘制矩形后，使用“左右对称线”工具进行编辑，增加矩形底部CV点数量；选中上部CV点，使用“尺寸”工具右键横向扩张出斜边，如图4-4-47。

（44）选择“导轨曲面”命令：双导轨、不合比例、单切面、切面量度向上，生成实体。

（45）右视图，将该实体向上移动并使用“增加曲面控制点”命令：U方向增加两倍控制点。选中该实体底部全体CV点，如图4-4-48、图4-4-49。

（46）将选中的控制点使用“投影”命令：“投影方向”向上，“投影性质”贴在曲线/面上，勾选“保持曲面切面不变”，将其投影到步骤（34）偏移出的实体上，如图4-4-50。

（47）更改该开槽物件颜色并减去躯干，如图4-4-51。

图4-4-45

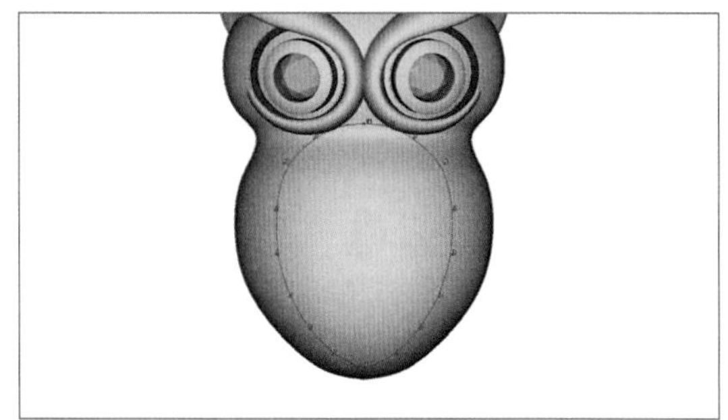

图4-4-46

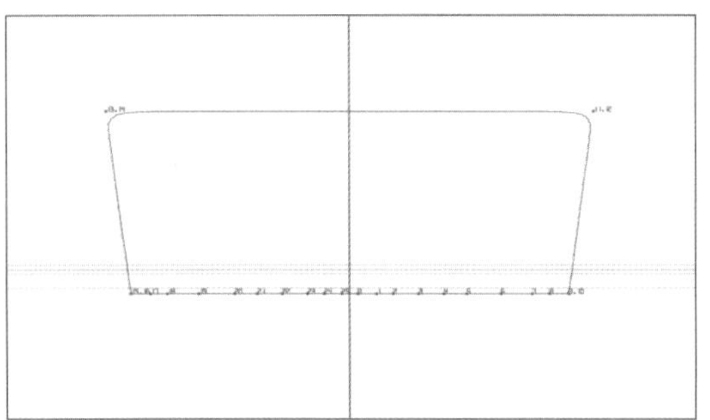

图4-4-47

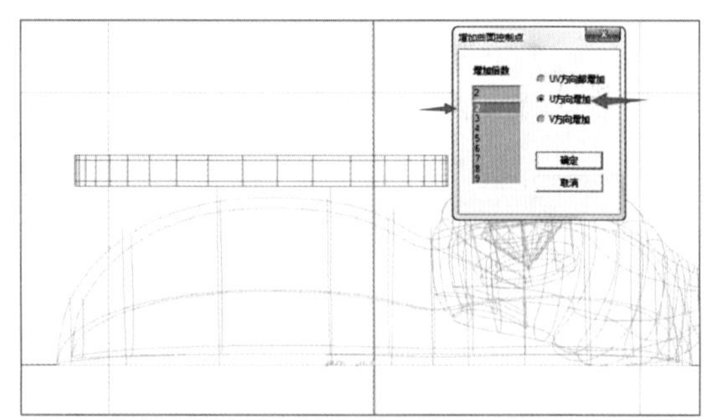

图4-4-48

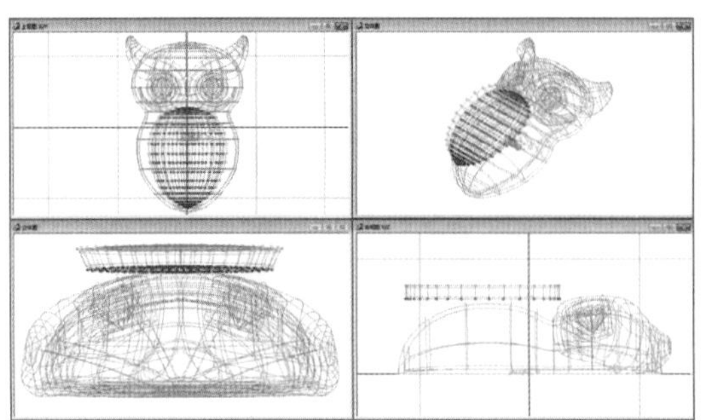

图4-4-49

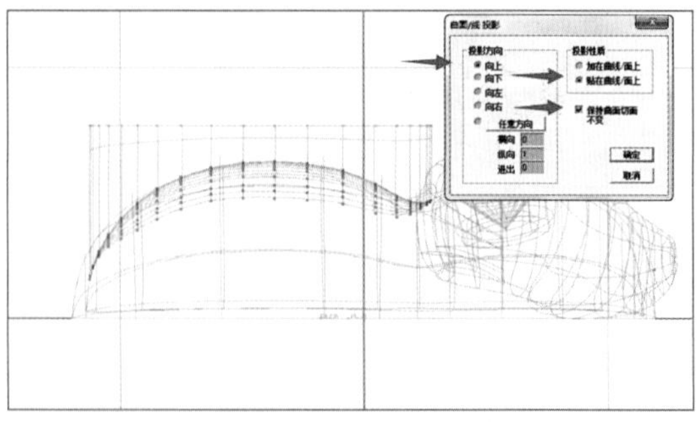

图4-4-50

（48）上视图，仅展示步骤（6）复制出的3条导轨线及步骤（5）切面，如图4-4-52。

（49）将左边线条向内偏移1.3mm，起、尾点贴合纵轴后对称复制，如图4-4-53。

（50）右视图，将曲线向下偏移1.3mm，起、尾点贴合横轴，如图4-4-54。此处偏移1.3mm是因为躯干镶嵌位槽深0.5mm［步骤（34）］，故需留出0.8mm的厚度以供镶石。

（51）选择“导轨曲面”命令：三导轨、单切面、切面量度向上，生成掏底物件，如图4-4-55。

（52）右视图，展示开槽物件CV点，选中底部全体CV点向下拖动，略超出躯干实体范围即可，如图4-4-56。

（53）使用“上下左右对称线”工具制作一个包含躯干实体的矩形，如图4-4-57。

（54）上视图，向右直线延伸该矩形，需

图4-4-51

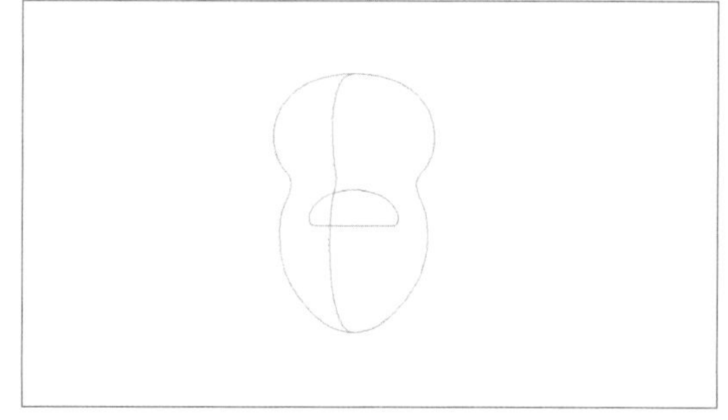

图4-4-52

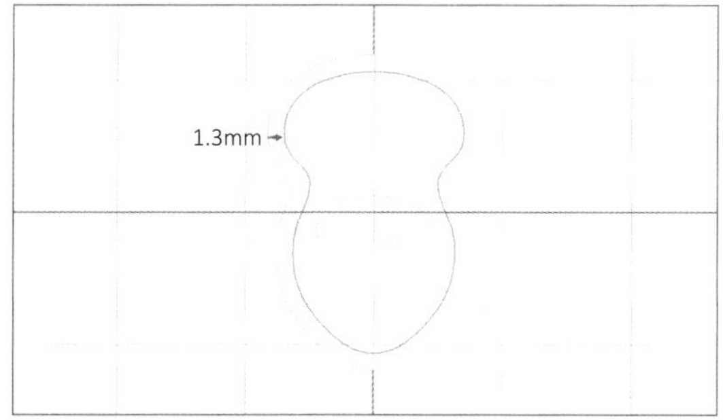

图4-4-53

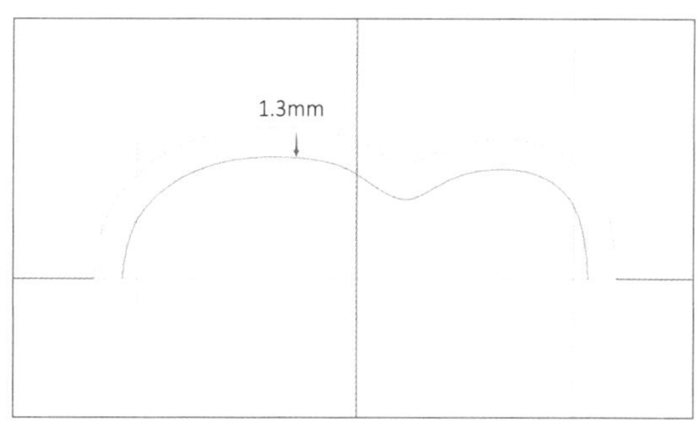

图4-4-54

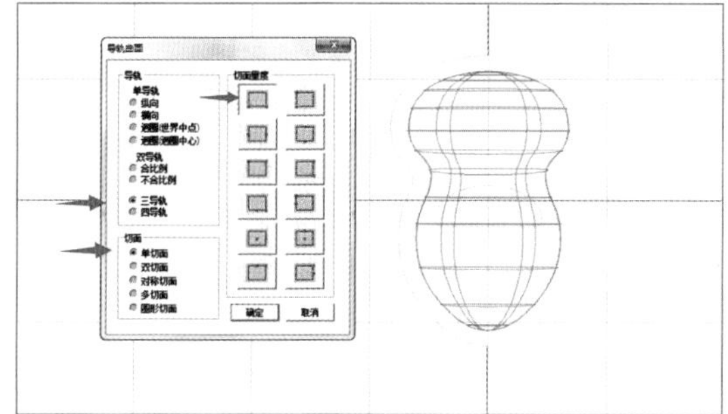

图4-4-55

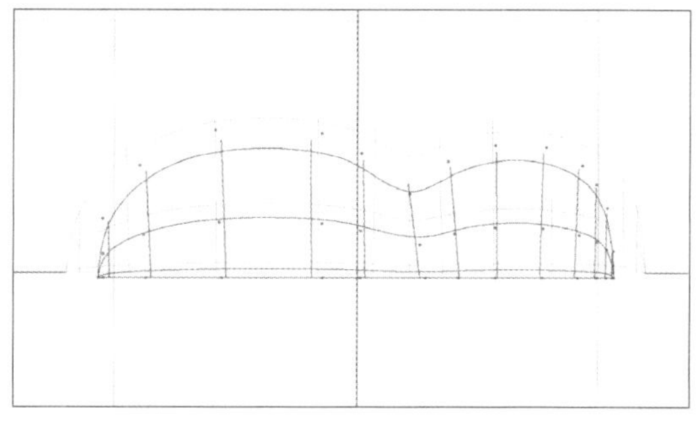

图4-4-56

超过躯干范围，如图4-4-58。

（55）定义该矩形实体为“超减物件”，剪贴0.8mm圆石验证厚度是否正确，如图4-4-59。

（56）删除超减实体；掏底物件减去躯干，如图4-4-60。

（57）上视图，绘制两组树枝曲线，如图4-4-61。

（58）使用“环形重复线”工具，随机制作如图4-4-62的曲线。

（59）使用“任意曲线”工具重新调整布局曲线，如图4-4-63。

（60）原地复制该曲线后略旋转，并继续使用“任意曲线”工具调整新曲线起伏造型，如图4-4-64。

（61）使用“导轨曲面”命令：双导轨、合比例、双切面、切面量度上下居中，生成树枝造型，如图4-4-65。

（62）上视图，绘制3组尾翅曲线，如图

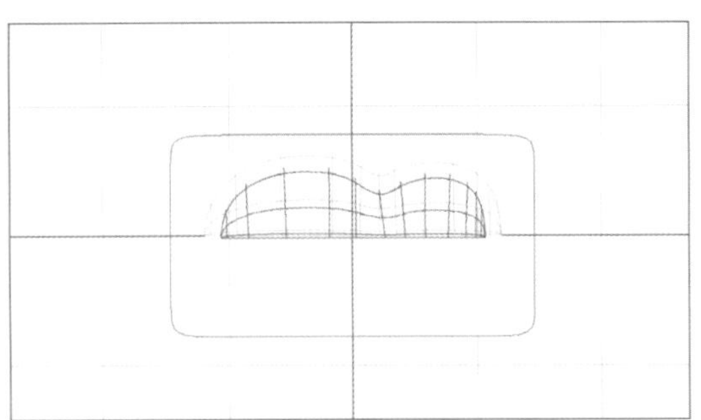

图4-4-57

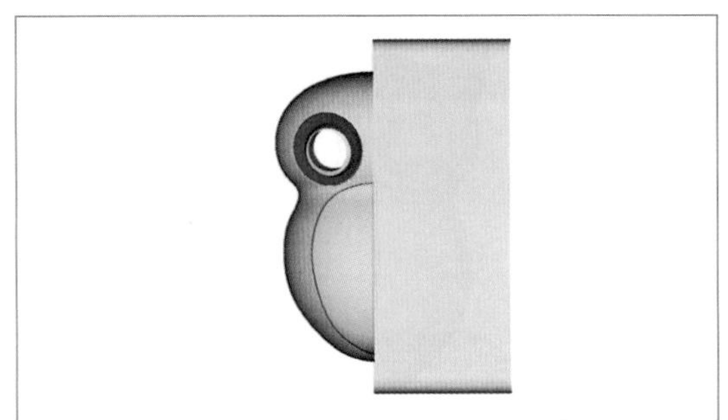

图4-4-58

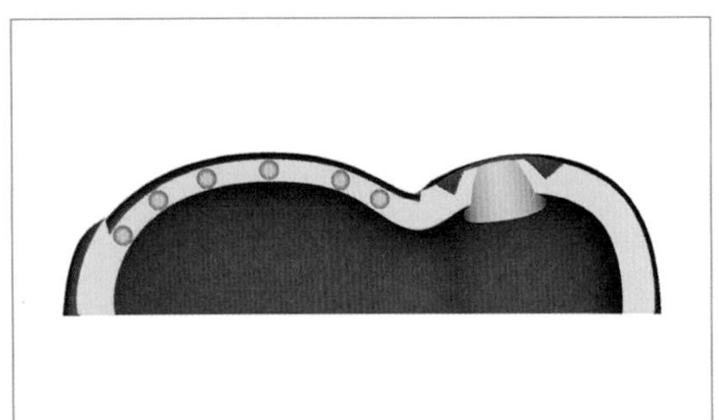

图4-4-59

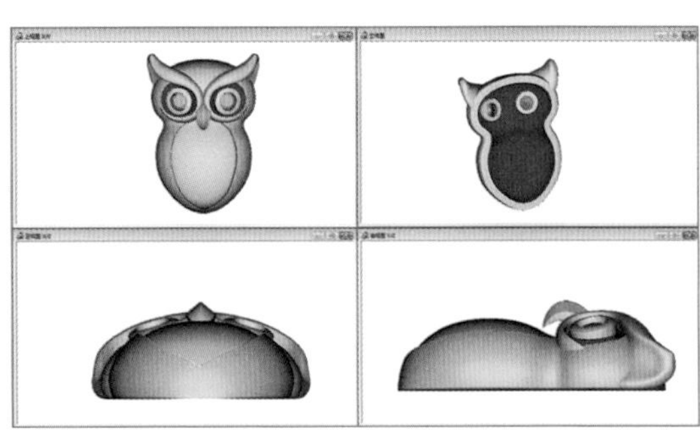

图4-4-60

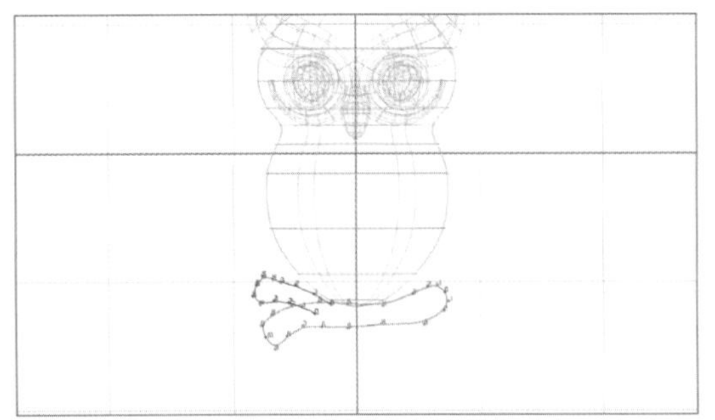

图4-4-61

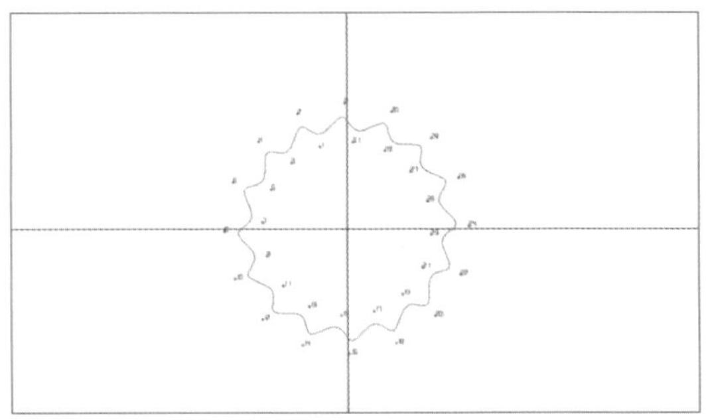

图4-4-62

4-4-66。

（63）右视图，分别调整3组曲线高低位置，使之有层次，如图4-4-67。

（64）制作如图4-4-68的切面曲线。

（65）选择“导轨曲面”命令：双导轨、合比例、单切面、切面量度左右居中，生成尾翅，如图4-4-69。

（66）右视图，绘制绕枝干曲线，如图4-4-70、图4-4-71。

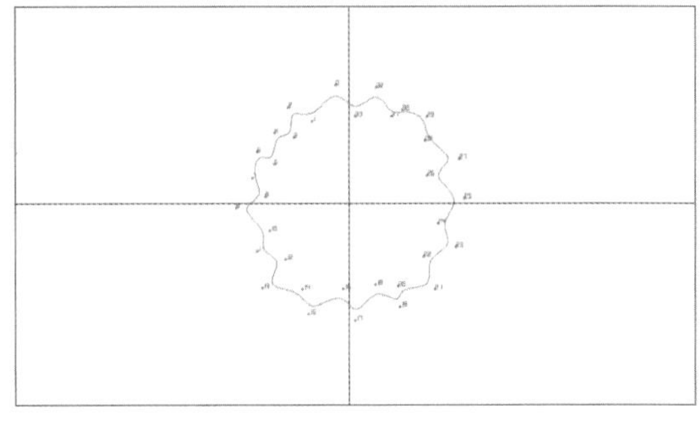

图4-4-63

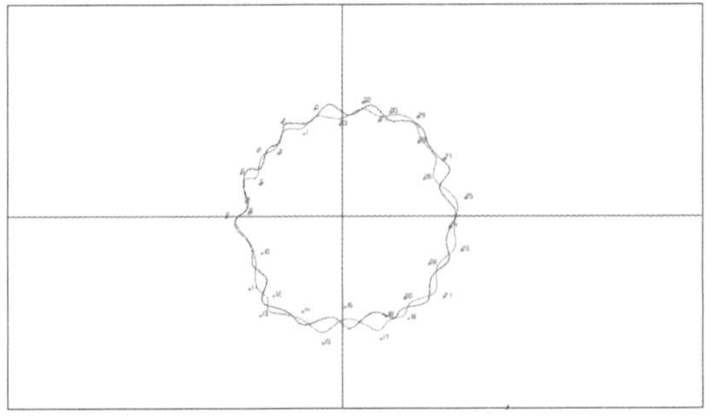

图4-4-64

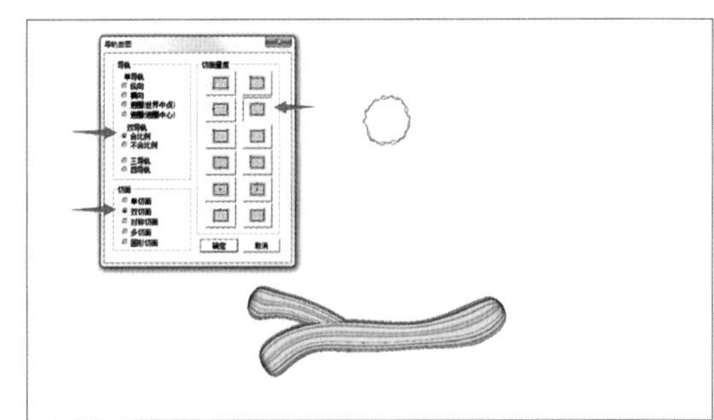

图4-4-65

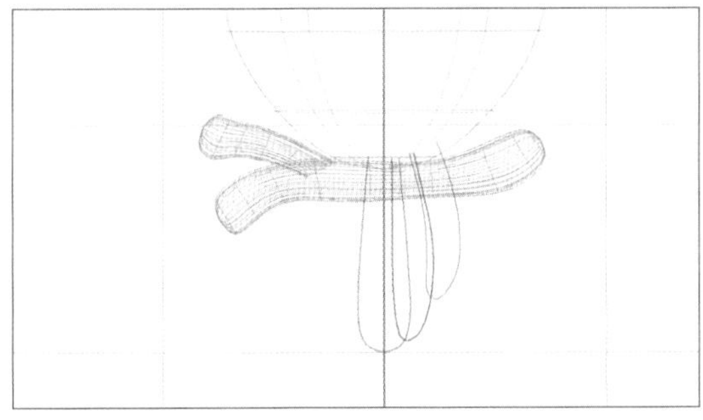

图4-4-66

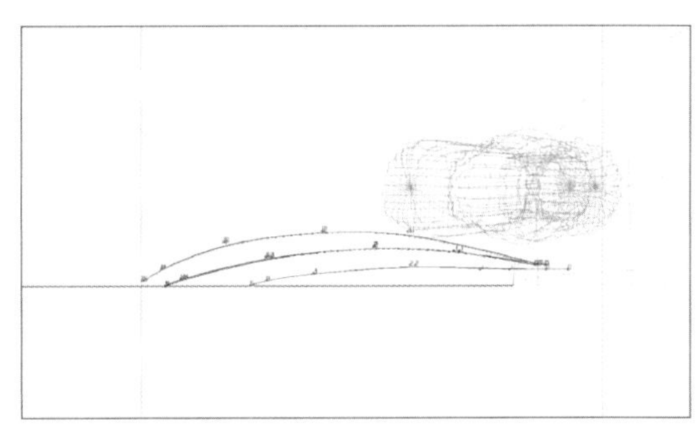

图4-4-67

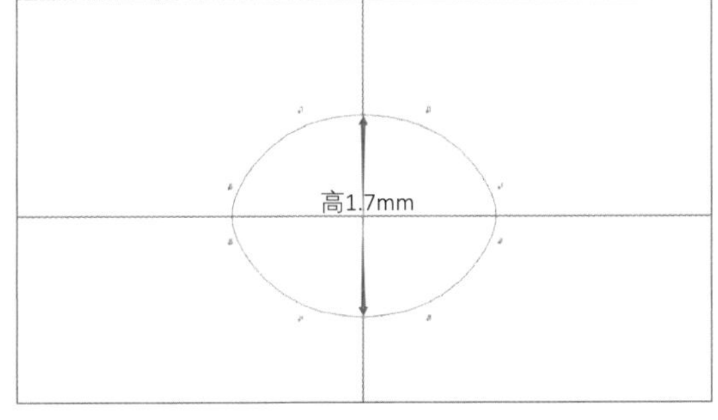

图4-4-68

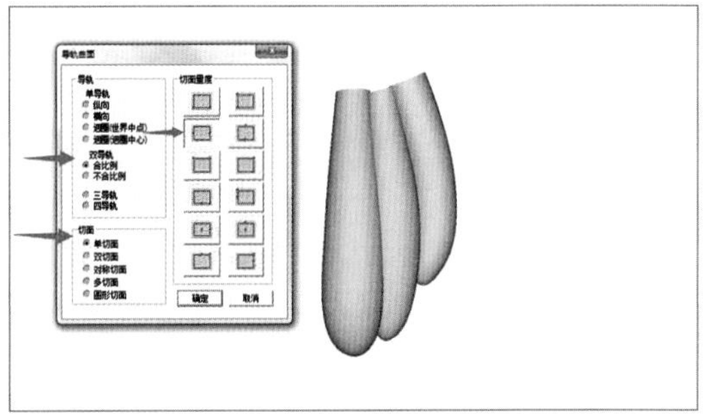

图4-4-69

（67）正视图，如图4-4-72，绘制两个切面曲线，其中一个高0.7mm，另一个高0.4mm。

（68）上视图，选中环绕曲线，使用“管状曲面”命令：双切面，0号CV点使用0.7mm切面，终点CV点使用0.4mm切面，生成爪实体，如图4-4-73。

（69）移动爪至纵轴中心位置，展示爪CV点。爪关节位置CV点使用“尺寸”工具右键横向略扩大，其余位置略收缩，如图4-4-74。

（70）复制出两个爪，并做缩小处理。三个爪移动到右边，并通过拖动CV点处理一些细节问题；联集后对称复制，如图4-4-75、图4-4-76。

（71）正视图，生成1.3mm的圆石。如图4-4-77，绘制切面曲线。直径0.65mm的辅助圆控制开孔位置大小，蜡镶中石孔一般等于或略

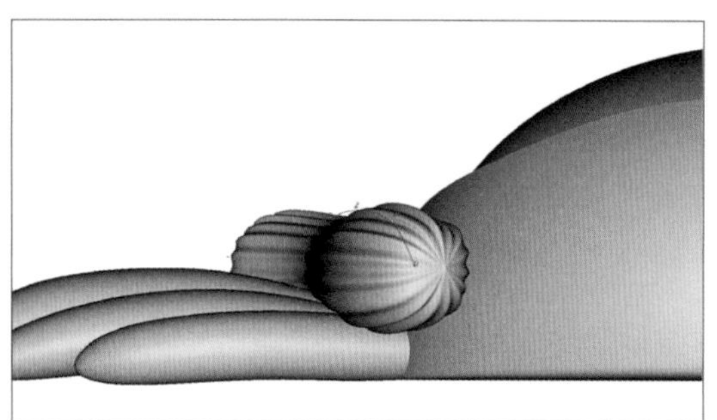

图4-4-70

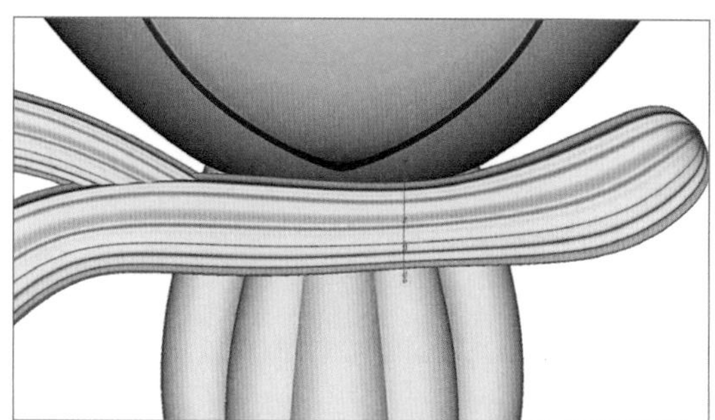

图4-4-71

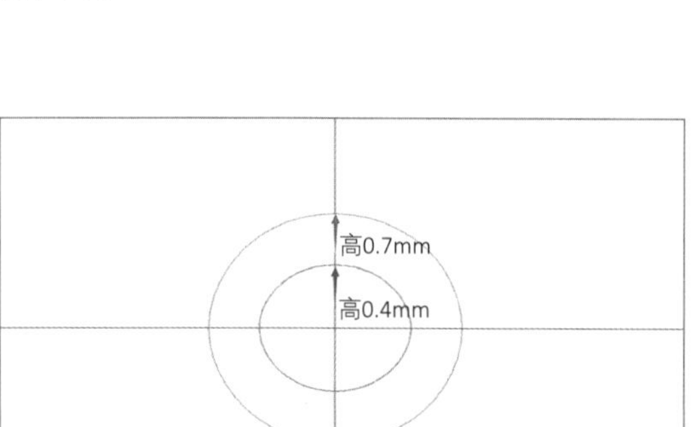

图4-4-72

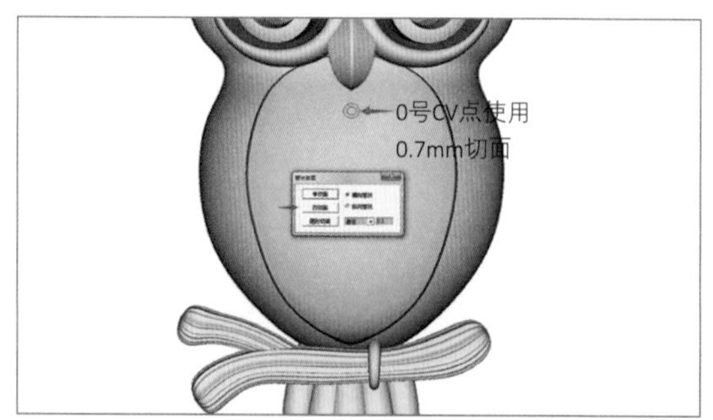

图4-4-73

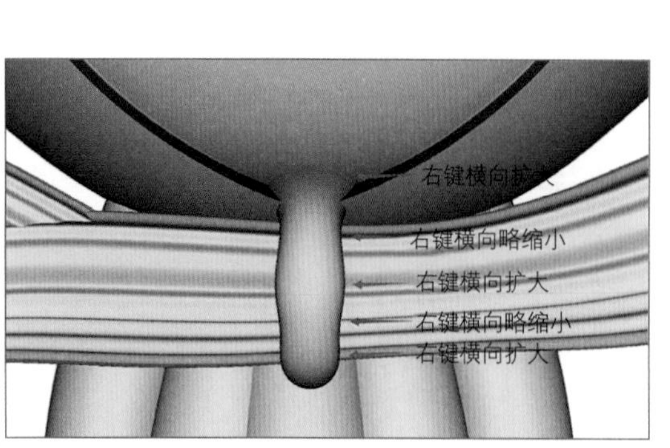

图4-4-74

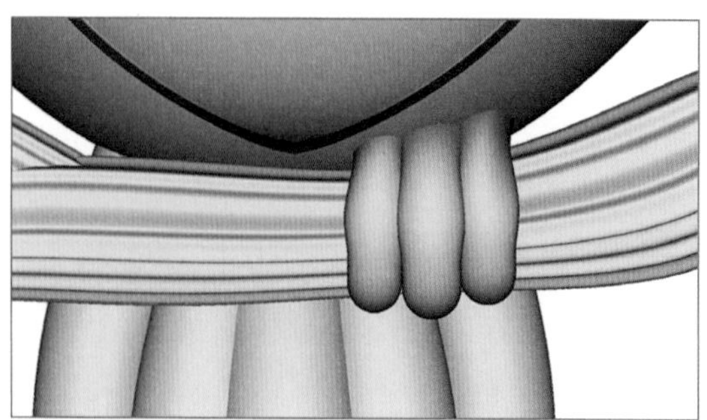

图4-4-75

大于石直径的1/2；直径0.1mm的辅助圆控制石距蜡边距离。

（72）上视图，生成直径1.65、1.2mm的辅助圆。蜡镶中石距比金镶一般略大0.05mm，1.3mm圆石石距应为0.25mm；钉吃入石为0.05mm，直径1.2mm的辅助圆起到控制后期排钉吃石距离的作用，如图4-4-78。

（73）贴合纵轴放置一条辅助直线，如图4-4-79。

（74）原地复制1.3mm圆石及附属物后，沿纵轴辅助线进行剪贴排石，如图4-4-80。

（75）依次排布右边石位，如图4-4-81。

（76）左右对称复制开孔物件，如图4-4-82。

（77）全体开孔物件联集后减去躯干，如图4-4-83。

（78）上视图，生成0.35mm的圆；正视图，向上直线延伸曲面超过宝石台面0.1mm；拖动下方CV点深入横轴0.2mm以上，如图4-4-84。

图4-4-76

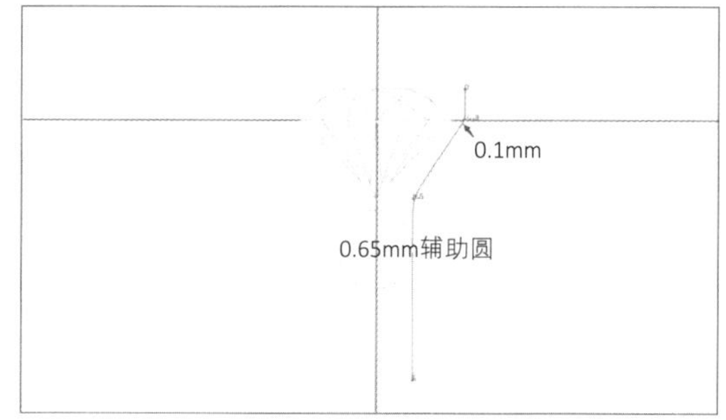

图4-4-77

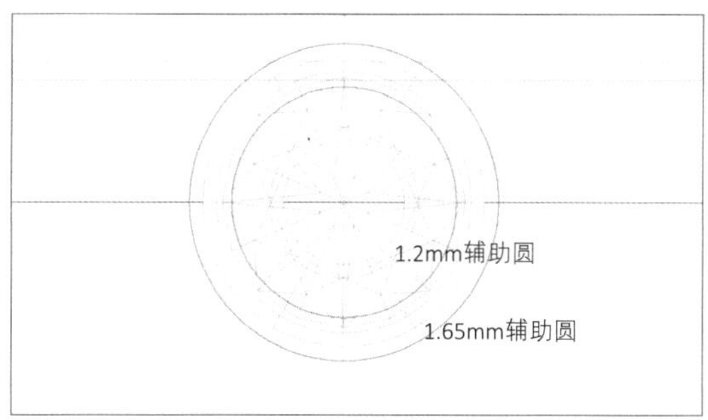

图4-4-78

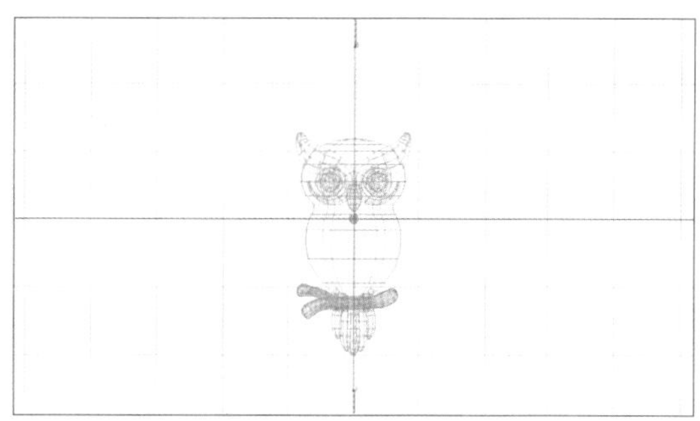

图4-4-79

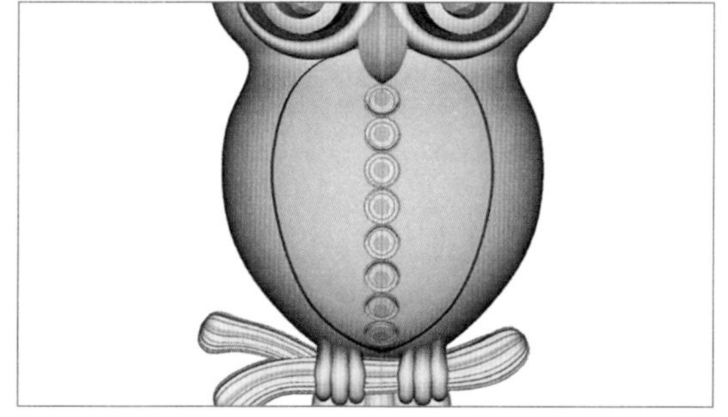

图4-4-80

图4-4-81

（79）贴合步骤（75）中直径1.2mm的辅助圆进行剪贴排钉，如图4-4-85、图4-4-86。

（80）空位排布假钉，如图4-4-87。

（81）联集全体钉并对称复制，对称复制宝石。

（82）生成3.5mm的圆并移动到顶部；使用“管状曲面”工具：圆形切面直径为1mm，生成圆环，如图4-4-88。

（83）完成猫头鹰吊坠制作，如图4-4-89。

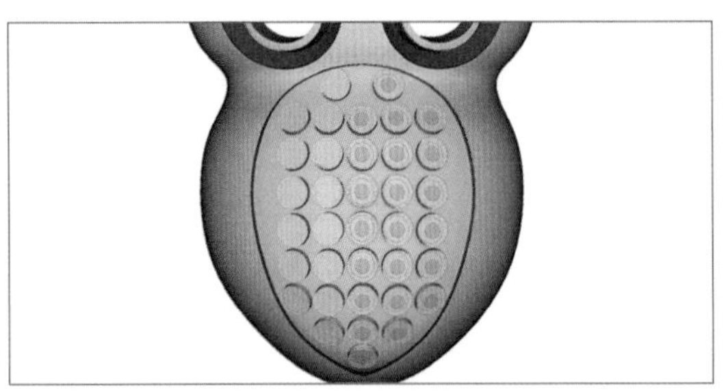

图4-4-82

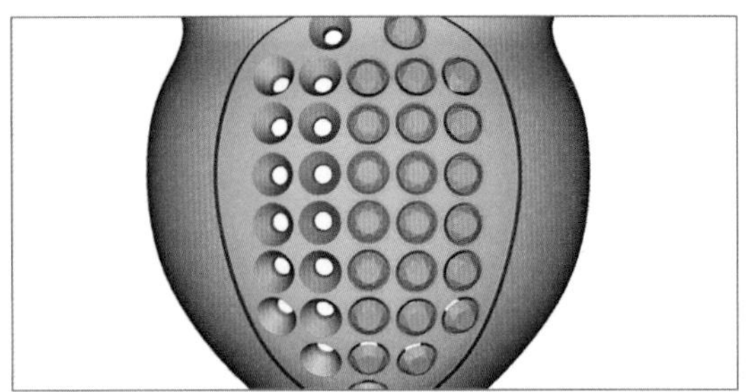

图4-4-83

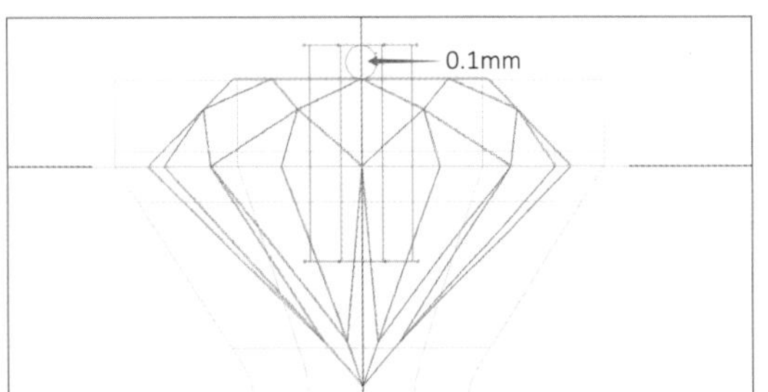

图4-4-84

图4-4-85

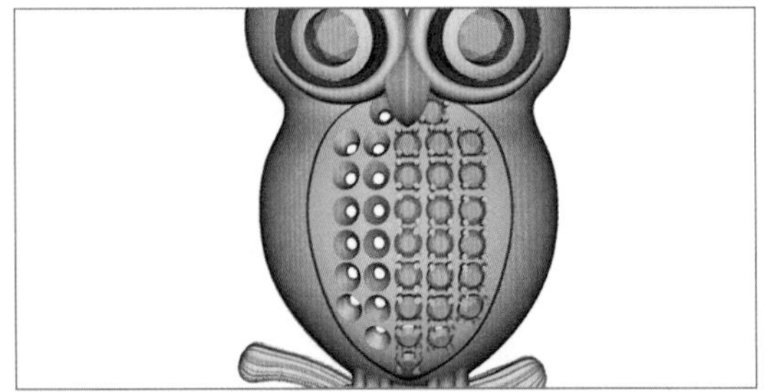

图4-4-86

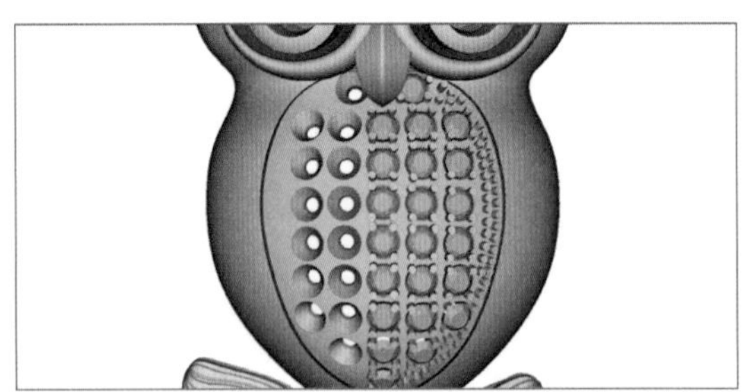

图4-4-87

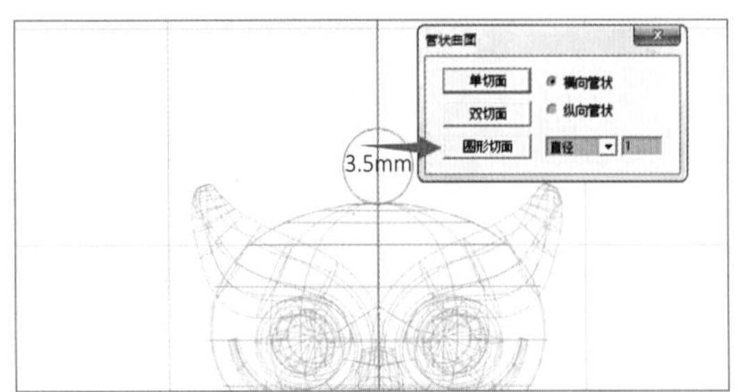

图4-4-88

图4-4-89

Chapter 5 第五章 耳环篇

耳环，由前部饰面、插针和后部夹件、弹簧夹组成。其造型变化较为多样，从佩戴效果来分，通常分为贴近耳垂的扣式与垂在耳下的垂吊式两类。

由于耳环的造型多变，依据造型对其有不同的名称：耳坠、耳钉、耳拍（扣）、耳圈及耳线等。其侧面造型则主要有圆形、U形、虾米形，如图5-0-1。

本章通过2个耳环案例制作，主要讲解：

①饰面的设计与造型建模；

②较位结构与制作：

a.耳环1：全开合、限位开合；

b.耳环2：弹扣开合。

通过对耳环结构的详细讲解，帮助读者理解首饰的活动关节位的制作方式，为下一章手镯制作打下基础。

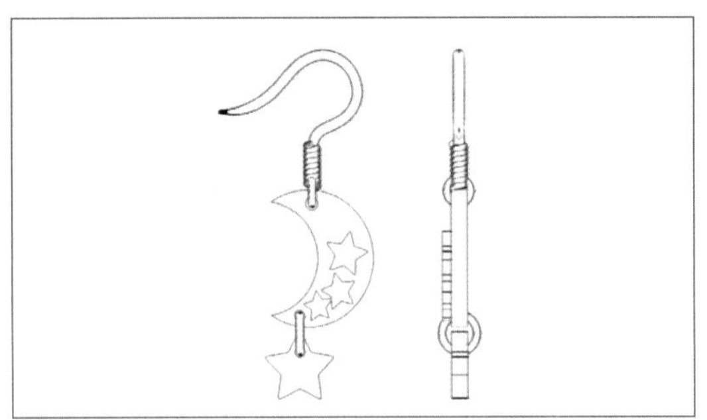

（a）垂吊式

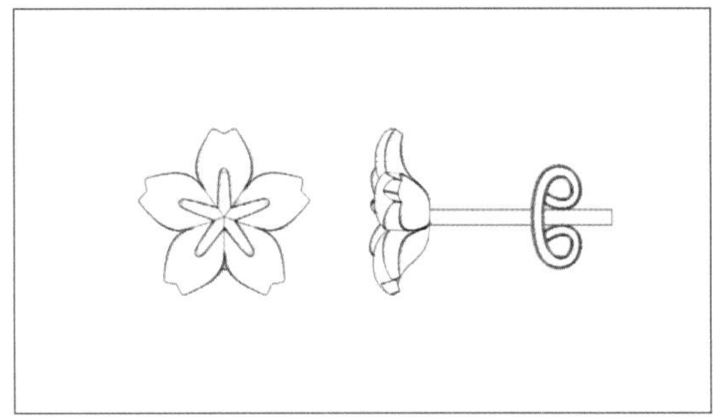

（b）钉式

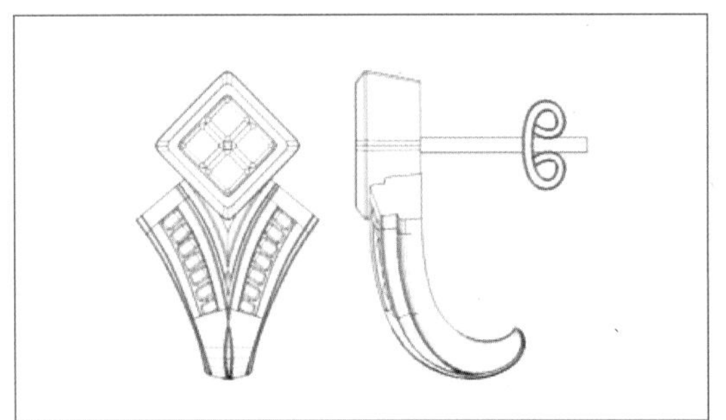

（c）虾米形耳钉

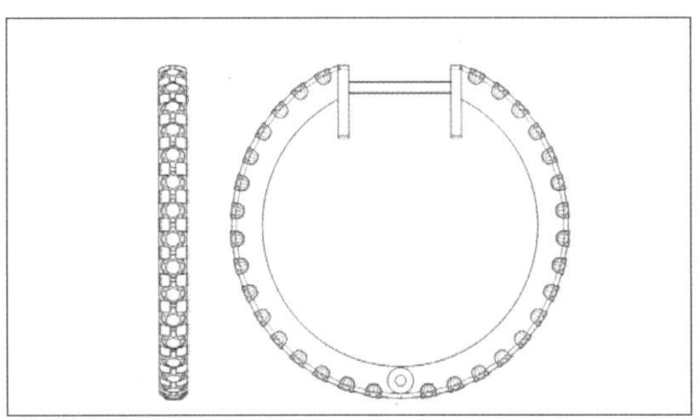

（d）圆环形耳环

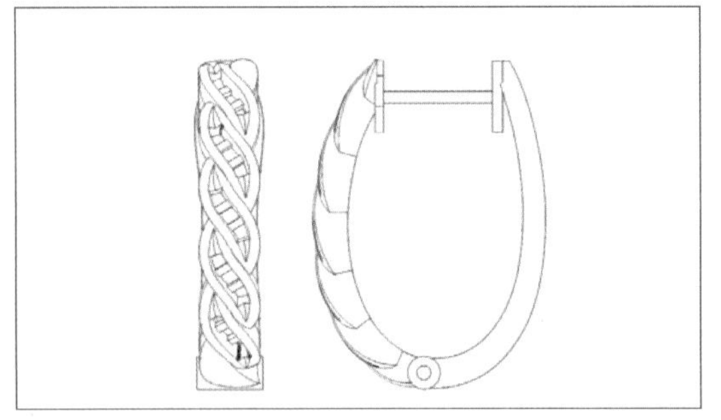

（e）U形耳环

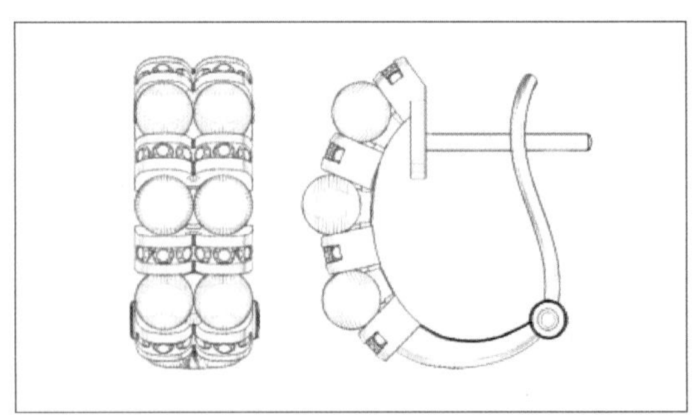

（f）虾米形耳环

图5-0-1

第一节 耳环1

耳环，可以设计为贴耳及垂吊款，丰富造型，适宜不同消费者需求，如图5-1-1、图5-1-2。

本案例主要讲解：转轴位置的制作，包括全开合和限位开合。

制作步骤如下：

（1）确定耳拍大小。正视图，生成长为21mm、宽为7.8mm的矩形，如图5-1-3。

（2）右视图，绘制耳拍侧面造型曲线，控制耳拍侧面形态与大小，如图5-1-4。

（3）正视图，绘制如图所示的3组成对曲线，其后期需镶入1.3mm的圆石，故其宽度均值应该保持在2.5mm左右（未含执版、执模放量），如图5-1-5。

（4）使用“中间曲线”命令，分别生成成对曲线的中间曲线，如图5-1-6。

（5）右视图，投影工具：“投影方向”向左、“投影性质”贴在曲线/面上，将第1组曲线投影至耳拍外形态辅助线上，曲线尾端需贴

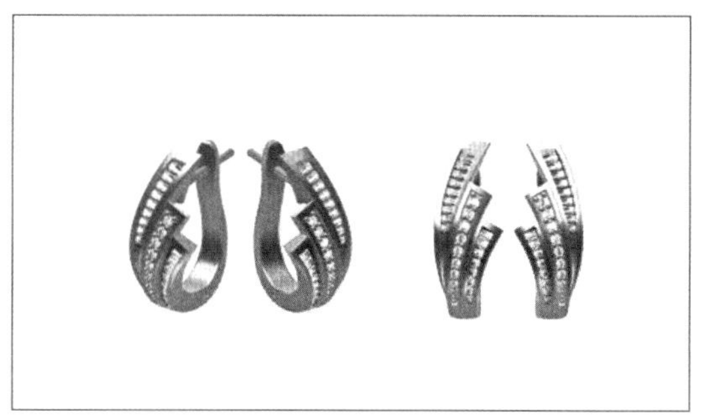

图5-1-1

图5-1-2

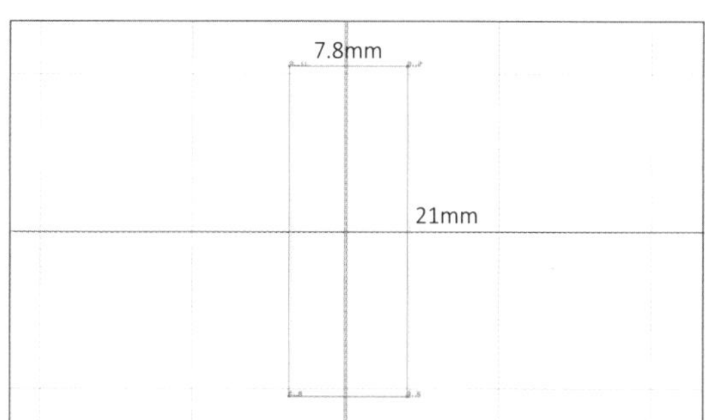

图5-1-3

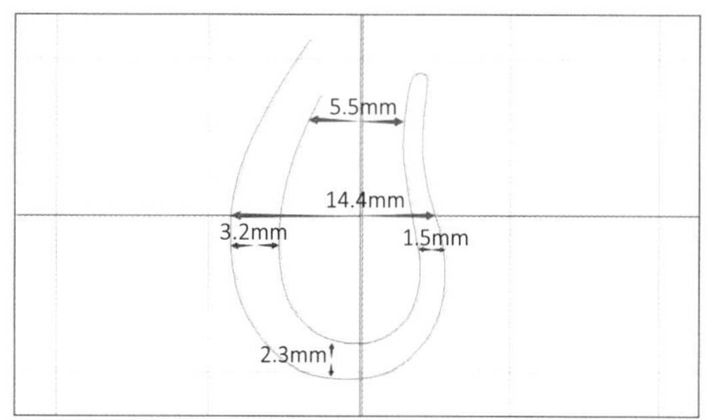

图5-1-4

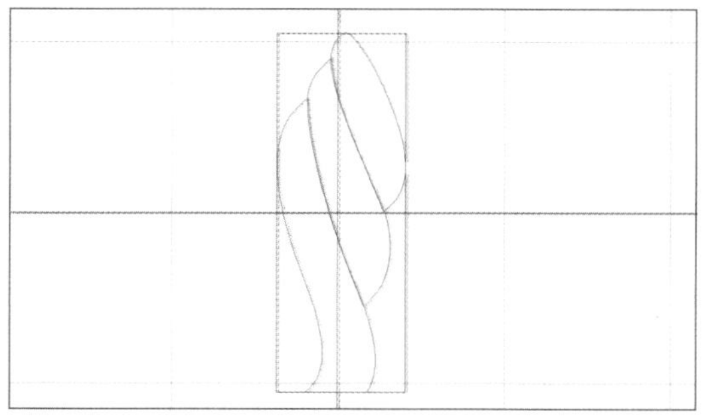

图5-1-5

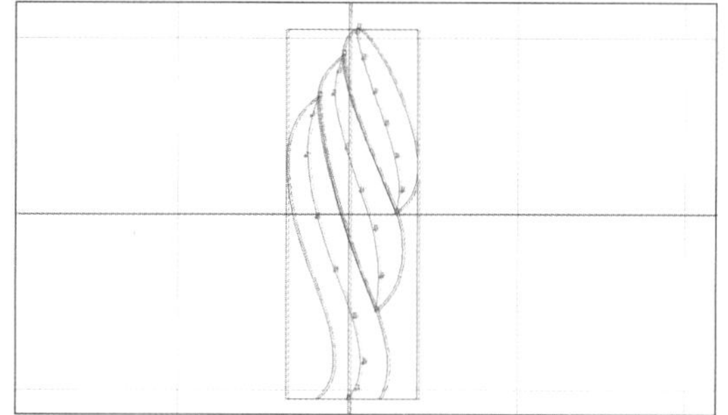

图5-1-6

齐纵轴，如图5-1-7。

（6）将第1组曲线的中间曲线投影至耳拍内形态辅助线上，如图5-1-8。

（7）将未贴合的曲线调整贴合至内辅助线上，曲线尾端需贴齐纵轴，如图5-1-9。

（8）同步骤（5），将第2组曲线均贴至耳外拍侧面形态曲线上，如图5-1-10。

（9）将本组曲线向外偏移0.5mm，可以删除或隐藏原曲线。步骤（4）偏移出的中间曲线若头尾处不太合理，可略做调整，如图5-1-11。

（10）参照步骤（6）（7），将该中间曲线投影贴合至内辅助线上，如图5-1-12、图5-1-13。

（11）参照步骤（5）及步骤（9），将第三组曲线投影贴合外辅助线，并向外偏移0.3mm，如图5-1-14、图5-1-15。

（12）将第3组的中间曲线投影并调整贴合内辅助线，如图5-1-16、图5-1-17。

（13）分别在正视图及右视图继续完成耳拍3组导轨曲线造型调整，如图5-1-18。

（14）绘制如图5-1-19的切面曲线。

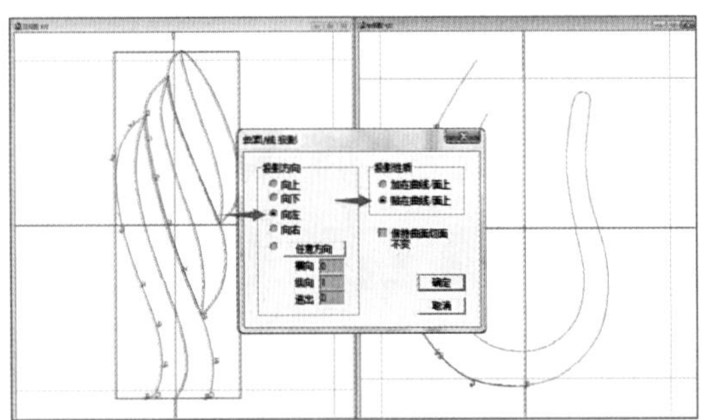

图5-1-7

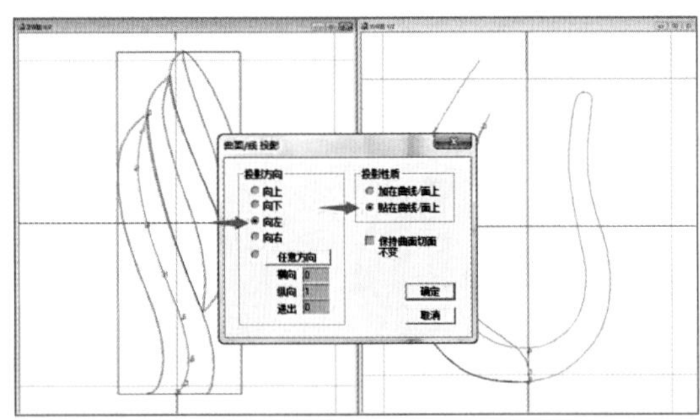

图5-1-8

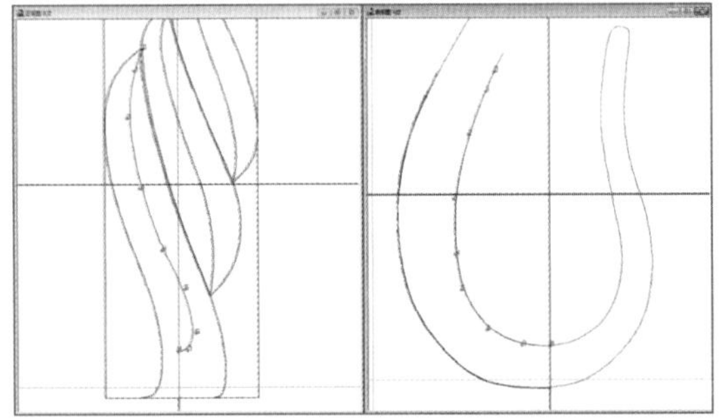

图5-1-9

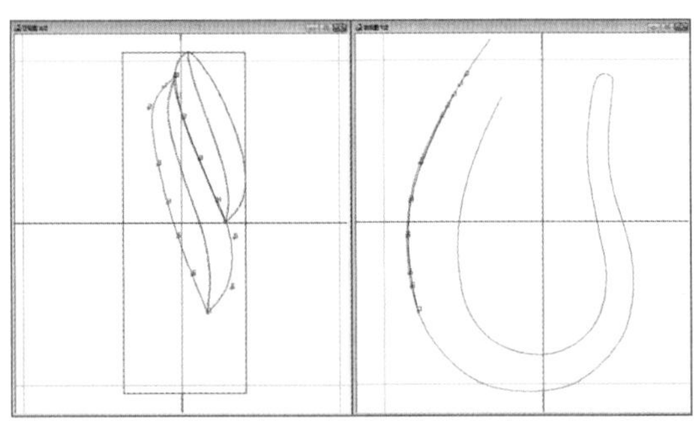

图5-1-10

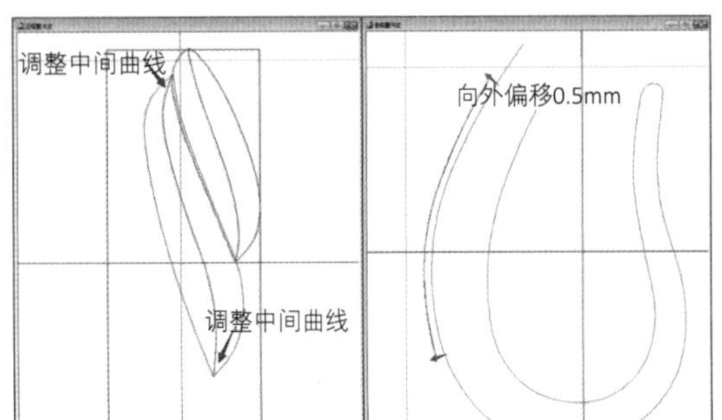

图5-1-11

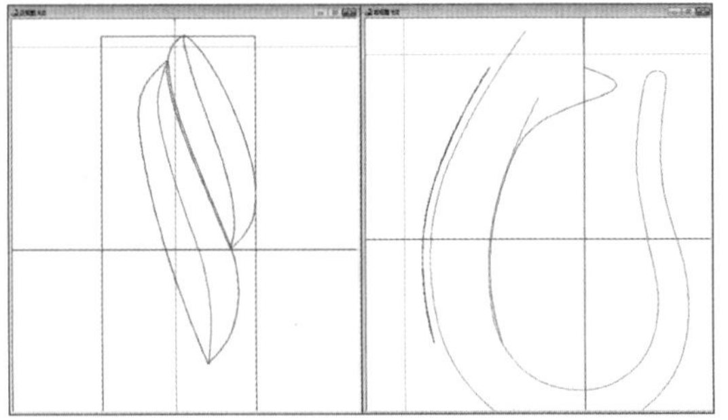

图5-1-12

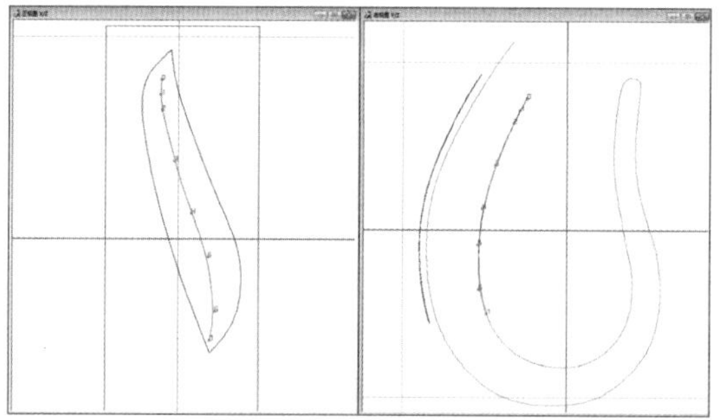

图5-1-13

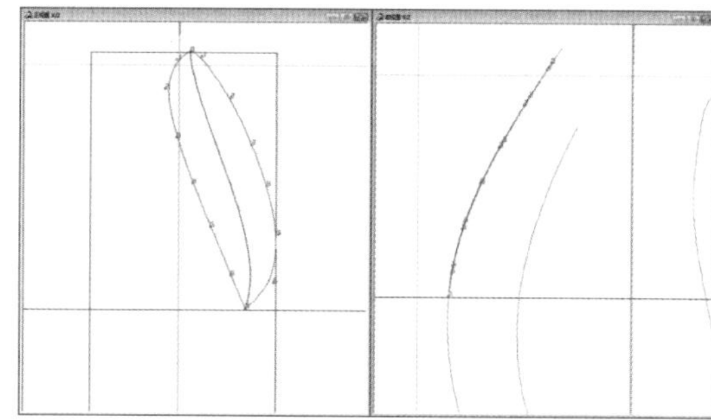

图5-1-14

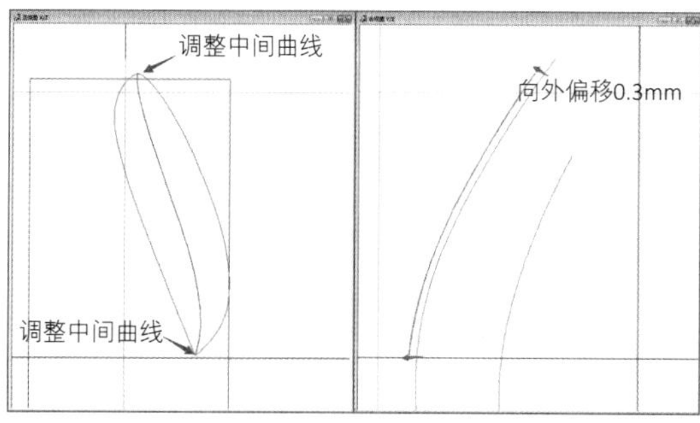

图5-1-15

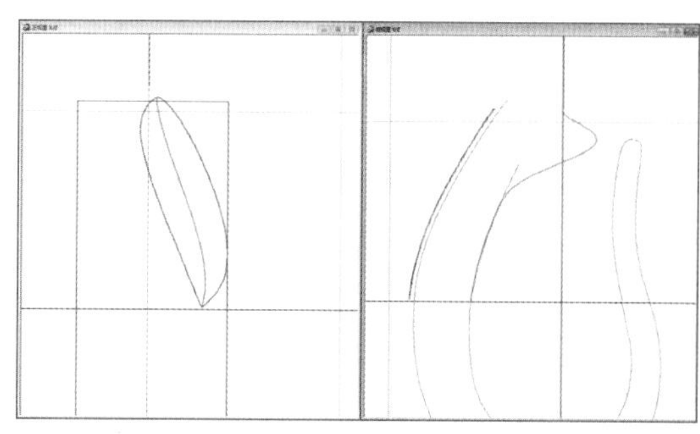

图5-1-16

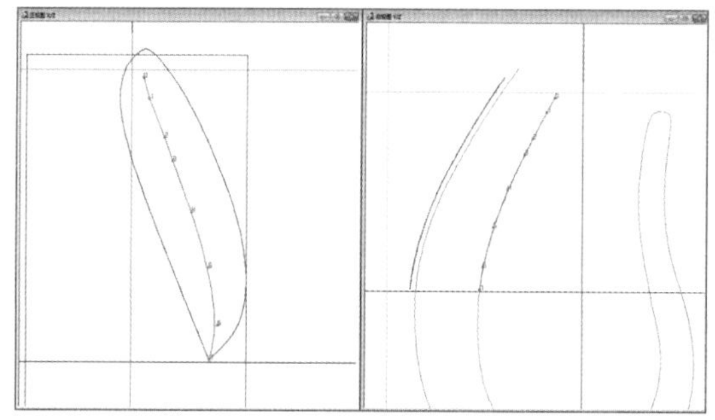

图5-1-17

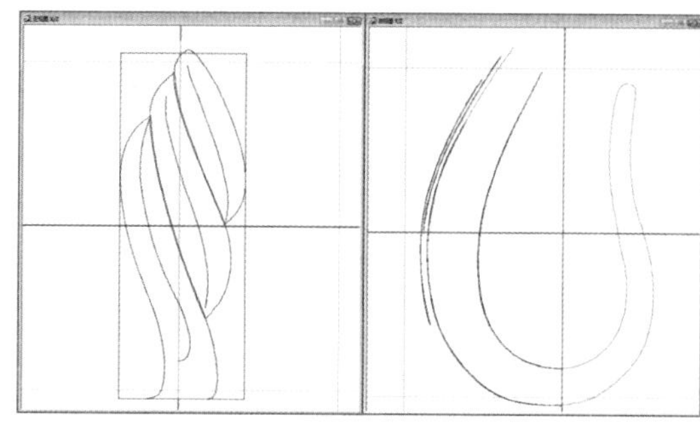

图5-1-18

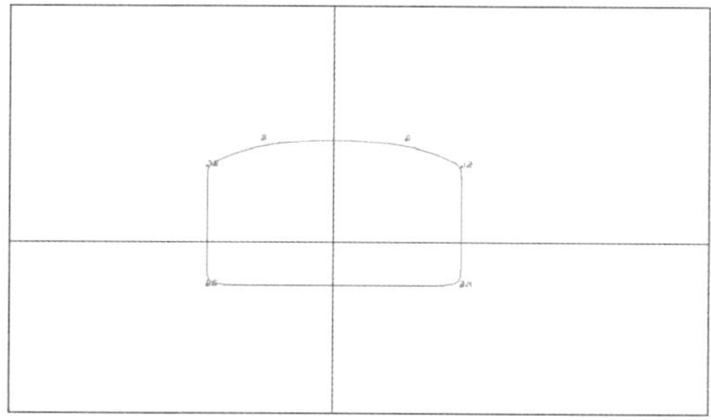

图5-1-19

（15）选择“导轨曲面”命令：三导轨、单切面、切面量度向下，生成3组实体物件，如图5-1-20。

（16）上视图，生成1.2mm的圆石，使用“任意曲线”工具，在圆石中心放置0号CV点，如图5-1-21。

（17）剪贴于第1组实体表面两侧，如图5-1-22。

（18）删除全体圆石，使用“连接曲线”

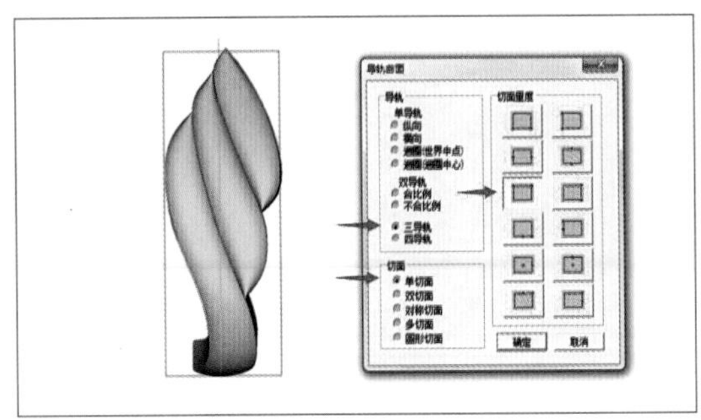

图5-1-20

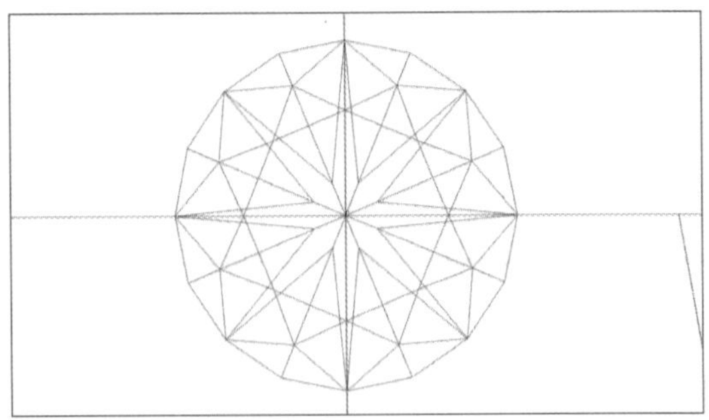

图5-1-21

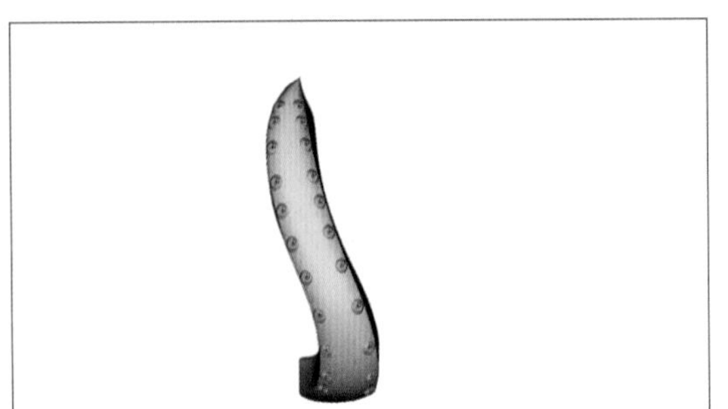

图5-1-22

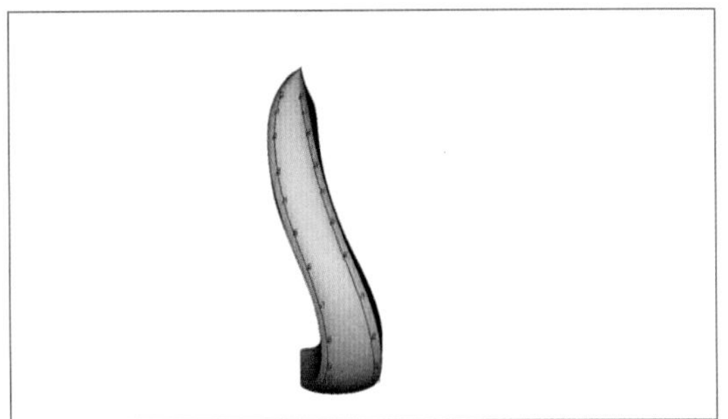

图5-1-23

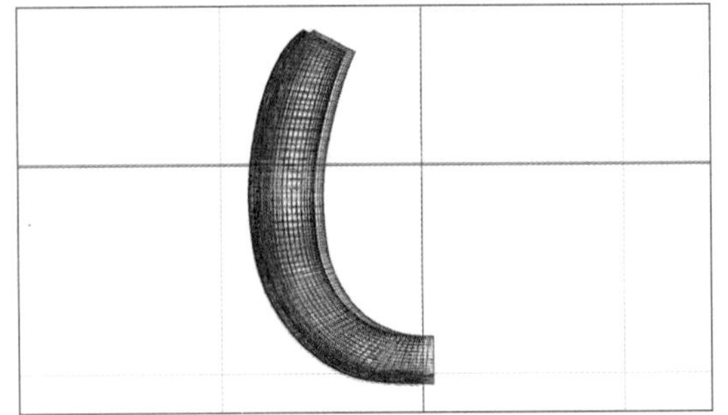

图5-1-24

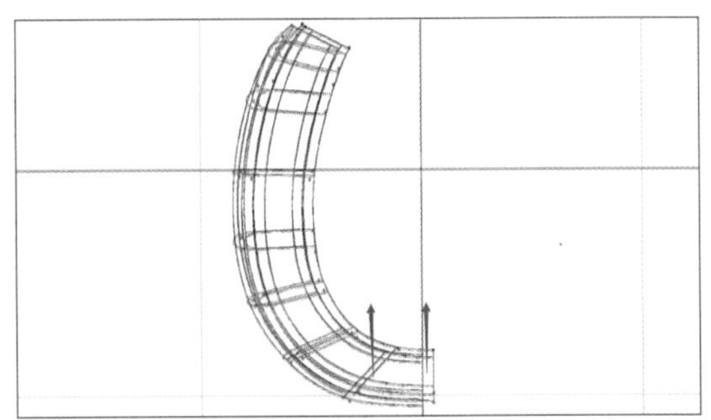

图5-1-25

工具，逐一将0号CV连接成线，如图5-1-23。

（19）右视图，使用“直线复制”工具，将该实体向右0.5mm复制一件，如图5-1-24。

（20）展示复制出物件CV点，将偏移距离不足0.5mm的CV点选中后略做调整，使得两者各处间距均为0.5mm，如图5-1-25。

（21）正视图，生成直径1.0mm的辅助圆。使用“左右对称曲线”工具，绘制如图梯形切面。梯形底面曲线，刻意增加数对CV点，如图5-1-26。

（22）选择“导轨曲面”命令：双导轨、不合比例、单切面、切面量度中间，生成开槽物件，如图5-1-27。

（23）右视图，展示并选中开槽物件底部所有CV点，将其投影贴合至复制物件表面，“投影方向”向左、“投影性质”贴在曲线/面上；之后删除复制物件，如图5-1-28。

（24）将开槽物件减去下方实体，如图5-1-29。

（25）参照步骤（22）～（24），分别将

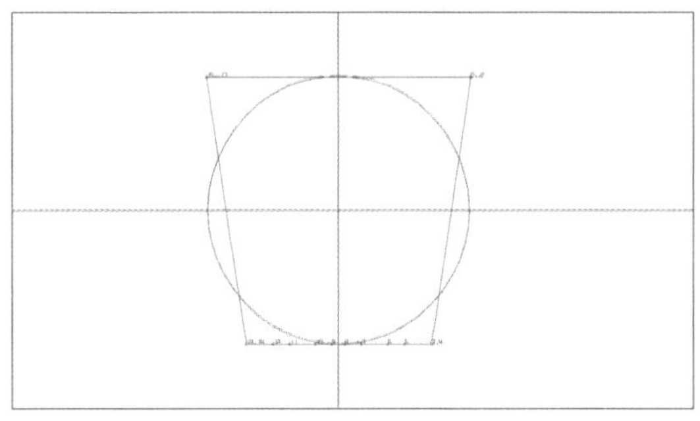

图5-1-26

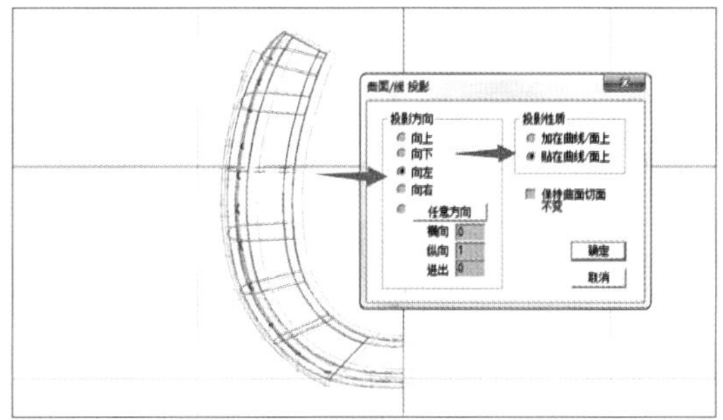

图5-1-28

余下实体开出石位槽，如图5-1-30。

（26）背视图，参照步骤（16）（17），剪贴1.6mm的圆石于0号CV点，如图5-1-31。

图5-1-30

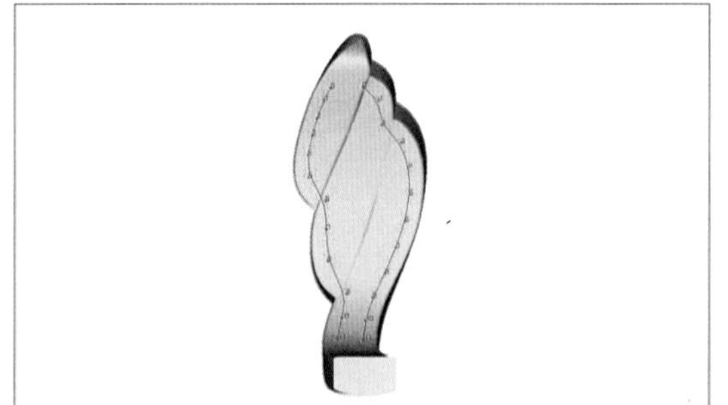

图5-1-32

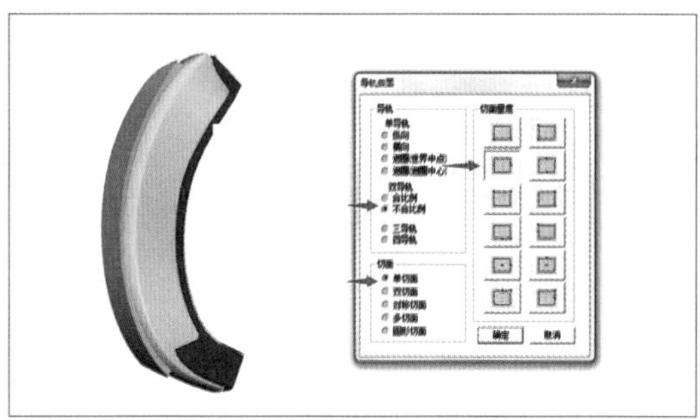

图5-1-27

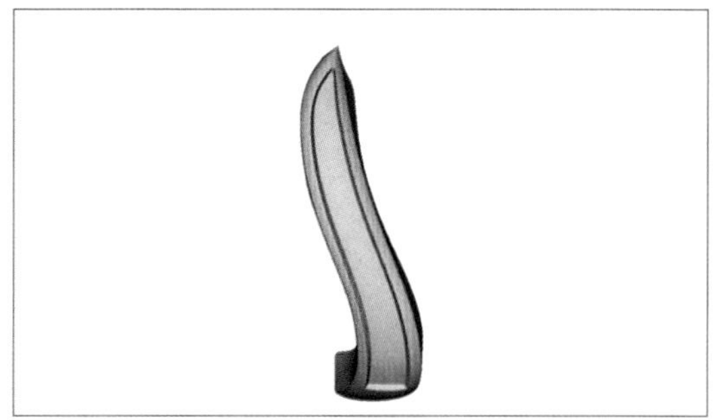

图5-1-29

（27）参照步骤（18），连接曲线，如图5-1-32。

（28）调整曲线，使其0号CV点置于一处，如图5-1-33。

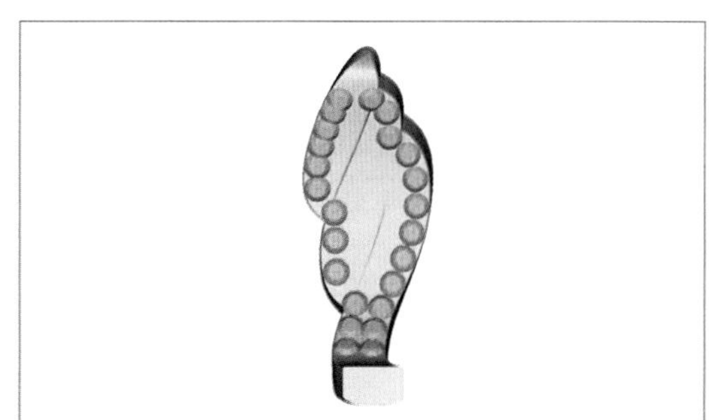

图5-1-31

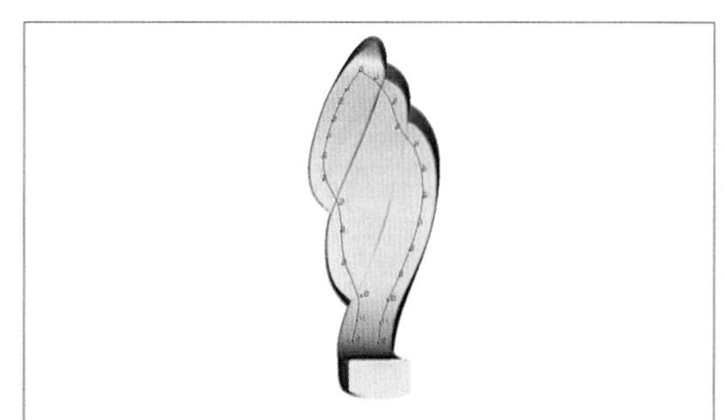

图5-1-33

（29）生成中间曲线，如图5-1-34。

（30）正视图，在槽位最宽处，剪贴入适合大小的圆石。其中以最宽处剪贴的圆石为主要标准。本例中最宽处可置入的圆石直径为1.5mm。此步骤的目的在于控制好掏底深度，如图5-1-35。

（31）右视图，以上步骤剪贴入的最大圆石为标准，其底部可放0.4mm辅助圆。此步骤目的在于控制掏底位置处于最大圆石下方0.4mm处，如图5-1-36。

（32）选择步骤（29）中间曲线，将其向外偏移1.55mm至辅助圆处，如图5-1-37。

（33）绘制一个矩形切面，使用“导轨曲面”命令：三导轨、单切面、切面量度向下，生成掏底物件；更换其材质颜色并定义为“超减物件”，如图5-1-38。

（34）右视图，贴合形态辅助线绘制耳拍后部造型曲线，尾（头）部CV点贴合纵轴，如图5-1-39。

（35）生成中间曲线，如图5-1-40。

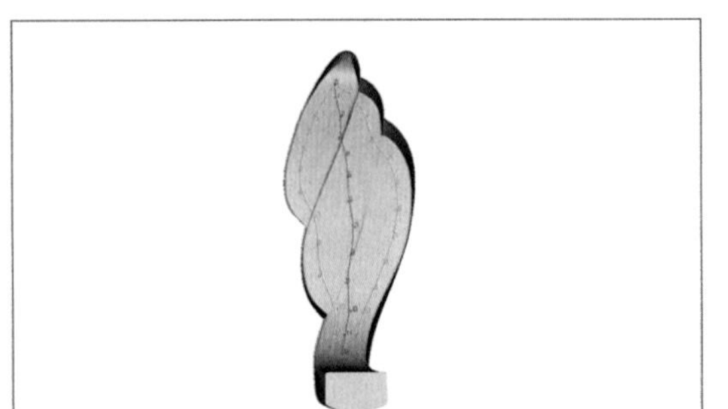

图5-1-34

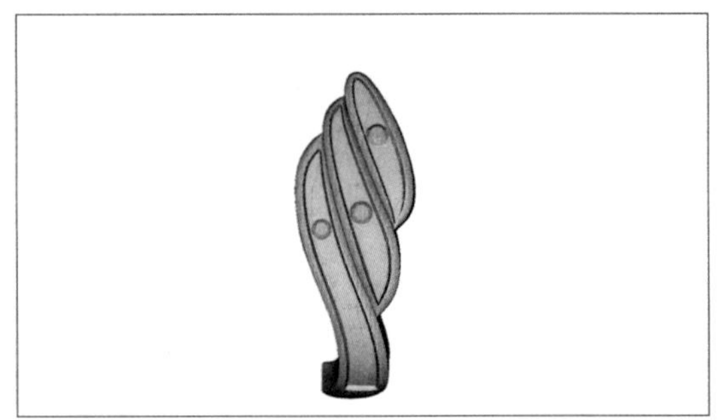

图5-1-35

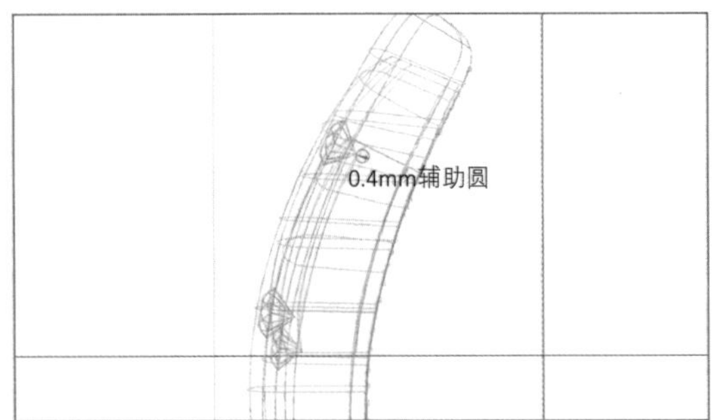

图5-1-36

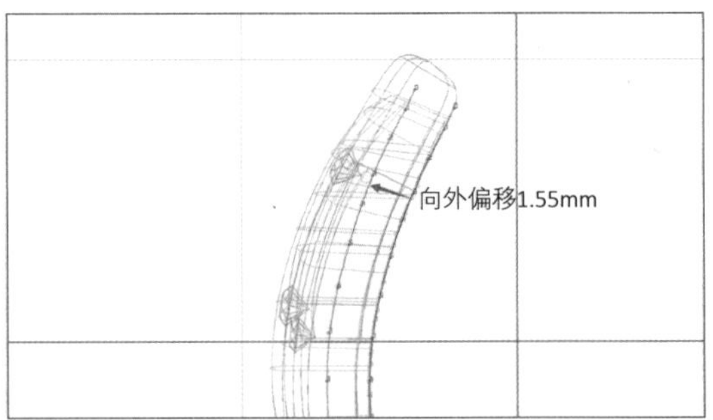

图5-1-37

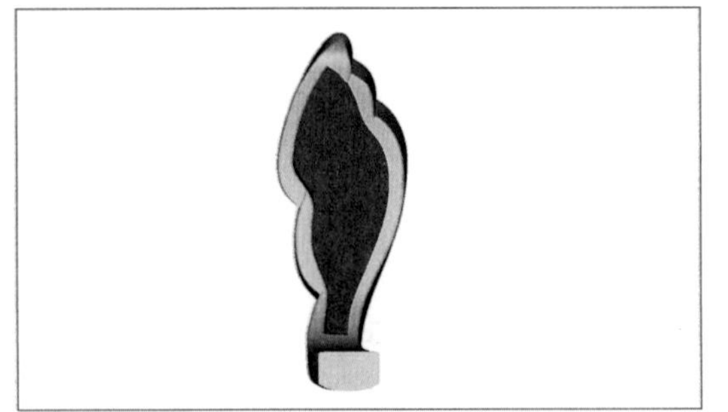

图5-1-38

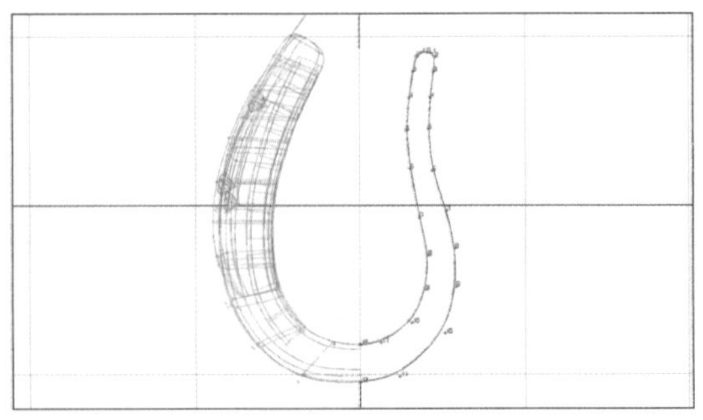

图5-1-39

（36）背视图，如图5-1-41绘制辅助形态线。

（37）将步骤（35）中间曲线投影贴合至辅助线上，如图5-1-42。

（38）调整中间曲线，顶端位置贴合纵轴，尾部贴合实体边缘，再将其左右对称复制，如图5-1-43。

（39）得到四条控制耳拍后部造型的导轨曲线，如图5-1-44。

（40）上视图，展示四条导轨线CV点，选中中间处的CV点，如图5-1-45。

（41）将CV点向左平移，使得曲线与前部实体走向一致，如图5-1-46。

（42）选择“导轨曲面”命令：四导轨、单切面、切面量度向上，使用步骤（14）切面，生成耳拍后部物件，如图5-1-47。

（43）右视图，纵轴位置处，前后两部物件未能完全贴合，如图5-1-48。

（44）沿纵轴放置一条垂直辅助线，如图5-1-49。

（45）分别将前后两部件此间CV点投影贴

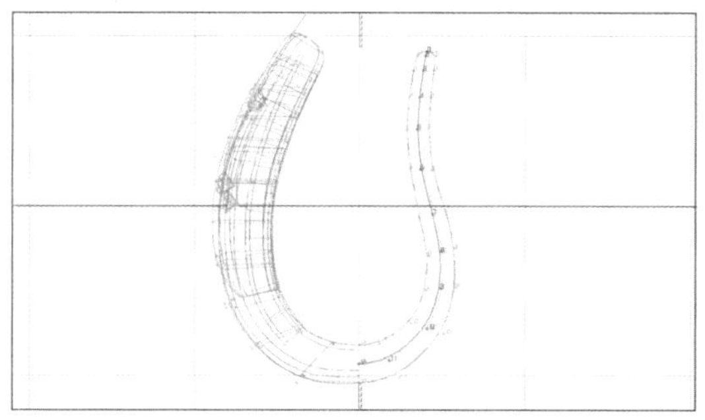

图5-1-40

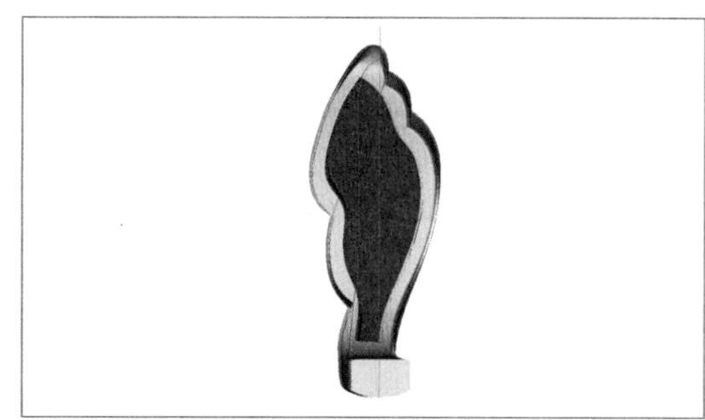

图5-1-41

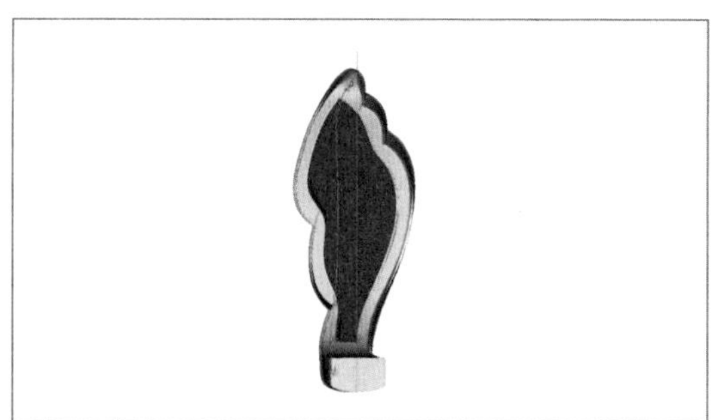

图5-1-42

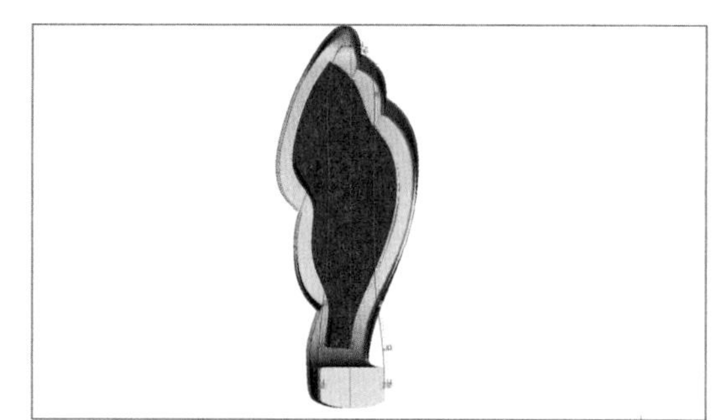

图5-1-43

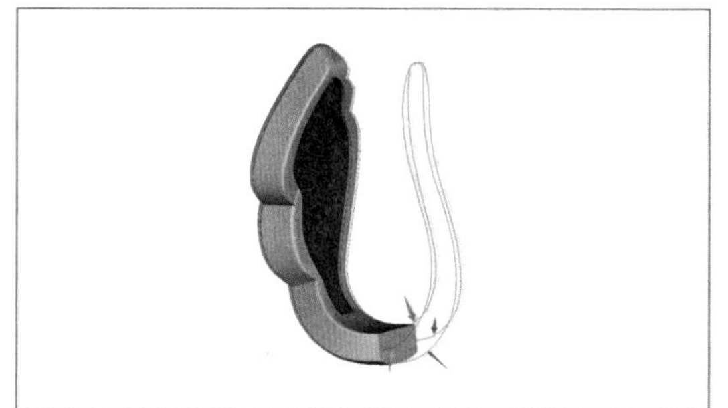

图5-1-44

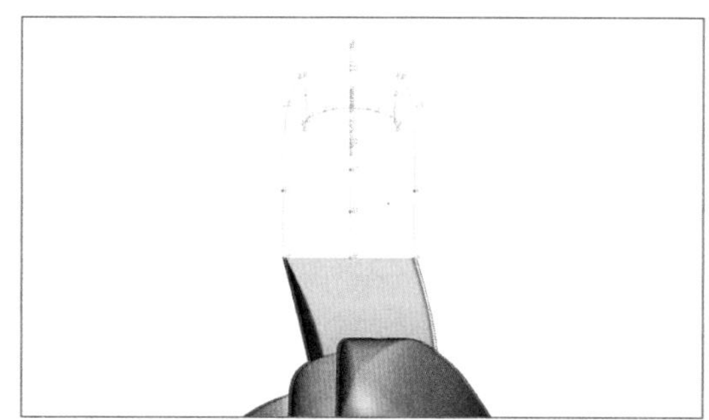

图5-1-45

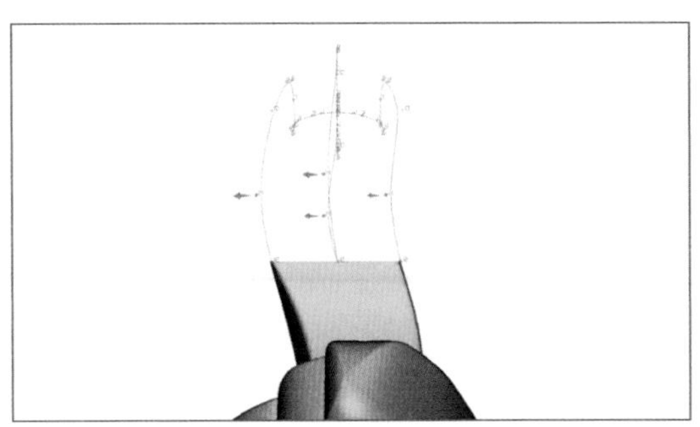

图5-1-46

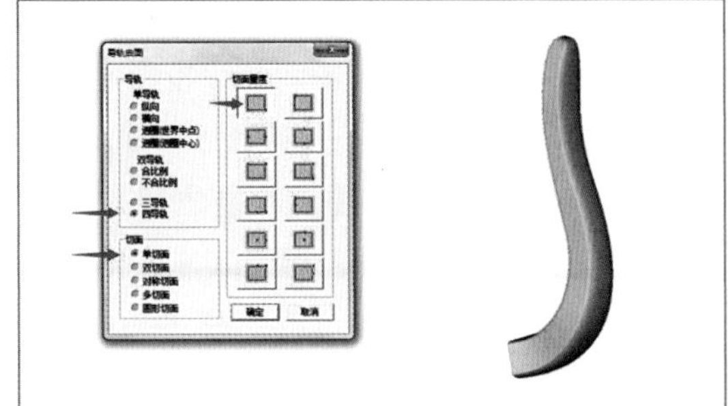

图5-1-47

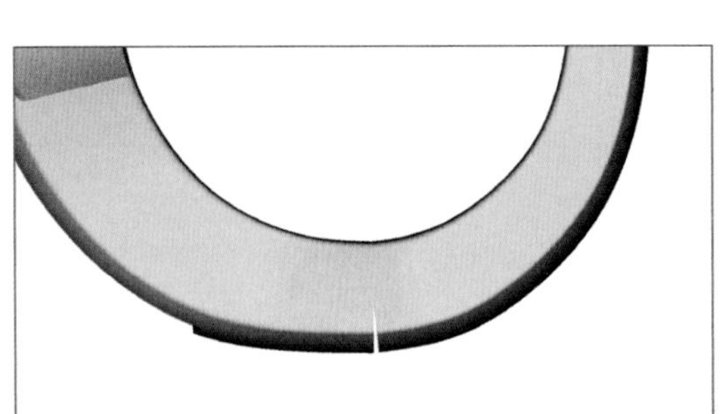

图5-1-48

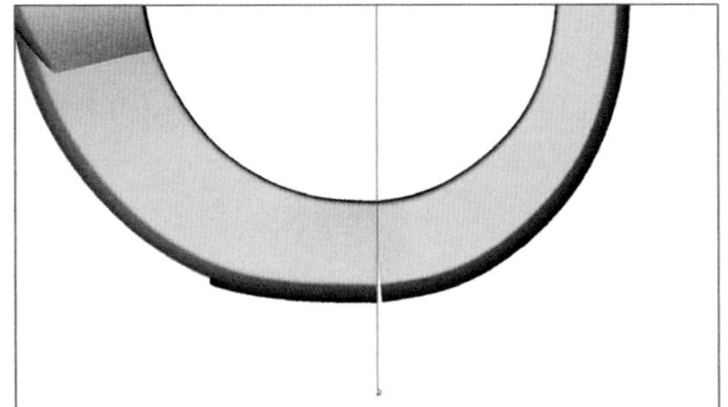

图5-1-49

合至辅助线上，如图5-1-50。

（46）初步完成耳拍前后物件制作，如图5-1-51。

（47）右视图，制作一个宽为1.2mm、高为3.2mm的切面，如图5-1-52。

（48）背视图，将其直线延伸曲面生成耳针底座，使得延伸出的物件保持居中位置，且两端与光金边相接触，如图5-1-53。

（49）从图5-1-53中可见掏底物件与耳针底座形成一个空位，视觉上不美观，故可展示掏底物件CV点，将其顶部CV点向下方调整。调整适当后，掏底物件再次减去耳拍前部物件，如图5-1-54。

（50）耳拍全开合较口制作：右视图，生成直径0.8、2.3mm的圆，如图5-1-55。

（51）将其移动到纵轴对称位置，如图5-1-56。

（52）上视图，将其直线延伸曲面1.2mm，

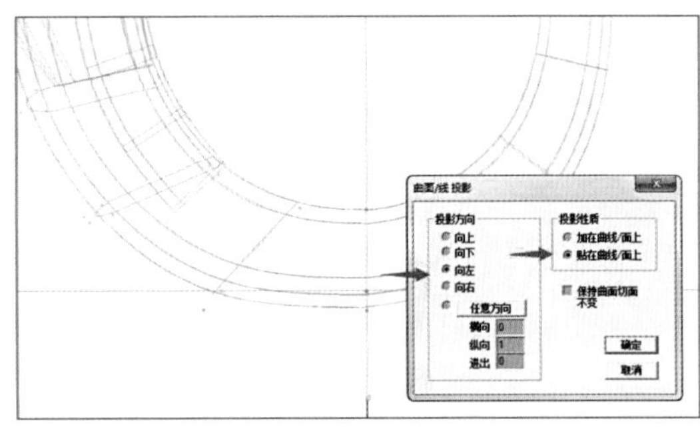

图5-1-50

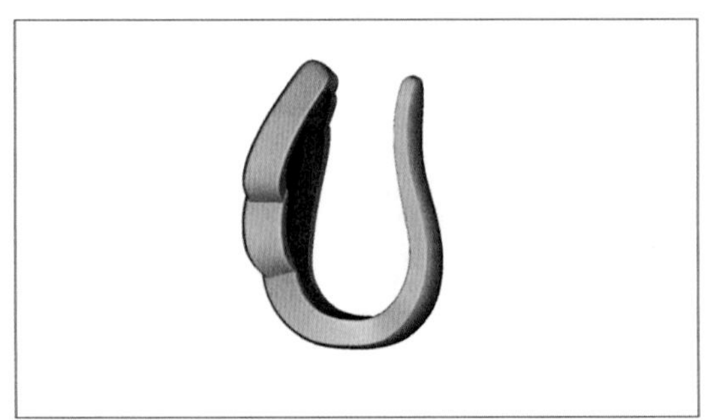

图5-1-51

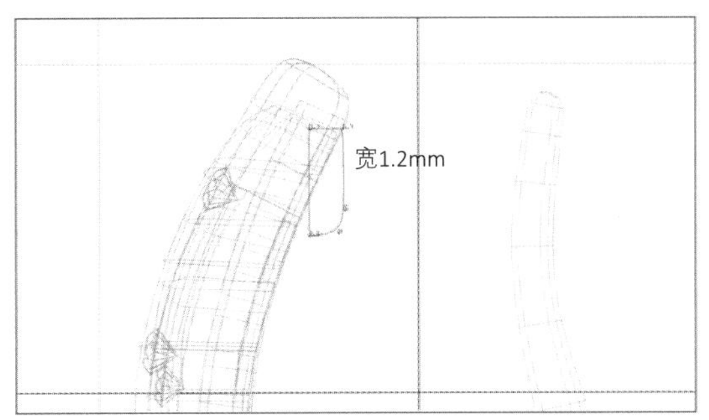

图5-1-52

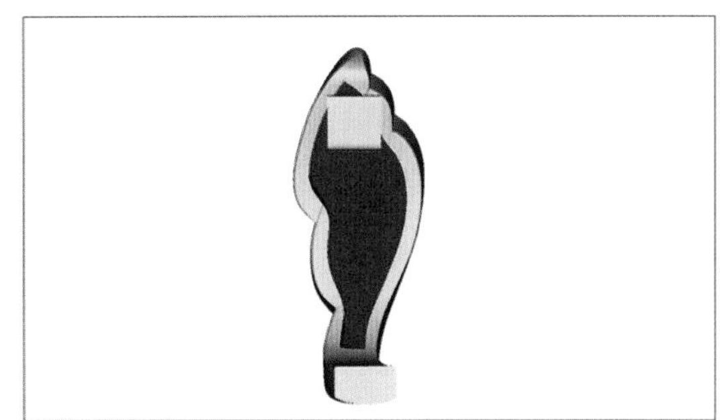

图5-1-53

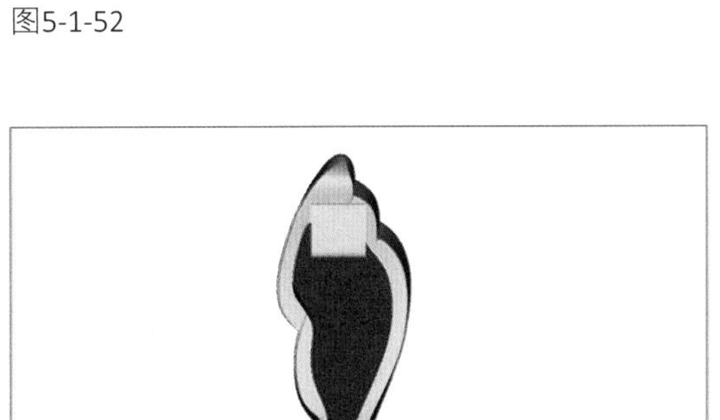

图5-1-54

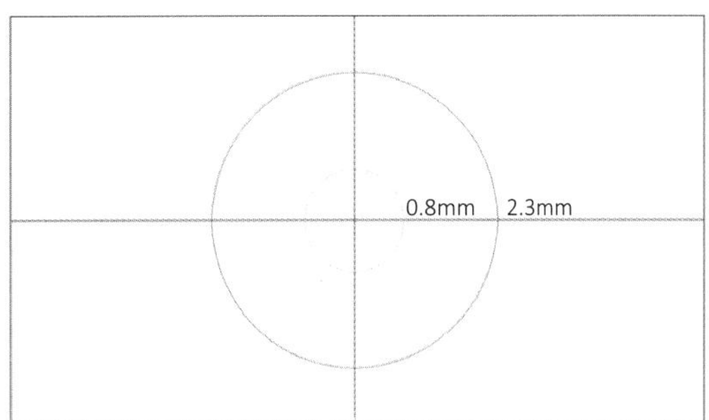

图5-1-55

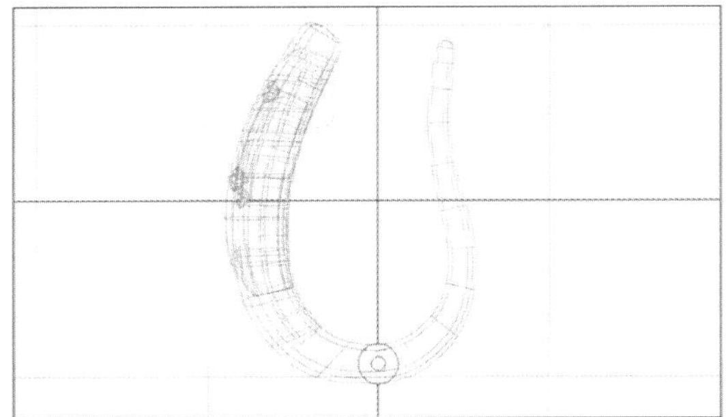

图5-1-56

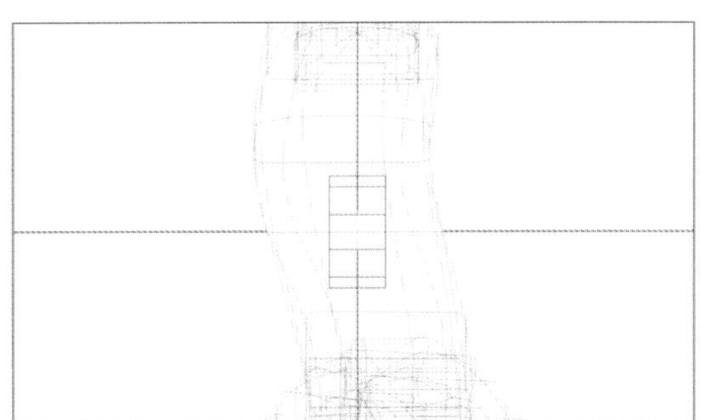

图5-1-57

生成一个圆柱，如图5-1-57。

（53）将圆柱分别向左、右方向偏移1.2mm，如图5-1-58。

（54）展示两侧圆柱CV点，将其外侧移回贴合至耳拍前后部物件边缘，如图5-1-59。

（55）右视图，将三个圆管向上直线延伸复制，如图5-1-60。

（56）第1组圆柱减去A物件（耳拍前部），如图5-1-61。

（57）第2组圆柱减去B物件（耳拍后部），如图5-1-62。

（58）第3组圆柱移回原处后，两侧圆管与耳拍前部联集，中间圆管与耳拍后部联集，如图5-1-63。

（59）背视图，将步骤（50）中0.8mm的圆曲线直线延伸曲面成为圆轴体。移动该圆轴体，使其一端距离左侧圆柱外边0.6mm，如图5-1-64。

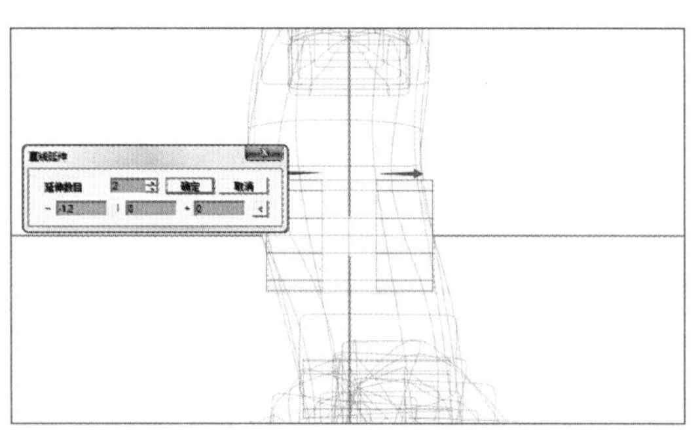
图5-1-58

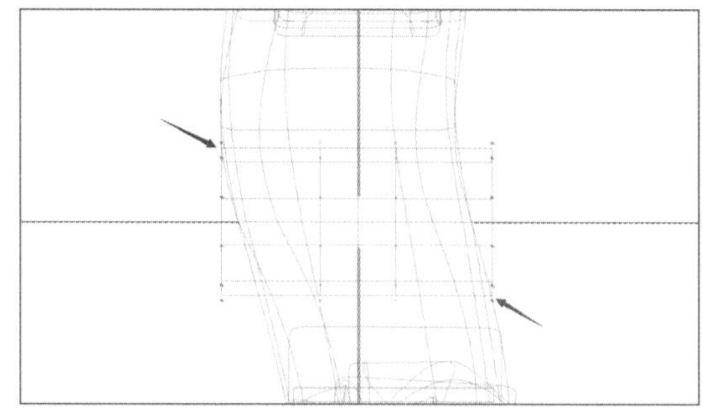
图5-1-59

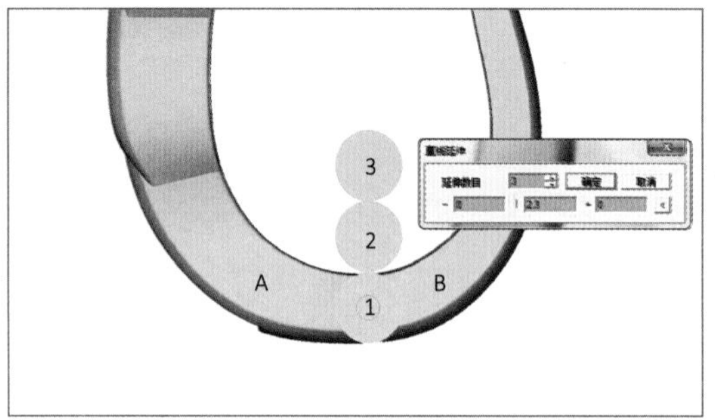

图5-1-60

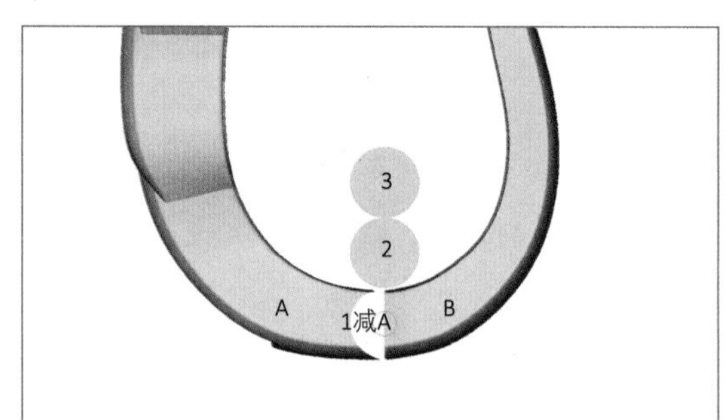

图5-1-61

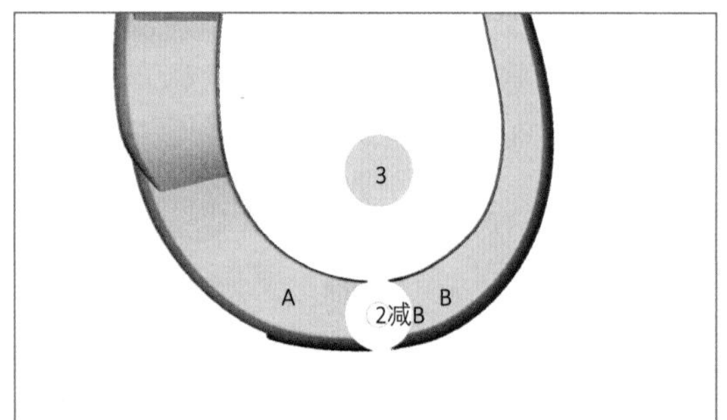

图5-1-62

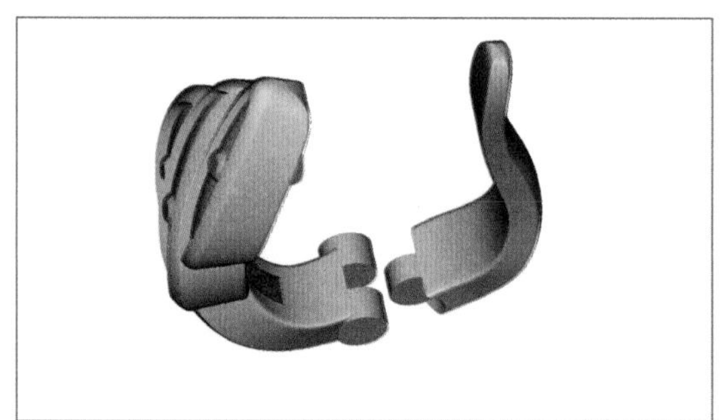
图5-1-63

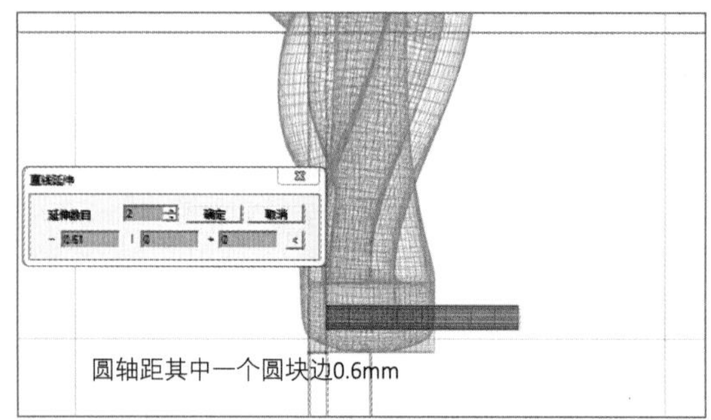

图5-1-64

（60）原地复制该圆轴后，分别减去耳拍前、后物件，生成圆轴孔。该孔留待后期金属制作时，直接插入0.8mm金属轴线，一端焊接牢固即可，如图5-1-65。

（61）耳拍限位开合较口制作：右视图，绘制如图5-1-66的左边切面。

（62）继续绘制如图5-1-67的右边切面，该切面弧度与左边切面吻合。

（63）展示耳拍前部物件CV点，将尾端CV

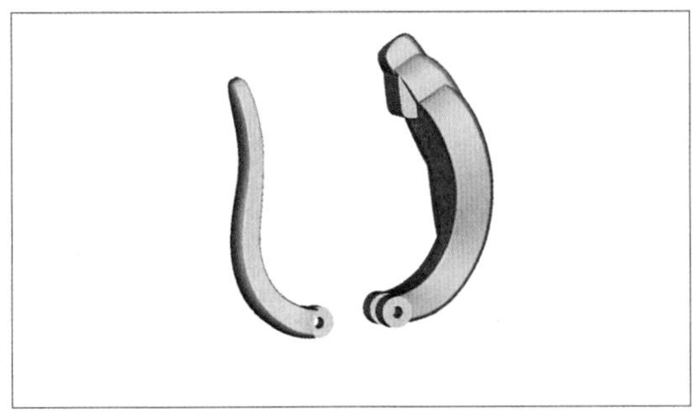

图5-1-65

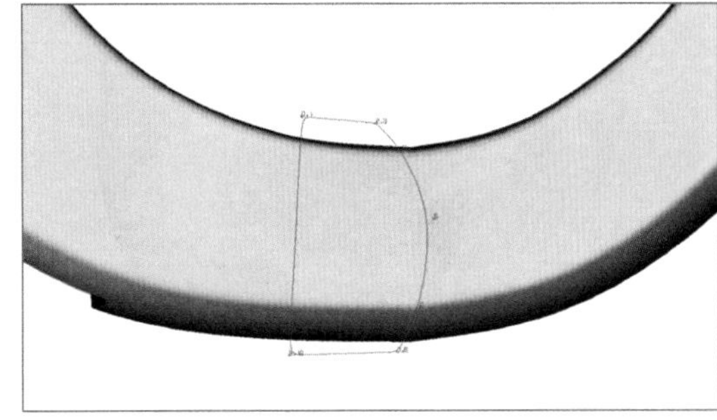

图5-1-66

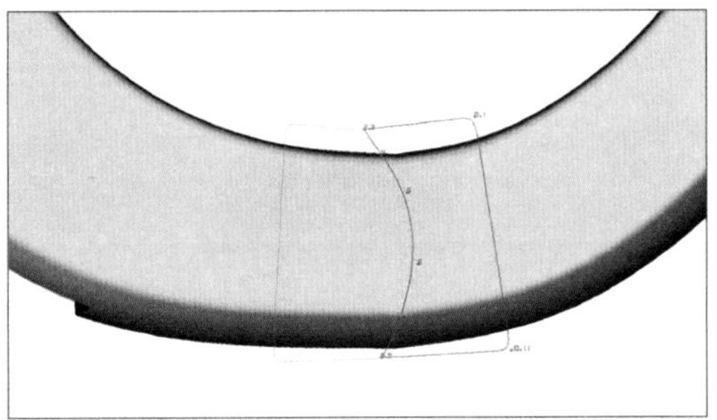

图5-1-67

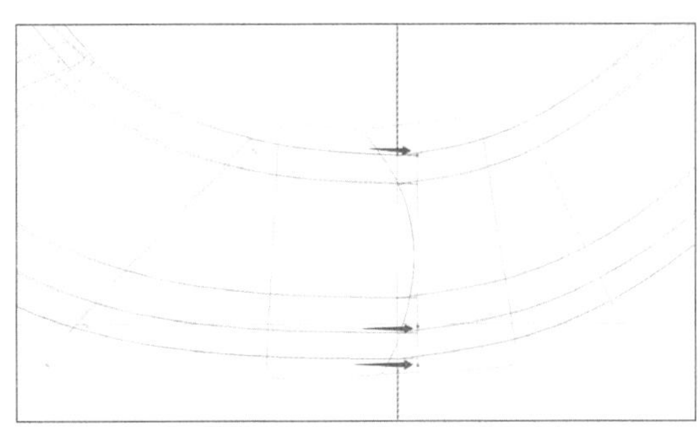

图5-1-68

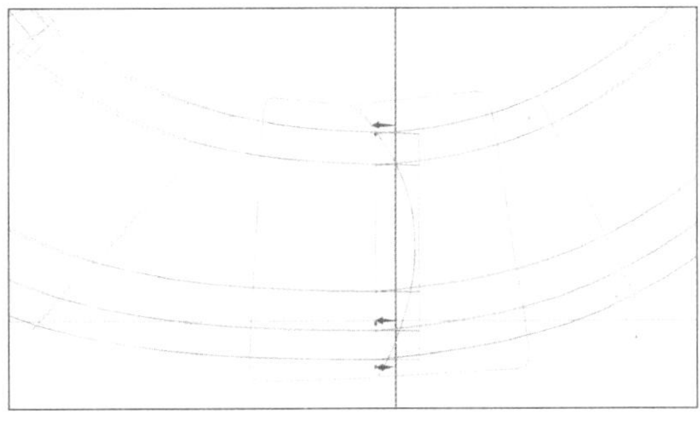

图5-1-69

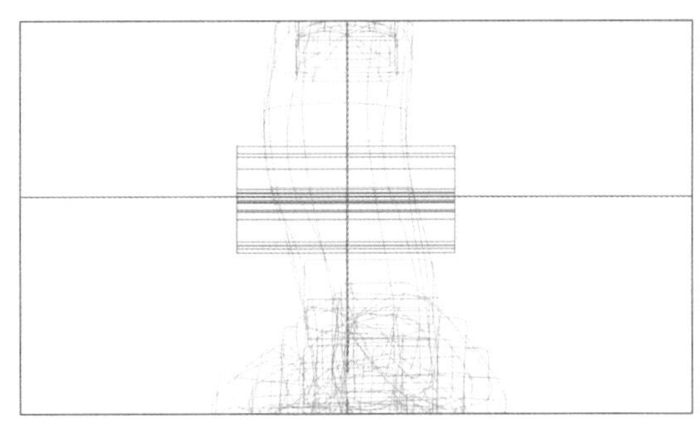

图5-1-70

点向右拖动，超过左边切面范围即可，如图5-1-68。

（64）同样处理后部物件超过右切面即可，如图5-1-69。

（65）上视图，将两个切面直线延伸曲面成为实体，实体需超过耳拍宽度，如图5-1-70。

（66）右视图，左切面实体（红色）减去耳拍后部物件；右切面实体（绿色）减去耳拍前部物件，如图5-1-71、图5-1-72。

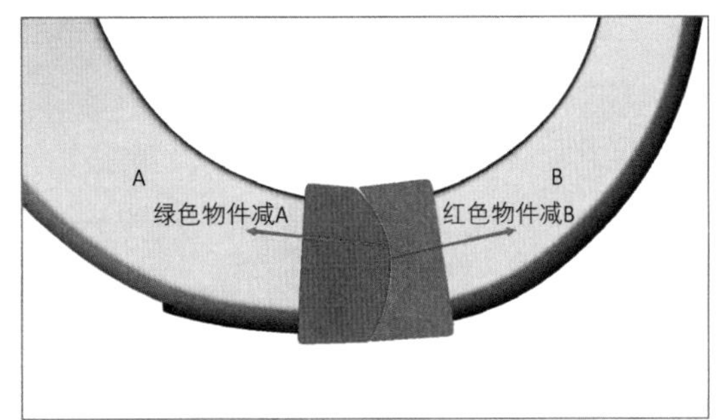

图5-1-71

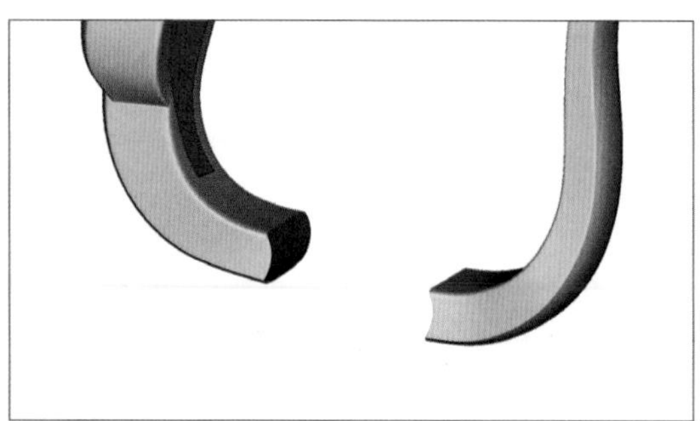
图5-1-72

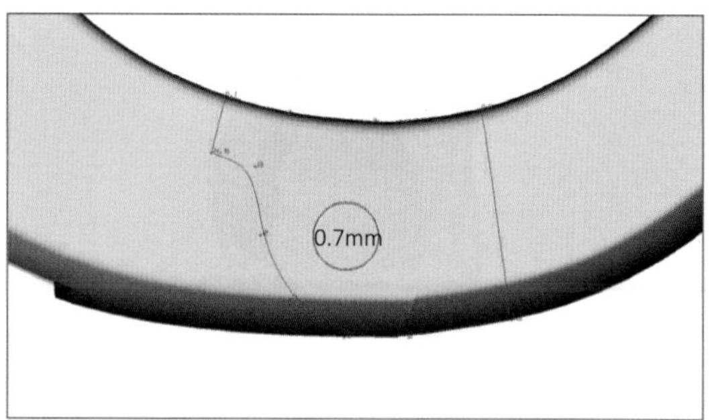

图5-1-73

（67）绘制切面曲线，并生成0.7mm圆，如图5-1-73。

（68）上视图，将其直线延伸曲面向右方向延伸出1.2mm宽，再使用“多重变形”命令向左移回0.6mm，如图5-1-74。

（69）右视图，原地复制该实体，如图5-1-75。

（70）展示复制出实体CV点，逐一移动其上、下、左侧CV点，使得其比原物件略大些许，如图5-1-76。

（71）上视图，使用“尺寸”工具，将复制出的实体横向单轴稍许扩大，如图5-1-77。

（72）复制出的物件减去耳拍前部，原物件则与耳拍后部联集，如图5-1-78、图5-1-79。

（73）上视图，将步骤（67）中0.7mm的圆直线延伸曲面成体并参照步骤（59），置于耳拍开合位中心，如图5-1-80、图5-1-81。

（74）该圆轴分别减去耳拍前后物件，形

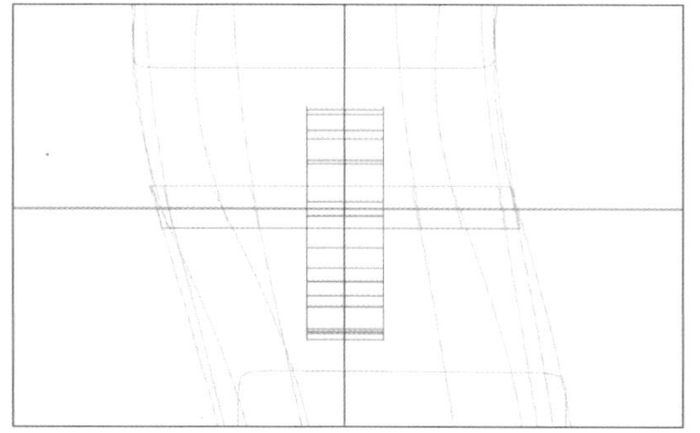
图5-1-74

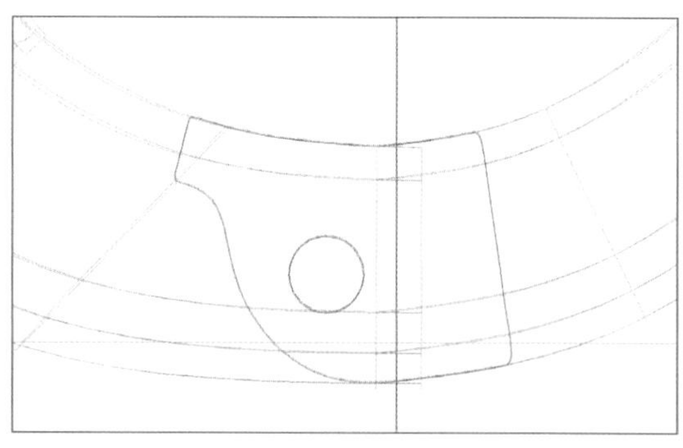
图5-1-75

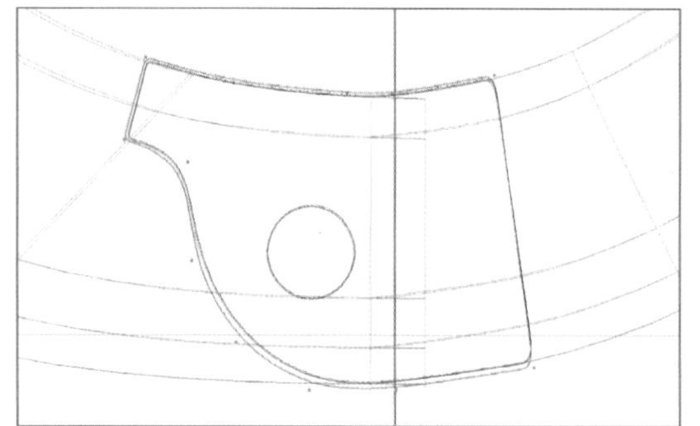
图5-1-76

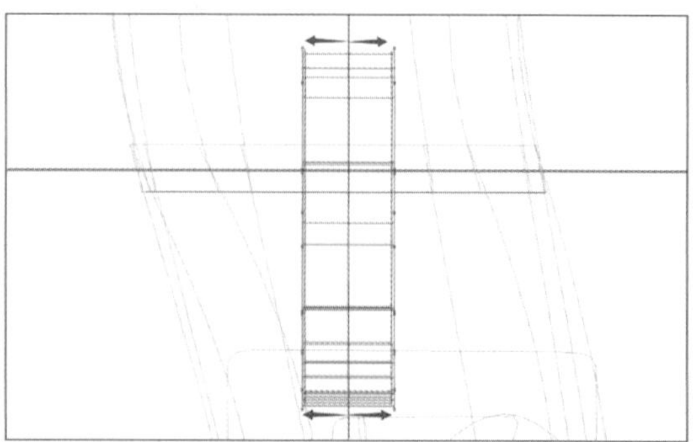
图5-1-77

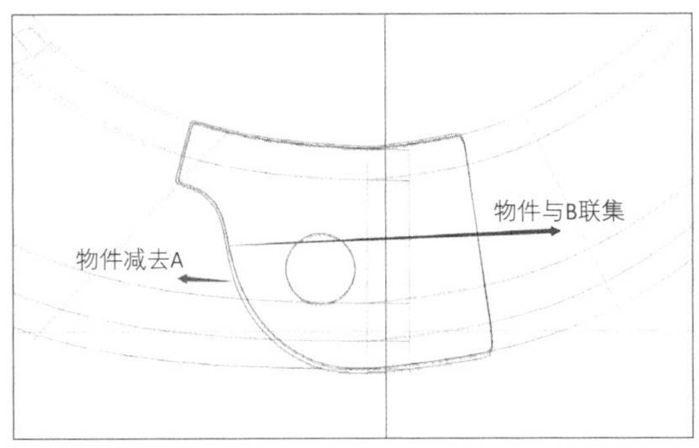

图5-1-78

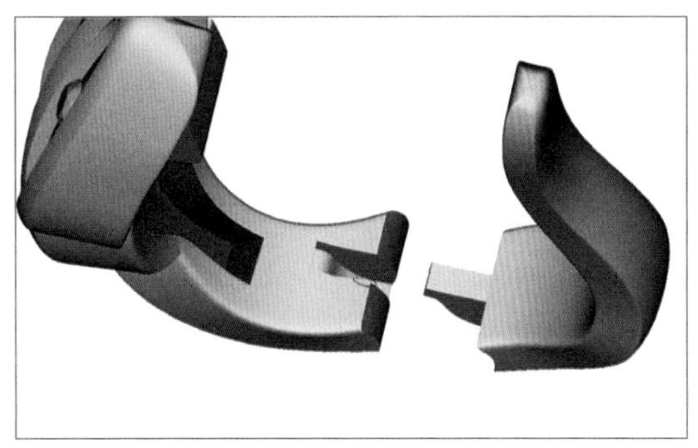

图5-1-79

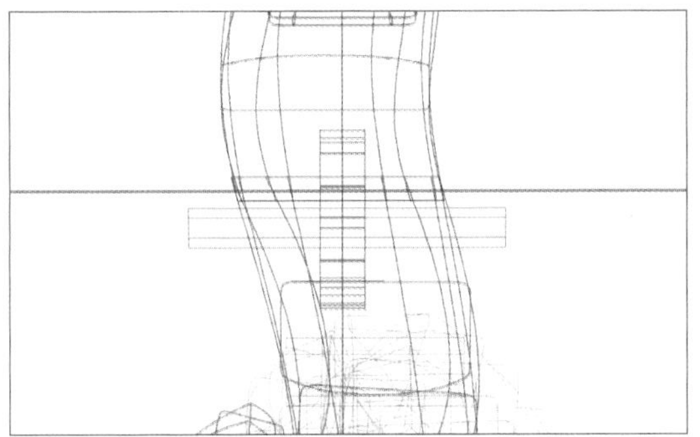

图5-1-80

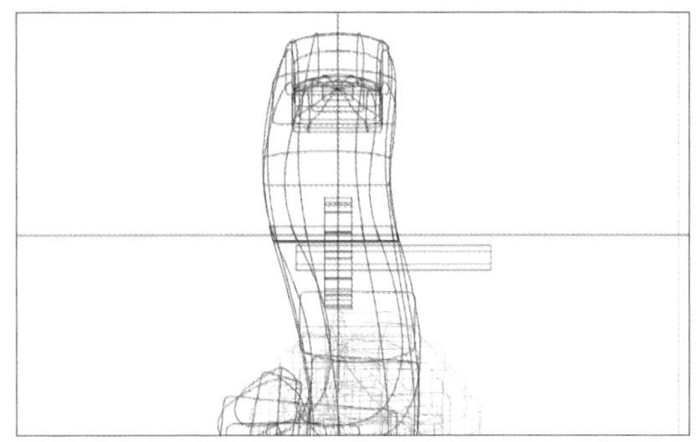

图5-1-81

成轴位，如图5-1-82。

（75）背视图，在耳拍后部实体顶端，放置直径1.1、1.3mm的圆，如图5-1-83。

（76）使用“左右对称线”工具，沿1.3mm圆绘制水滴形闭合切面，如图5-1-84。

（77）右视图，将水滴形切面直线延伸曲面后，穿透放置于实体中，如图5-1-85。

（78）选中水滴实体前端下部的CV点，将其下移后减去耳拍后部实体，如图5-1-86、图5-1-87。

（79）完成耳拍基本造型，如图5-1-88。

（80）正视图，生成1.3mm的圆石，生成直径0.1、0.65mm的辅助圆，其中0.1mm的辅助圆用于控制蜡镶开孔物件直径大于圆石0.1mm，0.65mm的辅助圆控制开孔物件底部直径大于圆石直径的1/2，小于圆石直径的2/3。使用“任意曲线工具”绘制如图5-1-89的折线。

（81）上视图，生成直径1.3mm的圆。将该

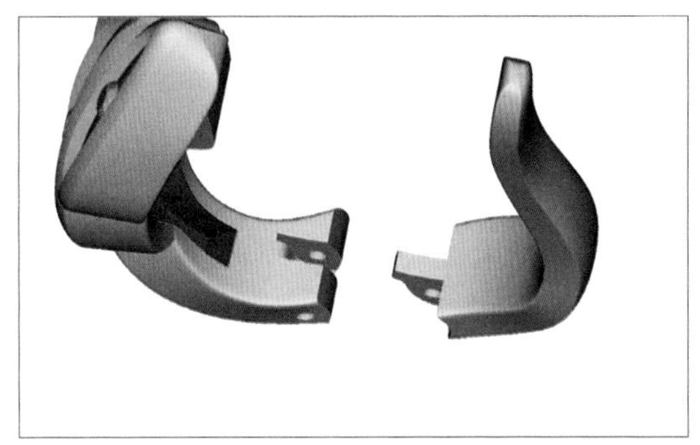

图5-1-82

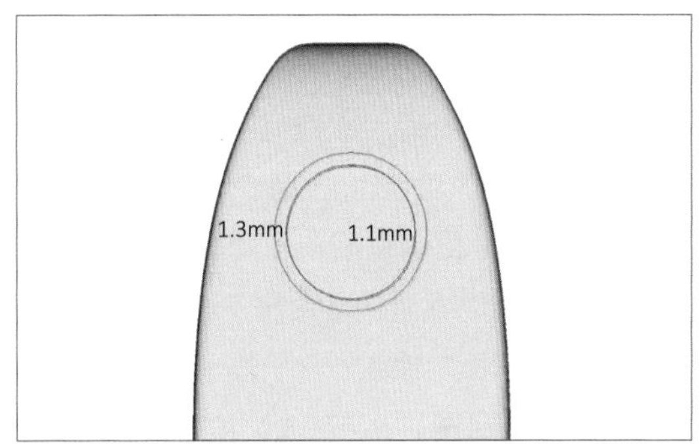

图5-1-83

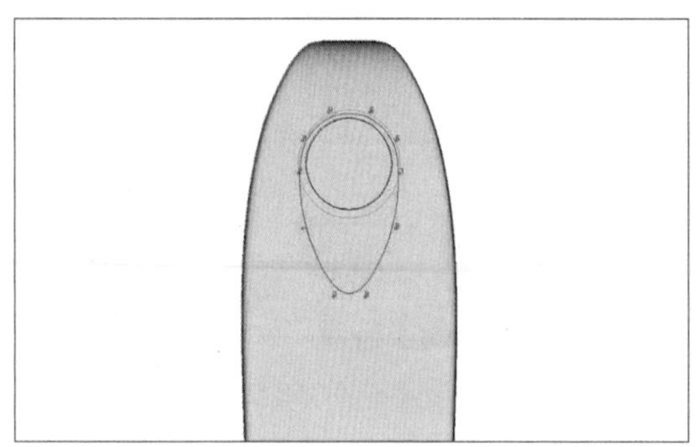
图5-1-84

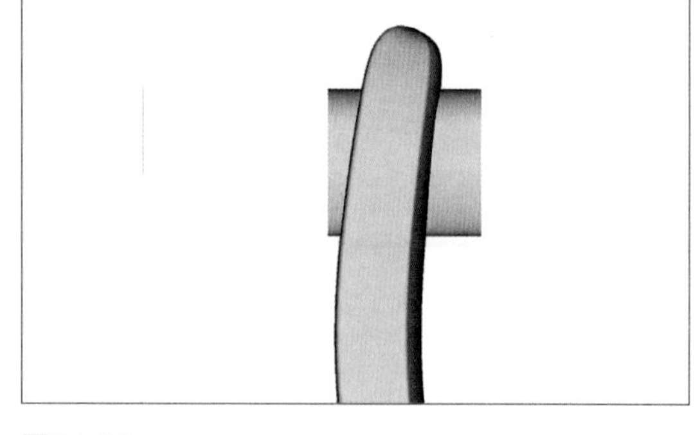
图5-1-85

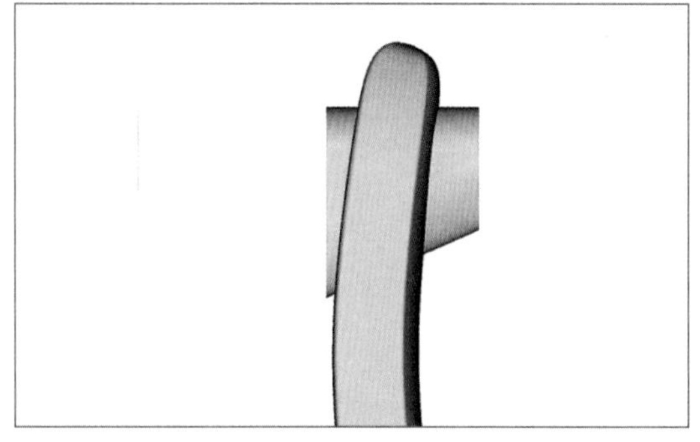
图5-1-86

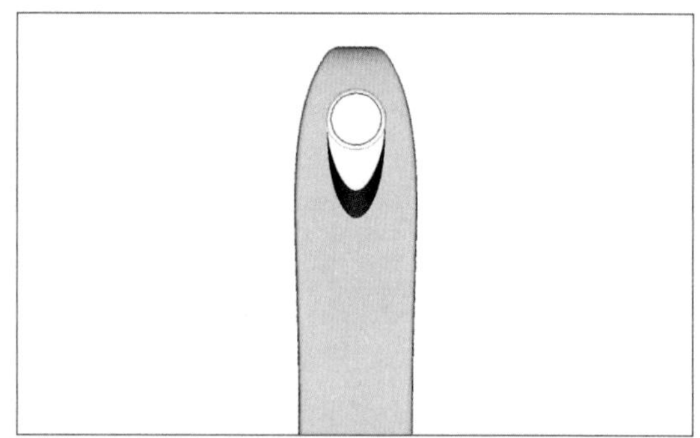
图5-1-87

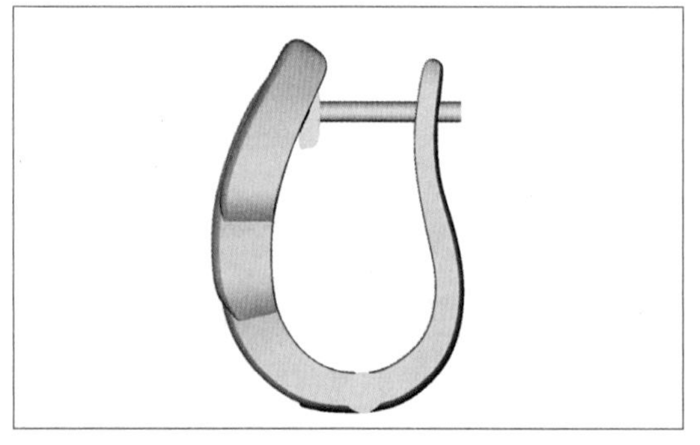
图5-1-88

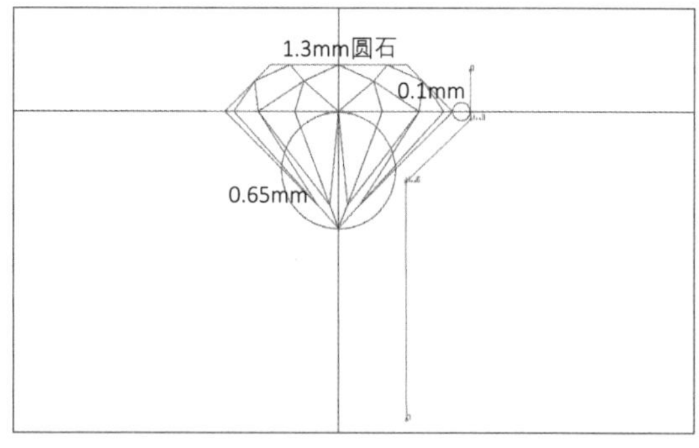

图5-1-89

圆分别向外偏移0.25mm，向内偏移0.05mm，之后删除1.3mm的圆，如图5-1-90、图5-1-91。

（82）剪贴该组物件，如图5-1-92、图5-1-93。

（83）依据槽位宽度，合理剪贴适合大小的圆石与开孔物件组；之后将开孔物分别减去对应实体，如图5-1-94。

（84）正视图，生成1.3mm的圆石、直径0.1mm及0.55mm的辅助圆。分别用于控制钉高于台面0.1mm，及钉直径，如图5-1-95。

（85）绘制钉侧面曲线后沿纵轴旋转成型，如图5-1-96。

（86）参照预先留下的内偏移0.05mm圆，剪贴钉，如图5-1-97。

（87）完成剪贴钉及假钉，如图5-1-98。

（88）完成耳拍全开合及限位开合款造型，全开合如图5-1-99，限位开合如图5-1-100。

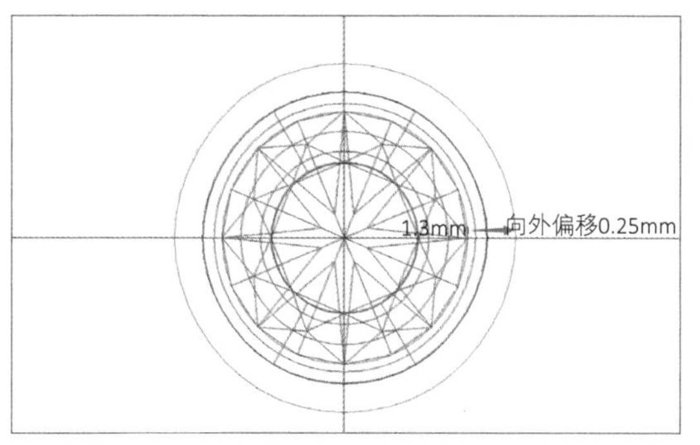

图5-1-90

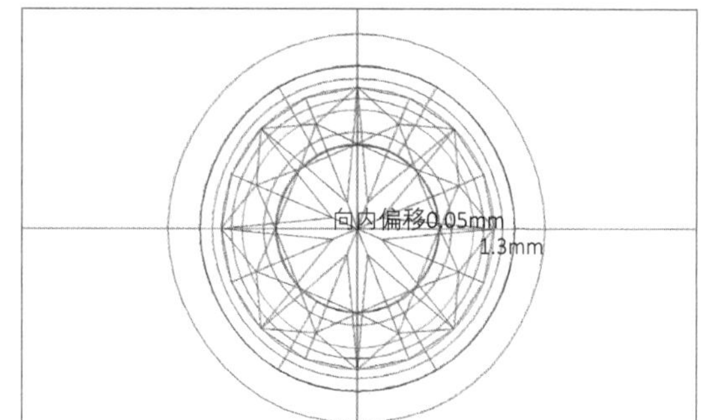

图5-1-91

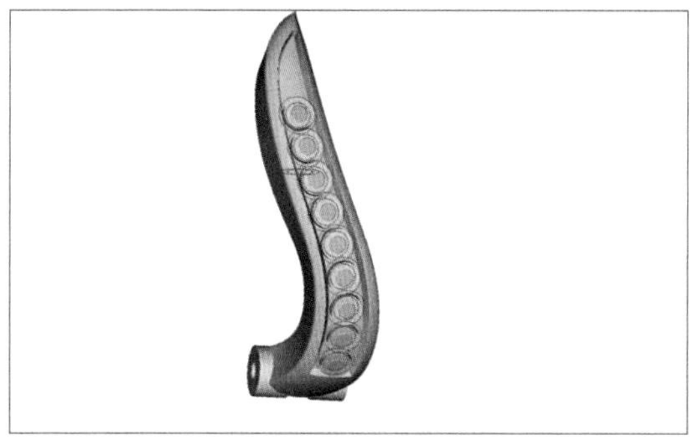

图5-1-92

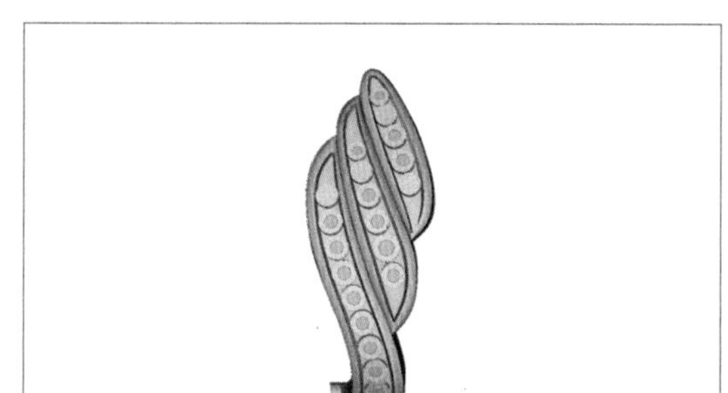

图5-1-93

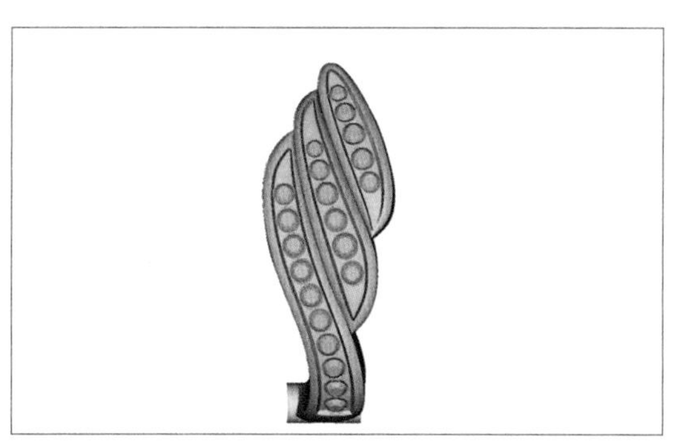

图5-1-94

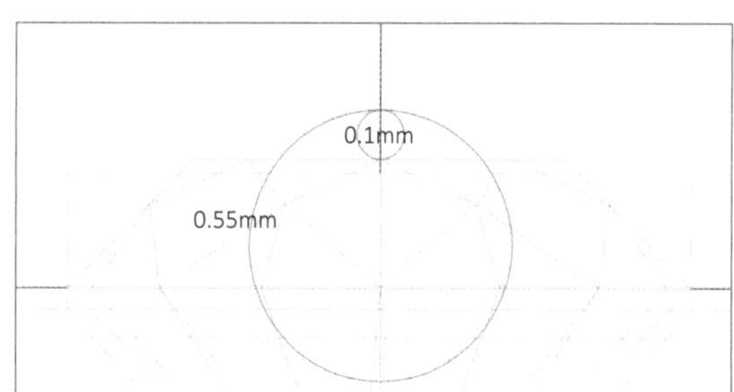

图5-1-95

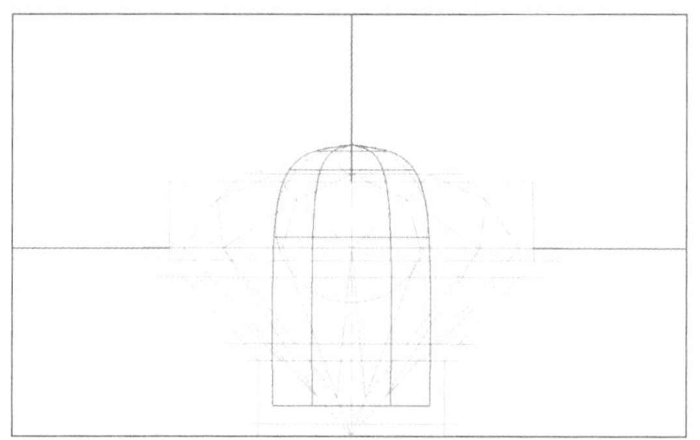

图5-1-96

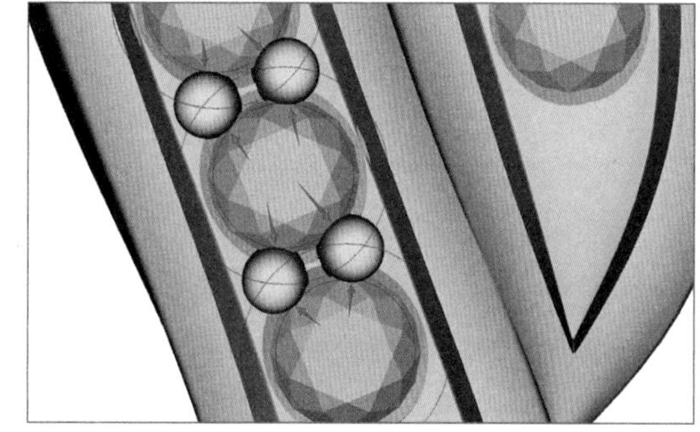

图5-1-97

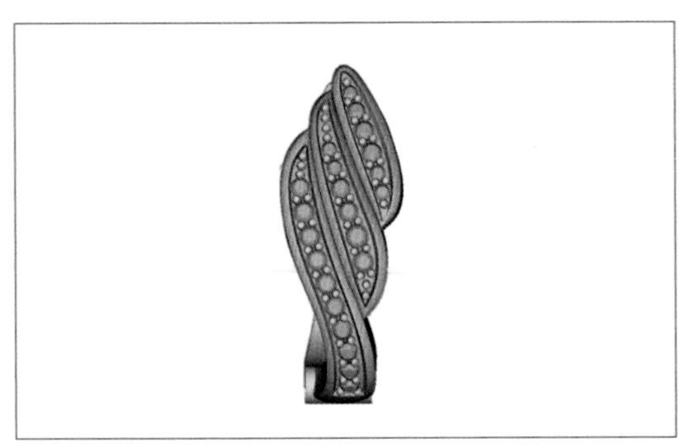

图5-1-98

图5-1-99

图5-1-100

第二节　耳环 2

本案例主要讲解：弹扣式耳环结构；弹扣式耳环弹扣部件制作；面种爪制作；标注石直径。

制作步骤如下：

（1）正视图，生成宽为5.5mm、高为18.6mm的辅助矩形，控制耳环正面形态大小范围，如图5-2-1。

（2）右视图，生成直径20mm的辅助圆，控制耳环侧面形态大小范围，如图5-2-2。

（3）右视图，绘制如图5-2-3的两条曲线，其最宽间距约2.5mm。

（4）绘制如图5-2-4的两条曲线。

（5）正视图，绘制一条弧线，如图5-2-5。

（6）将步骤（3）外侧曲线投影到弧线上，

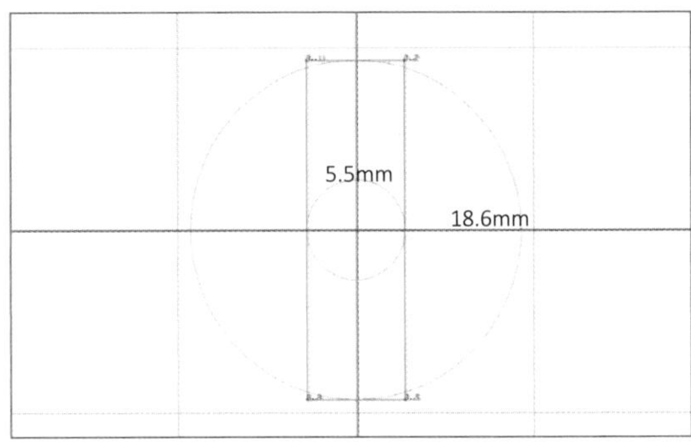

图5-2-1

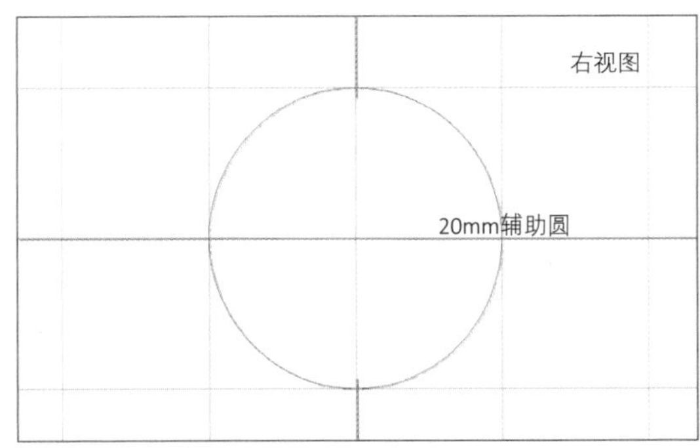

图5-2-2

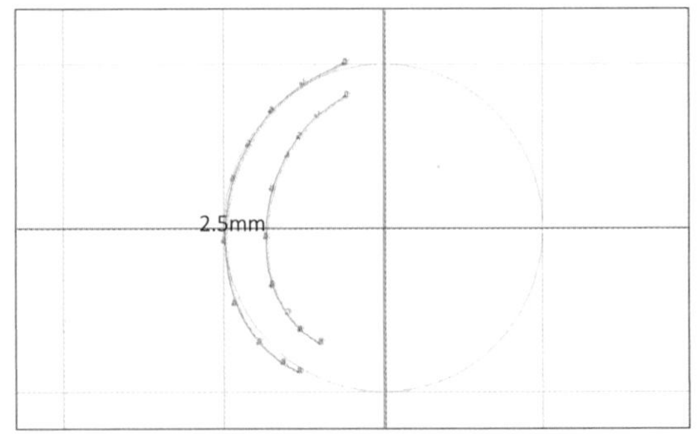

图5-2-3

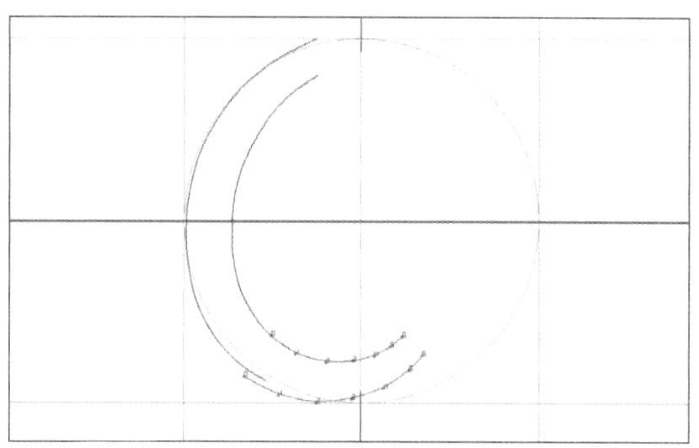
图5-2-4

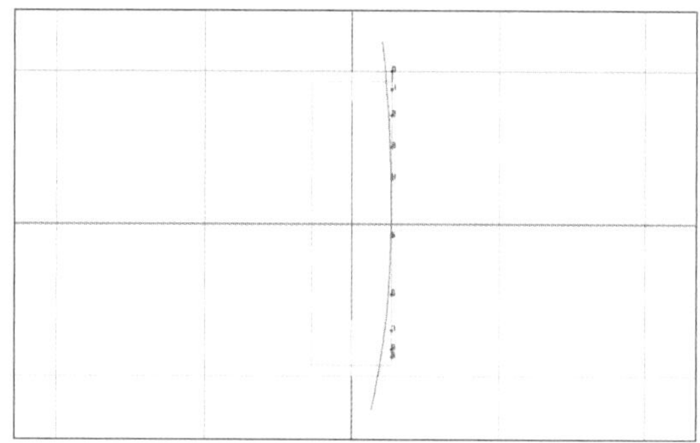
图5-2-5

“投影方向”向左、“投影性质”贴在曲线/面上，如图5-2-6，之后将曲线对称复制。

（7）另行制作一个矩形切面，将步骤（6）中的两条曲线及步骤（3）中的内侧曲线，使用“导轨曲面”命令：三导轨、单切面、切面量度向下，生成实体，如图5-2-7。执行“导轨曲面”命令前可将三条导轨曲线原地复制后隐藏。

（8）上视图，贴合实体尾段，绘制如图5-2-8的弧线。

（9）右视图，选中步骤（4）上方曲线，如图5-2-9。

（10）上视图，将曲线投影贴合至步骤（8）弧线上。“投影方向”向左、“投影性质”贴在曲线/面上，如图5-2-10。

（11）参照步骤（7）生成实体，如图5-2-11。

（12）上视图，绘制如图5-2-12的闭合三

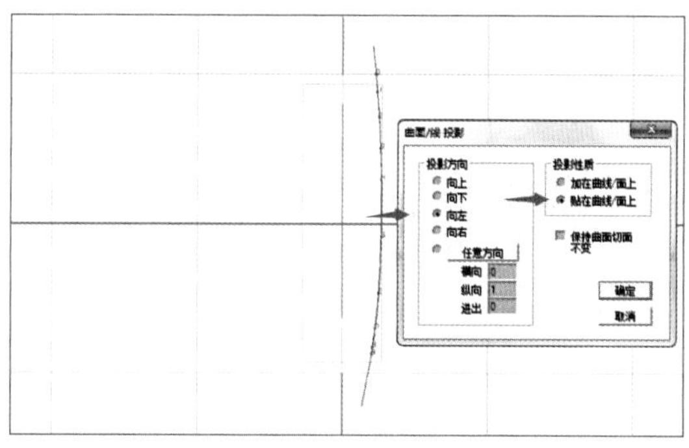

图5-2-6

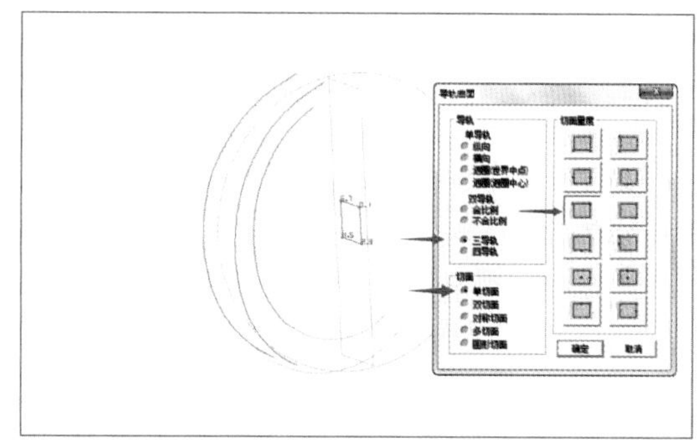

图5-2-7

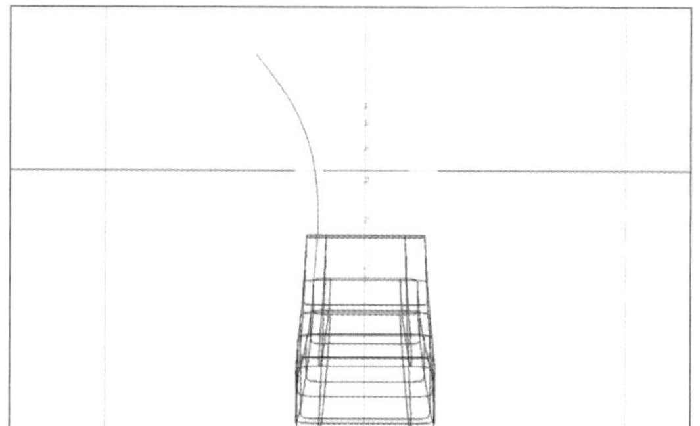
图5-2-8

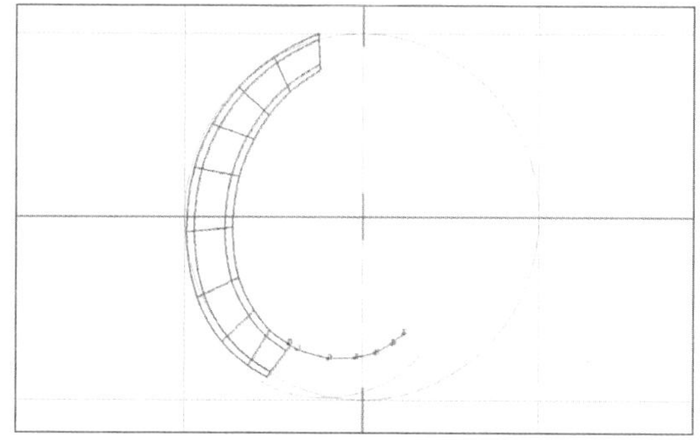
图5-2-9

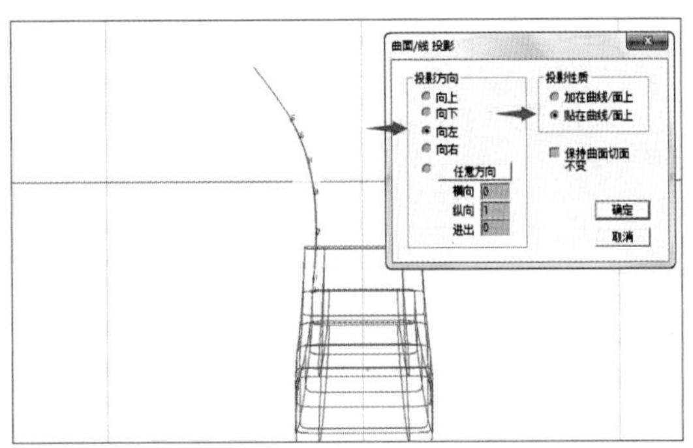

图5-2-10

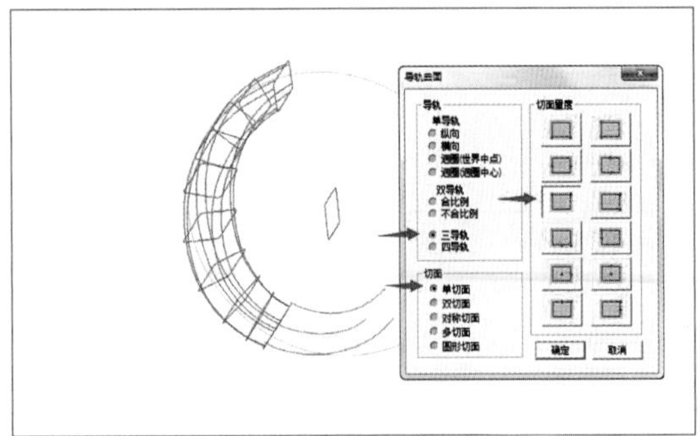

图5-2-11

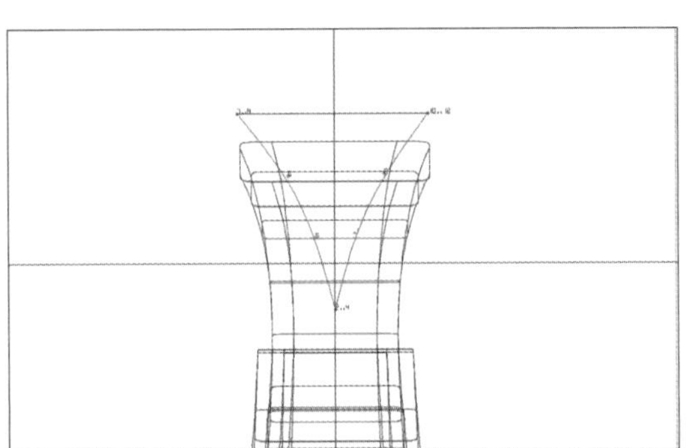

图5-2-12

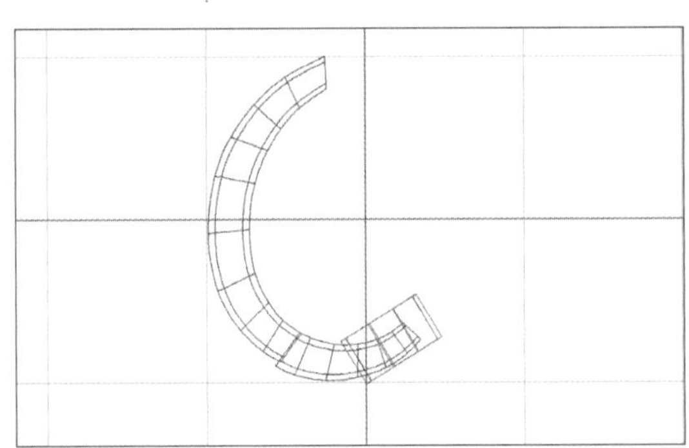

图5-2-13

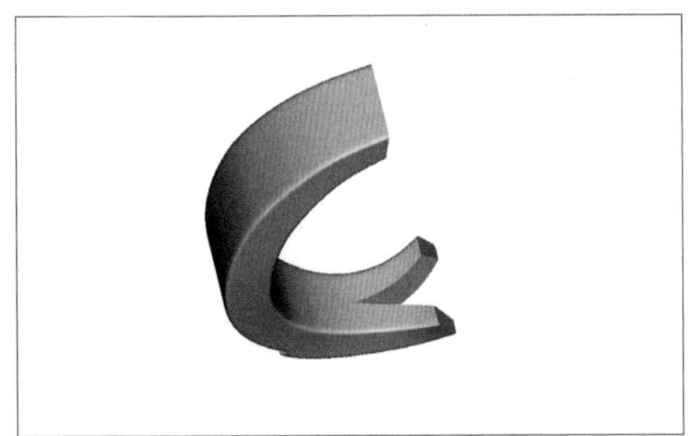

图5-2-14

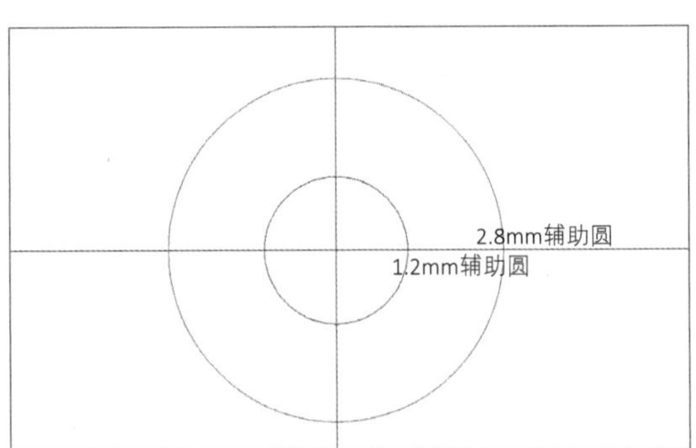

图5-2-15

角曲线。

（13）右视图，直线延伸曲面。将实体移动到穿越耳环尾段位置，如图5-2-13。

（14）将三角实体减去耳环尾段，如图5-2-14。

（15）正视图，生成直径1.2、2.8mm的辅助圆，如图5-2-15。

（16）参照两个辅助圆，如图5-2-16绘制闭合切面。

（17）使用“纵向环形对称曲面”工具，将切面沿纵轴旋转成体，如图5-2-17。

（18）上视图，将圆管“反左”后，移动到耳环前部尾端后对称复制，如图5-2-18。

（19）右视图，展示步骤（7）隐藏的右边导轨线，将其向内偏移0.8mm。其目的在于控制掏底深度，如图5-2-19。

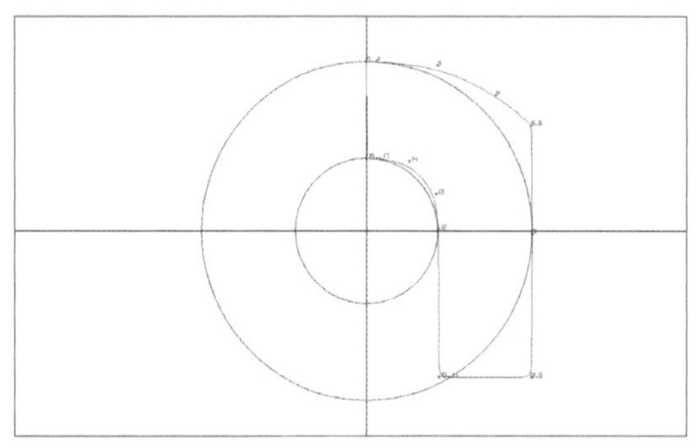

图5-2-16

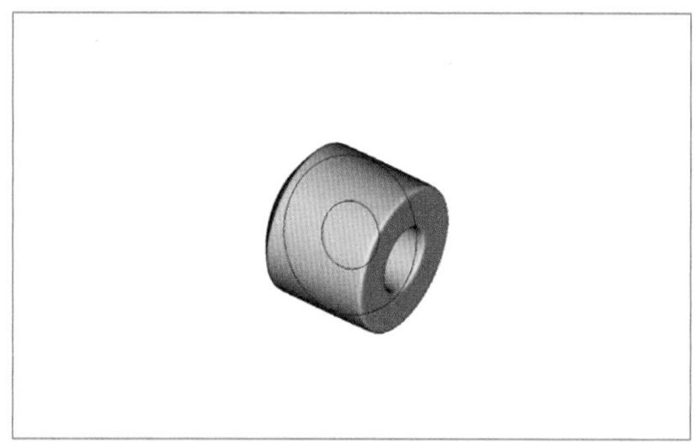

图5-2-17

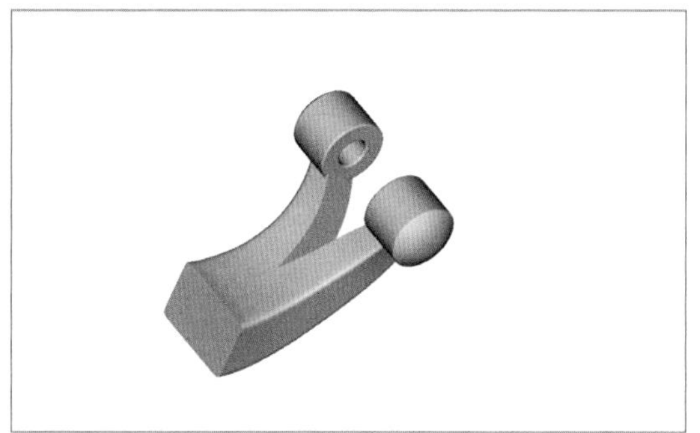

图5-2-18

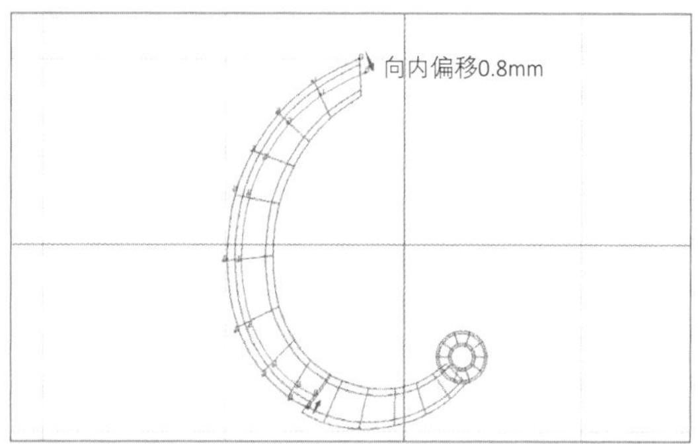

图5-2-19

（20）正视图，继续将该曲线向内偏移0.8mm。其目的在于控制镶石面边缘留出的光金距离，如图5-2-20。

（21）左右对称复制该曲线，如图5-2-21。

（22）使用“尺寸”工具，将步骤（7）展示出的底部曲线略向内压缩，如图5-2-22。

（23）正视图，绘制如图5-2-23切面。

（24）使用“导轨曲面”命令：三导轨、单切面、切面量度向下，生成掏底物件，如图5-2-24。

（25）更改掏底物件材质颜色并减去耳环前部实体，如图5-2-25。

（26）右视图，继续使用步骤（7）隐藏的右边导轨线，调整其曲线长度——其0号CV点及结尾CV点均距离实体边缘0.8mm，如图5-2-26。

（27）使用“尺寸”工具单向压缩该曲线

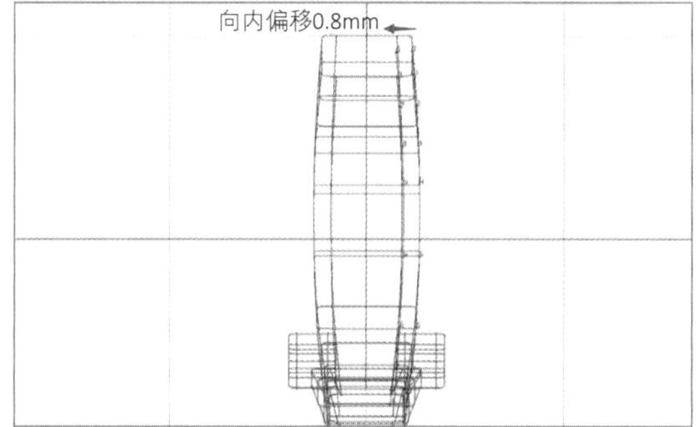

图5-2-20

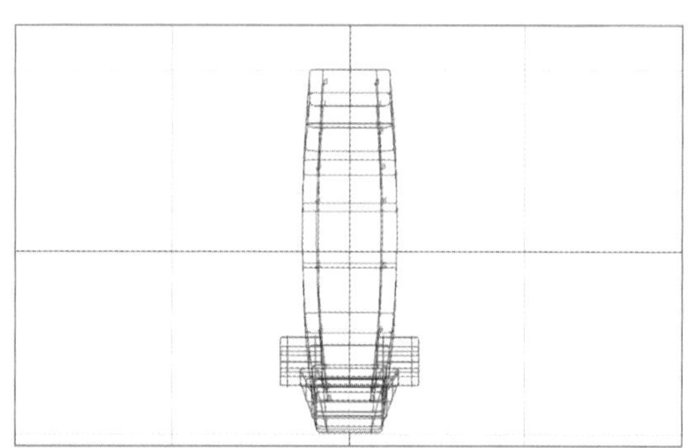

图5-2-21

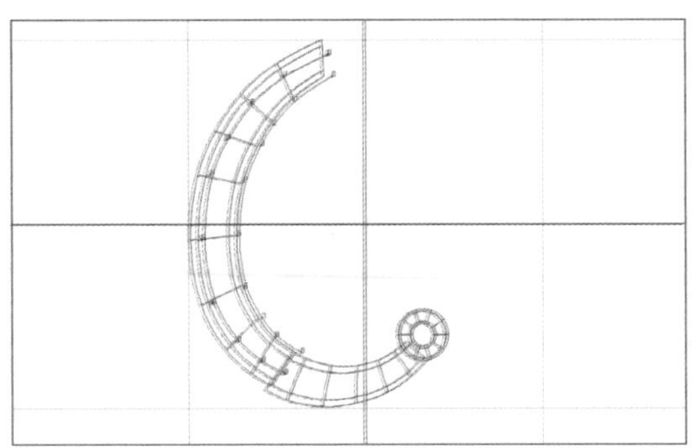
图5-2-22

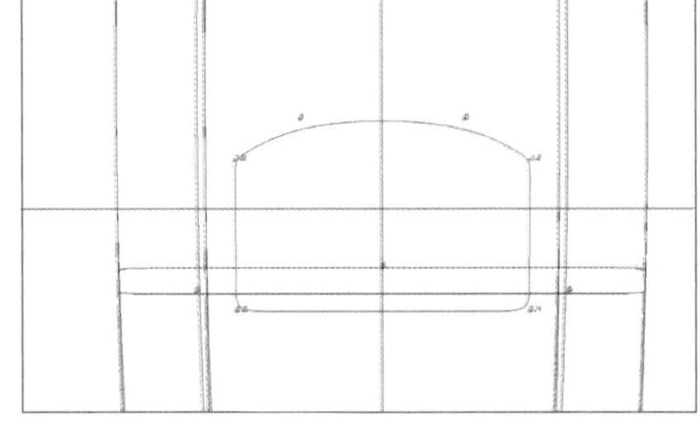
图5-2-23

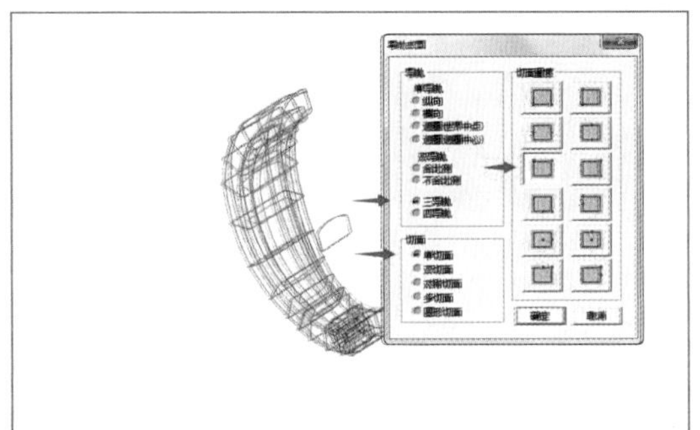
图5-2-24

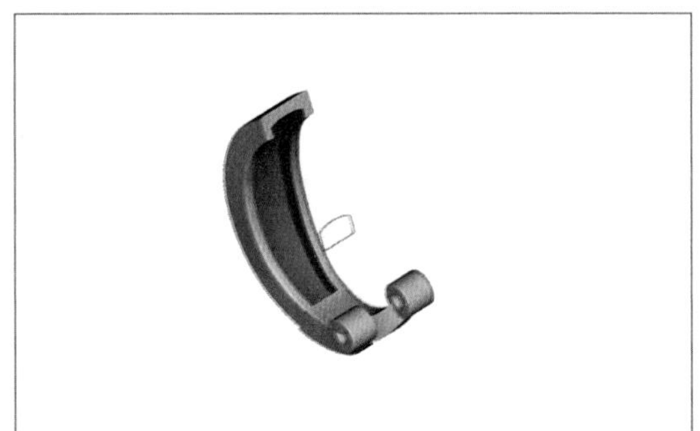
图5-2-25

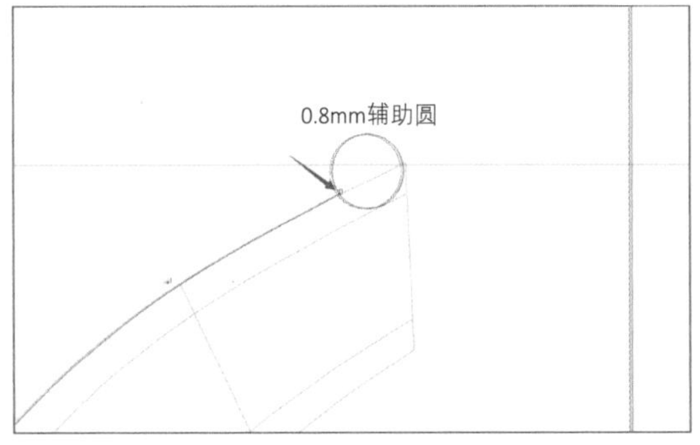

图5-2-26

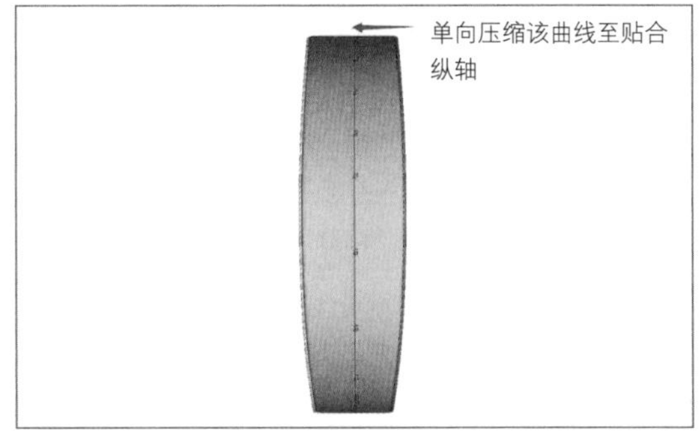

图5-2-27

至其贴合纵轴，如图5-2-27。

（28）正视图，生成1.0mm的圆石，直径0.1mm的辅助圆。绘制如图5-2-28的折线，折线下部距离纵轴应大于0.5mm，并旋转成体。

（29）上视图，生成直径1.0mm的辅助圆，分别向内偏移0.05mm及向外偏移0.25mm，之后删除1.0mm的辅助圆，如图5-2-29。

（30）使用“文字”工具，输入1.0，勾选“制作立体文字”，如图5-2-30。

（31）将文字调整大小、高度后置于宝石中间，将该组物件进行剪贴。其主要作用在于，后期存储光影图时，一并标明石的直径，便于后期配石岗位操作，如图5-2-31、图5-2-32。

（32）放大观察开孔物件，部分开孔物件与光金边缘相交，会造成减缺后光金边缘出现坑洞，如图5-2-33。

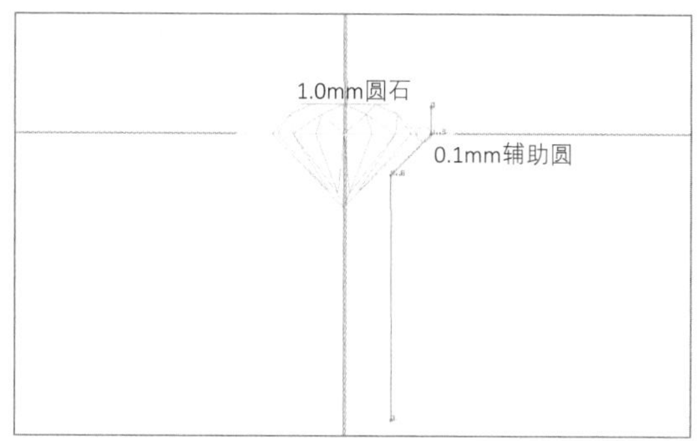

图5-2-28

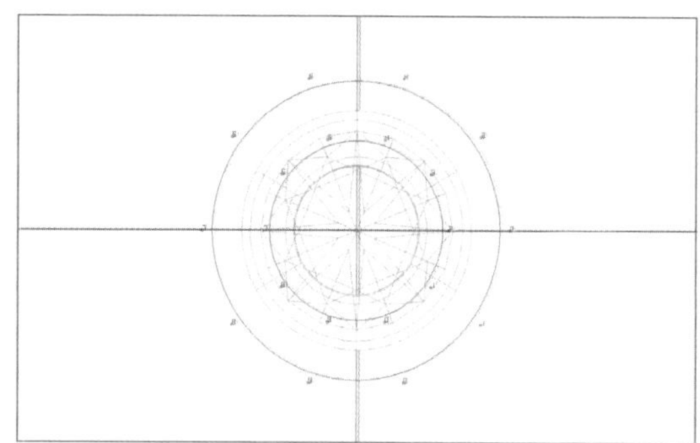

图5-2-29

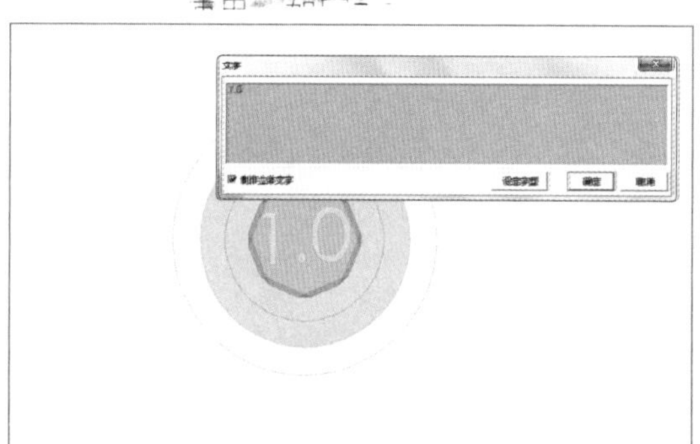

图5-2-30

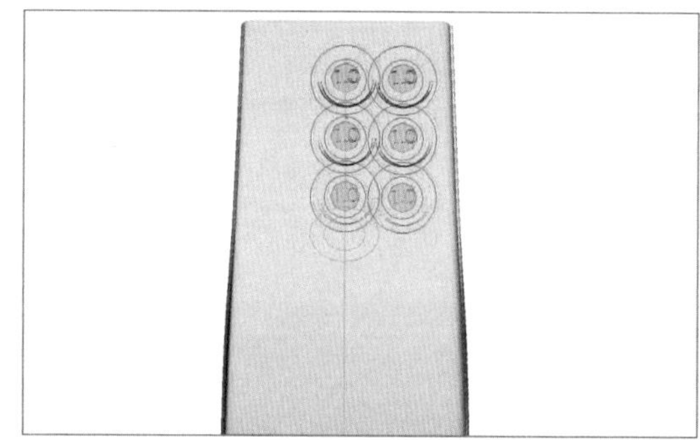

图5-2-31

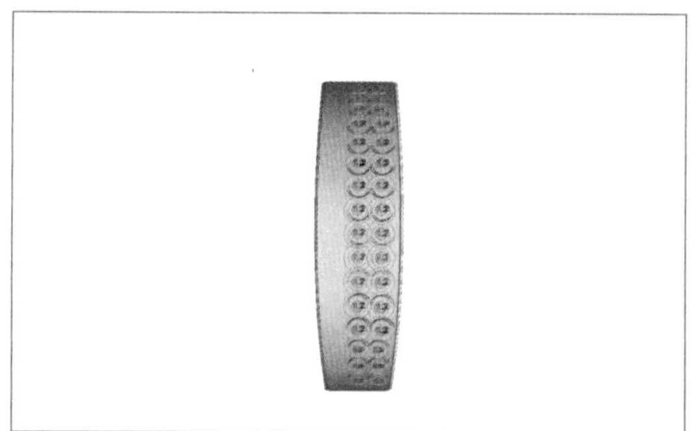

图5-2-32

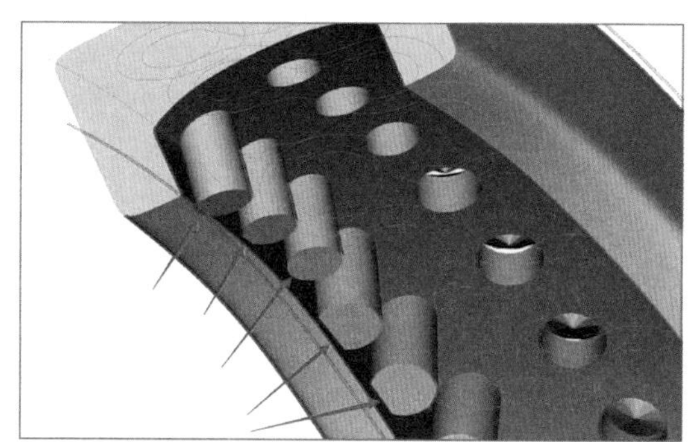

图5-2-33

（33）分别展示开孔物件CV点，选中底部最后一行所有CV点，打开物件坐标，使用“尺寸”工具右键向下拖动，将其高度收缩到微超过镶口底部即可，如图5-2-34。

（34）调整完毕后，开孔物件减去耳环，如图5-2-35。

（35）正视图，生成1.2mm的圆石、直径0.1mm的辅助圆。绘制钉侧面曲线并旋转成体，如图5-2-36。

（36）沿圆石周边剪贴钉，钉吃入石贴齐内偏移0.05mm的圆即可，如图5-2-37。

（37）沿钉间隙排入假钉，如图5-2-38。

（38）继续剪贴排钉，如图5-2-39。

（39）对称复制圆石及钉，如图5-2-40。

（40）背视图，绘制如图5-2-41的切面。

（41）右视图，将其直线延伸曲面1.2mm，

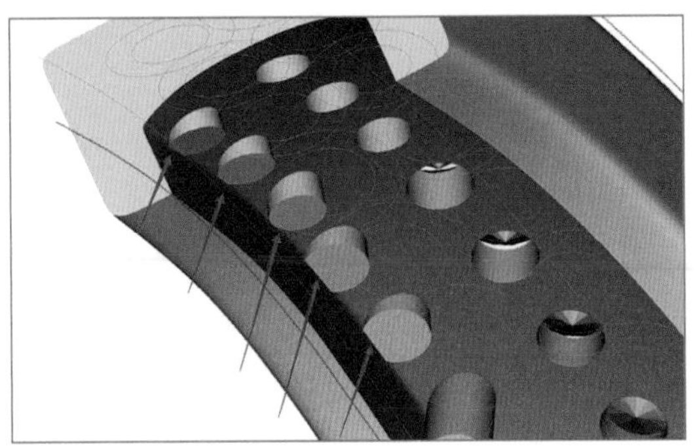

图5-2-34

图5-2-35

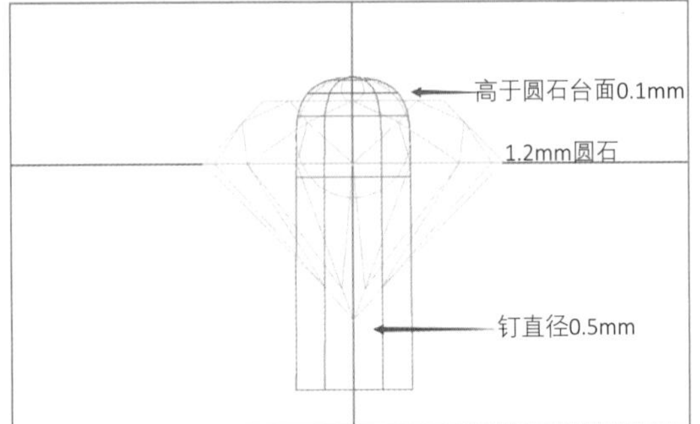

图5-2-36

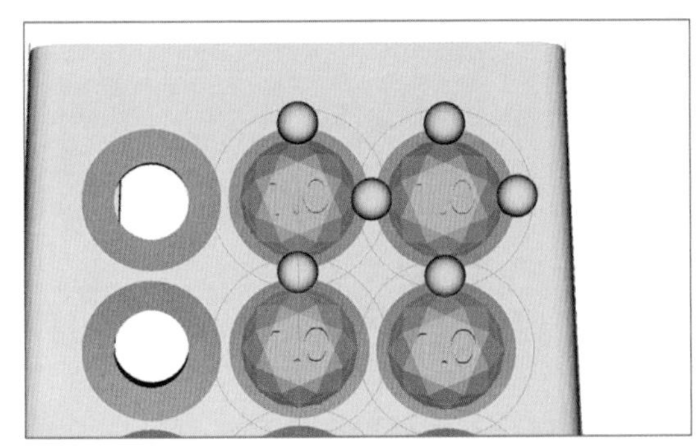

图5-2-37

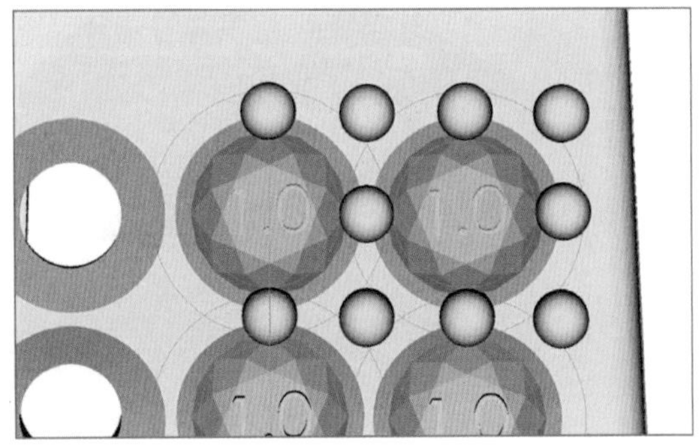

图5-2-38

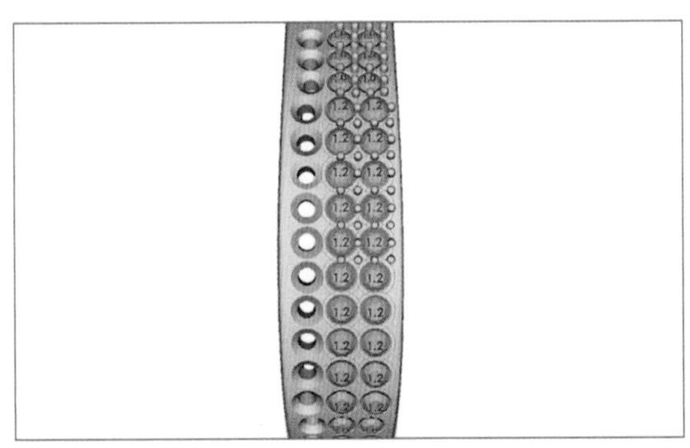

图5-2-39

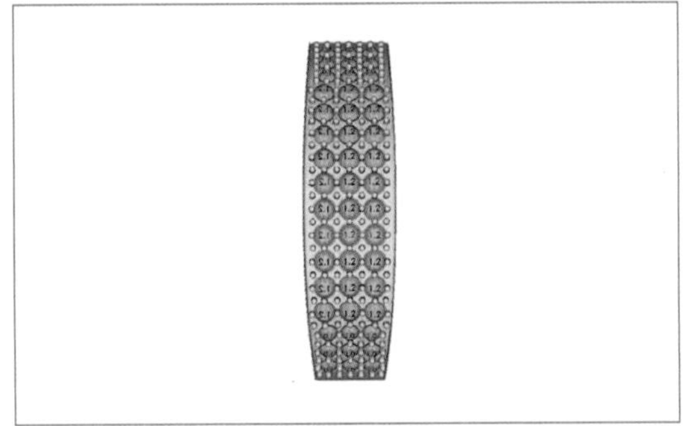

图5-2-40

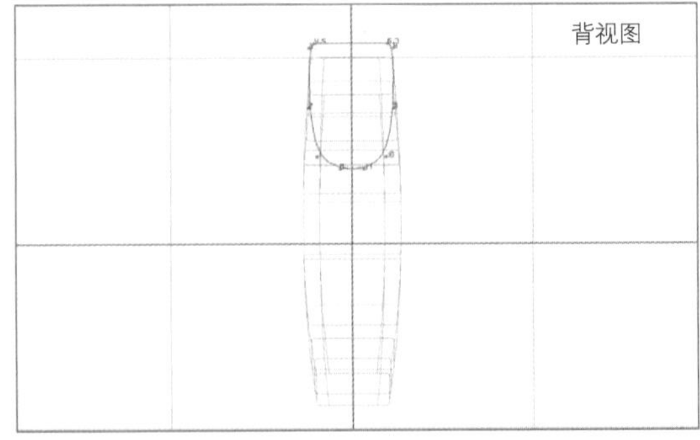

图5-2-41

选中左侧所有CV点，略向下拖出斜面。将该耳针底座物件移动到耳环前段，如图5-2-42。

（42）背视图，生成如图实体，其距边0.7mm，如图5-2-43。

（43）制作宽1.3mm的矩形体，移动到如图5-2-44位置。

（44）矩形实体减去步骤（42）实体物件后，再使用步骤（42）物件减去耳针底座，如图5-2-45。

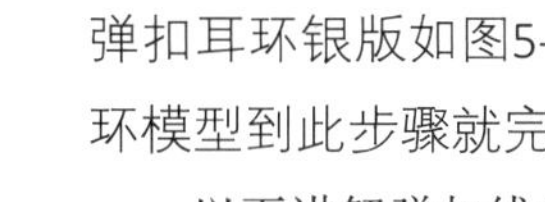

（45）完成弹扣耳环①的造型。此处弹扣是在执摸环节将弹扣配件另行焊接安装到位，弹扣耳环银版如图5-2-46。所以，此类款型耳环模型到此步骤就完成了，如图5-2-47。

以下讲解弹扣线的制作技法，仅作为展示效果使用。弹扣在实际生产中多是直接选用冲压出的配件。

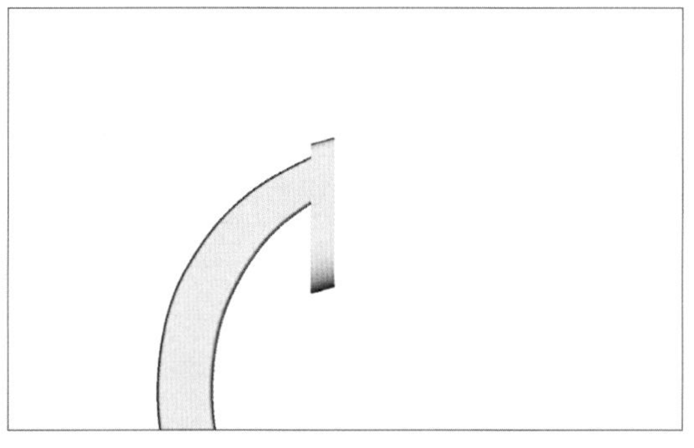

图5-2-42

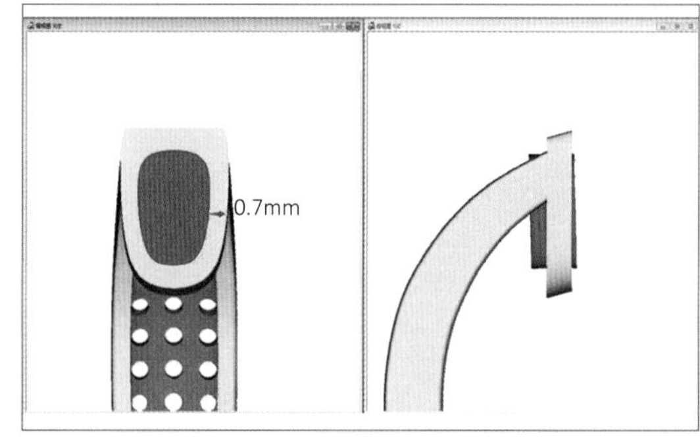

图5-2-43

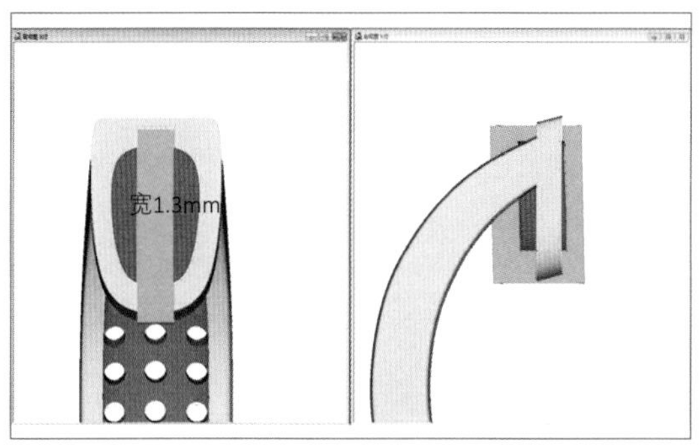

图5-2-44

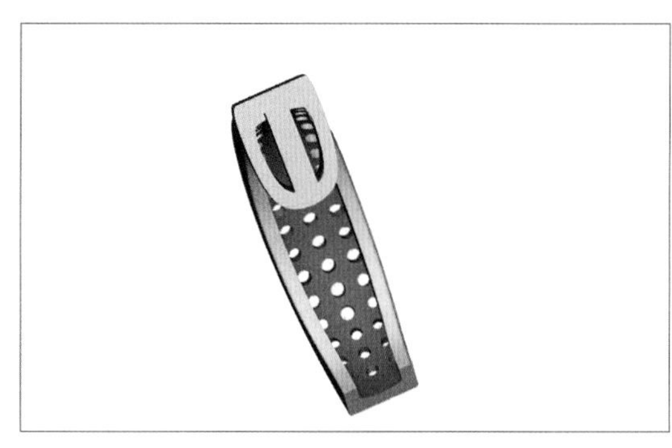

图5-2-45

图5-2-46

图5-2-47

（1）弹扣式耳环①

① 右视图，绘制如图5-2-48的曲线。

② 背视图，绘制如图5-2-49的辅助曲线。

③ 将步骤①曲线调整贴合到辅助线上。其中0号CV点贴齐纵轴线，如图5-2-50。

④ 左右对称复制后，使用“倒序编号”命令，倒序复制出的曲线编号，如图5-2-51。

⑤ 使用“连接曲线”命令，将两条曲线连接成一条曲线；连接处原头尾有两个CV点，删去多余的一个CV点，如图5-2-52。

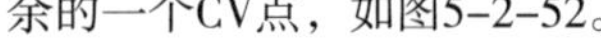

⑥ 使用“左右对称线”工具对该曲线进行编辑，延长曲线两端，使其深入圆管空轴位置，如图5-2-53。

⑦ 使用“管状曲面”工具，圆形切面，直径1.2mm，生成线框，如图5-2-54。

⑧ 完成弹扣式耳环①造型效果图，如图5-2-55。

（2）弹扣式耳环②制作

① 背视图，返回步骤⑤，将曲线头尾两端移

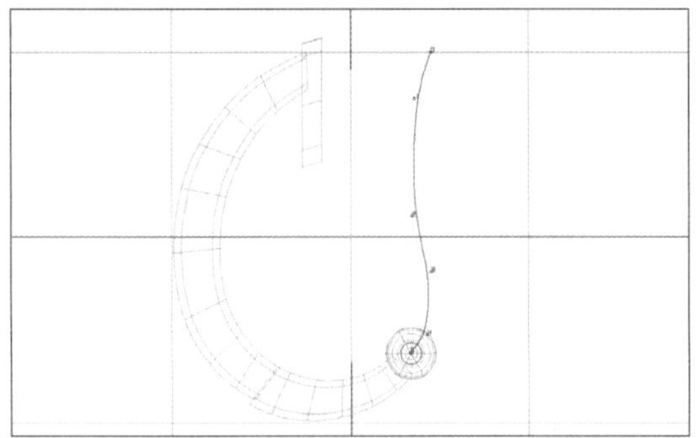

图5-2-48

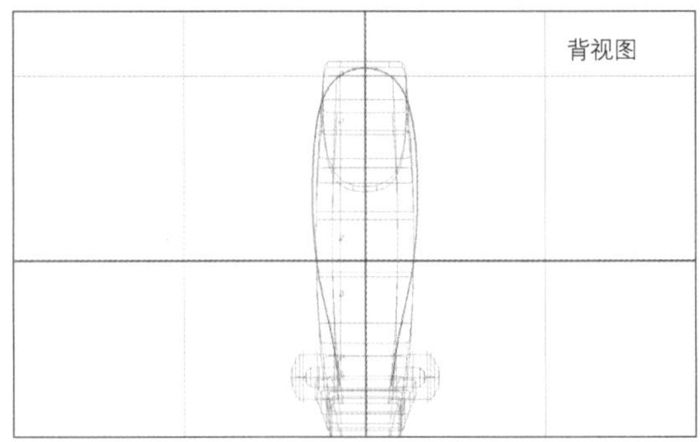

图5-2-49

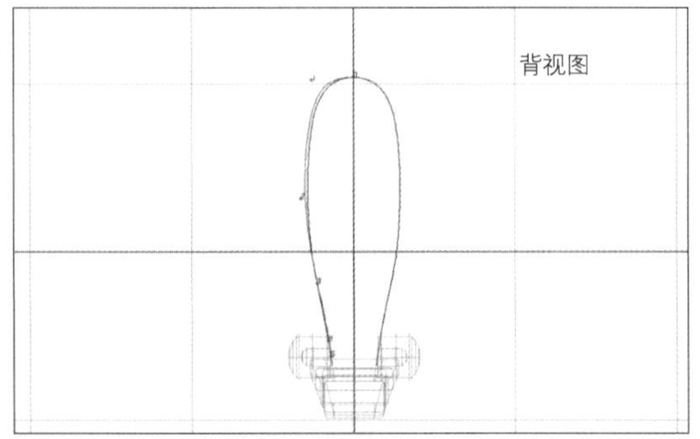

图5-2-50

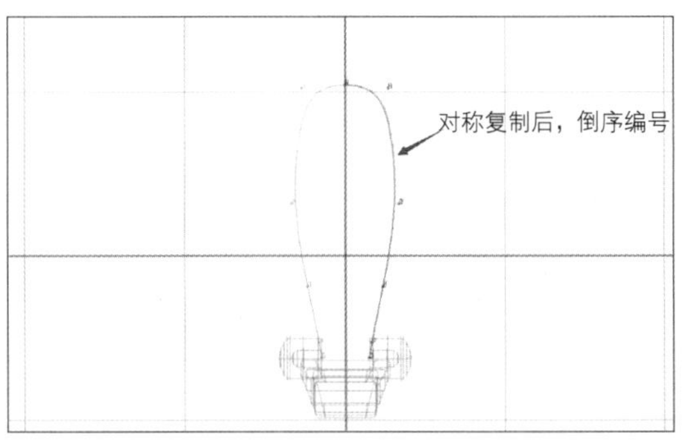

图5-2-51

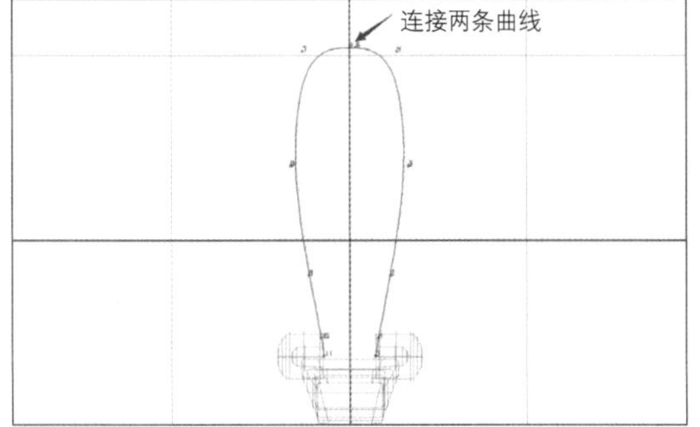

图5-2-52

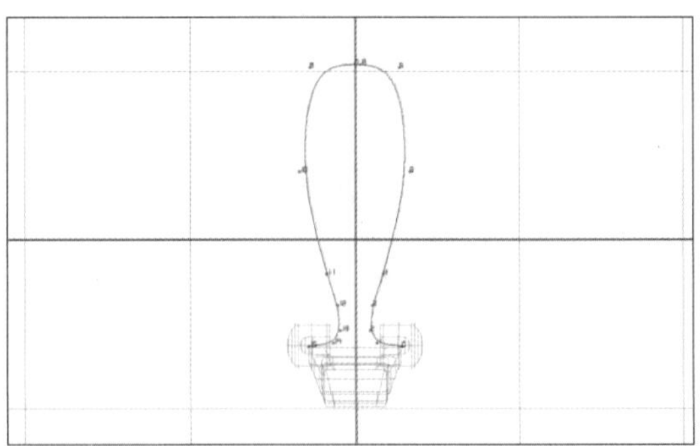

图5-2-53

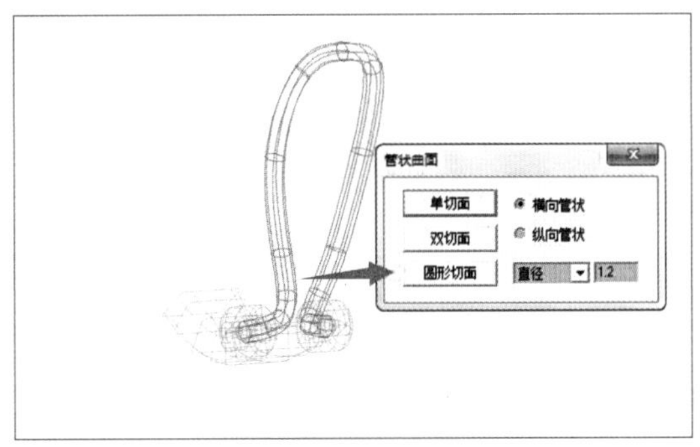

图5-2-54

图5-2-55

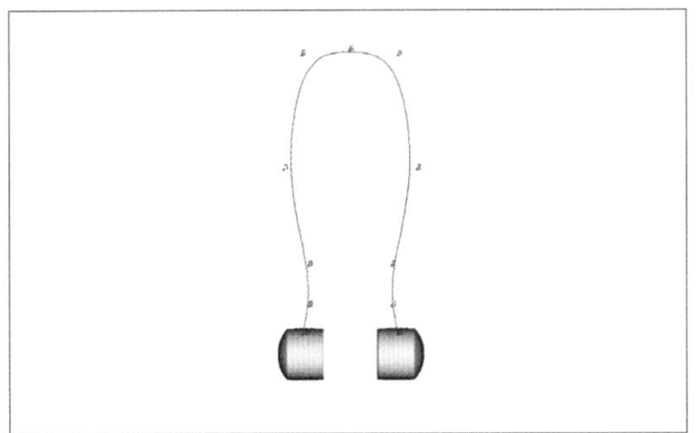

图5-2-56

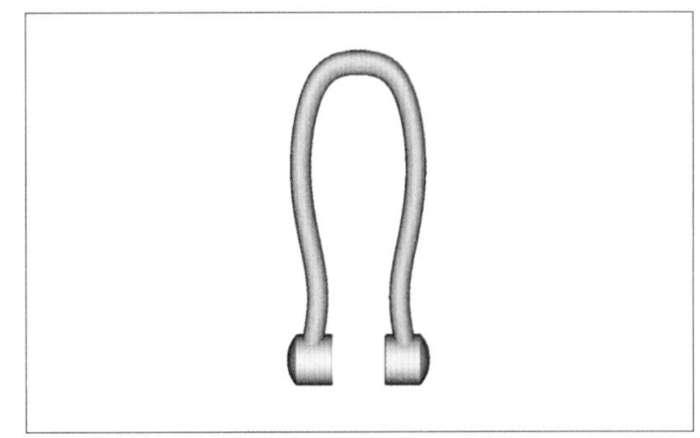

图5-2-57

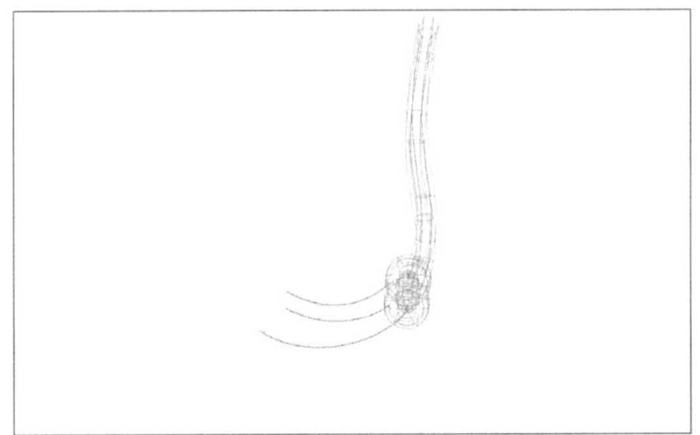

图5-2-58

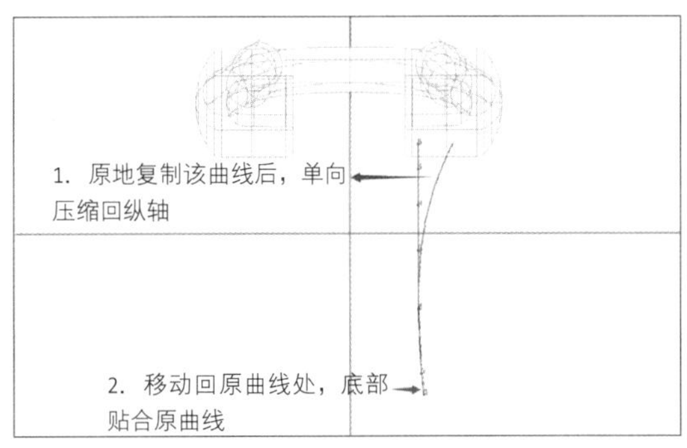

图5-2-59

到圆管轴上部，如图5–2–56。

② 生成1.2mm的圆管曲面，如图5–2–57。

③ 隐藏耳环前部尾段实体，展示步骤（11）隐藏的原始三条导轨线，如图5–2–58。

④ 上视图，原地复制右边导轨线后，使用“尺寸”工具单向将其压缩贴合至纵轴，使其成为一条平直曲线，之后将其再移动回原曲线处，其底部与原曲线保持贴合，如图5–2–59。

⑤ 将该曲线对称复制后，导轨曲面生成实体，如图5–2–60。

⑥ 右视图，生成直径2.8、1.2mm的辅助圆。移动其贴合圆轴物件，如图5–2–61。

⑦ 上视图，原地复制2.8mm的圆后，将2.8mm圆直线延伸曲面，两端分别距圆轴物件0.1mm，如图5–2–62。

⑧ 上视图，将余下的2.8mm圆继续直线延伸曲面超越耳环宽度，更换其物件材质颜色后减去耳环，如图5–2–63。

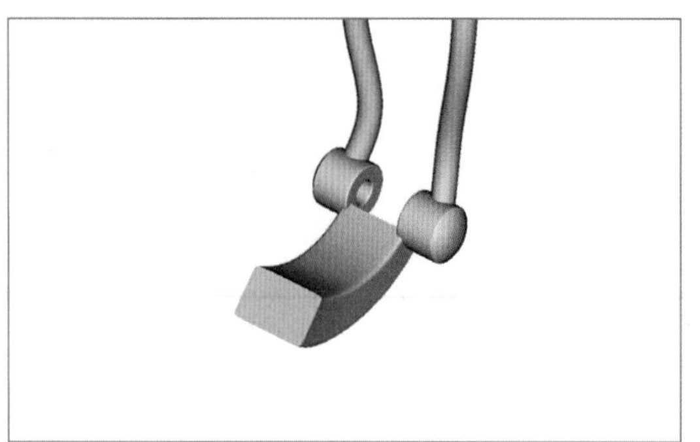

图5-2-60

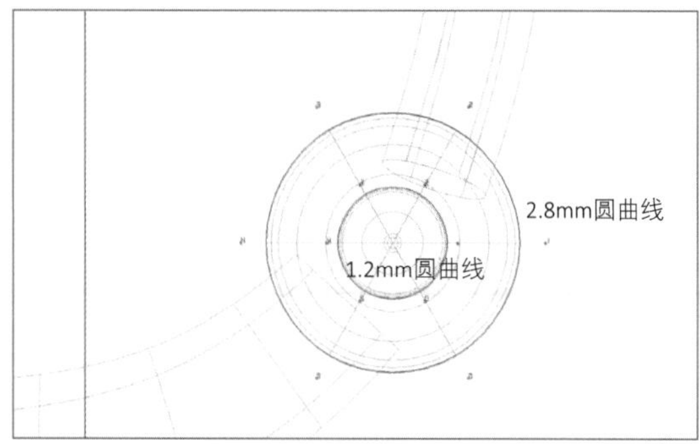

图5-2-61

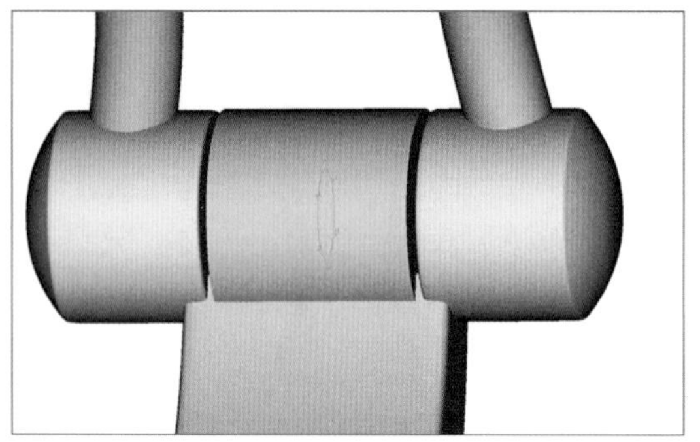

图5-2-62

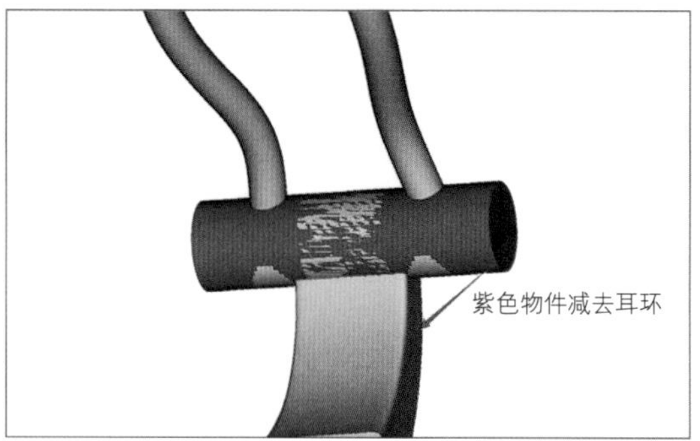

图5-2-63

⑨ 上视图，1.2mm圆直线延伸曲面后，一端贯穿圆轴物件，如图5-2-64。

⑩ 原地复制该圆柱，分别减去步骤⑦ 及两端圆管轴，如图5-2-65。

⑪ 弹扣式耳环②完成造型。该种线框其与圆管轴是可以一体铸造，并进行后期安装轴线制作的，如图5-2-66。

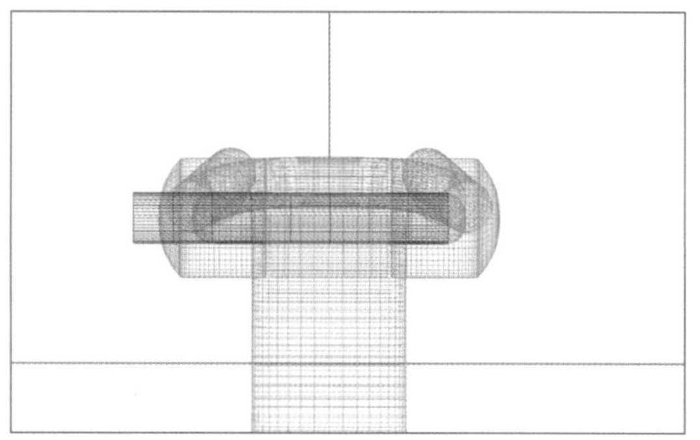

图5-2-64

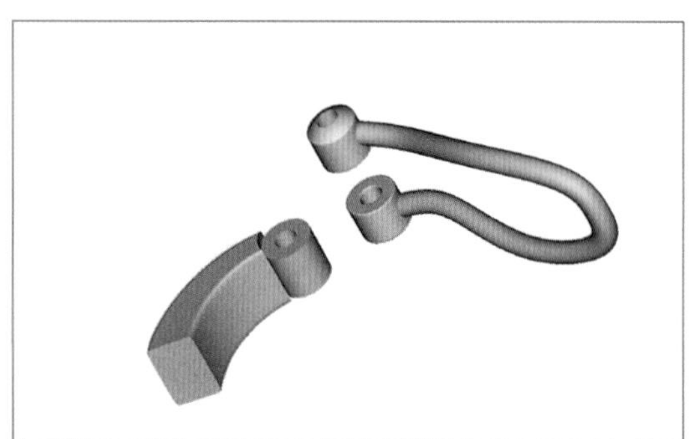

图5-2-65

图5-2-66

Chapter 6 第六章 手镯篇

手镯，是首饰款型中的大件款。按佩戴方式划分，主要为开口、闭口两类；按造型划分，主要是圆形及蛋形两种；按较口划分，又能分为1较位、2较位及多较位。这些相互对应的多种组合变化带来了更多的手镯造型，如图6-0-1多种手镯款型。

本章重点讲解手镯的开合较位与鸭利、鸭利箱等结构部位的制作技法，通过普通闭合手镯（按钮式、光金式）及弹扣闭合手镯（弹簧

（a）蛋形闭合手镯（掏底）

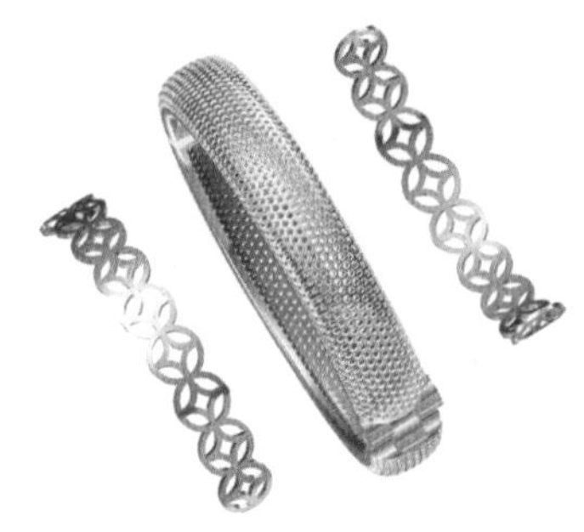

（b）蛋形闭合手镯（掏底+封片）

（c）蛋形开口手镯

（d）蛋形开口手镯（黑色滴胶款）

（e）圆形开口手镯

（f）两段开合式手镯

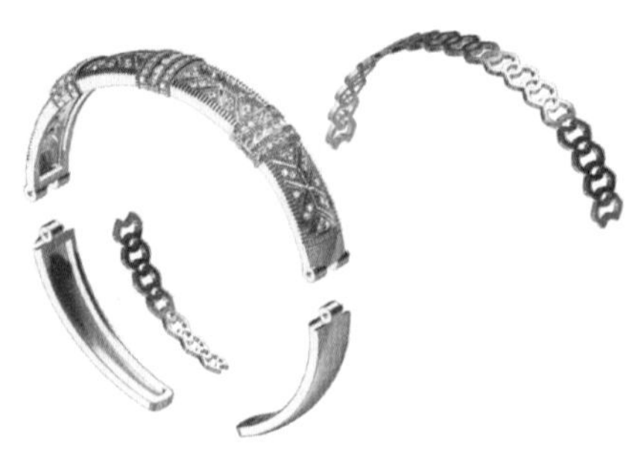

（g）两段开合式手镯拆解图

图6-0-1

按键式）两款手镯三种开合形式，及手镯网底封片的制作，帮助读者了解与掌握手镯的关键制作技术。

第一节 “花枝俏”手镯

本案例主要讲解：常用的手镯按钮的两种制作方式；鸭利与鸭利箱的制作。

制作步骤如下：

（1）正视图，生成直径45、55mm的辅助圆，如图6-1-1。

（2）使用“上下左右对称线”工具贴合辅助圆生成椭圆形曲线，如图6-1-2。

（3）椭圆形曲线向外偏移3.5mm，如图6-1-3。

（4）使用“左右对称曲线”工具贴合内部椭圆形曲线，绘制手镯上半部内曲线，如图6-1-4。

（5）内曲线向外偏移3.5mm，生成外曲线，如图6-1-5。

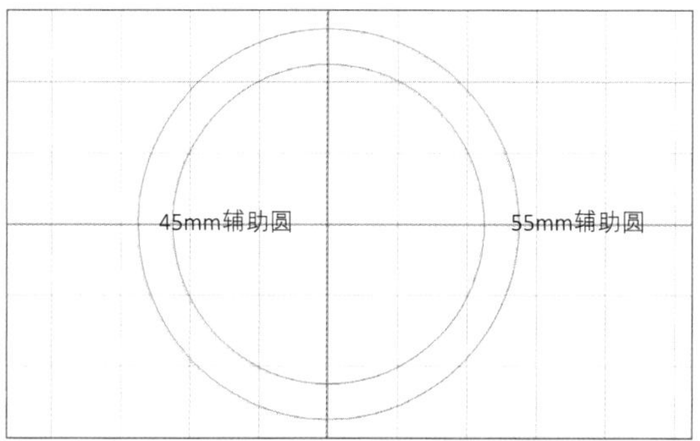

图6-1-1

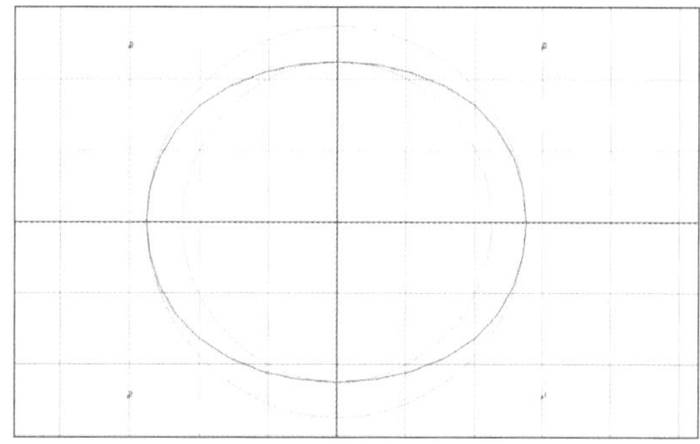
图6-1-2

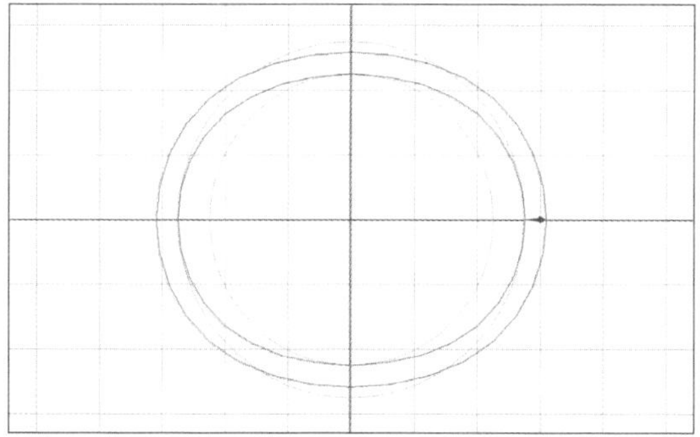
图6-1-3

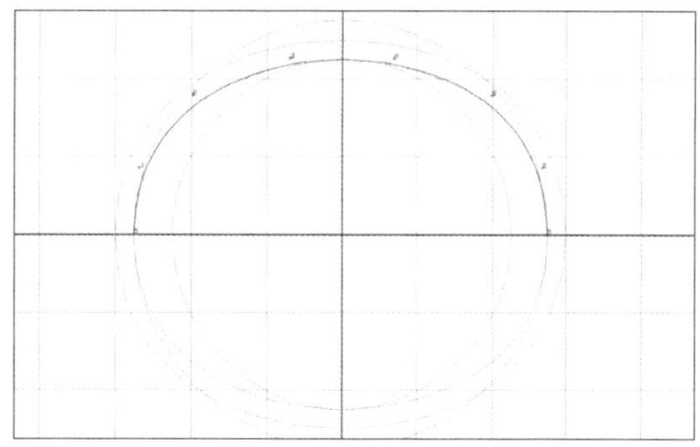
图6-1-4

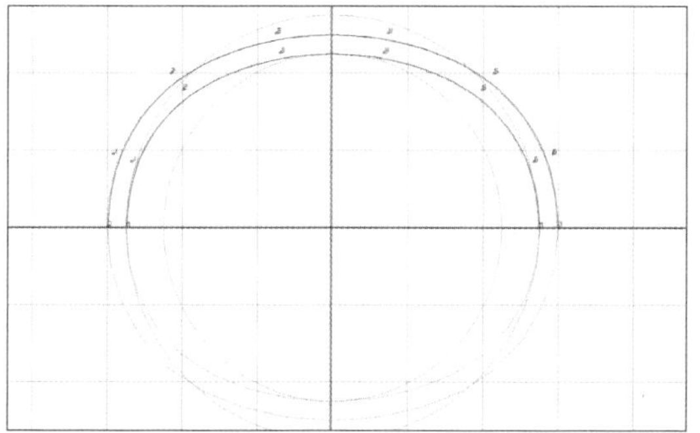
图6-1-5

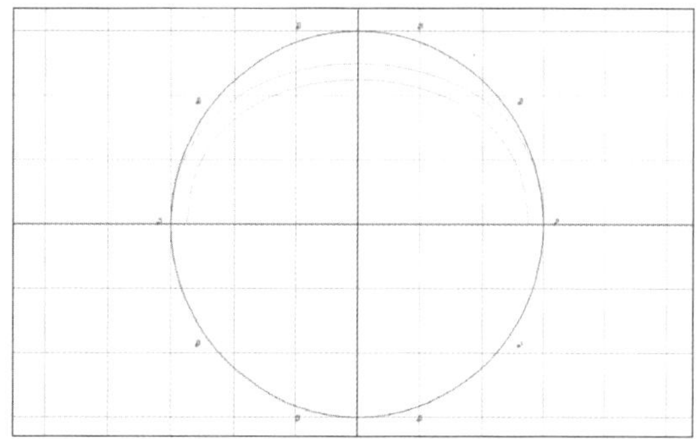
图6-1-6

（6）生成直径为62mm的辅助圆，如图6-1-6。

（7）上视图，将辅助圆“反上”，使用“旋转180° 曲线”绘制曲线，如图6-1-7。

（8）将曲线两方向偏移1.5mm，如图6-1-8。

（9）距横轴3.0mm放置一条直线辅助线并上下对称复制；调整步骤（8）曲线起始端CV点，分别置于辅助线相交的两端对应位置，如图6-1-9。

（10）贴合曲线绘制新曲线，靠近辅助圆方向的CV点需要密集一些，如图6-1-10。

（11）绘制造型曲线，如图6-1-11。

（12）正视图，沿横轴放置一条直线辅助线，原地复制后“反右”处理，如图6-1-12。

（13）将全部曲线投影到手镯外曲线上，如图6-1-13。

（14）右视图，选中全部曲线的0号CV点，投影贴合到横轴直线辅助线上，如图6-1-14至图6-1-16。

（15）正视图，生成直径3.5mm的辅助

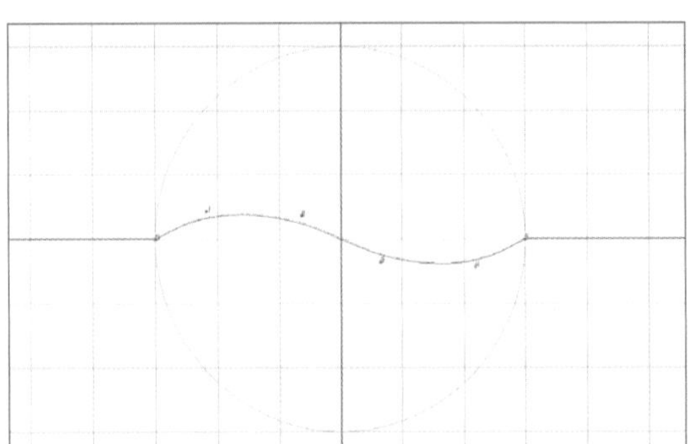

图6-1-7

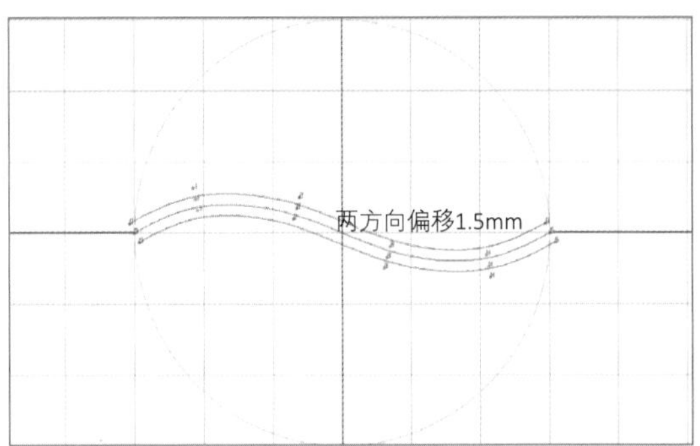

图6-1-8

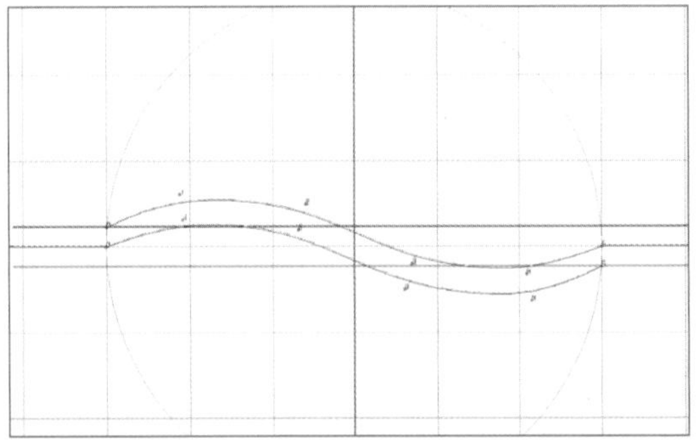

图6-1-9

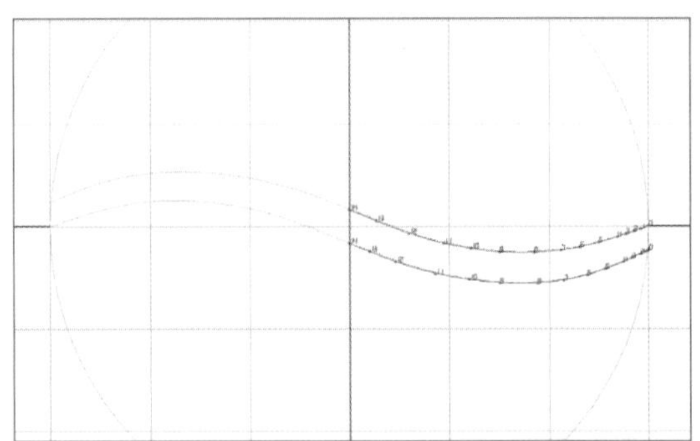

图6-1-10

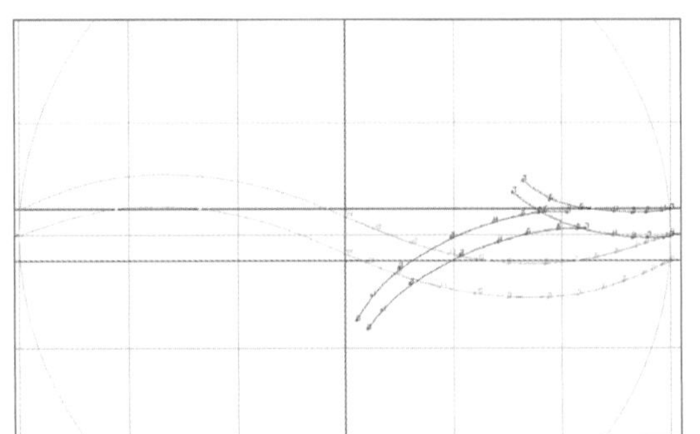

图6-1-11

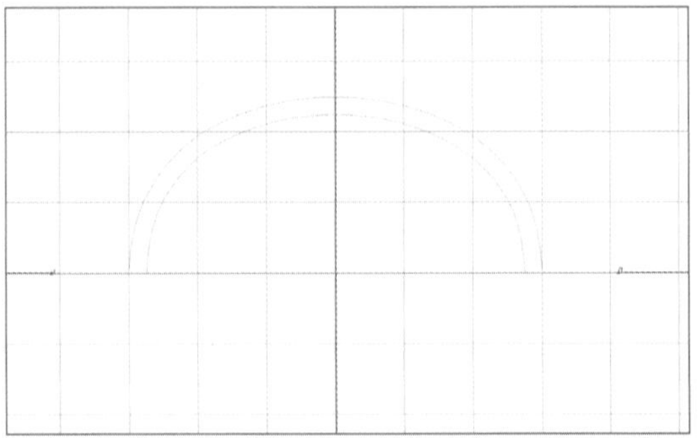

图6-1-12

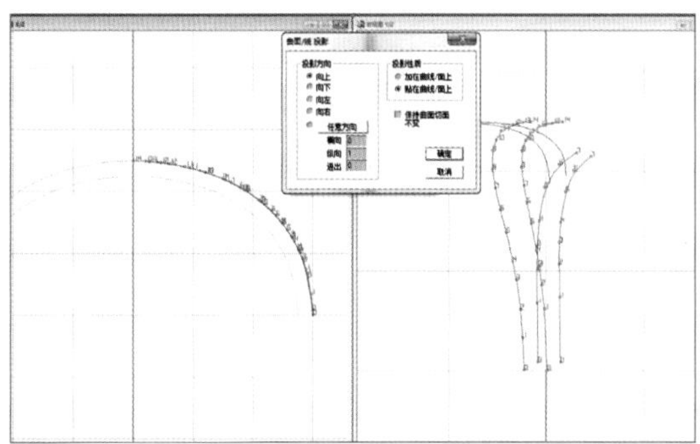

图6-1-13

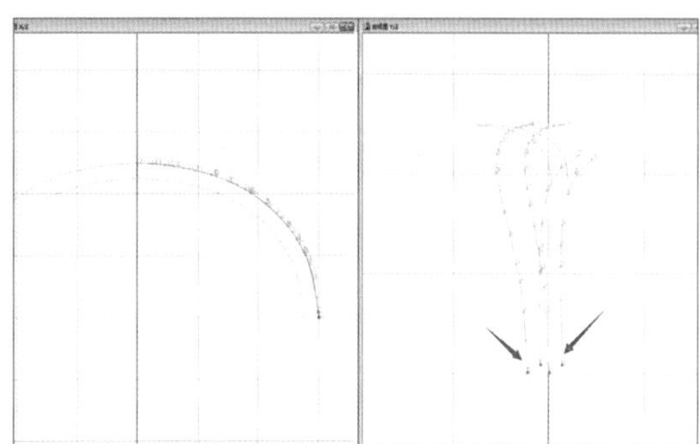

图6-1-14

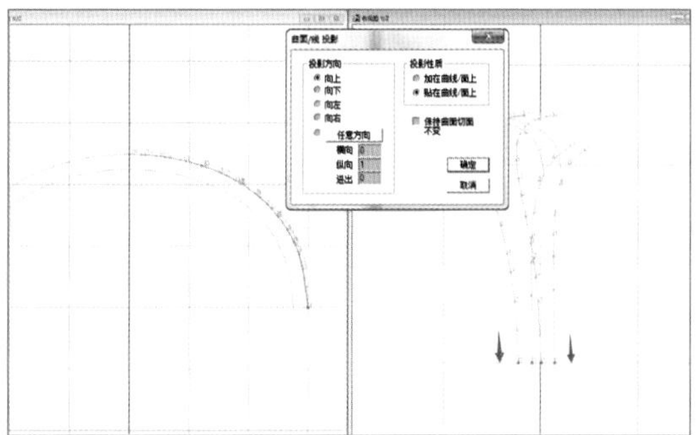

图6-1-15

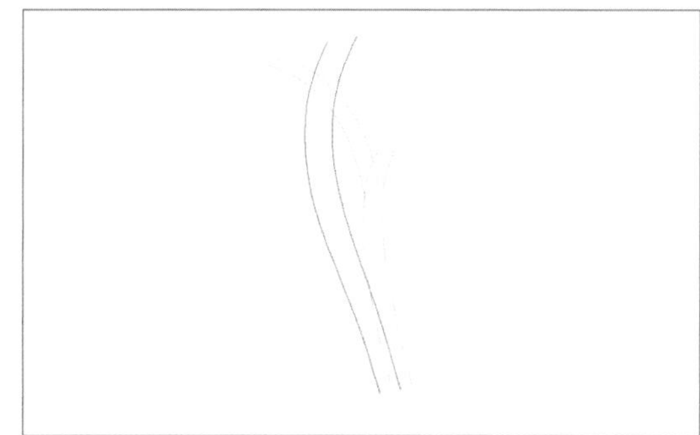

图6-1-16

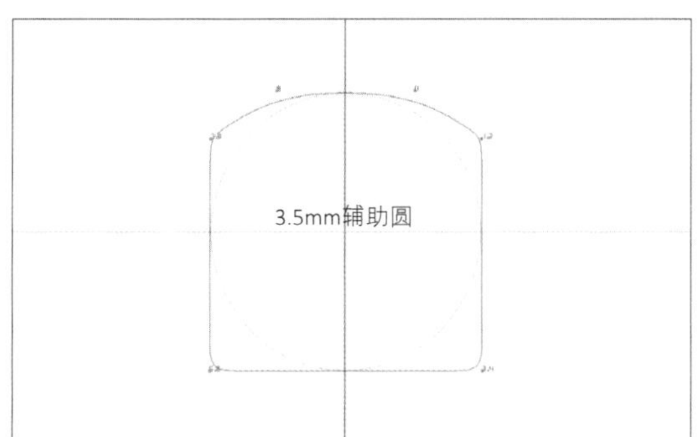

图6-1-17

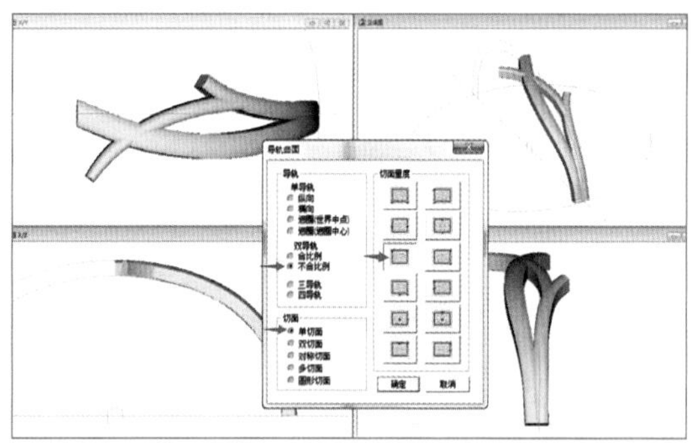

图6-1-18

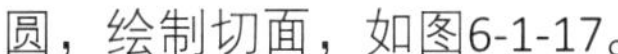

圆，绘制切面，如图6-1-17。

（16）使用“导轨曲面”命令，不合比例、单切面、切面量度向下，分别生成造型物件，如图6-1-18。

（17）调整中间物件的CV点，使得该物件与其他物件有穿插关系，如图6-1-19。

（18）正视图，将物件底部CV点投影贴合到横轴直线辅助线上，如图6-1-20、图6-1-21。

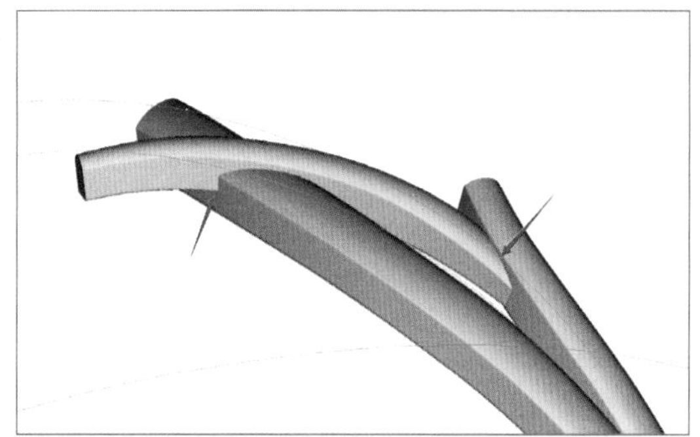

图6-1-19

（19）上视图，将全体物件“旋转180°复制”，如图6-1-22。

（20）正视图，将步骤（5）的手镯上部曲线上下对称复制，如图6-1-23。

（21）生成宽为6.0mm的切面，使用“导轨曲面”命令生成手镯下半部，如图6-1-24至图6-1-26。

（22）生成直径2.6mm的圆，移动到手镯

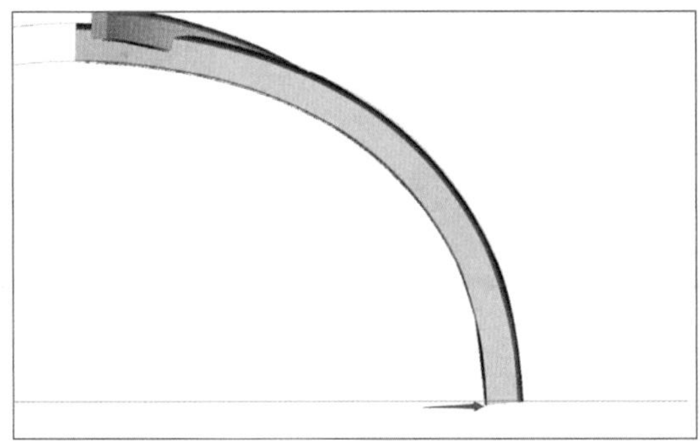

图6-1-20

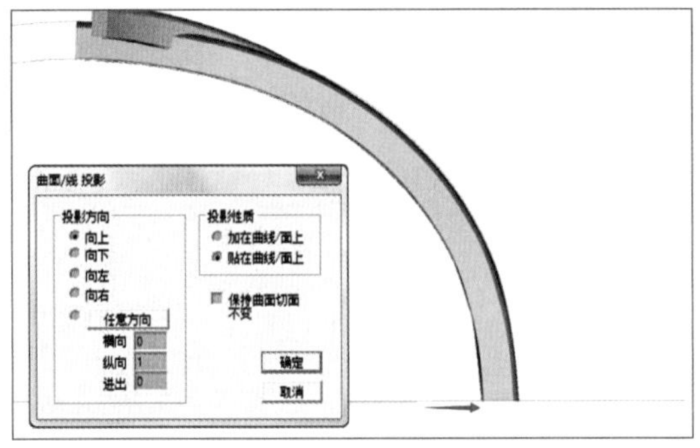

图6-1-21

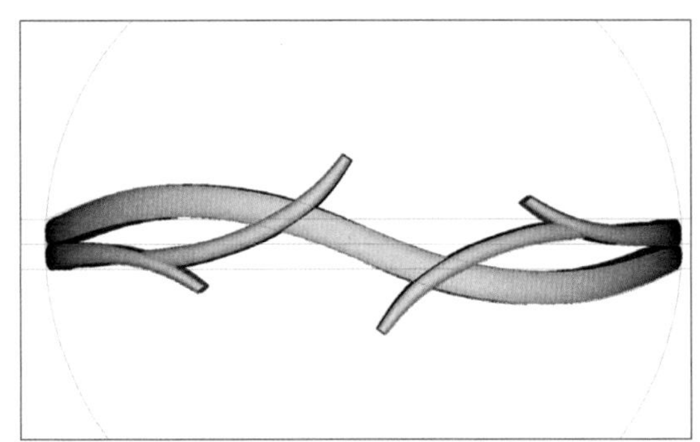

图6-1-22

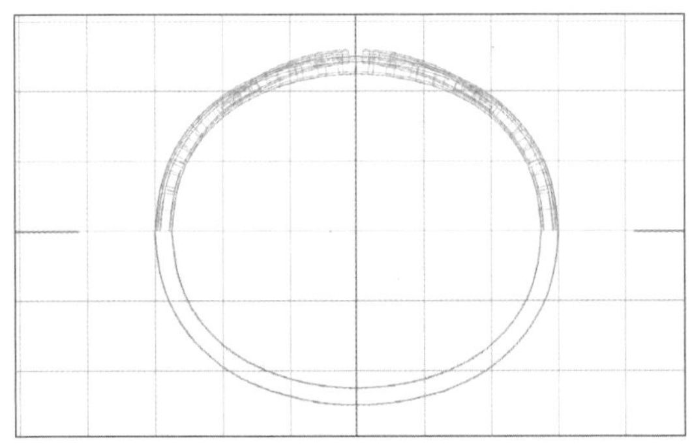

图6-1-23

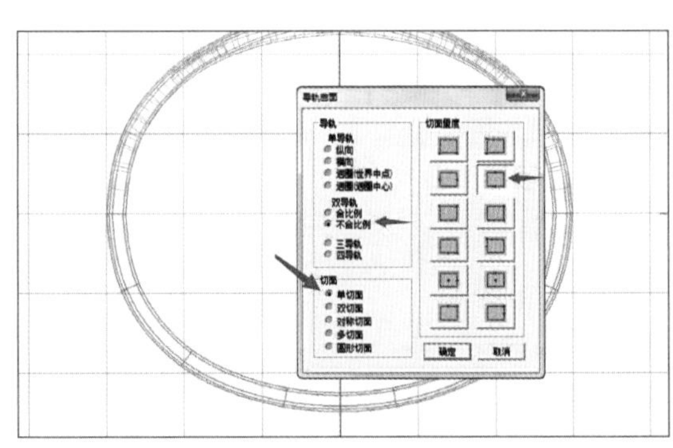

图6-1-24

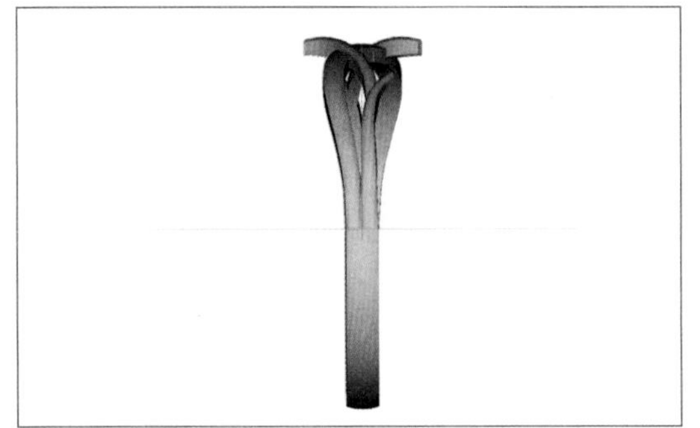

图6-1-25

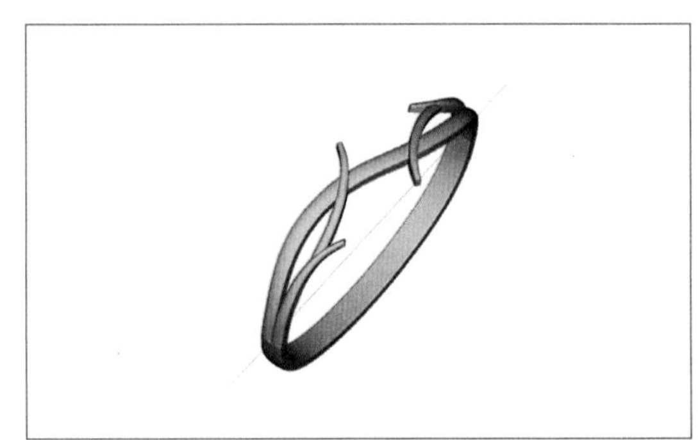

图6-1-26

左侧，如图6-1-27。

（23）右视图，原地复制该圆后，直线延伸曲面，如图6-1-28。

（24）原地复制该物件后，分别减去手镯上、下半部，如图6-1-29。

（25）步骤（23）复制出的圆曲线，再次原地复制后向右直线延伸曲面3.0mm，再使用“多重变形”命令，向左横向移动1.5mm，如图6-1-30。

（26）使用步骤（25）的复制圆，直线延伸曲面1.5mm，移动到侧边后对称复制，如图6-1-31。

（27）正视图，生成1.5mm的圆，移动到手镯右侧圆柱中心位置，如图6-1-32。

（28）左视图，该1.5mm圆直线延伸曲面形成实体物件后，如图6-1-33移动，其左端距

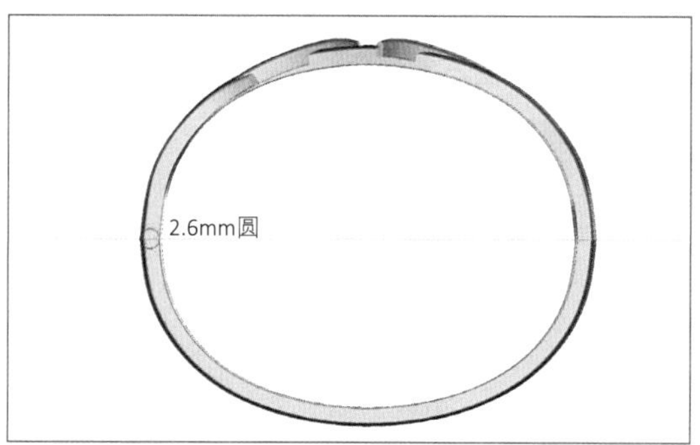

图6-1-27

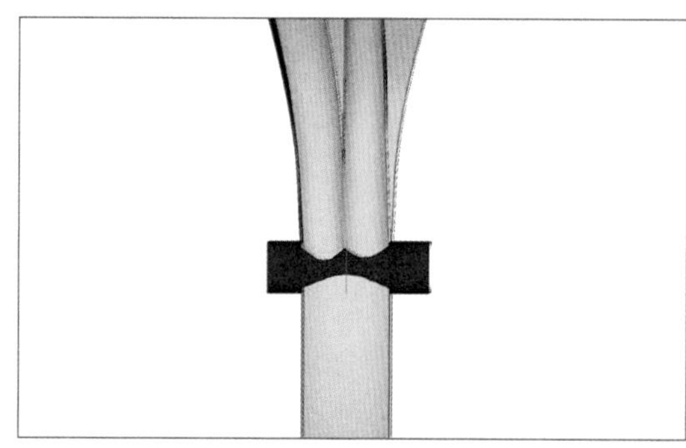

图6-1-28

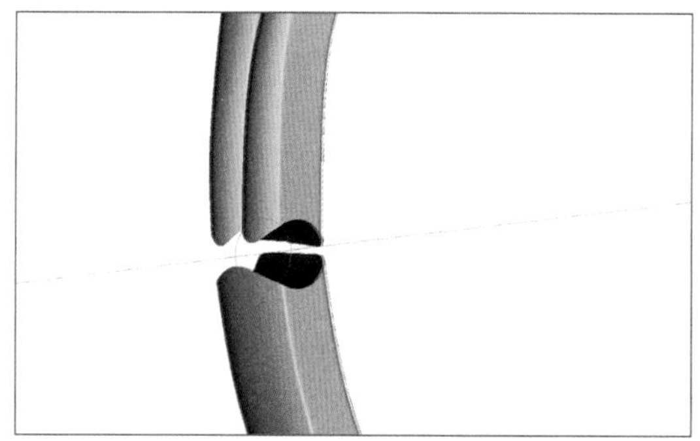

图6-1-29

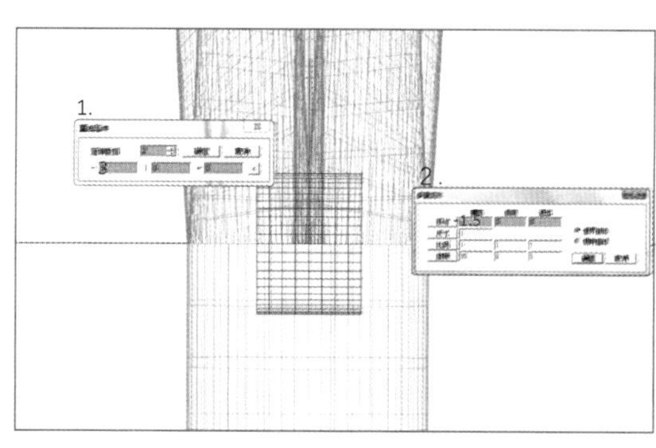

图6-1-30

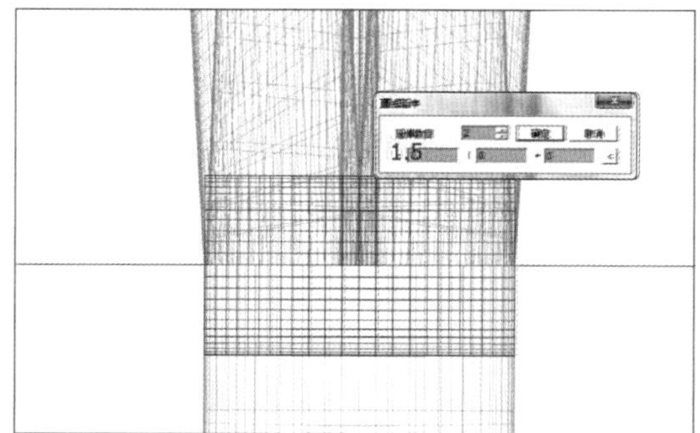

图6-1-31

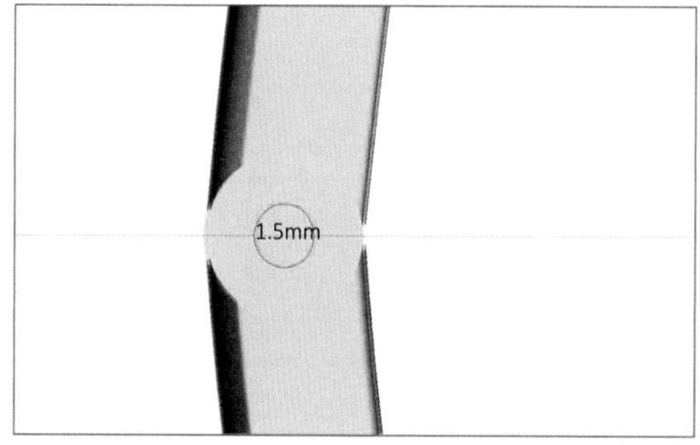

图6-1-32

离手镯左侧边缘0.6mm。

（29）原地复制该圆柱两件，分别减去步骤（25）（26）生成的三个圆柱，如图6-1-34。

（30）手镯上部与两侧圆柱联集，手镯下部与中间圆柱联集，完成铰位制作，如图6-1-35。

（31）手镯右侧，贴紧手镯内外缘，放置0.8mm的辅助圆。绘制矩形切面，切面高度为7.0mm（此高度为横轴至顶部的距离），如图6-1-36。

（32）右视图，原地复制矩形切面，复制出的切面移动并贴紧到手镯右侧边缘，如图6-1-37。

（33）使用“多重变形”命令将该切面线向左移动0.8mm，如图6-1-38。

（34）使用“直线延伸曲面”命令，将中心位置原矩形切面线直线延伸至步骤（33）的切面线位置，如图6-1-39。

（35）左右对称复制，如图6-1-40。

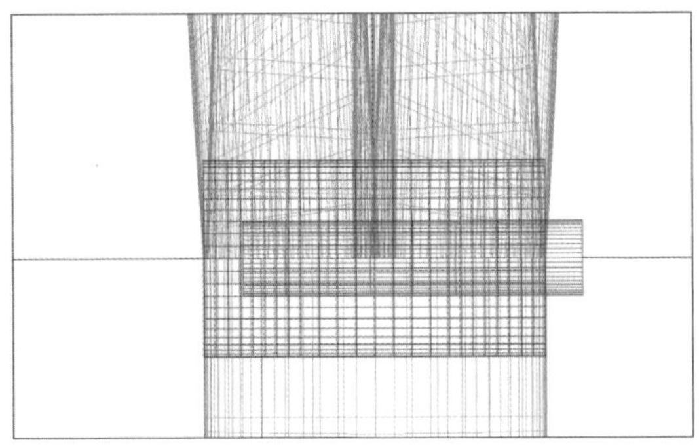

图6-1-33

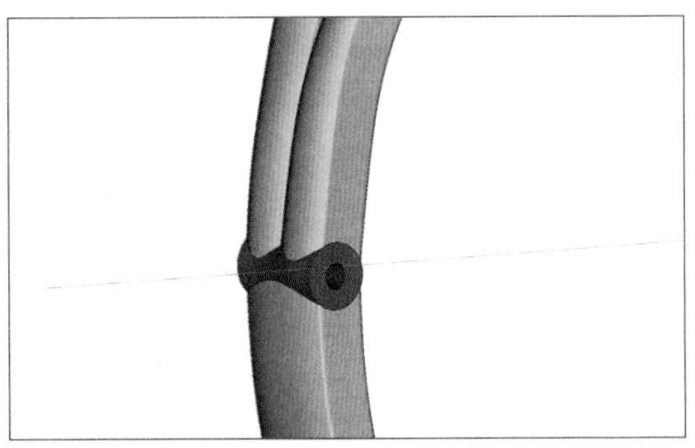

图6-1-34

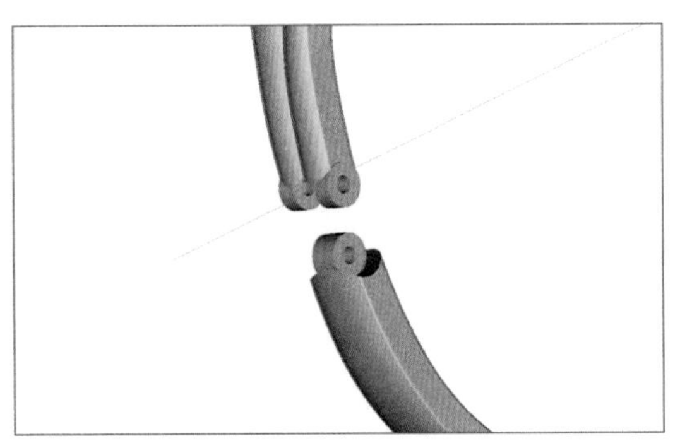

图6-1-35

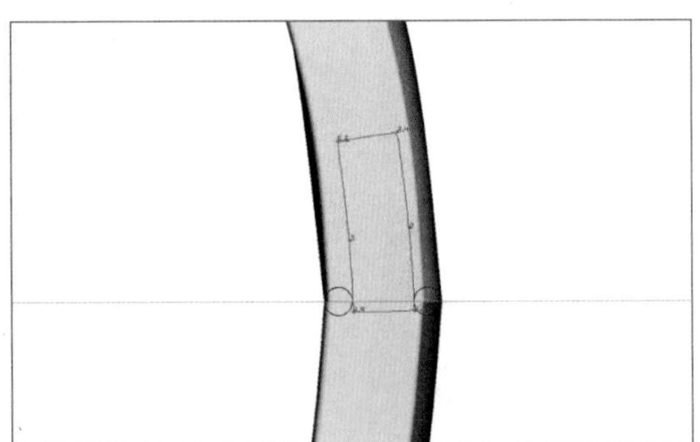

图6-1-36

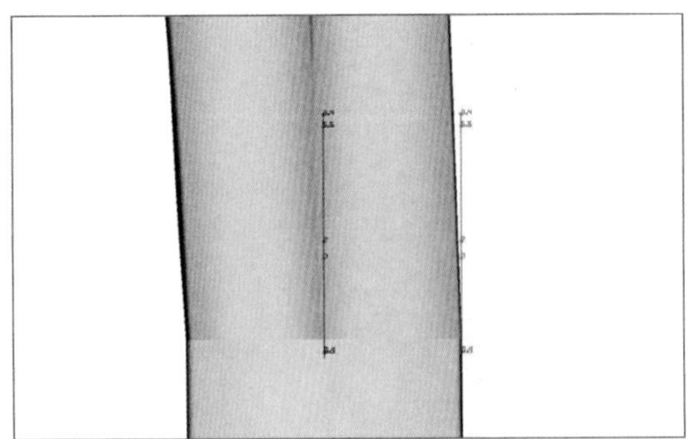

图6-1-37

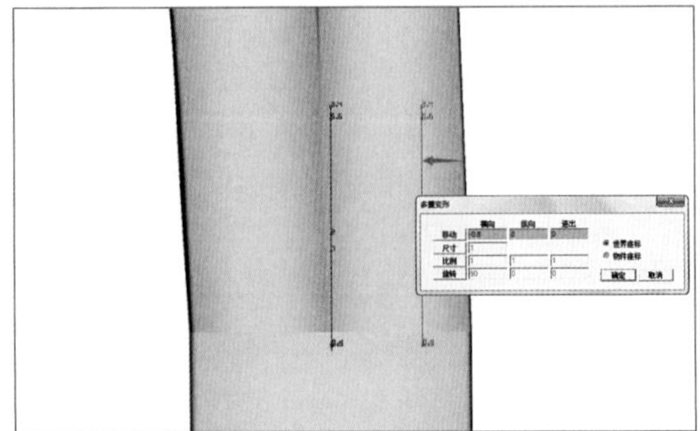

图6-1-38

（36）两个物件联集后，减去手镯上部物件（上部两个物件先联集），得到鸭利箱的空腔，如图6-1-41。

（37）展示手镯上部物件的CV点，将凹陷下去位置的CV点向上移动保持0.8mm的厚度，如图6-1-42。

（38）正视图，在步骤（31）的矩形范围内绘制鸭利造型曲线，曲线与矩形切面不能贴合，可保持0.05～0.1mm的距离，如图6-1-43。

（39）将该曲线向内偏移0.66mm，如图6-1-44。

（40）调整混乱的偏移曲线，保持头部曲线圆顺，如图6-1-45。

（41）绘制宽度为2.9mm的矩形切面，使用“导轨曲面”命令，生成鸭利，如图6-1-46至图6-1-48。

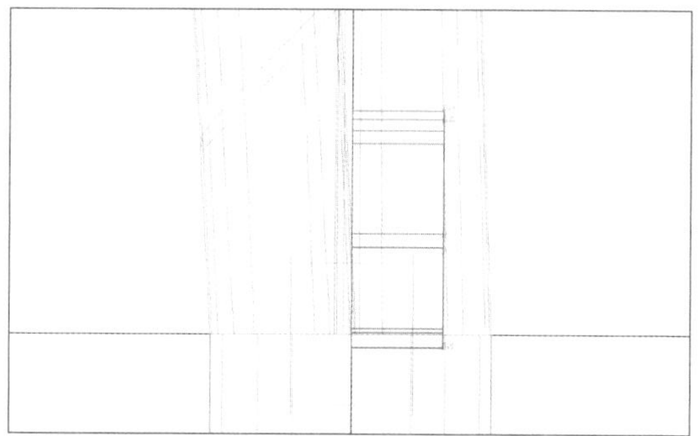

图6-1-39

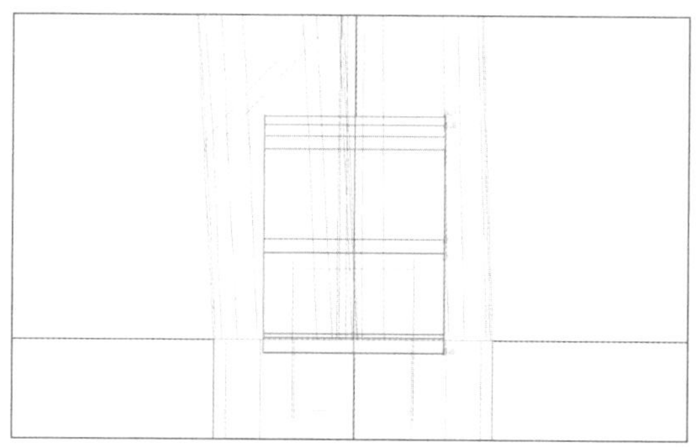

图6-1-40

图6-1-41

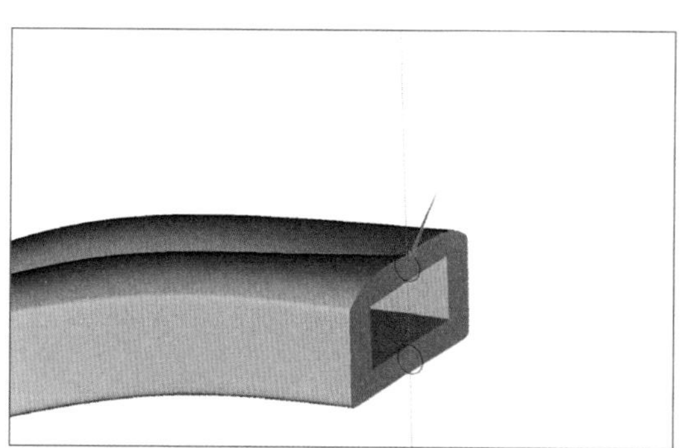

图6-1-42

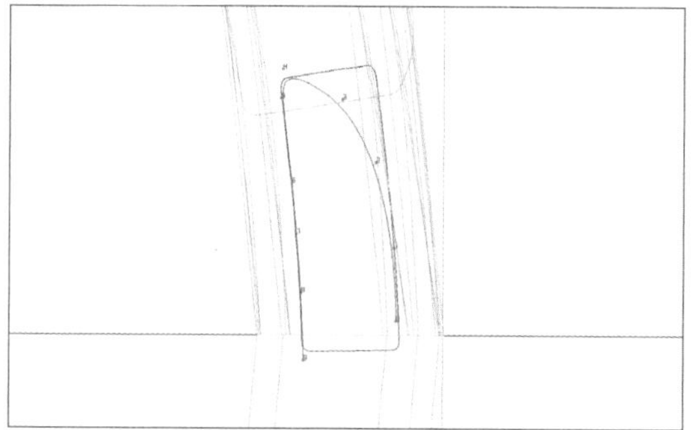

图6-1-43

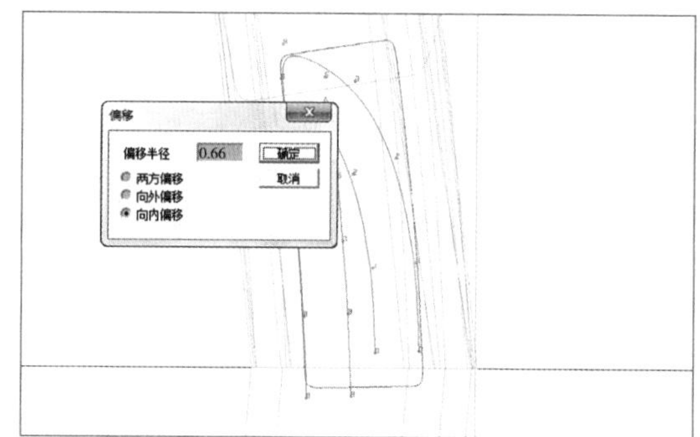

图6-1-44

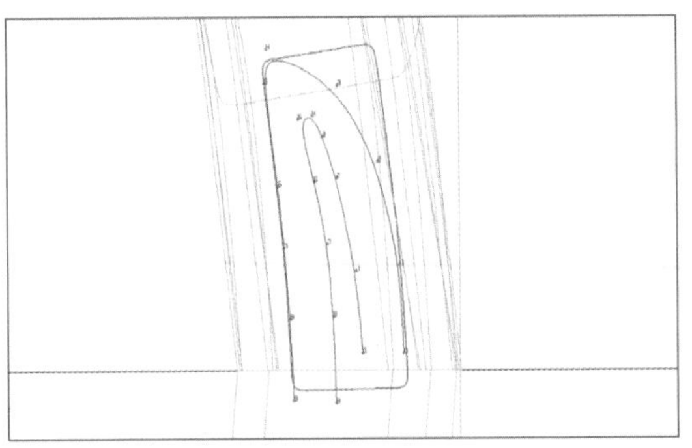
图6-1-45

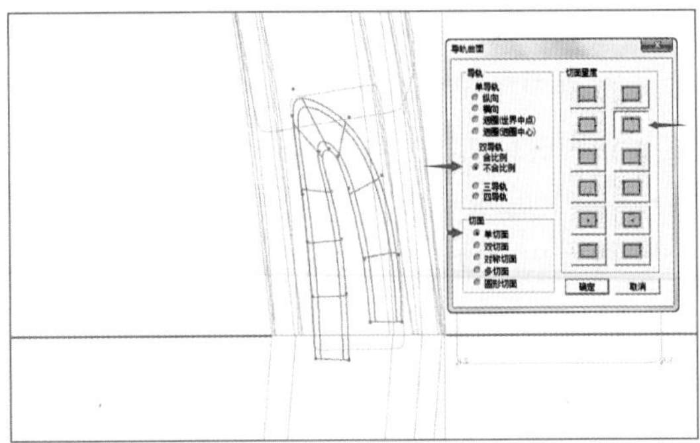
图6-1-46

图6-1-47

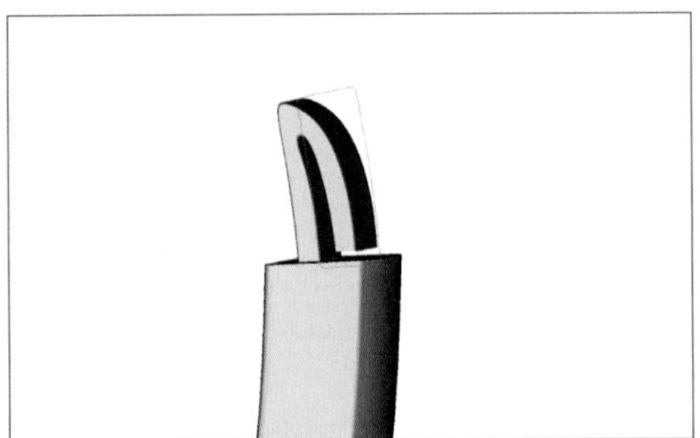
图6-1-48

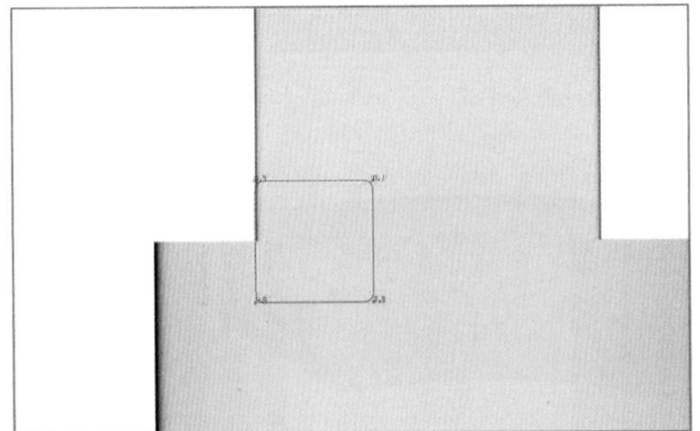
图6-1-49

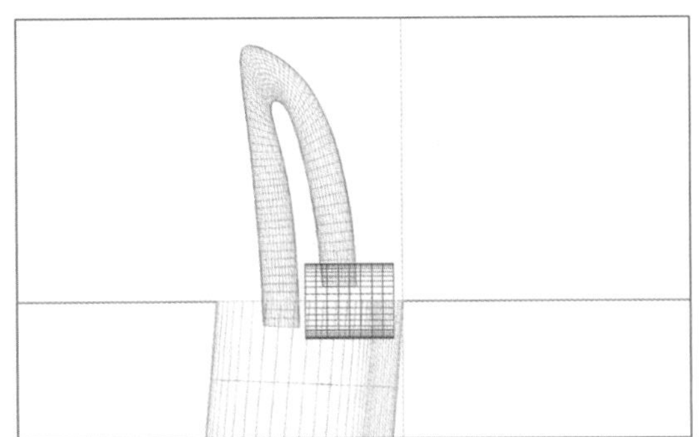
图6-1-50

（42）右视图，生成1mm的矩形并移动到鸭利边缘，如图6-1-49。

（43）正视图，直线延伸曲面，如图6-1-50。

（44）右视图，左右对称复制两个减缺物件，并减去鸭利，如图6-1-51。

（45）还原步骤（36）掏鸭利箱物件，如图6-1-52。

（46）右视图，移动步骤（44）减缺物

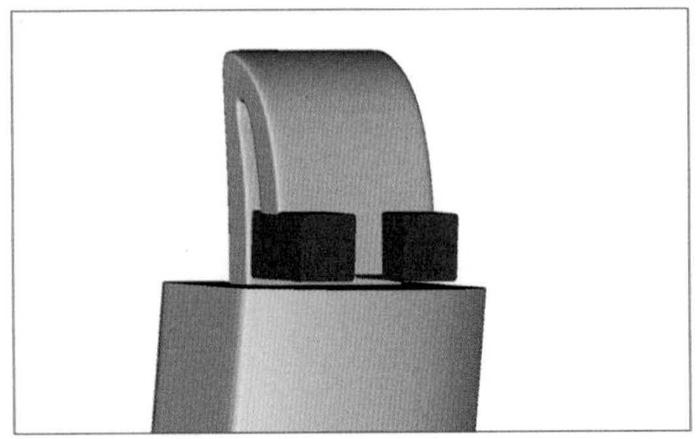
图6-1-51

件的CV点，使其外侧及底部超过掏鸭利箱物件，如图6-1-53。

（47）正视图，减缺物件向右移动，使其吃入0.15mm，并减去（此处将鸭利物件展示出来，便于下面制作的参照对比），如图6-1-54。

（48）右视图，绘制如图6-1-55曲线。

（49）正视图，将曲线直线延伸曲面，如图6-1-56。

（50）放置两条辅助直线，移动该曲面使得圆弧部略超鸭利开槽位置约0.2mm，如图6-1-57。

（51）将开鸭利箱物件组重新减去手镯上部；箱内上部得到两个卡块，用于鸭利插入后锁紧鸭利，而顶部的弧状缺口则用于下部制作的按钮，如图6-1-58、图6-1-59。

（52）右视图。在弧状缺口位置，生成圆

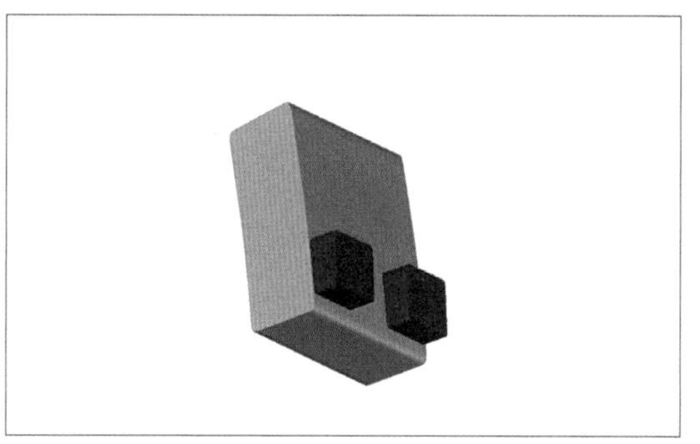

图6-1-52

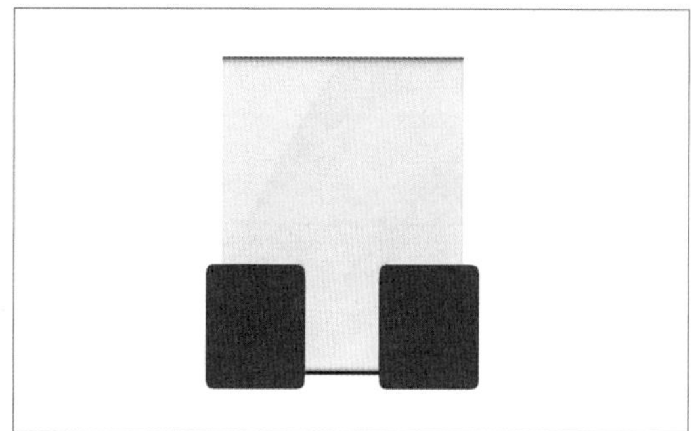

图6-1-53

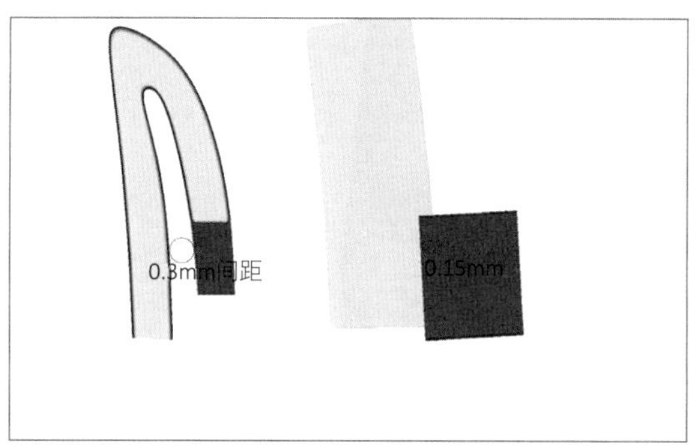

图6-1-54

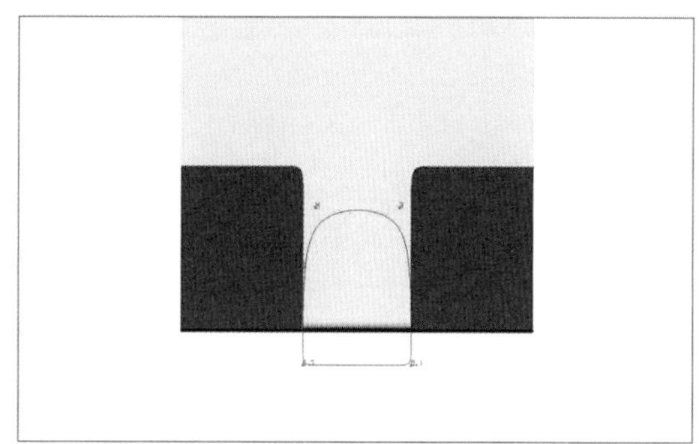

图6-1-55

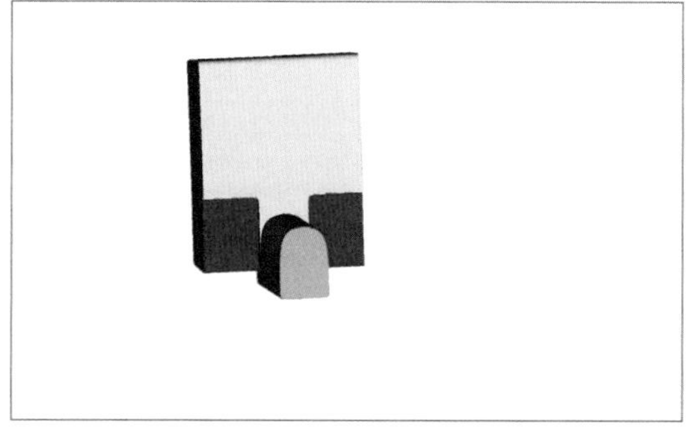

图6-1-56

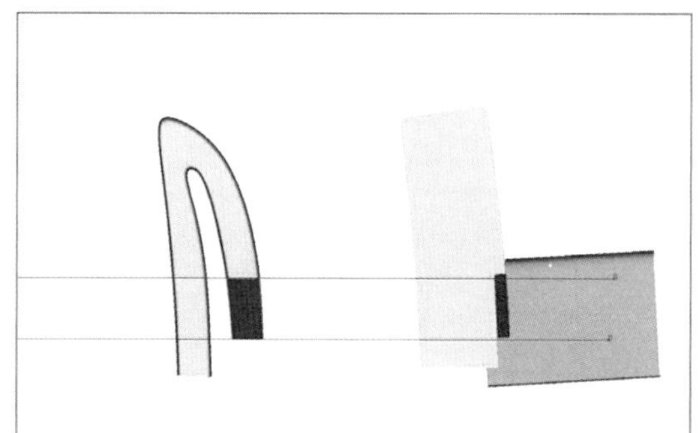

图6-1-57

曲线，圆略小于缺口宽库约0.1mm即可，如图6-1-60。

（53）正视图，直线延伸曲面该圆，如图6-1-61、图6-1-62。

（54）旋转移动，调整该圆柱使之垂直于鸭利，如图6-1-63。

（55）生成直径3.0mm的圆，绘制高1.5mm的切面线，如图6-1-64。

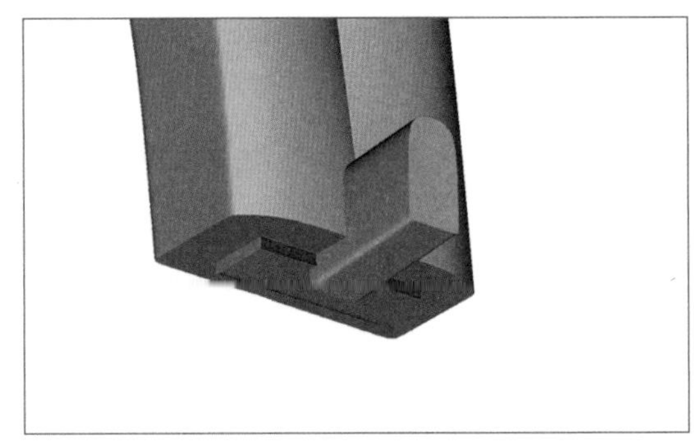

图6-1-58

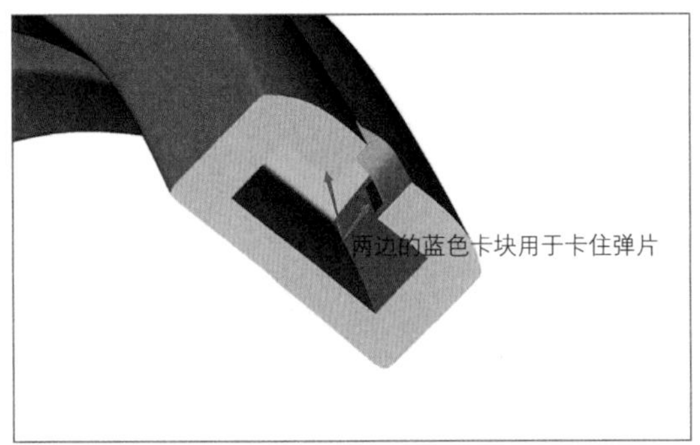

图6-1-59

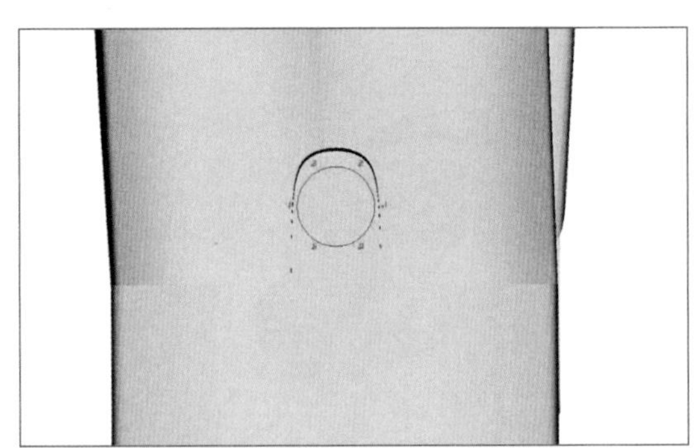

图6-1-60

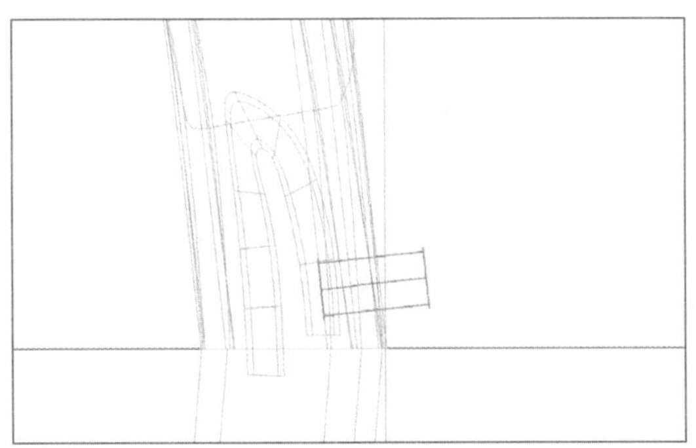

图6-1-61

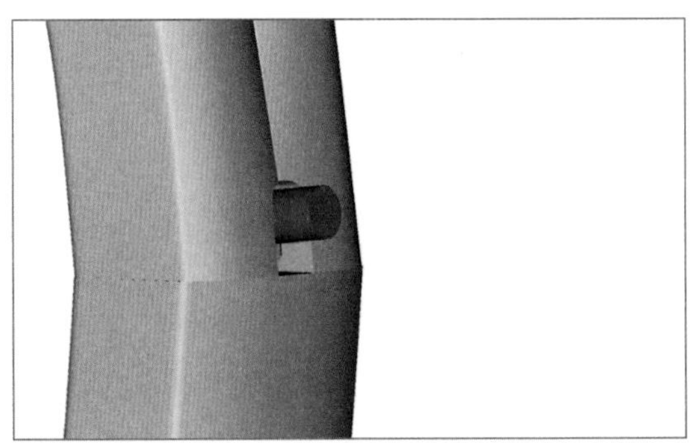

图6-1-62

图6-1-63

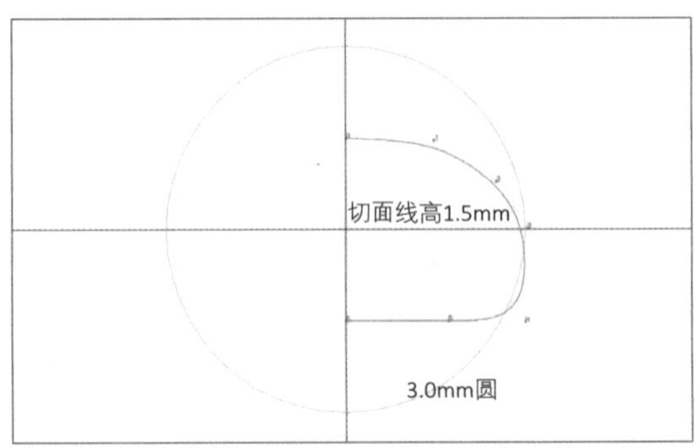

图6-1-64

（56）使用“导轨曲面”命令：单导轨、迴圈（世界中心）、单切面、切面量度向上，生成按钮物件，如图6-1-65。

（57）可展示出手镯，普通线图观察并移动放置到适合位置。请特别注意：按钮帽底部至手镯表面距离应该略大于鸭梨片间距，如图6-1-66。

（58）选中鸭利，使用“梯形化”命令，将头部略收窄，便于后期使用时，插入卡槽，如图6-1-67。

（59）初步完成手镯制作，如图6-1-68。

（60）正视图，原地复制手镯下半部实体，得到掏底物件。使用“尺寸”工具将其向内收缩1.2mm，如图6-1-69。

（61）上视图，使用“尺寸”工具纵轴单向压缩至距离边缘1.2mm，如图6-1-70。

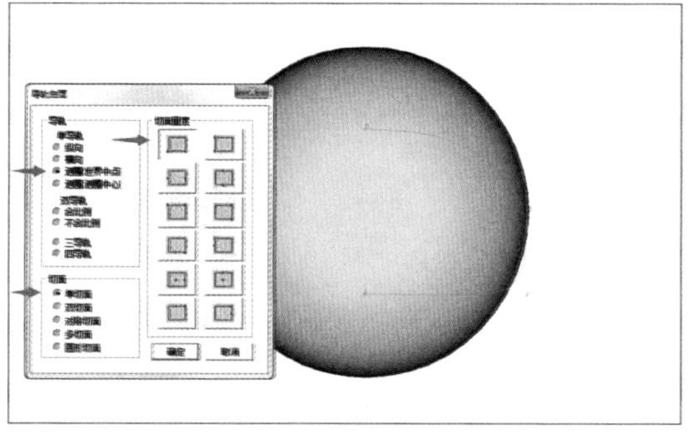

图6-1-65

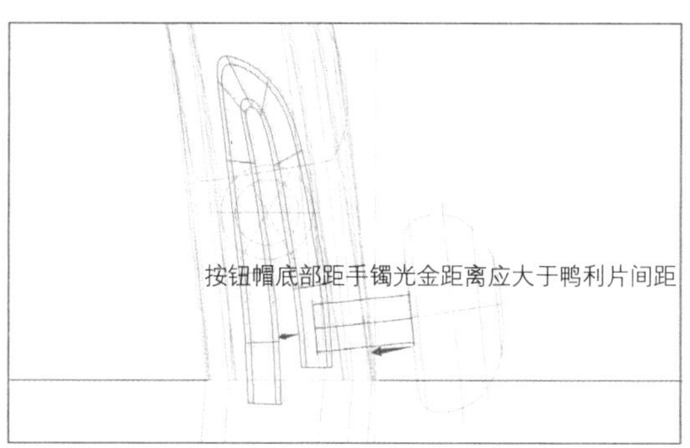

（a）

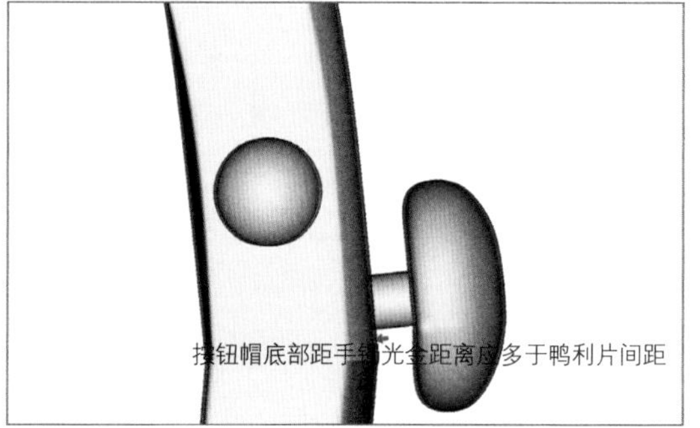

（b）

图6-1-66

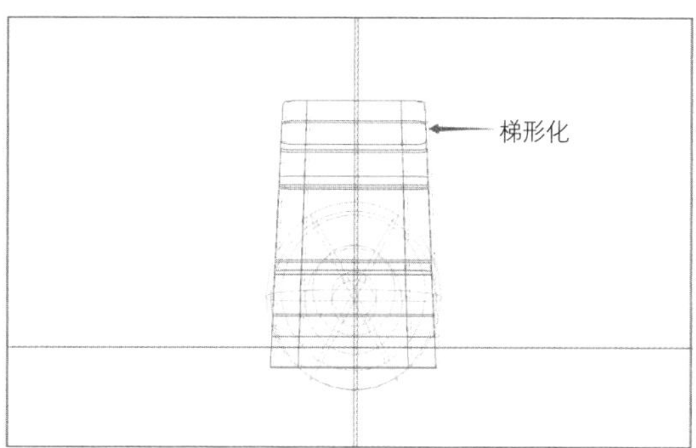

图6-1-67

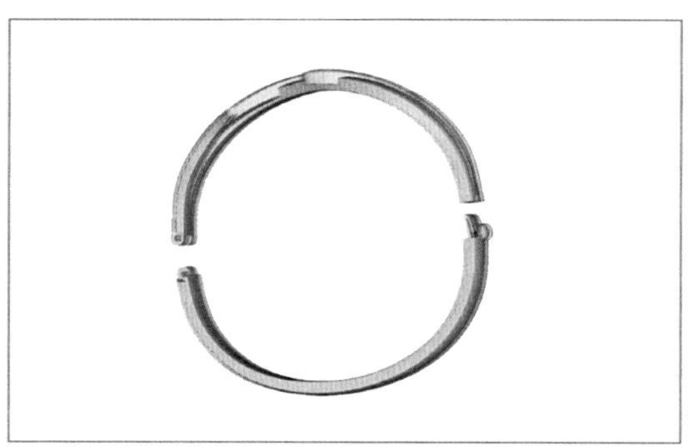

图6-1-68

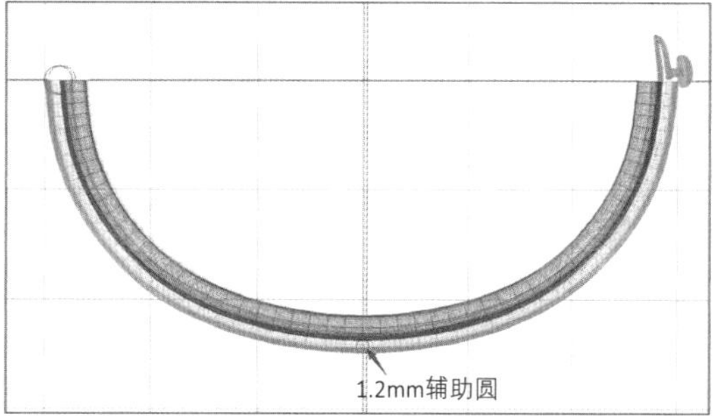

图6-1-69

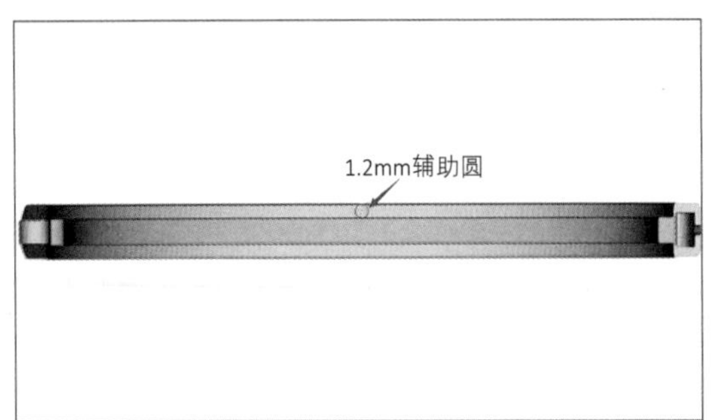

图6-1-70

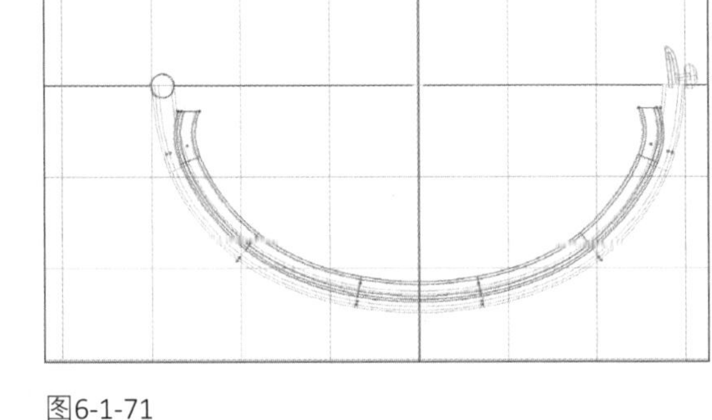

图6-1-71

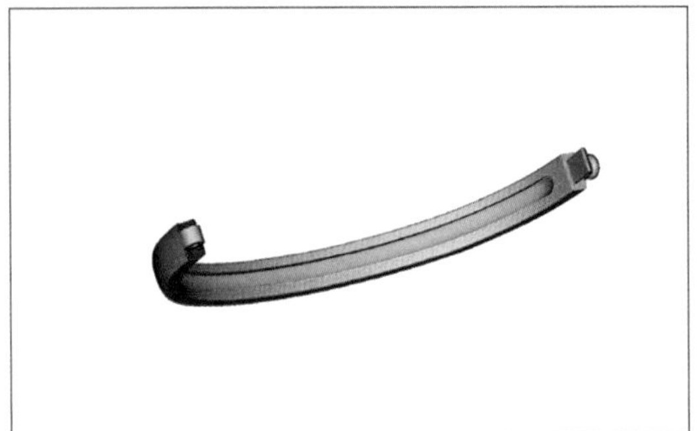

图6-1-72

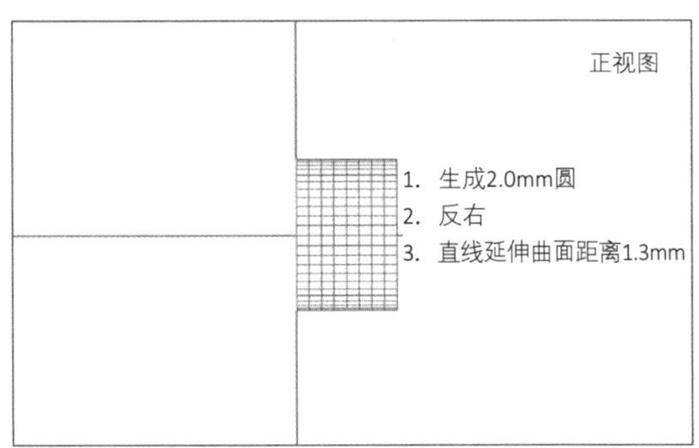

图6-1-73

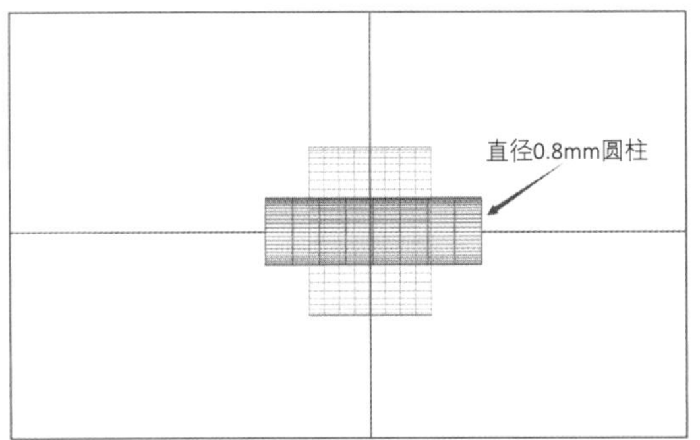

图6-1-74

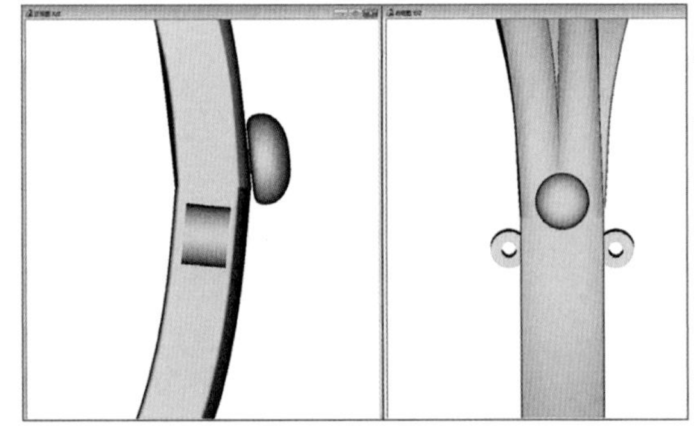

图6-1-75

（62）正视图，展示其CV点，选中头、尾两端的CV点，使用“尺寸”工具向内单向略压缩，如图6-1-71。

（63）将掏底物件减去手镯下半部，如图6-1-72。

（64）正视图，生成直径2mm的圆，将其“反右”，横向向右直线延伸曲面1.3mm，如图6-1-73。

（65）生成直径0.8mm的小圆柱，并减去上步骤圆柱，如图6-1-74。

（66）将圆环移动到手镯下部端口附近，如图6-1-75。

（67）制作一个直径1.0mm的圆柱及1.3mm的圆球体，如图6-1-76。

（68）将其联集后对应放置在手镯上半部端口附近，如图6-1-77。

（69）这几个物件是作为安全扣设计的，用于后期放置在金属加工，另行制作的“8”

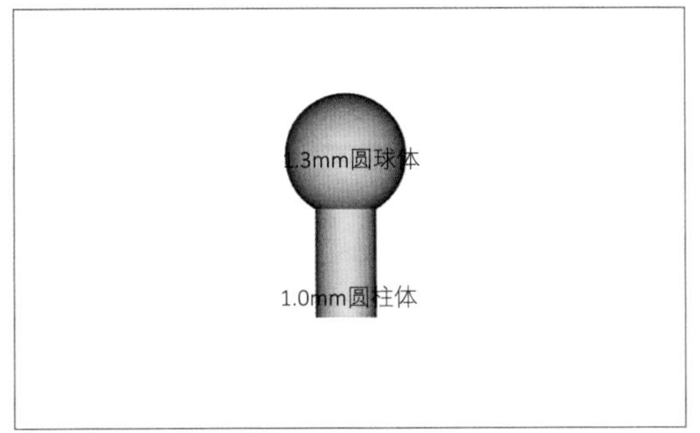

图6-1-76

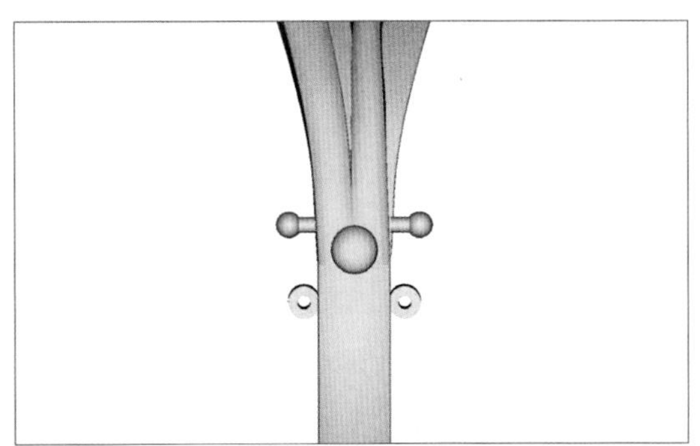
图6-1-77

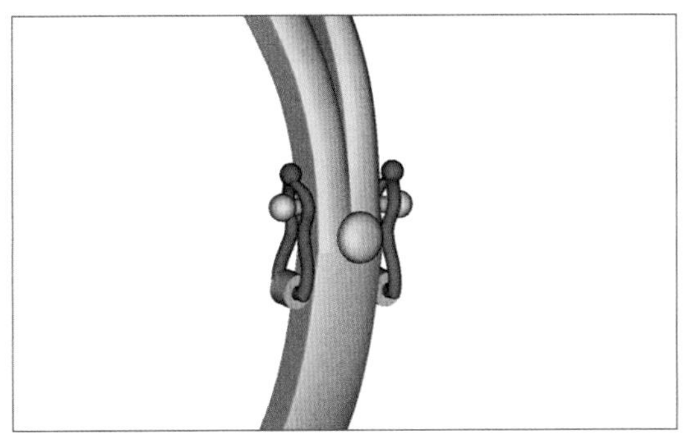
图6-1-78

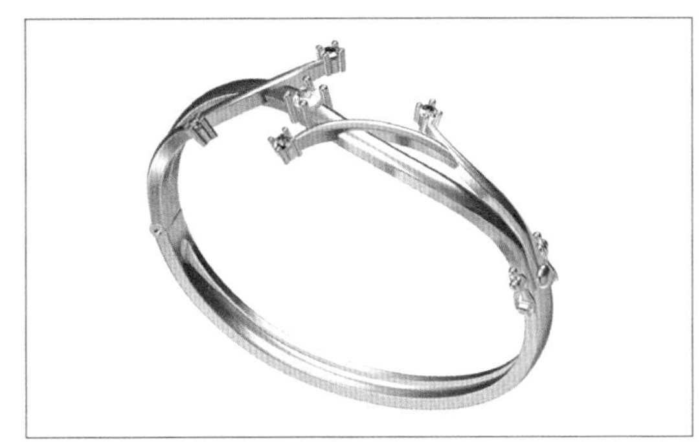
图6-1-79

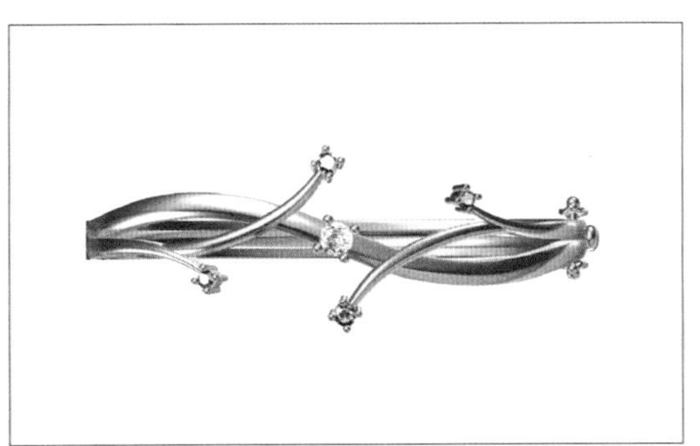
图6-1-80

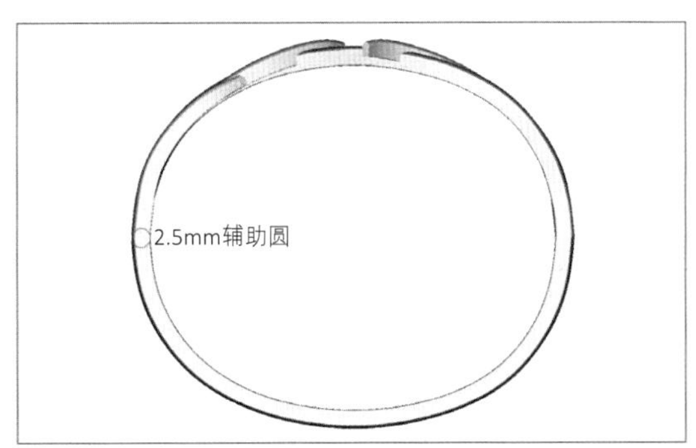

图6-1-81

字制（葫芦线）使得手镯扣紧，如图6-1-78。

（70）在手镯中心及各造型端口放置相应宝石及镶口。

（71）完成按键式手镯制作，如图6-1-79、图6-1-80。

（72）回到步骤（22），以下步骤为制作限位较口及光身按键结构。

（73）正视图，生成直径2.5mm的圆，移动到手镯左侧，如图6-1-81。

（74）将该圆再次向左移动0.5mm，如图6-1-82。

（75）参照步骤（23）~（30），完成手镯旋转轴制作，中间轴芯直径为1.0mm，如图6-1-83。

（76）正视图，制作一个高3mm的矩形块，如图6-1-84。

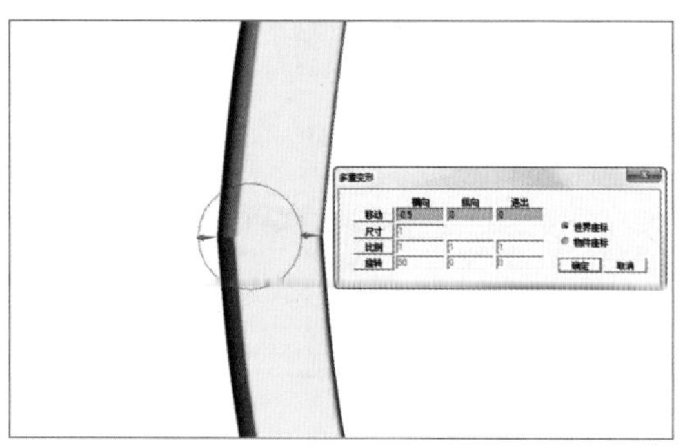
图6-1-82

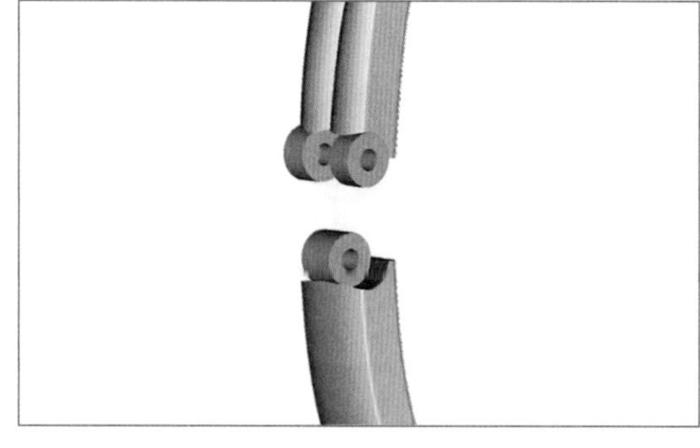
图6-1-83

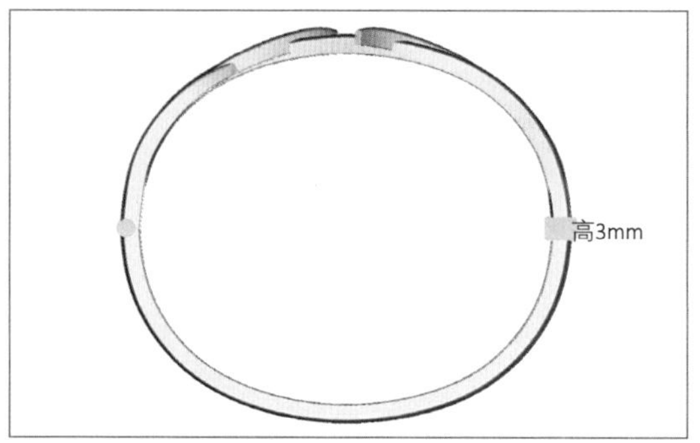

图6-1-84

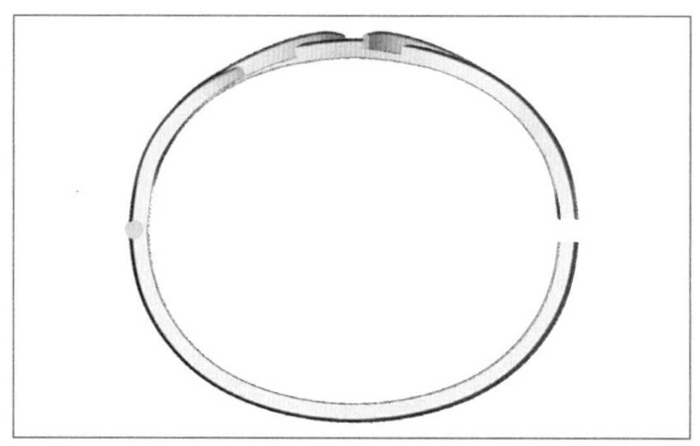
图6-1-85

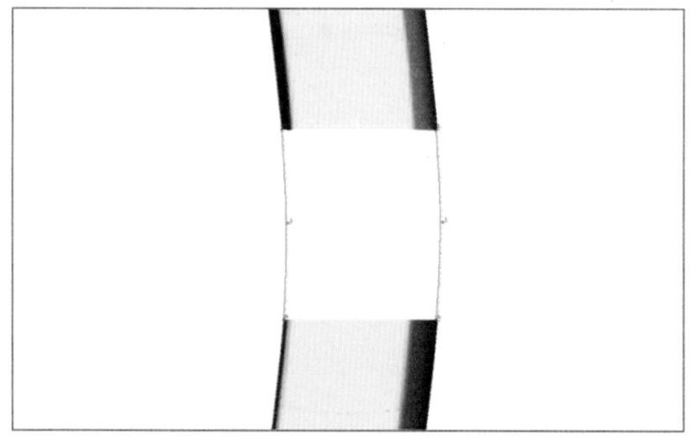
图6-1-86

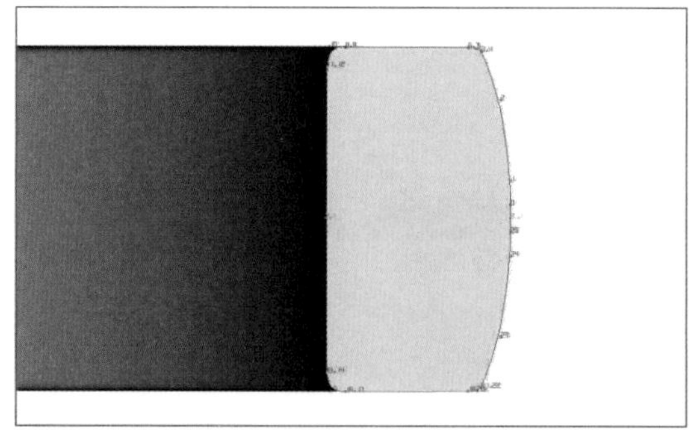
图6-1-87

（77）分别减去上、下部手镯，如图6-1-85。

（78）沿缺口边缘绘制导轨曲线，如图6-1-86。

（79）上视图，隐藏手镯上部，沿手镯下部断口绘制闭合切面线，如图6-1-87。

（80）导轨曲面生成实体，如图6-1-88。

（81）上视图，原地复制该实体，再向左

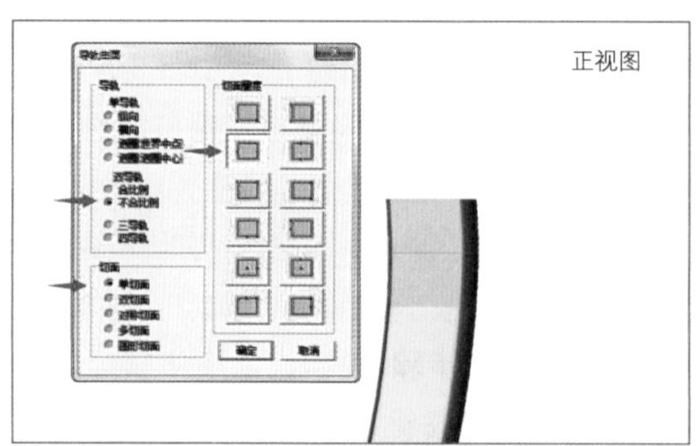

图6-1-88

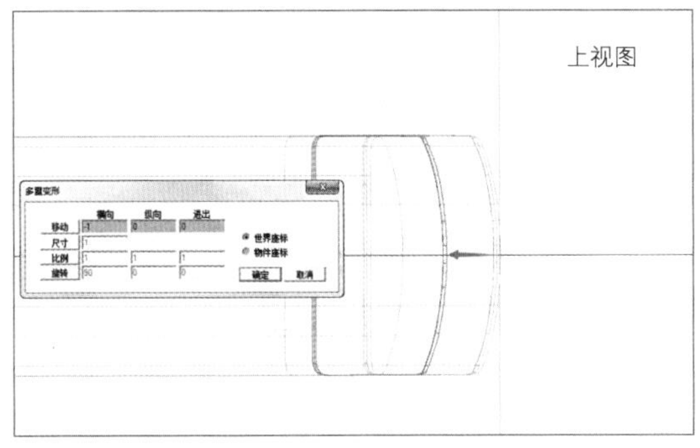

图6-1-89

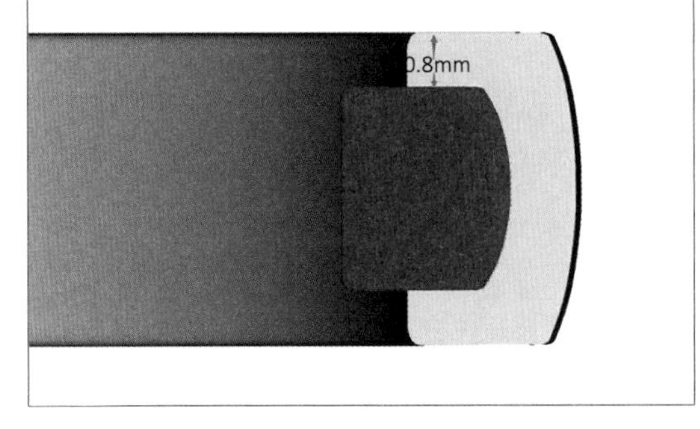

图6-1-90

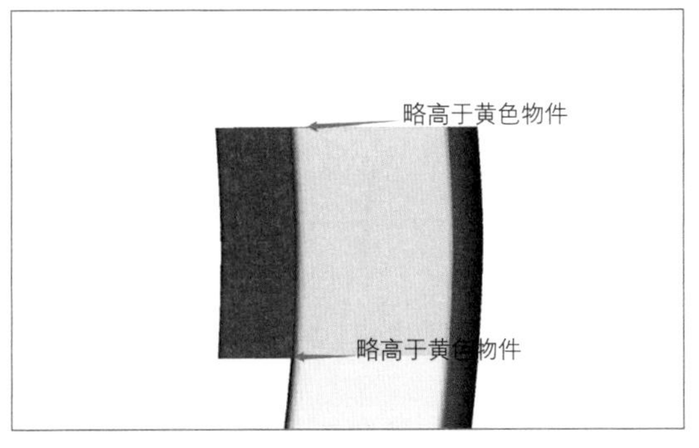

图6-1-91

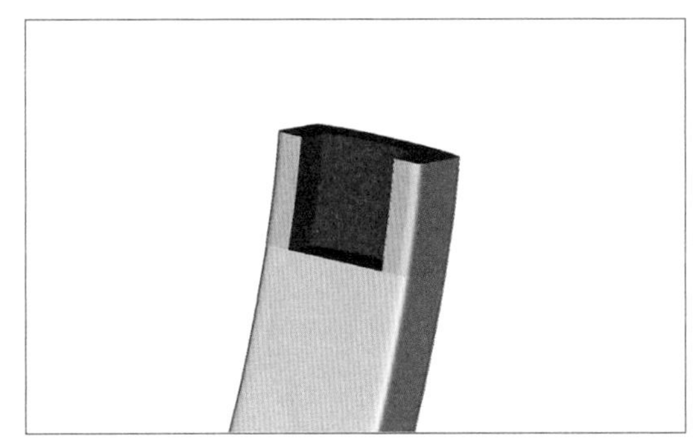

图6-1-92

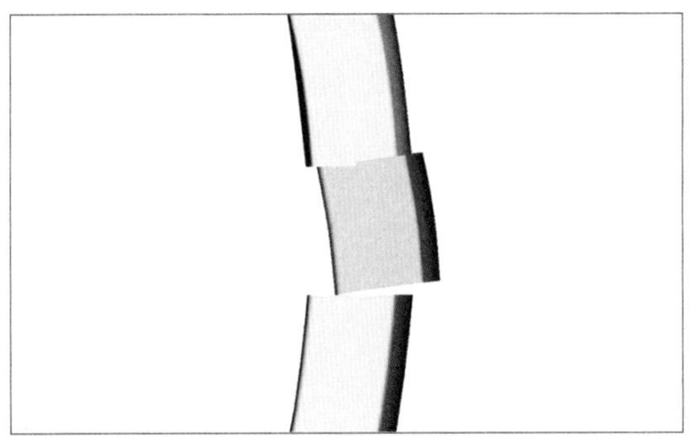

图6-1-93

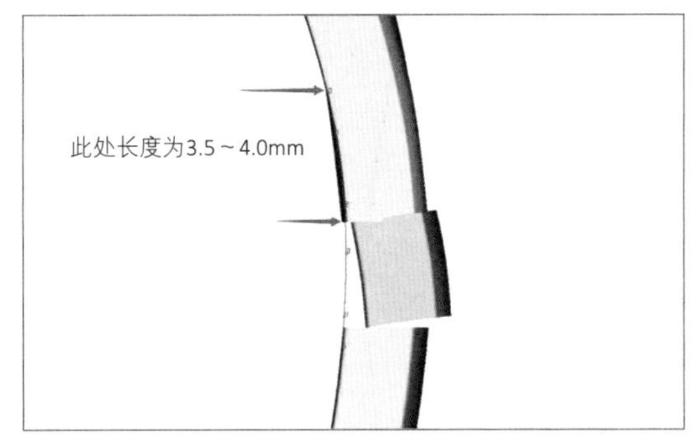

图6-1-94

移动1mm，如图6-1-89。

（82）使用“尺寸”工具，纵向单轴压缩复制物件，使其距离原物件边缘0.8mm，如图6-1-90。

（83）正视图，移动复制物件上、下端所有CV点使其超过原物件范围，如图6-1-91。

（84）相减得到掏底后的按钮，如图6-1-92。

（85）将按钮略略旋转，按钮在打开状态中是呈倾斜状态的，只有在闭合时才和手镯平齐。在制作下部鸭利的过程中，预先将按钮调整略倾斜，便于准确制作鸭利，如图6-1-93。

（86）展示手镯上部，贴合手镯内侧绘制曲线，该曲线在手镯上部的长度为3.5～4.0mm，如图6-1-94。

（87）曲线向外偏移0.7mm，如图6-1-95。

（88）继续编辑该偏移曲线，成为鸭利造型，如图6-1-96。

（89）向内偏移0.66mm，如图6-1-97。

（90）调整混乱的偏移曲线，保持头部曲线圆顺，如图6-1-98。

（91）绘制宽度为4.0mm的矩形切面。使用“导轨曲面”命令，生成鸭利物件，如图6-1-99、图6-1-100。

（92）右视图，梯形化鸭利，如图6-1-101。

（93）左视图，隐藏手镯上部，略收窄鸭

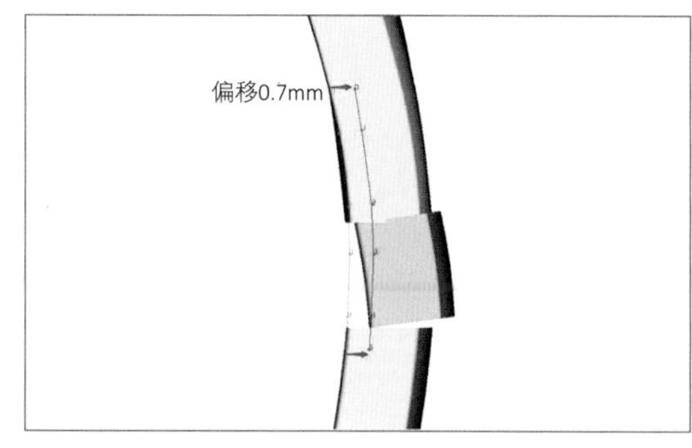

图6-1-95

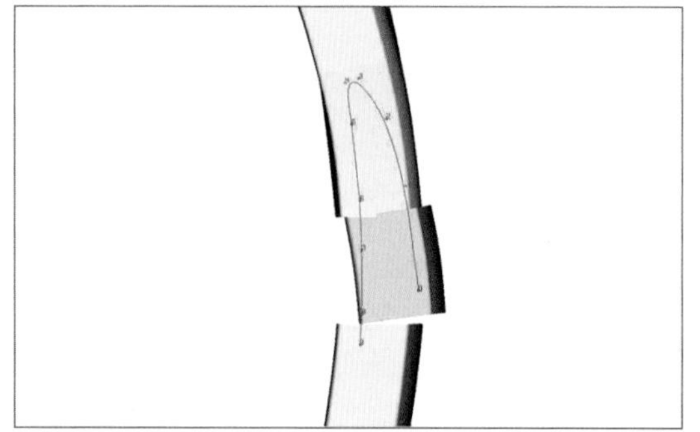

图6-1-96

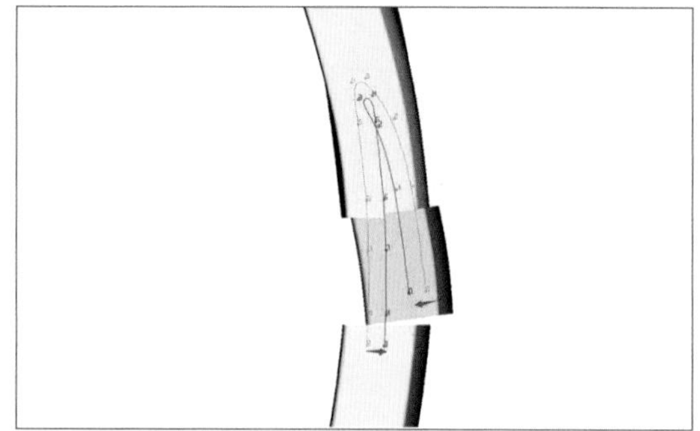

图6-1-97

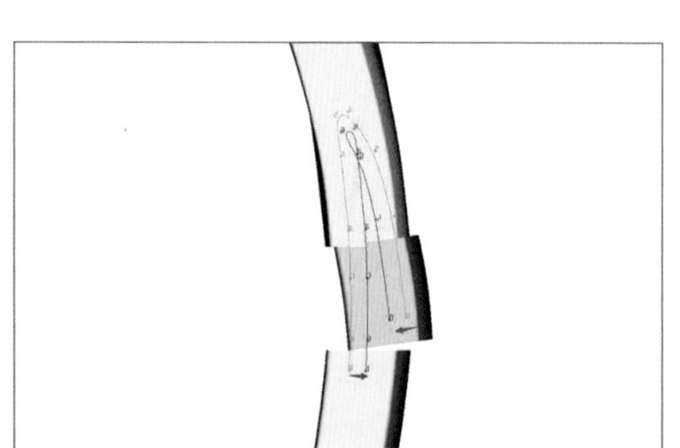

图6-1-98

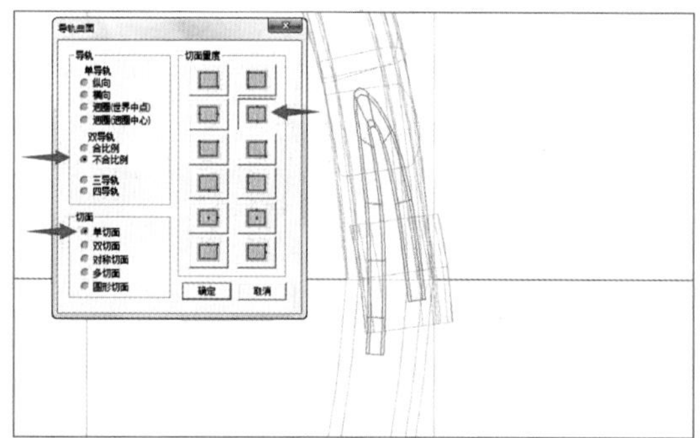

图6-1-99

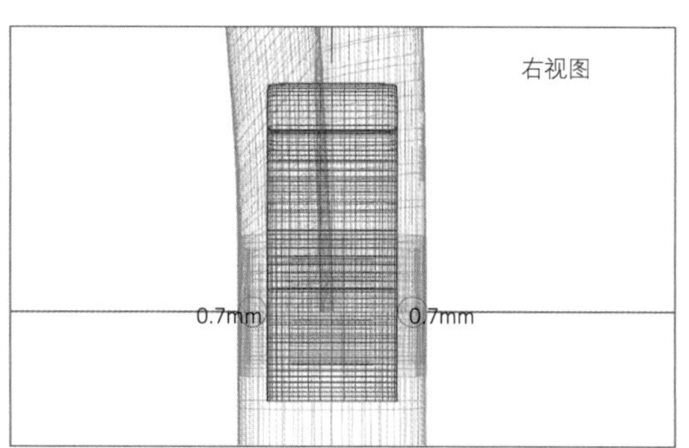

图6-1-100

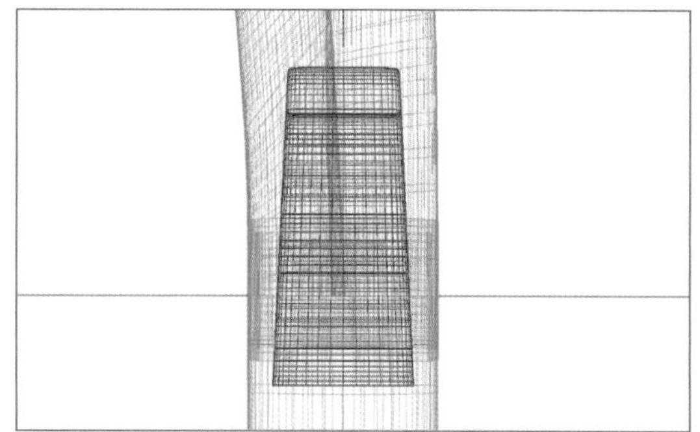

图6-1-101

利，使鸭利与按钮内壁保持少量间隙，如图6-1-102。

（94）正视图，展示手镯上部，沿缺口范围绘制曲线，如图6-1-103。

（95）曲线0号点与手镯上部保留少量间隙，如图6-1-104。

（96）向外偏移0.7mm，如图6-1-105。

（97）调整该偏移曲线0号点与手镯上部保留少量间隙，如图6-1-106。

（98）调整该偏移曲线与鸭利底部贴合，如图6-1-107。

（99）制作任意大小矩形切面，使用“导轨曲面”命令生成实体，如图6-1-108。

（100）右视图，将该实体横向压缩（扩大），使得该底片与按钮内壁留出少量间隙。该底片主要起托住鸭利的作用，如图6-1-109。

（101）正视图，沿手镯边缘绘制曲线。其顶部稍超过鸭利长度即可，如图6-1-110。

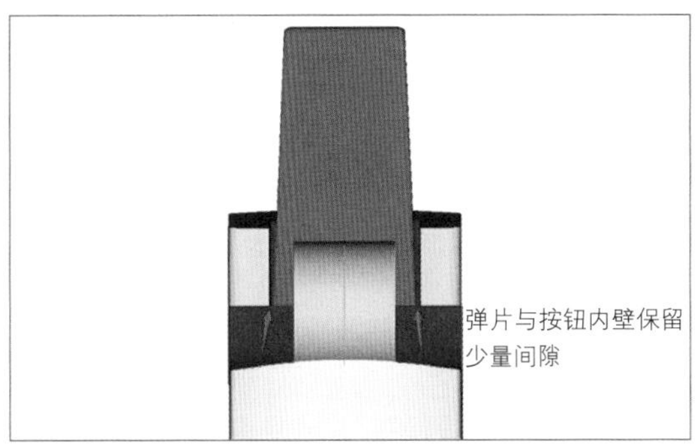

图6-1-102

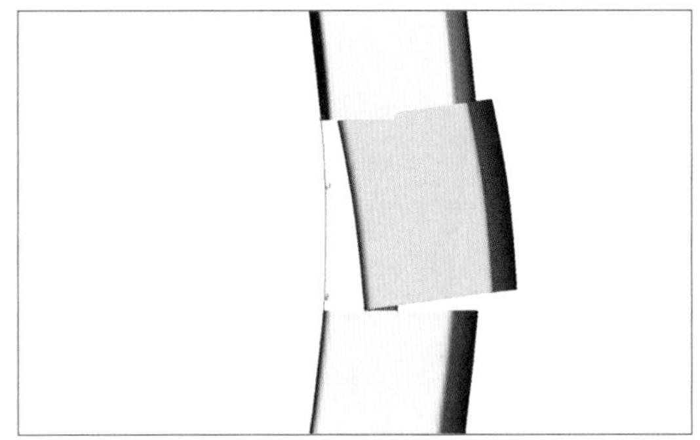
图6-1-103

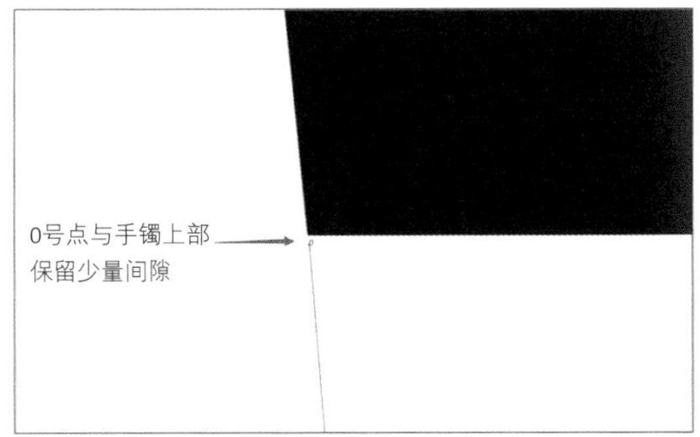

图6-1-104

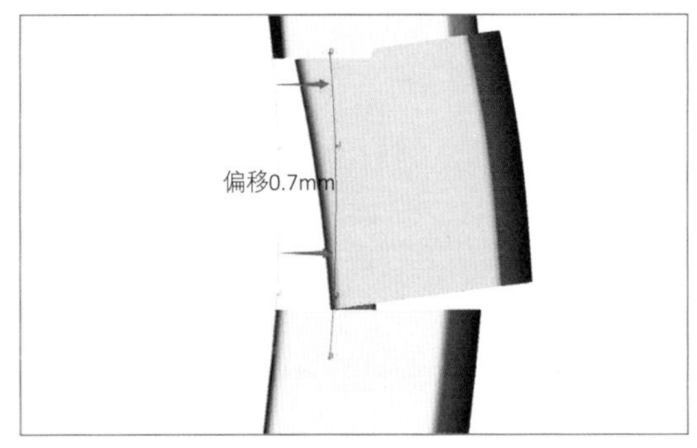

图6-1-105

图6-1-106

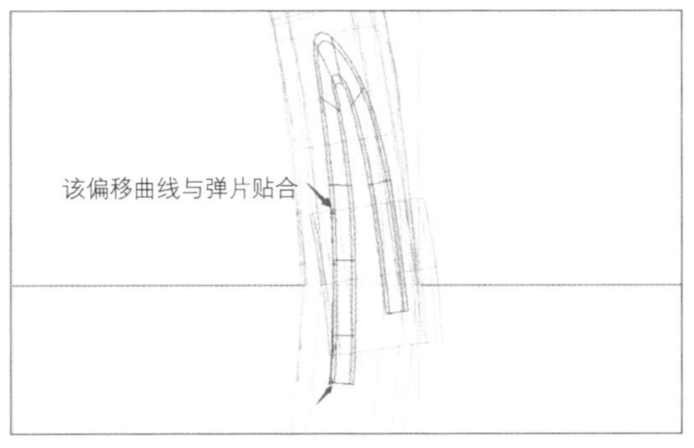

图6-1-107

（102）各自向内偏移0.7mm，如图6-1-111。

（103）调整外侧曲线头部形状，如图6-1-112。

（104）倒序编号，如图6-1-113。

（105）使用“连接曲线”命令，将两条曲线连接成一条，如图6-1-114。

（106）闭合该曲线，如图6-1-115。

（107）右视图，将该曲线横向直线延伸3mm，再使用“多重变形”命令，横向向左移动1.5mm，如图6-1-116。

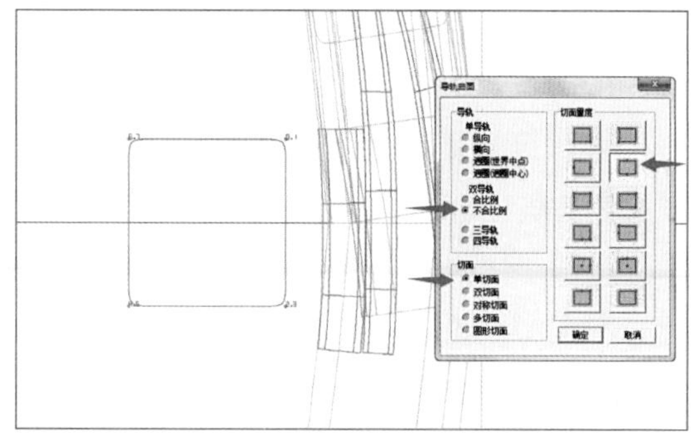

图6-1-108

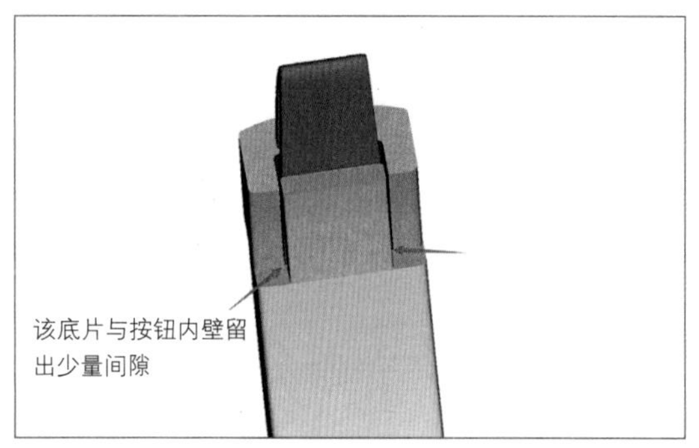

图6-1-109

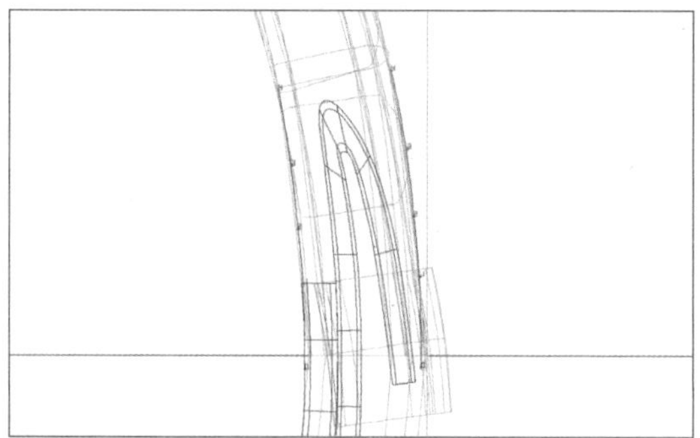

图6-1-110

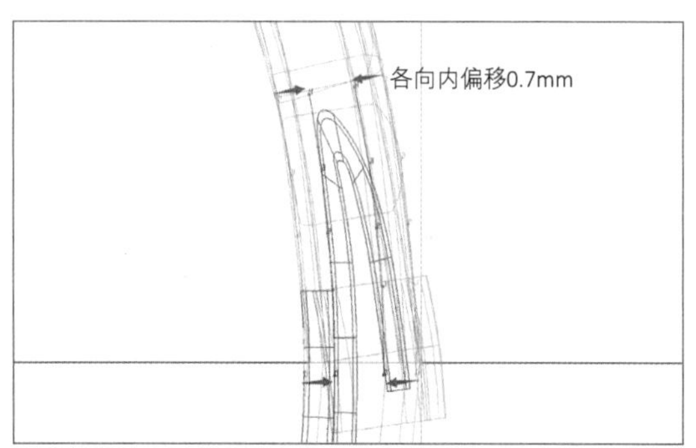

图6-1-111

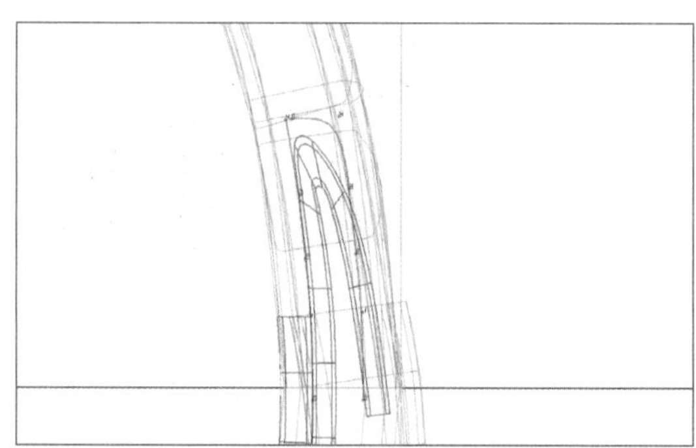

图6-1-112

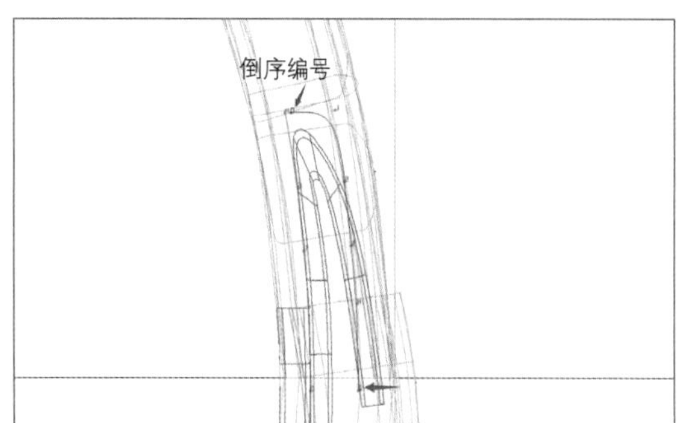

图6-1-113

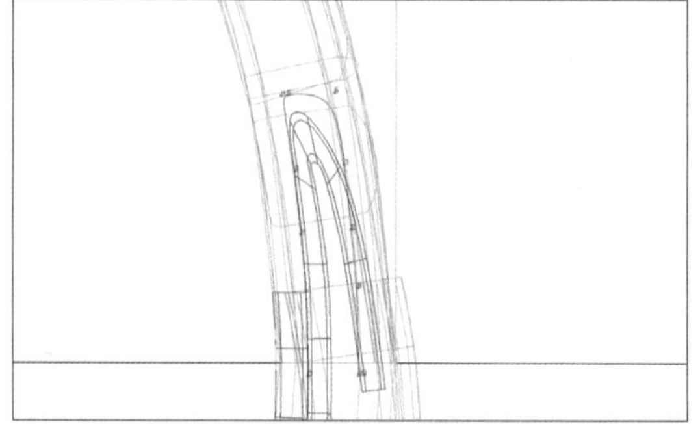

图6-1-114

（108）鸭利、底片、按钮与手镯下部联集，完成闭合处制作，如图6-1-117。

（109）参照步骤（64）～（69）完成“8字制”展示效果制作。

（110）完成手镯制作，如图6-1-118。

（111）手镯打印时，请注意：鸭利与按键作为一个整体需要与手镯分开，作为分件单独打印，可采取下列操作：

①原地复制鸭利片，将其减去手镯下部。目的在于在手镯下部端口留下鸭利片减缺位置，便于后期铸造出的鸭利片焊接回到手镯端口原始位置处，如图6–1–119。

②将鸭利片与按钮移出手镯。选中鸭利片上部及按钮的全部CV点，拖动后使得上、下片在原始间隙距离上增加0.5mm，如图6–1–120。关于鸭利片拉大间隙与树脂支撑方式，请读者参考源文件“源9.3.5手镯与支撑”。

③完成鸭利片与按钮分件制作。

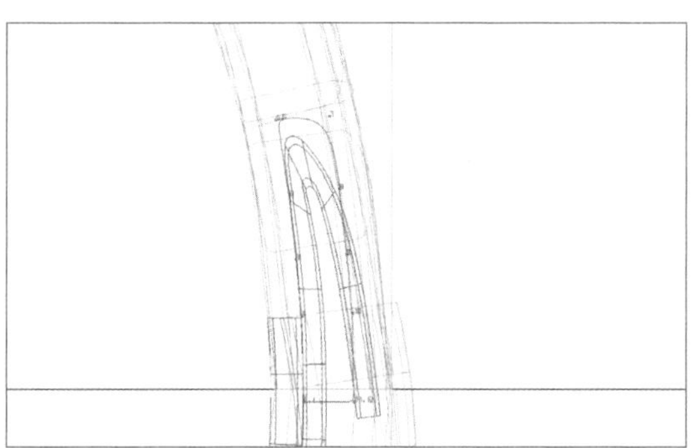

图6-1-115

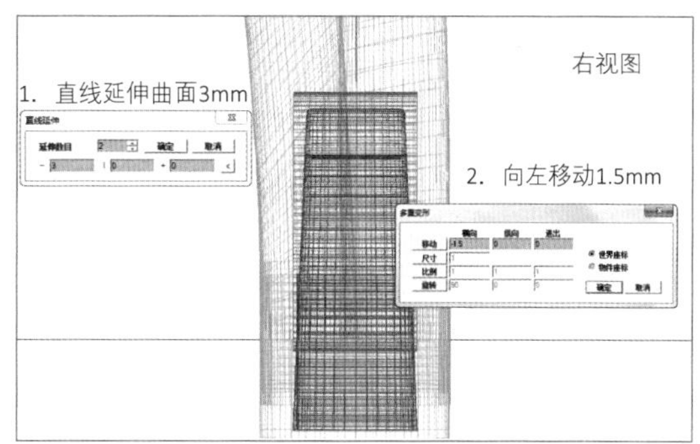

图6-1-116

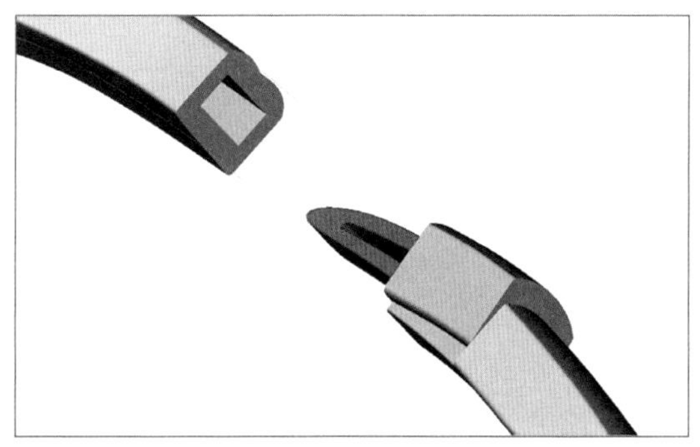

图6-1-117

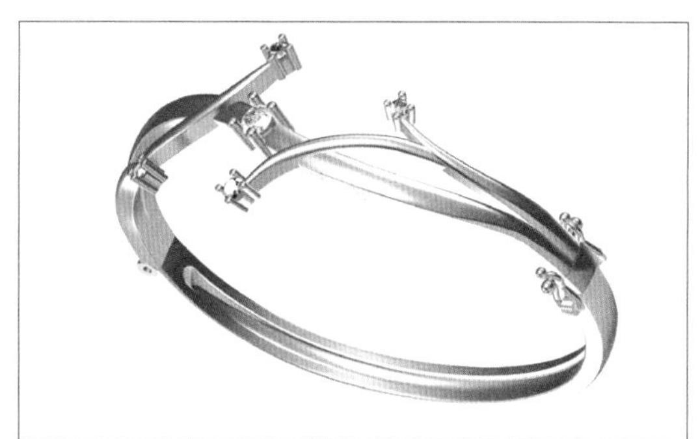

图6-1-118

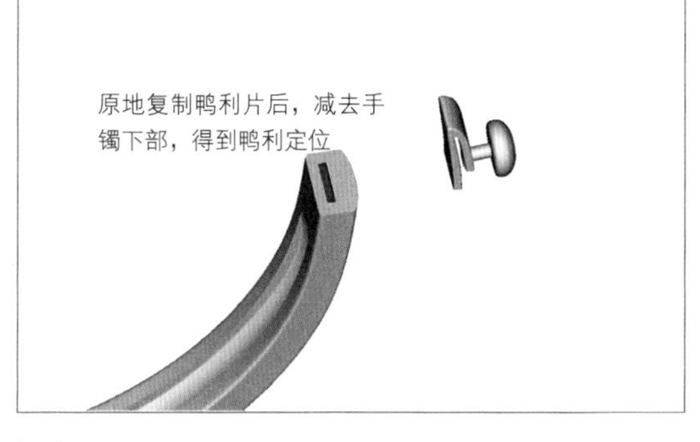

（a）

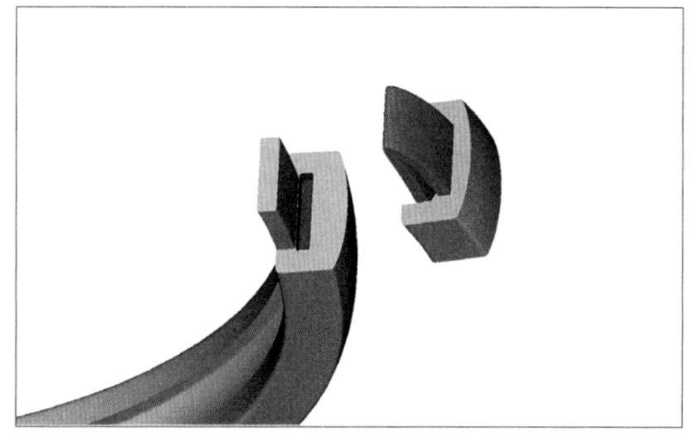

（b）

图6-1-119

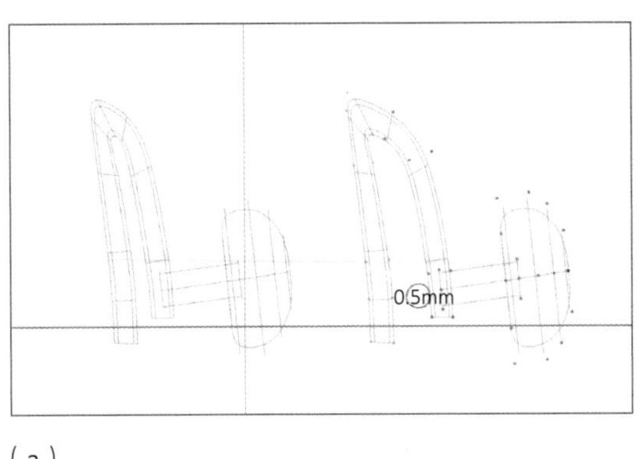

（a）

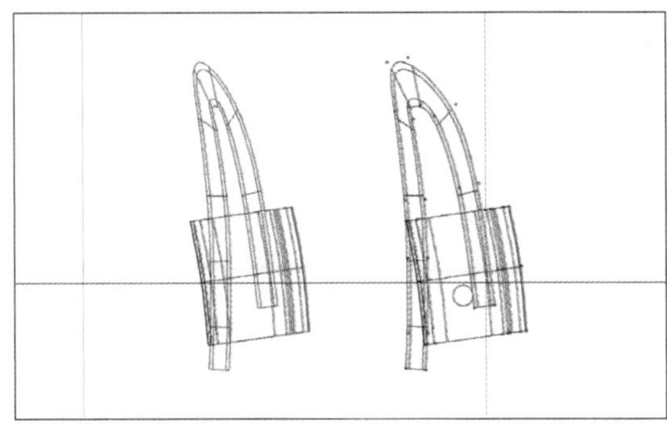

（b）

图6-1-120

第二节 “心愿”手镯

本案例主要讲解：弹扣式按键制作；按键箱制作；手镯封底片制作。

制作步骤如下：

（1）正视图，生成直径为62、52mm的辅助圆，如图6-2-1。

（2）使用“上下左右对称线”工具，绘制贴合辅助圆的椭圆形曲线，如图6-2-2。

（3）将该椭圆形曲线向外偏移3.3mm，如图6-2-3。

（4）删除辅助圆，使用“左右对称线”工具，沿内部椭圆形曲线上半部绘制曲线，如图6-2-4。

（5）曲线向外偏移3.3mm，如图6-2-5。

（6）贴齐横轴绘制辅助直线，将两条曲线起始端的CV点投影贴合至横轴辅助线上，如图6-2-6。

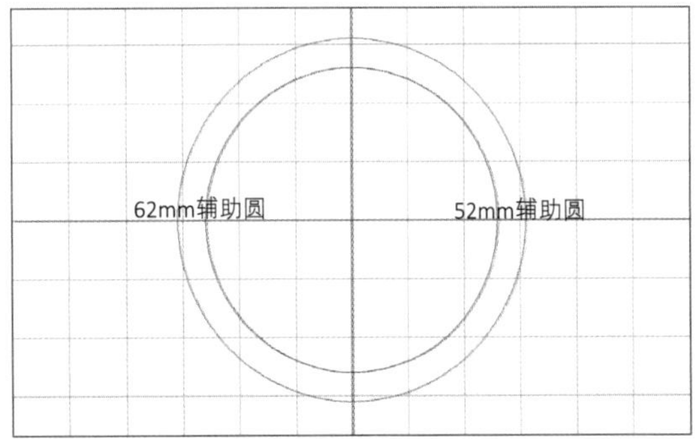

图6-2-1

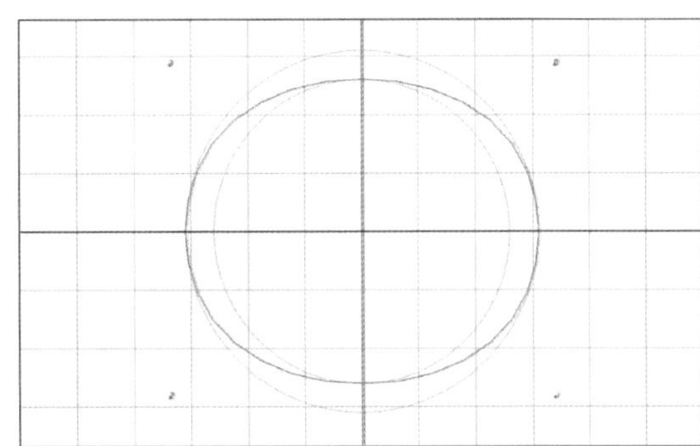

图6-2-2

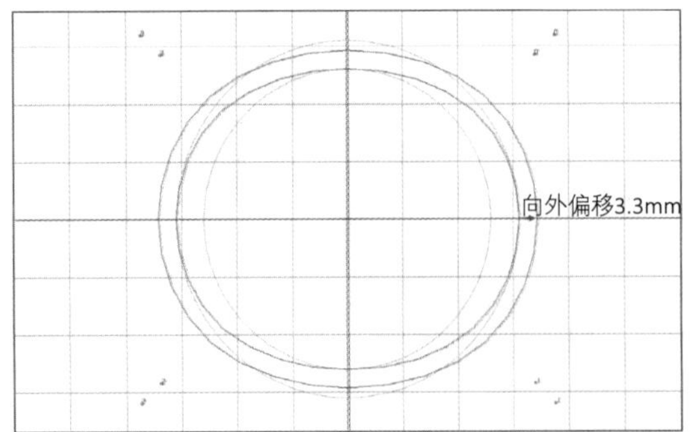

图6-2-3

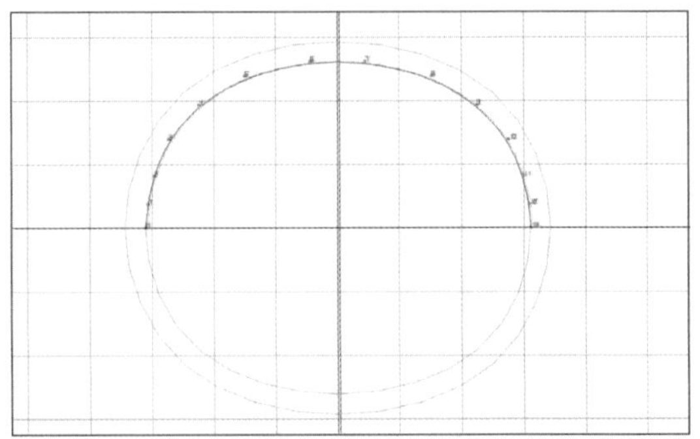

图6-2-4

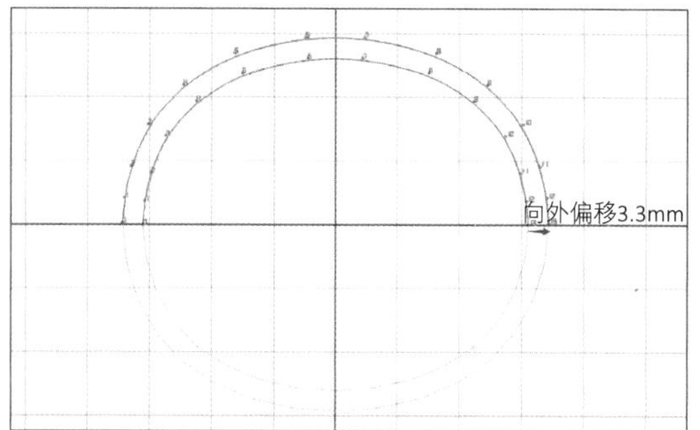

图6-2-5

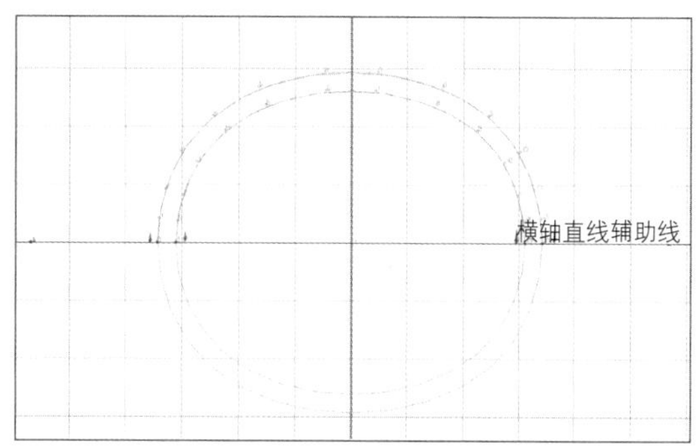

图6-2-6

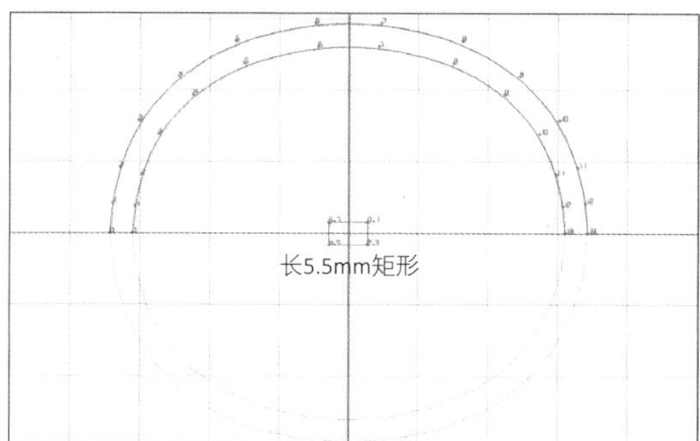

图6-2-7

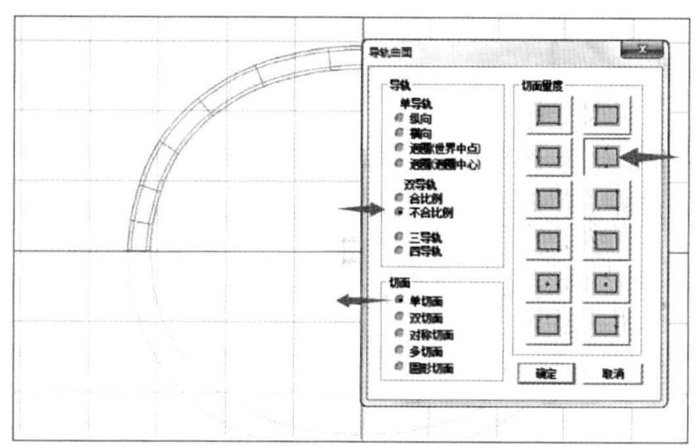

图6-2-8

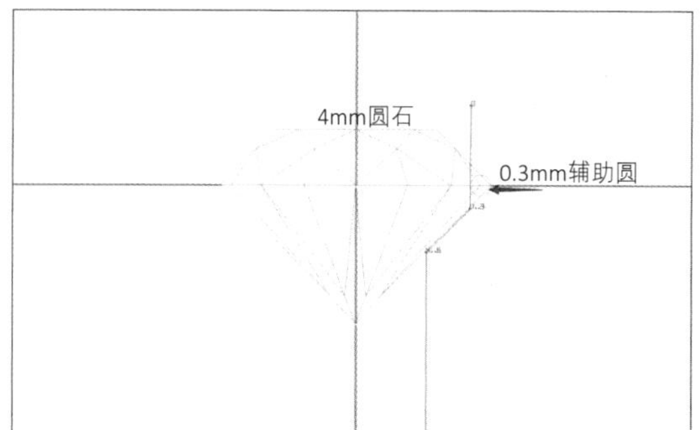

图6-2-9

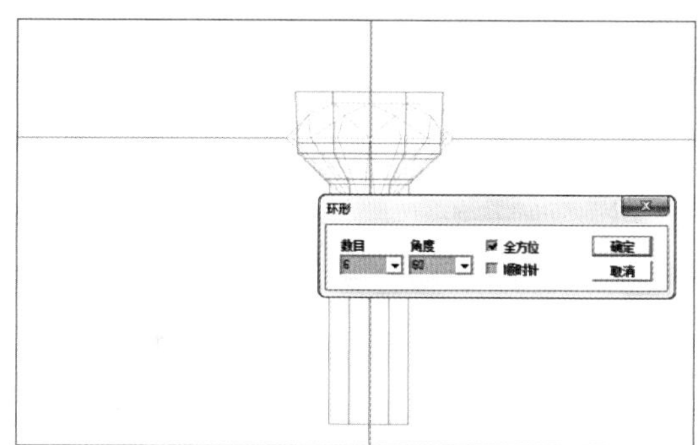

图6-2-10

（7）绘制长为5.5mm的矩形切面，如图6-2-7。

（8）原地复制并隐藏导轨曲线，选择“导轨曲面”命令：双导轨、不合比例、单切面、切面量度居中，生成手镯上部，如图6-2-8。

（9）生成4mm的圆石，绘制开孔物件曲线，曲线深入石0.3mm，如图6-2-9。

（10）使用“纵向环形对称曲面”工具，生成开孔物件，如图6-2-10。

（11）将宝石与开孔物垂直下移0.55mm，如图6-2-11。

（12）剪贴该组物件至手镯表面，如图6-2-12。

（13）对称复制并减去手镯上部，如图6-2-13。

（14）参照步骤（4）（5），绘制手镯下半部导轨曲线，如图6-2-14。

（15）将两条曲线贴合上部手镯边缘，延

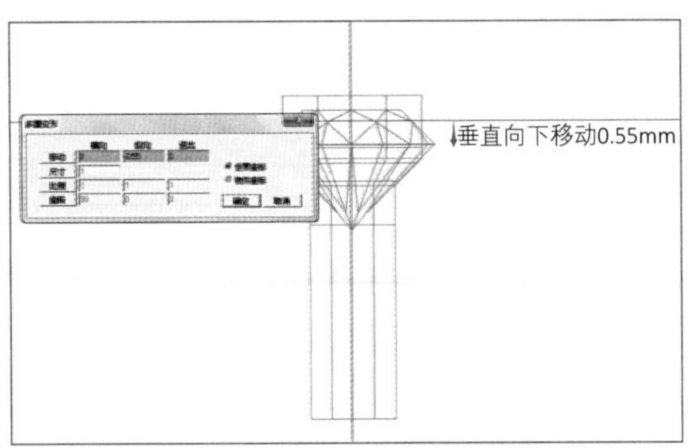

图6-2-11

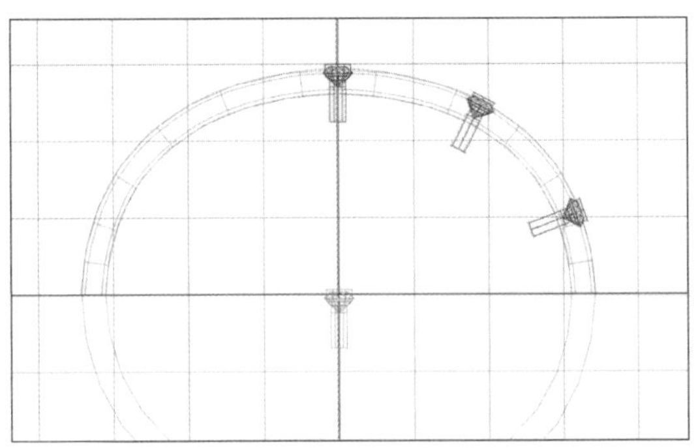

图6-2-12

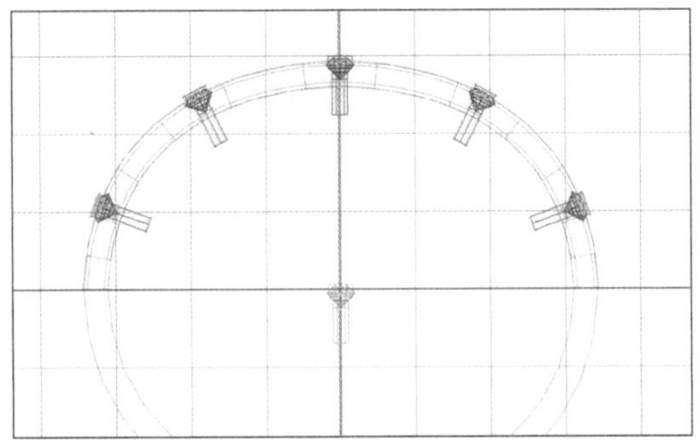

图6-2-13

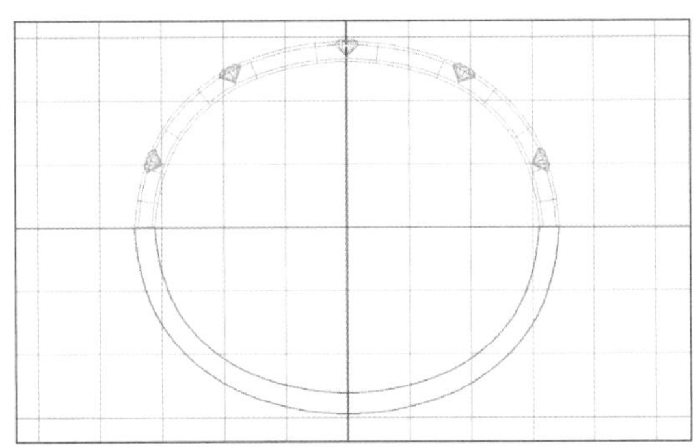

图6-2-14

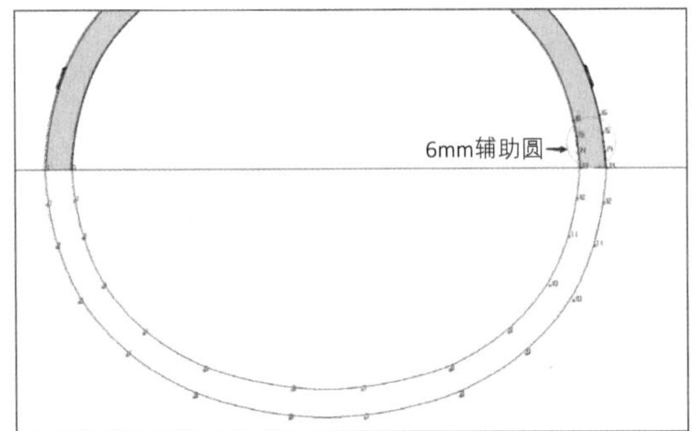

图6-2-15

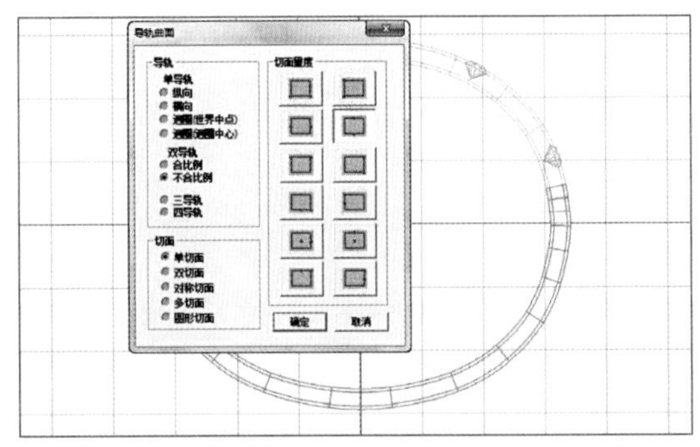

图6-2-16

伸约6mm距离，如图6-2-15。

（16）使用“导轨曲面”命令，生成下部手镯，如图6-2-16。

（17）生成直径4.8mm的辅助圆，移动到在手镯左侧。贴合圆弧度及手镯边缘，绘制闭合切面，如图6-2-17。

（18）原地复制该曲线，将复制出的曲线两侧CV点略外移，超出手镯边缘即可，如图6-2-18。

（19）右视图，直线延伸曲面，生成减缺物件，如图6-2-19。

（20）原地复制该减缺物件，分别减去手镯上、下半部，如图6-2-20。

（21）将步骤（17）曲线原地复制后，向右直线延伸曲面2.5mm；再使用“多重变形”命令，将物件向左横向移动1.25mm，如图6-2-21。

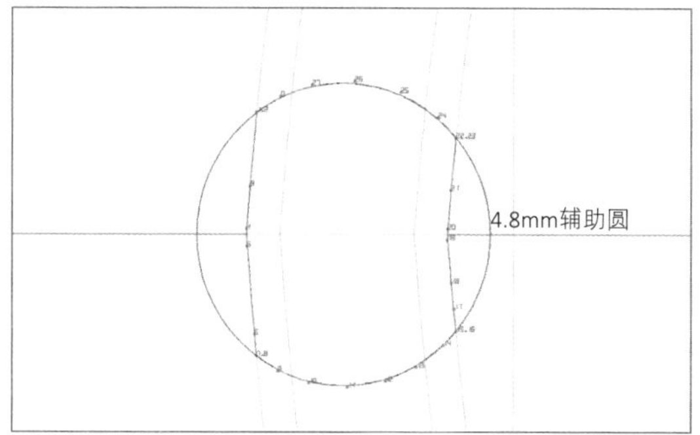

图6-2-17

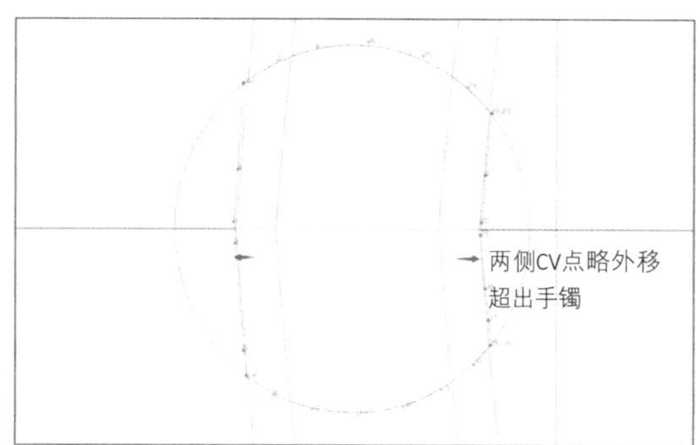

图6-2-18

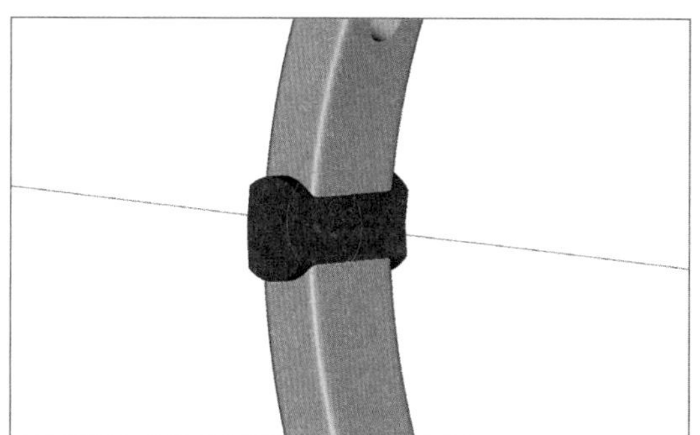

图6-2-19

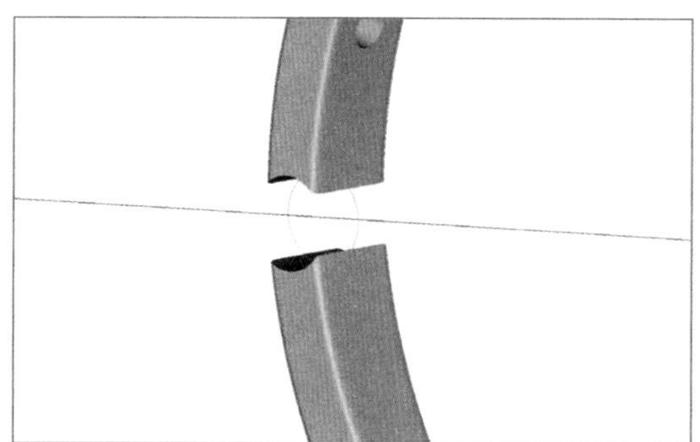

图6-2-20

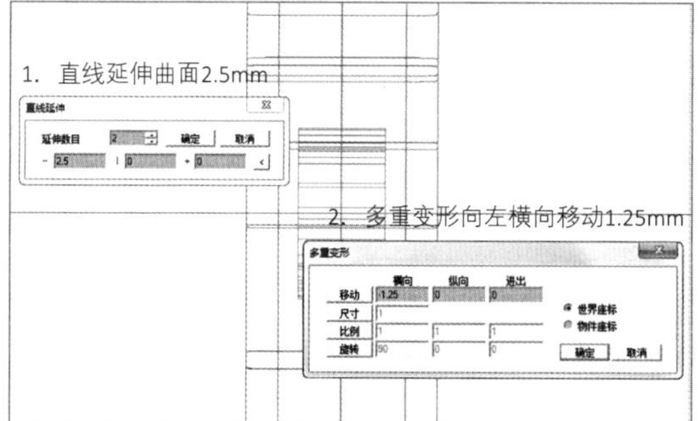

图6-2-21

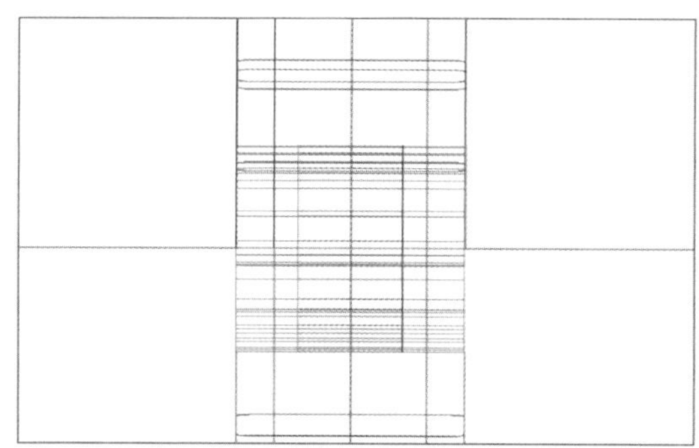

图6-2-22

（22）参考步骤（21），使用“复制曲线”工具，延伸1.5mm并移动到两侧，如图6-2-22、图6-2-23。

（23）正视图，生成并移动直径1.0mm的圆至手镯中间位置，如图6-2-24。

（24）右视图，直线延伸曲面成体后，原地复制，并分别减去手镯上、下部，如图6-2-25、图6-2-26。

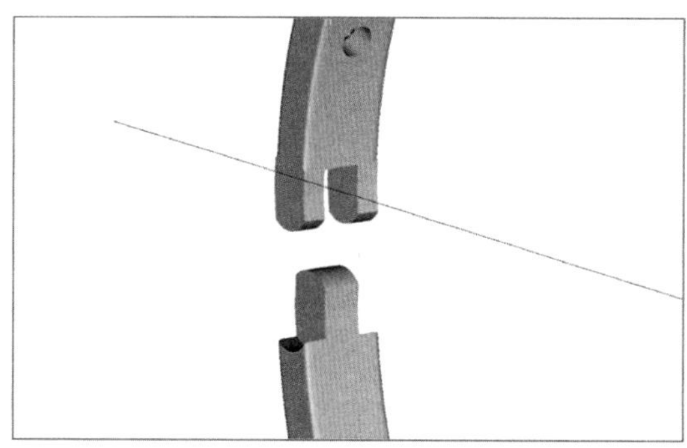

图6-2-23

（25）正视图，生成直径4mm的辅助圆。移动到手镯右侧，如图6-2-27。

（26）绘制闭合曲线，如图6-2-28。

（27）右视图直线延伸曲面后减去手镯上半部，如图6-2-29。

（28）正视图，贴合手镯边缘绘制曲线，如图6-2-30。

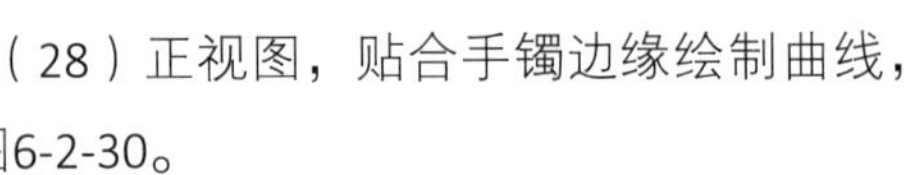

（29）外侧曲线向内偏移1.0mm，内侧曲线向内偏移0.8mm，如图6-2-31。

（30）以此两条曲线及横轴为范围，绘制如图插头切面曲线，如图6-2-32。

（31）右视图，参照步骤（21），生成宽3.2mm的插头实体，如图6-2-33、图6-2-34。

（32）生成直径2、4mm的辅助圆置于如图6-2-35位置。

（33）绘制如图6-2-36的按钮闭合曲线，

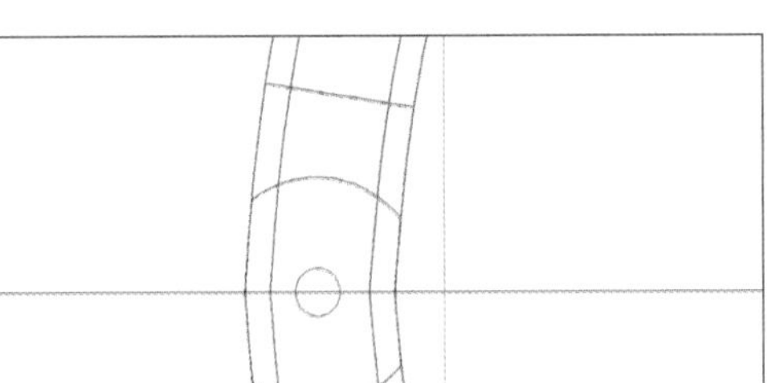

图6-2-24

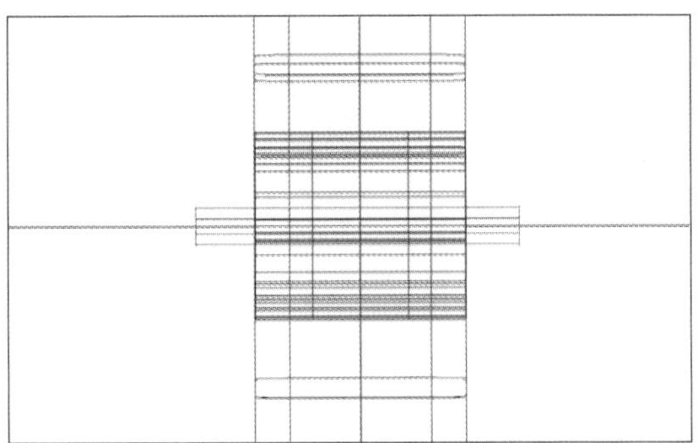

图6-2-25

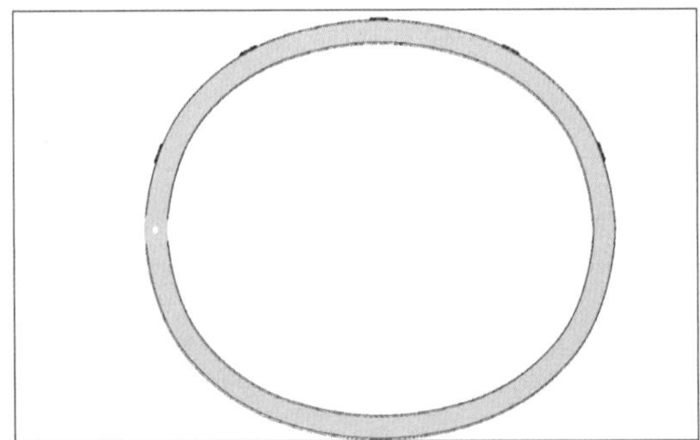

图6-2-26

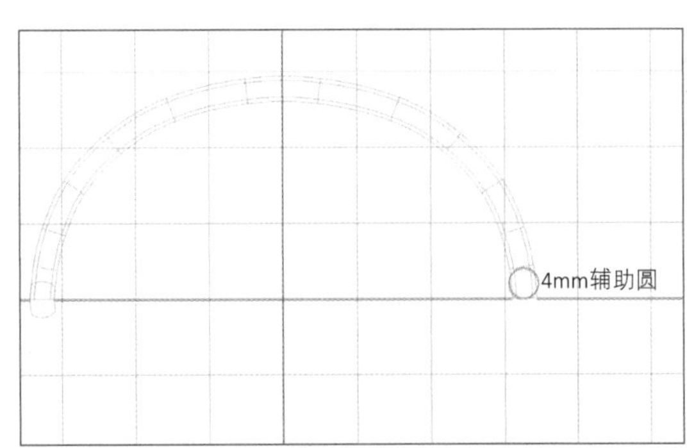

图6-2-27

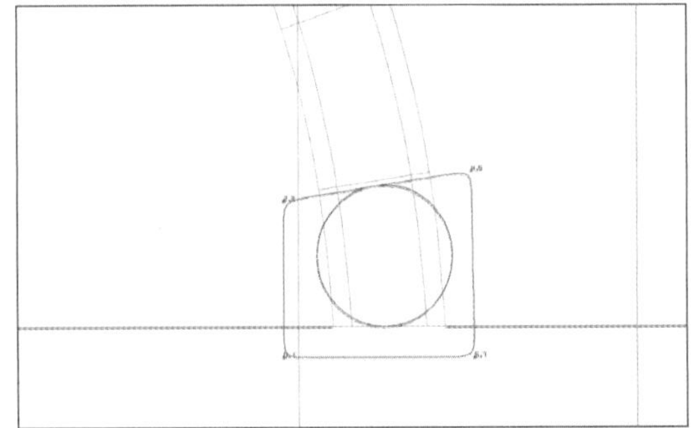

图6-2-28

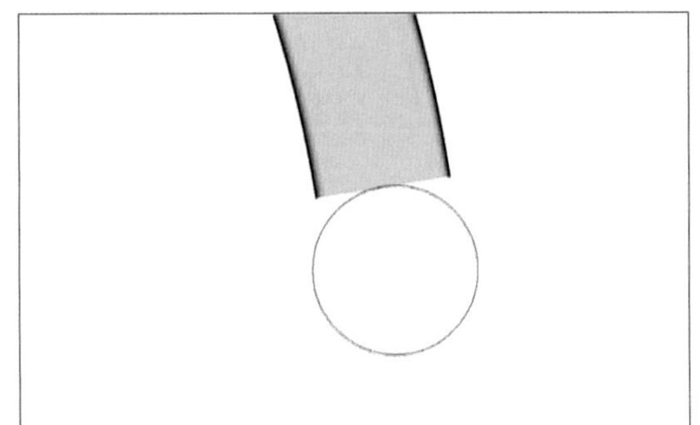

图6-2-29

其顶部高于手镯约1mm，隐藏辅助圆。

（34）参考步骤（21），生成3.2mm的宽按钮，如图6-2-37、图6-2-38。

（35）如图6-2-39，绘制掏底物的切面曲线。

（36）参考步骤（21），生成2mm的宽掏底物件，如图6-2-40。

（37）掏底物件减去按钮，如图6-2-41。

（38）展示步骤（33）的辅助线，生成

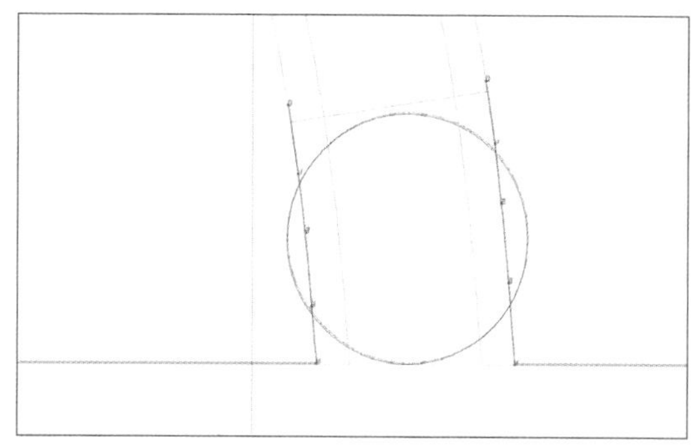

图6-2-30

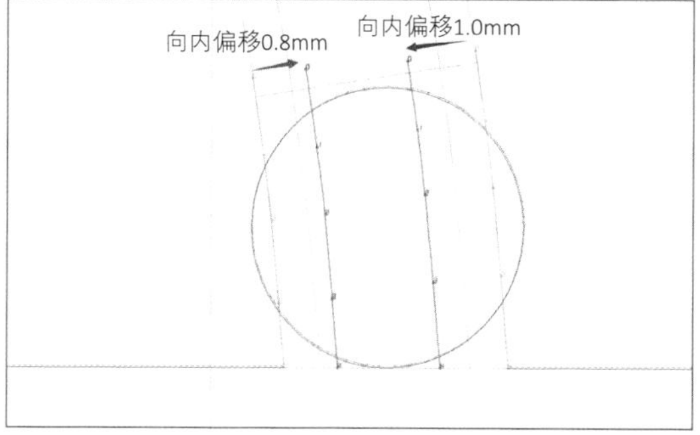

图6-2-31

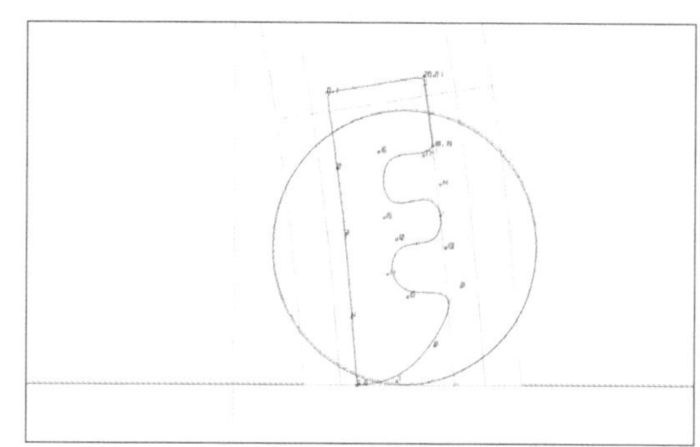

图6-2-32

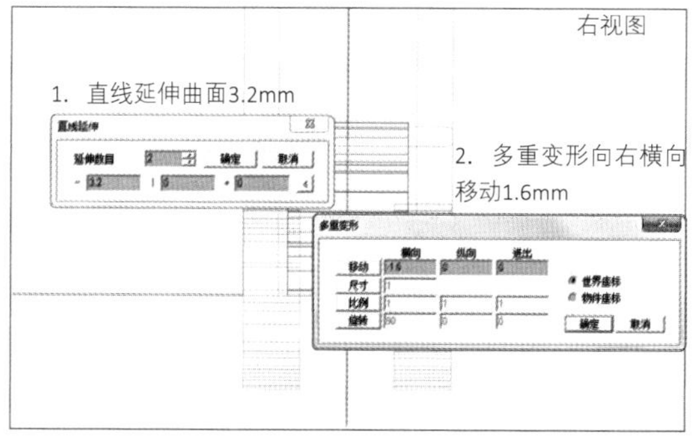

图6-2-33

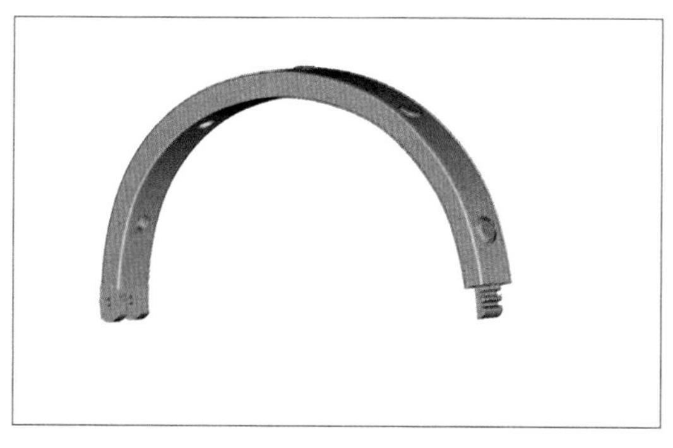

图6-2-34

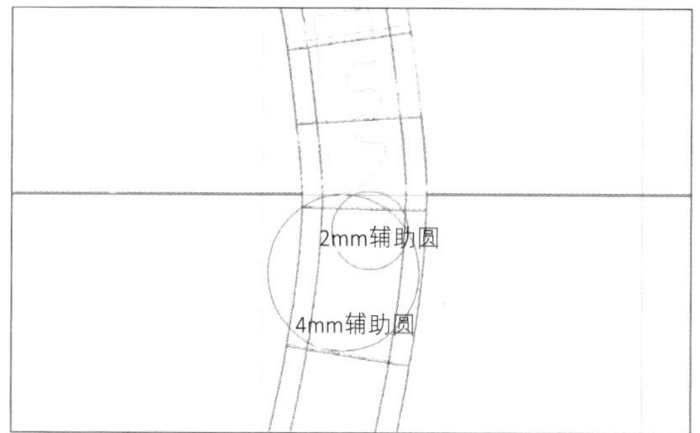

图6-2-35

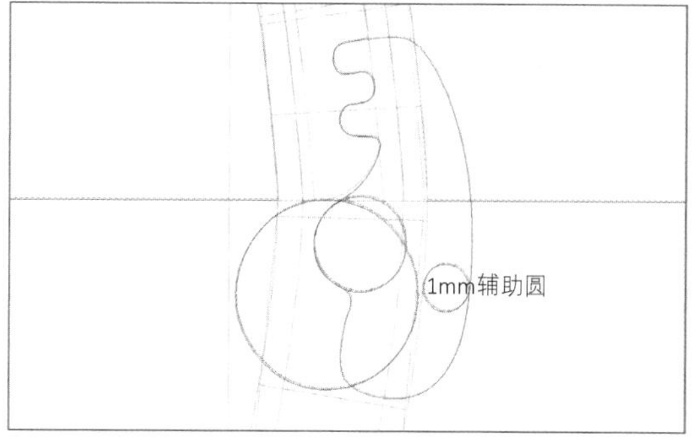

图6-2-36

直径0.6、1mm的辅助圆，移动到图6-2-42的位置。

（39）右视图，1mm圆直线延伸曲面，如图6-2-43。

（40）该圆柱原地复制后分别减去按钮及手镯下半部，如图6-2-44、图6-2-45。

（41）绘制如图6-2-46中的直线辅助线。

（42）绘制如图6-2-47的闭合切面，其略

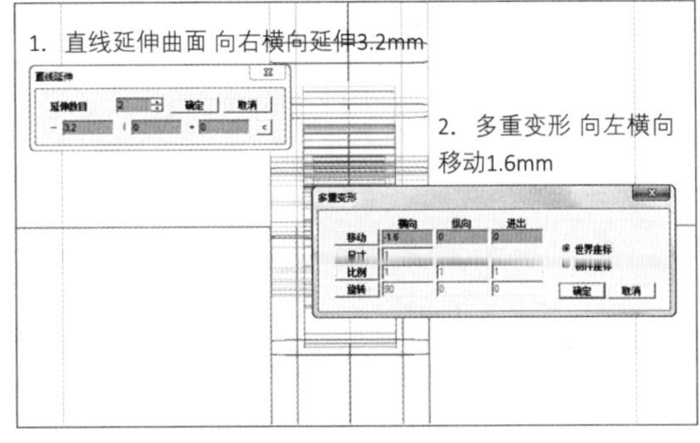

图6-2-37

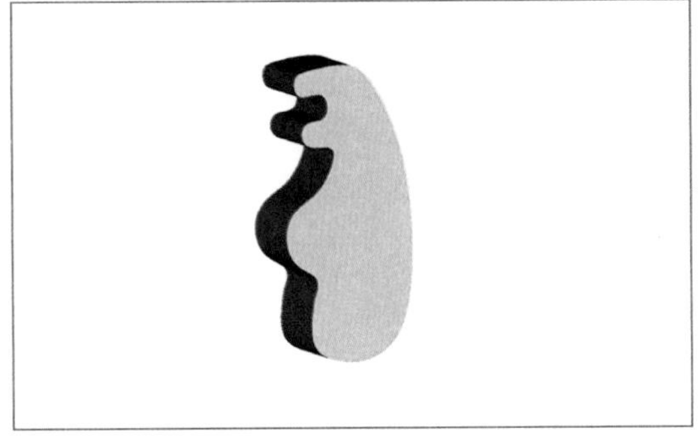

图6-2-38

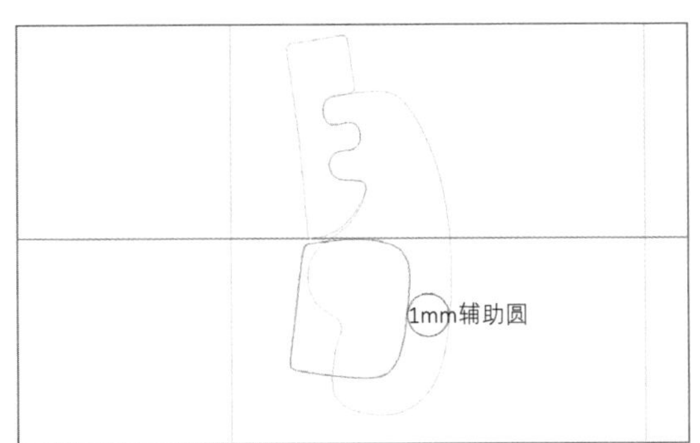

图6-2-39

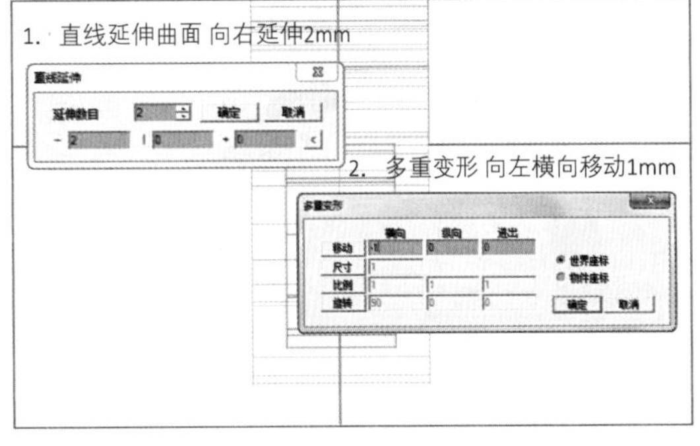

图6-2-40

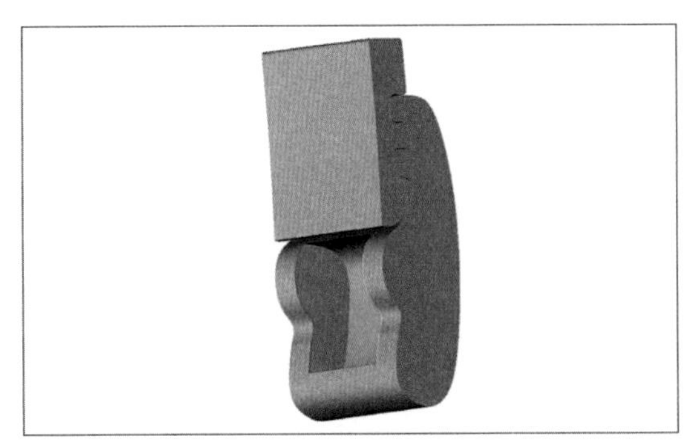

图6-2-41

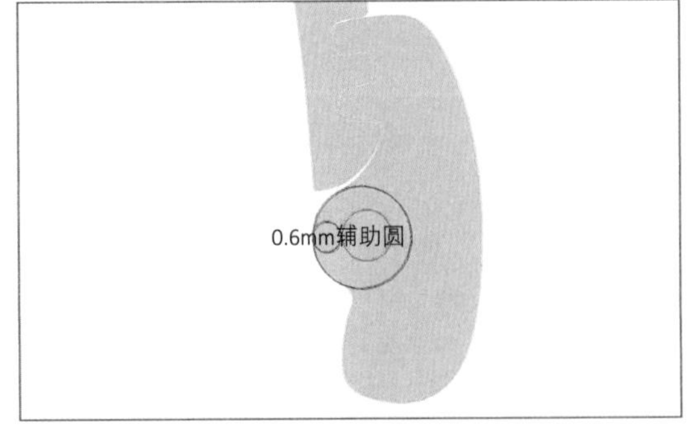

图6-2-42

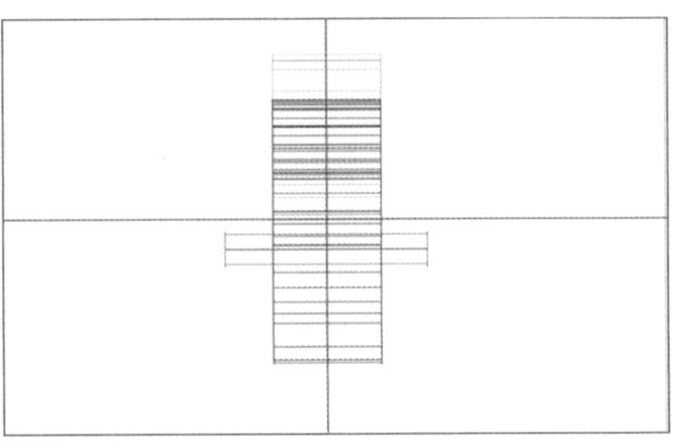

图6-2-43

大于按钮范围即可。

（43）参考步骤（21），生成3.4mm的减缺物件，如图6-2-48。

（44）减去手镯下半部，如图6-2-49。

（45）参照步骤（42）~（44），继续绘制减缺物件并减去手镯下半部，如图6-2-50、图6-2-51。

（46）沿步骤（41）辅助线，绘制切面曲线，延伸曲面成实体后，减去手镯下半部，如图6-2-52、图6-2-53。

（47）制作直径0.6mm、高0.6mm的小圆柱，圆柱深入横轴0.3mm，如图6-2-54。

（48）将小圆柱剪贴到按钮槽底部，此圆柱是用于后期制作时放置弹簧的定位点，如图6-2-55。

（49）沿弹簧背部绘制曲线，曲线略高于

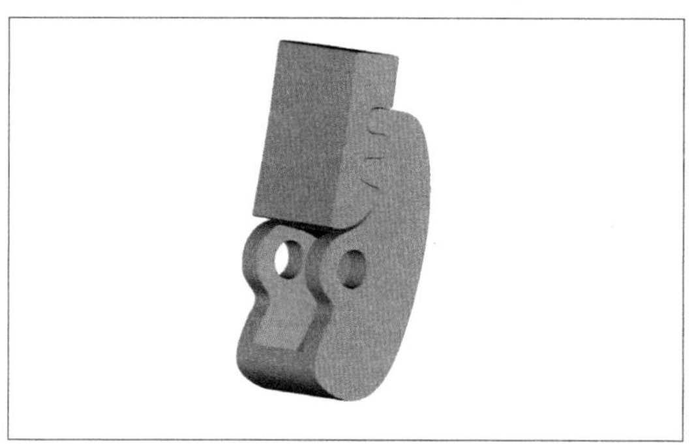

图6-2-44

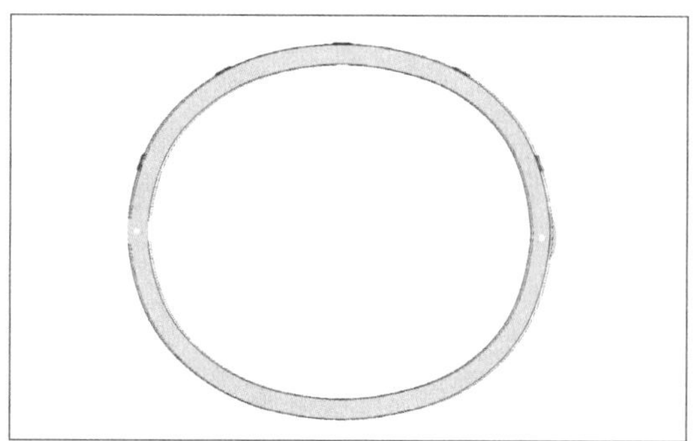

图6-2-45

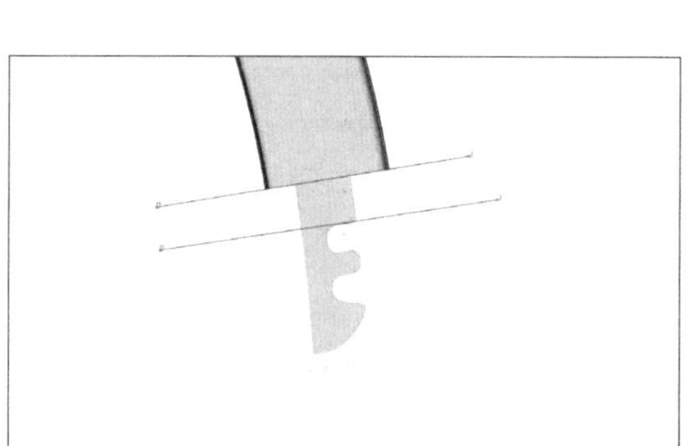

图6-2-46

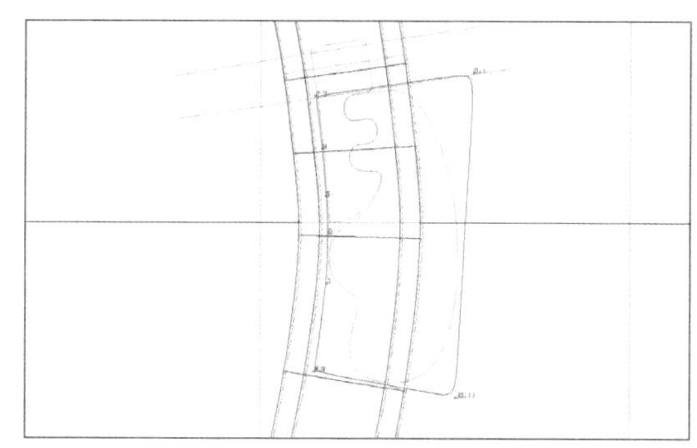

图6-2-47

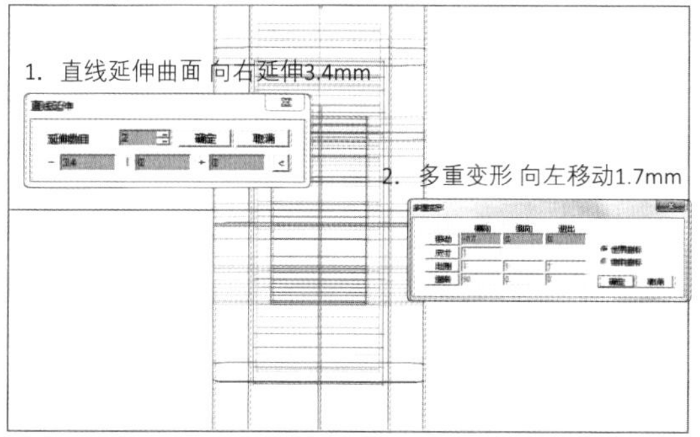

图6-2-48

图6-2-49

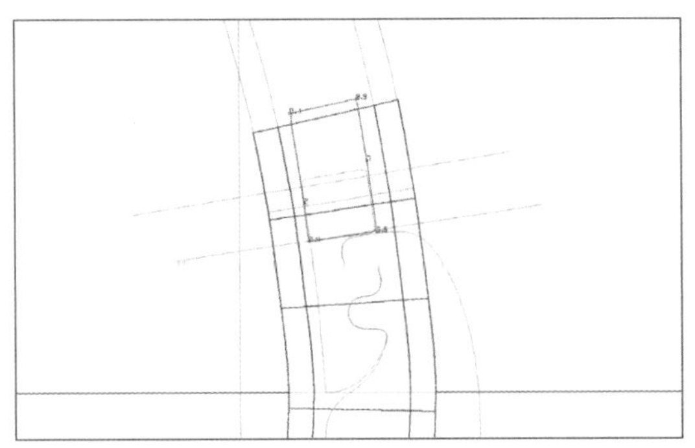

图6-2-50

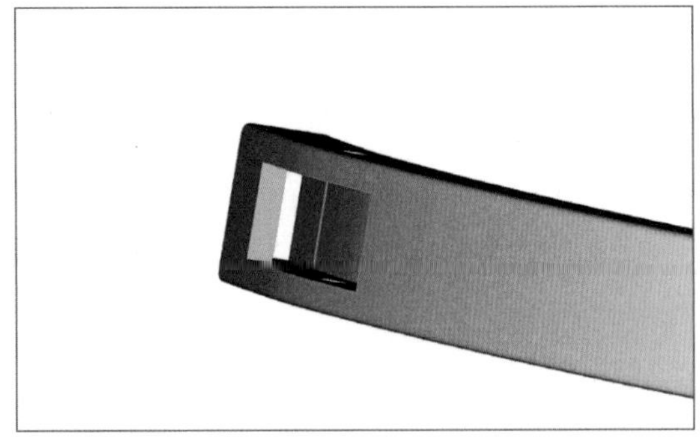

图6-2-51

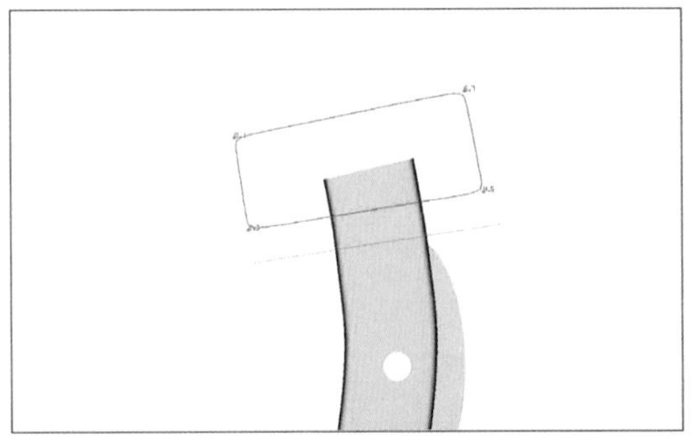

图6-2-52

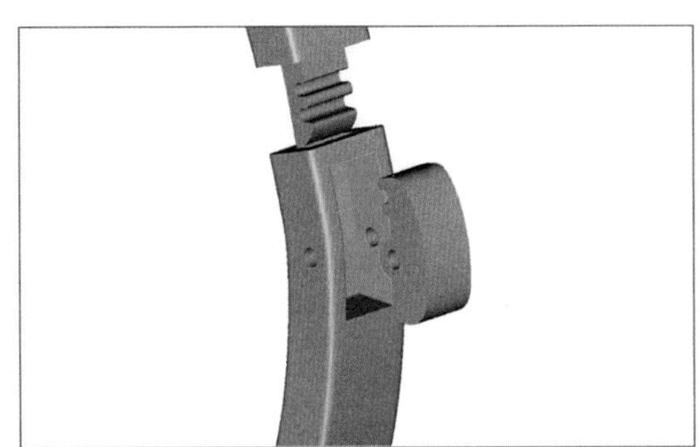

图6-2-53

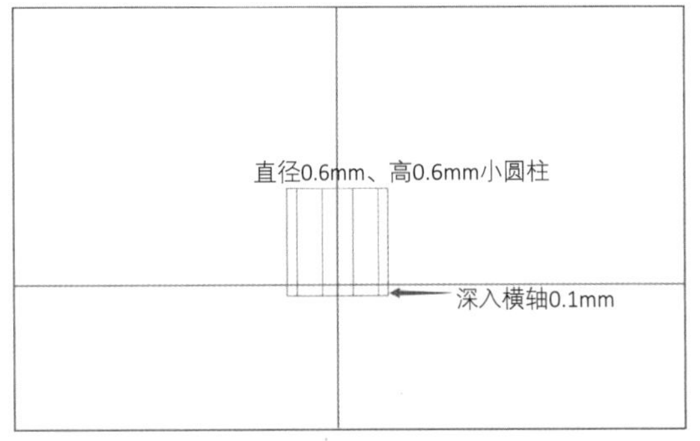

图6-2-54

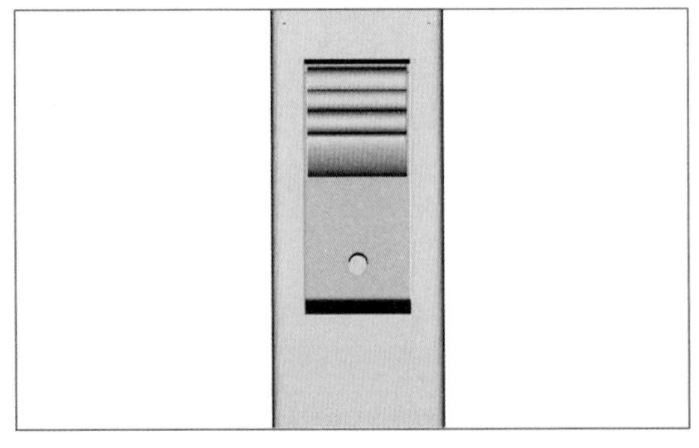

图6-2-55

按键边缘，如图6-2-56。

（50）曲线向内偏移0.52mm，如图6-2-57。

（51）生成直径0.2mm的辅助圆。使用“曲线—多边形”命令，生成三角形，并缩小，如图6-2-58。

（52）导轨曲面生成三角体，如图6-2-59。

（53）右视图，将三角体直线延伸复制，并对称复制，如图6-2-60、图6-2-61。

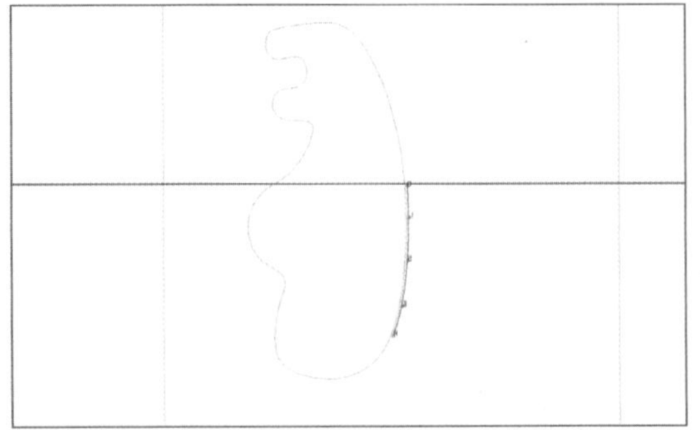

图6-2-56

（54）使用“左右对称线”工具绘制直线，其两端略小于按键宽度，如图6-2-62。

（55）使用“增加曲线控制点”命令，将该曲线的CV点增加6倍，如图6-2-63。

（56）正视图，将该曲线投影到按键表面，如图6-2-64、图6-2-65。

（57）右视图，使用“缩放”工具，将曲线横向延长超过按键宽度，如图6-2-66。

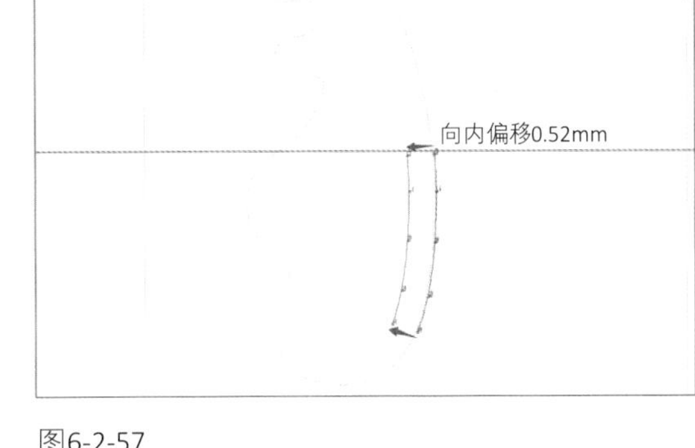

图6-2-57

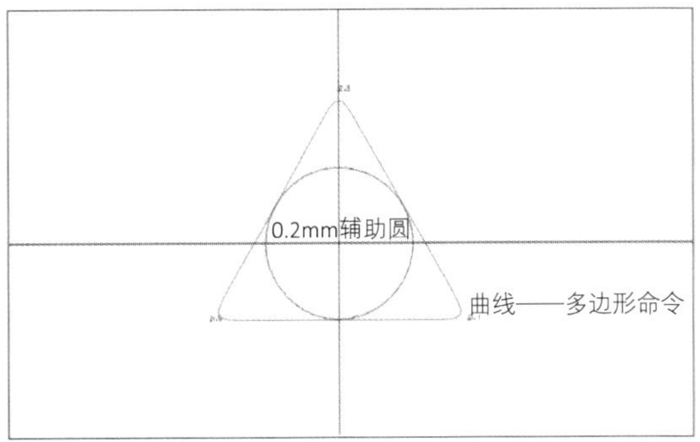

图6-2-58

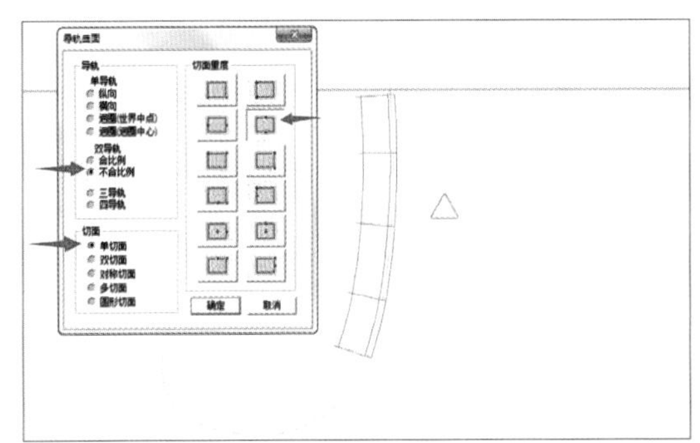
图6-2-59

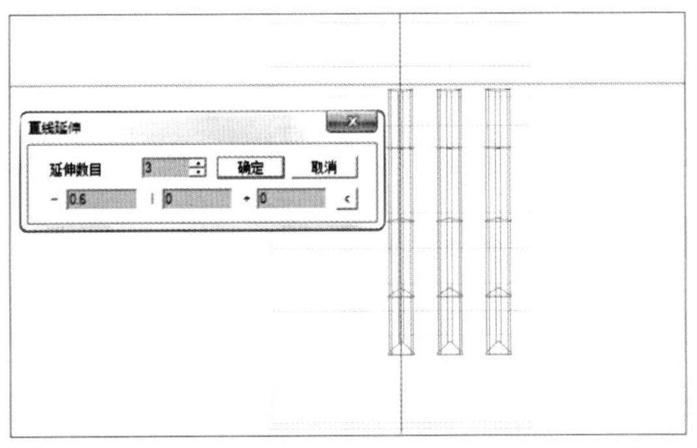
图6-2-60

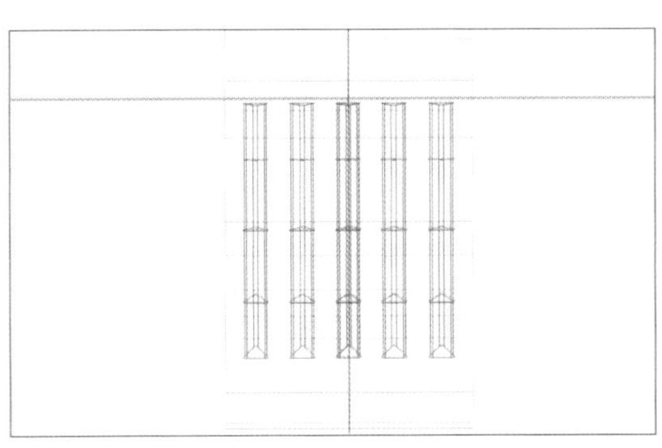
图6-2-61

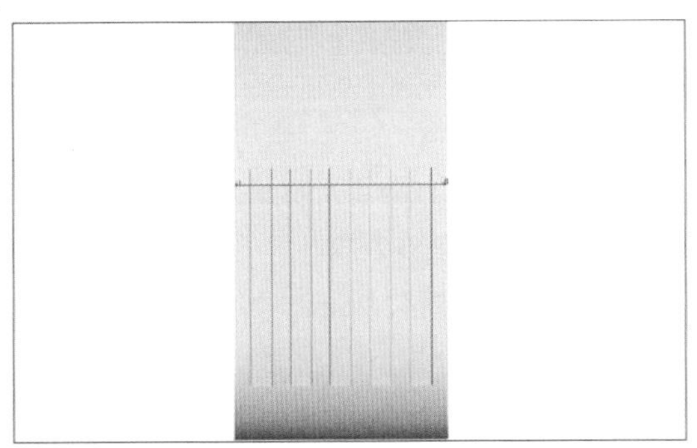
图6-2-62

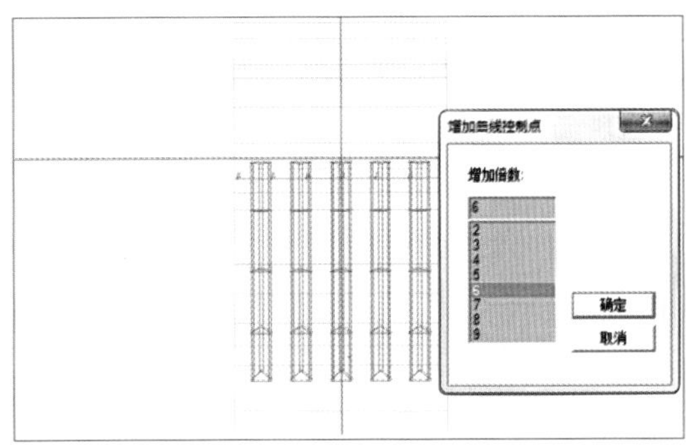
图6-2-63

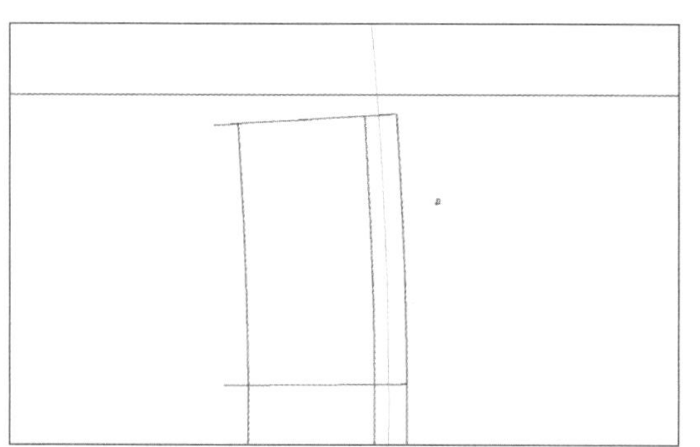

图6-2-64

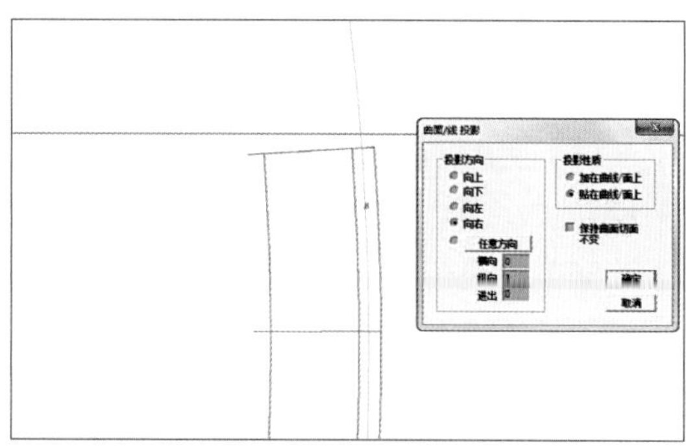

图6-2-65

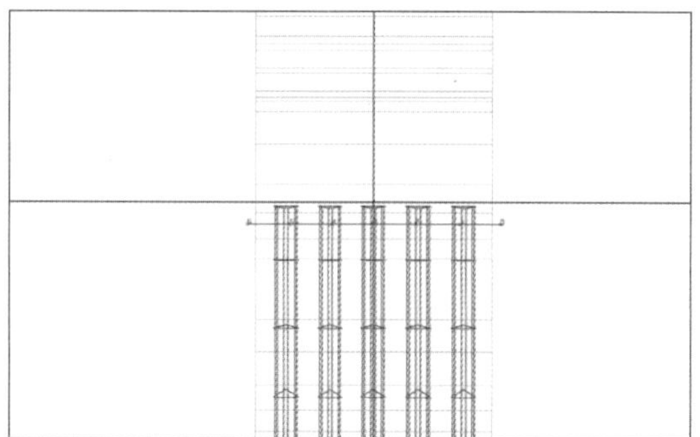

图6-2-66

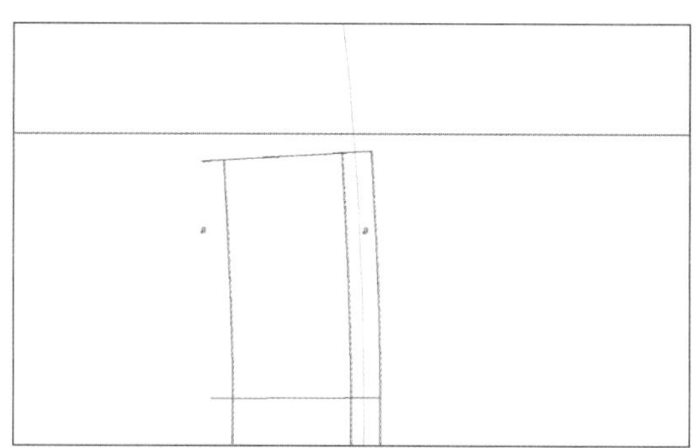

图6-2-67

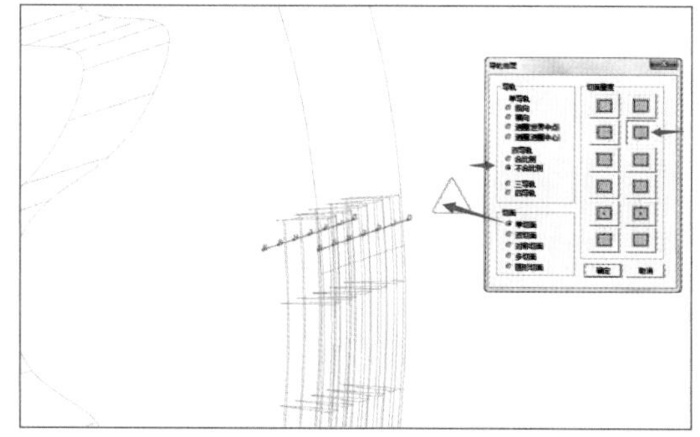

图6-2-68

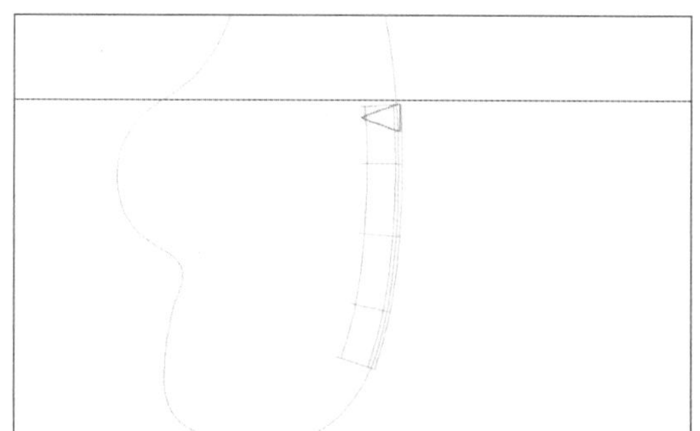

图6-2-69

（58）正视图，该曲线略向右移动，高于按键表面；原地复制后，向内移动复制出的曲线0.5mm，如图6-2-67。

（59）导轨曲面生成三角体，如图6-2-68。

（60）右视图，原地复制并旋转、移动三角体在按键背部进行平均排布，如图6-2-69、图6-2-70。

（61）将全部三角体减去按键，如图6-2-71。

（62）正视图，沿手镯下部外缘绘制曲线。其起点、终点均应距离手镯减除部位0.8～1.2mm，如图6-2-72。

（63）向内偏移1.2mm，如图6-2-73。

（64）使用“尺寸”工具，将偏移曲线向内略压缩，如图6-2-74。

（65）绘制边宽3.5mm的矩形切面，如图

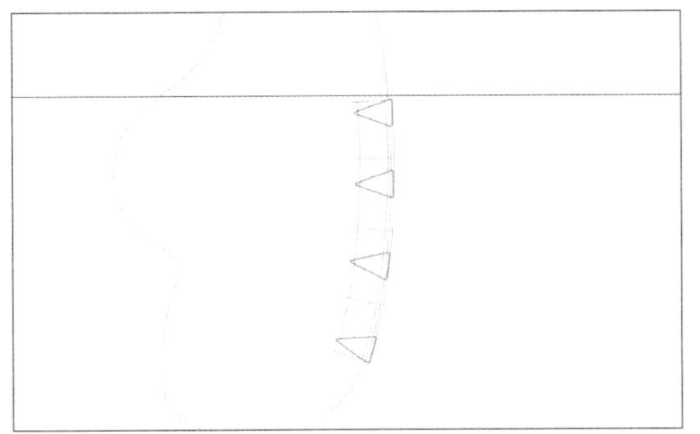
图6-2-70

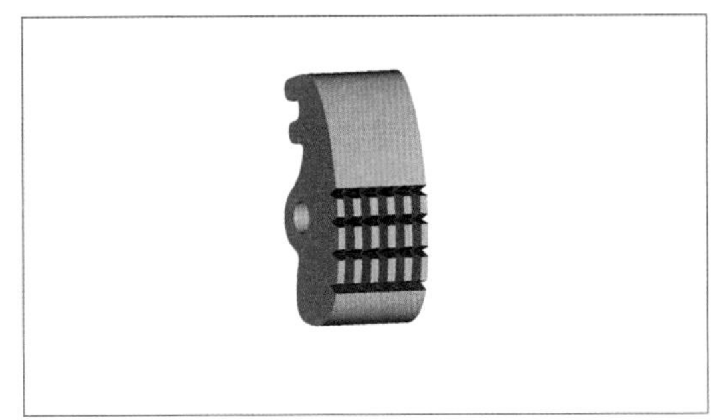
图6-2-71

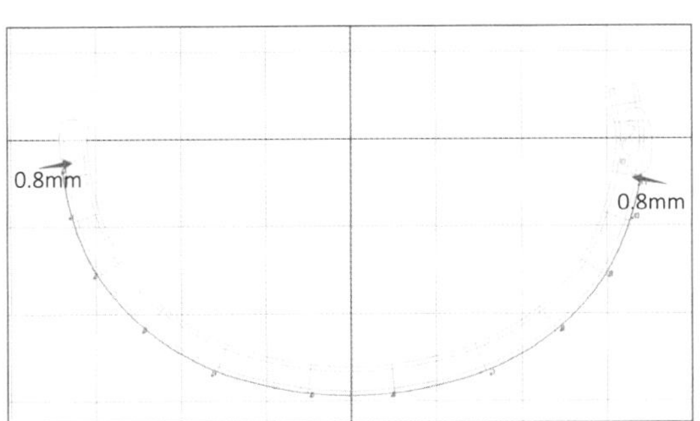

图6-2-72

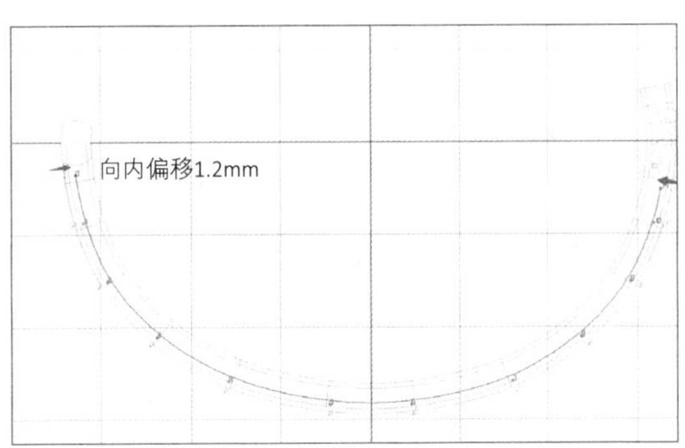

图6-2-73

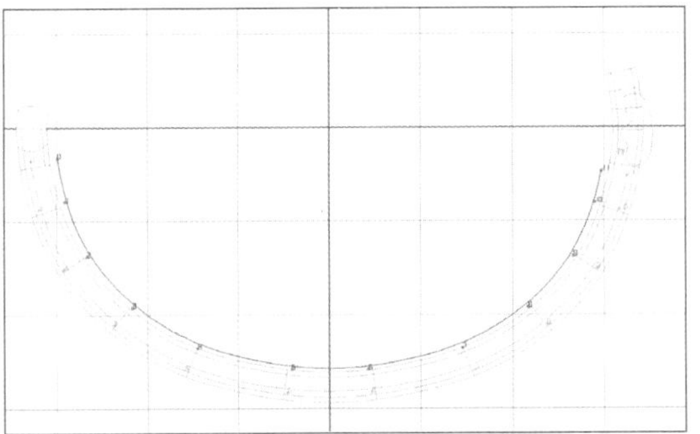
图6-2-74

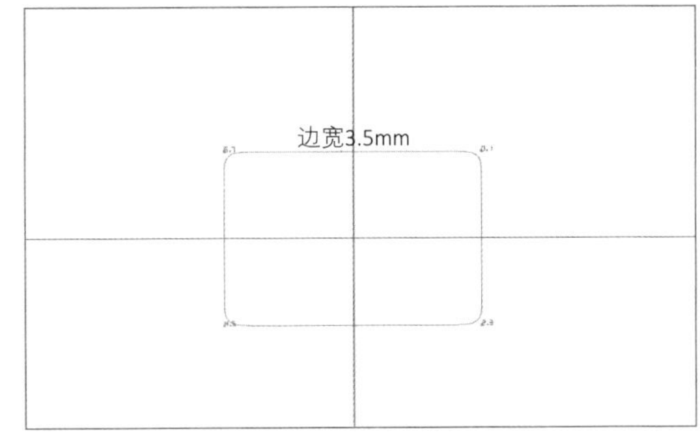

图6-2-75

6-2-75。

（66）导轨曲面生成掏底物件并进行减缺，如图6-2-76、图6-2-77。

（67）沿手镯内侧绘制曲线，起始端为掏底边缘，如图6-2-78。

（68）上视图，测量该曲面长度，使用测量数值生成同等大小的辅助圆，如图6-2-79。

（69）沿掏底边缘放置辅助直线，如图

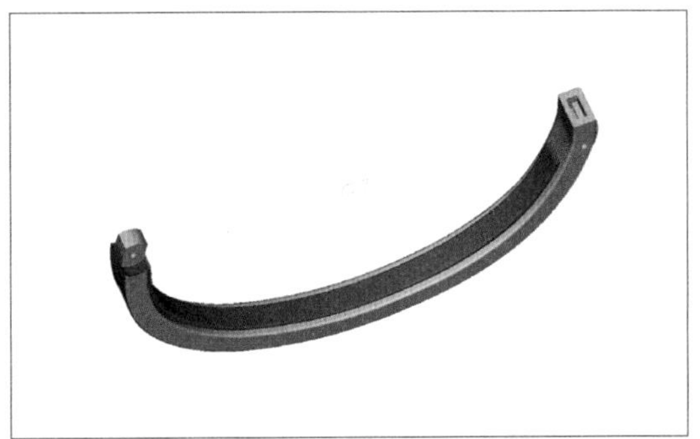
图6-2-76

6-2-80。

（70）生成直径1.8mm的辅助圆，使用“曲线—多边形”命令，生成六边形，缩小至辅助圆内，如图6-2-81。

（71）生成0.5mm的正方形切面，如图6-2-82。

（72）使用“管状曲面”命令生成六角体，如图6-2-83。

（73）将其直线复制，如图6-2-84。

（74）观察复制出的物件，最后一个六角体超出辅助圆范围，可以将其删除，如图6-2-85。

（75）将紧邻的六角体移动贴紧辅助圆，如图6-2-86。

（76）依次移动临近的几个六角体，使得间距合理，如图6-2-87、图6-2-88。

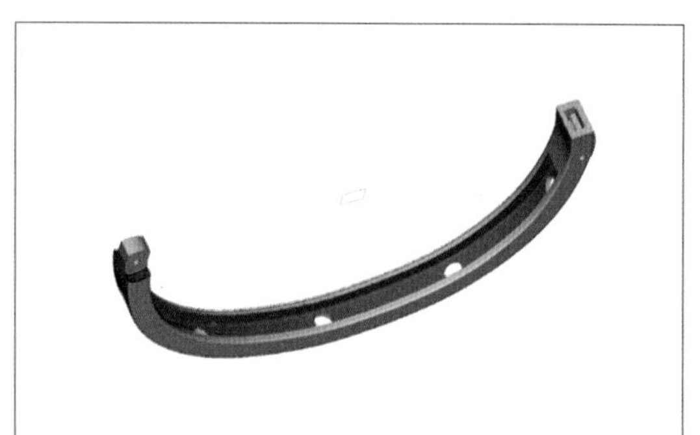

图6-2-77

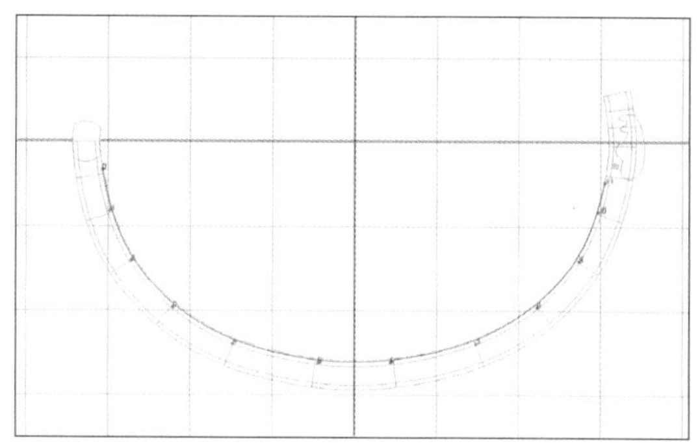

图6-2-78

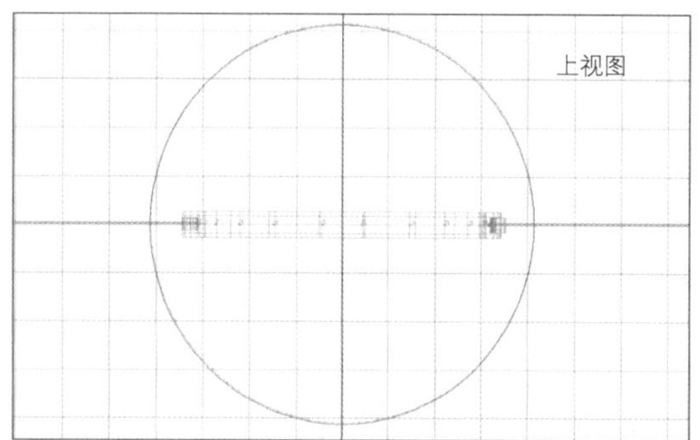

图6-2-79

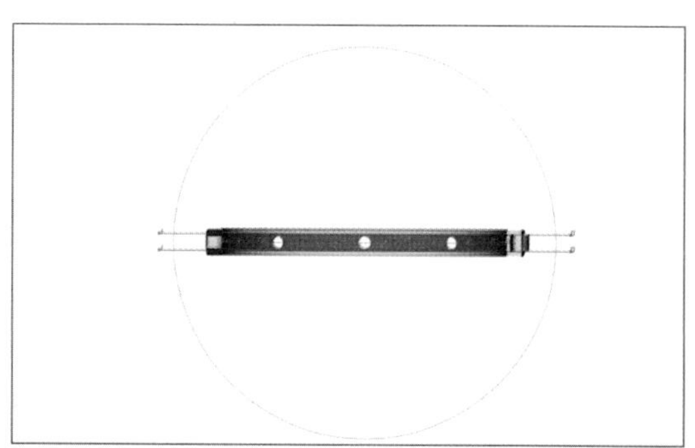

图6-2-80

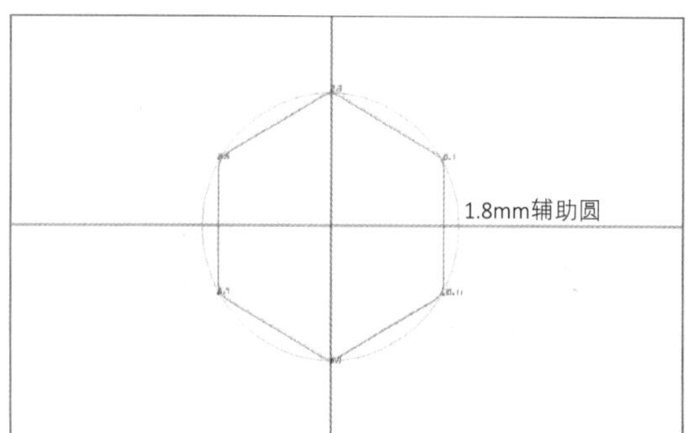

图6-2-81

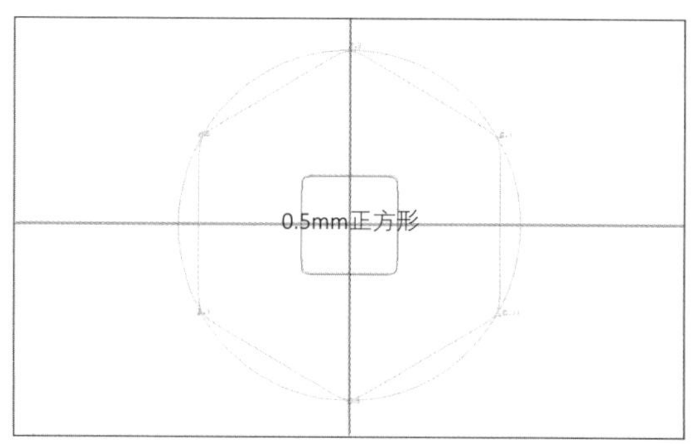

图6-2-82

（77）原地复制该组六角体，向上移动，如图6-2-89。

（78）对称复制并群组，如图6-2-90。

（79）右视图，使用“尺寸”工具，将全体六角体单向扩大到0.7mm的高度，如图6-2-91。

（80）映射到步骤（67）曲线上，如图6-2-92。

（81）沿步骤（69）直线绘制矩形切面，

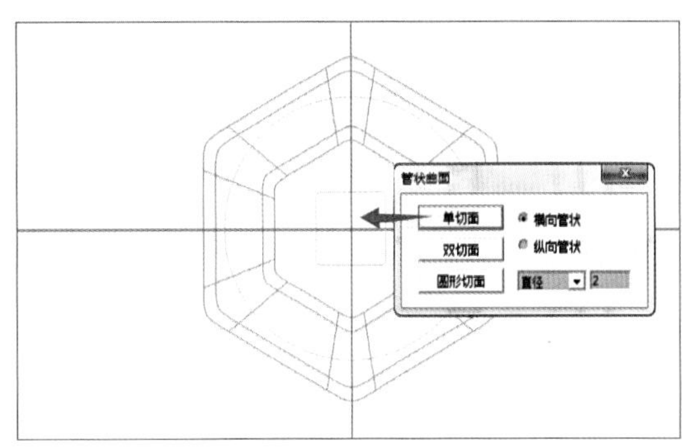

图6-2-83

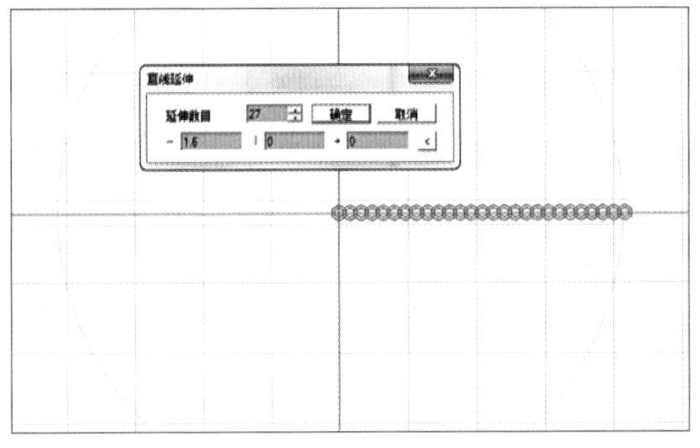

图6-2-84

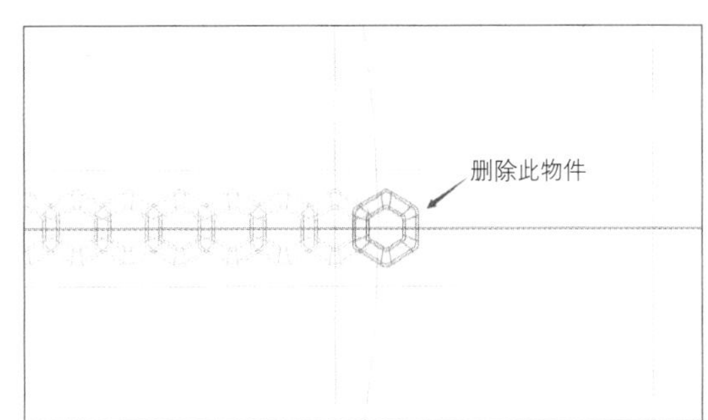

图6-2-85

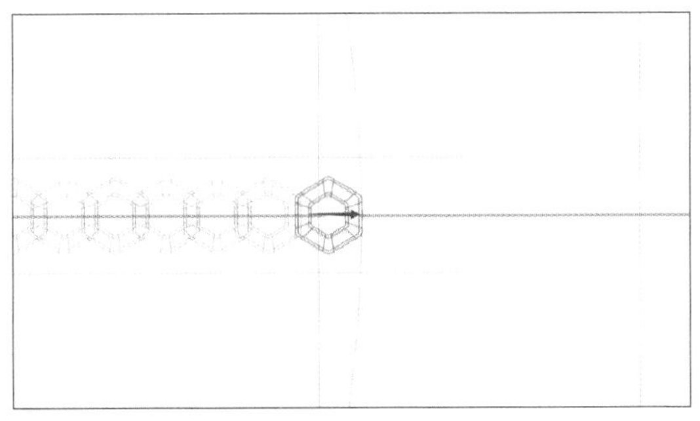

图6-2-86

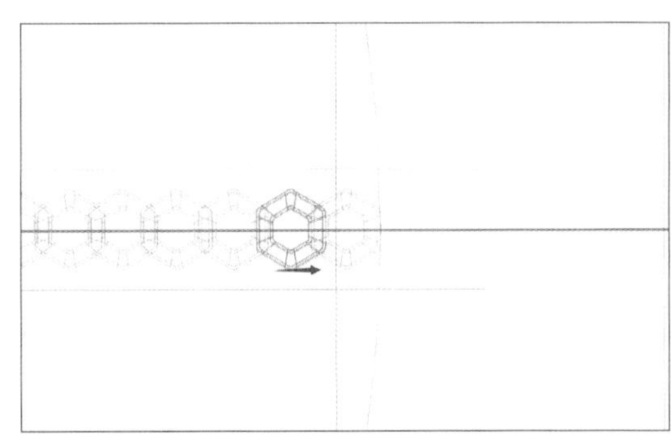

图6-2-87

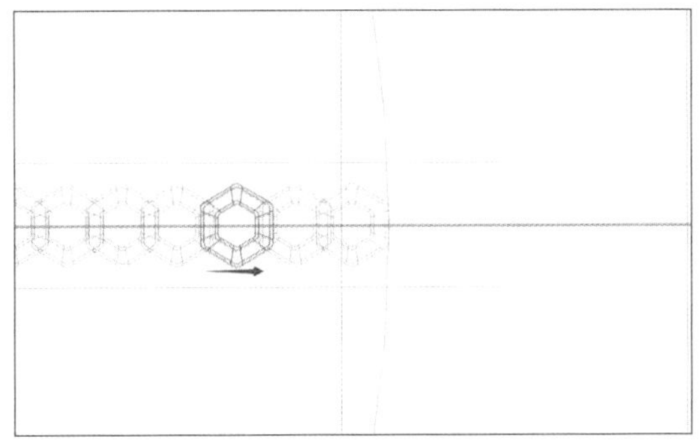

图6-2-88

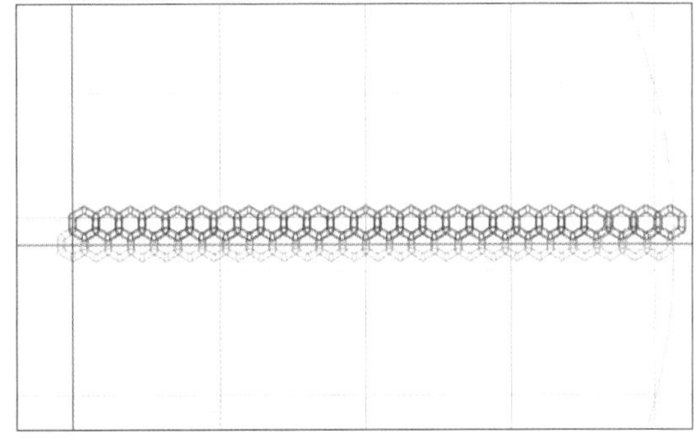

图6-2-89

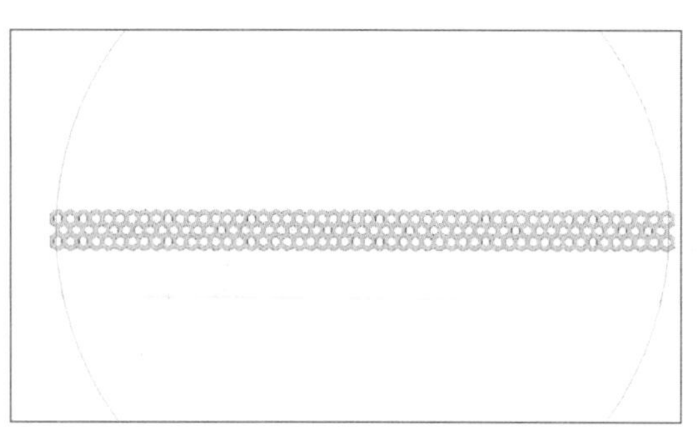

图6-2-90

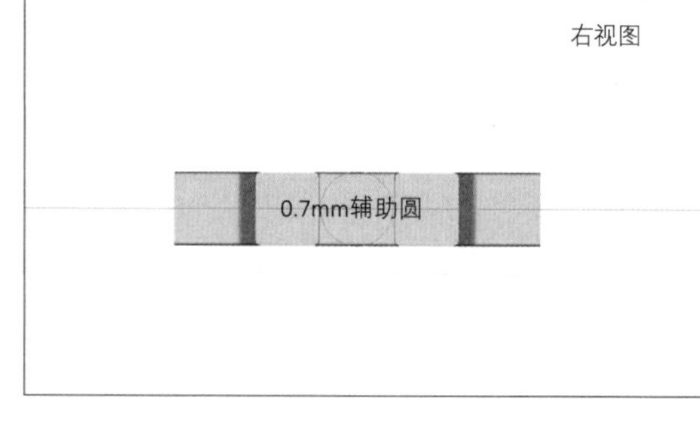

图6-2-91

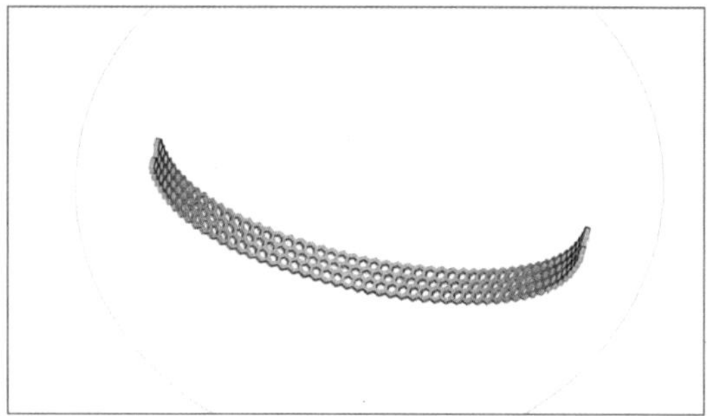

图6-2-92

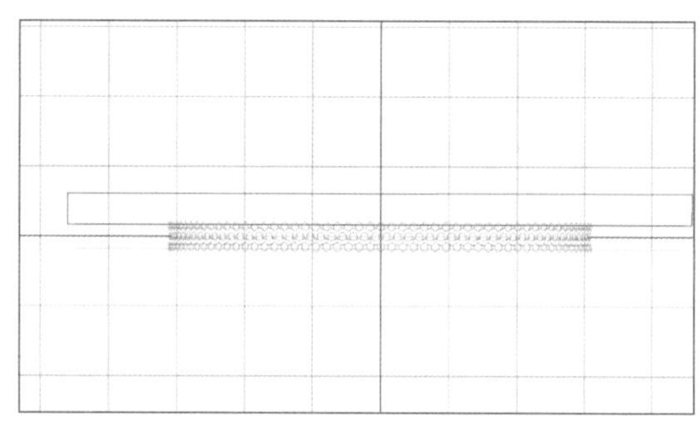

图6-2-93

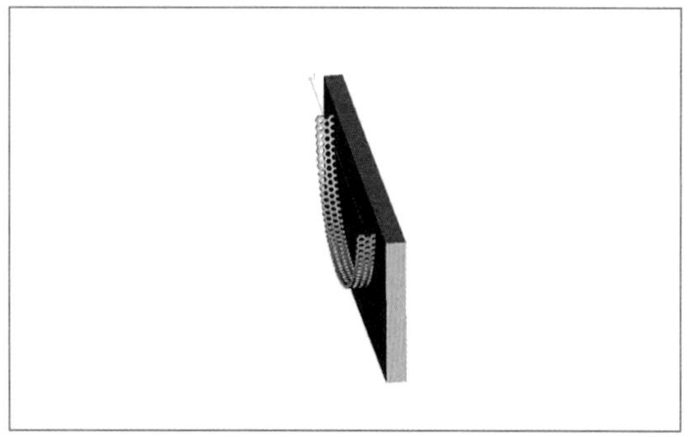

图6-2-94

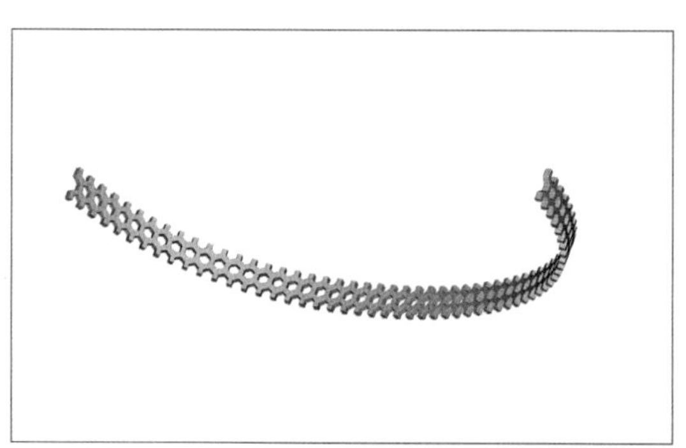

图6-2-95

如图6-2-93。

（82）右视图，将其直线延伸曲面，如图6-2-94。

（83）对称复制后减去六角体封底，如图6-2-95。

（84）参考步骤（67）~（83）制作手镯上半部封底片，如图6-2-96。

（85）还原步骤（13）的开孔物件，上下对称复制后减去手镯下半部。

（86）完成手镯制作，如图6-2-97、图6-2-98。

当手镯模型3D打印完成后，浇铸成金属件，即可进行后期的生产制作。手镯的执模工艺包括锉修水口、扣镯、较形、较制、修整鸭利、省砂纸、镶石、抛光、电镀等一系列制作工艺。具体后期工艺技法可参见《首饰制作技

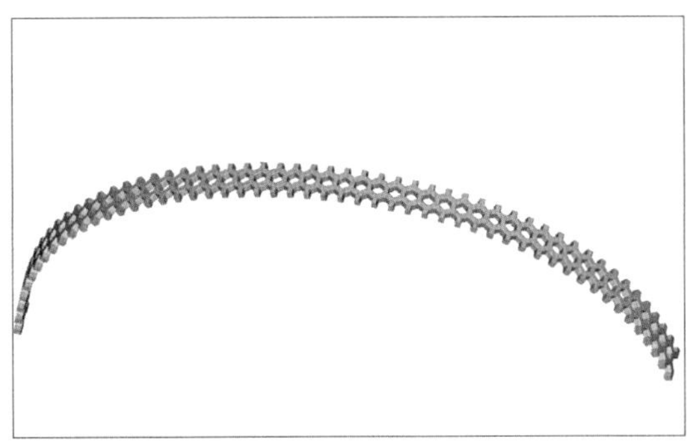

图6-2-96

图6-2-97

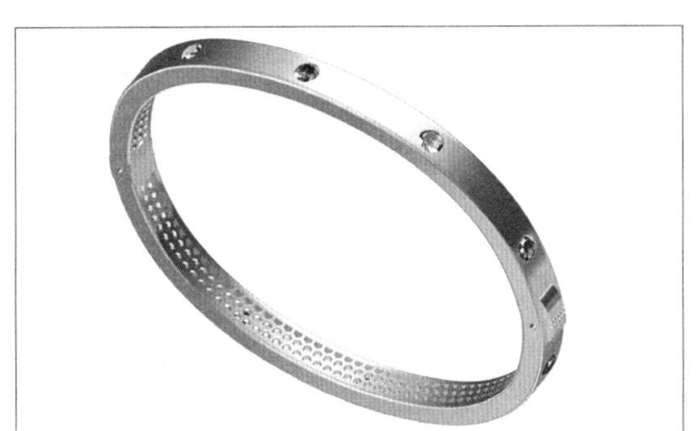

图6-2-98

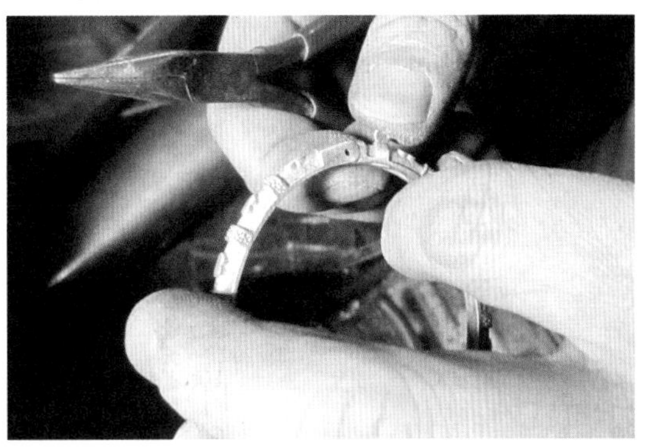

图1　扣镯

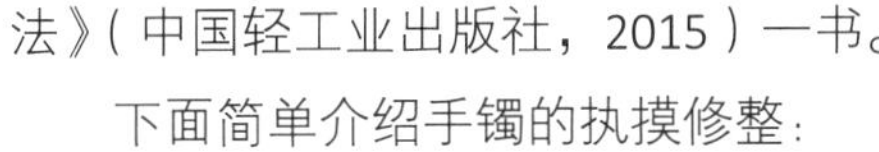

法》（中国轻工业出版社，2015）一书。

下面简单介绍手镯的执摸修整：

1. 扣镯

按设计造型将手镯的各个部件相扣接，使之初步成形。根据转轴位置确定铰筒孔的大小，选择相应的金属捽线，穿过铰筒。要求各铰筒处于一条直线上。贴合手镯面，剪断多余

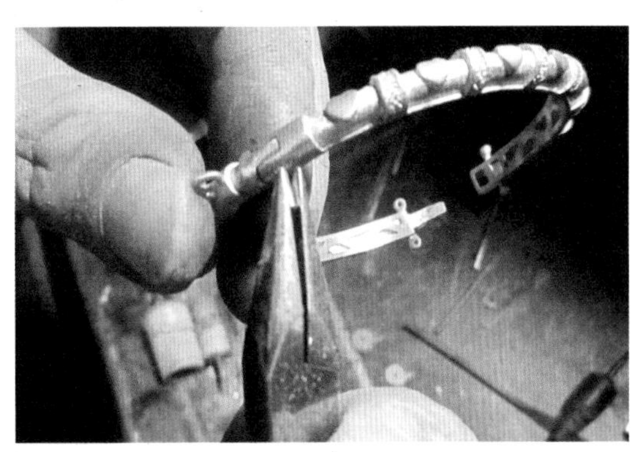

图2　插入捽线（轴线）

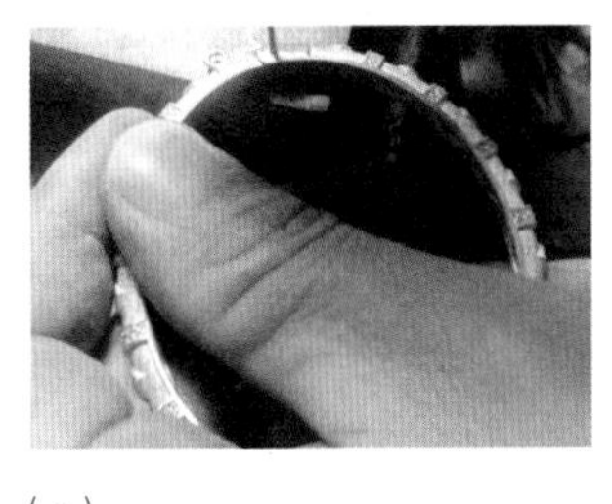

（a）

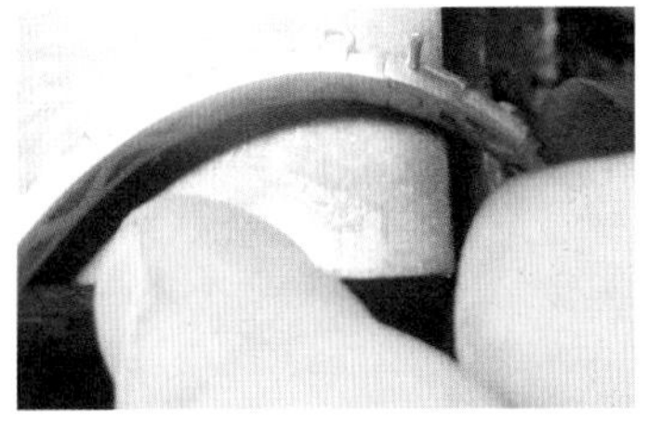

（b）

（c）

图3　铆接捽线

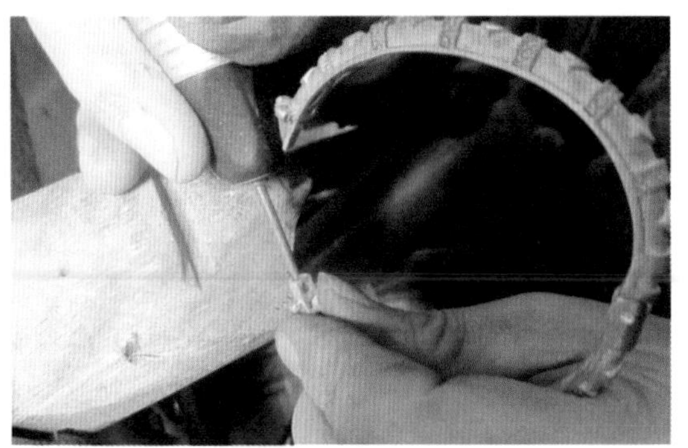

图4 牙针清理鸭利箱

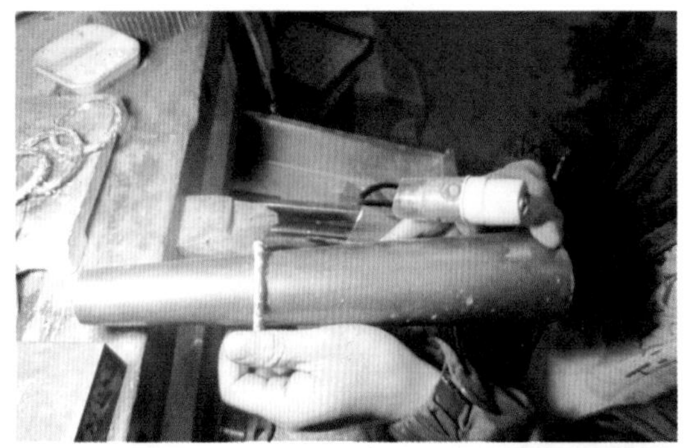

(a)

(b)

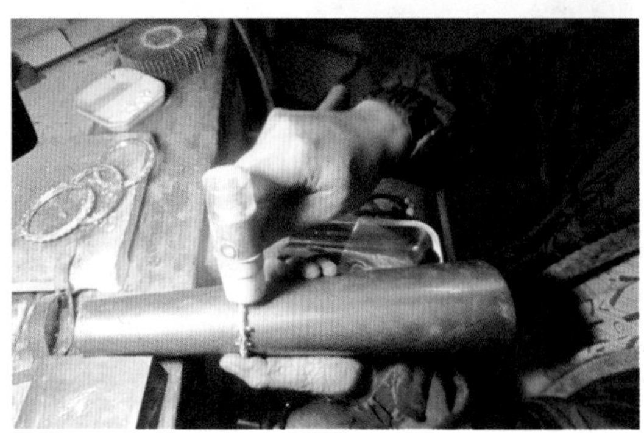

(c)

图5 较形

捽线，仅稍露出些许即可。调整转轴位置，使手镯能够灵活转动，如图1至图3。

2. 执镯

清除浇铸出的手镯上的粗糙表层及毛刺、金珠、夹层披锋，使手镯平滑，形态顺畅，如图4。

图6 整体对应图

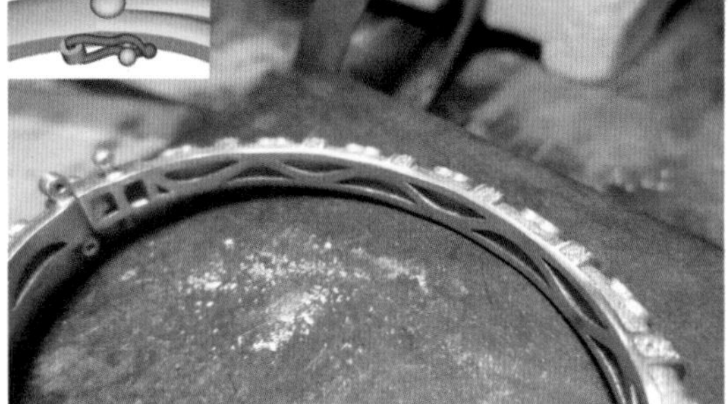

图7 扣位对应图

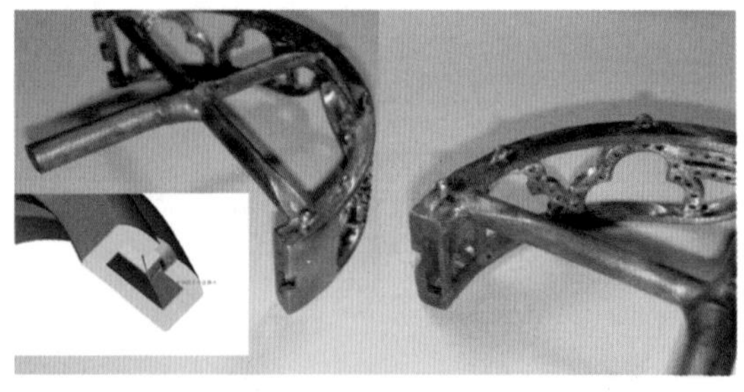

图8 鸭利箱对应图

3. 较形

矫正手镯整体形态，鸭利插入鸭利箱，将手镯扣紧套入镯筒。使用胶锤轻敲手镯，使手镯与镯筒紧密贴合，如图5。

模型与金属件对应，如图6至图10。

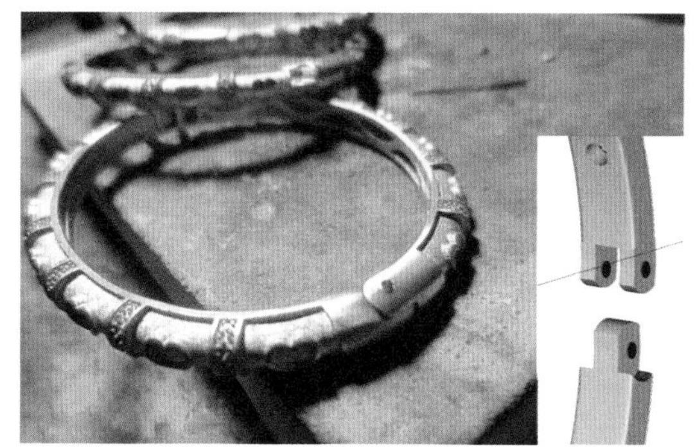

图9　较位对应图

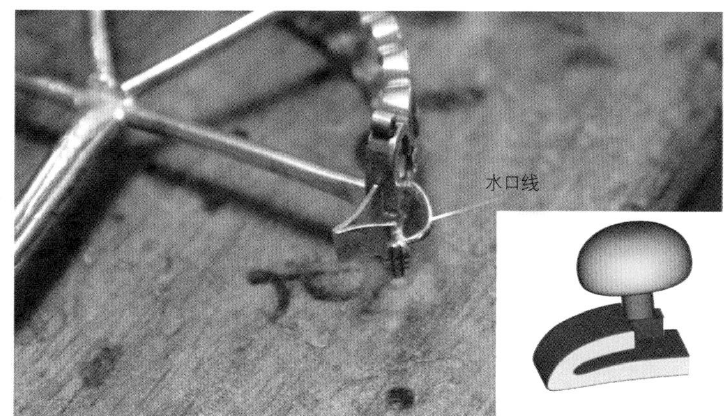

图10　鸭利对应图

Chapter 7 第七章 手链篇

手链，也是首饰款型中生产制作较为复杂的大件款，主要由链条和基本造型环扣而成。大部分手链，其实是单独造型体的重复链接，所以就建模起版与生产流程而言，仅需要建模一两个单独型体即可，余下的均是通过压胶膜的方法进行复制生产，常见手链款型如图7-0-1。

本章重点讲解由圈环环相扣而成的手链款型及手链基本造型底部环扣款型，涵盖了手链的主要造型。在上一章的制作技法基础上，进一步帮助读者了解与掌握手链扣位的结构和制作技术。

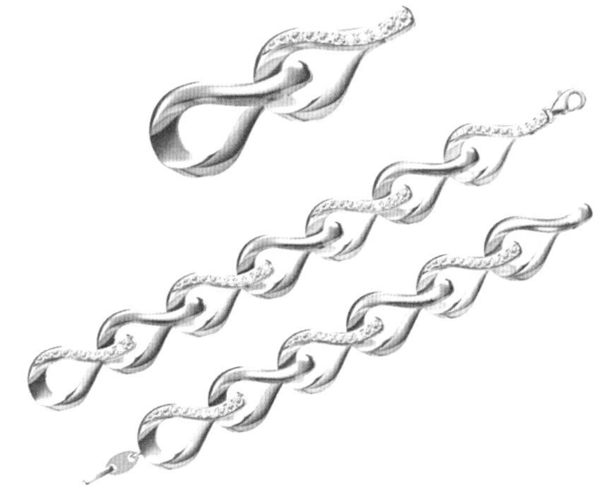

（a）自扣型

（b）环扣型

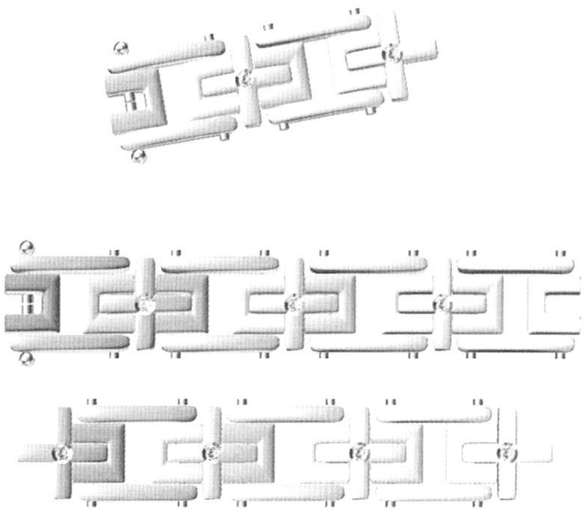

（c）链扣型

图7-0-1

第一节 环环相扣手链

本案例主要讲解：假反制作；手链基本造型制作。

制作步骤如下：

（1）上视图，生成直径7.5、16mm的辅助圆，如图7-1-1。

（2）沿辅助圆边缘放置直线辅助线，确定单节链大小范围，如图7-1-2。

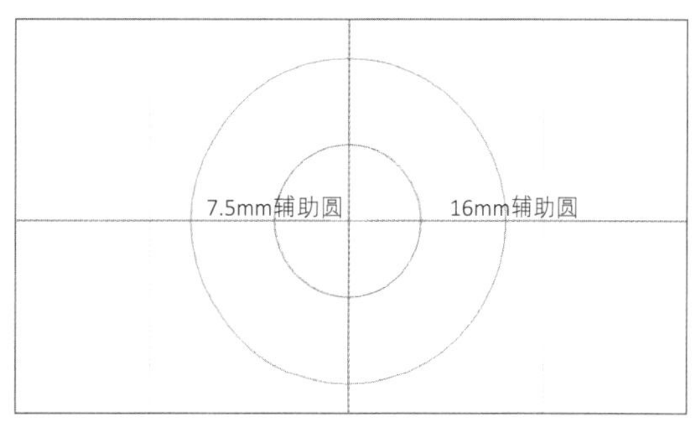

图7-1-1

（3）使用“曲线—直线曲线”命令选择与水平线夹角15°，如图7-1-3。

（4）生成直径1.7mm的辅助圆，使用“尺寸”工具将该直线延伸，如图7-1-4。

（5）绘制如图7-1-5的造型曲线。

（6）在造型曲线间，绘制一条假反走向线。通过分析造型曲线的导轨左右方向，得知上方曲线为左导轨线；绘制出的假反走向线表明该假反物件切面是由右向左进行变化的，如图7-1-6。

（7）使用“上下左右对称线”工具制作高为2.3mm的弧形切面；再使用“工具左右对称线”工具在上方增加两个节点，拖动上方两个顶角的CV点下移，得到弧线切面。

（8）使用“任意曲线”工具在右侧增多两个节点（3、4号CV点）及一个复合节点，如图7-1-7。

（9）直线向上复制后，编辑该切面。1.2号复合节点居中，两侧节点负责控制拱、凹线弧度，如图7-1-8。

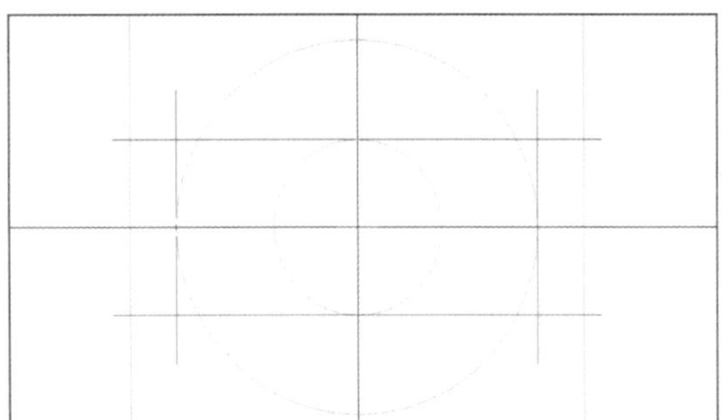

图7-1-2

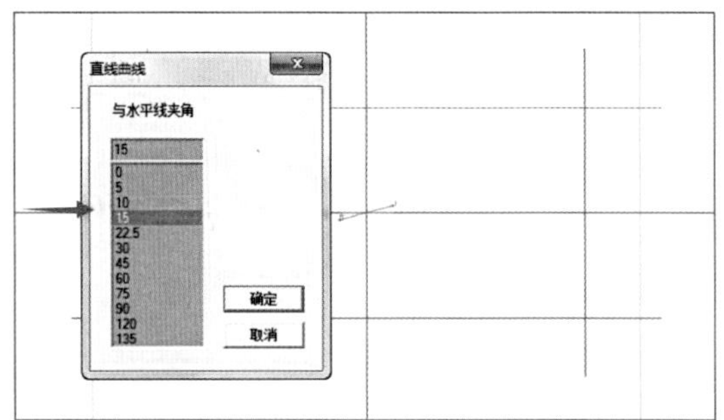

图7-1-3

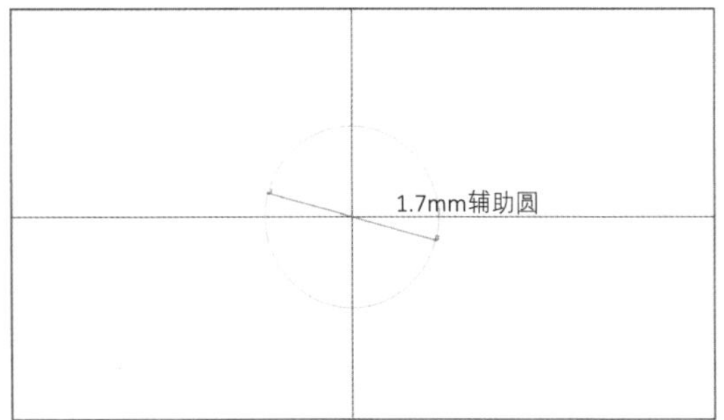

图7-1-4

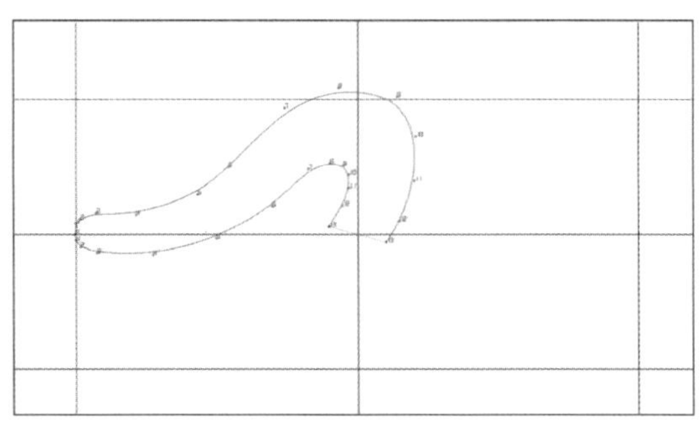

图7-1-5

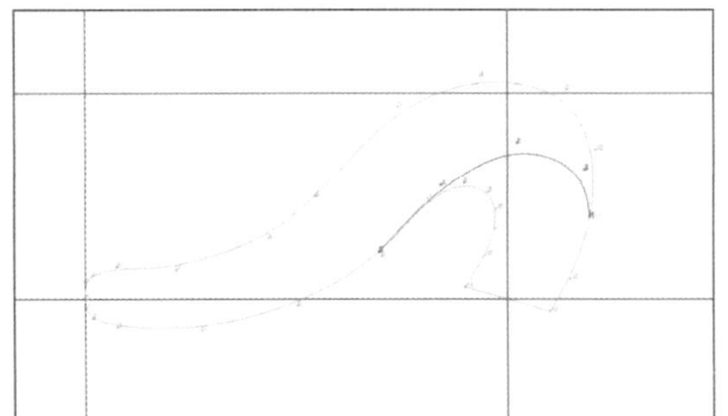

图7-1-6

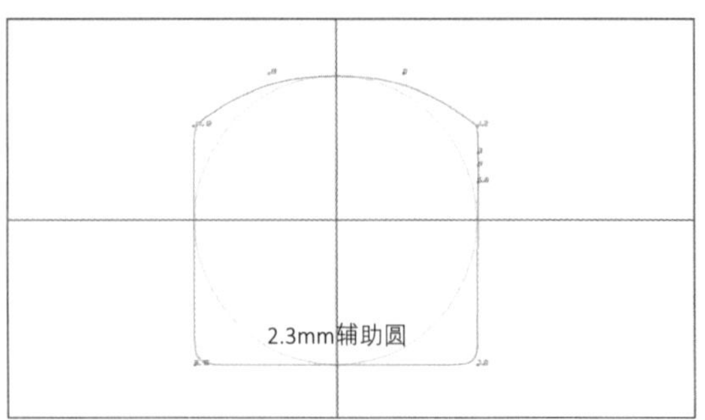

图7-1-7

（10）直线向下复制后，编辑该切面。将1.2号复合节点及拱线节点移动平齐左侧边线，原凹线节点保持略下凹，使得切面顶部下凹。整体将上部节点下移，得到1.3mm的高度切面，如图7-1-9。

（11）完成假反3切面制作，如图7-1-10。

（12）选择“导轨曲面”命令：双导轨、不合比例、多切面、切面量度向上。其中左导轨线上：①0、7号CV点使用切面1；②9号CV点使用切面2；③11、13号CV点使用切面3。如图7-1-11。

（13）完成该假反物件制作，如图7-1-12。

（14）上视图。选中物件0号CV点处所有CV点。使用“尺寸”工具将其压缩回原点，如图7-1-13、图7-1-14。

（15）将压缩点移回原位置，如图7-1-15。

（16）正视图，逐一拖动CV点，调整造型背部高低位弧度，如图7-1-16。

（17）使用“弯曲（双向）”工具，将造型略弯曲处理，如图7-1-17。

（18）上视图，将物件“旋转180°”复制，如图7-1-18。

（19）绘制如图7-1-19的曲线。

（20）将该曲线“旋转180°”复制，并倒序其编号。注意，该处物件后期需要镶石。此两条曲线间距应留足2.3mm。原地复制曲线并隐藏，如图7-1-20。

（21）生成中间曲线，如图7-1-21。

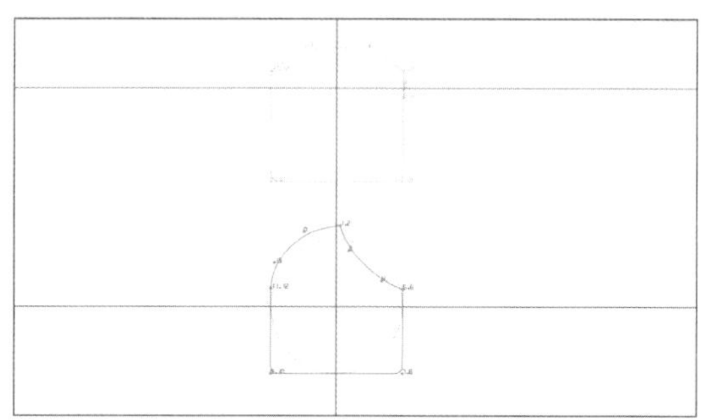

图7-1-8

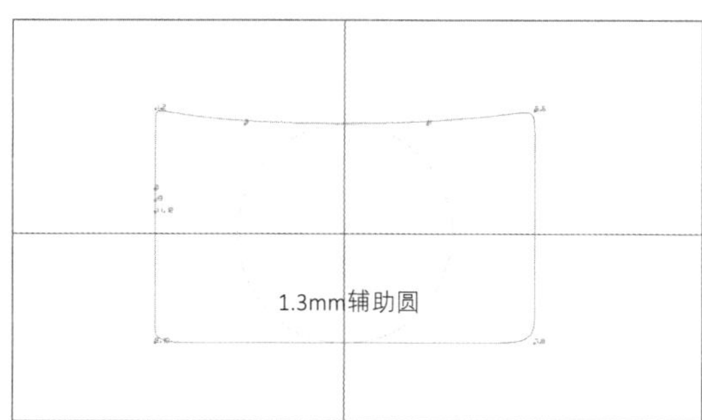

图7-1-9

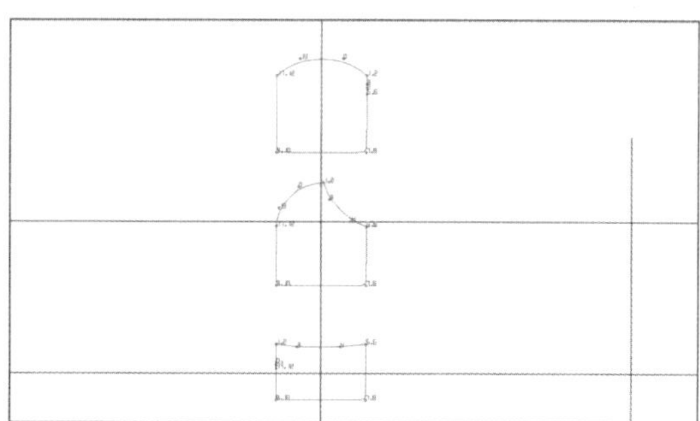

图7-1-10

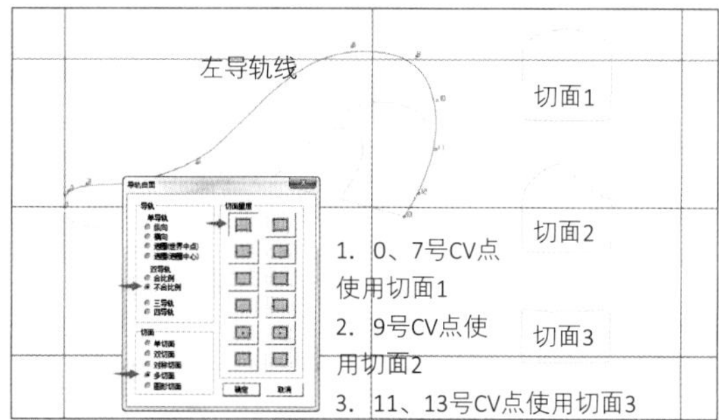

图7-1-11

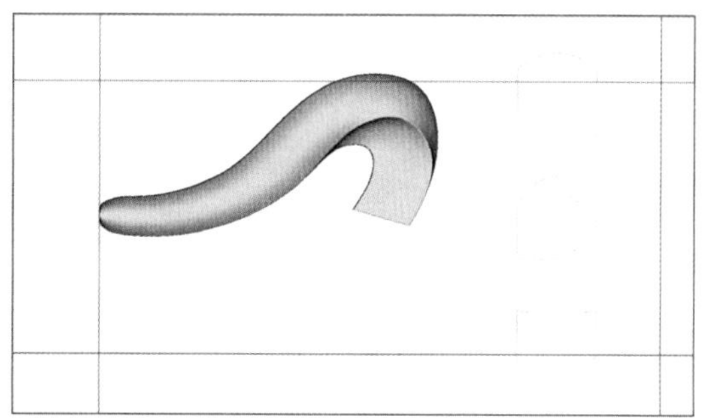

图7-1-12

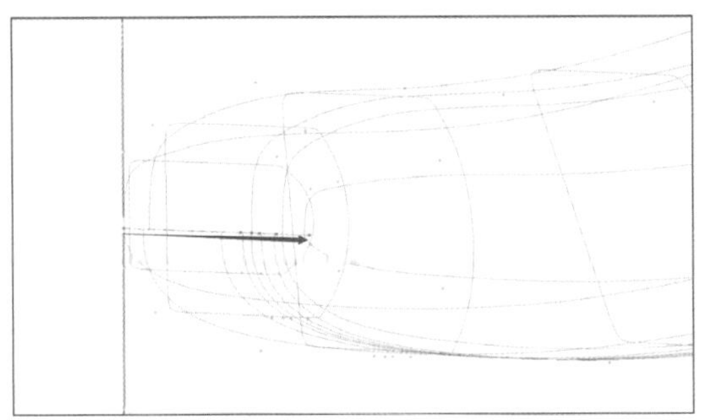
图7-1-13

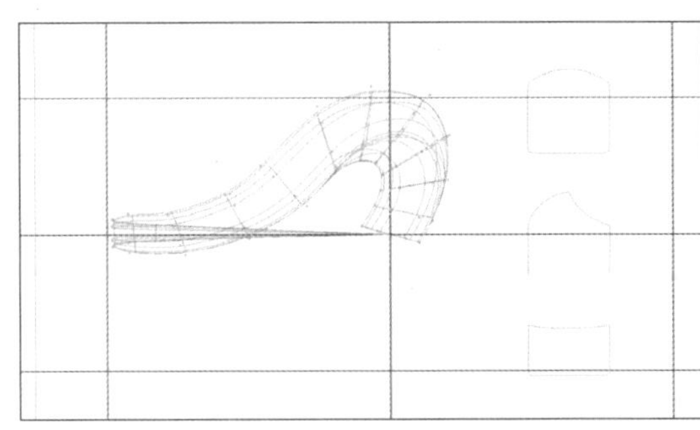
图7-1-14

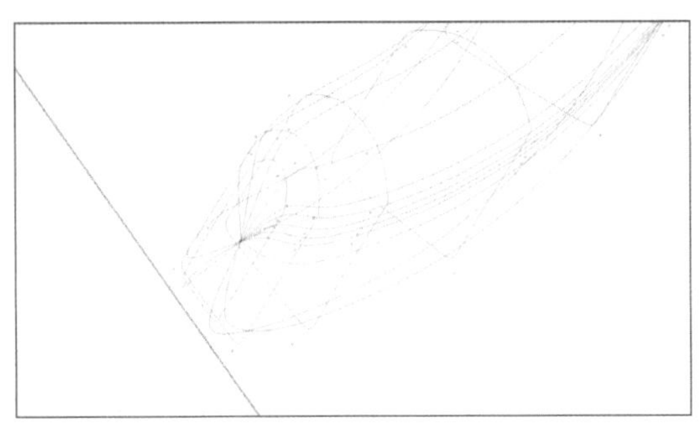
图7-1-15

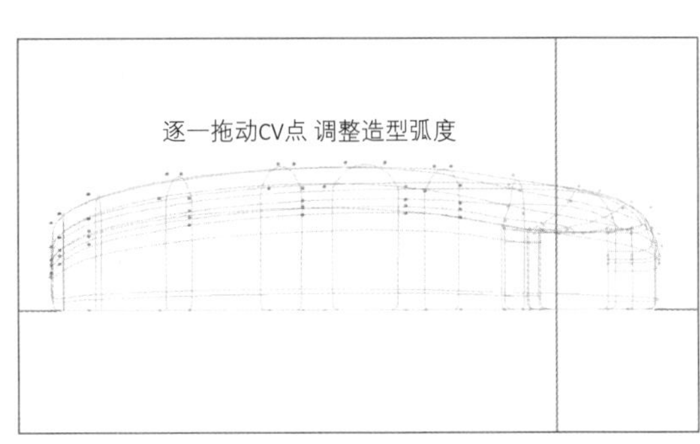

图7-1-16

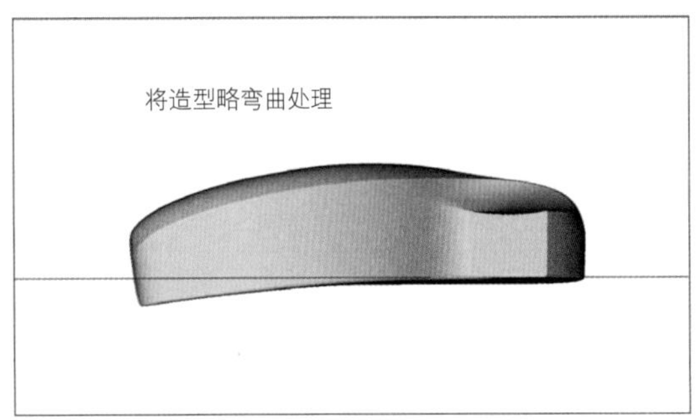

图7-1-17

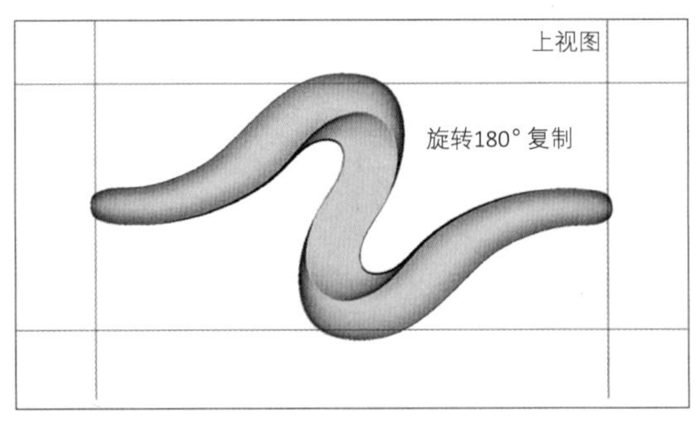

图7-1-18

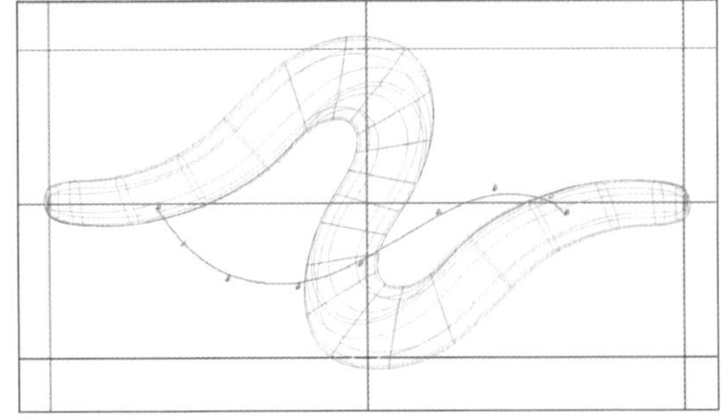
图7-1-19

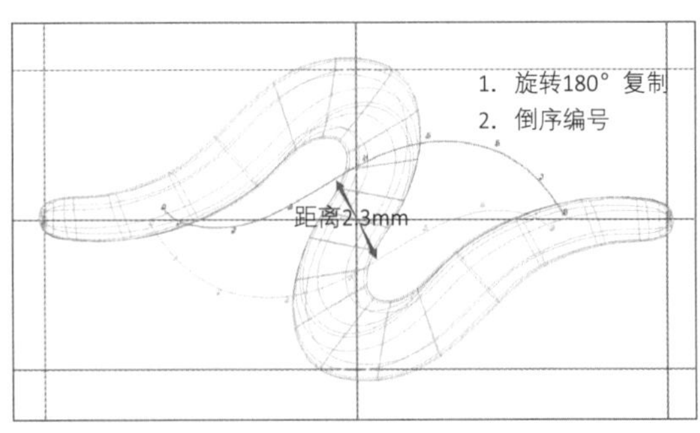

图7-1-20

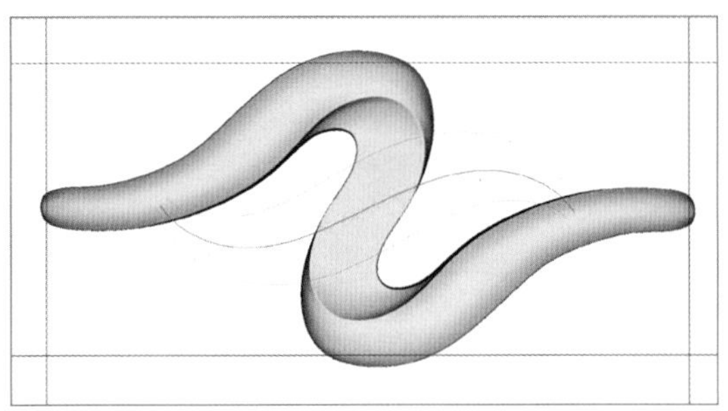

图7-1-21

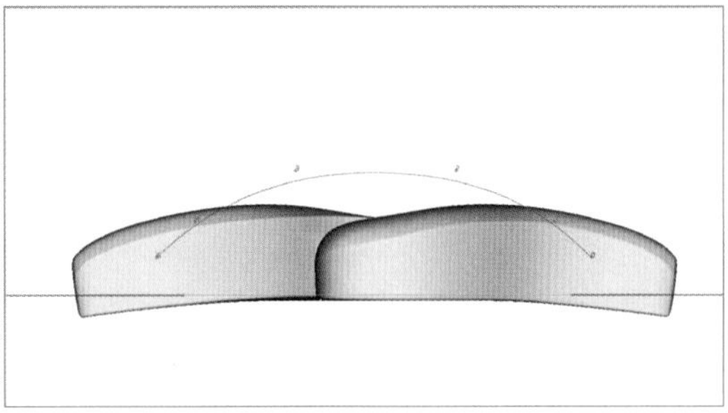

图7-1-22

（22）正视图，使用“左右对称线”工具绘制一条弧线，如图7-1-22。

（23）将步骤（21）、（22）曲线投影贴合到弧线上，如图7-1-23。

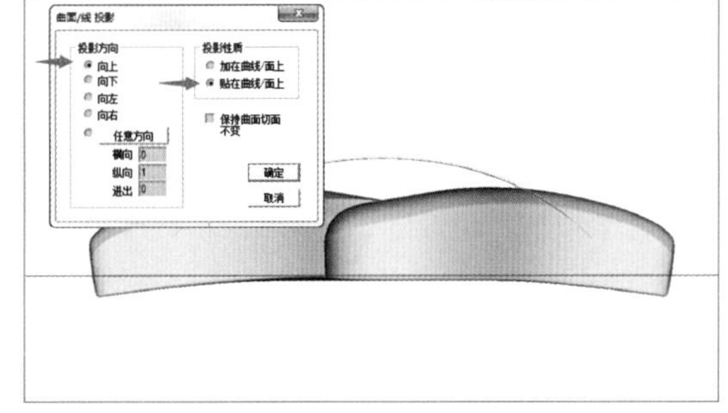

图7-1-23

（24）将步骤（22）中间曲线下移，如图7-1-24。

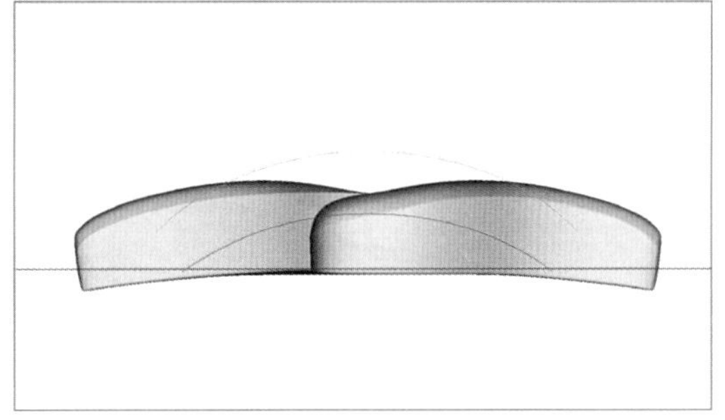

图7-1-24

（25）选择“导轨曲面”命令：三导轨、单切面、切面量度向下。生成实体，如图7-1-25、图7-1-26。

（26）正视图，制作长为1.2mm、宽为0.8mm的矩形切面，如图7-1-27。

（27）切面置于右侧，距底部0.6mm，距右边0.7mm，如图7-1-28。

（28）上视图，直线延伸曲面，并左右对称复制，如图7-1-29、图7-1-30。

（29）分别减缺对应物件，如图7-1-31。

（30）展示步骤（21）曲线。将上部两条

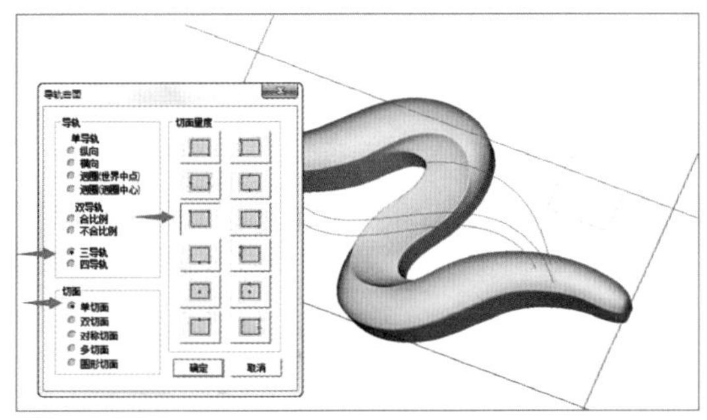

图7-1-25

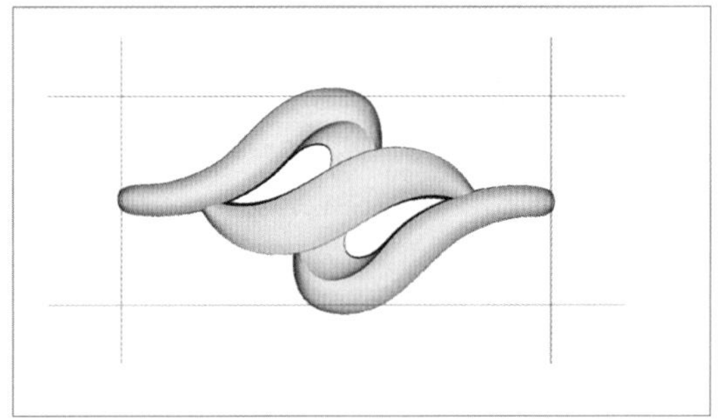

图7-1-26

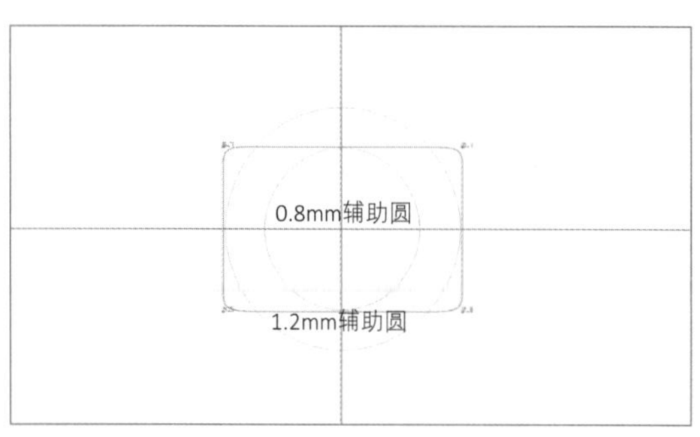

图7-1-27

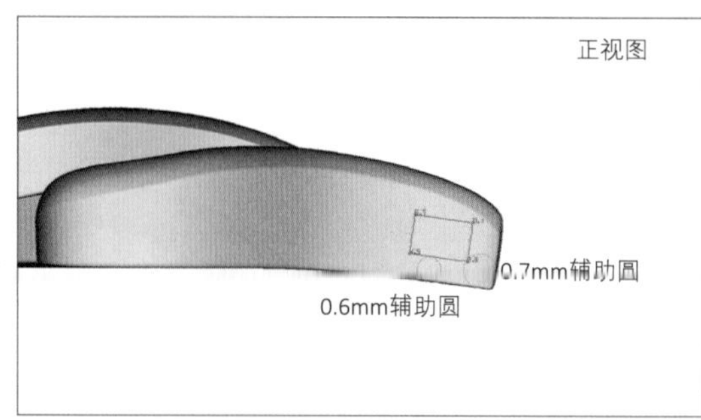

图7-1-28

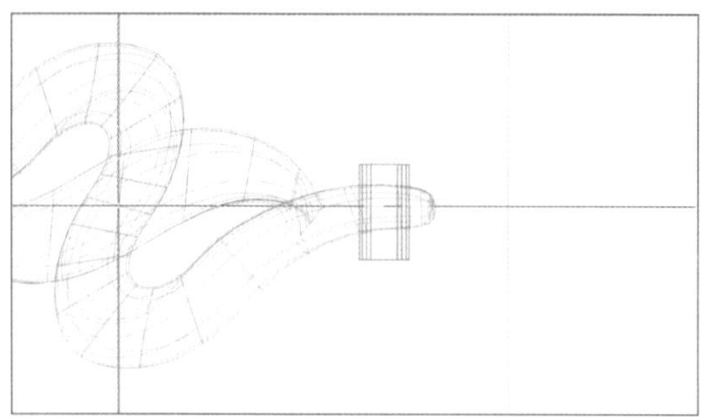
图7-1-29

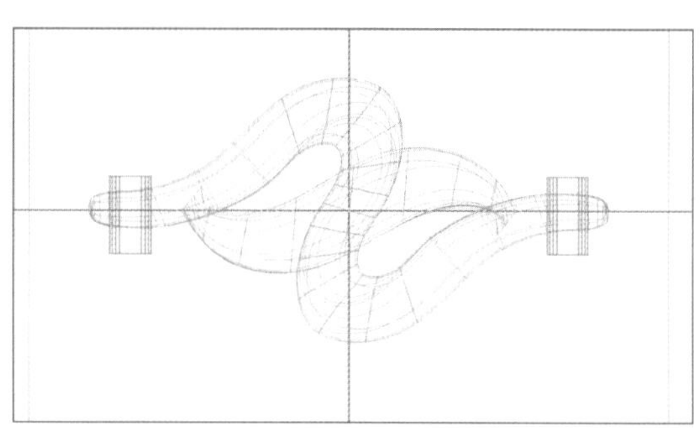
图7-1-30

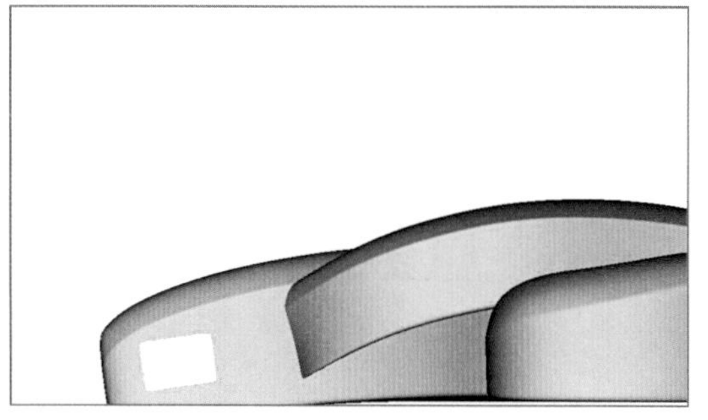
图7-1-31

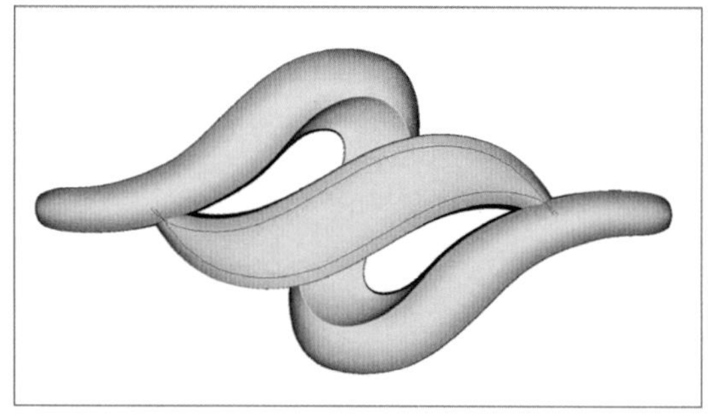
图7-1-32

曲线分别向内偏移0.3mm，如图7-1-32。

（31）调整两条曲线，如图7-1-33。

（32）正视图，将镶石物件直线向下0.4mm复制一个，如图7-1-34。

（33）将曲线投影贴合到复制出的物件表面上，如图7-1-35。

（34）制作矩形切面，选择“导轨曲面”命令：双导轨、不合比例、单切面、切面量

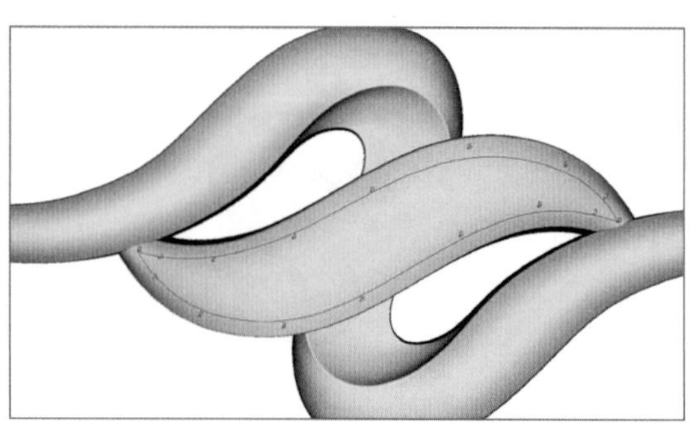
图7-1-33

度向上，生成开槽物件并减缺，如图7-1-36、图7-1-37。

（35）正视图，生成直径1.5mm的圆石，绘制开孔物件切面线，吃入石0.1mm。纵向旋转成型，如图7-1-38。

（36）上视图，生成直径1.5mm的辅助圆，其分别向外偏移0.2mm，向内偏移0.1mm，之后删除直径1.5mm的圆，如图7-1-39。

（37）将该组物件进行剪贴，如图7-1-40。

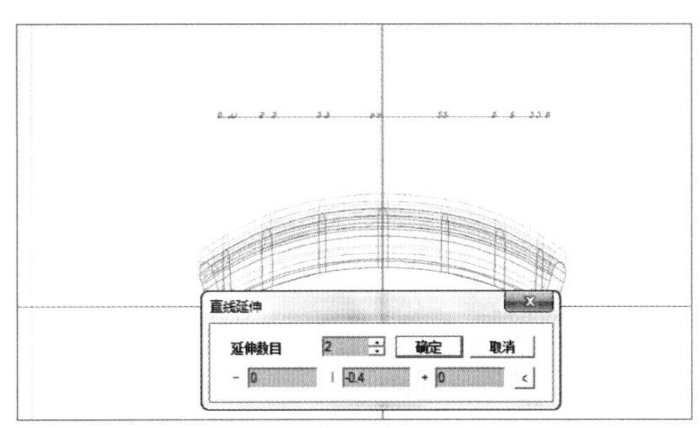

图7-1-34

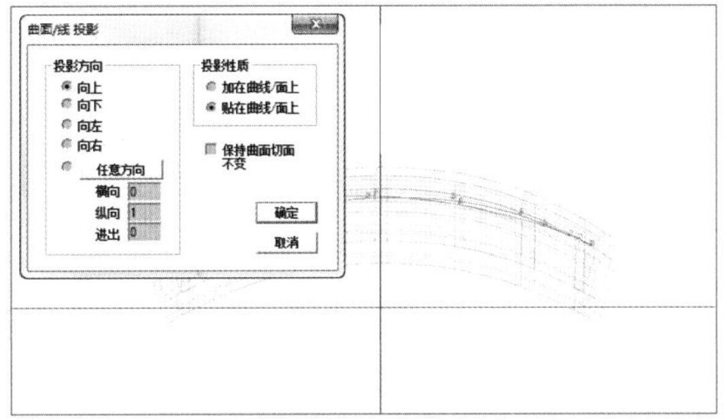

图7-1-35

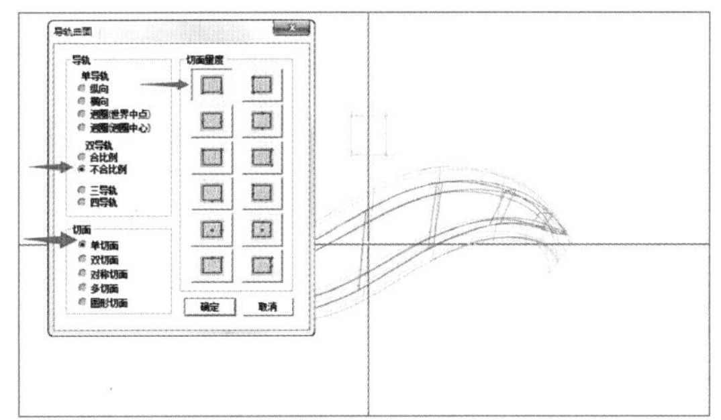

图7-1-36

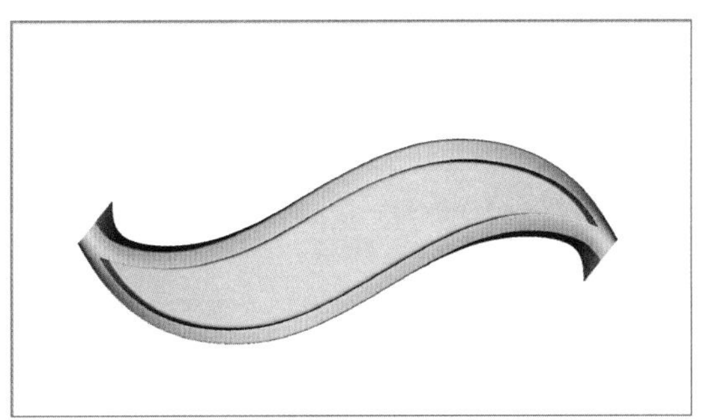

图7-1-37

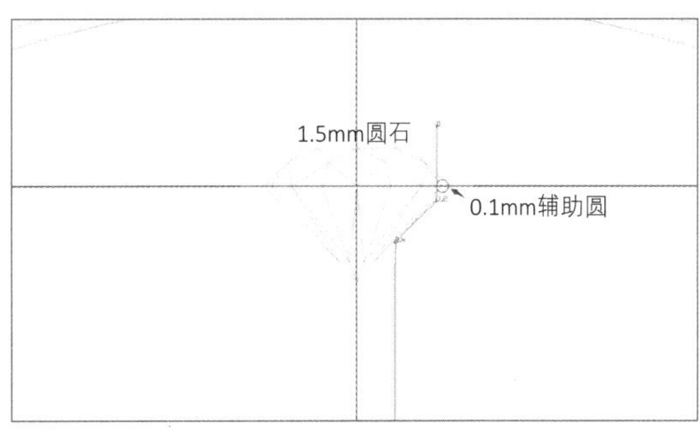

图7-1-38

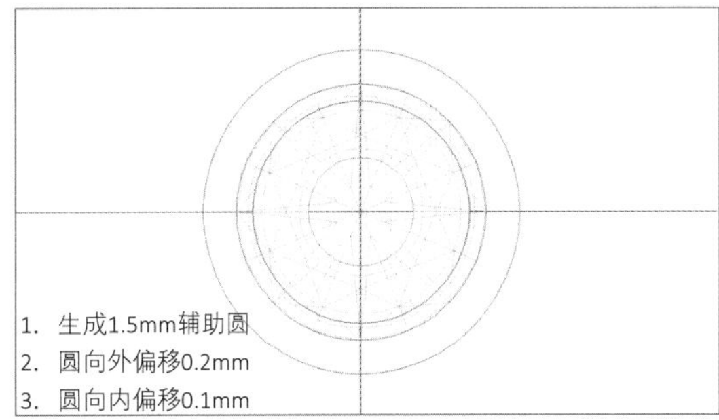

图7-1-39

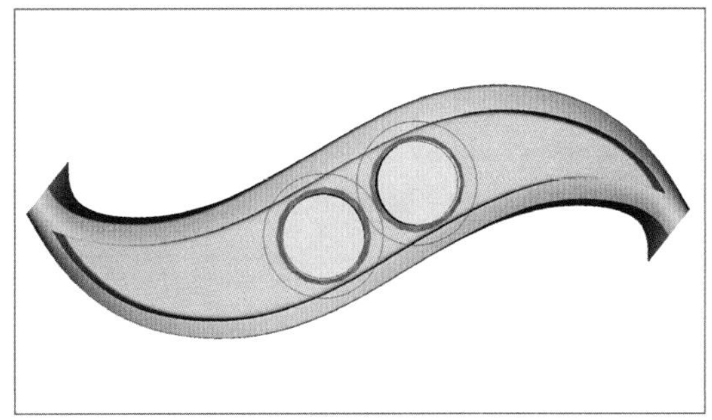

图7-1-40

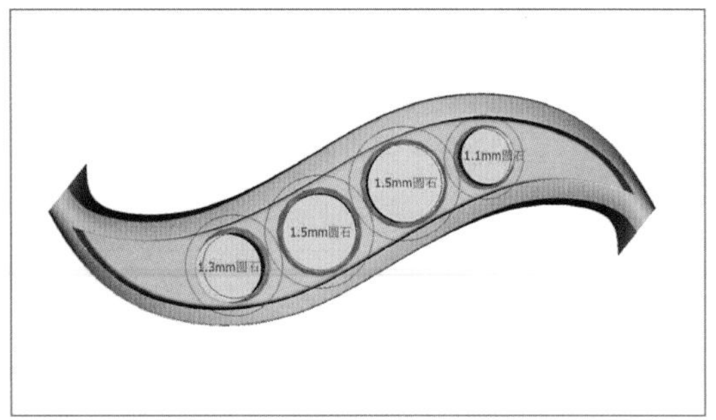

图7-1-41

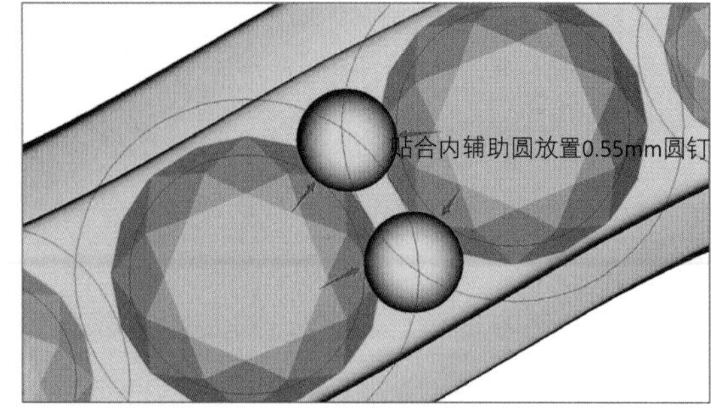

图7-1-42

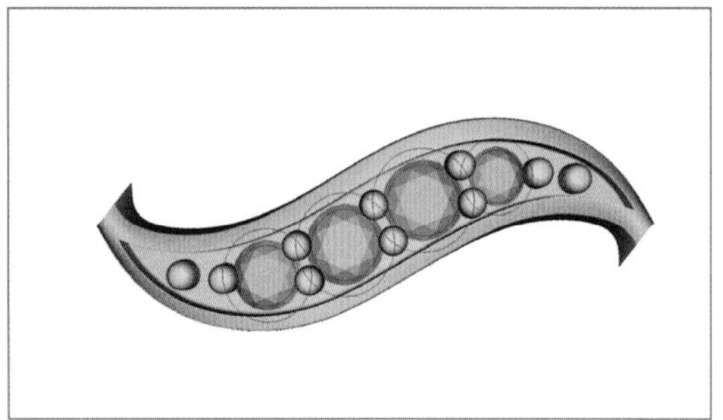

图7-1-43

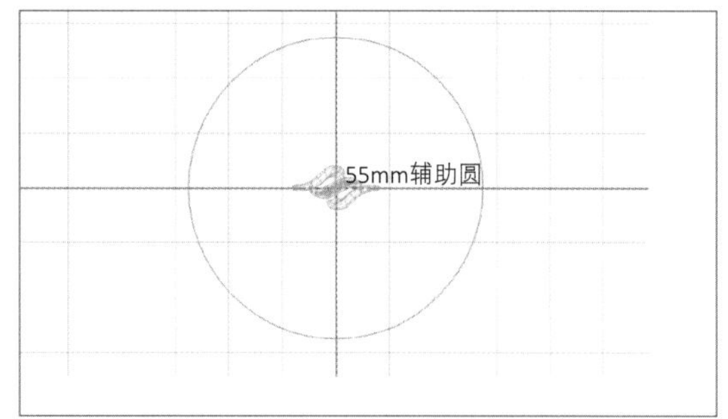

图7-1-44

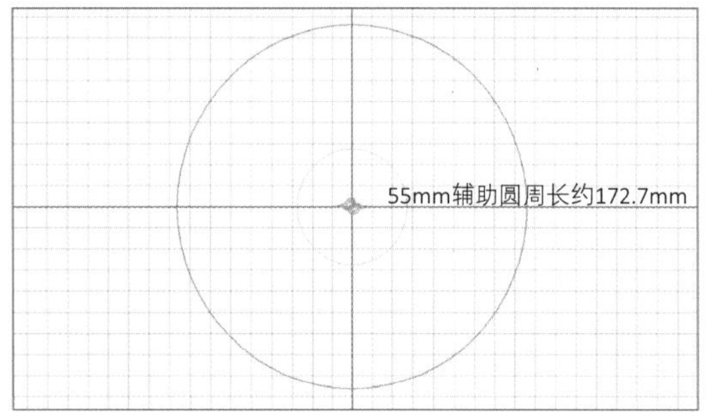

图7-1-45

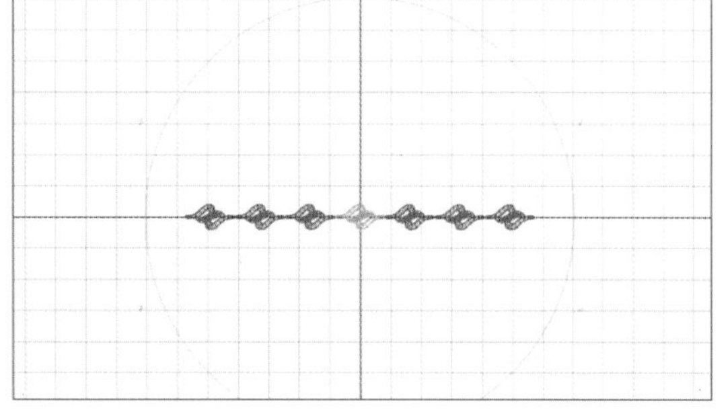

图7-1-46

（38）位置不足的地方更换直径1.3、1.1mm圆石组进行剪贴，如图7-1-41。

（39）贴合石内辅助圆放置直径0.55mm的圆钉及假钉，如图7-1-42、图7-1-43。

（40）上视图，生成直径55mm的辅助圆，如图7-1-44。

（41）直径55mm的辅助圆周长约为172.7mm，如图7-1-45。

(42) 将单节链直线复制并左右对称复制，如图7-1-46。

（43）生成直径2.3mm的圆，使用“管状曲面—圆形切面”工具，生成直径0.6mm圆管，并直线复制到两节链之间。该圆圈仅起示意作用，无需打印，而是在后期生产时，直接使用金属线圈，如图7-1-47。

（44）配上龙虾扣及吊牌，完成环环相扣手链制作如图7-1-48、图7-1-49。龙虾扣、吊牌及链条在本案例中仅作为效果展示，均无需

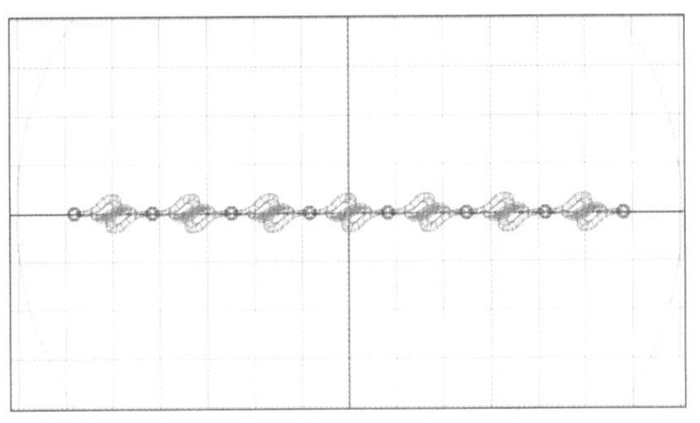

图7-1-47

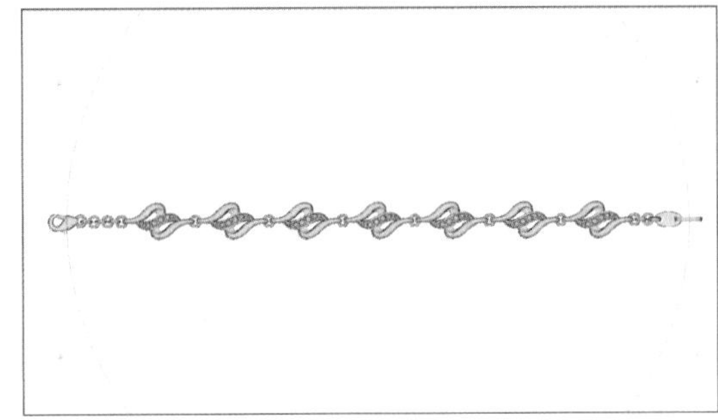

图7-1-48

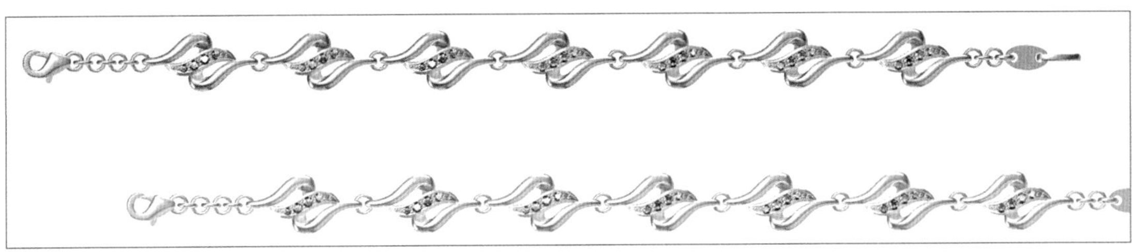

图7-1-49

打印。后期生产时选用金属配件装接。

第二节　底扣手链

本案例主要讲解：手链基本造型制作；增光型包镶镶口制作；底部扣接位置制作；鸭利、鸭利箱制作。

制作步骤如下：

（1）上视图，生成直径8、10mm的辅助圆并放置框架线，如图7-2-1。

（2）绘制造型曲线，曲线可略跨过纵轴，如图7-2-2。

（3）继续绘制造型曲线，如图7-2-3。

（4）生成直径2.2mm的辅助圆，控制造型曲线距离。2.2mm的距离是由直径1.1mm圆石+两侧直径0.5mm钉+0.1mm执摸留边组成，如图7-2-4。

（5）右视图，使用“左右对称曲线”工具绘制弧线，如图7-2-5。

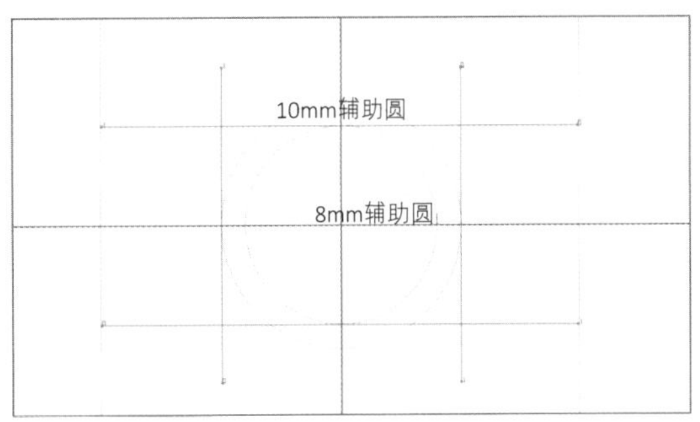

图7-2-1

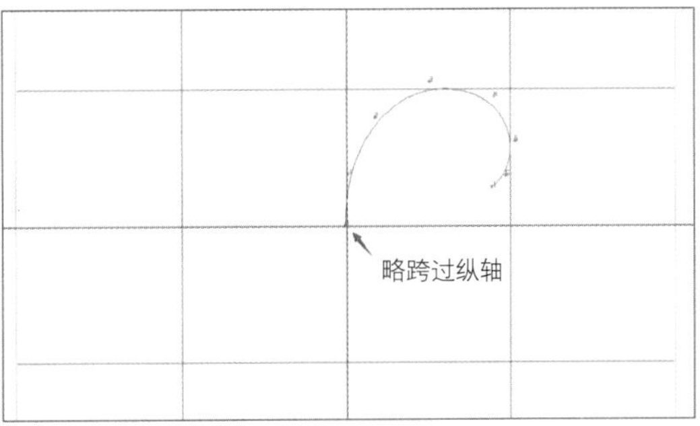

图7-2-2

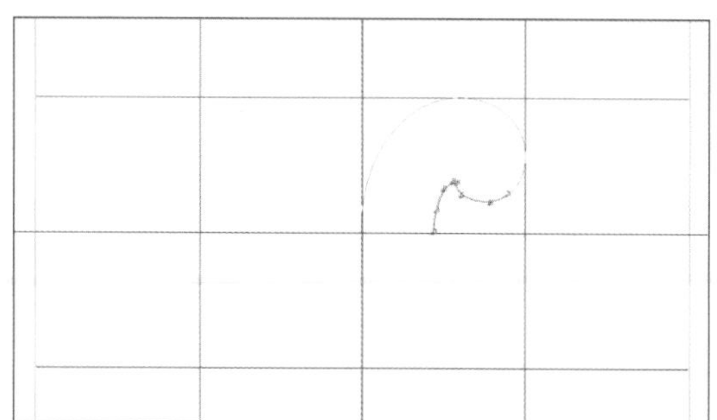
图7-2-3

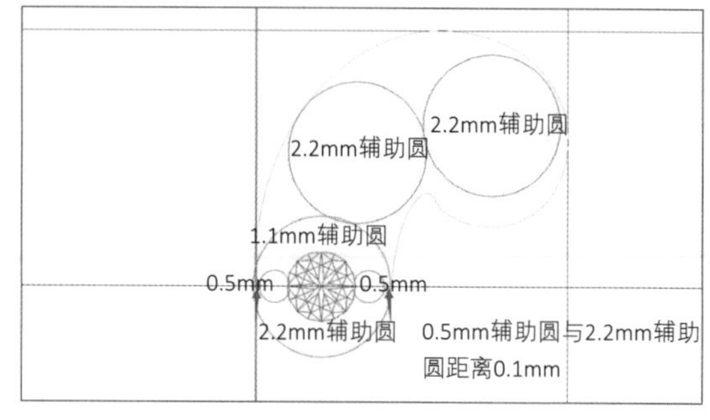

图7-2-4

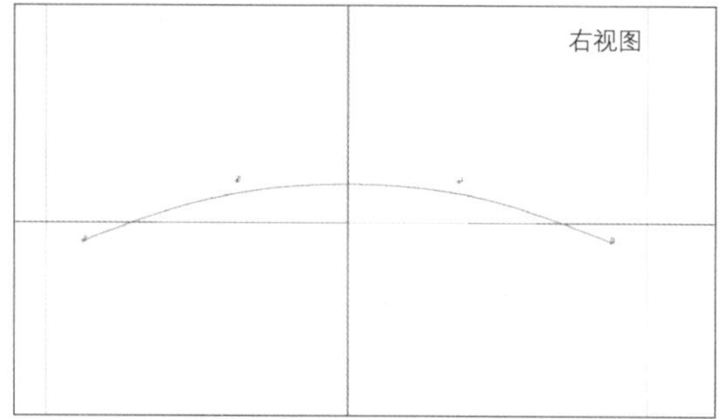

图7-2-5

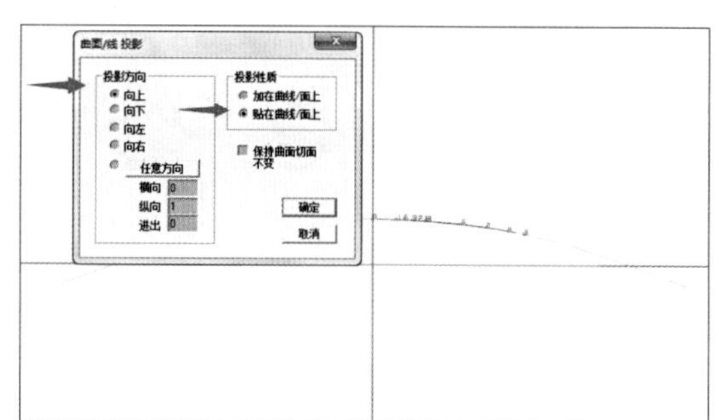
图7-2-6

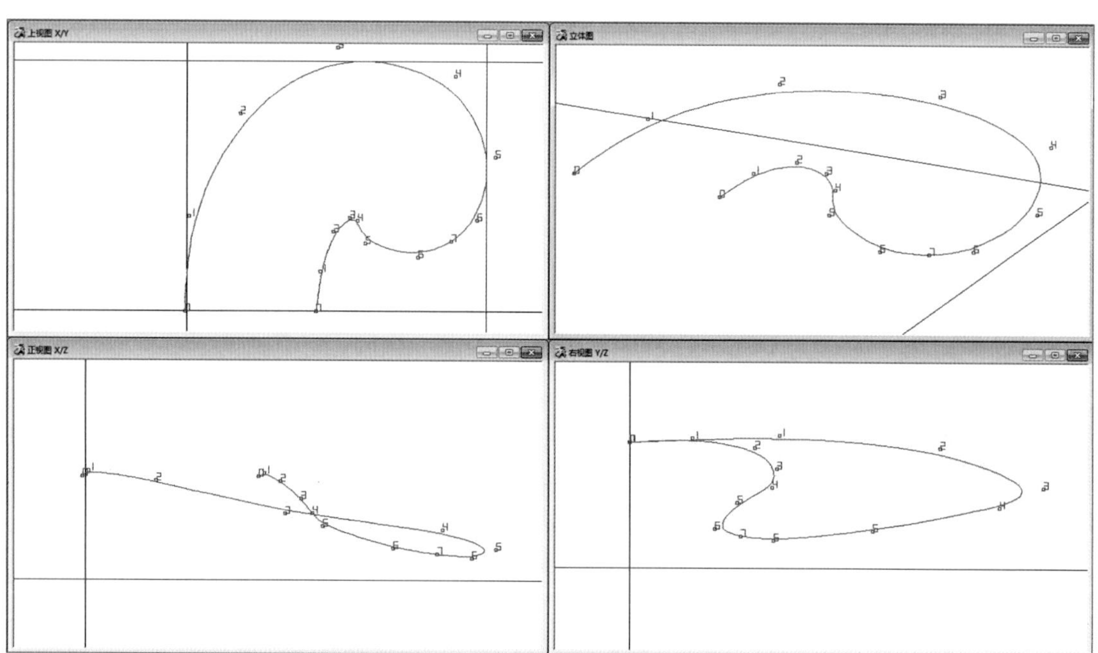
图7-2-7

（6）原地复制造型曲线并隐藏后，将造型曲线投影贴合上去，如图7-2-6。

（7）右视图及透视图，成对拖动CV点，形成高低位，如图7-2-7。

（8）上视图，生成1.5mm高上弧切面，如图7-2-8。

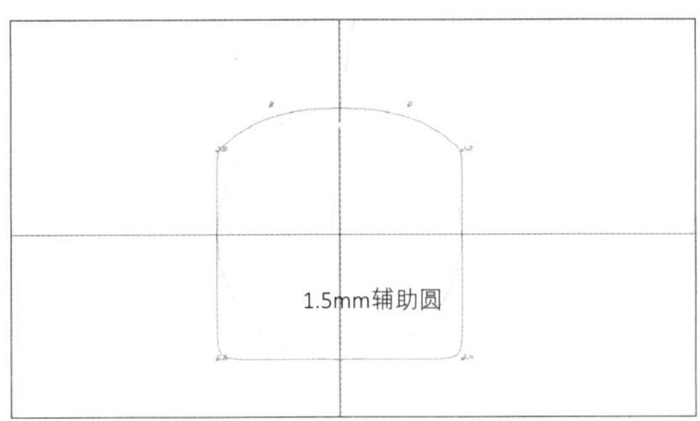

图7-2-8

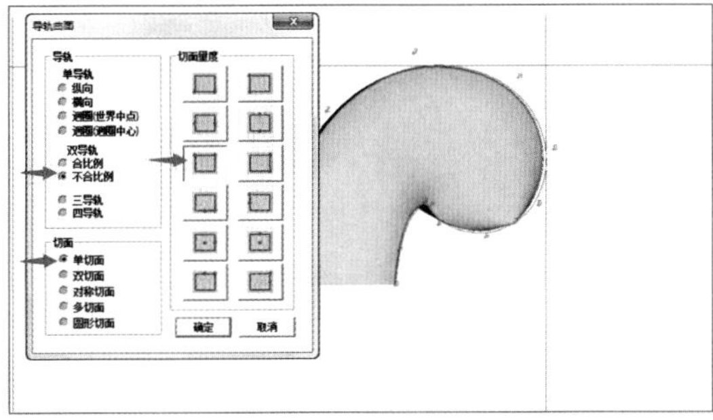

图7-2-9

（9）选择“导轨曲面”命令：双导轨、不合比例、单切面、切面量度向下，生成实体，如图7-2-9。

（10）选中接头处所有CV点，使用“尺寸”工具将其压缩回原点，并移动回原处，如图7-2-10、图7-2-11。

（11）沿横轴放置辅助直线，底部CV点投影贴合上去，如图7-2-12。

（12）对称复制造型，如图7-2-13。

（13）正视图，生成直径1.1mm的圆石，生成直径0.1mm的辅助圆，绘制开孔物件切面线，如图7-2-14。

（14）上视图，生成直径1.1mm的辅助圆，分别将其向内偏移0.05mm，向外偏移0.25mm，删除直径1.1mm的圆，如图7-2-15。

（15）生成直径2.2mm的辅助圆，如图7-2-16。

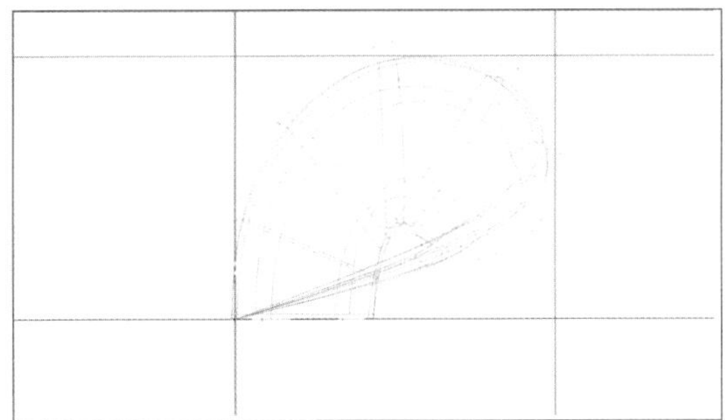

图7-2-10

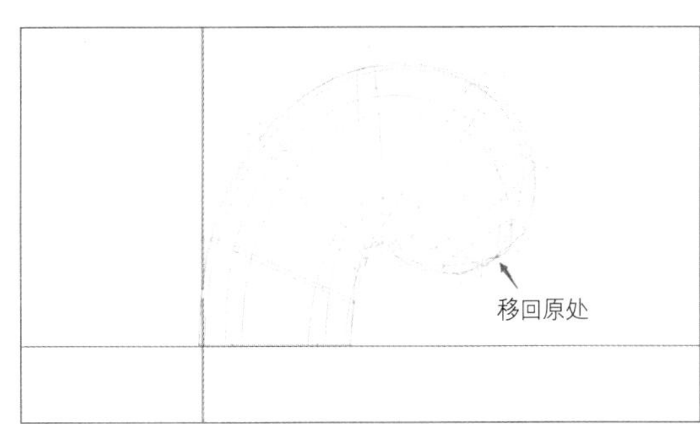

图7-2-11

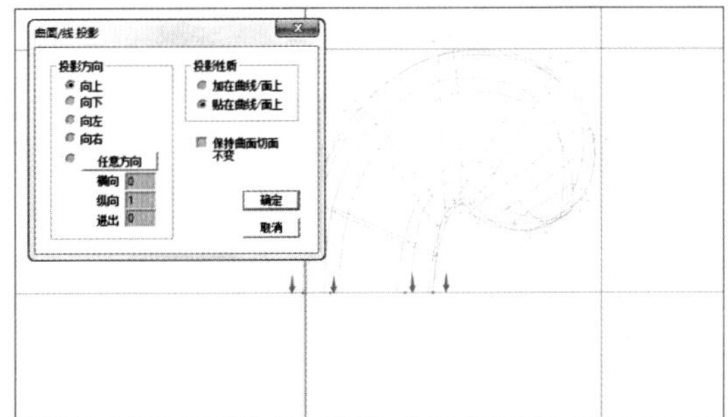

图7-2-12

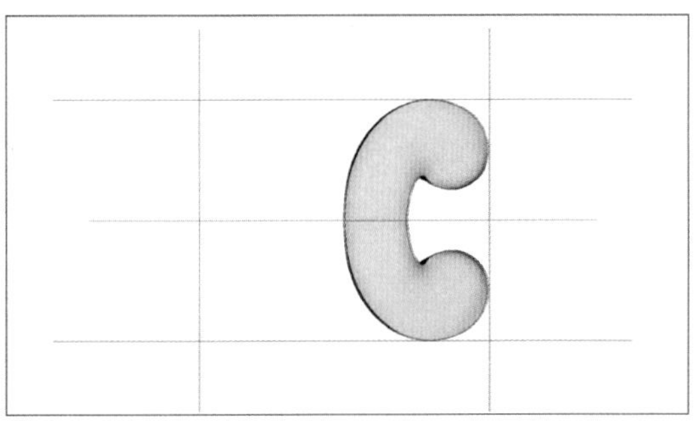

图7-2-13

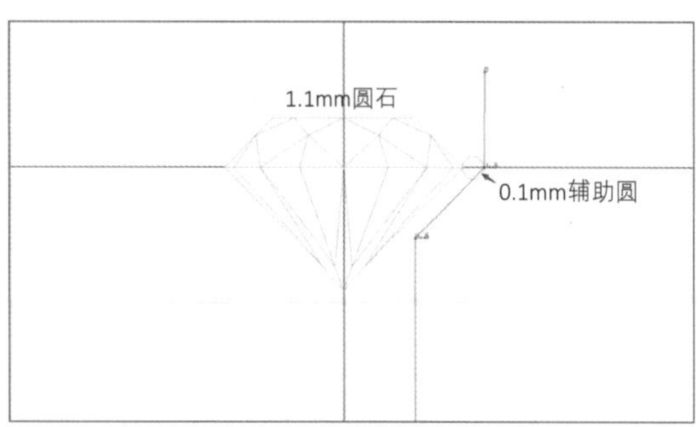

图7-2-14

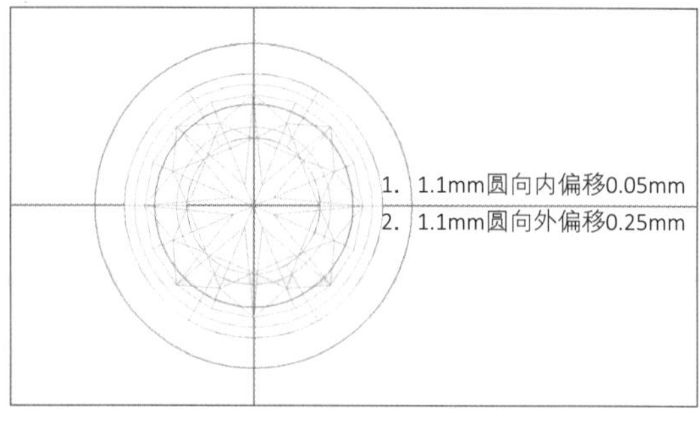

图7-2-15

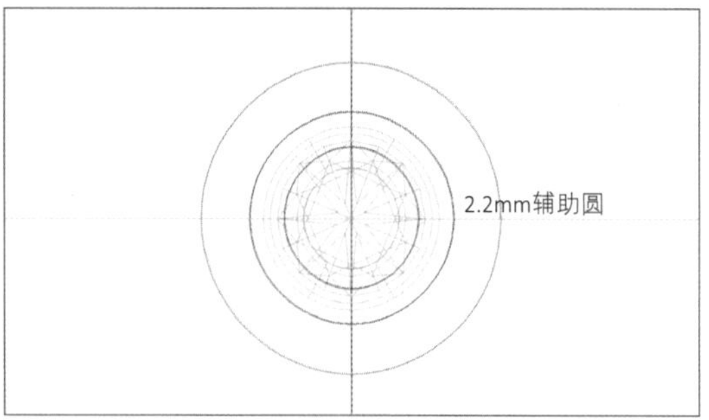

图7-2-16

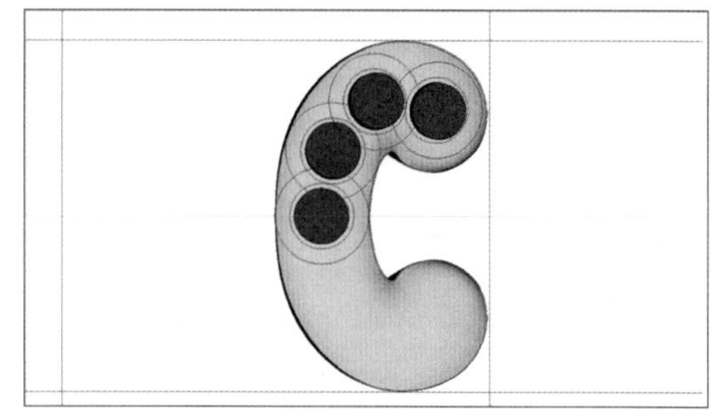
图7-2-17

（16）将该组物件进行剪贴，如图7-2-17。

（17）上下对称复制后，开孔物件减去造型实体，其中间开孔物件需要多复制一件，分别减去上、下部实体，如图7-2-18。

（18）正视图，生成直径1.1mm圆石参考，制作0.35mm圆钉。钉高于台面0.2mm，如图7-2-19。

（19）将圆钉贴合宝石内辅助圆进行剪贴，如图7-2-20。

（20）制作直径0.5mm圆钉并剪贴到圆石中间。

（21）上视图，展示步骤（6）隐藏的原始造型曲线，分别向内偏移0.35mm，如图7-2-21。

（22）右视图，投影贴合到物件表面，如图7-2-22。

（23）分别计算两条曲线的长度，制作直径0.52mm圆球体组，整体略上移后，分别进行映射，如图7-2-23至图7-2-26。

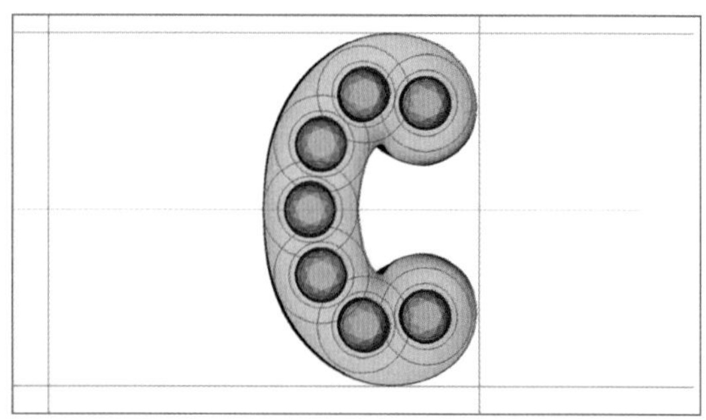
图7-2-18

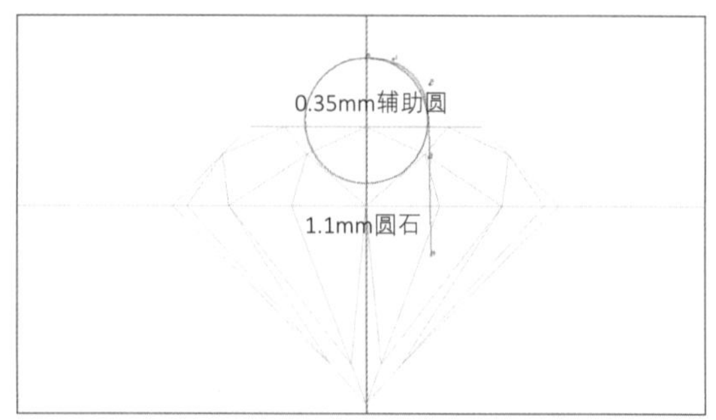

图7-2-19

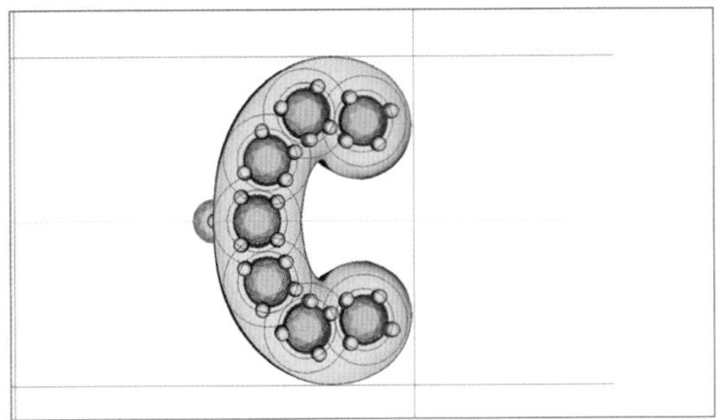

图7-2-20

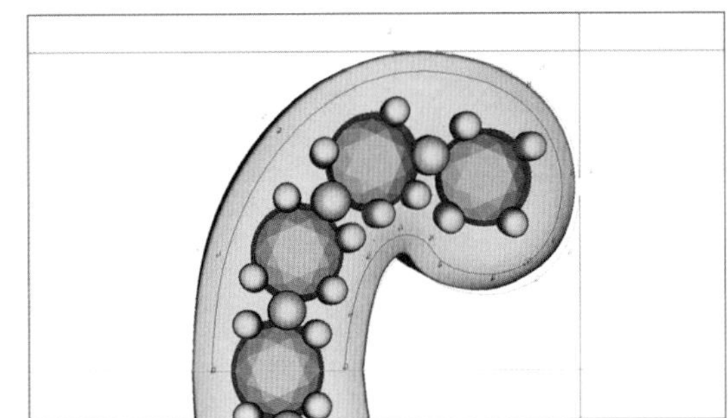

图7-2-21

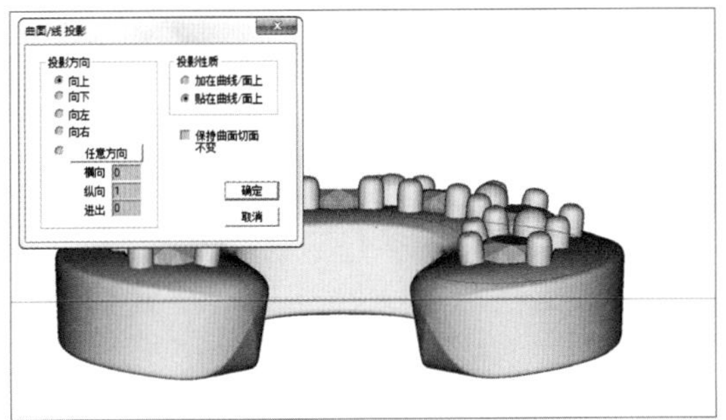

图7-2-22

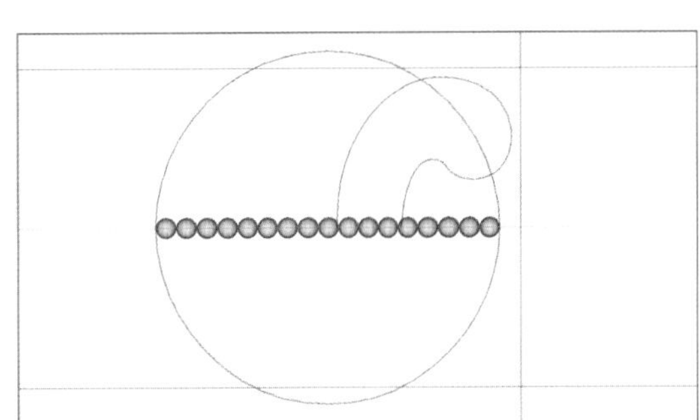

图7-2-23

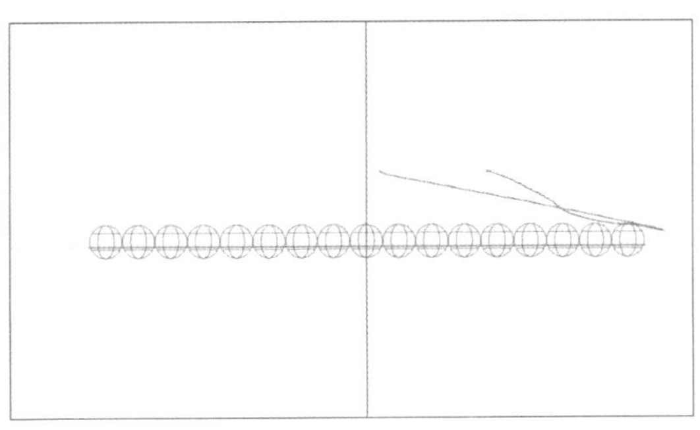

图7-2-24

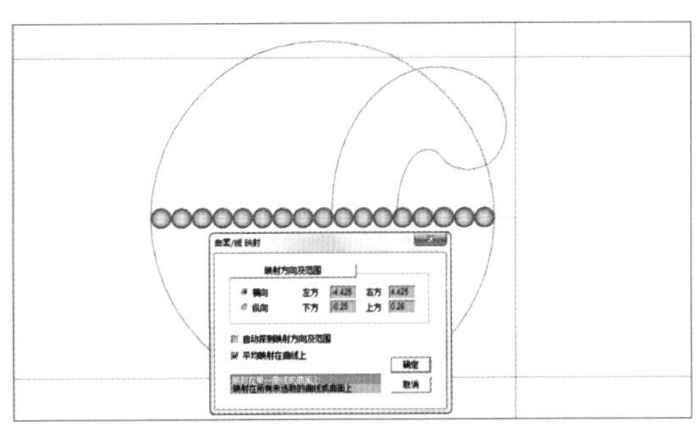

图7-2-25

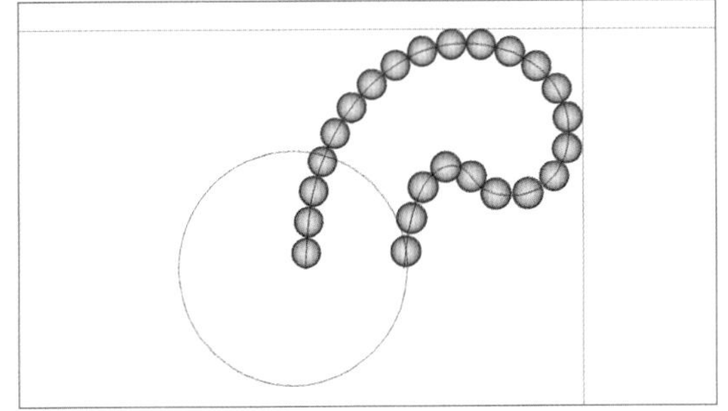

图7-2-26

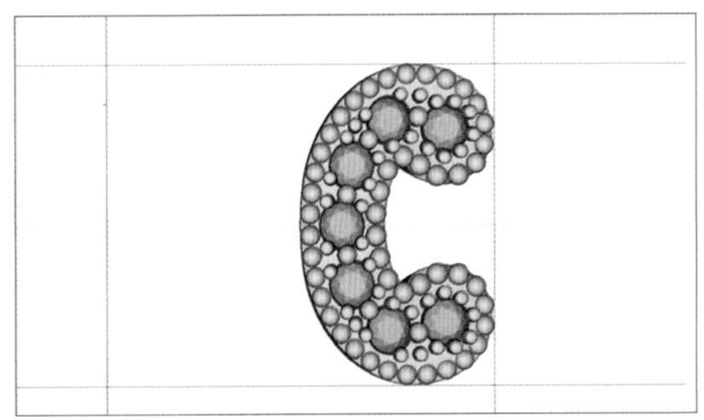

图7-2-27

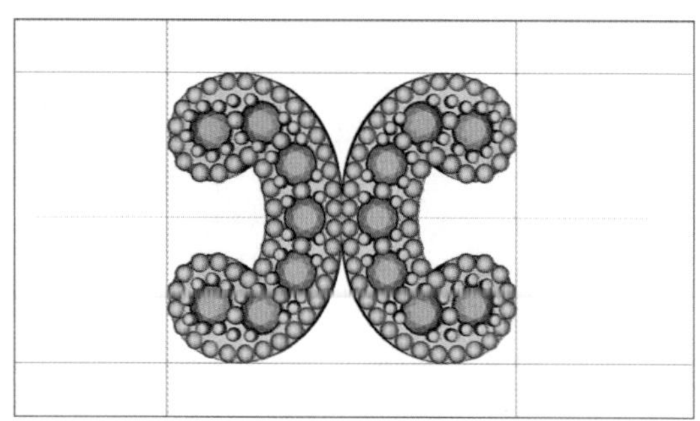
图7-2-28

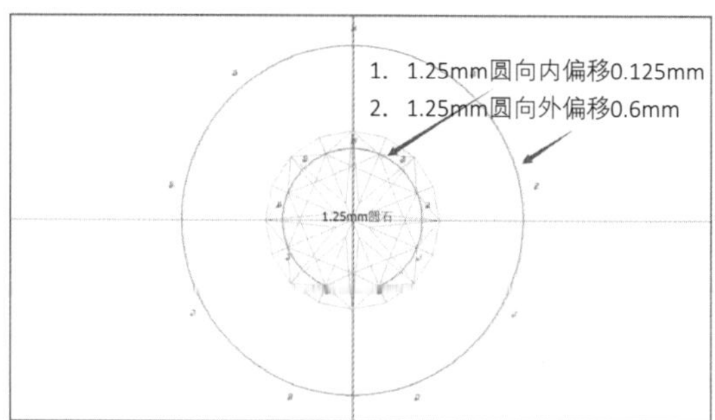

图7-2-29

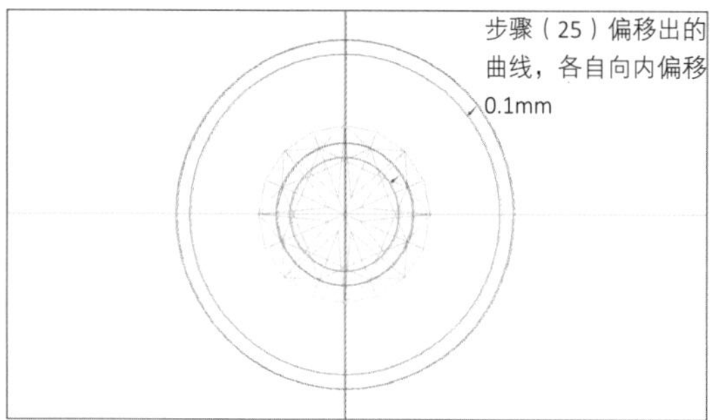

图7-2-30

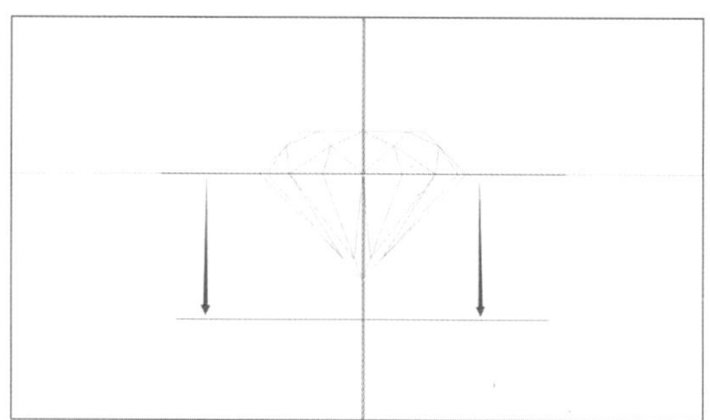
图7-2-31

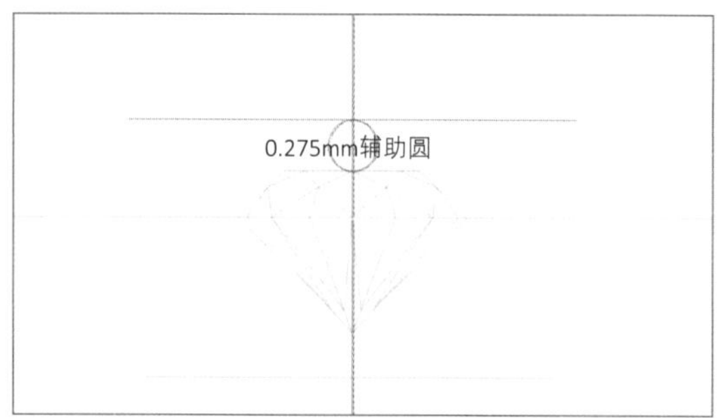

图7-2-32

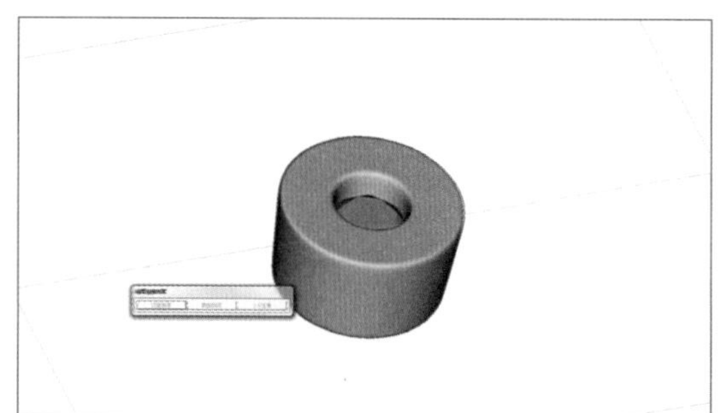
图7-2-33

（24）上视图，初步完成造型上部并左右对称复制，如图7-2-27、图7-2-28。

（25）生成直径1.25mm圆石，生成直径1.25mm的圆，分别向内偏移0.125mm，向外偏移0.6mm。删除直径1.25mm的圆，如图7-2-29。

（26）偏移出的曲线，各自向内偏移0.1mm，如图7-2-30。

（27）将步骤（26）的曲线向下移动，与石尖相距0.5mm，如图7-2-31。

（28）将步骤（25）的曲线向上移动，与台面相距0.275mm，如图7-2-32。

（29）使用“线面连接曲面”工具，将四条曲线按顺时针顺序逐一双击连接，并使用“封口曲面”命令封口，生成包镶物件，如图7-2-33。

（30）上视图，沿着宝石切割线绘制两条直线，如图7-2-34。

（31）绘制如图7-2-35的折线，并左右对称复制，如图7-2-36。

（32）使用“曲线—多边形”工具生成三角形曲线，如图7-2-37。

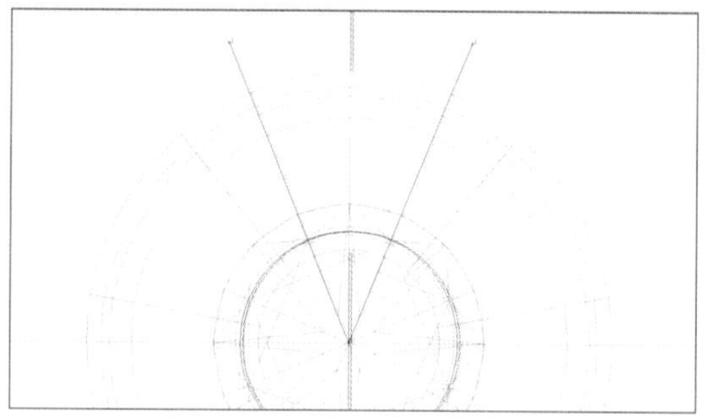
图7-2-34

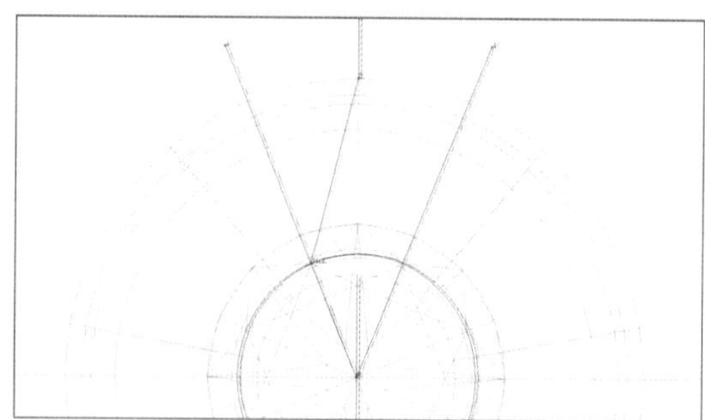
图7-2-35

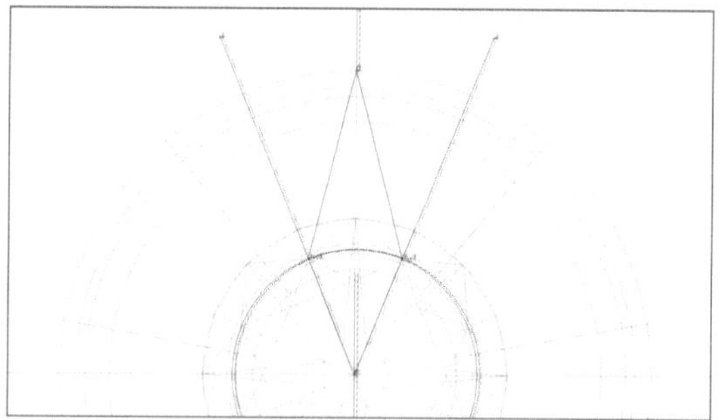
图7-2-36

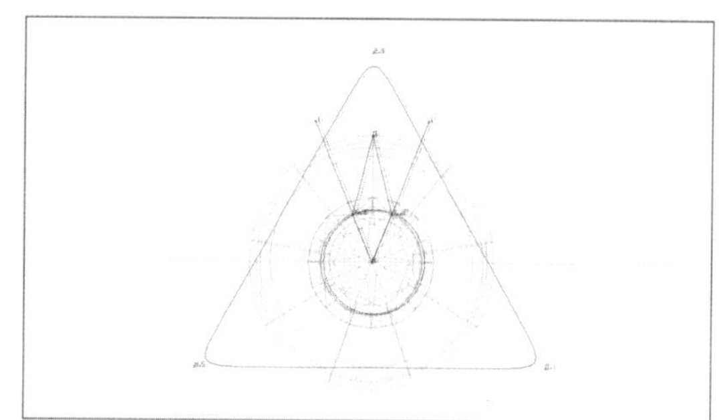
图7-2-37

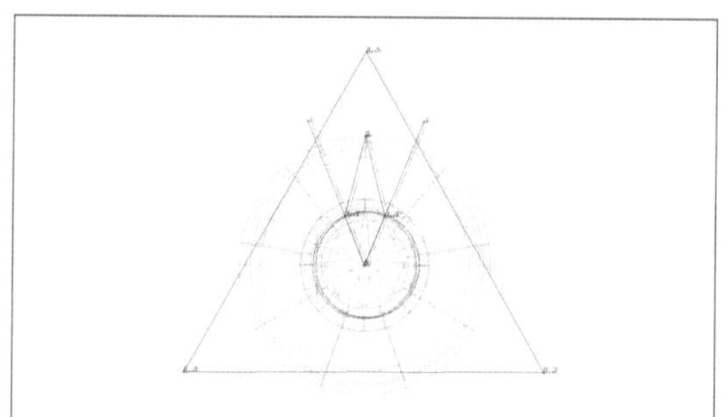
图7-2-38

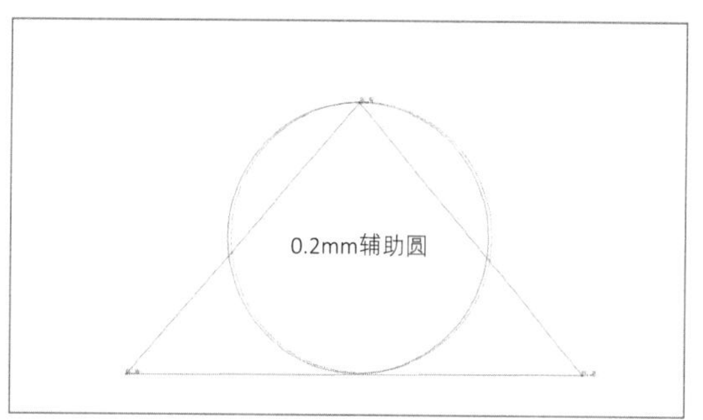

图7-2-39

（33）使用“任意曲线”工具分别单击3个顶点，使之成为锐角三角形，如图7-2-38。

（34）生成直径0.2mm的辅助圆，将三角形压缩，如图7-2-39。

（35）选择“导轨曲面”命令：双导轨、不合比例、单切面、切面量度向下，生成三角体，如图7-2-40。

（36）右视图，选中三角体顶端下部的CV点，向上移动，如图7-2-41。

（37）上视图，贴合直线及三角体边缘分别绘制直线，如图7-2-42。

（38）导轨曲面生成三角体，如图7-2-43。

（39）右视图，选中三角体顶端下部的CV点，向上移动，如图7-2-44。

（40）整体上移与步骤（36）三角体平齐，如图7-2-45。

（41）上视图，左右对称复制，如图7-2-46。

（42）右视图，3个三角体向上移动，略超包镶口即可，如图7-2-47。

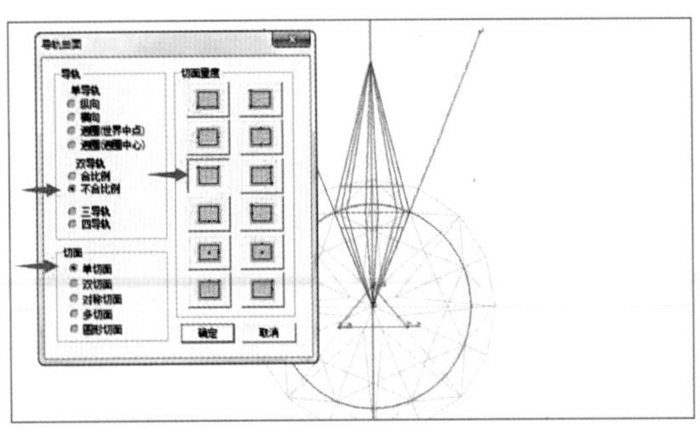

图7-2-40

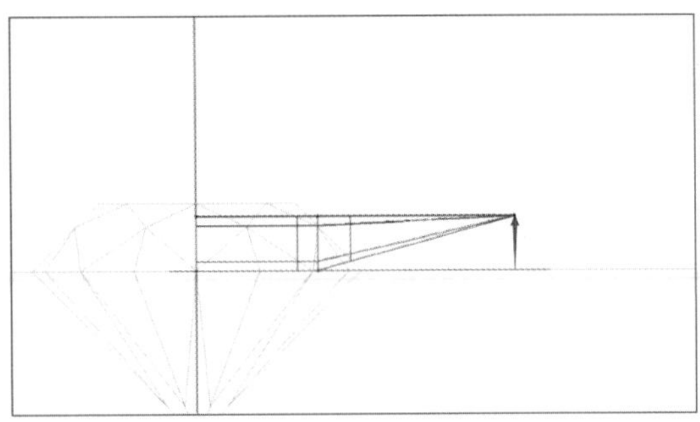

图7-2-41

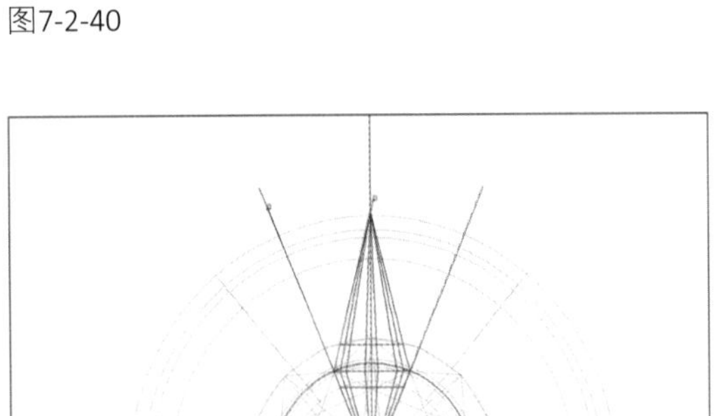

图7-2-42

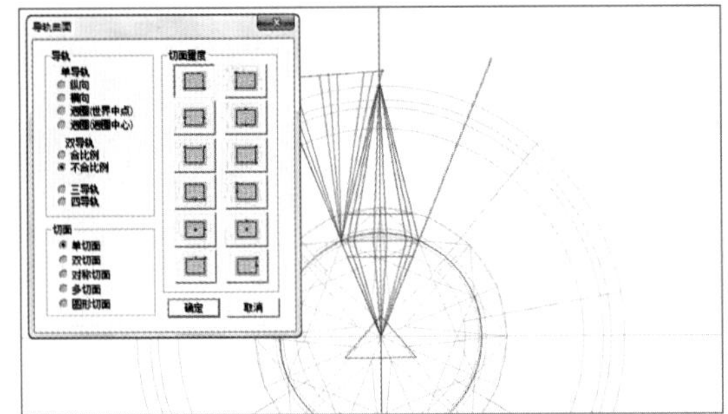

图7-2-43

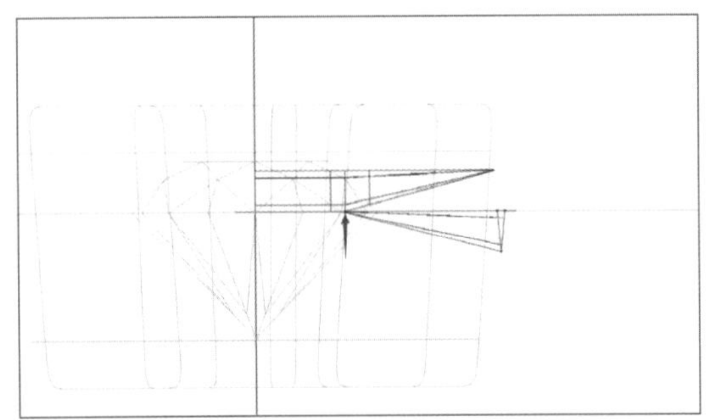

图7-2-44

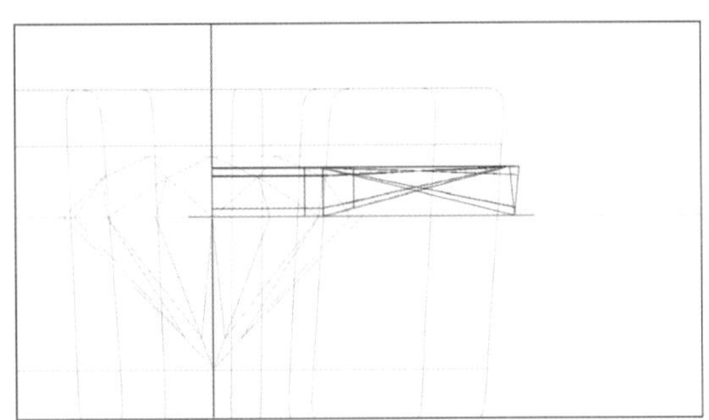

图7-2-45

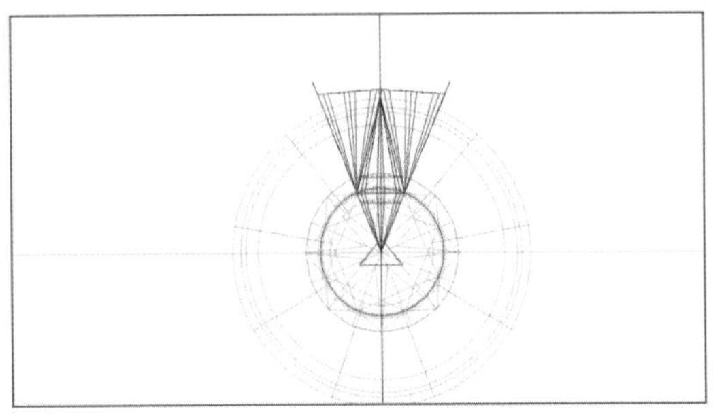

图7-2-46

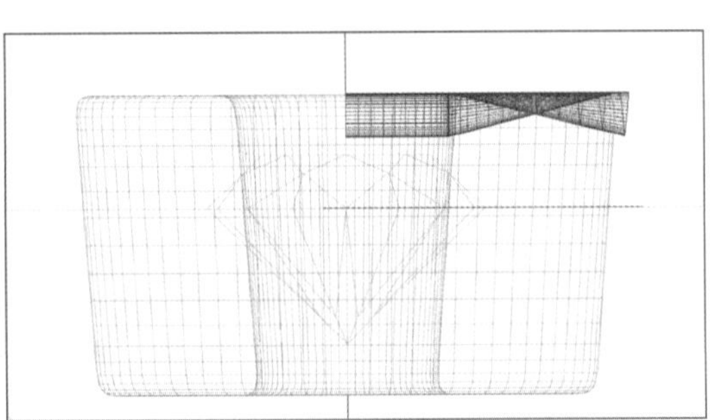

图7-2-47

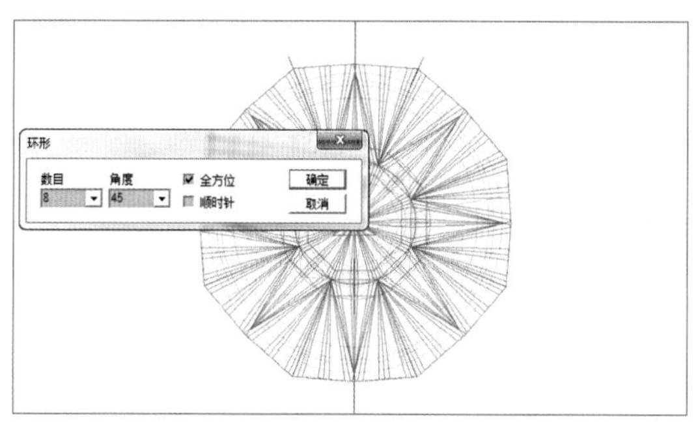

图7-2-48

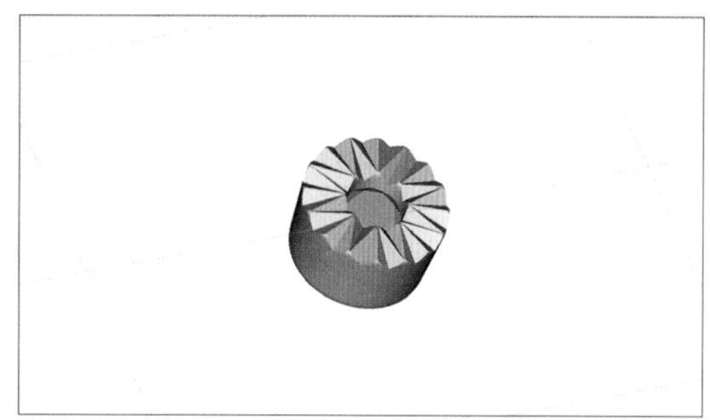

图7-2-49

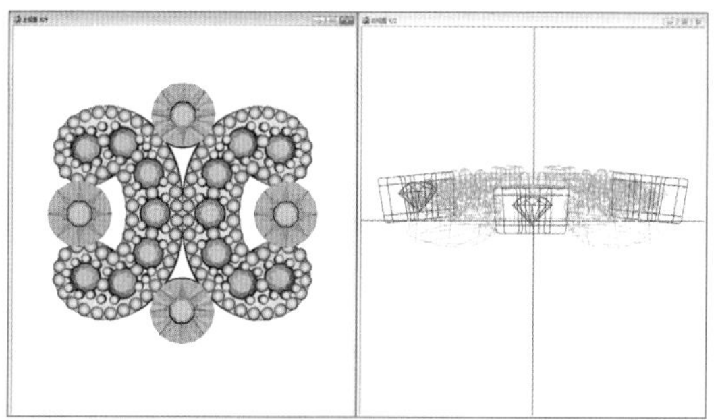

图7-2-50

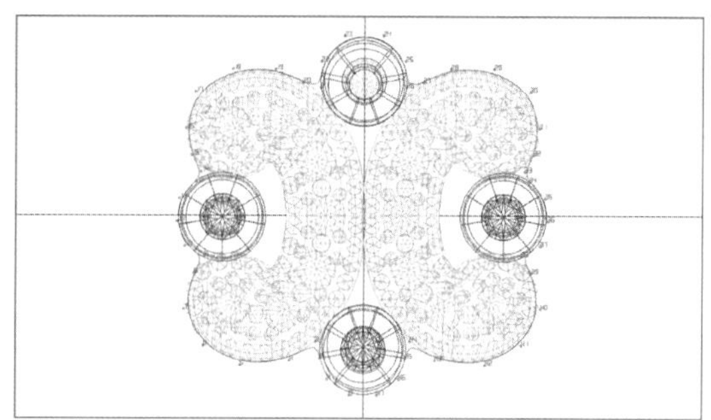

图7-2-51

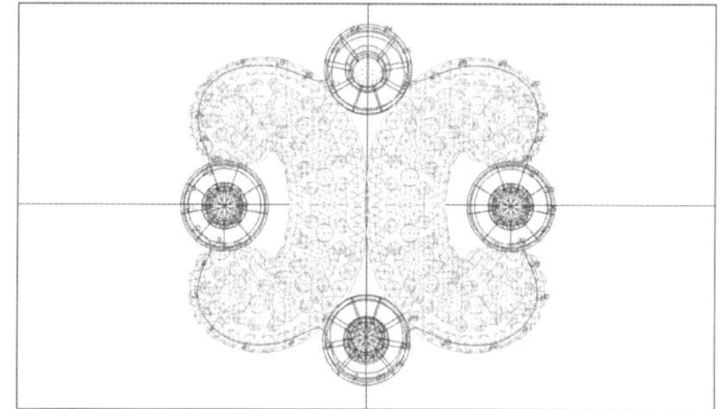

图7-2-52

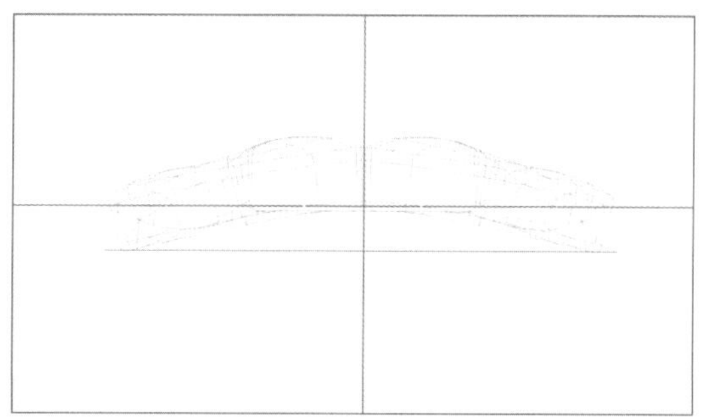

图7-2-53

（43）上视图，联集后，环形复制8组物件，如图7-2-48。

（44）全体物件减去包镶物件，这样处理的包镶镶口，可以弥补包镶宝石光折射不足的问题，宝石有增大的视觉效果图，是较为常见的一种镶口造型设计，如图7-2-49。

（45）上视图，包镶放置在适合位置再对称复制，如图7-2-50。

（46）使用“左右对称线”工具沿造型外缘绘制曲线，如图7-2-51。

（47）向内偏移0.2mm，删除原曲线，如图7-2-52。

（48）右视图，隐藏宝石与钉，曲线下移至物件底部，如图7-2-53。

（49）上视图，向内偏移0.8mm，如图7-2-54。

（50）调整该曲线至平顺，如图7-2-55。

（51）右视图，制作0.8mm高矩形，选择“导轨曲面”命令：双导轨、不合比例、单切面、切面量度向上，生成实体，之后向下移动1mm，如图7-2-56、图7-2-57。

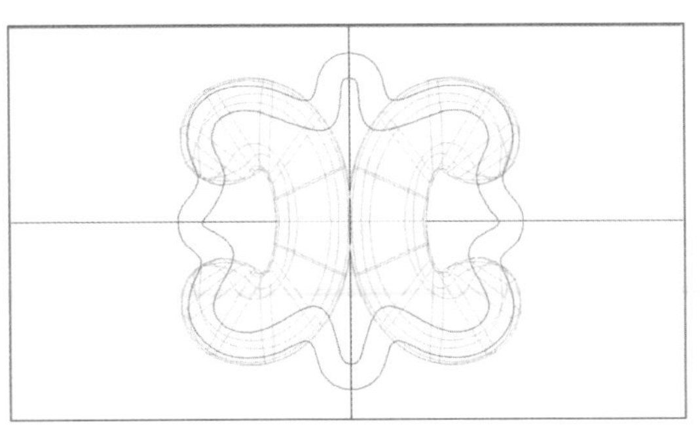
图7-2-54

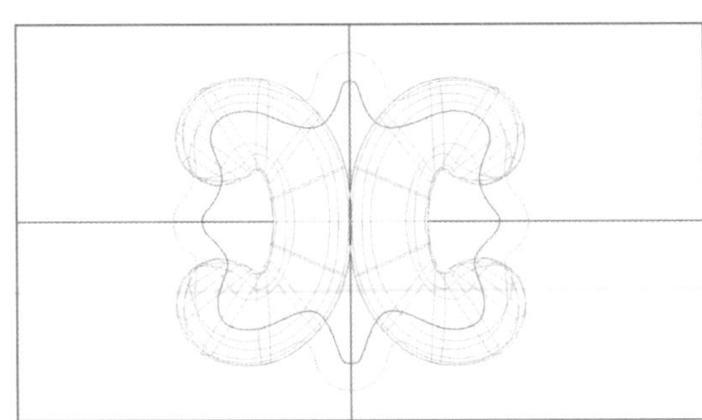
图7-2-55

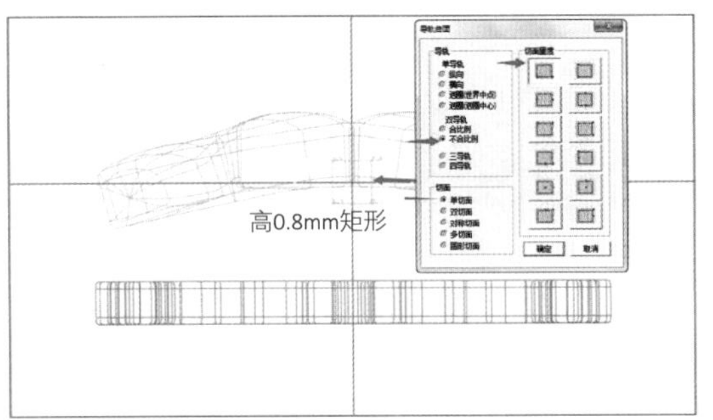

图7-2-56

图7-2-57

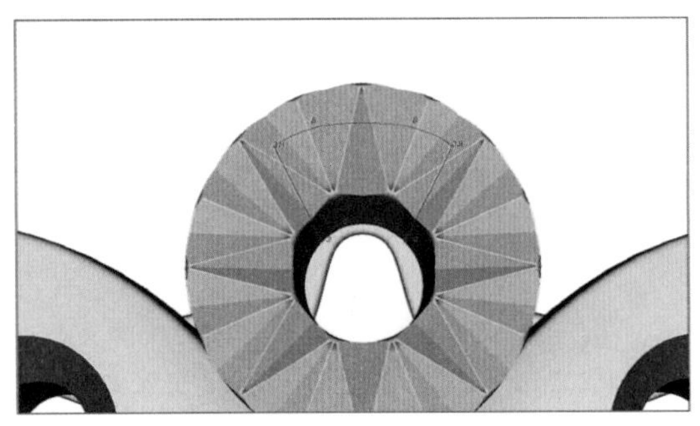
图7-2-58

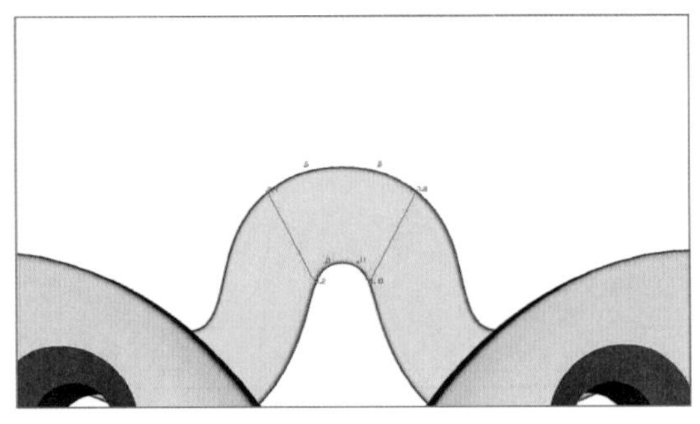
图7-2-59

（52）上视图，绘制扇形切面，宽度为1mm，如图7-2-58。

（53）隐藏包镶镶口，在底部曲面上绘制扇形切面，宽度为1mm，如图7-2-59。

（54）将两个扇形切面分别移动到包镶镶口底部与底边上部，如图7-2-60。

（55）使用“线面连接曲面”工具，将两条扇形切面连接成体，如图7-2-61。

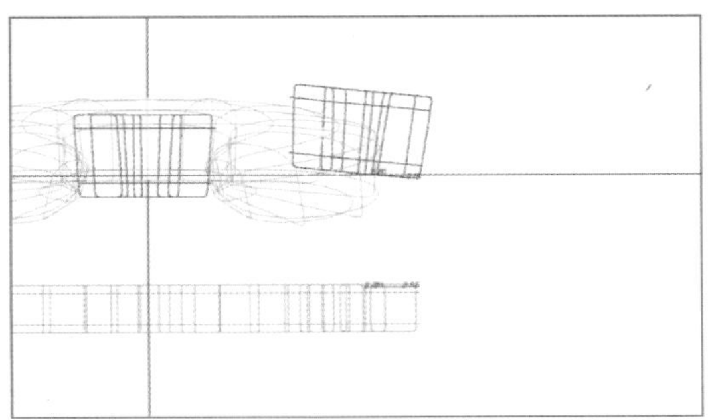
图7-2-60

（56）上视图，放置直径1.2mm的辅助圆与右边缘处，如图7-2-62。

（57）沿辅助圆侧边分别制作夹层支撑物件，其宽度为0.8mm，如图7-2-63。

（58）对称复制支撑物件，如图7-2-64。

（59）右视图，在步骤（57）的支撑中间放置一条直线，如图7-2-65。

（60）该直线使用“管状曲面”生成直径0.7mm圆柱，该圆柱距包镶底部0.8mm。此圆柱作为扣杆使用，如图7-2-66。

（61）制作矩形切面，如图7-2-67。

（62）正视图，直线延伸曲面，之后减去底片，如图7-2-68。

（63）左视图，展示左边包镶镶口CV点，向下移动略吃入底片，如图7-2-69。

上视图，制作长6mm、宽1.5mm、厚0.6mm的矩形体。此物件作为扣片使用，如图7-2-70。

正视图，复制该矩形体，移动到底部，略扩大，如图7-2-71。

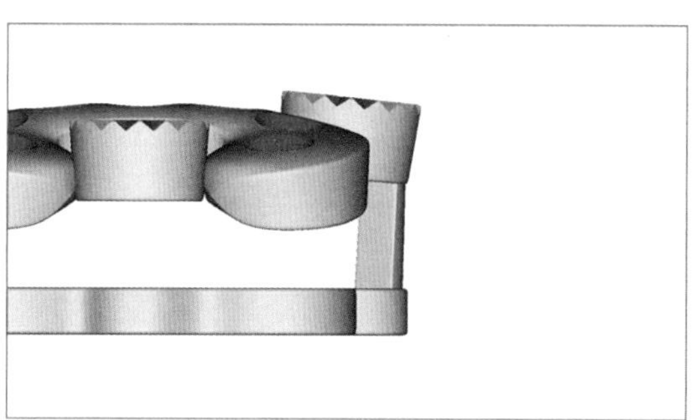

图7-2-61

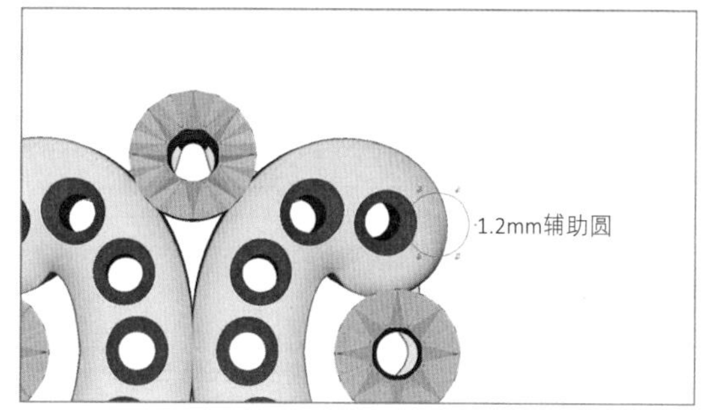

图7-2-62

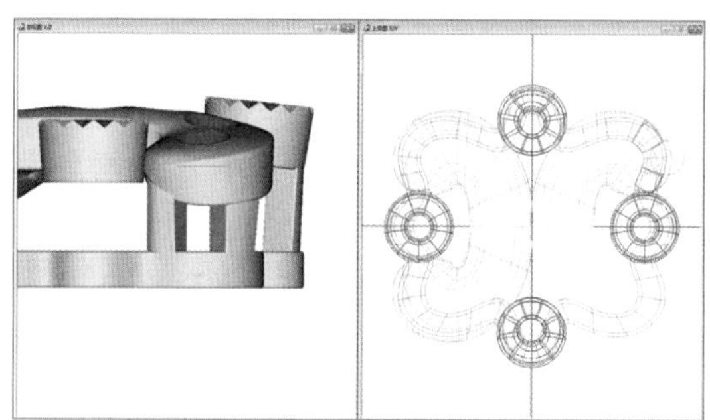

图7-2-63

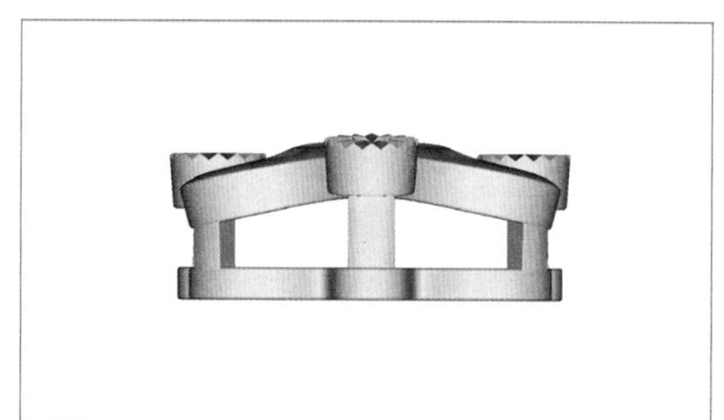

图7-2-64

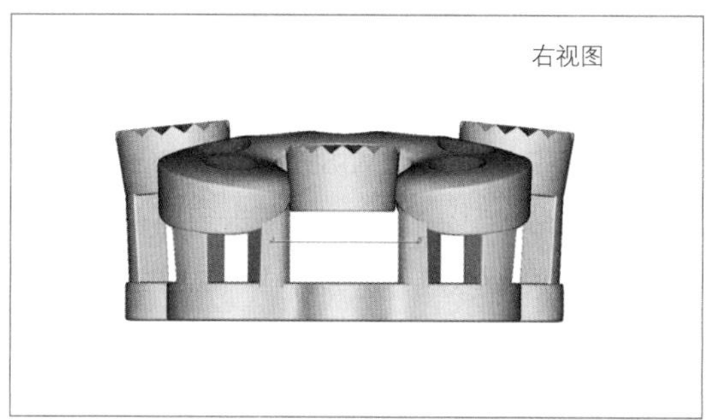

图7-2-65

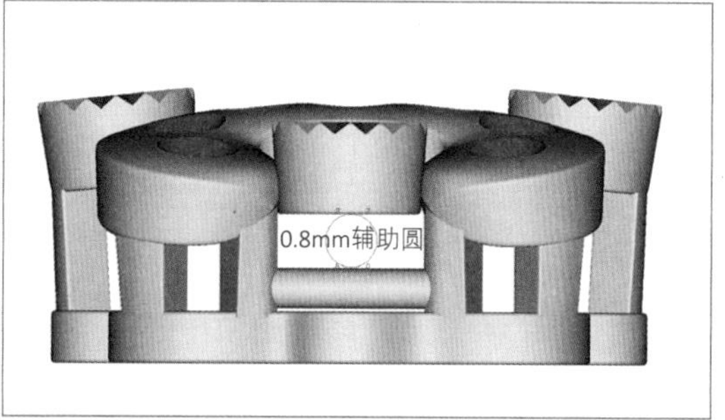

图7-2-66

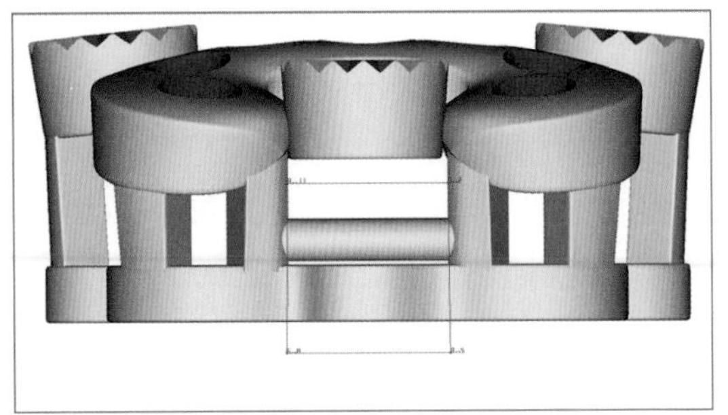
图7-2-67

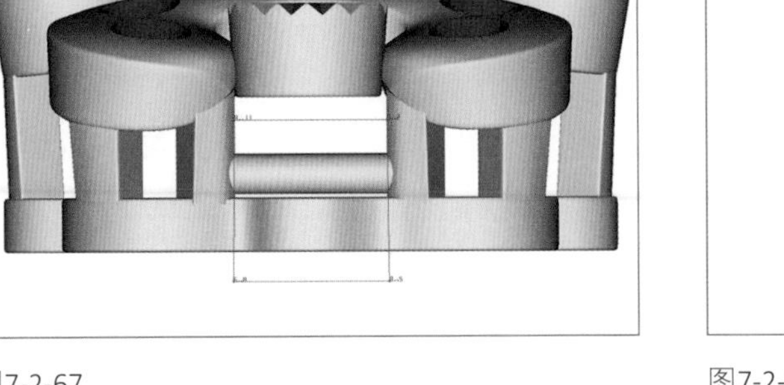
图7-2-68

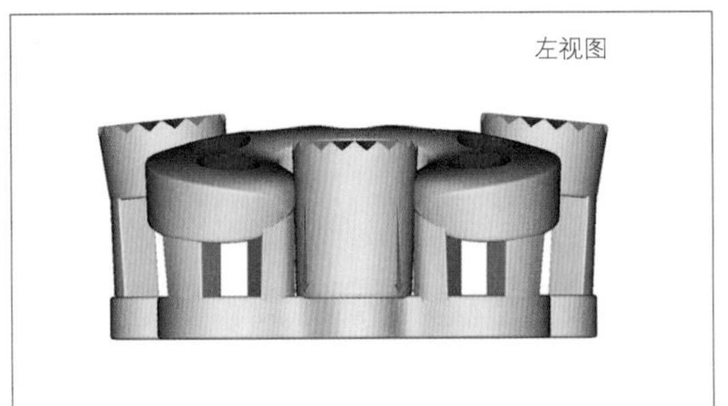

图7-2-69

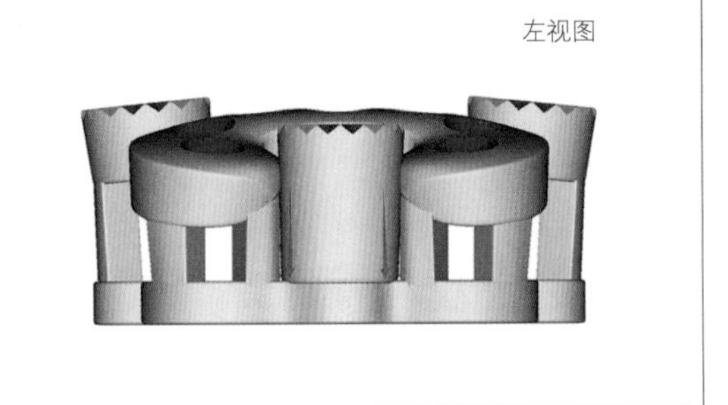
图7-2-70

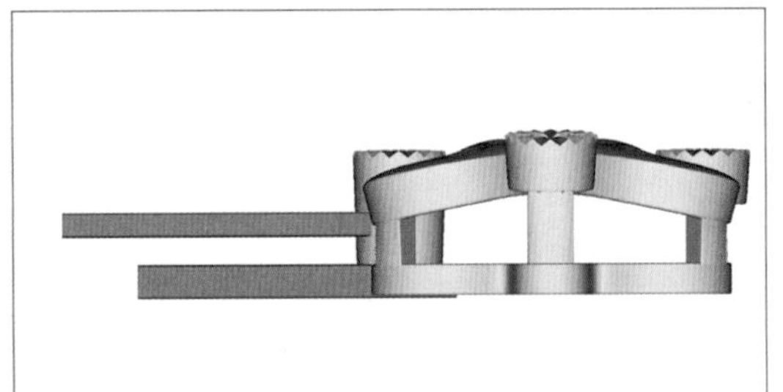
图7-2-71

图7-2-72

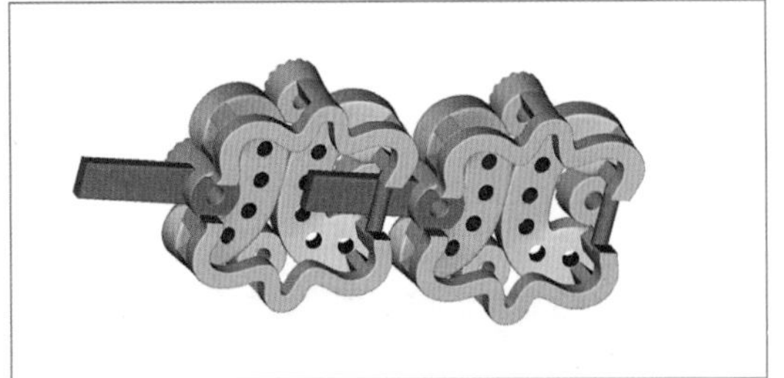
图7-2-73

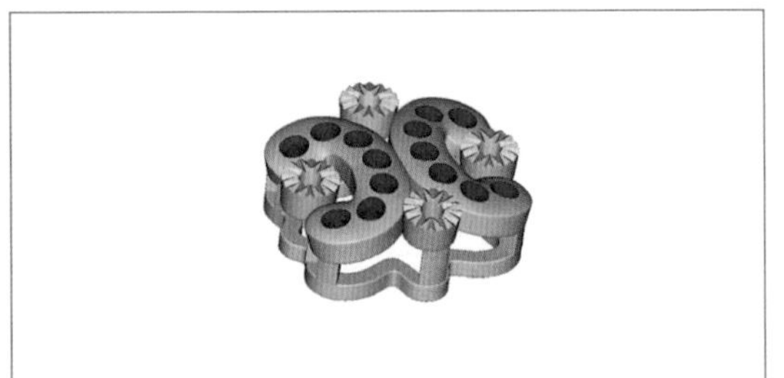
图7-2-74

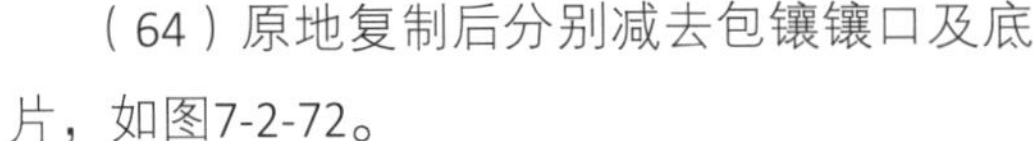

（64）原地复制后分别减去包镶镶口及底片，如图7-2-72。

（65）完成单节手链制作，如图7-2-73。

（66）原地复制单节手链后隐藏。还原并删除多余物件回到步骤（58）状态，如图7-2-74。

（67）上视图，在右侧绘制如图7-2-75切面，其宽为0.8mm。

（68）正视图，直线延伸曲面成实体，如图7-2-76。

（69）绘制鸭利曲线，其顶端低于步骤（68）实体顶部0.7mm，如图7-2-77。

（70）向内偏移0.55mm，如图7-2-78。

（71）调整该偏移曲线，如图7-2-79。

（72）制作长为4mm的矩形切面，使用“导轨曲面”命令：双导轨、不合比例、单切面、切面量度居中，生成鸭利，如图7-2-80。

（73）上视图，执行梯形化命令，易于鸭利后期插入鸭利箱，如图7-2-81。

（74）在鸭利边缘处制作按钮，之后联集，如图7-2-82。

（75）反下复制单节手链后，将该组物件整体向上移动10mm，反上单节手链，如图7-2-83。

（76）正视图，绘制矩形切面，其左边缘贴合步骤（70）实体边缘；右边缘超过鸭利1mm；上边缘处于按钮与鸭利之间；下边缘

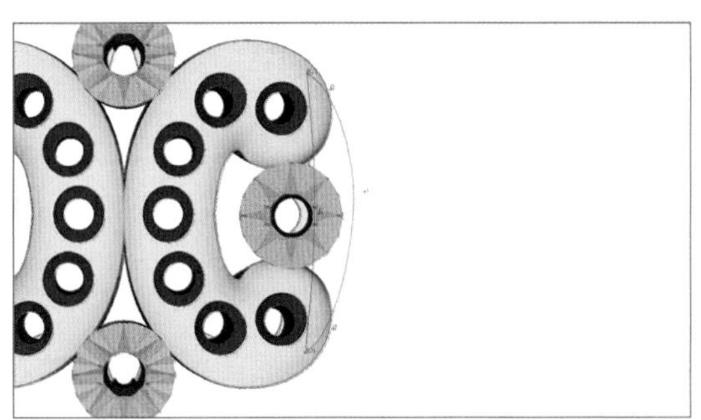

图7-2-75

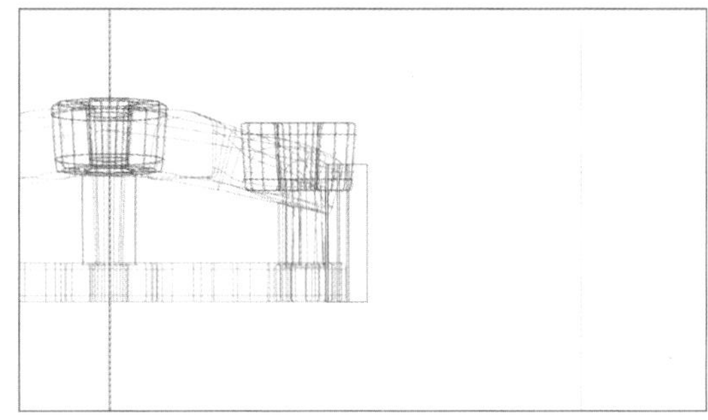

图7-2-76

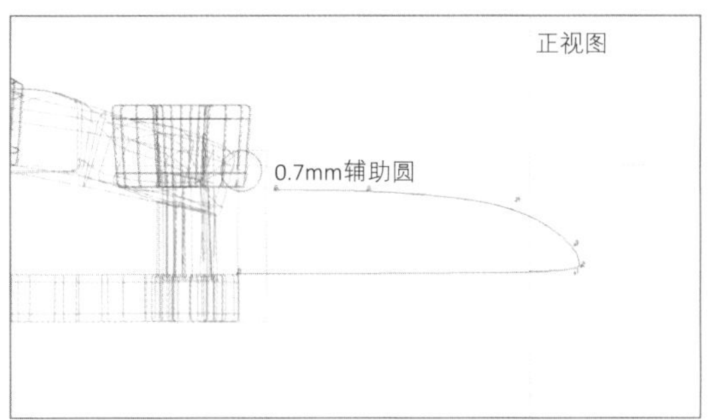

图7-2-77

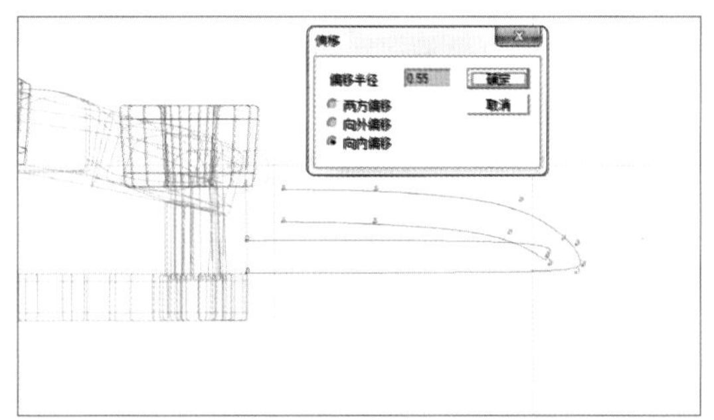

图7-2-78

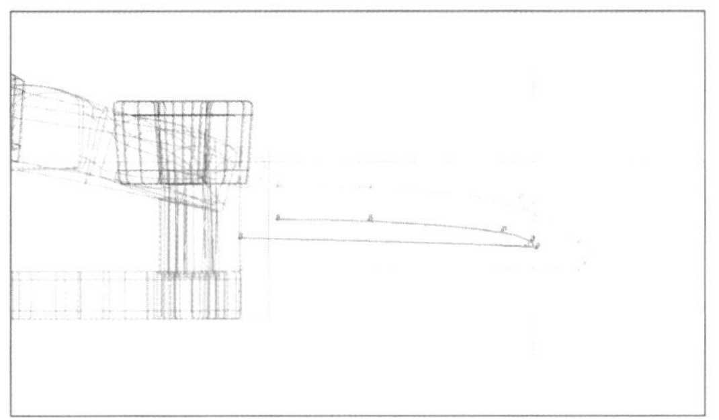

图7-2-79

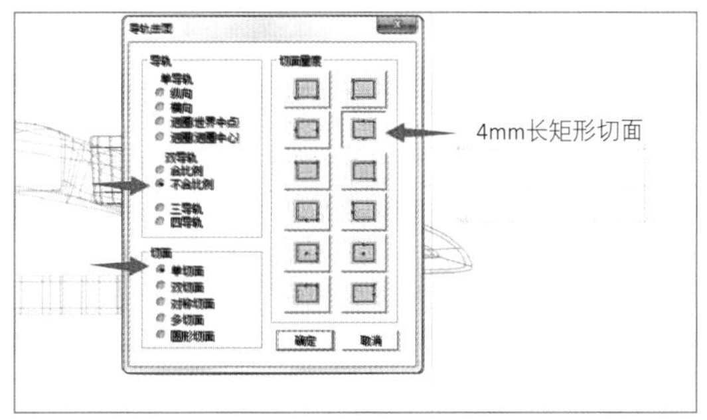

图7-2-80

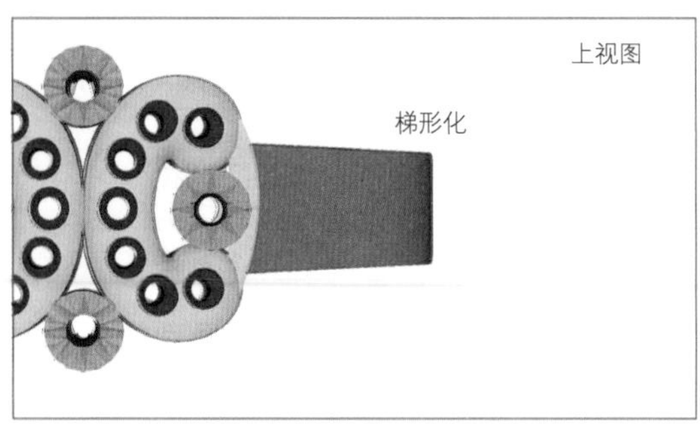

图7-2-81

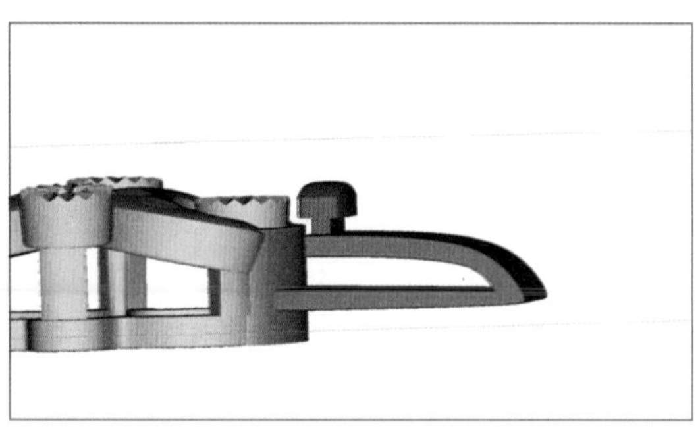

图7-2-82

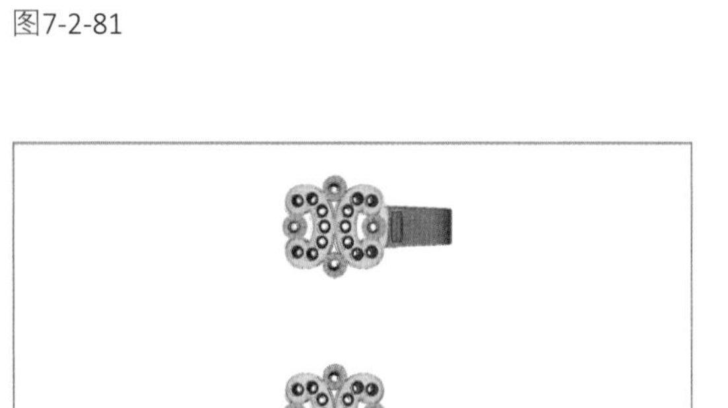

图7-2-83

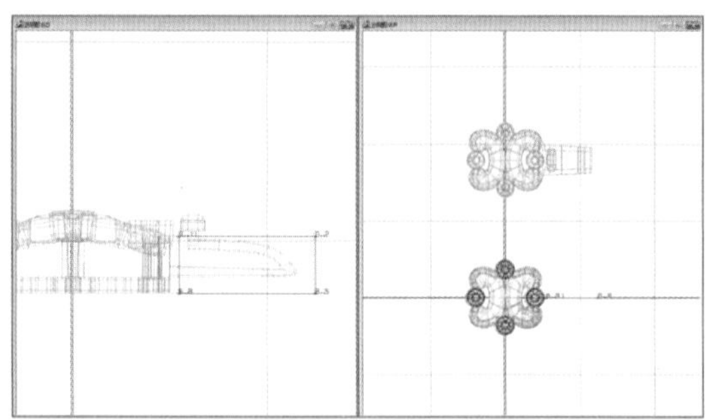

图7-2-84

平齐底片，如图7-2-84。

（77）上视图，矩形向上移动2.8mm，之后上下复制，如图7-2-85。

（78）使用“线面连接曲面”工具将两条矩形线连接成实体，如图7-2-86。

（79）正视图，隐藏单节手链，绘制矩形切面，上、下、右边缘均距实体0.7mm，左边超过实体，如图7-2-87。

（80）上视图，向上移动矩形，距离边缘0.7mm，上下对称复制后“线面连接曲面”，如图7-2-88。

（81）在鸭利上，绘制“凹”形曲线切面，“凹”口部位略超过按键支撑范围。

（82）复制该曲线，垂直下移，“凹”口部位超过步骤（80）实体左边缘，如图7-2-89。

（83）直线延伸曲面生成减缺体，如图7-2-90。

（84）减缺鸭利，如图7-2-91。

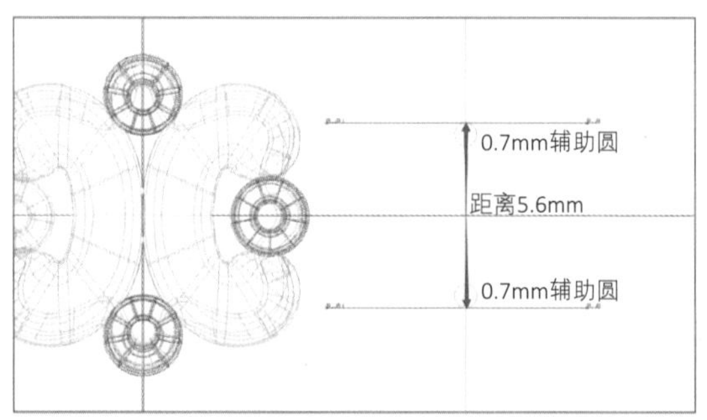

图7-2-85

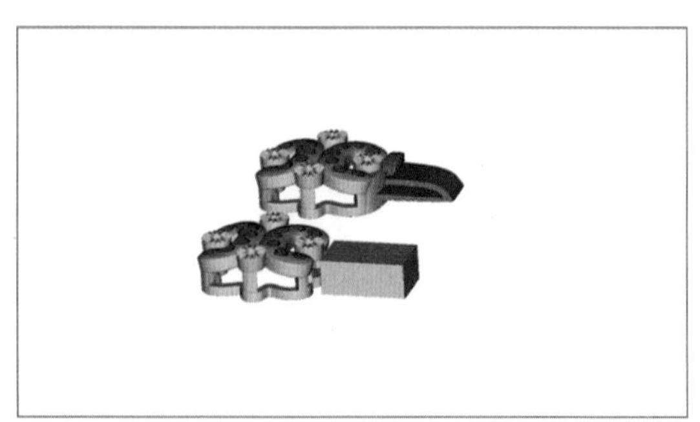

图7-2-86

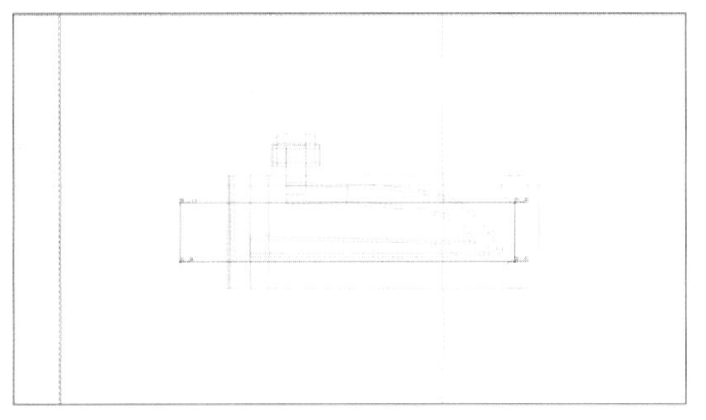

图7-2-87

图7-2-88

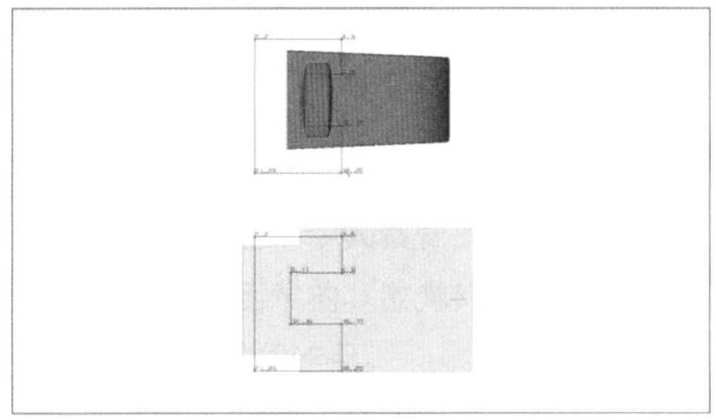

图7-2-89

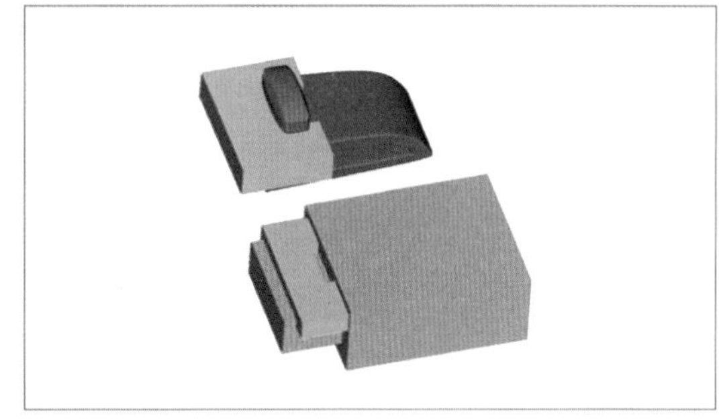

图7-2-90

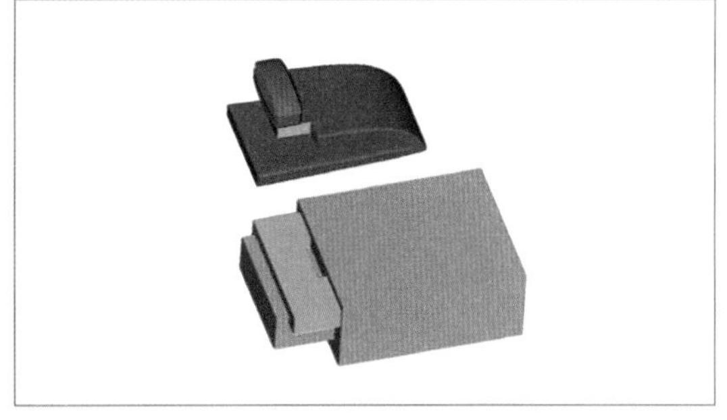

图7-2-91

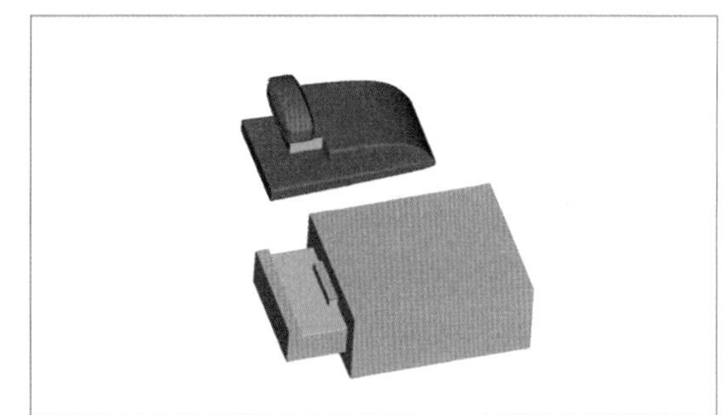

图7-2-92

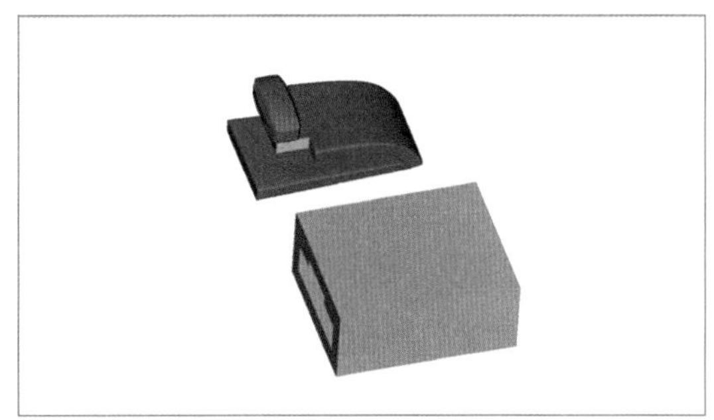

图7-2-93

（85）减缺步骤（82）实体，如图7-2-92。

（86）步骤（82）实体再次减去步骤（80）实体，如图7-2-93。

（87）上视图，绘制矩形切面，上、下、右边缘略超过按键支撑，如图7-2-94。

（88）该矩形垂直下移到步骤（88）实体边缘中部，如图7-2-95。

（89）直线延伸曲面后减去，如图7-2-96。

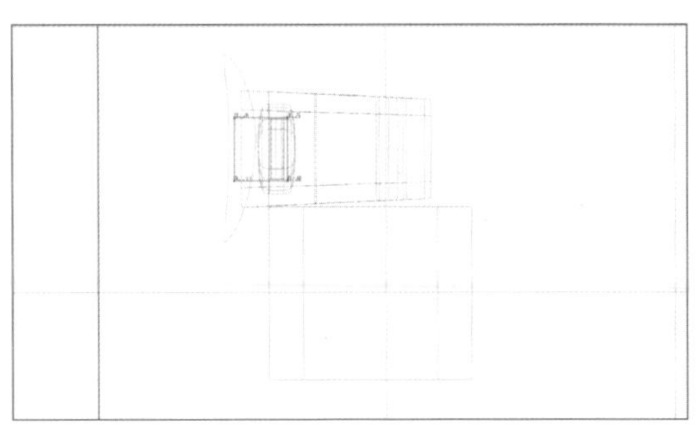
图7-2-94

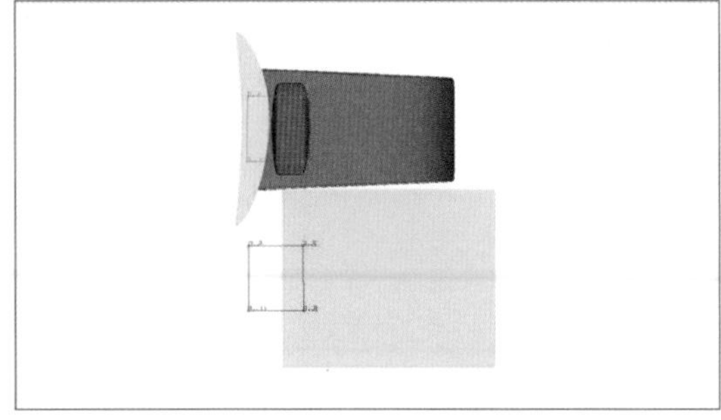
图7-2-95

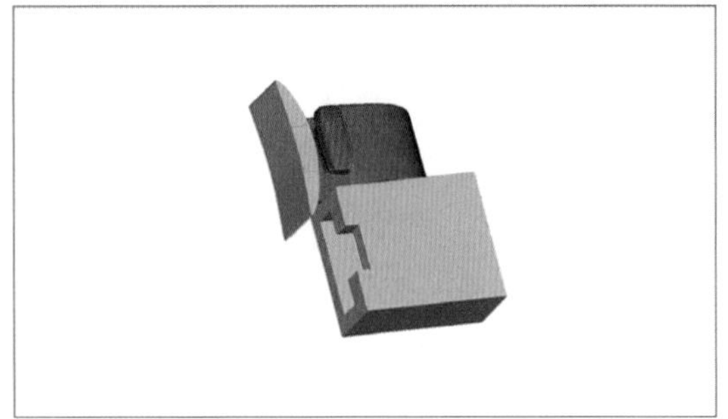
图7-2-96

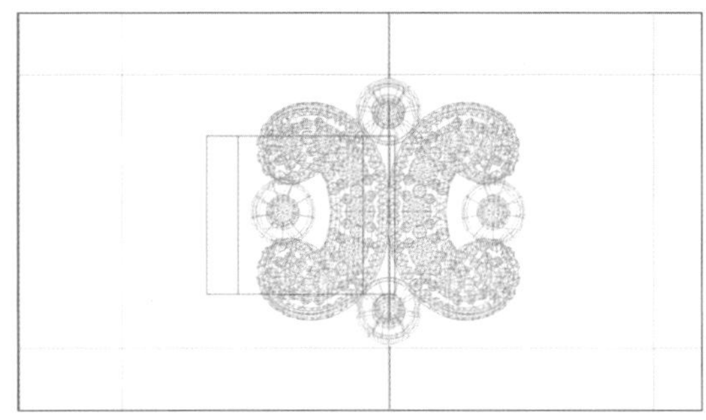
图7-2-97

（90）上视图，展示步骤（81）单节手链，将上部鸭利箱物件移动到其左部，原地复制一件后将其向上移动10mm，如图7-2-97。

（91）还原鸭利箱原减缺物件并删除，如图7-2-98、图7-2-99。

（92）鸭利箱减去手链整体，如图7-2-100。

（93）移回步骤（92）鸭利箱，如图7-2-101。

（94）完成手链插头、尾端制作，展示宝石，如图7-2-102。

（95）上视图，在手链插头端，各放置两个空心小圆柱，如图7-2-103。

（96）在手链尾端各放置两个圆球扣位及“8字制”，如图7-2-104。

（97）手链插头端尚缺扣片；手链尾端尚未制作扣杆，如图7-2-105、图7-2-106。

（98）参照上列制作扣片及扣杆方法与数据，完成手链制作，如图7-2-107、图7-2-108。

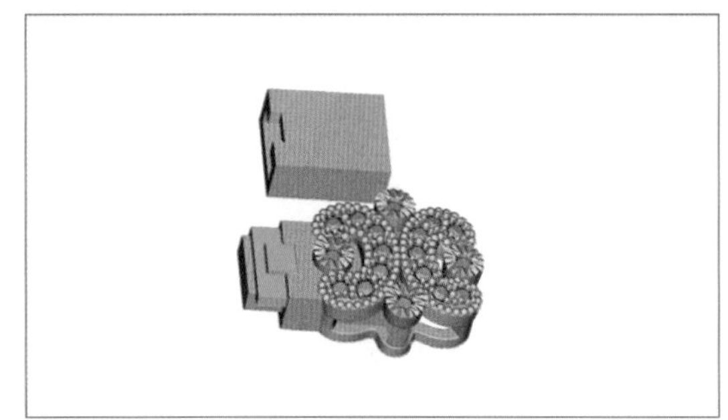
图7-2-98

图7-2-99

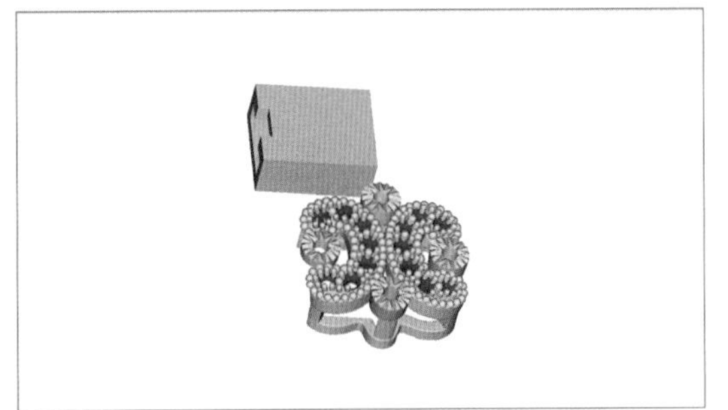

图7-2-100

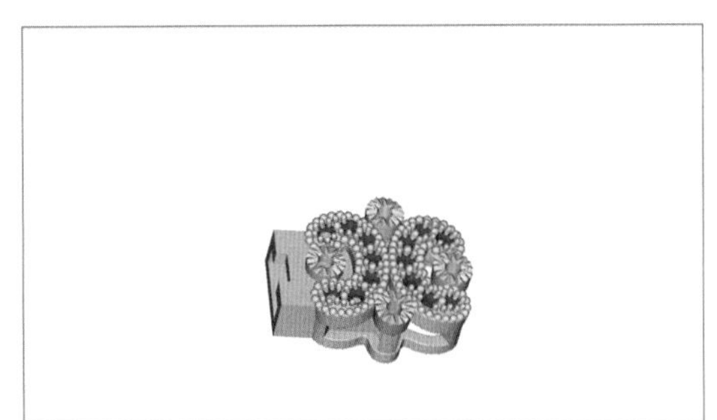

图7-2-101

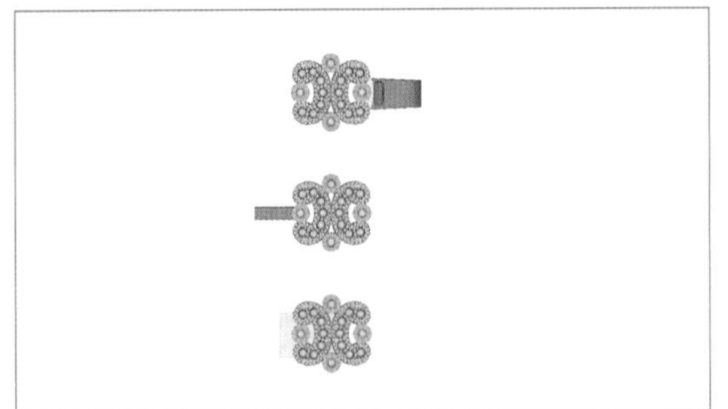

图7-2-102

图7-2-103

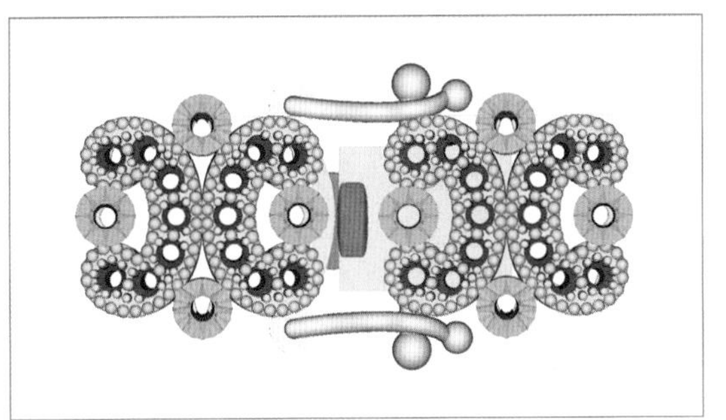

图7-2-104

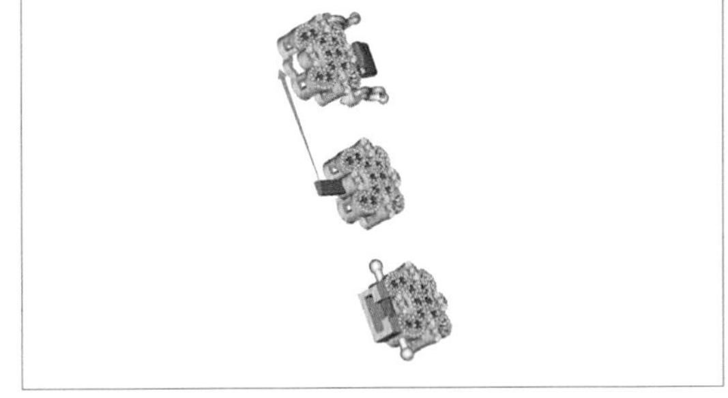

图7-2-105

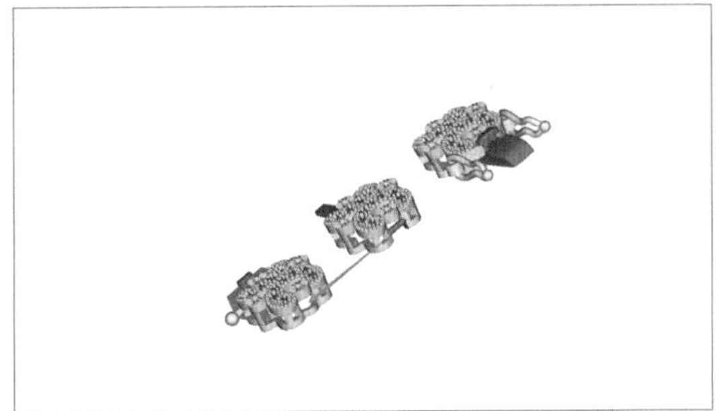

图7-2-106

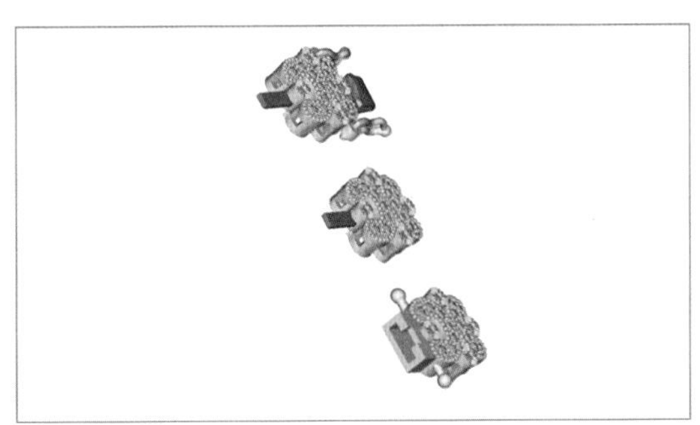

图7-2-107

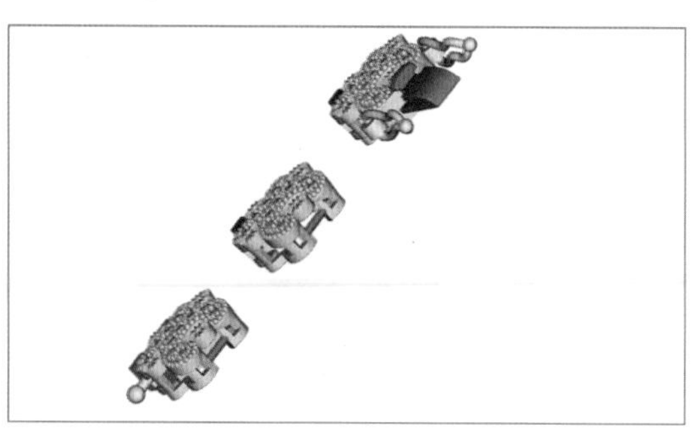

图7-2-108

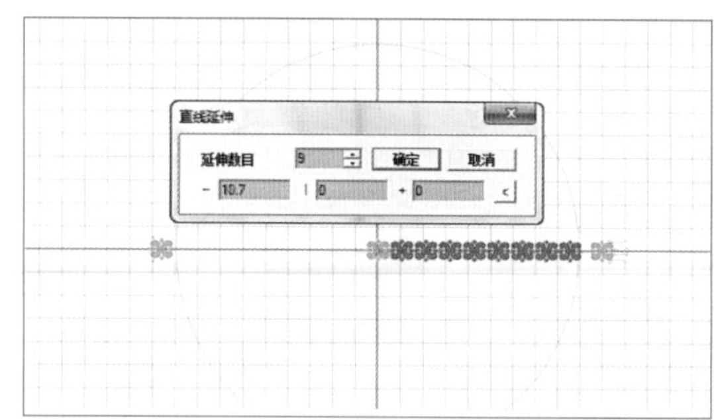

图7-2-109

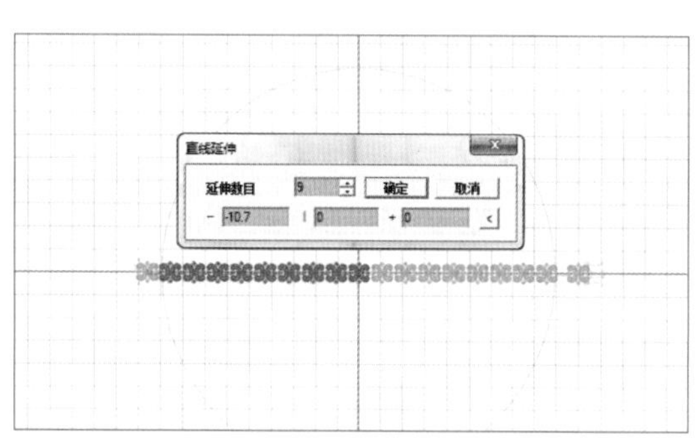

图7-2-110

图7-2-111

以下步骤仅为手链整体效果展示使用制作。若供生产，仅需以上步骤3节手链模型即可进行制版与复制生产。

（99）手腕直径55mm，其圆周长的长度约为173mm，生成173mm的辅助圆。

（100）将手链头尾分别置于圆周两侧，直线复制单节手链，如图7-2-109。

（101）将复制出的手链组继续执行“旋转180°”对称复制，如图7-2-110。

（102）完成整件手链效果制作，如图7-2-111。

（103）当底部扣接手链，浇铸成金属件后，将扣片插入下一节手链的搭扣位后，折叠弯曲回，执去多余的部位，焊接固定回原物件扣位处即可，如图7-2-112。

（104）鸭利片也需分件制作，具体方法可参考第六章第一节步骤（111），如图7-2-113。

手链正视图

手链侧视图

手链底视图1

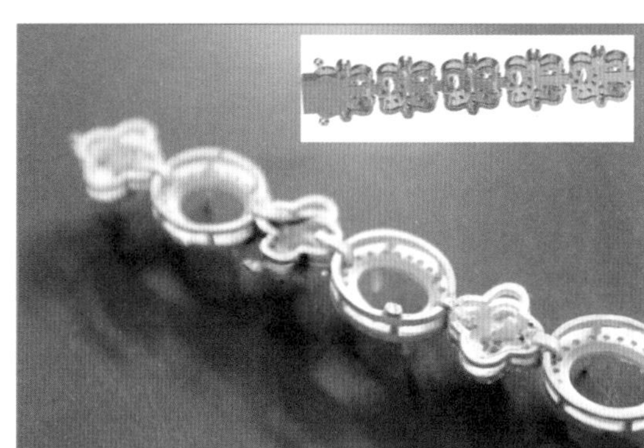

手链底视图2

图7-2-112

（a）

（b）

（c）

图7-2-113

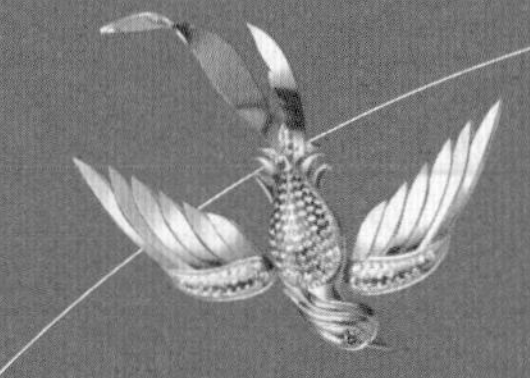

Chapter 8 第八章 胸针篇

胸针，是首饰款型中最能展示设计实力的款式。不受人体佩戴部位的束缚，使得其设计造型方面可以更加开放。胸针主要由基本造型与后期焊接扣针等配件构成。

本章主要讲解动物造型胸针的设计与制作——通过平面线条绘制造型，再由平面线条调整为三维空间内的立体线条，由此产生较为复杂的各个部件，并将其组合成为整体造型的过程。案例中，镶嵌技术方面讲解方钉微镶、钉镶（蜡镶、金镶）、光金面种爪等制作。建模方面重点讲解检查掏底厚度的实用技巧。本章旨在综合上文各项案例的制作技法基础上，进一步推动读者深入掌握软件建模技术。

第一节　燕南飞胸针

本案例主要讲解：动物造型制作；方钉微镶制作。

制作步骤如下：

1. 身躯部位制作

（1）上视图，制作直径15、9mm的辅助圆，沿9mm的辅助圆边缘绘制垂直辅助线。

（2）使用“左右对称线”工具绘制水滴形作为燕身曲线，并向内偏移0.8mm，如图8-1-1。

（3）步骤（2）偏移出的曲线再次向外偏移0.2mm，生成新的水滴形曲线，如图8-1-2。

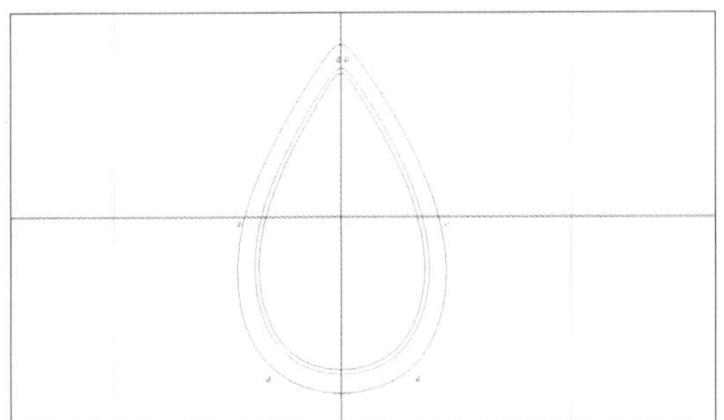

图8-1-2

（4）如图制作两个切面，其中矩形切面高度为0.8mm，弧面曲线高度为3.6mm，如图8-1-3。

（5）使用“导轨曲面”命令：双导轨、不合比例、切面量度向下，选用1、2号水滴曲线及中间闭合切面生成实体，如图8-1-4、图8-1-5。

（6）使用“导轨曲面”命令：迴圈（迴圈中心），切面量度向上。导轨选择步骤（3）中偏移出的水滴曲线，切面为开合弧面线，生成水滴型实体。将该实体在右视图垂直向下移动0.2mm，如图8-1-6、图8-1-7。

（7）隐藏水滴外缘边实体，选中水滴型实体，使用“偏移曲面”命令向内部偏移0.8mm生成偏移实体。更换其材料颜色及图层颜色，如图8-1-8。

（8）选中偏移实体底部一排所有CV点向下拖动，将其设定为“超减物件”，如图8-1-9。

（9）生成直径0.8mm的辅助圆石，并剪贴

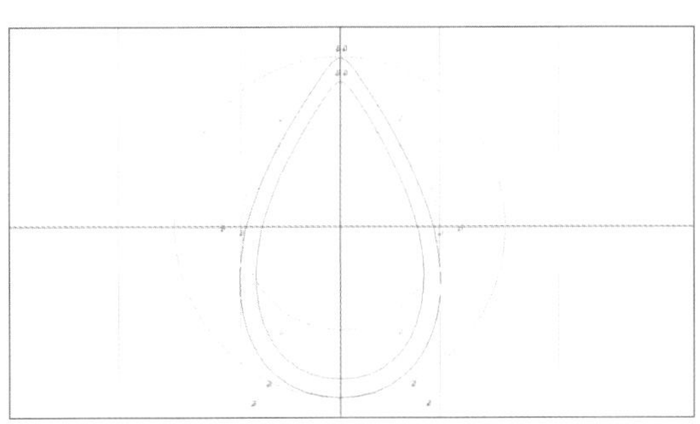

图8-1-1

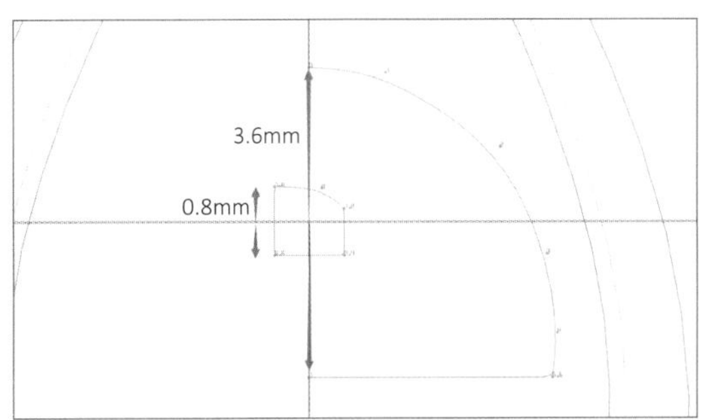

图8-1-3

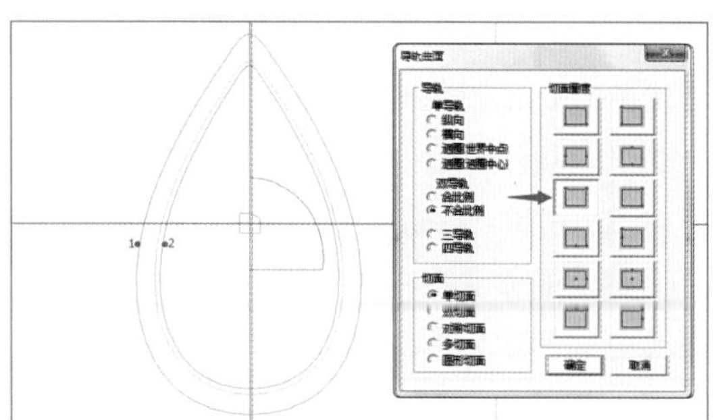

图8-1-4

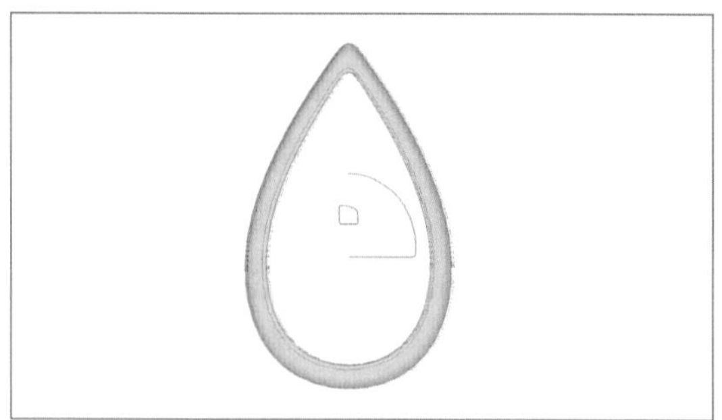

图8-1-5

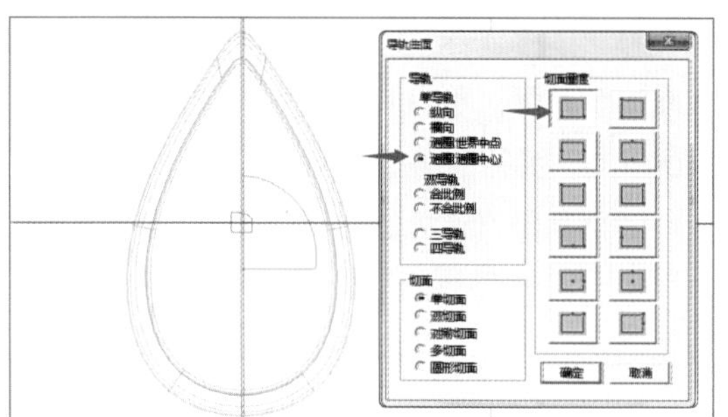

图8-1-6

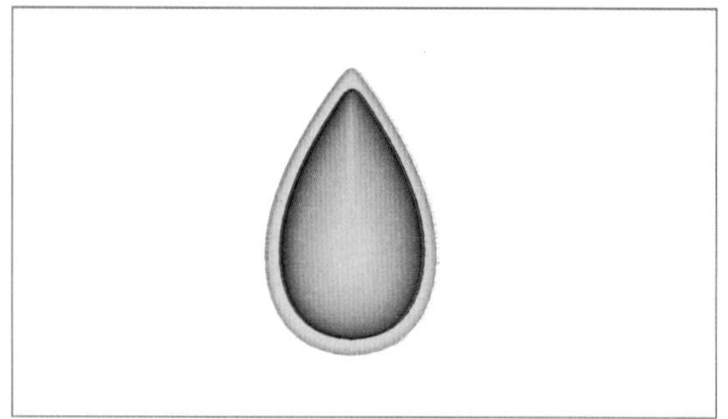

图8-1-7

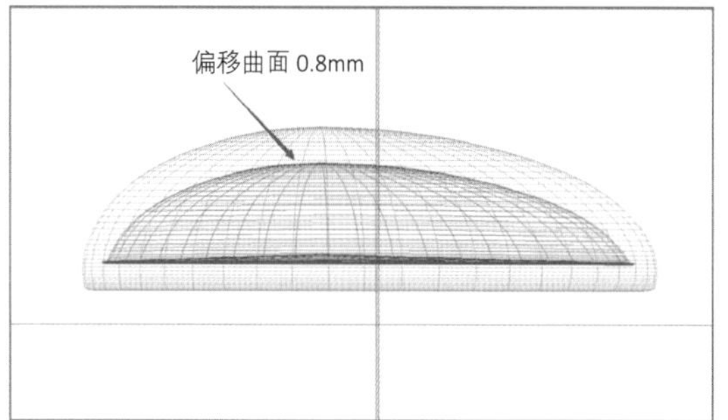

图8-1-8

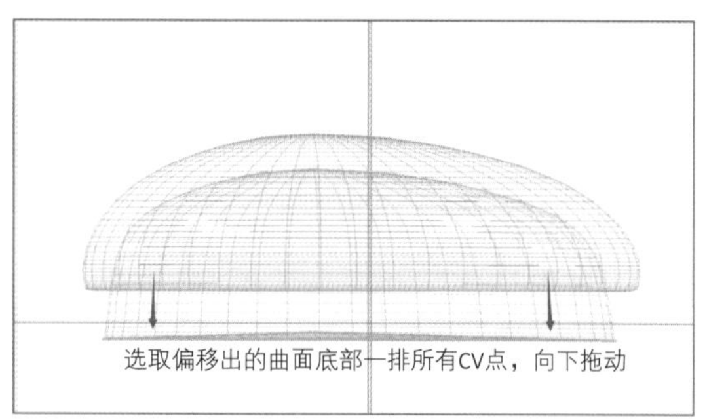

图8-1-9

放置在原水滴实体边缘处，如图8-1-10。

（10）右视图，选中超减物件底部CV点，向下拖动，并在透视图观察其减缺情况，令其贴紧辅助石边缘，如图8-1-11、图8-1-12

（11）右视图中，使用“上下左右对称线”工具，绘制一个矩形曲线。上视图中将其直线延伸成实体并设置为“超减物件”，如图8-1-13、图8-1-14。

（12）右视图，生成直径0.8mm的辅助圆石，剪贴放置在上边缘处，如图8-1-15。从普通线图模式观察到偏移出的水滴实体CV点不足，使用“曲面菜单—增加控制点”命令，将V方向CV点增加两倍，如图8-1-16。

（13）使用“尺寸”工具右键拖动相对应CV点，使得减缺出的边缘线与辅助圆石齐平，如图8-1-17、图8-1-18。

（14）该偏移件减去水滴实体，删除多余辅助圆石及辅助超减物件，完成水滴体掏底，如图8-1-19。

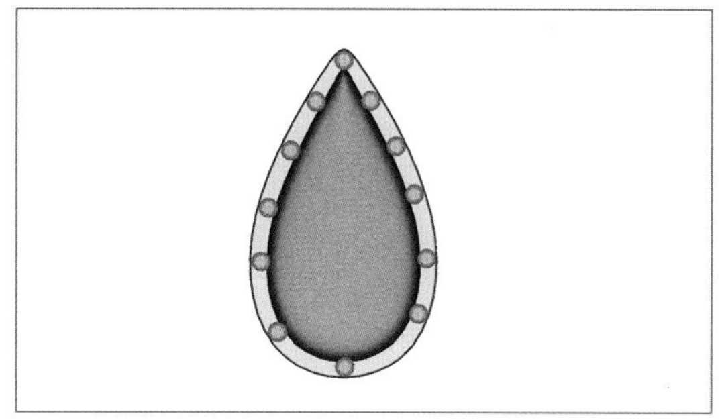

图8-1-10

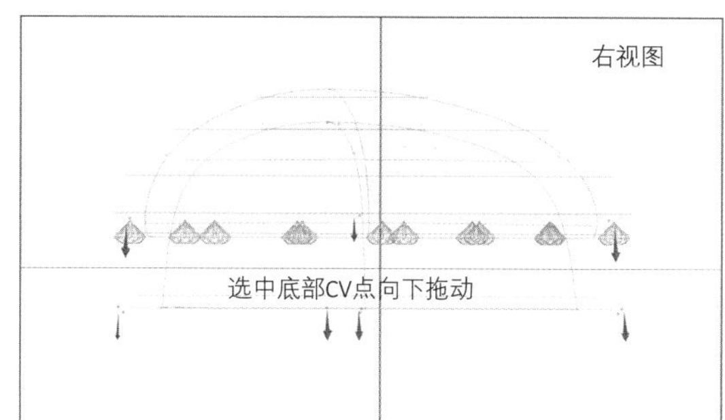

图8-1-11

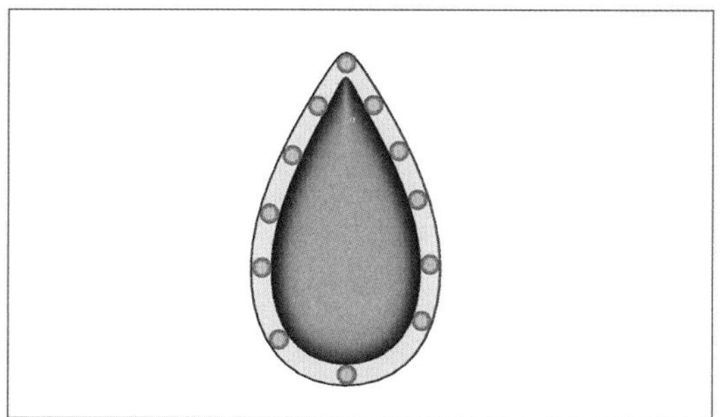

图8-1-12

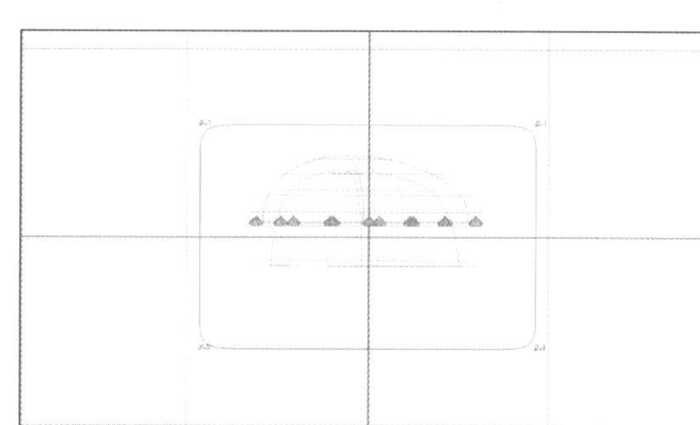

图8-1-13

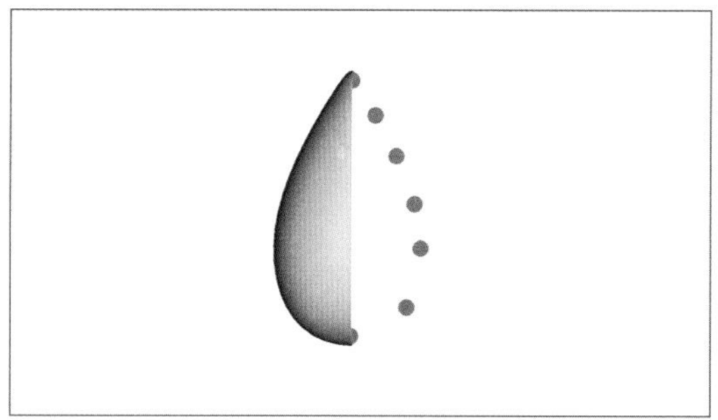

图8-1-14

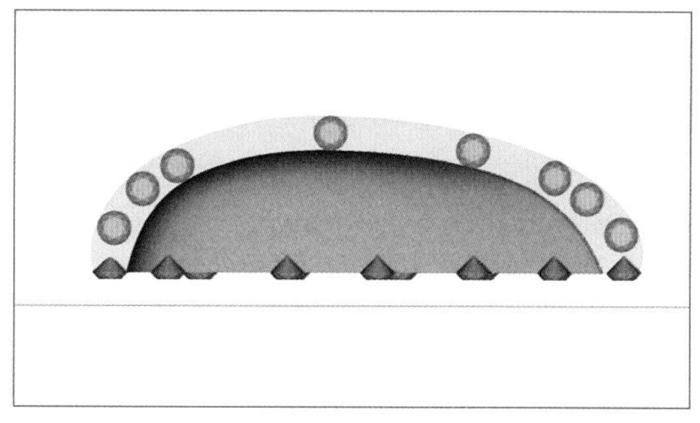

图8-1-15

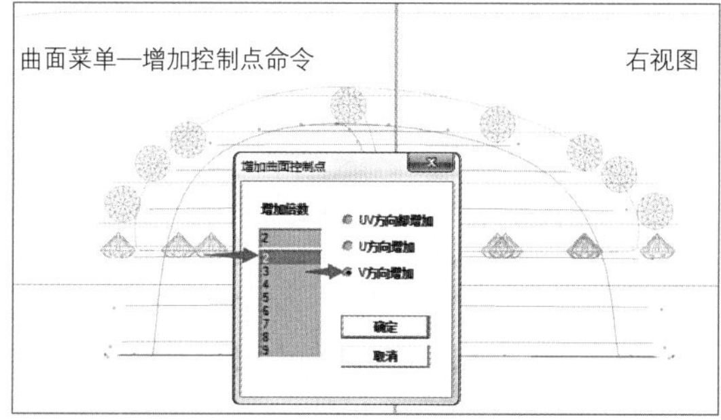

图8-1-16

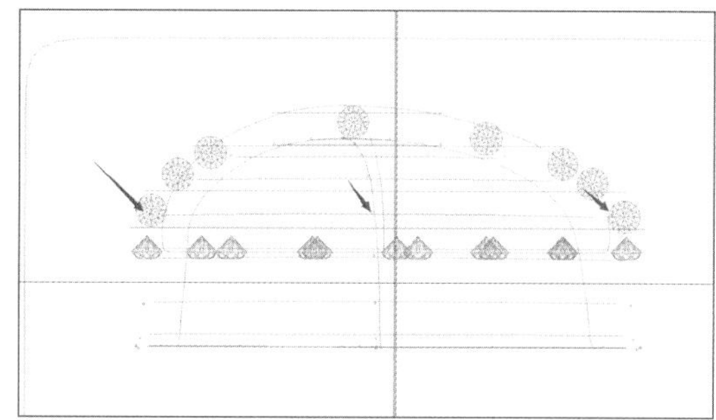

图8-1-17

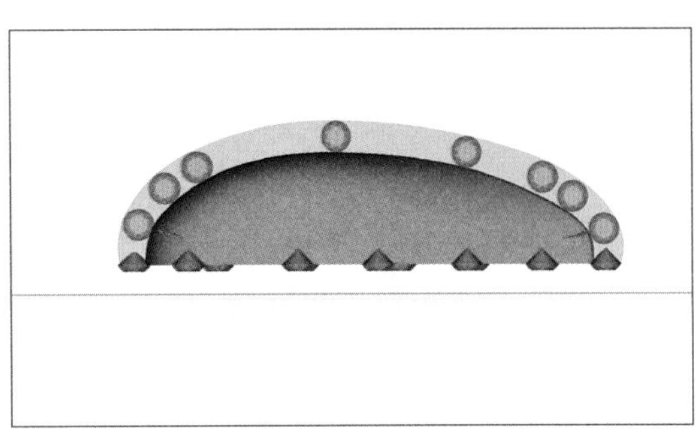

图8-1-18

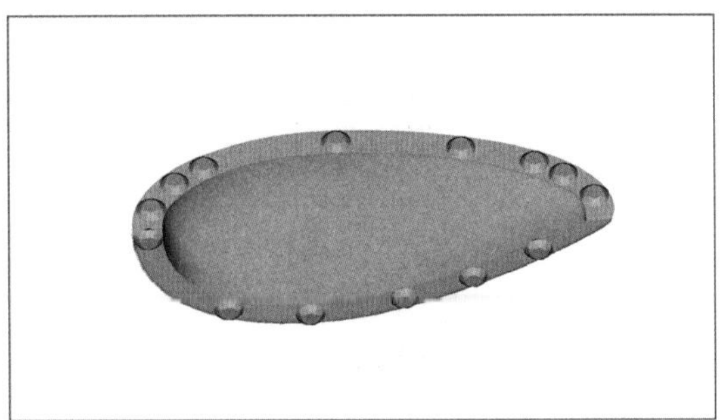

图8-1-19

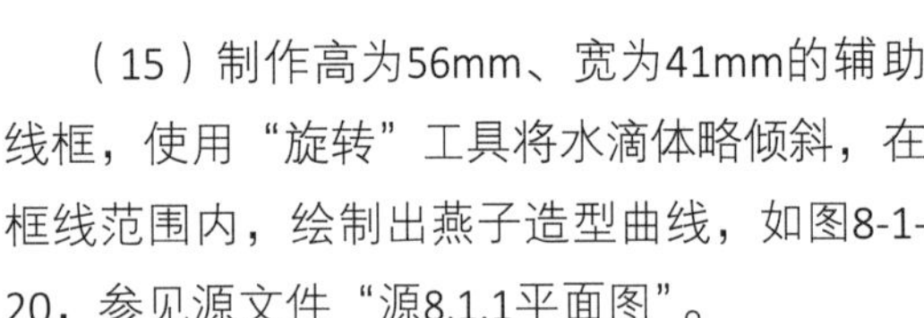

（15）制作高为56mm、宽为41mm的辅助线框，使用“旋转”工具将水滴体略倾斜，在框线范围内，绘制出燕子造型曲线，如图8-1-20，参见源文件“源8.1.1平面图”。

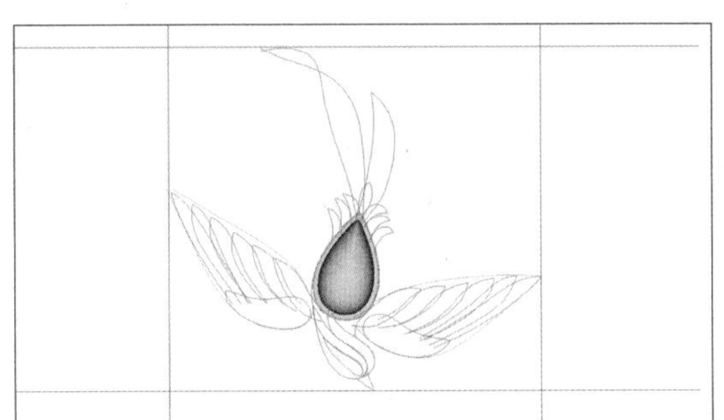

图8-1-20

2. 头部制作

（1）上视图中，使用“中间曲线”命令，选取头部边缘线条，生成中间线条后，在右视图垂直向上移动2.7mm，之后拖动其CV点调出高低位，如图8-1-21至图8-1-23，参见源文件“源8.1.2头部制作1”。

（2）参照步骤(1)，制作出嘴部三条导轨线。

（3）制作如图8-1-24的切面，原地复制头部三条曲线后使用“导轨曲面”命令：三导轨、单切面、切面量度向上，生成头部实体，如图8-1-25。

（4）如图8-1-26，分别选中眉眼曲线，在右视图中，将其投影到头部实体上方，如图8-1-27。

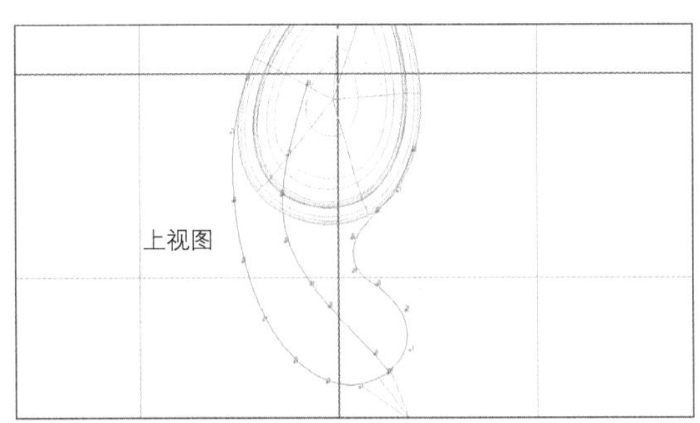

图8-1-21

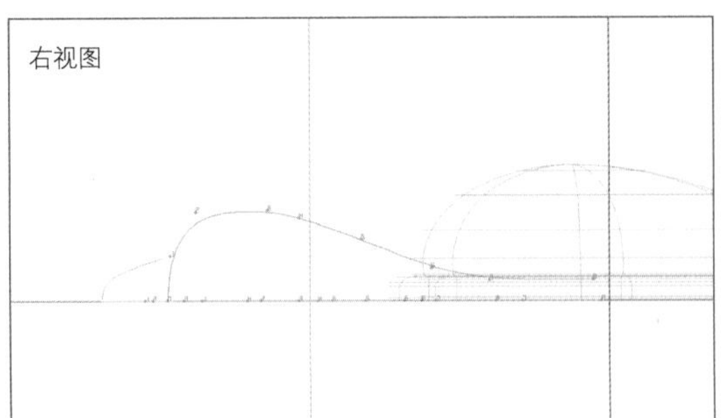

图8-1-22

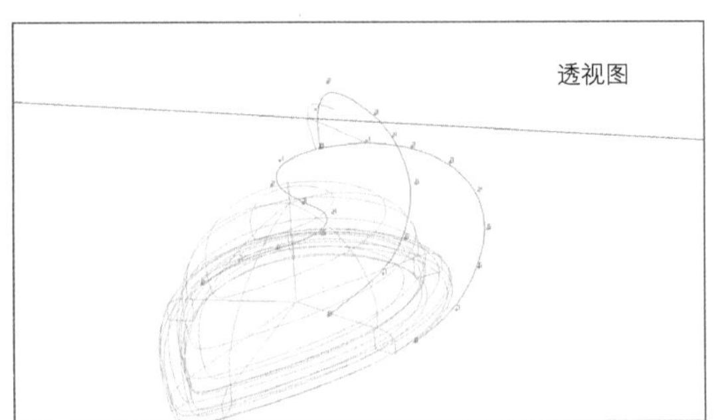

图8-1-23

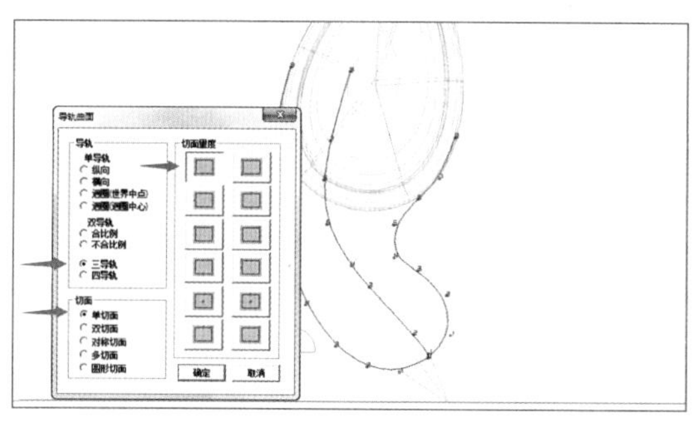

图8-1-24

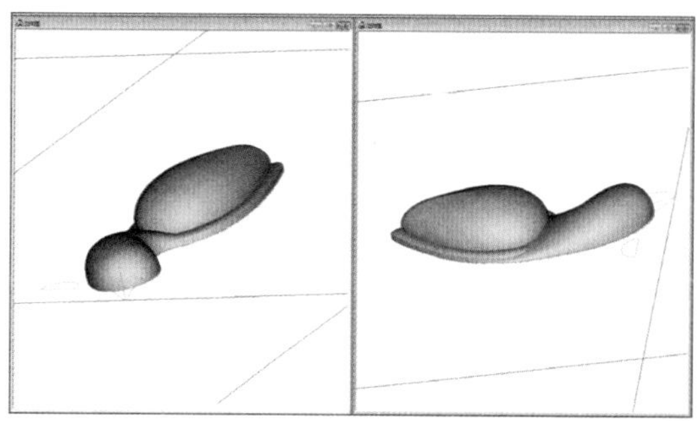

图8-1-25

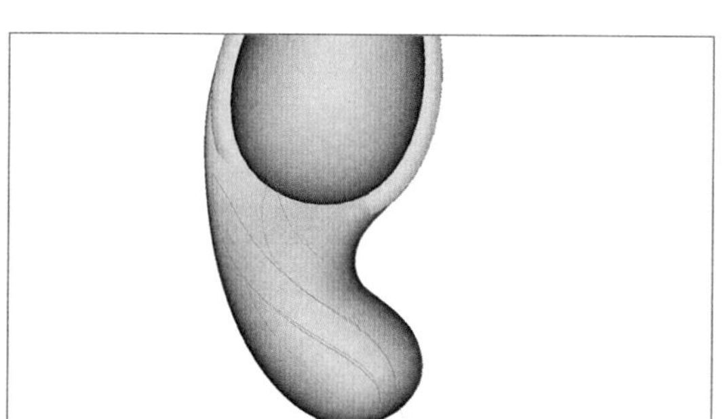

图8-1-26

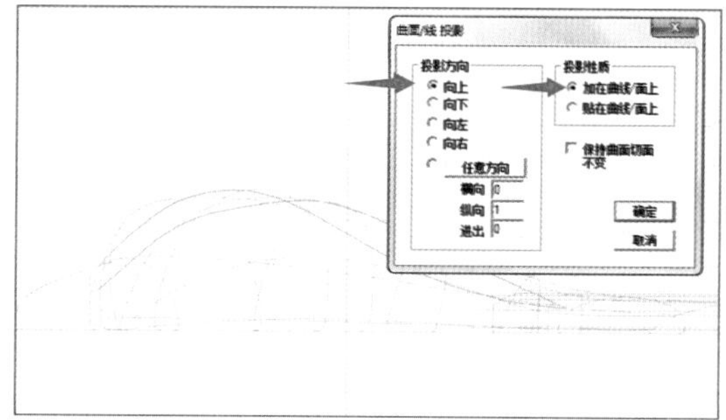

图8-1-27

（5）调整投影后的线条，拉出高低位置。参照头部制作步骤（1），生成中间曲线并调整高低位，其最高位置为1.2mm，如图8-1-28，参见源文件“源8.1.3眉眼曲线调整”。

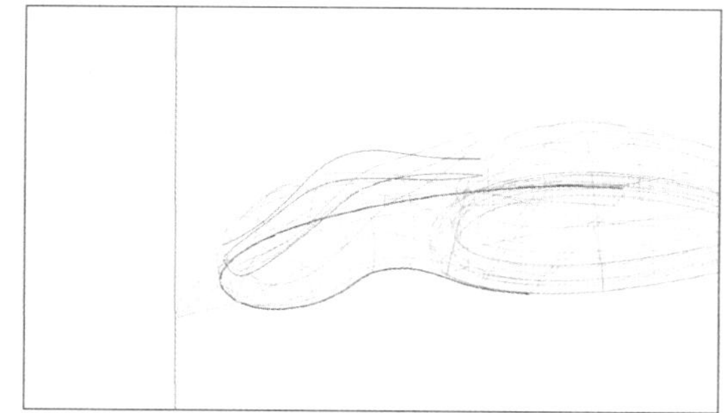

图8-1-28

（6）制作如图8-1-29的切面，原地复制曲线后使用“导轨曲面”命令：三导轨、单切面、切面量度向上，生成眉眼部实体，如图8-1-30。

（7）参照步骤（6），完成嘴部制作。

（8）仅展示头部实体及步骤（3）复制出的头部两侧边缘曲线，与头部切面，其他物件均可隐藏，便于执行以下头部掏底制作。

（9）上视图中，将头部两侧边缘曲线分别向内偏移0.7mm，如图8-1-31。

（10）使用“格放”命令，将偏移出的曲线接头位置放到最大，调整0号CV点，使之合拢，如图8-1-32。

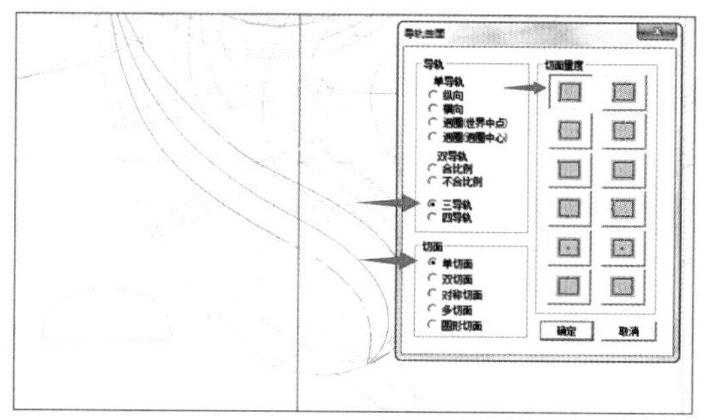

图8-1-29

（11）使用“导轨曲面”命令：双导轨、不合比例、单切面。继续使用步骤（3）的头

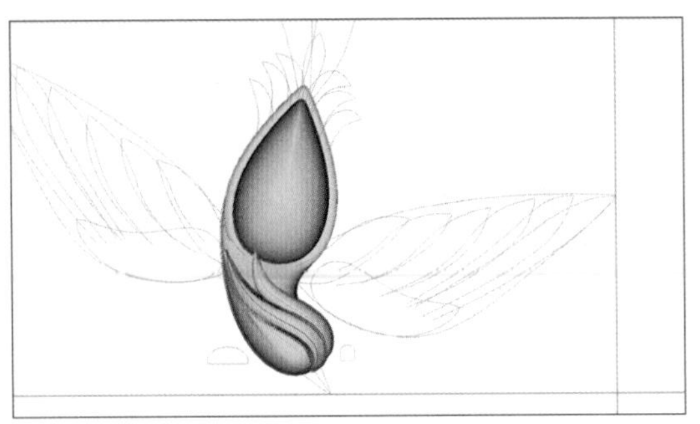
图8-1-30

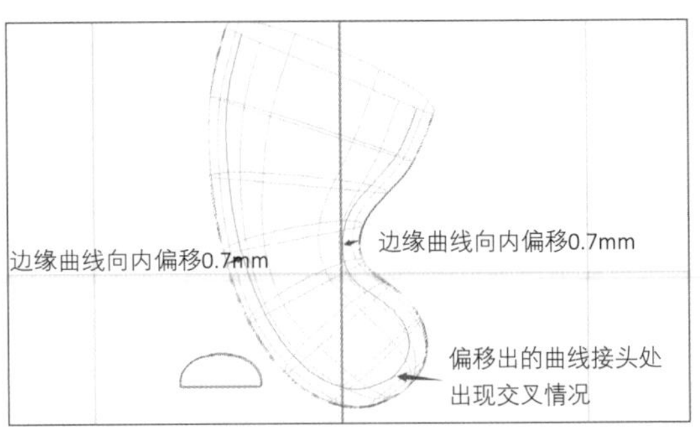

图8-1-31

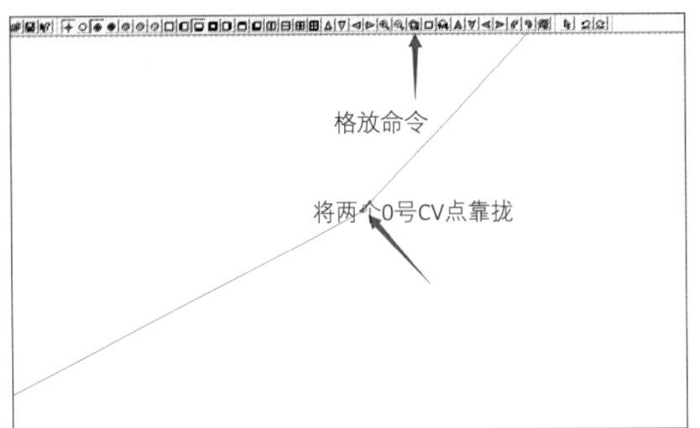

图8-1-32

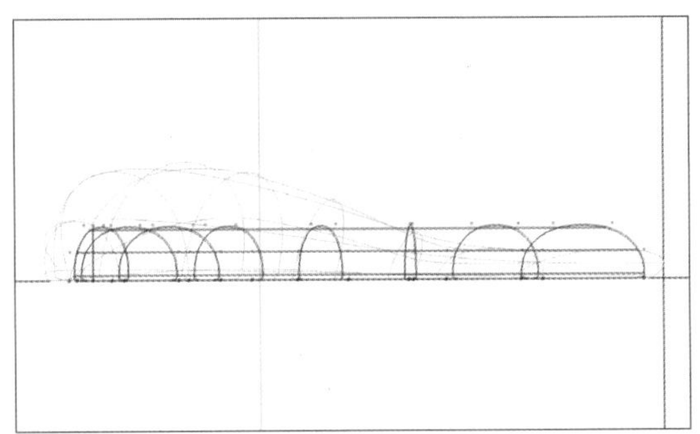
图8-1-33

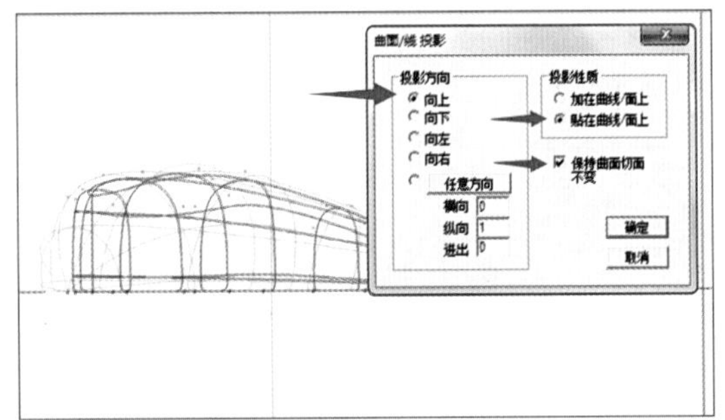
图8-1-34

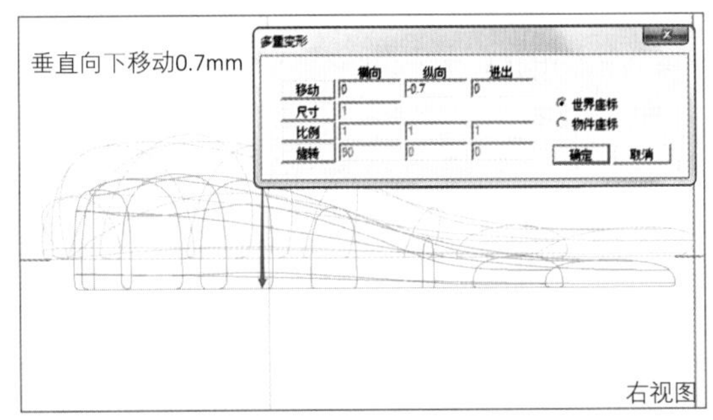

图8-1-35

部切面，生成头部掏底实体，并更换材料颜色。

（12）右视图，展示掏底实体CV点，选中其上部CV点，使用“投影”命令：投影性质向上，贴在曲线/曲面上，勾选保持曲面切面不变，将CV点贴到头部实体上，如图8-1-33、图8-1-34。

（13）使用“多重变形”命令，将掏底实体向下移动0.7mm，如图8-1-35。

（14）使用“减缺”命令，对头部进行减缺掏底，如图8-1-36。

（15）如图8-1-37，制作一条闭合曲线，右视图直线延伸曲面生成实体后，减去头部实体，如图8-1-38，参见源“源8.1.4文件头部制作2”。

3. 翅膀制作

（1）调整翅膀各条曲线，拉出空间高低层

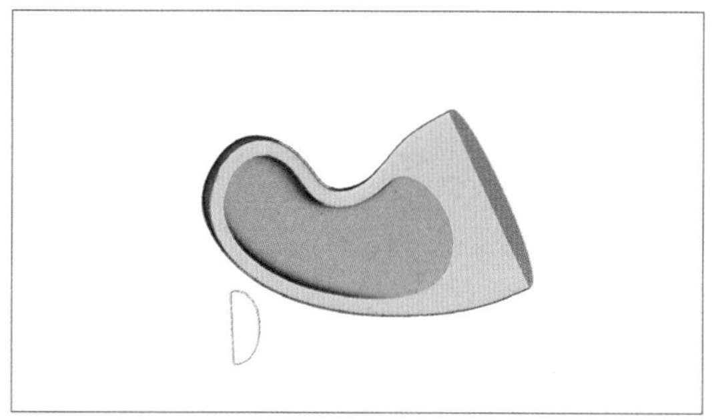
图8-1-36

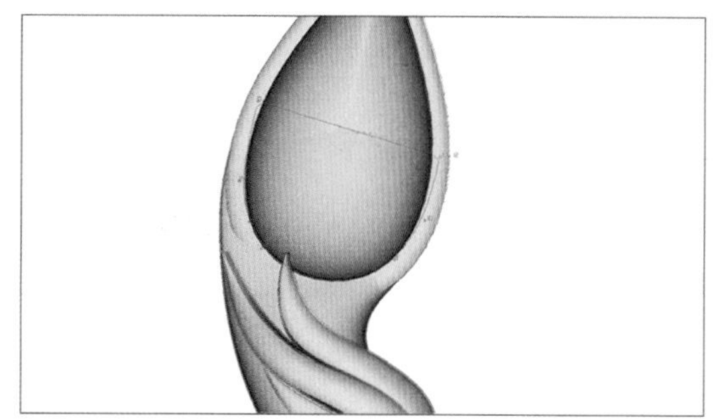
图8-1-37

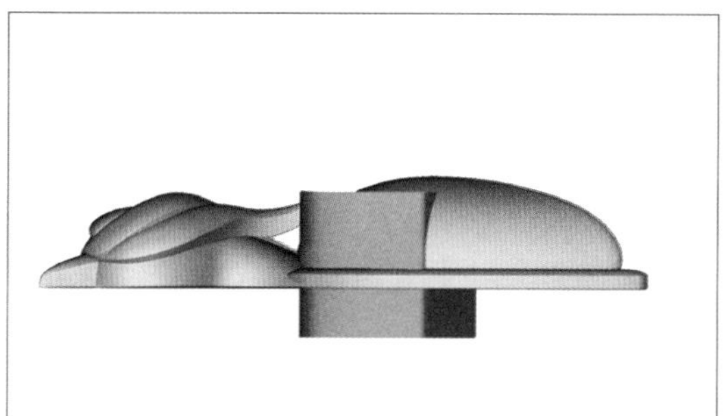
图8-1-38

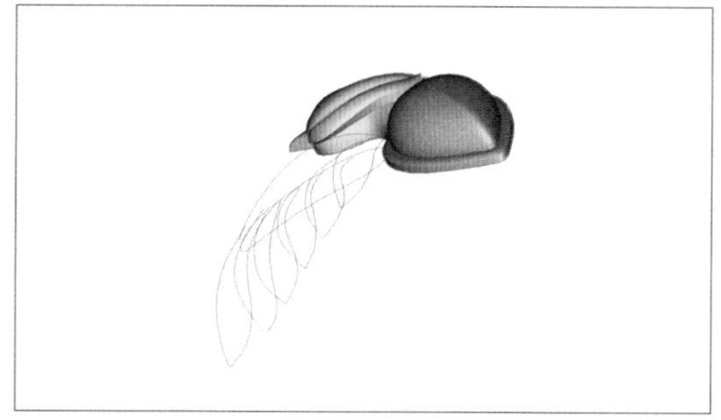
图8-1-39

次，参见源文件源8.1.5“翅膀制作1”，如图8-1-39。

（2）如图8-1-40，制作翅根部切面，三条导轨线中，上方控制高度曲线高为2.6mm，使用“导轨曲面”命令：三导轨、单切面、切面量度向上，生成翅根实体。

（3）制作羽翼切面，切面高为0.9mm，使用“导轨曲面”命令：双导轨、单切面、切面量度向下，生成翅根实体，完成翅膀实体制作，如图8-1-41。

（4）经过检查发现，翅根实体在结束段的闭合处造型不甚理想，如图8-1-42。

（5）选取实体该段闭合处的所有CV点，如图8-1-43。

（6）上视图中，使用“尺寸”工具，左键拖动CV点，将其压缩到原点位置。这个命令可将所有CV点归于一个点上，如图8-1-44。

（7）再使用“移动”工具，将CV点移动回到原始位置，如图8-1-45。

（8）经检查，实体达到圆顺状态，如图

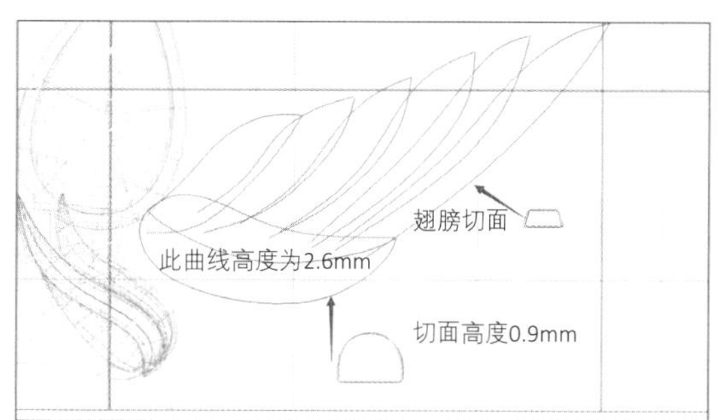

图8-1-40

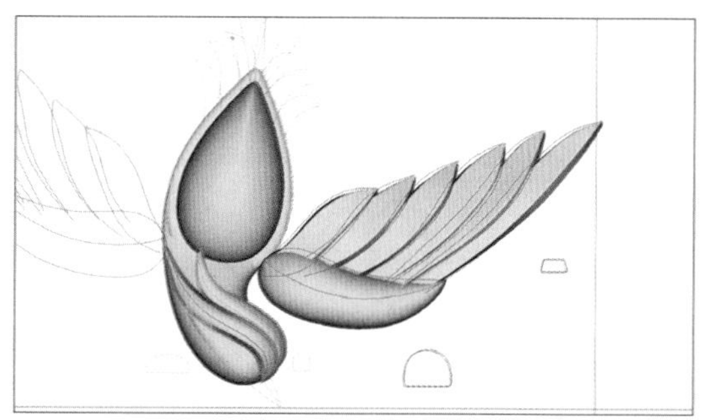
图8-1-41

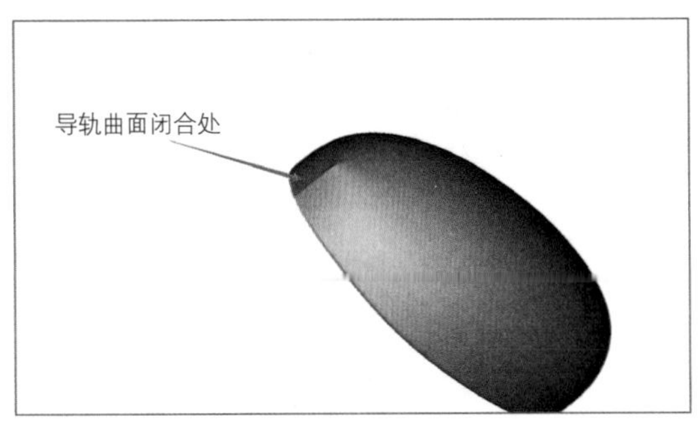

图8-1-42

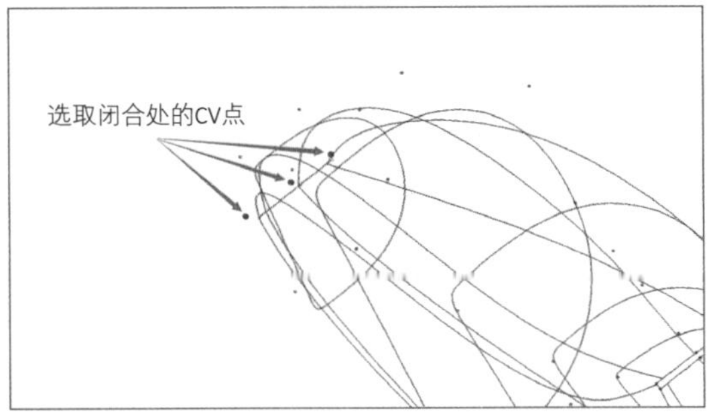

图8-1-43

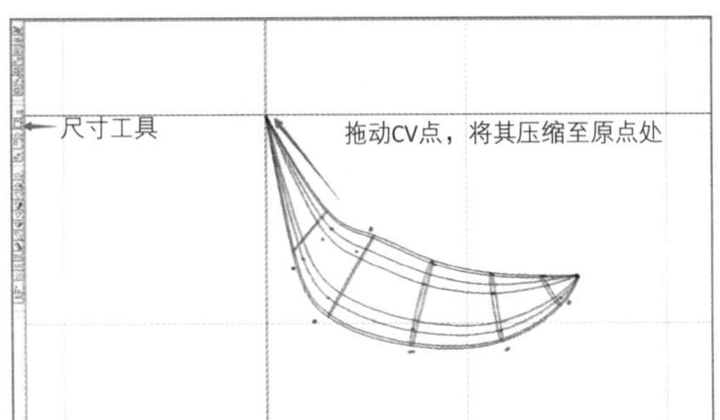

图8-1-44

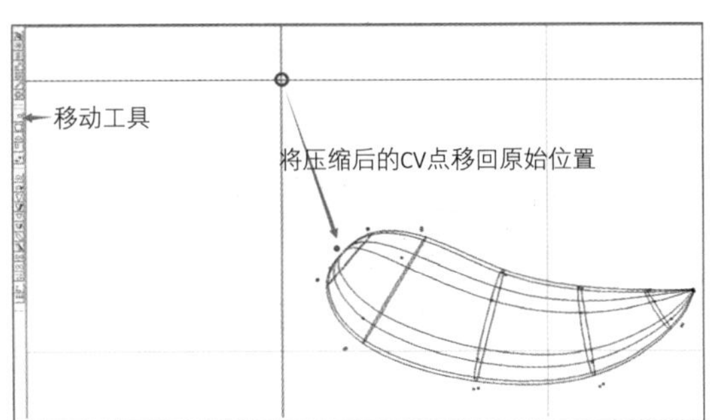

图8-1-45

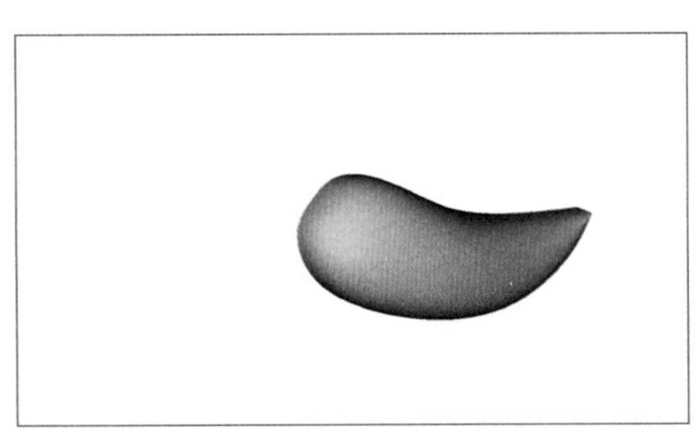

图8-1-46

图8-1-47

8-1-46。

（9）对称复制该翅膀并旋转调整，如图8-1-47，参见源文件“源8.1.6翅膀制作2”。

4. 尾翅制作

（1）调整短、长尾翅各条曲线，拉出空间层次，并制作相应切面：短尾翅切面厚度0.7mm；长尾翅切面厚度0.65mm，参见源文件“源8.1.7尾翅制作1”，如图8-1-48。

（2）制作短尾翅切面，使用“导轨曲面”命令：双导轨、不合比例、切面量度向上，分别生成尾翅各实体，参见源文件“源8.1.8尾翅制作2”，如图8-1-49。

（3）制作长尾翅切面，使用“导轨曲面”命令：双导轨、不合比例、切面量度居中，生成尾翅实体，参见源文件“源8.1.8尾翅制作2”，如图8-1-50。

（4）上视图如图8-1-51，绘制闭合曲线，之后在右视图直线延伸曲面后，分别减去长尾

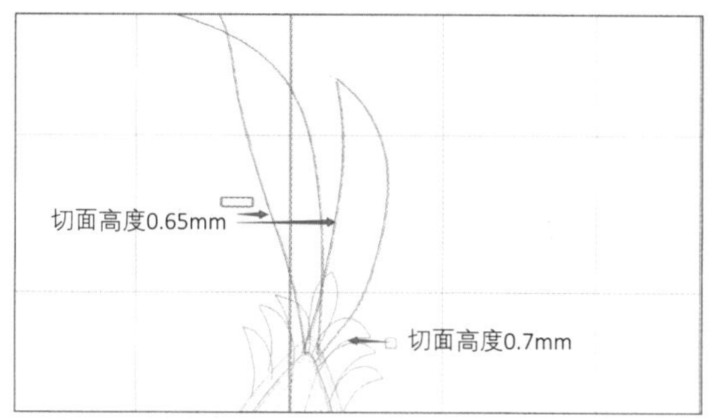

图8-1-48

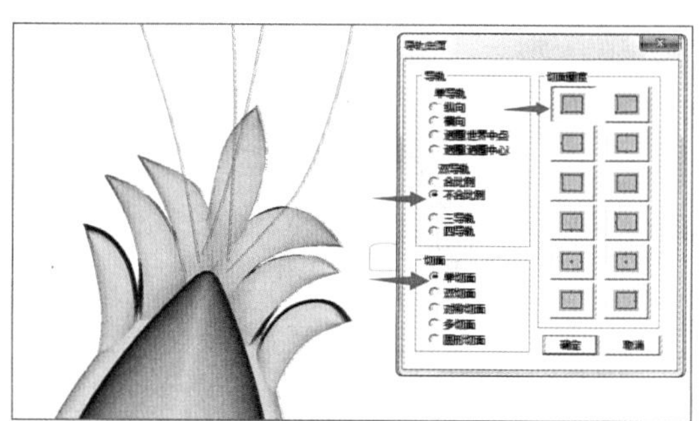

图8-1-49

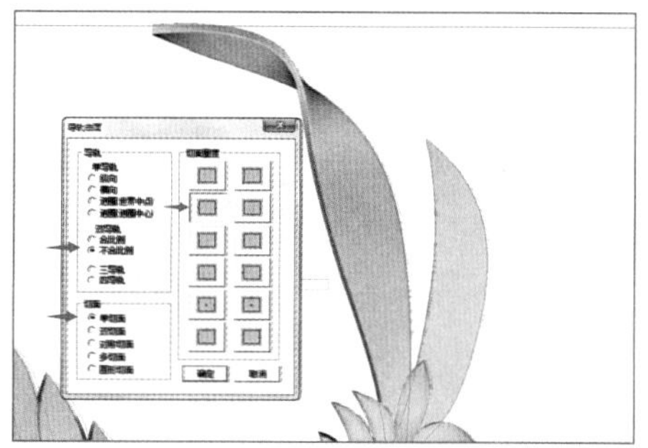

图8-1-50

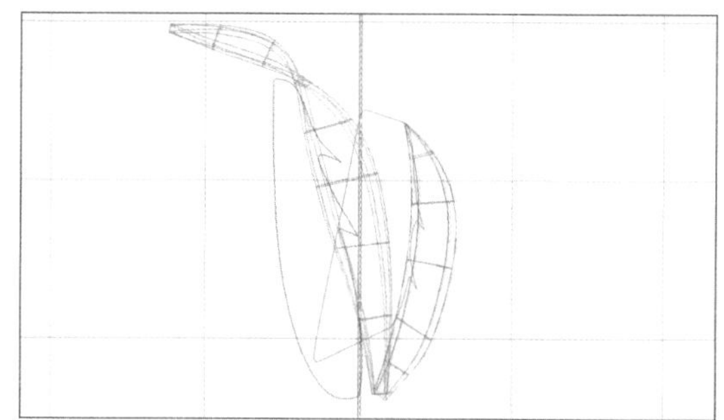

图8-1-51

图8-1-52

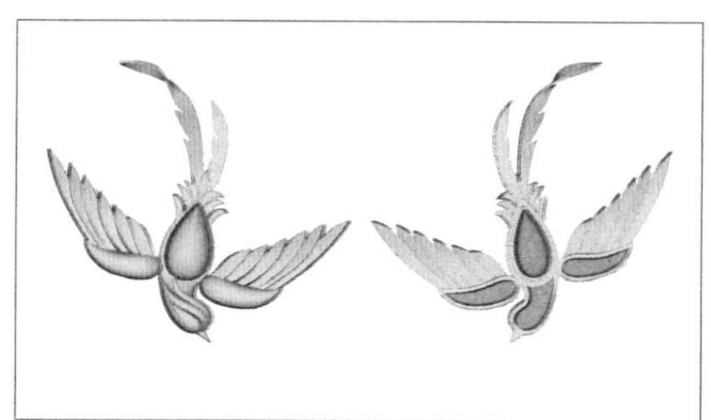

图8-1-53

翅，如图8-1-52。至此，完成了燕子胸针的整体造型制作，如图8-1-53。

5. 躯干部位金镶微方钉石位制作

（1）上视图，隐藏除躯干部位其他所有物件。

（2）生成直径1.3、1.0mm的圆曲线，使用“曲线”工具在原点处单击，放置0号CV点。使用上下对称线及左右对称线沿纵、横轴放置。

（3）将两个圆和0号CV点原地复制后，把此组物件剪贴到水滴实体上。剪贴时注意环环相交，这样可以控制住石距为0.15mm，如图8-1-54至图8-1-56。

（4）排石时，经常会出现排石不满的情况，如图8-1-57，图中红色圆环表明按照固定石距0.15mm的间隔，会出现底部最后一颗石头无法排列满的情况。出现这种情况一般可以删除掉原按照固定石距排布的辅助圆，之后每组圆环的间距略略缩进，缩小石距间隔（也可

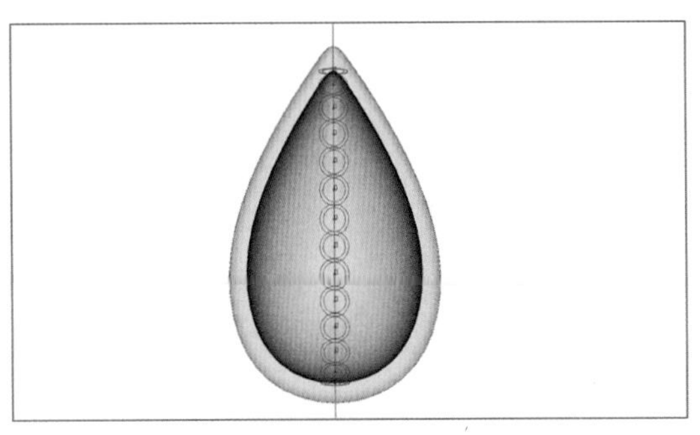

图8-1-54

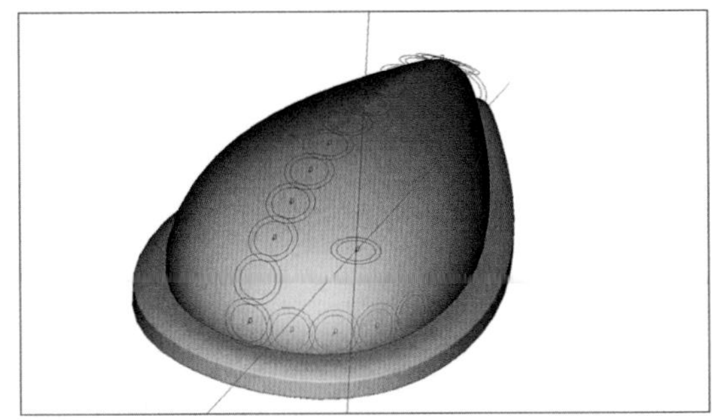

图8-1-55

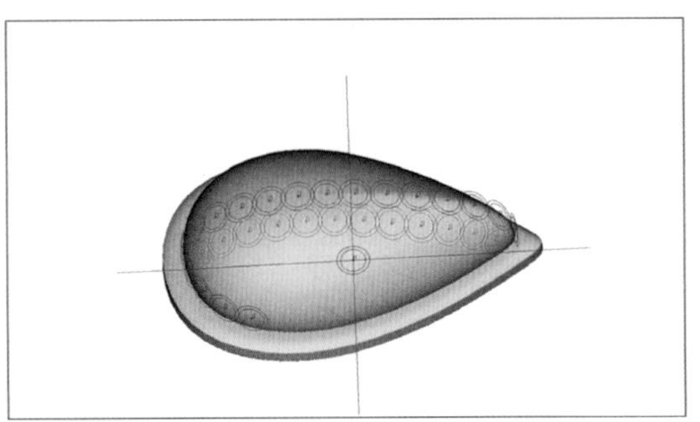

图8-1-56

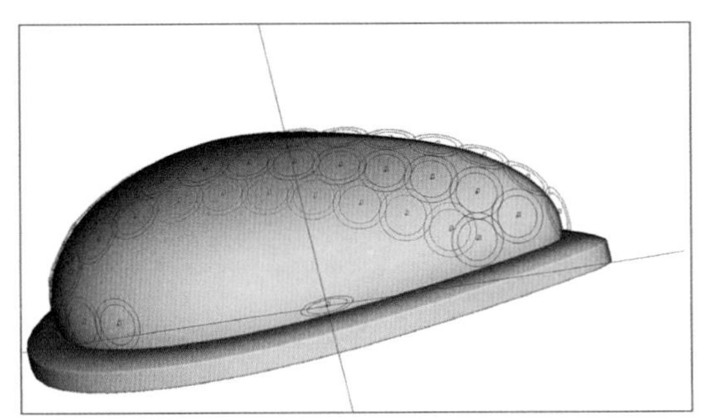

图8-1-57

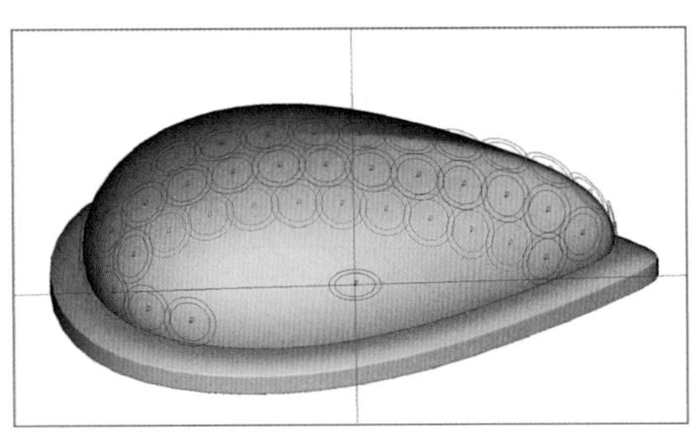

图8-1-58

扩大石距间隔），使得排石得以整列排满，调整后的辅助圆如图8-1-58。

（5）继续排布余下列的辅助圆，如图8-1-59、图8-1-60。

（6）制作直径1.0mm的圆石及相应开石位物件，如图8-1-61。

（7）原地复制后，分别剪贴到直径1.0mm的辅助圆内，如图8-1-62至图8-1-64。

（8）将水滴尖端部位的排石垂直向下移动，

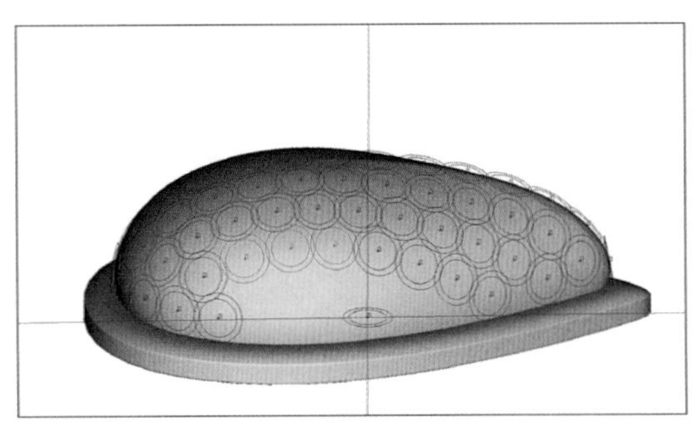

图8-1-59

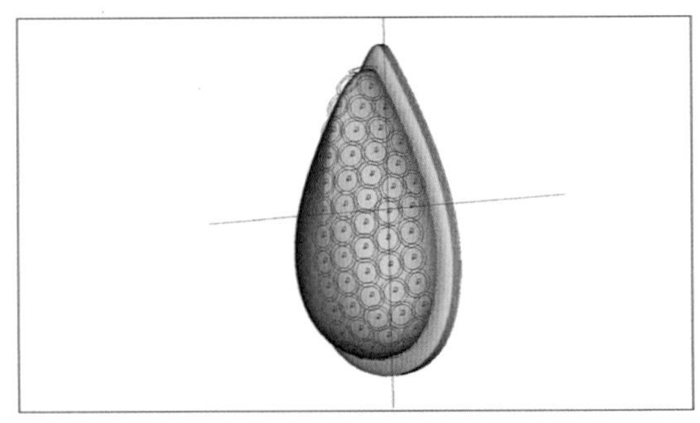

图8-1-60

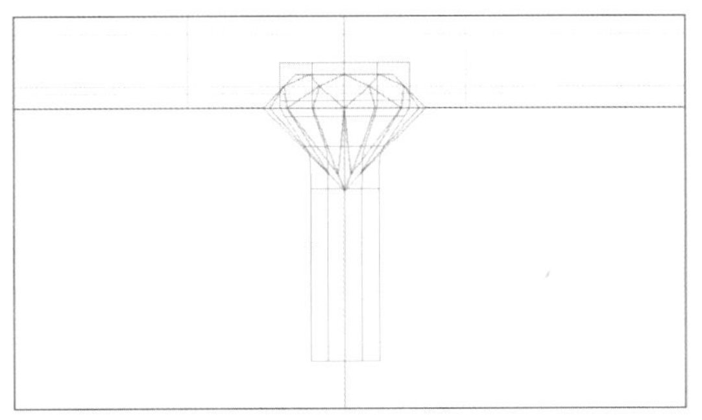

图8-1-61

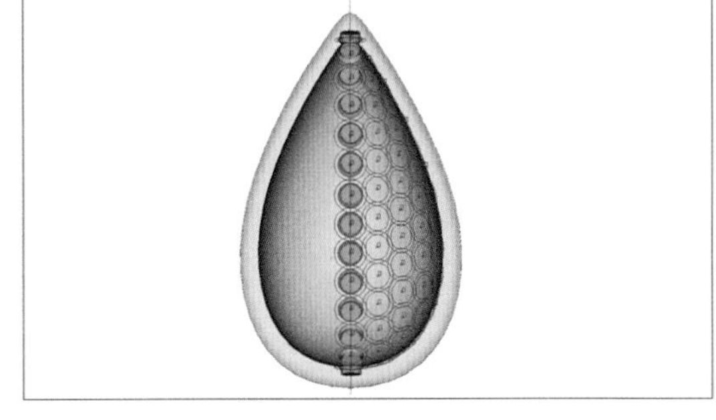

图8-1-62

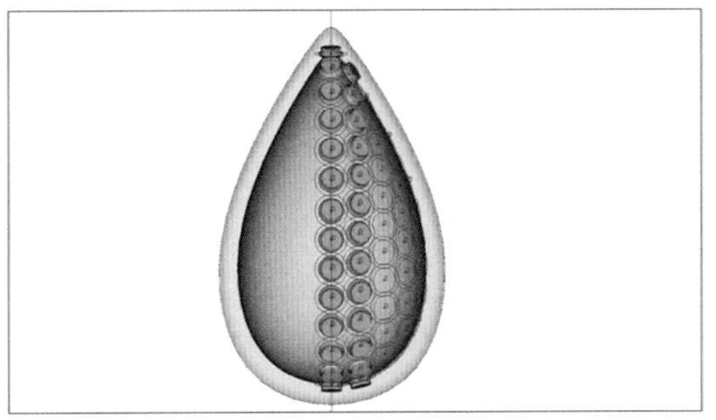

图8-1-63

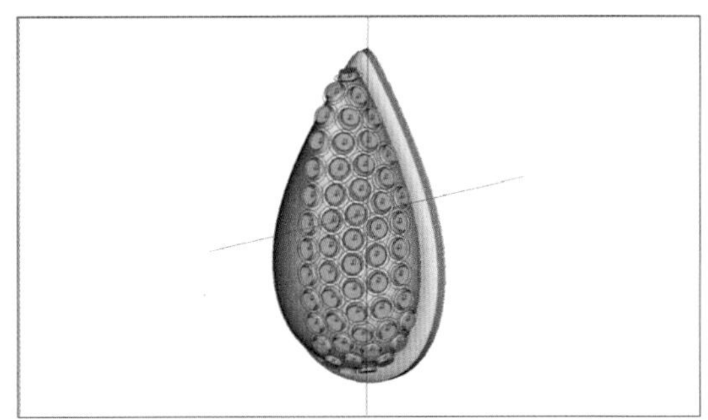

图8-1-64

使得石腰平齐于光金面，如图8-1-65。

（9）上视图，选中除步骤（6）圆石及开石位实体外的所有物件，使用“多重变形”命令将它们水平移动30mm。

（10）选中步骤（6）中两件物件，使用“直线复制”工具，将其横向向右1.15mm直线复制多一组，如图8-1-66。

（11）如图8-1-67，使用“上下左右对称线”工具绘制一个矩形，其宽度为0.35mm，长度为0.6mm。将其移动回原点处，使用“直线延伸曲面”工具将其生成方钉实体，要求该方钉顶部高于宝石台面0.1mm，底部深入横轴0.2mm以上，如图8-1-68。

（12）使用“多重变形”命令将其在进出方向上旋转90°，如图8-1-69。

（13）选中除步骤（9）所有物件，使用“多重变形”命令将它们水平移动-30mm。

（14）将方钉原地复制后，进行剪贴排钉，

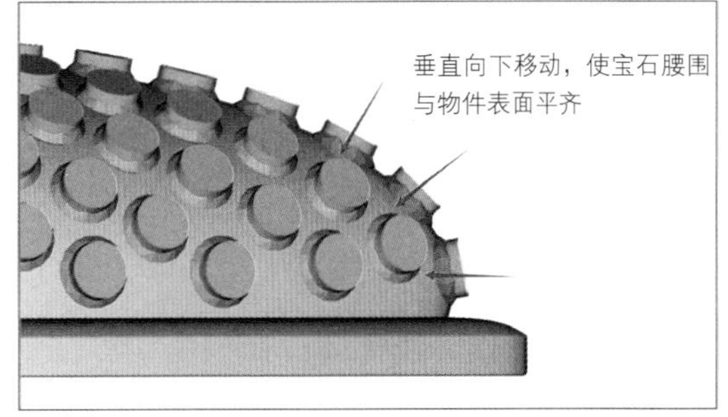

图8-1-65

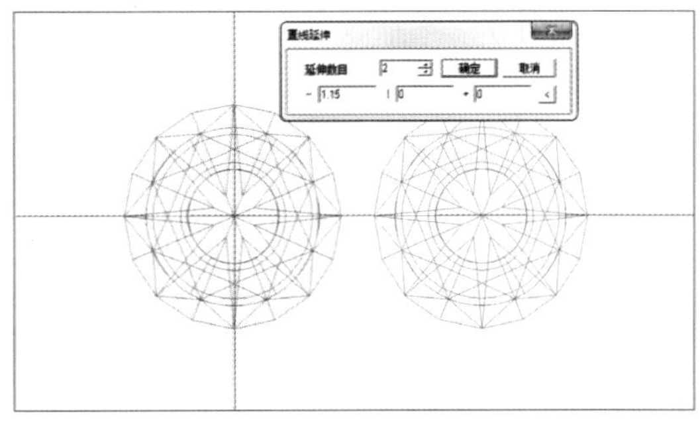

图8-1-66

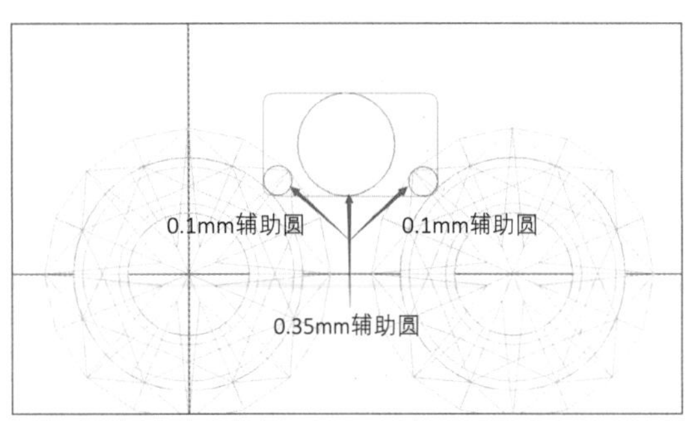

图8-1-67

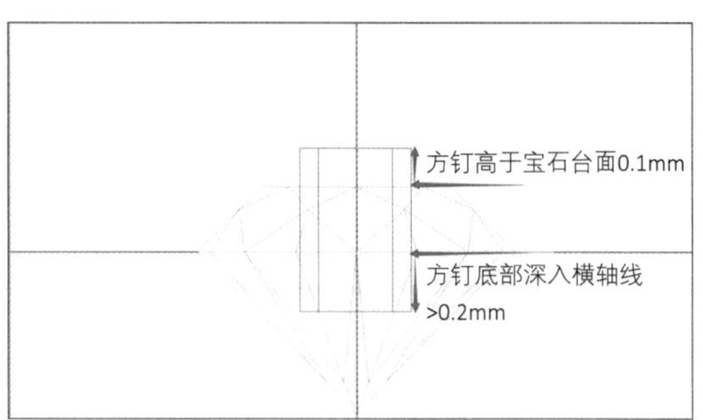

图8-1-68

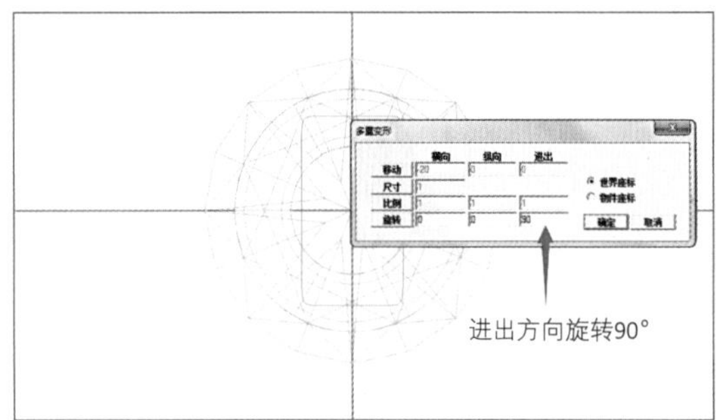

图8-1-69

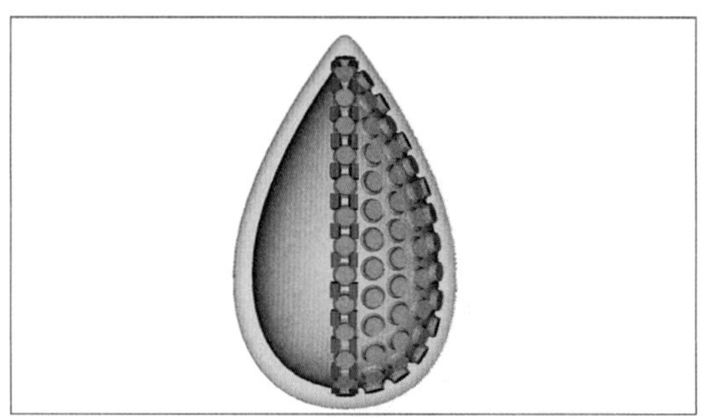

图8-1-70

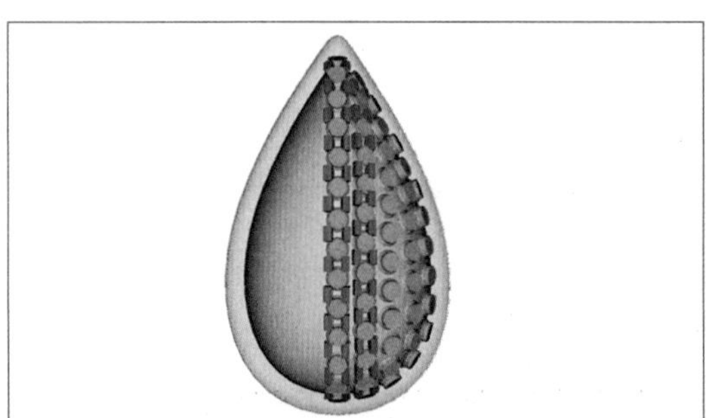

图8-1-71

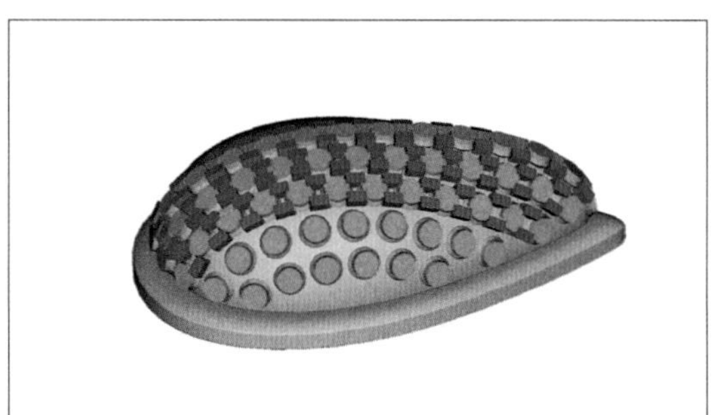

图8-1-72

如图8-1-70至图8-1-74。

（15）将圆石、石位物件、方钉对称复制，如图8-1-75。

（16）选中原点位置处的方钉，原地复制后，使用“尺寸”工具将其纵向压缩1/2，如图8-1-76。

（17）原地复制该压缩方钉后，将其剪贴在排钉的空白位置处，作为假钉使用，如图8-1-77至图8-1-80。

（18）将该组方钉对称复制，完成躯干部位的排石工作，如图8-1-81。

（19）选中全部开石位物件减去躯干实体，完成开石位工作，参见源文件“源8.1.9石位制作躯干部位”。

6. 翅根部位排石

该翅根实体最高处高度为2.6mm，需要在上方减缺出石位槽——槽深0.45mm，留出镶石位厚度为0.7mm，掏底厚度应为1.45mm。图8-1-82展示了后期该翅根上减石槽下掏底的状

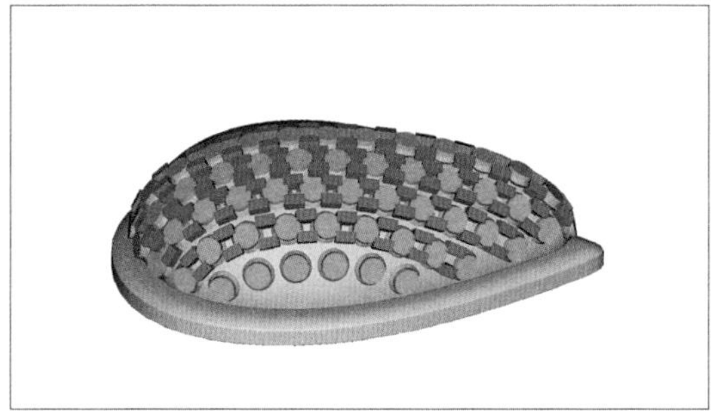
图8-1-73

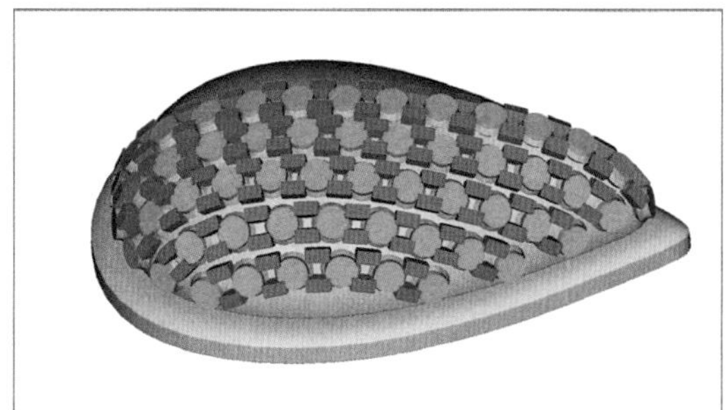
图8-1-74

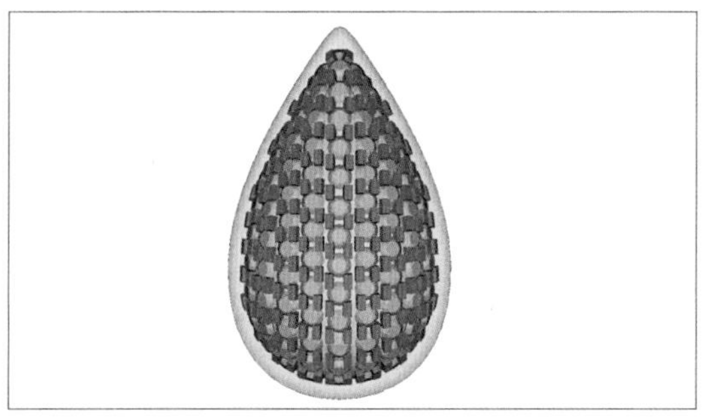
图8-1-75

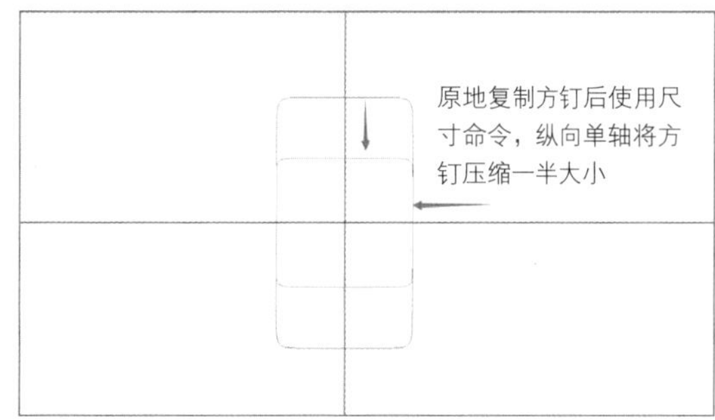

图8-1-76

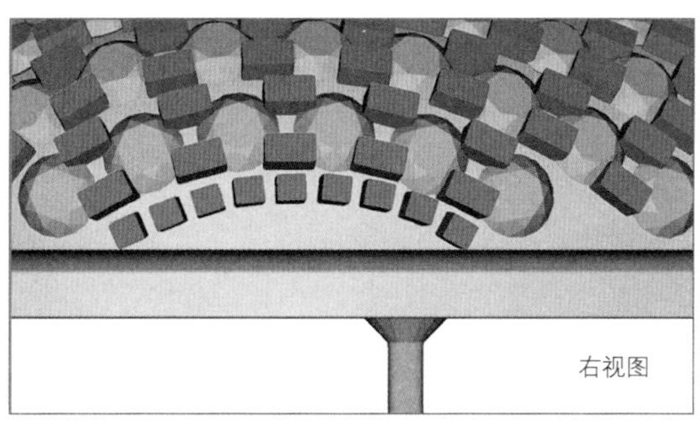

图8-1-77

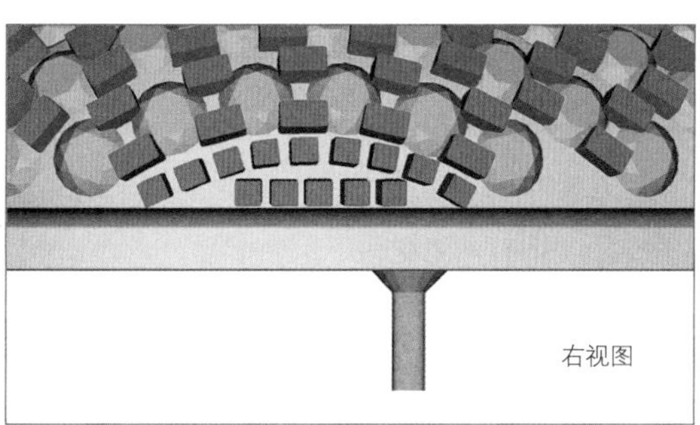

图8-1-78

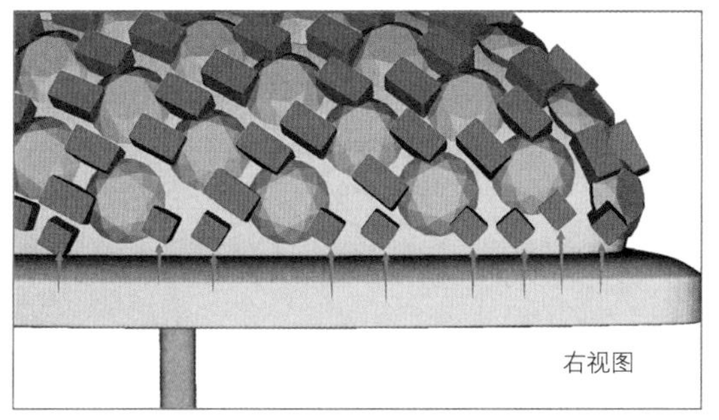

图8-1-79

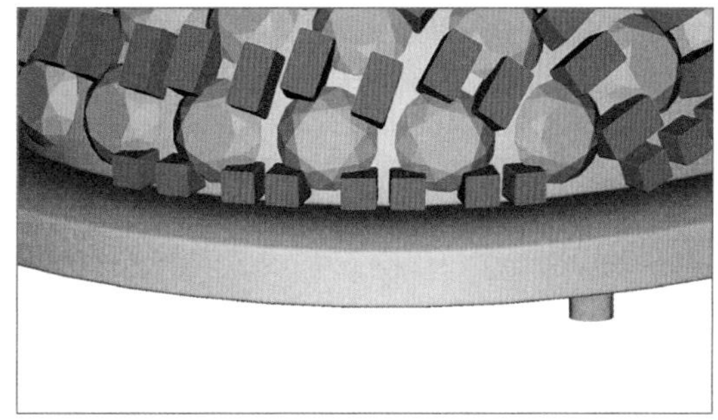
图8-1-80

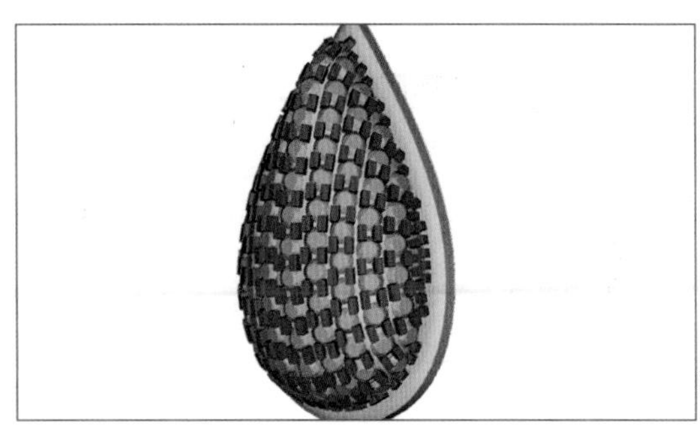

图8-1-81

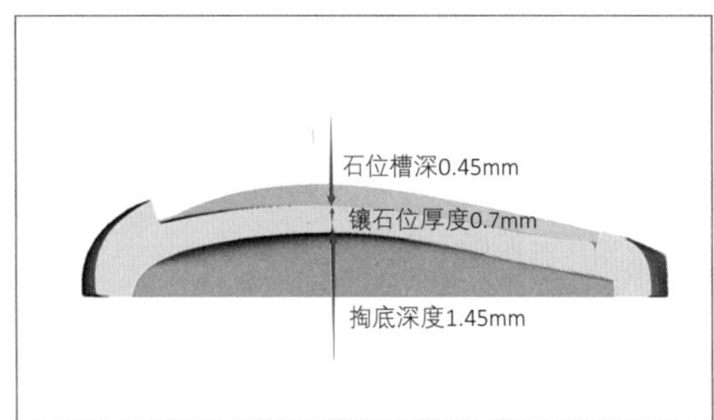

图8-1-82

态，所以在制作此类需要掏底并开槽镶石的物件时，应根据开槽深度、掏底深度及镶石位厚度+执摸余量来推算物件厚度。

（1）展示所有物件后，选中除翅根实体、翅根原始曲线切面的所有物件并隐藏。

（2）开石位制作：上视图中绘制如图8-1-83的两条导轨曲线，绘好之后，可以放入直径1.15mm的辅助圆，预先测量排石位置是否够用，再行调整导轨曲线大小及弧度。

（3）绘制一个高2mm的矩形切面，使用“左右对称线”工具对其底部曲线进行加点编辑，如图8-1-84。

（4）使用“导轨曲面”命令：双导轨、单切面、切面量度向上，生成开槽减缺实体，并更换其物件材料颜色，正视图中将其移动到翅根上方，如图8-1-85。

（5）正视图，选中翅根实体，使用“直线延伸”工具将其向下0.45mm复制一个，可以更改物件层面颜色方便观察，如图8-1-86。

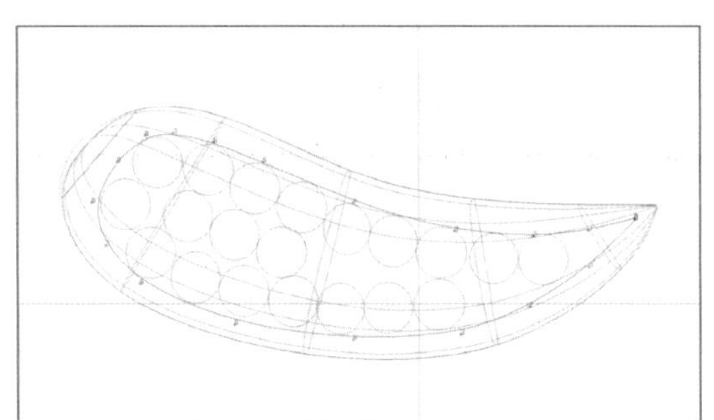

图8-1-83

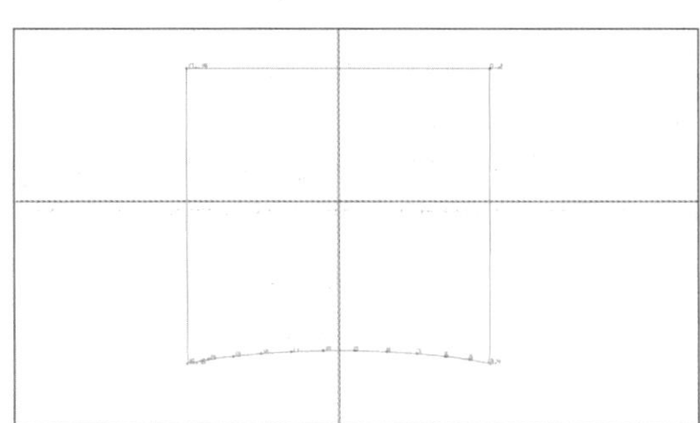

图8-1-84

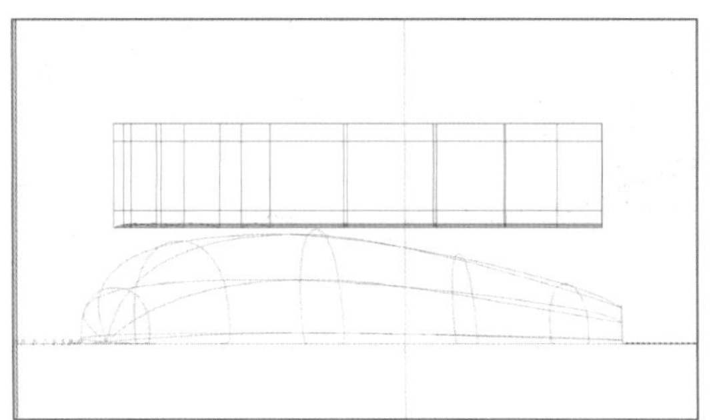

图8-1-85

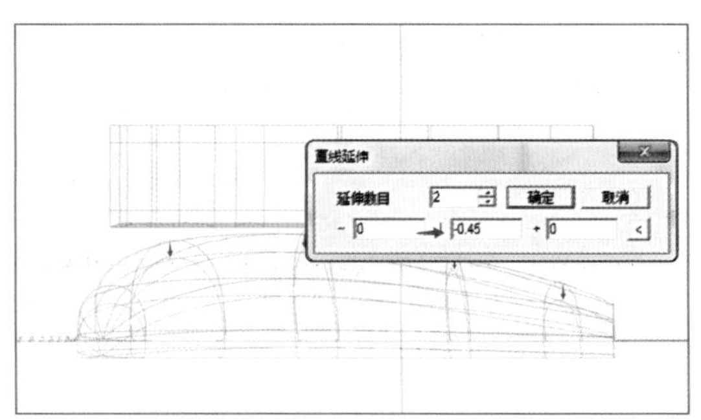

图8-1-86

（6）正视图，选中减缺实体下方的CV点，如图8-1-87。使用“投影”命令：投影方向向上，贴在曲线/面上，勾选保持曲面切面不变。将其投影到下方的复制翅根上，如图8-1-88。之后，减去翅根，删除复制翅根，完成开槽，如图8-1-89。

（7）检查开槽深度：剪贴数粒0.45mm圆石，贴放于槽内壁，检查开槽深度是否正确，如图8-1-90。

（8）掏底制作：将两条翅根原始曲线分别向内偏移0.7mm，如图8-1-91。调整该曲线，如图8-1-92。

（9）使用“导轨曲面”命令：双导轨、单切面，切面量度向上（切面为原翅根切面），生成掏底实体，改变其材料颜色，如图8-1-93。

（10）增加该实体UV方向两倍CV点，选中上部CV点，将其投影到翅根实体上，如图8-1-94、图8-1-95。

（11）使用“多重变形”命令，将掏底物向下移动1.15mm，如图8-1-96。之后将其减去

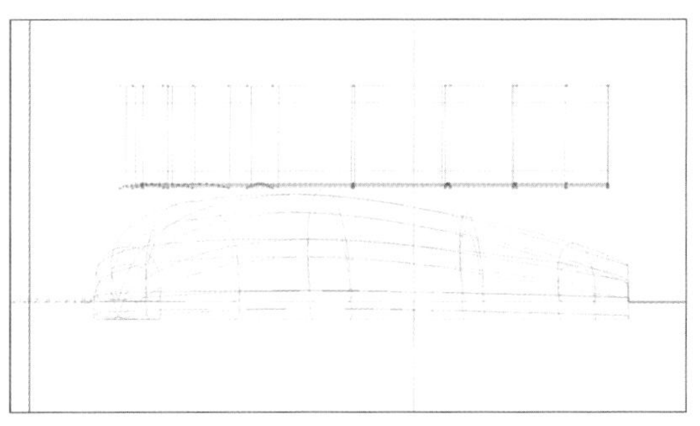
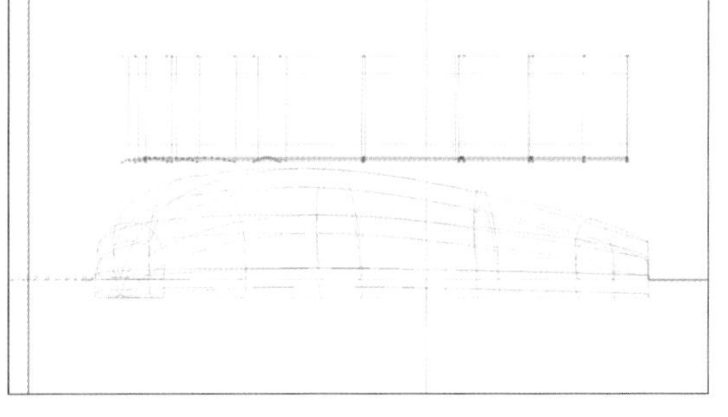

图8-1-87

图8-1-88

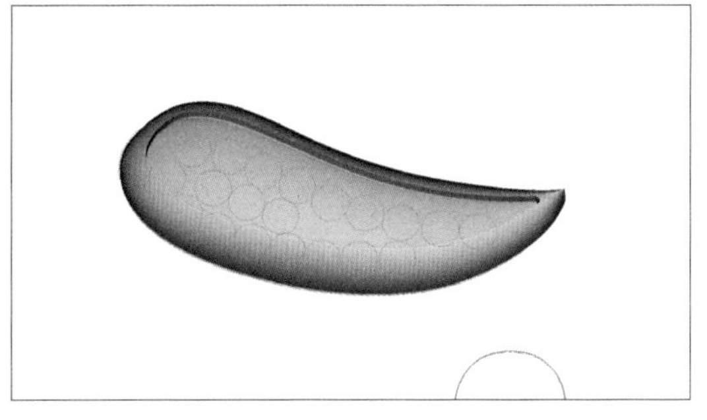

图8-1-89

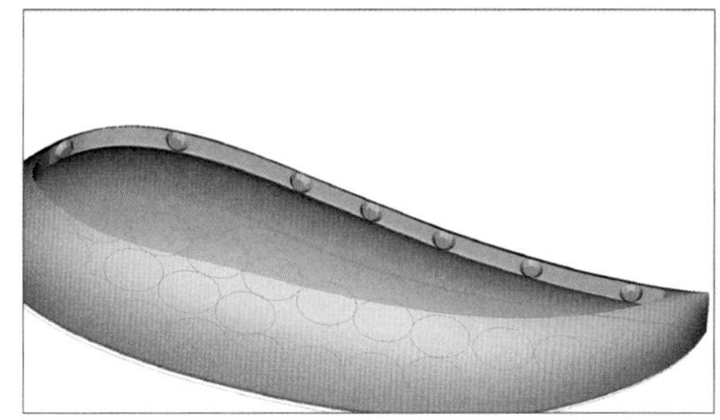

图8-1-90

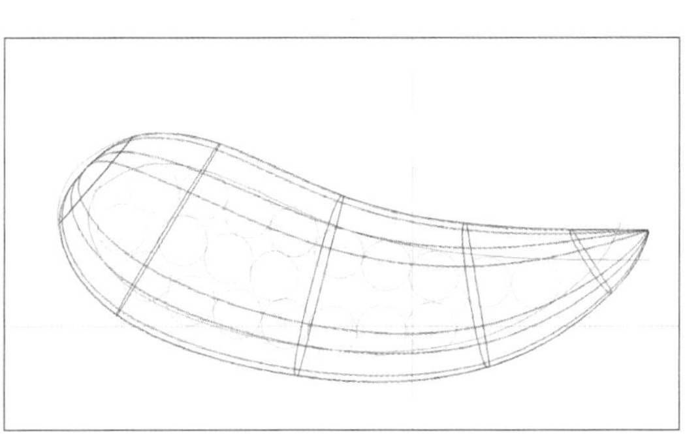

图8-1-91

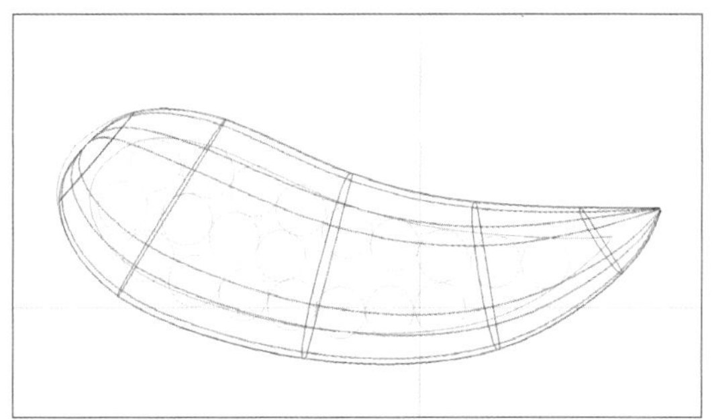

图8-1-92

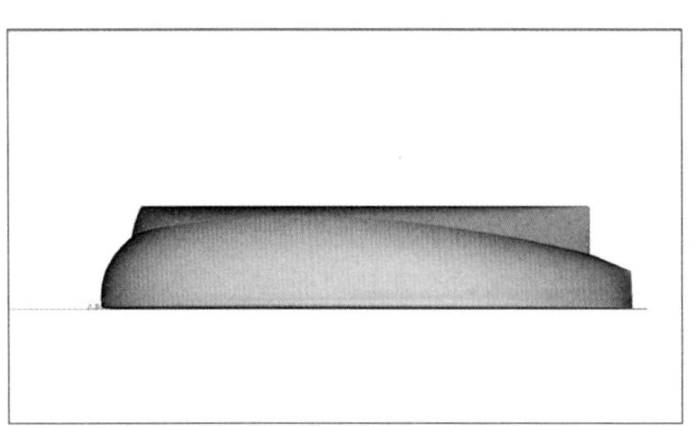

图8-1-93

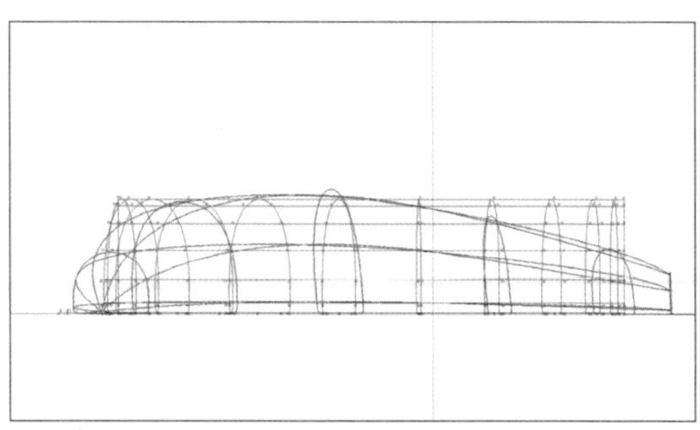

图8-1-94

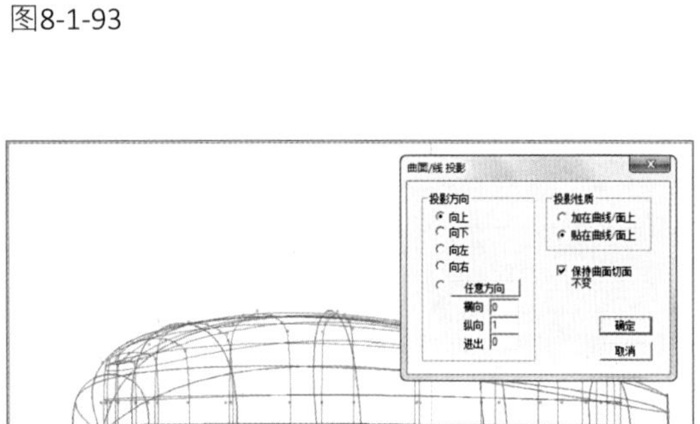

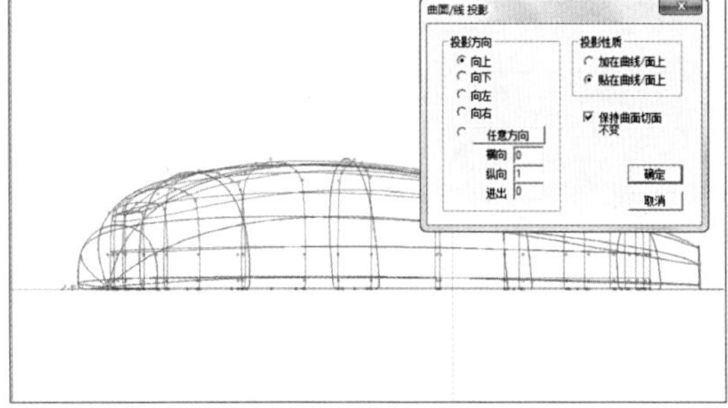

图8-1-95

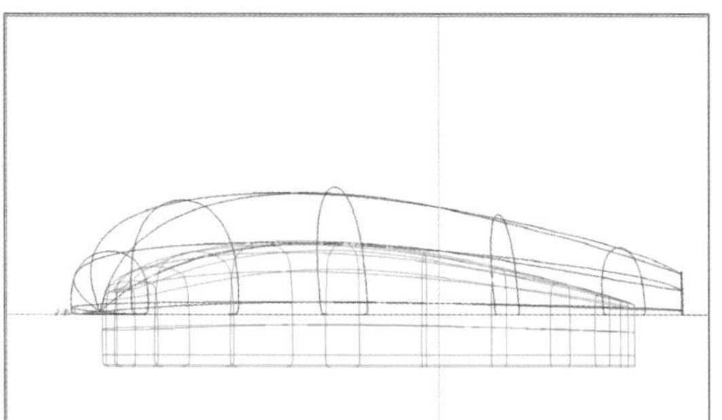

图8-1-96

翅根实体，完成掏底工作。

（12）检查掏底深度：正视图中绘制一个矩形曲线并在右视图中直线延伸，如图8-1-97。将其定义为“超减物件”，右视图中移动其到翅根中部位置，可以从正视图中观察到翅根横截面情况，如图8-1-98。

（13）剪贴数粒直径0.7mm圆石检查该处厚度为正确数值，如图8-1-99。

（14）展示出翅膀羽翼并将其全部联集，发现羽翼根部进入到石槽及掏底位置，如图8-1-100。

（15）使用“还原布林体”工具，还原翅根的两块减缺物件，如图8-1-101。

（16）原地复制这两块减缺物件，分别减缺羽翼及翅根，如图8-1-102。

（17）制作直径1.0mm圆石及相应开石位物件，进行排石。

（18）排石完成后，选中所有开石位物

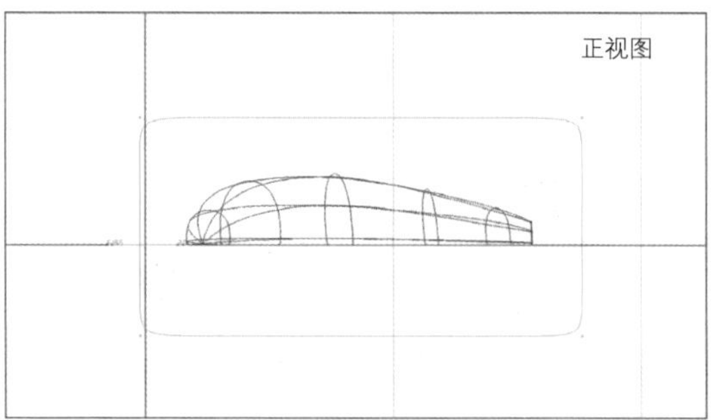

图8-1-97

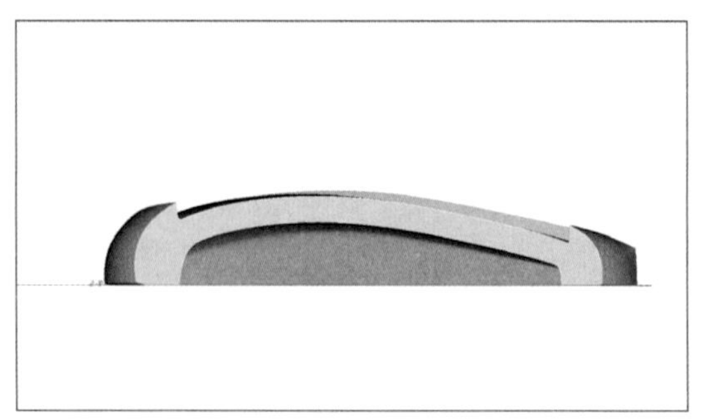

图8-1-98

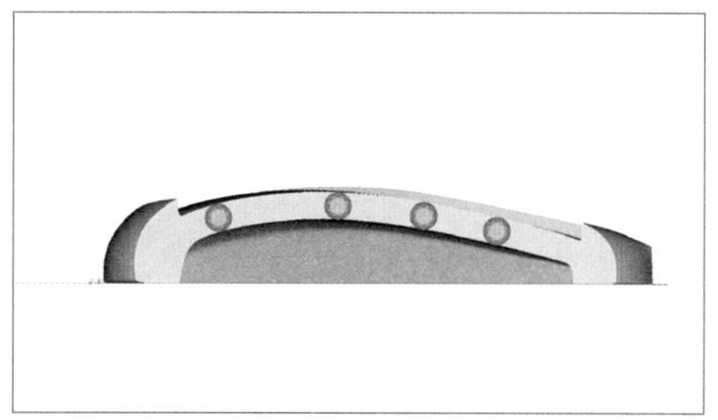

图8-1-99

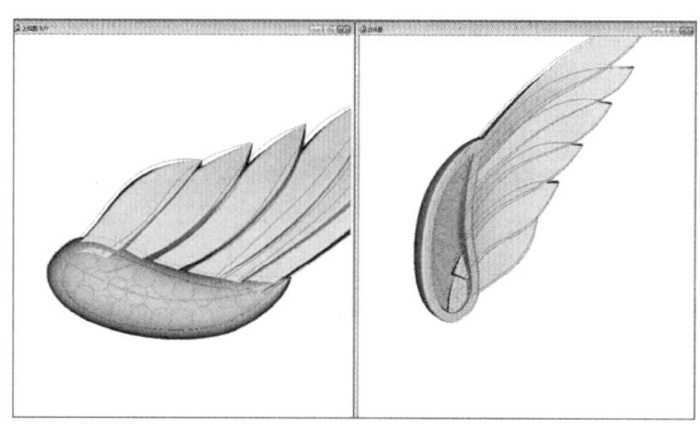

图8-1-100

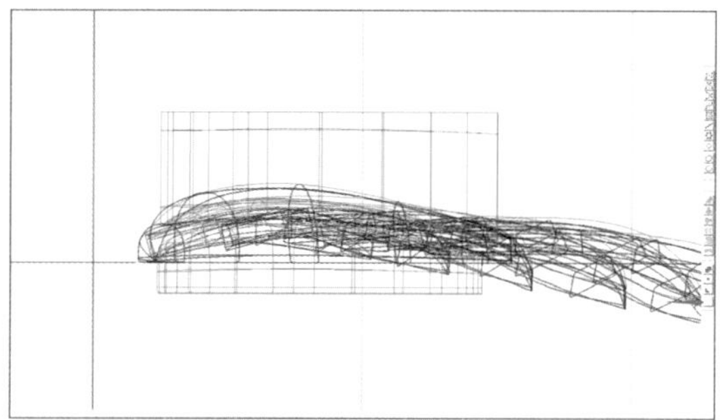

图8-1-101

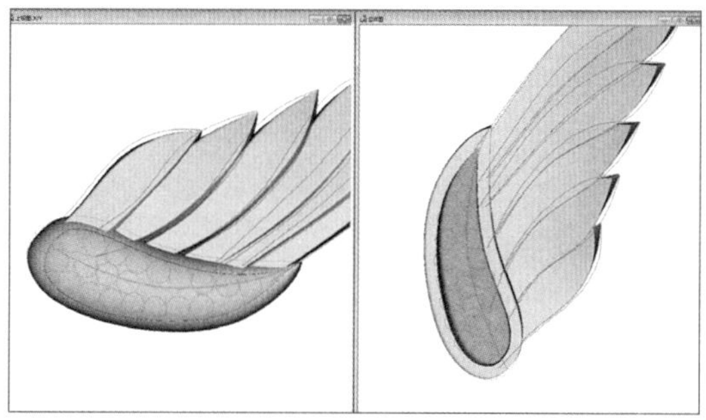

图8-1-102

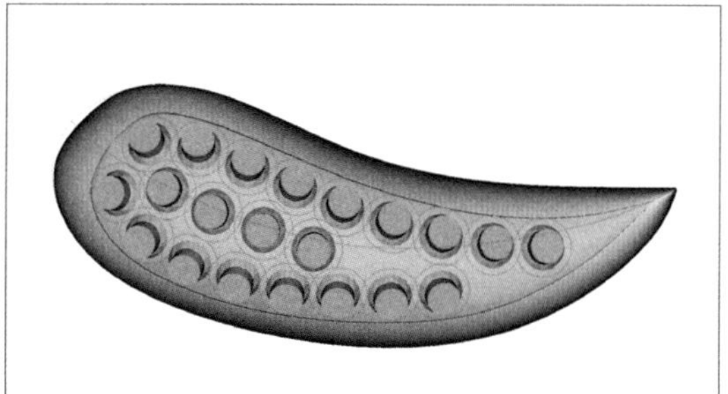

图8-1-103

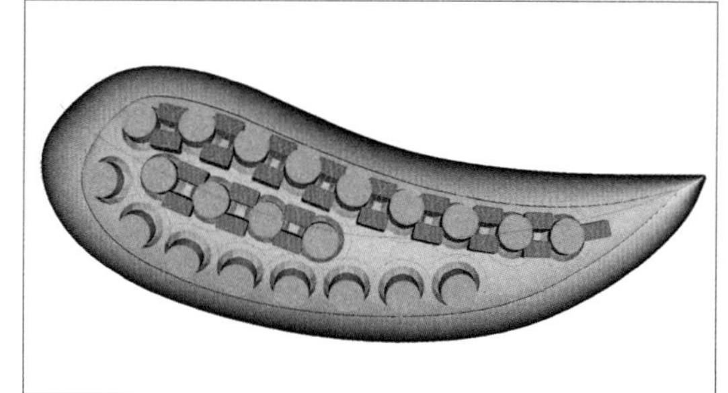

图8-1-104

件，联集后减去翅根，如图8-1-103。

（19）参照躯干排石步骤，排部方钉，如图8-1-104、图8-1-105。参见源文件“源8.1.10 石位制作 翅根部位”。

7. 短尾翅部位排石

（1）隐藏除短尾翅外其他所有物件。

（2）正视图，制作直径1.0mm的圆石。并绘制U形闭合曲线，如图8-1-106。

（3）上视图，制作直径0.1mm的辅助圆，置于宝石边缘，如图8-1-107。

（4）上视图，右键横向压缩U形曲线，使其边缘垂直方向对齐直径0.1mm的辅助圆，如图8-1-108。

（5）正视图，将U形曲线原地复制并反右。

（6）上视图，使用“直线延伸曲面”命令将U形曲线直线延伸2mm，并置于中心对齐位置，更改该物件材料颜色，如图8-1-109。

(7)正视图，贴合纵轴绘制一条垂直线，使用“管状曲面”工具“圆形切面”、直径为

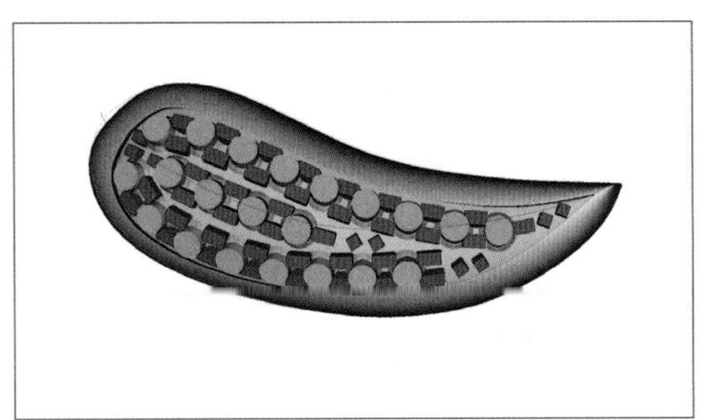

图8-1-105

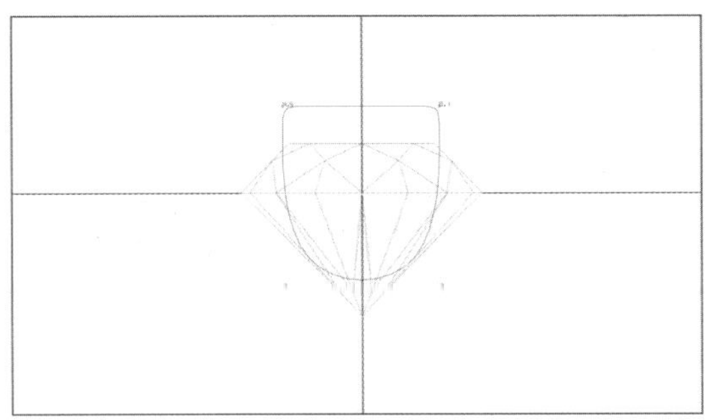

图8-1-106

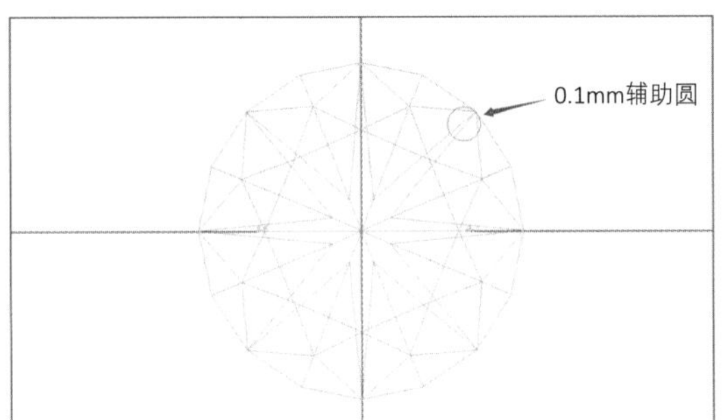

图8-1-107

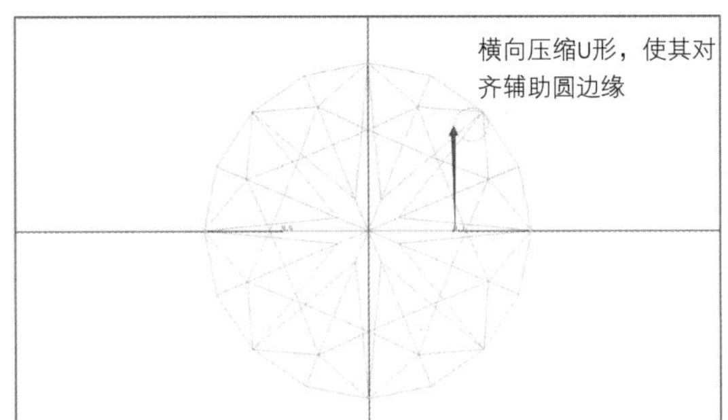

图8-1-108

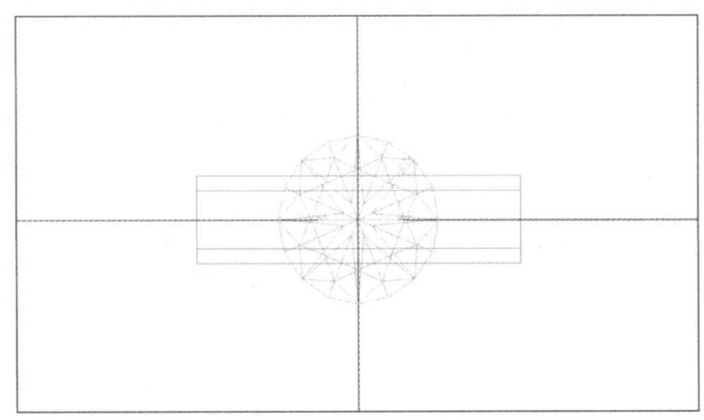

图8-1-109

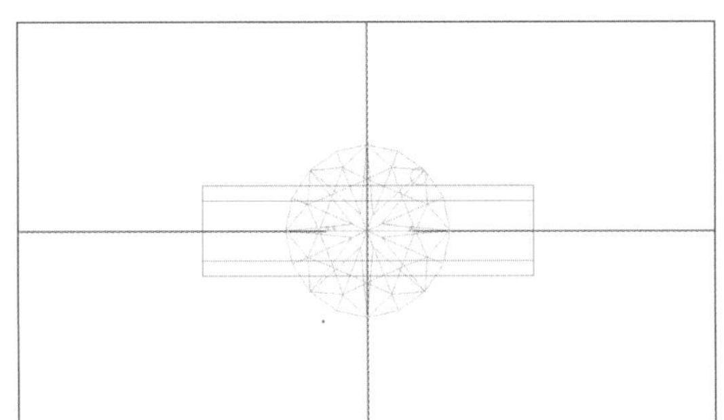

图8-1-110

0.6mm，制作出开石位物件，如图8-1-110。

（8）上视图，制作直径1.3mm的辅助圆后，选中该组排石物件向下移动至宝石台面低于横轴0.1mm，此处令宝石相对光金面下降0.1mm，主要供后期执模余量，也可平齐横轴，如图8-1-111。

（9）原地复制后进行剪贴排石，如图8-1-112。

（10）使用“线面连接曲面”工具，将所有U形曲线连接成体，并更换材料颜色，如图8-1-113。

（11）将中间三条U形体减去尾翅，如图8-1-114，再删除余下U形体。

（12）调整深蓝色U形体头尾端U形切面CV点使其收窄并贴近宝石，如图8-1-115。

（13）将蓝色U形体及圆柱形开石孔物件减去尾翅实体，完成此处排石，如图8-1-116。

（14）参照以上制作步骤，将余下的两

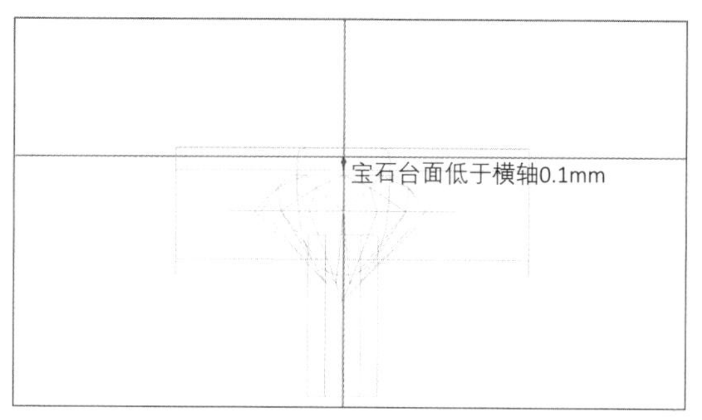

图8-1-111

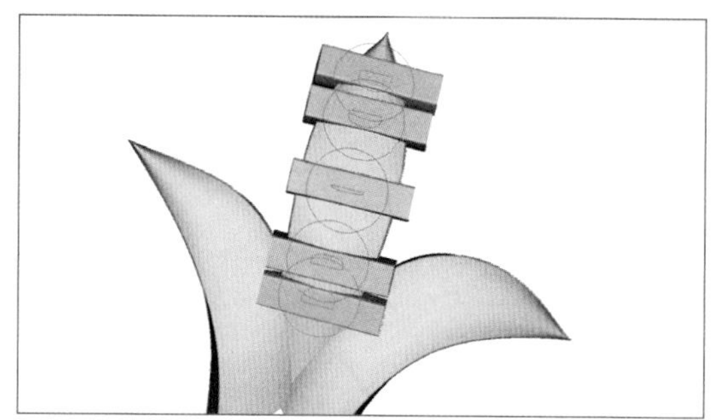

图8-1-112

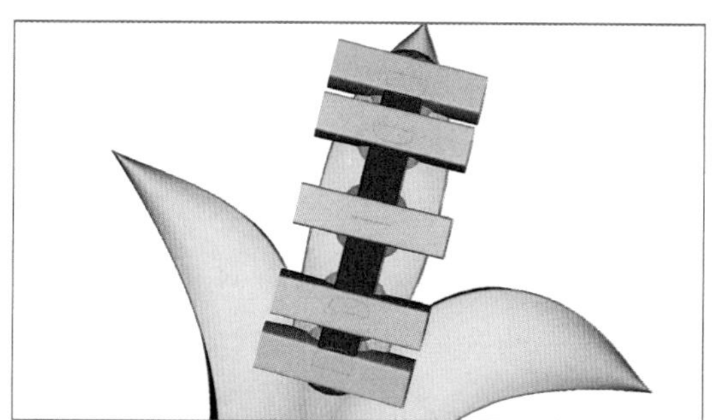

图8-1-113

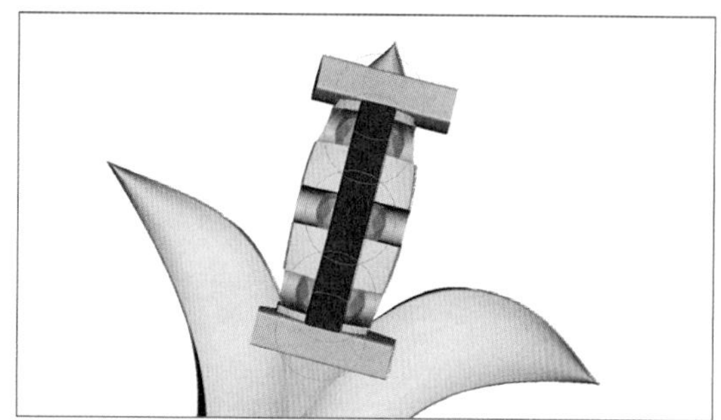

图8-1-114

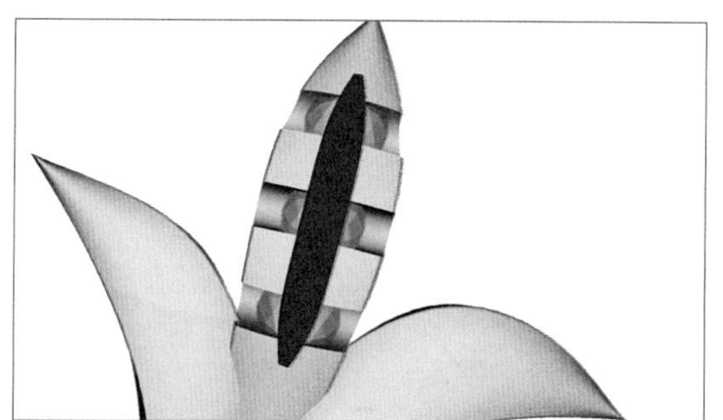

图8-1-115

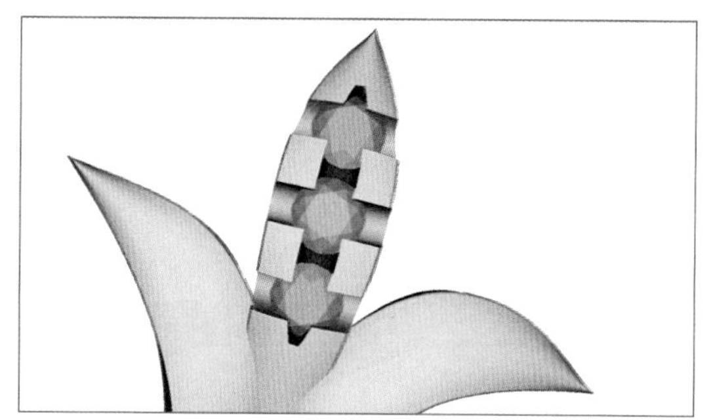

图8-1-116

条尾翅排石，如图8-1-117，参见源文件“源8.1.11石位制作　尾翅部位”

8. 整体调整

隐藏所有无关曲线等物件，对造型各部位进行整体协调。

（1）上视图，将躯干部位旋转回原始位置，并将除躯干外所有物件在右视图内下降，使得物件不碰到躯干上的方钉，如图8-1-118至图8-1-120。

（2）选中水滴外缘实体下端所有CV点，向下拖至与头部平齐位置，如图8-1-121。

（3）将翅膀对称复制，并旋转、移动调整到适合位置。

（4）调整头部外飘出的眉眼实体，使之不碰方钉，如图8-1-122。

（5）制作一粒1.5mm的爪镶圆石，放置在眼部，如图8-1-123。

（6）最终完成该胸针制作，参见源文件“最终完成版”，如图8-1-124、图8-1-125。

图8-1-117

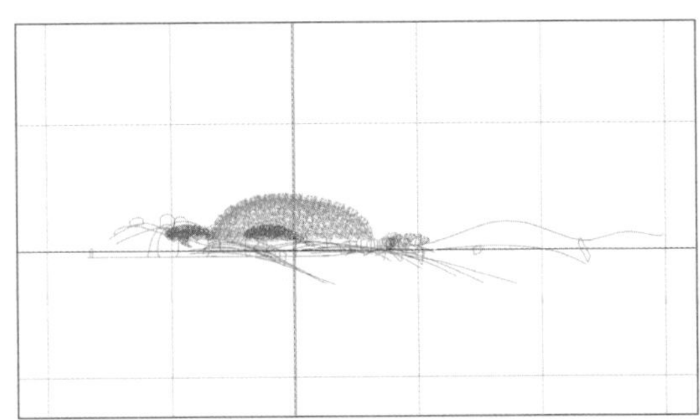

图8-1-118

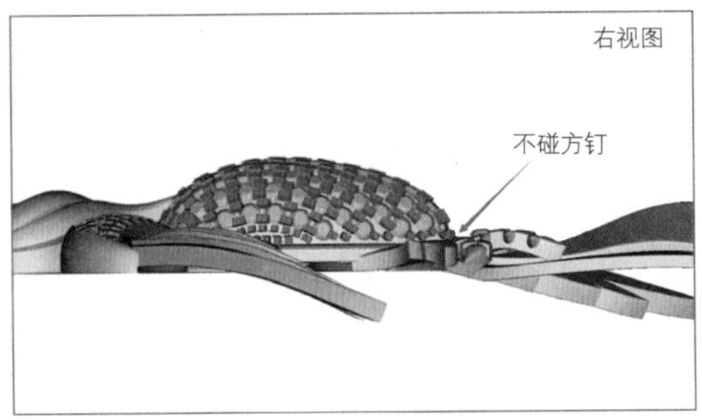

图8-1-119

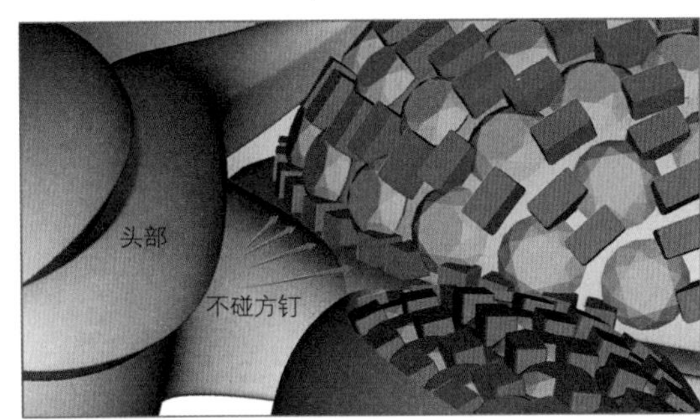

图8-1-120

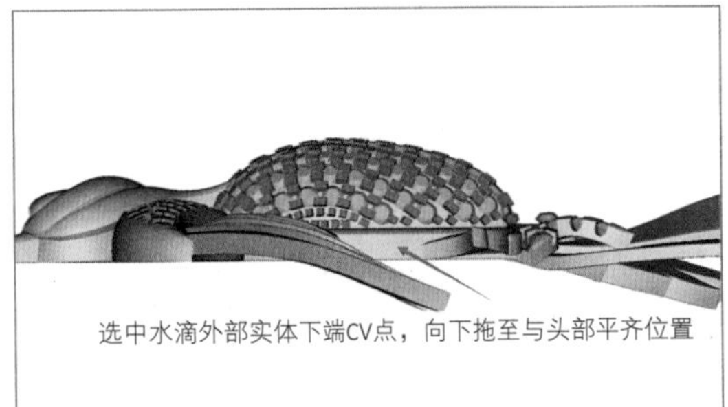

图8-1-121

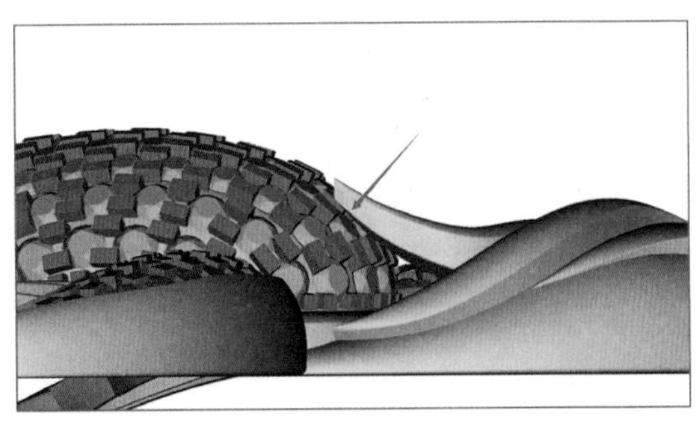

图8-1-122

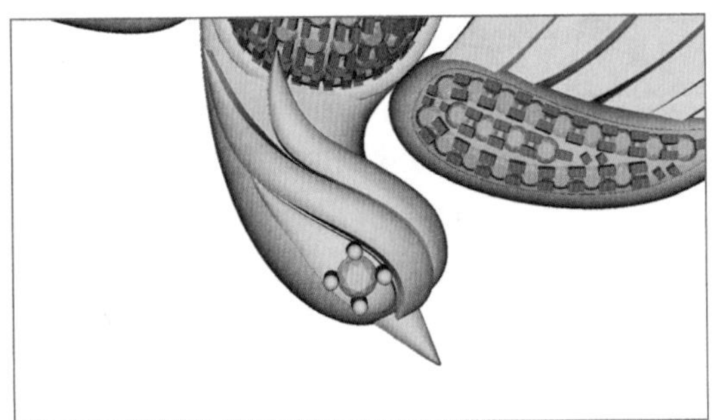

图8-1-123

图8-1-124

图8-1-125

第二节 狮子王胸针

本案例主要讲解：动物造型制作；掏底与掏底检查技法。

制作步骤如下：

（1）上视图，设定直径60mm的圆，控制造型大小范围，并绘制横、纵轴辅助线备用，如图8-2-1。

（2）绘制狮子头部轮廓线，如图8-2-2、图8-2-3。

（3）绘制狮子身躯轮廓线条，如图8-2-4。

（4）在脸部轮廓内逐一绘制各部分导轨线条，导轨线全部为双导轨线，如图8-2-5至图8-2-8。

（5）在头部轮廓内逐一绘制毛发导轨线，如图8-2-9至图8-2-16。

（6）在身躯轮廓内逐一绘制各部分导轨线

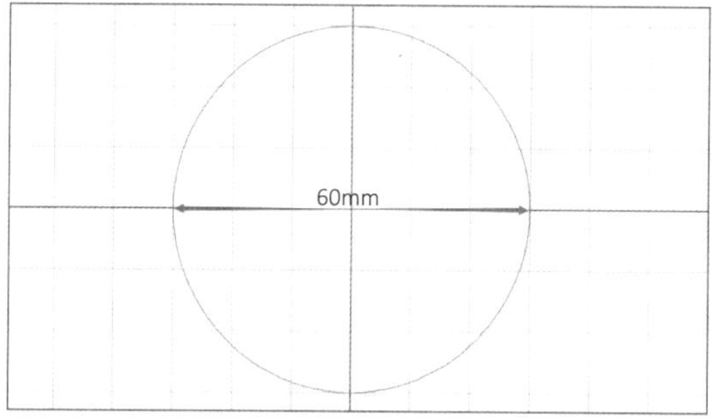

图8-2-1

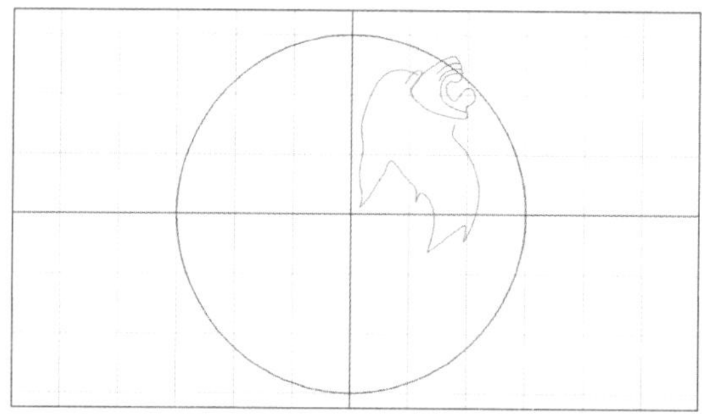
图8-2-2

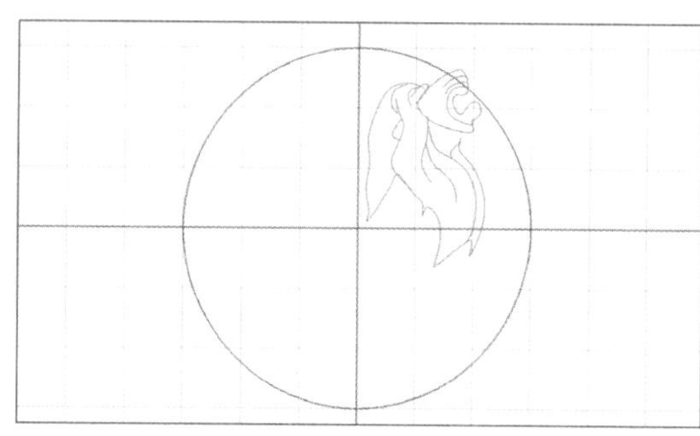
图8-2-3

图8-2-4

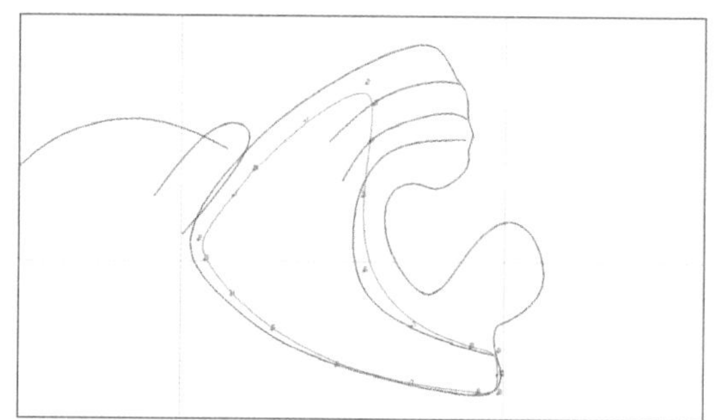
图8-2-5

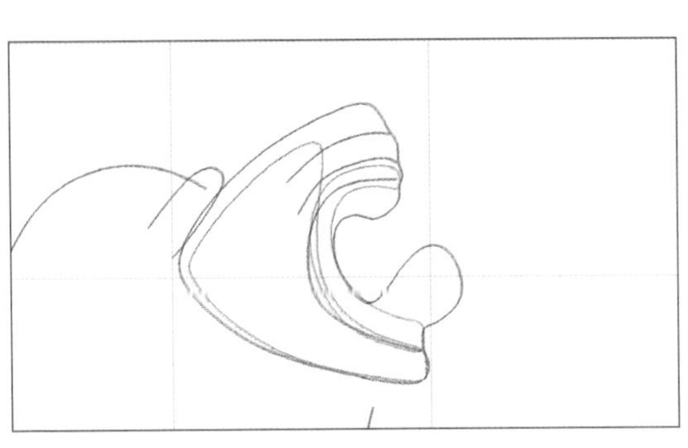
图8-2-6

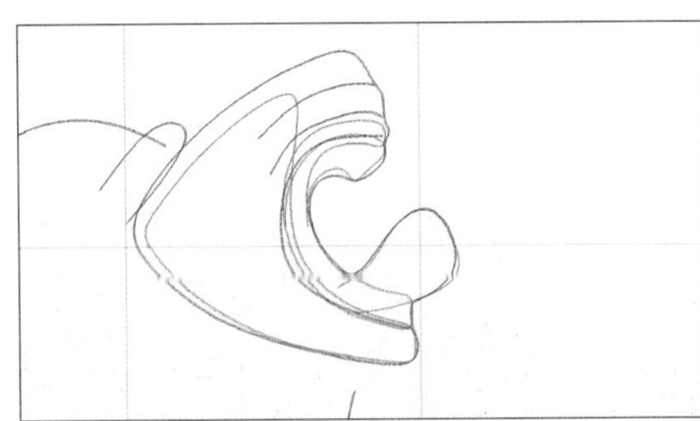
图8-2-7

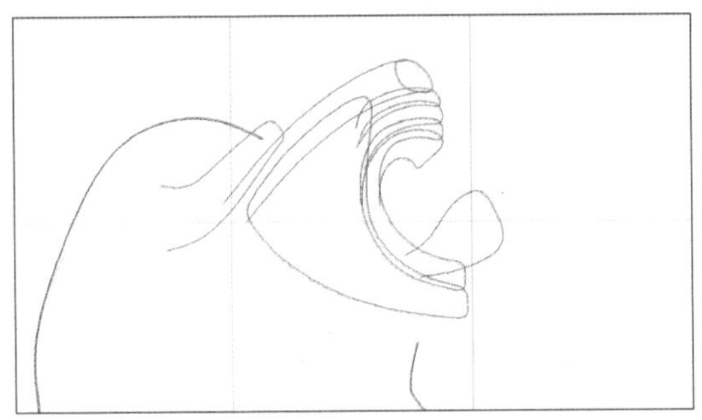
图8-2-8

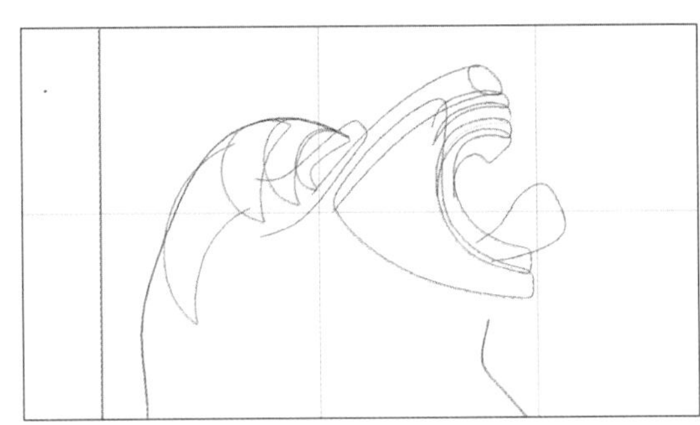
图8-2-9

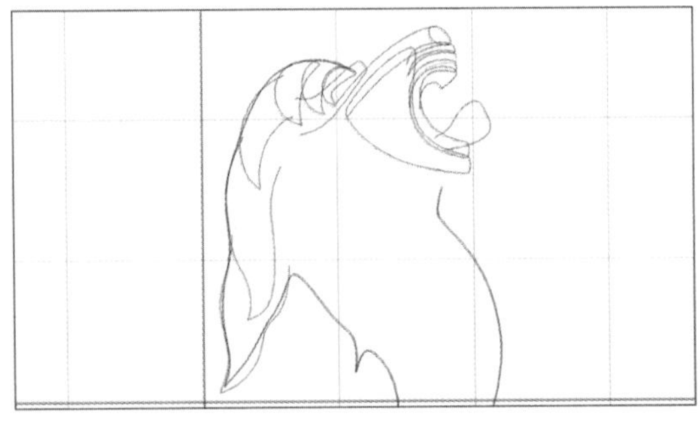
图8-2-10

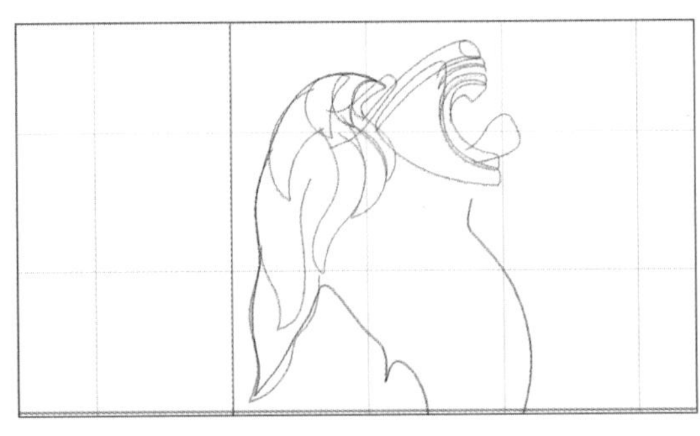
图8-2-11

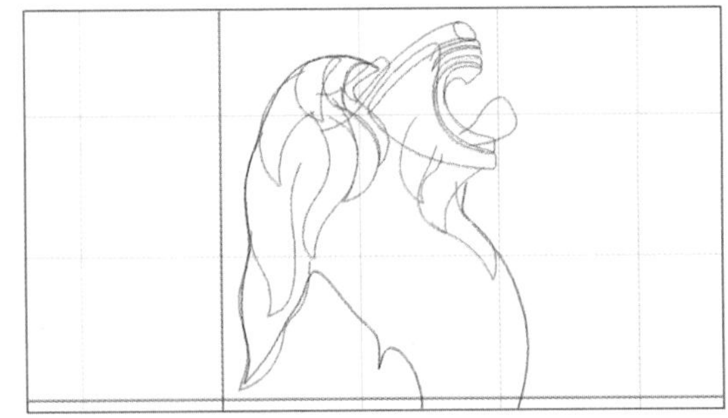
图8-2-12

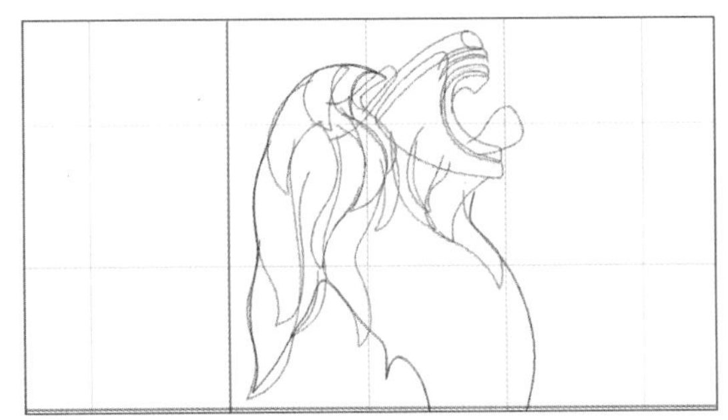
图8-2-13

图8-2-14

图8-2-15

图8-2-16

图8-2-17

条，将狮子所有导轨线复制隐藏，如图8-2-17至图8-2-35。

（7）绘制切面，切面高为3.7mm。此切面用于生成脸盘部造型，如图8-2-36。

（8）使用“导轨曲面”命令：双导轨、不合比例、单切面、切面量度向上。生成脸部实体，如图8-2-37。

（本案例中除单独告知使用何种导轨曲面命令外，均采用该设置生成实体，且隐藏所有曲线，之后逐一展示需要成型操作的曲线，下文不再赘述）

（9）选中0号CV点处所有CV点，使用“尺寸”工具将其压缩回原点，如图8-2-38。

（10）再将该压缩CV点移动回原位，如图8-2-39。

（11）同理，将结尾端最后CV点压缩并收回；后续步骤中如生成实体，均可按照该方法调整造型，使其圆顺，此操作不再赘述，如图8-2-40、图8-2-41。

图8-2-18

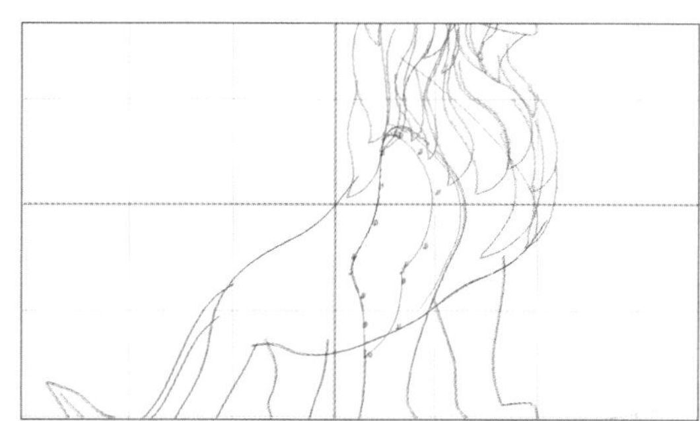
图8-2-19

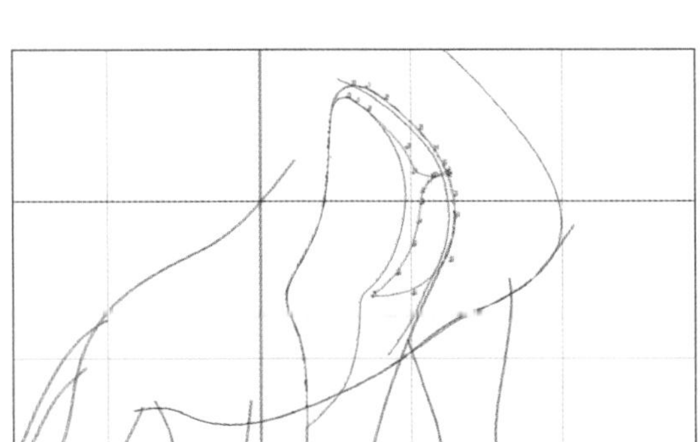

图8-2-20

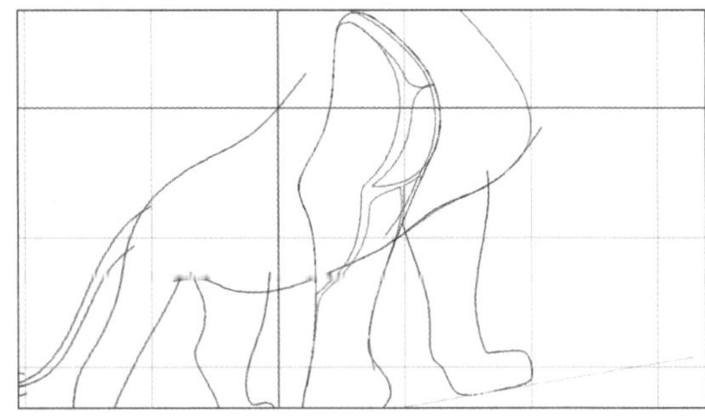

图8-2-21

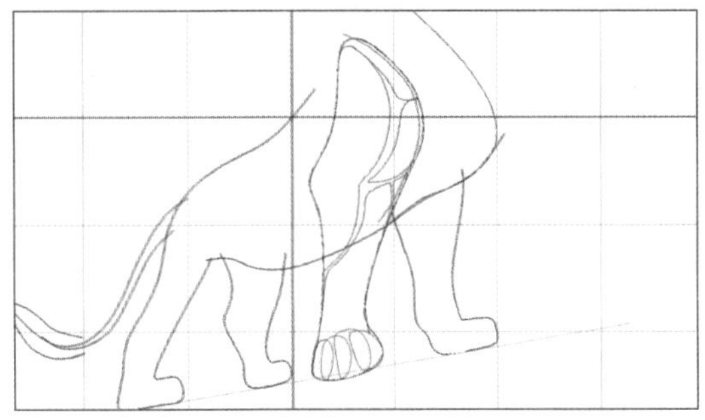

图8-2-22

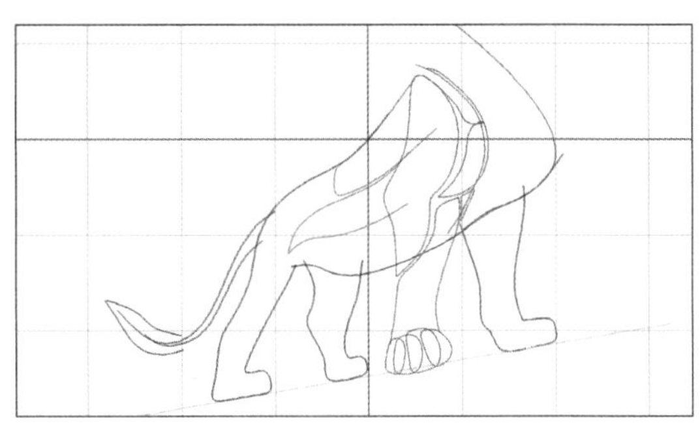

图8-2-23

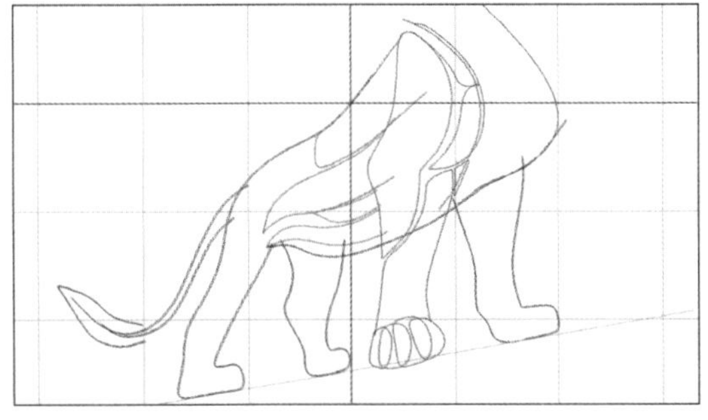

图8-2-24

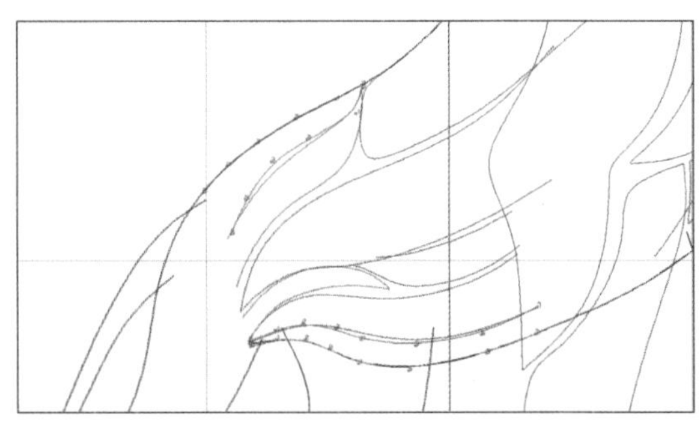

图8-2-25

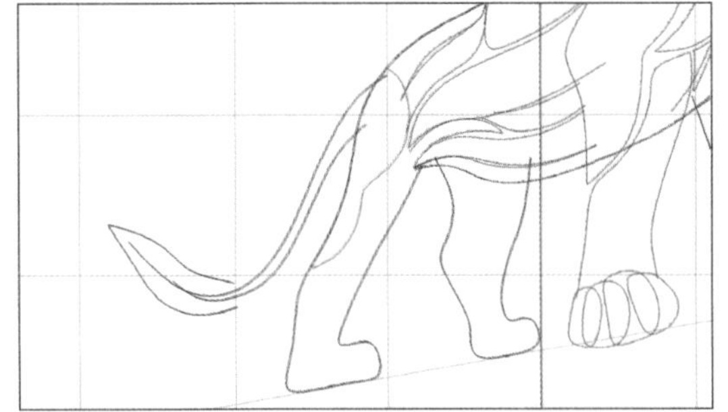

图8-2-26

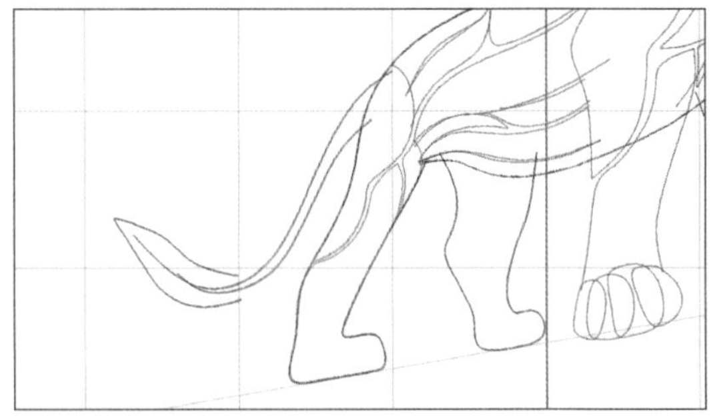

图8-2-27

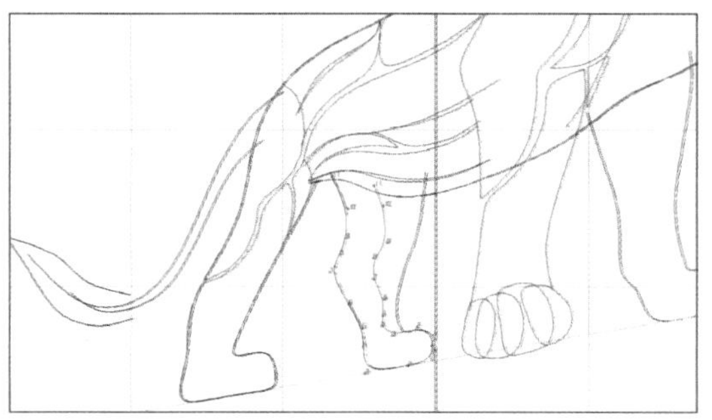

图8-2-28

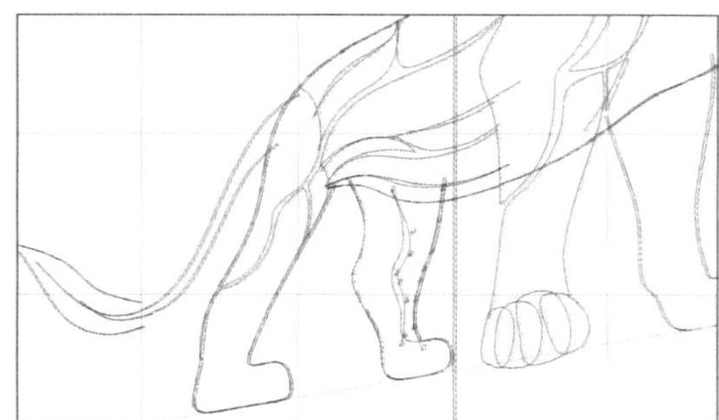

图8-2-29

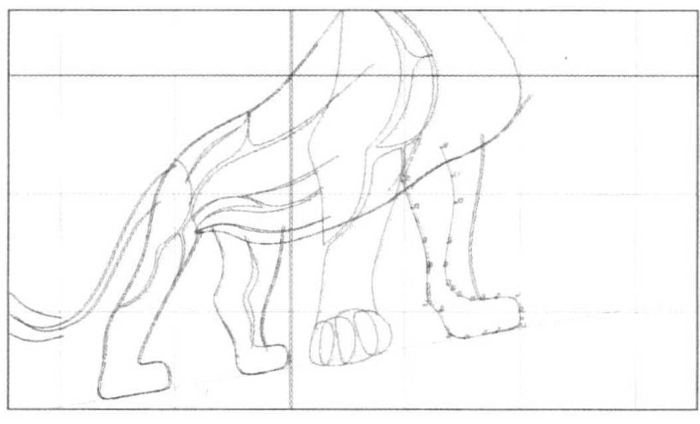

图8-2-30

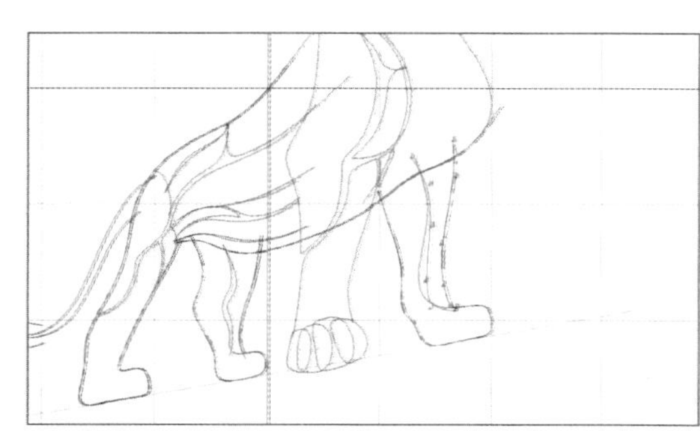

图8-2-31

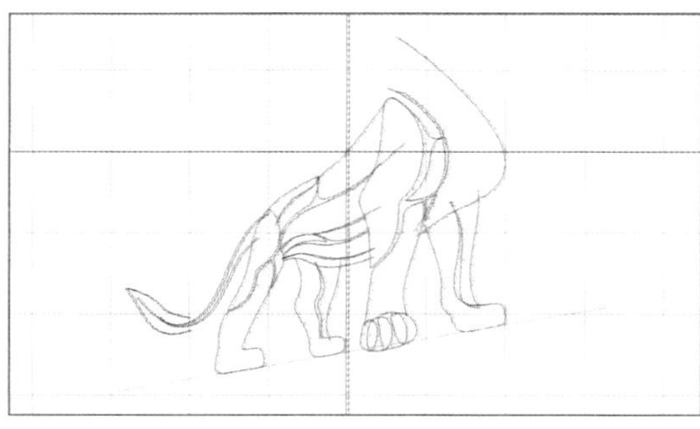

图8-2-32

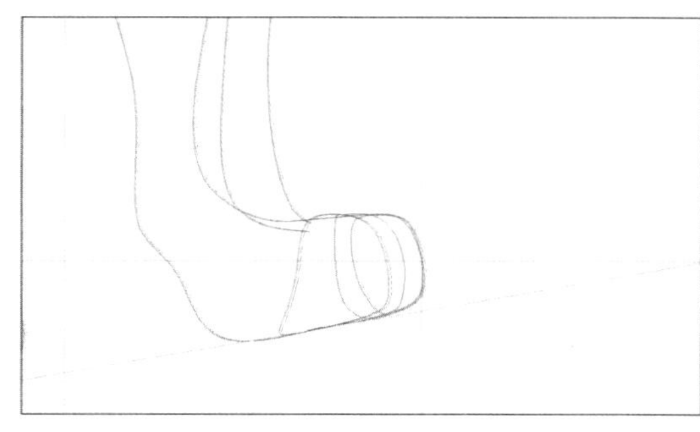

图8-2-33

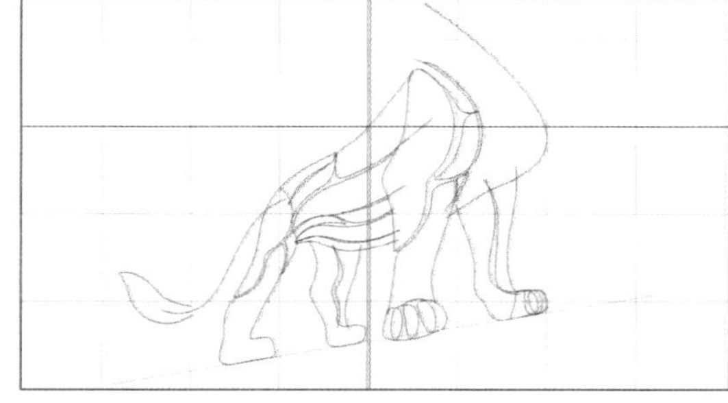

图8-2-34

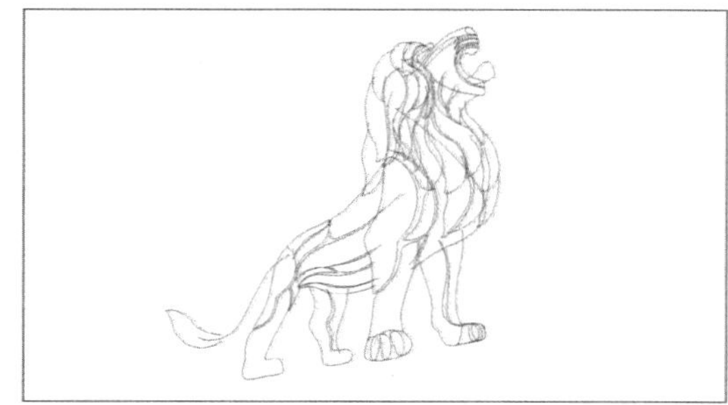

图8-2-35

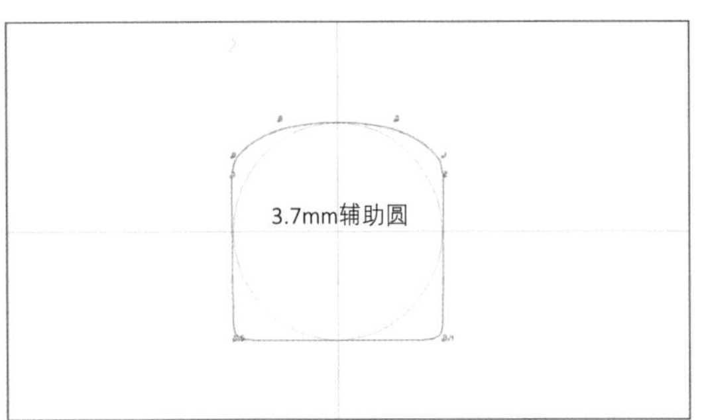

图8-2-36

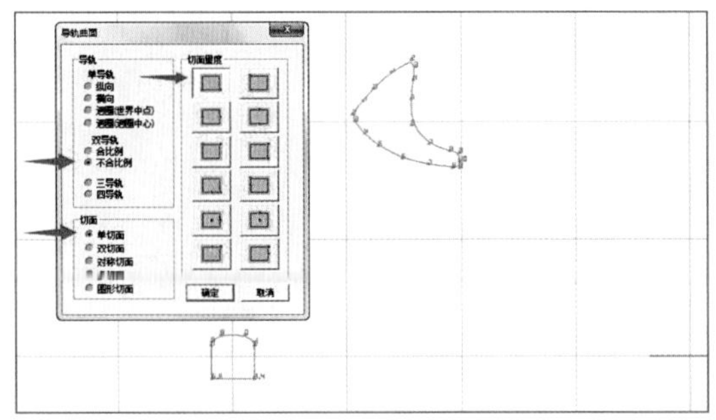

图8-2-37

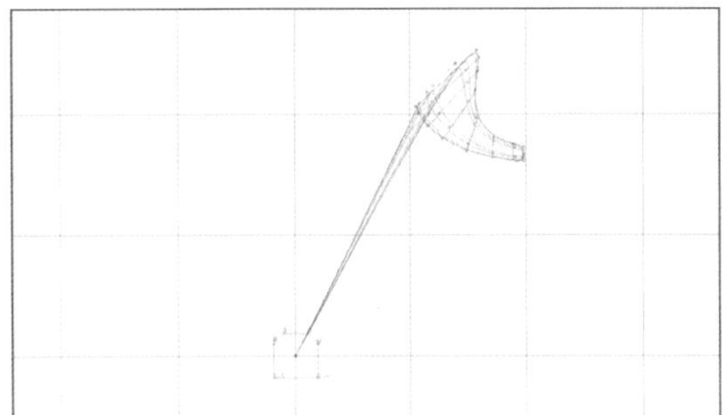

图8-2-38

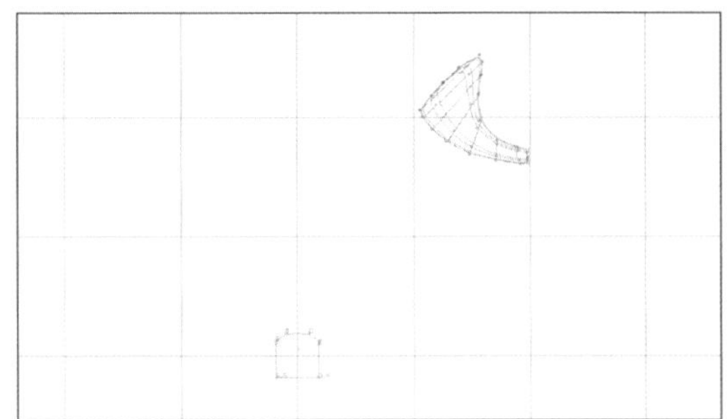

图8-2-39

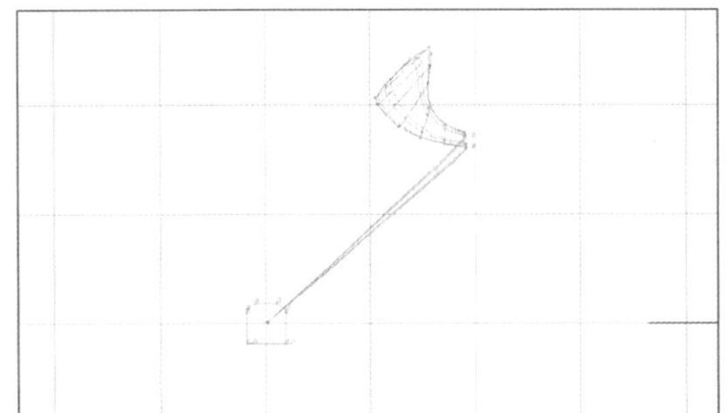

图8-2-40

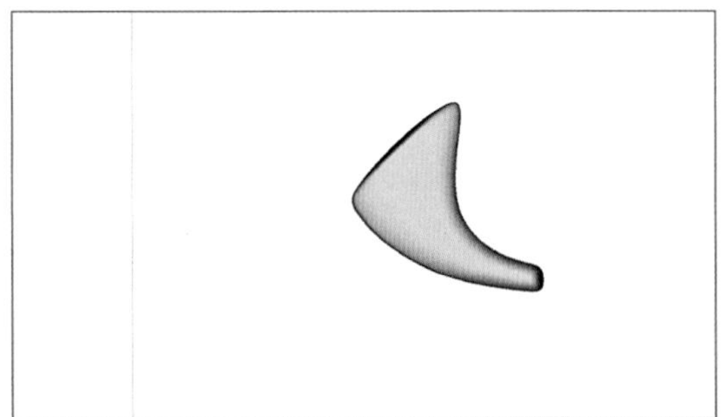

图8-2-41

（12）如图8-2-42，绘制切面，切面高2.7mm，此切面主要用于生成脸部其他部位实体。

（13）使用“导轨曲面”命令，依次使用导轨曲线，逐一生成脸部其他造型实体，如图8-2-43、图8-2-44。

（14）生成上嘴部实体，右视图中，将其后部略收低，如图8-2-45、图8-2-46。

（15）生成下嘴部实体，右视图中，将其后部略收低，如图8-2-47、图8-2-48。

（16）使用“增加曲面控制点”命令，将下嘴部实体“V”方向增加两倍，如图8-2-49。

（17）如图8-2-50，选中上部表面CV点。

（18）右视图中将CV点向下略拖动，形成凹槽位，如图8-2-51。

（19）继续完成头部造型，如图8-2-52。

（20）如图8-2-53，绘制切面。切面高3.8mm。此切面主要用于生成毛发造型。切面虽定为3.8mm，实际生成后，需要安装前后顺序关系及互相遮挡处理需要，自行拖动CV点调整毛发造型高低起伏造型，下文也不再赘述。

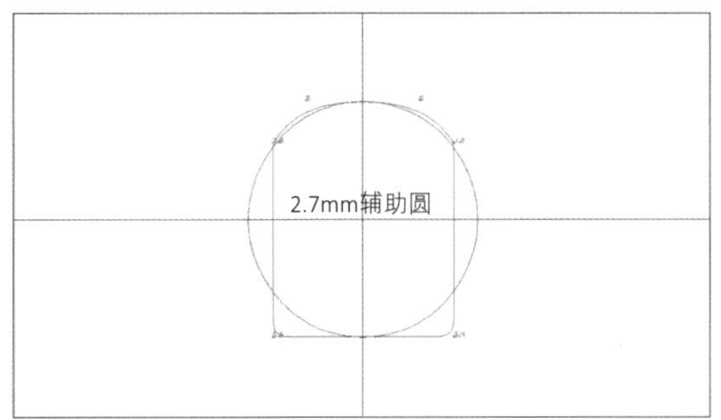

图8-2-42

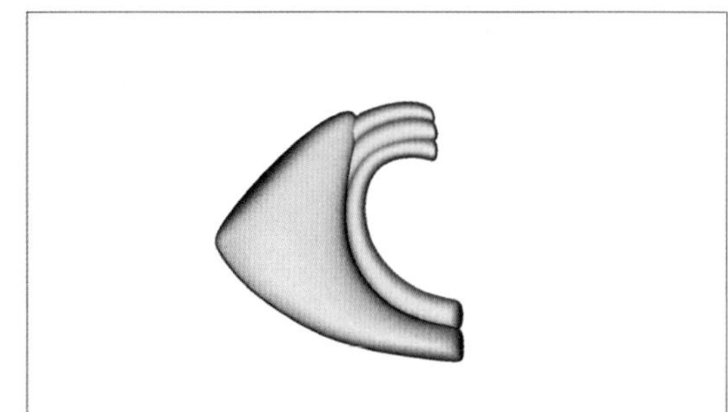

图8-2-43

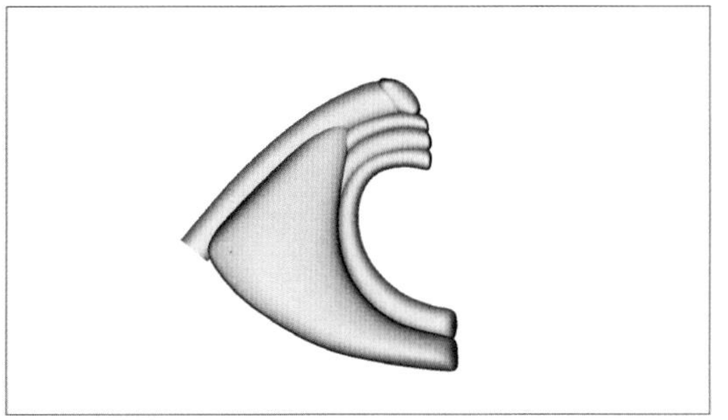

图8-2-44

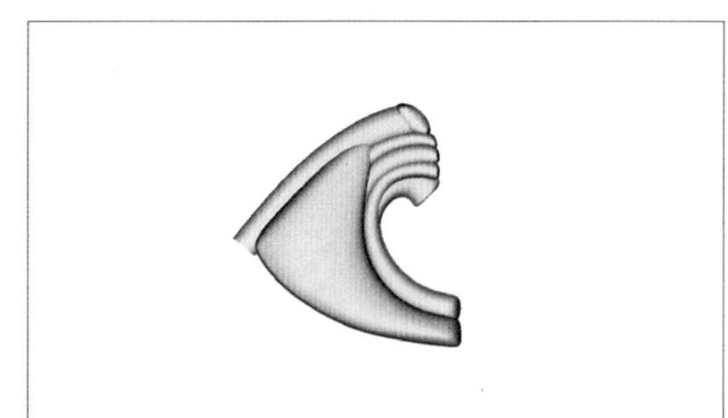

图8-2-45

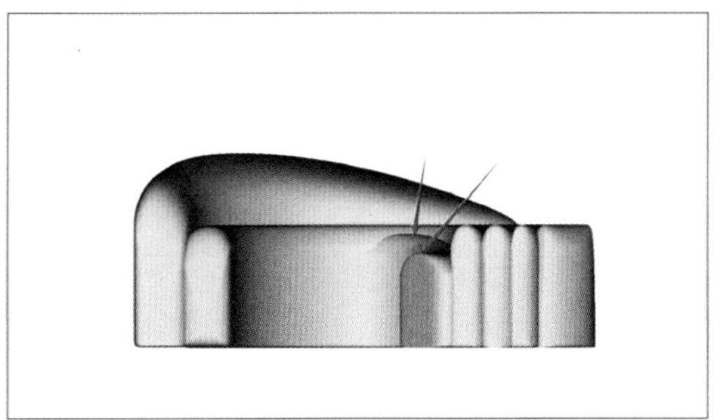

图8-2-46

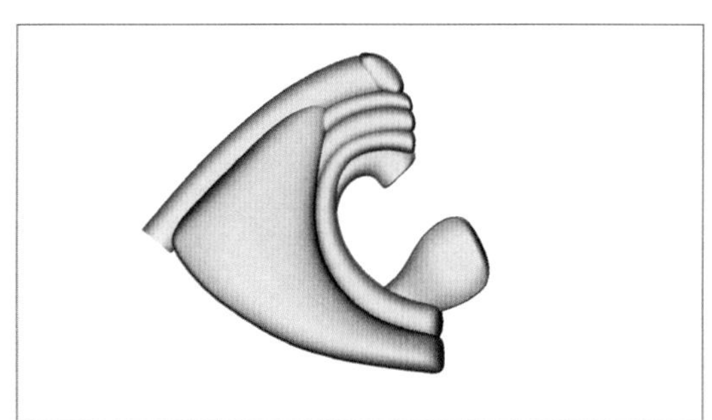

图8-2-47

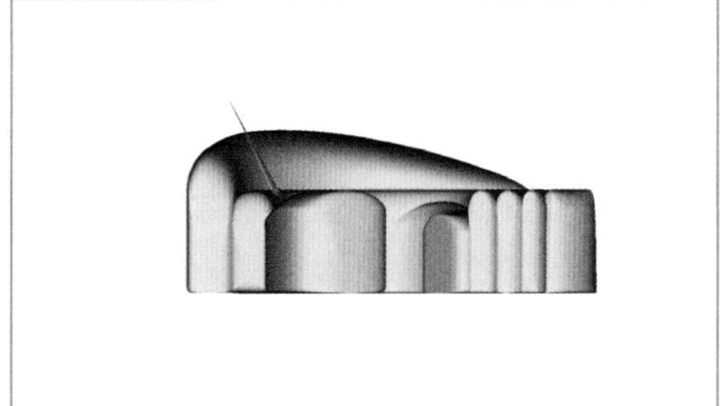

图8-2-48

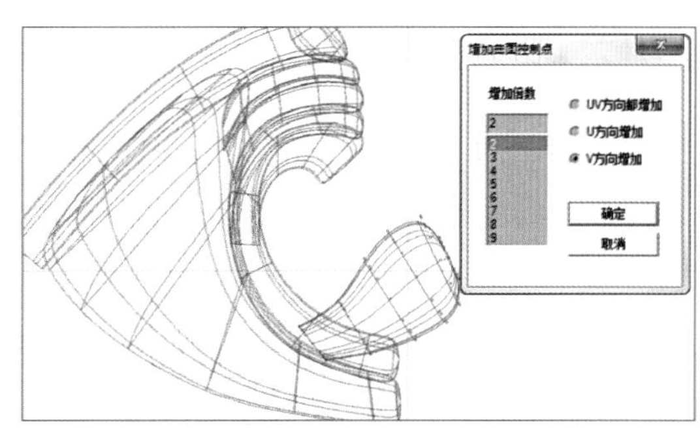

图8-2-49

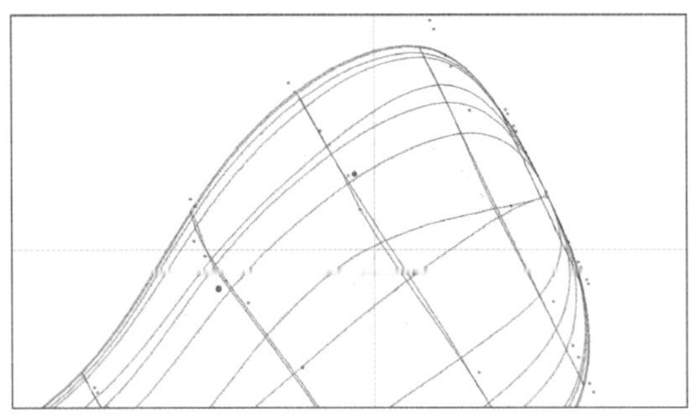
图8-2-50

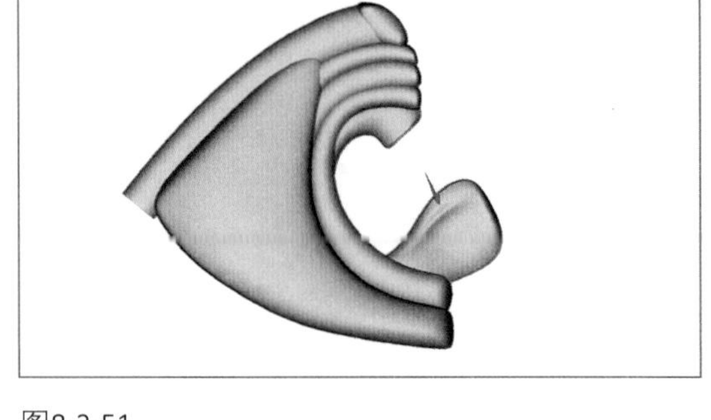
图8-2-51

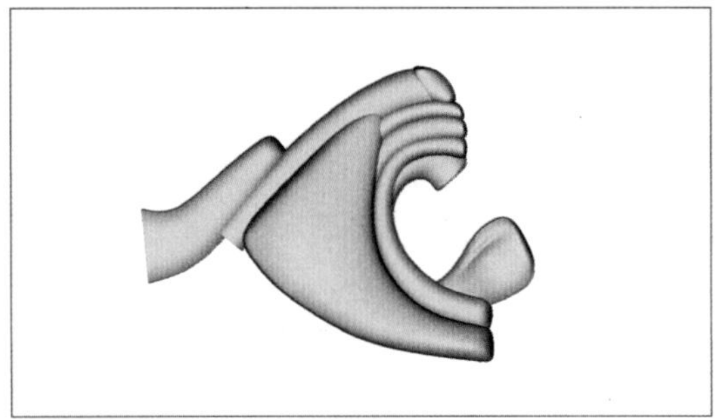
图8-2-52

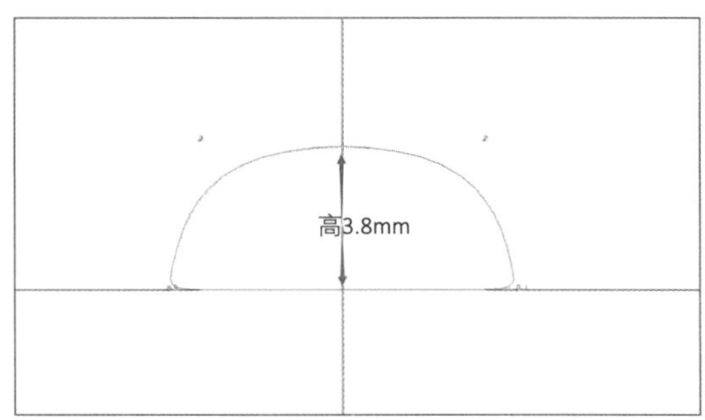

图8-2-53

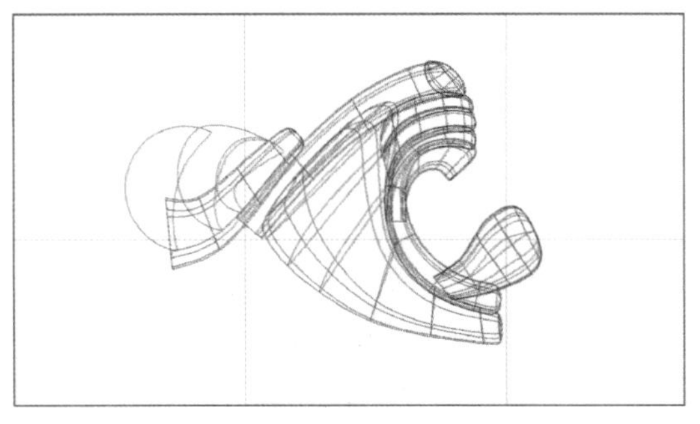
图8-2-54

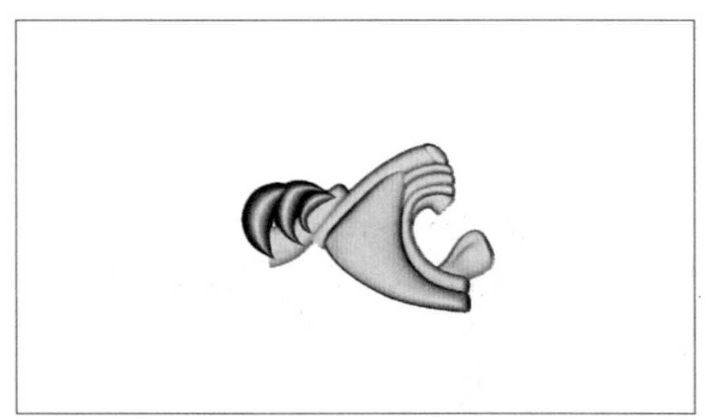
图8-2-55

（21）生成头顶部毛发，如图8-2-54、图8-2-55。

（22）生成下颌部毛发，如图8-2-56、图8-2-57。

（23）逐一生成其余毛发，如图8-2-58至图8-2-69。

（24）如图8-2-70，绘制切面。切面高2.4mm，用于生成胸口部实体及躯干外侧实体。

（25）导轨曲面，生成胸口部实体，如图8-2-71、图8-2-72。

（26）如图8-2-73，绘制切面。切面高3.7mm，用于生成右前腿实体。

（27）导轨曲面，生成右前腿实体，如图8-2-74、图8-2-75。

（28）使用步骤（24）切面生成右前臂实体。由于切面高度不一致，需将实体底部CV点投影贴合辅助轴线；类似此处的外侧实体[步骤（31）]，均采用步骤（24）切面完成，执行“导轨曲面”命令时，请读者自行区分导轨线左右关系，并通过调整切面左右朝向进行

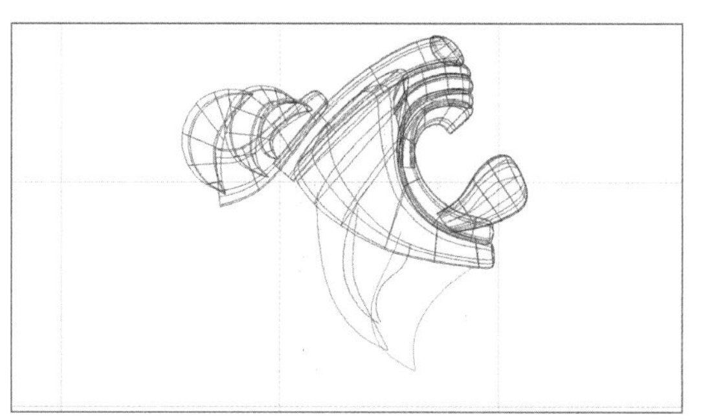

图8-2-56

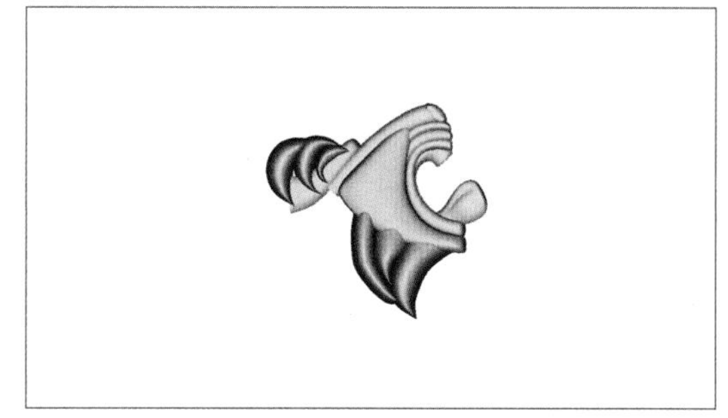

图8-2-57

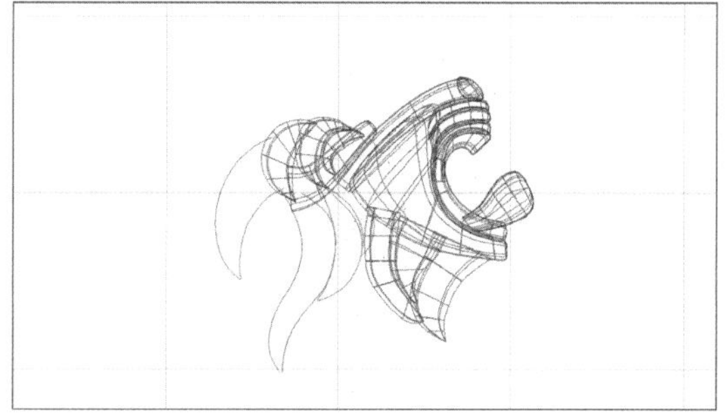

图8-2-58

图8-2-59

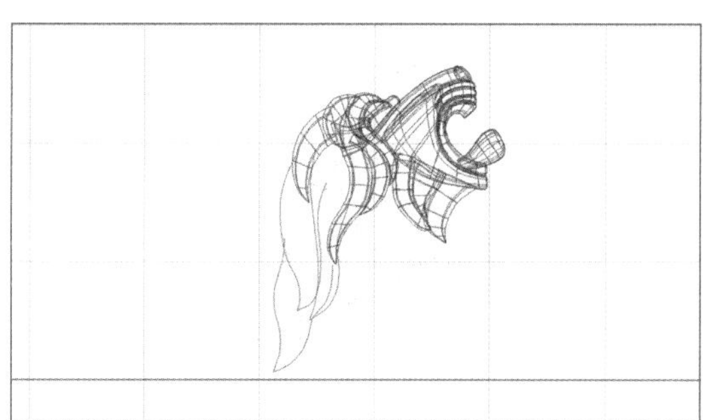

图8-2-60

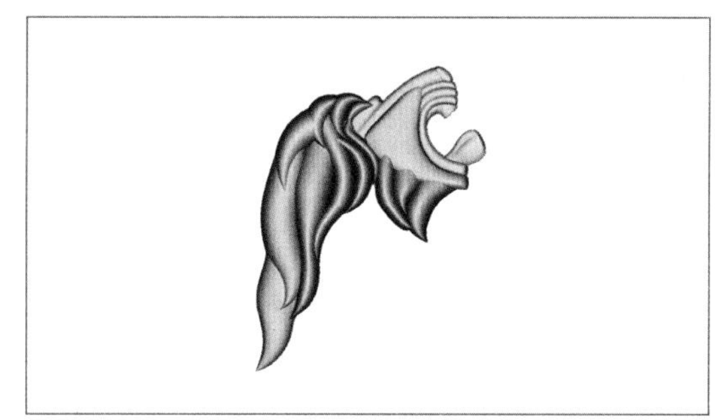

图8-2-61

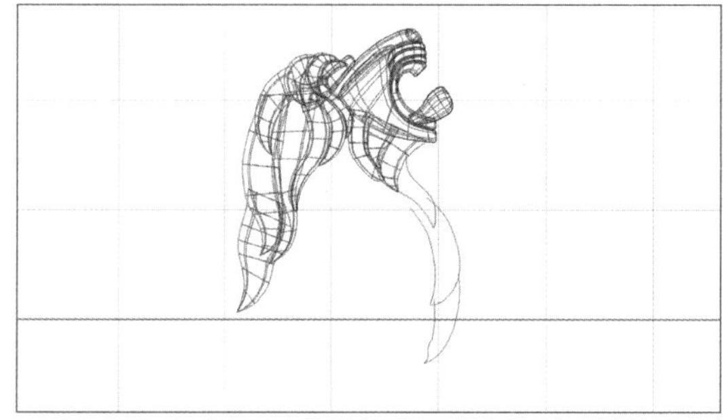

图8-2-62

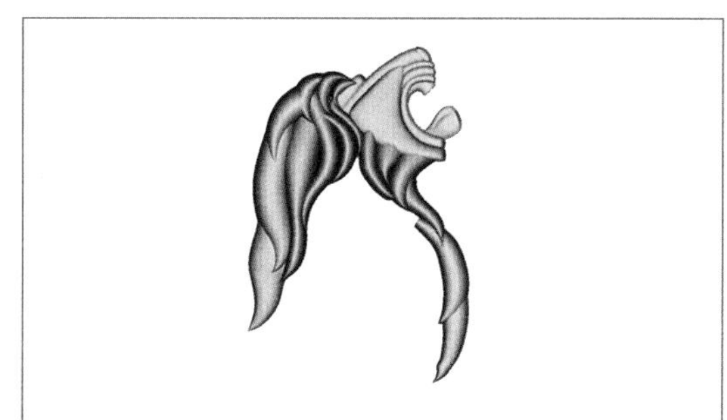

图8-2-63

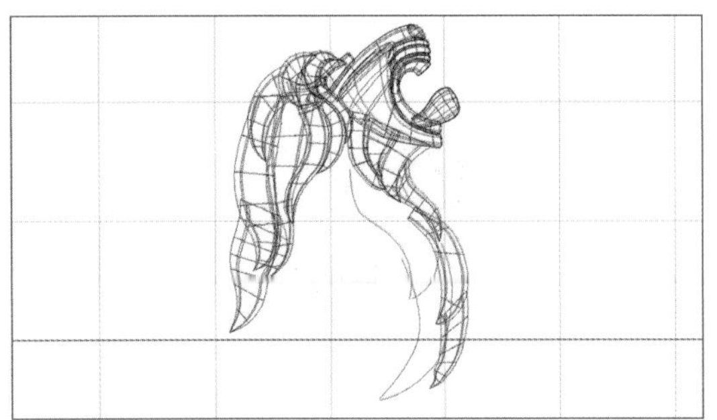
图8-2-64

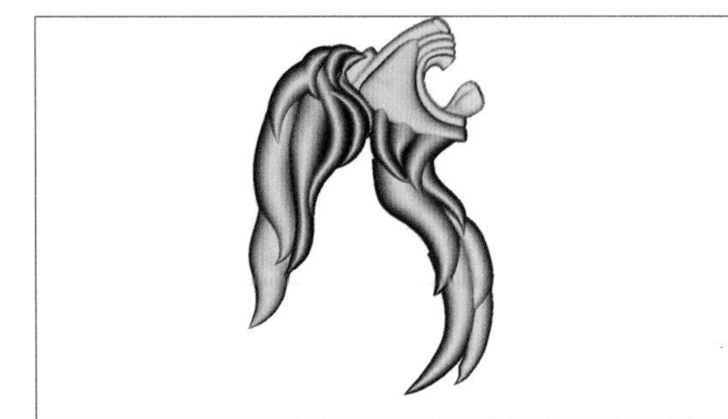
图8-2-65

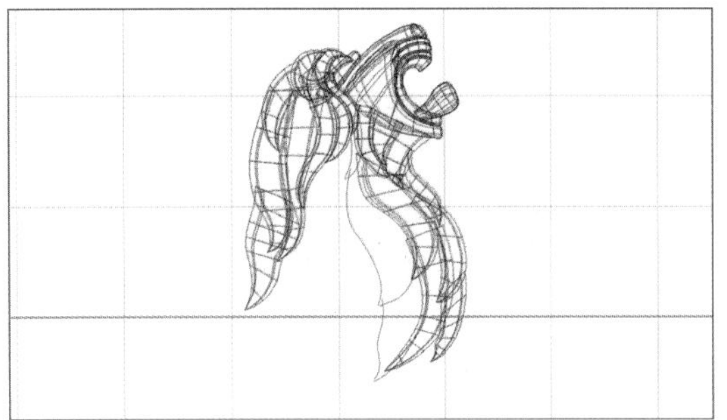
图8-2-66

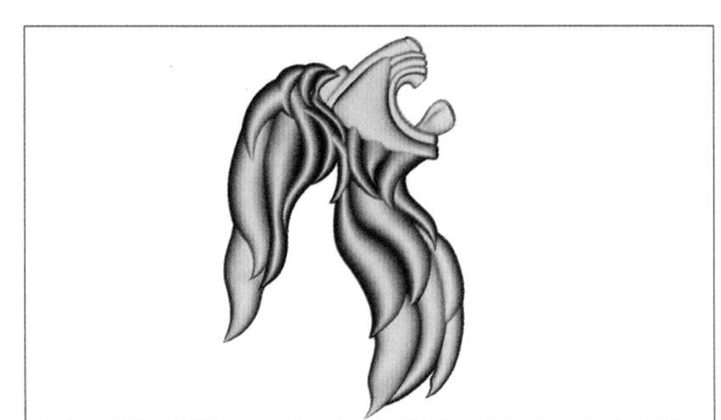
图8-2-67

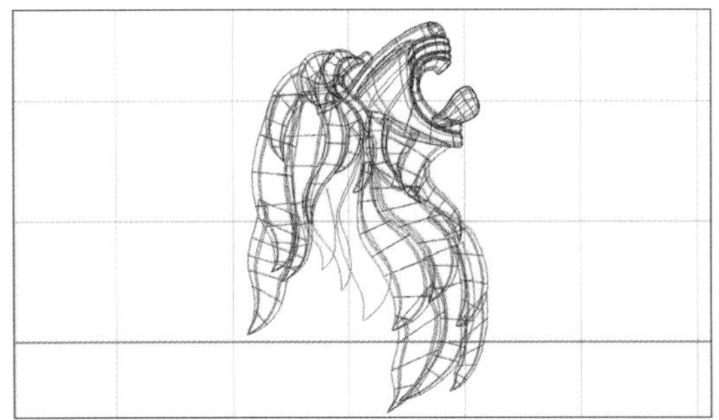
图8-2-68

图8-2-69

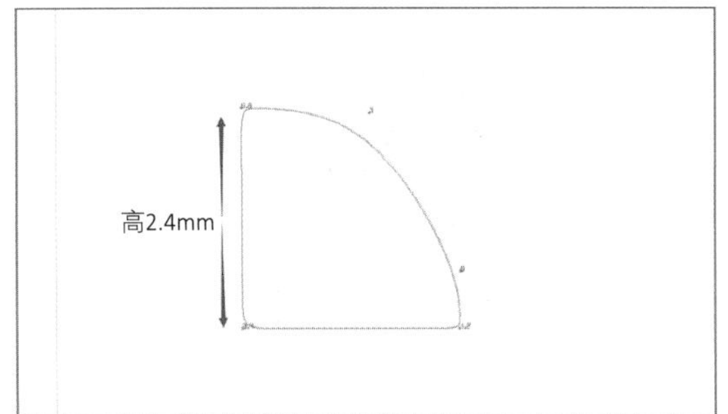

图8-2-70

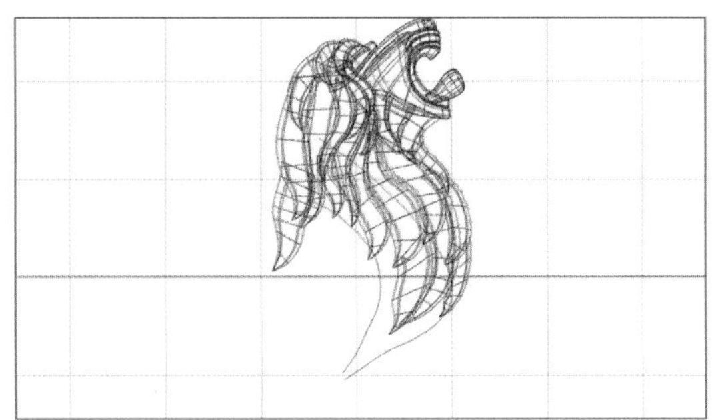
图8-2-71

图8-2-72

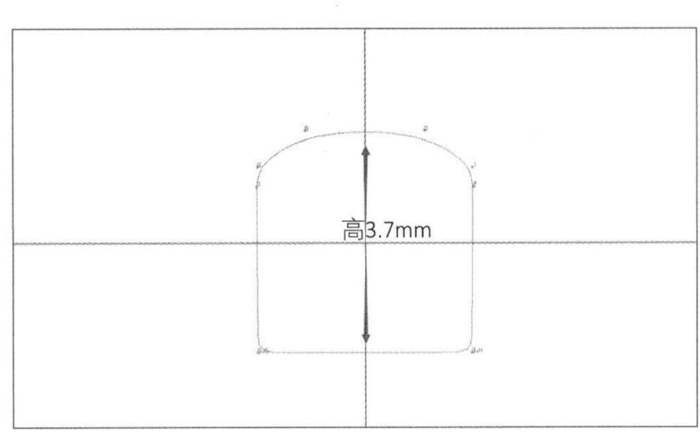

图8-2-73

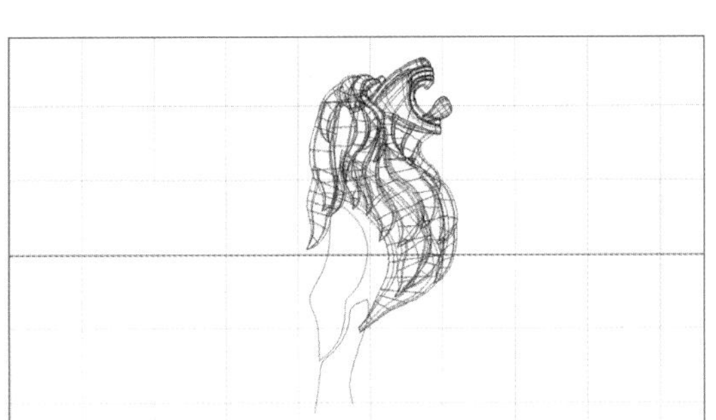

图8-2-74

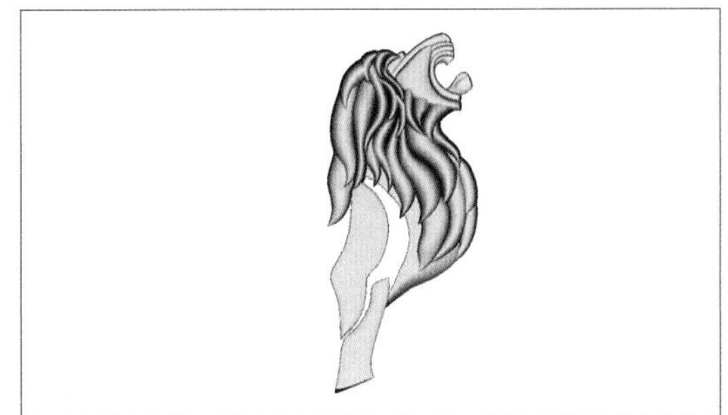

图8-2-75

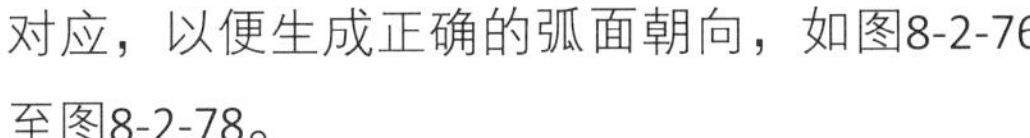

对应，以便生成正确的弧面朝向，如图8-2-76至图8-2-78。

（29）如图8-2-79，绘制切面。切面高2.5mm，用于生成躯干实体及右后腿部分实体。

（30）导轨曲面，生成右前腿实体，如图8-2-80、图8-2-81。

（31）导轨曲面，生成其余腿部及躯干外侧实体，如图8-2-82、图8-2-83。

（32）如图8-2-84，绘制切面。切面高4.0mm，用于生成右前腿脚趾造型。

（33）导轨曲面，生成脚趾实体，如图8-2-85、图8-2-86。

（34）如图8-2-87，原地复制步骤（32）中切面后向下压缩0.8mm。

（35）使用该切面，“执行导轨”曲面命令，生成左前脚趾实体，如图8-2-88、图8-2-89。

（36）绘制如图8-2-90中的两个切面，分别高1.0mm及0.6mm。

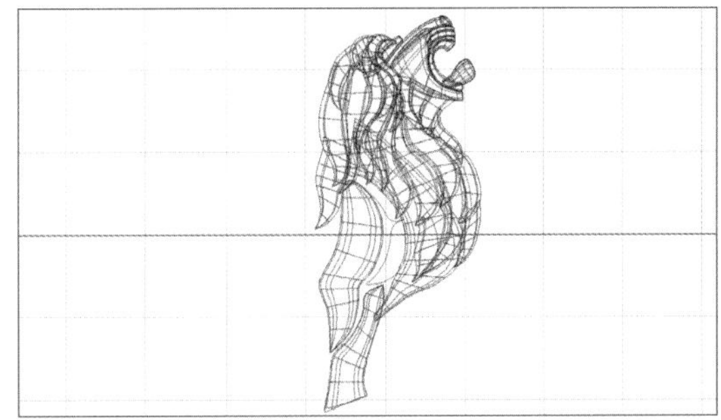

图8-2-76

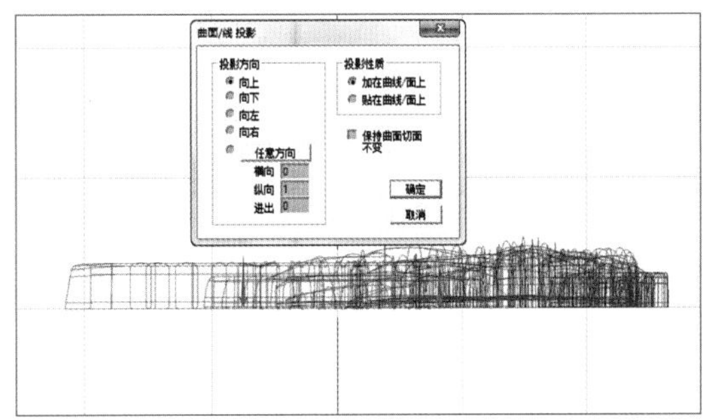

图8-2-77

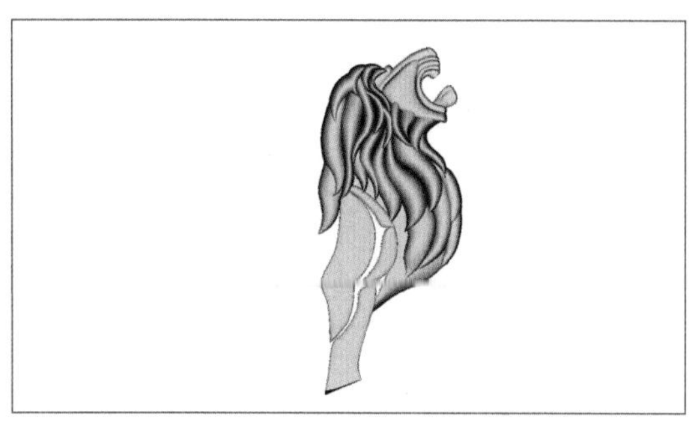
图8-2-78

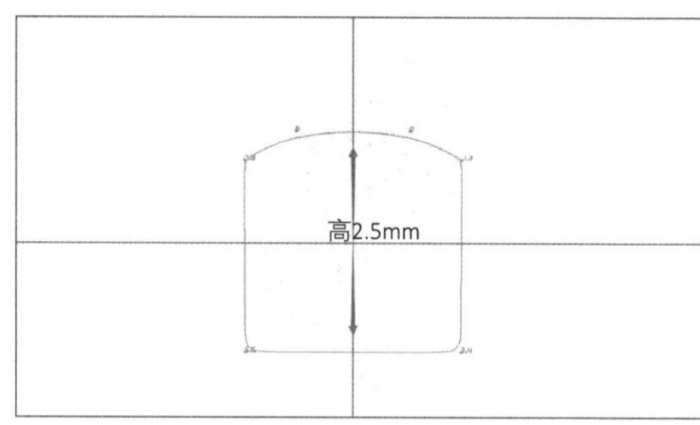

图8-2-79

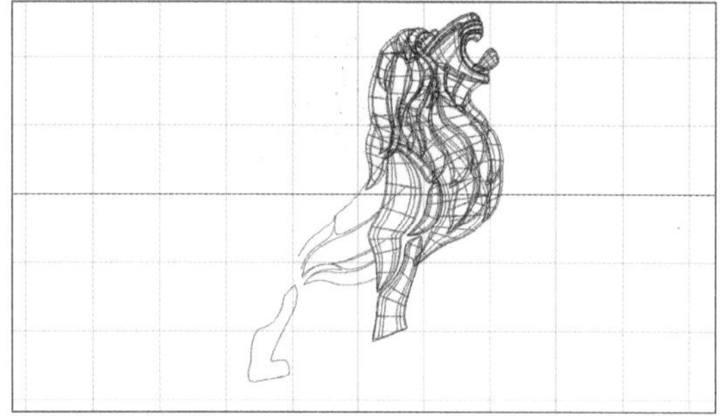
图8-2-80

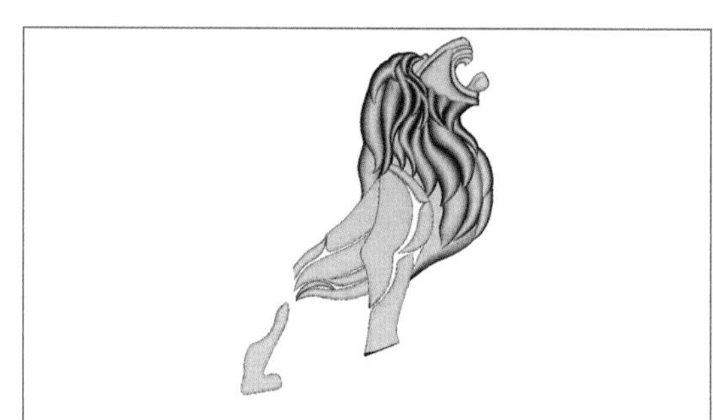
图8-2-81

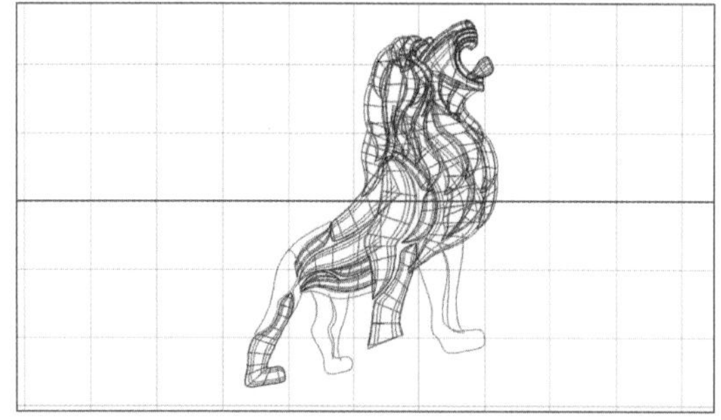
图8-2-82

图8-2-83

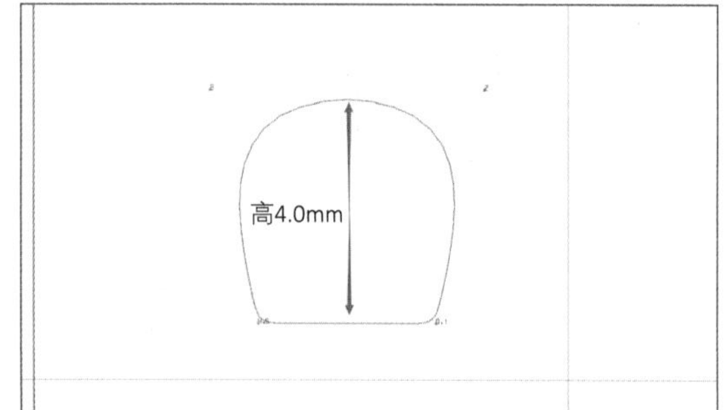

图8-2-84

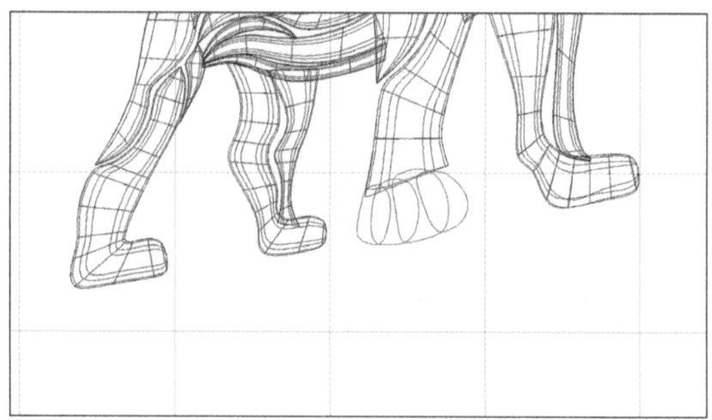
图8-2-85

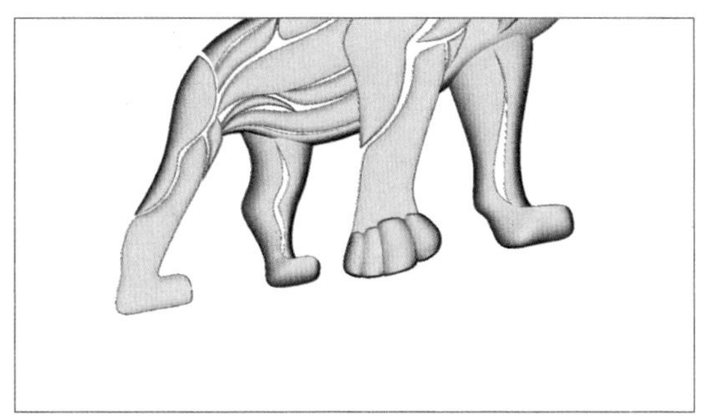
图8-2-86

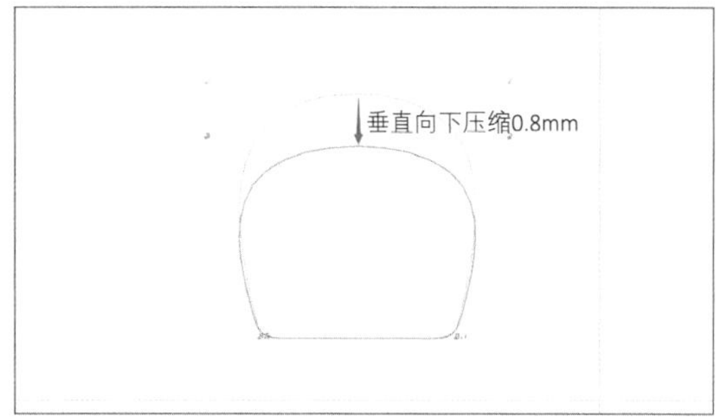

图8-2-87

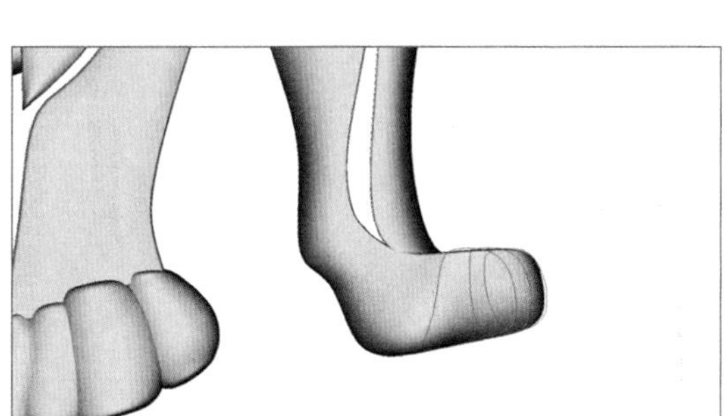
图8-2-88

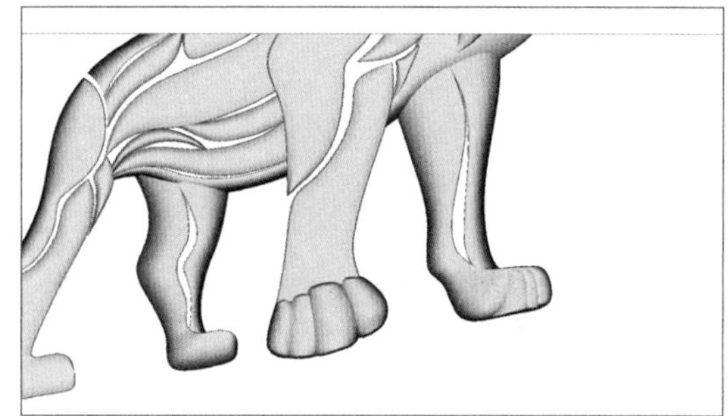
图8-2-89

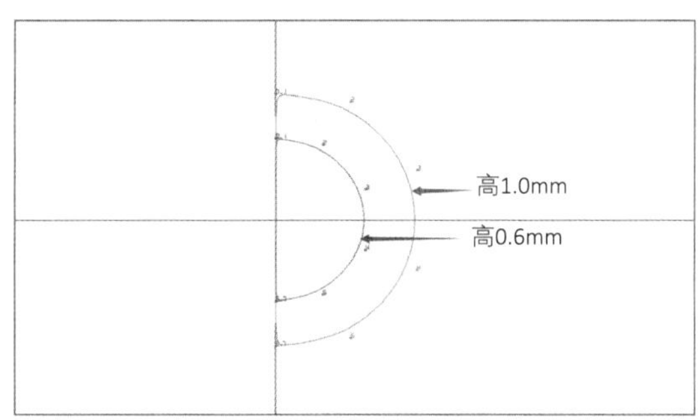

图8-2-90

（37）选中尾部曲线，使用“管状曲面”工具，直径设定为2mm，生成尾巴实体，如图8-2-91、图8-2-92。

（38）如图8-2-93，绘制切面并导轨生成尾巴实体。

（39）将靠近尾巴部位的CV点垂直下移，使得尾部衔接合理，如图8-2-94、图8-2-95。

（40）选中左前、左后脚踝部CV点，略向下拖动，形成关节起伏变化，如图8-2-96。

图8-2-91

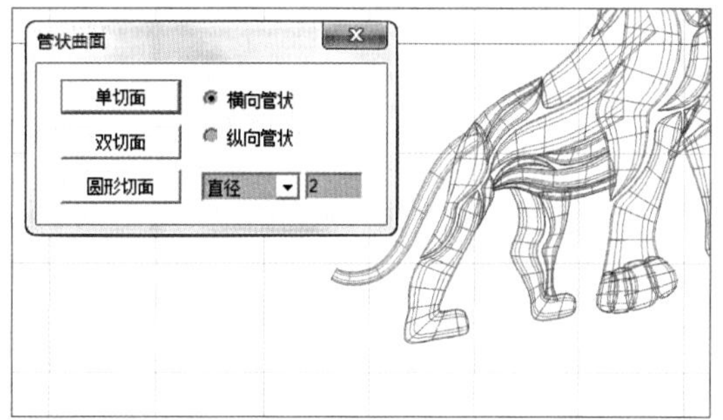

图8-2-92

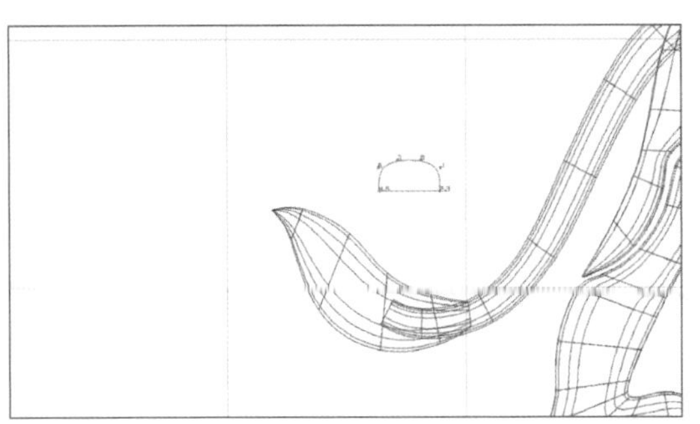
图8-2-93

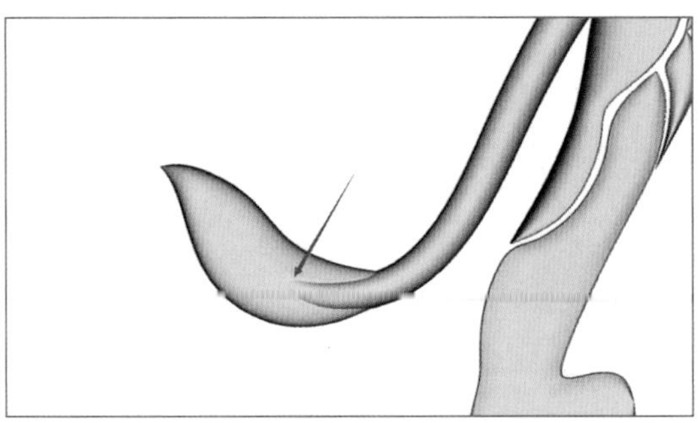
图8-2-94

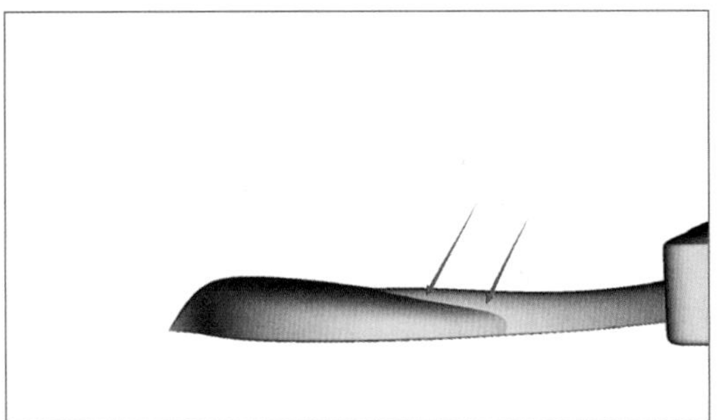
图8-2-95

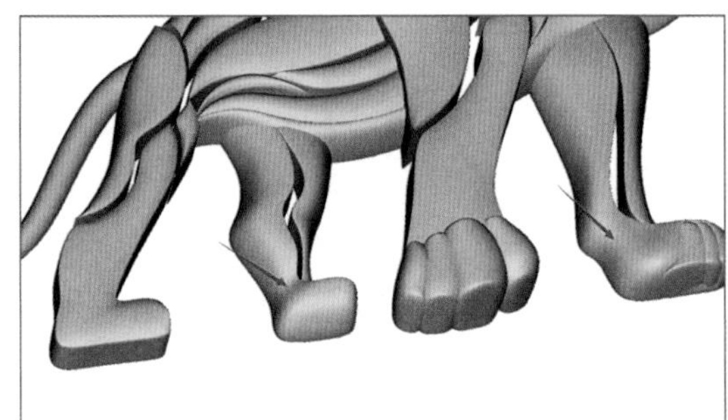
图8-2-96

（41）初步完成狮子实体基本造型，如图8-2-97。

（42）上视图，生成直径1.6mm的圆石，中心放置0号CV点，如图8-2-98。

（43）背视图，将圆石与CV点沿边缘进行剪贴，如图8-2-99。

（44）删除所有宝石，如图8-2-100。

（45）使用“连接曲线”命令将所有0号CV点依次连接并闭合，如图8-2-101。

（46）沿上步骤曲线，分别绘制两条曲线，如图8-2-102。

（47）如图8-2-103，绘制切面，切面高度为2mm。

（48）使用“导轨曲面”命令，生成掏底物件，改变其材料颜色并定义为“超减物件”。右视图将其下移。此物件作为后期整体掏底使用，现在可以将其隐藏，接下来进行对狮子鬃毛部分进行单独掏底，如图8-2-104。

图8-2-97

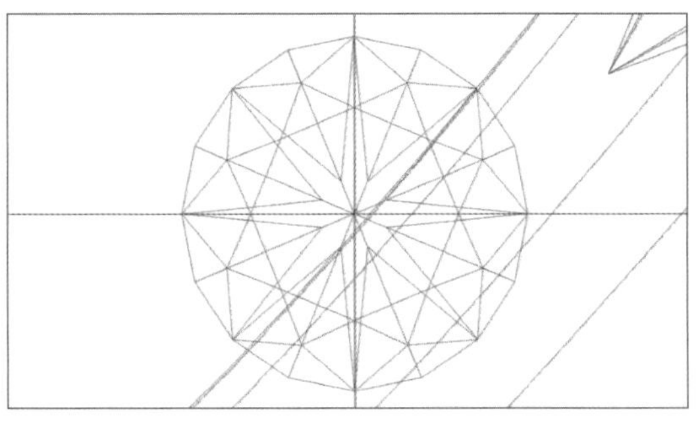
图8-2-98

图8-2-99

图8-2-100

图8-2-101

图8-2-102

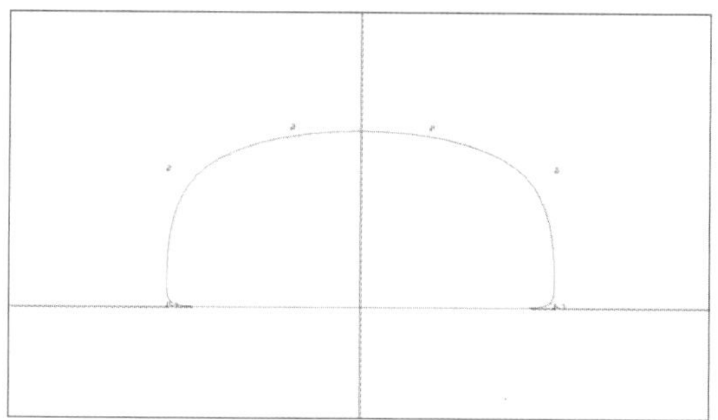
图8-2-103

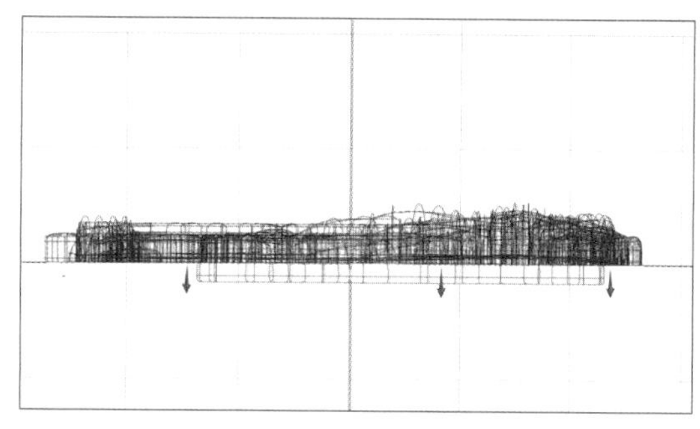
图8-2-104

（49）单独展示一缕鬃毛，如图8-2-105。

（50）使用“曲面—偏移曲面”命令，将该曲面向内偏移0.7mm，如图8-2-106。

（51）展示掏底物件CV点。移动顶端CV点，使之超过原物件，如图8-2-107。

（52）选中尾端CV点，“多重变形”命令，比例栏目，横、纵、进出均设置为零，选中的CV点并置回到世界中心，如图8-2-108、图8-2-109。

（53）将点移回最初位置，如图8-2-110。

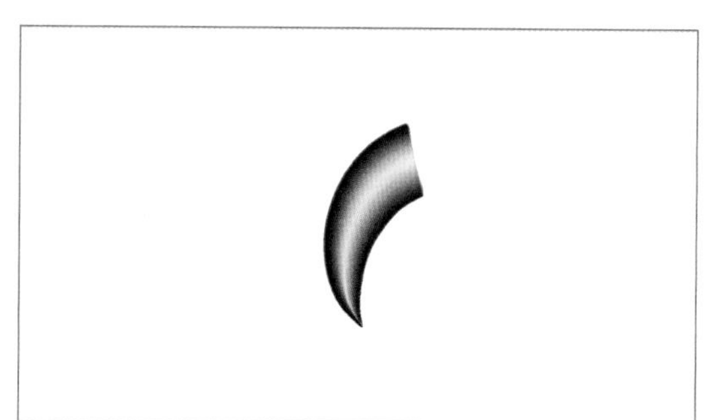
图8-2-105

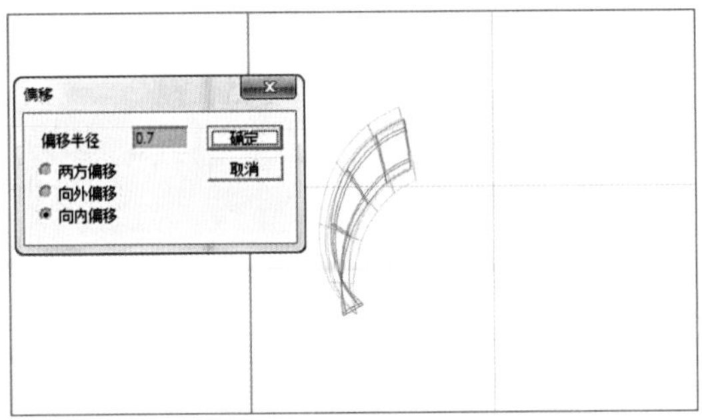

图8-2-106

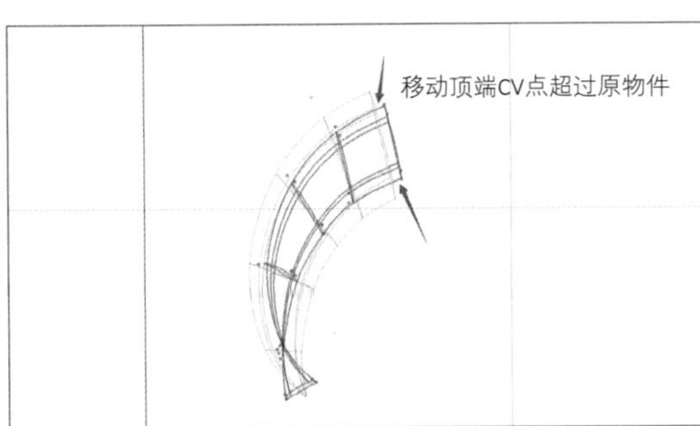

图8-2-107

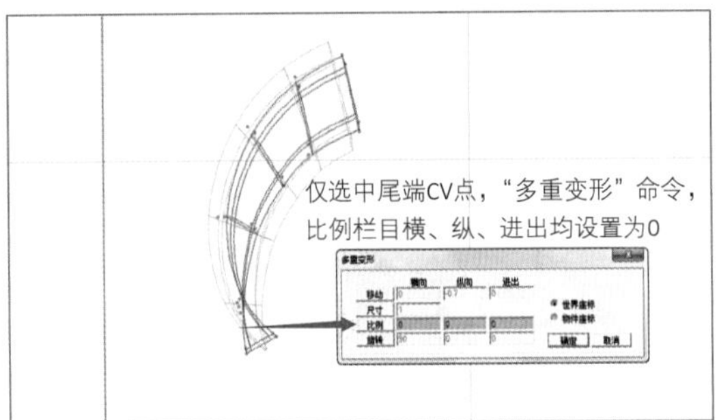

图8-2-108

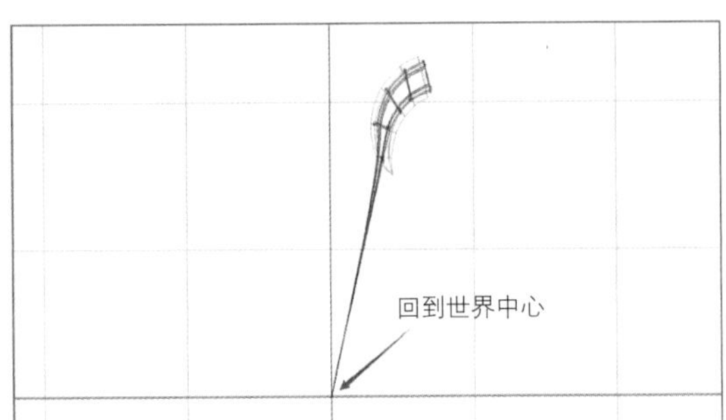

图8-2-109

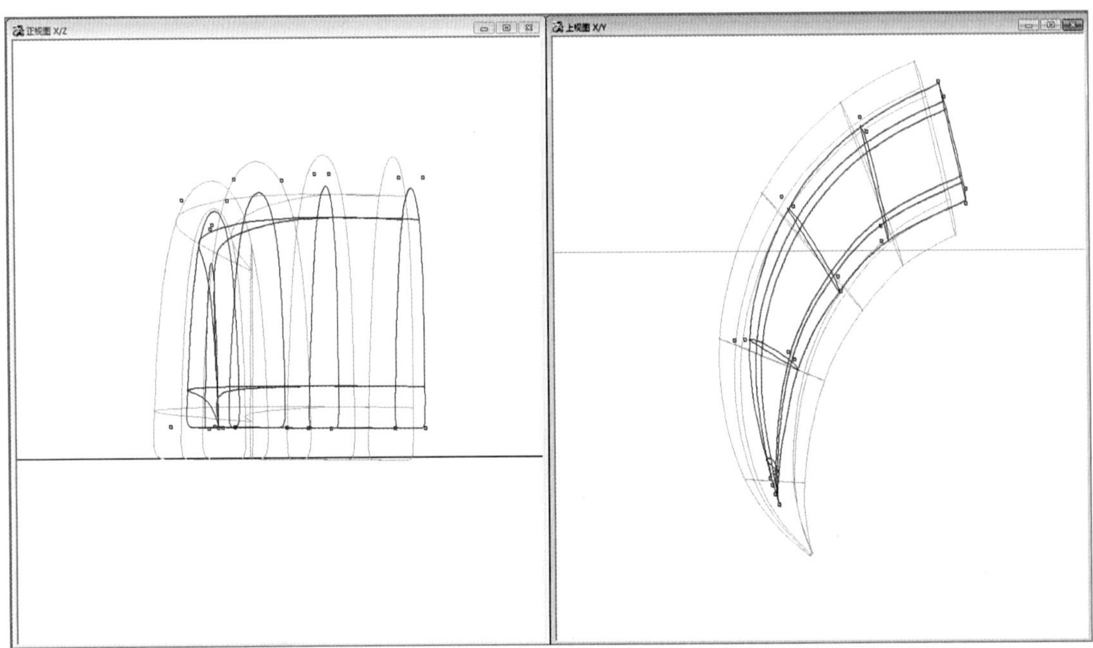

图8-2-110

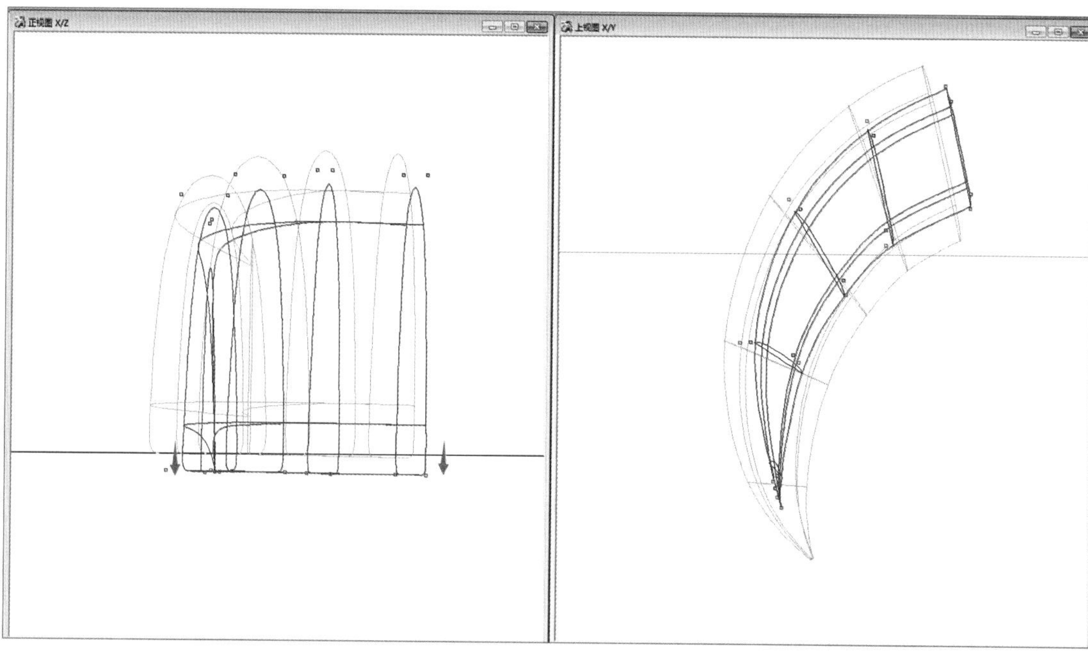

图8-2-111

（54）选中所有底部CV点，向下移动，超过原物件高度范围，如图8-2-111。

（55）将掏底物件定义为“超减物件”，如图8-2-112。

（56）正视图，生成直径1mm的圆柱，将其垂直下移0.7mm，再定义其为“用作宝石”，如图8-2-113、图8-2-114。

（57）将圆柱剪贴到鬃毛物件表面，如图8-2-115。

（58）观察到圆柱在掏底处露头，说明掏底厚度达不到0.7mm，掏底太薄，如图8-2-116。

（59）通过重新调整掏底物件的CV点，使得掏底厚度达标，如图8-2-117。

（60）采用这种掏底+检查的方法，对各缕鬃毛逐一掏底，如图8-2-118至图8-2-120。

（61）展示步骤（48）隐藏的整体掏底物件，参照步骤（46）~（48），完成腿部掏底物件的制作，如图8-2-121、图8-2-122。

（62）右视图，将腿部掏底物件，下移，如图8-2-123、图8-2-124。

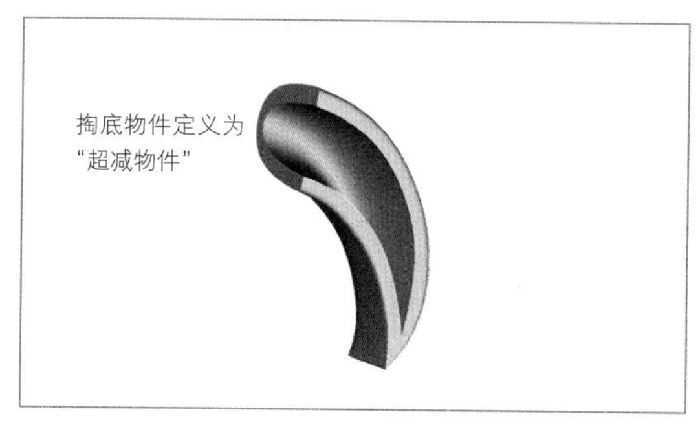

图8-2-112

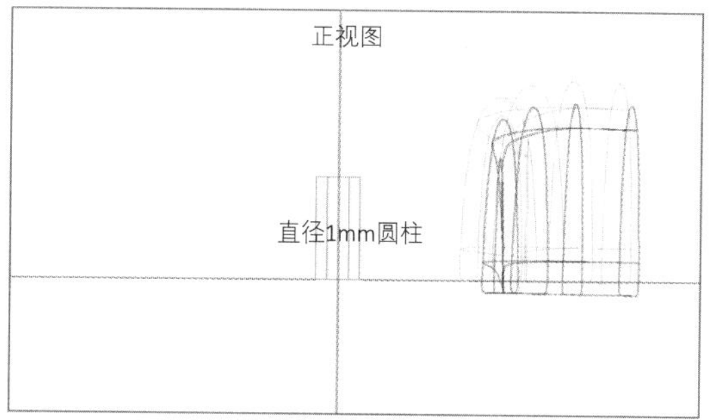

图8-2-113

（63）剪贴几粒0.7mm的圆石到腿部测量厚度，如图8-2-125。

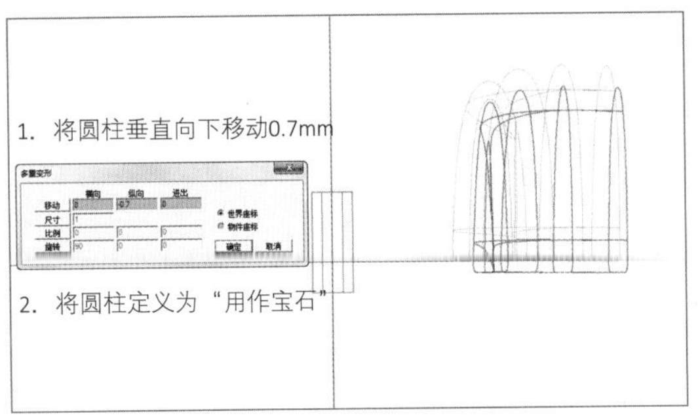

图8-2-114

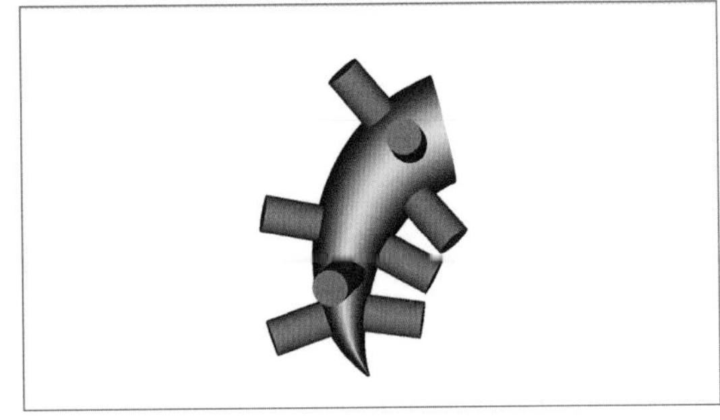

图8-2-115

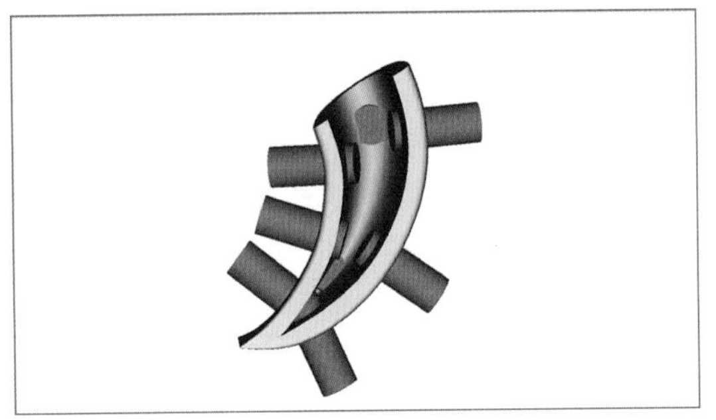

图8-2-116

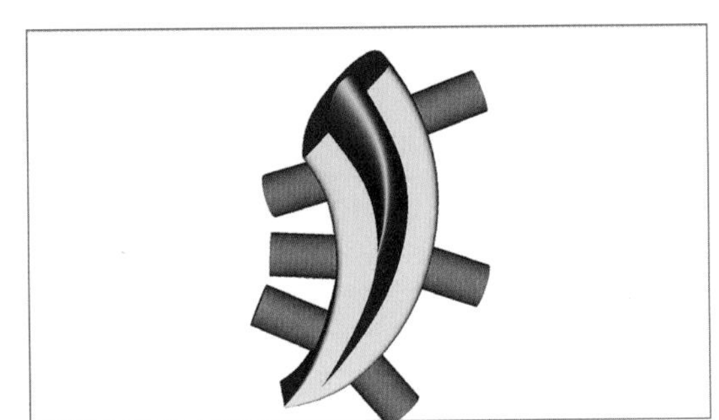

图8-2-117

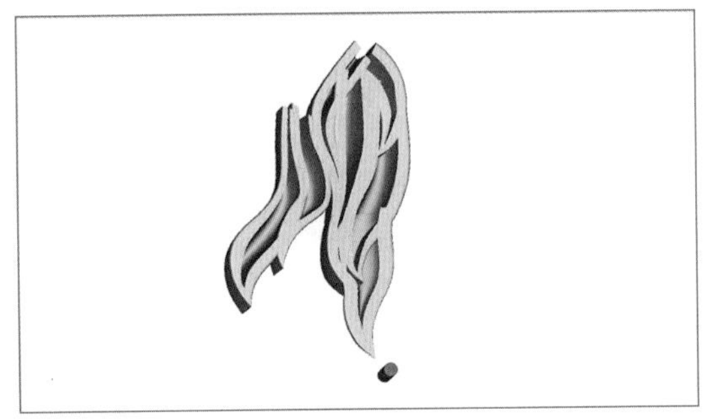

图8-2-118

图8-2-119

图8-2-120

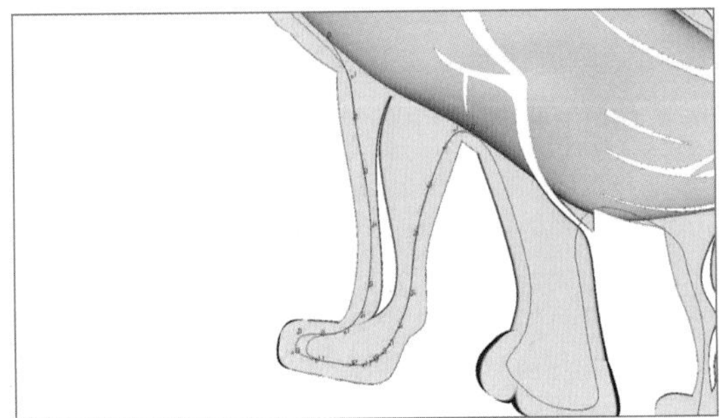

图8-2-121

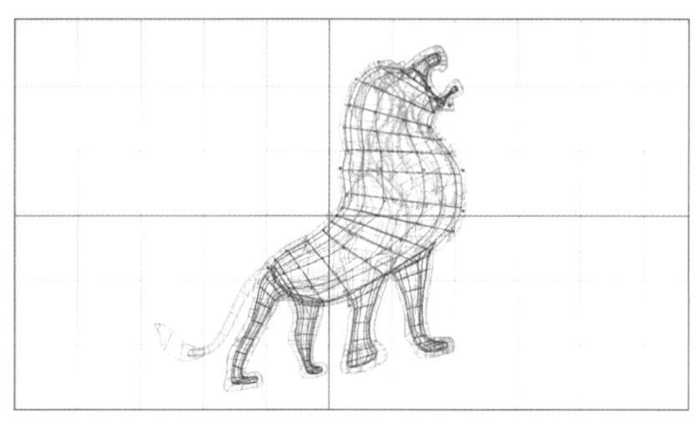
图8-2-122

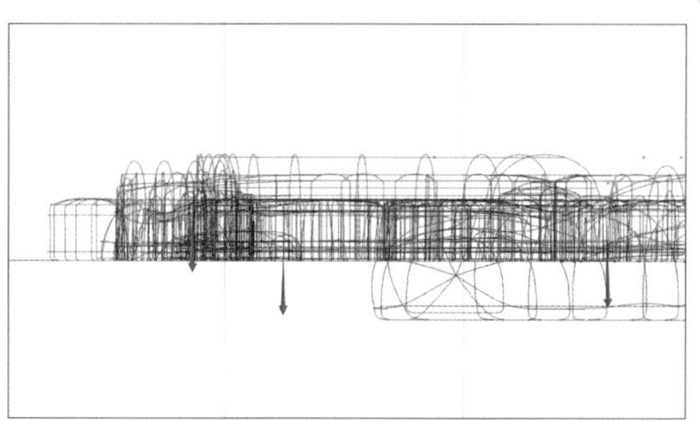
图8-2-123

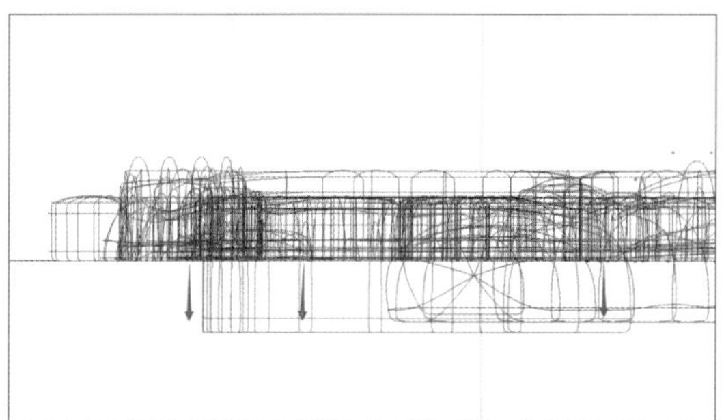
图8-2-124

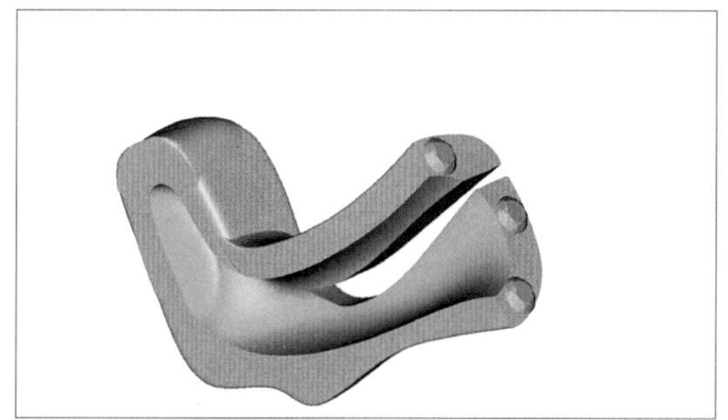
图8-2-125

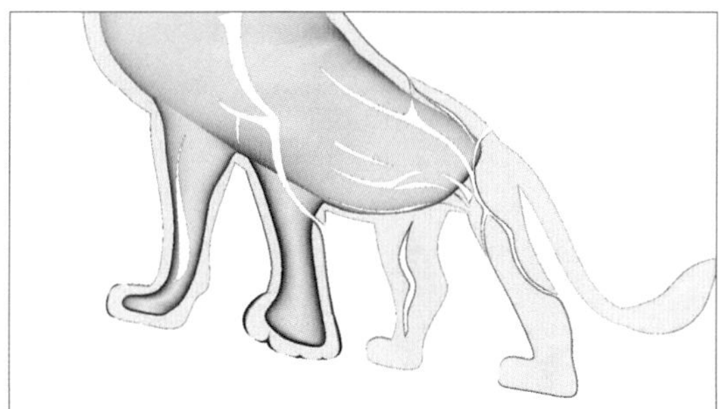
图8-2-126

图8-2-127

（64）逐一调整各条腿的掏底物件深度，如图8-2-126。

（65）完成大体的掏底工作，如图8-2-127。

（66）由于狮子从头到尾各处的造型厚度并不一致，接下来针对各个位置进行细化掏底。

（67）正视图，生成矩形切面，反右后，直线延伸曲面成实体，并定义为"超减物件"，如图8-2-128、图8-2-129。

（68）旋转并放置该超减物件，通过剪贴1mm厚度的圆石，观察狮子横截面厚度是否足够。过厚的部位，在右视图通过上移该处掏底物件CV点的方法进行调整，如图8-2-130至图8-2-132。

（69）参照步骤（68）做法，继续对狮子各个位置进行厚度检查与调整，如图8-2-133至图8-2-136。

（70）绘制如图8-2-137的切面。

（71）展示步骤（6）中隐藏线条，并仅展示需开槽位置的原导轨曲线。

（72）分别将导轨线条向内偏移0.6mm，调

图8-2-128

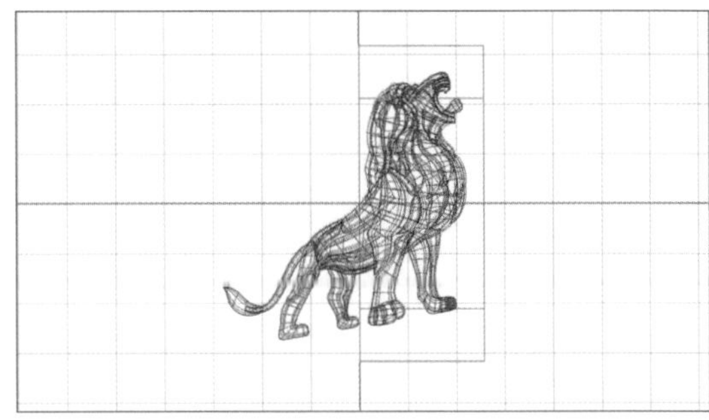

图8-2-129

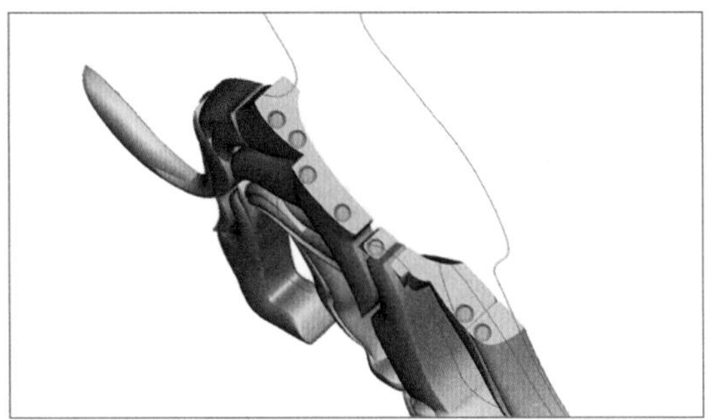

图8-2-130

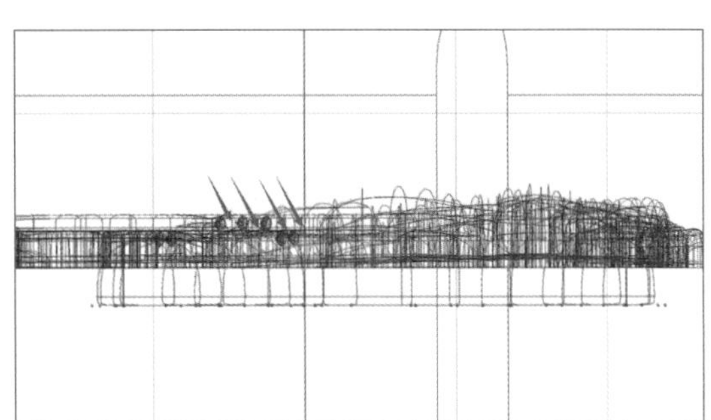

图8-2-131

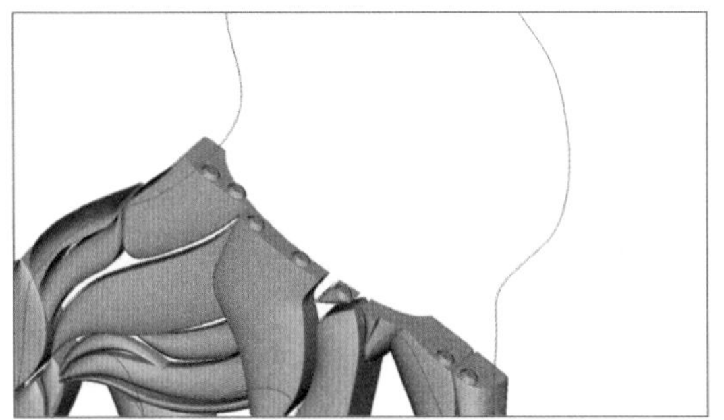

图8-2-132

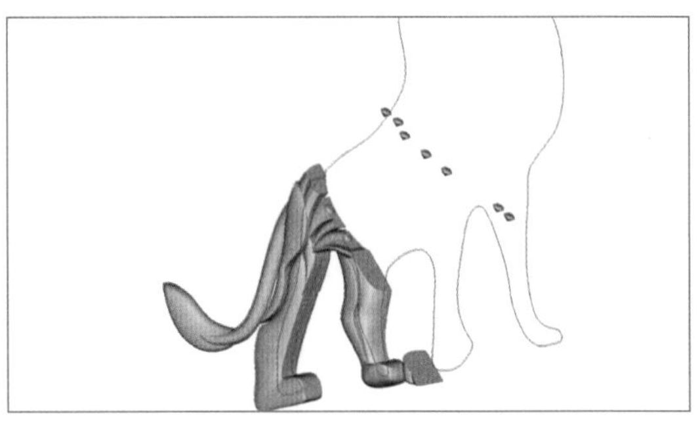

图8-2-133

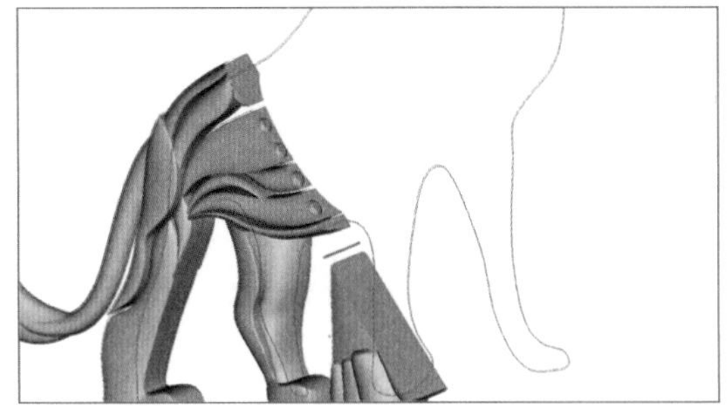

图8-2-134

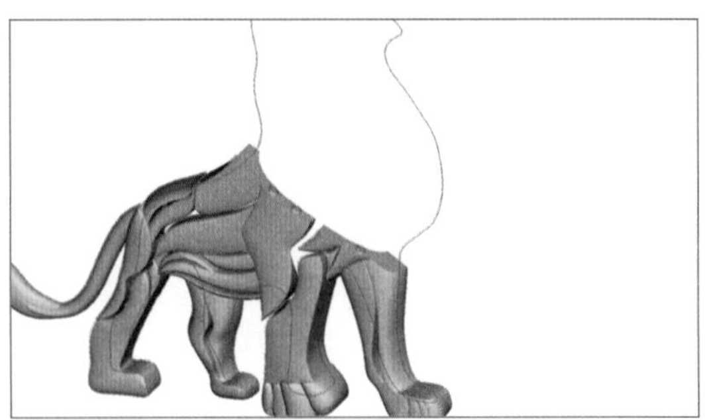

图8-2-135

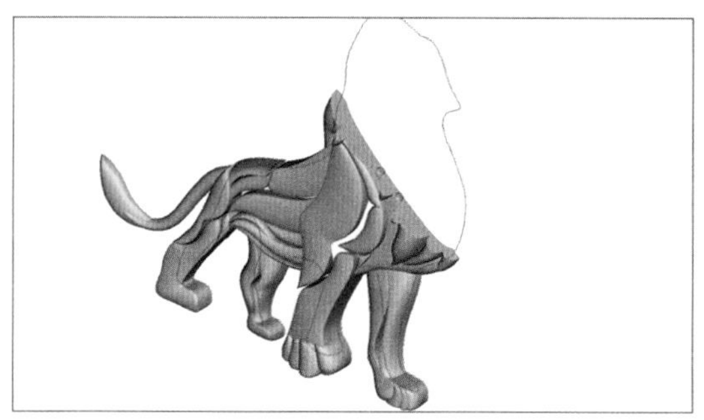
图8-2-136

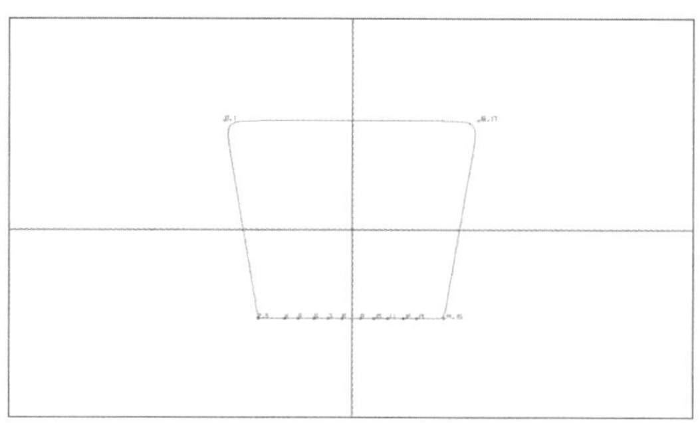
图8-2-137

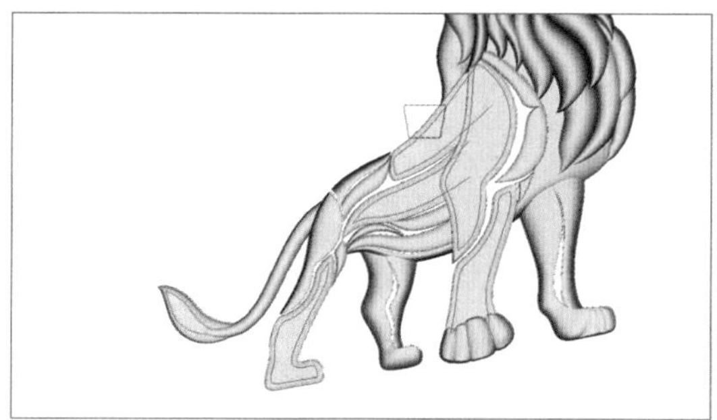
图8-2-138

图8-2-139

整好相接位置，如8-2-138。

（73）使用“导轨曲面”命令生成开槽物件，如图8-2-139。

（74）将狮子整体向下0.5mm直线复制出一件，如图8-2-140。

（75）隐藏原狮子件。

（76）分别选中开槽物件底部CV点，分别投影到相对应的复制实体上，如图8-2-141、图8-2-142。

（77）删除复制出的狮子件，重新展示狮子原件，将开槽物件分别减去对应实体。

（78）依然采取超减物件方式检查，镶石开槽位底部厚度是否足够0.5mm，若不够请参照步骤（68）方法进行调整，如图8-2-143。

（79）镶石槽底厚度检查完成后，参照步骤（56）~（59）的圆柱检查方法，针对狮子不同厚度部位进行相应的检查，重点检查狮子

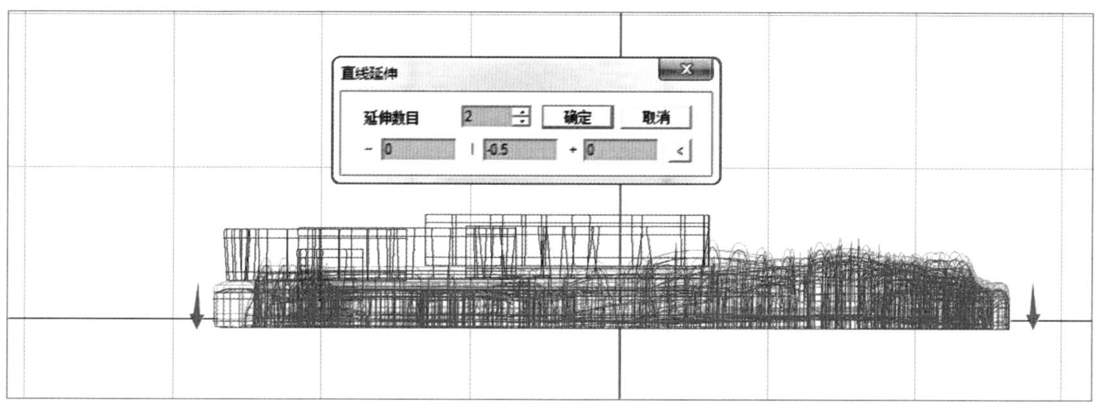

图8-2-140

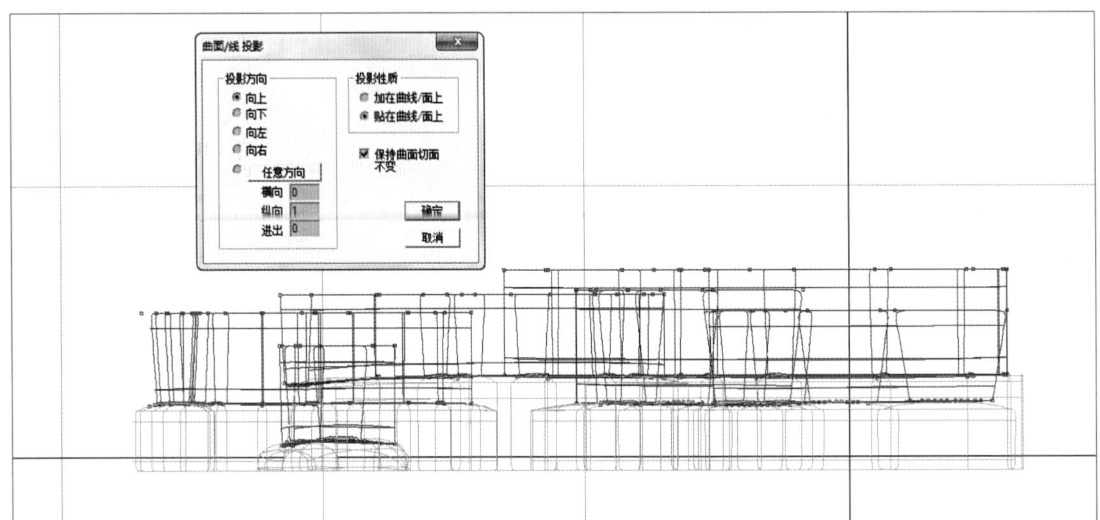

图8-2-141

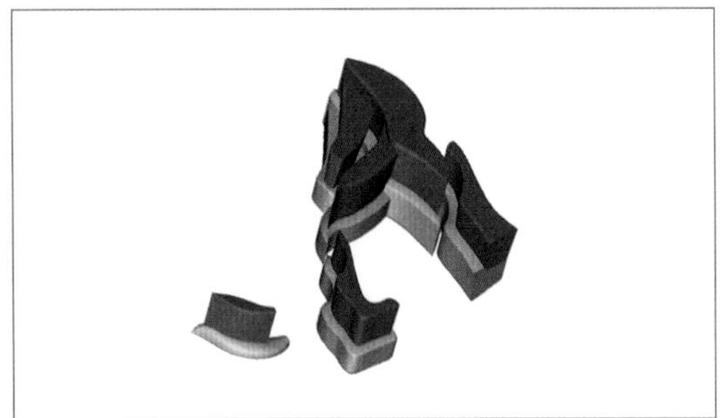

图8-2-142

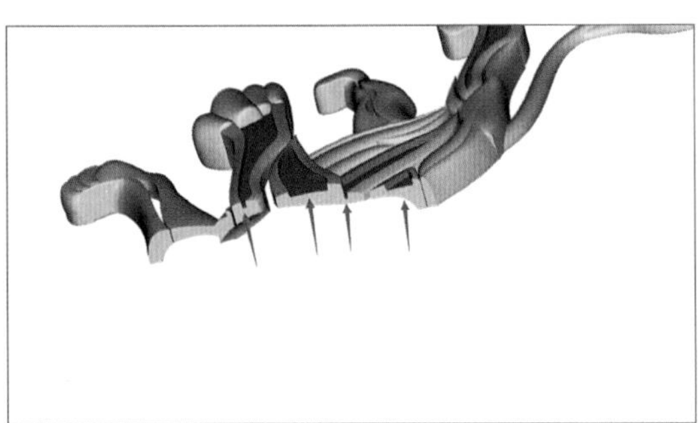

图8-2-143

图8-2-144

图8-2-145

边缘位置厚度是否足够，如图8-2-144、图8-2-145。

（80）生成直径1.3、1.5mm及1.5、1.7mm的圆，剪贴排妥，如图8-2-146。

（81）正视图。分别生成直径1.3、1.5mm的圆石及相应大小开孔物件，如图8-2-147。

（82）将宝石及开孔物剪贴在相应的圆曲线内，如图8-2-148、图8-2-149。

（83）若出现石与光金边距离不足情况，如图8-2-150。可还原出开槽物件，拖动其CV点调整开槽物件大小后重新减缺处理，如图

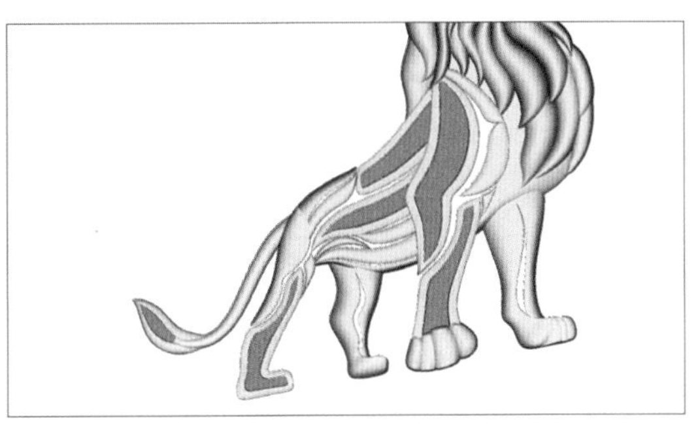
图8-2-146

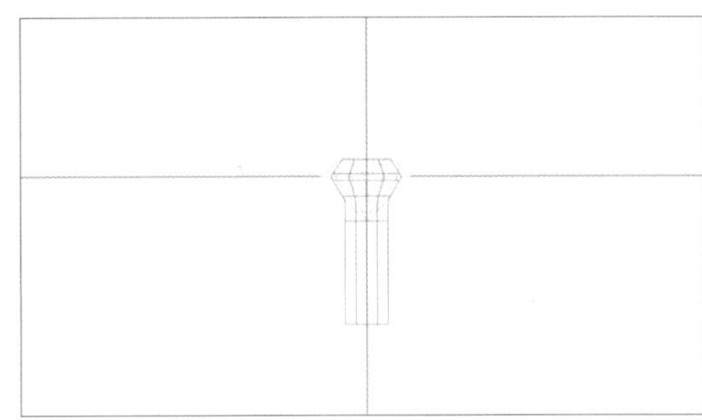
图8-2-147

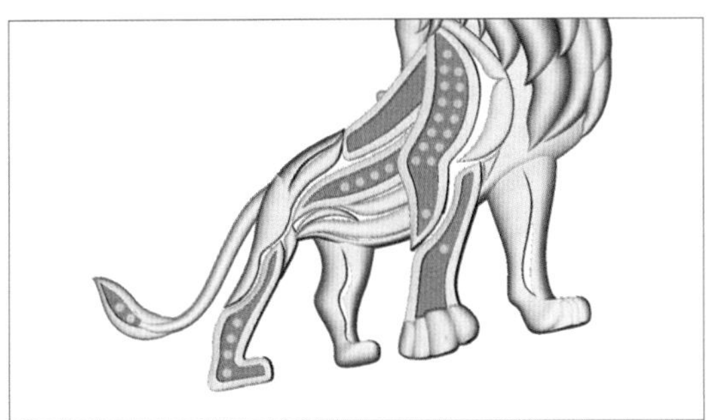
图8-2-148

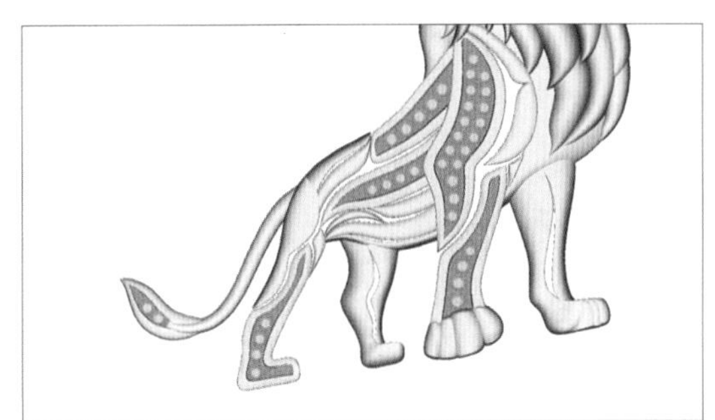
图8-2-149

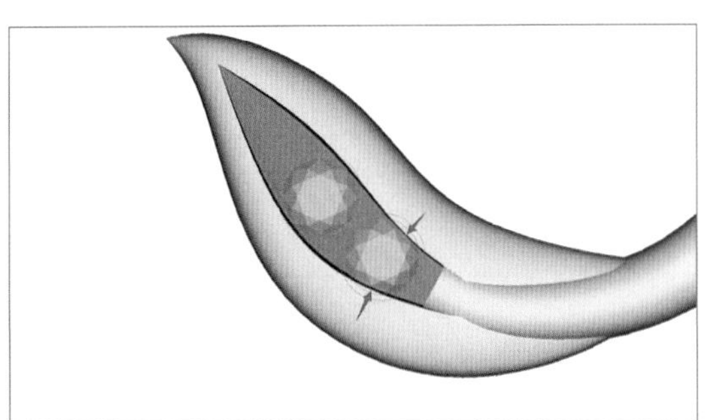
图8-2-150

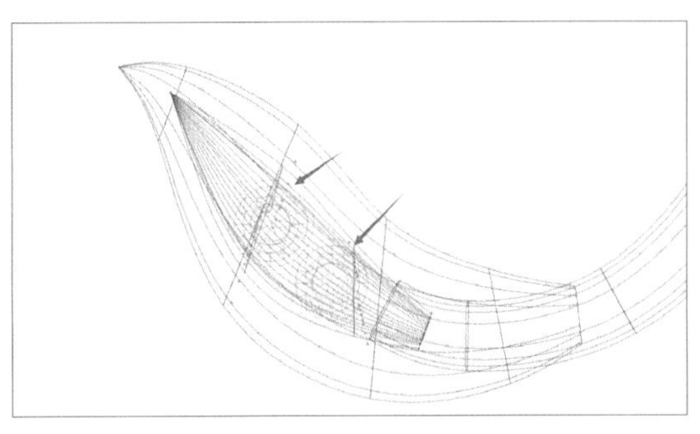
图8-2-151

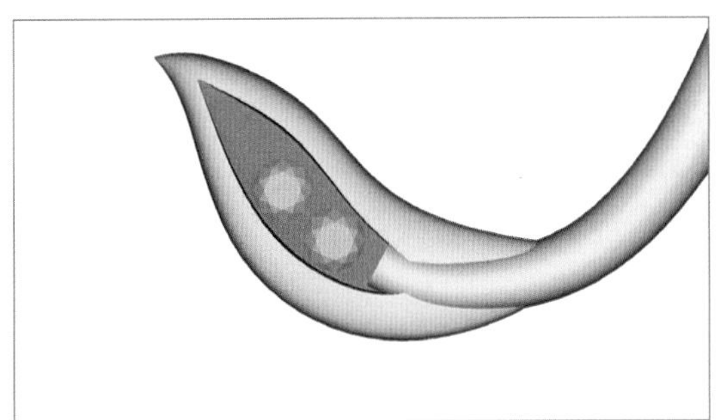
图8-2-152

8-2-151、图8-2-152。

（84）正视图，制作直径0.35mm的圆钉，其高于宝石台面0.2mm，深入横轴0.2mm以上，如图8-2-153。

（85）沿着圆石贴钉，钉吃入石0.1mm，空余区域可排入假钉，如图8-2-154。

（86）在狮肚部位上剪贴1.5mm的圆石及开孔物件，并剪贴0.35mm的钉。以“面种爪”

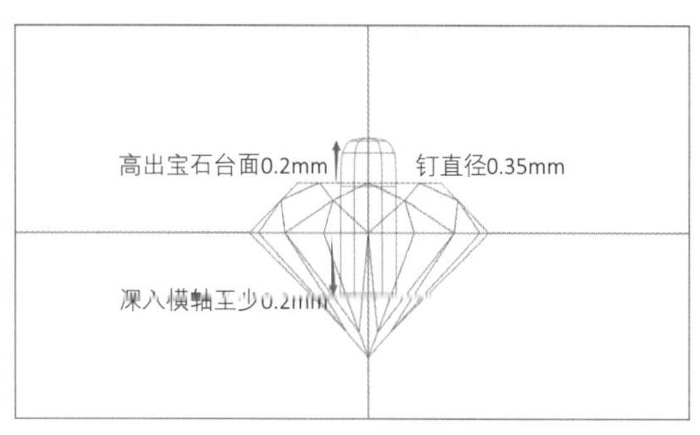

图8-2-153

图8-2-154

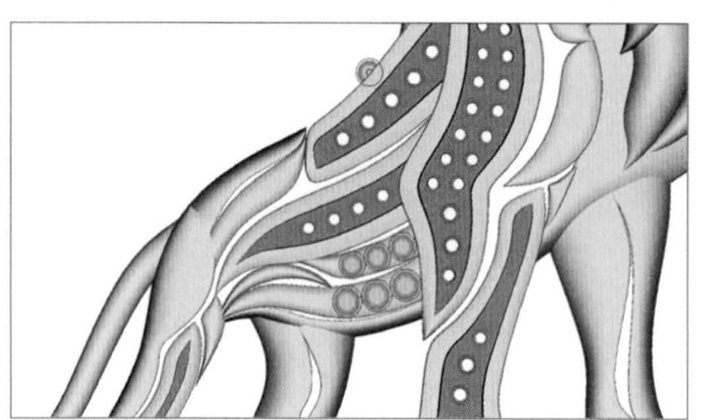
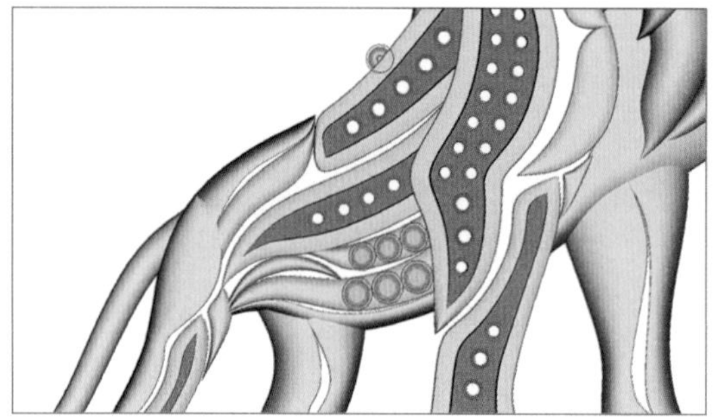
图8-2-155

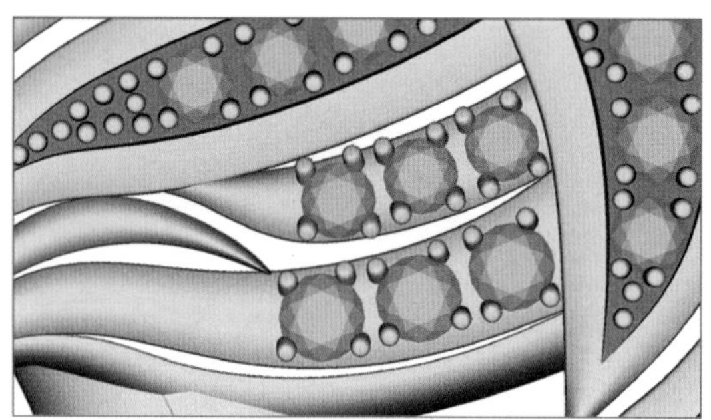
图8-2-156

的方式排石布钉，如图8-2-155、图8-2-156。

（87）完成排石，如图8-2-157。

（88）上视图，生成默认马眼型宝石，使用“多重变形”命令：比例为横向0.8、纵向1.4、进出1.2，将其变形处理，如图8-2-158。

（89）使用左右对称线沿宝石边缘绘制曲线并闭合，如图8-2-159。

（90）右视图，任意曲线沿着宝石外沿约0.1mm绘制如图8-2-160的折线。

（91）使用“导轨曲面”命令：迴圈（世界中心）、单切面、切面量度向下，生成类似宝石造型开槽物件，如图8-2-161。

（92）右视图，将其上移对齐宝石。

（93）宝石与开槽物移动、旋转到狮头部眼眶位置；开槽物件减去狮子；剪贴0.35mm的钉，钉吃入石0.1mm，如图8-2-162。

（94）正视图，生成直径0.7mm的圆，使用“曲面—球体曲面”命令生成球体曲面，系

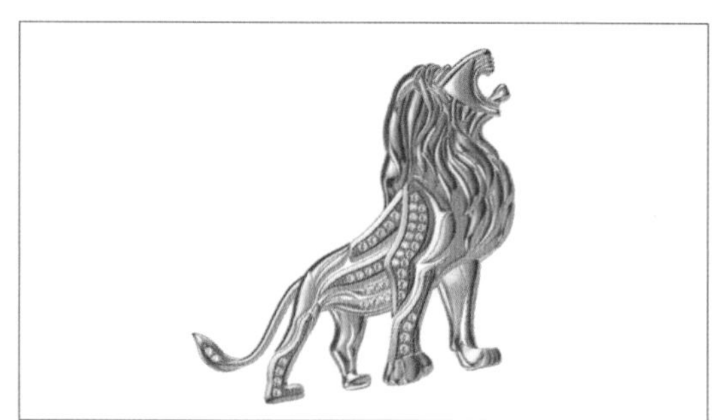
图8-2-157

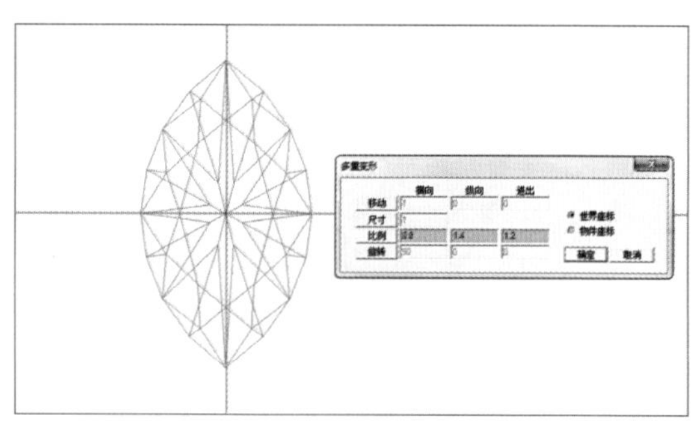
图8-2-158

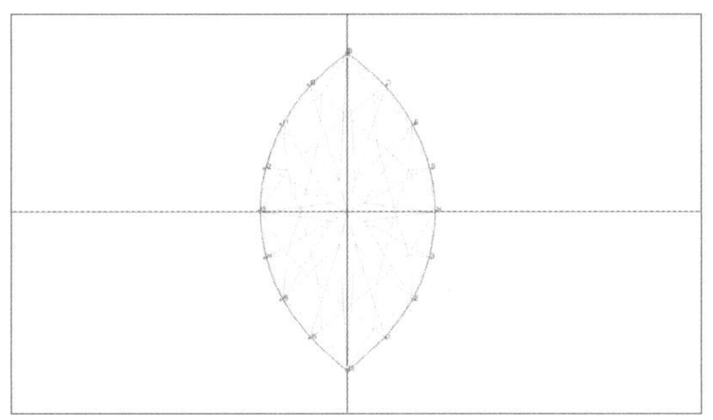

图8-2-159

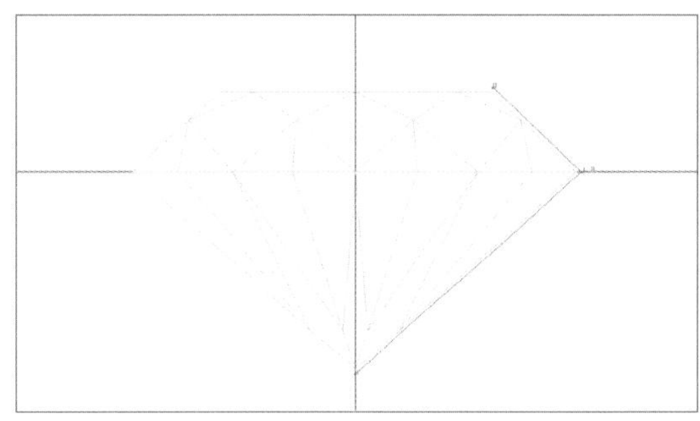

图8-2-160

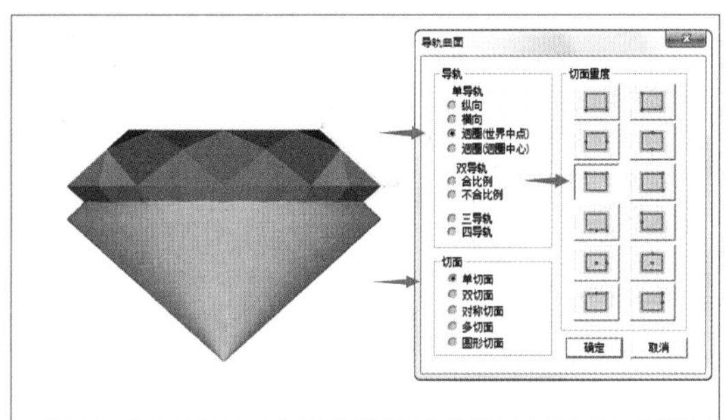

图8-2-161

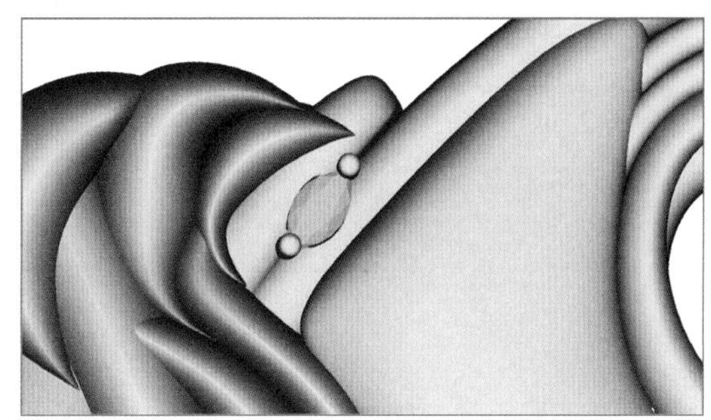

图8-2-162

统默认该球体直径为2mm，将其缩小至0.7mm直径，如图8-2-163。

（95）将球体移动到适合位置，作为不相接区域的连接体，如图8-2-164。

（96）生成直径2mm的圆并直线延伸曲面约2mm厚，移动到适当位置，作为胸针配件后期焊接位，如图8-2-165。

（97）此狮子若作为制版使用，应该使用“多重变形命令”，尺寸栏目输入1.05，放5%的缩水；若仅作为单件制作，则输入1.015，放1.5%的缩水，如图8-2-166。

（98）完成狮子胸针造型，如图8-2-167至图8-2-169。

（99）打印前，将所有宝石减去对应镶口。

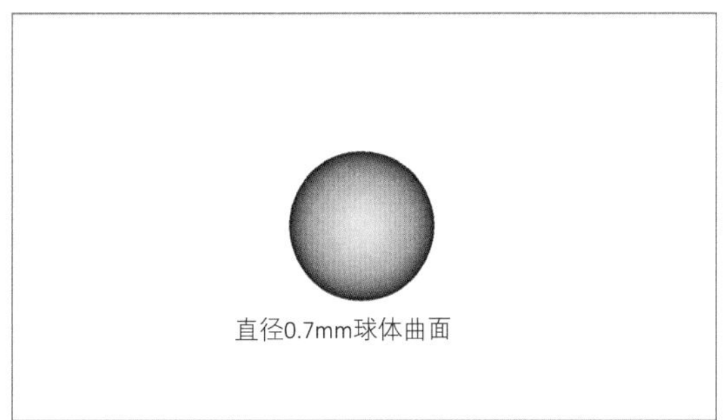

图8-2-163

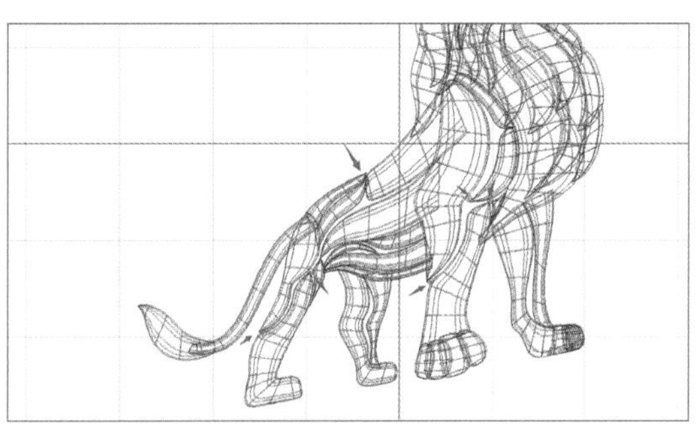

图8-2-164

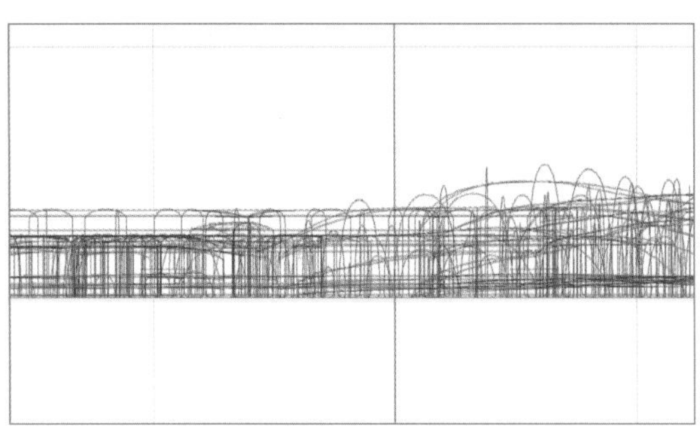

图8-2-165

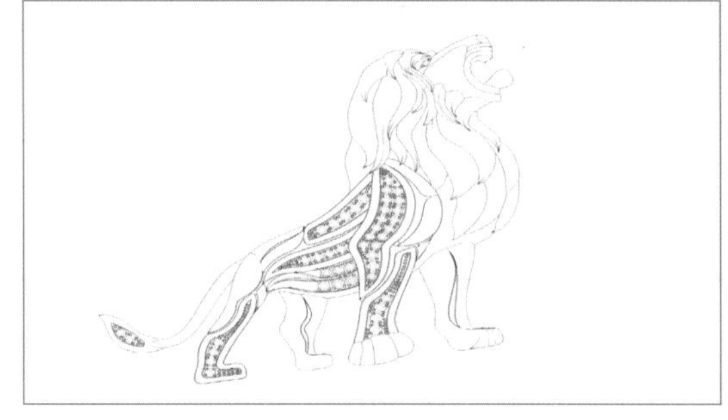

图8-2-166

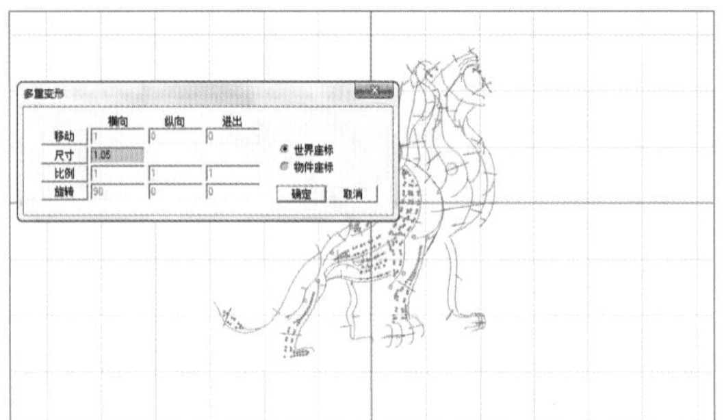

图8-2-167

图8-2-168

图8-2-169

Chapter 9 第九章 后期工艺与数据

第一节　字印打标

字印打标，是贵金属首饰生产必不可少的最后环节之一。通过标记在首饰表面的产品相关信息，如品牌、材质、纯度以及镶嵌宝石首饰主石（0.10克拉以上）的质量信息，对消费者的购买鉴别是至关重要的。金首饰标记为“金”或“G”后缀纯度千分数（K数），如金999、G18K等；铂金类首饰标记为“铂”或“Pt”后缀纯度千分数，如Pt990、Pt950等；银首饰以“银”或“S”后缀纯度千分数，如银925、S925等。当首饰采用不同材质或由不同纯度的贵金属拼合制作时，材质和纯度应该相应分别标记出来。

传统的打标方式是：通过敲击各种字印铸铁，将所需信息冲击錾印在金属表面；或是冲压类首饰，字印预先刻在钢模内，与首饰一体冲压出来；又或是是将相关信息在建模时或是在蜡模上刻出，浇铸后一体呈现，錾刻字印如图9-1-1，蜡模铸印如图9-1-2。

随着生产工艺的提高，以及消费者的审美眼光日益挑剔，对字印清晰度的标准也越发精细，字印及纹饰的式样也越加复制。传统的錾刻、冲压、铸造等工艺就很难满足要求。近年来，激光雕刻技术开始越来越多地应用到首饰生产中。激光雕刻机可制作出精度达0.01mm的微细印记注。所以目前越来越多的镀件生产企业采用激光打标逐步取代传统打标方法，激光标印如图9-1-3。

激光雕刻是采用精准的高能激光，烧蚀材料表面的一个浅层来产生所需的标记或花纹。与传统的打标技术相比，其优点主要为：

（1）可标注的信息量丰富，易于更改标记内容。

（2）刻划精细准确，速度快，生产效率极高。

（3）适应性广，可在多种材料的表面制作

图9-1-1

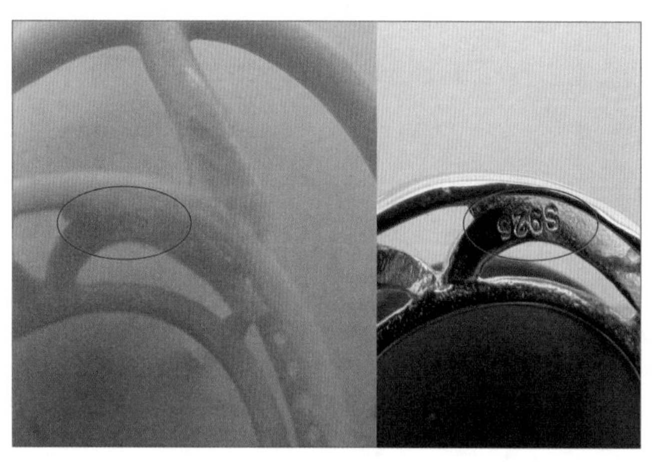

（a）

（b）

图9-1-2

图9-1-3

非常精细的标记。

（4）仿制、更改难，采用激光打标技术制作的标记，在不令人察觉的情况下直接更改信息是比较困难的。激光打标在一定程度上具有很好的防伪作用。

在具体生产中，制版一般在首版执模完成后，使用激光机将需标记的字符采用重复烧刻加深的方法，将其标记在首饰隐蔽位置处；制货则在首饰镶嵌、抛光完成后再进行激光标记，之后稍微抛光去除掉激光标记时烧出的黑色杂质，即可进入电镀环节。

上文所述是现代首饰生产工艺中对于字印的制作方式。

回述CAD建模，一般情况下，CAD建模时也可将文字信息预先建出，并通过减缺的方式在首饰适合位置留下字印迹：吊坠、耳饰类产品多在首饰内侧、背部或瓜子扣背部等光金位置标印；定口戒指一般在内圈底部（根据笔者经验，建议标印在戒底偏上位置处。标在此处的目的在于，若戒指手寸后期需要更改，可直接截断戒指底部进行相应的截短焊接处理，而不会影响字印），活口戒一般也在底部偏上位置；手镯一般在内圈光金位置；手链一般在吊牌或是鸭利箱背面光金位置。字印减缺深度一般控制为0.3～0.5mm。不过，这种方式并不适合太小的文字，笔画过小（文字中每一笔画宽度小于0.5mm）在打印后是无法看清的。笔者建议，字印尽量留待后期金属加工时交由激光机完成。

第二节　缩水与放量

首饰在制作过程中有不断缩小的情况，伴随着生产中的每一步，无处不在。

（1）CAD建模后，喷蜡打印，蜡（树脂）模与CAD原始数据相比，产生约1/1000的缩小。

（2）3D打印模在金属浇铸的时候，金属冷凝会产生向内缩小的现象。

（3）浇铸出的银版，进行执版工序处理，这一过程又损失了外层金属。

（4）金属版在压制胶模的过程中，由于胶模在固化后，取出版时的胶膜回弹收缩造成缩小。

（5）注蜡时，热蜡液冷凝产生微小收缩。

（6）浇铸注蜡模时，再次出现金属收缩。

（7）金属件在执行执摸处理时，继续损失外层金属。

以上7道首饰批量生产必经工序，均出现不同程度的造型收缩及金属损耗。如图9-2-1所示戒指版的手寸号是港度19号，经过压胶模到注蜡复制成注蜡模后，缩小了1个手寸号，实际测量为港度18号，缩小程度是比较大的，注蜡模戒指手寸如图9-2-2。

正是这两方面原因，导致最终产品与CAD原始模型数据出现不一致的情况。这个减少的量，必须在建模之初就考虑进去，要为CAD模型预算出一个恰当的缩水量，适当地将模型造型稍稍做大，以抵消后期铸造、胶膜缩水。这个放大的数值称为放缩水。而由执模处理造成产品变小的问题，则也应在建模时增加出足够的空间以弥补后期生成的执模损失。

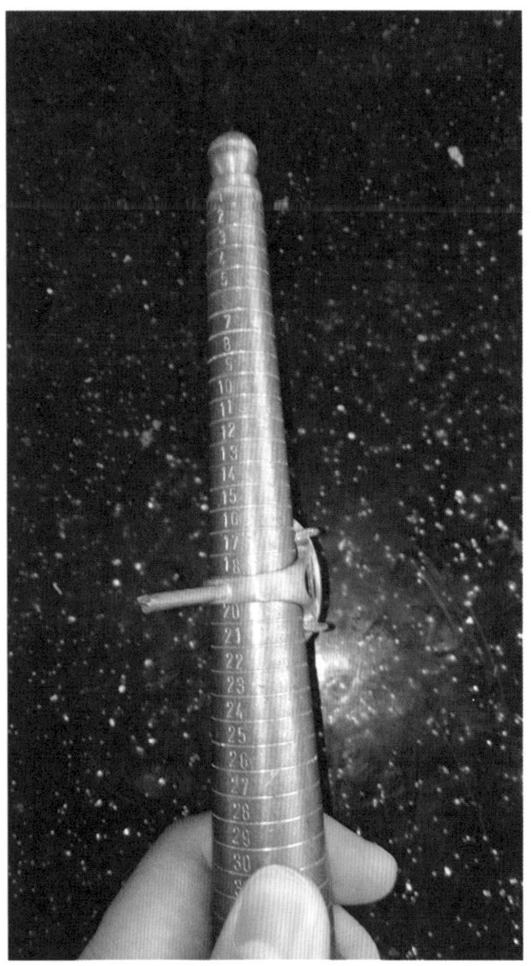

图9-2-1

图9-2-2

具体的放缩水数值与执摸留边，应视不同产品大小、款式，各个企业采用的不同胶膜材料、甚至铸造中选用的石膏品质以及铸造温度的不同，甚至天气温度对唧蜡模的影响都会使得这个数据有所偏差。所以，大多数企业的放缩水值与执摸留量均是根据自家生产状况而拟定的。

一般而言，首饰的缩水可以参考下列设置：

（1）CAD模型单件出货模式：单件CAD模型直接出货，由于3D打印模经历的制作过程少，缩水也比较少，略微放大1.012%～1.015%或不放大。即建模完成后，联集所有需打印物件，执行“多重变形命令”：尺寸栏目直接输入相应数值。

（2）CAD模型制版批量出货模式：批量生产，建模完成后，一般放大1.035%～1.04%，若模型体积较大，可放大1.04%～1.05%（具体放大操作参见第四章第一节“心”吊坠；第8章第二节“狮子王”胸针）。

若把握不准缩水量，即便缩水留大一些也没关系，可以在执版上控制执摸留边，可参考下列数据：

一般情况下，能执到版的位置最少要预留0.2～0.3mm的执版位，金货少留，银、铜货可多留；执版不到的位置一般留0.05～0.1mm。（具体留边操作，在本书案例中均已涉及，请读者对应参照本章节内容，更好理解放量留边的作用）

第三节　树脂支撑

树脂模型由于其打印的特殊性，工作平台是向上运行的。平台与树脂液接触，激光固化出单层切片后，工作平台向上移动，进行下一切面的继续固化。所以模型空位必须在平台处额外增加支撑杆，才可以由杆逐渐打印至物件，而没有加支撑的部位则会出现打印缺失的情况。参见源文件“源9.3.1逼镶豪华女戒模型与支撑”，豪华女戒与支撑如图9-3-1，豪华女戒与支撑树脂模型图9-3-2。

树脂支撑的添加方法如下：

（1）支撑以圆柱及圆锥形为主，直径视造

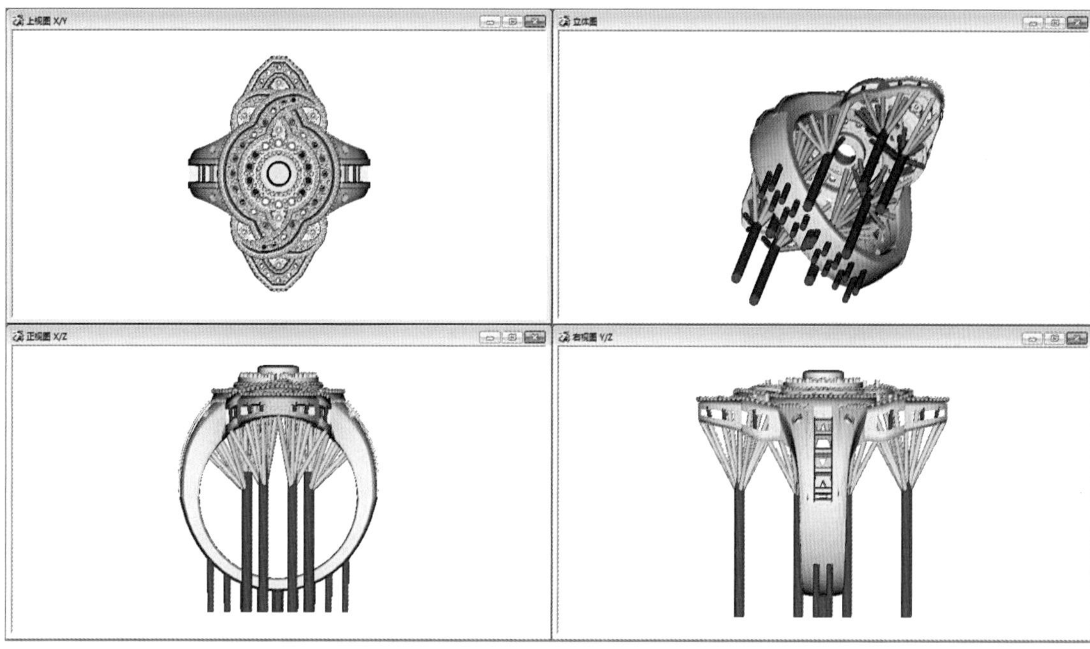

图9-3-1

（a）

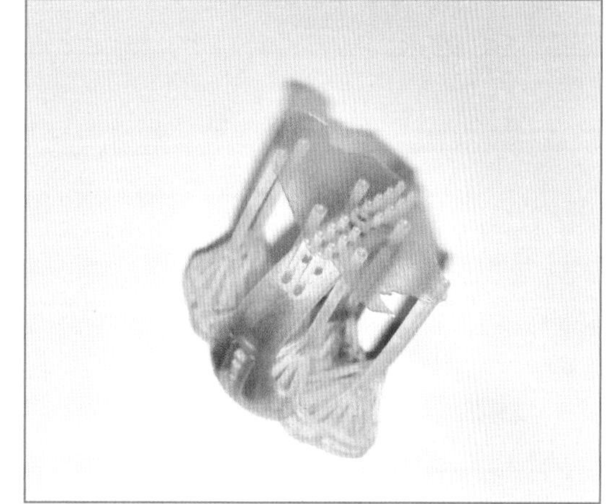

（b）

图9-3-2

型大小而定，一般控制在0.6～1.5mm，尽量放置在物件光金处，物件最底部支撑高度一般为2mm起，支撑位置如图9-3-3。

（2）支撑间的间隔距离不能超过2mm。

（3）常见戒指款一般采用伞状支撑，底部需双排及以上支撑，如图9-3-4。

（4）戒指支撑的上部范围一般倾斜45°即可，如图9-3-5。

（5）戒指底部支撑应有足够的支撑面积，避免戒指倾斜，如图9-3-6。

（6）跨度太长、易于变形、易于折断的部位，可另行增加横向支撑，如图9-3-7。

（7）请读者自行下载并参考本书提供的5个支撑制作范例（源9.3.1至源9.3.5），帮助理解支撑的使用方法。

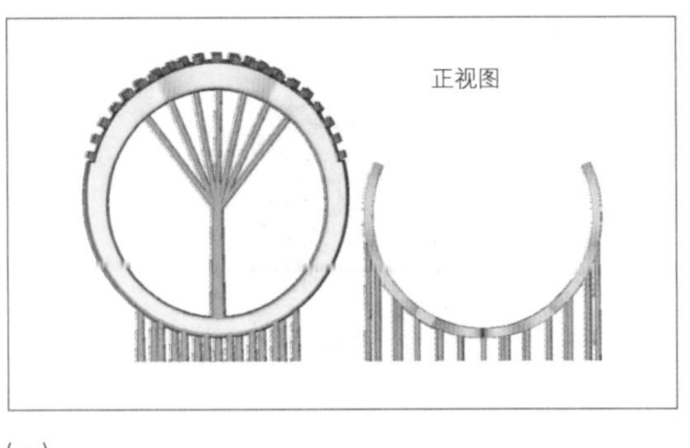

（a）

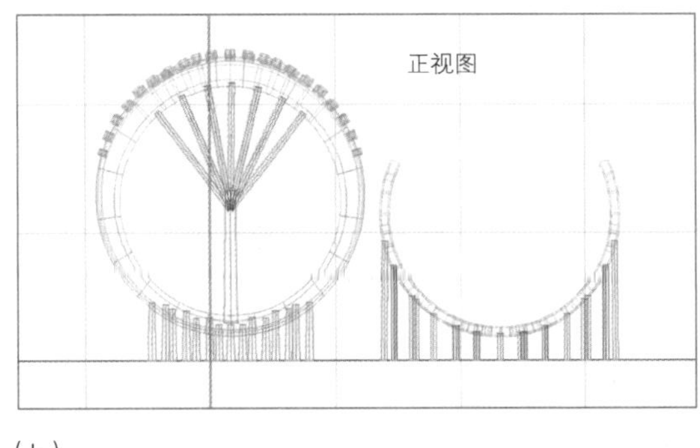

（b）

图9-3-3

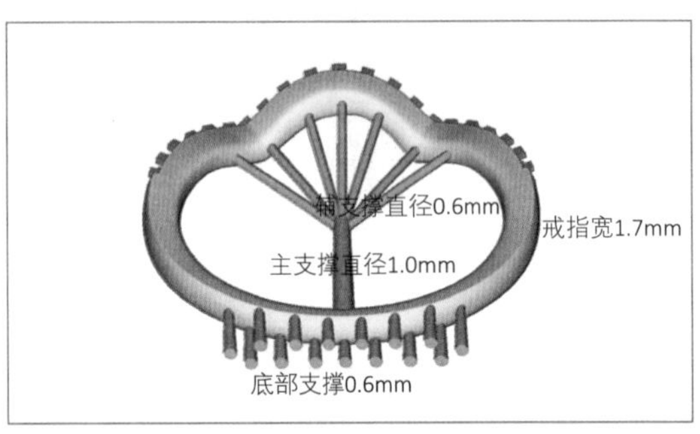

（a）

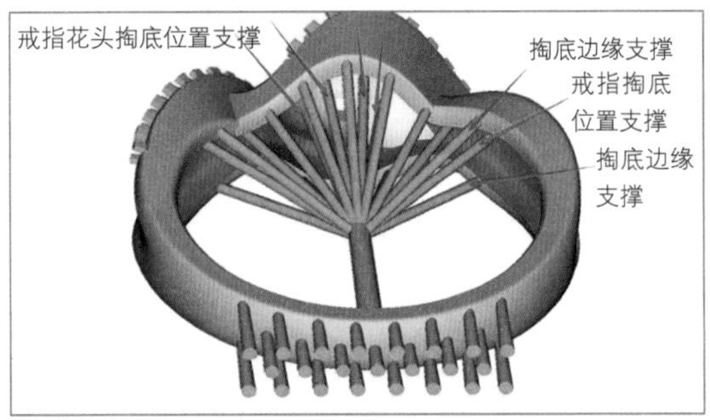

（b）

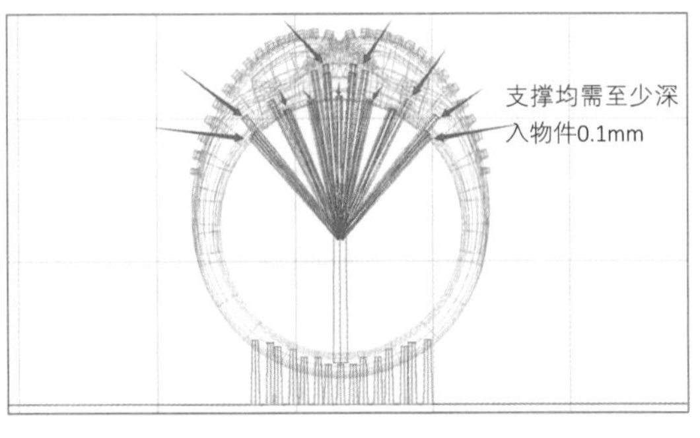

（c）

图9-3-4

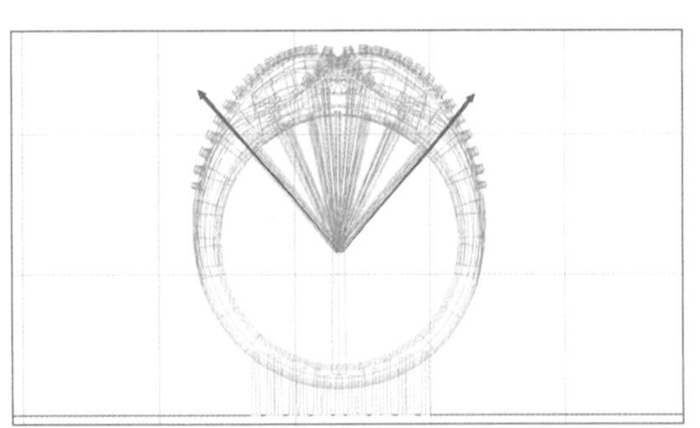
图9-3-5

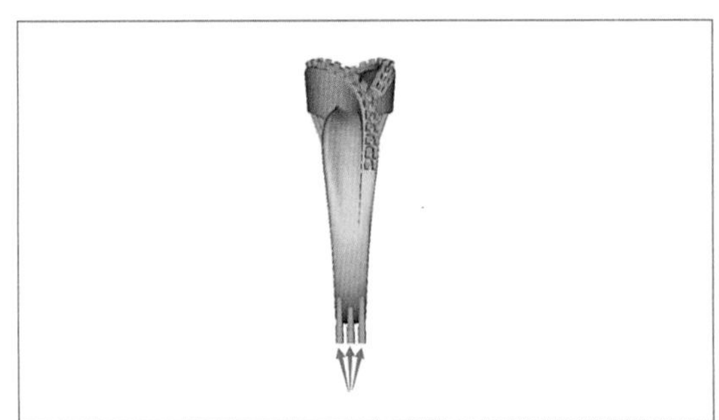
图9-3-6

（a）

（b）

图9-3-7

第四节　测重

JewelCAD软件在“杂项”菜单提供了测量命令，其中应用最多的是“质量”功能。可以方便快捷地选择不同金属材料的相对密度，拟算出模型相应使用的金属材料质量，18k金材质计算如图9-4-1。

这里教给读者一个预测蜡重、以最大限度控制生成成本的计算方法：在测量质量对话框中，相对密度栏目直接删除所有信息，输入1.3后得出的数据便是蜡模质量，蜡材质计算如图9-4-2。这个质量一般可预算增加20%～30%的支撑、平台底片质量（仅对树脂打印），便是打印出的树脂模型重量预测。

通过银质量倒推树脂质量的计算方式是：银重除以6所得数据。

（a）18k金材质计算（选择材质）

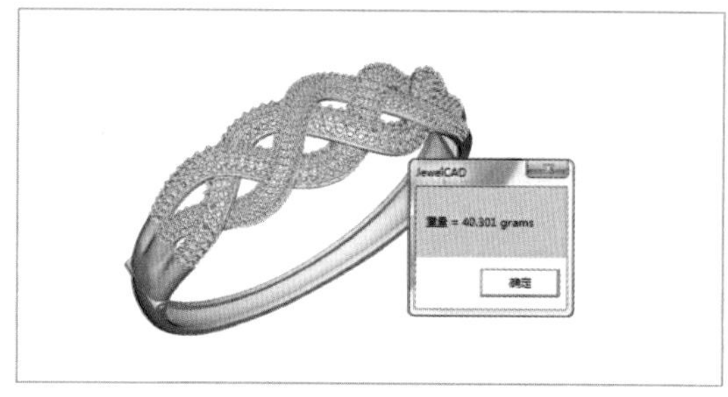

（b）18k金材质计算（计算结果）

图9-4-1

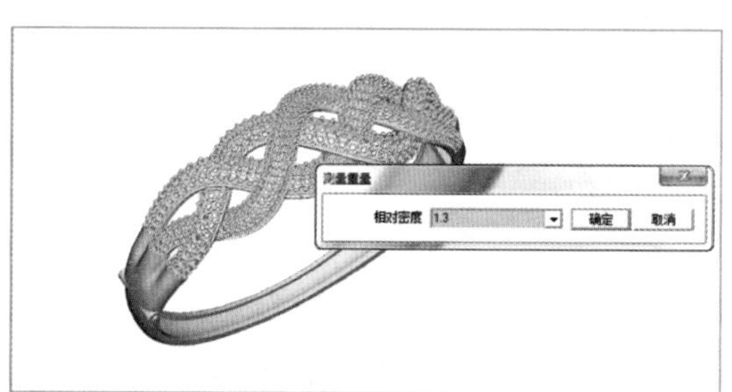

（a）蜡材质计算（输入数值）

（b）蜡材质计算（计算结果）

图9-4-2

第五节 3D打印

1. 打印设备

3D打印快速成型技术是通过增加材料进行制作的方法，较传统的减材制造法，节约了较大的生产资源，而且在一些小批量、特殊物件的制造上有着无可比拟的优势。3D打印快速成型技术在首饰业内已使用10余年，是一项非常成熟的技术。目前，在企业应用较为广泛的当数树脂与喷蜡两款打印设备，至于金属打印设备，目前限于技术成熟度及生产成本，暂时未能大面积推广使用，不过，在可以预见的未来，首饰业3D打印的金属成型方向应该是一个明确的可以实现大规模商业应用的目标，图9-5-1是一款贴合内耳道音乐耳塞打印模型。

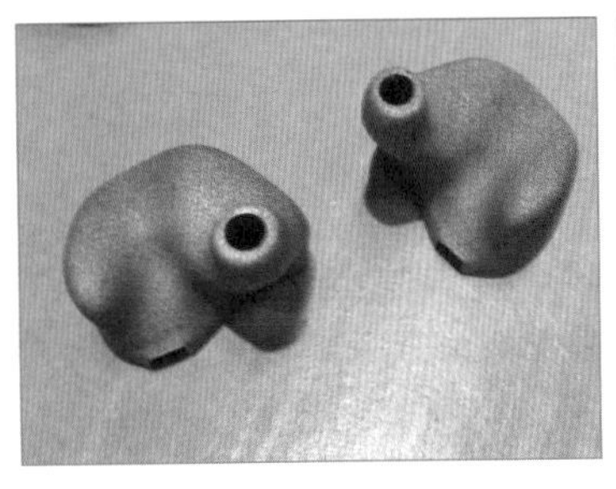

（a）

（b）

（c）

图9-5-1

目前，已经投入商业应用的3D打印（非金属）快速成型技术主要分为融积法、激光固化法。设备有美国的Solidscape Inc公司的Model Maker Ⅱ喷射固化式成型机，日本的名工Meiko激光固化式成型机和德国Envision TEC公司生产的Perfactory R系列快速成型机等。这些3D打印设备打印的材质适宜首饰业采用，首饰业选用的打印材料必须是符合后期铸造生成的材料，且首饰是较为精密的产品，其对打印机的精细度要求较高，并不是目前市场上一般的PVC树脂类3D打印机都能适合，PVC 3D打印机如图9-5-2。而且，3D打印机与扫描设备也得到了较好的结合应用，许多逆向工程完成的逆向设计案例也在首饰企业内使用，手持扫描仪如图9-5-3，三维扫描海伦雕塑如图9-5-4。

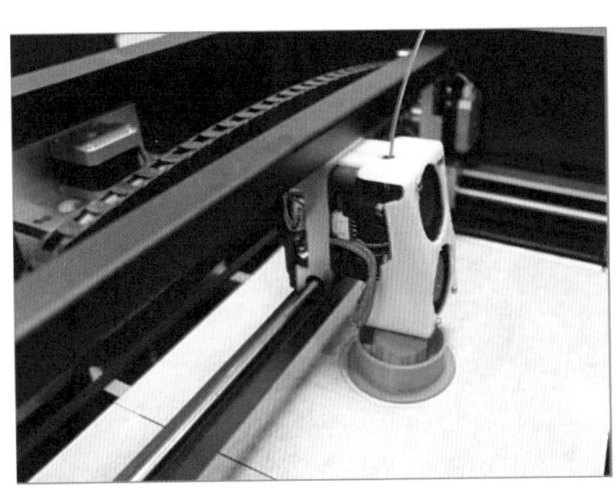

图9-5-2

图9-5-3

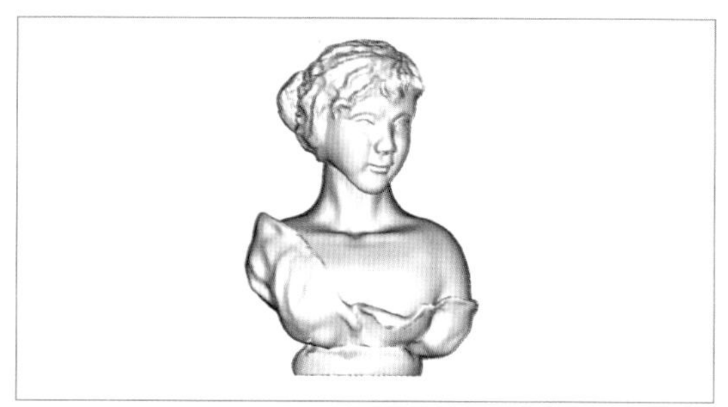
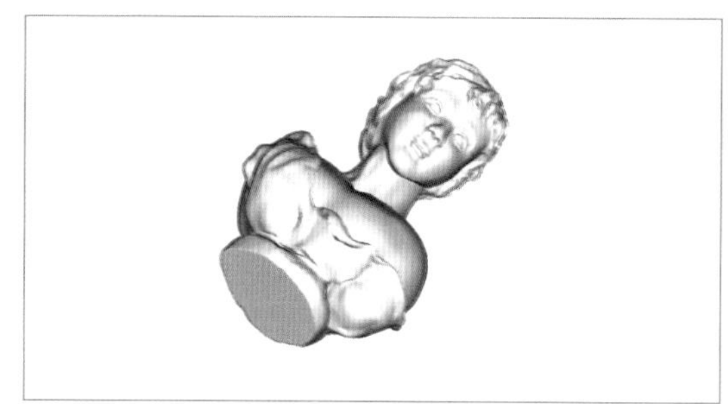
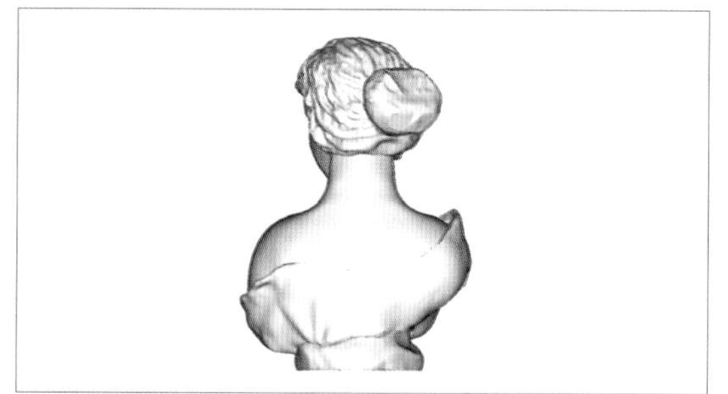
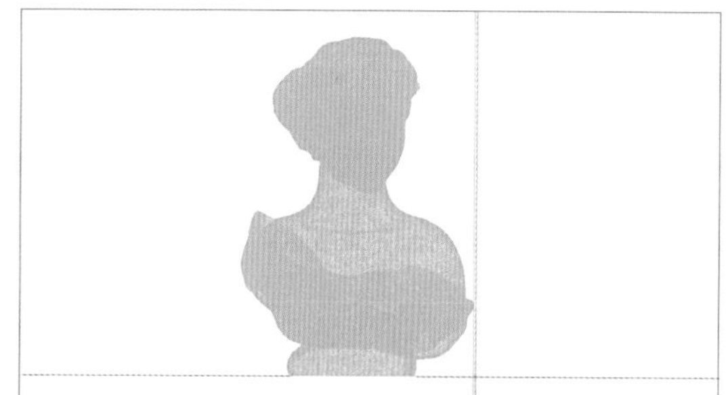

图9-5-4

图9-5-5

蓝蜡模型技术采用的是融积法，属于递增法范畴。在计算机的控制下，设备中的加热喷头将低熔点的材料加热至半熔融状态，依据模型切面的轮廓信息在二维平面上运动，选择性地涂覆在工作台面上，快速冷凝后形成一个薄层，通过不同的切面轮廓层的堆积形成一个三维模型体。

这个模型体实际上包括了蓝色与白色两种颜色蜡。最终的成品蓝蜡模型是包裹在白色的支撑蜡之间。模型由设备软件自行计算需要支撑的部位、形状并通过两个喷射嘴，一个负责喷蓝色蜡既模型材料，一个负责喷白色蜡既支撑材料，蓝色模型与白色支撑同步完成层积，最终得到蓝、白蜡混合体模型，打印完成尚在工作平台上的蓝蜡模型如图9-5-5。

树脂模型技术采用的是激光固化法。使用液态的光敏树脂原料，在计算机控制下，紫外激光按首饰各个分层切面的轮廓轨迹数据对液态光敏树脂表面逐点扫描，被扫描区域的树脂薄层产生光聚合反应而产生固化，形成一个薄层；待该薄层固化完毕后，工作台下降一个层位，在固化好的树脂表面涂上新的一层液态树脂，然后重复以上工序，如此反复至模型完成，最终得到黄色、绿色或是红色树脂版——取决于采用哪种类型的树脂材料进行成型，树脂打印机如图9-5-6，黄色、绿色及红色树脂模型如图9-5-7。

(a)

(b)

(c)

图9-5-6

(a)

(b)

(c)

图9-5-7

树脂与喷蜡两种不同的打印成型模型各有各自的优势，也有不足。树脂打印成型速度比喷蜡机要快，而且成型后的树脂模型件较为牢固，适宜后期对其加工修整——因为树脂材质3D打印的成型技术所限，树脂模型必须在模型上建立支撑体，这在一定程度上增加了树脂打印的成本消耗，而且在打印完成后，必须手工将支撑去除，增加了一个修整树脂版的环节；树脂材质多为红色与黄（绿）色。红色树脂材质硬度高，打印模型去除支撑后可以直接压版，省去了倒银版、执版工序；黄（绿）色树脂则更适宜直接倒模，但其相对蓝蜡材质，铸造环节稍显复杂，不仅树脂材质与普通蜡液的融合度不太好，在接种水口时要多加注意，而且在铸造环节还需要专门针对树脂模型进行铸粉调配、调整焙烧曲线及相应的铸造技术。尽管铸造工序复杂，但是树脂打印的模型精细度较喷蜡模型要高，倒出的银版表面较为光滑，且不易产生沙孔，提高了后期执版效率，树脂模型焊接水口蜡如图9-5-8、树脂模型蜡树如图9-5-9，树脂模型铸造成品如图9-5-10。

图9-5-8

喷蜡打印在速度方面没有太多优势，而且成型后的蜡模并不太牢固，在后期的清洗、移动过程中，容易造成那些小到仅有0.35mm精细的钉或者部件折断、碰缺，一定要特别小心地加以照顾。但是它的最大优势在于建模时无需加支撑，有着所见即所得的优势，极大降低了后期工作量——不必和树脂模型一般需要去除支撑，从而提高了效率，而且其铸造与普通注蜡模一样，蓝蜡与普通蜡液并无太多区别，易于互融，铸造环节无需特别照顾。但是，喷蜡模型表面光滑度没有树脂模型高，其铸造后的银版表面略为粗糙。从打印经济成本而言，目前喷蜡模型较树脂模型略高，蓝蜡模型焊接水口蜡如图9-5-11，蓝蜡模型种树如图9-5-12，蓝蜡模型铸造成品如图9-5-13，表9-5-1为树脂模型与蓝蜡模型对比。

图9-5-9

图9-5-10

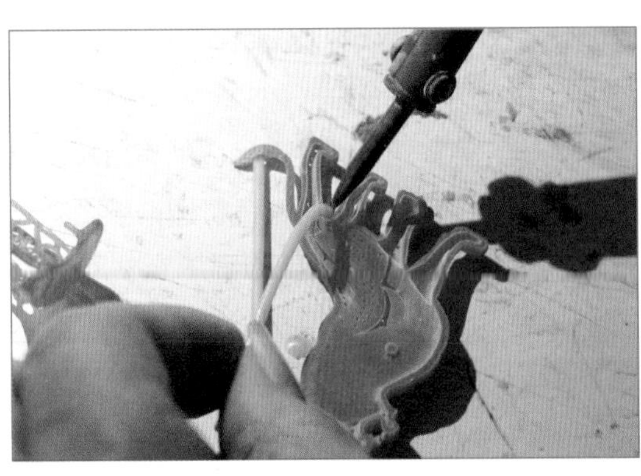

图9-5-11

图9-5-12

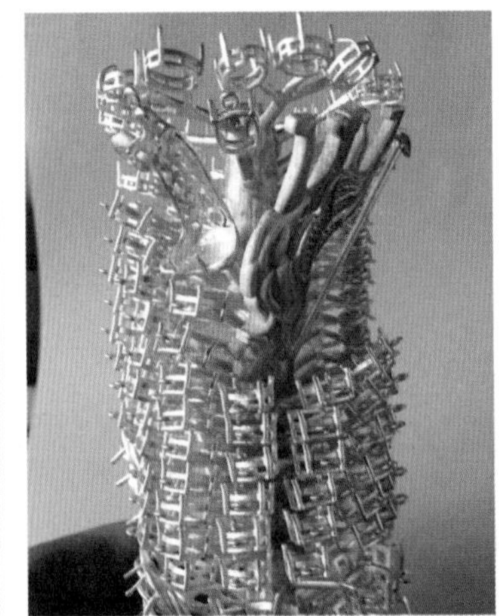

图9-5-13

表9-5-1 树脂模型与蓝蜡模型对比

材质	打印速度	有无支撑	模型牢固	模型精细度	能否压版	与普通蜡液互融性	铸造条件与银版质量	生产效率	打印成本
树脂（红色、黄色）	适中	有，打印完毕后需剪除	牢固	高	红色树脂可压版	低	需专门设置 / 银版表面光滑，不易产生沙眼	较低	适中
蓝蜡	偏慢	无，打印完毕后需洗除支撑蜡（白色）	易碎	偏高	否	高	普通浇铸 / 银版表面略粗糙	较高	偏高

2. 印前准备

所有需要打印的模型，在将数据传输至3D打印机前必须做如下检查：

（1）3D打印机属于所见即所得模式，需要打印的模型必须处于可见状态，隐藏物件不会被打印。

（2）确保上视图为主视图，上视图模型位置正确如图9-5-14，图9-5-15所示为上视图模型位置错误。

（3）必须删除掉所有的石头模型。模型检查无误后，所有的石头均应该减去石位，便于后期执版时校对石位。

（4）需要分件打印的物件，分开排布，例如第三章第六节主石男戒案例，就需要将戒指主体与封片分开放置。

（5）准备树脂打印的模型，检查是否还有没加到位的支撑物件。

（6）所有物件（含支撑）均应该相互接触，检查无误后，联集全体物件（包括支撑），分件物件各自单独联集，如图9-5-16。

（7）测量物件大小，其长、宽、高是否超过现有打印机的打印平台。建议模型高度不宜超过30mm，长、宽则不超过打印平台即可（表9-5-2）。现有树脂打印机平台范围有小、中、大三种，目前企业常用的多为中、大型打印机。若出现大于打印平台的情况，需要将物件剪断，分置打印，如图9-5-17所示，超出打印平台物件需减开分置打印。

（8）模型无误后，存光影图：多视图，标明主要尺寸大小、石头大小与数量等数据（杂项命令——“圆形宝石数量”），便于制作资料图，后期生产核对使用，如图9-5-18。

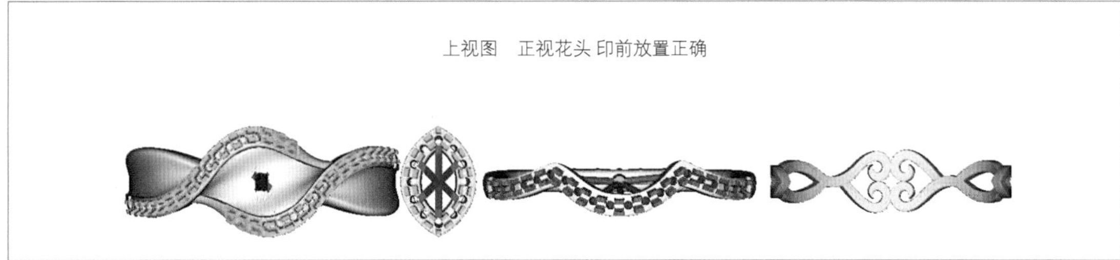

图9-5-14

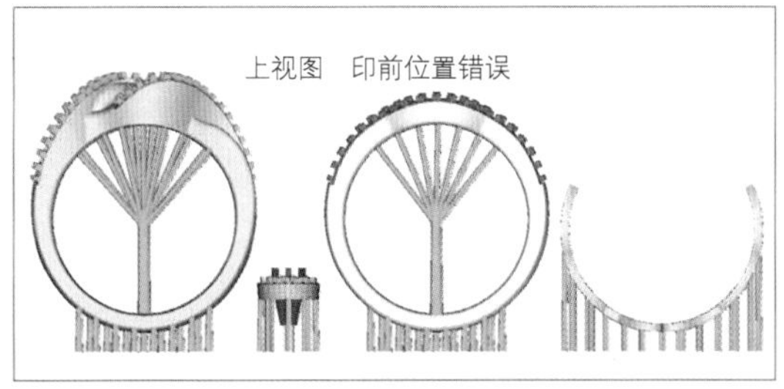

图9-5-15

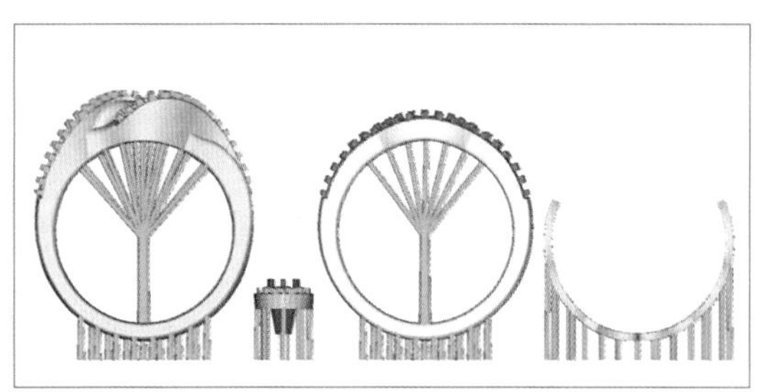

图9-5-16

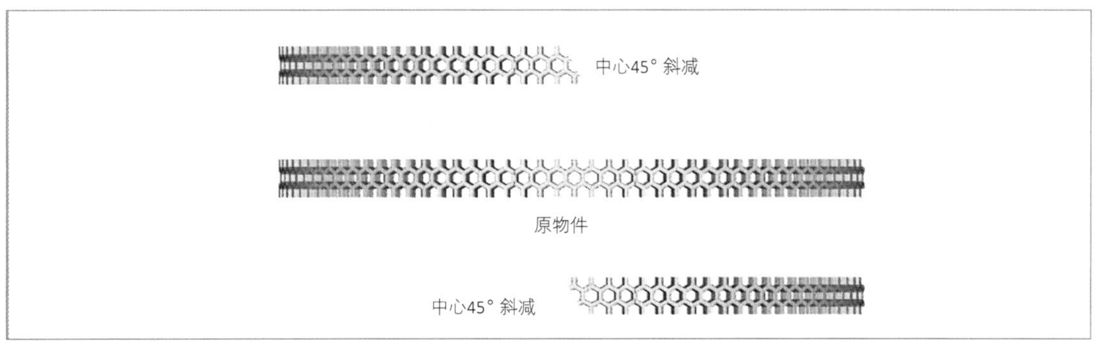

图9-5-17

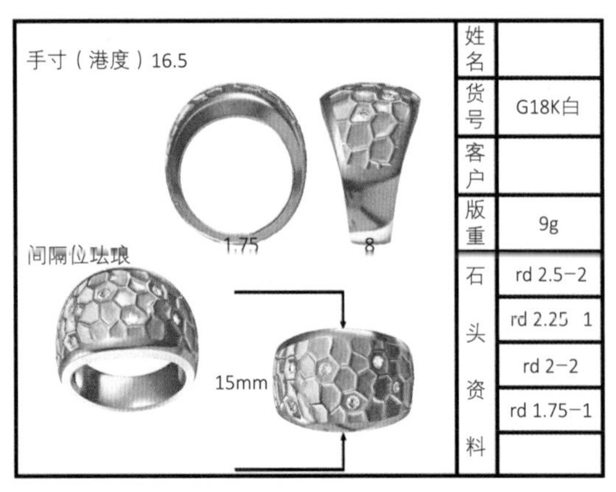

（a）资料图

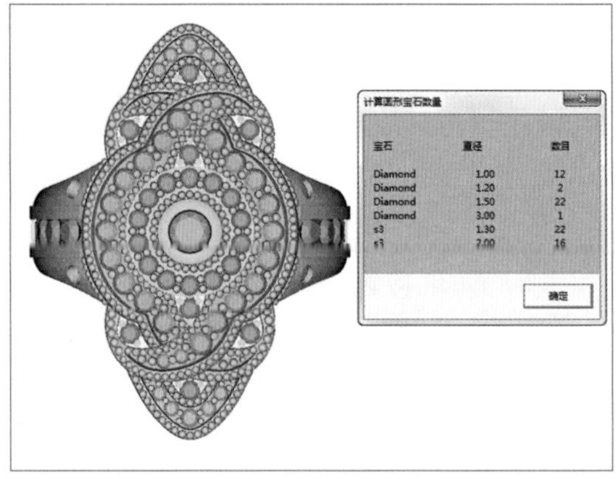

（b）计算圆形宝石数量

图9-5-18

表9−5−2 打印机类型

打印机类型	打印平台范围 /mm	加工层厚 /mm	固化（打印）速度 /（mm/h）
树脂打印机	40×60×100（*h*） 45×60×70（*h*） 70×90×100（*h*） 101×56 ×150（*h*）	0.01 ~ 0.1	6
喷蜡打印机	180×200×60（*h*）	0.016	1.5

3. 打印

现在的3D打印设备多实现了无人值守功能。树脂机对环境要求不高，正常室内环境即可操作。而喷蜡机对环境温度要求较高，一般在室内空调房内进行操作。

4. 打印后

打印完成后，树脂模型需要用酒精清洗，之后采用紫外线灯照射约20min的方式加强树脂材料的固化过程。完成固化后，视模型生成要求针对性地进行剪支撑作业，清除所有支撑材料。但有些树脂模型因为体积或执版需要，可直接进行铸造而无需清理树脂支撑，留待执版时再行处理。支撑剪除时，无需清理至平齐树脂模型。根部请留出约0.1mm的厚度。后期铸造时，不易在根部形成收缩型孔洞，清除支撑如图9-5-19，支撑根部和佩戴效果如图9-5-20。

蓝蜡模型则采用PPG（专用洗蜡溶液）与酒精，加温、熔融掉白蜡（支撑材料白蜡熔点低于蓝蜡），清洗白蜡如图9-5-21，蓝蜡模型如图9-5-22。

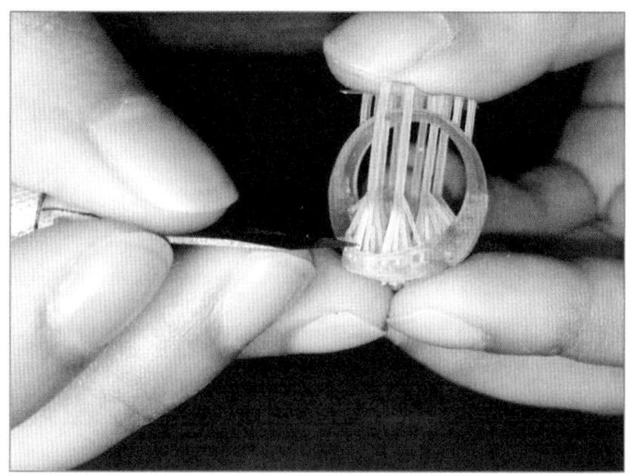

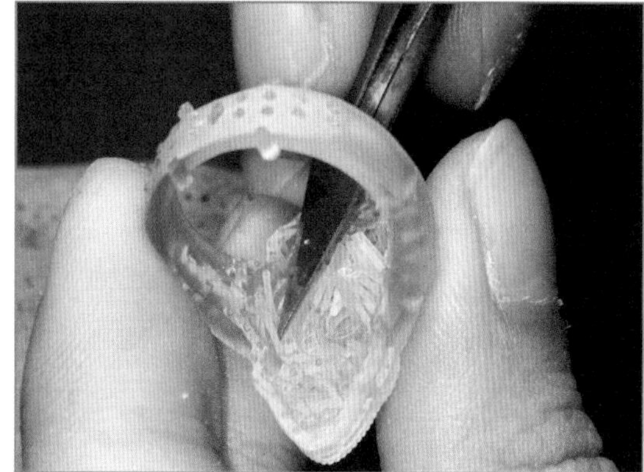

图9-5-19

（a）

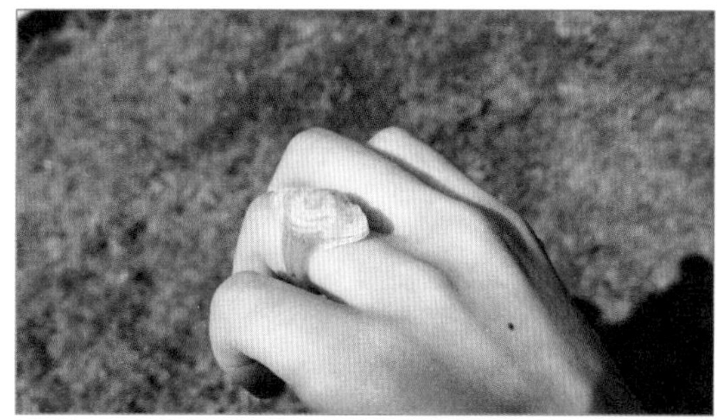

（b）

图9-5-20

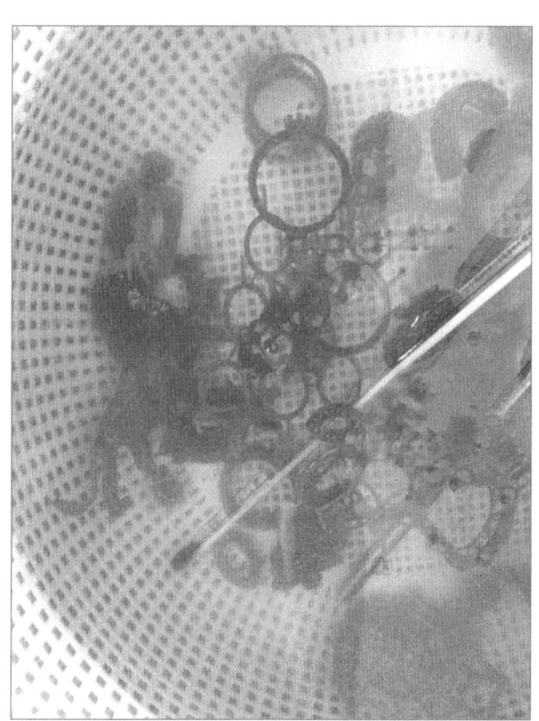

图9-5-21

（a）

（b）

图9-5-22

附　　录

1　戒指手寸表

直径 / mm	美度	港度	欧度	英度	日度	直径 / mm	美度	港度	欧度	英度	日度	直径 / mm	美度	港度	欧度	英度	日度
13.00	1.75	3	41		1	16.70	6.25					20.50		24			
13.25				D		16.80			53	M	13	20.60					25
13.30	2.00	4	42		2	16.90	6.50					20.65	11.00		65	W	
13.60	2.50	5		E	3	16.95		14				20.90		25			
13.65			43			17.15	6.75		54	N	14	20.95			66		
13.85	2.75					17.30		15				21.00					26
13.90					4	17.35	7.00					21.05	11.50				
13.95			44	F		17.50			55		15	21.15		26		X	
14.05	3.00					17.55	7.25			O		21.25			67		
14.15		6				17.65		16				21.30					27
14.25	3.25		45			17.75	7.50		56		16	21.45	12.00				
14.30					5	17.95	7.75					21.55			68	Y	
14.45	3.50			G		18.00		17		P		21.60		27			28
14.60		7	46		6	18.05					17	21.85	12.50		69		
14.65	3.75					18.10			57			21.90					29
14.80						18.20	8.00					21.95		28		Z	
14.85	4.00		47			18.35	8.25	18	58	Q	18	22.20			70		
14.90				H	7	18.60	8.50					22.25					30
14.95		8				18.65					19	22.30	13.00	29			
15.15	4.25					18.70		19	59			22.50			71	1	
15.20	4.50					18.80	8.75			R		22.60					31
15.25		9	48	I	8	19.00	9.00				20	22.65		30			
15.30	4.75					19.05		20	60			22.70	13.50			2	
15.50			49			19.10						22.85			72		
15.60		10		J	9	19.20	9.25			S		22.90					32
15.70	5.00					19.35			61			23.00		31			
15.80					10	19.40	9.50	21			21	23.10	14.00			3	
15.85			50			19.60	9.75			T		23.20			73		33
15.90	5.25					19.70			62		22	23.35		32			
15.95		11		K		19.75		22				23.50			74		34
16.10	5.50				11	19.80	10.00					23.55	14.50				
16.20			51			20.00	10.25		63	U	23	23.70		33			
16.30	5.75					20.10		23				23.80			75		35
16.35		12		L		20.15						23.95	15.00				
16.50	6.00		52		12	20.20	10.50										
16.60		13				20.30			64	V	24						

2. 常用单型手镯腕寸表

单位：mm

序号	腕宽	腕厚
1	55	45
2	57	47
3	60	50
4	62	52
5	65	55
6	68	58
7	70	60

3. 石重对照表

3.1 圆形石头

序号	筛号	尺寸 /mm	重量 /（ct）克拉	厘与分石	序号	筛号	尺寸 / mm	重量 /（ct）克拉	厘与分石
1	0000+	0.83(0.8 ~ 0.85)	0.003	3 厘	25	10.5+	2.60	0.075	7.5 分
2	0000+	0.86(0.84 ~ 0.87)	0.0032	3.2 厘	26	11+	2.70	0.08	8 分
3	0000+	0.89(0.87 ~ 0.91)	0.0035	3.5 厘	27	11.5+	2.80	0.09	9 分
4	000+	0.98(0.95 ~ 1)	0.0042	4.2 厘	28	12+	2.90	0.1	10 分
5	00+	1.08(1.04 ~ 1.1)	0.0052	5.2 厘	29	12.5	3.00	0.11	11 分
6	0+	1.13(1.10 ~ 1.15)	0.0062	6.2 厘	30	13+	3.10	0.12	12 分
7	1+	1.15	0.007	7 厘	31	13.5+	3.20	0.13	13 分
8	1.5+	1.20	0.008	8 厘	32	14+	3.30	0.14	14 分
9	2+	1.25	0.009	9 厘	33	14.5+	3.40	0.15	15 分
10	2.5+	1.30	0.01	1 分	34	15+	3.50	0.165	16.5 分
11	3+	1.35	0.011	1.1 分	35	15.5+	3.60	0.175	17.5 分
12	3.5+	1.40	0.013	1.3 分	36	16+	3.70	0.19	19 分
13	4.5+	1.50	0.015	1.5 分	37	16.5+	3.80	0.2	20 分
14	5+	1.55	0.017	1.7 分	38	17+	3.90	0.215	21.5 分
15	5.5+	1.60	0.019	1.9 分	39	17.5+	4.00	0.23	23 分
16	6+	1.70	0.022	2.2 分	40	18+	4.10	0.25	25 分
17	6.5+	1.80	0.026	2.6 分	41	18.5+	4.20	0.27	27 分
18	7+	1.90	0.031	3.1 分	42	19+	4.35	0.3	30 分
19	7.5+	2.00	0.035	3.5 分	43	19.5+	4.50	0.33	33 分
20	8+	2.10	0.04	4 分	44	20+	4.60	0.35	35 分
21	8.5+	2.20	0.046	4.6 分	45	20.5+	4.80	0.4	40 分
22	9+	2.30	0.051	5.1 分	46	21+	5.00	0.45	45 分
23	9.5+	2.40	0.057	5.7 分	47	21.5+	5.20	0.5	50 分
24	10+	2.50	0.066	6.6 分					

备注：筛号即钻石筛目编号。

3.2 长方石和梯形石常规尺寸

长方石		梯形石	
名称	尺寸	名称	尺寸
SB	1.5×1	TB	1.75×1.5×1
SB	1.75×1	TB	1.75×1.5×1.25
SB	1.75×1.5	TB	2×1.5×1
SB	2×1.5	TB	2×1.75×1
SB	2×1.75	TB	2.25×1.5×1
SB	2.25×1.5	TB	2.5×1.5×1
SB	2.5×1.5	TB	2.5×1.75×1
SB	2.3×1.7	TB	3×2×1
SB	2.5×1.8	TB	3×2×1.2
SB	2.75×1.5	TB	3.5×2×1
SB	3×1.5	TB	3.5×2×1.25
SB	3×1.25	TB	3.5×2×1.5
SB	3×2	TB	4×2×1
SB	3.5×2	TB	4×2×1.5
SB	4×2	TB	4×3×2

4. 石位数据表

下列各表中的数据均为最小数值，镶口建模时，请勿小于此数值。镶口建模分为金镶与蜡镶（若注明金镶、蜡镶，指此数据金、蜡镶均可采用）两种类型，分别对应后期金属镶石与注蜡模镶石，数据有所不同，请读者依据生产要求选择相应的数据参照表使用。

4.1 爪镶

4.1.1 圆石爪镶（金镶）

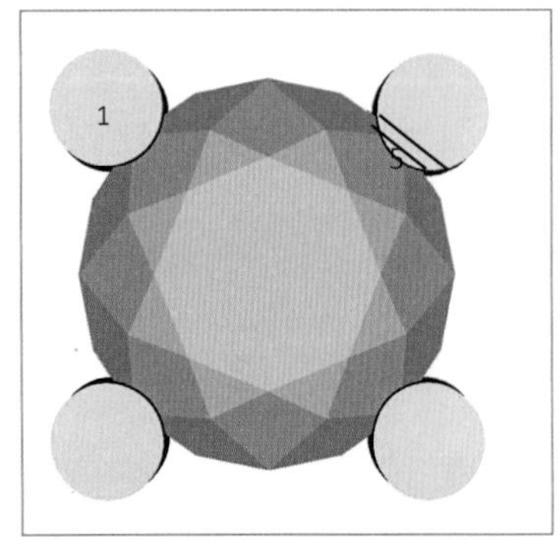

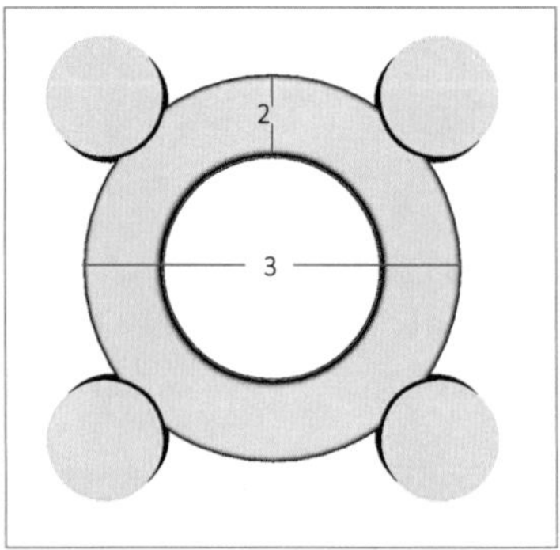

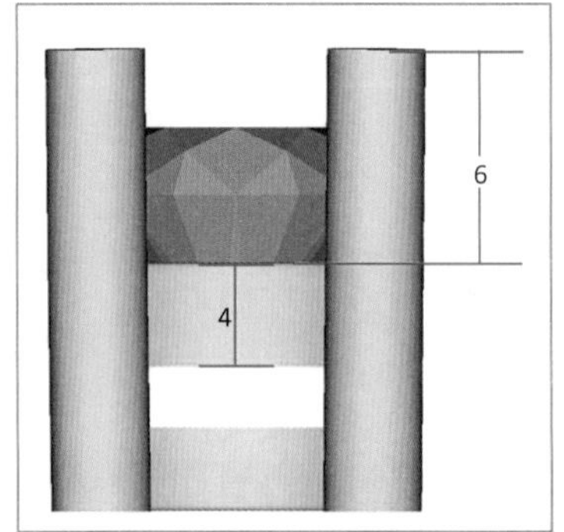

圆石爪镶（金镶）石位数据表 单位：mm

No.	石头直径	爪直径 1	镶口边宽度 2	镶口直径 3	镶口高度 4	爪吃入石距离 5	爪高出镶口距离 6	
							圆石镶爪	色石镶爪
1	1.2	0.6	0.4	1.15	0.7	0.1	1	1.05
2	1.3	0.6	0.425	1.25	0.7	0.1	1	1.05
3	1.4	0.65	0.45	1.35	0.725	0.1	1	1.05
4	1.5	0.65	0.5	1.45	0.725	0.1	1	1.15
5	1.6	0.7	0.5	1.55	0.75	0.1	1	1.15
6	1.7	0.7	0.5	1.65	0.75	0.1	1	1.15
7	1.8	0.75	0.5	1.75	0.775	0.1	1	1.15
8	1.9	0.75	0.5	1.85	0.775	0.1	1	1.15
9	2	0.8	0.5	1.95	0.8	0.1	1	1.15
10	2.1	0.8	0.525	2	0.8	0.1	1	1.15
11	2.2	0.825	0.525	2.1	0.8	0.1	1.1	1.2
12	2.3	0.825	0.525	2.2	0.825	0.1	1.1	1.2
13	2.4	0.875	0.525	2.3	0.825	0.1	1.1	1.2
14	2.5	0.85	0.55	2.4	0.85	0.1	1.2	1.3
15	2.6	0.85	0.55	2.5	0.85	0.1	1.2	1.3
16	2.7	0.85	0.575	2.6	0.875	0.1	1.2	1.3
17	2.8	0.85	0.575	2.7	0.875	0.1	1.2	1.3
18	2.9	0.85	0.6	2.8	0.9	0.1	1.2	1.3
19	3 ~ 5	0.9 ~ 1.1	0.6 ~ 0.7	2.9 ~ 4.9	0.9 ~ 1.1	0.15	1.2 ~ 1.5	1.3 ~ 1.6
20	5 ~ 8	1.1 ~ 1.2	0.7 ~ 0.9	4.9 ~ 7.9	1.1 ~ 1.2	0.2	1.5 ~ 2.0	1.6 ~ 2.1
21	8 ~ 10	1.2 ~ 1.4	0.9 ~ 1.0	8 ~ 10	1.2 ~ 1.4	0.2	2.0 ~ 2.5	2.1 ~ 2.6

注：①镶爪数量有 2、3、4、5、6 爪等形式；②爪造型有圆爪、平爪、花式爪等变化；③色石一般比圆钻略厚，故色石镶爪比圆石镶爪高度基础上增加0.05 ~ 0.15mm，见图中6数据；④爪直径在石大小一致的情况下，一（爪）管二（石）或一（爪）管四（石）的爪，比一管一的爪要大 0.1 ~ 0.2mm。

4.1.2 圆爪公主方

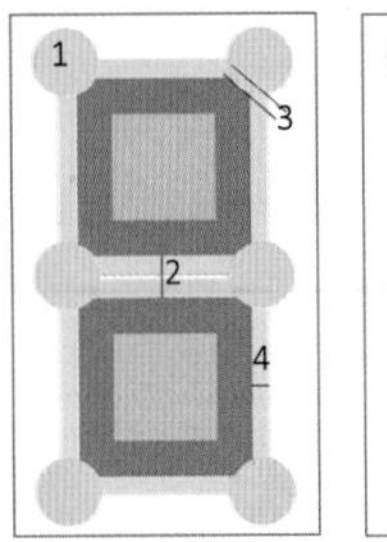

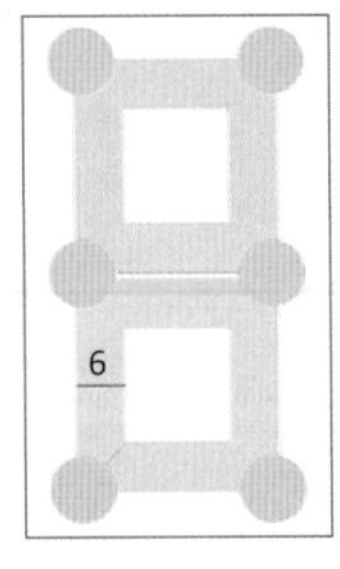

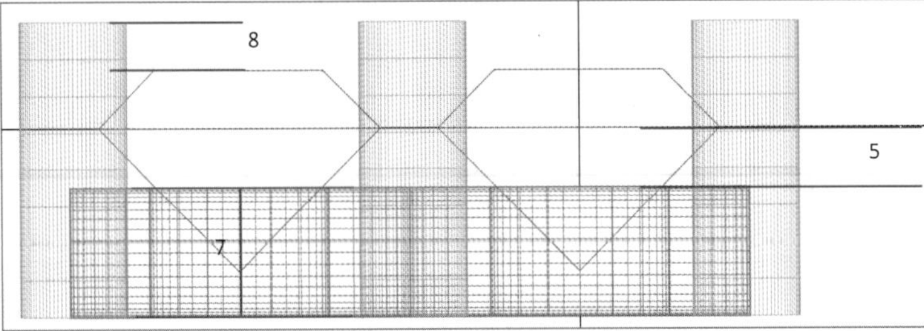

公主方爪镶（圆爪、金镶）石位数据表 单位：mm

No.	石头直径	爪直径 1	石间距 2	爪吃入石距离 3	镶口与石距离 4	石腰与镶口距离 5	镶口边宽度 6	镶口高度 7	爪与石台面距离 8
1	0.8	0.5	0.1	0.1	0.1	0.2	0.3	0.6	0.3
2	0.9	0.5	0.1	0.1	0.1	0.2	0.3	0.6	0.3
3	1	0.55	0.1	0.1	0.1	0.2	0.35	0.65	0.4
4	1.15	0.55	0.1	0.1	0.1	0.2	0.35	0.65	0.4
5	1.2	0.6	0.1	0.1	0.1	0.25	0.4	0.7	0.4
6	1.3	0.6	0.1	0.11	0.1	0.25	0.4	0.7	0.45
7	1.4	0.65	0.1	0.115	0.1	0.25	0.45	0.75	0.45
8	1.5	0.7	0.1	0.12	0.1	0.25	0.45	0.75	0.45
9	1.6	0.7	0.1	0.125	0.1	0.3	0.5	0.8	0.45
10	1.7	0.725	0.1	0.125	0.1	0.3	0.5	0.85	0.5
11	1.8	0.75	0.1	0.125	0.1	0.3	0.5	0.85	0.5
12	1.9	0.75	0.1	0.125	0.1	0.3	0.55	0.85	0.5
13	2.1	0.8	0.1	0.15	0.1	0.35	0.6	0.9	0.55
14	2.3	0.85	0.1	0.15	0.1	0.4	0.65	0.9	0.55
15	2.5	0.9	0.1	0.15	0.1	0.45	0.7	0.95	0.6
16	2.7	0.95	0.1	0.15	0.1	0.5	0.7	1	0.6
17	2.9	1.05	0.1	0.15	0.1	0.5	0.75	1	0.6
18	3.1	1	0.1	0.15	0.1	0.55	0.75	1.05	0.65
19	3.3	1.1	0.1	0.15	0.1	0.55	0.8	1.1	0.7

注：①每个爪必须是直圆柱型，无须收斜；②镶口边多于宝石 0.1mm，如图中 4 所示。

4.1.3 包角公主方

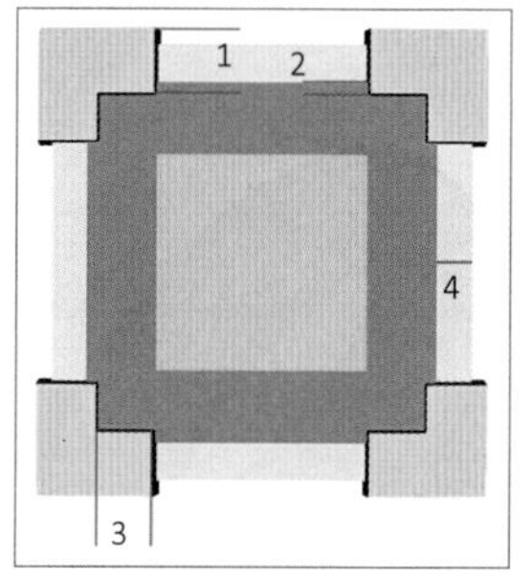

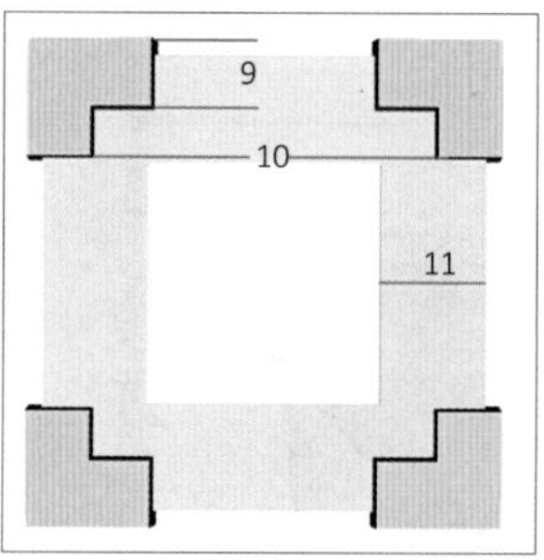

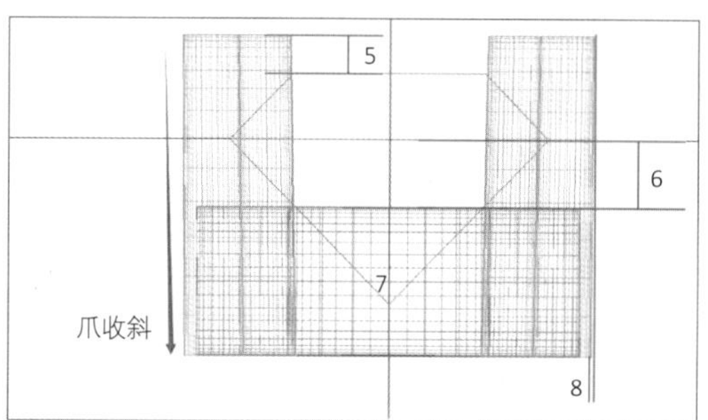

公主方爪镶（包角镶、金镶）石位数据表

单位：mm

No.	石头直径	爪上部宽度 1	爪吃入石距离 2	半包角长度 3	镶口与石距离 4	爪与石台面距离 5	石腰与镶口距离 6	镶口高度 7	爪斜度距离 8	爪下部宽度 9	包角距离 10	镶口边距离 11
1	2	0.6	0.15	0.4	0.1	0.5	0.35	0.7	0.15	0.65	1.7	0.55
2	2.1	0.6	0.15	0.4	0.1	0.5	0.35	0.75	0.15	0.65	1.8	0.6
3	2.2	0.6	0.15	0.4	0.1	0.5	0.35	0.75	0.15	0.65	1.9	0.6
4	2.3	0.65	0.15	0.4	0.1	0.55	0.4	0.75	0.15	0.7	2	0.6
5	2.4	0.65	0.15	0.45	0.1	0.55	0.4	0.8	0.175	0.7	2.1	0.65
6	2.5	0.65	0.15	0.45	0.1	0.6	0.45	0.8	0.175	0.7	2.2	0.65
7	2.6	0.65	0.15	0.45	0.1	0.6	0.45	0.85	0.175	0.7	2.3	0.675
8	2.7	0.65	0.15	0.45	0.1	0.6	0.5	0.85	0.175	0.7	2.4	0.7
9	2.8	0.65	0.15	0.45	0.1	0.6	0.5	0.9	0.175	0.7	2.5	0.7
10	2.9	0.65	0.15	0.5	0.1	0.6	0.5	0.9	0.2	0.7	2.6	0.7
11	3	0.65	0.2	0.5	0.1	0.6	0.5	0.95	0.2	0.7	2.6	0.75
12	3.1	0.65	0.2	0.5	0.1	0.65	0.55	1	0.2	0.7	2.7	0.75
13	3.2	0.65	0.2	0.5	0.1	0.65	0.55	1	0.2	0.7	2.8	0.75
14	3.3	0.65	0.2	0.5	0.1	0.7	0.55	1	0.2	0.7	2.9	0.8
15	3.4	0.7	0.2	0.6	0.1	0.7	0.6	1	0.225	0.75	3	0.8
16	3.5	0.7	0.2	0.6	0.1	0.7	0.6	1.05	0.255	0.75	3.1	0.8
17	3.6	0.7	0.2	0.6	0.1	0.7	0.6	1.05	0.255	0.75	3.2	0.8
18	3.7	0.7	0.2	0.6	0.1	0.7	0.6	1.05	0.225	0.75	3.3	0.85
19	3.8	0.7	0.2	0.6	0.1	0.7	0.65	1.05	0.225	0.75	3.4	0.85
20	3.9	0.7	0.25	0.65	0.1	0.7	0.65	1.05	0.25	0.75	3.4	0.9
21	4	0.7	0.25	0.7	0.1	0.75	0.65	1.1	0.25	0.75	3.5	0.9
22	4.5	0.75	0.25	0.7	0.1	0.75	0.7	1.1	0.25	0.8	4	0.95
23	5	0.75	0.25	0.8	0.1	0.8	0.75	1.15	0.275	0.8	4.5	0.95
24	5.5	0.8	0.25	0.8	0.1	0.8	0.8	1.15	0.275	0.85	5	1
25	6	0.8	0.25	0.9	0.1	0.8	0.85	1.2	0.3	0.85	5.5	1.1

注：①镶口边多于宝石 0.1mm，如图中 4 所示；②包角爪从上至下，大小渐变，如图中 1、9 所示。

4.2 包、抹镶（金镶、蜡镶）

4.2.1 圆石包、抹镶

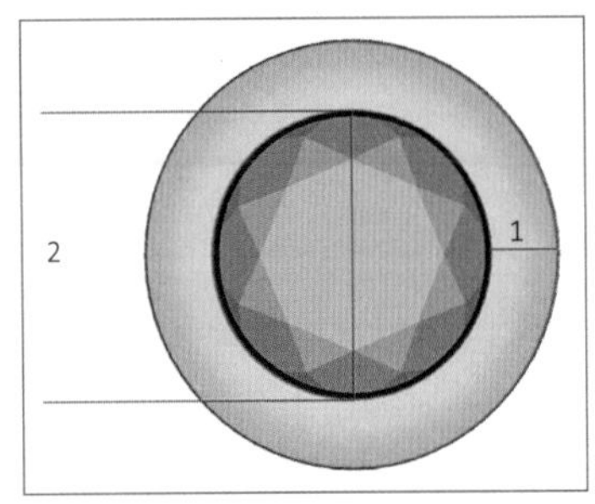

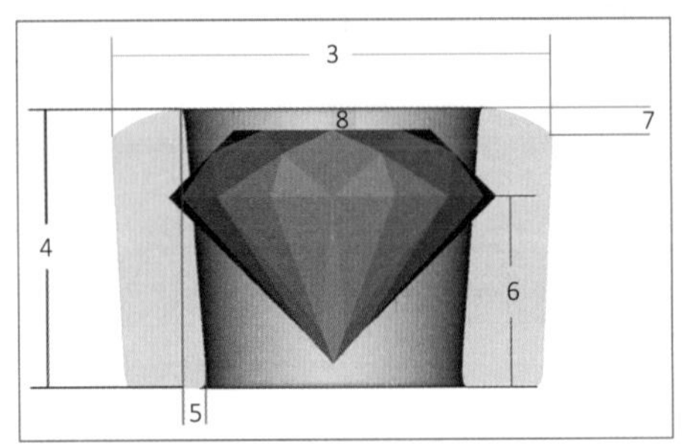

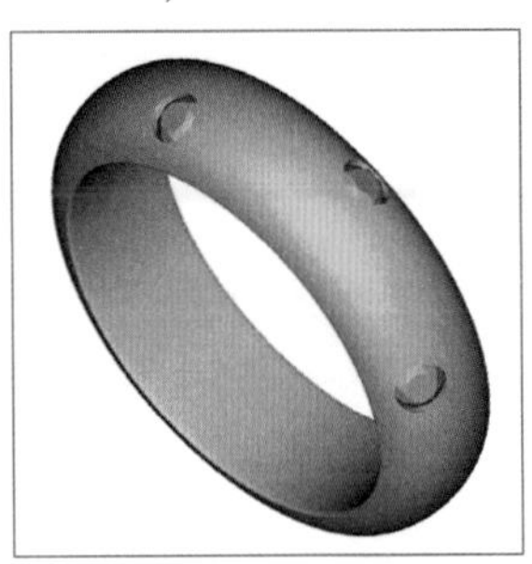

圆石包、抹镶（金、蜡镶）石位数据表 单位:mm

No.	石头直径	镶口宽度 1	镶口上部内直径 2	镶口上部直径 3	镶口整体高度 4	镶口内斜距离 5	石腰距镶口底部距离 6	镶口斜面高度 7	石台面与镶口顶部距离 8
1	0.8	0.45	0.6	1.5	1.375	0.1	0.85	0.075	0.25
2	0.9	0.45	0.7	1.6	1.375	0.1	0.85	0.075	0.25
3	1	0.475	0.8	1.75	1.425	0.1	0.9	0.075	0.25
4	1.15	0.475	0.95	1.9	1.425	0.125	0.9	0.1	0.275
5	1.2	0.5	1	2	1.475	0.125	0.9	0.1	0.275
6	1.3	0.5	1.1	2.1	1.475	0.125	0.9	0.1	0.275
7	1.4	0.525	1.2	2.25	1.475	0.125	0.95	0.125	0.3
8	1.5	0.525	1.3	2.35	1.505	0.15	0.95	0.125	0.3
9	1.6	0.55	1.4	2.5	1.525	0.15	0.95	0.125	0.3
10	1.7	0.575	1.5	2.65	1.605	0.15	0.975	0.15	0.325
11	1.8	0.6	1.6	2.8	1.725	0.15	1	0.15	0.325
12	1.9	0.6	1.7	2.9	1.775	0.15	1.05	0.15	0.325
13	2.1	0.65	1.9	3.2	1.825	0.175	1.1	0.175	0.35
14	2.3	0.65	2.1	3.4	1.96	0.175	1.1	0.175	0.35
15	2.5	0.675	2.3	3.65	2.1	0.175	1.2	0.175	0.35
16	2.7	0.7	2.5	3.9	2.265	0.2	1.2	0.2	0.375
17	2.9	0.7	2.7	4.1	2.405	0.2	1.45	0.2	0.375
18	3.1	0.725	2.9	5.35	2.575	0.225	1.55	0.225	0.4
19	3.3	0.75	3.1	4.6	2.725	0.225	1.65	0.225	0.4

注：①此表数据，金、蜡镶均可采用；②包镶内壁内斜（图中5），起承托石头的作用；③包镶镶口顶部（图中7）略外斜，便于后期金镶时，作为敲打边之用；④3.3mm 以上石头数据，据此表数据类推即可；⑤蜡包镶一般选用 5mm 以下优质可蜡镶材质的石头；⑥抹镶与包镶基本一致，抹镶数据仅剔除数据7即可。

4.2.2 公主方包镶

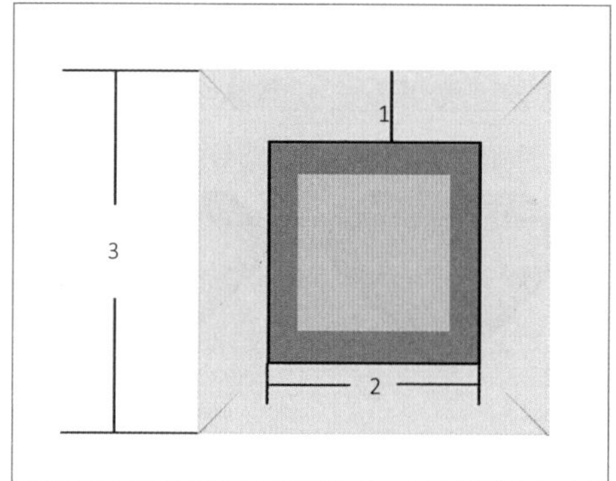

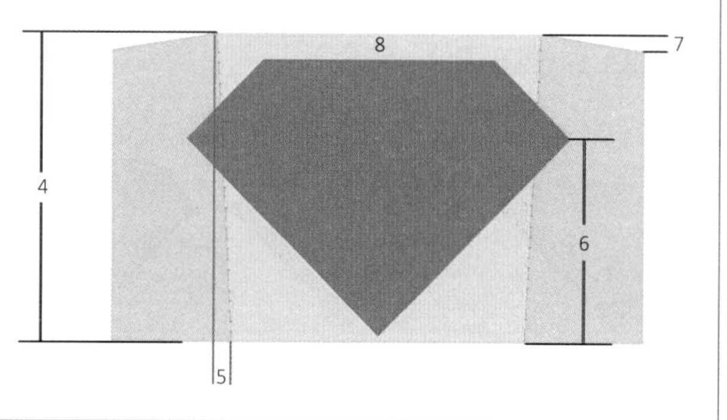

公主方包镶（金、蜡镶）石位数据表

单位:mm

No.	石头直径	镶口宽度 1	镶口内边长 2	镶口边长 3	镶口整体高度 4	镶口内斜距离 5	石腰距镶口底部距离 6	镶口斜面高度 7	石台面与镶口顶部距离 8
1	0.8	0.45	0.6	1.5	1.375	0.1	0.85	0.075	0.25
2	0.9	0.45	0.7	1.6	1.375	0.1	0.85	0.075	0.25
3	1	0.475	0.8	1.75	1.425	0.1	0.9	0.075	0.25
4	1.15	0.475	0.95	1.9	1.425	0.125	0.9	0.1	0.275
5	1.2	0.5	1	2	1.475	0.125	0.9	0.1	0.275
6	1.3	0.5	1.1	2.1	1.475	0.125	0.9	0.1	0.275
7	1.4	0.525	1.2	2.25	1.475	0.125	0.95	0.125	0.3
8	1.5	0.525	1.3	2.35	1.505	0.15	0.95	0.125	0.3
9	1.6	0.55	1.4	2.5	1.525	0.15	0.95	0.125	0.3
10	1.7	0.6	1.5	2.7	1.725	0.15	1	0.15	0.325
11	1.8	0.6	1.6	2.8	1.725	0.15	1	0.15	0.325
12	1.9	0.6	1.7	2.9	1.775	0.15	1.05	0.15	0.325
13	2.1	0.65	1.9	3.2	1.825	0.175	1.1	0.175	0.35
14	2.3	0.65	2.1	3.4	1.96	0.175	1.1	0.175	0.35
15	2.5	0.675	2.3	3.65	2.1	0.175	1.2	0.175	0.35
16	2.7	0.7	2.5	3.9	2.265	0.2	1.2	0.2	0.375
17	2.9	0.7	2.7	4.1	2.405	0.2	1.45	0.2	0.375
18	3.1	0.725	2.9	4.35	2.575	0.225	1.55	0.225	0.4
19	3.3	0.75	3.1	4.6	2.725	0.225	1.65	0.225	0.4

注：①包镶内壁内斜（图中 5），起承托石头的作用；②包镶镶口顶部（图中 7）略外斜，便于后期金镶时，作为敲打边之用。③ 3.3mm 以上石头数据，据此表数据类推即可；④蜡包镶一般选用 5mm 以下优质可蜡镶材质的石头。

4.3 逼镶

4.3.1 逼镶（金镶）

4.3.1.1 圆石逼镶（担位）

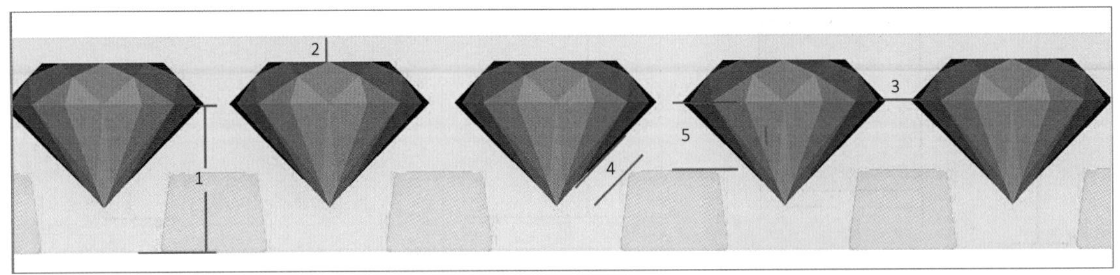

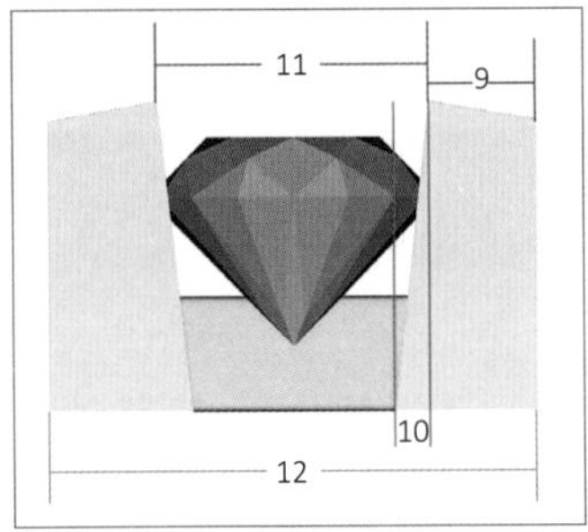

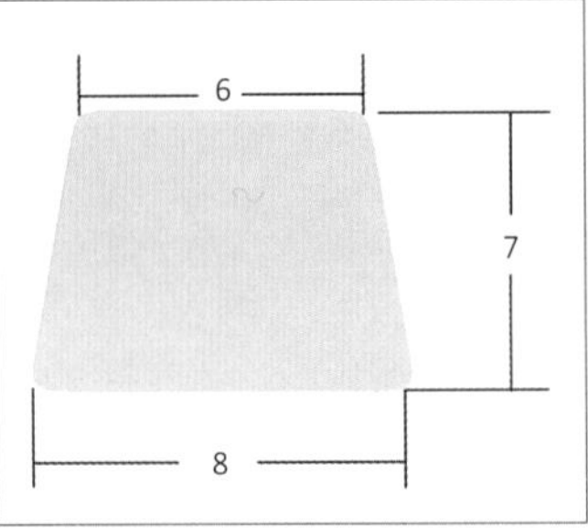

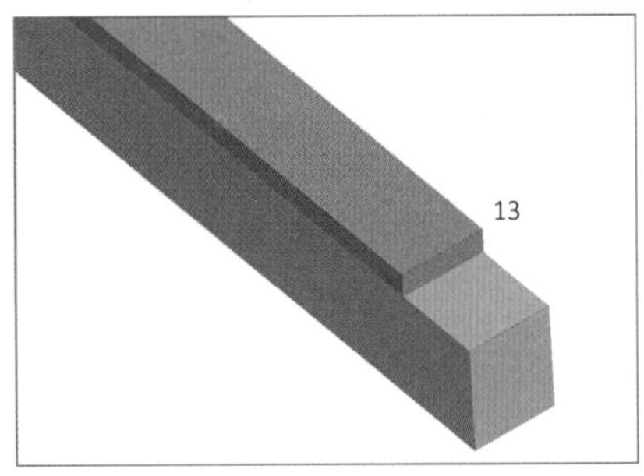

圆石逼镶（横担位、金镶）石位数据表 单位：mm

No.	石头直径	石腰与底部距离 1	石台面与光金边顶部距离 2	石间距 3	石下棱与横担距离 4	石腰与横担顶部距离 5	横担顶部宽度 6	横担高度 7	横担底部宽度 8	光金边宽度 9	斜位宽度 10	上斜位宽度 11	逼镶底部整体宽度 12	敲打边厚度 13
1	0.8	0.85	0.1	0.15	0.1	0.25	0.5	0.6	0.7	0.5	0.125	0.6	1.6	0.2
2	0.9	0.85	0.1	0.15	0.1	0.25	0.5	0.6	0.7	0.5	0.125	0.7	1.7	0.2
3	1	0.9	0.1	0.17	0.125	0.3	0.55	0.65	0.75	0.525	0.125	0.8	1.85	0.2
4	1.15	0.9	0.125	0.17	0.125	0.35	0.575	0.675	0.775	0.525	0.15	0.95	2	0.2
5	1.2	0.9	0.125	0.2	0.15	0.4	0.6	0.7	0.8	0.55	0.15	1	2.1	0.2
6	1.3	0.9	0.125	0.2	0.15	0.45	0.625	0.725	0.825	0.55	0.15	1.1	2.2	0.2
7	1.4	0.95	0.125	0.2	0.15	0.45	0.625	0.725	0.825	0.575	0.15	1.2	2.35	0.2
8	1.5	0.95	0.125	0.2	0.15	0.45	0.625	0.725	0.825	0.575	0.175	1.3	2.45	0.2
9	1.6	0.95	0.125	0.25	0.17	0.5	0.65	0.75	0.85	0.6	0.175	1.4	2.6	0.2
10	1.8	1	0.125	0.25	0.17	0.5	0.65	0.75	0.85	0.65	0.175	1.6	2.9	0.2
11	1.9	1.05	0.125	0.25	0.175	0.5	0.65	0.75	0.85	0.65	0.175	1.7	3	0.2
12	2.1	1.1	0.15	0.25	0.175	0.55	0.675	0.775	0.875	0.7	0.2	1.9	3.3	0.2
13	2.3	1.1	0.15	0.25	0.2	0.6	0.7	0.8	0.9	0.7	0.2	2.1	3.5	0.2
14	2.5	1.2	0.15	0.25	0.2	0.6	0.7	0.8	0.9	0.725	0.2	2.3	3.75	0.2
15	2.7	1.2	0.15	0.25	0.2	0.6	0.7	0.8	0.9	0.75	0.225	2.5	4	0.2
16	2.9	1.45	0.15	0.25	0.2	0.65	0.7	0.8	0.9	0.75	0.225	2.7	4.2	0.2
17	3.1	1.55	0.15	0.3	0.25	0.65	0.75	0.825	0.95	0.775	0.25	2.9	4.45	0.2
18	3.3	1.65	0.15	0.3	0.25	0.65	0.75	0.825	0.95	0.775	0.25	3.1	4.65	0.2

注：①每两颗石头中间放一个横担，其作用是让支撑两条逼镶边；②逼镶边上加一条敲打边，高度同图中 9 的数据。③图中 2 所列数据为未增加敲打边之前距离。

4.3.1.2 圆石逼镶（桶位）

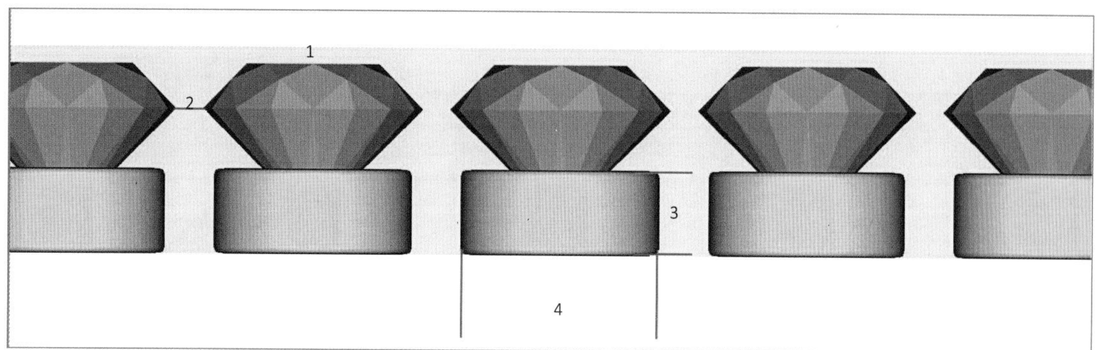

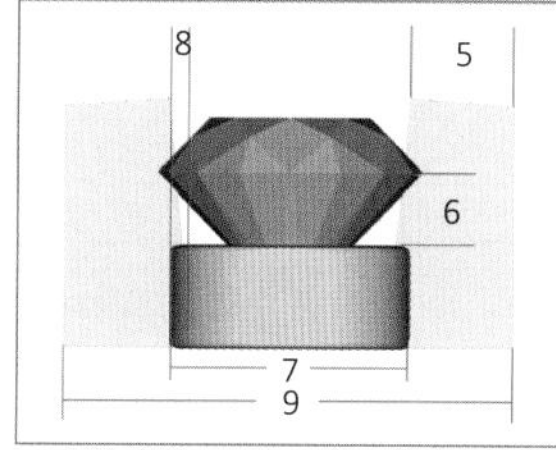

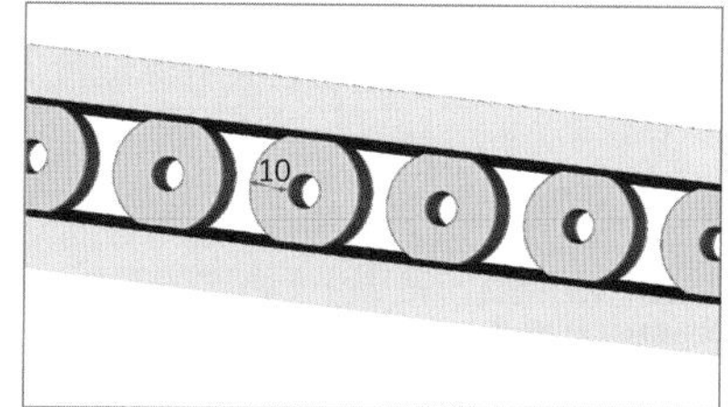

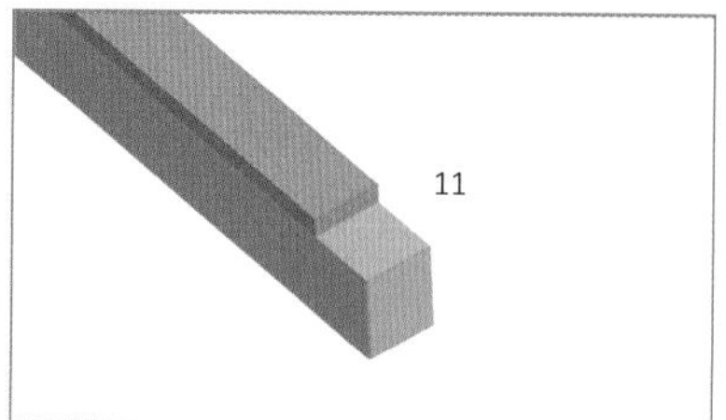

圆石逼镶（桶位、金镶）石位数据表　　单位：mm

No.	石头直径	石台面与光金边顶部距离 1	石间距 2	桶位高度 3	桶位宽度 4	光金边宽度 5	石腰与桶位顶部距离 6	桶位长度 7	斜位距离 8	逼镶底部整体宽度 9	桶位边宽度 10	敲打边厚度 11
1	0.8	0.1	0.15	0.5	0.6	0.5	0.35	0.8	0.125	1.6	0.4	0.2
2	0.9	0.1	0.15	0.5	0.7	0.5	0.35	0.9	0.125	1.7	0.425	0.2
3	1	0.1	0.17	0.5	0.8	0.525	0.35	1	0.125	1.85	0.475	0.2
4	1.15	0.125	0.17	0.5	0.95	0.525	0.35	1.15	0.15	2	0.475	0.2
5	1.2	0.125	0.2	0.55	1	0.55	0.4	1.2	0.15	2.1	0.525	0.2
6	1.3	0.125	0.2	0.55	1.1	0.55	0.4	1.3	0.15	2.2	0.525	0.2
7	1.4	0.125	0.2	0.6	1.2	0.575	0.4	1.4	0.15	2.35	0.575	0.2
8	1.5	0.125	0.2	0.6	1.3	0.575	0.4	1.5	0.175	2.45	0.575	0.2
9	1.6	0.125	0.25	0.65	1.4	0.6	0.45	1.6	0.175	2.6	0.6	0.2
10	1.8	0.125	0.25	0.7	1.6	0.65	0.45	1.8	0.175	2.9	0.625	0.2
11	1.9	0.125	0.25	0.7	1.7	0.65	0.45	1.9	0.175	3	0.625	0.2
12	2.1	0.15	0.25	0.75	1.9	0.7	0.5	2.1	0.2	3.3	0.65	0.2
13	2.3	0.15	0.25	0.75	2.1	0.7	0.55	2.3	0.2	3.5	0.65	0.2
14	2.5	0.15	0.25	0.8	2.3	0.725	0.6	2.5	0.2	3.75	0.7	0.2
15	2.7	0.15	0.25	0.85	2.5	0.75	0.65	2.7	0.225	4	0.7	0.2
16	2.9	0.15	0.25	0.85	2.7	0.75	0.65	2.9	0.225	4.2	0.75	0.2
17	3.1	0.15	0.3	0.9	2.9	0.775	0.7	3.1	0.25	4.45	0.75	0.2
18	3.3	0.15	0.3	0.95	3.1	0.775	0.7	3.3	0.25	4.65	0.8	0.2

注：①每颗石头对应一个桶位；②桶位作用：承托石头，便于镶嵌时准确落石；③敲打边侧面宽度等同于图中 9 的数据；④图中 1 所列数据为未增加敲打边之前的距离。

4.3.1.3 公主方逼镶

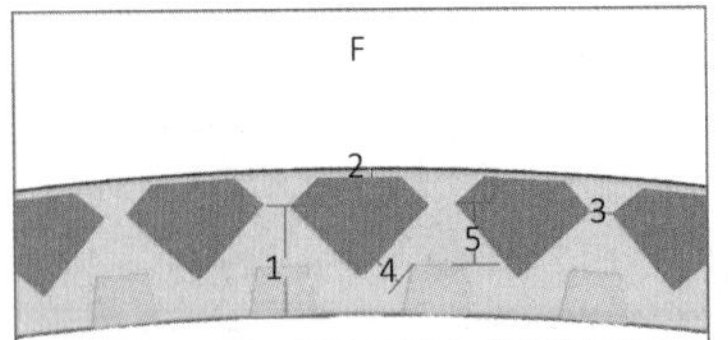

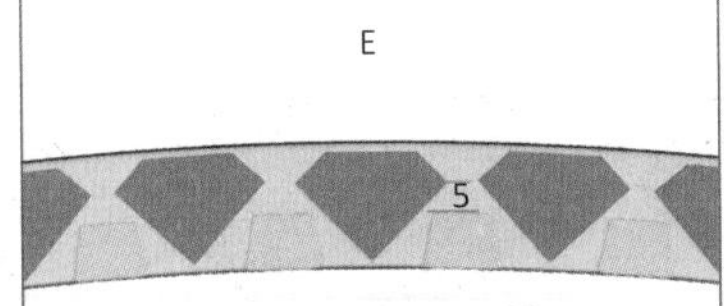

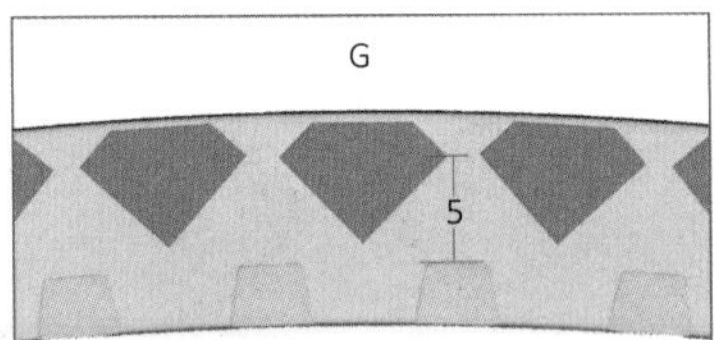

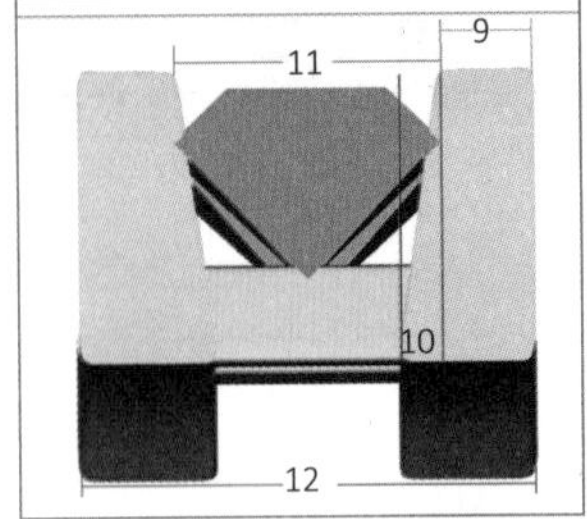

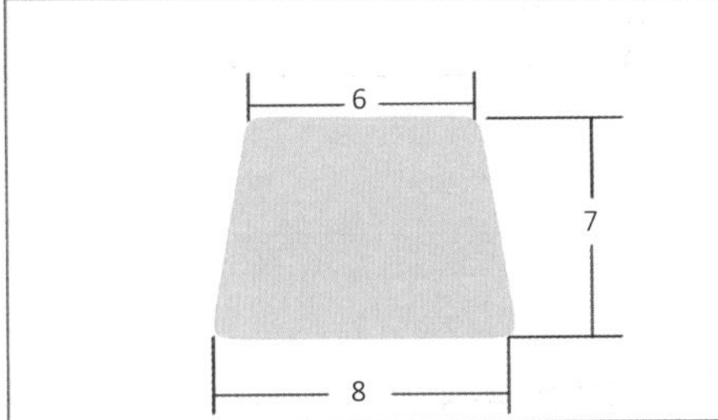

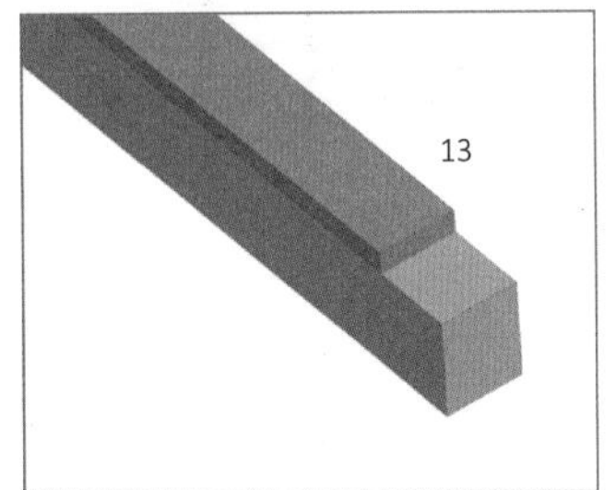

公主方逼镶（横担位、金镶）石位数据表　　单位：mm

No.	石头直径	石腰与底部距离1	石台面与光金边顶部距离2	石间距3	石下棱与横担距离4	石腰与横担顶部距离5			横担顶部宽度6	横担高度7	横担底部宽度8	光金边宽度9	斜位宽度10	上斜位宽度11	逼镶底部整体宽度12	敲打边厚度13
						E	F	G								
1	0.8	0.85	0.1	0.1	0.1	0.1	0.25	0.4	0.5	0.6	0.7	0.5	0.125	0.6	1.9	0.2
2	0.9	0.85	0.1	0.1	0.1	0.1	0.25	0.45	0.5	0.6	0.7	0.5	0.125	0.7	2	0.2
3	1	0.9	0.1	0.1	0.125	0.1	0.27	0.5	0.55	0.65	0.75	0.525	0.125	0.8	2.1	0.2
4	1.15	0.9	0.125	0.1	0.125	0.15	0.3	0.575	0.575	0.675	0.775	0.525	0.15	0.95	2.3	0.2
5	1.2	0.9	0.125	0.1	0.15	0.15	0.3	0.6	0.6	0.7	0.8	0.55	0.15	1	2.5	0.2
6	1.3	0.9	0.125	0.1	0.15	0.15	0.32	0.65	0.625	0.725	0.825	0.55	0.15	1.1	2.6	0.2
7	1.4	0.95	0.125	0.1	0.15	0.15	0.35	0.7	0.625	0.725	0.825	0.575	0.15	1.2	2.7	0.2
8	1.5	0.95	0.125	0.1	0.15	0.15	0.35	0.75	0.625	0.725	0.825	0.575	0.175	1.3	2.8	0.2
9	1.6	0.95	0.125	0.1	0.17	0.2	0.37	0.8	0.65	0.75	0.85	0.6	0.175	1.4	2.95	0.2
10	1.8	1	0.125	0.1	0.17	0.2	0.4	0.9	0.65	0.75	0.85	0.65	0.175	1.6	3.2	0.2
11	1.9	1.05	0.125	0.1	0.175	0.2	0.42	0.95	0.65	0.75	0.85	0.65	0.175	1.7	3.3	0.2
12	2.1	1.1	0.15	0.13	0.175	0.25	0.45	1.05	0.675	0.775	0.875	0.7	0.2	1.9	3.6	0.2
13	2.3	1.1	0.15	0.13	0.2	0.25	0.48	1.15	0.7	0.8	0.9	0.7	0.2	2.1	3.8	0.2
14	2.5	1.2	0.15	0.13	0.2	0.25	0.5	1.25	0.7	0.8	0.9	0.725	0.2	2.3	4.05	0.2
15	2.7	1.2	0.15	0.15	0.2	0.25	0.55	1.35	0.7	0.8	0.9	0.75	0.225	2.5	4.3	0.2
16	2.9	1.45	0.15	0.15	0.2	0.3	0.58	1.45	0.7	0.8	0.9	0.75	0.225	2.7	4.5	0.2
17	3.1	1.55	0.15	0.15	0.25	0.3	0.61	1.55	0.75	0.825	0.95	0.775	0.25	2.9	4.75	0.2
18	3.3	1.65	0.15	0.15	0.25	0.3	0.65	1.65	0.75	0.825	0.95	0.775	0.25	3.1	4.95	0.2

注：①每两颗石头中间放一个担位，目的让两条逼镶边受力；②逼镶边上，另增加一条镶嵌用敲打边，高度见图中 13 的数据、宽度见图中 9 的数据；③图中 2 为未增加敲打边之前数据；④ E 表示逼镶厚度比较薄，F 表示逼镶厚度适中，G 表示逼镶厚度较厚，它们的数据基本上是最低限度，尺寸可以根据情况适当调整。

4.3.2 逼镶（蜡镶）

4.3.2.1 圆石逼镶（担位）

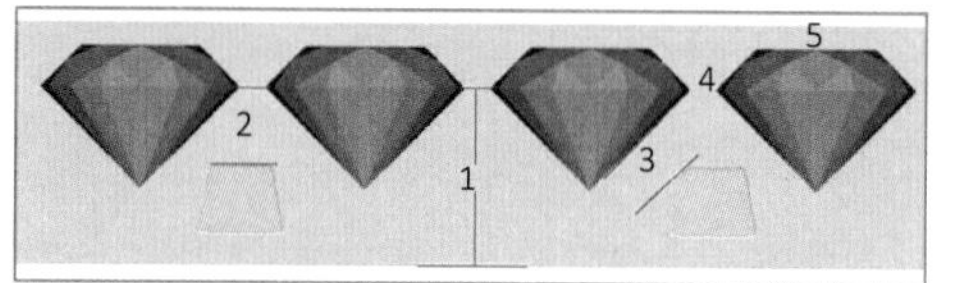

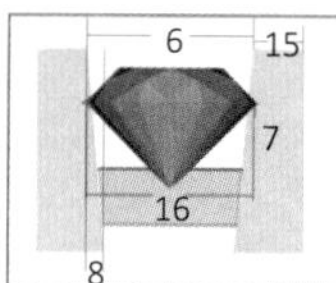

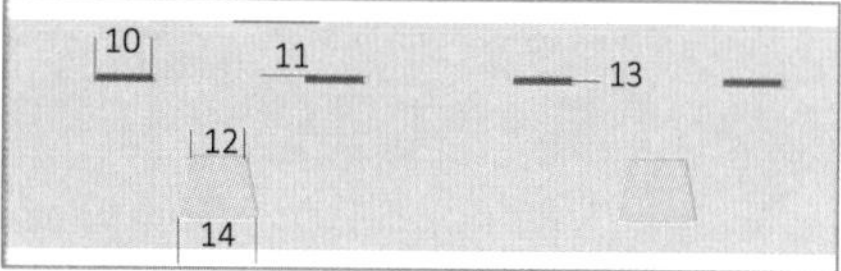

圆石逼镶（横担位、蜡镶）石位数据表　　单位：mm

No.	石头直径	石腰与底部距离 1	石腰与横担顶部距离 2	石下棱与横担距离 3	石间距 4	石台面与光金边顶部距离 5	上斜位宽度 6	槽位多于石吃入距离 7	斜位距离 8	横担高度 9	逼镶槽位宽度 10	逼镶槽与光金顶部距离 11	横担顶部宽度 12	逼镶槽高度 13	横担底部宽度 14	光金边宽度 15	槽外部石长度 16
1	0.9	0.85	0.35	0.2	0.15	0.28	0.8	0.15	0.4	0.6	0.55	0.5	0.5	0.2	0.7	0.5	0.5
2	1	0.9	0.4	0.2	0.17	0.28	0.9	0.15	0.4	0.65	0.55	0.5	0.5	0.2	0.75	0.525	0.6
3	1.1	0.9	0.4	0.2	0.17	0.3	1	0.15	0.55	0.7	0.6	0.5	0.55	0.2	0.775	0.525	0.7
4	1.2	0.9	0.5	0.225	0.2	0.3	1.1	0.15	0.55	0.7	0.65	0.5	0.6	0.2	0.8	0.55	0.8
5	1.3	0.9	0.55	0.225	0.2	0.3	1.2	0.15	0.55	0.725	0.65	0.5	0.625	0.2	0.825	0.55	0.85
6	1.4	0.95	0.55	0.225	0.2	0.3	1.3	0.15	0.55	0.725	0.7	0.5	0.625	0.2	0.825	0.575	1
7	1.5	0.95	0.55	0.225	0.2	0.3	1.4	0.15	0.55	0.725	0.7	0.5	0.625	0.2	0.825	0.575	1.05
8	1.6	0.95	0.6	0.225	0.25	0.3	1.5	0.2	0.6	0.75	0.725	0.5	0.65	0.2	0.85	0.6	1.2
9	1.7	0.95	0.6	0.225	0.25	0.3	1.6	0.2	0.6	0.75	0.75	0.55	0.65	0.2	0.85	0.65	1.37
10	1.8	1	0.6	0.225	0.25	0.3	1.7	0.2	0.6	0.75	0.75	0.55	0.65	0.2	0.85	0.65	1.4
11	1.9	1.05	0.6	0.225	0.25	0.3	1.8	0.2	0.6	0.75	0.8	0.6	0.65	0.2	0.85	0.65	1.5
12	2	1.05	0.6	0.25	0.25	0.3	1.9	0.2	0.6	0.75	0.8	0.6	0.65	0.2	0.85	0.65	1.57
13	2.1	1.1	0.65	0.25	0.25	0.3	2	0.2	0.6	0.775	0.9	0.65	0.675	0.25	0.85	0.7	1.7
14	2.2	1.1	0.65	0.25	0.25	0.3	2.1	0.2	0.6	0.775	0.9	0.65	0.675	0.25	0.875	0.7	1.8
15	2.3	1.1	0.7	0.25	0.25	0.3	2.2	0.2	0.6	0.8	0.95	0.67	0.7	0.25	0.9	0.7	1.9
16	2.4	1.1	0.7	0.25	0.25	0.3	2.3	0.2	0.6	0.8	0.95	0.67	0.7	0.25	0.9	0.7	1.97
17	2.5	1.2	0.7	0.25	0.25	0.3	2.4	0.2	0.6	0.8	0.95	0.7	0.7	0.25	0.9	0.725	2.1
18	2.6	1.2	0.7	0.25	0.25	0.32	2.5	0.2	0.6	0.8	0.95	0.7	0.7	0.25	0.9	0.725	2.2
19	2.7	1.2	0.7	0.25	0.25	0.32	2.6	0.2	0.6	0.8	0.95	0.7	0.7	0.25	0.9	0.725	2.3
20	2.8	1.3	0.7	0.25	0.25	0.32	2.7	0.2	0.6	0.8	1	0.75	0.7	0.25	0.9	0.75	2.4
21	2.9	1.45	0.75	0.25	0.25	0.32	2.8	0.2	0.6	0.8	1	0.75	0.7	0.25	0.9	0.75	2.45
22	3	1.45	0.75	0.25	0.3	0.32	2.9	0.2	0.6	0.825	1	0.75	0.725	0.25	0.95	0.775	2.55

注：需开出“<”、“>”形逼镶槽位，且槽位深度超过石腰吃入距离，具体见图中 7 对应数据。

4.3.2.2 公主方、梯方石逼镶

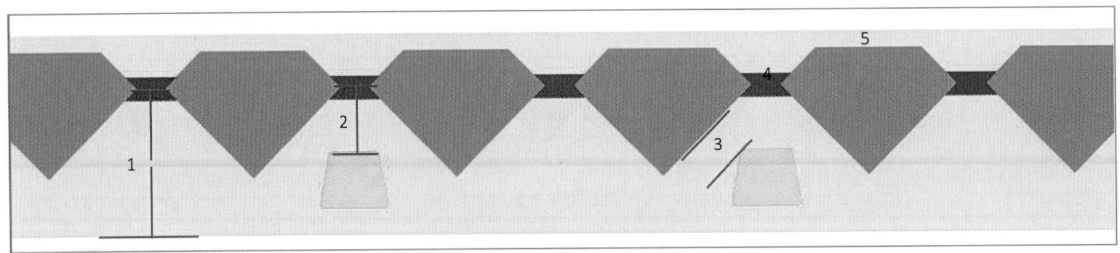

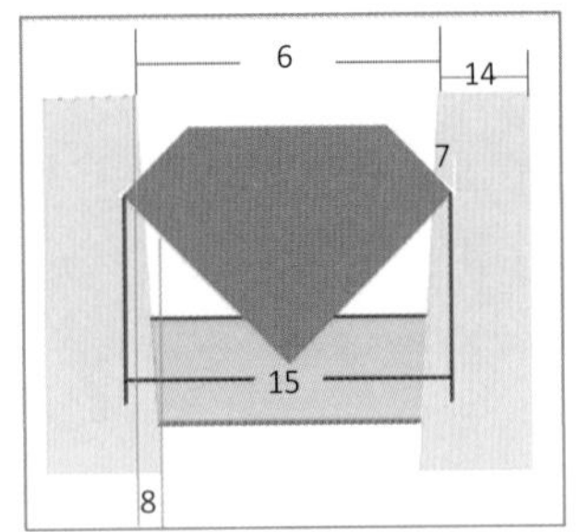

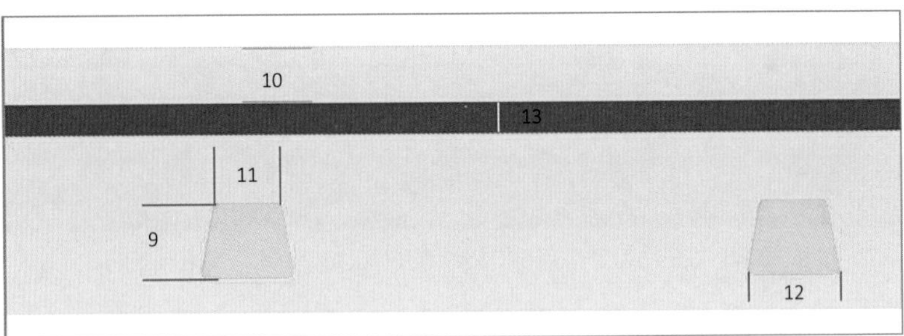

公主方、梯方石逼镶（横担位、蜡镶）石位数据表 单位：mm

No.	石头直径	石腰与底部距离 1	石腰与横担顶部距离 2	石下棱与横担距离 3	石间距 4	石台面与光金边顶部距离 5	上斜位宽度 6	槽位多于石吃入距离 7	斜位距离 8	横担高度 9	槽位与光金边顶部距离 10	横担顶部宽度 11	横担底部宽度 12	槽位高度 13	光金边宽度 14	槽外部石长度 15
1	0.9	0.85	0.35	0.2	0.15	0.28	0.8	0.15	0.4	0.6	0.55	0.5	0.7	0.2	0.5	0.5
2	1	0.9	0.4	0.2	0.15	0.28	0.9	0.15	0.4	0.6 5	0.55	0.5	0.75	0.2	0.525	0.6
3	1.1	0.9	0.4	0.2	0.15	0.3	1	0.15	0.55	0.7	0.6	0.55	0.77 5	0.2	0.525	0.7
4	1.2	0.9	0.5	0.225	0.15	0.3	1.1	0.15	0.55	0.7	0.65	0.6	0.8	0.2	0.55	0.8
5	1.3	0.9	0.55	0.225	0.15	0.3	1.2	0.15	0.55	0.725	0.65	0.625	0.825	0.2	0.55	0.85
6	1.4	0.95	0.55	0.225	0.15	0.3	1.3	0.15	0.55	0.725	0.7	0.625	0.825	0.2	0.575	1
7	1.5	0.95	0.55	0.225	0.15	0.3	1.4	0.15	0.55	0.725	0.7	0.625	0.85	0.2	0.575	1.05
8	1.6	0.95	0.6	0.225	0.15	0.3	1.5	0.2	0.58	0.75	0.725	0.65	0.85	0.2	0.6	1.2
9	1.7	0.95	0.6	0.225	0.15	0.3	1.6	0.2	0.6	0.75	0.725	0.65	0.85	0.2	0.65	1.37
10	1.8	1	0.6	0.225	0.15	0.3	1.7	0.2	0.6	0.75	0.725	0.65	0.85	0.2	0.65	1.4
11	1.9	1.05	0.6	0.225	0.15	0.3	1.8	0.2	0.6	0.75	0.8	0.65	0.85	0.2	0.65	1.5
12	2	1.05	0.6	0.25	0.15	0.3	1.9	0.2	0.6	0.75	0.8	0.65	0.85	0.2	0.65	1.57
13	2.1	1.1	0.65	0.25	0.15	0.3	2	0.2	0.6	0.775	0.9	0.65	0.85	0.2	0.7	1.7
14	2.2	1.1	0.65	0.25	0.15	0.3	2.1	0.2	0.6	0.775	0.9	0.675	0.85	0.2	0.7	1.8
15	2.3	1.1	0.7	0.25	0.15	0.3	2.2	0.2	0.6	0.8	0.95	0.675	0.875	0.2	0.7	1.9
16	2.4	1.1	0.7	0.25	0.15	0.3	2.3	0.2	0.6	0.8	0.95	0.7	0.9	0.2	0.7	1.97
17	2.5	1.2	0.7	0.25	0.15	0.3	2.4	0.2	0.6	0.8	0.95	0.7	0.9	0.2	0.725	2.1
18	2.6	1.2	0.7	0.25	0.15	0.32	2.5	0.2	0.6	0.8	0.95	0.7	0.9	0.2	0.725	2.2
19	2.7	1.2	0.7	0.25	0.15	0.32	2.6	0.2	0.6	0.8	0.95	0.7	0.9	0.2	0.725	2.3
20	2.8	1.3	0.7	0.25	0.15	0.32	2.7	0.2	0.6	0.8	1	0.7	0.9	0.2	0.75	2.4
21	2.9	1.45	0.75	0.25	0.15	0.32	2.8	0.2	0.6	0.8	1	0.7	0.9	0.2	0.75	2.45
22	3	1.45	0.75	0.25	0.15	0.32	2.9	0.2	0.6	0.82 5	1	0.725	0.95	0.2	0.775	2.55

注：①需开出“<”、“>”形逼镶槽位，且槽位深度超过石腰吃入距离，具体见图中 7 对应数据；②槽位必须贯穿整个逼镶面。

4.4 钉镶（金镶、蜡镶）

4.4.1 钉镶（金镶）

4.4.1.1 圆石共钉镶

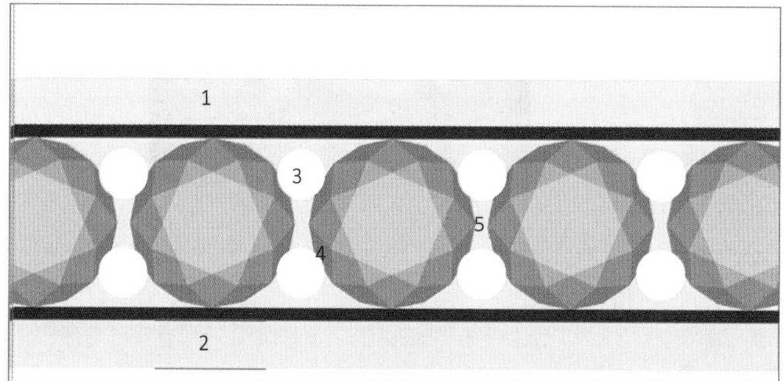

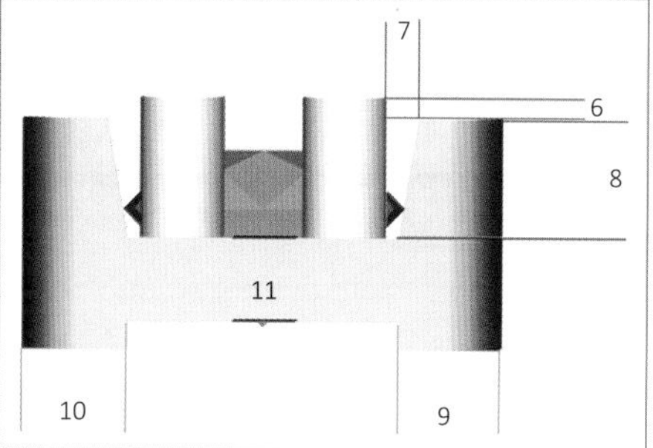

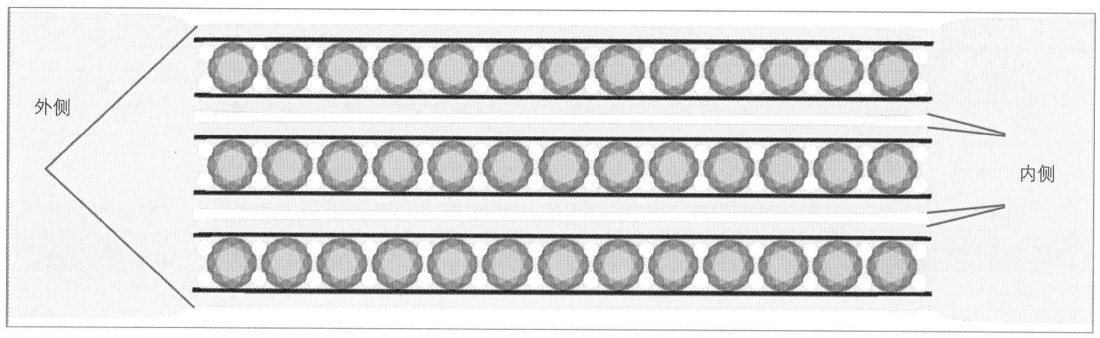

共钉镶（金镶）石位数据表

单位：mm

No.	石头直径	外侧光金边宽度 1	内侧光金边宽度 2	钉直径 3	钉吃入石距离 4	石间距 5	钉高于光金边距离 6	光金边斜位距离 7	石位槽深度 8	底部光金外侧宽度 9	底部光金内侧宽度 10	槽厚度 11
1	0.8	由于 0.8 ~ 0.9 的石头较小，一般直接在金属面上起钉镶嵌										
2	0.9											
3	1	0.4	0.3	0.45 ~ 0.5	0.05	0.2	0.1	≥ 0.2	0.45	0.6	0.5	0.6
4	1.1	0.4	0.3	0.45 ~ 0.5	0.05	0.2	0.1	≥ 0.2	0.45	0.6	0.5	0.6
5	1.2	0.4	0.3	0.45 ~ 0.5	0.05	0.2	0.1	≥ 0.2	0.45	0.6	0.5	0.6
6	1.3	0.4	0.3	0.45 ~ 0.5	0.05	0.2	0.1	≥ 0.2	0.5	0.6	0.5	0.6
7	1.4	0.4	0.3	0.45 ~ 0.5	0.05	0.2	0.1	≥ 0.2	0.5	0.6	0.5	0.6
8	1.5	0.4	0.3	0.45 ~ 0.5	0.05	0.2	0.1	≥ 0.2	0.5	0.6	0.5	0.65
9	1.6	0.4	0.3	0.5 ~ 0.55	0.05	0.2	0.1	≥ 0.2	0.55	0.6	0.5	0.65
10	1.7	0.4	0.3	0.5 ~ 0.55	0.08	0.2	0.1	≥ 0.2	0.55	0.6	0.5	0.65
11	1.8	0.4	0.3	0.55 ~ 0.6	0.08	0.2	0.1	≥ 0.2	0.55	0.6	0.5	0.65
12	1.9	0.4	0.3	0.55 ~ 0.6	0.08	0.2	0.1	≥ 0.2	0.55	0.6	0.5	0.65
13	2	0.4	0.3	0.55 ~ 0.6	0.1	0.2	0.1	≥ 0.2	0.55	0.6	0.5	0.7
14	2.1	0.4	0.3	0.6 ~ 0.65	0.1	0.2	0.1	≥ 0.2	0.6	0.6	0.5	0.7
15	2.2	0.4	0.3	0.6 ~ 0.65	0.1	0.2	0.1	≥ 0.2	0.6	0.6	0.5	0.7
16	2.3	0.4	0.3	0.6 ~ 0.65	0.1	0.2	0.1	≥ 0.2	0.65	0.6	0.5	0.7
17	2.4	0.4	0.3	0.6 ~ 0.65	0.1	0.2	0.1	≥ 0.2	0.65	0.6	0.5	0.7
18	2.5	0.4	0.3	0.65 ~ 0.7	0.1	0.2	0.1	≥ 0.2	0.65	0.6	0.5	0.7
19	2.6	0.4	0.3	0.65 ~ 0.7	0.1	0.2	0.1	≥ 0.2	0.65	0.6	0.5	0.7
20	2.7	0.4	0.3	0.65 ~ 0.7	0.1	0.2	0.1	≥ 0.2	0.65	0.6	0.5	0.7
21	2.8	0.4	0.3	0.65 ~ 0.75	0.1	0.2	0.1	≥ 0.2	0.65	0.6	0.5	0.7
22	2.9	0.4	0.3	0.65 ~ 0.75	0.1	0.2	0.1	≥ 0.2	0.65	0.6	0.5	0.7
23	3	0.4	0.3	0.7 ~ 0.8	0.1	0.2	0.1	≥ 0.2	0.65	0.6	0.5	0.75
24	3.1	0.4	0.3	0.7 ~ 0.8	0.1	0.2	0.1	≥ 0.2	0.65	0.6	0.5	0.75
25	3.2	0.4	0.3	0.7 ~ 0.8	0.1	0.2	0.1	≥ 0.2	0.65	0.6	0.5	0.75
26	3.3	0.4	0.3	0.75 ~ 0.85	0.1	0.2	0.1	≥ 0.2	0.65	0.6	0.5	0.75
27	3.4	0.4	0.3	0.75 ~ 0.85	0.1	0.2	0.1	≥ 0.2	0.65	0.6	0.5	0.75
28	3.5	0.4	0.3	0.75 ~ 0.85	0.1	0.2	0.1	≥ 0.2	0.65	0.6	0.5	0.75

注：所有钉为圆柱型，且直径大小相同。

4.4.1.2 圆石四钉镶

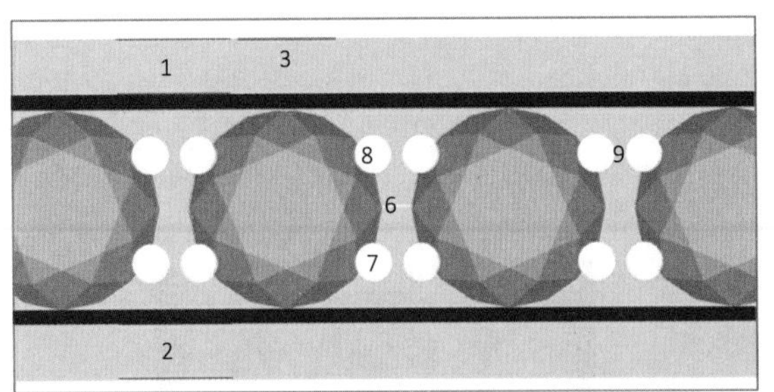

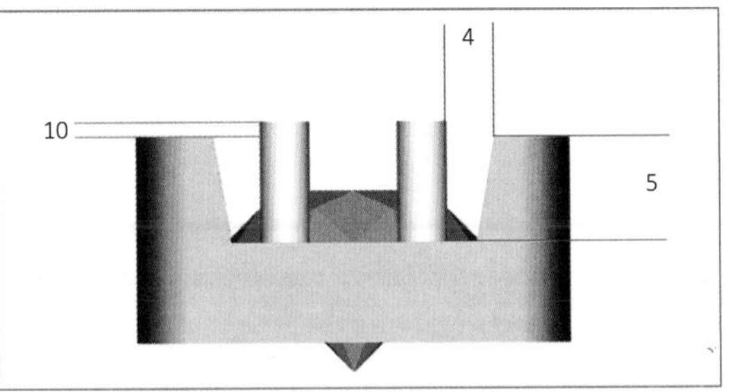

四钉镶（金镶）石位数据表　　单位：mm

No.	石头直径	外侧光金边宽度 1	内侧光金边宽度 2	光金边底部宽度 3	光金边斜位距离 4	石位槽深度 5	石间距 6	钉直径 7	钉吃入石距离 8	钉间距 9	钉高于光金边距离 10
1	0.8	由于 0.8、0.9 的石头较小，一般直接在金属面上起钉镶嵌									
2	0.9										
3	1.0	0.4	0.3	0.65	0.15 ~ 0.3	0.45	0.3	0.3	0.05	0.1	0.1
4	1.1	0.4	0.3	0.65	0.15 ~ 0.3	0.45	0.3	0.3	0.05	0.1	0.1
5	1.2	0.4	0.3	0.65	0.15 ~ 0.3	0.45	0.3	0.3	0.05	0.1	0.1
6	1.3	0.4	0.3	0.65	0.15 ~ 0.3	0.5	0.35	0.35	0.05	0.1	0.1
7	1.4	0.4	0.3	0.65	0.15 ~ 0.3	0.5	0.35	0.35	0.05	0.1	0.1
8	1.5	0.4	0.3	0.65	0.15 ~ 0.3	0.5	0.35	0.35	0.05	0.1	0.1
9	1.6	0.4	0.3	0.65	0.15 ~ 0.3	0.55	0.4	0.4	0.05	0.1	0.1
10	1.8	0.4	0.3	0.65	0.15 ~ 0.3	0.55	0.4	0.4	0.08	0.1	0.1
11	1.9	0.4	0.3	0.65	0.15 ~ 0.3	0.55	0.4	0.4	0.08	0.1	0.1
12	2.1	0.4	0.3	0.65	0.15 ~ 0.3	0.55	0.4	0.4	0.1	0.1	0.1
13	2.3	0.4	0.3	0.65	0.15 ~ 0.3	0.65	0.5	0.5	0.1	0.1	0.1
14	2.5	0.4	0.3	0.65	0.15 ~ 0.3	0.65	0.5	0.5	0.1	0.1	0.1
15	2.7	0.4	0.3	0.65	0.15 ~ 0.3	0.65	0.5	0.5	0.1	0.1	0.1
16	2.9	0.4	0.3	0.65	0.15 ~ 0.3	0.65	0.5	0.5	0.1	0.1	0.1
17	3.1	0.4	0.3	0.65	0.15 ~ 0.3	0.65	0.5	0.5	0.1	0.1	0.1
18	3.3	0.4	0.3	0.65	0.15 ~ 0.3	0.65	0.5	0.5	0.1	0.1	0.1

注：所有钉为圆柱型，且直径大小相同。

4.4.2 钉镶（蜡镶）

4.4.2.1 圆石共钉镶

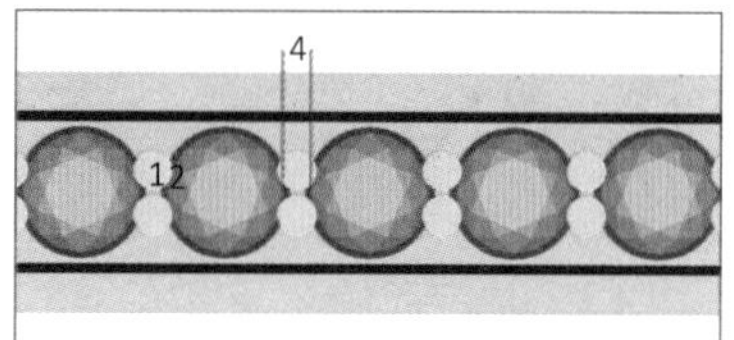

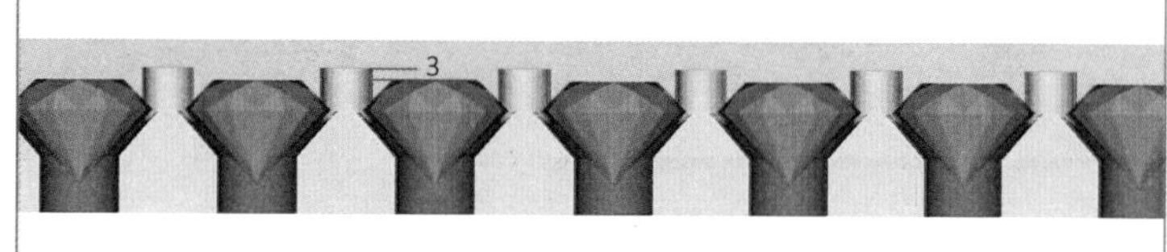

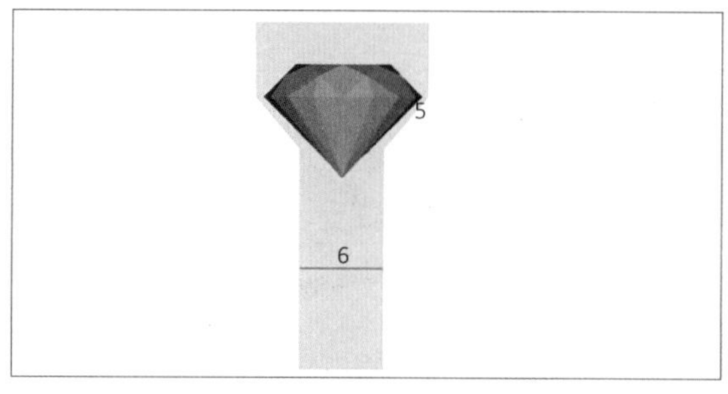

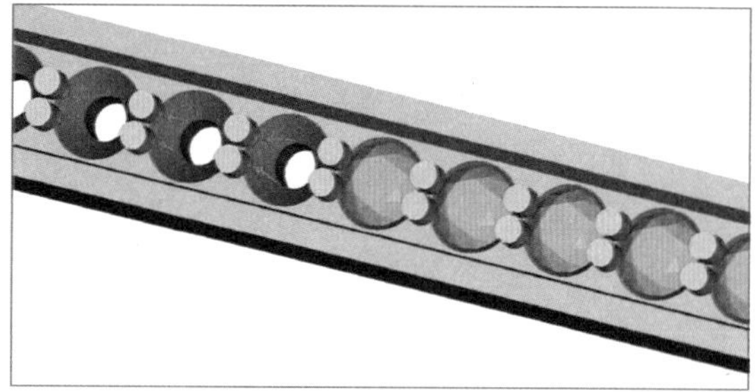

圆石共钉镶（蜡镶）石位数据表

单位：mm

No.	石头直径	钉直径 1	钉吃入石距离 2	钉高于石台面距离 3	石间距 4	开孔物大于石腰距离 5	开孔物孔直径 6
1	1	0.40	0.05	0.1	0.17	0.1	0.5
2	1.1	0.40	0.05	0.1	0.17	0.1	0.55
3	1.2	0.45	0.05	0.1	0.20	0.1	0.6
4	1.3	0.50	0.06	0.1	0.20	0.1	0.65
5	1.4	0.525	0.065	0.1	0.20	0.1	0.7
6	1.5	0.55	0.07	0.1	0.20	0.1	0.75
7	1.6	0.60	0.075	0.1	0.25	0.1	0.8
8	1.7	0.65	0.075	0.1	0.25	0.1	0.85
9	1.8	0.65	0.075	0.1	0.25	0.1	0.9
10	1.9	0.70	0.075	0.1	0.25	0.1	0.95
11	2	0.725	0.08	0.1	0.25	0.1	1.0
12	2.1	0.725	0.10	0.1	0.25	0.1	1.05
13	2.2	0.75	0.10	0.1	0.25	0.1	1.1
14	2.3	0.75	0.10	0.1	0.25	0.1	1.15
15	2.4	0.80	0.10	0.1	0.25	0.1	1.2
16	2.5	0.80	0.10	0.1	0.25	0.1	1.25
17	2.6	0.825	0.10	0.1	0.25	0.1	1.3
18	2.7	0.825	0.10	0.1	0.25	0.1	1.35
19	2.8	0.90	0.10	0.1	0.25	0.1	1.4
20	2.9	0.90	0.10	0.1	0.25	0.1	1.45
21	3	0.90	0.10	0.1	0.30	0.1	1.5

注：①可将宝石减去钉，作为校版定位；②石头腰部与光金面平齐；③蜡钉镶一般选用 3mm 以下优质可蜡镶材质的石头。

4.4.2.2 圆石四钉镶

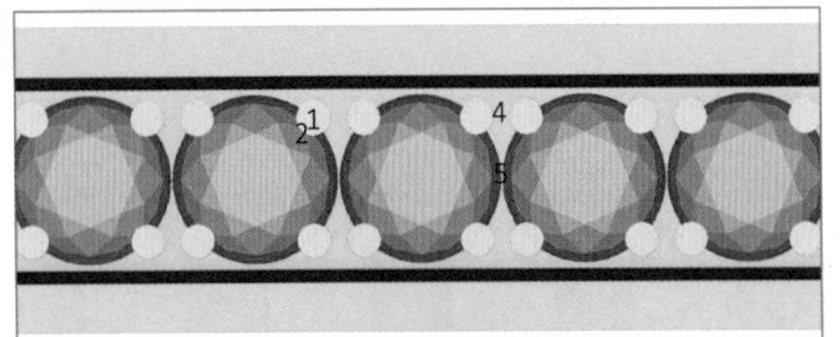

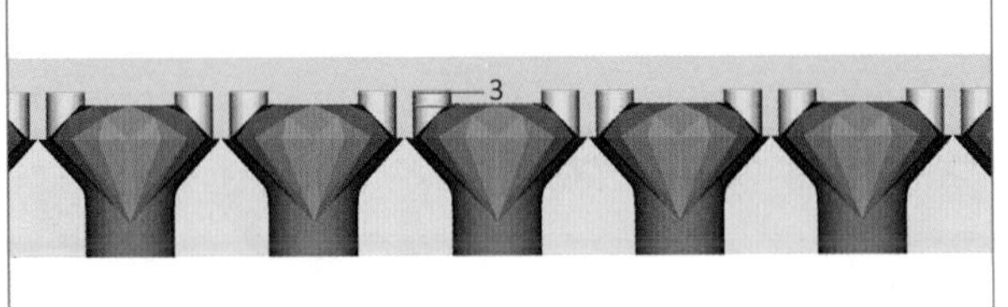

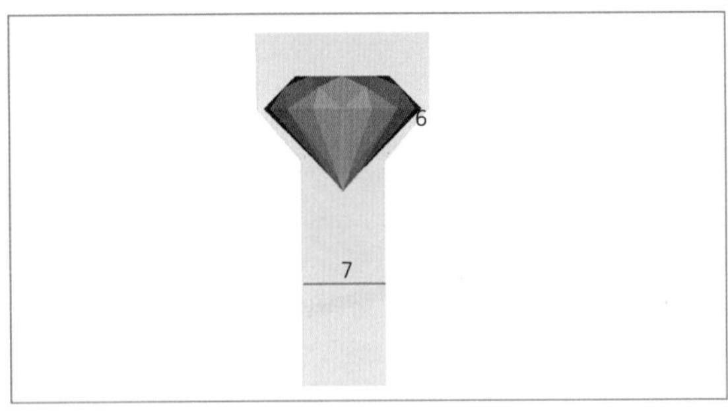

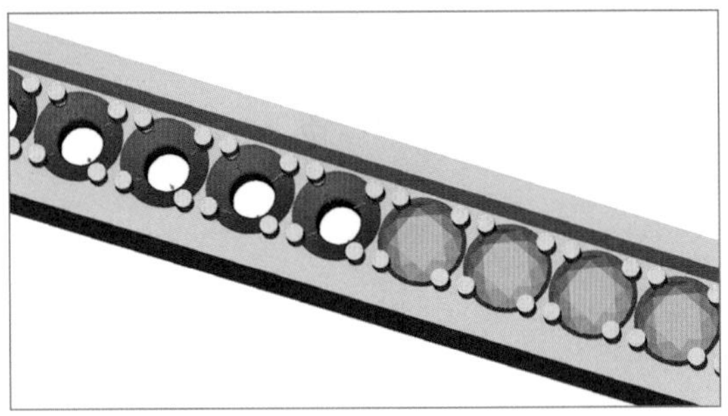

圆石四钉镶（蜡镶）石位数据表 单位：mm

No.	石头直径	钉直径 1	钉吃入石距离 2	钉高于石台面距离 3	钉间距 4	石间距 5	开孔物大于石腰距离 6	开孔物孔直径 7
1	1	0.3	0.05	0.1	0.1	0.25	0.1	0.5
2	1.1	0.3	0.05	0.1	0.13	0.25	0.1	0.55
3	1.2	0.3	0.05	0.1	0.16	0.25	0.1	0.6
4	1.3	0.35	0.05	0.1	0.1	0.25	0.1	0.65
5	1.4	0.35	0.05	0.1	0.13	0.25	0.1	0.7
6	1.5	0.35	0.05	0.1	0.16	0.25	0.1	0.75
7	1.6	0.4	0.05	0.1	0.1	0.25	0.1	0.8
8	1.7	0.4	0.05	0.1	0.13	0.25	0.1	0.85
9	1.8	0.4	0.05	0.1	0.16	0.25	0.1	0.9
10	1.9	0.45	0.05	0.1	0.1	0.25	0.1	0.95
11	2	0.45	0.05	0.1	0.14	0.255	0.1	1
12	2.1	0.5	0.05	0.1	0.1	0.255	0.1	1.05
13	2.2	0.5	0.05	0.1	0.11	0.255	0.1	1.1
14	2.3	0.5	0.05	0.1	0.14	0.255	0.1	1.15
15	2.4	0.55	0.05	0.1	0.1	0.26	0.1	1.2
16	2.5	0.55	0.05	0.1	0.11	0.26	0.1	1.25
17	2.6	0.55	0.05	0.1	0.15	0.26	0.1	1.3
18	2.7	0.55	0.05	0.1	0.17	0.26	0.1	1.35
19	2.8	0.6	0.05	0.1	0.12	0.26	0.1	1.4
20	2.9	0.6	0.05	0.1	0.15	0.26	0.1	1.45
21	3	0.6	0.05	0.1	0.18	0.26	0.1	1.5

注：①可将宝石减去钉，作为校版定位；②石头腰部与光金面平齐；③蜡钉镶一般选用 3mm 以下优质可蜡镶材质的石头。

4.5 虎爪镶（金镶）

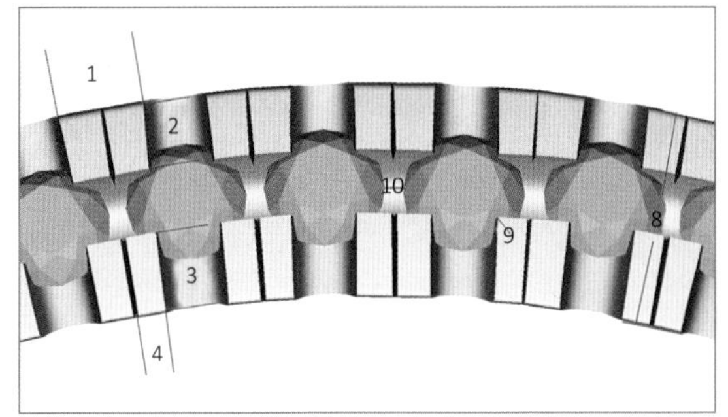

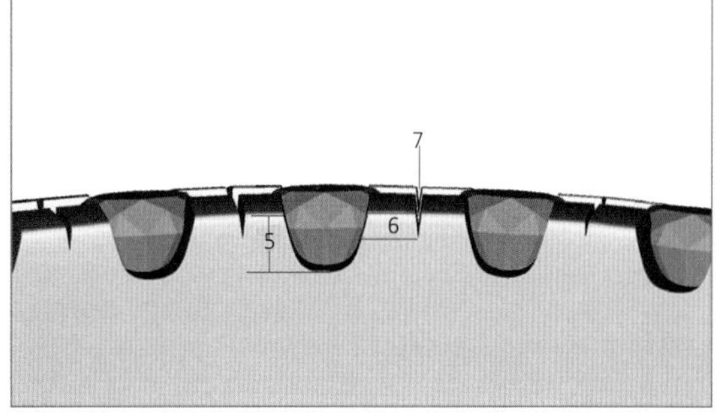

虎爪（金镶）石位数据表 单位：mm

No.	石头直径	外侧整爪长度1	外侧爪宽度2	内侧爪宽度3	内侧分爪长度4	爪高度5	分爪高度6	分爪槽宽度7	爪整体宽度8		石吃入爪深度9	石间距10
									居内侧镶爪	居外侧镶爪		
1	0.8	0.6	0.45	0.4	0.3	0.45	0.2	0.05	1	1.1	0.05	0.35
2	0.9	0.6	0.45	0.4	0.3	0.45	0.2	0.05	1.1	1.2	0.05	0.35
3	1	0.65	0.525	0.425	0.33	0.5	0.2	0.05	1.2	1.3	0.075	0.35
4	1.15	0.7	0.55	0.45	0.35	0.6	0.2	0.05	1.35	1.45	0.075	0.35
5	1.2	0.7	0.55	0.45	0.35	0.6	0.2	0.05	1.4	1.5	0.075	0.35
6	1.3	0.7	0.55	0.45	0.35	0.7	0.2	0.05	1.5	1.6	0.075	0.35
7	1.4	0.75	0.575	0.475	0.37	0.75	0.2	0.05	1.6	1.7	0.075	0.35
8	1.5	0.8	0.6	0.5	0.4	0.8	0.2	0.05	1.7	1.8	0.075	0.35
9	1.6	0.9	0.65	0.55	0.4	0.82	0.3	0.1	1.8	1.9	0.075	0.4
10	1.8	0.9	0.65	0.55	0.4	0.96	0.3	0.1	2	2.1	0.075	0.4
11	1.9	0.9	0.65	0.55	0.4	1.03	0.3	0.1	2.1	2.2	0.075	0.4
12	2.1	0.95	0.675	0.575	0.425	1.17	0.3	0.1	2.3	2.4	0.075	0.4
13	2.3	1.1	0.75	0.65	0.5	1.3	0.3	0.1	2.5	2.6	0.075	0.5
14	2.5	1.15	0.775	0.675	0.525	1.45	0.3	0.1	2.7	2.8	0.1	0.5
15	2.7	1.2	0.8	0.7	0.55	1.59	0.3	0.1	2.9	3	0.1	0.5
16	2.9	1.25	0.825	0.725	0.575	1.73	0.3	0.1	3.1	3.2	0.1	0.5
17	3.1	1.3	0.85	0.75	0.6	1.87	0.3	0.1	3.3	3.4	0.125	0.5
18	3.3	1.35	0.875	0.775	0.625	2	0.3	0.1	3.5	3.6	0.125	0.5

注：①每处虎爪在电脑上是正方形，金镶时，在金属方虎爪上，再将其吸圆；②若造型需要分件制作，靠近分件焊接的虎爪镶最后3颗石头，其边位宽度需加大0.1mm，以保障足够的焊接位置；③虎爪上可预先制作出分爪槽位，便于后期镶嵌分爪吸钉时的定位，也可不必预先制作。制作时，分爪槽物件其造型为“V”形，不能做成“U”形。

4.6 光金面种爪（金镶、蜡镶）

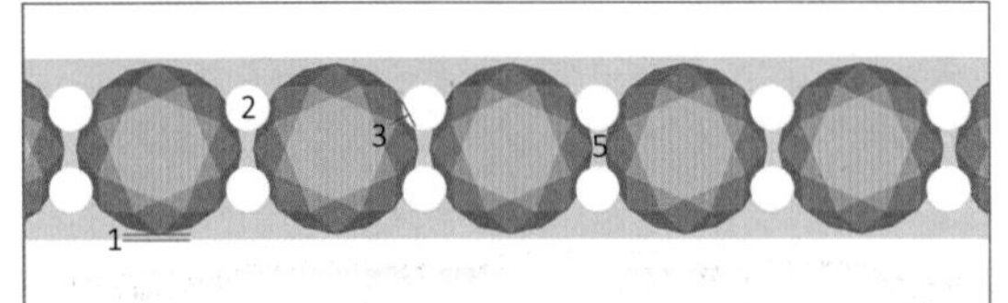

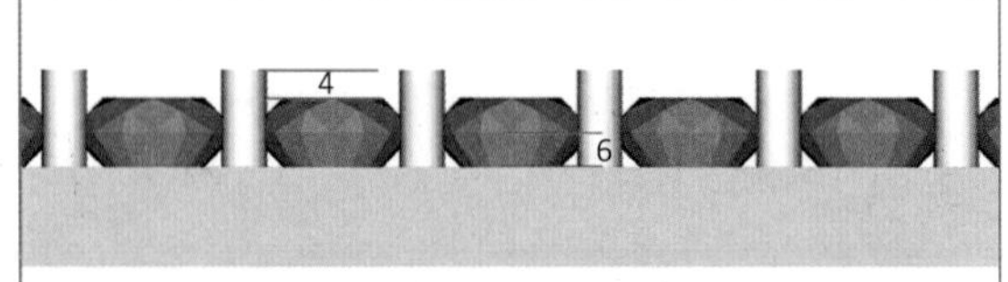

光金面种爪（金镶、蜡镶）石位数据表　　单位：mm

No.	石头直径	石头与光金边距离 1		爪直径 2	爪吃入石距离 3	爪高于石台面距离 4	石间距 5	石腰与光金面距离 6
		外侧	内侧					
1	1.1	0.15	0.05	0.45 ~ 0.5	0.05	0.4	0.2	0.15
2	1.2	0.15	0.05	0.45 ~ 0.5	0.05	0.4	0.2	0.15
3	1.3	0.15	0.05	0.45 ~ 0.5	0.05	0.4	0.2	0.15
4	1.4	0.15	0.05	0.45 ~ 0.5	0.05	0.4	0.2	0.15
5	1.5	0.15	0.05	0.45 ~ 0.5	0.05	0.4	0.2	0.15
6	1.6	0.15	0.05	0.5 ~ 0.55	0.05	0.4	0.2	0.2
7	1.7	0.15	0.05	0.5 ~ 0.55	0.08	0.4	0.2	0.2
8	1.8	0.15	0.05	0.55 ~ 0.6	0.08	0.4	0.2	0.2
9	1.9	0.15	0.05	0.55 ~ 0.6	0.08	0.4	0.2	0.25
10	2	0.15	0.05	0.55 ~ 0.6	0.1	0.4	0.2	0.25
11	2.1	0.15	0.05	0.6 ~ 0.65	0.1	0.4	0.2	0.25
12	2.2	0.15	0.05	0.6 ~ 0.65	0.1	0.4	0.2	0.3
13	2.3	0.15	0.05	0.6 ~ 0.65	0.1	0.4	0.2	0.3
14	2.4	0.15	0.05	0.6 ~ 0.65	0.1	0.4	0.2	0.3
15	2.5	0.15	0.05	0.65 ~ 0.7	0.1	0.4	0.2	0.35
16	2.6	0.15	0.05	0.65 ~ 0.7	0.1	0.4	0.2	0.35
17	2.7	0.15	0.05	0.65 ~ 0.7	0.1	0.4	0.2	0.35
18	2.8	0.15	0.05	0.65 ~ 0.75	0.1	0.4	0.2	0.35
19	2.9	0.15	0.05	0.65 ~ 0.75	0.1	0.4	0.2	0.4
20	3	0.15	0.05	0.7 ~ 0.8	0.1	0.4	0.2	0.4
21	3.1	0.15	0.05	0.7 ~ 0.8	0.1	0.4	0.2	0.4
22	3.2	0.15	0.05	0.7 ~ 0.8	0.1	0.4	0.2	0.45
23	3.3	0.15	0.05	0.75 ~ 0.85	0.1	0.4	0.2	0.45
24	3.4	0.15	0.05	0.75 ~ 0.85	0.1	0.4	0.2	0.45
25	3.5	0.15	0.05	0.75 ~ 0.85	0.1	0.4	0.2	0.45

注：①外侧：易执摸到的一侧；内侧：不易执摸到的一侧；② 0.8 ~ 1.0mm 石头不做光金面种爪，一般直接在光金面上起钉镶。

4.7 压镶（6围1金镶）

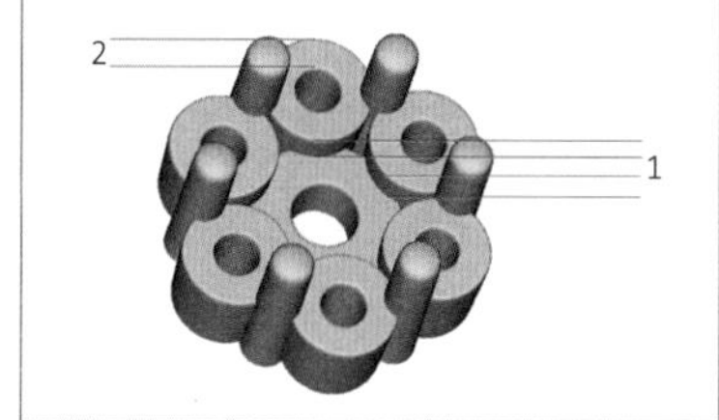

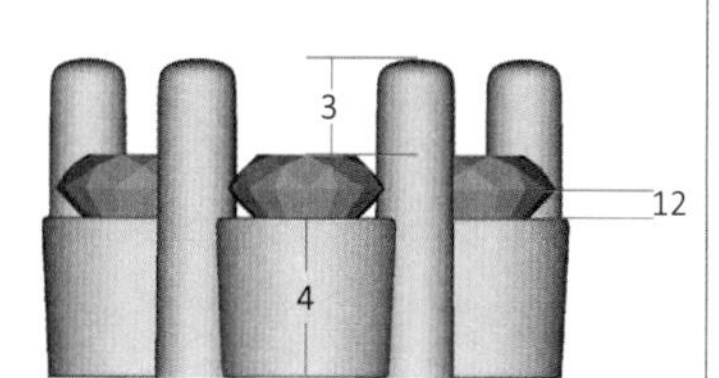

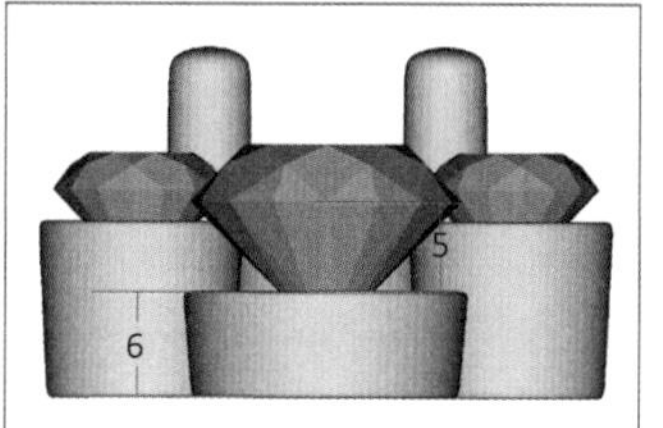

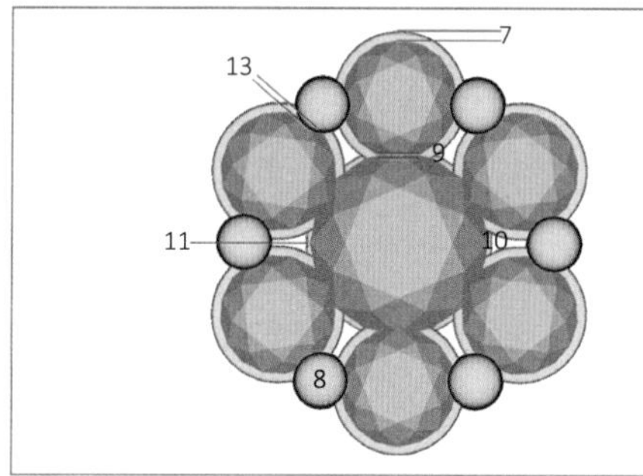

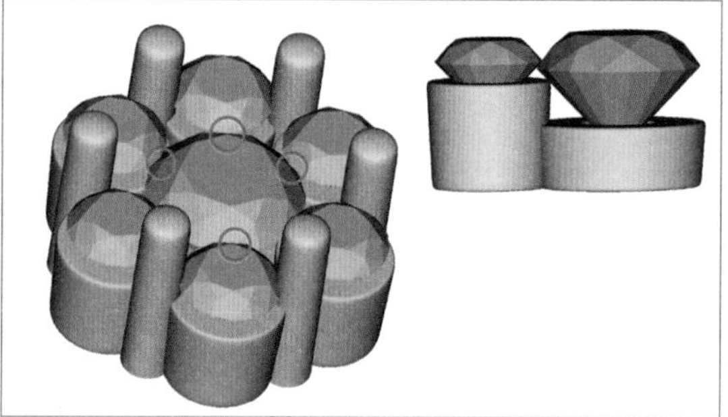

6围1圆石压镶（金镶）石位数据表　　单位：mm

No.	主石直径	副石直径	镶口高度落差1	副石镶口边宽度2	爪与副石台面距离3	副石镶口高度4	主石腰与主石镶口距离5	主石镶口高度6	副石镶口多于副石距离7	爪直径8	副石压主石距离9	副石石间距10	主石镶口多于主石距离11	副石腰与副石镶口距离12	爪吃入石距离13
1	1.6	1	0.5	0.35	0.7	0.65	0.3	0.4	0.1	0.55	0.185	0.145	0.05	0.2	0.115
2	1.8	1.15	0.5	0.4	0.7	0.7	0.3	0.45	0.1	0.55	0.21	0.145	0.05	0.2	0.1
3	1.9	1.2	0.5	0.4	0.7	0.7	0.3	0.45	0.1	0.6	0.205	0.175	0.05	0.25	0.13
4	2	1.3	0.5	0.45	0.75	0.75	0.35	0.5	0.1	0.6	0.21	0.175	0.05	0.25	0.1
5	2.1	1.4	0.55	0.5	0.75	0.75	0.35	0.5	0.1	0.65	0.21	0.175	0.05	0.25	0.1
6	2.2	1.5	0.6	0.5	0.75	0.8	0.35	0.55	0.1	0.7	0.21	0.175	0.05	0.25	0.13
7	2.4	1.6	0.7	0.55	0.75	0.8	0.4	0.55	0.1	0.7	0.22	0.225	0.05	0.3	0.13
8	2.6	1.8	0.7	0.55	0.8	0.8	0.45	0.55	0.1	0.75	0.22	0.225	0.05	0.3	0.13
9	2.7	1.9	0.7	0.55	0.8	0.85	0.5	0.6	0.1	0.75	0.24	0.225	0.05	0.3	0.135
10	3	2.1	0.75	0.6	0.85	0.85	0.55	0.6	0.1	0.8	0.26	0.225	0.05	0.35	0.135
11	3.1	2.2	0.75	0.65	0.85	0.85	0.55	0.6	0.1	0.8	0.27	0.225	0.05	0.35	0.135
12	3.2	2.3	0.75	0.7	0.85	0.9	0.55	0.65	0.1	0.85	0.27	0.225	0.05	0.4	0.136
13	3.4	2.5	0.8	0.75	0.9	0.9	0.6	0.65	0.1	0.9	0.29	0.225	0.05	0.45	0.145
14	3.6	2.7	0.85	0.75	0.9	0.9	0.6	0.65	0.1	0.95	0.3	0.225	0.05	0.5	0.148
15	3.9	2.9	0.9	0.8	0.9	0.95	0.65	0.7	0.1	1.05	0.32	0.225	0.05	0.5	0.168
16	4.2	3.1	0.95	0.8	0.95	0.95	0.7	0.7	0.1	1.05	0.35	0.275	0.05	0.55	0.173
17	4.4	3.3	0.95	0.85	1	1	0.7	0.75	0.1	1.1	0.37	0.275	0.05	0.55	0.198

注：①每个副石镶口直径均比副石直径多 0.2mm；②主石镶口直径比主石直径多 0.1mm。

5. 贵金属首饰加工单耗标准

5.1 黄金首饰、K（黄）金首饰、K（黄）金镶嵌首饰加工贸易单耗标准（HDB/HJ 001—200）

序号	成品				原料				净耗 /（g/g）	损耗率 / %
	名称	单位	商品编号	规格	名称	单位	商品编号	规格		
1	黄金首饰	g	7113191990	不限	黄金	g	71081200	足金、千足金	1.0	0.25
2	8K（黄）金首饰	g	7113191990	不限	黄金	g	71081200	足金、千足金	0.333	6
3	9K（黄）金首饰	g	7113191990	不限	黄金	g	71081200	足金、千足金	0.375	6
4	10K（黄）金首饰	g	7113191990	不限	黄金	g	71081200	足金、千足金	0.417	6
5	14K（黄）金首饰	g	7113191990	不限	黄金	g	71081200	足金、千足金	0.583	6
6	18K（黄）金首饰	g	7113191990	不限	黄金	g	71081200	足金、千足金	0.750	6
7	22K（黄）金首饰	g	7113191990	不限	黄金	g	71081200	足金、千足金	0.916	6
8	9K(黄）金镶嵌制品	g	71131911907113191990	不限	黄金	g	71081200	足金、千足金	0.375	8.5
9	10K(黄）金镶嵌制品	g	71131911907113191990	不限	黄金	g	71081200	足金、千足金	0.417	8.5
10	14K(黄）金镶嵌制品	g	71131911907113191990	不限	黄金	g	71081200	足金、千足金	0.583	8.5
11	18K(黄）金镶嵌制品	g	71131911907113191990	不限	黄金	g	71081200	足金、千足金	0.750	8.5
12	22K(黄）金镶嵌制品	g	71131911907113191990	不限	黄金	g	71081200	足金、千足金	0.916	8.5

5.2 铂金首饰、铂金镶嵌首饰加工贸易单耗标准（HDB/HJ 002—2005）

<table>
<tr><th rowspan="2">序号</th><th colspan="4">成品</th><th colspan="4">原料</th><th rowspan="2">净耗 /(g/g）</th><th rowspan="2">损耗率 /%</th></tr>
<tr><th>名称</th><th>单位</th><th>商品编号</th><th>规格</th><th>名称</th><th>单位</th><th>商品编号</th><th>规格</th></tr>
<tr><td rowspan="4">1</td><td rowspan="4">铂金首饰</td><td rowspan="4">g</td><td rowspan="4">7113199.90</td><td rowspan="4">不限</td><td rowspan="4">铂金</td><td rowspan="4">g</td><td rowspan="4">71101100</td><td>PT990</td><td>0.99</td><td>2.8</td></tr>
<tr><td>PT950</td><td>0.95</td><td>2.8</td></tr>
<tr><td>PT900</td><td>0.90</td><td>2.8</td></tr>
<tr><td>PT850</td><td>0.85</td><td>2.8</td></tr>
<tr><td rowspan="4">2</td><td rowspan="4">铂金镶嵌首饰</td><td rowspan="4">g</td><td rowspan="4">71131991.00
71131999.90</td><td rowspan="4">不限</td><td rowspan="4">铂金</td><td rowspan="4">g</td><td rowspan="4">71101100</td><td>PT990</td><td>0.99</td><td>10</td></tr>
<tr><td>PT950</td><td>0.95</td><td>10</td></tr>
<tr><td>PT990</td><td>0.90</td><td>10</td></tr>
<tr><td>PT880</td><td>0.85</td><td>10</td></tr>
</table>

5.3 钯金首饰、钯金镶嵌首饰加工贸易单耗标准（HDB/HJ 006—2009）

序号	成品				原料				净耗 /(g/g)	工艺耗损率 /%
	名称	单位	商品编号	规格	名称	单位	商品编号	规格		
1	千足钯金首饰（999%）		71131999						1	2.95
2	足钯首饰（999%）		71131999						0.99	2.95
3	950 钯首饰（950%）	g	71131999	不限	999 钯（999<=）	g	71102100	条、块、颗、粒状	0.95	2.95
4	足钯金镶嵌首饰（999%）		71131991						0.99	11
5	950 钯金镶嵌首饰（950%）		71131991						0.95	11

5.4 足银首饰、925银首饰及925银镶嵌首饰制品加工贸易单耗标准（HDB / HJ 005—2007）

序号	成品				原料				净耗 /(g/g)	工艺损耗率 /%
	名称	单位	商品编号	规格	名称	单位	商品编号	规格		
1	足金首饰	g	7113119090	形状不一、式样大小不规则的戒指、项链、吊坠、耳环、手链、胸针等	1# 银	g	7106911000	99.99%	1	5
2					2# 银		7106919000	99.95%	1	
3					1# 银		7106919000	99.99%	0.925	
4	925 银首饰	g	7113119090	形状不一、式样大小不规则的戒指、项链、吊坠、耳环、手链、胸针等	2# 银	g	7106919000	99.95%	0.925	6
5					925 银		7106919000	92.5%	1	
6					1# 银		7106911000	99.99%	0.925	
7	925 银镶嵌首饰	g	7113119090（镶嵌其他宝石类）7113111000（镶嵌碎钻类）	银料部分	2# 银	g	7106919000	99.95%	0.925	7.5
8					925 银		7106919000	92.5%	1	

参考文献

[1] 李天兵，胡楚雁，刘敏．首饰CAD及快速成型[M]．武汉：中国地质大学出版社，2013.

[2] 李举子．宝石镶嵌技法[M]．上海：上海人民美术出版社，2011.

[3] 徐禹．JEWELCAD首饰设计[M]．北京：北京工艺美术出版社，2012.

[4] 徐禹．首饰雕蜡技法[M]．北京：中国轻工业出版社，2013.

[5] 徐禹．首饰制作技法[M]．北京：中国轻工业出版社，2014.